Verfahrenstechnik in Beispielen

Josef Draxler • Matthäus Siebenhofer

Verfahrenstechnik in Beispielen

Problemstellungen, Lösungsansätze, Rechenwege

 Springer Vieweg

Josef Draxler
Montanuniversität Leoben
Weiz, Österreich

Matthäus Siebenhofer
Technische Universität Graz
Graz, Österreich

ISBN 978-3-658-02739-1
ISBN 978-3-658-02740-7 (eBook)
DOI 10.1007/978-3-658-02740-7

Die Deutsche Nationalbibliothek verzeichnet diese Publikation in der Deutschen Nationalbibliografie; detaillierte bibliografische Daten sind im Internet über http://dnb.d-nb.de abrufbar.

Springer Vieweg
© Springer Fachmedien Wiesbaden 2014

Lektorat: Dr. Daniel Fröhlich, Pamela Frank

Gedruckt auf säurefreiem und chlorfrei gebleichtem Papier

Springer Vieweg ist eine Marke von Springer DE. Springer DE ist Teil der Fachverlagsgruppe Springer Science+Business Media.
www.springer-vieweg.de

Vorwort

Dieses Buch ist nicht als Lehrbuch, sondern als Ergänzung zu Lehrbüchern der Verfahrenstechnik konzipiert. In jedem Kapitel sind zunächst die wichtigsten Gesetzmäßigkeiten des entsprechenden Themenbereiches zusammengefasst, welche anschließend durch zahlreiche praxisnahe Beispiele verdeutlicht werden.

In unserer mehr als dreißigjährigen Lehrtätigkeit haben wir immer wieder die Bedeutung des eigenständigen Bearbeitens und Lösens von Beispielen feststellen können. Es ist selten ausreichend, die Beispiele nur durchzulesen und sich einen ungefähren Lösungsweg zu überlegen. Erst durch das konkrete, selbständige Rechnen kann überprüft werden, ob das Themengebiet beherrscht wird und für andere Aufgabenstellungen angewandt werden kann.

Für die Lösung der Beispiele wird folgende Vorgangsweise empfohlen:

1. Zeichnen einer Prinzipskizze mit Benennung aller bekannten und gesuchten Größen; ist bei einigen Beispielen gegeben, bei den meisten aber selbst zu erstellen.

2. Anschreiben aller Annahmen und Vereinfachungen.

3. Aufstellen der benötigen Gleichungen.

4. Lösen der Gleichungen.

5. Diskussion der Ergebnisse.

Für die Berechnung vieler Beispiele ist die Verwendung eines Computers mit entsprechender Mathematik-Software erforderlich. Aber auch für einfache Beispiele wird die Berechnung mittels Computer empfohlen. So können damit auf einfache Weise Parameterstudien, Sensitivitätsanalysen und Animationen durchgeführt werden. Auch sind damit exakte Lösungen vielfach nicht aufwändiger als Näherungslösungen, deren Güte somit einfach überprüft werden kann.

Alle Beispiele wurden mit dem Computer-Algebra-System (CAS) *Mathematica* berechnet. Es muss aber betont werden, dass nicht die Verwendung dieses Programmes im Vordergrund steht, sondern das Verstehen und selbständige Lösen der Beispiele mit beliebigem Computerprogramm. Alle *Mathematica*-Dateien stehen auch als pdf-Dateien zur Verfügung, so dass einzelne Programmschritte und Zwischenergebnisse von allen Anwendern anderer Programme eingesehen werden können.

Etwa die Hälfte der Beispiele wurden der Literatur entnommen, im Text ist die entsprechende Quelle zitiert; genauere Angaben wie Seitenzahl, Beispielnummer oder ob das Beispiel direkt übernommen, verändert oder erweitert wurde, sind in der *Mathematica*-Datei bzw. in der entsprechenden pdf-Datei angegeben. Für einige Beispiele konnte die Quelle nicht mehr gefunden werden.

In ca. zehn Beispielen werden Dampftafeln gebraucht. Diese können z. B. in [1], [2], [3], [4]oder [5] gefunden werden.

Zum Gebrauch der *Mathematica*-Dateien:

Diese können von den Internetseiten des Springer-Verlages zu diesem Buch (springer.com) kopiert werden. Die Stoffdatendateien (.m-files) müssen in das Standardverzeichnis des *Mathematica*-Programmes kopiert werden (Pfad in: *Directory*[]), damit in den Programmen direkt darauf zugegriffen werden kann.

INHALTSVERZEICHNIS

1. Einleitung

1.1. Konzentrationsmaße

In der Verfahrenstechnik werden für die Gas-, Flüssig- und Festphase meist folgende Konzentrationsmaße für eine Komponente i verwendet, welche häufig umgerechnet werden müssen:

Gasphase:

- Konzentration c_i $\left[\frac{mol_i}{m_{Gas}^3}\right]$. Zur besseren Vergleichbarkeit werden die Konzentrationen üblicherweise auf den Normzustand des Gases (0° C, 1 atm = 1,01325 bar) bezogen. Die Einheit
  wird oft etwas verwirrend mit $\left[\frac{mol_i}{Nm^3}\right]$ angegeben, da N auch Newton bedeutet. Besser ist die
  Angabe der Einheit in $\left[\frac{mol_i}{m_N^3}\right]$, bzw. $\left[\frac{mol_i}{m_B^3}\right]$ für Betriebskubikmeter. Des Weiteren müssen
  Gaskonzentrationen häufig auf einen bestimmten O_2-Gehalt umgerechnet werden. Häufig ist
  auch noch die Angabe notwendig, ob die angegebene Konzentration auf ein trockenes oder
  wasserdampfhältiges (feuchtes) Gas bezieht.

- Partialdichte ρ_i $\left[\frac{mg_i}{m_{Gas}^3}\right]$. $\rho_i = c_i \cdot MM_i$. Umrechnung zur Konzentration mit der molaren Masse
  MM_i der Komponente i. Angabe der m^3 Gas wie bei der Konzentration.

- Molanteil y_i $\left[\frac{mol_i}{mol_{ges}}\right]$

- Molbeladung Y_i $\left[\frac{mol_i}{mol_{inert}}\right]$

- Gesamtdruck p_{ges} [Pa] oder [bar]
- Partialdruck p_i [Pa], [bar] $= y_i \cdot p_{ges}$ (Daltonsches Gesetz)

- ppm $\left[\frac{mg_i}{kg_{Gas}}\right]$

- Volums-ppm, vppm oder ppm_v $\left[\frac{ml_i}{m_{Gas}^3}\right]$

Flüssige Phase:

- Konzentration c_i $\left[\frac{mol_i}{l_{Lösung}}\right]$ oder $\left[\frac{kmol_i}{m_{Lösung}^3}\right]$

- Partialdichte ρ_i $\left[\frac{g_i}{l_{Lösung}}\right]$ oder $\left[\frac{kg_i}{m_{Lösung}^3}\right]$

- Molalität m_i $\left[\frac{mol_i}{kg_{Lösungsmittel}}\right]$

- Molanteil x_i $\left[\frac{mol_i}{mol_{ges}}\right]$

- Molbeladung X_i $\left[\frac{mol_i}{mol_{inert}}\right]$

- Massenanteil w_i $\left[\dfrac{kg_i}{kg_{ges}}\right]$

- Massenbeladung W_i $\left[\dfrac{kg_i}{kg_{inert}}\right]$

- ppm $\left[\dfrac{mg_i}{kg_{ges}}\right]$

feste Phase

- Massenanteil w_i $\left[\dfrac{kg_i}{kg_{ges}}\right]$

- Massenanteil in % = 100 w_i

- Massenbeladung Wi $\left[\dfrac{kg_i}{kg_{inert}}\right]$

- Besonders bei Adsorption auch in $\left[\dfrac{mol_i}{kg_{Adsorptionsmittel}}\right]$

1.2. Signifikante Stellen

Alle Berechnungsbeispiele wurden mit Computer-interner Genauigkeit berechnet und die Ergebnisse meist in gerundeter Form angegeben. Auf die Signifikanz einer Zahl wurde weder in den Angaben noch in der Berechnung Rücksicht genommen, da diese für Aufgabenstellung und Lösungsweg keine Bedeutung hat. In der Praxis ist aber eine korrekte Angabe von Zahlenwerten wesentlich, weshalb in diesem Kapitel eine Zusammenfassung der wichtigsten Regeln für signifikante Stellen gegeben wird.

Definition: Nach DIN 1333 ergibt die erste von Null verschiedene Stelle bis zur Rundungsstelle die Anzahl der signifikanten Stellen.

Vier Regeln:

1. Von Null abweichende Ziffern sind immer signifikant.
2. Jede Null zwischen signifikanten Ziffern ist auch signifikant.
3. Alle Anfangs-Nullen sind nicht signifikant.
4. Alle End-Nullen in Nachkommastellen sind signifikant.

ad 1:

356,7: 4 signifikante Stellen; 1,4572: 5 signifikante Stellen.

ad 2:

1007,6: 5 signifikante Stellen; 2,0056: 5 signifikante Stellen.

ad 3:

0052: 2 signifikante Stellen; 0,00567: 3 signifikante Stellen

ad 4:

0,0005600: 4 signifikante Stellen.

Signifikante Stellen von ganzen und exakten Zahlen:

Die Zahl 500 hat nur eine signifikante Stelle, die Nullen werden nicht gezählt. Stammt die Zahl aus einem Messwert mit signifikanten Nullen, stellt man sie besser in der wissenschaftlichen Notation[1] dar, z. B. mit drei signifikanten Stellen als $5,00 \cdot 10^2$.

Exakte oder definierte Zahlen haben eine unendliche Anzahl von signifikanten Stellen, z. B. 10 Personen, oder 1 Jahrhundert = 100 Jahre.

Messwerte:

Viele in der Technik verwendete Zahlen sind Messwerte, die Signifikanz dieser Zahlen richtet sich nach der Messmethode.

Wird beispielsweise im Auto mit dem Gesamtkilometerzähler eine bestimmte Strecke mit zehn Kilometer vermessen (10 km, oder besser da in diesem Fall die Null signifikant ist: $1,0 \cdot 10^1$ km), so liegt die wahre Streckenlänge x irgendwo zwischen $9,5 \leq x < 10,5$ km.

Mit dem Tageskilometerzähler wird auf 100 m genau gemessen, die korrekte Angabe ist daher $10,0 \pm 0,05$ km, mit 3 signifikanten Stellen.

Wird die Strecke über Satellit mit einer Messgenauigkeit von 1 m vermessen lautet die Angabe $10000 \pm 0,5$ m, oder $10,000 \pm 0,0005$ km, jeweils mit 5 signifikanten Stellen.

Vorsicht ist bei Umrechnungen auf andere Einheiten geboten. Wird mit dem Gesamtkilometerzähler eine Strecke von 10 km gemessen, die weitere Berechnung erfolgt aber in Metern, so haben die 10000 m auch nur 2 signifikante Stellen.

Wird am Barometer 1,23 bar abgelesen und erfolgt die weitere Rechnung in Pa, so haben die 123000 Pa drei signifikante Stellen.

Signifikante Stellen bei Logarithmen:

Bei Logarithmen richtet sich die Anzahl der signifikanten Stellen in der Mantisse[2] nach der Anzahl der signifikanten Stellen im Logarithmus und umgekehrt.

z. B. log 339 (3 signifikante Stellen) = 2,530 und nicht 2,53019969820;

$pH = 1,37 \rightarrow H^+ = 10^{-1,37} = 0,0427$ und nicht 0,04265795.

Rechnen mit signifikanten Stellen:

Addition/Subtraktion: Das berechnete Ergebnis hat genau so viele Nachkommastellen, wie die Zahl mit den wenigsten Nachkommastellen.

z. B.: $7,884 + 6,32 + 11,1 = 25,3$ und nicht 25,304

Multiplikation/Division: Das berechnete Ergebnis hat genau so viele signifikante Stellen wie die Zahl mit den wenigsten signifikanten Stellen.

z. B.: $27,2 \cdot 15,63 / 1,846$

---

[1] In der wissenschaftlichen (scientific) und technischen (engineering) Notation wird eine Zahl x in Mantisse a und Exponent b aufgeteilt, $x = a \cdot 10^b$. In der traditionell wissenschaftlichen Notation ist $1 \leq a < 10$ und b eine ganze Zahl. In der technischen Notation ist $1 \leq a < 1000$ und b ein ganzzahliges Vielfaches von 3.

[2] Bei Logarithmen werden die Nachkommastellen als Mantisse bezeichnet.

Computer rechnen mit 16 Stellen; das Computerergebnis lautet daher: 230,3011917659805. Die Standard-Anzeige ist aber in den verschiedenen Programmen unterschiedlich, z. B.:

Mathematica: 230,301

Matlab: 230,3012

Maple: 230,3011918

MathCad: 230,301

Signifikant sind aber nur drei Stellen (bestimmt durch 27,2), das richtige Ergebnis lautet daher: 230 oder besser $2,30 \cdot 10^2$

Werden in einem Rechengang Addition/Subtraktion und Multiplikation/Division angewandt, gilt zuerst die Regel für Addition/Subtraktion und anschließend die für Multiplikation/Division.

Verwendung von Zwischenergebnissen:

Hierfür gibt es keine konkreten Regeln. Werden für jede einzelne Rechnung die Regeln für signifikante Stellen angewandt, kann das Endergebnis beträchtlich vom richtigen Wert abweichen. Empfohlen wird die Verwendung einer zusätzlichen Stelle, z. B. 230,3 im obigen Beispiel und das Endergebnis mit der passenden Signifikanz anzugeben.

Fehlerrechnung:

Kein Messgerät kann absolut richtig messen, die Ergebnisse sind immer ungenau (Messfehler, Messabweichung). Die Angabe erfolgt entweder als absolute oder relative Messungenauigkeit.

Z. B. 25 ml Messpipette: auch bei richtiger Handhabung kann das tatsächliche Volumen zwischen 24,97 und 25,03 ml schwanken. Angabe als absolute Messungenauigkeit daher mit 25 ± 0,03 ml. Der relative Fehler beträgt dann $0,03/25 \cdot 100 = 0,12$ %.

Wird die absolute Messungenauigkeit mit e bezeichnet, ergibt sich bei Addition/Subtraktion von Messwerten die gesamte Messungenauigkeit e_{ges} zu (Beispiel 1-5):

$$e_{ges} = \sqrt{\sum_i e_i^2} \, . \tag{1.1}$$

Diese Gleichung gilt auch für die relative Messungenauigkeit. Bei der Multiplikation/Division wird zunächst die relative Messungenauigkeit berechnet, die gesamte relative Messungenauigkeit ergibt sich dann entsprechend obiger Formel; anschließend wird auf die absolute Messungenauigkeit rückgerechnet.

Beispiel:

$$\frac{1,76 \pm 0,03 \; \cdot \; 1,89 \pm 0,02}{0,59 \pm 0,02} = 5,638 \pm ?$$

Die absoluten Messungenauigkeiten werden zunächst in relative Messungenauigkeiten umgerechnet, $1,76 \pm 0,03/1,76 \cdot 100 = 1,76 \pm 1,70$ %, 1,89 ± 1,06 %, 0,59 ± 3,39 %. Die relativen Messungenauigkeiten werden nun nach Gleichung (1.1) in eine gesamte relative Messungenauigkeit umgerechnet, 5,638 ± 3,94 % und diese relative Messungenauigkeit dann wieder in eine absolute; 5,638 mal 0,0394 = 0,22;

Das Ergebnis ist daher 5,638 ± 0,22

1.3. Beispiele

Beispiel 1-1: gesättigte NaCl-Lösung

Die Sättigungskonzentration von NaCl in Wasser ist bei 20 °C mit c_i = 5,421 kmol/m³ gegeben. Die Dichte der Lösung beträgt ρ_L = 1200,1 kg/m³. Rechne diese Konzentrationsangabe in alle anderen Konzentrationseinheiten um.

Molare Massen: NaCl = 58,442; H_2O = 18,015 kg/kmol

Ergebnis:

ρ_i = 316,81 kg NaCl pro m³ Lösung
m_i = 6,137 mol NaCl pro kg Wasser
x_i = 0,09958 mol NaCl pro mol Lösung
w_i = 0,264 kg NaCl pro kg Lösung
X_i = 0,1106 mol NaCl pro mol Wasser
W_i = 0,3587 kg NaCl pro kg Wasser
ppm = $w_i \cdot 10^6$ = 263990 mg NaCl pro kg Lösung

Beispiel 1-2: Umrechnung von SO_2-Konzentrationsmaßen

Die SO_2-Partialdichte in einem Abgas bei 100 °C und 1,5 bar beträgt 100 mg/m³. Rechne auf Normbedingungen (STP Standard Temperature Pressure) um und anschließend in alle anderen Konzentrationsmaße.

Ergebnis:

0,1 g/m³ SO_2 bei Betriebsbedingungen entsprechen 0,0923 g/m³ bei Normbedingungen, das sind c_i = 1,44 mmol/m³; y_i = 0,00003227; Y_i = 0,00003227; p_i = 4,84 Pa; ppm = 71,6; vppm = 32,3.

Beispiel 1-3: Löslichkeit von O_2 und NH_3 in Wasser

Berechne die Henry-Konstante H_{ij} in [bar] und in [atm · m³/mol] bei 20 °C (ρ_{H2O} = 1000 kg/m³) für O_2 und NH_3

a) Löslichkeit Sauerstoff in Wasser: 0,00444 g pro 100g Wasser bei 1 bar

b) Löslichkeit Ammoniak in Wasser 52,6 g pro 100 g Wasser bei 1 bar, ρ = 823 kg/m³

Henry-Gesetz: $p_i = H_{ij} \cdot x_i$

Ergebnis:

Die Henry-Konstante von O_2 in Wasser beträgt bei 20 °C $H_{O2/H2O}$ = 40041 bar = 0,713 atm·m³/mol und von NH_3 in Wasser $H_{NH3/H2O}$ = 2,79 bar = 0,000059 atm·m³/mol.

Anmerkung:

Die Henry-Konstante von NH_3 ist wegen der hohen Löslichkeit ein Näherungswert. Siehe Beispiel 12-24 und Beispiel 14-20.

Beispiel 1-4: Wasserdampfgehalt der Luft

Wie groß ist der absolute Wasserdampfgehalt X der Luft in g/kg trockener Luft bei

60 % relativer Feuchte und 20 °C,
99 % relativer Feuchte und 0 °C,
50 % relativer Feuchte und 30 °C?

Der Gesamtdruck beträgt jeweils 1 bar. Der benötigte Sättigungsdampfdruck wird mit der Antoine-Gleichung berechnet, Antoine-Konstanten in Tabelle 15-4.

Lösungshinweis:

Relative Feuchte φ = Partialdruck/Sättigungsdampfdruck

$$X = \frac{M_W}{M_L} = \frac{N_W}{N_L} \cdot \frac{MM_W}{MM_L} = \frac{MM_W}{MM_L} \cdot \frac{p_W}{p_L} = \frac{MM_W}{MM_L} \cdot \frac{p_W}{P_{ges}-p_W} = \frac{MM_W}{MM_L} \cdot \frac{\varphi.p_W^s}{P_{ges}-\varphi.p_W^s} \qquad (1.2)$$

Ergebnis:

$X_1 = 8,82$; $X_2 = 3,75$; $X_3 = 13,45 \ \frac{g\ Wasser}{kg\ Luft}$

Beispiel 1-5: Fehlerrechnung bei Addition

Ein Laborant braucht genau einen Liter Wasser. Er hat kein geeignetes Messgefäß zur Verfügung, sondern nur folgende Pipetten mit den angegebenen absoluten Fehlern: 10 ± 0,02 ml, 20 ± 0,03 ml, 25 ± 0,03 ml, 50 ± 0,05 ml und 100 ± 0,08 ml.

Soll er 100 mal mit der 10 ml Pipette pipettieren, 50 mal mit der 20 ml Pipette, 40 mal mit der 25 ml Pipette, 20 mal mit der 50 ml Pipette oder 10 mal mit der 100 ml Pipette. Wie groß ist jeweils der absolute Fehler des auf diese Weise hergestellten Liter Wassers?

Lösungshinweis:

Gleichung (1.1)

Ergebnis:

$100 \cdot 10 \pm 0,02$ ml = 1000 ± 0,2 ml
$50 \cdot 20 \pm 0,03$ ml = 1000 ± 0,212 ml
$40 \cdot 25 \pm 0,03$ ml = 1000 ± 0,190 ml
$20 \cdot 50 \pm 0,05$ ml = 1000 ± 0,223 ml
$10 \cdot 100 \pm 0,08$ ml = 1000 ± 0,253 ml

Kommentar:

Interessanterweise ergibt 10 mal pipettieren mit der 100 ml Pipette das schlechteste Ergebnis, weil die 100 ml Pipette im Vergleich zu den anderen eine zu hohe Messungenauigkeit aufweist und weil sich die zufälligen Fehler eher bei häufigerem Pipettieren aufheben.

2. Thermodynamik I: Grundbegriffe

2.1. Allgemeines

Die Thermodynamik ist das Wissensgebiet, welches sich mit Energieumwandlungen beschäftigt. Dies beinhaltet einerseits Energieflüsse vom oder in das betrachtete System und andererseits die Erscheinungsform und den Zustand des Systems selbst.

Die Beschreibung der Energieflüsse im Rahmen der Thermodynamik entspricht weitgehend den Energiebilanzen. Vielfach (z. B. [1]) wird auch die vollständige Energiebilanz als der 1. Hauptsatz der Thermodynamik bezeichnet. Im ersten Teil des Kapitels Thermodynamik I werden die wesentlichsten Energieformen und deren Berechnung erläutert. Die Anwendung auf Ingenieuraufgaben erfolgt im Kapitel Energiebilanzen.

Im zweiten Teil dieses Kapitels werden die Zustände von Systemen behandelt, wobei darunter insbesondere Gleichgewichtszustände innerhalb oder zwischen Systemen verstanden werden[3]. Es werden nur idealisierte Bedingungen betrachtet (Fugazitätskoeffizient $\varphi = 1$, Aktivitätskoeffizient $\gamma = 1$), reale Bedingungen im Kapitel 13, Thermodynamik II.

Basis für alle thermodynamischen Berechnungen sind die Begriffe eines Systems bzw. der Umgebung sowie die Zustandsgrößen.

System und Umgebung:

Wesentliche Aufgaben der Thermodynamik sind die Berechnung von ausgetauschten Wärmemengen (Energiebilanz) sowie die Berechnung von Gleichgewichten wie Phasen- und Reaktionsgleichgewichten als Basis zur Auslegung von Apparaten, Anlagen oder Anlagenkomponenten. Dazu ist es oft zweckmäßig, den Apparat oder die Anlage in verschiedene Teilbereiche zu unterteilen, welche dann als System bezeichnet werden. Der Bereich außerhalb des Systems wird als Umgebung definiert. Zwischen System und Umgebung können so lange Austauschvorgänge stattfinden bis sich ein Gleichgewichtszustand einstellt, welcher durch fehlende (makroskopisch wahrnehmbare) Austauschvorgänge definiert ist. Der Gleichgewichtszustand und die ausgetauschten Wärmemengen können mit den Methoden der Thermodynamik berechnet werden, nicht aber die Geschwindigkeit, mit welcher die Austausch- und Ausgleichsvorgänge stattfinden.

Es werden offene (open), geschlossene (closed) und abgeschlossene (isolated) Systeme definiert. Offene Systeme sind durch Stoff- und Wärmeaustauschvorgänge zwischen System und Umgebung charakterisiert, wobei der Stoffaustausch durch konvektive Massenströme stattfindet, geschlossene Systeme nur durch Wärmeaustausch ohne Stoffaustausch; in abgeschlossenen Systemen findet kein Austauschvorgang zwischen System und Umgebung statt.

Zustandsgrößen:

Die in der Thermodynamik verwendeten Variablen werden zweckmäßigerweise in zwei Gruppen unterteilt. Die Zustandsvariablen beschreiben den aktuellen Zustand (exakt: Gleichgewichtszustand) des Systems und/oder der Umgebung während die Transportvariablen die zwischen System und Umgebung ausgetauschten Größen benennen. Die wichtigsten Zustandsgrößen sind Druck p, Volumen V,

---

[3] Diese beiden Teile werden meist als technische Thermodynamik (Energieumwandlung) und chemische Thermodynamik (stoffliche Zustandsänderungen) bezeichnet;

Temperatur T, innere Energie U sowie die Hilfsgrößen Enthalpie H und Gibbssche freie Enthalpie G. Zu den Transportgrößen zählen z. B. ausgetauschte Wärme Q, geleistete Arbeit W.

2.2. Energieerhaltung und Energieumwandlung

2.2.1. Erster Hauptsatz für geschlossene Systeme

Die Energieerhaltung wird durch den 1. Hauptsatz der Thermodynamik zum Ausdruck gebracht. Dabei ist aber zu beachten, dass die Energieerhaltung nicht für das betrachtete System oder Bilanzgebiet allein gilt, sondern nur für System und Umgebung. In der grundlegendsten Form kann der 1. Hauptsatz folgendermaßen ausgedrückt werden:

$$\Delta(\text{Energie des Systems}) + \Delta(\text{Energie der Umgebung}) = 0 \qquad (2.1)$$

Das Δ bezieht sich hier auf zwei unterschiedliche Zustände für einen beliebigen Betrachtungszeitraum (integrale Form).

Unter Energie der Umgebung sind nur jene Energieformen zu betrachten, welche die Systemgrenzen überschreiten (Energietransport, Energieaustausch) und somit die Energie des Systems beeinflussen.

In einem abgeschlossenen System finden kein Stoff- und kein Energietransport über die Systemgrenzen statt. Es gilt daher:

ΔE_{Umg} (Energieänderung der Umgebung) = 0, und somit

ΔE_{Sys} (Energieänderung des Systems) = 0.

Die Gesamtenergie des Systems ändert sich in einem abgeschlossenen System nicht, es kann aber trotzdem innerhalb des Systems eine Umwandlung einer Energieform in eine andere statt finden (Beispiel 4-23).

In einem geschlossenen System (kein Stofftransport und daher kein Energietransport mit Materie) wird Energie vor allem durch Wärme Q und Arbeit W transportiert; andere Energieformen werden nicht betrachtet. Für die Energie der Umgebung ergibt sich daher:

$$\Delta E_{Umg} = \pm Q \pm W$$

Entsprechend der heute gültigen Vorzeichenkonvention ergibt sich ein positives Vorzeichen beim Transport von der Umgebung in das System.

Das System selbst kann drei verschiedene Energieformen aufweisen, und zwar innere Energie U, kinetische Energie E_{kin} und potentielle Energie E_{pot}. Die Energieänderung des Systems kann daher ausgedrückt werden mit:

$$\Delta E_{Sys} \text{ (Energieänderung des Systems)} = \Delta U + \Delta E_{kin} + \Delta E_{pot}$$

und der 1. Hauptsatz somit zu:

$$\Delta U + \Delta E_{kin} + \Delta E_{pot} = Q + W \qquad (2.2)$$

Der 1. Hauptsatz in Form von Gleichung (2.2) stellt somit die integrale Energiebilanz für ein geschlossenes System dar.

Für viele praktischen Anwendungen ist die kinetische und potentielle Energie des Systems vernachlässigbar, so dass sich ergibt:

$$\Delta U = Q + W \qquad (2.3)$$

bzw. in differentieller Form:

$$dU = \delta Q + \delta W \quad \text{bzw.} \quad \frac{dU}{dt} = \frac{\delta Q}{\delta t} + \frac{\delta W}{\delta t} \tag{2.4}$$

Q und W stellen die Transportgrößen dar, während U die Wirkung, d. h. die Änderung des Systems angibt. Bleiben die Transportgrößen zeitlich konstant, kann Gleichung (2.4) auch folgendermaßen geschrieben werden:

$$\frac{dU}{dt} = \dot{Q} + \dot{W} \tag{2.5}$$

2.2.2. Erster Hauptsatz für offene Systeme

Offene Systeme sind durch Energie- und Stoffaustausch mit der Umgebung charakterisiert. Da jeder Stoff einen bestimmten Wärmeinhalt aufweist, ist jeder Stofftransport mit einem gleichzeitigen Wärmetransport verbunden, welcher in der Energiebilanz berücksichtigt werden muss. Bezeichnet man mit $\dot{M}_{ein}$ und $\dot{M}_{aus}$ die in das System ein- und austretenden konstanten Massenströme und mit e_{ein} und e_{aus} den spezifischen Wärmeinhalt (kJ/kg) dieser Massenströme, so kann Gleichung (2.5) erweitert werden zu:

$$\frac{dU}{dt} = \dot{Q} + \dot{W} + \dot{M}_{ein}e_{ein} - \dot{M}_{aus}e_{aus} \tag{2.6}$$

Wie das System selbst, welches ja aus Materie besteht, setzt sich der Wärmeinhalt der ein- und austretenden Masseströme ebenfalls aus der inneren Energie u, kinetischer Energie e_{kin} und potentieller Energie e_{pot} zusammen. Für einen ein- und austretenden Strom lautet Gleichung (2.6) dann:

$$\frac{dU}{dt} + \dot{M}\cdot\left(\Delta u + \Delta e_{kin} + \Delta e_{pot}\right) = \dot{Q} + \dot{W} \tag{2.7}$$

wobei sich in dieser Form das Δ immer auf austretende minus eintretende Ströme bezieht.

Bei bewegten Medien wird ein Teil der kinetischen Energie auf Grund von Reibungseffekten immer irreversibel in Wärmeenergie umgewandelt (Dissipationsenergie). Dies wird nicht betrachtet.

Da natürlich mehrere Massenströme in das Bilanzgebiet ein- und austreten können und Wärme und Arbeit auf mehrere Arten übertragen bzw. geleistet werden kann, müssen die Transportterme mit einem Summenzeichen versehen werden:

$$\frac{dU}{dt} + \sum_i \dot{M}_{i,aus}\left(\Delta u_i + e_{kin,i} + \Delta e_{pot,i}\right) - \sum_j \dot{M}_{j,ein}\left(\Delta u_j + e_{kin,j} + \Delta e_{pot,j}\right) = \sum \dot{Q} + \sum \dot{W}, \tag{2.8}$$

wobei sich die i auf die aus- und die j auf die eintretenden Ströme beziehen. Das Δ gibt hier die Differenz zum Bezugszustand an (null für e_{kin}).

Das Summenzeichen ist insbesondere auch für die Arbeit W von Bedeutung, da bei offenen Systemen im Gegensatz zu geschlossenen Systemen immer eine zusätzliche Form von Arbeit auftritt, siehe Abbildung 2-1.

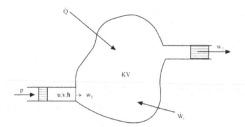

Abbildung 2-1: Kontrollvolumen für ein offenes System

Abbildung 2-1 zeigt das Fließbild eines beliebigen stationären Prozesses, $dU/dt = 0$. Das System sei ein Gas zwischen den Bilanzgrenzen 1 und 2, eine bestimmte Masse eines Gases tritt an der Stelle 1 mit u_1, $e_{kin,1}$, $e_{pot,1}$ in den Bilanzraum ein und an der Stelle 2 mit u_2, $e_{kin,2}$ und $e_{pot,2}$ aus. Wärme Q kann dem System zu- oder abgeführt werden, Arbeit W_s (z. B. Wellenarbeit, Index s = shaft work) kann vom oder am System geleistet werden. Es wird aber noch eine andere Arbeit geleistet und zwar von der Umgebung, um das Gas an der Stelle 1 in das Rohr einzubringen und vom System, wenn das Gas das Rohr verlässt. Man spricht von Einschiebearbeit (flow work). Wird das Gas mit einem bestimmten Druck p_1 in ein Rohr eingebracht, so muss zum Einbringen einer bestimmten Menge Gas mit dem Volumen V_1 eine Arbeit $p_1 V_1$ am System geleistet werden, während am Austritt das Gas die Arbeit – $p_2 V_2$ an der Umgebung leistet. Die gesamte Arbeit ergibt sich daher zu:

$$W = W_s + p_1 \cdot V_1 - p_2 \cdot V_2 = W_s - \Delta(p \cdot V) \qquad (2.9)$$

Gleichung (2.8) kann daher auch folgendermaßen geschrieben werden (wieder für einen ein- und austretenden Massenstrom):

$$\frac{dU}{dt} + \dot{M} \cdot \left(\Delta u + \Delta(p \cdot v) + \Delta e_{kin} + \Delta e_{pot} \right) = \dot{Q} + \dot{W}_s \qquad (2.10)[4]$$

wobei v das spezifische Volumen $= 1/\rho$ darstellt.

Da $\Delta u + \Delta(p \cdot v)$ aber definitionsgemäß gleich Δh ist (Enthalpie $H \equiv U + p \cdot V$), wird der 1. Hauptsatz für offene Systeme meist in folgender Form unter Vernachlässigung der kinetischen und potentiellen Energie des Systems dargestellt:

$$\frac{dU}{dt} + \sum_i \dot{M}_{i,aus} \left(\Delta h_i + e_{kin,i} + \Delta e_{pot,i} \right) - \sum_j \dot{M}_{j,ein} \left(\Delta h_j + e_{kin,j} + \Delta e_{pot,j} \right) = \sum \dot{Q} + \dot{W}_s \qquad (2.11)$$

2.2.3. Energieformen und ihre Berechnung

2.2.3.1.   Innere Energie U

Die innere Energie bezieht sich auf die Energie der einzelnen Moleküle, aus welchen die Substanz zusammengesetzt ist und welche in ständiger regelloser Bewegung sind. Die innere Energie setzt sich aus der kinetischen und potentiellen Energie der Einzelmoleküle zusammen; nicht zu verwechseln

---

[4] Für einen stationären Prozess ohne Arbeitsleistung ergibt sich nach Division durch den Massenstrom:

$\frac{\Delta p}{\rho} + \frac{\Delta w^2}{2} + g \cdot \Delta h + \left(\Delta u - \frac{\dot{Q}}{\dot{M}} \right) = 0$, was die Energieform der Bernoulli-Gleichung darstellt, wobei der Klammerausdruck den Reibungsterm angibt.

damit ist die kinetische und potentielle Energie, welche sich für die Gesamtsubstanz auf Grund ihrer Bewegung und Position ergibt.

Alle Moleküle haben eine kinetische Energie der Translation, mehratomige Moleküle auch eine kinetische Energie der Rotation und Vibration. Die potentielle Energie stammt aus zwischenmolekularen Wechselwirkungen.

Die innere Energie U ist aus physikalischen Konzepten berechenbar und stellt somit die physikalisch sinnvolle Energieform der Materie dar. Im Gegensatz dazu stellen die Enthalpie H und die Gibbssche freie Enthalpie G Definitionsgrößen dar, die in der Praxis aber trotzdem größere Bedeutung haben als die innere Energie, weil damit Prozesse leichter verfolgt und berechnet werden können.

$$H \equiv U + p \cdot V \tag{2.12}$$

$$G \equiv H - T \cdot S \tag{2.13}$$

Die innere Energie eines idealen Gases ist nur von der Temperatur abhängig (nur E_{kin}, $E_{pot} = 0$, da definitionsgemäß keine Wechselwirkungen), es lassen sich Änderungen der inneren Energie berechnen, wenn die Wärmekapazität c_V bei konstantem Volumen bekannt ist.

Mit der Definition der Wärmekapazität $c_V = \left(\dfrac{\partial U}{\partial T} \right)_V$ folgt

$$\Delta u = \int_{T_1}^{T_2} c_v \, dT \tag{2.14}$$

In guter Näherung kann diese Gleichung auch für Flüssigkeiten und Feststoffe verwendet werden. Bei Phasenübergängen ändert sich die Temperatur nicht, es ist die Phasenübergangswärme einzusetzen.

2.2.3.2. *Potentielle Energie*

Wird ein Körper der Masse M gegen die Erdbeschleunigung g um eine Höhe dl angehoben, so muss an dem Körper die Arbeit

$$dW = M \cdot g \cdot dl$$

geleistet werden. Integration über die gesamte Höhe z ergibt jetzt:

$$W = E_{pot} = M \cdot g \cdot z \tag{2.15}$$

Dieser Term wird potentielle Energie genannt (nach William Rankine).

2.2.3.3. *Kinetische Energie*

Wenn ein Körper der Masse M, auf den eine Kraft F wirkt, eine Strecke dl bewegt wird, wird nach Newtons zweitem Bewegungsgesetz eine Arbeit

$$dW = M \cdot a \cdot dl$$

an diesem Körper geleistet.

Die Beschleunigung a ist durch die zeitliche Änderung der Geschwindigkeit w gegeben, $a = dw/dt$; damit erhält man

$$dW = M \cdot \frac{dw}{dt} dl = M \cdot \frac{dl}{dt} dw = M \cdot w \cdot dw$$

Integration ergibt[5]:

$$W = E_{kin} = \Delta \left(\frac{M \cdot w^2}{2} \right) \tag{2.16}$$

Der Term $M \cdot w^2 / 2$ wurde von Lord Kelvin kinetische Energie benannt.

In sehr vielen praktischen Fällen ist die Änderung der kinetischen und potentiellen Energie sehr klein im Vergleich zur Änderung der inneren Energie oder Enthalpie, Beispiel 2-1.

2.2.3.4.   Enthalpie

Wenn dem System Wärme zugeführt und das Volumen des Systems nicht konstant gehalten wird, dann wird durch die Wärmezufuhr nicht nur die innere Energie erhöht, sondern ein Teil der zugeführten Wärmemenge wird als Volumenarbeit mit der Umgebung ausgetauscht. Die Enthalpie ist daher als innere Energie plus Volumenarbeit definiert, Gleichung (2.12).

Als Zustandsgröße ist die Enthalpie von Druck und Temperatur abhängig.

$$dh = \left(\frac{\partial h}{\partial T} \right)_p \cdot dT + \left(\frac{\partial h}{\partial p} \right)_T \cdot dp \tag{2.17}$$

Analog zur Wärmekapazität bei konstantem Volumen c_V stellt $\left(\frac{\partial h}{\partial T} \right)_p$ die Wärmekapazität bei konstantem Druck c_p dar.

Der Zweck von Energiebilanzen ist festzustellen, wie viel Energie in einem bestimmten Prozess zu- oder abgeführt werden muss. Es kommt also immer nur auf Differenzen zwischen End- und Anfangszustand an. Der Absolutwert des Wärmeinhaltes einer Substanz ist ohne Bedeutung und kann auch nicht berechnet werden. Man könnte daher die Enthalpie der Eingangsstoffe null setzen, dann ergibt die Enthalpie der Ausgangsstoffe direkt die zu- oder abzuführende Wärmemenge. Dies funktioniert jedoch nur, wenn alle Eingangsstoffe dieselbe Temperatur aufweisen und keine chemischen Reaktionen auftreten. Für den allgemeinen Fall ist es notwendig, die Enthalpie auf einen Referenzzustand (Bezugspunkt, Bezugszustand) zu beziehen. Dieser ist frei wählbar und wird zweckmäßigerweise so gewählt, dass die Berechnung möglichst einfach wird.

Ein Referenzzustand muss sich auf die zu untersuchende Substanz beziehen, wobei es zwei Möglichkeiten gibt; einmal die Komponente selbst, z. B. H_2O, in einem bestimmten Aggregatzustand, z. B. Eis oder Wasser, oder auf die Elemente bzw. Atome dieser Komponente, für Wasser also auf H_2 und O_2. Des Weiteren muss sich ein Referenzzustand auf eine Temperatur und einen Druck beziehen, wobei für den Druck meist 1 bar oder 1 atm gewählt wird.

---

[5] genau genommen müsste man die örtliche Geschwindigkeit einsetzen und über die Strömungsquerschnittsfläche integrieren. Es ergeben sich dann etwas höhere Werte im Vergleich zur mittleren Geschwindigkeit. Bei laminarer Rohrströmung beträgt der Erhöhungsfaktor 2 und nimmt mit zunehmender Turbulenz ab; 1 bei Propfenströmung, da $\bar{w} = w_{max}$.

Vom Referenzzustand zu unterscheiden sind Standardzustände. Ein Standardzustand bezieht sich in der Thermodynamik üblicherweise auf den reinen Stoff (ausgenommen bei Elektrolytlösungen) in einem bestimmten Aggregatzustand bei einem Druck von 1 atm.

Die Enthalpie eines Mols flüssigen Wassers, bezogen auf die Elemente und einen Druck von 1 atm, stellt genau diejenige Wärmemenge dar, welche bei der Bildung des Wassers aus den Elementen bei diesen Bedingungen frei gesetzt wird. Diese Enthalpie wird Standardbildungsenthalpie Δh_B^0 genannt. Man findet sie in vielen Tabellenwerken üblicherweise bei 25 °C tabelliert. Sie stellt die Reaktionswärme bei der Bildung der Stoffe aus den Elementen dar, z. B. für Wasser

$$H_2 \ + \ \tfrac{1}{2}\,O_2 \ \rightarrow \ H_2O \qquad \Delta h_R^0 \ = \ \Delta h_B^0$$

Um diese Reaktions- oder Bildungswärme zu bestimmen, werden aber wiederum die Enthalpien der Elemente benötigt. Diese werden aber definitionsgemäß für alle Temperaturen $\Delta h_{B,\text{Elemente}}^0 = 0$ gesetzt (auch $\Delta g_{B,\text{Elemente}}^0 = 0$).

Standard- und Referenzzustände können auch hypothetische, nicht existierende Zustände sein, z. B. Standardbildungsenthalpie von Wasserdampf bei 25 °C (und 1 atm), oder Verdampfungswärme von Wasser bei 0 °C.

Die Enthalpie von flüssigem Wasser bei einer Temperatur T mit Bezug auf die Elemente bei 1 atm und $T_0 = 25\ °C = 298,15\ K$ ist daher

$$\Delta h_{\text{Wasser}}^0\left(T\right) \ = \ \Delta h_{B,\text{Wasser}}^0\left(T_0\right) + \int_{T_0}^{T} c_{P,\text{Wasser}}\,dT \qquad (2.18)$$

wobei sich das Δ in Δh_B auf die Elemente und in Δh_{Wasser} auf den Referenzzustand bezieht.

In Beispiel 2-2 wird die Enthalpie von Wasser bei verschiedenen Referenzzuständen berechnet.

Zur Berechnung von Enthalpiedifferenzen ist meist die Wärmekapazität notwendig, welche im Folgenden näher betrachtet wird.

Die Wärmekapazität gibt die in einem Stoff speicherbare Wärme an und ist über die Änderung des Energieinhaltes eines Stoffes mit der Temperatur definiert. c_V gibt die Wärmekapazität bei der Änderung der Inneren Energie bei konstantem Volumen an und c_p die Änderung der Enthalpie bei konstantem Druck.

$$c_V \ = \ \left(\frac{\partial u}{\partial T}\right)_V \qquad \text{bzw.} \qquad c_P \ = \ \left(\frac{\partial h}{\partial T}\right)_p \qquad (2.19)$$

Die Wärmekapazitäten werden hauptsächlich zur Berechnung der Enthalpieänderung bzw. der Änderung der Inneren Energie mit der Temperatur benötigt.

2.2.3.5. Wärmekapazität

Die Wärmekapazität idealer Gase kann näherungsweise mit der kinetischen Gastheorie berechnet werden. Daraus ergibt sich für einatomige Moleküle ein Wert von $c_p = 5/2\ R$ bzw. $c_V = 3/2\ R$. Die Differenz zwischen c_p und c_V beträgt R und ergibt sich aus der Definition von H:

$$H \equiv U + p \cdot V \ = \ U + R \cdot T \quad \text{für ein Mol eines idealen Gases.}$$

Ableitung nach der Temperatur ergibt somit $c_p \ = \ c_V + R$.

Für die praktische Anwendung sind die Werte aus der kinetischen Gastheorie zu ungenau; vor allem kann damit aber nicht die Temperaturabhängigkeit erfasst werden. Man ist auf Messwerte angewiesen, die aber leicht zugänglich sind. In den gängigen Stoffdatensammlungen wird die Temperaturabhängigkeit der Wärmekapazität c_p eines idealen Gases in Form von Polynomen dargestellt, z. B.:

$$c_p^{id} = a + b \cdot T + c \cdot T^2 + d \cdot T^3 \quad \text{oder}$$

$$c_p^{id} = a + b \cdot T + c \cdot T^2 + d \cdot T^{-2} \quad \text{oder}$$

$$c_p^{id} = a + b \cdot T + c \cdot T^{-2},$$

mit a, b, c, d als experimentell zu bestimmenden Konstanten.

Wie bei allen empirischen Gleichungen sind auch hier der Gültigkeitsbereich und die Einheiten zu beachten. Man findet häufig den c_p-Wert in verschiedene Temperaturbereiche unterteilt. Die Einheit des c_p-Wertes wird meist in J/(mol·K) angegeben, seltener in J/(mol·°C), Beispiel 2-3.

c_V-Werte findet man nicht tabelliert. Da aber die c_p-Werte immer für das ideale Gas tabelliert sind, können die c_V-Werte daraus leicht berechnet werden ($c_V = c_p - R$).

Bei realen Gasen ist der c_p-Wert noch vom Druck und der c_V-Wert vom Volumen abhängig. Die Berechnung kann über Zustandsgleichungen erfolgen, siehe Kapitel Thermodynamik II.

Wärmekapazität von Flüssigkeiten und Feststoffen

Die Wärmekapazität von Flüssigkeiten und Feststoffen wird meist bei 25 °C in kJ pro kmol oder kg und Kelvin angegeben. Für viele praktische Anwendungen ist es ausreichend, diesen Wert auch bei anderen Temperaturen und Drücken zu verwenden. Die Temperaturabhängigkeit ist geringer als bei Gasen, ebenso der mögliche Temperaturbereich. Für Wasser kann fast immer mit einem konstanten Wert von 4,18 kJ/(kg·K) oder 75,3 kJ/(kmol·K) gerechnet werden. Es kann dann auch das Integral in Gleichung (2.18) durch $c_p \cdot \Delta T$ ersetzt und die Temperaturen in °C angegeben werden.

2.2.3.6.   Weitere Wärmeformen

Die dargestellten Berechnungen für U und H gelten für Temperatur- und Druckänderungen reiner Stoffe in einem bestimmten Aggregatzustand. Wärmetönungen treten aber auch bei vielen anderen Vorgängen auf, die wichtigsten sind kurz dargestellt.

Phasenübergangswärme

Bei jedem Phasenübergang treten Wärmetönungen auf, z. B. s/s, s/l, s/g, l/g, besonders wichtig sind die Schmelz- und Verdampfungswärmen. Während für die Schmelzwärme $u_{Schm} \approx h_{Schm}$ gilt, muss der Unterschied bei der Verdampfungswärme berücksichtigt werden:

$h_{verd} = u_{verd} + p \cdot (v_g - v_l)$, wobei für p der Sättigungsdampfdruck bei der jeweiligen Temperatur einzusetzen ist.

Für Wasser ist die Verdampfungsenthalpie über einen großen Temperaturbereich tabelliert (Dampftafeln), für andere Stoffe aber meist nur bei ausgewählten Temperaturen. Aus der Dampfdruckkurve kann die Verdampfungswärme bei beliebigen Temperaturen berechnet werden, Beispiel 2-28, wobei aber für eine genügende Genauigkeit die Realität der Dampfphase berücksichtigt werden muss.

Beispiel 2-4 zeigt verschiedene Berechnungsmöglichkeiten beim Erwärmen und Verdampfen von Wasser und Beispiel 2-5 den Unterschied zwischen Δu_{Verd} und Δh_{Verd}.

Bildungsenthalpie Δh_B, Reaktionsenthalpie Δh_R, Verbrennungsenthalpie Δh_V

Bei jeder chemischen Reaktion treten Wärmetönungen auf, die negativ (Wärme wird freigesetzt, exotherm) oder positiv (Wärme wird verbraucht, endotherm) sein können. Die Bildungsenthalpie stellt die Reaktionsenthalpie bei der Bildung der Stoffe aus ihren Elementen dar, die Verbrennungsenthalpie stellt die Reaktionsenthalpie bei der Reaktion der Komponenten mit Sauerstoff dar. Die Bildungsenthalpie der Elemente in ihrer stabilen Form (bei Feststoffen) im Standardzustand ist mit 0 fest gelegt.

Standardzustand ist immer der reine Stoff im jeweiligen Aggregatzustand bei 1 atm. Die Temperatur ist kein Parameter für den Standardzustand, ist aber als Referenzpunkt notwendig. Meist wird 298,15 K gewählt, da die Bildungsenthalpien bei dieser Temperatur tabelliert sind.

Als Zustandsgröße ist die Enthalpie nicht vom Weg abhängig, was die Berechnung experimentell nicht zugänglicher Reaktionen ermöglicht. Beispiel 2-7 zeigt die Berechnung der Bildungsenthalpie von Butan aus den Verbrennungswärmen von C und H_2.

Sind die Bildungsenthalpien bekannt, kann jede Reaktion berechnet werden nach

$$\Delta h_R^0 = \sum_i v_i \cdot \Delta h_{B,i}^0 \tag{2.20}$$

Achtung auf die Einheiten! Die Bildungsenthalpie ist für 1 Mol der jeweiligen Komponente gegeben, die Einheiten ist daher kJ/mol (oder J/mol, J/kmol). Bei der Verbrennungs- und insbesondere bei der Reaktionsenthalpie kann diese Angabe aber leicht zu Fehlern führen, da die Reaktionsgleichungen meist mit ganzzahligen Koeffizienten geschrieben werden.

Beispiel Ammoniak-Oxidation: schreibt man die Reaktionsgleichung

$$NH_3 + 1{,}25\, O_2 \to NO + 1{,}5\, H_2O(g) \qquad\qquad \Delta h_R^0 = 226{,}17 \text{ kJ/mol}$$

so bezieht sich die Reaktionsenthalpie auf die Oxidation von 1 mol NH_3.

Für die Reaktionswärme der Reaktion

$$4\, NH_3 + 5\, O_2 \to 4\, NO + 6\, H_2O(g)$$

ergibt sich aber nach Gleichung (2.20) die 4-fache Reaktionsenthalpie[6]. Die Einheit kann daher nicht lauten $\Delta h_R^0 = 904{,}7$ kJ/mol, sondern 904,7 kJ pro 4 Mol NH_3. Am besten wird die Einheit der Reaktionswärme in kJ/mol Formelumsatz angegeben.

Mischungsenthalpie Δh_{mix}, Lösungsenthalpie Δh_{sol}

Die Mischungsenthalpie bezeichnet im Allgemeinen die Wärmetönung beim Mischen von Flüssigkeiten, die Lösungsenthalpie jene beim Lösen eines Feststoffes oder eines Gases in einer Flüssigkeit.

Beim Mischen von idealen Gasen treten keine Wärmeeffekte auf. Die Wärmekapazität einer Gasmischung ergibt sich dann aus dem arithmetischen Mittelwert der Komponenten.

Bei einer idealen Mischung von realen Fluiden (reale Gase und Flüssigkeiten) tritt auch keine Mischungswärme auf. Bei einer realen Mischung von realen Gasen ist sie meist vernachlässigbar gering; bei einer realen Mischung von Flüssigkeiten kann sie aber beträchtlich und sowohl positiv wie auch negativ sein.

---

[6] Vergleiche mit Normalpotential: $\Delta g^0 = - z \cdot F \cdot E^0$. E^0 hat einen konstanten Wert, Δg^0 hängt aber von der Anzahl z der übergehenden Elektronen ab.

Beim Lösen von Gasen und Dämpfen in Flüssigkeiten wird immer Wärme frei, Δh_{sol} ist negativ und entspricht ungefähr der Kondensationsenthalpie (Kondensieren + Mischen, wobei die Kondensationsenthalpie immer wesentlich größer ist als die Mischungsenthalpie).

Das Auflösen von Feststoffen ist jedenfalls mit einer Wärmetönung verbunden. Diese kann positiv oder negativ sein, je nach den Beiträgen der Einzelvorgänge; z. B. beträgt die Lösungsenthalpie von NaJ in Wasser bei 25 °C Δh_{sol} = - 7,5 kJ/mol, jene von KJ aber + 20 kJ/mol.

2.2.3.7.   Wärme Q

Unter Q und $\dot{Q}$ werden im Allgemeinen alle übertragenen Wärmemengen und Wärmeströme zusammengefasst, die nicht an Masseströme gebunden sind. Darunter versteht man vor allem jene Wärmemengen die durch Wärmeleitung (Konduktion) Q_{kond}, durch Konvektion Q_{konv} und durch Strahlung Q_{Str} übertragen werden. Die Berechnung dieser Wärmeströme erfolgt in Kapitel 3. Wichtig ist das Vorzeichen der Wärmeströme: von der Umgebung in das System eintretende Wärmeströme sind positiv, austretende negativ.

Manchmal wird auch noch die durch elektrischen Strom transportierte Wärme dazugerechnet, Q_{elek}.

2.2.3.8.   Arbeit, Leistung

Arbeit kann vom oder am System in vielfältiger Weise verrichtet werden. Am wichtigsten ist wohl die Volumenarbeit, die ein System z. B. durch Expansion und Antrieb eines Kolbens oder einer Welle verrichten kann (Wellenarbeit, shaft work). Am System kann Arbeit z. B. durch einen Rührer verrichtet werden. Joule bestimmte das mechanische Wärmeäquivalent, indem er durch einen Rührer Arbeit am System Wasser verrichtete und die Temperaturerhöhung des Wassers maß.

Andere Formen der Arbeit sind z. B. Oberflächenarbeit $\sigma \cdot dA$, die angibt, wie viel Energie zur Schaffung einer neuen Oberfläche erforderlich ist, oder elektrische Energie $\varphi \cdot dq$ (φ = Potential, dq = Ladungsänderung).

Mechanische Arbeit ist ganz allgemein durch Kraft mal Weg gegeben, bzw. da Kraft auch Druck mal Fläche ist, durch Druck mal Volumen. Wird durch das System oder von der Umgebung am System Volumenarbeit, z. B. durch Schieben eines Kolbens ausgeübt, so ist die geleistete Arbeit in jedem Augenblick gegeben durch

$$dW = - p \cdot dV \tag{2.21}$$

Wird am System Arbeit geleistet, z. B. durch Kompression, so ist dV negativ und die Arbeit positiv (innere Energie des Systems nimmt zu), wie es der Vorzeichenkonvention entspricht. Leistet das System Arbeit, z. B. durch Expansion, so ist dV positiv und die Arbeit von System an die Umgebung negativ (innere Energie des Systems nimmt ab).

Integration von Gleichung (2.21) ist einfach für den Fall einer irreversiblen Arbeit, die auftritt, wenn System und Umgebung unterschiedliche Drücke aufweisen (mechanisches Ungleichgewicht). Verschiebt das System beispielsweise einen Kolben gegen einen konstanten Umgebungsdruck p_U, so ergibt die Integration ganz einfach

$$W = - p_U \cdot (V_2 - V_1). \tag{2.22}$$

Wenn sich die Drücke ändern (Grenzfall: reversible Expansion oder Kompression im mechanischen Gleichgewicht), so ist der Druck von der Volumenausdehnung abhängig und es muss vor der Integration zunächst eine Beziehung zwischen Druck und Volumen gefunden werden. Dieser Zusammenhang wird durch Zustandsgleichungen beschrieben, in vielen Fällen genügt dazu im unteren Druckbereich das ideale Gasgesetz. Bleibt die Temperatur konstant, so gilt für die isotherme, reversible Volumenarbeit bei Gültigkeit des idealen Gasgesetzes:

$$W = -\int_{V_1}^{V_2} p \, dV = -NRT \cdot \int_{V_1}^{V_2} \frac{dV}{V} = -NRT \cdot \ln \frac{V_2}{V_1} = -NRT \cdot \ln \frac{p_1}{p_2} \qquad (2.23)$$

Die Enthalpie H ist definiert als innere Energie U plus Volumenarbeit $p \cdot V$. Über diese Volumenarbeit können daher H bzw. U umgerechnet werden, Beispiel 2-5.

Entsprechend dem 1. Hauptsatz können die verschiedenen Energieformen beliebig ineinander umgewandelt werden, was aber nicht für die Umwandlung von Wärme Q in Arbeit W gilt. Es kann nur ein Teil der Wärme in Arbeit umgewandelt werden und zwar die Differenz zwischen zu- und abgeführter Wärme.

$$|W| = |Q_{zu}| - |Q_{ab}| \qquad (2.24)$$

Um dies zu berechnen, muss auch noch der 2. Hauptsatz mit einbezogen werden.

2.2.4. Zweiter Hauptsatz

Es gibt viele Formulierungen des zweiten Hauptsatzes; immer geht es aber darum, dass kein System in der Lage ist, von der Umgebung aufgenommene Wärme vollständig in Arbeit umzuwandeln[7]. Auch unter optimalen Bedingungen kann nur ein bestimmter Anteil der zugeführten Wärme in Arbeit umgewandelt werden. Unter optimalen Bedingungen versteht man dabei Zustände, bei denen sich System und Umgebung immer im Gleichgewicht befinden (reversible Bedingungen).

Thermodynamische Prozesse verlaufen im Allgemeinen irreversibel. Die Irreversibilität kann verschiedene Ursachen haben (z. B. Reibung) und wird in der Thermodynamik mit der extensiven Größe S (Entropie) erfasst. Nach Clausius gilt:

$$dS = \frac{\delta Q_{reversibel}}{T} \qquad (2.25)$$

Die Kombination von 1. und 2. Hauptsatz führt damit zu folgenden Beziehungen für U, H, A und G (Gibbssche Fundamentalgleichungen):

Aus dem ersten Hauptsatz $dU = \delta Q - p \, dV$ folgt mit Gleichung (2.25) für reversible Prozesse:

$$dU = T \, dS - p \, dV \qquad (2.26)$$

und daraus mit den Definitionen für H, A und G[8]:

$$dH = T \, dS + V \, dp \qquad (2.27)$$

$$dA = -S \, dT - p \, dV \qquad (2.28)$$

---

[7] Dies gilt aber nur für Kreisprozesse. In bestimmten Fällen kann Wärme schon vollständig in Arbeit umgewandelt werden; es kann dann aber nicht mehr der ursprüngliche Zustand hergestellt werden.

[8] Aus diesen Beziehungen sieht man auch deutlich die Bedeutung für die Praxis. Will man alle Änderungen über die innere Energie verfolgen, müsste man die Änderung dS und dV messen. Um Änderungen der Gibbsschen freien Enthalpie zu verfolgen, braucht man hingegen nur Thermometer und Barometer.

$$dG = -SdT + Vdp \tag{2.29}$$

In der Ingenieurpraxis sind in Zusammenhang mit dem 2. Hauptsatz insbesondere zwei Fragestellungen von Bedeutung. Erstens, wie groß ist die maximal erzielbare, bzw. minimal zuzuführende Arbeit (Kraft-, bzw. Arbeitsmaschine). Zweitens, welche Verluste durch Irreversibilitäten treten auf, wie groß ist die tatsächlich erzielbare bzw. zuzuführende Arbeit.

Die maximal erzielbare Arbeit bzw. Leistung kann berechnet werden und ergibt sich aus der Forderung konstanter Entropie (isentrope Bedingungen). Dafür gilt:

$\Delta S = 0$ (isentrop = adiabat + reversibel)

Aus dieser Forderung ergibt sich beispielsweise der maximale Wirkungsgrad (Carnot-Wirkungsgrad) für eine Wärmekraftmaschine aus den Temperaturniveaus der heißen und kalten Seite des Gases oder Dampfes:

$$\eta_{max} = \frac{T_h - T_k}{T_h}$$

Verluste durch irreversible Prozessbedingungen können nicht berechnet werden. In der Praxis muss man auf Erfahrungswerte zurückgreifen, welche mit Wirkungsgraden berücksichtigt werden. Man berechnet daher die maximale bzw. minimale, isentrope Leistung und multipliziert (bei Kraftmaschinen) bzw. dividiert (bei Arbeitsmaschinen) diese isentrope Leistung mit dem Wirkungsgrad.

Kraftmaschinen:

$$W = W_s \cdot \eta$$

z. B. Turbine: es wird weniger Leistung erhalten als maximal möglich ist.

Arbeitsmaschinen:

$$W = \frac{W_s}{\eta}$$

z. B. Pumpe: es wird mehr Leistung benötigt als minimal erforderlich ist.

2.2.5. Zusammenstellung der Berechnungsmöglichkeiten für die Enthalpie und Entropie

Im Folgenden sind die Berechnungsformeln für die Enthalpie und Entropie von Reinsubstanzen in Abhängigkeit von Druck und Temperatur zusammengestellt:

Da die Enthalpie und die Entropie Zustandsgrößen sind, gilt allgemein für die Temperatur- und Druckabhängigkeit:

$$dH = \left(\frac{\partial H}{\partial T}\right)_P dT + \left(\frac{\partial H}{\partial p}\right)_T dp \tag{2.30}$$

$$dS = \left(\frac{\partial S}{\partial T}\right)_P dT + \left(\frac{\partial S}{\partial P}\right)_T dp \tag{2.31}$$

Andererseits gilt für H auch die Gibbssche Fundamentalgleichung

$$dH = TdS + Vdp \tag{2.27}$$

Aus diesen Beziehungen können nun mit weiteren Umformungen und Definitionen folgende Berechnungsgleichungen abgeleitet werden:

Allgemein für alle realen Stoffe:

$$d\mathrm{h} = c_P dT + \left[v - T \left(\frac{\partial v}{\partial T} \right)_P \right] dp = c_P dT + v \cdot (1 - \beta \cdot T) dp \tag{2.32}$$

$$d\mathrm{s} = \frac{c_P}{T} dT - \left(\frac{\partial v}{\partial T} \right)_P dp = \frac{c_P}{T} dT - \beta \cdot v \, dp, \tag{2.33}$$

mit dem temperaturabhängigen thermischen Ausdehnungskoeffizienten ß,

$$\beta \equiv \frac{1}{V} \cdot \left(\frac{\partial V}{\partial T} \right)_P \tag{2.34}$$

Für bestimmte Bedingungen können diese Gleichungen vereinfacht werden; Beispiele dazu finden sich im Kapitel Energiebilanzen.

Ideales Gas:

$$d\mathrm{h} = c_p^{iG} dT \tag{2.35}$$

$$d\mathrm{s} = \frac{c_p^{iG}}{T} dT - \frac{R}{p} dp \tag{2.36}$$

Inkompressible Flüssigkeit:

$$d\mathrm{h} = c_P dT + V dp \qquad (\text{ß} = 0) \tag{2.37}$$

$$d\mathrm{h} = v dp \qquad\qquad (\text{isentrop}) \tag{2.38}$$

$$d\mathrm{s} = \frac{c_P}{T} dT \tag{2.39}$$

$$d\mathrm{u} = c_V dT \tag{2.40}$$

2.3. Gleichgewichtszustände

Die Beschreibung des Zustandes eines Systems ist die zweite wichtige Aufgabe der Thermodynamik. Beispielsweise kann man den aktuellen Zustand feuchter Luft (mit trockener Luft als einer Komponente) durch Angabe der Temperatur T, des Gesamtdruckes p, der absoluten Feuchtigkeit X, der relativen Feuchtigkeit φ und durch die Enthalpie h charakterisieren.

Die Gibbssche Phasenregel gibt an, wie viele Parameter zur vollständigen Beschreibung eines Zustandes erforderlich sind:

$$\text{Freiheitsgrade} = \text{Komponenten} - \text{Phasen} + 2 \tag{2.41}$$

Der Freiheitsgrad F gibt die Anzahl der frei zu wählenden Parameter an, die restlichen sind dann festgelegt, können berechnet, aber nicht geändert werden. Von den angeführten fünf Parametern der feuchten Luft können demnach nur drei (2 Komponenten − 1 Phase + 2) frei gewählt werden. Wird die Temperatur gesenkt bis Wassertröpfchen auskondensieren, erhält man eine zweite Phase und es können nur mehr zwei Parameter gewählt werden. Durch Angabe von z. B. Druck und Temperatur sind dann alle anderen Parameter fest gelegt.

2.3.1. Zustandsgleichungen

Die Berechnung der abhängigen Zustandsgrößen erfolgt mit Zustandsgleichungen. Diese gelten prinzipiell nur für Gleichgewichtszustände. Sie können mit genügender Genauigkeit aber auch für Nicht-Gleichgewichtszustände verwendet werden, solange die Zustandsänderungen nicht sehr schnell erfolgen (z. B. durch Schockwellen)

Die kalorische Zustandsgleichung beschreibt die Änderung der inneren Energie bzw. der Enthalpie eines Systems mit dem Volumen bzw. Druck, der Temperatur und der Stoffmenge N.

$$U = f(V,T,N_i), \qquad H = f(p,T,N_i)$$

Die thermischen Zustandsgleichungen[9] setzen die Zustandsgrößen Druck p, Volumen V, Temperatur T und Stoffmenge N zueinander in Beziehung.

$$V = f(p,T,N_i)$$

$$dV = \left(\frac{\partial V}{\partial T}\right)_p dT + \left(\frac{\partial V}{\partial p}\right)_T dp + \left(\frac{\partial V}{\partial N_i}\right)_{N_j} dN_i = V \cdot \beta dT - V \cdot \kappa dp + \tilde{v} dN_i \qquad (2.42)$$

Die im Ingenieurbereich am häufigsten benutzten Zustandsgleichungen sind die ideale Gasgleichung, die Peng-Robinson-(PR) und die Soave-Redlich-Kwong-(SRK)-Gleichung sowie generalisierte Zustandsgleichungen. In diesem Kapitel werden nur die ideale Gasgleichung und die historisch wichtige Van der Waals-Gleichung und die Virialgleichung betrachtet, weitere Gleichungen im Kapitel 12, Thermodynamik II.

2.3.1.1.   *Die ideale Gasgleichung*

Bei einem idealen Gas gilt für den thermischen Ausdehnungskoeffizienten ß = 1/T und für den Kompressibilitätskoeffizienten κ = -1/p. Gleichung (2.42) mit diesen Werten von einem Zustand 1 zu einem Zustand 2 integriert ergibt

$$\frac{p_1 V_1}{T_1 N_1} = \frac{p_2 V_2}{T_2 N_2} = \text{konst.} = R$$

$$p \cdot V = N \cdot R \cdot T \qquad (2.43)$$

wobei N die gesamte Molzahl angibt und p entsprechend den Gesamtdruck. Die ideale Gasgleichung kann aber auch auf einzelne Komponenten angewandt werden, wobei der Druck dann dem entsprechenden Partialdruck der Komponente entspricht.

$$p_i V = N_i RT \quad \text{bzw.} \quad p_i = c_i RT$$

2.3.1.2.   *Van der Waals-Gleichung*

Die van der Waals-Gleichung stellte die erste Erweiterung der idealen Gasgleichung dar. Die ideale Gasgleichung wird mit zwei Parametern a und b erweitert, wobei a die anziehenden Wechselwirkungen zwischen den Molekülen berücksichtigt; der Parameter b gibt das Eigenvolumen der Moleküle an und berücksichtigt damit die Abstoßungskräfte.

---

[9] Achtung auf Verwechslung mit den englischen Ausdrücken. Die thermische Zustandsgleichung ist die „volumetric equation of state" und die kalorische die „thermal equation of state".

$$\left(p + \frac{a}{v^2} \right) \cdot \left(v - b \right) = R \cdot T \tag{2.44}$$

Die van der Waals-Gleichung wurde später mit weiteren Parametern ergänzt, insbesondere mit dem azentrischen Faktor ω (PR-, SRK-Gleichung). Bezüglich des Volumens sind diese und die entsprechenden Erweiterungen Gleichungen dritten Grades, man spricht daher von kubischen Zustandsgleichungen.

Die Parameter a und b können aus dem Kurvenverlauf am kritischen Punkt berechnet werden (Beispiel 2-8).

2.3.1.3. *Virialgleichung*

Die Virialgleichung ist vor allem deshalb von Interesse, weil sie eine theoretische Gleichung darstellt. Eine mögliche Form ist

$$\frac{pv}{RT} = z = 1 + \frac{B}{v} + \frac{C}{v^2} + \dots \tag{2.45}$$

mit den temperaturabhängigen Virialkoeffizienten B, C,..

Die Virialgleichung hat kaum praktische Bedeutung, da man meist nur den zweiten Virialkoeffizienten B tabelliert findet, womit man aber nur die Gasphase bei nicht zu hohen Drücken berechnen kann.

Es gibt aber einige Erweiterungen mit empirischen Konstanten, die vereinzelt angewandt werden, z. B. die BWR-Gleichung (Benedict, Webb, Rubin) oder die Bender-Gleichung mit 20 Parametern. Beispiel 12-1 zeigt die Anwendung dieser Gleichung für Kohlendioxid.

2.3.2. Phasengleichgewichte

Die Zustandsgleichungen beschreiben den Gleichgewichtszustand innerhalb einer Phase. Heterogene Gleichgewichte zwischen zwei oder mehr Phasen sind durch gleiche Temperatur, gleichen Druck und gleiche chemische Potentiale für jede Komponente i charakterisiert.

$$T^1 = T^2$$
$$p^1 = p^2$$
$$\mu_i^1 = \mu_i^2$$

Es gilt wieder die Gibbssche Phasenregel (2.41). Demnach gibt es für Reinkomponenten mit zwei Phasen (Dampfdruck- bzw. Kondensationskurve l/g, Schmelz- bzw. Erstarrungskurve s/l, Sublimationskurve bzw. Resublimations- oder Solidifikationskurve s/g) nur einen Freiheitsgrad. Mit der Festlegung des Druckes ist die Temperatur fixiert und umgekehrt. Am Tripelpunkt stehen Fest-, Flüssig- und Dampfphase im Gleichgewicht; der Freiheitsgrad ist 0. Der Tripelpunkt ist für jede Komponente ein ausgezeichneter, nicht variierbarer Zustandspunkt.

Bei dampf/flüssig Systemen mit nur einer Komponente entspricht im Gleichgewicht der Druck der Komponente in der Dampfphase (Partialdruck) genau dem Druck der Komponenten in der Flüssigphase (Dampfdruck bzw. Sättigungsdampfdruck):

$$p_i = p_i^s \tag{2.46}$$

Dieses Gleichgewicht gilt auch für den Fall einer Komponente in der flüssigen Phase und zwei oder mehr in der Gasphase (z. B. Wasser/feuchte Luft). In diesem Fall ergeben sich $F = 2 - 2 + 2 = 2$ Freiheitsgrade. Neben der Temperatur wird noch eine Konzentrationsangabe der dampfförmigen Komponente in der Gasphase oder der Gesamtdruck benötigt, Beispiel 2-9.

2.3.2.1.   *Dampfdruck*

Der Dampfdruck ist eine der wichtigsten Stoffeigenschaften. Er bestimmt wie viel eines Stoffes von der Fest- oder Flüssigphase in die Dampfphase übergehen kann. Er ist für sehr viele Substanzen tabelliert und kann daher genutzt werden um andere, weniger zugängliche Stoffeigenschaften wie die Verdampfungsenthalpie zu berechnen. Auch zur Beschreibung des realen Verhaltens von Fluiden ist der Dampfdruck eine wichtige Größe, da der azentrische Faktor über den Dampfdruck definiert ist.

Ausgangspunkt für die Berechnung ist die Clausius-Clapeyron-Gleichung, welche für den Übergang von der flüssigen Phase L in die Dampfphase V lautet:

$$\frac{dp^s}{dT} = \frac{\Delta h_{Verd}}{T \cdot \left(v_v - v_l\right)} \tag{2.47}$$

Die Integration dieser Gleichung ist schwierig, da die Verdampfungswärme Δh_V und die Molvolumina v_v, v_l temperaturabhängig sind.

Werden die Volumina durch die Kompressibilitätsfaktoren z ersetzt, ergibt sich:

$$\left(v_v - v_l\right) = \Delta v = \Delta z \cdot \frac{RT}{P^s} \tag{2.48}$$

$$\frac{dp^s}{dT} = \frac{p^s \cdot \Delta h_{Verd}}{T^2 \cdot \Delta z} \tag{2.49}$$

Verhält sich die Dampfphase ideal und wird das Volumen der flüssigen Phase vernachlässigt, ist $\Delta z = 1$, zur Integration wird aber immer noch die Temperaturabhängigkeit der Verdampfungswärme benötigt.

Eine einfache und eine für die Einfachheit überraschend gute Gleichung erhält man, wenn man $\Delta h_V / \Delta z$ konstant annimmt. Bezeichnet man diese Konstante mit B und die Integrationskonstante mit A, so erhält man aus der Integration die August-Gleichung:

$$\ln \frac{p^s}{p^0} = A - \frac{B}{T} \tag{2.50}$$

Diese Gleichung wird vor allem dann benutzt, wenn man den Kurvenverlauf aus nur zwei Messpunkten beschreiben möchte.

Die in der Praxis bei weitem am häufigsten benutzte Gleichung hat eine ähnliche Form und einen Parameter mehr:

$$\log p^s = A - \frac{B}{C + T} \tag{2.51}$$

Dies ist die Antoine-Gleichung. Im Gegensatz zur August-Gleichung kann sie aber nicht durch Integration aus der Clausius-Clapeyron-Gleichung erhalten werden, sondern ist eine rein empirische Gleichung. Es sind daher immer die Einheiten und der Gültigkeitsbereich zu beachten.

Der Sättigungsdampfdruck wird in allen alten und neuen Druckeinheiten angegeben, z. B. Torr, mbar, kPa, atm etc., meist wird der dekadische Logarithmus verwendet und für die Temperatur °C.

Die Antoine-Gleichung ist nicht in der Lage, die gesamte Dampfdruckkurve vom Tripelpunkt bis zum kritischen Punkt zu beschreiben; sie wird üblicherweise in verschiedene Temperaturbereiche unterteilt (Beispiel 2-11). Will man die gesamte Kurve mit einer Gleichung beschreiben, so findet man vereinzelt Erweiterungen der Antoine-Gleichung mit weiteren empirischen Parametern, z. B.:

$$\log p^s \ = \ A - \frac{B}{C+T} + D\cdot T + E\cdot T^2 + F\cdot \ln T \qquad\qquad (2.52)$$

2.3.2.2.   Raoultsches Gesetz

Besteht die flüssige Phase aus mehreren Komponenten, muss die dampf/flüssig-Gleichgewichtsbeziehung (2.46) für einkomponentige Systeme um den Molanteil der betrachteten Komponenten in der flüssigen Phase erweitert werden. Man erhält damit das Raoultsche Gesetz:

$$p_i \ = \ p_i^s \cdot x_i \qquad\qquad (2.53)$$

Das Raoultsche Gesetz beschreibt das ideale v/l-Gleichgewicht für mehrkomponentige Systeme. Zusammen mit dem Daltonschen Gesetz

$$\sum_i p_i \ = \ p_{ges} \quad \text{bzw.} \quad p_i \ = \ y_i \cdot p_{ges} \qquad\qquad (2.54)$$

kann damit beispielsweise der Siede- und Taupunkt von flüssigen und dampfförmigen Mischungen berechnet werden (Beispiel 2-12 und Beispiel 2-13).

Für die Praxis ist zu beachten, dass nur wenige Stoffsysteme dem Raoultschen Gesetz gehorchen. Meist ist der tatsächliche Partialdruck höher (positive Abweichung vom Raoultschen Gesetz), selten niedriger. Dies wird mittels Aktivitätskoeffizienten berücksichtigt, deren Berechnung im Kapitel Thermodynamik II gezeigt wird.

Die am häufigsten verwendete Form des Raoultschen Gesetzes lautet somit:

$$p_i \ = \ p_i^s \cdot x_i \cdot \gamma_i \qquad\qquad (2.55)$$

2.3.2.3.   Gesetz von Henry, Gaslöslichkeit

Das Raoultsche Gesetz kann prinzipiell für alle g/l-Systeme angewandt werden. Bei überkritischen Gasen kann aber kein Dampfdruck angegeben werden. Weshalb der Dampfdruck durch die Henry-Konstante ersetzt wird:

$$p_i \ = \ H_{i,j} \cdot x_i \qquad\qquad (2.56)$$

Ein essentieller Unterschied zum Raoultschen Gesetz wird durch den zweiten Index j der Henry-Konstante verdeutlicht. Während der Dampfdruck eine Stoffeigenschaft darstellt, bezieht sich die Henry-Konstante immer auf mindestens zwei Komponenten, den gelösten Stoff i und das Lösungsmittel j; z. B. O_2 in Wasser, O_2 in Methanol etc. Werte für die Henry-Konstante findet man z. B. in [6]. Sie ist stark temperatur- aber nur schwach druckabhängig. Für schwer lösliche Gase ist die idealisierte Form nach Gleichung (2.56) ausreichend, bei gut löslichen Gasen wie NH_3 muss ebenfalls ein Aktivitätskoeffizient berücksichtigt werden,

$$p_i \ = \ H_{i,j} \cdot x_i \cdot \gamma_i^H \qquad\qquad (2.57)$$

wobei dies ein anderer Aktivitätskoeffizient als in Gleichung (2.55) ist. Das hochgestellte H bedeutet, dass dieser Aktivitätskoeffizient über das Henry-Gesetz definiert ist (Beispiel 14-20).

2.3.2.4.   *Nernstsches Verteilungsgesetz*

Das Phasengleichgewicht zweier nahezu unmischbarer flüssiger Phasen wird bei ideal verdünnten Lösungen durch das Nernstsche Verteilungsgesetz beschrieben, welches besagt, dass das Verhältnis der Konzentrationen eines in beiden Phasen gelösten Stoffes konstant bleibt:

$$K = \frac{c_{i,org}}{c_{i,w}} = konstant \tag{2.58}$$

Wird beispielsweise eine in Wasser gelöste Komponente i durch eine organische Phase extrahiert, so ändern sich die Konzentrationen in beiden Phasen je nach Menge der zugegebenen organischen Phase; das Verhältnis der Konzentrationen bleibt aber immer konstant, Beispiel 2-17.

Für die meisten technischen Anwendungen, z. B. bei der l/l-Extraktion, ist die Berechnung mit dem Nernstschen Verteilungskoeffizienten nicht geeignet. Es müssen in beiden Phasen Aktivitätskoeffizienten berücksichtigt werden, die auf Grund der stark inhärenten Nichtidealität (erst dadurch können sich zwei nicht mischbare Phasen bilden) oft schwer zu berechnen sind. Vielfach ist man auf Versuche angewiesen.

In vielen anderen Bereichen, wie z. B. Pharmakologie, Kosmetikindustrie, Metallurgie, Hydrogeologie etc. findet das Nernstsche Verteilungsgesetz häufige Anwendung. Beispielsweise gibt der Biokonzentrationsfaktor BCF das Verhältnis der Konzentration eines Schadstoffes in einem Organismus zur Umgebung an und kann näherungsweise durch Extraktion mit n-Oktanol bestimmt werden, Beispiel 2-18.

2.3.2.5.   *Adsorptionsgleichgewichte*

Für die Berechnung der Adsorptionsgleichgewichte werden viele, meist empirische Gleichungen benutzt. Die wichtigste theoretisch fundierte Gleichung leitete Langmuir für bestimmte Bedingungen ab (keine Wechselwirkung zwischen den adsorbierten Teilchen, maximal eine Schicht adsorbierter Teilchen):

$$X = X_{max} \cdot \frac{k \cdot p_i}{1 + k \cdot p_i} \tag{2.59}$$

mit
X = Beladung des Adsorptionsmittels, z. B. g/kg
X_{max} = maximale Beladung für eine monomolekulare Schicht
k = Langmuir-Konstante

Anstelle des Partialdruckes p_i können auch andere Konzentrationsmaße eingesetzt werden, wobei sich dann andere Zahlenwerte für die Langmuir-Konstante ergeben.

Für Mehrfachbelegung kann die Langmuir-Isotherme erweitert werden, z. B. nach Brunauer, Emmett und Teller die BET-Isotherme.

Insbesondere für wässrige Lösungen findet vielfach die Freundlich-Isotherme Verwendung:

$$X = k \cdot c_i^{1/n}$$

k, n...Freundlich-Parameter $\tag{2.60}$

Beispiel 2-19 zeigt die Bestimmung dieser Konstanten aus Versuchsdaten. Wie die Henry-Konstanten sind auch die Adsorptionskonstanten keine Stoffeigenschaften; zusätzlich hängen sie aber auch noch von der Oberfläche (Porengröße, Porengrößenverteilung) ab. Tabellierte Werte sind selten und gelten nur für ganz bestimmte Adsorptionsmittel.

2.3.3. Reaktionsgleichgewichte

2.3.3.1. *Minimum der Gibbsschen freien Enthalpie*

Betrachtet werden einfache chemische Reaktionen in einer Phase unter idealen Bedingungen. Das Gleichgewicht solcher Reaktionen bzw. die Gleichgewichtskonstante kann auf verschiedene Weise berechnet werden. Immer gilt, dass die gesamte Gibbssche Enthalpie aller Komponenten als Funktion der Zusammensetzung für gegebenen Druck und Temperatur im Gleichgewicht ein Minimum aufweist. Eine Möglichkeit der Berechnung der Gleichgewichtskonstante ist daher, die Zusammensetzung der reagierenden Komponenten so lange zu variieren bis die Gibbssche Enthalpie der Reaktionsmischung einen minimalen Wert annimmt. Dazu wird zunächst gezeigt wie die Änderung der Zusammensetzung im Verlauf der Reaktion angegeben wird (Reaktionsfortschritt) und wie sich jeweils dazu die Gibbsche Enthalpie berechnet. Anschließend kann aus der Zusammensetzung beim Minimum die Gleichgewichtskonstante berechnet werden.

Reaktionsfortschritt:

Der Reaktionsfortschritt kann auf mehrere Arten angegeben werden, z. B. mit der extensiven Größe Reaktionslaufzahl ξ (reaction coordinate, progress variable, degree of reaction) oder mit der intensiven Größe Umsatz U (conversion).

Die Reaktionslaufzahl ξ hat die Einheit [mol] und gibt an, wie viele Mole entsprechend einer bestimmten Reaktion umgesetzt wurden (Formelumsatz). Sie ist also von der anfänglichen Molzahl und der Reaktionsgleichung abhängig. Es kann für jede reagierende Komponente eine Reaktionslaufzahl angegeben werden, diese sind aber über die Stöchiometrie der Reaktion miteinander verbunden:

$$d\xi \;=\; \frac{dN_1}{v_1} \;=\; \frac{dN_2}{v_2} \;=\; ... \qquad (2.61)$$

Integration von einer Anfangsmolzahl N_i^0 bei $\xi = 0$ ergibt folgende Molzahl für jede Komponente:

$$N_i \;=\; N_i^0 + v_i \cdot \xi \qquad (2.62)$$

Bei dieser Definition ist die Reaktionslaufzahl für vollständigen Umsatz aber auch von der Formulierung der Reaktionsgleichung abhängig, z. B. Ammoniaksynthese,

$$\begin{array}{ll} 3\,H_2 \;+\; N_2 & \leftrightarrow\; 2\,NH_3 \qquad (a) \\ 1{,}5\,H_2 \;+\; 0{,}5\,N_2 & \leftrightarrow\; NH_3 \qquad (b) \end{array} \qquad (2.63)$$

Liegt zu Reaktionsbeginn ein stöchiometrisches Gemisch aus 100 mol N_2 und 300 mol H_2 vor, so beträgt die Reaktionslaufzahl für vollständige Reaktion nach Gleichung (a)

$$\xi 1_{max} \;=\; \frac{-100}{-1} \;=\; \frac{-300}{-3} \;=\; 100 \; mol\,,$$

und nach Reaktion (b)

$$\xi 2_{max} = \frac{-100}{-0,5} = \frac{-300}{-1,5} = 200 \text{ mol}.$$

Auch die Gleichgewichtskonstante dieser beiden Reaktionsgleichungen unterscheidet sich, nicht aber die Zusammensetzung. Alle Größen ändern sich, in denen die stöchiometrischen Koeffizienten enthalten sind, das sind die Reaktionslaufzahl ξ (nicht aber der Umsatz U) und die Gleichgewichtskonstante. Die Gleichgewichtszusammensetzung bleibt hingegen von der Formulierung der Reaktionsgleichung unbeeinflusst, Beispiel 2-25.

Umsatz:

Der Umsatz U ist folgendermaßen definiert:

$$U_i = \frac{N_i^0 - N_i}{N_i^0} \tag{2.64}$$

Er bezieht sich auf eine reagierende Komponente i; bei stöchiometrischer Anfangszusammensetzung wählt man eines der Edukte, bei nicht stöchiometrischer Zusammensetzung das im Unterschuss vorliegende Edukt, da dann der Umsatz von 0 bis 1 geht.

Die Umsätze der anderen Reaktionspartner können nicht über die stöchiometrischen Koeffizienten mit dem Umsatz der Bezugskomponente verknüpft werden; wohl aber können die Molzahlen der anderen Komponenten mit dem Umsatz der Bezugskomponente berechnet werden, z. B. für die Ammoniak-Synthese nach den Reaktionsgleichungen (2.63):

Bezugskomponente Stickstoff:

$$U_{N_2} = \frac{N_{N_2}^0 - N_{N_2}}{N_{N_2}^0}, \quad \Rightarrow \quad N_{N_2} = N_{N_2}^0 \cdot \left(1 - U_{N_2}\right)$$

$$N_{H_2} = N_{H_2}^0 - \frac{v_{H_2}}{v_{N_2}} \cdot N_{N_2}$$

$$N_{NH_3} = N_{NH_3}^0 - \frac{v_{NH_3}}{v_{N_2}} \cdot N_{N_2}^0 \cdot U_{N_2}$$

Berechnung der Gibbschen freien Enthalpie ΔG

Prinzipiell erfolgt die Berechnung aus der Definition für G:

$$G \equiv H - T \cdot S \tag{2.65}$$

Dabei ist aber auf den unterschiedlichen Referenzzustand von G bzw. H und S zu achten. Die Entropie S ist ein Absolutwert, während G und H immer Relativwerte zu einem beliebigen Bezugszustand darstellen.

Für die entsprechenden Bildungswerte (Index B) gilt zwar für jede Komponente i

$$\Delta g_{B,i} = \Delta h_{B,i} - T \cdot \Delta s_{B,i}, \tag{2.66}$$

die tabellierten Bildungswerte für 298,15 K betreffen aber nur Δg_B und Δh_B. Δs_B muss erst aus der Bildungsreaktion berechnet werden; die tabellierten Werte für s beziehen sich immer auf die Absolutwerte, Beispiel 2-20. Bei chemischen Reaktionen können aber anstelle von Δs_B in Gleichung (2.66) auch vereinfachend die tabellierten Absolutwerte eingesetzt werden, da sich die Entropien der Elemente links und rechts der Reaktionsgleichung kürzen, Beispiel 2-22.

Die Temperaturabhängigkeit der Gibbsschen Enthalpie berücksichtigt man über die Temperaturabhängigkeit der Enthalpie und der Entropie, wobei immer 298,15 K als Referenztemperatur verwendet werden.

Korrekterweise berechnet man zunächst die Standardbildungsenthalpie $\Delta h_{B,i}$ bei der gegebenen Temperatur aus der Bildungsreaktion,

$$\Delta h_{B,i}(T) = \Delta h_{B,i}(T^0) + \int_{T^0}^{T} \sum_j \nu_j c_{p,j} dT, \tag{2.67}$$

dann die Standardbildungsentropie bei $T^0 = 298,15$ K

$$\Delta s_{B,i} = \sum_j \nu_j s_j, \tag{2.68}$$

dann die Standardbildungsentropie bei der Temperatur T

$$\Delta s_{B,i}(T) = \Delta s_{B,i}(T^0) + \int_{T^0}^{T} \sum_j \frac{\nu_j c_{p,j}}{T} dT, \tag{2.69}$$

und daraus die Gibbsche Standardbildungsenthalpie $\Delta g_{B,i}$:

$$\Delta g_{B,i}(T) = \Delta h_{B,i}(T) - T \cdot \Delta s_{B,i}(T) \tag{2.70}$$

Andere Berechnungen wie

$$\Delta g_{B,i}(T) \neq \Delta h_{B,i}^{298,15} + \int_{298,15}^{T} c_{p,i} dT + T \cdot \left(\Delta s_{B,i}^{298,15} + \int_{298,15}^{T} \frac{c_{p,i}}{T} dT \right),$$

oder

$$\Delta g_{B,i}(T) \neq \Delta h_{B,i}^{298,15} + \int_{298,15}^{T} c_{p,i} dT + T \cdot \left(s_i^{298,15} + \int_{298,15}^{T} \frac{c_{p,i}}{T} dT \right)$$

ergeben zwar falsche Zahlenwerte, für praktische Berechnungen erhält man aber trotzdem immer das richtige Ergebnis. Dies ist in Beispiel 2-21 gezeigt, wo mit diesen Gleichungen die Gleichgewichtskonstante der Wassergasreaktion berechnet wird.

Gibbsche Standardbildungsenthalpie einer Reaktionsmischung

Die Berechnung der gesamten Gibbsschen Enthalpie der Reaktionsmischung kann aber noch nicht aus der Summe der Gibbsschen Enthalpien aller Reaktanten erfolgen, es fehlt der wichtige Term der Gibbsschen Mischungsenthalpie, welche für jede mögliche Zusammensetzung berechnet werden muss, sowie die Druckabhängigkeit.

Für ein Mol einer Mischung eines idealen Gases lautet der Mischungsterm für die Gibbsche Enthalpie:

$$\Delta g_{mix} = RT \cdot \sum_i y_i \cdot \ln \frac{p_i}{p} = RT \cdot \sum_i y_i \cdot \ln y_i \tag{2.71}$$

und die Druckabhängigkeit:

$$\Delta g(p) = \Delta g(p^0) + RT \cdot \ln \frac{p}{p^0} \tag{2.72}$$

Fasst man den Mischungsterm und die Druckabhängigkeit zusammen erhält man folgenden Ausdruck für die gesamte Gibbssche Enthalpie einer Mischung idealer Gase[10]:

$$\Delta G = \sum_i N_i \cdot \Delta g_{B,i} + N \cdot \sum_i RT \cdot \ln \frac{N_i \cdot p}{N \cdot p^0} \tag{2.73}$$

Die Gleichgewichtszusammensetzung ist dann erreicht, wenn diese Gesamtenthalpie ein Minimum wird. Beispiel 2-21 zeigt die Berechnung für die homogene Wassergasreaktion, bei welcher sich die Gesamtmolzahl nicht ändert und welche daher bei idealer Berechnung unabhängig vom vorherrschenden Gesamtdruck ist.

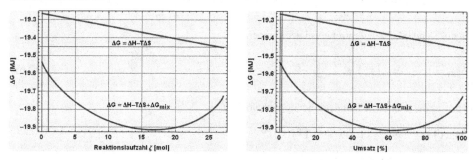

Abbildung 2-2: Minimum der Gibbsschen Enthalpie für die Wassergasreaktion bei 600°C (Beispiel 2-21)

Ändert sich während der Reaktion die Gesamtmolzahl, so ist die Gesamtenthalpie auch bei idealer Betrachtung vom Druck abhängig, Beispiel 2-23.

Gleichgewichtskonstante K

Das Gleichgewicht einer chemischen Reaktion ist bei jener Zusammensetzung erreicht, bei welcher die gesamte Gibbsche Enthalpie ein Minimum wird, d. h. wenn die Steigung der freien Enthalpie Null wird; $\frac{\partial \Delta G}{\partial \xi} = \frac{\partial \Delta G}{\partial U} = 0$. Diese Steigung gibt die Gibbsche freie Reaktionsenthalpie ΔG_R an.

---

[10] Eine andere Ableitung geht von der Gibbsschen Fundamentalgleichung aus:

Für eine Reinkomponente gilt:

$dG = Vdp - SdT = Vdp$ bei konstanter Temperatur

Mit $V = N_i RT/p_i$ für ein ideales Gas und eine Komponente i erhält man G bei beliebiger Temperatur:

$$G_i(p) = G_i(p^0) + N_i RT \cdot \ln \frac{p_i}{p^0}$$

Differentiation nach N_i ergibt die partielle molare Gibbsche Energie $\bar{g}_i = \left(\frac{\partial G_i}{\partial N_i} \right)_{T,N_j}$ = chemisches Potential μ_i.

Mit dem Daltonschen Gesetz $p_i = y_i \cdot p = N_i/N \cdot p$ erhält man somit

$$\mu_i = \mu_i^0 + RT \cdot \ln \frac{N_i \cdot p}{N \cdot p^0}.$$

Summation über alle Komponenten i ergibt wieder Gleichung (2.73), wobei zu berücksichtigen ist, dass die μ_i^0 die Gibbschen Bildungsenthalpien der reinen Komponenten bei der jeweiligen Temperatur darstellen.

Werden in Gleichung (2.73) die Mole N_i durch $\xi \cdot v_i$ ersetzt, Gleichung (2.61), und y_i durch p_i/p, erhält man für ideale Gase

$$\Delta G = \sum_i \xi \cdot v_i \cdot \Delta g_{B,i} + RT \cdot \sum_i \xi \cdot v_i \cdot \ln \frac{p_i}{p^0} .$$

Die Steigung wird durch Ableitung nach der Reaktionslaufzahl ξ gebildet,

$$\frac{\partial \Delta G}{\partial \xi} = 0 = \sum_i v_i \cdot \Delta g_{B,i} + RT \cdot \sum_i \left(\ln \frac{p_i}{p^0} \right)^{v_i},$$

wobei p^0 einen beliebig wählbaren Standarddruck angibt.

Mit $\Delta g_R^0 = \sum_i v_i \cdot \Delta g_{B,i}$ und $\sum_i \left(\ln \frac{p_i}{p^0} \right)^{v_i} = \ln \prod_i \left(\frac{p_i}{p^0} \right)^{v_i} = \ln K$

folgt

$$\Delta g_R^0 = -RT \ln K \quad \text{bzw.} \quad \Delta g_R^0(T) = -RT \ln K(T) \qquad (2.74)$$

Gleichung (2.74) gilt allgemein für alle Temperaturen und für alle realen Stoffe, obwohl die Ableitung nur für ideale Gase durchgeführt wurde.

Darstellung verschiedener Gleichgewichtskonstanten

Die thermodynamische Gleichgewichtskonstante K nach Gleichung (2.74) ist über die Fugazitäten der Reaktionspartner definiert:

$$K = \prod_i \left(\frac{f_i}{f^0} \right)^{v_i}, \qquad (2.75)$$

mit f^0 als frei wählbare Standardfugazität. Diese thermodynamische Gleichgewichtskonstante ist nur von der Temperatur, nicht aber vom Druck abhängig.

Mit den Definitionen

$$f_i = \varphi_i \cdot p_i, \qquad y_i = \frac{p_i}{p}, \qquad \frac{f_i}{f^0} = a_i, \qquad a_i = x_i \cdot \gamma_i = \frac{c_i}{c} \cdot \gamma_i$$

können nun auch andere Gleichgewichtskonstanten definiert und in Beziehung gesetzt werden:

$$K = K_p \cdot K_\varphi = K_y \cdot K_\varphi \cdot \left(\frac{p^0}{p} \right)^{\sum_i v_i} = K_a = K_x \cdot K_\gamma = K_c \cdot K_\gamma \cdot \left(\frac{c^0}{c} \right)^{\sum_i v_i} \qquad (2.76)$$

Die Druckabhängigkeit von Gasphasenreaktionen ist über die Nichtidealität der Gasphase gegeben, vor allem aber bei Molzahländerungen, wenn $\sum v_i \neq 0$ ist.

Bei konstant bleibender Molzahl ist $K_p = K_y$ und die Zusammensetzung ist unabhängig vom Druck (Beispiel 2-21), während bei sich ändernder Molzahl $K_p \neq K_y$ ist und die Zusammensetzung vom Druck abhängt (Beispiel 2-23).

In wässrigen Lösungen kann bei idealer Berechnung $K_a = K_c$ gesetzt werden, die Gesamtkonzentration ist hauptsächlich durch das Wasser bestimmt und ändert sich praktisch nicht. Die Aktivität des Wassers wird in wässrigen Reaktionssystemen gleich 1 gesetzt und in die Gleichgewichtskonstante mit einbezogen. Bei der Berechnung der Gleichgewichtskonstanten aus thermodynamischen Daten muss aber das Wasser mit einbezogen werden, z. B. Wasserprotolyse:

$$H_2O \leftrightarrow H^+ + OH^-$$

$$K = \frac{a_{H^+} \cdot a_{OH^-}}{a_{H_2O}} \quad \Rightarrow \quad K \cdot a_{H_2O} = a_{H^+} \cdot a_{OH^-} = K_W$$

$$K_W = \exp\left(-\frac{\Delta g_R^0}{RT}\right) \quad \text{mit} \quad \Delta g_R^0 = \Delta g_{B,H^+}^0 + \Delta g_{B,OH^-}^0 - \Delta g_{B,H_2O}^0 .$$

Analoges gilt wenn Feststoffe an Reaktionen in wässrigen Lösungen beteiligt sind, z. B. Löslichkeitsprodukt, Beispiel 2-26. Die Aktivität des Feststoffes wird in die Gleichgewichtskonstante mit einbezogen, bei der Berechnung der Gleichgewichtskonstante aus thermodynamischen Daten muss aber der Feststoff berücksichtigt werden (s. a. Kapitel 9).

<u>van´t Hoff-Gleichung</u>

Die Gleichgewichtskonstante kann für jede Temperatur aus Gleichung (2.73) berechnet werden. Durch Kombination und Umformen von (2.66) und (2.74) fällt aber die Entropie heraus und man erhält eine einfachere Möglichkeit zur Berechnung der Temperaturabhängigkeit der Gleichgewichtskonstanten.

Aus $\Delta g_R^0 = \Delta h_R^0 - T \cdot \Delta s_R^0 \quad \Rightarrow \quad \dfrac{\Delta g_R^0}{T} = \dfrac{\Delta h_R^0}{T} - \Delta s_R^0$ und

$$\frac{d\left(\Delta g_R^0/T\right)}{T} = \frac{d\left(\Delta h_R^0/T\right)}{T} = -\frac{\Delta h_R^0}{T^2} \text{ folgt mit}$$

$$\ln K = -\frac{\Delta g_R^0}{RT} = -\frac{1}{R}\left(\frac{\Delta g_R^0}{T}\right)$$

die Gleichung von van´t Hoff:

$$\frac{d\ln K}{dT} = \frac{\Delta h_R^0}{R \cdot T^2} \tag{2.77}$$

Bei Anwendung dieser Gleichung ist zu beachten, dass in den meisten Fällen die Temperaturabhängigkeit von Δh_R^0 zu berücksichtigen ist (Beispiel 2-21ff). Gleichung (2.77) lautet dann:

$$\int_{K(T_0)}^{K(T_1)} d\ln K = \int_{T_0}^{T_1} \frac{\Delta h_R^0\left(T_0\right) + \int_{T_0}^{T} c_{p,R} dT}{RT^2} dT , \tag{2.78}$$

wobei $c_{p,R}$ analog zu Δh_R und Δg_R definiert ist, $c_{p,R} = \sum_i v_i \cdot c_{p,i}$.

2.3.3.2.   *Simultangleichgewichte*

In vielen praktischen Fällen laufen mehrere Reaktionen gleichzeitig ab, insbesondere bei Verbrennungs- und Vergasungsvorgängen, aber auch bei vielen Synthesen in der organischen und anorganischen Chemie. Ziel bei der thermodynamischen Beschreibung solcher Parallel- oder Simultanreaktionen ist die Berechnung der Gleichgewichtszusammensetzung für vorgegebene Temperaturen.

Dies kann durch gleichzeitiges Lösen aller Gleichgewichte und Bilanzgleichungen erfolgen (Beispiel 2-29), durch iteratives Lösen der Einzelreaktionen (Relaxationsmethode, Beispiel 2-30) oder durch Minimierung der gesamten Gibbsschen Enthalpie (Beispiel 2-31). Im Kommentar zum letzten Beispiel werden die drei Methoden verglichen.

2.4. Beispiele

Beispiel 2-1: Vergleich innere, kinetische und potentielle Energie

Vergleiche den Energiebedarf zum Erwärmen von 1 kg Wasser um 1 °C, zum Heben einer Masse von 1 kg um 10 m und um 1 kg Wasser mit 10 m/s strömen zu lassen:

Ergebnis:

Erwärmen um 1 °C:

$\Delta U = c_V \cdot \Delta T = 4184 \cdot 1 = 4184\ J$

(Anmerkung: für Flüssigkeiten ist $c_v \approx c_p$)

Strömen mit 10 m/s:

$E_{kin} = M \cdot w^2/2 = 1 \cdot 10^2/2 = 50\ J$

Heben um 10 m:

$E_{pot} = M \cdot g \cdot h = 1 \cdot 9,81 \cdot 10 = 98\ J$

Beispiel 2-2: Enthalpie von Wasser

Welchen Wärmeinhalt hat 1 kg Wasser bei 50 °C für folgende Bezugszustände (alle bei 1 atm):

1. 0 K
2. -20 °C, Eis
3. 0 °C, Eis
4. 0 °C, Wasser
5. 0 °C, Wasserdampf
6. 25 °C, Wasser
7. 25 °C, Elemente.

Es sind folgende, im gegebenen Temperaturbereich als konstant angenommene Stoffdaten zu verwenden:

- Schmelzenthalpie von Eis bei 0 °C Δh_{schm} = 333 kJ/kg
- Verdampfungsenthalpie von Wasser bei 0 °C: Δh_{verd} = 2500 kJ/kg
- Wärmekapazität: Eis $\approx$ 2, Wasser = 4,18 kJ/(kg·K)
- Bildungsenthalpie Wasser bei 25 °C: Δh_B^0 = -285,83 kJ/g

Ergebnis:

1. nur aus Dampftafeln, z. B. in [2], $\Delta h_{W,50}$ = 843 kJ/kg
2. $\Delta h_{W,50} = c_{p,Eis}(0-(-20)) + \Delta h_{schm} + c_{p,Wasser}(50-0) = 582$ kJ/kg
3. $\Delta h_{W,50} = \Delta h_{schm} + c_{p,Wasser}(50-0) = 542$ kJ/kg
4. $\Delta h_{W,50} = c_{p,Wasser}(50-0) = 209$ kJ/kg
5. $\Delta h_{W,50} = -\Delta h_{verd}(0\ °C) + c_{p,Wasser}(50-0) = -2291$ kJ/kg
6. $\Delta h_{W,50} = c_{p,Wasser}(50-25) = 104,5$ kJ/kg
7. $\Delta h_{W,50} = \Delta h_B/MM_{Wasser} \cdot 1000 + c_{p,Wasser}(50-25) = -15761,7$ kJ/kg

Beispiel 2-3: Wärmekapazität von Stickstoff

Vergleiche die Wärmekapazität von Stickstoff im Temperaturbereich von 298 bis 3000 K aus verschiedenen Quellen:

1. $c_p1 = 28,88 \ - \ 1,57 \cdot 10^{-3} \cdot T \ + \ 8,075 \cdot 10^{-6} \cdot T^2 \ - \ 2,871 \cdot 10^{-9} \cdot T^3$

    in kJ/(kmol·K), gültig bis 1800 K, aus [1]

2. $c_p2 = 28,58 \ + \ 3,77 \cdot 10^{-3} \cdot T \ - \ \dfrac{5,0 \cdot 10^4}{T^2}$

    unbekannte Quelle, vermutlich in kJ/(kmol·K)

3. $c_p3 = 29,192 \ - \ 1,121 \cdot 10^{-3} \cdot T \ + \ 3,092 \cdot 10^{-6} \cdot T^2$ (298-400 K)

    $c_p3 = 22,552 \ + \ 13,209 \cdot 10^{-3} \cdot T \ + \ \dfrac{3,13 \cdot 10^5}{T^2} \ - \ 3,389 \cdot 10^{-6} \cdot T^2$ (400-1600 K)

    $c_p3 = 36,84 \ + \ 0,259 \cdot 10^{-3} \cdot T \ - \ \dfrac{54,789 \cdot 10^5}{T^2}$ (1600-6000 K)

    in kJ/(kmol·K), aus HSC 6.1 [7]

4. $c_p4 = 31,128 \ - \ 13,556 \cdot 10^{-3} \cdot T \ + \ 26,777 \cdot 10^{-6} \cdot T^2 \ - \ 11,673 \cdot 10^{-9} \cdot T^3$

    in kJ/(kmol·K), aus [8], ohne Gültigkeitsbereich

5. $c_p5 = 0,029 \ + \ 2,199 \cdot 10^{-6} \cdot T \ + \ 5,723 \cdot 10^{-9} \cdot T^2 \ - \ 2,871 \cdot 10^{-9} \cdot T^3$

    in kJ/(mol·°C), aus: [9], ohne Gültigkeitsbereich,

6. $c_p6 = R \cdot \left(3,280 \ + \ 0,592 \cdot 10^{-3} \cdot T \ - \ \dfrac{0,040 \cdot 10^5}{T^2} \right)$

    aus [3], T in Kelvin, gültig bis 2000 K, Einheit von c_p hängt von Wahl der Gaskonstante R ab, mit 8,314 auch in kJ/(kmol·K)

Ergebnis:

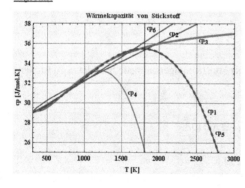

Kommentar:

Der beste Wert für den dargestellten Temperaturbereich ist c_p3. Bis zum angegebenen Gültigkeitsbereich sind aber auch c_p1 und c_p5 deckungsgleich, welche überhaupt in ihrem gesamten Kurvenverlauf deckungsgleich sind, obwohl verschiedene Einheiten für die Auswertung der Messdaten zugrunde gelegt wurden. c_p4 stimmt auch gut überein, der nicht angegebene Gültigkeitsbereich ist aber auf ca. 1000 °C beschränkt. Bei c_p2 und c_p6 gibt es geringfügige Abweichungen. Der angegebene Gültigkeitsbereich von c_p6 mit 2000 K scheint zu hoch zu sein.

Beispiel 2-4: Verdampfen von Wasser

Wie viel Wärme muss zugeführt werden, um 1 kg Wasser von 25 °C bei konstantem Druck von 1,013 bar zu verdampfen und auf 120 °C zu überhitzen?

Die Rechnung soll für verschiedene Wege durchgeführt und die Ergebnisse verglichen werden, z. B.

- Erwärmen auf 100 °C, Verdampfen, überhitzen,
- Erwärmen auf 50 °C, Verdampfen, Dampf erhitzen
- Erwärmen auf 120 °C, Verdampfen, Dampf erhitzen
- Abkühlen auf 0 °C, Verdampfen, Dampf erhitzen.

Stoffdaten: $c_{p,w}$ = 4,18; $c_{p,D}$ = 1,9 kJ/(kg·K); Verdampfungsenthalpie Wasser: 0 °C: 2500,9; 50 °C: 2382,2; 100 °C: 2256,5; 120 °C: 2202,2 kJ/kg.

Lösungshinweis:

Bei 1,013 bar ergibt sich die benötigte Wärmemenge durch Aufheizen des Wassers auf den Normalsiedepunkt von 100 °C, Verdampfen des Wassers bei dieser Temperatur und Überhitzen des Dampfes auf 120 °C.

Als reiner Rechenwert (praktisch nur bei anderen Drücken) kann Wasser aber auch gleich auf 120 °C erhitzt und dann verdampft werden, oder auch nur bis 80 °C, dann verdampft und der Dampf von 80 auf 120 °C erwärmt werden. Das Wasser könnte sogar zuerst auf 0 °C abgekühlt, dann verdampft (genauer: bei 0,01 °C) und der Dampf von 0 auf 120 °C erhitzt werden. Es sollte sich immer der gleiche Wärmebedarf q ergeben.

$$q = \Delta h_{Ende} - \Delta h_{Anfang} = \Delta\Delta h,$$

wobei sich das erste Δ auf die Differenz zwischen Ende und Anfang und das zweite Δ auf die Differenz zum Referenzzustand bezieht. Dieser kürzt sich dabei aber heraus (sofern derselbe verwendet wird), so dass ein beliebiger Referenzzustand verwendet werden kann (Vorsicht aber bei chemischen Reaktionen):

$$q = (h_{Ende} - h_{Ref}) - (h_{Anfang} - h_{Ref}) = h_{Ende} - h_{Anfang} = \Delta h$$

Für Referenzzustand von 0 °C, flüssiges Wasser und der Temperatur T in [°C] ergibt sich die Enthalpie des Wassers und des Dampfes zu:

$$h_{Wasser} = c_{p,Wasser} \cdot T_{Anfang}$$

$$h_{Dampf} = c_{p,Wasser} \cdot T + \Delta h_{verd}(T) + c_{p,Dampf} \cdot (T_{Ende} - T)$$

und

$$\Delta h = h_{Dampf} - h_{Wasser} = c_{p,Wasser} \cdot (T - T_{Anfang}) + \Delta h_{verd}(T) + c_{p,Dampf} \cdot (T_{Ende} - T)$$

wobei T beliebig gewählt werden kann, z. B. 0 °C, T_{Anfang}, 100 °C, T_{Ende}

Ergebnis:

Benötigte Wärme für verschiedene Verdampfungstemperaturen T_{verd} in kJ/kg :

T_{verd} = 100 °C   q = 2608
T_{verd} = 50 °C: q = 2619,5
T_{verd} = 120 °C: q = 2599,3
T_{verd} = 0 °C: q = 2624,4

Kommentar:

Die benötigten Wärmemengen sind nicht ganz gleich, was auf die Verwendung konstanter Stoffwerte zurückzuführen ist. Bei Verwendung temperaturabhängiger Stoffwerte (siehe *Mathematica*-Datei) sind die Werte ähnlicher aber auch noch nicht ganz gleich; dazu müsste noch die Druckabhängigkeit berücksichtigt werden. Da die Stoffwerte meist bei 1 bar oder 1 atm zur Verfügung stehen, ist der genaueste Wert bei der Berechnung der Verdampfung am Normalsiedepunkt. Bei Verwendung von temperaturabhängigen Stoffwerten ergibt sich dafür ein Wert von q = 2610,72 kJ/kg.

Beispiel 2-5: ΔU und ΔH beim Verdampfen von Wasser

Bei Zufuhr einer Wärmemenge Q = 2256,9 kJ kann bei 100 °C und 1,013 bar genau 1 kg Wasser verdampft werden. Wie ändert sich dabei die innere Energie U und die Enthalpie H?

Die spezifischen Volumina bei diesen Bedingungen sind 0,00104 m³/kg Wasser und 1,673 m³/kg Dampf.

Lösungshinweis:

System ist 1 kg Wasser, welches sich beim Verdampfen ausdehnt und eine Volumenarbeit an der Umgebung leistet. Nach dem 1.Hauptsatz ist $\Delta U = Q + W = Q - p \cdot \Delta V$; ΔH ist $\Delta U + p \cdot \Delta V$.

Ergebnis:

$\Delta U = 2087{,}5$ kJ; $\Delta H = 2256{,}9$ kJ

Beispiel 2-6: Berechnung der Verdampfungsenthalpie bei verschiedenen Temperaturen

Wasser von 25 °C wird erwärmt verdampft und auf 130 °C überhitzt. Dazu wird eine Wärmemenge von 2626 kJ/kg benötigt. Berechne die Verdampfungswärme von Wasser bei 50 °C und 110 °C.

Lösungshinweis:

Näherungsweise kann die Wärmekapazität in diesem Temperaturbereich als konstant angenommen werden: Wasser: 4,18 kJ/(kg·K); Dampf 33,8 kJ/(kmol·K)

$Q = c_{p,Wasser} \cdot (T - T_{ein}) + \Delta h_v(T) + c_{p,Dampf} \cdot (T_{aus} - T)$

Ergebnis:

$\Delta h_v(50) = 2371{,}4$; $\Delta h_v(110) = 2233{,}2$ kJ/kg;

Beispiel 2-7: Standardbildungsenthalpie von Butan

Berechne die Standardbildungsenthalpie von gasförmigem Butan aus folgenden bekannten Reaktionen bei 25 °C:

(1) $C + O_2 = CO_2$ $\Delta h_R^0 = -393{,}509$ kJ/mol C

(2) $H_2 + \frac{1}{2} O_2 = H_2O(l)$ $\Delta h_R^0 = -285{,}830$ kJ/mol H_2

(3) $4\,CO_2 + 5\,H_2O(l) = C_4H_{10} + 6{,}5\,O_2$ $\Delta h_R^0 = 2877{,}396$ kJ/mol C_4H_{10}

Lösungshinweis:

Die Reaktionen (1) bis (3) müssen so summiert werden, dass sich die Reaktionsgleichung für die Bildung von ein Mol Butan aus den Elementen ergibt.

$4C + 5\,H_2 = C_4H_{10}$

Ergebnis:

$\Delta h_B^0 = -125{,}79$ kJ/mol Butan

Beispiel 2-8: Van der Waals-Gleichung

Berechne die Konstanten a und b der van-der-Waals-Gleichung aus den kritischen Daten.

Lösungshinweis:

Die Isotherme für die kritische Temperatur weist im p-V-Diagramm am kritischen Punkt einen Sattelpunkt auf. Durch Null setzen der ersten und zweiten Ableitung können die Konstanten berechnet werden.

Ergebnis:

$$a = \frac{27\,R^2 \cdot T_{kr}^2}{64\,p_{kr}}, \quad b = \frac{R \cdot T_{kr}}{8\,p_{kr}}$$

Beispiel 2-9: Wasserdampfgehalt der feuchten Luft

Drei Wetterstationen auf Meeresniveau, in Leoben (540m) und auf dem Sonnblick (3105m) zeigen die gleichen Werte: T = 0 °C, Luftdruck = 96 kPa, relative Feuchte = 60 %. Wie groß ist jeweils der Wasserdampfgehalt der Luft in kg/kg trockene Luft?

Lösungshinweis:

Der Luftdruck in den Wetterstationen wird zur besseren Vergleichbarkeit immer auf Meeresniveau bezogen; der tatsächliche vorherrschende Luftdruck muss aus den Angaben erst berechnet werden, die barometrische Höhenformel ist hierfür meist ausreichend genau.

Mit der Vereinfachung einer konstanten Lufttemperatur lautet die barometrische Höhenformel (Ableitung in Beispiel 4-79):

$$p = p^0 \cdot \exp\left(- \frac{g \cdot MM_{Luft} \cdot h}{R \cdot T} \right)$$

Wasserdampfgehalt X nach Gleichung (1.2).

Ergebnis:

bei 0 °C, 60 % relativer Feuchte und einem angezeigten Luftdruck von 94 kPa beträgt die absolute Feuchte
- am Meer: X = 2,41 g Wasserdampf pro kg trockene Luft
- in Leoben: X = 2,58 und
- am Sonnblick: X = 3,57

Beispiel 2-10: Siedepunkt Kochsalzlösung

Berechne die Siedetemperatur einer Lösung von 100 g NaCl pro kg Wasser bei einem Gesamtdruck von 1,013 bar, a) mit dem Raoultschen Gesetz und b) mit der ebullioskopischen Konstante für Wasser (0,513 kg·K/mol).

Der Aktivitätskoeffizient von Wasser in der Salzlösung soll mit 1 angenommen werden, der Dampfdruck von NaCl kann vernachlässigt werden.

Lösungshinweis:

Für das Raoultsche Gesetz wird der Molanteil des Wassers in der Lösung benötigt, für die Berechnung mit der ebullioskopischen Konstante die Molalität von NaCl. In beiden Fällen ist zu berücksichtigen, dass NaCl in wässrigen Lösungen vollständig dissoziiert.

Ergebnis:

Nach der Berechnung mit dem Raoultschen Gesetz siedet die Salzlösung bei 101,667 °C, nach der Berechnung mit der ebullioskopischen Konstante bei 101,746 °C.

Kommentar:

Beide Werte stimmen gut überein. Die Wasseraktivität in der Salzlösung ist nicht exakt 1, weshalb sich ein geringer Unterschied ergibt.

Meist wird die ebullioskopische Konstante aber nicht zur Berechnung der Temperaturerhöhung benutzt, sondern zur Berechnung der Molmasse einer unbekannten Substanz. Die gelöste Masse dieser Substanz und die Siedepunkterhöhung werden gemessen, daraus kann die Molalität und die Molmasse berechnet werden.

Beispiel 2-11: Dampfdruckkurve von Ethanol

Zeichne die Dampfdruckkurve von Ethanol vom Tripelpunkt bis zu kritischen Punkt mit der Antoine-Gleichung.

Es stehen folgende Daten zur Verfügung [10]:

$$\log\left(\frac{p^s}{\text{Torr}}\right) = 8{,}65044 - \frac{1892{,}02}{249{,}472 + T(°C)}, \qquad \text{gültig von } -31 \text{ bis } +78 \text{ °C}$$

$$\log\left(\frac{p^s}{\text{atm}}\right) = 4{,}70586 - \frac{1281{,}59}{193{,}768 + T(°C)}, \qquad \text{gültig von } +78 \text{ bis } + 203 \text{ °C}$$

Die Temperatur am Tripelpunkt beträgt ca. -114 °C, jene am kritischen Punkt + 243 °C

Berechne beide Kurven in bar und zeichne sie für den jeweiligen Gültigkeitsbereich sowie die Extrapolation in den anderen Bereich.

Ergebnis:

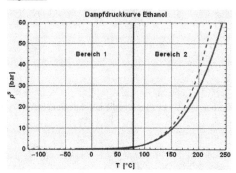

Kommentar:

Es wurden beide Kurven vom Tripelpunkt bis zum kritischen Punkt gezeichnet. Im unteren Bereich fallen beide Kurven praktisch zusammen; im Bereich 2 weicht Kurve 1 (strichliert) deutlich ab. Aber auch Kurve 2 wurde ab 203 °C extrapoliert; die Abweichung dürfte aber nicht zu groß sein.

Beispiel 2-12: Siedepunkt Benzol/Toluol

Bei welcher Temperatur beginnt eine flüssige Mischung aus 30 Mol-% Benzol und 70 Mol-% Toluol zu sieden bei 10 kPa, 101,325 kPa und 1 MPa?

Lösungshinweis:

Eine flüssige Mischung beginnt zu sieden, wenn die Summe der Partialdrücke der Komponenten in der Dampfphase den Umgebungsdruck erreicht, bzw. wenn die Summe der Molanteile y_i in der Dampfphase 1 wird.

$$p_{ges} = \sum_i p_i = \sum_i x_i \cdot p_i^s(T)$$

$$\sum_i y_i = \sum_i \frac{x_i \cdot p_i^s(T)}{p_{ges}} = 1$$

Ergebnis:

Siedebeginn bei 10 kPa = 34,35 °C, bei 101,325 kPa = 98,46 °C und bei 1 MPa = 203,3 °C.

Beispiel 2-13: Taupunkt Benzol/Toluol

Die Benzol/Toluol Mischung vom vorhergehenden Beispiel 2-12 (30 % Benzol) liegt dampfförmig vor und wird durch Abkühlen kondensiert. Bei welcher Temperatur beginnt die Kondensation für die 3 Drücke 10, 101,325 und 1000 kPa?

Lösungshinweis:

Der Taupunkt ist jene Temperatur, welche sich ergibt wenn bei gegebener Dampfzusammensetzung die Summe der Molanteile in der flüssigen Phase 1 ergibt:

$$\sum_i x_i = \sum_i \frac{y_i \cdot p_{ges}}{p_i^s(T)} = 1$$

Ergebnis:

Kondensationsbeginn der Benzol/Toluol-Mischung bei 0,1 bar: T = 40,2 °C, bei 1 atm bei 103,994 °C und bei 10 bar bei 208,2 °C

Beispiel 2-14: Druck in Sektflasche

In einer Sektflasche befinden sich 0,75 l Sekt und darüber 20 ml Gasraum bei 0 °C. Der Gasraum bestehe nur aus CO_2 bei einem Druck von 1 bar. Welcher Druck herrscht in der Flasche, wenn sie auf 25 °C erwärmt wird? Welcher Druck stellt sich ein wenn die Wasserdampfsättigung im Gasraum berücksichtigt wird?

Annahmen: Dichte Sekt = 1000 g/l = konstant. Molare Masse Sekt (Wasser + Alkohol + etc.) = 20 g/mol. Ideales Gas. Henry-Konstanten im Anhang, Tabelle 15-8.

Lösungshinweis:

Berechnung der Gesamtmenge CO_2 (in Gas und Flüssigkeit) bei Anfangsbedingungen und dann den Druck bei der erhöhten Temperatur für die gleiche Gesamtmenge CO_2.

Ergebnis:

Der Druck in der Sektflasche steigt auf 2,05 bar, bei Berücksichtigung der Wasserdampfsättigung auf 2,07 bar.

Beispiel 2-15: Sauerstofflöslichkeit in der Mur

Berechne die Sauerstofflöslichkeit (aus Luft) in der Mur an der Quelle (Radstädter Tauern 1950 m, p = 79,4 kPa, T= 5 °C), in Leoben (540 m, p = 94,7 kPa, T = 15 °C) und (nach Mündung in Drau und Donau) im schwarzen Meer (0 m, p = 101,3 kPa, T = 20 °C).

Annahme: Gleichgewicht wird erreicht, d. h. maximale Löslichkeit, Salzeinfluss nicht berücksichtigt. Henry-Konstante O_2 in Wasser = 28312,5 bei 5 °C, 31431,1 bei 10 °C und 34754,8 bei 15 °C.

Ergebnis:

An der Quelle lösen sich 10,47 mg/l, in Leoben 10,16 und am schwarzen Meer 9,86 mg/l.

Beispiel 2-16: Gaslöslichkeit [11]

Ein trockenes Gasgemisch aus H_2, CO und H_2S wird in ein geschlossenes, zum Teil mit Wasser gefülltes Absorptionsgefäß eingeleitet, das auf 25 °C thermostatisiert ist. Das Volumenverhältnis Gasphase zu Flüssigphase im Absorptionsgefäß beträgt 3:1 und bleibt näherungsweise konstant. Der anfängliche Druck im Gefäß beträgt 1,5 bar. Durch Schütteln des geschlossenen Gefäßes wird anschließend das Phasengleichgewicht eingestellt. Man berechne den sich einstellenden Druck im Absorptionsgefäß, die Zusammensetzung des Gases und die Konzentrationen der gelösten Gaskomponenten.

Lösungshinweis:

Differenz im Partialdruck der Komponenten Δp_i ist proportional den übergegangenen Molen $N_{i,ü}$. Mit idealer Gasgleichung folgt

$$\Delta p_i = p_{i,\alpha} - p_{i,\omega} = N_{i,ü} \frac{RT}{V_g}$$

Die übergegangenen Mole sind genau die gelösten Mole, Henry-Gesetz: $p_{i,\omega} = H_i \cdot x_i$. Des Weiteren ist $x_i = N_{i,\ddot{u}}/c_{ges}$ und $c_{ges} = \rho_W/MM_W$, wobei für die Dichte und die molare Masse die Werte von Wasser eingesetzt und die gelösten Komponenten vernachlässigt werden. Wechselwirkungen der Komponenten untereinander werden vernachlässigt.

Zu berücksichtigen ist auch, dass im Gleichgewicht das Gas wasserdampfgesättigt ist.

Ergebnis:

$p_{ges} = 1,42$ bar;

$y_{H2} = 0,525$; $y_{CO} = 0,367$; $y_{H2S} = 0,086$; $y_{H2O} = 0,022$

$c_{H2} = 0,589$; $c_{CO} = 0,475$; $c_{H2S} = 12,4$ mol/m^3.

Beispiel 2-17: Nernstsches Verteilungsgesetz

Eine wässrige Lösung enthält 1 g/l Phenol. Es wird jeweils 1 Liter der wässrigen Lösung mit 10, 50, 100, 500, 1000 und 2000 ml eines organisches Lösungsmittel extrahiert. Der Verteilungskoeffizient K des Phenols zwischen der organischen und der wässrigen Phase beträgt 100. Welche Gleichgewichtskonzentrationen stellen sich in beiden Phasen ein?

Ergebnis:

Nr.	ml org. Phase	$c_{Ph, w\ddot{a}ssrig}$	$c_{Ph, organisch}$
1	10	0,5	50
2	50	0,167	16,67
3	100	0,0909	9,09
4	500	0,0196	1,96
5	1000	0,0099	0,99
6	2000	0,00498	0,498

Beispiel 2-18: Biokonzentrationsfaktor

Ein See ist mit 1 µg/l Dichlorbenzol belastet. Wie viel kann ein 1 kg schwerer Fisch aufnehmen, wenn der Biokonzentrationsfaktor BCF = 3,37 beträgt.

Lösungshinweis:

Der BCF gibt das Verhältnis von Schadstoffkonzentrationen in Lebewesen zur Umgebung (meist Wasser) an. Er wird näherungsweise über den n-Oktanol/Wasser-Verteilungskoeffizient K_{OW} bestimmt, weil n-Oktanol ähnliche Löseeigenschaften wie das Fettgewebe von Lebewesen besitzt. Er wird meist als logarithmischer Wert angegeben.

$$BCF \approx K_{OW} = \log\left(\frac{c_{i,org}}{c_{i,w}}\right)$$

Ergebnis:

Der Fisch kann ungefähr 2,3 mg Dichlorbenzol aufnehmen.

Beispiel 2-19: Gleichgewichtsparameter für Langmuir-, Freundlich-Isotherme [12]

Zur Reduktion des TOC (Total Organic Carbon) wird ein Abwasser aus einer biologischen Anlage mit Aktivkohle als Adsorptionsmittel behandelt. Bestimme die Konstanten der Langmuir- und Freundlich-Isotherme.

Folgende Daten werden im Labor gemessen:

TOC in Lösung, [mg/l]	TOC auf Aktivkohle, [mg TOC/mg AK]
1,8	0,011
4,2	0,029
7,4	0,046
11,7	0,062
15,9	0,085
20,3	0,097

Lösungshinweis:

Die Isothermen können linearisiert und die Parameter grafisch bestimmt werden, z. B.

Langmuir : $\dfrac{1}{X} = \dfrac{1}{X_{max}} + \dfrac{1}{X_{max} \cdot k \cdot c}$

Freundlich: $\ln X = \ln k + \dfrac{1}{n}\ln c$

Mit einem CAS können die Parameter auch direkt durch einen nichtlinearen Fit der vorgegebenen Isothermen bestimmt werden.

Ergebnis:

Linearer Fit:

Konstanten der Freundlich-Isotherme: $k = 0,00723$ $n = 1,128$
Konstanten der Langmuir-Isotherme: $X_{max} = 0,910$ $k = 0,0069$

Nichtlinearer Fit:

Konstanten der Freundlich-Isotherme: $k = 0,00896$ $n = 1,253$
Konstanten der Langmuir-Isotherme: $X_{max} = 0,296$ $k = 0,0243$

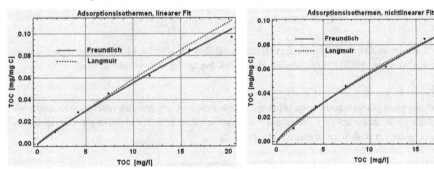

Für die gegebenen Daten kann die Langmuir-Isotherme durch nichtlineares Fitten besser approximiert werden als durch lineares Fitten.

Beispiel 2-20: Gibbssche freie Bildungsenthalpie

Berechne die Gibbsche freie Bildungsenthalpie Δg_B für Methan bei 298,15 K und 1000 K aus folgenden tabellierten Werten bei 298,15 K:

$\Delta h_B = -74810$ kJ/kmol; $s_{Methan} = 186,264$; $s_{H2} = 130,684$; $s_C = 5,74$ J/(mol·K)

Lösungshinweis:

Die Bildungsreaktion gibt die Bildung der Komponente bei der Reaktion aus den entsprechenden Elementen an, d. h. für Methan

$$C + 2\,H_2 \;\rightarrow\; CH_4$$

Die Bildungsgrößen ΔG_B, ΔH_B, ΔS_B entsprechen den Reaktionsgrößen ΔG_R, ΔH_R, ΔS_R für diese Bildungsreaktion. Es gilt z. B. für die Reaktionswärmen ΔG_R und ΔH_R bei 298,15 K:

$$\Delta g_R \;=\; \sum_i \nu_i \cdot \Delta g_{B,i} \;=\; \Delta g_{B,CH_4} - \Delta g_{B,C} - 2\Delta g_{B,H_2} \;=\; \Delta g_{B,CH_4}, \quad \text{und}$$

$$\Delta h_R \;=\; \sum_i \nu_i \cdot \Delta h_{B,i} \;=\; \Delta h_{B,CH_4} - \Delta h_{B,C} - 2\Delta h_{B,H_2} \;=\; \Delta h_{B,CH_4},$$

da Δg_B und Δh_B für die Bildung der Elemente der Wert 0 zugewiesen wurde (Referenzzustand, bei allen Temperaturen).

Für die Entropie gilt zwar auch, dass die Bildungsentropie von Methan der Reaktionsentropie der Bildungsreaktion entspricht, die Reaktionsentropie wird aber mit den Absolutwerten der Entropie gebildet.

$$\Delta s_{B,CH_4} \;=\; \Delta s_R \;=\; \sum_i \nu_i \cdot s_i \;=\; s_{CH_4} - s_C - 2\,s_{H_2}$$

Da die Entropien der Elemente auch einen Wert haben, entspricht die Bildungsentropie für Methan nicht dem tabellierten Wert für die Entropie von Methan, welcher einen Absolutwert darstellt.

Für die Referenztemperatur von 298,15 K berechnet sich die Gibbssche Bildungsenthalpie daher zu $\Delta g_B = \Delta h_B - T \cdot \Delta s_B$, nicht aber zu $\Delta g_B \neq \Delta h_B - T \cdot s$.

Für andere Temperaturen werden zunächst Δh_B und Δs_B bei 298,15 K berechnet und dazu die entsprechende Temperaturabhängigkeit addiert, d. h.

$$\Delta g_B\left(T_2\right) \;=\; \Delta h_B\left(T_{Ref}\right) + \int_{T_{Ref}}^{T_2} c_p\, dT \;-\; T_2 \cdot \left(\Delta s_B\left(T_{Ref}\right) + \int_{T_{Ref}}^{T_2} \frac{c_p}{T}\, dT \right)$$

Ergebnis:

Bei 298,15 K berechnet sich die Gibbssche freie Bildungsenthalpie zu − 50706,4 kJ/kmol und stimmt gut mit dem tabellierten Wert von -50720 kJ/kmol überein. Bei 1000 K beträgt der Wert +19565 kJ/kmol.

Kommentar:

Wird mit der absoluten Entropie anstelle der Bildungsentropie gerechnet, ergeben sich falsche Zahlenwerte, was aber keine Rolle spielt, da die üblichen Zielgrößen (Gleichgewichtskonstante K und Gleichgewichtszusammensetzung) davon unberührt bleiben, siehe nächstes Beispiel 2-21.

Beispiel 2-21: Wassergasreaktion 1: stöchiometrische Zusammensetzung

Homogene Wassergasreaktion:

$$CO + H_2O \;\leftrightarrow\; CO_2 + H_2$$

Anfänglich liegt eine stöchiometrische Mischung aus CO und H_2O mit je 27 kmol vor, und kein CO_2 und H_2.

a) Zeichne ein Diagramm mit den Werten der Gibbsschen freien Enthalpie ΔG (bezogen auf 25 °C, H_2O als Dampf) für 600 °C über den gesamten Reaktionsverlauf bis zur vollständigen Umsetzung. Der Reaktionsverlauf soll einmal mit der Reaktionslaufzahl ξ und einmal mit dem Umsatz U erfasst werden.

b) Berechne die Gleichgewichtskonstanten dieser Reaktion bei 400, 500 und 600 °C aus 1) dem Minimum der Gibbschen Enthalpie, 2) der van't Hoff-Gleichung (2.77) und 3) der Gibbsschen Standardreaktionsenthalpie nach Gleichungen (2.70) und (2.74) bei den jeweiligen Temperaturen.

c) Berechne die Gleichgewichtszusammensetzung bei diesen Temperaturen

Lösungshinweis:

Molzahlen als Funktion der Reaktionslaufzahl; für jede Komponente i gilt:

$$N_i = N_i^0 + \nu_i \cdot \xi$$

Molzahlen als Funktion des Umsatzes. Umsatz wird z. B. auf CO bezogen:

$$U = U_{CO} = \frac{N_{CO}^0 - N_{CO}}{N_{CO}^0}$$

$$N_{CO} = N_{CO}^0 \cdot (1-U)$$

$$N_{H_2O} = \frac{\nu_{H_2O}}{\nu_{CO}} \cdot N_{CO} = N_{H_2O}^0 \cdot (1-U)$$

$$N_{H_2} = \left| \frac{\nu_{H_2}}{\nu_{CO}} \right| \cdot N_{CO}^0 \cdot U$$

$$N_{CO_2} = \left| \frac{\nu_{CO_2}}{\nu_{CO}} \right| \cdot N_{CO}^0 \cdot U$$

Die gesamte Gibbssche Enthalpie kann nun als Funktion der Reaktionslaufzahl oder des Umsatzes berechnet und gezeichnet werden.

$$\Delta G(T) = \sum_i N_i \cdot \left(\Delta H_i(T^0) + \int_{T^0}^T c_{p,i} dT + T \cdot \left(S_i(T^0) + \int_{T^0}^T \frac{c_{p,i}}{T} dT \right) \right) + RT \sum_i N_i \cdot \ln \frac{N_i}{N_{ges}}$$

Aus dem Minimum dieser Funktion kann nun die Zusammensetzung im Gleichgewicht und damit die Gleichgewichtskonstante K berechnet werden.

$$K = \frac{f_{CO_2} \cdot f_{H_2}}{f_{CO} \cdot f_{H_2O}} \approx \frac{p_{CO_2} \cdot p_{H_2}}{p_{CO} \cdot p_{H_2O}} = \frac{y_{CO_2} \cdot y_{H_2}}{y_{CO} \cdot y_{H_2O}} = \frac{N_{CO_2} \cdot N_{H_2}}{N_{CO} \cdot N_{H_2O}}$$

Ergebnis:

- Diagramm in Abbildung 2-2. Gleichgewichtsumsatz = 61,77 %

- Gleichgewichtskonstanten: 400 °C: K = 12,09; 500 °C: K = 5,04; 600 °C: K = 2,61

- Gleichgewichtszusammensetzung:

T	y_{CO}	y_{H2O}	y_{CO2}	y_{H2}
400°C	0,112	0,112	0,388	0,388
500°C	0,154	0,154	0,346	0,346
600°C	0,191	0,191	0,309	0,309

Beispiel 2-22: Wassergasreaktion 2: nicht stöchiometrische Zusammensetzung

Berechne den Gleichgewichtsumsatz, die Gleichgewichtszusammensetzung und die Gleichgewichtskonstante der homogenen Wassergasreaktion bei 600 °C für eine nicht stöchiometrische Anfangszusammensetzung von 100 kmol CO, 150 kmol H_2O, 10 kmol CO_2 und kein H_2.

Ergebnis:

Der Gleichgewichtsumsatz (bezogen auf das im Unterschuss vorliegende CO) beträgt 71,31 %, die Gleichge-wichtszusammensetzung 11,03 % CO, 30,26 % H_2O, 31,27 % CO_2 und 27,43 % H_2. Die Gleichgewichtskonstan-te K = 2,61.

Kommentar:

Bei nicht stöchiometrischer Anfangszusammensetzung ergibt sich im Vergleich zu einer stöchiometrischen An-fangszusammensetzung ein unterschiedlicher Umsatz und eine unterschiedliche Gleichgewichtszusammenset-zung, die daraus berechnete Gleichgewichtskonstante bleibt aber gleich.

Beispiel 2-23: Ammoniaksynthese 1

Berechne die Reaktionslaufzahl ξ beim Minimum der Gibbsschen freien Enthalpie und daraus die Gleichgewichtskonstante der Reaktion

$$3\,H_2 + N_2 \leftrightarrow 2\,NH_3$$

für 200 und 400 °C und 1 und 100 bar,

sowie die jeweilige Gleichgewichtszusammensetzung in Molanteilen für eine stöchiometrische An-fangszusammensetzung von 300 kmol H_2 und 100 kmol N_2.

Lösungshinweis:

Im Unterschied zur Wassergasreaktion ist jetzt der Gesamtdruck von Bedeutung. Er kürzt sich im Mischungs-term der Gibbsschen Enthalpie nicht heraus, so dass dieser lautet (Gleichung (2.71)):

$$\Delta g_{mix} = RT \cdot \sum_i y_i \cdot \ln \frac{p_i}{p^0} = RT \cdot \sum_i y_i \cdot \ln \frac{y_i \cdot p_{ges}}{p^0}$$

Auch bei der Berechnung der Zusammensetzung aus der Gleichgewichtskonstante muss jetzt der Gesamtdruck berücksichtigt werden:

$$K = \frac{f_{NH_3}^2}{f_{H_2}^3 \cdot f_{N_2}} \approx \frac{p_{NH_3}^2}{p_{H_2}^3 \cdot p_{N_2}} = \frac{y_{NH_3}^2}{y_{H_2}^3 \cdot y_{N_2}} \cdot \frac{1}{p_{ges}^2} = \frac{N_{NH_3}^2}{N_{H_2}^3 \cdot N_{N_2}} \cdot \frac{N_{ges}^2}{p_{ges}^2}$$

Ergebnis:

T [°C]	p [bar]	ξ [mol]	K	y_{H2}	y_{N2}	y_{NH3}
200	1	25,92	0,4004	0,638	0,213	0,149
400	1	0,87	$1,838 \cdot 10^{-4}$	0,747	0,249	0,004
200	100	89,04	0,4004	0,148	0,049	0,802
400	100	39,82	$1,838 \cdot 10^{-4}$	0,563	0,188	0,249

Kommentar:

Die Gleichgewichtskonstante ist unabhängig vom Druck, nicht aber die Zusammensetzung. Wie auf Grund der geringeren Molzahl der Produkte in der Reaktionsgleichung zu erwarten, verschiebt sich die Gleichgewichtszu-sammensetzung bei höheren Drücken in Richtung Produkte.

Beispiel 2-24: Ammoniaksynthese 2

Wie vorhergehendes Beispiel 2-23, die Reaktionsgleichung soll nun aber lauten:

$$1,5\,H_2 + 0,5\,N_2 \leftrightarrow NH_3$$

Was ändert sich, was bleibt gleich?

Lösungshinweis:

$$d\xi = \frac{dN_1}{\nu_1} = \frac{dN_2}{\nu_2} = \ldots \tag{2.79}$$

$$K = \frac{f_{NH_3}}{f_{H_2}^{1,5} \cdot f_{N_2}^{0,5}} \approx \frac{p_{NH_3}}{p_{H_2}^{1,5} \cdot p_{N_2}^{0,5}} = \frac{y_{NH_3}}{y_{H_2}^{1,5} \cdot y_{N_2}^{0,5}} \cdot \frac{1}{p_{ges}} = \frac{N_{NH_3}}{N_{H_2}^{1,5} \cdot N_{N_2}^{0,5}} \cdot \frac{N_{ges}}{p_{ges}}$$

oder

$$K = \exp\left(-\frac{\Delta g_R}{RT}\right) = \exp\left(-\frac{\sum_i \nu_i \cdot \Delta g_{B,i}^0}{RT}\right) = \exp\left(-\frac{\nu_{NH_3} \Delta g_{B,NH_3}^0}{RT}\right)$$

Ergebnis:

T [°C]	p [bar]	ξ [mol]	K	y_{H2}	y_{N2}	y_{NH3}
200	1	51,83	0,6328	0,638	0,213	0,149
400	1	1,74	0,0136	0,747	0,249	0,004
200	100	178,07	0,6328	0,148	0,049	0,802
400	100	79,64	0,0136	0,563	0,188	0,249

Kommentar:

Alle Größen, in den die stöchiometrischen Koeffizienten enthalten sind, ändern sich, das sind die Reaktionslaufzahl ξ (nicht aber der Umsatz) und die Gleichgewichtskonstante. Die Gleichgewichtszusammensetzung bleibt hingegen von der Formulierung der Reaktionsgleichung unbeeinflusst.

Beispiel 2-25: Ammoniaksynthese 3

Berechne die Reaktionslaufzahl ξ beim Minimum der Gibbsschen freien Enthalpie und daraus die Gleichgewichtskonstante der Reaktion

$$3\,H_2 + N_2 \leftrightarrow 2\,NH_3$$

bei 200 °C und 1 bar für folgende Anfangszusammensetzungen:

A) $H_2 = 300$, $N_2 = 100$, $NH_3 = 0$ mol   (stöchiometrisch)

B) $H_2 = 400$, $N_2 = 100$, $NH_3 = 0$ mol

C) $H_2 = 400$, $N_2 = 100$, $NH_3 = 10$ mol

D) $H_2 = 200$, $N_2 = 100$, $NH_3 = 10$ mol

Ergebnis:

	ξ [mol]	K	y_{H2}	y_{N2}	y_{NH3}
A	25,9	0,4004	0,638	0,213	0,149
B	31,8	0,4004	0,698	0,156	0,146
C	28,1	0,4004	0,696	0,158	0,146
D	15,1	0,4004	0,553	0,303	0,143

Kommentar:

Je nach Anfangszusammensetzung liegt das Minimum bei unterschiedlichen Reaktionslaufzahlen, die Gleichgewichtskonstante bleibt aber für die gegebene Reaktionsgleichung immer gleich.

Beispiel 2-26: Löslichkeitsprodukt von Kalkstein

Berechne das Löslichkeitsprodukt von Kalkstein $CaCO_3$ (Calcit) von 0 bis 100 °C aus thermodynamischen Daten, wobei ΔH_R einmal konstant bei 25 °C und einmal Temperatur abhängig angenommen werden soll.

Stoffdaten: Δg_B und Δh_B im Anhang; Wärmekapazitäten in $A + B \cdot 10^{-3}T + C \cdot 10^5 \cdot T^{-2} + D \cdot 10^{-6} \cdot T^2$ [J/(mol·K)] (aus [7]):

		273,15 – 333,15 K	333,15 – 473,15 K
Ca^{2+}	A	12429,702	- 1831,311
	B	- 51306,782	7765,371
	C	- 2168,100	304,679
	D	59345,615	- 9551,703
CO_3^{2-}	A	69525,340	- 4130,374
	B	- 287938,271	18287,982
	C	- 12200,134	471,550
	D	334778,086	- 23649,398
$CaCO_3$	A	99,544	
(bis 1600°C)	B	27,136	
	C	- 21,479	
	D	0,002	

Lösungshinweis:

Die thermodynamischen Beziehungen können auch auf Ionenreaktionen angewandt werden. Die Gleichgewichtsbeziehung für die Auflösereaktion von Kalkstein lautet:

$$K = \frac{a_{Ca^{2+}} \cdot a_{CO_3^{2-}}}{a_{CaCO_3}}$$

Die Aktivität des Feststoffes ist konstant. Das Löslichkeitsprodukt wird durch Multiplikation der Gleichgewichtskonstante mit der konstanten Aktivität des Feststoffes erhalten, $K_L = a_{Ca^{2+}} \cdot a_{CO_3^{2-}}$, (Kapitel 9, Gleichung (9.12)). Für die Berechnung des Löslichkeitsproduktes aus thermodynamischen Daten muss aber der Feststoff mit einbezogen werden.

$$\Delta g_R^0 = \Delta g_{B,Ca^{2+}}^0 + \Delta g_{B,CO_3^{2-}}^0 - \Delta g_{B,CaCO_3}^0$$

Ergebnis:

Abbildung im nächsten Beispiel 2-27.

Beispiel 2-27: Lösungswärme von CO_2 und H_2S

Berechne die Lösungswärme von CO_2 und H_2S aus den Temperatur abhängigen Henry-Konstanten.

Henry-Konstanten in Pa als f (T); T in Kelvin:

$$H_{CO_2} = \exp\left(170,7126 - \frac{8477,711}{T} - 21,9574 \cdot \ln T + 0,00578 \cdot T\right) \quad 0 - 100\ °C$$

$$H_{H_2S} = \exp\left(358,138 - \frac{13236,8}{T} - 55,0551 \cdot \ln T + 0,059565 \cdot T\right) \quad 0 - 150\ °C$$

<u>Lösungshinweis:</u>

Die van`t Hoff-Gleichung (2.77) gilt auch für Lösungsgleichgewichte; die Henry-Konstante H entspricht dann der Gleichgewichtskonstante K und die Lösungsenthalpie ΔH_{sol} der (negativen) Reaktionsenthalpie:

$$\frac{d\ln H(T)}{dT} = -\frac{\Delta h_{sol}(T)}{RT^2} \qquad (2.80)$$

Nachdem die Henry-Konstanten direkt als Funktion der Temperatur gegeben sind, können die Lösungsenthalpien aus der Ableitungsfunktion berechnet werden.

$$\Delta h_{sol} = -\frac{d\ln H(T)}{dT} \cdot RT^2$$

Achtung auf das Vorzeichen; Lösungsenthalpien von Gasen sind immer negativ.

<u>Ergebnis:</u>

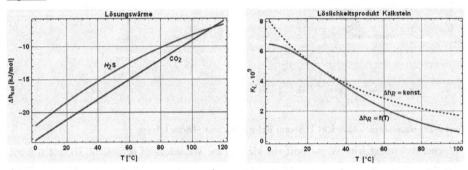

Beispiel 2-28: Verdampfungsenthalpie aus Dampfdruckkurve

Es ist die Verdampfungswärme von Wasser aus der Dampfdruckkurve im Bereich 0 – 100 °C zu berechnen und mit den experimentellen Daten (z. B. VDI-Wärmeatlas [4]) zu vergleichen.

<u>Lösungshinweis:</u>

Ausgangspunkt ist das 2-Phasengleichgewicht einer Komponente. Benennung und Indizierung ist hier immer für das Gleichgewicht dampf/flüssig, die Gleichungen haben aber für jeden Phasenübergang Gültigkeit. Es gilt:

$\mu^l = \mu^g$, bzw. $g^l = g^g$ und $dg^l = dg^g$

Mit der Gibbschen Fundamentalgleichung $dg = vdp - sdT$ folgt:

$v^l dP - s^l dT = v^g dp - s^g dT \Rightarrow$

$(v^g - v^l)dp = (s^g - s^l)dT \Rightarrow$

$\Delta v_{Verd} dp^s = \Delta s_{Verd} dT,$

wobei der Druck beim Phasenübergang l/g nun den Sättigungsdampfdruck angibt. Mit der Definition der Gibbschen freien Enthalpie $G \equiv H - T \cdot S$ kann die Verdampfungsentropie Δs_{verd} durch die Verdampfungsenthalpie Δh_{verd} ausgedrückt werden.

$\Delta g_{Verd} = 0$ (Phasengleichgewicht) $= \Delta h_{Verd} - T\Delta s_{Verd}$,

und man erhält die Clausius-Clapeyron-Gleichung:

$$\frac{dp^s}{dT} = \frac{\Delta h_{Verd}}{T \cdot \Delta v_{Verd}} \qquad (2.81)$$

Kann Δv_{Verd} aus einer Zustandsgleichung berechnet werden, erhält man aus der Steigung der Dampfdruckkurve die Verdampfungswärme (Beispiel 12-16). In diesem Beispiel wird die Dampfphase als ideales Gas angenähert; vernachlässigt man auch noch das Volumen der Flüssigphase gegenüber der Dampfphase erhält man mit $\Delta v_{Verd} = RT/p^s$

$$\frac{d\ln p^s}{dT} = \frac{\Delta h_{Verd}}{R \cdot T^2},$$

was völlig der van't Hoff-Gleichung für die Temperaturabhängigkeit der Gleichgewichtskonstanten entspricht. Die Verdampfungswärme erhält man somit direkt aus der Steigung der Dampfdruckkurve.

Ergebnis:

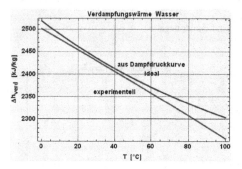

Beispiel 2-29: Simultangleichgewicht 1: Steam Reforming, analytische Lösung

Beim Steam Reforming wird Wasserstoff aus Methan und Wasserdampf hergestellt. Es laufen dabei mehrere Reaktionen ab, es ist aber ausreichend, nur folgende zwei unabhängige Reaktionen zu berücksichtigen:

    (1) $CH_4 + H_2O \leftrightarrow CO + 3\,H_2$

    (2) $CO + H_2O \leftrightarrow CO_2 + H_2$

Es wird doppelt so viel Wasserdampf wie Methan eingesetzt. Es ist die Gleichgewichtszusammensetzung bei 1000 °C und 10 bar zu bestimmen. Die Gleichgewichtskonstanten sind aus thermodynamischen Daten zu berechnen.

Lösungshinweis:

Die Gleichgewichtsmengen der Komponenten werden aus den Anfangsmengen und den Änderungen ($v_i \cdot \Delta N1$ für Reaktion 1 und $v_i \cdot \Delta N2$ für Reaktion 2) dargestellt, in die Gleichgewichtsbeziehung eingesetzt und nach den ΔN gelöst. Man erhält damit folgende Gleichgewichtsmolzahlen:

$N_{CH4} = N^0_{CH4} - \Delta N1$

$N_{H2O} = N^0_{H2O} - \Delta N1 - \Delta N2$

$N_{CO} = N^0_{CO} + \Delta N1 - \Delta N2$

$N_{CO2} = N^0_{CO2} + \Delta N2$

$N_{H2} = N^0_{H2} + 3\Delta N1 + \Delta N2$

Gleichgewicht für Standarddruck $p^0 = 1$:

    Reaktion 1: $K_1 \approx \dfrac{p_{CO}p_{H2}^3}{p_{CH4}p_{H2O}} = \dfrac{y_{CO}y_{H2}^3}{y_{CH4}y_{H2O}}p_{ges}^2 = \dfrac{N_{CO}N_{H2}^3}{N_{CH4}N_{H2O}}\dfrac{p_{ges}^2}{N_{ges}^2}$

    Reaktion 2: $K_2 \approx \dfrac{p_{CO2}p_{H2}}{p_{CO}p_{H2O}} = \dfrac{y_{CO2}y_{H2}}{y_{CO}y_{H2O}} = \dfrac{N_{CO2}N_{H2}}{N_{CO}N_{H2O}}$

Diese Gleichungen können analytisch oder numerisch nach $\Delta N1$ und $\Delta N2$ gelöst werden. Diese ΔN können auch negativ sein, falls die Reaktion in die andere Richtung läuft. Bei numerischen Lösungen kann es daher Schwierigkeiten mit geeigneten Startwerten geben, weshalb analytische Lösungen zu bevorzugen sind. Diese geben alle Lösungen an, die richtige muss daraus erst isoliert werden. Die richtige Lösung ist diejenige, welche alles positive Molzahlen liefert, nicht aber notwendigerweise alles positive ΔN.

Ergebnis:

$K_1 = 8653$; $K_2 = 0,578$

	CH_4	H_2O	CO	CO_2	H_2
Mole	0,0131	0,8746	0,8483	0,1386	3,0992
Molanteile	0,0026	0,1758	0,1706	0,0279	0,6231

Beispiel 2-30: Simultangleichgewicht 2: Steam Reforming, Relaxationsmethode

Angaben wie in Beispiel 2-29, Lösung aber mit Relaxationsmethode:

Lösungshinweis:

Bei der Relaxationsmethode werden die simultan ablaufenden Reaktionen als sequentielle Reaktionen angenommen. Ausgehend von der angegebenen Anfangszusammensetzung wird die Gleichgewichtszusammensetzung nach der Reaktion (1) berechnet, welche dann als Anfangszusammensetzung für die Reaktion (2) dient. Die Gleichgewichtszusammensetzung der letzten Reaktion dient dann wiederum als Anfangszusammensetzung für Reaktion (1). Es wird so lange iteriert bis die Zusammensetzung nach der letzten Reaktion praktisch konstant bleibt.

Ergebnis:

der Iteration bis *FixedPoint* ($\approx 10^{-16}$):

	CH_4	H_2O	CO	CO_2	H_2
Mole	0,0131	0,8746	0,8483	0,1386	3,0992
Molanteile	0,0026	0,1758	0,1706	0,0279	0,6231

Beispiel 2-31: Simultangleichgewicht 3: Steam Reforming, Gibbsminimierung

Gleiche Bedingungen wie in Beispiel 2-29. Lösung mit Hilfe der Minimierung der gesamten Gibbsschen freien Enthalpie.

Die Reaktionen brauchen nicht bekannt zu sein, wohl aber müssen alle Komponenten bekannt sein, die im Gleichgewicht vorhanden sind.

Lösungshinweis:

Die Gibbs-Minimierung einer einzigen Reaktion wurde in Beispiel 2-21 gezeigt. Bei mehreren Reaktionen würde das jeweilige Minimum bei unterschiedlichen Molzahlen liegen, die in Summe nicht zusammenpassen. Es gibt daher eine Einschränkung, nämlich dass die Atombilanzen erfüllt sein müssen. Es handelt sich somit um eine Nullstellensuche mit Nebenbedingung, welche am besten mit der Methode der Lagrangeschen Multiplikatoren λ durchgeführt wird.

Vorgangsweise:

Man formuliert zunächst die Nebenbedingungen, die Atombilanzen. Bezeichnet man mit N_i die Molzahlen der vorhandenen Komponenten i, mit a_{ik} die Anzahl der Atome k im Molekül i und mit A_k die Menge der anfänglich vorhandenen Atome k, so erhält man für jedes Atom k folgende Bilanz:

$$\sum_i N_i a_{ik} = A_k \quad \text{bzw.} \quad \sum_i N_i a_{ik} - A_k = 0 \tag{2.82}$$

Als nächstes addiert man zu jeder Atombilanz einen Lagrangeschen Multiplikator λ_k und summiert dann über alle Atombilanzen.

$$\lambda_k \cdot \left(\sum_i N_i a_{ik} - A_k \right) = 0, \quad \text{und}$$

$$\sum_k \lambda_k \cdot \left(\sum_i N_i a_{ik} - A_k \right) = 0 \tag{2.83}$$

Gleichung (2.83) wird nun zur gesamten Gibbsschen Enthalpie aller Komponenten G^{tot} addiert, wodurch eine neue Funktion F erhalten wird, die denselben Zahlenwert aufweist wie G^{tot}.

$$F = G^{tot} + \sum_k \lambda_k \cdot \left(\sum_i N_i a_{ik} - A_k \right)$$

Die Nullstellensuche wird nun mit der neuen Funktion F durchgeführt. Ableiten nach N_i und Nullsetzen ergibt daher folgende Funktion für jede Komponenten i:

$$\left(\frac{\partial F}{\partial N_i} \right)_{T,p,N_j} = \left(\frac{\partial G^{tot}}{\partial N_i} \right)_{T,p,N_j} + \sum_k \lambda_k a_{ik} = 0 \tag{2.84}$$

Die Ableitung der gesamten Gibbsenthalpie nach den Molzahlen ist aber das chemische Potential μ_i, welches für ein ideales Gas gegeben ist durch die Bildungsenthalpie für die Reinkomponenten und den Mischungs- und Druckterm:

$$\mu_i = \Delta g_{B,i} + RT\ln\left(y_i \cdot \frac{p}{p^0} \right).$$

Werden die Molanteile y_i durch N_i/N_{ges} ersetzt, erhält man somit für jede Komponente i folgende Gleichung:

$$\Delta g_{B,i} + RT\ln\left(\frac{N_i}{N_{ges}} \cdot \frac{p}{p^0} \right) + \sum_k \lambda_k a_{ik} = 0 \tag{2.85}$$

Jetzt fehlen noch k Gleichungen für die Lagrangeschen Multiplikatoren λ, welche aus den Atombilanzen, Gleichung (2.82), erhalten werden.

Ergebnis:

	CH_4	H_2O	CO	CO_2	H_2
Mole	0,013	0,8744	0,8483	0,1386	3,0995
Molanteile	0,0026	0,1758	0,1706	0,0279	0,6232

Kommentar zu den drei verschiedenen Methoden:

Die direkte Lösung des Gleichungssystems stellt für die heutigen Computer-Algebra-Systeme (CAS) kaum ein Problem dar, auch für die Lösung wesentlich umfangreicherer Simultangleichgewichte. Bei der analytischen Lösung des Gleichgewichtssystems ist zu beachten, dass immer alle Lösungen angegeben werden und die richtige Lösung erst gefunden werden muss. Geeignete Startwerte zu finden stellt eine prinzipielle Schwierigkeit bei allen numerischen Lösungen dar.

Die Relaxationsmethode ist einfach und die Konvergenz bei der Iteration meist sehr gut.

Das Gleichungssystem bei der Methode der Gibbs-Minimierung enthält durch den Mischungsterm immer Exponentialfunktionen, die analytisch nicht gelöst werden können. Der Vorteil der Gibbs-Minimierung ist, dass die Reaktionen nicht bekannt sein müssen, um die Gleichgewichtszusammensetzung zu ermitteln. Diese Methode sollte daher nur für diese Bedingungen angewandt werden.

Beispiel 2-32: Simultangleichgewicht 4: Steam Reforming, grafische Darstellungen

Gleiche Angabe wie in Beispiel 2-29.

Es ist die Gleichgewichtszusammensetzung bei 10 bar im Temperaturbereich von 200 bis 1200 °C und bei 1000 °C von 1 bis 100 bar grafisch darzustellen.

Ergebnis:

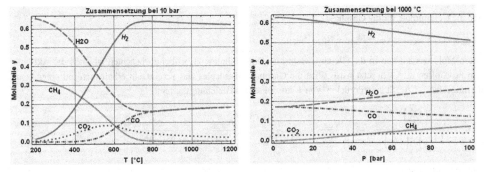

Beispiel 2-33: Simultangleichgewicht mit Feststoff 1: analytische Lösung

Es soll die Gleichgewichtszusammensetzung der Gasphase im Einschmelzvergaser des Corex-Prozesses berechnet werden. In den Einschmelzvergaser werden Kohle, Additive (Quarz, Kalkstein, Dolomit) und teilweise reduziertes Eisenerz eingebracht. Zusätzlich wird Sauerstoff eingebracht. Die Temperatur betrage 1350 K bei einem Druck von 4 bar. Für die Entstehung des Gasgemisches werden folgende Reaktionen berücksichtigt:

(1) $C + O_2 \leftrightarrow CO_2$

(2) $C + CO_2 \leftrightarrow 2\,CO$

(3) $C + H_2O \leftrightarrow CO + H_2$

(4) $C + 2\,H_2 \leftrightarrow CH_4$

Die anfänglich vorhandenen bzw. eingebrachten Mengen (Mole pro Zeiteinheit) sind:

$O_2 = 550$; $CO_2 = 2$; $CO = 200$; $H_2O = 10$; $H_2 = 750$; $CH_4 = 0$;

Die Gleichgewichtskonstanten sind aus den thermodynamischen Daten zu berechnen. Kohle wird im stöchiometrischen Verhältnis zugeführt. Wie viel ist das?

Lösungshinweis:

Als erster Schritt muss überprüft werden, ob die angegebenen Reaktionsgleichungen ausreichend und unabhängig voneinander sind. Dies wird hier vorausgesetzt; zur Überprüfung dieser Voraussetzungen siehe Kapitel 4.7, Anlagenbilanzen.

Als nächstes werden die Molzahlen im Gleichgewicht angeschrieben und in die Gleichgewichtskonstanten eingesetzt. Nach Reaktion 1 entsteht ein Mol CO_2 und nach Reaktion 2 reagiert 1 Mol CO_2. Im Gleichgewicht sind daher vorhanden:

$$N_{CO2} = N^0_{CO2} + \Delta N1 - \Delta N2$$

Es ist aber zu beachten, dass die Reaktionen auch in die umgekehrte Richtung laufen können. Die ΔN haben dann in der Lösung ein negatives Vorzeichen.

Analog ergeben sich für die anderen Komponenten:

$$N_C = N^0_C - \Delta N1 - \Delta N2 - \Delta N3 - \Delta N4$$

$$N_{O2} = N^0_{O2} - \Delta N1$$

$$N_{CO} = N^0_{CO} + 2\,\Delta N2 + \Delta N3$$

$$N_{H2O} = N^0_{H2O} - \Delta N3$$

$$N_{H2} = N^0_{H2} + \Delta N3 - 2\,\Delta N4$$

$$N_{CH4} = N^0_{CH4} + \Delta N4$$

und die Gesamtmole für die Gasphase

$$N_{ges} = N_{O2} + N_{CO2} + N_{CO} + N_{H2O} + N_{H2} + N_{CH4}$$

Diese Mole werden nun in die Gleichgewichtskonstanten eingesetzt, wobei zu beachten ist, dass die Aktivität von Feststoffen $a_S = 1$ gesetzt wird. Wird die Gasphase als ideales Gas vereinfacht erhält man mit einer Standardfugazität f^0 bzw. Standarddruck p^0 von 1 atm folgendes Gleichungssystem:

$$K_1 = \frac{\left(f/f^0\right)_{CO2}}{\left(f/f^0\right)_C \cdot \left(f/f^0\right)_{O2}} \approx \frac{p_{CO2}}{a_C \cdot p_{O2}} = \frac{y_{CO2} \cdot p_{ges}}{y_{O2} \cdot p_{ges}} = \frac{N_{CO2}}{N_{O2}} = \frac{N^0_{CO2} + \Delta N_1 - \Delta N_2}{N^0_{O2} - \Delta N_1}.$$

und analog für die anderen Reaktionen:

$$K_2 = \frac{p^2_{CO}}{p_{CO2}} = \frac{y^2_{CO} \cdot p^2_{ges}}{y_{CO2} \cdot p_{ges}} = \frac{N^2_{CO}}{N_{CO2}} \cdot \frac{p_{ges}}{N_{ges}} = \frac{\left(N^0_{CO} + 2\Delta N_2 + \Delta N_3\right)^2}{N^0_{CO2} + \Delta N_1 - \Delta N_2} \cdot \frac{p_{ges}}{N_{ges}}$$

$$K_3 = \frac{p_{CO} \cdot p_{H2}}{p_{H2O}} = \frac{N_{CO} \cdot N_{H2}}{N_{H2O}} \cdot \frac{p_{ges}}{N_{ges}}$$

$$K_4 = \frac{p_{CH4}}{p^2_{CH4}} = \frac{N_{CH4}}{N^2_{CH4}} \cdot \frac{N_{ges}}{p_{ges}}$$

Dies ergibt ein nichtlineares Gleichungssystem mit den 4 Unbekannten ΔN_1 bis ΔN_4. Mathematica, Maple und andere Computeralgebrasysteme sind in der Lage, dieses nichtlineare Gleichungssystem analytisch zu lösen. Für dieses Gleichungssystem erhält man 8 Lösungen, 4 komplexe und 4 reelle. Davon gibt es aber nur eine physikalisch sinnvolle Lösung, wenn alle Molzahlen im Gleichgewicht positive Werte annehmen.

Selbstverständlich kann das Gleichungssystem auch numerisch gelöst werden, wobei nur 1 Lösung erhalten wird. Ob das die richtige Lösung ist, hängt allerdings von den Startwerten ab. Geeignete Startwerte zu finden ist aber schwierig, da auch die richtige Lösung negative ΔN (Reaktion läuft in die andere Richtung) enthalten kann. Daher ist die symbolische Lösung immer zuverlässiger, trotz des größeren Aufwandes der Bestimmung der richtigen Lösung.

Ergebnis:

Gleichgewichtskonstanten bei der gegebenen Temperatur:

$K_1 = 2{,}02 \cdot 10^{15}$; $K_2 = 335{,}66$; $K_3 = 163{,}4$; $K_4 = 0{,}0054$;

$\Delta N_1 = 550$; $\Delta N_2 = 542{,}4$; $\Delta N_3 = -1{,}31$; $\Delta N_4 = 5{,}7$;

In der Zeiteinheit werden 1096,8 Mole C umgesetzt.

Zusammensetzung Gasphase	O_2	CO_2	CO	H_2	H_2O	CH_4
Mole	≈ 0	9,589	1283,51	773,281	11,314	5,702
Molanteile	≈ 0	0,005	0,627	0,36	0,006	0,003

Beispiel 2-34: Simultangleichgewicht mit Feststoff 2: Relaxationsmethode

Gleiche Angabe wie im vorhergehenden Beispiel 2-33, die Lösung soll aber mit der Relaxationsmethode erfolgen.

Ergebnis:

Mole	N_{O2}	N_{CO2}	N_{CO}	N_{H2}	N_{H2O}	N_{CH4}	N_{ges}
Start	550	2	200	750	10	0	1512
1. Iteration	≈ 0	9,58	1283,39	737,14	11,45	5,7	2047,21
Fixed point	≈ 0	9,59	1283,51	737,28	11,31	5,7	2047,39

Molanteile	y_{O2}	y_{CO2}	y_{CO}	y_{H2}	y_{H2O}	y_{CH4}
Start	0,364	0,001	0,132	0,496	0,007	0
1. Iteration	≈ 0	0,005	0,627	0,360	0,006	0,003
Fixed point	≈ 0	0,005	0,627	0,360·	0,006	0,003

Beispiel 2-35: Simultangleichgewicht mit Feststoff 3: Gibbs-Minimierung

Gleiche Angabe wie in Beispiel 2-33, die Lösung soll aber mit der Gibbs-Minimierung erfolgen.

Lösungshinweis:

Wie in Beispiel 2-31.

Wenn genug Kohle vorhanden ist, kann davon ausgegangen werden, dass O_2 vollständig umgesetzt wird. Um numerische Probleme bei sehr kleinen Zahlen zu vermeiden, wird die Gleichgewichtskonzentration von $O_2 = 0$ gesetzt.

Da in diesem Kapitel nur ideal gerechnet wird, konnte die Aktivität der festen Kohle bei der analytischen Methode und Relaxationsmethode immer 1 gesetzt werden. Solange die Kohle stöchiometrisch oder im Überschuss vorliegt, brauchte sie nicht berücksichtigt werden. Bei der Gibbs-Minimierung wird aber auch die Atombilanz für C benötigt; der Verbrauch an Kohle tritt als zusätzliche Unbekannte auf, für die bei idealer Berechnung keine Gleichung existiert. Für die Berechnung soll einmal der in Beispiel 2-33 berechnete stöchiometrische Kohleverbrauch (1096,8 mol) verwendet werden, sowie je einmal mit etwas weniger und mehr Verbrauch.

Ergebnis:

Mole	ΔC	N_{O2}	N_{CO2}	N_{CO}	N_{H2}	N_{H2O}	N_{CH4}
stöchiometrisch	1096,8	≈ 0	9,59	1283,51	737,28	11,31	5,70
Unterschuss	1090	≈ 0	12,1	1275,4	736,7	14,36	4,47
Überschuss	1105	≈ 0	6,90	1292,1	736,0	8,07	7,97

Kommentar:

Wird der stöchiometrische Kohleverbrauch vorgegeben, erhält man dieselben Werte wie bei den beiden anderen Methoden. Ist zu wenig Kohle vorhanden, bleibt deshalb nur unwesentlich mehr O_2 übrig, es bildet sich aber mehr CO_2 und weniger Methan. Bei einem Überschuss an Kohle wird nicht mehr umgesetzt, man erhält die stöchiometrischen Werte; rein rechnerisch kann man aber bis zu einem gewissen Grad einen höheren C-Umsatz erzwingen, indem man annimmt, dass alles C zu den Produkten CH_4, CO und CO_2 umgesetzt wird. Wie im Ergebnis für einen Kohle-Überschuss zu sehen, erhält man dann mehr Methan und weniger CO_2

Beispiel 2-36: Boudouard-Reaktion

Bei der Umsetzung von (glühendem) Kohlenstoff mit CO_2 wird CO gebildet. Umgekehrt kann aus einem CO-Strom bei entsprechenden Bedingungen Kohlenstoff unter Bildung von CO_2 abgeschieden werden. Das sich einstellende Gleichgewicht wird nach O. L. Boudouard benannt.

$$CO_2 + C \leftrightarrow 2\,CO$$

Berechne die Gleichgewichtskonstante dieser Reaktion für 400 bis 1200 °C, sowie den Umsatz obiger Reaktion und die Molanteile CO und CO_2 (ohne C) für diesen Temperaturbereich und Drücke bis 100 bar. Ideales Verhalten der Gasphase wird auch für höhere Drücke angenommen.

Lösungshinweis:

Gleichgewichtskonstante wie in den vorhergehenden Beispielen. Molzahlen z. B. über Umsatz U; wird die anfängliche Molzahl von CO_2 mit 1 festgelegt, ergeben sich zu jeder Zeit folgende Molzahlen:

$N_{CO2} = N^0_{CO2} \cdot (1-U)$ und $N_{CO} = 2U \cdot N^0_{CO2}$. Für die Umrechnung der Gleichgewichtskonstanten ergibt sich nach Gleichung (2.76) mit der Aktivität des Feststoffes $a_C = 1$:

$$K = \frac{a_{CO}^2 \cdot a_C}{a_{CO_2}} = \frac{a_{CO}^2}{a_{CO_2}} \approx \frac{p_{CO}^2}{p_{CO_2}} = \frac{y_{CO}^2}{y_{CO_2}} \cdot p_{ges} = \frac{\left(N_{CO}/N_{ges}\right)^2}{N_{CO_2}/N_{ges}} \cdot p_{ges} = \frac{\left(2U\right)^2}{\left(1-U\right)\left(1+U\right)} \cdot p_{ges}$$

Ergebnis:

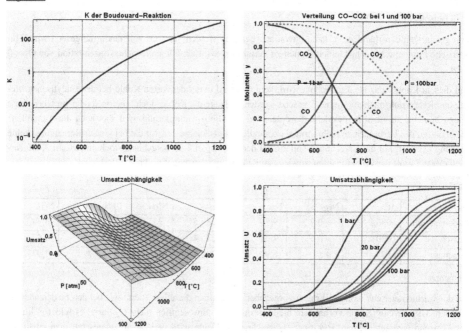

3. Grundlagen Wärme-, Stoff- und Impulstransport

3.1. Einleitung: Mechanismus

Stoff-, Wärme- und Impulstransport beruhen auf demselben Mechanismus: Der Bewegung von Teilchen bzw. Molekülen oder Atomen. Am deutlichsten kann dies für ein ideales Gas dargestellt werden, siehe Abbildung 3-1.

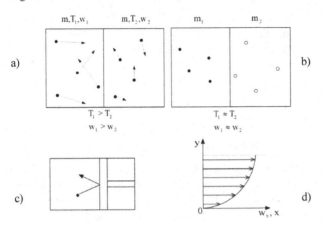

Abbildung 3-1: Bewegung von Gasteilchen

Abbildung 3-1 zeigt schematisch die grundlegenden Mechanismen bei der Wärmeleitung, Diffusion und Reibung.

In Abbildung 3-1a befindet sich ein Gas bei unterschiedlichen Temperaturen in den beiden Kammern des Behälters. Wird das Ventil bzw. die Trennwand geöffnet, fließt Wärme von der Kammer mit der höheren Temperatur T_1 zu der Kammer mit der niedrigen Temperatur T_2, es kommt zu einem Temperaturausgleich. Der Mechanismus dahinter ist, dass die Teilchen, entsprechend der kinetischen Gastheorie, frei in alle Richtungen fliegen und dabei mit anderen Teilchen und den Behälterwänden kollidieren. Bei der Kollision kommt es zu einem Energie- und Impulsaustausch. Teilchen in der Kammer mit höherer Temperatur haben eine höhere kinetische Energie und höhere Geschwindigkeit. Bei der Kollision mit Teilchen geringerer Temperatur werden sie abgebremst und die langsameren beschleunigt, bis nach einer gewissen Zeit alle Teilchen die gleiche Geschwindigkeit und somit die gleiche kinetische Energie und gleiche Temperatur aufweisen.

In Abbildung 3-1b befinden sich in den beiden Kammern unterschiedliche Moleküle bei gleicher Temperatur und somit gleicher kinetischer Energie. Bei ähnlich großen Molekülen, z. B. O_2 und N_2 sind dann auch Geschwindigkeiten und Impuls ähnlich, so dass bei einer Kollision Energie- und Impulsaustausch vernachlässigt werden können. Was passiert nun bei der Öffnung des Ventils?

Vor Öffnung des Ventils können nur die N_2- und die O_2-Moleküle untereinander kollidieren. Nach der Öffnung kollidieren auch N_2- mit O_2-Molekülen. Die Geschwindigkeiten ändern sich dabei praktisch nicht, wohl aber die Richtung, in der sie weiterfliegen. Es gibt keine bevorzugte Richtung, die Wahrscheinlichkeit, dass ein O_2-Molekül in Richtung der eigenen Moleküle zurückgestoßen wird oder sich weiter in Richtung der N_2-Moleküle bewegt, ist gleich groß. Für die nächste Kollision gilt dasselbe wieder. Es kommt also durch die Kollisionen zu einem langsamen gegenseitigen Durchdringen, bis am

Ende beide Molekülspezies gleichverteilt in beiden Kammern vorliegen. Der Stofftransport der Moleküle in die jeweils andere Kammer beruht daher ebenfalls auf der Kollision der Teilchen.

Der Impulsaustausch äußert sich im Druck bei einem ruhenden Medium (Fluidstatik) und in Druckverlust und Reibung bei einem strömenden Medium (Fluiddynamik).

In Abbildung 3-1c betrachten wir nur die Kollision der Teilchen mit der Behälterwand, bzw. nur mit einer Seite des Behälters, welche durch einen beweglichen Kolben begrenzt ist. Bei der Kollision der Teilchen mit dem Kolben wird ein Impuls auf den Kolben übertragen, welcher dadurch nach außen geschoben wird. Damit der Kolben nicht verschoben wird, muss eine bestimmte Kraft entgegenwirken. Die Größe dieser Kraft auf die Kolbenfläche muss dann genau der Impulsübertragung der Teilchen entsprechen. Kraft pro Fläche ist Druck und Druck ist daher nichts anderes als Impuls I pro Fläche und Zeit.

$$p = \frac{I}{A \cdot t}, \quad \frac{kg \cdot m/s}{m^2 \cdot s} = \frac{kg \cdot m}{s^2 \cdot m^2} = \frac{N}{m^2} = Pa \tag{3.1}$$

Wird diesem Behälter Wärme zugeführt steigt die kinetische Energie der Teilchen und somit ihre Geschwindigkeit. Die Impulsübertragung nimmt zu und damit steigt auch der Druck im Behälter.

Abbildung 3-1d zeigt schließlich den grundlegenden Mechanismus bei der Reibung. Im Gegensatz zur Wärmeleitung und Diffusion ist Reibung in einem ruhenden Medium nur durch alleinigen Impulsaustausch bei der thermischen Bewegung der Moleküle nicht möglich, sondern tritt nur bei einer durch äußeren Druck hervorgerufenen Strömung des Mediums auf (bulk motion).

Entsprechend Abbildung 3-1d ströme ein Fluid bei konstanter Temperatur in einem Rohr. Wegen der Haftbedingung ist die Strömungsgeschwindigkeit aber an der Wandoberfläche (y = 0) null. Durch Impulsaustausch werden die schnelleren Moleküle der darüber strömenden Schicht abgebremst (Reibung); der auf die Wand übertragene Impuls und damit auch der Druck nimmt ab (Druckverlust in Strömungsrichtung). Im Kräftegleichgewicht ergibt sich die Strömungsgeschwindigkeit aus der aufgeprägten Druckkraft und der Reibungskraft.

Alle Maßnahmen, die zu einer Verbesserung des Stoff- und Wärmetransportes führen, verbessern auch den Impulstransport. Impulsübertragung bedeutet aber Druckänderung und in technischen Apparaten bedeutet Impulstransport daher immer auch nicht erwünschten Druckverlust.

3.2. Transportgrößen

Nachdem der Mechanismus für Stoff-, Energie- und Impulsübertragung derselbe ist, ist auch zu erwarten, dass die entsprechenden Gesetze für die Transportvorgänge ähnlich sind. Eine vollständige Gleichbehandlung ist jedoch nicht möglich; dies ist darin begründet, dass die Temperatur, die Konzentration und auch das elektrische Potential (für Elektrizitätsleitung) skalare Größen sind, die Geschwindigkeit jedoch ein Vektor. Die Kenntnis von Vektoreigenschaften wird vorausgesetzt, im folgenden werden Vektorgrößen nur zur besonderen Betonung durch Fettdruck hervorgehoben.

Trotz dieser Einschränkung wird versucht, Stoff-, Energie- und Impulsübertragung gemeinsam darzustellen, für den Impulstransport müssen dabei aber einige Vereinfachungen in Kauf genommen werden.

Zur Ableitung der Gesetzmäßigkeiten betrachten wir nachstehende Abbildung 3-2.

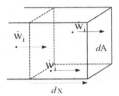

Abbildung 3-2: zur Ableitung der Transportgrößen

In Abbildung 3-2 bewegen sich Teilchen der Sorte i mit einer konstanten lokalen Geschwindigkeit w_i in Richtung der Ortskoordinate x. Während des Zeitelementes dt passieren alle jene Teilchen die Bezugsfläche dA, die von dieser nicht weiter als $w_i \cdot dt$ entfernt sind (Weg = Geschwindigkeit mal Zeit). Das sind alle Teilchen im differentiellen Volumenelement $w_i \cdot dA \cdot dt$, d. h. $c_N \cdot w_i \cdot dA \cdot dt$, ($c_N$ = lokale Teilchenkonzentration). Entsprechend sind das $c_i \cdot w_i \cdot dA \cdot dt$ Mole. Die flächen- und zeitbezogene Stoffmenge $\dot{n}_i$ [kmol/(m²·s)] beträgt daher

$$\dot{n}_i = \frac{N_i}{dA \cdot dt} = c_i \cdot w_i \qquad \text{mit } N_i = \text{Anzahl Mole} \qquad (3.2)$$

und wird als Stromdichte (Molenstromdichte) bzw. spezifischer Fluss bezeichnet. Zu beachten ist, dass die Stromdichten differentiell definiert sind, dass also zur Berechnung der insgesamt transportierten Mole über die Fläche und die Zeit integriert werden muss.

Analog gilt:

Massenstromdichte $\dot{m}_i = \rho_i \cdot w_i$ [kg/(m²·s)]   (3.3)

Energiestromdichte $\dot{q} = \rho \cdot c_p \cdot T \cdot w$ [J/(m²·s)]   (3.4)

Impulsstromdichte $\tau = \rho \cdot w \cdot w$ [kg·m/s/(m²·s)] = [N/m²] = [Pa]   (3.5)

Die Stromdichte bzw. der spezifische Fluss ergibt sich daher ganz allgemein aus der (örtlichen) Geschwindigkeit des Fluids (bzw. der Komponente), multipliziert mit der entsprechenden (örtlichen) Dichte (Mole/Volumen bzw. Masse/Volumen bzw. Energie/Volumen bzw. Impuls/Volumen).

Beim Masse- bzw. Stoffmengentransport ist meist jede einzelne Komponente in den einzelnen Phasen zu berücksichtigen (Index i für jede Komponente), während beim Energie- und Impulstransport nur das Verhalten und die Eigenschaften der gesamten Phase von Bedeutung sind, weshalb diese Ströme ohne Index geschrieben werden. Es gibt aber Ausnahmen, z. B. wird häufig der Energieinhalt der Luft auf die trockene Luft bezogen, die feuchte Luft besteht daher aus den beiden Bilanzkomponenten trockene Luft und Wasserdampf.

Die in den Gleichungen (3.3) bis (3.5) definierten Stromdichten unterscheiden nicht danach, wodurch dieser Transportvorgang ausgelöst wurde. Für verfahrenstechnische Berechnungen sind aber eine Auftrennung dieser Stromdichten und eine Unterscheidung nach den Ursachen sehr zweckmäßig.

Der Transportvorgang kann entweder durch Einwirken einer äußeren Kraft (z. B. Druckkräfte, elektrisches Feld) hervorgerufen werden, was zu einer makroskopischen Bewegung führt (Strömung, Konvektion), oder durch räumliche Inhomogenitäten, was zu einem Ausgleich aufgrund Brownscher Molekularbewegung führt (mikroskopischer Vorgang, Konduktion). Bei der Konvektion kann man ferner zwischen freier und erzwungener Konvektion unterscheiden und in beiden Fällen auch noch zwischen laminarer und turbulenter Strömung. Das bei der Konvektion in der Zeiteinheit dt durch die Bezugsfläche dA strömende Volumen (im Einphasensystem) beträgt $\tilde{v} \cdot c \cdot w \cdot dA \cdot dt$ ($\tilde{v}$ = Molvolumen) =

w· dA·dt. Verglichen mit den obigen Stromdichten kann die Geschwindigkeit w somit als „Volumenstromdichte" [m³/(m²·s)] gedeutet werden, was als Kennzeichen einer Konvektion gilt.

Gleichung (3.2), $\dot{n}_i = c_i \cdot w_i$, gibt den gesamten spezifischen Molenstrom der Komponente i an, der konvektive Anteil davon beträgt $c_i \cdot \overline{w}$, mit $\overline{w}$ als der mittleren Strömungsgeschwindigkeit aller Komponenten. Die Differenz zwischen Gesamtstrom und konvektivem Anteil ergibt den konduktiven Anteil j_i.

$$j_i = c_i \cdot w_i - c_i \cdot \overline{w} = c_i \cdot (w_i - \overline{w}), \text{ bzw.}$$

$$\dot{n}_i = c_i \cdot \overline{w} + j_i \tag{3.6}$$

3.3. Konduktive Transportvorgänge

Konduktive Transportvorgänge treten bei räumlichen Inhomogenitäten innerhalb einer Phase auf. Beruht die räumliche Inhomogenität auf einem Temperaturunterschied (Abbildung 3-1a), bezeichnet man den dadurch hervorgerufenen Transportvorgang als „Wärmeleitung". Bei einem Konzentrationsunterschied (Abbildung 3-1b), wird der dadurch hervorgerufene Transportvorgang als „Diffusion" bezeichnet. Unterschiede in der Geschwindigkeit (Abbildung 3-1d zwischen w_x an verschiedenen Stellen y), führen zu einem Impulstransport („innere Reibung") und Unterschiede im elektrischen Potential zu einer „Elektrizitätsleitung". Diese Effekte können sich überlagern und gegenseitig beeinflussen, was aber nicht berücksichtigt werden soll, außer der Feststellung, dass auf Grund des Wärmeinhaltes jeder Materie der Stofftransport immer mit einem Wärmetransport verbunden ist.

Bei nicht zu hohen Unterschieden (Temperatur, Konzentration, Geschwindigkeit, elektrisches Potential) können diese konduktiven Transportvorgänge unter stationären Bedingungen durch lineare Ansätze beschrieben werden, z. B. für die eindimensionale x-Richtung:

Fouriersches Gesetz:

$$\dot{Q} = -\lambda \cdot A \cdot \frac{dT}{dx} \quad \text{bzw.} \quad \dot{q} = \frac{d\dot{Q}}{dA} = -\lambda \cdot \frac{dT}{dx} \tag{3.7}$$

Ficksches Gesetz:

$$\dot{J}_i = -D_i \cdot A \cdot \frac{dc_i}{dx} \quad \text{bzw.} \quad j_i = \frac{d\dot{J}}{dA} = -D_i \cdot \frac{dc_i}{dx} \tag{3.8}$$

Newtonsches Schubspannungsgesetz :

$$\dot{I} = \pm \, \eta \cdot A \cdot \frac{dw_x}{dy} \quad \text{bzw.} \quad \tau = \frac{d\dot{I}}{dA} = \pm \, \eta \cdot \frac{dw_x}{dy} \tag{3.9}$$

$\dot{I}$ ....Impulsstrom (Kraft F), [kg·m/s²] = [N],   (τ = Schubspannung = [N/m²] = [Pa])

Ohmsches Gesetz:

$$I = -\kappa \cdot A \cdot \frac{d\Phi}{dx} \tag{3.10}$$

Der Aufbau dieser Gesetze ist völlig analog. Der Gradient gibt die Triebkraft an; Multiplikation mit den jeweiligen Leitwerten (reziproke Widerstände) ergibt den Fluss normal zur Fläche A. Bei konstanten Leitwerten ergibt die Integration einen linearen Zusammenhang. Diese Leitwerte sind der Wärmeleitkoeffizient λ (Wärmeleitfähigkeit) mit der Einheit [J/(s·m·K)] = [W/(m·K)], der Diffusionskoeffizient D_i [m²/s], die dynamische Viskosität η [Pa·s] und die spezifische elektrische Leitfähigkeit κ [S/m].

Der Impulstransport unterscheidet sich aber in einigen Punkten von den anderen Transportvorgängen. Er erfolgt immer quer zur Strömungsrichtung, die Integration beginnt immer bei 0 (bei y = 0 ist w_x = 0, Haftbedingung), das Vorzeichen kann auch positiv sein, abhängig von der Definition des Geschwindigkeitsgradienten. Bei den anderen Transportvorgängen ist das Vorzeichen immer negativ, damit sich ein positiver Fluss ergibt (Wärme fließt immer von höherer zu niedrigerer Temperatur, der Temperaturgradient ist daher negativ). Allgemeiner schreibt man daher für die Schubspannung τ

$$\tau \;=\; \begin{cases} -\eta \cdot \dfrac{d\,w_x}{dy} & \text{für} \quad \dfrac{d\,w_x}{dy} < 0 \\[2mm] \eta \cdot \dfrac{d\,w_x}{dy} & \text{für} \quad \dfrac{d\,w_x}{dy} > 0 \end{cases} \tag{3.11}$$

3.3.1. Instationäre Transportvorgänge

Die instationären Transportgleichungen erhält man aus einer Bilanz um ein beliebiges Volumenelement (Ableitung in Kapitel 4.2.4 für Diffusionsstrom). Sie können als räumliche Ausgleichsvorgänge angesehen werden und dienen vornehmlich zur Berechnung der Zeit, die benötigt wird, um unterschiedliche Temperaturen, Konzentrationen und Geschwindigkeiten auszugleichen.

Für die eindimensionale x-Richtung erhält man:

Instationäre Wärmeleitung (2. Fouriersche Gesetz)

$$\frac{dT}{dt} \;=\; \frac{1}{\rho \cdot c_p} \cdot \frac{\partial \dot{q}}{\partial x} \;=\; \frac{\lambda}{\rho \cdot c_p} \cdot \frac{\partial^2 T}{\partial x^2} \;=\; a \cdot \frac{\partial^2 T}{\partial x^2} \tag{3.12}$$

Instationäre Diffusion (2. Ficksche Gesetz)

$$\frac{dc_i}{dt} \;=\; -\frac{\partial j}{\partial x} \;=\; D_i \frac{\partial^2 c_i}{\partial x^2} \tag{3.13}$$

In analoger Weise könnte man für die instationäre Reibung

$$\frac{d\,w_x}{dt} \;=\; \frac{\eta}{\rho} \cdot \frac{d^2 w_x}{dy\,dx} \;=\; \nu \cdot \frac{d^2 w_x}{dy\,dx} \tag{3.14}$$

ableiten, was aber nicht richtig ist, da die Geschwindigkeitsänderung in x-Richtung nicht unabhängig von den anderen Raumrichtungen erfolgen kann. Für die exakte, dreidimensionale Darstellung siehe Lehrbücher zur Fluidmechanik; in x-Richtung gilt

$$\frac{d\,w_x}{dt} \;=\; \nu \cdot \left(\frac{d^2 w_x}{dx^2} + \frac{d^2 w_x}{dy^2} + \frac{d^2 w_x}{dz^2} \right) \tag{3.15}$$

Die Ausgleichskoeffizienten heißen Temperaturleitkoeffizient a (thermal diffusivity), Diffusionskoeffizient D_i und kinematische Viskosität ν. Alle drei haben die Einheit [m²/s].

3.3.2. Transportkoeffizienten (Leitwerte) und Ausgleichskoeffizienten

Die Leitwerte sind immer eine Funktion der Temperatur und in Gasen auch des Druckes, welcher in Flüssigkeiten und Feststoffen meist zu vernachlässigen ist. Werte sind in verschiedenen Tabellenwerken zusammengefasst. Daten für die Temperatur- und Druckabhängigkeit, bzw. Werte für Mischungen sind dagegen seltener zu finden. Dafür gibt es Berechnungsmethoden, die z. B. in [4] und [13] dargestellt sind.

Der Wärmeleitkoeffizient λ ist ein Stoffwert und für viele Komponenten in den gängigen Tabellenwerken zu finden. Typische Größenordnungen bei 25 °C in W/(m·K):

- Metalle: 10 (Stahl) – 500 (Silber)
- Zement: 0,5
- Mineralwolle: 0,04
- Wasser und andere polare Flüssigkeiten: 0,2 bis 0,6
- unpolare Flüssigkeiten: 0,1
- Gase: 0,01 bis 0,04

Zur Temperaturabhängigkeit der Wärmeleitfähigkeit siehe Beispiel 3-1.

Der Diffusionskoeffizient D ist kein Stoffwert und hängt von der Art und Konzentration der anderen Komponenten ab. Für binäre Systeme kann er berechnet werden (Beispiel 3-2 bis Beispiel 3-4). Aus allen binären Diffusionskoeffizienten D_{ij} kann ein Diffusionskoeffizient D_{iM} der Komponente i in der Mischung M geschätzt werden:

$$D_{iM} = \left(\sum \frac{x_i}{D_{ij}} \right)^{-1} \qquad (3.16)$$

Typische Größenordnungen des Diffusionskoeffizienten in [m²/s]:

- Gase: ca. $10^{-5} - 10^{-6}$
- Flüssigkeiten: 10^{-9}
- Feststoffen (je nach Porenverteilung): 10^{-15} bis 10^{-30}

Die Viskosität η ist ein Stoffwert; sie kann aber auch von der Triebkraft (Scherbeanspruchung) abhängen (nicht-Newtonsche Flüssigkeiten). Typische Werte in [Pa·s] bei 25 °C (Beispiel 3-5 und Beispiel 3-6):

- Wasser: 0,001
- Glyzerin: 1,5
- Paraffinöle: 0,1 bis 1000

Auch die elektrische Leitfähigkeit ist ein Stoffwert, typische Werte in [S/m] bei 25 °C:

- Silber: $5 \cdot 10^7$,
- Edelstahl: $1 \cdot 10^6$
- Silizium (Halbleiter): $2,5 \cdot 10^{-4}$
- Meerwasser: 5
- Leitungswasser: 0,05
- reines Wasser: $5 \cdot 10^{-6}$

Interessanterweise ist der Druckeinfluss bei Gasen für λ und η in einem weiten Bereich relativ gering, weil sich zwei Effekte nahezu aufheben: in verdünnten Gasen bei einem niedrigeren Druck gibt es weniger Kollisionen, die mittlere freie Weglänge ist dann aber auch größer. Der Diffusionskoeffizient ist hingegen umgekehrt proportional dem Druck, weil es bei weniger Kollisionen und größerer mittleren freien Weglänge zu einem schnelleren Austausch der Moleküle kommt.

Der Temperaturleitkoeffizient a bestimmt, wie schnell in einem Medium ein Temperaturausgleich erfolgt; er ist proportional der Wärmeleitfähigkeit λ und umgekehrt proportional zur Dichte und Wärmekapazität des Mediums.

3.3.3. Einseitige Diffusion

Ein wichtiger Unterschied der Diffusion zur Wärmeleitung und Reibung besteht darin, dass in einer Mischung mehrerer Komponenten jede einzelne Komponente diffundieren kann (Index i für jede Komponente), während bei den beiden anderen Transportvorgängen nur das Verhalten der gesamten Phase bestimmend ist. Je nach Bedingungen können die einzelnen Komponenten unabhängig von einander oder nur gekoppelt diffundieren. Abbildung 3-3 zeigt die zwei Grenzfälle einer äquimolaren und einer einseitigen Diffusion.

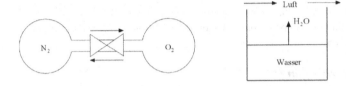

Abbildung 3-3: äquimolare und einseitige Diffusion

Bei der äquimolaren Diffusion diffundiert eine Anzahl von Molekül in eine Richtung und eine genau gleich große Anzahl von anderen Molekülen in die entgegengesetzte Richtung. Die in den Beispielen berechneten Diffusionskoeffizienten sind immer äquimolare Diffusionskoeffizienten. Falls keine äquimolare Diffusion stattfindet, werden nicht die Diffusionskoeffizienten verändert, sondern das Ficksche Diffusionsgesetz. Für den zweiten Grenzfall, dass nur eine Komponente diffundiert und keine in Gegenrichtung, erhält man in Erweiterung des Fickschen Gesetzes das Stefan-Gesetz:

$$j_i \ = \ - D_i \cdot \frac{dc_i}{dx} \cdot \frac{c_{ges}}{c_{ges} - c_i} \tag{3.17}$$

oder in Formulierung mit Partialdrücken $p_i = c_i RT$ und Molanteilen $x_i = c_i / c_{ges}$:

$$j_i \ = \ - \frac{D_i}{RT} \cdot \frac{dp_i}{dx} \cdot \frac{p_{ges}}{p_{ges} - p_i} \ = \ - D_i \cdot c_{ges} \cdot \frac{dx_i}{dx} \cdot \frac{1}{1 - x_i} \tag{3.18}$$

Man sieht daraus, dass die Stefan-Diffusion immer größer ist als die Ficksche Diffusion und zwar umso mehr, je größer die Konzentration der diffundierenden Komponente x_i ist, Beispiel 3-18. Hier handelt es nicht mehr um reine Diffusion, es ist immer ein konvektiver Anteil vorhanden, welcher durch die einseitige Diffusion induziert wird. Anschaulich wird dies, wenn man sich zwei Komponenten eines Gases vorstellt, welche zu einer Phasengrenze diffundieren und sich nur eine Komponente in der anderen Phase löst. Durch das Verschwinden der einen Komponente an der Phasengrenze entsteht dort im Gas ein Unterdruck; dadurch wird weiteres Gas angesaugt, was den konvektiven Anteil ausmacht und zur Beschleunigung des gesamten Vorganges beiträgt.

3.3.4. Nicht äquimolare Diffusion

Äquimolare und einseitige Diffusion sind Grenzfälle, die in der Praxis aber durchaus auftreten können; z. B. äquimolare Diffusion beim Ionenaustausch von Ionen gleicher Ladung und einseitige Diffusion beim Verdampfen von Wasser in Luft (nur Wasserdampfdiffusion, Luft löst sich praktisch nicht in Wasser) oder bei verschiedenen Absorptionsvorgängen.

Der allgemeine Fall einer nichtäquimolaren Diffusion von zwei Komponenten A und B kann aus Gleichung (3.6) abgeleitet werden, wenn man für $\bar{w}$ den molaren arithmetischen Mittelwert $\bar{w} = x_A w_A + x_B w_B$ einsetzt. Man erhält dann für den Gesamtstrom[11] der Komponente A:

$$\dot{n}_A = j_A + x_A \cdot (\dot{n}_A + \dot{n}_B) \qquad , \qquad (3.19)$$

Bei äquimolarer Diffusion ($\dot{n}_A = - \dot{n}_B$) erhält man $\dot{n}_A = j_A$, und

bei einseitiger Diffusion ($\dot{n}_B = 0$) folgt $\dot{n}_A = \dfrac{j_A}{1 - x_A}$, siehe Gleichung (3.18).

Bei der nichtäquimolaren Diffusion binärer Gemische müssen beide Ströme $\dot{n}_A$ und $\dot{n}_B$ berücksichtigt werden. Diese sind aber nicht unabhängig, sondern stehen in einem bestimmten Verhältnis, z. B. Verhältnis der Dampfdrücke beim Verdampfen von Zwei- oder Mehrkomponentengemischen, oder Stöchiometrie bei heterogenen chemischen Reaktionen.

3.4. Konvektive Transportvorgänge

Wie in den Beispielen zu Konduktion, insbesondere Beispiel 3-16 und Beispiel 3-17, ersichtlich wurde, ist der alleinige konduktive Stoff- und Energietransport für die meisten technischen Anwendungen viel zu langsam. Eine beträchtliche Beschleunigung kann durch Überlagerung mit einer Strömung (Konvektion), insbesondere einer turbulenten Strömung erreicht werden. Allerdings wird dadurch auch der Impulstransport gefördert und somit Reibung und Druckverlust.

Entsprechend den Gleichungen (3.3) bis (3.5) muss die Geschwindigkeit, bzw. das Geschwindigkeitsfeld bekannt sein, um den konvektiven Transport berechnen zu können. Die konvektiven Transportgrößen sind immer gegeben durch das Geschwindigkeitsfeld w multipliziert mit ρ, $\rho \cdot c_p \cdot T$ und $\rho \cdot w$.

Da im allgemeinen Fall die Geschwindigkeit als Vektor von Zeit und Ort abhängig ist, muss zur Berechnung einer konvektiven Transportgröße ϕ (T, c, w, Φ) die substantielle Ableitung (materielle Ableitung, totales Differential) herangezogen werden. Das totale Differential einer Transportgröße ϕ lautet:

$$D\phi = \frac{\partial \phi}{\partial t} dt + \frac{\partial \phi}{\partial x} dx + \frac{\partial \phi}{\partial y} dy + \frac{\partial \phi}{\partial z} dz$$

Dividiert man links und rechts durch dt, erhält man mit $w_x = dx/dt$ (und entsprechend w_y, w_z):

$$\frac{D\phi}{Dt} = \frac{\partial \phi}{\partial t} + w_x \frac{\partial \phi}{\partial x} + w_y \frac{\partial \phi}{\partial y} + w_z \frac{\partial \phi}{\partial z} \qquad (3.20)$$

Zu beachten ist, dass unter stationären Bedingungen nicht $\dfrac{D\phi}{Dt}$ null wird, sondern die lokale zeitliche Ableitung $\dfrac{\partial \phi}{\partial t}$, also auch unter stationären Bedingungen muss das Geschwindigkeitsfeld bekannt sein,

---

[11] $c_A \bar{w} = c_A (x_A w_A + x_B w_B) = x_A \left(c_A w_A + \dfrac{c_A}{x_A} x_B w_B \right) = x_A (c_A w_A + c_{ges} x_B w_B) = x_A (c_A w_A + c_B w_B) = x_A (\dot{n}_A + \dot{n}_B)$

um die Übergangsströme berechnen zu können. In der Mechanik wird $\frac{\partial \phi}{\partial t}$ auch als lokale und $\frac{\partial \phi}{\partial x}$ als konvektive Beschleunigung bezeichnet.

Das Strömungsfeld kann mittels Computer mit entsprechender Software auch für technisch relevante Geometrien gelöst werden, allerdings ist der Aufwand dafür immer noch sehr hoch, insbesondere für turbulente Strömungen, und wird nur bei der tatsächlichen Realisierung eines Projektes oder für Prozessoptimierungen durchgeführt. Für Abschätzungen, Vorprojekte, Grobkalkulationen etc. ist der Aufwand dafür viel zu hoch, weshalb auch im Computerzeitalter die traditionellen Methoden mit Messen und Maßstabsübertragung durch dimensionslose Kennzahlen ihre Bedeutung behalten.

In der traditionellen Vorgangsweise wählt man einen Ansatz, der nicht die Gradienten, sondern die entsprechenden Konzentrations-, Temperatur- und Geschwindigkeitsdifferenzen (zwischen Systemgrenze und Umgebung bzw. Systeminhalt) enthält:

$$\dot{q} \ = \ \alpha \cdot \Delta T \qquad \text{Wärmeübergangsgleichung} \tag{3.21}$$

$$\dot{n}_i \ = \ \beta_i \cdot \Delta c_i \qquad \text{Stoffübergangsgleichung} \tag{3.22}$$

Ähnlich wie beim konduktiven Impulstransport könnte man auch eine Impulsübergangsgleichung aufstellen, in der τ proportional einem Δw:

$$\tau \ = \ \gamma \cdot \Delta w \qquad \text{Impulsübergangsgleichung} \tag{3.23}$$

mit

$\dot{n}_i =$ lokaler Stoffübergang $\left[\dfrac{kmol_i}{m^2 \cdot s} \right]$,

$\dot{q} =$ lokaler Wärmeübergang $\left[\dfrac{kJ}{m^2 \cdot s} \right] = \left[\dfrac{kW}{m^2} \right]$,

$\tau =$ lokaler Impulsübergang $\left[\dfrac{kg \cdot m/s}{m^2 \cdot s} \right] = \left[\dfrac{kg}{m \cdot s^2} \right] = [Pa]$,

$\beta_i =$ lokaler Stoffübergangskoeffizient [m/s] für die Komponente i,

$\alpha =$ lokaler Wärmeübergangskoeffizient $\left[\dfrac{kW}{m^2 \cdot K} \right]$,

$\gamma =$ lokaler Impulsübergangskoeffizient $\left[\dfrac{kg}{m^2 \cdot s} \right]$.

Δc_i, ΔT, $\Delta w =$ lokale Konzentrations-, Temperatur- und Geschwindigkeitsdifferenz zwischen der Hauptphase und Phasen- bzw. Systemgrenze. Es ist zu beachten, dass diese lokalen Übergangsgleichungen differentiell definiert sind, d. h.

$$\dot{n}_i \ = \ \frac{d\dot{N}_i}{dA}, \qquad \dot{q} \ = \ \frac{d\dot{Q}}{dA}, \qquad \tau \ = \ \frac{dF}{dA} \tag{3.24}$$

Zur Berechnung des gesamten übergehenden Stoff-, Wärme- bzw. Impulsstromes muss man über die gesamte Austauschfläche A integrieren, oder geeignete Mittelwerte für die Triebkräfte (Konzentrations-, Temperatur-, Geschwindigkeitsdifferenz) und Übergangskoeffizienten verwenden.

$$\dot{Q} \ = \ \int\limits_A \alpha \cdot \Delta T \cdot dA \ = \ \bar{\alpha} \cdot A \cdot \overline{\Delta T} \tag{3.25}$$

$$\dot{N}_i = \int_A \beta_i \cdot \Delta c_i \cdot dA = \overline{\beta}_i \cdot A \cdot \overline{\Delta c_i} \tag{3.26}$$

$$F \text{ (Druckkraft)} = \int_A \gamma \cdot \Delta w \cdot dA = \overline{\gamma} \cdot A \cdot \overline{\Delta w} \tag{3.27}$$

Auf den ersten Blick hat sich im Vergleich zu Gleichung (3.20) nicht viel geändert, da die Übergangs-koeffizienten α, β und γ ebenfalls von den Strömungsverhältnissen abhängig sind und man zur Berechnung ebenfalls aufwendige CFD-Analysen benötigt. Der Unterschied liegt darin, dass man diese Koeffizienten experimentell bestimmen kann, bei laminaren Strömungen können sie meist auch berechnet werden. Es werden aber nicht die Übergangskoeffizienten direkt gemessen, sondern entsprechende dimensionslose Größen, was viele Vorteile bietet, insbesondere auch die Reduzierung des Versuchsaufwandes (siehe Lehrbücher zur Ähnlichkeitstheorie, z. B. [14]).

Die entsprechenden dimensionslosen Größen sind die Nusselt-Zahl Nu für den Wärmeübergang und die Sherwood-Zahl Sh für den Stoffübergang. Sie sind folgendermaßen definiert:

$$Nu = \frac{\alpha \cdot L}{\lambda}, \quad Sh = \frac{\beta \cdot L}{D} \tag{3.28}$$

Analog könnte man auch eine dimensionslose Kennzahl für den Impulsübergang definieren,

$$\pi = \frac{\gamma \cdot L}{\eta}, \tag{3.29}$$

was aber nicht gemacht wird, vor allem weil die Triebkraft Δw (z. B. $w_x(y) - w_x(y{=}0) = w_x(y)$ wegen Haftbedingung) in Gleichungen (3.23) und (3.27) auch von den Strömungsverhältnissen abhängt und tatsächlich zwischen w bei laminarer und w^2 bei voll turbulenter Strömung liegt. Man verwendet stattdessen einen dimensionslosen Reibungskoeffizienten (Widerstandsbeiwert), wobei verschiedene Reibungskoeffizienten in Verwendung sind. Beispielsweise der Moody- oder Darcy-friction factor f oder c_D, oder der Fanning-friction factor[12] $c_f = f/4$.

Der Impulsübergang wird dann auch nicht wie in Gleichung (3.23) proportional zu w dargestellt, sondern zu w^2, bzw. genauer zu $\rho \cdot w^2/2$ (dynamischer Druck). Gleichungen (3.23) und (3.27) werden folgendermaßen dargestellt:

$$\tau = c_f \cdot \rho \cdot \frac{w^2}{2} \tag{3.30}$$

$$F_W = c_f \cdot A_{ges} \cdot \rho \cdot \frac{w^2}{2} = c_D \cdot A_{proj} \cdot \rho \cdot \frac{w^2}{2} \tag{3.31}$$

Gleichung (3.30) wird vornehmlich in durchströmten Systemen zur Berechnung des Druckverlustes verwendet; mit $w_A^2 - w_E^2$ zwischen Aus- und Eintritt anstelle von w^2 gibt die Schubspannung τ den Druckverlust an. Gleichung (3.31) kommt bei der Berechnung der Geschwindigkeit in umströmten

---

[12] Der Reibungskoeffizient c_f bezieht sich nur auf die Reibung durch Schubspannung; A ist daher die gesamte Oberfläche (skin friction). c_D beinhaltet den gesamten Widerstand (Druck und Reibung); A ist dann die Projektionsfläche A_{proj}.

$$F = c_f \cdot A_{ges} \cdot \rho \cdot \frac{w^2}{2} = c_D \cdot A_{proj} \cdot \rho \cdot \frac{w^2}{2} \Rightarrow c_f = c_D/4 \text{ da } A_{ges} = 4 . A_{Proj} \text{ (für Kugel)}$$

Systemen zur Anwendung. Der Koeffizient wird im ersten Fall, wo der Druckverlust von Bedeutung ist, meist Reibungskoeffizient (friction factor c_f) genannt, während im zweiten Fall, wo es auf die Widerstandskraft ankommt, meist von Widerstandsbeiwert (drag coefficient c_D) gesprochen wird.

Mit Gleichung (3.30) und (3.23) erhält man den Impulsübergangskoeffizienten $\gamma = c_f \cdot \rho \cdot w/2$ und mit Gleichung (3.29) daraus die, der Nu- und Sh-Zahl entsprechende, dimensionslose Kennzahl für den Impulstransport:

$$\pi = \frac{c_f \cdot \rho \cdot w \cdot L}{2\eta} = c_f \cdot \frac{Re}{2} \tag{3.32}$$

Für die Umströmung eines kugelförmigen Partikels ist der Widerstandsbeiwert c_D (gesamter Widerstand = Druck + Reibung) bei laminarer Strömung (Re < 1) gegeben mit 24/Re. Mit A als angeströmter Querschnittsfläche (Spantfläche, Projektionsfläche A_{proj}) erhält man für die Widerstandskraft F_W (Stokessche Widerstandskraft):

$$F_W = c_D \cdot A_{proj} \cdot \rho_{Umg} \cdot \frac{w^2}{2} = \frac{24 \cdot \eta_{fl}}{w \cdot d_P \cdot \rho_{fl}} \cdot \frac{d_P^2 \cdot \pi}{4} \cdot \rho_{fl} \cdot \frac{w^2}{2} = 3\pi \cdot \eta_{fl} \cdot d_P \cdot w \tag{3.33}$$

Bei der Durchströmung eines geraden Rohres ist die Austauschfläche die innere Rohrmantelfläche A_{MF} mit Länge L und Durchmesser d. Es ist daher der Reibungskoeffizient c_f zu benutzen, welcher zweckmäßigerweise als Produkt des Widerstandsbeiwertes λ und eines geometrischen Faktor L/d dargestellt wird, $c_f = \lambda \cdot \frac{L}{d}$; λ bei laminarer Strömung ist 64/Re (Ableitung in Beispiel 5-1).

$$F_W = c_f \cdot A_{MF} \cdot \rho \cdot \frac{w^2}{2} = \lambda \cdot \frac{L}{d} \cdot A_{MF} \cdot \rho \cdot \frac{w^2}{2} = \frac{64}{Re} \cdot \frac{L}{d} \cdot A_{MF} \cdot \rho \cdot \frac{w^2}{2} \tag{3.34}$$

Man erhält damit für den Druckverlust Δp (= Schubspannung τ):

$$\Delta p = \frac{F_W}{A_{MF}} = \frac{64 \cdot \eta_{fl}}{w \cdot d \cdot \rho_{fl}} \cdot \frac{L}{d} \cdot \rho_{fl} \cdot \frac{w^2}{2} = \frac{32 \cdot \eta_{fl} \cdot L \cdot w}{d^2} \tag{3.35}$$

(Gleichung von Hagen-Poiseuille)

Wie die Reibungskoeffizienten sind die Wärme- und Stoffübergangskoeffizienten von vielen Einflussgrößen abhängig (Geometrie, Stoffwerte, Betriebsparameter). Berechnet werden sie aus den dimensionslosen Kennzahlen Nu und Sh, Gleichung (3.28), welche wiederum von anderen dimensionslosen Kennzahlen abhängen. Allgemein gilt:

$$Nu = f(\Gamma, Re, Pr, Gr)$$

$$Sh = f(\Gamma, Re, Sc, Ga, We) \tag{3.36}$$

$$c_f \cdot Re/2 = f(\Gamma, Re) \quad bzw. \quad c_f = 2/Re \cdot f(\Gamma, Re)$$

mit

Prandtl-Zahl $Pr = v/a$, Schmidt-Zahl $Sc = v/D$, Geometrie-Zahl Γ (Verhältnis zweier charakteristischer Längen), Grashof-Zahl $Gr = \frac{L^3 g}{v^2} \cdot \frac{\Delta T}{T}$, Galilei-Zahl $Ga = \frac{L^3 g}{v^2}$ und Weber-Zahl $We = w^2 \cdot \rho \cdot L/\sigma$.

Die Geometrie-Zahl Γ wird meist nur im Einlaufbereich benötigt, die Gr- und Ga-Zahl nur bei freier Konvektion und die We-Zahl nur wenn die Oberflächenspannung σ von Bedeutung ist (z. B. bei der

Extraktion). Für viele praktische Fälle kann man diese Kennzahlen vernachlässigen, so dass sich Gleichungen (3.36) reduzieren zu

$$Nu = f\,(Re,\,Pr)$$

$$Sh = f\,(Re,\,Sc) \qquad\qquad\qquad (3.37)$$

$$c_f \cdot Re/2 = f\,(Re)$$

Der funktionale Zusammenhang muss meist experimentell für eine bestimmte Geometrie ermittelt werden und wird üblicherweise als Potenzansatz mit den Koeffizienten a, b und c dargestellt:

$$Nu = a \cdot Re^b \cdot Pr^c$$

$$Sh = a \cdot Re^b \cdot Sc^c \qquad\qquad\qquad (3.38)$$

$$c_f \cdot Re/2 = a \cdot Re^b$$

3.4.1. Laminare und turbulente Strömung, Pfropfenströmung

Die laminare Strömung ist dadurch gekennzeichnet, dass keine Vermischung quer zur Strömungsrichtung auftritt. Die einzelnen Fluidelemente strömen parallel aneinander vorbei (Schichtenströmung, Couette Strömung, Abbildung 3-4). Tritt eine Störung dieser Strömung auf (Unebenheit, Messstelle etc.), nimmt die Strömung nach dieser Störstelle wieder die ursprüngliche Form an, da Reibungskräfte gegenüber Druck- oder Trägheitskräften vorherrschend sind.

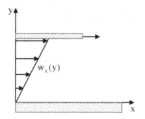

Abbildung 3-4: Couette-Strömung

Bei der (ebenen) Couette-Strömung befindet sich ein Fluid zwischen zwei Platten welche mit unterschiedlichen Geschwindigkeiten bewegt werden. An den beiden Platten herrscht Haftbedingung, das anhaftende Fluid wird mit den Platten bewegt. Im Fluid bildet sich ein lineares Geschwindigkeitsprofil aus. Die Kraft mit welcher eine Platte bewegt werden muss (bei feststehender zweiter Platte), ist proportional der Fläche der Platte und diesem Geschwindigkeitsgradient (Beispiel 3-19). Der Proportionalitätsfaktor ist die dynamische Viskosität η, womit sich wieder das Newtonsche Schubspannungsgesetz (3.9) ergibt.

Bei Newtonschen Flüssigkeiten ist die Schubspannung eine lineare Funktion des Geschwindigkeitsgradienten, für die Geschwindigkeit selbst erhält man bei der Couette-Strömung zwischen zwei Platten auch ein lineares Profil, während sich bei der Rohrströmung ein parabolisches Profil ergibt (Beispiel 3-21, Abbildung 3-5).

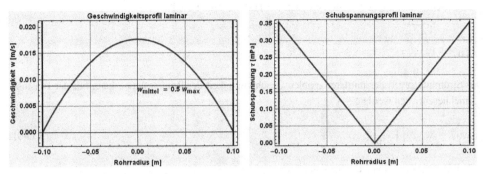

Abbildung 3-5: Geschwindigkeit und Schubspannung für laminare Strömung im Rohr

Bei einer Rohrströmung kann dieses parabolische Strömungsprofil bis zu einer Re-Zahl von 2300 aufrechterhalten werden. Oberhalb dieses Wertes können sich an Störstellen (Unebenheiten, Messstellen, Armaturen) Abweichungen von diesem Profil ergeben. Es bilden sich lokale Wirbel die sich nicht mehr zurückbilden (Erhaltung des Drehimpulses) und als Turbulenz bezeichnet werden. Der Bereich von Re = 2300 bis Re = 10000 wird als Übergangsbereich definiert, ab Re = 10000 wird die laminare Strömung auch ohne Störstellen in eine turbulente Strömung umschlagen.

Bei der turbulenten Strömung handelt es sich um eine instationäre, wirbelartige Zufallsbewegung. An jedem Ort ändern sich die Geschwindigkeitskomponenten ständig.

$$w \; = \; w(\text{Ort},\text{Zeit}) \; = \; w(x,y,z,t)$$

Mathematisch wird die Geschwindigkeit einer turbulenten Strömung an einer bestimmten Stelle durch einen zeitlichen Mittelwert plus einer Schwankungsgröße zerlegt:

$$w \; = \; \bar{w} + w', \quad \text{mit } \bar{w} \; = \; \frac{1}{\Delta t} \int_{t}^{t+\Delta t} w(t)\,dt \,,$$

wobei die zeitlichen Mittelwerte der Schwankungsgrößen verschwinden,

$$\overline{w'} \; = \; 0 \,.$$

Analog gilt für die Temperatur und Konzentration an einem beliebigen Ort:

$$T \; = \; \bar{T} + T'$$
$$c \; = \; \bar{c} + c'$$

Abbildung 3-6 zeigt die zeitliche Änderung der Geschwindigkeiten zweier turbulenter Strömungen 1 und 2 mit unterschiedlicher Turbulenz, wie sie z. B. mit einem Hitzdrahtanemometer gemessen werden können.

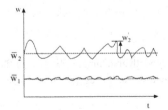

Abbildung 3-6: zeitliche Änderung der Geschwindigkeit einer turbulenten Strömung

Mit der Schwankungsgeschwindigkeit kann ein Turbulenzgrad Tu definiert werden:

$$Tu = \frac{\sqrt{(w')^2}}{\overline{w}}$$ (3.39)

Das Strömungsprofil der mittleren axialen Geschwindigkeit der Rohrströmung kann mit der Blasius-Formel beschrieben werden;

$$w(r) = w_{max} \cdot \left(1 - \frac{r}{R}\right)^{1/n},$$ (3.40)

wobei der Exponent n von der Re-Zahl abhängig ist.

Mit zunehmender Re-Zahl vergrößert sich der Zahlenwert von n, der Exponent 1/n nimmt daher ab, wodurch sich das Geschwindigkeitsprofil immer mehr einer rechteckigen Form ändert, Beispiel 3-22. Auch die mittlere Geschwindigkeit und analog auch die mittleren Konzentrationen und Temperaturen weichen immer weniger von den Maximalwerten ab.

Der Grenzfall $n \to \infty$ wird in der Praxis nicht erreicht, stellt aber eine wichtige Modellströmung dar. Nach Gleichung (3.40) entspricht dann die Geschwindigkeit an jedem beliebigen Ort dem Maximalwert der Geschwindigkeit (ebenso wie c und T), es herrscht also eine völlige Gleichverteilung im Rohrströmungsquerschnitt. Dieses Modell einer Strömungsform wird Pfropfenströmung oder auch Kolben- oder Blockströmung genannt (plug flow).

Es ist aber zu beachten, dass es sich an jeder Stelle um zeitlich gemittelte Werte handelt, die Momentanwerte können beträchtlich darüber oder darunter liegen, was zum Phänomen der Vorwärts- oder Rückvermischung führt (üblicherweise wird nur von Rückvermischung gesprochen).

Durch die Wirbelbewegung in turbulenten Strömungen werden Wärme-, Stoff- und Impulsaustausch gegenüber den rein konduktiven Austauschvorgängen beträchtlich erhöht. Die konduktiven Transportgleichungen (3.7) - (3.9) können um turbulente Austauschkoeffizienten erweitert werden:

$$\dot{q} = -\left(\lambda + \varepsilon_H\right) \cdot \frac{dT}{dx}$$ (3.41)

$$j_i = -\left(D_i + \varepsilon_{M,i}\right) \cdot \frac{dc_i}{dx}$$ (3.42)

$$\tau = \pm \left(\eta + \varepsilon\right) \cdot \frac{dw_x}{dy}$$ (3.43)

Die turbulenten Austauschkoeffizienten ε_H, $\varepsilon_{M,i}$, ε (eddy diffusivities) sind wesentlich größer als die entsprechenden konduktiven Austauschkoeffizienten λ, D_i und η (molecular diffusivities); sie sind aber keine Stoffeigenschaften und fast ausschließlich von den Strömungsverhältnissen abhängig.

3.4.2. Film-Theorie:

Für viele Strömungsvorgänge ist die Pfropfenströmung eine gute Modellvorstellung, insbesondere für reibungsfreie Strömungen. Für Stoff- und Wärmeaustauschvorgänge ist sie hingegen weniger geeignet, da sie unendlich schnelle Austauschvorgänge impliziert,

aus $Re \to \infty$ folgt mit Gleichung (3.38) $\alpha \to \infty$ und $\beta \to \infty$.

Um Wärme-, Stoff- und Impulsaustauschvorgänge modellmäßig erfassen zu können wurde von Lewis 1922 das Film-Modell entwickelt, welches eine Kombination der realen Strömungsverhältnisse mit der Pfropfenströmung darstellt, Abbildung 3-7.

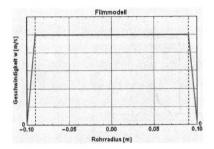

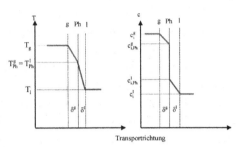

a) Strömung in Rohr   b) Wärme- und Stofftransport g/l

Abbildung 3-7: Film-Modell

Für den Großteil der Strömung (Hauptphase, bulk-phase) wird Pfropfenströmung angenommen, in diesem Bereich sind die Austauschvorgänge unendlich schnell, wodurch eine Gleichverteilung von T, c und w vorherrscht. Zwischen der Phasengrenze und der Hauptphase gibt es einen schmalen Bereich (Grenzschicht), in welchem alle Austauschvorgänge nur durch Konduktion stattfinden, Gleichungen (3.7) - (3.9).

Bildet sich in beiden angrenzenden Phasen eine Grenzschicht aus, spricht man auch vom 2-Film-Modell, wie in Abbildung 3-7b für Wärme- und Stofftransport von einer Gas- in eine Flüssigphase. An der Position der Phasengrenze ist beiden Phasen dieselbe Geschwindigkeit zugeordnet, die Relativgeschwindigkeit $w_{rel} = 0$; für Wärme- und Stofftransport stellt sich per Definition an der Phasengrenze ein Gleichgewichtszustand ein, d. h.:

$$T_{Ph}^g = T_{Ph}^l, \quad \text{und} \quad c_{i,Ph}^g = k \cdot c_{i,Ph}^l \tag{3.44}$$

Auch wenn alle limitierenden Transportvorgänge nur in der konduktiven Grenzschicht ablaufen, kann nicht mit den konduktiven Transportgleichungen, Gleichungen (3.7) - (3.9), gerechnet werden, da die Dicke dieser Grenzschicht und damit die entsprechenden Gradienten nicht bekannt sind. Die Dicke der Grenzschicht ist von den Strömungsverhältnissen und bei Wärme- und Stofftransport auch von Stoffwerten abhängig.

Entsprechend dem Film-Modell müssen sowohl die konduktiven wie auch konvektiven Transportgleichungen erfüllt sein; sie können daher gleichgesetzt werden und man erhält:

$$\alpha = \frac{\lambda}{\delta}, \quad \beta_i = \frac{D_i}{\delta}, \quad c_f = \frac{2\eta}{\rho \cdot w \cdot \delta} = \frac{2}{Re} \tag{3.45}$$

Je größer die Konvektion, desto dünner die Grenzschichten und größer die Transportkoeffizienten.

Für den Stofftransport ergibt sich demnach eine direkte Proportionalität von β zum Diffusionskoeffizienten D. Praktische Erfahrungen zeigen, dass dies nur unzureichend erfüllt ist, weshalb weitere Modelle entwickelt wurden (z. B. Penetrationstheorie, Oberflächenerneuerungstheorie). Bei der Auslegung von Apparaten stellt dies jedoch selten den limitierenden Faktor dar, weshalb das Filmmodell für die allermeisten Aufgabenstellungen als ausreichend genau gelten kann.

3.4.3. Grenzschichten

Nach dem Filmmodell liegt der gesamte Widerstand aller Austauschvorgänge in der definierten konduktiven Grenzschicht. Wegen dieser enormen Bedeutung soll das reale Verhalten dieser Grenzschichten hier näher untersucht werden.

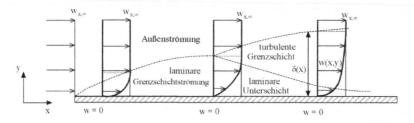

Abbildung 3-8: Strömungsgrenzschicht

Dazu wird, wie in Abbildung 3-8 dargestellt, ein beliebiges Fluid angenommen, welches in x-Richtung über eine Platte strömt. Unmittelbar vor der Eintrittsstelle habe das Fluid die Geschwindigkeit w_∞. Beim Kontakt mit der Platte haften die angrenzenden Teilchen daran, während die Hauptphase mit der Eintrittsgeschwindigkeit weiterströmt. Auf Grund des Impulsaustausches benachbarter Teilchen bildet sich eine Grenzschicht aus, in der die Strömungsgeschwindigkeit von 0, an der Plattenoberfläche, auf den Wert der Eintrittsgeschwindigkeit ansteigt. Die Dicke dieser Grenzschicht ist mit der Stelle definiert, wo $w = 0,99 \cdot w_\infty$ erreicht wird. Am Anfang der Platte ist diese Grenzschicht sehr dünn mit großen Geschwindigkeitsgradienten in y-Richtung. Mit der Länge x wächst die Grenzschichtdicke an, wobei die Geschwindigkeitsgradienten abnehmen.

Mit der Plattenlänge x steigt auch die Re-Zahl in der Grenzschicht, da die charakteristische Länge bei der Plattenströmung die Plattenlänge ist. Bei einem Wert von Re $\approx 1 \cdot 10^5 - 5 \cdot 10^6$ (abhängig von Oberflächenrauigkeit und Turbulenzgrad der Hauptströmung) schlägt die laminare Strömung der Grenzschicht in eine turbulente Grenzschichtströmung über, welche sich dann von der Hauptphase immer weiter Richtung Oberfläche ausbreitet. Wegen der Haftbedingung bleibt aber jedenfalls eine laminare Unterschicht bestehen.

Unterscheidet sich die Temperatur der Platte von jener in der Hauptphase der Strömung, bildet sich analog eine Temperaturgrenzschicht aus und ebenso eine Konzentrationsgrenzschicht falls sich die Konzentration eines Stoffes in der Hauptphase der Strömung von der Gleichgewichtskonzentration unmittelbar an der Plattenoberfläche unterscheidet. Es können auch alle drei Grenzschichten gleichzeitig auftreten und verschiedene Dicken aufweisen, Kap.3.4.4 und Beispiel 3-23.

Allgemein ist die Dicke einer Grenzschicht an der Stelle definiert, an der folgende Bedingung für die Größen x (x = w für Strömung, x = T für Wärmetransport, x = c_i für Stofftransport) erfüllt ist:

$$\frac{x_{Gr} - x}{x_{Gr} - x_\infty} = 0,99 \tag{3.46}$$

Dabei entspricht x_{Gr} dem Wert an der Grenzfläche (0 für die Geschwindigkeit, und Gleichgewicht für Temperatur und Konzentration) und x_∞ dem Mittelwert in der Hauptströmung.

Im Filmmodell wurde angenommen, dass in der Grenzschicht ausschließlich konduktive Transportvorgänge auftreten, die wegen der unbekannten Grenzschichtdicke doch als konvektive Transportvorgänge behandelt werden müssen.

Tatsächlich treten immer beide Formen auf, wobei aber nur unmittelbar an der Grenzfläche ausschließlich Konduktion auftreten kann. Dies kann zur Definition und Berechnung der konvektiven Austauschkoeffizienten genutzt werden (Beispiel 3-25):

$$\dot{q} = -\lambda \left(\frac{dT}{dy} \right)_{y=0} = \alpha \left(T_{Gr} - T_{\infty} \right) \quad \Rightarrow \quad \alpha = \frac{-\lambda \left(\frac{dT}{dy} \right)_{y=0}}{T_{Gr} - T_{\infty}} \tag{3.47}$$

$$\dot{n}_i = -D \left(\frac{dc_i}{dy} \right)_{y=0} = \beta \left(c_{i,Gr} - c_i \right) \quad \Rightarrow \quad \beta = \frac{-D \left(\frac{dc_i}{dy} \right)_{y=0}}{c_{i,Gr} - c_i} \tag{3.48}$$

$$\tau = \eta \left(\frac{dw_x}{dy} \right)_{y=0} = c_f \frac{\rho \cdot w_{\infty}^2}{2} \quad \Rightarrow \quad c_f = \frac{2\eta \left(\frac{dw_x}{dy} \right)_{y=0}}{\rho \cdot w_{\infty}^2} \tag{3.49}$$

Mit zunehmender Länge x wird die Grenzschicht dicker und die Gradienten und somit auch die Austauschkoeffizienten kleiner.

3.4.4. Analogie

Die konduktiven und konvektiven Transportgleichungen haben ähnliche Form, insbesondere jene für Stoff- und Wärmeaustausch. Diese Ähnlichkeiten können für viele Berechnungen genutzt werden, weil dadurch aus Messungen für eine Größe auf die anderen geschlossen werden kann.

Im gleichen Strömungsfeld unterscheiden sich Stoff- und Wärmetransport nur durch Stoffwerte. Die Form der Funktionen Nu = f (Re, Pr) und Sh = f (Re, Sc) ist ident. Division von Nu durch Sh ergibt nach Gleichung (3.38)

$$\frac{Nu}{Sh} = \frac{\alpha \cdot L}{\lambda} \cdot \frac{D}{\beta \cdot L} = \left(\frac{Pr}{Sc} \right)^c$$

Mit $\lambda = a \cdot \rho \cdot c_p$ und den Definitionen für Pr und Sc folgt daraus:

$$\frac{\alpha}{\beta} = \rho \cdot c_p \cdot \left(\frac{a}{D} \right)^{1-c} = \rho \cdot c_p \cdot Le^{1-c}, \tag{3.50}$$

mit Le (Lewis-Zahl) = a/D, bzw. dem Lewis-Koeffizient Le^{1-c}. Die Konstante c ist von den Strömungsverhältnissen abhängig. Bei voll turbulenter Strömung ist sie 1, der Lewis-Koeffizient nimmt daher den Wert 1 an; Stoff- und Wärmeaustausch werden von der Strömung bestimmt und sind nicht von den spezifischen Stoffwerten abhängig. Bei rein laminarer Strömung wird die Konstante c = 0; für viele praktische Fälle kann c = 1/3 gesetzt werden.

Temperaturen sind wesentlich leichter zu messen als Konzentrationen; diese Analogie erlaubt daher, aus Messungen des Wärmetransportes auf den Stofftransport zu schließen, indem die Pr-Zahl in der Nu-Funktion durch die Sc-Zahl in der Sh-Funktion ersetzt wird (Beispiel 3-29, Beispiel 3-30).

Auch der Impulsaustausch kann in die Analogiebetrachtung mit einbezogen werden. Bei konvektiven Transportvorgängen ist das Strömungsfeld immer die Basis aller Austauschvorgänge, da dann der Hauptteil des Stoff- und Energietransportes mit der Strömung erfolgt.

Nach Gleichung (3.37) ist Nu = f (Re, Pr) und Sh = f (Re, Sc). Der Reibungskoeffizient c_f ist selbst schon dimensionslos; für ihn gilt

$$c_f = \frac{2}{Re} \cdot f(Re).$$

Besonders einfach werden die Verhältnisse für Pr = Sc = 1 (näherungsweise für Wasserdampf in Luft). Da die gleiche Abhängigkeit von der Re-Zahl gegeben ist, gilt:

$$c_f \cdot \frac{Re}{2} = Nu = Sh \qquad\qquad (3.51)$$

Mit der Stanton Zahl $St = \dfrac{Nu}{Re \cdot Pr}$ und $St' = \dfrac{Sh}{Re \cdot Sc}$ erhält man:

$$c_f/2 = St = St' \qquad \text{(Reynolds Analogie)} \qquad (3.52)$$

Ähnliche Beziehungen wurden auch für Pr und Sc ≠ 1 abgeleitet. Die modifizierte Reynolds Analogie bzw. Chilton-Colburn Analogie (mit Chilton-Colburn-Faktor j bzw. j') lautet:

$$\frac{c_f}{2} = St \cdot Pr^{2/3} = j \qquad 0{,}6 < Pr < 60$$

$$\frac{c_f}{2} = St' \cdot Sc^{2/3} = j' \qquad 0{,}6 < Sc < 3000$$

3.5. Wärme- und Stoffdurchgang

In Kapitel 3.4 wurden die Transportvorgänge beim Übergang von der Hauptphase an eine Phasengrenze dargestellt. Meist ist es damit aber nicht getan, vielfach, insbesondere in allen Wärme- und Stoffaustauschapparaten wird die Transportgröße nun von der Phasengrenze in die zweite Phase transportiert, wie schon beim Filmmodell Abbildung 3-7 dargestellt. Es liegt daher nahe, gleich den gesamten Transportvorgang von einer Phase in die andere zu betrachten. Man spricht dann von Wärme- und Stoffdurchgang (overall heat transfer, overall mass transfer). Impulsübertragung in die andere Phase ist vor allem bei Mehrphasenströmungen von Bedeutung und wird hier nicht betrachtet.

Zur Verdeutlichung der Vorgänge ist in Abbildung 3-9 nochmals das Filmmodell für einen Wärmedurchgang von einer fluiden Phase 1 durch eine feste Wand in eine zweite fluide Phase 2 dargestellt und für den Stofftransport einer Komponente i aus einem Gas g in eine Flüssigkeit l.

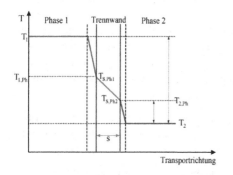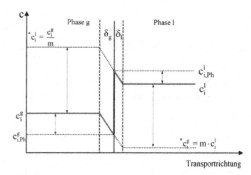

Abbildung 3-9: Wärme- und Stoffdurchgang

Für den Wärmeübergang vom Fluid 1 an die feste Trennwand gilt

$$\dot{q} = \alpha_1 \cdot \left(T_1 - T_{1,Ph} \right) \quad \text{bzw.} \quad \dot{q} \cdot \frac{1}{\alpha_1} = \left(T_1 - T_{1,Ph} \right) ,$$

für den Wärmetransport in der festen Wand mit dem integriertem Fourierschen Gesetz

$$\dot{q} \cdot \frac{s}{\lambda} = \left(T_{s,Ph1} - T_{s,Ph2} \right)$$

und für den Wärmeübergang von der Oberfläche der festen Trennwand in das Fluid 2

$$\dot{q} \cdot \frac{1}{\alpha_2} = \left(T_{s,Ph2} - T_2 \right)$$

An der Phasengrenze herrscht definitionsgemäß Gleichgewicht, für den Wärmetransport ist dies das thermische Gleichgewicht, es gilt an den beiden Phasengrenzen

$T_{1,Ph} = T_{s,Ph1}$ und $T_{2,Ph} = T_{s,Ph2}$.

Summation aller drei Phasen ergibt nun

$$\dot{q} \cdot \left(\frac{1}{\alpha_1} + \frac{s}{\lambda} + \frac{1}{\alpha_2} \right) = \left(T_1 - T_2 \right)$$

Der Klammerausdruck auf der linken Seite gibt den Gesamtwiderstand 1/k an, welcher sich aus der Summe der einzelnen Widerstände (reziproke Leitwerte) zusammensetzt. k wird als Wärmedurchgangskoeffizient (overall heat transfer coefficient) bezeichnet.

$$k = \frac{1}{\left(\dfrac{1}{\alpha_1} + \dfrac{s}{\lambda} + \dfrac{1}{\alpha_2} \right)} \quad \text{und} \quad \dot{q} = k \cdot \left(T_1 - T_2 \right) \qquad (3.53)$$

Eine analoge Ableitung kann für den Stoffdurchgang erfolgen. Allerdings kürzen sich die Konzentrationen an der Phasengrenzfläche nicht heraus, sondern müssen über eine Phasengleichgewichtsbeziehung eliminiert werden. Erweitern der Stoffübergangsgleichung (3.22) mit m/m, wobei m die Steigung der Gleichgewichtslinie an dem betreffenden Punkt angibt, ergibt nach einigen ähnlichen Umformungen zwei Stoffdurchgangsgleichungen, eine für die Gasphase und eine für die Flüssigphase:

$$\dot{n}_i = k_i^g \cdot \left(c_i^g - {}^*c_i^g \right) = k_i^l \cdot \left({}^*c_i^l - c_i^l \right) \qquad (3.54)$$

k_i^g ist der (örtliche) Stoffdurchgangskoeffizient für die Gasphase und k_i^l für die Flüssigphase. ${}^*c_i^g$ ist der zur entsprechenden Flüssigphasenkonzentration an dem betreffenden Punkt berechnete Gleichgewichtswert. Ebenso wie ${}^*c_i^l$ ist dies ein reiner Rechenwert, da es innerhalb einer Phase keinen Gleichgewichtszustand zu einer anderen Phase gibt.

Der Gesamtwiderstand setzt sich wieder aus den Widerständen in den Grenzschichten zusammen, wobei aber immer auch auf einer Seite das Phasengleichgewicht mit einzubeziehen ist.

$$\frac{1}{k_i^g} = \frac{1}{\beta_i^g} + \frac{m}{\beta_i^l}, \qquad \frac{1}{k_i^l} = \frac{1}{m \cdot \beta_i^g} + \frac{1}{\beta_i^l} \qquad (3.55)$$

Achtung auf die Einheiten! Siehe dazu Beispiel 3-32, welches die Berechnung von Stoffübergangs-
und –durchgangskoeffizienten zeigt.

3.5.1. Berechnung von Wärmeaustauschern

Zur Berechnung von Wärmedurchgangskoeffizienten müssen zunächst die Wärmeübergangskoeffizienten berechnet werden. Diese sind wiederum von den Strömungsverhältnissen für die anfänglich
noch unbekannte Geometrie des Wärmeaustauschers abhängig. Sofern nicht entsprechende Software
zur Verfügung steht, wählt man daher eine iterative Vorgangsweise:

Es wird ein Wärmedurchgangskoeffizient k geschätzt. Entsprechende Werte für verschiedene Wärme-
übertragungsaufgaben findet man z. B. im VDI-Wärmeatlas [4]. Mit dem geforderten Wärmestrom
und angenommenen bzw. vorgegebenen Temperaturen kann daraus die benötigte Wärmeaustauschfläche A berechnet werden.

$$A = \frac{\dot{Q}}{k \cdot (T_1 - T_2)_{mittel}} \qquad (3.56)$$

Bei Wärmeaustauschern ohne Phasenübergang ändern sich T_1 und T_2 mit der Länge des Apparates; zur
Berechnung der gesamten Austauschfläche muss daher entsprechend Gleichung (3.25) integriert werden, bzw. eine geeignete mittlere Triebkraft T_1-T_2 gefunden werden. Bei Wärmeaustauschern kann der
integrale Mittelwert meist sehr genau durch eine mittlere logarithmische Triebkraft ersetzt werden:

$$\Delta T_{log.Mittel} = \frac{(T_1 - T_2)_{Anfang} - (T_1 - T_2)_{Ende}}{\ln \frac{(T_1 - T_2)_{Anfang}}{(T_1 - T_2)_{Ende}}} \qquad (3.57)$$

Für diese Fläche A kommt nun eine Reihe von genormten Wärmeaustauschapparaten in Frage. Für
diese ist dann die Geometrie bekannt und mit passenden Gleichungen für die Nu-Zahl, welche neben
vielen anderen Tabellenwerken auch wieder im VDI-Wärmeatlas zu finden sind, können nun die α-
Werte für beide Phasen berechnet werden. Mit der Wärmeleitfähigkeit λ des gewählten Materials kann
nun mit Gleichung (3.53) ein neuer k-Wert berechnet werden. Beispiel 3-34 zeigt die prinzipielle Vorgangsweise für den einfachen geometrischen Fall eines Rohres.

3.6. Wärmestrahlung

Als Wärmestrahlung bezeichnet man die Energieübertragung durch elektromagnetische Wellen. Jeder
Körper sendet entsprechend seiner Temperatur und Oberflächenbeschaffenheit Strahlen aus (engl.
radiation), jeder Körper nimmt aber auch Strahlen auf (irradiation), die reflektiert, absorbiert oder
durchgelassen werden können. Für Energiebilanzen ist nur der absorbierte Anteil interessant, welcher
mit dem Absorptionsverhältnis α erfasst wird. Nach dem Kirchhoffschen Gesetz kann ein Körper auch
nur diesen Anteil emittieren (Emissionsverhältnis ε, $\alpha = \varepsilon$). Das Kirchhoffsche Gesetz ist aber nur im
Gleichgewicht zwischen Körper und Umgebung, d. h. bei gleicher Temperatur gültig. Wenn 100 %
absorbiert werden kann ($\alpha = 1$), so entspricht dies auch dem Maximum der Emission ($\varepsilon = 1$) und man
spricht von einem schwarzen Körper (black body).

Grundgesetze der Temperaturstrahlung:

Plancksche Strahlungsgesetz:

$$i_\lambda = \frac{k_1}{\lambda^5 \cdot \left(e^{\frac{k_2}{\lambda \cdot T}} - 1 \right)} \tag{3.58}$$

i_λ gibt die Intensität der Strahlung pro Wellenlänge an; Einheit meist in $\left[\dfrac{W}{m^2 \cdot \mu} \right] = \left[\dfrac{W}{cm^3} \right]$

$k_1 = 2\pi \cdot c^2 \cdot h = 3{,}741 \cdot 10^{-16} \ W \cdot m^2$

$k_2 = c \cdot h/k = 1{,}438 \cdot 10^{-2} \ K \cdot m$

Das Maximum der Intensität ergibt sich durch Ableitung von i_λ nach der Wellenlänge und Null setzen, <u>Wiensches Verschiebungsgesetz:</u>

$$\lambda_{max} = \frac{2898}{T} \quad in \ [\mu m] \tag{3.59}$$

Stefan-Boltzmann-Gesetz:

Die Gesamtstrahlung ergibt sich durch Integration des Strahlungsgesetzes über alle Wellenlängen:

$$\dot{q} = \int_{\lambda=0}^{\lambda=\infty} i_\lambda d\lambda = \sigma \cdot T^4 \tag{3.60}$$

Bei einem grauen Körper ($\alpha = \varepsilon < 1$) muss noch mit dem Emissionsverhältnis ε multipliziert werden.

Obige Gleichungen gelten für eine punktförmige Strahlungsquelle ohne Temperaturunterschiede zur Umgebung (großer Raum bzw. unendlich ausgedehnter Halbraum). Für den Strahlungsaustausch zweier Flächen unterschiedlicher Temperatur gilt:

$$\dot{q} = \varepsilon_1 \cdot \varepsilon_2 \cdot \sigma \cdot \varphi_{12} \cdot \left(T_1^4 - T_2^4 \right) \tag{3.61}$$

mit φ_{12} als der Einstrahlzahl, welche die geometrischen Verhältnisse der zwei Flächen berücksichtigt (Berechnung z. B. in VDI-Wärmeatlas). Bei Abstrahlung in die Atmosphäre ist $\varphi_{12} = 1$ und $\varepsilon_2 = 1$.

Für die gleichzeitige Berechnung des Wärmeüberganges durch Konvektion und Strahlung ist es vorteilhaft, einen Wärmeübergangskoeffizienten der Strahlung zu definieren. Mit

$$\dot{q}_{Str} = \alpha_{Str} \cdot \left(T_1 - T_2 \right) \tag{3.62}$$

erhält man aus vorheriger Gleichung

$$\alpha_{Str} = \varepsilon_1 \cdot \varepsilon_2 \cdot \sigma \cdot \varphi_{12} \cdot \frac{T_1^4 - T_2^4}{T_1 - T_2} = \varepsilon_1 \cdot \varepsilon_2 \cdot \sigma \cdot \varphi_{12} \cdot \left(T_1 + T_2 \right) \cdot \left(T_1^2 + T_2^2 \right) \tag{3.63}$$

Für den gesamten Wärmeaustausch durch Strahlung und Konvektion ergibt sich daher:

$$\dot{q}_{ges} = \left(\alpha_{Str} + \alpha_{Konv} \right) \cdot \left(T_1 - T_2 \right) \tag{3.64}$$

3.7. Beispiele

Beispiel 3-1: Wärmeleitkoeffizienten

Stelle die Wärmeleitfähigkeit von Gasen (O_2, N_2, Luft, Wasserdampf) im Bereich von 0 bis 300 °C, von Flüssigkeiten (Wasser, Methanol, Ethanol, Benzol) im Bereich von 0 bis 100 °C, von Metallen (Silber, Kupfer) von 100 bis 1200 K und von Isolierstoffen (Mineralfaser, Kieselgur) von 300 bis 550 K grafisch dar. Stoffdaten in *Mathematica*-Datei.

Ergebnis:

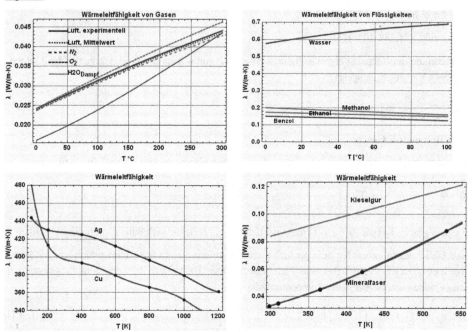

Kommentar:

Die Wärmeleitfähigkeit von Gasen steigt immer mit der Temperatur; bei Flüssigkeiten und Feststoffen kann das nicht generell gesagt werden. Die Wärmeleitfähigkeit bei Metallen und meist auch bei Metalloxiden fällt mit der Temperatur, während jene von anderen, wie z. B. vielen Isolierstoffen, steigt. Isolierstoffe sind aber oft nicht reine Feststoffe, sondern poröse Materialien mit Luft- und anderen Gaseinschlüssen. Die Wärmeleitfähigkeit ist dann keine reine Stoffeigenschaft, sondern hängt auch vom eingeschlossenen Gas und der Porengröße und Porengrößenverteilung ab.

Beispiel 3-2: Diffusionskoeffizienten Gasphase

Berechne den binären Diffusionskoeffizienten $CO_2 - N_2$ bei 590 K und 1 bar mit den Gleichungen von Chen und Slattery/Bird.

Lösungshinweis:

Für ein ideales Gas kann der Diffusionskoeffizient aus der kinetischen Gastheorie berechnet werden. Man erhält

$$D^{IG} = \frac{1}{3} \cdot \overline{\lambda} \cdot \overline{w}$$

mit der mittleren freien Weglänge λ

$$\overline{\lambda} = \frac{1}{\sqrt{2} \cdot \sigma} \cdot \frac{k \cdot T}{p}$$

und der mittleren Molekülgeschwindigkeit w (Maximum der Maxwell-Verteilung)

$$\overline{w} = \sqrt{\frac{8 \cdot k \cdot T}{\pi \cdot M_T}} = \sqrt{\frac{8 \cdot R \cdot T}{\pi \cdot MM}} ,$$

wobei σ = Stoßquerschnitt, k = Boltzmann-Konstante ($1{,}38 \cdot 10^{-23}$), M_T = Masse eines Teilchens.

Daraus ergibt sich, dass $D \sim T^{1{,}5} \cdot p^{-1}$ ist. Bei realen Gasen ist die T-Abhängigkeit meist etwas stärker zwischen $T^{1{,}5} - T^{1{,}8}$.

Die kinetische Gastheorie gestattet nur die Berechnung von Eigendiffusionskoeffizienten; zur Berechnung von binären Diffusionskoeffizienten müssen Mittelwerte für den Stoßquerschnitt und die molare Masse verwendet werden.

Mit solchen Mittelwerten gibt es auch theoretische Gleichungen für reale Gase bei niedrigen Drücken, wie z. B. die Chapman-Enskog-Gleichung:

$$D_{AB} = \frac{3}{16} \cdot \frac{\sqrt{\dfrac{4\,\pi k T}{MM_{AB}}}}{c_N \cdot \pi \cdot \sigma_{AB}^2 \cdot \Omega_D} \cdot f_D$$

mit c_N = Teilchenkonzentration, σ_{AB} = mittlere charakteristische Länge, Ω_D = Kollisionsintegral und f_D = Korrekturfaktor.

Oft werden empirische Gleichungen verwendet, welche nur die kritischen Daten als Stoffwerte benötigen; zwei sind hier angeführt:

Gleichung von Chen:

$$D_{12} = 6{,}04 \cdot 10^{-9} \frac{T^{1{,}81} \sqrt{\dfrac{MM_1 + MM_2}{MM_1 \cdot MM_2}}}{P \cdot \left(T_{kr,1} \cdot T_{kr,2}\right)^{0{,}1405} \cdot \left(v_{kr,1}^{0{,}4} + v_{kr,2}^{0{,}4}\right)^2}$$

mit T in K, p in bar, v in m³/kmol

Gleichung von Slattery und Bird:

$$D_{12} = a_1 \cdot \frac{\sqrt{\dfrac{MM_1 + MM_2}{MM_1 \cdot MM_2}} \cdot \left(\dfrac{T}{\sqrt{T_{kr,1} \cdot T_{kr,2}}}\right)^{a_2}}{P \cdot \left(\dfrac{P_{kr,1}}{P_{kr,2}}\right)^{-1/3} \cdot \left(T_{kr,1} \cdot T_{kr,2}\right)^{-5/12}}$$

mit $a_1 = 1{,}28 \cdot 10^{-8}$ und $a_2 = 1{,}823$ für Systeme ohne Wasserdampf,
und $a_1 = 1{,}70 \cdot 10^{-8}$ und $a_2 = 2{,}334$ für Systeme mit Wasserdampf.

Ergebnis:

Chen: $5{,}79 \cdot 10^{-5}$ m²/s;   Slattery-Bird: $5{,}49 \cdot 10^{-5}$ m²/s

Kommentar:

Der experimentelle Wert nach [13] beträgt $5{,}83 \cdot 10^{-5}$; die theoretische Chapman-Enskog Gleichung ergibt $5{,}20 \cdot 10^{-5}$ und die kinetische Gastheorie $2{,}4 \cdot 10^{-5}$ m²/s.

Ein Vergleich dieser beiden empirischen Gleichungen mit einer Reihe von experimentellen Daten in [13] ergab mal für die eine, mal für die andere Gleichung genauere Werte und immer bessere Ergebnisse als die theoretischen Gleichungen.

Beispiel 3-3: Diffusionskoeffizient Flüssigphase 1, unendliche Verdünnung

Berechne den Diffusionskoeffizient von NH_3 in Wasser, Benzol, Methanol und Ethanol bei 25 °C und unendlicher Verdünnung.

Viskositäten bei 25 °C in mPa·s: Wasser = 0,8904; Benzol = 0,6; Methanol = 0,547; Ethanol = 0,56;

Das kritische Volumen von NH_3 ist 0,0725 l/mol = 72,5 cm³/mol.

Lösungshinweis:

Auf Grund der Dichte der Moleküle und der damit verbundenen starken Wechselwirkungen sind theoretische Gleichungen limitiert. Die bekannteste, welche für runde Moleküle A mit Radius r_A im Lösungsmittel B für bestimmte Mischungen einigermaßen brauchbare Ergebnisse gibt, ist die Stokes-Einstein-Gleichung:

$$D_{AB} = \frac{RT}{6\pi\eta_B r_A}$$

Die Stokes-Einstein-Gleichung wird kaum verwendet; sie liefert aber die Form für zahlreiche empirische Gleichungen. Eine der ältesten, aber immer noch häufig verwendete Formel ist die Wilke-Chang-Gleichung:

$$D^0_{AB} = 7,4\cdot10^{-12}\cdot\frac{T\sqrt{\varphi_B\cdot MM_B}}{\eta_B\cdot v_A^{0,6}}$$

D^0_{AB} ergibt den Diffusionskoeffizienten in m²/s der Komponente A in unendlicher Verdünnung im Lösungsmittel B (trace diffusion).

φ_B ist ein Assoziationsfaktor. Er beträgt 2,6 für Wasser, 1,9 für Methanol, 1,5 für Ethanol und 1 für Benzol, Hexan und andere nicht assoziierende Stoffe. Andere Lösungsmittel müssen geschätzt werden.

v_A ist das Molvolumen am Normalsiedepunkt in cm³/mol. Daten dafür sind oft schwer zu finden, können aber mit der Tyn-Calus-Korrektur aus dem kritischen Molvolumen annähernd berechnet werden:

$$v_A = 0,285\cdot v_{kr}^{1,048}$$

Die Temperatur ist in Kelvin und die Viskosität des Lösungsmittels in [cP] = [mPa·s] einzusetzen.

Die Wilke-Chang-Gleichung kann zur Berechnung des Diffusionskoeffizienten einer Komponente A in unendlicher Verdünnung in einem Lösungsmittelgemisch verwendet werden, wenn für die Lösungsmittelmischung Mittelwerte für φ, MM und η eingesetzt werden.

Ergebnis:

Das Molvolumen von NH_3 am Normalsiedepunkt beträgt nach der Tyn-Calus-Korrektur 25,38 cm³/mol und die Diffusionskoeffizienten von NH_3 in

Wasser = $2,436\cdot10^{-9}$ m²/s;
Benzol = $4,669\cdot10^{-9}$ m²/s;
Methanol = $4,521\cdot10^{-9}$ m²/s;
Ethanol = $4,705\cdot10^{-9}$ m²/s.

Beispiel 3-4: Diffusionskoeffizient Flüssigphase 2, binär [15]

Für das Flüssigkeitsgemisch Chloroform (1) – Tetrachlorkohlenstoff (2) mit $x_1 = 0,775$ sind bei Siedetemperatur (62,9 °C) die Diffusionskoeffizienten der Einzelkomponenten bei unendlicher Verdünnung und daraus der binäre Diffusionskoeffizient der Mischung mit der Wilke-Chang-Gleichung zu berechnen, wobei ideales Verhalten vorausgesetzt wird. Beide Komponenten werden als nicht assoziierend angenommen.

Stoffdaten:

Viskosität bei 63 °C: $\eta_1 = 0,387$; $\eta_2 = 0,564$ mPa·s

Dichten bei 63 °C: $\rho_1 = 1410$; $\rho_2 = 1510$ kg/m³

Lösungshinweis:

Es werden zunächst die Einzeldiffusionskoeffizienten bei unendlicher Verdünnung gemäß Beispiel 3-3 berechnet und daraus ein mittlerer idealer Diffusionskoeffizient:

$$D_m^i = \frac{T}{\eta_m} \cdot \left(x_1 \cdot \frac{D_2^0 \cdot \eta_1}{T} + x_2 \cdot \frac{D_1^0 \cdot \eta_2}{T} \right)$$

Ähnlich wie die Viskosität bei nicht-Newtonschen Flüssigkeiten, kann auch der Diffusionskoeffizient von der Triebkraft abhängig sein, welche, genau genommen, nicht der Gradient der Konzentration wie im Fickschen Gesetz ist, sondern der Gradient des chemischen Potentials. Der ideale binäre Diffusionskoeffizient muss daher noch um einen Faktor α erweitert werden, welcher für Flüssigkeiten meist als Gradient des Aktivitätskoeffizienten angegeben wird.

$$\alpha = \left(\frac{\partial \ln \gamma_i}{\partial x_i} \right)_{T,p} \qquad \text{und} \qquad D_m = D_m^i \cdot \alpha$$

Für ähnliche Komponenten kann der Faktor $\alpha = 1$ gesetzt werden.

In der Angabe ist weder das benötigte Molvolumen noch das kritische Volumen gegeben. Es sind aber die Dichten beim Siedepunkt gegeben; daraus kann das Molvolumen beim Siedepunkt einfach mit MM/ρ berechnet werden. Die mittlere Viskosität η_m ist gegeben durch $\eta_m = \eta_1^{x_1} \cdot \eta_2^{x_2}$.

Ergebnis:

$D_1^0 = 3,81 \cdot 10^{-9}$ m²/s; $D_2^0 = 4,38 \cdot 10^{-9}$ m²/s; $D_m = 4,27 \cdot 10^{-9}$ m²/s

Beispiel 3-5: Viskosität von Gasen

Berechne die dynamische Viskosität von Luft mit der Sutherland-Gleichung von 20 bis 300 °C und vergleiche die Ergebnisse mit den tabellierten Werten im VDI-Wärmeatlas. Die Viskosität bei 0 °C beträgt $1,727 \cdot 10^{-5}$ Pa·s. Die Sutherland-Konstante beträgt $C_S = 111$ (gültig von 16 – 825 °C).

Lösungshinweis:

Ausgehend von der kinetischen Gastheorie gibt es viele theoretische, halbempirische und empirische Ansätze zur Berechnung der Gasviskosität [13]. Für die meisten Gase ist die Viskosität aber in den verschiedensten Tabellenwerken gut dokumentiert, so dass diese Gleichungen hauptsächlich zur Berechnung von Dämpfen verschiedenster Flüssigkeiten benötigt werden.

Ist die Viskosität bei einer Temperatur bekannt und die Temperaturabhängigkeit gesucht, so gibt es dafür einfache gute Näherungen wie jene von Sutherland [16]:

$$\eta = \eta_0 \sqrt{\frac{T}{T_0}} \cdot \frac{1 + C_S/T_0}{1 + C_S/T} \tag{3.65}$$

Ergebnis:

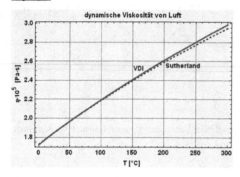 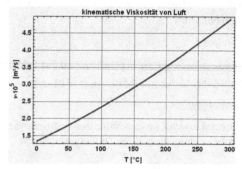

Kommentar:

Es mag überraschen, dass die Viskosität von Luft und allen anderen Gasen mit der Temperatur steigt. Bei Betrachtung der kinetischen Gastheorie ist dies aber leicht einsichtig. Bei höherer Temperatur haben die Gasmoleküle eine höhere kinetische Energie und damit höhere Geschwindigkeit. Die Zusammenstöße werden dadurch häufiger, wobei mehr Impuls übertragen wird, was sich in der höheren Viskosität äußert.

Die kinematische Viskosität $\nu = \eta/\rho$ steigt sogar noch stärker, da die Dichte mit zunehmender Temperatur abnimmt.

Beispiel 3-6: dynamische Viskosität von Flüssigkeiten

Stelle die dynamische Viskosität von Wasser (0 – 100 °C) und von Dodekan (0 – 200 °C) grafisch dar. Die Viskosität von Wasser soll mit experimentellen Werten aus dem VDI-Atlas verglichen werden.

Lösungshinweis:

Es existieren keine theoretischen Gleichungen zur Berechnung der Viskosität von Flüssigkeiten; sie wird vielfach ähnlich den Sättigungsdampfdrücken und c_p-Werten über mehrparametrige (meiste 2 – 4) empirische Gleichungen berechnet. Zahlenwerte finden sich z. B. in [13]. Für Wasser findet man dort:

$$\ln \eta = A + B/T + C \cdot T + D \cdot T^2, \quad \text{mit } A = -24{,}71 \; ; B = 4{,}209 \cdot 10^3; C = 0{,}04527; D = -3{,}376 \cdot 10^{-5},$$

und für Dodekan:

$$\ln \eta = A + B/T, \quad \text{mit } A = -4{,}562 \text{ und } D = 1{,}454 \cdot 10^3;$$

η erhält man in [cP] = [mPa·s], wenn T in [K] eingesetzt wird.

Ergebnis:

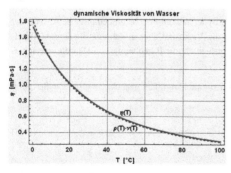 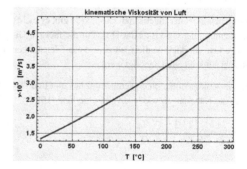

Beispiel 3-7: Temperaturleitfähigkeit

Berechne die Temperaturleitfähigkeit von Wasser (0-100 °C), Luft (0-300 °C) und Kupfer (200 – 1200 K). Stoffwerte in *Mathematica*-Datei.

Lösungshinweis:

$$a = \frac{\lambda}{\rho \cdot c_p}$$

Ergebnis:

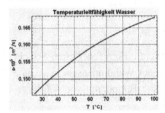 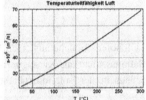 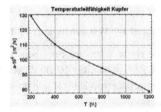

Kommentar:

Wasser: λ steigt mit T, ρ nimmt ab (außer bis 4 °C) und c_p weist bei geringer T-Abhängigkeit ein Minimum auf

Luft: λ steigt mit T, ρ sinkt und c_p steigt.

Kupfer: λ sinkt mit T, c_p steigt, ρ ungefähr konstant.

Beispiel 3-8: Wärmeleitung 1: $\lambda = f(T)$

Ein Raum mit T_i = 500 K soll so isoliert werden, dass der Wärmefluss nicht mehr als 150 W/m² und die Außentemperatur der Isolierung nicht mehr als 300 K beträgt. Als Isolationsmaterial wird eine Mineralfaser mit einer Wärmeleitfähigkeit von λ = 0,033 W/(m·K) bei 25 °C verwendet. Berechne unter der Annahme einer eindimensionalen Wärmeleitung durch eine ebene Wand:

a) die Dicke der notwendigen Isolationsschicht,

b) die Dicke der notwendigen Isolationsschicht unter Berücksichtigung eines temperaturabhängigen Wärmeleitfähigkeitskoeffizienten $\lambda(T)$, wobei in [17] folgende Werte gegeben werden:

T [K]	310	365	420	530
λ [W/(m·K)]	0,035	0,045	0,058	0,088

c) die Außentemperatur, welche sich einstellen würde, wenn eine Isolierschichtdicke nach der Berechnung mit konstantem λ verwendet wird.

Lösungshinweis:

Die Berechnung erfolgt mit dem 1. Fourierschen Gesetz, wobei die Integration mit Variablentrennung durchgeführt wird.

$$\dot{q} \cdot \int_0^{\delta} dx = - \int_{500}^{300} \lambda \, dT$$

Für die Temperaturabhängigkeit von λ soll aus der Datentabelle eine Interpolationsfunktion erstellt werden.

Ergebnis:

a) Die Dicke der Isolationsschicht nach der Berechnung mit konstantem λ beträgt 44 mm.

b) Die Dicke der Isolationsschicht nach der Berechnung mit variablem λ beträgt 72 mm.

c) Die Vernachlässigung der Temperaturabhängigkeit von λ würde eine um ca. 100 °C zu hohe Außentemperatur von 400,9 K ergeben.

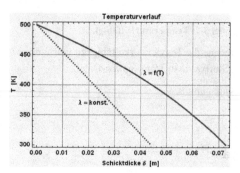

Beispiel 3-9: Wärmeleitung 2: λ = f(T)

Die ebene Wand auf einer Seite eines Glühofens bestehe aus einer 20 cm dicken feuerfesten Schicht aus Al_2O_3 und einer 10 cm dicken Isolationsschicht aus Kieselgur. An der Wandinnenseite wird eine Temperatur von 2000 K und an der Außenseite der Isolationsschicht eine Temperatur von 400 K gemessen.

Wie hoch ist die Temperatur zwischen den beiden Schichten, der Wärmeverlust durch die Wand und wie der Temperaturverlauf in der Wand?

Es soll einmal mit einem konstanten Wärmeleitkoeffizienten von 10 W/(m·K) für Al_2O_3 und 0,2 W/(m·K) für Kieselgur gerechnet werden und einmal mit Temperatur-abhängigen Werten entsprechend nachfolgender Angaben:

λ von Kieselgur: $\lambda = 0,08 + 1,5 \cdot 10^{-4}T$, mit T in °C

λ von Al_2O_3:

T [K]	400	600	800	1000	1200	1500	2000
λ [W/(m·K)]	26,4	15,8	10,4	7,85	6,55	5,66	6,0

Lösungshinweis:

Integration des Fourierschen Gesetzes für die beiden Schichten. Bei konstantem λ erhält man mit x als der unbekannten Temperatur

$$q_1 = \lambda_1 \cdot \frac{T_i - x}{\delta_1}, \quad q_2 = \lambda_2 \cdot \frac{x - T_a}{\delta_2}$$

Im stationären Zustand muss der Wärmefluss durch beide Schichten gleich groß sein. Durch Gleichsetzen von q_1 und q_2 erhält man daher die Temperatur x an der Grenze der beiden Schichten.

Analog bei T-abhängigen Stoffwerten. Die Integration des Fourierschen Gesetzes muss dann aber unter Berücksichtigung dieser Temperaturabhängigkeit erfolgen.

Ergebnis:

Die Temperatur zwischen den beiden Schichten beträgt 1938,5 K bei Berechnung mit konstantem λ und 1893,2 K bei Berechnung mit variablem λ. Der Wärmefluss beträgt entsprechend 3076,9 bzw. 3151,0 W/m².

Beispiel 3-10: Wärmeleitung 3: variable Querschnittsfläche [17]

Wärmeleitung durch ein konisches Material mit einem Durchmesser D = 0,25x, mit x von x_1 = 50 bis x_2 = 250 mm. Bei x_1 beträgt die Temperatur 400 K und bei x_2 600 K. Die Wärmeleitfähigkeit λ = 3,46 W/(m·K). Die Mantelfläche ist gut isoliert. Bestimme den spezifischen Wärmefluss und stelle den Temperaturverlauf im Material und den gesamten Wärmefluss grafisch dar.

Lösungshinweis:

Integration des Fourierschen Gesetzes unter der Berücksichtigung, dass die Fläche A eine Funktion des Diffusionsweges x ist.

$$\dot{Q} = -\lambda \cdot A \cdot \frac{dT}{dx} = -\lambda \cdot a \cdot x \cdot \frac{dT}{dx}$$

Ergebnis:

Der Wärmestrom beträgt – 2,12 J/s = W

Kommentar:

Der gesamte Wärmestrom bleibt immer konstant, andernfalls würde die Temperatur stetig steigen oder fallen. Der spezifische Wärmestrom ändert sich hingegen mit der Diffusionslänge, da sich die Querschnittsfläche ändert.

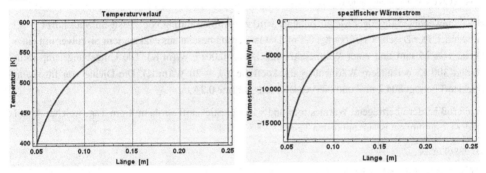

Beispiel 3-11: Wärmeleitung 4: mehrere Schichten [18]

Eine Ofenwand bestehe aus drei Schichten: auf der Innenseite 10 cm Feuerfestziegel (λ = 1,560 W/(m·K)), dann eine 23 cm dicke Isolierschicht aus Kaolin (λ = 0,073) und schließlich 5 cm Mauerziegel (λ = 1,0). Die Temperatur auf der Innenseite beträgt 1370 K und auf der Außenseite 360 K. Welche Temperaturen herrschen an den Kontaktstellen?

Lösungshinweis:

Im stationären Fall ist die Wärmeleitung in allen Schichten gleich groß, daher gilt:

$$\dot{Q} = \lambda_1 \cdot A \cdot \frac{T_{innen} - T_1}{L_1} = \lambda_2 \cdot A \cdot \frac{T_1 - T_2}{L_2} = \lambda_3 \cdot A \cdot \frac{T_2 - T_{außen}}{L_3}$$

Ergebnis:

Die Temperaturen an den Kontaktstellen im Inneren der Ausmauerung betragen T_1 = 1365 K und T_2 = 364 K.

Anmerkung:

Bei der Wärmeleitung durch mehrere Schichten ist immer auf eventuelle Fehlstellen zwischen den Schichten (z. B. Lufteinschlüsse) zu achten, die einen zusätzlichen Widerstand darstellen können.

Beispiel 3-12: Wärmeleitung 5: Zylinder

Eine Dampfleitung mit einem äußeren Durchmesser von 12 cm hat eine 2 cm dicke Isolierung (λ = 0,05 W/(m·K). An der Innenseite der Isolierung beträgt die Temperatur konstant 700 K und an der Außenseite 450 K. Wie groß ist der Wärmeverlust pro Meter Länge?

<u>Lösungshinweis:</u>

Fouriersche Gesetz für Zylinder mit Fläche $A = 2r\pi \cdot L$:

$$\dot{Q} = -\lambda \cdot 2\pi \cdot r \cdot L \cdot \frac{dT}{dr}$$

Variablentrennung und Integrieren ergibt:

$$\dot{Q} = \frac{2\pi \cdot L \cdot \lambda \cdot \Delta T}{\ln \frac{r_2}{r_1}}$$

<u>Ergebnis:</u>

Der Wärmeverlust beträgt pro Meter Länge 273 W.

Beispiel 3-13: Wärmeleitung 6: Kugel [17]

Ein dünnwandiger kugeliger Metallcontainer wird zur Aufbewahrung von flüssigem Stickstoff (77 K) verwendet. Der Durchmesser beträgt 0,5 m. Die Isolierung besteht aus evakuiertem Si-Pulver mit einer Dicke von 25 mm und einer Wärmeleitfähigkeit von 0,0017 W/(m·K). Die Umgebungstemperatur beträgt 300 K, der äußere Wärmeübergangskoeffizient $\lambda = 20$ W/(m·K). Die Dichte von flüssigem Stickstoff beträgt 804 kg/m³ und die Verdampfungswärme 0,2 kJ/g.

Wie groß ist der übertragene Wärmestrom und wie viel Stickstoff verdampft pro Tag, welcher Anteil an der Gesamtmasse ist das am ersten Tag?

<u>Lösungshinweis:</u>

Fouriersche Gesetz für die Kugel mit Oberfläche $A = 4\pi r^2$:

$$\dot{Q} = -\lambda \cdot 4\pi \cdot r^2 \cdot \frac{dT}{dr}$$

Variablentrennung und Integrieren ergibt:

$$\dot{Q} = \frac{4\pi \cdot \lambda \cdot \Delta T}{\frac{1}{r_1} - \frac{1}{r_2}}$$

<u>Ergebnis:</u>

Der übertragene Wärmestrom beträgt 13 W. Pro Tag verdampfen 5,66 kg N_2, das sind am ersten Tag 10,76 %.

Beispiel 3-14: Diffusion 1 [19]

Durch eine Rohrleitung strömen 10 m³/h Ammoniak NH_3 bei 25 °C. Um den Druck auf 1 bar zu halten ist an die Rohrleitung ein Röhrchen von 3 mm Durchmesser angeschweißt, durch das eine Verbindung in die Umgebungsluft hergestellt wird. Dieses Röhrchen ist 20 m lang, damit die Verluste an Ammoniak durch Diffusion gering bleiben.

Wie groß sind die Ammoniakverluste in m³/s und wie groß ist der Molanteil der Luft in der Rohrleitung?

$\rho_{NH3} = 0,687$ kg/m³, $\quad D = 2,8 \cdot 10^{-5}$ m²/s.

Lösungshinweis:

Ficksche Gesetz für äquimolare Gegendiffusion, wobei angenommen werden kann, dass die NH_3-Konzentration in Luft und die Luft-Konzentration in NH_3 vernachlässigbar ist.

Ergebnis:

Ammoniak-Verluste: $9,9 \cdot 10^{-12}$ m³/s;   Molanteil Luft in NH_3: $3,56 \cdot 10^{-9}$

Beispiel 3-15: Diffusion 2 [17]

Wasserstoff wird bei erhöhtem Druck in einem rechteckigen Stahlcontainer (Wandstärke d = 10 mm) gespeichert. Die H_2-Konzentration im Stahl an der Innenseite sei 1 kmol/m³ und an der Außenseite vernachlässigbar gering. Der binäre Diffusionskoeffizient von Wasserstoff im Stahl beträgt bei der gegebenen Temperatur von 20 °C $2,6 \cdot 10^{-13}$ m²/s. Gesucht ist der spezifische molare Fluss von Wasserstoff durch den Stahl.

Lösungshinweis:

Bei konstantem Diffusionskoeffizienten ergibt die Integration des Fickschen Gesetzes:

$$j = D \cdot \frac{\Delta c}{\delta}$$

Ergebnis:

$2,6 \cdot 10^{-11}$ kmol/(m²·s)

Beispiel 3-16: Diffusion 3 [20]

Am Boden eines zylindrischen Behälters mit H = 0,5 m und d_i = 0,25 m befinde sich reines Butan, an der Decke reines Ethan. Über die Höhe nehmen die Partialdrücke der beiden Stoffe linear zu bzw. ab.

Welche Massen- und Molenströme diffundieren im Behälter und mit welcher Geschwindigkeit diffundieren beide Gase durch eine Ebene in der Zylindermitte und in einer Höhe von H = 0,4 m?

gegeben:

p = 1 bar, T = 21 °C, MM_{Ethan} = 30,07 kg/kmol; MM_{Butan} = 58,12 kg/kmol; D = $6,6 \cdot 10^{-6}$ m²/s.

Lösungshinweis:

Äquimolare Gegendiffusion.

Entsprechend der Kontinuitätsgleichung ändert sich die Strömungsgeschwindigkeit der Gase entweder mit der Querschnittsfläche (bleibt hier konstant) oder mit dem Volumenstrom. Der Volumenstrom ändert sich mit den Partialdrücken.

$$w_i = \frac{\dot{V}_i}{A} = \frac{\dot{N}_i \cdot R \cdot T}{p_i \cdot A} = \frac{\dot{n}_i \cdot R \cdot T}{p_i}$$

Ergebnis:

Die Massen- und Molenströme betragen für
Ethan: $-8,07 \cdot 10^{-8}$ kg/s = $-2,68 \cdot 10^{-9}$ kmol/s
Butan: $1,56 \cdot 10^{-7}$ kg/s = $2,68 \cdot 10^{-9}$ kmol/s

Die Geschwindigkeiten in der Zylindermitte betragen – 0,0000264 m/s für Ethan und 0,0000264 m/s für Butan und bei H = 0,4 m: -0,0000165 m/s für Ethan und 0,000066 m/s für Butan.

Beispiel 3-17: Diffusion 4: einseitige Verdunstung von Wasser [20]

Ein zylindrischer Behälter mit einem Innendurchmesser von 25 mm sei bis 75 mm unter der Öffnung mit Wasser gefüllt; darüber streicht Luft von einer konstanten relativen Feuchte von $\varphi = 0,1$. Der Gesamtdruck ist 1 bar, die Lufttemperatur ist immer konstant 20 °C.

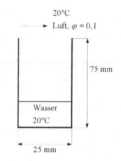

Welche Wassermasse verdunstet während 24 h aus diesem Gefäß?

Diffusionskoeffizient D von Wasser in Luft bei 20 °C: $D_{WL} = 2,78 \cdot 10^{-5}$ m²/s

<u>Lösungshinweis:</u>

Einseitige Diffusion, Stefan-Gesetz, wird zweckmäßigerweise mit Partialdrücken formuliert. Im Gasraum unmittelbar an der Wasseroberfläche entspricht der Partialdruck des Wasserdampfes immer dem Sättigungsdampfdruck, welcher mit der Antoine-Gleichung berechnet wird. Der Wasserdampf-Partialdruck in der vorüberstreichenden Luft ist 10 % des Sättigungsdampfdruckes bei der gegebenen Temperatur von 20 °C.

$$\dot{M}_{i,Stefan} = - D_i \cdot A \cdot \frac{MM_i}{RT} \cdot \frac{p_{ges}}{p_{ges} - p_i} \cdot \frac{dp_i}{dx}$$

<u>Ergebnis:</u>

In 24 h verdunsten 0,247 g Wasser.

Beispiel 3-18: Diffusion 5: einseitige Diffusion, Vergleich Fick - Stefan

Gleiche Angaben wie in Beispiel 3-17, ausgenommen anderer Temperaturbereich.

Stelle den spezifischen Fluss an Wasserdampf im Bereich von 20 – 80 °C für die einseitige Diffusion (Stefan-Strom) grafisch dar und vergleiche ihn mit dem Fickschen Gesetz (äquimolare Gegendiffusion).

Stelle auch den Partialdruckverlauf über den Diffusionsweg x für Wassertemperaturen von 30 – 80 °C grafisch dar.

Annahmen:

- Die Verdunstung ist immer ein gekoppelter Stoff- und Energietransport. Hier soll nur der Stofftransport berücksichtigt und Wasser- sowie Lufttemperatur als konstant angenommen werden.
- Diffusionslänge bleibt konstant, verdunstendes Wasser wird ersetzt.
- Der Diffusionskoeffizient wird immer bei der arithmetischen Mitteltemperatur zwischen Wasser und vorüberstreichender Luft berechnet.

<u>Lösungshinweis:</u>

Wie im vorhergehenden Beispiel 3-17. Zur Darstellung des Partialdruckprofils differenziert man die Diffusionsgleichung nach der Weglänge x, setzt sie 0 (konstanter Fluss über die Länge) und löst die erhaltene Differentialgleichung mit den gegebenen Randbedingungen.

Ergebnis:

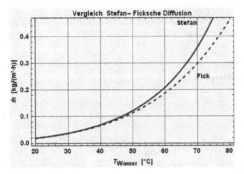 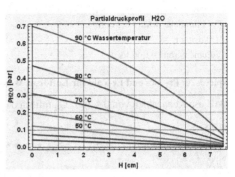

Kommentar:

Aus obigen Formeln und den grafischen Darstellungen ist zu sehen, dass die einseitige Diffusion immer schneller verläuft als die äquimolare und zwar umso schneller, je höher die Konzentration der diffundierenden Komponente ist. Für viele praktische Aufgaben ist es aber ausreichend, mit der Fickschen Diffusion zu rechnen, da dann immer eine zusätzliche Sicherheit gegeben ist.

Beispiel 3-19: Schubspannung [21]

A) Auf einer Tischplatte befindet sich ein Glycerin-Film von h = 0,5 mm Dicke. Darüber liegt eine rechteckige Plastikfolie (l = 20, b = 30 cm). Zähigkeit des Glycerins: η = 0,015 Pa·s. Welche Schubspannung τ entsteht, wenn die Folie parallel mit einer Geschwindigkeit w = 0,5 m/s gezogen wird? Welche Zugkraft F ist hierzu erforderlich?

B) Zwischen einer Plastikfolie von A = 0,1 m² und einer Tischplatte befindet sich ein Wasserfilm (η = 1 mPa·s). Zum Ziehen der Folie mit w = 0,2 m/s ist eine Kraft F = 0,1 N erforderlich. Welche Filmdicke ergibt sich daraus?

C) Eine Welle mit einem Durchmesser von 60 mm wird axial in einer 120 mm langen Buchse mit einer Geschwindigkeit von 0,2 m/s verschoben. Das radiale Durchmesserspiel beträgt 0,2 mm, die axiale Kraft 10 N. Wie groß ist die dynamische Viskosität η des Fluides zwischen Welle und Buchse?

D) Welle mit Luftspalt: d = 50 mm, Spaltweite s = 0,25 mm, Spaltlänge l = 80 mm. Welcher Volumenstrom $\dot{V}$ tritt bei einem einseitigen Überdruck von 0,08 bar und einer Lufttemperatur von 15 °C in die Atmosphäre aus? Rechne näherungsweise mit Plattenspalt.

Lösungshinweis:

$$\text{Schubspannung } \tau = \eta \cdot \frac{dw_x}{dy} \quad [Pa]$$

$$\text{Kraft } F_x = \eta \cdot A \cdot \frac{dw_x}{dy} \quad [N]$$

Für Newtonsche Fluide (η = konst.) ergibt die Integration von y = 0 bis y = Schichtdicke δ und w(y=0) = 0 (Haftbedingung) bis w bei y = δ:

$$\tau = \eta \cdot \frac{w_x}{\delta} \quad \text{und} \quad F_x = \eta \cdot A \cdot \frac{w_x}{\delta}$$

Ergebnis:

A) Schubspannung $\tau = 15$ Pa, hierfür ist eine Kraft von 0,9 N erforderlich.
B) Die Filmdicke beträgt 0,2 mm.
C) Viskosität $\eta = 0,22$ Pa·s
D) Volumenstrom = 1,06 l/s

Beispiel 3-20: Pr-, Sc- und Le-Zahl für Luft bzw. Wasserdampf in Luft

Stelle diese Kennzahlen von 0 – 300 °C grafisch dar.

Ergebnis:

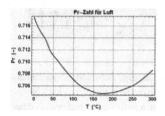  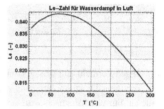

Beispiel 3-21: Strömungsprofil, laminare Rohrströmung

1 m³/h Wasser ($\nu = 10^{-6}$ m²/s) ströme durch ein Rohr mit einem Durchmesser von 20 cm. Berechne die mittlere und maximale Strömungsgeschwindigkeit und zeichne das Geschwindigkeitsprofil für den Fall einer ausgebildeten Strömung.

Lösungshinweis:

Impulsbilanz für einen in der Rohrmitte gedachten differentiellen Zylinder.

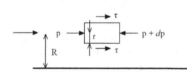

Unter Vernachlässigung der Schwerkraft wirken nur die Druckkräfte an den Stirnflächen sowie die Schubspannung an der Mantelfläche.

$$r^2\pi \cdot dp = 2r\pi \cdot dx \cdot \tau \quad \Rightarrow \quad \tau = \frac{dp}{dx}\cdot\frac{r}{2}$$

Mit dem Newtonschen Schubspannungsansatz $\tau = \eta \cdot \dfrac{dw}{dr}$ ergibt sich als zu lösende Differentialgleichung:

$$\eta \cdot \frac{dw}{dr} = \frac{dp}{dx}\cdot\frac{r}{2}$$

Integration von $dp = p_1$ bis p_2, $dx = 0$ bis L, $dr = r$ bis R mit folgenden Randbedingungen:

$r = 0$ (Rohrmitte): $w = w_{max}$

$r = R$ (Rand): $w = 0$

$$w(r) = \frac{p_2 - p_1}{L}\cdot\frac{R^2}{4\eta}\cdot\left[1-\left(\frac{r}{R}\right)^2\right] = w_{max}\cdot\left[1-\left(\frac{r}{R}\right)^2\right]$$

Die mittlere Geschwindigkeit kann nicht aus Mittelwertbildung über den Radius berechnet werden (nicht Radius,

$\overline{w} \neq \dfrac{1}{r}\int w(r)dr$), sondern über die Querschnittsfläche, z. B. mit $\dot{V} = \overline{w} \cdot A = \int w(r)dA = \int w(r) \cdot 2\pi r \cdot dr$

Daraus erhält man $\overline{w} = w_{max} / 2$

Ergebnis:

Re = 1768,4

Die mittlere Geschwindigkeit beträgt $8,84 \cdot 10^{-3}$ m/s, die maximale $1,77 \cdot 10^{-2}$ m/s. Profile in Abbildung 3-5.

Beispiel 3-22: Strömungsprofil, turbulente Rohrströmung

Angabe aus Beispiel 3-21 für laminare Strömung. Der Wasserdurchsatz wird nun auf 5, 10, 20, 50 und 100 m³/h gesteigert. Berechne den Zusammenhang der mittleren mit der maximalen Geschwindigkeit und stelle die Strömungsprofile für diese Durchsätze grafisch dar.

Des Weiteren sollen die Strömungsprofile als Funktion der Reynoldszahl dargestellt werden (für Re = 5000, 50000, 100000, ∞).

Lösungshinweis:

Turbulente Strömungsprofile werden oft mit einem Potenzansatz berechnet. Nach Blasius gilt für glatte Rohre:

$$w(r) = w_{max} \cdot \left(1 - \dfrac{r}{R}\right)^{1/n}$$

Der Exponent n ist von der Re-Zahl abhängig und schwankt zwischen 6 bei Re = 4000 und 10 bei Re = 320000; häufig wird n = 7 verwendet. Hier soll für n die Funktion

$n = 2,1 \cdot \log(Re) - 1,9$ verwendet werden.

Wie bei der laminaren Strömung wird die mittlere Geschwindigkeit einmal aus spezifischem Durchsatz und einmal aus dem Integral der örtlichen Geschwindigkeit über die Querschnittsfläche berechnet, woraus man den Zusammenhang mit der maximalen Geschwindigkeit erhält.

Ergebnis:

$\dot{V}$ [m³/h]	5	10	20	50	100
w_{mittel} [m/s]	0,0442	0,0884	0,1768	0,4421	0,8842
w_{max} [m/s]	0,0551	0,1082	0,2130	0,5233	1,0349
w_{mittel}/w_{max}	0,802	0,817	0,830	0,845	0,854

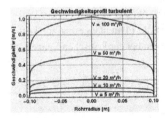
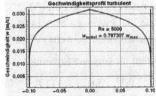
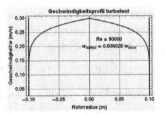

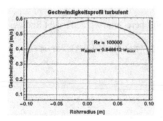 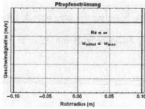 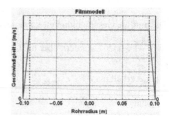

Kommentar:

Je höher die Reynoldszahl, desto rechteckförmiger wird das Strömungsprofil und nähert sich immer mehr einer Kolbenströmung.

Die dargestellten Profile geben zwar recht gut die tatsächlichen Verhältnisse wieder, die Spitze in der Rohrmitte bei der maximalen Geschwindigkeit tritt aber nicht auf, dies ist ein mathematisches Problem, das sich aus der Blasius-Formel ergibt.

Die Kolben- oder Pfropfenströmung entspricht einer turbulenten Strömung mit Re = ∞; die Turbulenz reicht bis zur Wand, was im Allgemeinen nicht der Fall ist. Eine gute Modellvorstellung für die tatsächlichen Verhältnisse ist das Film-Modell, welches Pfropfenströmung im Hauptteil der Strömung annimmt, sowie eine Grenzschicht, in welcher die Geschwindigkeit von 0 (Haftbedingung) bis zu Wert der Pfropfenströmung ansteigt (Abbildung 3-7). Diese Strömungsgrenzschicht setzt sich aus einem laminaren und turbulenten Anteil zusammen. Analog zur Strömungsgrenzschicht können auch Grenzschichten für Temperatur und Konzentration definiert werden, siehe nächstes Beispiel 3-23.

Beispiel 3-23: laminare Grenzschichten

Zu untersuchen ist die Entwicklung der laminaren Grenzschicht bei der Strömung von Luft und Wasser über eine ebene Platte bei 25 °C. Als kritische Re-Zahl, bei welcher die laminare Grenzschicht in eine turbulente Grenzschicht umschlägt wird $Re_{kr} = 5 \cdot 10^5$ angenommen.

Die Luft ströme mit 10, 20 und 50 m/s über die Platte und Wasser mit 1, 5 und 10 m/s. Es werden unterschiedliche Temperaturen zwischen Platte und Fluid vorausgesetzt, so dass sich auch eine Temperaturgrenzschicht ausbildet; für die Luftströmung wird angenommen, dass Wasser von der Plattenoberfläche in die Luft diffundiere, so dass sich auch eine Konzentrationsgrenzschicht ausbildet.

Es sind die Grenzschichtdicken von Strömung (20 m/s), Temperatur und Konzentration für Luft und von Strömung (2 m/s) und Temperatur für Wasser, jeweils bis zur kritischen Länge darzustellen. Des Weiteren sollen auch die Strömungsgrenzschichten für Luft und Wasser für alle gegebenen Geschwindigkeiten, jeweils bis zur kritischen Länge, grafisch dargestellt werden; sowie die Transportkoeffizienten α, β und c_f in Luft (20 m/s).

Ferner sollen auch noch die Transportkoeffizienten in Luft (20 m/s) und Wasser (5 m/s) bei der kritischen Länge berechnet werden, sowie die jeweiligen Mittelwert über die Plattenlänge bis zur kritischen Länge. In welchem Verhältnis stehen die Mittelwerte zu den Werten bei der kritischen Länge?

Reibungskoeffizient C_f, Nu- und Sh-Zahl für laminare Strömung:

$$c_f = 0{,}664 \cdot Re^{-0{,}5}, \quad Nu = 0{,}332 \cdot Re^{0{,}5} \cdot Pr^{1/3}, \quad Sh = 0{,}332 \cdot Re^{0{,}5} \cdot Sc^{1/3}$$

Lösungshinweis:

Die Dicke der Strömungsgrenzschicht nimmt über die Länge x der Platte zu und ist gegeben mit

$$\delta = \frac{5x}{\sqrt{Re}}, \tag{3.66}$$

wobei für charakteristische Länge in der Re-Zahl die Plattenlänge einzusetzen ist.

Über die Stoffwerte sind die Temperatur- und Konzentrationsgrenzschicht (δ_h, δ_c) mit der Strömungsgrenzschicht verknüpft, ohne dass dafür aktuelle Temperaturen und Konzentrationen bekannt sein müssen (vgl. Grenzschichtdicke nach Gleichung (3.46)).

$$\delta_h = \frac{\delta}{\sqrt[3]{Pr}} \quad \text{und} \quad \delta_c = \frac{\delta}{\sqrt[3]{Sc}}$$

Die kritische Länge ist dann erreicht, wenn die Re-Zahl die kritische Re-Zahl erreicht.

Die Mittelwerte der Transportkoeffizienten erhält man durch Integration der örtlichen Werte über die kritische Länge, z. B.

$$\bar{\alpha} = \frac{1}{x_{kr}} \int_0^{x_{kr}} \alpha \, dx$$

Ergebnis:

Die kritischen Längen bis zum Umschlag der laminaren in eine turbulente Grenzschicht betragen für

Luft	Wasser
$x_{kr} = 0,79$ m für w = 10 m/s	$x_{kr} = 0,446$ m für w = 1 m/s
$x_{kr} = 0,40$ m für w = 20 m/s	$x_{kr} = 0,089$ m für w = 5 m/s
$x_{kr} = 0,16$ m für w = 50 m/s	$x_{kr} = 0,045$ m für w = 10 m/s

Die Dicken der Grenzschichten betragen an der kritischen Länge für

Luft	Wasser
$\delta = 5,6$ mm für w = 10 m/s	$\delta = 3,2$ mm für w = 1 m/s
$\delta = 2,8$ mm für w = 20 m/s	$\delta = 0,63$ mm für w = 5 m/s
$\delta = 1,1$ mm für w = 50 m/s	$\delta = 0,32$ mm für w = 10 m/s

Die Mittelwerte aller Transportkoeffizienten betragen immer das Doppelte der Werte an der kritischen Länge.

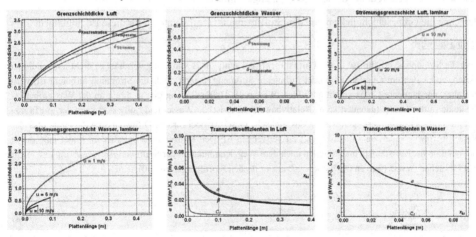

Anmerkung:

Für Rohrströmungen wird von Prandtl die Grenzschichtdicke einer ausgebildeten Laminarströmung angegeben mit:

$$d_{Gr} \approx 62{,}7 \cdot Re^{-0{,}875} \cdot d = 62{,}7 \left(\frac{v}{w}\right)^{0{,}875} \cdot d^{0{,}125}$$

Beispiel 3-24: Stoffübergang, Sublimation Naphtalin [17]

Stäbchenförmiges Naphtalin ($C_{10}H_8$, Mottenrepellant, d = 2 mm) wird einem Luftstrom ausgesetzt, so dass sich ein mittlerer Stoffübergangskoeffizient für das sublimierende Naphtalin in Luft von β = 0,05 m/s ergibt. Die Gleichgewichtsdampfkonzentration von Naphtalin in Luft beträgt bei der gegebenen Temperatur $c^* = 5 \cdot 10^{-6}$ kmol/m³. Wie hoch ist die Sublimationsrate pro Länge des Stäbchens unter der Annahme, dass die Nahptalinkonzentration in der Hauptphase der Luft vernachlässigbar ist?

Lösungshinweis:

Der Stoffübergangskoeffizient ist bereits als Mittelwert gegeben, die Naphtalinkonzentrationen der Luft in der Hauptphase und an der Feststoffoberfläche sind konstant, Gleichung (3.26) kann daher leicht integriert werden und man erhält:

$$\dot{M}_{Naph} = \overline{\beta}_{Naph} \cdot MM_{Naph} \cdot d \cdot \pi \cdot \left(c^*_{Naph} - 0\right)$$

Ergebnis:

Die Sublimationsrate beträgt $2{,}01 \cdot 10^{-7}$ kg/(m·s)

Beispiel 3-25: Stoffübergangskoeffizient β

Fortsetzung von Beispiel 3-17. Der Wasserbehälter ist jetzt bis zum Rande gefüllt. Die Wassertemperatur beträgt 46 °C. Darüber streicht Luft, in die der Wasserdampf diffundiert. In verschiedenen Höhen über der Wasseroberfläche wird der Wasserdampfpartialdruck gemessen:

Höhe [mm]	1	2	3	4	5	6	7
Partialdruck [bar]	0,062	0,041	0,030	0,022	0,021	0,020	0,020

An der Wasseroberfläche wird Gleichgewicht angenommen; bei 46 °C ist $p^s \approx 0{,}1$ bar.

Berechne die Grenzschichtdicke δ und den Stoffübergangskoeffizienten β für diese Bedingungen.

Lösungshinweis:

Über die Strömungsverhältnisse in der Luft ist nichts bekannt; zur Bestimmung von ß ist es nicht notwendig zu wissen, ob es sich um eine laminare oder turbulente Strömung handelt. Falls die Strömung turbulent ist, wird sich aber eine laminare Grenzschicht ausbilden. Wegen der Haftbedingung gibt es direkt an der Wasseroberfläche keine Luftströmung (genauer: keine Relativbewegung zwischen Wasser und Luft), dort kann der Stofftransport nur durch Diffusion erfolgen. Es gilt das Ficksche Gesetz, wobei für den Diffusionsweg die Höhe über der Wasseroberfläche (quer zur Luftströmung) zu verwenden ist. Den Konzentrationsgradienten bildet man durch Interpolation der Messpunkte und Ableiten nach dem Weg. Kombination der Stoffübergangsgleichung (3.22) mit dem Fickschen Gesetz (3.8) an der Stelle y = 0 ergibt für den Stoffübergangskoeffizienten β:

$$\beta = \frac{-D \cdot \left(\dfrac{dc}{dy}\right)_{y=0}}{c_{Gr} - c_\infty} \tag{3.48}$$

Ergebnis:

Die Grenzschichtdicke δ beträgt 4,56 mm. Der Stoffübergangskoeffizient ß = 0,0179 m/s.

Kommentar:

Nur direkt an der Grenzfläche gibt es keine Konvektion, an jeder anderen Stelle ist auch innerhalb der Grenzschicht die Diffusion von einer Konvektion überlagert, weshalb dann zu hohe Werte erhalten werden.

$$\beta \neq \frac{-D \cdot \left(\dfrac{dc}{dy}\right)_y}{c(y) - c_\infty}$$

Beispiel 3-26: Sauerstofftransport aus Luftblasen [12]

Luftblasen mit einem Durchmesser von 3 mm steigen aus einem 2 m tiefen Wassertank (Belebungsbecken) auf. Die Sauerstoffkonzentration im Wasser sei konstant 2 mg/l. Wie viel Sauerstoff löst sich aus einer Blase im Wasser.

Stoffwerte bei der Temperatur von 20 °C:

Dichte Luft = 1,19 kg/m³; Dichte Wasser = 998,2 kg/m³; kinematische Viskosität Wasser = $1,004 \cdot 10^{-6}$ m²/s; Henry-Konstante O_2 in Wasser = 38286 bar; Diffusionskoeffizient O_2 in Wasser = $2,21 \cdot 10^{-9}$ m²/s. Oberflächenspannung Wasser/Luft = 72,75 mN/m.

Annahmen: Durchmesser der Luftblasen und Partialdruck O_2 in Luft bleiben näherungsweise konstant.

Lösungshinweis:

Es wird angenommen, dass der Widerstand auf der flüssigseitigen Grenzschicht liegt. Die Steiggeschwindigkeit einer Blase (Index B) kann nach folgenden empirischen Formeln berechnet werden:

$$w_B = 27,3 \frac{d_B^2}{v_W} \quad \text{für} \quad Re_B = \frac{d_B w_B}{v_W} < 300, \text{ und}$$

$$w_B = \sqrt{\frac{2\sigma}{d_B \cdot \rho_W} + \frac{g \cdot d_B}{2}} \quad \text{für} \quad Re_B > 300 \,.$$

(σ in dyn/cm = mN/m, d_B in cm, g in cm/s², ρ_W in g/cm³)

Als Vergleich soll auch die Steiggeschwindigkeit analog der Sinkgeschwindigkeit für kugelige Partikel berechnet werden.

Mit der Steiggeschwindigkeit kann nun die Re-Zahl der Blasen berechnet werden und daraus eine geeignete Sh-Zahl aus dem Anhang (Kapitel 15.4.4). Mit dem aus der Sh-Zahl erhaltenen β_l-Wert kann mit der Stoffübergangsgleichung der Massenstrom des übergehenden O_2 berechnet werden und daraus mit der Blasenverweilzeit die gesamte übergegangene Masse O_2.

Ergebnis:

Aus einer Blasen gehen $8 \cdot 10^{-4}$ mg Sauerstoff in die wässrige Phase, das sind 20,6 % des in einer Blase vorhandenen Sauerstoffes.

Beispiel 3-27: Analogie 1: Kühlung Turbinenschaufel [17]

Gas mit 1150 °C und einer Geschwindigkeit von 160 m/s umströmt eine Turbinenschaufel. Die Oberflächentemperatur darf nicht mehr als 800°C betragen, weshalb die Turbinenschaufel von Innen gekühlt wird. Unter diesen Bedingungen wird an einem Modell (L = 40 mm) ein Wärmefluss von 95 kW/m² gemessen.

a) Der Durchfluss des Kühlmediums wird erhöht, so dass die Oberflächentemperatur 700 °C beträgt; die Gasbedingungen bleiben gleich; wie hoch ist jetzt der spezifische Wärmefluss?

b) Doppelt so großes Modell (L = 80 mm), halbe Gasgeschwindigkeit (80 m/s). Berechne den nunmehrigen Wärmefluss, wieder für 800 °C Oberflächentemperatur.

Die Stoffwerte werden für diesen Temperaturbereich konstant angenommen.

<u>Lösungshinweis:</u>

$$\text{Nu} = \frac{\alpha \cdot L}{\lambda} = f\,(\Gamma, \text{Re}, \text{Pr})$$

Für diese Aufgabenstellung ist die Nu-Zahl eine Funktion der Geometrie-Zahl Γ und der Re- und Pr-Zahl. Die Funktion braucht nicht bekannt zu sein. Da Temperatur-unabhängige Stoffwerte angenommen werden, ändert sich bei Frage a) nichts; es kann dasselbe α verwendet werden:

$$\dot{q} = \alpha \cdot (T_\infty - T_s)\,.$$

Durch unterschiedliche Oberflächentemperatur ergibt sich ein neuer spezifischer Wärmefluss.

Im zweiten Fall hat man eine doppelte charakteristische Länge L und halbe Gasgeschwindigkeit; dadurch bleibt die Re-Zahl gleich. Da auch die geometrischen Verhältnisse und die Pr-Zahl gleich bleiben, bleibt auch die Nu-Zahl konstant. Aus dieser Nu-Zahl ergibt sich nun für α der halbe Wert, da L verdoppelt wurde.

<u>Ergebnis:</u>

a) 122 kW/m²,   b) 47,5 kW/m²

Beispiel 3-28: Analogie 2: Verdunstung [17]

Ein Festkörper beliebiger Gestalt mit einer charakteristischen Länge von 1 m und einer Temperatur von 80 °C wird von einem Luftstrom (T = 20 °C, w = 100 m/s) umströmt. An einem Punkt am Festkörper wird ein Wärmefluss von 10^4 W/m² gemessen, sowie eine Temperatur von 60 °C in einer bestimmten Entfernung von diesem Punkt in der Grenzschicht.

Nun soll ein Verdunstungsvorgang an einem geometrisch ähnlichen Festkörper (L = 2m) untersucht werden. Ein dünner Wasserfilm an der Oberfläche dieses Festkörpers verdunstet in einen trockenen Luftstrom mit einer Strömungsgeschwindigkeit von 50 m/s. Alle Phasen sollen eine konstante Temperatur von 50 °C aufweisen.

<u>Lösungshinweis:</u>

Bei geometrisch ähnlichen Körpern weist die Geometriezahl Γ (Verhältnis zweier charakteristischer Längen) den gleichen Zahlenwert auf. In diesem Fall haben die Nu- bzw. Sh-Zahl für Wärme- und Stofftransportvorgänge die gleichen Abhängigkeiten von der Re- und Pr- bzw. Sc-Zahl. Es gilt:

Nu = f (Re, Pr);   Sh = f (Re, Sc)

Der funktionale Zusammenhang ist in beiden Fällen gleich. Bei ähnlichen Strömungsverhältnissen (gleiche Re-Zahl), kann der funktionale Zusammenhang für die Nu-Zahl auch zur Berechnung der Sh-Zahl verwendet werden, indem die Pr-Zahl durch die Sc-Zahl ersetzt wird. Sind, wie in diesem Beispiel, auch die Pr- und Sc-Zahl gleich groß, so gilt Nu = Sh.

In diesem Fall haben auch die T- und die c-Grenzschicht den gleichen Verlauf und somit entspricht die dimensionslose Temperatur an jeder Stelle innerhalb der Grenzschicht auch der dimensionslosen Konzentration.

<u>Ergebnis:</u>

Re = $5,5 \cdot 10^6$; α = 166,7 W/(m·K);
Nu = Sh = 5952,4; β = 0,0774 m/s
Transportrate Wasserdampf = $3,52 \cdot 10^{-4}$ kmol/(m²·s)
Konzentration in der Grenzschicht (an gleicher Stelle wie die T-Messung): c = 0,003 kmol/m³

Beispiel 3-29: Analogie 3: Luftbefeuchtung 1 [20]

Luftbefeuchtung in einem innen mit Wasser berieselten, durchströmten Rohr: Luft von 20 °C und 1 bar durchströmt das Rohr mit einer mittleren Geschwindigkeit von 2 m/s (ρ = 1,19 kg/m³, η = $1,8 \cdot 10^{-5}$ kg/(m·s)). Der Luft steht ein kreisförmiger Durchflussquerschnitt von d = 15 mm zur Verfügung und 40 mm nach Eintritt in das Rohr beträgt die relative Luftfeuchtigkeit 0,1. Sättigungsdampfdruck von Wasser bei 20 °C ist 2330 Pa.

Welcher Massenstrom Wasserdampf geht an dieser Stelle in die Luft über, wenn die Wassertemperatur auch 20 °C und der Diffusionskoeffizient von Wasserdampf in Luft D = $2,78 \cdot 10^{-5}$ m²/s beträgt?

Für dieses Problem kann in der Literatur keine passende Sh-Beziehung gefunden werden, wohl aber eine Beziehung für den örtlichen Wärmeübergang:

$$Nu = 3,65 + \frac{0,0668 \cdot Re \cdot Pr \cdot \dfrac{d}{L}}{1 + 0,04 \cdot \left(Re \cdot Pr \cdot \dfrac{d}{L}\right)^{\frac{2}{3}}}$$

Lösungshinweis:

Wie in Beispiel 3-28.

Ergebnis:

Der an der betreffenden Stelle übergehende Massenstrom beträgt $3,28 \cdot 10^{-4}$ kg/(m²·s)

Beispiel 3-30: Analogie 4: Luftbefeuchtung 2 [20]

Gleiches Rieselrohr wie im vorhergehenden Beispiel 3-29 mit gleichen Daten, aber 100 mm lang. Die Luftfeuchtigkeit am Eintritt betrage 0,1, die Temperatur bleibe konstant bei 20 °C. Gesucht ist die Luftfeuchtigkeit am Austritt.

Berechnung mit Analogie zum Wärmeübergang, aber mit Mittelwert über die Rohrlänge, es gilt:

$$\overline{Nu} = 0,664 \cdot \sqrt[3]{Pr} \cdot \sqrt{Re \cdot \frac{d}{L}}$$

Lösungshinweis:

Für das treibende Konzentrationsgefälle in der Stoffaustauschgleichung wird ein logarithmischer Mittelwert über die Rohrlänge verwendet.

$$\dot{M}_W = \beta \cdot A \cdot \frac{\Delta \rho_{ein} - \Delta \rho_{aus}}{\ln \dfrac{\Delta \rho_{ein}}{\Delta \rho_{aus}}}$$

Neben dem Massenstrom ist aber auch der gesuchte Austrittswert noch unbekannt, weshalb eine zweite Gleichung benötigt wird. Dies ist eine Wasserbilanz. Wasserdampf in Luft am Eintritt + übergehende Wassermenge = Wasserdampf in Luft am Austritt.

Ergebnis:

Die Luftfeuchtigkeit am Austritt beträgt 28,6 %.

Beispiel 3-31: Analogie 5: Weinkühler

Ein Weinkühler besteht aus einem porösen Gefäß, welches mit Wasser durchtränkt wird. Durch Wärmeentzug beim Verdampfen des Wassers in die umgebende Luft wird das Gefäß gekühlt. Berechne die stationäre Gefäßtemperatur für eine Umgebungstemperatur von 20 °C mit einer relativen Feuchte von 40 %.

In der Umgebungsluft herrscht geringe freie Konvektion, d. h. der Exponent n im Le-Koeffizient n = 0. Wie ändert sich die Temperatur für die Annahme einer voll turbulenten Strömung in der Umgebung (n = 1)?

Lösungshinweis:

Wärme wird von der Luft auf den Weinkühler übertragen, wodurch das Wasser in den Gefäßporen verdampft. Der entstehende Wasserdampf wird in die Umgebungsluft abtransportiert. Wärme- und Stofftransport erfolgt im selben Medium Luft, es herrscht vollständige Analogie zwischen Wärme- und Stofftransport, Gleichung (3.50).

Wärmetransport: $\dot{Q} = \alpha \cdot A \cdot (T_L - T_W)$

Mit dieser Wärmemenge wird Wasser verdunstet:

$$\dot{Q} = \dot{M}_i \cdot \Delta h_{verd}$$

Stofftransport: $\dot{M}_i = \beta_i \cdot \dfrac{A \cdot MM_i}{R} \cdot \left(\dfrac{p_i^s}{T_W} - \dfrac{p_{i,L}}{T_L} \right)$

T_L, T_W = Luft- und Wasser(Gleichgewichts)temperatur; Index i = H_2O

Gleichsetzen ergibt

$$\left(T_L - T_W \right) = \frac{\beta_i}{\alpha} \cdot \frac{MM_i \cdot \Delta h_{verd}}{R} \cdot \left(\frac{p_i^s}{T_W} - \frac{p_{i,L}}{T_L} \right) = \frac{MM_i \cdot \Delta h_{verd}}{R \cdot c_p \cdot \rho \cdot Le^{1-c}} \left(\frac{p_i^s}{T_W} - \frac{p_{i,L}}{T_L} \right),$$

wobei die Verdampfungswärme von Wasser Δh_{verd} von Wasser bei der Gleichgewichtstemperatur (T_W) und die Stoffwerte (c_p, ρ, Le) bei einer mittleren Temperatur zwischen Luft und Wasser einzusetzen ist.

Genau genommen müssten alle Stoffwerte der feuchten Luft verwendet werden, es ergibt sich aber nur ein minimaler Fehler, wenn die Stoffwerte der trockenen Luft eingesetzt werden.

Ergebnis:

Die Gleichgewichtstemperatur des Weinkühlers beträgt 11,6 °C. Wird eine voll turbulente Strömung angenommen, ergibt sich ein Wert von 12,2 °C.

Beispiel 3-32: Stoffübergangs- und –durchgangskoeffizienten [15]

In einer Füllkörperkolonne wird aus Luft mit 6 Vol.% Aceton das Aceton weitgehend mit Wasser ausgewaschen.

gegeben:

- Betriebsbedingungen: 21 °C und 101,3 kPa;
- ρ_g = 1,28 kg/m³, η_g = 3,22·10^{-4} Pa·s, D_g = 0,935·10^{-5} m²/s;
- ρ_l = 1000 kg/m³, η_l = 1 mPa·s, D_l = 0,931·10^{-9} m²/s;
- Raschig-Ringe: 25 mal 25 mal 2,4 mm mit a = 200 m²/m³ und Leerraumanteil ε = 0,79;
- Wasserstrom = 2280 kg/h;
- Gasstrom = 1063 Nm³/h;
- Innendurchmesser der Kolonne: 600 mm

$$Sh_g \; = \; 0,407 \cdot Re_g^{0,655} \cdot Sc_g^{1/3} \quad \text{gültig für Re} = 10 \text{ bis } 10^4 \text{ mit } Re_g = \frac{w_g \cdot d_{äq}}{v_g} \text{ und } d_{äq} = \frac{4\varepsilon}{a}$$

$$\beta_g \; = \; \frac{Sh_g \cdot D_g}{d_{äq}}$$

$$Sh_l \; = \; 0,00216 \cdot Re_l^{0,77} \cdot Sc_l^{0,5} \quad \text{mit } Re_l = \frac{w_l \cdot d}{v_l}, \quad d = \frac{4}{a}$$

$$\text{und } \beta_l \; = \; \frac{Sh_l \cdot D_l}{\delta}, \quad \delta \; = \; \left(\frac{v_l^2}{g} \right)^{1/3}$$

gesucht:

- Stoffübergangskoeffizient in Gasphase in m/s und kmol/(m²·s)
- Stoffübergangskoeffizient in Flüssigphase im m/s und kmol/(m²·s)
- Stoffdurchgangskoeffizienten für beide Phasen in kmol/(m²·s) und m/s für eine Steigung der Gleichgewichtslinie $m = H/P_{ges} = 1,68$.

Lösungshinweis:

Bei Berechnung aus der Sh-Zahl hat ß die Einheit [m/s]. Die Stoffaustauschgleichung lautet damit für den Stofftransport von i aus der Gas- in die Flüssigphase:

$$\dot{n}_i \left[\frac{kmol}{m^3 \cdot s} \right] = \beta_i^g \cdot \left(c_i^g - c_{i,Ph}^g \right) = \beta_i^l \cdot \left(c_{i,Ph}^l - c_i^l \right) = \beta_i^g \cdot c_{ges}^g \cdot \left(y_i - y_{i,Ph} \right) = \beta_i^l \cdot c_{ges}^l \cdot \left(x_{i,Ph} - x_i \right).$$

Wird z. B. die Flüssigphase mit m/m erweitert und die Leitwerte auf der linken Seite angeschrieben, erhält man:

$$\frac{\dot{n}_i}{\beta_i^g \cdot c_{ges}^g} = y_i - y_{i,Ph}, \quad \text{und}$$

$$\frac{\dot{n}_i}{\dfrac{\beta_i^l}{m} \cdot c_{ges}^l} = x_{i,Ph} \cdot m - x_i \cdot m = y_{i,Ph} - y_i^*$$

Bei Addition der beiden Gleichungen kürzt sich der unbekannte Wert an der Phasengrenze:

$$\dot{n}_i \; = \; \frac{1}{\dfrac{1}{\beta_i^g \cdot c_{ges}^g} + \dfrac{m}{\beta_i^l \cdot c_{ges}^l}} \cdot \left(y_i - y_i^* \right) = k_i^g \cdot \left(y_i - y_i^* \right)$$

Der Bruch gibt den Stoffdurchgangskoeffizienten für die Gasphase an (analoge Ableitung für die Flüssigphase), mit der Einheit [kmol/(m²·s)]. y_i^* ist die zur Hauptphase x_i berechnete Gleichgewichtskonzentration; dies ist ein hypothetischer Wert, da die flüssige Hauptphase nicht mit der Gasphase in Kontakt steht.

Um β von [m/s] auf [kmol/(m²·s)] umzurechnen, muss jede Phase mit der Gesamtkonzentration multipliziert werden. Für die Gasphase gilt: $c_{ges}^g = \rho_g / MM_g$, wobei die molare Masse des Gases aus dem arithmetischen Mittel von Luft und Aceton erhalten wird. Für die Flüssigphase gilt ebenfalls $c_{ges}^l = \rho_l / MM_l$.

Ergebnis:

$\beta_g = 0,01173$ m/s $= 4,92 \cdot 10^{-4}$ kmol/(m²·s); $\quad \beta_l = 2,636 \cdot 10^{-5}$ m/s $= 1,463 \cdot 10^{-3}$ kmol/(m²·s)

$k_g = 0,000314$ kmol/(m²·s) $= 0,0075$ m/s; $\quad k_l = 0,000263$ kmol/(m²·s) $= 4,74 \cdot 10^{-7}$ m/s

Beispiel 3-33: Isolierung einer Rohrleitung [17]

Durch die Isolierung von Rohrleitungen wird zwar der Widerstand der Wärmeleitung durch die Isolierung erhöht, andererseits wird dadurch aber auch die Oberfläche vergrößert und somit auch der Wärmetransport durch Konvektion und Strahlung erhöht.

Gegeben: Rohrinnendurchmesser = 0,1 m; Wärmeleitkoeffizient der Isolierung: $\lambda = 0,055$ W/(m·K); Wärmeübergangskoeffizient an der Außenseite der Isolierung: $\alpha = 5$ W/(m·K).

Es soll untersucht werden, ob es eine optimale Dicke der Isolationsschicht gibt. Des Weiteren sollen die Widerstände für die Wärmeleitung, den Wärmeübergang und der Gesamtwiderstand für eine Isolationsdicke von 0 bis 50 mm grafisch dargestellt werden.

Lösungshinweis:

Widerstand der Wärmeleitung pro m Länge: $R_{kond} = \dfrac{\ln \dfrac{r}{r_i}}{2\pi \cdot \lambda}$ [K·m/W]

Widerstand der Konvektion pro m Länge: $R_{konv} = \dfrac{1}{2\pi \cdot r \cdot \alpha}$ [K·m/W]

Ergebnis:

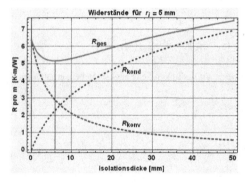

Kommentar:

Es gibt eine schlechteste Isolationsschichtdicke, bei welcher der Wärmeverlust größer ist als ohne Isolierung. Dies ist allerdings nur bei sehr geringem Wärmeübergangskoeffizienten α, d. h. großem konvektiven Widerstand der Fall und ist für die Praxis bedeutungslos.

Beispiel 3-34: Wärmeaustauscher: Wärmedurchgang in einem Rohr

1 m³/h Wasser soll von 20 auf 50 °C durch Wärmeaustausch in einem zylindrischen Doppelrohr entsprechend nachstehender Abbildung durch ein 60 °C heißes Wasser aufgewärmt werden, welches sich dabei auf 25 °C abkühlt. Das kalte Wasser fließt im Innenrohr, im Gegenstrom dazu das heiße Wasser im Außenrohr.

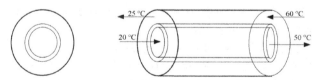

Es sollen Durchmesser und Länge der Rohre berechnet werden, wobei nur genormte Rohre aus Stahl in Betracht kommen. Für die Innenrohre sollen Innendurchmesser von 2, 5, 10 und 20 cm, jeweils mit 3 mm Wandstärke untersucht werden, für die nach außen gut isolierten Außenrohre Innendurchmesser von 10, 20, 25, 30 cm.

Welche Durchmesser würden Sie wählen und wie lang wird dann das Rohr?

Es sollen näherungsweise folgende konstante Stoffwerte verwendet werden:

ρ_{Wasser} = 1000 kg/m³; $c_{p,\ Wasser}$ = 4,18 kJ/(kg·K); ν_{Wasser} = 1·10⁻⁶ m²/s; λ_{Wasser} = 0,62 W/(m·K); λ_{Stahl} = 15 W/(m·K).

Zur Berechnung der Wärmeübergangskoeffizienten können folgende Nu-Relationen verwendet werden:

$$Nu_{Innenrohr,turbulent} = 0,0235\,Re^{0,8} \cdot Pr^{0,48} \cdot \left(1+\frac{d}{L}\right)^{2/3}$$

$$Nu_{außen,laminar} = 3,66 + \left(1+0,14\sqrt{\frac{d_a}{d_i}}\right) \cdot \frac{0,19\left(Re\cdot Pr\cdot\frac{d_h}{L}\right)^{0,8}}{1+0,117\left(Re\cdot Pr\cdot\frac{d_h}{L}\right)^{0,467}}$$

$$Nu_{außen,turbulent} = 0,86\left(\frac{d_a}{d_i}\right)^{0,16} \cdot Nu_{Innenrohr,turbulent}\ ,$$

wobei d_h ein hydraulischer Durchmesser ist, welcher auch zur Berechnung der Re-Zahl im Außenraum einzusetzen ist.

Um einen hohen Wärmedurchgang zu gewährleisten sollen nur jene Rohrdurchmesser ausgewählt werden, welche eine turbulente Strömung mit Re > 2300 ermöglichen.

Der Start der Berechnung soll mit einem geschätzten Wärmedurchgangskoeffizienten von 300 W/(m²·K) erfolgen.

Lösungshinweis:

Zunächst wird der benötigte Wärmestrom zur Erwärmung des kalten Stromes berechnet:

$$\dot{Q} = \dot{V}_k \cdot \rho \cdot c_p \cdot \left(T_{k,aus} - T_{k,ein}\right)$$

Damit kann einerseits der Volumenstrom des heißen Stromes berechnet werden:

$$\dot{V}_h = \frac{\dot{Q}}{\rho \cdot c_p \cdot \left(T_{h,ein} - T_{h,aus}\right)}\ ,$$

und andererseits mit dem geschätzten k-Wert die benötigte Wärmeaustauschfläche:

$$A = \frac{\dot{Q}}{k \cdot \left(T_h - T_k\right)_{lM}}\ ,$$

wobei als Triebkraft ein logarithmisches Mittel zwischen heißem und kaltem Strom einzusetzen ist:

$$\left(T_h - T_k\right) = \frac{\left(T_{h,ein} - T_{k,aus}\right) - \left(T_{h,aus} - T_{k,ein}\right)}{\ln\dfrac{\left(T_{h,ein} - T_{k,aus}\right)}{\left(T_{h,aus} - T_{k,ein}\right)}}$$

Bei entsprechender Länge können alle 4 zur Verfügung stehenden Rohre die benötigte Austauschfläche liefern. Der Unterschied besteht in der Strömungsgeschwindigkeit; in den kleinen und langen Rohren ist die Strömungsgeschwindigkeit größer als in den großen und kurzen Rohren. Sie soll einerseits so groß sein, dass turbulente Strömungsverhältnisse einen guten Wärmeübergang ermöglichen, andererseits aber nicht zu groß, da dadurch unnötigerweise der Druckverlust erhöht wird. Gewählt werden soll jenes Innenrohr mit der geringsten Strömungsgeschwindigkeit unter der Bedingung, dass Re > 2300 bleibt.

Mit dem gewählten Innenrohr können nun die nächst größeren Außenrohre berechnet werden, wobei wieder das Kriterium der geringsten noch turbulenten Strömung gilt. Für die Berechnung der Reynolds-Zahl ist als charakteristische Länge ein hydraulischer Durchmesser einzusetzen:

$$d_h = \frac{4 \text{ Querschnittsfläche}}{\text{benetzter Umfang}} = \frac{\left(d_a^2 - d_i^2\right)}{d_a + d_i}$$

Mit der nun festgelegten Geometrie können über die gegebenen Nu-Beziehungen die α-Werte für das Außen- und Innenrohr, und zusammen mit der Dicke und Leitfähigkeit des Innenrohres ein neuer k-Wert nach Gleichung (3.53) berechnet werden.

Mit diesem neuen k-Wert wird die gleiche Vorgangsweise wiederholt, bis er sich nicht mehr ändert.

Ergebnis:

Für das 3. Innenrohr (10 cm) erhält man mit Re = 3536 die geringste turbulente Strömungsgeschwindigkeit von 0,035 m/s. Die Nu-Zahl dafür beträgt 40,6 und α_i = 251,6 W/(m²·K).

Für das nächst größere Außenrohr ergibt sich nur eine Re-Zahl von 990, so dass die Nu-Zahl für die laminare Strömung berechnet werden muss. Man erhält damit Nu = 6,3 und α_a = 41,8. Mit λ/s = 5000 erhält man einen neuen k-Wert von 35,6.

Kommentar:

Der neue k-Wert ist viel kleiner als der angenommene und eine 2. Iteration ergibt einen noch kleineren Wert und somit sehr lange Rohre. Dies ist vor allem auf die geringe Strömungsgeschwindigkeit im Außenraum zurückzuführen. Der Widerstand (Reziprokwert der Leitwerte, = 1/α) ist dort am höchsten; zur Verbesserung des k-Wertes muss dort der Widerstand verkleinert, bzw. α_a vergrößert werden. Ein kleineres Innenrohr (mit größerer Strömungsgeschwindigkeit und höherem α_i) würde bei gleichbleibenden Außenrohr sogar noch zu einer Verschlechterung des k-Wertes führen, da dadurch der größte Widerstand im Außenraum noch vergrößert wird. Eine Verkleinerung beider Rohre, z. B. 5 cm innen und 10 cm außen, bringt eine Verbesserung des Wärmedurchganges und somit eine geringere Austauschfläche (bei höherem Druckverlust), allerdings bleibt die Strömung im Außenbereich laminar mit kleinem Wärmeübergangskoeffizient α_a.

Lösungsmöglichkeiten bestehen in der Verwendung noch kleinerer Außenrohre und/oder Verbesserung der Strömungsführung, z. B. durch Queranströmung der Rohre.

Beispiel 3-35: Strahlung eines schwarzen Körpers

Erstelle ein Bild der Strahlungsintensität i über die Wellenlänge λ mit der Temperatur als Parameter (λ von 0 bis 10 µm, T von 600 bis 1200 K).

Berechne das Maximum der Intensität für die gewählten Temperaturen und bestimme den Zusammenhang von λ_{max} mit T.

Berechne die Stefan-Boltzmann-Konstante σ und erstelle eine Tabelle, welche die Gesamtstrahlung $\dot{q}$ für Temperaturen von 273,15 bis 2273,15 K enthält

Lösungshinweis:

Die spektrale spezifische Ausstrahlung eines schwarzen Körpers ist durch das Plancksche Strahlungsgesetz gegeben, Gleichung (3.58):

$$i_{s,\lambda} = \frac{k_1}{\lambda^5 \left(e^{\frac{k_2}{\lambda \cdot T}} - 1\right)} \quad \left[\frac{W}{m^2 \cdot \mu m}\right], \quad \text{mit}$$

$k_1 = 2\pi \cdot c^2 \cdot h$; $k_2 = c \cdot h/k$; c = Lichtgeschwindigkeit im Vakuum = $2{,}998 \cdot 10^8$ m/s; h = Plancksches Wirkungsquantum = $6{,}6256 \cdot 10^{-34}$ J/s; k = Boltzmannkonstante = $1{,}3805 \cdot 10^{-23}$ J/K.

Das Maximum der Strahlungsintensität erhält man durch Differentiation des Planckschen Strahlungsgesetzes nach der Wellenlänge, null setzen und Lösen nach der Wellenlänge; damit erhält man das Wiensches Verschiebungsgesetz, Gleichung (3.59).

Die Gesamtstrahlung für eine bestimmte Temperatur ergibt sich aus der Integration des Planckschen Strahlungsgesetzes über alle Wellenlängen (Stefan-Boltzmann-Gesetz).

Ergebnis:

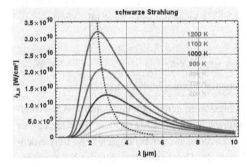

Wiensches Verschiebungsgesetz: $\lambda_{max} = \dfrac{2898}{T}$ µm.

Stefan-Boltzmann-Gesetz: $\dot{q} = \dfrac{2\pi^5 k^4}{15 h^3 c^2} \cdot T^4 = \sigma \cdot T^4$

Gesamtstrahlung eines schwarzen Körpers:

T [K]	$\dot{q}$ [W/m²]	T [K]	$\dot{q}$ [W/m²]
273	314,88	1273	148870
373	1097,31	1373	201455
473	2837,52	1473	266874
573	6111,01	1573	347064
673	11629,3	1673	444098
773	20240,1	1773	560183
873	32927,0	1873	697663
973	50809,7	1973	859020
1073	75143,9	2073	1046870
1173	107322	2173	1263960

Kommentar:

Die Einheit der Strahlungsintensität wird meist in W/cm³ angegeben, was aber nicht die physikalische Bedeutung widerspiegelt. Sie hat nicht die Dimension Leistung pro Volumen, sondern Leistung pro Fläche und pro Wellenlänge; genauer ist daher die Einheit W/(m²·µm), was aber zum selben Zahlenwert führt.

4. Bilanzen

Ausgangspunkt für alle Arten von verfahrenstechnischen Berechnungen ist das Aufstellen und Lösen von Bilanzgleichungen. Bilanzen sind die Grundlage für die Apparatedimensionierung, aber auch für alle Stufen einer Wirtschaftlichkeitsanalyse.

4.1. Grundlagen

4.1.1. Bilanzgrößen

Prinzipiell können alle zählbaren Größen bilanziert werden, d. h. alle extensiven Größen. Von der Menge unabhängige Größen – intensive Zustandsvariablen – können hingegen nicht bilanziert werden.

Beispiele:

Extensive Größen: Masse, Energie, Entropie, Volumen, Impuls, etc.

Intensive Größen: Druck, Temperatur, chemisches Potential, Dichte, Molvolumen, etc.

Besonders wichtig sind solche Größen, die den Erhaltungssätzen gehorchen und somit konstant bleiben. Für die Ingenieurwissenschaften wichtige Erhaltungsgrößen sind Masse (zur Berechnung der notwendigen Einsatzstoffe und Produkte), Energie (zur Berechnung der benötigten bzw. freiwerdenden Wärmemenge) und Impuls (vor allem zur Berechnung des Druckverlustes). Für die Naturwissenschaften wichtige Erhaltungsgrößen sind u. a. Energie, Impuls, Drehimpuls, Leptonen, Baryonen; wegen der Äquivalenz von Energie und Masse zählt die Masse nicht dazu.

Neben den Masse-, Energie- und Impulsbilanzen wird auch die Entropiebilanz kurz dargestellt, da sie für die Aufstellung von Exergiebilanzen von Bedeutung ist.

Benötigte Dimensionen mit Einheiten:

- Masse M in [g] oder [kg]
- Stoffmenge N in [mol] oder [kmol]
- Energie E in [J] oder [kJ]
- Impuls I = M·w in [kg·m/s] oder [N·s]

4.1.2. Bilanzgebiet

Hat man die Größen festgelegt, die bilanziert werden sollen, so muss als nächstes das Bilanzgebiet bestimmt werden. Das kann ein Bilanzraum (Kontrollvolumen) sein, wie z. B.

- differentielles Volumenelement
- endliches Volumenelement
- Teil des Apparates
- ein Apparat
- mehrere Apparate bzw. eine gesamte Anlage (Anlagenbilanzen)
- oder eine beliebig große Bilanzfläche.

Ob ein endliches oder differentielles Bilanzgebiet gewählt wird, hängt ausschließlich von der Aufgabenstellung ab. Prinzipiell wählt man differentielle Bilanzgleichungen nur dann, wenn man an den Vorgängen innerhalb des Apparates interessiert ist, z. B. zur Bestimmung der Konzentrations-, Temperatur- und Strömungsprofile.

Ein weiterer wichtiger Punkt ist der Betrachtungszeitraum, welcher auch immer klar definiert sein muss, sofern der Prozess nicht stationär ist.

Ein Volumen als Bilanzgebiet wird im Folgenden immer als System oder Kontrollvolumen bezeichnet[13].

4.1.3. Allgemeine Bilanzgleichungen

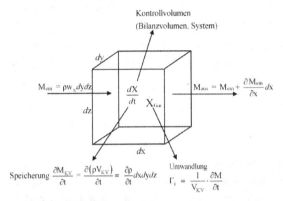

Abbildung 4-1: Bilanzelement

Abbildung 4-1 zeigt ein Volumenelement (Kontrollvolumen KV), dessen Inhalt das System bestimmt; derjenige Teil welcher in Wechselwirkung mit dem System steht, stellt die Umgebung dar. Das System kann in Ruhe oder in Bewegung sein, es kann aber auch seine Form verändern (kontraktieren, expandieren). Für viele Betrachtungsweisen ist auch die Wahl des Koordinatensystems wichtig; hier wird immer von einem räumlich fixiertem, ortsfestem Koordinatensystem ausgegangen.

Sämtliche von der Umgebung in das System übergehende Ströme sind zu einem eintretenden Strom zusammengefasst und ebenso alle vom System in die Umgebung übertretende Ströme zu einem austretenden Strom. Innerhalb des Volumenelementes kann es zu einer Speicherung (bzw. Freisetzung) der Transportgrößen kommen oder zu einer Umwandlung (chemische Reaktion, Generation). Die allgemeine Bilanzgleichung lautet somit:

Zufuhr - Abfuhr = Speicherung + Umwandlung $\qquad\qquad$ (4.1)

Oder mit X als beliebiger Transportgröße:

$$\dot{X}_{Transport} = \pm \frac{dX_{KV}}{dt} \pm \dot{X}_{Generation} \qquad\qquad (4.2)$$

Wenn die Transportgröße im Volumenelement gespeichert wird ohne dass eine Umwandlung stattfindet, muss die Abfuhr geringer sein als die Zufuhr, d. h. der Speicherterm hat ein positives Vorzeichen und ein entsprechendes negatives Vorzeichen, wenn aus dem Volumenelement die (gespeicherte) Transportgröße freigesetzt wird. Analog beim Umwandlungsterm; wird mehr zugeführt als abgeführt und nichts gespeichert, muss ein Teil umgesetzt werden (negatives Vorzeichen). Auch beim Transportterm ist auf das Vorzeichen zu achten, da er häufig als $\Delta\dot{X}$ angeschrieben wird; das Δ bezieht sich aber immer auf Austritt – Eintritt.

---

[13] Genau genommen besteht ein Unterschied zwischen System und Kontrollvolumen, welcher aber im weiteren nicht berücksichtigt wird. Ein System besteht immer aus einer Ansammlung von Materie bestimmter Identität; im Kontrollvolumen bleibt nur das äußere Bilanzvolumen erhalten, die Materie kann sich durch Zu- und Abfuhr ständig ändern.

Der Speicherterm wird immer bei instationären Vorgängen wie z. B. An- und Abfahrvorgänge benötigt, sowie bei diskontinuierlichen Prozessen (batch).

Die Erhaltungssätze besagen, dass die entsprechende Größe weder erzeugt noch vernichtet werden kann; für diese Größen verschwindet der Generationsterm. Im Ingenieurbereich gilt dies für die Gesamtmasse und Atome (nicht aber für Komponenten und Moleküle), für die Energie (oft wird aber auch mit Generationsterm gerechnet, siehe z. B. Beispiel 4-25) und den Impuls.

In einer Fläche kann nichts gespeichert werden; auch Reaktionen bzw. Umwandlungen finden im Allgemeinen in einem Volumenelement und nicht in einer Fläche statt. Die Bilanzgleichung (4.1) für eine Fläche reduziert sich daher zu:

Zufuhr = Abfuhr $\qquad\qquad\qquad\qquad\qquad\qquad\qquad\qquad\qquad\qquad\qquad\qquad$ (4.3)

4.2. Stoffbilanzen

Es wurde „Stoffbilanzen" als Überschrift für dieses Kapitel gewählt und nicht „Massenbilanzen", weil damit nicht nur die Bilanzierung der Gesamtmasse M und der Masse einzelner Komponenten M_i verstanden wird, sondern auch die Bilanzierung von Molen (N und N_i) und Atomen bzw. Elementen. Die Anwendung von Bilanzgleichungen entscheidet, ob Masse, Mole oder Atome als Basis für die Bilanzierung gewählt werden.

4.2.1. Transportterme

Allgemein: $\dot{M}\left[\dfrac{Masse_{ges}}{Zeit}\right]$, $\dot{M}_i\left[\dfrac{Masse_i}{Zeit}\right]$, $\dot{N}\left[\dfrac{Mole_{ges}}{Zeit}\right]$, $\dot{N}_i\left[\dfrac{Mole_i}{Zeit}\right]$

Eintritt in differentielles Volumenelement für Komponente i und x-Richtung:

$$\dot{M}_{i,ein} = \rho_i dy\,dz\frac{dx}{dt} = \rho_i w_{i,x} dy\,dz \qquad\qquad\qquad\qquad\qquad (4.4)$$

Austritt aus differentiellem Volumenelement für Komponente i und x-Richtung:

$$\dot{M}_{i,aus} = \rho_i w_{i,x} dy\,dz + \frac{\partial\left(\rho_i w_{i,x}\right)}{\partial x} dy\,dz\,dx \qquad\qquad\qquad (4.5)$$

$\rho_i w_i$ ist der gesamte konvektive und konduktive Transport der Komponente i (Kapitel 3.2).

4.2.2. Speicherterm

Bleibt das Bilanzvolumen konstant und wird mehr oder weniger zu- als abgeführt, muss sich die Dichte bzw. Konzentration ändern.

Speicherterme:

$$\begin{aligned}
\frac{1}{V}\frac{dM}{dt} &= \frac{d\rho}{dt}\left[\frac{Masse_{ges}}{Volumen\cdot Zeit}\right], & \frac{1}{V}\frac{dM_i}{dt} &= \frac{d\rho_i}{dt}\left[\frac{Masse_i}{Volumen\cdot Zeit}\right], \\
\frac{1}{V}\frac{dN}{dt} &= \frac{dc}{dt}\left[\frac{Mole_{ges}}{Volumen\cdot Zeit}\right], & \frac{1}{V}\frac{dN_i}{dt} &= \frac{dc_i}{dt}\left[\frac{Mole_i}{Volumen\cdot Zeit}\right]
\end{aligned} \qquad (4.6)$$

4.2.3. Generationsterm

Für die Gesamtmasse und Atome gilt ein Erhaltungssatz, es gibt keinen Generationsterm (Kernreaktionen werden nicht berücksichtigt). Einzelne Komponenten können durch chemische Reaktionen entstehen oder verbraucht werden.

$$r_i \ = \ \pm \frac{1}{V} \cdot \frac{dM_i}{dt} \qquad \left[\frac{Masse_i}{Volumen \cdot Zeit} \right]$$

r_i gibt die durch eine chemische Reaktion hervorgerufene zeitliche Änderung der Komponente i im Volumen V an, also die Reaktionsgeschwindigkeit. Bei Bilanzen ist man meist aber nicht an der Reaktionsgeschwindigkeit interessiert, sondern nur an der in einem beliebigen Zeitraum gebildeten oder verbrauchten Menge einer Komponente i.

Dazu wird eine Bildungskomponente B_i definiert, welche bei stationären Bedingungen (kein Speicherterm) die Differenz der Komponente i in den aus- und eintretenden Strömen angibt.

<u>Beispiel:</u>

Stöchiometrische Verbrennung von 100 kmol Ethan

$$C_2H_6 + 3{,}5\,O_2 \ \rightarrow \ 2\,CO_2 + 3\,H_2O$$

$N_{aus,Ethan} - N_{ein,Ethan} \ = \ B_{Ethan} \ = \ \text{-100 kmol}$

$N_{aus,O2} - N_{ein,O2} \ = \ B_{O2} \ = \ \text{-350 kmol}$

$N_{aus,CO2} - N_{ein,CO2} \ = \ B_{CO2} \ = \ \text{200 kmol}$

$N_{aus,H2O} - N_{ein,H2O} \ = \ B_{H2O} \ = \ \text{300 kmol}$

es gibt also vier verschiedene Bildungskomponenten, die aber über die Stöchiometrie gekoppelt sind:

$$b \ = \ \frac{B_i}{v_i} = \frac{B_{Ethan}}{-1} \ = \frac{B_{O2}}{-3{,}5} = \frac{B_{CO2}}{2} = \frac{B_{H2O}}{3} = 100$$

Für die Berechnung von Molbilanzen wird die Größe b für jede unabhängige Reaktion benötigt. Für das Ergebnis ist b aber nicht von Bedeutung, weshalb die Verwendung von Atombilanzen meist die einfachere Möglichkeit ist, chemische Reaktionen zu berücksichtigen.

4.2.4. Bilanzgleichungen

Zufuhr – Abfuhr = Speicherung + Umwandlung

Gesamtbilanz mehrerer ein- und austretender Ströme eines offenen Systems für Kontrollvolumen KV:

$$\sum \dot{M}_{aus} - \sum \dot{M}_{ein} \ = \ \frac{dM_{KV}}{dt} \tag{4.7}$$

Für die Gesamtmasse gibt es keine Bildung, wohl aber für jede Komponente i in der Komponentenbilanz. Die Bildung b wird in Molen angegeben, weshalb die Bilanz damit angeschrieben wird:

$$\sum \dot{N}_{i,aus} - \sum \dot{N}_{i,ein} \ = \ \frac{dN_{KV}}{dt} + v_i \cdot b \tag{4.8}$$

Komponentenbilanz in x-Richtung für differentielles Volumenelement $dV = dx\,dy\,dz$:

$$\rho_i w_{i,x} dydz - \left(\rho_i w_{i,x} dydz + \frac{\partial \left(\rho_i w_{i,x} \right)}{\partial x} dydzdx \right) = r_i dydzdx + \frac{d\rho_{i,KV}}{dt} dydzdx \tag{4.9}$$

Dividiert durch $dV = dxdydz$ ergibt

$$\frac{\partial \rho_{i,KV}}{\partial t} = -\frac{\partial \left(\rho_i w_{i,x} \right)}{\partial x} - r_i \tag{4.10}$$

bzw. für alle Raumrichtungen und mit Kettenregel:

$$\frac{\partial \rho_{i,KV}}{\partial t} = -\mathrm{div}\left(\rho_i \cdot \mathbf{w}_i \right) - r_i = -\rho_i \cdot \mathrm{div}\,\mathbf{w}_i - \mathbf{w}_i \cdot \mathrm{grad}\,\rho_i - r_i \tag{4.11}$$

Vereinfachungen:

Ohne chemische Reaktion ist $r_i = 0$; besteht das Fluid nur aus einer Komponente (Index i entfällt), kann auch keine Reaktion auftreten:

$$\frac{\partial \rho_{KV}}{\partial t} = -\mathrm{div}\left(\rho \cdot \mathbf{w} \right) = -\rho \cdot \mathrm{div}\,\mathbf{w} - \mathbf{w} \cdot \mathrm{grad}\,\rho \tag{4.12}$$

Bei inkompressiblen Fluiden (näherungsweise für alle Flüssigkeiten und Gase bis zu einer Strömungsgeschwindigkeit von 100 m/s bzw. 1/3 der Schallgeschwindigkeit) gilt grad $\rho = 0$. Da auch eine zeitliche Änderung nicht gegeben ist, gilt für stationäre und instationäre Strömung (Kontinuitätsgleichung):

$$0 = -\rho \cdot \mathrm{div}\,\mathbf{w} \quad \Rightarrow \quad \mathrm{div}\,\mathbf{w} = 0 \tag{4.13}$$

Integration der Kontinuitätsgleichung:

Für praktische Anwendungen ist die integrale Form der Kontinuitätsgleichung wichtig. Für stationäre Bedingungen und inkompressible Fluide ergibt die Integration der Gleichung (4.13) mit dem Gaußschen Integralsatz:

$$\int_{KV} \mathrm{div}\,\mathbf{w}\,dV = \int_A \mathbf{w} \cdot \mathbf{n}\,dA = \mathbf{w} \cdot A = \text{konstant} \tag{4.14}$$

A ist die Querschnittsfläche des strömenden Mediums. Bei konstanter Dichte bleibt der Volumenstrom $\dot{V} = w \cdot A = $ konstant; wenn sich der Strömungsquerschnitt A ändert, muss sich die Geschwindigkeit ändern. Die Kontinuitätsgleichung gibt daher den Zusammenhang zwischen der Querschnittsfläche und der Strömungsgeschwindigkeit wider.

Oft ist auch eine Auftrennung des Massenstromes $\dot{M}_i$ [kg/s] einer Komponente i in einen konvektiven und einen diffusiven Anteil von Bedeutung, $\dot{M}_i = \rho_i \cdot w_i \cdot A = \rho_i \cdot \overline{w} \cdot A + j_i \cdot A$

Eine analoge Ableitung in x-Richtung für konstante Querschnittsfläche A und ohne Generationsterm ergibt:

$$\frac{d\rho_i}{dt} = -\frac{d\left(\rho_i \overline{w} \right)}{dx} - \frac{dj_i}{dx} \tag{4.15}$$

Mit dem massenbezogenen Diffusionsstrom $j_i = -D\frac{d\rho_i}{dx_i}$ erhält man damit im strömungsfreien Medium ($\overline{w} = 0$) das 2. Ficksche Gesetz:

$$\frac{d\rho_i}{dt} = -\frac{d\left(-D\frac{d\rho_i}{dx}\right)}{dx} = D\frac{d^2\rho_i}{dx^2} \tag{4.16}$$

Im stationären Fall erhält man daraus

$$0 = \frac{dj_i}{dx} \quad \text{bzw. über die Weglänge x integriert: } j_i = \text{konstant.}$$

4.2.5. Atombilanzen

Bei chemischen Reaktionen ist es meist einfacher, die Atome zu bilanzieren, da diese erhalten bleiben und der Generationsterm entfällt. Dabei werden die Molenströmen mit der Anzahl der in diesem Molekül enthaltenen Atome für jedes Element multipliziert.

Beispiel aus 4.2.3 der Verbrennung von Ethan: $C_2H_6 + 3{,}5\,O_2 \rightarrow 2\,CO_2 + 3\,H_2O$

<u>Molbilanzen</u>: aus − ein = Generation

Ethan: $-\dot{N}_{C_2H_6} = \nu_{C_2H_6} \cdot b$

O_2: $-\dot{N}_{O_2} = \nu_{O_2} \cdot b$

CO_2: $\dot{N}_{CO_2} = \nu_{CO_2} \cdot b$

H_2O: $\dot{N}_{H_2O} = \nu_{H_2O} \cdot b$

<u>Atombilanzen</u>: aus − ein = 0

C: $\dot{N}_{CO_2} \cdot 1 - \dot{N}_{C_2H_6} \cdot 2 = 0$

O: $\dot{N}_{CO_2} \cdot 2 + \dot{N}_{H_2O} \cdot 1 - \dot{N}_{O_2} \cdot 2 = 0$

H: $\dot{N}_{H_2O} \cdot 2 - \dot{N}_{C_2H_6} \cdot 6 = 0$

4.3. Energiebilanzen

Für die wichtigsten Energieformen wurden die Bilanzgleichungen bereits im Kapitel Thermodynamik I erörtert. Mit den in diesem Buch berücksichtigten Energieformen erhält man folgende allgemeine Energiebilanz:

$$\frac{d(M \cdot u)_{Sys}}{dt} + \sum_i \dot{M}_{i,aus}\left(\Delta h_i + e_{kin,i} + \Delta e_{pot,i}\right) - \sum_j \dot{M}_{j,ein}\left(\Delta h_j + e_{kin,j} + \Delta e_{pot,j}\right) = \sum \dot{Q} + \dot{W}_s \tag{2.11}$$

Sind in der Energiebilanz chemische Reaktionen zu berücksichtigen, wird häufig mit Reaktionsenthalpien (Generationsterm) gerechnet. Auf Basis von Molenströmen lautet die Energiebilanz:

$$\frac{d(N \cdot u)_{Sys}}{dt} + \sum_i \dot{N}_{i,aus}\left(\Delta h_i + e_{kin,i} + \Delta e_{pot,i}\right) - \sum_j \dot{N}_{j,ein}\left(\Delta h_j + e_{kin,j} + \Delta e_{pot,j}\right) + \frac{\dot{N}_i}{|\nu_i|}\Delta h_R = \sum \dot{Q} + \dot{W}_s \tag{4.17}$$

Ob mit oder ohne Generationsterm gerechnet wird, hängt ausschließlich von der Wahl des Referenzzustandes ab. Für Moleküle gilt kein Erhaltungssatz, es muss mit Generationsterm gerechnet werden, für Atome bzw. Elemente wird ohne Generationsterm gerechnet. Das Ergebnis muss selbstverständlich gleich bleiben, es kann nicht von der Wahl des Referenzzustandes abhängen (Beispiel 4-25).

Diese Bilanzgleichung ist die Basis für alle Beispiele. Meist können einzelne Terme unberücksichtigt bleiben, wodurch sich die Bilanzgleichung entsprechend vereinfacht, z. B.

- Im stationären Fall wird $\dfrac{d\,U}{d\,t} = 0$.

- Sind keine Massenströme vorhanden und wird keine Arbeit geleistet, bleibt im stationären Fall $\sum \dot{Q} = 0$.

- Bei adiabaten Vorgängen ist $\dot{Q} = 0$.

- Sind Massenströme vorhanden (offenes System), muss überprüft werden, ob deren kinetische und potentielle Energie vernachlässigt werden kann.

- Bei der stationären, adiabaten Verbrennung bleibt: $\Delta H = 0$, bzw. $H_{aus} = H_{ein}$, die Enthalpie der austretenden Ströme muss gleich der Enthalpie der eintretenden Ströme sein.

- Stationäre Strömung von Gasen durch Düsen: keine Arbeit, kein Wärmeaustausch, Änderung der potentiellen Energie des Gases vernachlässigbar, nicht aber die kinetische Energie wegen der hohen Strömungsgeschwindigkeit, $\Delta h + w^2/2 = 0$ bzw. differentiell: $dh = -w\,dw$

- Bei der stationären Strömung durch eine Drossel kann auch die kinetische Energie vernachlässigt werden, wodurch sich $\Delta H = 0$ ergibt. Die Temperatur eines idealen Gases ändert sich dabei nicht, zur Berechnung realer Gase siehe Kapitel 12 (Beispiel 12-11).

- Turbinen (Expander) und Verdichter (Kompressoren, Pumpen, Ventilatoren, Vakuumpumpen): Stationär, adiabat, E_{kin} und E_{pot} vernachlässigbar, nur Wellenarbeit:

$$\dot{M} \cdot \Delta h = \dot{M} \cdot \left(\Delta h_{aus} - \Delta h_{ein} \right) = \dot{W}_s$$

Die Berechnung ist aber nicht so einfach wie die Gleichung vermuten lässt, da die Austrittstemperatur und damit Δh_{aus} nicht bekannt sind. Man rechnet daher zunächst für reversible, d. h. isentrope Bedingungen (adiabat + reversibel = isentrop) und berücksichtigt dann einen Wirkungsgrad.

$$\text{Turbinen: } \eta = \frac{\dot{W}_s}{\dot{W}_{s,isentrop}}, \quad \text{Verdichter: } \eta = \frac{\dot{W}_{s,isentrop}}{\dot{W}_s}$$

Isentrope Zustandsänderungen können aus der Gibbsschen Fundamentalgleichung der Form $dh = v\,dp + T\,ds$ berechnet werden. Für ein ideales Gas ($v = RT/p$) ergibt die Integration von Zustandspunkt 1 zu 2 mit $dh = c_p\,dT$:

$$\Delta s = c_p \cdot \ln \frac{T_2}{T_1} - R \cdot \ln \frac{p_2}{p_1}$$

Für reale Gase muss v aus einer geeigneten Zustandsgleichung berechnet werden, für einige Gase (insbesondere Wasserdampf) kann die isentrope Zustandsänderung auch aus Dampftafeln gefunden werden.

Bei Flüssigkeiten kann das Volumen näherungsweise als unabhängig vom Druck angenommen werden; Integration ergibt daher:

$$\Delta h_{isentrop} = v \cdot \Delta p$$

- Bei differentiellen Bilanzen ist vielfach die Kettenregel zu beachten: z. B.

$$d\mathrm{U} = d(\mathrm{M \cdot u}) = \mathrm{M}d\mathrm{u} + \mathrm{u}d\mathrm{M}$$

- Die elektrische Energie wird in der Literatur unterschiedlich behandelt, entweder als Generationsterm, als Arbeit oder als Wärmestrom $\dot{\mathrm{Q}}_{\mathrm{el}}$. Dieser kann aus dem Widerstand des Leiters und der Stromstärke berechnet werden:

$$\dot{\mathrm{Q}}_{\mathrm{elektr}} = \mathrm{I}^2 \cdot \mathrm{R} = \mathrm{I}^2 \cdot \rho \cdot \frac{\mathrm{L}}{\mathrm{S}} \; [\mathrm{W}] \tag{4.18}$$

Nicht behandelt wird die für viele Produktionsprozesse (z. B. Extrudieren von Kunststoffen) wichtige Dissipationsenergie, welche die Umwandlung von Strömungsenergie (kinetische Energie) in Reibungswärme darstellt.

4.4. Impulsbilanzen

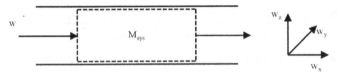

Abbildung 4-2: Rohr als offenes System

Abbildung 4-2 zeigt als System ein Rohr, welches von einem Massenstrom $\dot{\mathrm{M}}$ durchströmt wird. Die Systemgrenzen sind die Ein- und Austrittsquerschnitte und die Grenzfläche Rohrinnenwand-Medium. Wir interessieren uns nur für die Impulsänderung in einem durchströmten Rohr, nicht aber für den Impuls des Rohres selbst, welches sich in Ruhe befindlich betrachtet wird. Der Speicherterm lautet dann:

$$\frac{d\left(\mathrm{M}_{\mathrm{Sys}} \cdot \mathrm{w}_{\mathrm{Medium}}\right)}{d\mathrm{t}} = \mathrm{M}_{\mathrm{Sys}} \cdot \frac{d\mathrm{w}_{\mathrm{Medium}}}{d\mathrm{t}}$$

Natürlich bezieht sich die Masse auf die Masse des durchströmenden Mediums, innerhalb der Systemgrenzen bleibt diese aber wegen der Massenerhaltung konstant, weshalb wir statt $\mathrm{M}_{\mathrm{Medium}}$ $\mathrm{M}_{\mathrm{Sys}}$ schreiben können. Die Impulsänderung im System wird nur durch eine Änderung der Geschwindigkeit des strömenden Mediums hervorgerufen. Die Geschwindigkeitsänderung ist aber nicht nur von der Zeit, sondern auch vom Ort abhängig, so dass, wie in Kapitel 3 dargestellt, die substantielle Ableitung verwendet werden muss. Der Speicherterm bei der Durchströmung des Rohres in x-Richtung lautet dann:

$$\mathrm{M}_{\mathrm{Sys}} \cdot \frac{\mathrm{D}\mathrm{w}_{\mathrm{x}}}{\mathrm{D}\mathrm{t}} = \mathrm{M}_{\mathrm{Sys}} \cdot \left(\frac{\partial \mathrm{w}_{\mathrm{x}}}{\partial \mathrm{t}} + \mathrm{w}_{\mathrm{x}} \frac{\partial \mathrm{w}_{\mathrm{x}}}{\partial \mathrm{x}} + \mathrm{w}_{\mathrm{y}} \frac{\partial \mathrm{w}_{\mathrm{x}}}{\partial \mathrm{y}} + \mathrm{w}_{\mathrm{z}} \frac{\partial \mathrm{w}_{\mathrm{x}}}{\partial \mathrm{z}} \right) \tag{4.19}$$

Der Impulstransport (Impuls pro Zeit) hat die Dimension einer Kraft, der spezifische Impulstransport (Impuls pro Fläche und Zeit) die Dimension eines Druckes. Impulsbilanzen sind daher gleichbedeutend mit Kräftebilanzen. So gibt der erste Term in der Klammer auf der rechten Seite von Gleichung (4.19) die Beschleunigungskraft und die anderen Terme geben die Trägheitskräfte an.

Beim Durchströmen von Rohrleitungen und Apparaten sind vor allem drei Kräfte von Bedeutung, welche zusammen den Transportterm für den Impuls darstellen. Diese drei Kräfte sind die Schwerkraft plus die entsprechende Druckkraft als Gegenkraft (siehe Kap.4.4.1), die Reibungskraft und die Kraft, die notwendig ist, um das Medium in den Apparat hinein und heraus zu befördern (vgl. Energiebilanzen: Einschiebearbeit, flow work).

<u>Schwerkraft</u>: $M_{Sys} \cdot g$ und <u>Gegenkraft</u> $\dfrac{dp_{Sys}}{dz} \cdot V_{Sys}$ (beide wirken nur in z-Richtung)

<u>Reibungskraft</u>: $V_{ges} \cdot \eta \cdot \left(\dfrac{d^2 w_x}{dx^2} + \dfrac{d^2 w_x}{dy^2} + \dfrac{d^2 w_x}{dz^2} \right)$ (für x-Richtung)

<u>Druckkraft</u>: erforderliche Kraft zum Einbringen des Stromes in das System: $p_{Sys} \cdot A$ und zum Ausbringen gegen den Umgebungsdruck: $p_{Umg} \cdot A$, wobei A die entsprechende Querschnittsfläche der Strömung ist. Als Differenz erhält man die Änderung im System:

$$p_{Umg} \cdot A - p_{Sys} \cdot A = -\frac{\partial \left(p_{Sys} \cdot A \right)}{\partial x} \cdot dx = -\frac{dp_{Sys}}{dx} \cdot V_{Sys}$$

Damit erhält man für die gesamte Impulsbilanz in x-Richtung:

$$M_{Sys} \cdot \left(\frac{\partial w_x}{\partial t} + w_x \frac{\partial w_x}{\partial x} + w_y \frac{\partial w_x}{\partial y} + w_z \frac{\partial w_x}{\partial z} \right) = -\frac{\partial p_{Sys}}{\partial x} \cdot V_{Sys} + V_{Sys} \cdot \eta \cdot \left(\frac{\partial^2 w_x}{\partial x^2} + \frac{\partial^2 w_x}{\partial y^2} + \frac{\partial^2 w_x}{\partial z^2} \right)$$

Auf die Masse bezogen erhält man mit $V/M = 1/\rho$:

$$\frac{\partial w_x}{\partial t} + w_x \frac{\partial w_x}{\partial x} + w_y \frac{\partial w_x}{\partial y} + w_z \frac{\partial w_x}{\partial z} = -\frac{1}{\rho} \cdot \frac{\partial p_{Sys}}{\partial x} + \frac{\eta}{\rho} \cdot \left(\frac{\partial^2 w_x}{\partial x^2} + \frac{\partial^2 w_x}{\partial y^2} + \frac{\partial^2 w_x}{\partial z^2} \right) \tag{4.20}$$

Betrachtet man alle Raumrichtungen ergibt sich eine Überlagerung der Druckgradienten. In Operatorschreibweise lautet Gleichung (4.20) dann:

$$\frac{\partial \mathbf{w}}{\partial t} + \mathbf{w} \cdot \nabla \mathbf{w} = -\frac{1}{\rho} \nabla p + \mathbf{g} + \nu \cdot \nabla^2 \mathbf{w} \qquad \text{(Navier-Stokes-Gleichung)} \tag{4.21}$$

Auf der linken Seite der Navier-Stokes-Gleichung stehen die Beschleunigungs- und Trägheitskräfte, auf der rechten Seite die Druck-, Schwer- und Reibungskräfte.

<u>Vereinfachungen</u>:

1) w = 0, Hydro- und Aerostatik

$$0 = -\frac{1}{\rho} \nabla p + \mathbf{g} \qquad \text{(hydrostatisches Grundgesetz)} \tag{4.22}$$

2) Stationär:

$$\mathbf{w} \cdot \nabla \mathbf{w} = -\frac{1}{\rho} \nabla p + \mathbf{g} + \nu \cdot \nabla^2 \mathbf{w} \tag{4.23}$$

3) Ohne Reibung:

$$\frac{\partial \mathbf{w}}{\partial t} + \mathbf{w} \cdot \nabla \mathbf{w} = -\frac{1}{\rho} \nabla p + \mathbf{g} \qquad \text{(Euler-Gleichung)} \tag{4.24}$$

$$\mathbf{w} \cdot \nabla \mathbf{w} = -\frac{1}{\rho} \nabla p + \mathbf{g} \qquad \text{(stationäre Euler-Gleichung)} \tag{4.25}$$

4) Stationäre Euler-Gleichung, integriert in Strömungsrichtung:

$$\rho \frac{w^2}{2} + p + \rho \cdot g \cdot h = \text{konst.} \qquad \text{(Bernoulli-Gleichung, Druckform)} \qquad (4.26)$$

$\rho \cdot w^2/2$ ergibt sich aus der Integration des Geschwindigkeitsfeldes und gibt den dynamischen Druck an (Staudruck), p ist der statische Druck und $\rho \cdot g \cdot h$ der auf Grund der Schwerkraft ausgeübte Druck. In der Energieform der Bernoulli-Gleichung, (Kapitel 2.2.2), hatten wir entsprechend die kinetische Energie, die Druckenergie und die potentielle Energie.

$$\frac{\Delta w^2}{2} + \frac{\Delta p}{\rho} + g \cdot \Delta h = \text{konst.} \qquad \text{(Bernoulli-Gleichung, Energieform)} \qquad (4.27)$$

In vielen Bereichen wird auch mit der Höhenform der Bernoulli-Gleichung gerechnet:

$$\frac{w^2}{2g} + \frac{p}{\rho \cdot g} + h = \text{konst.} \qquad \text{(Bernoulli-Gleichung, Höhenform)} \qquad (4.28)$$

mit dem erstem Term als Geschwindigkeitshöhe, der Druckhöhe und der Ortshöhe.

Manchmal wird die Bernoulli-Gleichung auch für reibungsbehaftete Strömungen verwendet. Die Reibungsverluste werden dann mit einem eigenen Verlustterm berücksichtigt; die Verluste beruhen auf der Umwandlung von kinetischer Energie in innere Energie, was zu höherer Temperatur und Wärmeabgabe führt.

Reibungsbehaftete, Bernoulli-Gleichung, Energieform:

$$\frac{\Delta p}{\rho} + \frac{\Delta w^2}{2} + g \cdot \Delta h + \left(\Delta u - \frac{\dot{Q}}{\dot{M}} \right) = 0 \qquad (4.29)$$

4.4.1. Berücksichtigung von Feldgrößen

Für die Berücksichtigung von Feldern ist es nicht sinnvoll zwischen System und Umgebung zu unterscheiden, da das Feld das System vollständig durchdringt. Es findet kein Austauschvorgang zwischen System und Umgebung statt, das Feld ruft im System und in der Umgebung dieselbe Wirkung hervor. Diese Wirkung beruht darauf, dass sich die Moleküle nicht mehr regellos und statistisch gleichverteilt in alle Richtungen bewegen, sondern eine bevorzugte Richtung aufweisen, was für die Impulsbilanz von Bedeutung ist.

Betrachten wir ein einzelnes Molekül, Partikel oder differentielles Volumenelement. Durch die inhärente thermische Energie ist es in ständiger regelloser Bewegung. In einem Feld wird aber auf das Teilchen eine Kraft ausgeübt, die es in Richtung des Feldes drängt. Die Geschwindigkeit w des Teilchens hat nun eine bevorzugte Richtung, dadurch natürlich auch der Impuls M·w des Teilchens und der Impulsstrom $M \cdot \frac{dw}{dt} = F$. Allgemein ist die Kraft gegeben durch Masse mal Feldstärke, die Wirkung des Feldes kann also nur von einem massebehafteten Teilchen wahrgenommen werden, wodurch Kräfte durch externe Felder zu den Massenkräften zählen. Im Gravitationsfeld ist diese Kraft gegeben durch die Masse des Teilchens mal dem Gravitationsfeld C, im Gravitationsfeld der Erde entspricht die Erdbeschleunigung g dem Gravitationsfeld.

$$F_{GF} = M \cdot C = M \cdot g$$

Im elektrostatischen Feld ist die auf eine Ladung q wirkende Kraft gegeben durch Ladung mal elektrostatischer Feldstärke E:

$$F_{EF} = q \cdot E$$

Wenn sich die Teilchen in eine bestimmte Richtung bewegen, kommt es zu einer Akkumulation der Teilchen, was bedeutet, dass der Druck in diese Richtung zunimmt. Bei einem Druckunterschied bewegen sich die Teilchen aber wieder nicht gleichverteilt in alle Richtungen, sondern bevorzugt in Richtung des geringeren Druckes. Dort ist die Teilchendichte geringer, die Teilchen können daher länger in diese Richtung fliegen, bevor sie mit einem anderen Teilchen zusammenstoßen. Der Gravitationskraft wirkt somit eine Druckkraft entgegen; im Gleichgewicht gilt dann (mit z als der Feldrichtung):

$$0 = -\frac{\partial p}{\partial z} \cdot dV + M \cdot g$$

bzw. pro Volumen dV des Teilchens:

$$0 = -\frac{\partial p}{\partial z} + \rho \cdot g \tag{4.30}$$

In Beispiel 4-79 ist die Ableitung des hydrostatischen Grundgesetzes und der barometrischen Höhenformel mit Gleichung (4.30) gezeigt.

Auch der Auftrieb beruht auf Gleichung (4.30) und ist durch den Druckunterschied an der Ober- und Unterseite eines Teilchens gegeben. Es ist aber wichtig, zwischen System und Umgebung zu unterscheiden. Ist das Teilchen das System, so wirkt die Schwerkraft $M_{Sys} \cdot g = \rho_{Sys} \cdot V_{Sys} \cdot g$.

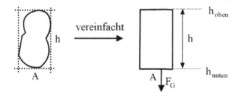

Abbildung 4-3: hydrostatischer Auftrieb

Den Druck in der Umgebung an der Ober- und Unterseite des Teilchens erhält man durch Integration von Gleichung (4.30)

$$p_{oben} = p_0 + \rho_{Umg} \cdot g \cdot (h_{oben} - h_0)$$
$$p_{unten} = p_0 + \rho_{Umg} \cdot g \cdot (h_{unten} - h_0) \tag{4.31}$$

Bei der Differenzbildung zwischen Ober- und Unterseite kürzt sich die Bezugshöhe h_0:

$$\Delta p = \rho_{Umg} \cdot g \cdot \Delta h \tag{4.32}$$

Der Differenzdruck mal der Querschnittsfläche A ist nun die Auftriebskraft. Mit $V_{Sys} = A \cdot \Delta h$ (auch für eine andere Geometrie des Teilchens ergibt $A \cdot \Delta h$ immer dessen Volumen).

$$F_{Auftrieb} = \Delta p \cdot A = \rho_{Umg} \cdot g \cdot V_{Sys} \tag{4.33}$$

Auch im Zentrifugalfeld gilt, dass der Zentrifugalkraft $V \cdot \rho \cdot \omega^2 \cdot r$ die Zentripetalkraft $V \cdot \frac{\partial p}{\partial r}$ entgegenwirkt.

$$0 = -\frac{\partial p}{\partial r} + \rho \cdot \omega^2 r \tag{4.34}$$

Ebenso ruft die Bewegung eines geladenen Teilchens im elektrostatischen Feld eine Ladungstrennung und somit eine Potentialdifferenz $\Delta\phi$ hervor, die der Wanderung des geladenen Teilchens entgegenwirkt.

$$0 = -\frac{\partial \Phi}{\partial z} + q \cdot E \tag{4.35}$$

4.5. Entropiebilanzen

Entropiebilanzen haben im Ingenieurbereich vielfältige Bedeutung. Die hauptsächlichen Anwendungen bestehen in der Berechnung von Strömungsmaschinen, wo man in einem ersten Schritt von einer isentropen Zustandsänderung ausgeht, und für Exergiebilanzen zur Beurteilung der Energieausnutzung von Apparaten und Anlagen.

Entsprechend der allgemeinen Bilanzgleichung (4.2) lautet die allgemeine Entropiebilanz:

$$\frac{dS_{Sys}}{dt} + \Delta \dot{S}_T = \dot{S}_{G,Sys} \tag{4.36}$$

Der Entropietransport $\dot{S}_T$ über die Grenzen des Kontrollvolumens kann auf zwei Arten erfolgen:

1. Mit einem Wärmetransport über die Systemgrenze.

$$\dot{S}_q = \frac{\dot{Q}}{T_{SG}}$$

mit $T_{SG} = T$ an der Systemgrenze, welche aber nicht bekannt ist. Man verwendet stattdessen die Temperatur der Umgebung und steckt die Differenz in den Generationsterm:

$$\dot{S}_q = \frac{\dot{Q}}{T_{Umg}} + \dot{S}_{G,Umg}$$

2. Mit den zu- und abfließenden Massenströmen ΔS_M.

Unter stationären Bedingungen lautet daher die Entropiebilanz mit $\dot{S}_{G,tot} = \dot{S}_{G,Sys} + \dot{S}_{G,Umg}$:

$$\dot{S}_{G,tot} = \Delta \dot{S}_M + \frac{\dot{Q}}{T_{Umg}} \tag{4.37}$$

Für adiabate Zustandsänderungen ergibt sich die gesamte Entropieänderung aus der Differenz der Entropie der aus- und eintretenden Ströme. Die Entropieänderung der Massenströme kann aus der Gibbsschen Fundamentalgleichung berechnet werden und ergibt sich zu:

$$dS_M = \frac{dQ_{rev}}{T} = \frac{dH}{T} - \frac{V}{T}dp$$

Für ein ideales Gas und einen Molenstrom von 1 kmol/s erhält man

$$dS_M = \frac{c_p}{T}dT - \frac{R}{p}dp = c_p d\ln T - R d\ln p \tag{4.38}$$

4.5.1. Exergiebilanzen

Exergiebilanzen dienen zur Beurteilung der Energieausnutzung. Die Gesamtenergie kann formal in Exergie und Anergie unterteilt werden. Die Exergie gibt die Umwandelbarkeit der Energieformen an. Mechanische Energie wie potentielle und kinetische Energie und elektrische Energie lassen sich uneingeschränkt in andere Energieformen umwandeln, sie sind daher reine Exergie. Wärme und Innere Energie enthalten immer Exergie und Anergie; die Exergie der Wärme ist jener Teil, welcher maximal in Nutzarbeit umgewandelt werden kann. Bezugspunkt ist immer die Umgebungstemperatur; Wärme bei Umgebungstemperatur ist daher reine Anergie.

Exergie/Anergie-Fließbilder lokalisieren innere und äußere Irreversibilitäten und zeigen somit Entstehungsort und Ausmaß von Verlusten. Sie ermöglichen so eine thermodynamische Optimierung durch gezielte energetische Prozessverbesserung.

Zur Ableitung der Exergiebilanzen gehen wir von der Energiebilanz aus und schreiben Gleichung (2.11) etwas um, wobei ein stationärer Zustand angenommen wird und kinetische und potentielle Energie vernachlässigt werden:

$$\sum_{\substack{\text{ausgehende} \\ \text{Ströme}}} \left(\dot{M} \cdot h + \dot{Q} + \dot{W}_s \right) - \sum_{\substack{\text{eingehende} \\ \text{Ströme}}} \left(\dot{M} \cdot h + \dot{Q} + \dot{W}_s \right) = 0 \tag{4.39}$$

Die entsprechende Entropiebilanz lautet dann:

$$\sum_{\substack{\text{ausgehende} \\ \text{Ströme}}} \left(\dot{M} \cdot s + \frac{\dot{Q}}{T} \right) - \sum_{\substack{\text{eingehende} \\ \text{Ströme}}} \left(\dot{M} \cdot s + \frac{\dot{Q}}{T} \right) = \Delta S_{irr} \tag{4.40}$$

Die Entropiebilanz enthält keine Terme für die Wellenarbeit. Die irreversible Entropiezunahme ΔS_{irr} ist ein Maß für die Energieineffizienz des betrachteten Prozesses. Bei effizienten Prozessen ist ΔS_{irr} klein, im Grenzfall für reversible Prozesse 0.

Für praktische Berechnungen ist aber Gleichung (4.40) wegen der Entropieeinheiten (z. B. J/(s·K)) weniger geeignet, weshalb die Energiebilanz (4.39) und die Entropiebilanz (4.40) zusammengefasst werden:

$$\sum_{\substack{\text{ausgehende} \\ \text{Ströme}}} \left(\dot{M} \cdot b + \dot{Q} \cdot \left(1 - \frac{T_0}{T}\right) + \dot{W}_s \right) - \sum_{\substack{\text{eingehende} \\ \text{Ströme}}} \left(\dot{M} \cdot b + \dot{Q} \cdot \left(1 - \frac{T_0}{T}\right) + \dot{W}_s \right) = LW \tag{4.41}$$

Gleichung (4.41) stellt die Exergiebilanz (availability balance) dar, wobei b die Exergiefunktion $b = h - T_0 \cdot s$, T_0 die Bezugs- bzw. Umgebungstemperatur und T die Systemtemperatur ist. LW ist die verlorene Arbeit bzw. verlorene Exergie ΔEx (lost work), $LW = T_0 \cdot \Delta S_{irr}$.

In der Gibbsschen freien Enthalpie $g = h - T \cdot s$ bzw. bei Zustandsänderungen $\Delta g = \Delta h - T \cdot \Delta s$ ist T die Systemtemperatur. Ist T die Umgebungstemperatur entspricht die Exergie genau der Gibbsschen freien Enthalpie.

Ein Vergleich mit der Energiebilanz zeigt, dass die Wellenarbeit im gleichen Maße enthalten ist, dass aber die Wärmeströme $\dot{Q}$ mit dem Carnot-Wirkungsgrad $1 - T_0/T$ zu multiplizieren sind. In der Energiebilanz sind Q und W_s äquivalent, aus der Exergiebilanz sieht man aber, dass Q kleiner ist als W_s, weil Wärme nicht vollständig in Arbeit, Arbeit hingegen vollständig in Wärme (durch Reibung) umgewandelt werden kann.

4.6. Zusammenstellung der integralen Bilanzgleichungen

Im Folgenden sind die für die meisten ingenieurmäßigen Anwendungen wichtigen integralen Bilanzen nochmals zusammenfassend angeführt.

Massenbilanz:

$$\frac{dM_{Sys}}{dt} + \sum_{aus} \dot{M} - \sum_{ein} \dot{M} = 0 \quad bzw. \quad \frac{dM_{Sys}}{dt} + \sum_{aus} \rho \cdot w \cdot A - \sum_{ein} \rho \cdot w \cdot A = 0$$

gültig für alle ein- und austretenden Massenströme. Für einzelne Komponenten sind hingegen auch Reaktionen r_i und diffusive Übergangsströme $\dot{N}_i$ zu berücksichtigen:

$$\frac{dN_{Sys}}{dt} + \sum_{aus} \dot{N} \cdot x_i - \sum_{ein} \dot{N} \cdot x_i \pm V_{Sys} \cdot r_i = \sum \dot{N}_i$$

Für die Gesamtströme werden meist Massenströme verwendet, für die Komponenten meist Molenströme.

Energiebilanz:

$$\frac{dU_{Sys}}{dt} + \sum_{aus} \dot{M}_i \cdot \left(u_i + \frac{w_i^2}{2} + g \cdot h_i + p_i \cdot v_i \right) - \sum_{ein} \dot{M}_j \cdot \left(u_j + \frac{w_j^2}{2} + g \cdot h_j + p_j \cdot v_j \right) = \sum \dot{Q} + \sum \dot{W}_s$$

Nicht berücksichtigt sind in dieser Energiebilanz die kinetische und potentielle Energie des Systems sowie die Dissipationsenergie. Die Reaktionsenthalpie ist berücksichtigt, wenn sich der Referenzzustand auf Atome bezieht.

Impulsbilanz:

Impulssatz der Mechanik für stationäre Strömungen:

$$F_{res} + \sum_{aus} \dot{M} \cdot w - \sum_{ein} \dot{M} \cdot w = 0 \tag{4.42}$$

wobei F_{res} die auf M in der Kontrollfläche ausgeübte resultierende Kraft angibt. Diese enthält vor allem die Druckkräfte auf die Querschnitte $p \cdot A$, die Wandreibungskräfte, die Gewichtskraft und eine Kraft, die bisher noch nicht behandelt wurde, die Stützkraft oder Auflagerkraft (deshalb Impulssatz der Mechanik); unter Vernachlässigung der Gewichtskraft, der Wandreibung und aller Stützkräfte und mit $\dot{M} = \rho \cdot w \cdot A$ erhält man folgende wichtige Form des Impulssatzes für stationäre Strömungen:

$$\sum_{aus} \left(p \cdot A + \rho \cdot w^2 \cdot A \right) = \sum_{ein} \left(p \cdot A + \rho \cdot w^2 \cdot A \right) \tag{4.43}$$

Der Impulssatz gilt auch für kompressible und reibungsbehaftete Fluide, obwohl er keinen Reibungsterm enthält. Er eignet sich besonders zur Berechnung der Zustandsänderungen beim Mischen von Strömen oder bei Querschnittsveränderungen in Rohren (Beispiel 4-77), er eignet sich aber weniger zur Berechnung des Druckverlustes in Rohrströmungen. Hierfür ist folgende Form der Impulsbilanz geeignet (Kapitel 5):

$$\Delta p = \frac{Kraft\ F}{Fläche\ A} = \zeta \cdot \rho \cdot \frac{w^2}{2} \tag{4.44}$$

gültig für laminare und turbulente Strömungen, wobei für die Widerstandszahl ζ folgende Formen üblich sind (siehe Fußnote 12, Seite 62):

- nur Reibung: $\zeta = c_f$, A = gesamte Oberfläche des um- oder durchströmten Körpers

- Reibung und Druckkräfte: $\zeta = c_D$, A = Projektionsfläche des umströmten Körpers

- Reibung und Druckkräfte bei durchströmten Körpern: $\zeta = \lambda \cdot \dfrac{L}{D}$, A = Querschnittsfläche des strömenden Mediums. Gilt allgemein, nicht nur bei Rohren, z. B. bei Haufwerken oder porösen Membranen; es muss dann aber ein hydraulischer Durchmesser und eine äquivalente Länge (z. B. multipliziert mit einem Umwegfaktor) verwendet werden.

Bei Armaturen, Krümmer etc. in Rohrleitungen: A ist nicht definiert, Wert für Widerstandszahl ζ wird angegeben.

4.7. Anlagenbilanzen

Die bisherigen Ausführungen beschränkten sich auf das Aufstellen der grundlegenden Bilanzgleichungen. Die Lösbarkeit dieser Gleichungen wurde vorausgesetzt. Wenn man nun aber nicht nur differentielle Elemente, Apparateteile oder einzelne Apparate bilanziert, sondern größere Anlagenkomplexe mit vielen Strömen und Komponenten, muss zunächst überprüft werden, ob genug Gleichungen für alle gesuchten Größen gefunden werden können und ob genügend oder auch zu viel Information vorhanden ist, um das Gleichungssystem lösen zu können.

Die erste Aufgabe wird daher sein, die Lösbarkeit der gegebenen Aufgabenstellung festzustellen. Dies wird mit einer Freiheitsgradanalyse durchgeführt, wobei ein Freiheitsgrad angibt, wie viele Größen noch frei festgelegt werden können oder gemessen werden müssen, um eine eindeutige Lösung für die Aufgabenstellung finden zu können. Ergeben sich durch diese Analyse null Freiheitsgrade (FG = 0), ist das System (Aufgabenstellung) genau bestimmt, es existiert eine eindeutige Lösung. Bei FG > 0 ist das System unterbestimmt, bei FG < 0 ist es überbestimmt, d. h. es sind widersprüchliche Angaben vorhanden wie z. B. zu viele Messwerte (Beispiel 4-105); das System ist dann nicht oder nur eingeschränkt lösbar.

Insbesondere bei größeren Anlagen ist es unbedingt erforderlich, nach einer bestimmten Systematik vorzugehen. Diese Systematik muss umfassen:

- Erstellen eines Fließbildes mit allen Einheiten, Variablen und Angabe aller gemessenen bzw. festgelegten Größen.

- Einzeichnen der Bilanzgrenzen. Je nach Aufgabenstellung werden meist alle einzelnen Einheiten und die Gesamtanlage (Anlagenbilanz) bilanziert. Unter einer Prozessbilanz versteht man die Summe aller einzelnen Einheitenbilanzen.

- Wahl der Berechnungsbasis. Dies ist meist ein Produktstrom, kann aber auch ein beliebig anderer Strom sein. Für eine sequentielle Lösung der Bilanzen kann es manchmal erforderlich sein, einen gegebenen Strom als Unbekannte anzunehmen und einen unbekannten Strom mit einem beliebigen Wert zu versehen. Nach Lösen aller Bilanzgleichungen können dann leicht alle Ströme auf die richtigen Werte umgerechnet werden (Beispiel 4-87).

- Wahl der Basisdimension bzw. Basiseinheit. Meist Masse oder Stoffmenge pro Zeit mit der Einheit kg/h, mol/s u. a. Als Konzentrationsmaß sind dann Massen- oder Molanteile sehr zweckmäßig.

- Freiheitsgradanalyse. Diese dient dazu festzustellen, ob zu einer gegebenen Anzahl von Unbekannten eine entsprechende Anzahl unabhängiger Gleichungen gefunden werden kann.

- Aufstellen aller benötigten Gleichungen.

- Lösen des Gleichungssystems.

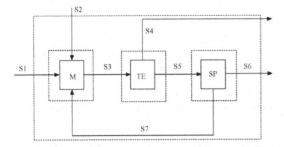

Abbildung 4-4: Bilanzgebiete

Abbildung 4-4 zeigt ein Schema einer Anlage mit einem Mischer M, einer Trenneinheit TE und einem Splitter SP. Meist werden Bilanzgebiete um jede Einheit, sowie die Bilanz um alle Einheiten (Anlagenbilanz) benötigt. Je nach Aufgabenstellung und Bedarf sind aber auch weitere Bilanzgebiete möglich, beispielsweise um zwei Einheiten (M+TE oder TE+SP oder M+SP). Die Prozessbilanz ist die Summe aller Bilanzen der einzelnen Einheiten.

4.7.1. Freiheitsgradanalyse

Eine Freiheitsgradanalyse kann für jede einzelne Einheit, die Anlage (Bilanzgrenze um die gesamte Anlage) und den gesamten Prozess (Summe aller Einheiten) durchgeführt werden.

Es gibt verschiedene Vorgangsweisen. Jedenfalls müssen zunächst alle zu bestimmende Größen festgelegt werden (Variable). Im Prinzip setzen sich diese Variablen aus extensiven, intensiven und konstruktionsbedingten Variablen zusammen.

Zu den extensiven Variablen zählen alle die Bilanzgrenzen überschreitenden Massen- und Energieströme (Strom- bzw. Energievariable).

Für die Festlegung der Anzahl der Massenströme gibt es mehrere Möglichkeiten, z. B. die Anzahl aller Komponentenströme. Da diese aber nicht gemessen werden können, wird hier nur die Anzahl der Gesamtströme gezählt, sowie die Anzahl der Komponenten in jedem Strom als zusätzliche Variable aufgenommen. Die Komponentenströme ergeben sich dann aus dem Gesamtstrom mal der Konzentration der darin enthaltenen Komponenten.

Von den intensiven Variablen werden Druck und Temperatur benötigt (Systemvariable). Manchmal werden auch Stoffwerte mit einbezogen, wofür dann weitere Gleichungen benötigt werden. Ist beispielsweise ein Gasstrom als Volumenstrom gegeben, so kann die Gasdichte als intensive Variable angegeben werden und als weitere Gleichung die ideale Gasgleichung zur Umrechnung vom Volumen- in den Massenstrom. Zur besseren Übersichtlichkeit wird aber empfohlen, die Umrechnungen nicht in die Freiheitsgradanalyse mit einzubeziehen.

Konstruktionsbedingte Variable sind geometrische Abmessungen wie Wandstärken, Rohrdurchmesser etc. Es lässt sich keine allgemeine Beziehung angeben, wann diese Variablen zu berücksichtigen und wie sie zu berechnen sind. Sie werden meist nicht benötigt und werden nur der Vollständigkeit halber erwähnt.

Treten chemische Reaktionen auf, so müssen entweder anstelle der Komponenten die Atome bilanziert werden (Kap.4.2.5), oder es muss für jede Reaktion eine hypothetische „Bildungskomponente" b eingeführt werden (Kap.4.2.3). Die Anzahl der Stromvariablen wird um die unbekannte Bildungskomponente b erhöht, die dann aber nicht in das Endergebnis eingeht. In der Bilanz um den Reaktor gibt es dann aber auch eine unabhängige Gleichung mehr.

Von diesen gesamten Variablen sind einige in den Angaben gegeben bzw. müssen festgelegt werden (Bekannte, design variables). Die unbekannten Variablen (Zustandsvariable, state variables) ergeben sich aus der Gesamtanzahl der Variablen minus den festgelegten Größen.

Zu diesen x unbekannten Zustandsvariablen müssen nunmehr x unabhängige Gleichungen gefunden werden. Es sind dies die MESH-Gleichungen (Material, Equilibrium, Summation, Heat) sowie Nebenbedingungen:

Stoffbilanzen. Bilanzgleichungen für die Massen- bzw. Molenströme für alle Bilanzgebiete. Es ist darauf zu achten, dass nur unabhängige Gleichungen herangezogen werden. Treten in einer Einheit k Komponenten auf, so gibt es entweder k Komponentenbilanzen oder eine Gesamtbilanz (aller Ströme) und k-1 Komponentenbilanzen. Die Bilanz für die hypothetische Bildungskomponente b kann entweder als zusätzliche Bilanzgleichung aufgenommen werden oder in den Nebenbedingungen als Umsatzgleichung. Auch Atombilanzen zählen dazu, diese basieren auf Molbilanzen, wobei jedes Mol mit der Anzahl der darin enthaltenen Atome multipliziert wird.

Gleichgewichte. Oft stehen die austretenden Ströme im thermischen und thermodynamischen Gleichgewicht.

Summationsbedingung. Die Summe aller Molen- bzw. Massenanteile in jedem Strom muss 1 ergeben. In allen Beispielen wird hier konsequent für alle Ströme eine Summationsbedingung aufgestellt. Dabei ist aber zu beachten, dass dann mindestens eine Konzentration unbekannt bleiben muss; sind alle Konzentrationen eines Stromes gegeben, ist die Summation überflüssig. Insbesondere bei großen Anlagen mit vielen Strömen ist zur Fehlerminimierung die hier gewählte Vorgangsweise zu empfehlen, auch wenn sie vielfach trivial erscheinen mag; z. B. ist dann auch bei reinen Strömen die Konzentration dieser einer Komponente unbekannt zu setzen und eine Summationsgleichung aufzustellen.

Energiebilanzen.

Nebenbedingungen. Alle zusätzlichen Angaben, wie z. B. Verhältnisse von Strömen (z. B. A/B = 0,5), Verhältnisse in den Zusammensetzungen (z. B. $O_2/N_2 = 0{,}21/0{,}79$) aber auch beliebige andere Zusatzinformationen, wie Umsätze, Erträge, etc. Auch die Splitterrestriktion (splitter constraint) wird meist in den Nebenbedingungen angeführt. Wird ein Strom in mehrere Ströme aufgeteilt, so bleiben die Konzentrationen in diesen Strömen gleich, was als Zusatzinformation bzw. Nebenbedingung in das Gleichungssystem aufgenommen wird. Wird ein Strom mit k Komponenten in j Ströme aufgeteilt, ergeben sich $(k-1) \cdot (j-1)$ Zusatzinformationen.

Für den gesamten Prozess ergeben sich die Variablen als Summe aller Variablen der einzelnen Einheiten, wobei jede Variable nur einmal gezählt wird. Bei den Gleichungen gilt dies auch für die Energiebilanzen, d. h. die Energiebilanzen für den gesamten Prozess ergeben sich aus der Summe aller Energiebilanzen der einzelnen Einheiten. Wegen möglicher Abhängigkeiten gilt dies aber nur eingeschränkt für die Massenbilanzen; verwendet man aber für jede Einheit (Apparat) konsequent immer nur alle Komponentenbilanzen ohne Gesamtbilanz, dann gilt dies auch für die Massenbilanzen. Bei den Nebenbedingungen gilt dies nicht generell.[14]

Tabelle 3-1: allgemeines Schema zur Berechnung der Freiheitsgrade

Größen\Bilanzgebiet	Einheit 1	Einheit n	Anlage	Prozess
Ströme				
+ Komponenten				
+ Energievariable				
+ Systemvariable (T, P)				
+ Reaktionsvariable (b)				
= Variable, gesamt				
- **Designvariable** (festgelegte Größen)				
= **Zustandsvariable** (Unbekannte)				
Stoffbilanzen				
+ Summationsbedingungen				
+ Gleichgewichte				
+ Energiebilanzen				
+ Nebenbedingung, Splitterrestriktion				
= **Bedingungen** (unabhängige Gleichungen)				
Freiheitsgrade = Unbekannte - Bedingungen				

4.7.2. Lösen des Gleichungssystems

Zur Berechnung des Gesamtprozesses gibt es zwei prinzipielle Vorgangsmöglichkeiten.

1. sequentielle Berechnung jeder Einheit (sequential modular approach)

2. gleichzeitige Lösung des Gesamtsystems (equation-based approach)

Im ersten Fall wird der gesamte Prozess in mehrere Einheiten (blocks, modules) unterteilt, wie z. B. Mischer, Splitter, Pumpen, Filter, Extraktion, etc. und die einzelnen Einheiten der Reihe nach gelöst, wobei der Ausgangsstrom einer Einheit den Eingangsstrom zu nächsten Einheit darstellt.

Nach diesem Schema arbeiten die meisten kommerziell erhältlichen Bilanzierungs-(Flowsheet)-Programme, wie z. B. AspenPlus® (Aspen Tech), Chemcad® (Chemstations), Hysys® (Hyprotech), DesignII® (WinSim) oder Provision® (Simulation Sciences), wobei einige auch Solver zur Lösung des Gesamtsystems implementiert haben.

Eine Berechnung nach diesem Schema bedingt, dass die als erstes zu berechnende Einheit genau bestimmt ist (Freiheitsgrad 0) und dass mit der Lösung der ersten Einheit die nächste vollständig bestimmt ist, usw. Das erfordert möglicherweise weitere Angaben (z. B. zusätzliche Messwerte), die bei einer gleichzeitigen Lösung des Gesamtsystems gar nicht notwendig wären. Es ist durchaus möglich, dass bei der Spezifizierung eines Systems jede Einheit und auch die Bilanz über die Gesamtanlage Freiheitsgrade > 0 aufweisen, der gesamte Prozess aber trotzdem genau festgelegt ist, bzw. wie in Beispiel 4-105, jede Einheit und auch die Anlagenbilanz Freiheitsgrade ≥ 0 aufweisen, der Prozess aber trotzdem überbestimmt ist.

---

[14] siehe z. B. Beispiel 4-102, Methanolproduktion, wo das Verhältnis H_2/CO in jeder Einheit mindestens ein Mal vorkommt, für den Gesamtprozess aber auch nur ein Mal.

Treten Recycling-Ströme auf, muss mit der ersten Methode prinzipiell iterativ vorgegangen werden, indem die Daten für den Recycling-Strom geschätzt werden, damit der Prozess berechnet wird, wobei bessere Daten für den Recycling-Strom erhalten werden (Convergence block).

Aus diesem Grund gewinnt die zweite Methode, das gleichzeitige Lösen des Gesamtsystems, immer mehr an Bedeutung, vor allem weil bereits zahlreiche leistungsfähige Solver in verschiedenen kommerziellen Software-Programmen zur Verfügung stehen. In den hier dargestellten Beispielen wird das Gesamtsystem gelöst, in Beispiel 4-102 und Beispiel 4-107 wird aber auch die schrittweise Lösung gezeigt.

4.8. Beispiele

4.8.1. Stoffbilanzen

Beispiel 4-1: Aufkonzentrierung einer Salzlösung

Eine Salzlösung S mit 10 Ma.% NaCl ($w_S = 0,1$) wird durch Abdampfen von Wasser W auf 35 % konzentriert (Konzentrat K mit $w_K = 0,35$). Wie viel Wasser muss pro kg Salzlösung verdampft werden?

Lösungshinweis:

2 Unbekannte: Masse Konzentrat K und abgedampftes Wasser W.

2 Gleichungen: Bilanz Gesamtmasse und Bilanz Salz

Gesamtbilanz: $S = K + W$, Salzbilanz: $S \cdot w_S = K \cdot w_K$

Ergebnis:

W = 0,714 kg Wasser pro kg Salz; K = 0,286 kg Konzentrat

Beispiel 4-2: Aufkonzentrierung einer Abfallsäure

Eine Abfallsäure mit 27 Ma.% H_2SO_4 soll mit 96 %iger Schwefelsäure auf 50 % konzentriert werden. Wie viel konzentrierte Schwefelsäure wird pro kg Abfallsäure benötigt?

Lösungshinweis:

Wie vorhin eine Gesamtbilanz (verdünnte Abfallsäure + konzentrierte Schwefelsäure = aufkonzentrierte Abfallsäure) und eine Komponentenbilanz (H_2SO_4).

Ergebnis:

Pro kg Abfallsäure wird 0,5 kg 96 %iger Schwefelsäure benötigt.

Beispiel 4-3: Aufkonzentrierung von Abwasser [15]

Ein Abwasser ($\dot{V}_F = 50$ m³/h, $\rho = 1050$ kg/m³) enthält einen Stoff A (7 Ma.%, $w_F = 0,07$) welcher in einer Membrananlage auf 13 % aufkonzentriert werden soll. In Versuchen mit einer Membran, welche ein Rückhaltevermögen von 90 % für diese Komponente aufweist, hat man die Dichte des Konzentrates mit 1090 und die des Permeates mit 1005 kg/m³ bestimmt.

Gesucht sind die Volumenströme des Konzentrates $\dot{V}_K$ und des Permeates $\dot{V}_P$, sowie der Massenanteil w_P der Komponente A im Permeat.

Lösungshinweis:

Bilanzgebiet ist die gesamte Membrananlage.

Das Rückhaltevermögen R ist folgendermaßen definiert:

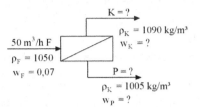

$$R = \frac{w_K - w_P}{w_K} = 1 - \frac{w_P}{w_K}$$

3 Unbekannte: $\dot{V}_K, \dot{V}_P, w_P$

3 Gleichungen: Gesamtbilanz (Massenströme), Komponentenbilanz (Komponente A) und Rückhaltevermögen.

Ergebnis:

$\dot{V}_P = 26{,}79 \text{ m}^3/\text{h}$; $\dot{V}_K = 23{,}47 \text{ m}^3/\text{h}$; $w_P = 0{,}013$

Kommentar:

Die Summe der Volumenströme von Permeat und Konzentrat ergibt nicht exakt den Volumenstrom des Einsatzes; für Volumenströme gilt kein Erhaltungssatz.

Beispiel 4-4: Umrechnung von Gaskonzentrationen auf Bezugssauerstoff

Ein Abgas enthält 100 mg/Nm³ SO_2 bei einem Sauerstoffanteil von 3 %. Wie groß ist die SO_2-Konzentration wenn auf 11 % O_2 bezogen wird.

Lösungshinweis:

Es kann ein beliebig großes Bilanzgebiet mit einem beliebigen Abgasstrom gewählt werden, z. B. 1 m³/h. Zu berechnen ist die Luftmenge (mit 21 % O_2), mit welcher der Gasstrom verdünnt, bzw. welcher dem Gasstrom rechnerisch entzogen werden muss, um den gewünschten Sauerstoffgehalt einzustellen. Aus der gegebenen Menge SO_2 und dem Gesamtvolumen kann dann die neue Konzentration berechnet werden.

Da Konzentrationsangaben in der Gasphase immer auf den Normzustand zu beziehen sind, bleiben eventuelle Temperaturänderungen unberücksichtigt. Man kann daher anstelle von Massenbilanzen direkt die entsprechenden Volumina bilanzieren.

Ergebnis:

Bei 11 % O_2 beträgt die SO_2-Konzentration 55,56 mg/m³.

Beispiel 4-5: Trockner 1

In einem Gegenstromtrockner werden 1000 kg/h feuchtes Gut mit 20 Ma.% Wasser mit Luft auf 5 Ma.% Wasser getrocknet. Der Wasserdampfpartialdruck der in den Trockner eintretenden Luft ist 20 mbar, die austretende Luft ist bei 30 °C wasserdampfgesättigt. Wie groß ist der Massen-, bzw. Molenstrom der eintretenden Luft, wenn der Gesamtdruck überall 1 bar beträgt.

Lösungshinweis:

Es muss mit Massen und Molen gerechnet werden. Der Sättigungsdampfdruck wird mit der Antoine-Gleichung berechnet. Umrechnung von Partialdruck auf Molanteil mit Gesetz von Dalton.

Ergebnis:

Der benötigte Frischluftstrom beträgt 376,1 kmol/h, entspricht 10810 kg/h.

Beispiel 4-6: Trockner 2: Trocknungsgeschwindigkeit

Ein Filterkuchen mit quadratischer Oberfläche (Seitenlänge 600 mm, Dicke 50 mm) wird beidseitig mit Luft getrocknet. Die Lufttemperatur beträgt konstant (großer Luftüberschuss) 49,0 °C und die Gutbeharrungstemperatur 26,0 °C. Die Luftgeschwindigkeit beträgt 1,5 m/s.

Wie groß ist die spezifische Trocknungsgeschwindigkeit im 1. Trocknungsabschnitt? Wie lange muss der Kuchen mindestens (keine Wärmeverluste) im Trockner bleiben, um von 20 % auf 10 % (bezogen auf Trockensubstanz) getrocknet zu werden?

Lösungshinweis:

Im 1. Trocknungsabschnitt diffundiert Wasser so schnell aus dem Inneren des Kuchens an die Oberfläche, dass diese stets feucht bleibt, d. h. mit einem Wasserfilm bedeckt ist. Die Gutbeharrungstemperatur ist die näherungsweise konstant bleibende Oberflächentemperatur (des Wasserfilms) des Gutes.

Die Stoffwerte der Luft werden für die Filmtemperatur berechnet, d. h. beim arithmetischen Mittel zwischen Luft- und Guttemperatur:

$$\lambda = 2,71 \cdot 10^{-5} \text{ kJ/(s·m·K)}, \quad \rho = 1,128 \text{ kg/m}^3, \quad c_p = 1,009 \text{ kJ/(kg·K)}, \quad \nu = 17 \cdot 10^{-6} \text{ m}^2/\text{s}$$

Verdampfungsenthalpie von Wasser $\Delta h_v = 2439,3$ kJ/kg, Dichte des trockenes Gutes $\rho_G = 1922$ kg/m³.

Bilanzgebiet ist die Oberfläche des Gutes: die von der Luft an das Gut übertragene Wärme wird für die Verdampfung einer bestimmten Wassermenge genutzt:

$$\dot{q} = \alpha \cdot (T_{Luft} - T_{Gut}) = \dot{M}_{Wasser} \cdot \Delta h_{verd}$$

Strömung über Oberfläche ist turbulent, wenn Re > 10^5 (charakteristische Länge L = Länge der Platte).

Erwärmung des Wasserdampfes auf Lufttemperatur wird vernachlässigt.

Der Wärmeübergangskoeffizient α wird aus der Nu-Zahl berechnet; für laminare Strömung gilt:

$$Nu = \frac{\alpha \cdot L}{\lambda} = 0,664 \sqrt{Re} \cdot \sqrt[3]{Pr}$$

Ergebnis:

Die spezifische Trocknungsgeschwindigkeit beträgt $5,8 \cdot 10^{-5}$ kg/(m²·s);

Die Trocknungszeit beträgt 82627 s = 22,95 h.

Beispiel 4-7: Chlorierung von Trinkwasser [22]

Chlor Cl_2 wird Trinkwasser zur Entkeimung bzw. Verhinderung der Wiederverkeimung zugesetzt. Im Wasserwerk wird Cl_2 zugesetzt, zu Beginn der Wasserleitung (Durchmesser $d_R = 0,2$ m, Fließgeschwindigkeit w = 0,5 m/s) betrage die Cl_2-Konzentration 0,5 mg/l. An der Rohrinnenwand reagiere das Cl_2 instantan und irreversibel mit Bakterien oder organischer Materie, d. h. die Cl_2-Konzentration an der Rohrwand ist Null. Für den Stofftransport an die Rohrwand wurden folgende Beziehungen gefunden:

$$Sh = 0,023 \cdot Re^{0,83} \cdot Sc^{1/3} \quad \text{gültig für } 2000 < Re < 70000 \text{ und } 1000 < Sc < 2260$$

$Sh = 0,0096 \cdot Re^{0,913} \cdot Sc^{0,346}$ gültig für $10000 < Re < 100000$ und $432 < Sc < 97600$

Wie groß ist die Cl_2-Konzentration in der Wasserleitung nach 200 m?

Stoffdaten: $v_{Wasser} = 10^{-6}$ m²/s; Diffusionskoeffizient Cl_2 in Wasser $= 1,22 \cdot 10^{-9}$ m²/s.

Lösungshinweis:

Stofftransport an die Wand: $\dot{n}_{i,W} = \beta_i \cdot (c_i - 0)$ kmol/(m²·s)

Stofftransport in Flussrichtung: $\dot{n}_{i,x} = w \cdot c$ kmol/(m²·s)

Gesamte Konzentrationsänderung aus Bilanz um differentielles Volumenelement $A \cdot dx$:

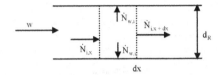

$$\frac{d_R^2 \pi}{4} \cdot dx \cdot \frac{dc}{dt} = -\frac{d_R^2 \pi}{4} \cdot w \cdot \frac{dc}{dx} dx - d_R \cdot \pi \cdot dx \cdot \beta \cdot c$$

Unter stationären Bedingungen ergibt sich damit:

$$w \frac{dc}{dx} = -\frac{4\beta \cdot c}{d_R}$$

Ergebnis:

Nach 200 m beträgt die Cl_2-Konzentration 0,42 mg/l.

Weitere Massenbilanzen, insbesondere mit mehreren Anlagenteilen, Recyclingströmen etc. in Kapitel 4.8.5 Anlagenbilanzen.

4.8.1.1.   *Instationäre Massenbilanzen*

Beispiel 4-8: Puffer-Tank

Zum Ausgleich von Konzentrationsschwankungen ist in einem Produktionsbetrieb ein Puffertank mit einem Fassungsvermögen von 500 m³ installiert. Es fließen 50 m³/h ein; der austretende Strom hat bei Normalbetrieb eine konstante Aceton-Konzentration von 100 mg/l. Auf Grund einer Betriebsstörung springt die Acetonkonzentration im Eintritt plötzlich auf 1000 mg/l und bleibt 1 Stunde auf diesem Wert.

Wird der zulässige Wert von 200 mg/l im Ablauf in dieser Zeit überschritten?

Die Dichte des Wassers kann mit 1000 kg/m³ angenommen werden; der Tank sei ideal durchmischt.

Lösungshinweis:

Bilanzgleichung für Aceton (Annahme: Volumenstrom ändert sich nicht)

$$V_T \frac{d\rho_{Ac}}{dt} = \dot{V} \cdot (\rho_{Ac,ein} - \rho_{Ac})$$

Ergebnis:

Ergebnis:

Nach einer Stunde steigt die Konzentration auf 185,6 mg/l, der Grenzwert wird somit nicht überschritten.

Beispiel 4-9: Auffüllen Pufferbehälter

Ein zylindrischer Pufferbehälter (Durchmesser d_B = 0,5 m) mit Überlauf wird in Betrieb genommen. Es fließen 60 m³/h Wasser zu, von welchem ein Teil am Behälterboden durch ein Loch mit 6 mm Durchmesser wieder abfließt. Der Überlauf befindet sich in einer Höhe von 1,5 m. Wie lange dauert es, bis das zugeführte Wasser auch über den Überlauf abfließt?

Annahmen:

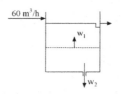

Loch ist abgerundet, mit Kontraktionszahl 1, d. h. Durchmesser Wasserstrahl = Lochdurchmesser.

Geschwindigkeit der Höhenänderung im Behälter w_1 << Ausflussgeschwindigkeit w_2.

Lösungshinweis:

Massenbilanz mit zeitabhängiger Höhe

$$\frac{d\left(\rho \cdot A_B \cdot h(t)\right)}{dt} + A_L \cdot w_{aus} - \dot{V}_{ein} = 0$$

mit A_B, A_L = Querschnittsfläche Behälter und Loch und Ausflussgeschwindigkeit $w_{aus} = \sqrt{2g \cdot h(t)}$

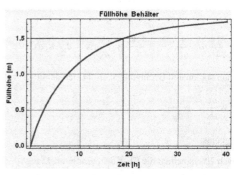

Ergebnis:

Der Behälter ist nach 18,65 h aufgefüllt.

Beispiel 4-10: Auflösen eines Salzkorns in Wasser

Ein NaCl-Korn mit einem Durchmesser von 2 mm wird in ruhendem Wasser aufgelöst. Stelle die Änderung des Korndurchmessers grafisch dar und berechne die Zeit, bis sich das Salzkorn vollständig aufgelöst hat.

Stoffwerte bei der gegebenen Temperatur:

- Dichte der gesättigten Lösung: 1190 kg/m³
- Dichte des trockenen NaCl: 2163 kg/m³
- Massengehalt der gesättigten Lösung: 26,5 %
- Diffusionskoeffizient NaCl in Wasser: D = $1{,}2 \cdot 10^{-9}$ m²/s
- Sherwood-Zahl Sh = 2

Annahmen: Salzkorn ist kugelförmig; Wasser in so großem Überschuss, dass die Salzkonzentration außerhalb der Grenzschicht immer Null ist.

Lösungshinweis:

Kontrollvolumen für die Stoffbilanz ist das Salzkorn.

Bilanzgleichung:

$$\frac{\partial M_T}{\partial t} + \dot{M}_T = 0$$

mit

M_T = Masse des Salzkorns = $V \cdot \rho = d^3 \pi / 6 \cdot \rho$

$\dot{M}_T$ = Massenstrom des sich auflösenden und abdiffundierenden Salzes = $\beta \cdot A \cdot (\rho_{S,Ph} - 0)$.

β aus $Sh = \beta \cdot d/D$; $A = d^2 \pi$; $\rho_{s,Ph}$ = Konzentration (Partialdichte) des Salzes an der Grenzfläche = Sättigungskonzentration in g/m^3.

Ergebnis:

Das Salzkorn ist nach 2858 s aufgelöst.

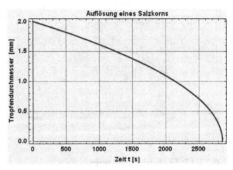

Beispiel 4-11: Standspüle

In einem Galvanikbetrieb werden Werkstücke aus Korrosionsschutzgründen im Wirkbad mit einer Schutzschicht aus Nickel überzogen. Zum Entfernen des anhaftenden Elektrolyten, werden die Werkstücke dann in einer Standspüle und anschließend in einer Fließspüle behandelt.

Die Nickelkonzentration ρ_0 im Wirkbad ist 80 g/l. Mit den Werkstücken werden pro Stunde $\dot{V}$ = 500 ml Flüssigkeit ein- und ausgeschleppt. Das Volumen der Flüssigkeit in der Spüle beträgt 1 m^3.

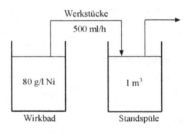

Berechne die Zeit, nach der die Nickelkonzentration in der Standspüle von 0 auf 20 g/l steigt. Wie viel Nickel wird in dieser Zeit vom Wirkbad in die Standspüle und von dort weiter in die Fließspüle verschleppt?

Lösungshinweis:

Massenbilanz für Nickel: Eintrag minus Austrag ist Speicherung

$$V_{Spüle} \cdot \frac{d\rho_{Ni,Spüle}}{dt} + \dot{V} \cdot \rho_{Ni,Spüle} - \dot{V} \cdot \rho_{Ni,Bad} = 0,$$

wobei $\rho_{Ni,Bad}$ konstant und $\rho_{Ni,Spüle}$ zeitabhängig ist.

Diese Differentialgleichung wird nach $\rho_{Ni,Spüle}(t)$ gelöst; damit kann der gesamte Konzentrationsverlauf in der Standspüle gezeichnet werden. Die Zeit bis zur Anreicherung auf 20 g/l ergibt sich durch Lösen der Gleichung $\rho_{Ni,Spüle}(t)$ = 20 g/l.

Die in dieser Zeit eingetragene Ni-Menge ist $\rho_0 \cdot \dot{V} \cdot t$, die ausgetragene Menge berechnet man aus

$$\int_0^{zeit} \dot{V} \cdot \rho_{Ni,Spüle} \cdot dt$$

Ergebnis:

Nach 575,4 Stunden wird in der Standspüle eine Ni-Konzentration von 20 g/l erreicht. In dieser Zeit wurden 23,015 kg ein- und 3,015 kg ausgetragen.

Kommentar:

Standspülen entsprechen heute nicht mehr dem Stand der Technik, wurden aber von etwa 1960 bis 2000 häufig als Vorspülen vor den kreislaufbetriebenen Fließspülen verwendet.

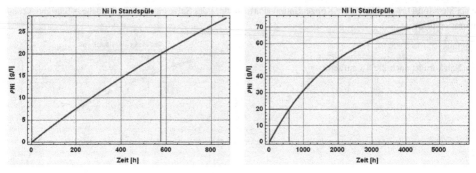

Beispiel 4-12: Fließspüle, einstufig

Die Standspüle aus Beispiel 4-11 wird durch eine einstufige Fließspüle ersetzt, in welche $\dot{Q}_W = 5$ l/h Frischwasser ohne Ni eintreten. Wie groß ist die Ni-Konzentration im stationären Zustand und nach welcher Zeit werden 99 % der stationären Konzentration erreicht?

Lösungshinweis:

Massenbilanz stationär:

$$\left(\dot{V}-\dot{Q}_W\right)\cdot\rho_{Ni,Spüle} - \dot{V}\cdot\rho_{Ni,Bad} = 0$$

Massenbilanz instationär:

$$V_{Spüle}\cdot\frac{d\rho_{Ni,Spüle}}{dt} + \left(\dot{V}-\dot{Q}_W\right)\cdot\rho_{Ni,Spüle} - \dot{V}\cdot\rho_{Ni,Bad} = 0$$

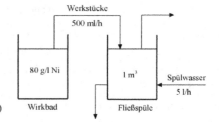

Ergebnis:

Die stationäre Ni-Konzentration in der Fließspüle beträgt 26,67 g/l; nach 3070,1 h werden 99 % dieser Konzentration erreicht.

Beispiel 4-13: Fließspüle, dreistufig im Gegenstrom

Die einstufige Fließspüle aus Beispiel 4-12 wird durch eine dreistufige Gegenstrom-Fließspüle mit denselben Angaben ersetzt. Berechne die stationären Konzentrationen in den einzelnen Spülen sowie die Zeiten bis 95 % dieser Konzentrationen erreicht sind.

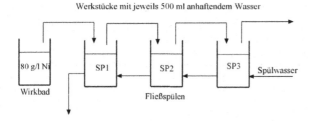

Lösungshinweis:

Bilanz für eine Spülestufe n:

$$V_n \cdot \frac{d\rho_{Ni,n}}{dt} + \left(\dot{V} + \dot{Q}_W\right) \cdot \rho_{Ni,n} - \dot{V} \cdot \rho_{Ni,n-1} - \dot{Q}_W \cdot \rho_{Ni,n+1} = 0$$

Für die gleichzeitige Lösung aller Spülen ergibt dies ein System von Differentialgleichungen mit folgenden Anfangs- und Randbedingungen für $\rho(t,n)$:

$\rho(0,n) = 0$ (Anfangskonzentration in allen Spülen = 0)

$\rho(t,0) = 80$ (Zulauf aus Wirkbad ist konstant 80 g/l)

$\rho(t,n+1) = 0$ (Konzentration im zulaufenden Spülwasser ist zu jeder Zeit 0).

Ergebnis:

	$c_{station\ddot{a}r}$, [g/l]	t bis 95% von c_{stat}, [h]
Spüle 1	37,3	4755
Spüle 2	16,0	6438
Spüle 3	5,3	7248

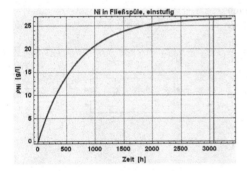

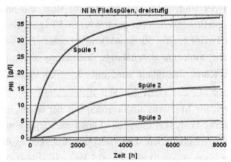

Beispiel 4-14: Sole-Tank: gekoppelte Komponenten- und Gesamtbilanz

Ein Soletank enthält anfänglich 1000 kg mit 10 Ma.% Salz. Ab einem bestimmten Zeitpunkt fließen dem Tank 20 kg/min Sole mit 20 % Salz zu, während 10 kg/min Sole abgeführt werden. Nach welcher Zeit befinden sich 200 kg Salz im Tank, wenn man von einem ideal vermischten Rührkessel ausgeht?

Lösungshinweis:

Idealer Rührkessel; überall die gleiche Konzentration, daher auch im austretenden Strom.

Im Tank ändern sich die Gesamtmasse $M_T = M_T(t)$ und die Salzkonzentration (Massenanteil $w = w(t)$). Es sind daher 2 instationäre Bilanzgleichungen für die Gesamtmasse und für das Salz erforderlich. Dies ergibt ein System von 2 Differentialgleichungen:

Gesamtbilanz:

$$\frac{d M_T}{d t} + \dot{M}_{aus} - \dot{M}_{ein} = 0$$

Salzbilanz

$$\frac{d\left(M_T \cdot w\right)}{d t} + \dot{M}_{aus} \cdot w - \dot{M}_{ein} \cdot w_{ein} = 0$$

Ergebnis:

Nach 36,6 Minuten befinden sich 1366 kg Sole im Tank mit einem Massenanteil Salz von 0,146, das ergibt insgesamt 200 kg Salz im Tank.

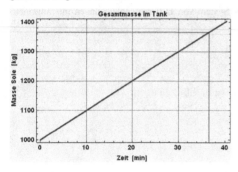
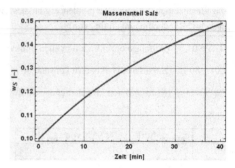

Beispiel 4-15: Dialyse (künstliche Niere) [23]

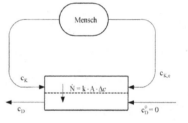

Bei der Blutwäsche werden die im Blut und anderen Körperflüssigkeiten (insgesamt $V_B = 50$ l) angereicherten Toxine ($c_{K,0} = 50$ mmol/l) mittels einer Dialyse (für kleine Moleküle durchlässige Membran) abgereichert. Die Körperflüssigkeit wird mit $\dot{V}_K = 0,3$ l/min umgepumpt. In der Dialyseeinheit diffundieren die Toxine durch die Membran und werden auf der anderen Seite von der Dialysierflüssigkeit (künstliches Blut ohne Toxine) aufgenommen. Die Dialysierflüssigkeit wird immer frisch ($c_{D,0} = 0$) mit $\dot{V}_D = 0,5$ l/min zugeführt.

Es sollen alle Konzentrationen nach vier Stunden Behandlungszeit berechnet, sowie die Konzentrationsverläufe für diese Zeit gezeichnet werden, wobei folgende Fälle zu unterscheiden sind:

a) Ideale Membran (A bzw. $\dot{N}_i = \infty$) im Gegenstrom; b) ideale Membran im Gleichstrom; c) reale Membran mit dem Stoffdurchgang $\dot{N}_i = k \cdot A \cdot \Delta c_i$ im Gleich- und d) im Gegenstrom. Für Δc_i soll der logarithmische Mittelwert eingesetzt werden und für $k \cdot A = 1$ l/s.

Lösungshinweis:

Für jede Zeit gibt es drei Unbekannte: c_K, $c_{K,e}$, c_D. Zwei Gleichungen sind jedenfalls die Gesamtbilanz bzw. einfacher nur Bilanz Körper und die Bilanz über die Membran:

Bilanz Mensch: $V_K \cdot \dfrac{dc_k}{dt} + \dot{V}_K \cdot \left(c_{K,e} - c_K\right) = 0$

Bilanz Membran: $\dot{V}_K \cdot \left(c_K - c_{K,e}\right) = \dot{V}_D \cdot \left(c_D - c_{D,0}\right)$

Die dritte Gleichung hängt von der Betriebsweise ab. Für a) gilt $c_{K,e} = c_{D,0}$, für b) $c_{K,e} = c_D$; für c) und d): Bilanz über die Dialyseseite der Membran: $c_D - c_{D,0} = \dot{N}_i$

mit $\Delta c = \dfrac{\left(c_K - c_{D,0}\right) - \left(c_{k,e} - c_D\right)}{\ln\dfrac{c_K - c_{D,0}}{c_{k,e} - c_D}}$ in c) und $\Delta c = \dfrac{\left(c_K - c_D\right) - \left(c_{k,e} - c_{D,0}\right)}{\ln\dfrac{c_K - c_D}{c_{k,e} - c_{D,0}}}$ in d).

Ergebnis:

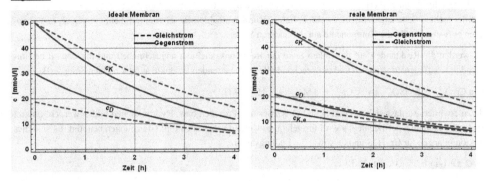

4.8.1.2. Stoffbilanzen mit chemischen Reaktionen

Beispiel 4-16: Reaktionsgleichung 1: Verbrennung von Ethanthiol

Es ist die Reaktionsgleichung für die Verbrennung von Ethanthiol gesucht.

Lösungshinweis:

- Identifikation der Edukte (Reaktanden) und Produkte: C_2H_5SH, O_2, CO_2, SO_2, H_2O

- Alle Verbindungen werden mit Koeffizienten (stöchiometrische Faktoren) versehen und summiert. Summe ergibt 0 wegen Massenerhaltung (Gesamtbilanz, auch wenn mit Molen gerechnet wird):

$$a\,C_2H_5SH + b\,O_2 + c\,CO_2 + d\,SO_2 + e\,H_2O = 0$$

- Aufstellen von Bilanzen für alle beteiligten Atome; da für Atome auch ein Erhaltungssatz gilt, ergibt die Summe wieder 0:

C-Bilanz: $2a + c = 0$

H-Bilanz: $6a + 2e = 0$

S-Bilanz: $a + d = 0$

O-Bilanz: $2b + 2c + 2d + e = 0$

- dieses Gleichungssystem ist immer unterbestimmt, hier 4 Gleichungen für 5 Koeffizienten (Gesamtbilanz kann wegen linearer Abhängigkeit nicht herangezogen werden). Alle Koeffizienten können mit beliebigem Faktor multipliziert werden, die Gleichungen sind trotzdem erfüllt (unendliche Lösungsmannigfaltigkeit). Ein Koeffizient, meist der Hauptkomponente, wird daher festgelegt, hier z. B. $a = 1$. Wird ein Produkt festgelegt, dann erhält der Koeffizient ein negatives Vorzeichen.

- Lösen des linearen Gleichungssystem

- Ergebnis: alle positiven Koeffizienten stellen die Edukte, die negativen die Produkte dar.

Ergebnis:

$a = 1$; $b = 9/2$; $c = -2$; $d = -1$; $e = -3$ bzw. $C_2H_5SH + 9/2\,O_2 \rightarrow 2\,CO_2 + SO_2 + 3\,H_2O$

Beispiel 4-17: Reaktionsgleichung 2: Reduktion von Dichromat

In der Abwassertechnik wird Dichromat vielfach mit Hydrogensulfit zu 3-wertigem Chrom reduziert, wobei Sulfit zu Sulfat oxidiert wird. Wie lautet die Reaktionsgleichung, wenn die dissoziierbaren Komponenten als Ionen angeschrieben werden.

Lösungshinweis:

Im Unterschied zum vorherigen Beispiel können die Komponenten gleich in Edukte auf der linken und Produkte auf der rechten Seite angeschrieben werden. Sollte dann ein stöchiometrischer Koeffizient ein negatives Vorzeichen aufweisen, steht die Komponente auf der anderen Seite.

Es werden die Reaktanden auf der linken Seite der Reaktionsgleichung angeschrieben und mit den zu bestimmenden Koeffizienten versehen und entsprechend alle zu erwartenden Produkte auf der rechten Seite, z. B.

$$a\,Cr_2O_7^{2-} + b\,HSO_3^- \leftrightarrow c\,Cr^{3+} + d\,SO_4^{2-} + e\,H^+ + f\,H_2O,$$

da zu erwarten ist, dass sich aus den H und O Wasser und Protonen bzw. Hydroxidionen bilden werden. Es gibt sechs unbekannte Koeffizienten; a wird festgelegt, es werden daher noch fünf Gleichungen benötigt. Es sind dies 4 Atombilanzen für Cr, H, S und O, sowie die Ladungsbilanz:

$$-2 \cdot a + (-1) \cdot b = +3 \cdot c + (-2) \cdot d + e$$

Ergebnis:

$$Cr_2O_7^{2-} + 3HSO_3^{2-} \Leftrightarrow 2Cr^{3+} - 5H^+ + 3SO_4^{2-} + 4H_2O$$

Kommentar:

Die Protonen wurden auf der falschen Seite vermutet. Sie müssen auf der linken Seite stehen, d. h. es werden Protonen verbraucht, weshalb die Reduktion im sauren Milieu stattfinden muss.

Beispiel 4-18: Reaktionsgleichung 3: Reduktion von Natriumdichromat

Gleich wie Beispiel 4-17, aber nicht als Ionen, sondern als undissozierte Verbindungen, wobei die Anionen mit Na^+ und die Kationen mit Cl^- ausgeglichen werden sollen.

Lösungshinweis:

In der Ladungsbilanz muss die Differenz Kationen – Anionen (oder umgekehrt) auf beiden Seiten gleich sein, wie in Beispiel 4-17, nicht aber direkt die Kationen bzw. Anionen. Werden diese nun einfach mit Cl^- bzw. Na^+ ergänzt, so wird die Bilanz für Na und Cl nicht stimmen. Es muss daher noch eine weitere Verbindung, nämlich NaCl beteiligt sein, damit die Bilanzen erfüllt werden können.

Ergebnis:

$$Na_2Cr_2O_7 + 3\,NaHSO_3 + 5\,HCl + NaCl \leftrightarrow 2\,CrCl_3 + 3\,Na_2SO_4 + 4\,H_2O$$

Anmerkung:

In der Praxis wird kein NaCl zugegeben, da auch kein $CrCl_3$ gewonnen wird. Ohne NaCl bildet sich ein Cr-Mischsalz, welches üblicherweise als schwerlösliches $Cr(OH)_3$ gefällt wird. Die Reaktionsgleichung ohne NaCl lautet dann:

$$Na_2Cr_2O_7 + 3\,NaHSO_3 + 5\,HCl \leftrightarrow Cr_2(SO_4)_{0,5}Cl_5 + 2,5\,Na_2SO_4 + 4\,H_2O.$$

Soll diese Gleichung aus den Atombilanzen erhalten werden, so muss $Cr_2(SO_4)_{0,5}Cl_5$ als $Cr_x(SO4)_yCl_z$ angeschrieben werden, mit der zusätzlichen Bedingung, dass die Oxidationsstufen in diesem Mischsalz ausgeglichen sind, d. h. $3x = 2y + z$.

Beispiel 4-19: Biogasproduktion

Ein Abwasser enthält organische Substanzen (Substrat) mit der durchschnittlichen Zusammensetzung $C_{16}H_{22}O_6$. Der CSB wird mit 10000 mg O_2/l Abwasser gemessen. In einer anaeroben Reinigungsanlage werden die organischen Substanzen zu 90 % zu Biogas $CH_4 + CO_2$ umgesetzt.

Wie viel Biogas (Nm^3) entstehen pro m^3 Abwasser und wie ist die Zusammensetzung CH_4 zu CO_2?

Lösungshinweis:

Oxidationsgleichung:

$$C_{16}H_{22}O_6 + 21\,O_2 \rightarrow 16\,CO_2 + 22\,H_2O$$

Der benötigte Sauerstoff ist der angegebenen CSB; daraus kann die Konzentration des Substrates berechnet werden. In der anaeroben Anlage erfolgt eine Umsetzung mit H_2O zu Methan und Kohlendioxid nach

$$C_{16}H_{22}O_6 + b\,H_2O \rightarrow c\,CH_4 + d\,CO_2$$

Das Verhältnis der stöchiometrischen Koeffizienten gibt direkt das Verhältnis im Biogas an.

Ergebnis:

$b = 7,5$; $c = 9,25$; $d = 6,75$; Es entstehen 4803 Nm^3 Biogas pro m^3 Abwasser mit 57,8 % Methan.

Beispiel 4-20: Reaktionsgleichung 4: Ammoniumoxidation

Bestimme die Reaktionsgleichung für die Oxidation von Ammoniumionen mit Sauerstoff zu Nitrat.

Ergebnis:

$$NH_4^+ + 2\,O_2 \rightarrow NO_3^- + 2\,H^+ + H_2O$$

Beispiel 4-21: Reaktionsgleichung 5: biologische Ammoniakoxidation

Stelle die Reaktionsgleichung für die biologische Ammoniumoxidation zu Nitrat unter Berücksichtigung der sich bildenden Biomasse auf. Der Ertragskoeffizient Y beträgt 0,2 g CSB der gebildeten Biomasse $C_5H_7O_2N$ pro g oxidiertem Stickstoff.

Lösungshinweis:

Reaktionsgleichung:

$$a\,NH_4^+ + b\,O_2 + c\,CO_2 + d\,C_5H_7O_2N + e\,H_2O + f\,NO_3^- + g\,H^+ = 0$$

Zur Berechnung der Koeffizienten der Reaktionsgleichung wird der Ertragskoeffizient in mol Biomasse/mol N benötigt; daher zunächst Umrechnung auf diese Einheit. Der Ertragskoeffizient bezieht sich auf oxidierten Stickstoff, daher auf Nitrat und nicht auf Ammonium.

Reaktionsgleichung für CSB-Berechnung:

$$C_5H_7O_2N + 5\,O_2 + H^+ \rightarrow 5\,CO_2 + 2\,H_2O + NH_4^+$$

Aus dieser Reaktionsgleichung folgt, dass der CSB 5 Mol O_2 pro Mol Biomasse (BM) beträgt. Wird a mit 1 festgelegt, werden 6 Gleichungen für die Koeffizienten b bis g benötigt. Es sind dies vier Atombilanzen für N, H, C und O, die Ladungsbilanz und eine Umsatzgleichung:

$$d = f \cdot Y \cdot \frac{MM_N}{CSB \cdot MM_{O2}}$$

Ergebnis:

$$NH_4^+ + 1,88\,O_2 + 0,086\,CO_2 \rightarrow 0,0172\,C_5H_7O_2N + 0,983\,NO_3^- + 0,948\,H_2O + 1,98\,H^+$$

Beispiel 4-22: Luftüberschuss bei der Verbrennung von Erdgas

Ein Brenner wird mit Erdgas befeuert, welches 95 % Methan und 5 % Stickstoff enthält. Im Abgas werden 9,1 % CO_2, 0,2 % CO, 4,6 % O_2 und 86,1 % N_2 gemessen. Alle Angaben beziehen sich auf Vol.% und trockenes Abgas.

Wie groß ist der Luftüberschuss?

<u>Lösungshinweis:</u>

Abgasmenge ist frei wählbar. Eine C-Bilanz ergibt die dazugehörende Erdgasmenge, eine N_2-Bilanz die tatsächlich gebrauchte Luftmenge, da N_2 durch die Verbrennung nicht verändert wird (Inertkomponente, tie component).

Aus der Reaktionsgleichung für die Verbrennung von Methan erhält man den stöchiometrischen Luftbedarf (21 % O_2 in Luft). Der Luftüberschuss ergibt sich dann zu:

$$\text{Überschuss} = \frac{\text{tatsächlicher Luftbedarf - stöchiometrischer Luftbedarf}}{\text{stöchiometrischer Luftbedarf}}$$

<u>Ergebnis:</u>

Der Luftüberschuss beträgt 22,4 %, bzw. die Luftüberschusszahl $\lambda = 1{,}224$

Weitere Beispiele mit chemischen Reaktionen in Kapitel 4.8.5 Anlagenbilanzen.

4.8.2. Energiebilanzen

4.8.2.1.   Stationäre Energiebilanzen

Beispiel 4-23: Wasserfall

Berechne die Temperaturänderung, wenn Wasser über einen 100 m hohen Wasserfall fließt.

Annahmen: kein Wärmeaustausch des Systems mit der Umgebung.

<u>Lösungshinweis:</u>

Es können 2 verschiedene Bilanzgebiete gewählt werden.

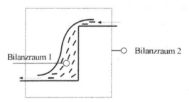

1. Volumen einer beliebigen Wassermenge, welche über den Wasserfall fließt. Bewegtes, abgeschlossenes System, keine Arbeitsleistung, kein Wärmeaustausch mit der Umgebung, aber Umwandlung der Energieformen des Systems.

Energiebilanz:

$$\frac{dE_{Sys}}{dt} = \frac{d\left(U + E_{kin} + E_{pot}\right)_{Sys}}{dt} = 0$$

Potentielle Energie wird zunächst in kinetische Energie umgewandelt, welche beim Aufprall vollständig in die innere Energie geht. Für beliebige Zeit t gilt daher:

$$\Delta U + \Delta E_{pot} = 0, \text{ und } \Delta U = c_V \cdot \Delta T$$

2. Bilanzraum ist der ganze Wasserfall. Feststehendes, offenes System ohne Wärmeaustausch und ohne Arbeitsleistung.

Energiebilanz:

$$\dot{M}_W \left(\Delta u_{aus} + (p \cdot v)_{aus} + e_{kin,aus} + \Delta e_{pot,aus} - \Delta u_{ein} - (p \cdot v)_{ein} - e_{kin,ein} - \Delta e_{pot,ein} \right) = 0$$

Wenn die Fließgeschwindigkeit vor und nach dem Wasserfall gleich groß ist, fällt die Änderung der kinetischen Energie weg; bei Vernachlässigung des minimalen Unterschiedes von $\Delta(p \cdot v)$ ergeben beide Methoden dasselbe Ergebnis. Falls $\Delta(p \cdot v)$ berücksichtigt wird, muss aber auch die Druckabhängigkeit der Wärmekapazität berücksichtig werden, was wieder zum selben Ergebnis führt.

Ergebnis:

$\Delta T = + 0{,}234\ °C$

Beispiel 4-24: Kompressor/Düse

Luft mit einer Geschwindigkeit von 10 m/s wird in einem Kompressor verdichtet und anschließend in einer Düse so auf eine Geschwindigkeit von 600 m/s beschleunigt, dass T und p wieder die Bedingungen vor dem Kompressor erreichen. Wie viel Wärme muss zu- oder abgeführt werden, wenn der Kompressor eine Arbeit von 240 kJ/kg Luft verrichtet?

Lösungshinweis:

Bilanzgebiet ist Kompressor + Düse; offenes, stationäres System; E_{pot} vernachlässigt; $\Delta H = 0$, da T und p gleich bleiben. Arbeit ist positiv (Energie wird zugeführt).

Energiebilanz: $\quad \dot{M}_L \cdot \left(\dfrac{w_{aus}^2}{2} - \dfrac{w_{ein}^2}{2} \right) = \dot{Q} + \dot{W}_s$

Da kein Luftstrom gegeben ist, wird spezifisch, d. h. pro kg Luft, gerechnet.

Ergebnis:

q = - 60,050 kJ/kg Luft; Wärme muss also abgeführt werden.

Anmerkung:

Verrichtet der Kompressor nur eine Arbeit von z. B. 120 kJ/kg Luft, so müssten laut Energiebilanz noch ca. 60 kJ/kg an Wärme zugeführt werden. In diesem Fall muss aber der 2. Hauptsatz beachtet werden; Wärme kann nicht vollständig in Arbeit umgewandelt werden.

Beispiel 4-25: adiabate Verbrennungstemperatur: Ethan [8]

Berechne die adiabatisch erreichbare Flammentemperatur, wenn Ethan bei 20 % Sauerstoff-Überschuss mit Luft verbrannt wird, wobei Luft und Ethan bei 25 °C in den Brenner geführt werden.

a) mit der Annahme konstanter c_p-Werte [J/(mol·K)]:

$C_2H_6 = 100$, $O_2 = 35$, $N_2 = 30$, $CO_2 = 55$, $H_2O = 40$

b) mit Temperatur-abhängigen c_p-Werten [J/(mol·K)]:

c) gleiche Rechnung mit Molekülen als Referenzzustand

Lösungshinweis:

c_p-Werte in Tabelle 15-6, Seite 534, Bildungswärmen in Tabelle 15-3.

Offenes System, stationär, adiabat, keine Arbeit, mit chemischer Reaktion.

Energiebilanz:

(1) $\dot{N}_{aus} \cdot \Delta h_{aus} - \dot{N}_{ein} \cdot \Delta h_{ein} = 0$

(2) $\dot{N}_{aus} \cdot \Delta h_{aus} - \dot{N}_{ein} \cdot \Delta h_{ein} + \dfrac{\dot{N}_i}{\nu_i} \cdot \Delta h_R = 0$

Für die beiden Formen der Energiebilanz gelten unterschiedliche Bezugszustände. Gleichung (1) gilt für Atome als Bezugszustand; für Atome gilt ein Erhaltungssatz, es gibt daher keinen Generationsterm. Gleichung (2) gilt für Moleküle als Bezugszustand, es muss daher die Reaktionswärme berücksichtigt werden.

Gleichung (1): $\Delta h_i = \Delta h_B + \int c_p dT$

Gleichung (2): $\Delta h_i = \int c_p dT$

Reaktionsgleichung: $C_2H_6 + 3{,}5\,O_2 \rightarrow 2\,CO_2 + 3\,H_2O$

Pro Mol Ethylen befinden sich daher im eintretenden Strom 4,2 Mol O_2 (3,5 stöchiometrisch + 20 % Überschuss) und $4{,}2 \cdot 0{,}79/0{,}21 = 15{,}8$ Mol N_2; und im austretenden Strom die stöchiometrischen Mengen CO_2 (2 Mol) und H_2O (3 Mol), sowie überschüssiger O_2 (0,7 Mol) und unverbrauchter N_2 (15,8 Mol).

Ergebnis:

a) 2258,1 K,   b) 2118,4 K,   c) 2118,4 K

Kommentar:

Die Rechnung mit temperaturabhängigen c_p-Werten liefert nur dann genauere Ergebnisse, wenn der Gültigkeitsbereich berücksichtigt wurde, was hier nicht der Fall war, siehe Beispiel 2-3.

Beispiel 4-26: Wärmeübergang im Kachelofen

Die Außentemperatur eines Kachelofens beträgt 80 °C, die Wandstärke 15 cm, die Wärmeleitfähigkeit 1,2 W/(m·K) und das Emissionsverhältnis $\varepsilon_1 = 0{,}8$ ($\varepsilon_2 = 1$, $\varphi = 1$). Die Zimmertemperatur betrage 25 °C und der Wärmeübergangskoeffizient α bei freier Konvektion ist 20 W/(m²·K).

Wie hoch ist die Temperatur an der Innenseite des Kachelofens?

Lösungshinweis:

Bilanzfläche = Außenseite Kachelofen, auch wenn die Temperatur auf der Innenseite gesucht ist.

Geschlossenes System, stationär, keine Arbeit $\Rightarrow \sum \dot{Q} = 0$

Wärmeleitung durch Wand = Wärmeabgabe durch Konvektion und Strahlung.

Ergebnis:

T = 260,9 °C

Beispiel 4-27: Wärmeübergang in Kupferdraht

Durch einen unisolierten Kupferdraht (d = 1mm, $R_{sp} = 0{,}4$ Ω/m, $\varepsilon = 0{,}8$) wird ein Strom von 10 A geleitet, wodurch er sich erwärmt. Der erwärmte Kupferdraht gibt Wärme an die Umgebung (T = 25 °C) durch Konvektion ($\alpha = 100$ W/(m²·K)) und durch Strahlung ab.

Berechne die Temperatur des Kupferdrahtes für den stationären Fall.

Lösungshinweis:

Bilanzgebiet: beliebige Länge des Kupferdrahtes.

Berücksichtigung der Wärme durch Stromzufuhr entweder als Generationsterm $G_{elektrisch}$ (linke Seite, negatives Vorzeichen, Wärme wird freigesetzt) oder als Übergangsstrom $Q_{elektrisch}$ (rechte Seite, positives Vorzeichen, Strom in das Bilanzgebiet), in beiden Fällen $I^2 \cdot R_{sp} \cdot L$.

Energiebilanz (1): $\dot{G}_{el} = \dot{Q}_{konv} + \dot{Q}_{Str}$

Energiebilanz (2): $0 = \dot{Q}_{el} + \dot{Q}_{konv} + \dot{Q}_{Str}$

Ergebnis:

$T = 142,4\ °C$; wird die Abstrahlung vernachlässigt, ergibt sich $T = 152,3\ °C$.

Beispiel 4-28: weißer und schwarzer Heizkörper

Ein Raum wird mit Heißwasser (Vorlauftemperatur TV = 60 °C) über einen Heizkörper (Fläche AH = 0,2 m²) beheizt. Wärme fließt an die Umgebung (T_U = 0 °C) nur über eine Wand (Fläche AW = 10 m², Dicke = 10 cm) ab. Berechne

a) die Rauminnentemperatur, die Wandinnentemperatur, die Wandaußentemperatur und die Rücklauftemperatur des Wassers einmal für einen weißen und einmal für einen schwarzen Heizkörper für einen Wasserdurchsatz von 2 kg/s,

b) den Durchsatz für eine konstante Innentemperatur von 20 °C, ebenfalls für einen weißen und schwarzen Heizkörper.

Stoffwerte:

- Emissionsverhältnis Heizkörper weiß (Emaille weiß auf Eisen) ε_w = 0,91,
- Emissionsverhältnis Heizkörper schwarz (schwarzer Lack auf Eisen) ε_s = 0,94,
- Wärmeübergangszahl Heizkörper-Raum α_{HK} = 6 W/(m²·K),
- Wärmeübergangszahl Wandinnenseite α_i = 2,
- Wärmeübergangszahl Wandaußenseite α_a = 6,
- Wärmeleitfähigkeit der Wand λ = 0,06 W/(m·K),
- Wärmekapazität Wasser = 4,18 kJ/(kg·K).

Weitere Annahmen:

- Strahlung von Raum auf Wandinnenseite und von Wandaußenseite zur Umgebung vernachlässigbar;
- Einstrahlzahl φ = 1;
- Wand ohne Fenster;
- Temperatur angrenzender Räume ist gleich hoch;
- Heizkörperoberflächentemperatur: arithmetischer Mittelwert aus Vor- und Rücklauftemperatur;

Lösungshinweis:

Es gibt mehrere unbekannte Temperaturen (Innenraum, Wandinnen- und Wandaußentemperatur, Rücklauftemperatur), es werden daher mehrere Bilanzgebiete mit den entsprechenden Bilanzgleichungen benötigt.

Jedenfalls Bilanz für den gesamten Raum: Mit dem Heißwasser zugeführte Wärme wird über Konvektion an die Umgebung abgegeben:

$\dot{M}_{Wasser} \cdot (\Delta h_{aus} - \Delta h_{ein}) = \dot{Q}_{konv,außen}$

Andere mögliche Bilanzgebiete:

- Heizkörper: Mit dem Heißwasser zugeführte Wärme wird über Konvektion und Strahlung an den Innenraum abgegeben.

- Außenwand: Wärmeleitung in Wand = Konvektion außen

- Innenwand: Wärmeleitung in Wand = Konvektion innen

Ergebnis:

A) weißer Heizkörper: T_{RL} = 49,8; T_{innen} = 19,9; $T_{Wand,i}$ = 15,6; $T_{Wand,a}$ = 1,4 °C

    Schwarzer Heizkörper: T_{RL} = 49,7; T_{innen} = 20,1; $T_{Wand,i}$ = 15,8; $T_{Wand,a}$ = 1,4 °C

B) weißer Heizkörper: T_{RL} = 50,2; $T_{Wand,i}$ = 15,7; $T_{Wand,a}$ = 1,4 °C, Wasser = 2,1 kg/s

    Schwarzer Heizkörper: T_{RL} = 49,1; $T_{Wand,i}$ = 15,7; $T_{Wand,a}$ = 1,4 °C; Wasser = 1,9 kg/s

Beispiel 4-29: Erderwärmung durch CO_2

Berechnung der Erderwärmung durch CO_2.

Die Solarkonstante beträgt ca. 1368 W/m². Aus geometrischen Gründen kann aber nur ¼ auf der Erde auftreffen. Berechne die Temperatur der Erde a) wenn die Atmosphäre keine strahlenden Komponenten (N_2, O_2) enthält, b) mit strahlenden Komponenten (H_2O, CO_2).

Annahmen und Hinweise:

- Erde ist schwarzer Strahler
- Temperatur im Weltraum: 3K
- Konzentration der strahlenden Komponenten so, dass das Emissionsverhältnis ε = 0,9 beträgt

Anmerkung: sehr grobe Rechnung, nur um Prinzip zu zeigen, da Treibhausgase das Emissionsverhältnis beeinflussen (Gasstrahlung). Geometrische Faktoren werden nicht berücksichtigt, Reflektion durch Wolken vernachlässigt, ε geschätzt etc.

Lösungshinweis:

Bilanzfläche: Erdoberfläche

Energiebilanz: eingestrahlte Energie = abgestrahlte Energie

Die Art und Konzentration der Treibhausgase äußert sich im Emissionsverhältnis ε

Ergebnis:

Ohne Treibhausgase: T = 278 K
Mit Treibhausgasen: T = 286 K

Beispiel 4-30: Wärmeleitung mit Wärmeentwicklung [17]

Eine Wand ist aus zwei Materialien A und B zusammengesetzt. In A wird z. B. durch elektrischen Strom ein gleichmäßiger Wärmestrom vom 1500 kW/m³ generiert. Die äußere Oberfläche von A ist gut isoliert (Annahme: adiabat), die äußere Oberfläche von B ist wassergekühlt mit T_W = 30 °C und α = 1000 W/(m²·K). Die Dicke von A beträgt δ_A = 50 mm mit λ_A = 75 W/(m·K). Werte für B: δ_B = 20 mm, λ_B = 150 W/(m·K).

Berechne die Temperatur von A an der adiabaten Seite, die Grenztemperatur zwischen A und B, sowie die Temperatur von B an der wasserzugewandten Seite. Berechne ferner die Temperaturverteilung in A.

$$\text{Isolierung} \left\|\begin{array}{cc} A & B \\ \delta_A = 50 \text{ mm} & \delta_B = 20 \text{ mm} \\ \lambda_A = 75 & \lambda_B = 150 \\ \dot{q}_G = 1500 \text{ W/m}^3 & \end{array}\right| \begin{array}{l} T = 30 \text{ °C} \\ \alpha = 1000 \\ \text{Wasser} \end{array}$$

$$\qquad T_A \qquad\qquad T_{AB} \qquad\quad T_B$$

Lösungshinweis:

Die Temperaturen ergeben sich aus der Bedingung, dass die gesamte erzeugte Wärme durch Wärmeleitung durch A, durch Wärmeleitung durch B und durch Konvektion mit dem Kühlwasser abgeführt wird.

Zur Berechnung der Temperaturverteilung in A ist eine Energiebilanz erforderlich, in welcher zu berücksichtigen ist, dass durch die Wärmeproduktion bedingt, der eindimensionale Wärmestrom nicht konstant, sondern eine Funktion von x ist, $\dot{Q} = \dot{Q}(x) = \dfrac{d\dot{Q}}{dx} dx$.

Energiebilanz für stationäres, geschlossenes System mit Generation und ohne Arbeitsleistung:

$$\dot{q}_G \cdot V = \frac{d\left(-\lambda \cdot A \cdot \dfrac{dT}{dx}\right)}{dx} dx \text{ . Mit } V = A \cdot dx \text{ folgt}$$

$$\dot{q}_G + \lambda \frac{d^2 T}{dx^2} = 0 \text{ .}$$

Integration dieser Differentialgleichung mit der Randbedingung für die adiabate Wand (vgl. Beispiel 13-1)

$$\left(\frac{dT}{dx}\right)_{x=0} = 0,$$

und der 2. Randbedingung: $T(\delta_A) = T_{AB}$ ergibt folgende Temperaturverteilung:

$$T(x) = \frac{\dot{q}_G \cdot L^2}{2\lambda} \cdot \left(1 - \frac{x^2}{L^2}\right) + T_s$$

Ergebnis:

Adiabate Grenztemperatur $T_A = 140$ °C, Grenzschichttemperatur $T_{AB} = 115$ °C, Temperatur am wassergekühlter Seite $T_B = 105$ °C, Abbildung in Beispiel 13-1.

Beispiel 4-31: Gasturbine [3]

Ethlyen mit 300 °C und 45 bar wird in einer Turbine auf 2 bar expandiert. Berechne die produzierte Arbeit unter der Annahme, dass der Prozess isentrop verläuft.

Weitere Annahmen: ideales Gas, mittlerer c_p-Wert: 60 J/(mol·K)

Lösungshinweis:

Bilanzgebiet ist Turbine; offenes System, stationär, adiabat und reversibel (= isentrop)

$$\text{Bilanz:} \quad \dot{N}_{Ethylen} \cdot \left(\Delta h_{aus} - \Delta h_{ein}\right) = \dot{W}_s$$

2 Unbekannte: Leistung der Turbine und die Temperatur am Austritt. Diese erhält man aus der Angabe, dass die Turbine isentrop arbeitet. Für ein ideales Gas gilt dann:

$$ds = c_p dT - R d\ln p$$

Ergebnis:

Austrittstemperatur = 372,3 K, Isentrope Leistung = -12,05 kJ/mol

Anmerkung:

mit der Berechnung als reales Gas (s. Kapitel Thermodynamik II, Beispiel 12-10) ergibt sich eine Austrittstemperatur von 365,8 K und eine maximale Leistung von -11,9 kJ/mol.

Beispiel 4-32: reversible/irreversible Expansion eines idealen Gases

Ein beliebiges Volumen eines idealen Gases (N_2 bei 25 °C) wird gegen den Umgebungsdruck von 1 bar adiabat auf 150 % des Anfangsvolumens expandiert. Berechne die unter reversiblen Bedingungen und die unter irreversiblen Bedingungen erzielbare Arbeitsleistung, sowie die jeweilige Systemtemperatur am Ende der Expansion.

Lösungshinweis:

Geschlossenes, adiabates System. Arbeitsleistung entspricht Änderung der inneren Energie.

Energiebilanz:

$$\frac{d U_{Sys}}{dt} = \dot{W}_s$$

für beliebige zeitliche Änderung ergibt dies

$$N \cdot c_v \cdot dT = -p \cdot dV = -N \cdot p \cdot dv$$

Bei einem irreversiblen Vorgang erfolgt die Expansion schnell gegen den Umgebungsdruck, $p = p_{Umg}$ = konst. Beim reversiblen Prozess sind System und Umgebung immer im Gleichgewicht. Druck p und Temperatur T ändern sich langsam entsprechend der Expansion. p ist nicht konstant und muss in der Integration berücksichtigt werden. Wird p mit der idealen Gasgleichung ausgedrückt, $p = RT/v$, kann die Bilanzgleichung leicht integriert werden und man erhält

$$c_V \cdot \ln \frac{T_2}{T_1} = R \cdot \ln \frac{V_2}{V_1}$$

Alternative:

Ein adiabater, reversibler Prozess ist auch immer ein isentroper Prozess. Man kann daher die Temperaturänderung des reversiblen Prozesses auch aus der Entropieänderung bei der Expansion eines idealen Gases berechnen:

$$ds = \int_{T_1}^{T_2} \frac{c_P}{T} dT - \int_{P_1}^{P_2} \frac{R}{p} dp = 0$$

$$c_P \cdot \ln \frac{T_2}{T_1} = R \cdot \ln \frac{p_2}{p_1} = R \cdot \ln \frac{T_2 \cdot V_1}{V_2 \cdot T_1} \quad \text{(entspricht } T_2 = T_1 \cdot \left(\frac{V_1}{V_2} \right)^{\kappa-1} \text{)}$$

Ergebnis:

Unter reversiblen Bedingungen leistet das System eine Arbeit von – 927,9 kJ/kmol und wird dabei auf – 19,6 °C abgekühlt. Unter irreversiblen Bedingungen kann das System nur eine Arbeit von – 150 kJ/kmol leisten und kühlt sich deshalb auch nur auf 22,6 °C ab.

Beispiel 4-33: Expansion eines idealen Gases

1 kg/s Methan (Annahme: ideales Gas) mit 550 K und 5 bar wird auf 1 bar expandiert. Welche Temperatur wird dabei unter adiabaten, stationären Bedingungen erreicht und welche Arbeit verrichtet?

Lösungshinweis:

Energiebilanz: stationäres, adiabates, offenes System, kinetische und potentielle Energie vernachlässigbar.

$$\dot{M} \cdot \left(\Delta h_{aus} - \Delta h_{ein} \right) = \dot{W}_s$$

Neben der gesuchten Leistung ist auch die Temperatur des austretenden Gases unbekannt; es lässt sich keine zweite Gleichung finden, die Energiebilanz kann daher in der gegebenen Form nicht gelöst werden.

Die praktische Vorgangsweise ist die, dass man zunächst die maximal mögliche Leistung berechnet, welche anschließend mit einem Wirkungsgrad gemindert wird. Die maximal mögliche Leistung erhält man mit der Annahme isentroper Bedingungen. Damit kann die Austrittstemperatur und somit die Enthalpieänderung und Arbeitsleistung wie in Beispiel 4-32 berechnet werden.

Ein Wirkungsgrad kann nicht berechnet werden, man erhält ihn aus Erfahrungswerten mit bestehenden Anlagen (Beispiel 4-34).

Ergebnis:

Die Austrittstemperatur beträgt 409,9 K, die maximale Leitung – 399,1 kW.

Beispiel 4-34: Dampfturbine 1 [3]

Dampf mit 86 bar und 500 °C tritt in eine Dampfturbine (Leistung 56,4 MW) ein und wird in einen Kondensator (Druck 10 kPa) expandiert. Der Turbinenwirkungsgrad wird mit 75 % angenommen. Der austretende Strom liegt als Nassdampf vor. Berechne den Zustand des Dampfes im Kondensator (T, Dampfanteil) mit Hilfe der Dampftafel sowie den notwendigen Massenstrom.

Lösungshinweis:

$\dot{M}_{Dampf} \cdot \left(\Delta h_{aus} - \Delta h_{ein} \right) = \dot{W}_s$. Es wird der Massenstrom verwendet, da sich die Enthalpien und Entropien in den Dampftafeln auf die Masse beziehen.

$$\left(\Delta h_{aus} - \Delta h_{ein} \right)_{irreversibel} = \left(\Delta h_{aus} - \Delta h_{ein} \right)_{reversibel} \cdot \eta$$

Da Wasserdampf bei diesen Bedingungen ein reales Gas ist muss man mit den entsprechenden thermodynamischen Beziehungen, oder wie hier, mit Messwerten aus den Dampftafeln rechnen.

Falls der Austrittszustand im 2-Phasengebiet liegt ergibt sich die Temperatur aus der Sättigungstemperatur beim Kondensatordruck; Entropie und Enthalpie erhält man dann über arithmetische Mittelwerte der Flüssigkeit und des Dampfes im Sättigungszustand.

Ergebnis:

Massenstrom = 56,0 kg/s, Austrittstemperatur = 46 °C, Dampfanteil = 0,805

Beispiel 4-35: Abgaskühlung

10000 m³/h eines Abgases von 1200 °C und 1 bar sollen auf 200 °C abgekühlt werden. Wie viel Wärme muss abgeführt werden wenn die Zusammensetzung lautet: 72,6 % N_2, 11,2 % CO_2 und 16,2 % H_2O?

Lösungshinweis:

Bilanzraum ist beliebiges Volumen des Kühlers. Stationäres, offenes System ohne Arbeitsleistung.

Energiebilanz: $\dot{N}_{Abgas} \cdot \left(\Delta h_{aus} - \Delta h_{ein} \right) = \dot{Q}$

$$\left(\Delta h_{aus} - \Delta h_{ein}\right) = \int_{T_{ref}}^{T_{aus}} c_p \, dT - \int_{T_{ref}}^{T_{ein}} c_p \, dT = \int_{T_{ein}}^{T_{aus}} c_p \, dT$$

Ergebnis:

Der Abgaskühler muss eine Leistung von 816,9 kW aufweisen.

Beispiel 4-36: Mischen Wasser mit Sattdampf

Wasser mit 24 °C wird mit Sattdampf (400 kPa) adiabat gemischt; aus dem Mischer tritt Wasser mit 85 °C und 5 kg/s aus. Wie viel Wasser und Sattdampf treten in den Mischer ein?

Lösungshinweis:

Bilanzgebiet ist Mischer. Stationäres, adiabates, offenes System ohne Arbeitsleistung. Sattdampf und Wasser treten ein, nur Wasser aus.

Zwei Unbekannte, eintretende Massenströme an Wasser und Sattdampf; 2 Gleichungen: Massen- und Energiebilanz.

Enthalpie des Sattdampfes aus einer Dampftafel (z. B. in [4]); für die Enthalpie des Wassers muss derselbe Bezugszustand verwendet werden wie in der Dampftafel.

Ergebnis:

Es treten 4,52 kg/s Wasser und 0,48 kg/s Dampf in den Mischer ein.

Beispiel 4-37: Drehrohrofen

Ein Drehrohrofen (L = 30 m, Innendurchmesser = 2 m, Manteldicke = 30 cm) wird mit Erdgas (Methan) und einem 20 %igen Luftüberschuss befeuert (T_{ein} = 25 °C, p = 1 bar).

Berechne:

1. die adiabat erreichbare Flammentemperatur (c_p-Werte aus Tabelle 15-6)

2. die adiabate Innentemperatur für folgende Bedingungen:

- 1000 m³/h Methan
- 1000 kg/h feste Stoffe mit c_p = 2 kJ/(kg·K) (T_{ein} = 25 °C, es treten keine Reaktionen auf)

3. die Innentemperatur wenn zusätzlich (zu 2.) Wärmeverluste durch Konvektion auftreten, für folgende Daten: α_{innen} = 5, $\alpha_{außen}$ = 10 W/(m²·K); λ_{Mantel} = 0,2 W/(m·K); $T_{Umgebung}$ = 25 °C.

4. die Innentemperatur, wenn zusätzlich (zu 3.) noch Strahlungsverluste an die Umgebung berücksichtigt werden. Mit ε_1 = 0,95, ε_2 = 1, φ = 1, σ = 5,67·10⁻⁸ W/(m²·K⁴).

Bei der Berechnung der Wärmeleitung durch die Wand, bzw. beim Wärmedurchgang ist ein logarithmischer Mittelwert für den Manteldurchmesser zu verwenden.

Lösungshinweis:

Bilanzraum ist Drehrohrofen. In allen Fällen offenes, stationäres System, ohne Arbeitsleistung, kinetische und potentielle Energie vernachlässigbar.

Energiebilanzen:

1) $\dot{N}_{gas,aus} \cdot \Delta h_{gas,aus} - \dot{N}_{gas,ein} \cdot \Delta h_{gas,ein} = 0$

2) $\dot{N}_{gas,aus} \cdot \Delta h_{gas,aus} - \dot{N}_{gas,ein} \cdot \Delta h_{gas,ein} + \dot{M}_{fest} \cdot \left(\Delta h_{aus} - h_{ein}\right) = 0$

3) $\dot{N}_{gas,aus} \cdot \Delta h_{gas,aus} - \dot{N}_{gas,ein} \cdot \Delta h_{gas,ein} + \dot{M}_{fest} \cdot (\Delta h_{aus} - h_{ein}) = \dot{Q}_{konv}$

4) $\dot{N}_{gas,aus} \cdot \Delta h_{gas,aus} - \dot{N}_{gas,ein} \cdot \Delta h_{gas,ein} + \dot{M}_{fest} \cdot (\Delta h_{aus} - h_{ein}) = \dot{Q}_{konv} + \dot{Q}_{Str}$

Ergebnis:

Die Rohrinnentemperatur beträgt bei

1) adiabater Verbrennung 2074,0 K
2) adiabater Verbrennung mit Erwärmung des Feststoffes 1911,5 K
3) Verlusten durch Konvektion 1902,7 K
4) Verlusten durch Konvektion und Strahlung 1898,9 K, die Mantelinnen- und –außentemperatur beträgt dann 1693,3 bzw. 344,2 K

Beispiel 4-38: Erwärmung von Wasser in einem Rohr

Wasser wird in einem Rohr von 20 auf 60 °C erwärmt. Das Rohr aus Stahl hat einen Innendurchmesser von 25,4 mm und einen Außendurchmesser von 55 mm. An der Außenseite ist es sehr gut isoliert. Das Stahlrohr wird elektrisch beheizt mit einer konstanten Leistung von 10^4 kW/m³ Stahl.

1) Wie lang muss das Rohr sein damit 0,15 kg/s Wasser auf die gewünschte Temperatur erwärmt werden kann?

2) Welche Temperatur hat das Rohr, wenn der über die Rohrlänge gemittelte Wärmeübergangskoeffizient 8 kW/(m²·K) beträgt? Für die Wassertemperatur soll dabei ein arithmetisches Mittel zwischen Ein- und Austritt angenommen werden.

Lösungshinweis:

1) Bilanzraum ist das gesamte Rohr mit der noch unbekannten Länge. Offenes, stationäres System ohne Arbeitsleistung. Da die eingebrachte elektrische Energie als Leistung pro Rohrvolumen angegeben ist, muss sie in der Bilanzgleichung als Generationsterm G_{elektr} berücksichtigt werden.

$$\dot{M}_W \cdot (\Delta h_{aus} - \Delta h_{ein}) + G_{elektr} = 0$$

2) Bilanzraum ist der vom Wasser durchflossenen Innenraum des Rohres mit der in 1) berechneten Länge

$$\dot{M}_W \cdot (\Delta h_{aus} - \Delta h_{ein}) = \dot{Q}_{konv}$$

Ergebnis:

Das Rohr muss 1,34 m lang sein; die Rohrtemperatur beträgt 73,7 °C

Beispiel 4-39: kontinuierlicher Bandtrockner

In einem kontinuierlichen Bandtrockner werden wasserfeuchte Tabletten mit einer Eintrittsbeladung W_{ein} von 0,2 kg Wasser pro kg trockenem Gut bis auf eine Austrittsbeladung $W_{aus} = 0,05$ getrocknet. Die Temperatur der Tabletten bleibt konstant bei 30 °C. Als Trocknungsmedium wird Luft mit einer Feuchte von $X_{ein} = 0,006$ kg Wasser pro kg trockener Luft und einer Temperatur von 72 °C verwendet. Der Massenstrom der feuchten Tabletten beträgt 56 kg/h und der Massenstrom der zugeführten Luft ist 503 kg/h. Gesucht ist die Austrittstemperatur der Luft unter der Annahme, dass keine Wärmeverluste auftreten.

Lösungshinweis:

Stoffwerte in Tabelle 15-1 und Tabelle 15-2, wobei mit konstanten mittleren Werten gerechnet werden kann.

Bilanzraum ist der Trockner. Austrittsbeladung der Luft aus Massenbilanz. Austrittstemperatur der Luft aus Energiebilanz.

Stationäres, offenes, adiabates System ohne Arbeitsleistung.

Energiebilanz: $\sum_i \dot{M}_i \cdot \left(\Delta h_{i,aus} - \Delta h_{i,ein} \right) = 0$

Ergebnis:

Die Austrittstemperatur der Luft beträgt 38,4 °C.

Beispiel 4-40: Ethanol-Produktion

Die konventionelle Ethanol-Produktion erfolgt mit Ethylen und Wasserdampf als äquimolare Mischung. Die Edukte werden bei 300 °C in den Reaktor eingebracht und vollständig umgesetzt. Flüssiges Ethanol verlässt den Reaktor bei 50 °C. Wie viel Wärme muss zu- oder abgeführt werden? Wie groß ist die Reaktionsenthalpie bei 25 °C?

Die Wärmekapazität von flüssigem Ethanol beträgt im gegebenen Temperaturbereich $c_p = 111,4$ kJ/(kmol·K)

Lösungshinweis:

Reaktion: $C_2H_4 + H_2O \rightarrow C_2H_5OH$

Bilanzgebiet ist ein beliebiges Volumen des Reaktors plus Heizung oder Kühlung. Reaktionstemperatur ist nicht bekannt. Wird ohne Reaktionsenthalpie gerechnet sind die Elemente bei 25 °C der Bezugszustand. Rechnerisch werden die Edukte daher auf 25 °C abgekühlt und umgesetzt. Gebildetes Ethanol wird dann auf 50 °C aufgewärmt. Reaktionsenthalpie nach Gleichung (2.20).

Stationäres, offenes System ohne Arbeitsleistung; kinetische potentielle Energie vernachlässigbar.

Energiebilanz:

$\dot{N}_{aus} \cdot \Delta h_{aus} - \sum_i \dot{N}_{i,ein} \cdot \Delta h_{i,ein} = \dot{Q}$

Da keine Durchsätze gegeben sind, wird auf 1 kmol/s Ethylen oder Ethanol bezogen.

Ergebnis:

Es sind -110790 kJ/kmol Ethanol abzuführen; die Reaktionsenthalpie beträgt bei 25 °C -88382 kJ/kmol.

Beispiel 4-41: Oxidation von Ammoniak [9]

Die Standardreaktionswärme für die Oxidation von Ammoniak bei 25 °C ist gegeben zu:

$4\,NH_3 + 5\,O_2 = 4\,NO + 6\,H_2O(g)$ $\Delta h_R = -904,7$ kJ pro Mol Formelumsatz

100 mol/s NH_3 werden mit 1000 mol/s Luft bei 100 °C gemischt; im Reaktor wird Ammoniak bei 1 bar vollständig umgesetzt. Der Produktstrom soll eine Temperatur von 300 °C aufweisen. Wie viel Wärme muss dem Reaktor zu- oder abgeführt werden, um diese Temperatur zu halten?

Im gegebenen Temperaturbereich kann mit folgenden konstanten c_p-Werten gerechnet werden:

NH_3: 35,2; O_2: 29,5; N_2: 29,2; NO: 29,9; $H_2O(g)$: 33,7 kJ/(kmol·K)

Lösungshinweis:

Bilanzraum ist ein beliebiges Volumen des Reaktors. Offenes, stationäres System ohne Arbeitsleistung; kinetische, potentielle Energien vernachlässigbar. Es ist die Reaktionswärme bei 25 °C, aber keine Bildungswärmen gegeben, als Referenzzustand werden daher die Moleküle bei 25 °C gewählt.

Energiebilanz:

$$\dot{N}_{aus} \cdot \Delta h_{aus} - \dot{N}_{ein} \cdot \Delta h_{ein} + \Delta \dot{H}_R = \dot{Q}$$

Für die Berechnung wird der eintretende Strom auf 25 °C abgekühlt, reagiert bei dieser Temperatur zu den Produkten, welche anschließend auf 300 °C aufgeheizt werden.

Ergebnis:

Es müssen -15830 kJ/s abgeführt werden.

Beispiel 4-42: Verbrennung von Butan

Die Standardreaktionsenthalpie der Verbrennung von Butan entsprechend der Reaktionsgleichung

$$C_4H_{10} + 6,5\,O_2 \rightarrow 4\,CO_2 + 5\,H_2O\,(l)$$

beträgt - 2878 kJ/mol Butan.

Wie viel Wärme muss zu- oder abgeführt werden, wenn Edukte und Produkte bei 25 °C und 2 bar vorliegen und 10000 m³/h CO_2 entstehen?

Lösungshinweis:

Bilanzgebiet ist ein Verbrennungsraum beliebiger Größe. Stationäres, offenes System ohne Arbeitsleistung. Reaktionswärme ist bei 25 °C gegeben, Bezugszustand sind daher die Moleküle bei 25 °C; Bilanzgleichung mit Generationsterm. Da Produkte und Edukte beim Bezugszustand vorliegen ist die Enthalpiedifferenz aller Komponenten gleich null.

Energiebilanz:

$$\frac{\dot{N}_i}{|v_i|} \cdot \Delta h_R = \dot{Q}$$

Ergebnis:

Es sind – 161,3 MJ/s abzuführen

Beispiel 4-43: Zitronensäureproduktion [24]

Zitronensäure wird biochemisch mit *Aspergillus niger* in einem batch Reaktion bei 30 °C hergestellt. Innerhalb von 2 Tagen werden 1500 kg Zitronensäure (+ 500 kg Biomasse und andere Produkte) erzeugt, wofür 2500 kg Glukose und 860 kg O_2 und zusätzlich Ammoniak als Stickstoffquelle verbraucht werden. Das System wird gerührt wodurch ca. 15 kW an mechanischer Energie eingebracht werden. Außerdem verdunsten ca. 100 kg Wasser. Schätzen Sie den Bedarf an Kühl- oder Heizenergie um den Reaktor ständig bei 30 °C zu halten.

weitere Angaben:

- Reaktionswärme für die Reaktion:
  Glukose + O_2 + NH_3 → Zitronensäure + Biomasse + CO_2 + H_2O
  Δh_R = - 460 kJ/mol O_2 bei 30 °C
- die fühlbare Wärme der Massenströme kann vernachlässigt werden.
- Verdampfungswärme Wasser bei 30 °C = 2429,8 kJ/kg

Lösungshinweis:

- Systemgrenze: Reaktor

- Zeitraum Δt: 2 Tage

- Energiebilanz, wenn mit Referenzzustand Moleküle gerechnet wird:

$$\frac{dU}{dt} + \sum_i \dot{M}_i \cdot \left(h_i + e_{kin,i} + e_{pot,i} \right) + \dot{M}_{BK} \cdot \Delta h_R = \sum_i \dot{Q}_i + \sum_i \dot{W}_i$$

$\dot{M}_{BK}$ = Massenstrom der Bezugskomponente (O_2)

- folgende Bedingungen: kinetische und potentielle Energie, sowie Massenströme mit fühlbarer Wärme vernachlässigbar;
- innere Energie U = M·u; wird als Bezugstemperatur 30 °C festgelegt ist u und somit auch U = 0.

- die Energiebilanz reduziert sich daher zu (integriert über Zeitraum Δt):

$$M_{H2O} \cdot \Delta h_{verd} + M_{O2} \cdot \Delta h_R = Q + \dot{W} \cdot \Delta t$$

Ergebnis:

Für die Produktion von 1500 kg Zitronensäure müssen $1{,}47 \cdot 10^7$ kJ abgeführt werden.

Beispiel 4-44: Produktion von Vinylchlorid [25]

Vinylchlorid (VC) wird durch Abspalten von HCl aus 1,2-Dichlorethan (DCE) produziert:

$$C_2H_4Cl_2\,(g) \;\Rightarrow\; C_2H_3Cl\,(g) + HCl\,(g) \qquad \Delta h_R^0 = +70{,}224 \text{ MJ/kmol} \;(25\,°C)$$

Die Reaktion erfolgt in einem Pyrolysereaktor bei 2 bar und 500 °C. 145,5 kmol/h DCE werden flüssig bei 20 °C in den Reaktor eingebracht und zu 55 % umgesetzt. Da die Reaktion endotherm ist, muss der Reaktor mit einem Heizgas (33,5 MJ/m³) beheizt werden.

Berechne die notwendige Menge Heizgas für einen Wirkungsgrad von 0,7.

- Wärmekapazität c_P von flüssigem DCE: 0,115 MJ/(kmol·K)
- Verdampfungswärme von DCE bei 25 °C: 34,3 MJ/kmol
- Temperatur abhängige Wärmekapazität der Gasphase entsprechend $c_p = a + b \cdot T + c \cdot T^2 + d \cdot T^3$
  in [kJ/(kmol·K)]:

	a	$b \cdot 10^2$	$c \cdot 10^5$	$d \cdot 10^9$
DCE	20,45	23,07	-14,36	33,83
VC	5,94	20,16	-15,34	47,65
HCl	30,28	- 0,761	1,325	- 4,305

Lösungshinweis:

Bilanzraum: Reaktor beliebiger Größe; offenes, stationäres System.

Die Bildungswärmen der beteiligten Verbindungen sind nicht bekannt, es ist aber die Reaktionswärme gegeben; die Energiebilanz wird daher mit Generationsterm geschrieben.

Energiebilanz:

$$\dot{N}_{aus} \cdot \Delta h_{aus} - \dot{N}_{ein} \cdot \Delta h_{ein} + \Delta \dot{H}_R = \dot{Q}$$

Als Bezugszustand wird am besten jener Zustand gewählt, für welchen die Reaktionswärme gegeben ist, d. h. 25 °C, alle Moleküle gasförmig. Obwohl die Reaktion bei 500 °C stattfindet, wird der Energiebedarf daher so berechnet, als ob das eintretende Dichlorethan zunächst auf 25 °C erwärmt und bei dieser Temperatur verdampft wird; dann findet die Reaktion im angegebenen Ausmaß bei 25 °C statt und die Produkte werden anschließend auf 500 °C erwärmt.

Ergebnis:

Der Wärmebedarf beträgt 1800 MJ/h, wofür 767,7 m³/h Heizgas benötigt werden.

Beispiel 4-45: Adiabate Verbrennungstemperatur Kokereigas

Ein Brenngas für die Kokerei hat die Zusammensetzung (Vol. bzw. Mol-%):

$CH_4 = 1,06$; $CO = 20,79$; $H_2 = 7,79$; $H_2O = 3,77$; $CO_2 = 17,90$; $N_2 = 48,69$

Es wird mit Luft der Zusammensetzung: 20,69 % O_2, 1,49 % H_2O und 77,82 % N_2 bei einer Luftüberschusszahl $\lambda = 1,52$ verbrannt. Berechne die adiabate Verbrennungstemperatur für den Fall, dass das Brenngas bei 100 und die Luft bei 150 °C zugeführt werden.

Lösungshinweis:

Bilanzgebiet ist ein beliebiges Volumen des Verbrennungsraumes. Stationäres, offenes, adiabates System ohne Arbeitsleistung; kinetische potentielle Energien vernachlässigbar.

Energiebilanz:

$$\sum_i \dot{N}_{i,aus} \cdot \Delta h_{i,aus} \;-\; \sum_i \dot{N}_{i,ein} \cdot \Delta h_{i,ein} \;=\; 0$$

Index i bezieht sich auf alle Komponenten. Die ein- und austretenden Komponentenströme erhält man aus der Verbrennungsgleichung und der Luftüberschusszahl. Es ist keine Reaktionswärme gegeben, daher wird der Bezugszustand für die Elemente bei 25 °C gewählt, da hierfür die Bildungswärmen der Moleküle tabelliert sind. Rein Rechnerisch müssen dann die eintretenden Ströme auf die Reaktionstemperatur 25 °C gekühlt werden, durch die dabei frei werdende Reaktionswärme werden die entstehenden Produkte auf die gesuchte Verbrennungstemperatur T erwärmt.

Für die stöchiometrische Verbrennung von 1 mol Methan werden 2 mol O_2 und für CO und H_2 jeweils ½ O_2 gebraucht, daher lautet die Verbrennungsgleichung für die stöchiometrische Verbrennung aller brennbaren Komponenten

$$1,06\,CH_4 \;+\; 20,79\,CO \;+\; 7,79\,H_2 \;+\; 16,41\,O_2 \;\rightarrow\; 21,85\,CO_2 \;+\; 9,91\,H_2O$$

Die Basis für den Molenstrom ist beliebig wählbar; die Verbrennungstemperatur ist vom Durchsatz unabhängig. Wählt man 1,06 Mole Methan pro Zeiteinheit, können alle ein- und austretenden Molenströme angegeben werden.

Molenströme	ein	aus
CH_4	1,06	0
CO	20,79	0
H_2	7,79	0
O_2	$\lambda \cdot 16,41$	$(\lambda-1) \cdot 16,41$
N_2	$48,69 + \lambda \cdot 16,41 \cdot \dfrac{77,82}{20,69}$	$48,69 + \lambda \cdot 16,41 \cdot \dfrac{77,82}{20,69}$
H_2O	$3,77 + \lambda \cdot 16,41 \cdot \dfrac{1,49}{20,69}$	$3,77 + \lambda \cdot 16,41 \cdot \dfrac{1,49}{20,69} + 9,91$
CO_2	17,90	$17,90 + 21,85$

Ergebnis:

Die adiabate Verbrennungstemperatur beträgt für die gegebenen Bedingungen 1260,4 °C

Beispiel 4-46: adiabate Verbrennungstemperatur eines heizwertarmen Abfallstoffes

Ein heizwertarmer Abfallstoff habe folgender Zusammensetzung (Ma.%):

Asche = 53,8; H_2O = 18,3; C = 13,8; O = 11,5; H = 1,7; N = 0,6; S = 0,3;

Der Heizwert beträgt bei 25 °C - 4711 kJ/kg, die mittlere Wärmekapazität der Asche 1 kJ/(kg·K). Sättigungsdampfdruck Wasser bei 25 °C: 3156 Pa

Berechne die adiabate Verbrennungstemperatur, wenn die Luft

a) trocken bei 25 °C mit λ = 1;
b) trocken bei 25 °C mit λ = 1,4;
c) trocken bei 200 °C mit λ = 1,4;
d) feucht bei 25 °C mit einer relativen Feuchte von 80 % mit λ = 1,4

zugeführt wird.

Lösungshinweis:

Zuerst wird auf Mole pro kg Feststoff umgerechnet (außer Asche), dann die Reaktionsgleichung aufgestellt und die minimale Luftmenge bestimmt. Mit der Luftüberschusszahl λ kann dann auf beliebige Luftmenge umgerechnet werden. Da der Heizwert bei 25 °C gegeben ist, wird auch die Bezugstemperatur bei 25 °C für die Moleküle gewählt.

Energiebilanz:

$$\sum_i \dot{N}_{i,aus} \cdot \Delta h_{i,aus} \; - \; \sum_i \dot{N}_{i,ein} \cdot \Delta h_{i,ein} \; + \; \dot{M}_{Abfall} \cdot \Delta h_R \; = \; 0$$

notwendiger Sauerstoff:

C verbrennt zu CO_2, H zu H_2O, S zu SO_2; N ist inert; vorhandener Sauerstoff muss abgezogen werden, d. h.:

O_2, ein: $\lambda \cdot (C + H/4 + S - O/2)$

Ergebnis:

Die adiabaten Verbrennungstemperaturen betragen für die Bedingungen nach

a) T = 1419,89 °C
b) T = 1184,25 °C
c) T = 1279,87 °C
d) T = 1162,76 °C

Kommentar:

Trotz des sehr geringen Heizwertes ist die adiabate Verbrennungstemperatur verhältnismäßig hoch. Dies ist darauf zurückzuführen, dass in dem Abfallstoff schon viel Sauerstoff vorhanden ist und nicht mehr zugeführt werden muss. Es ist daher auch wesentlich weniger Stickstoff vorhanden, weshalb sich eine nur geringe Abgasmenge ergibt, die dann auch mit dem geringen Heizwert eine hohe Temperatur erreicht.

Beispiel 4-47: Wasserpumpe 1

100 m³/h Wasser von 20 °C werden mit einer Pumpe gefördert:

a) 20 m in die Höhe,
b) auf gleicher Höhe soll die Druckerhöhung in der Pumpe 2 bar betragen
c) 20 m in die Höhe und in ein Druckgefäß mit 2 bar Überdruck

Temperaturänderung wird vernachlässigt.

Wie groß muss die Pumpenleistung sein, wenn der Pumpenwirkungsgrad 80 % ist?

Lösungshinweis:

Offenes System, stationär, keine Temperaturänderung $\Rightarrow$ Q = 0

Energiebilanz: $\dot{M}_{Wasser} \cdot \left(\Delta h + \dfrac{\Delta w^2}{2} + g \cdot \Delta z \right) = \dot{W}_s$

Für a) nur E_{pot}, für b) nur Δh, für c) beide; E_{kin} immer vernachlässigbar.

Δh aus Gibbsscher Fundamentalgleichung (dh = vdp - sdT) = v·Δp, bzw. $\dot{M} \cdot \Delta h = \dot{V} \cdot \Delta p$

Ergebnis:

a) 6812,5 W,   b) 6944,4 W,   c) 13757 W

Beispiel 4-48: Wasserpumpe 2

80 l/min Wasser fließen durch ein vertikales Rohr mit 1 cm Durchmesser und werden 50 m in die Höhe gepumpt. In dieser Höhe erfolgt eine Rohrquerschnittserweiterung auf 2 cm.

a) Welche Leistung muss die Pumpe mindestens erbringen?

b) Welcher Druck müsste am Rohranfang herrschen, damit das Wasser ohne Pumpe nach oben fließt?

ρ_{Wasser} = 1000 kg/m³, p_2 = 1 bar

Annahmen: keine Reibungsverluste, konstante Temperatur

Lösungshinweis:

Bilanzgebiet: 0-Niveau auf Höhe Pumpe. Bilanz zwischen oben (Querschnittserweiterung) und unten (Pumpe).

Energiebilanz:

1) $\dot{M}_W \cdot \left(\dfrac{w_2^2 - w_1^2}{2} + g \cdot (h_2 - h_1) \right) = \dot{W}_s$

2) $\dot{M}_W \cdot \left(\dfrac{p_2 - p_1}{\rho} + \dfrac{w_2^2 - w_1^2}{2} + g \cdot (h_2 - h_1) \right) = 0$

Ergebnis:

Die Leistung der Pumpe muss mindestens 473,9 W betragen. Ohne Pumpe beträgt der erforderliche Druck 4,55 bar.

Beispiel 4-49: Wasserpumpe 3 [18]

Eine Pumpe fördert Wasser in horizontaler Richtung. Die Leistung der Pumpe beträgt 3 PS, die Eintrittsöffnung hat einen Durchmesser von 12 Inch, die Austrittsöffnung von 6 Inch. Ein Differenzdruckmanometer misst einen Druckunterschied zwischen Druck- und Saugseite von 6 Inch Hg.

Berechne den Massendurchfluss sowie die Geschwindigkeiten bei Ein- und Austritt, wenn Verluste vernachlässigt werden und die Wassertemperatur und -dichte sich nicht ändern.

Lösungshinweis:

In den CAS sind die Umrechnungen auf SI-Einheiten direkt verfügbar.

Energiebilanz:

$\dot{M}_W \cdot \left(p_2 \cdot v - p_1 \cdot v + \dfrac{w_2^2 - w_1^2}{2} \right) = \dot{W}_s$

v = spezifisches Volumen = $1/\rho$. Drei Unbekannte, Massenstrom Wasser und die beiden Geschwindigkeiten. Neben der Energiebilanz wird daher noch die Massenbilanz und eine Umrechnung (Massenstrom – Geschwindigkeit) benötigt.

Ergebnis:

77,8 kg/s Wasser,

w_1 = 1,065 m/s, w_2 = 2,26 m/s

Beispiel 4-50: Wasserpumpe 4 [3]

Wasser (45 °C und 10 kPa) wird von einer Pumpe adiabatisch auf 8600 kPa gebracht. Der Pumpenwirkungsgrad betrage 0,75. Berechne die Leistung der Pumpe und die Temperaturänderung des Wassers.

Wärmekapazität des Wasser c_p = 4,18 kJ/(kg·K); spezifisches Volumen des Wassers $v_{spez.}$ = 0,00101 m³/kg; thermischer Ausdehnungskoeffizient des Wassers ß = $4,25 \cdot 10^{-4}$ K^{-1}.

Lösungshinweis:

Energiebilanz:

$$\dot{M}_W \cdot \left(\Delta h_{aus} - \Delta h_{ein}\right) \;=\; \dot{W}_s$$

Es ist kein Massenstrom gegeben, Rechnung daher spezifisch, z. B. für 1 kg/s Wasser.

Δh aus Gibbsscher Fundamentalgleichung: $\Delta h \;=\; v \cdot \Delta p + T \cdot \Delta s$

Berechnung der erforderlichen Leistung aus isentroper Enthalpieänderung und anschließend Division durch Wirkungsgrad.

Zur Berechnung der Temperaturänderung wird die Kompressibilität des Wassers vernachlässigt:

$$\Delta h \;=\; c_p \cdot \Delta T + v \cdot \left(1 - \beta \cdot T\right) \cdot \Delta p$$

Ergebnis:

Die erforderliche Leistung beträgt 11,6 kJ/kg; die Temperatur erhöht sich um 0,97 °C

Beispiel 4-51: Wasserkraftwerk

Wasserkraftwerk Leoben: 150 m³/s Murwasser stürzen 8 m auf die Kaplan-Turbinen. Wie groß ist die Kraftwerksleistung bei einem Wirkungsgrad von 84 %?

Dichte Wasser ≈ 1000 kg/m³.

Lösungshinweis:

Stationär, kein Wärmeaustausch, kinetische Energie vernachlässigbar. Energiebilanz:

$$\dot{M}_W \cdot g \cdot h \cdot \eta \;=\; \dot{W}$$

Ergebnis:

9,9 MW

Beispiel 4-52: Dampfturbine 2

10000 kg/h Dampf mit 50 bar und 450 °C tritt mit 40 m/s in eine Turbine ein und wird so auf 1bar entspannt, dass gerade kein Nassdampf entsteht. Die Austrittsgeschwindigkeit beträgt 300 m/s. Berechne unter Verwendung von Dampftafeln die Leistung der Turbine in kW unter der Annahme, dass die Wärmeverluste 10^5 kJ/h betragen.

Lösungshinweis:

Bei Bezugstemperatur 0 °C und flüssiges Wasser beträgt h_{ein} = 3317,5 und h_{aus} = 2675,4 kJ/kg.

Energiebilanz:

$$\dot{M}_D \cdot \left(\Delta h_{aus} + \frac{w_{aus}^2}{2} - \Delta h_{ein} - \frac{w_{ein}^2}{2} \right) = \dot{Q} + \dot{W}_s$$

Ergebnis:

Die Turbine liefert eine Leistung von 1633 kW.

Beispiel 4-53: Dampfturbine 3 [1]

Eine Dampfturbine dient als Energiequelle für einen kleinen Generator. 2,5 kg/s Dampf bei 600 °C und 10 bar strömt in einem Rohr mit 10 cm Durchmesser zur Turbine und verlässt diese bei 1 bar und 400 °C in einem Rohr von 25 cm Durchmesser. Wie groß ist die maximale Leistung der Turbine und wie groß ist dabei der Anteil an kinetischer Energie? Benötigte Daten aus Dampftafeln.

Ergebnis:

Die maximale Leistung dieser Turbine beträgt 1037 kW und ohne Berücksichtigung der kinetischen Energie 1048 kW.

Beispiel 4-54: Dampfturbine 4

500 kg/h Dampf treiben eine Turbine. Der Dampf tritt bei 44 atm und 450 °C mit einer Geschwindigkeit von 60 m/s ein und verlässt die Turbine 5 m unterhalb des Einlasses bei atmosphärischen Druck mit einer Geschwindigkeit von 360 m/s. Die Turbine liefert eine Leistung von 70 kW und der Wärmeverlust wird auf 10^4 kcal/h geschätzt. Berechne die Enthalpieänderung des Dampfes während des Prozesses.

Lösungshinweis:

Stationäres, offenes System, mit Berücksichtigung kinetischer und potentieller Energie, + Wärmeverluste und Arbeit

$$\dot{M}_D \left(\Delta h + \Delta e_{kin} + \Delta e_{pot} \right) = \dot{Q}_{verl} + \dot{W}_s$$

Ergebnis:

Die Änderung der spezifischen Enthalpie beträgt -650,55 kJ/kg.

Beispiel 4-55: Drossel 1

Propangas bzw. Kohlendioxid werden von 20 bar und 400 K adiabat auf 1 bar gedrosselt.

Wie ändert sich die Temperatur, wenn ideales Gasverhalten angenommen wird?

Lösungshinweis:

Stationär, adiabat, keine Arbeitsleistung, keine potentielle Energieänderung; wird auch die kinetische Energie vernachlässigt, vereinfacht sich die Energiebilanz zu:

$\Delta h_2 - \Delta h_1 = 0$

Da die Enthalpie eines idealen Gases nur von der Temperatur abhängig ist, kann die Energiebilanz nur für gleichbleibende Temperatur erfüllt werden.

Ergebnis:

Die Temperaturen ändern sich nicht. Die Berechnung als reales Gas (Beispiel 12-11) ergibt eine Temperaturabnahme auf 385,8 K bei Propan und 389,5 bei CO_2.

Beispiel 4-56: Drossel 2

0,1 m³/s Propangas wird in einem Rohr mit einem Durchmesser von 10 cm von 10 bar und 400 K adiabat auf 1 bar gedrosselt. Wie ändern sich die Temperatur und die Gasgeschwindigkeit, wenn Propan unter den gegebenen Bedingungen als ideales Gas betrachtet wird?

Lösungshinweis:

Wird die kinetische Energie berücksichtigt, kann sich die Temperatur auch bei einem idealen Gas ändern, die Energiebilanz lautet dann

$$\Delta h_2 + e_{kin,2} - \Delta h_1 - e_{kin,1} = 0 \quad \text{bzw.}$$

$$c_p \cdot (T_2 - T_1) + \left(w_2^2 - w_1^2 \right)/2 = 0$$

mit den 2 Unbekannten T_2 und w_2. Als zweite Gleichung wird die Massenbilanz (Kontinuitätsgleichung) verwendet:

$$\rho_2 \cdot w_2 \cdot A - \rho_1 \cdot w_1 \cdot A = 0, \quad \text{mit } \rho \text{ aus der idealen Gasgleichung.}$$

Ergebnis:

Die Strömungsgeschwindigkeit ändert sich von 12,73 auf 127,30 m/s. Die Temperatur nimmt dabei geringfügig von 400 auf 399,92 K ab.

Beispiel 4-57: Düse [3]

Wasserdampf mit 30 m/s und 300 °C wird in einer richtig dimensionierten Düse (= isentrop) von 700 auf 600 kPa entspannt. Berechne die Temperatur und die Geschwindigkeit auf der Niederdruckseite sowie das Verhältnis der Querschnittsflächen A_2/A_1. Näherungsweise kann Wasserdampf als ideales Gas angenommen werden

Lösungshinweis:

Drei gesuchte Größen, drei Gleichungen: Energie-, Massen und Entropiebilanz; diese können gleichzeitig gelöst werden oder nacheinander; aus der Entropiebilanz die Austrittstemperatur, dann die Geschwindigkeit aus der Energiebilanz und das Querschnittsverhältnis aus der Massenbilanz.

- Entropiebilanz (ideales Gas, isentrop): $\displaystyle \int_{T_1}^{T_2} \frac{c_p}{T} dT - \int_{p_1}^{p_2} \frac{R}{p} dp = 0$

- Energiebilanz (stationär, gleiche Höhe, adiabat, keine Arbeitsleistung):

$$c_p \cdot (T_2 - T_1) + \frac{w_2^2 - w_1^2}{2} = 0$$

- Massenbilanz: $\rho_2 \cdot w_2 \cdot A_2 - \rho_1 \cdot w_1 \cdot A_1 = 0$, mit ρ aus idealer Gasgleichung.

Ergebnis:

Die Temperatur sinkt auf 280,0 °C, die Strömungsgeschwindigkeit steigt auf 284,6 m/s, das Querschnittsverhältnis A_2/A_1 beträgt 0,119.

Anmerkung:

Nachdem bei einer richtig dimensionierten Düse oder einem richtig dimensionierten Diffusor keine Verwirbelungsverlust auftreten, könnte auch eine Impulsbilanz aufgestellt und die Wandreibungsverluste bzw. Reibungskoeffizienten berechnet werden. Impulsbilanzen braucht man meist zur Berechnung von Druckverlusten, bei Düse, Diffusor, Drossel sind die Drücke aber vorgegeben, so dass die Impulsbilanz nicht benötigt wird; vergleiche Beispiel 4-77 und Beispiel 4-78.

Impulsbilanz: $p_{aus} \cdot A + \rho_{aus} \cdot w_{aus}^2 + \text{Verluste} = p_{ein} \cdot A + \rho_{ein} \cdot w_{ein}^2$

Beispiel 4-58: adiabate Kompression

Ein Behälter von 1 m³ Inhalt enthält Stickstoff bzw. Helium bei 1 bar und 25 °C. Wie ändert sich Druck und Temperatur unter reversiblen Bedingungen bei einer Kompression auf das halbe Volumen? Welche Kompressionsarbeit muss dabei geleistet werden. Stelle die Temperatur- und Druckänderung für beide Gase bis zu einer Kompression auf 1/3 des Anfangsvolumens grafisch dar.

Die Stoffdaten für He sind nicht in der Datenbank, rechne mit der Adiabatengleichung für einen Isentropenkoeffizient $\kappa = 1,6$.

Lösungshinweis:

Energiebilanz:

$$\frac{dU_{Sys}}{dt} = \dot{W}_s$$

Mit $U_{Sys} = N \cdot c_V \cdot \Delta T$ und $W_s = - p \cdot dV = - N \cdot R \cdot T/V \cdot dV$ für ein ideales Gas, integriert über eine beliebige Zeit Δt folgt

$$c_V \cdot \frac{d\Delta T}{T} = -R \cdot \frac{dV}{V}$$

Falls c_V bekannt ist (hier für N_2) kann diese Energiebilanz sofort für die Endtemperatur gelöst werden. Sie kann aber auch weiter zur Adiabatengleichung umgeformt werden:

$$\frac{c_V}{R} \cdot \ln \frac{T_2}{T_1} = \ln \frac{V_1}{V_2}$$

Mit $\kappa = c_P/c_V = (c_V + R)/c_V$ folgt daraus für die Temperatur T_2:

$$T_2 = T_1 \cdot \left(\frac{V_1}{V_2}\right)^{R/c_V} = T_1 \cdot \left(\frac{V_1}{V_2}\right)^{\kappa-1}$$

Der Druck p_2 kann nun zu der berechneten Temperatur T_2 mit der idealen Gasgleichung berechnet werden, oder mit einer anderen Form der Adiabatengleichung:

$$p_2 = p_1 \left(\frac{V_1}{V_2}\right)^{\kappa}$$

Ergebnis:

Bei N_2 erhöht sich der Druck auf 2,64 bar und die Temperatur auf 119,8 °C; die Kompressionsarbeit beträgt 79,9 kJ.

Bei He erhöht sich der Druck auf 3,03 bar und die Temperatur auf 178,8 °C; die Kompressionsarbeit beträgt 77,36 kJ.

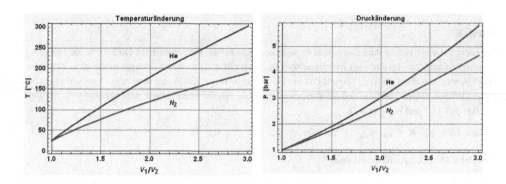

Beispiel 4-59: Wärmeaustauschernetzwerk (Pinch-Technologie) [25]

In einem Industriebetrieb fallen zwei heiße Ströme an ($S_{h1} = \dot{M}_{h1} \cdot c_p$ = 3 kJ/(s·K), $T_{h1,ein}$ = 180 °C, S_{h2} = $\dot{M}_{h2} \cdot c_p$ = 1 kJ/(s·K), $T_{h2,ein}$ = 150 °C), die gekühlt werden müssen ($T_{h1,aus}$ = 60 °C, $T_{h2,aus}$ = 30 °C), und zwei kalte Ströme ($S_{k1} = \dot{M}_{k1} \cdot c_p$ = 2 kJ/(s·K), $T_{k1,ein}$ = 20 °C, $S_{k2} = \dot{M}_{k2} \cdot c_p$ = 4,5 kJ/(s·K), $T_{k2,ein}$ = 80 °C), die erwärmt werden müssen ($T_{k1,aus}$ = 135 °C, $T_{h2,aus}$ = 140 °C). Durch Wärmeaustauscher sind diese Ströme so zu verschalten, dass die externe Heiz-, bzw. Kühlleistung ein Minimum wird. In den Wärmeaustauschern soll die minimale Temperaturdifferenz zwischen heißem und kaltem Strom 10 °C betragen. Wie viele Wärmeaustauscher werden benötigt und wie sind diese anzuordnen?

<u>Lösungshinweis und Ergebnis:</u>

Der minimale Energiebedarf (nicht aber noch die Anzahl und Anordnung der Wärmetauscher) kann recht einfach im Temperatur-Enthalpie-Diagramm ermittelt werden, was zunächst für zwei Ströme, z. B. Strom S_{h1} und S_{k2} erläutert wird,   Abbildung 4-5.

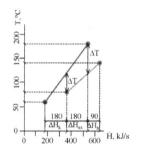 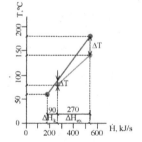

Abbildung 4-5: T-H-Diagramm für zwei Ströme

Die benötigte Kühlleistung, um S_{h1} auf die gewünschte Temperatur abzukühlen beträgt $S_{h1} \cdot (T_{h1,ein} - T_{h1,aus})$ = 360 kJ/s, die benötigte Heizleistung, um S_{k2} aufzuheizen entsprechend 270 kJ/s. Diese Ströme können in einem T-H-Diagramm eingezeichnet werden, wobei sie entlang der Abszisse beliebig verschoben werden können, da es immer nur auf die Enthalpiedifferenz ankommt. Wärme kann nur in dem Bereich ausgetauscht werden, wo sich die Geraden überschneiden.

Im linken Bild sind Bedingungen für einen schlechten Wärmeaustauscher (kleine Wärmeleitfähigkeit, geringe Turbulenz, kleine Austauschfläche) dargestellt; es werden nur 180 kJ/s ausgetauscht (ΔH_{ex}), an einem Ende beträgt die Temperaturdifferenz 40 °C, am anderen Ende 60 °C; es müssen noch 180 kJ/s des heißen Stromes gekühlt (ΔH_k) und noch 90 kJ/s des kalten Stromes erwärmt werden (ΔH_h).

Bei einem guten und genügend großen Wärmeaustauscher kann jedoch der gesamte kalte Strom auf die Zieltemperatur von 140 °C erwärmt werden (rechtes Bild). Die Temperaturdifferenzen an den beiden Seiten des Wärmeaustauschers betragen dann 40 bzw. 10 °C. 10 °C ist auch der Wert, welcher in der Praxis meist angestrebt wird. Der aus dem Wärmeaustauscher austretende heiße Strom muss dann noch mit 90 kJ/s auf die Zieltemperatur durch eine externe Kühleinheit gekühlt werden.

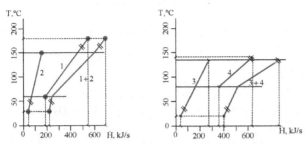

Abbildung 4-6: Addition der heißen und kalten Ströme

Sind zwei oder mehr heiße oder kalte Ströme vorhanden, so können diese im sich überschneidenden Temperaturbereich addiert und durch Parallelverschiebung zu einer einzigen Kurve kombiniert werden. Man erhält somit eine Kurve für alle heißen und eine Kurve für alle kalten Ströme,   Abbildung 4-7.

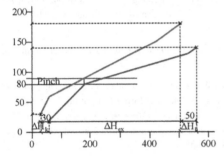

Abbildung 4-7: Zusammengesetzte heiße und kalte Ströme

Zur Einstellung der minimalen Temperaturdifferenz können diese Kurven wieder gegeneinander verschoben werden. Im Kurvenverlauf stellt diese minimale Temperaturdifferenz meist eine Engstelle dar, die das Gesamtsystem in zwei Gebiete unterteilt. Diese Engstelle wird Pinch (Klemme, Kneife) genannt. Das Gebiet oberhalb des Pinches stellt eine Wärmesenke dar, das Gebiet unterhalb eine Wärmequelle. Aus der Enthalpiedifferenz am oberen und unteren Ende der beiden Kurven kann die minimal erforderliche Heiz- bzw. Kühlleistung abgelesen werden,   Abbildung 4-7.

Qualitativ können für eine maximale Wärmerückgewinnung folgende Aussagen getroffen werden:

- Wärme darf nicht über den Pinch transportiert werden

- Keine Heizgeräte unterhalb des Pinches

- Keine Kühlgeräte oberhalb des Pinches

Die Berechnung der Anzahl und Anordnung der Wärmeaustauscher kann auf mehrere Arten erfolgen. Eine Möglichkeit wird im Folgenden dargestellt.

Aus   Abbildung 4-7 ist zu sehen, dass der Pinch für dieses Beispiel zwischen 80 und 90 °C liegt und dass die minimale Heizleistung 50 kW und die minimale Kühlleistung 30 kW beträgt. In   Abbildung 4-8 sind die 4 Ströme als horizontale Linien und der Pinch als vertikale Linien dargestellt. Für eine optimale Energierückgewinnung darf oberhalb der Pinch-Temperatur keine externe Kühlung zur Anwendung kommen, d. h. die heißen Ströme müssen durch die kalten Ströme bis zur oberen Pinch-Temperatur abgekühlt werden, nicht aber weiter. Auf der unteren Seite des Pinches geschieht genau das Umgekehrte.

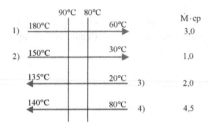

Abbildung 4-8: Netz für 4-Strom Problem

Strom 1 muss daher von 180 auf 90 °C gekühlt werden, wobei von den kalten Strömen eine Kühlleistung von 3·(180-90) = 270 kW aufgebracht werden muss; für Strom 2 ergibt sich analog 1·(150-90) = 60 kW.

Unter Beachtung der 10 °C Temperaturdifferenz kann Strom 3 oberhalb des Pinches 2·(135-80) = 110 kW liefern und Strom 4 4,5·(140-80) = 270 kW.

Daraus sieht man, dass Strom 1 durch Strom 4 zur Pinch-Temperatur abgekühlt werden kann, wobei Strom 4 genau zur Zieltemperatur erhizt wird. Allerdings muss Strom 4 zunächst zur unteren Pinch-Temperatur von 80 °C gebracht werden, was hier der Eintrittstemperatur entspricht.

Strom 2 kann durch Strom 3 zur Pinch-Temperatur abgekühlt werden, allerdings wird dabei Strom 3 nicht zur Zieltemperatur erwärmt, was durch eine Zusatzheizung erfolgen muss. Diese muss eine Leistung von 110 – 60 = 50 kW (= 2·(135-80) – 1·(150-90)) aufweisen.

Auf der unteren Seite des Pinches stehen von Strom 1 noch 3·(90-60) = 90 kW zur Aufheizung kalter Ströme zur Verfügung und von Strom 2 noch 1·(90-30) = 60 kW.

Zur Erwärmung von Strom 3 werden noch 2·(80-20) = 120 kW gebraucht, während sich der Eingangswert von Strom 4 genau bei der Pinch-Temperatur befindet. Beispielsweise könnte jetzt Strom 1 mit Strom 3 auf die Zieltemperatur abgekühlt werden, wobei sich Strom 3 auf 65 °C erwärmt (2·(x-20) = 90, ⇒ x = 65). Um auf die Pinch-Temperatur von 80 °C zu kommen, ist ein weiterer Wärmeaustauscher mit Strom 2 erforderlich, welcher sich dabei auf 60 °C abkühlen würde, (2·(80-65) = 1·(90-x), x = 60).

So kann das aber nicht funktionieren, da dabei die Forderung nach einer minimalen Temperaturdifferenz von 10 °C unterschritten wird (60 °C Strom 2, 65 °C Strom 3). Eine andere Möglichkeit besteht darin, dass zunächst der Wärmeaustausch von Strom 2 und 3 erfolgt. Strom 2 kann vollständig abgekühlt werden und Strom 3 erwärmt sich dabei auf 50 °C (2·(x-20) = 60, x = 50). Wärmeaustausch von Strom 3 mit 1 bringt jetzt Strom 3 auf die Pinch-Temperatur von 80 °C, wobei sich Strom 1 auf 70 °C abkühlt (2·(80-50) = 3·(90-x), x = 70). Um Strom 1 nun von 70 auf 60 °C zu kühlen, ist eine externe Kühleinheit mit einer Kühlleistung von 3·(70-60) = 30 kW erforderlich.

Aus exergetischen Gründen noch günstiger wäre zunächst ein Wärmeaustausch von Strom 2 und 3, wobei aber nur 30 kW übertragen werden. Strom 2 kühlt sich dabei auf 60 °C ab (1·(90-x) = 30, x = 60). Die externe Kühleinheit muss diesen Strom dann weiter auf 30 °C abkühlen. Strom 3 erwärmt sich auf 35°C (2·(x-20) = 30, x = 35). Ein weiterer Wärmeaustauscher bringt nun diesen Strom auf 80 °C, während sich Strom 1 dabei auf die Zieltemperatur von 60 °C abkühlt (2·(80-35) = 3·(90-60)).

4.8.2.2.   instationäre Energiebilanzen

Beispiel 4-60: Aufheizzeit im Rührkessel

In einem Doppelmantelrührkessel, welcher mit Sattdampf von 2,5 bar beheizt wird, sollen 5000 kg Wasser von 15 °C auf 80 °C erwärmt werden. Die Mantelfläche beträgt 30 m² und der Wärmedurchgangskoeffizient 300 W(m²·K). Der Rührkessel ist gut durchmischt, es herrscht überall dieselbe Temperatur. Zu berechnen ist die Aufheizzeit.

Lösungshinweis:

Bilanzraum: Volumen des Wassers im Rührkessel.

Geschlossenes System, instationär, ohne Arbeitsleistung. Energie des Systems ist nur innere Energie.

Energiebilanz: $\dfrac{dU_{Sys}}{dt} = \dot{Q}$

Mit $dU = M_{Wasser} \cdot c_V \cdot dT$ und $\dot{Q} = k \cdot A \cdot (T_{Dampf} - T_{Wasser})$

T_{Dampf} aus Dampftafel oder Antoine-Gleichung

Ergebnis:

Die Aufheizzeit beträgt 2009,3 s = 0,56 h

Beispiel 4-61: Abkühlzeit im Wassererhitzer [3]

Ein isolierter, elektrisch beheizter Wassererhitzer enthält 190 kg Wasser. Der Wasserdurchsatz beträgt 0,2 kg/s. Eintrittstemperatur ist 10 °C, Austrittstemperatur (= Temperatur im gesamten Kessel) ist 60 °C. Es tritt ein Stromausfall auf. Nach welcher Zeit ist die Temperatur im Kessel auf 35 °C gesunken?

Lösungshinweis:

Annahmen: keine Verluste, ideal durchmischt.

Bilanzraum: Volumen des Wassers im Erhitzer.

Offenes System, instationär, keine Wärmeübertragung, keine Arbeitsleistung

Energiebilanz: $\dfrac{dU_{Sys}}{dt} + \dot{M}_{Wasser} \cdot (\Delta h_{aus} - \Delta h_{ein}) = 0$

$dU_{Sys} = M_{Wasser\,im\,Tank} \cdot c_V \cdot dT_{Tank}$

$\Delta h = c_P \cdot \Delta T_{Tank}$

$c_P \approx c_V$ für Flüssigkeiten und Feststoffe

Ergebnis:

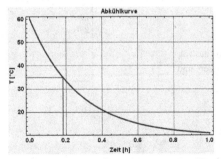

Nach 658,5 s ist die Temperatur auf 35 °C gesunken

Beispiel 4-62: Erwärmung Elektromotor

Ein Elektromotor wiegt 40 kg und besitzt eine spezifische mittlere Wärmekapazität von 0,6 kJ/(kg·K). Bei einer Spannung von 220 V nimmt er einen Strom von 7,5 A auf und erbringt damit eine Arbeitsleistung von 1,25 kW.

a) Um wie viel Grad erwärmt sich der Motor in einer Stunde, wenn er eine konstante Verlustwärme von 280 J/s an die Umgebung abgibt?

b) Um wie viel Grad erwärmt sich der Motor in einer Stunde, wenn er eine T-abhängige Verlustwärme $Q_V = k \cdot A \cdot (T - T_{Umg})$ abgibt, mit $k \cdot A = 10$ W/K und einer Umgebungstemperatur von $T_{Umg} = 25$ °C?

c) Welche Temperatur T_{stat} wird der Motor im stationären Betrieb erreichen?

d) Nach welcher Zeit sind 99 % dieser Erwärmung (von $T_{stat} - T_{Umg}$) erreicht?

Lösungshinweis:

Energiebilanz:

$$\frac{d(M \cdot c_p \cdot T)}{dt} = \dot{Q}_{elektr} - \dot{Q}_{Verluste} - \dot{W}_s$$

Ergebnis:

a) T nach 1 h bei konstanten Wärmeverlusten = 43,0 °C
b) T nach 1 h bei T-abhängigen Wärmeverlusten = 56,1 °C
c) Stationäre Endtemperatur = 65 °C
d) Zeit nach welcher 99 % der Erwärmung erreicht sind = 11052 s = 3,07 h.

Beispiel 4-63: Befüllen eines Behälters mit Luft 1

Ein Behälter mit V = 3 m³ ist mit Luft (1 bar, 20 °C) gefüllt. Pressluft (5 bar, 50 °C) wird adiabat eingebracht, bis der Druck im Behälter ebenfalls 5 bar beträgt.

Welche Masse und Temperatur besitzt die Luft im Behälter nach Beendigung des Füllvorganges, wenn kinetische und potentielle Energie der Pressluft vernachlässigbar sind?

Luft ist ein ideales Gas mit Molmasse 28,8 und einem Adiabatenkoeffizient (c_p/c_v) von $\kappa = 1,4$ = konstant.

Lösungshinweis:

Bilanzraum ist das Volumen des Behälters.

Offenes System ohne austretenden Strom, instationär, ohne Arbeitsleistung, keine kinetische, potentielle Energie.

Energiebilanz: $\dfrac{dU_{Sys}}{dt} - \dot{M}_{ein} \cdot \Delta h_{ein} = 0$

Das Δ bezieht sich auf den Referenzzustand. Da kein Strom austritt, entspricht der eintretende Strom genau der Änderung der Wasser- und Dampfmasse im Tank, d. h. $\dot{M}_{ein} = \dfrac{dM_T}{dt}$

$$\frac{d(M_T \cdot \Delta u_T)}{dt} = \Delta h_{ein} \cdot \frac{dM_T}{dt}$$

Das Befüllen des Behälters erfolgt sehr schnell (keine Zeit für Wärmeaustausch ⇒ adiabat). Die Zeit zum Befüllen ist nicht gefragt, es kann daher zwischen einem Anfangszustand 1 und einem Endzustand 2 integriert werden.

Nach Kürzen von dt folgt mit der Produktregel:

$$\Delta u_T \cdot dM_T + M_T \cdot d\Delta u_T = \Delta h_{ein} \cdot dM_T$$

bzw.

$$\frac{d\mathrm{M_T}}{\mathrm{M_T}} = \frac{d\Delta u}{\Delta h_{ein} - \Delta u} = \frac{c_V \cdot d\Delta T}{c_p \cdot \Delta T_{ein} - c_V \cdot \Delta T} = \frac{d\Delta T}{\kappa \cdot \Delta T_{ein} - \Delta T}$$

und integriert:

$$\ln \frac{\mathrm{M_{T,2}}}{\mathrm{M_{T,1}}} = \ln \frac{\kappa \cdot \Delta T_{ein} - \Delta T_1}{\kappa \cdot \Delta T_{ein} - \Delta T_2}$$

Es gibt drei Unbekannte ($M_{T,1}$, $M_{T,2}$, T_2), deshalb sind noch zwei weitere Gleichungen notwendig; ideale Gasgleichung und Massenbilanz.

Ergebnis:

$M_{T,1} = 3{,}54$ kg; $M_{T,2} = 12{,}73$ kg; $T_2 = 408{,}1$ K

Beispiel 4-64: Befüllen eines Wassertanks [3]

Ein 1,5 m³ Tank enthält 500 kg flüssiges Wasser, bei 100 °C im Gleichgewicht mit Wasserdampf, welcher den restlichen Tank ausfüllt. Nun werden über eine Zulaufleitung weitere 750 kg Wasser bei 70 °C in den Tank gepumpt. Wie viel Wärme muss dem Tank zu- oder abgeführt werden, damit Druck und Temperatur gleich bleiben?

Lösungshinweis:

Bilanzraum ist das Volumen des Tanks.

Offenes System ohne austretenden Strom, instationär, ohne Arbeitsleistung, keine kinetische, potentielle Energie.

Energiebilanz: $\dfrac{d\mathrm{U_{Sys}}}{dt} - \dot{\mathrm{M}}_{ein} \cdot \Delta h_{ein} = \dot{\mathrm{Q}}$

Auswertung wie in Beispiel 4-63; anstelle Produktregel und Integration der einzelnen Terme, kann alternativ auch direkt zwischen einem Anfangszustand 1 und einem Endzustand 2 integriert werden. Man erhält dann:

$$\Delta\left(\mathrm{M_T} \cdot \Delta u_\mathrm{T}\right) - \Delta \mathrm{M_T} \cdot \Delta h_{ein} = Q, \text{ bzw.}$$

$$\mathrm{M_{T,2}} \cdot \Delta u_\mathrm{T,2} - \mathrm{M_{T,1}} \cdot \Delta u_\mathrm{T,1} - (\mathrm{M_{T,2}} - \mathrm{M_{T,1}}) \cdot \Delta h_{ein} = Q$$

wobei sich Δu_T auf die Differenz zum Referenzzustand der inneren Energie des Tankinhaltes bezieht. Der Tankinhalt besteht aus Wasser und Dampf, deren Verhältnis sich beim Befüllen ändert; dies ist bei der Berechnung der Masse und der inneren Energie des Tankinhaltes zu berücksichtigen. Es sind daher noch zusätzliche Massenbilanzen erforderlich. Mit den Werten aus den Dampftafeln erhält man folgendes

Ergebnis:

Es müssen 93522,4 kJ zugeführt werden.

Kommentar:

In Quelle [3] wird die innere Energie gleich der Enthalpie gesetzt, weil Druck und Volumen gleich bleiben. Das stimmt aber nur bedingt, da zwar das Gesamtvolumen konstant bleibt, nicht aber das Dampfvolumen. Der Unterschied ist aber vernachlässigbar gering. Die Berechnung mit Enthalpien ergibt 93518,1 kJ.

Beispiel 4-65: Befüllen eines Behälters mit Luft 2 [1]

Eine entleerte Druckluftflasche (1 bar, 20 °C) soll wieder auf 40 bar befüllt werden, indem sie an eine Druckluftleitung (50 bar, 20 °C) angeschlossen wird. Die Befüllung erfolgt so schnell, dass praktisch kein Wärmeaustausch mit der Umgebung stattfinden kann (adiabat).

a) Welche Temperatur wird erreicht?

b) Welcher Druck wird sich nach Abkühlen auf 20 °C einstellen?

c) Nach Abkühlen auf 20 °C sollen noch 40 bar in der Flasche bleiben; auf welchen Druck muss dann die Flasche zunächst befüllt werden?

d) Angenommen, die Flasche wäre anfänglich vollkommen evakuiert, welche Temperatur wird sich beim Befüllen auf 20, 30 und 40 bar einstellen?

e) Zeichne ein p-T-Diagramm.

Annahme: Luft verhält sich bei jedem Druck wie ideales Gas mit einem c_V-Wert von 21 J/(mol·K).

Lösungshinweis:

Stationäres, offenes System (nur Zufluss), ohne Arbeitsleistung und Wärmeaustausch.

Energiebilanz:

$$\frac{dU_{Sys}}{dt} - \dot{N}_{ein} \cdot \Delta h_{ein} = 0$$

mit

$U = N_B \cdot u$ (Mole im Behälter mal spezifische innerer Energie) und

$\dot{N}_{ein} = \dfrac{dN_B}{dt}$ (Änderung der Mole im Behälter entspricht eintretendem Luftstrom)

erhält man

$$\frac{d(N_B \cdot u)}{dt} - \frac{dN_B}{dt} \cdot \Delta h_{ein} = 0$$

Integriert mit Produktregel von Anfangszustand 1 bis beliebigen Zeitpunkt 2 ergibt

$$\ln\frac{N_2}{N_1} = \ln\frac{\Delta h_{ein} - \Delta u_1}{\Delta h_{ein} - \Delta u_2}$$

Werden die Molzahlen N durch die ideale Gasgleichung ersetzt, und h und u durch $c_p \cdot T$ bzw. $c_V \cdot T$ folgt für die Endtemperatur T_2:

$$T_2 = \frac{p_2}{\dfrac{p_1}{T_1} + \dfrac{c_V}{c_P} \cdot \dfrac{p_2 - p_1}{T_{ein}}}$$

Ergebnis:

a) Die Temperatur steigt auf 132,05 °C

b) Nach dem Abkühlen auf 20 °C verbleibt im Behälter ein Druck von 28,9 bar.

c) Sollen nach dem Abkühlen noch 40 bar im Behälter verbleiben, muss der Behälter zunächst auf 55,4 bar befüllt werden.

d) Ist der Behälter anfangs vollständig evakuiert ($p_1 = 0$) steigt die Temperatur immer auf 136,1 °C, unabhängig vom erreichten Enddruck.

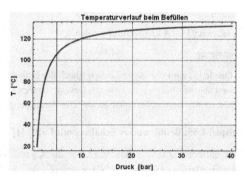

Beispiel 4-66: Iglu

Ein Iglu ist in der Form einer Halbkugel gebaut mit einem inneren Radius von $r_i = 1,7$ m. Die Dicke der Wände aus kompaktiertem Schnee beträgt $s = 0,6$ m. Der Stoffübergangskoeffizient auf der Innenseite beträgt $\alpha_i = 6$ W/(m²·K) und auf der Außenseite $\alpha_a = 12$ W/(m²·K). Die Wärmeleitfähigkeit des Schnees und der Eiskappe des Bodens ist $\lambda = 0,15$ W/(m·K). Die Temperatur der Eiskappe (Boden) beträgt -20 °C und die Außenlufttemperatur ist -40 °C. Im Inneren des Iglus befinden sich 3 Personen, welche 320 W als Wärmeleistung abstrahlen.

Berechne:

a) Die Innentemperatur unter stationären Bedingungen.

b) Die Leute verlassen das Iglu; welche Temperatur wird sich einstellen?

c) Die Leute verlassen das Iglu; nach welcher Zeit hat sich im Inneren eine Temperatur von -35 °C eingestellt?

Stoffdaten und zusätzliche Angaben:

- Wärmekapazität der Luft $c_p = 1005$ J/(kg·K)
- Dichte der Luft im Inneren = 1,3 kg/m³ = konst.
- Vernachlässigung der Wärmestrahlung
- Die Berechnung der Iglu-Oberfläche kann mit einem mittleren Radius erfolgen

$$r_m = \frac{r_a - r_i}{\ln \dfrac{r_a}{r_i}}.$$

- Die Wärmeleitung durch den Boden entspricht der Leitung in einem halbunendlichen Raum.
- Der Wärmeaustausch zwischen dem Boden und dem Inneren des Iglus ist gegeben durch:
   $Q = FF \cdot \lambda \cdot \Delta T$, wobei für den Formfaktor FF der doppelte Durchmesser einzusetzen ist.

Lösungshinweis:

Bilanzgebiet ist die Iglu-Halbkugel, geschlossenes System.

Bilanzgleichungen:

stationär; die Wärmeabstrahlung der Menschen kann als Generationsterm berücksichtigt werden oder als Wärmefluss in das System:

$$\Delta H_G = \sum_i \dot{Q}_i \quad \text{oder} \quad \sum_i \dot{Q}_i = 0$$

stationär; $\sum_i \dot{Q}_i = 0$, Wärmezufuhr über den Boden entspricht der Wärmeabfuhr an die Luft.

instationär: $\dfrac{dU}{dt} = \sum_i \dot{Q}_i$

Ergebnis:

a) Stationäre Innentemperatur mit 3 Menschen = 9,7 °C

b) Stationäre Innentemperatur ohne Menschen = -37,0 °C

c) Nach 73,5 Minuten sind -35 °C erreicht.

Beispiel 4-67: Tempern von Eisenbahnschienen

Eisenbahnschienen, angenähert als Stäbe mit einem Durchmesser von $D = 0,1$ m werden in einem gasbefeuerten Ofen hitzebehandelt. Der Wärmeübergangskoeffizient vom Gas auf den Eisenstab betrage

30 W/(m²·K). Die Gase haben eine Temperatur von 1100 K, der Eisenstab anfänglich 300 K und soll auf 900 K erhitzt werden. Wie lange muss der Stab im Ofen bleiben?

Stoffwerte des Eisenstabes:

$c_P = c_V = 541$ J/(kg·K), $\rho = 7832$ kg/m³,

λ = sehr groß $\Rightarrow$ Eisenstab hat überall gleiche Temperatur

Die Berechnung der Strahlung soll für die vereinfachten Bedingungen $\varepsilon_1 = \varepsilon_2 = 1$ und $\varphi = 1$ erfolgen.

Lösungshinweis:

Bilanzraum ist der sich im Ofen befindliche Teil des Eisenstabes. Instationäres, geschlossenes System. Energiebilanz:

$$\frac{dU_{Sys}}{dt} = \dot{Q}_{konv} + \dot{Q}_{Str}$$

Ergebnis:

Der Stab muss 0,2 h im Ofen verbleiben. Ohne Berücksichtigung der Strahlung wären 1,35 h erforderlich.

Beispiel 4-68: Berechnung eines Wärmeübergangskoeffizienten α

Der Wärmeübergangskoeffizient α von Luft, welche über eine Kugel strömt, soll durch Messung des Temperaturverlaufes der Kugel bestimmt werden. Die Lufttemperatur beträgt 27 °C und bleibt konstant (hoher Luftüberschuss). Die Kugel besteht aus Kupfer und hat einen Durchmesser von 12,7 mm. Die Anfangstemperatur beträgt 66 °C, nach 69 s hat sich die Kugel auf 55 °C abgekühlt. Auf Grund der hohen Wärmeleitfähigkeit von Kupfer weist die Kugel überall die gleiche Temperatur auf.

Berechne α

a) unter der Annahme, dass der Strahlungsaustausch zwischen Cu und Luft vernachlässigt werden kann,

b) unter Berücksichtigung des Strahlungsaustausches.

Stoffdaten von Kupfer: $\rho = 8933$ kg/m³, $c_P = 385$ J/(kg·K), $\lambda = 401$ W/(m·K), $\varepsilon = 0,03$ [-]

ε_2 der Atmosphäre und die Einstrahlzahl φ werden mit 1 angenommen; $\sigma = 5,67 \cdot 10^{-8}$ W/(m²·K⁴).

Lösungshinweis:

Bilanzraum ist die Kugel. Instationäres, geschlossenes System ohne Arbeitsleistung.

- Energiebilanz ohne Strahlung:

$$\frac{d(M \cdot c_p \cdot T_{Kugel})}{dt} = \alpha \cdot A \cdot \left(T_{Kugel} - T_{Luft}\right)$$

- Energiebilanz mit Strahlung:

$$\frac{d(M \cdot c_p \cdot T_{Kugel})}{dt} = \alpha \cdot A \cdot \left(T_{Kugel} - T_{Luft}\right) + \varepsilon_1 \cdot \varepsilon_2 \cdot \varphi \cdot \sigma \cdot \left(T_{Kugel}^4 - T_{Luft}^4\right)$$

Diese Gleichung kann symbolisch nicht integriert werden, für eine numerische Integration muss aber der gesuchte Wert α gegeben sein. Zwei Möglichkeiten: 1) händisch: logarithmischer Mittelwert für die Kugeltemperatur, 2) mit Computer: Wert für α annehmen, numerisch integrieren und α solange variieren bis Δt der gegebenen Zeit entspricht.

Ergebnis:

Die Berechnung des Wärmeübergangskoeffizienten ergibt ohne Berücksichtigung der Strahlung $\alpha = 34,96$ und mit Berücksichtigung der Strahlung 34,46 W/(m²·K) (logarithmischer Mittelwert) bzw. 34,74 (numerische Integration).

Beispiel 4-69: Aufheizen Lösungsmittelstrom [9]

Ein Lösungsmittelstrom ($L = 12$ kg/min, $c_p = 2,3$ kJ/(kg·K), Eintrittstemperatur $T^0 = 25$ °C) wird in einem Rührkessel aufgeheizt. Der Rührkessel ist mit Heizschlangen ausgestattet, in welchen Sattdampf bei 7,5 bar bei konstanter Temperatur kondensiert. Anfänglich befinden sich 760 kg des Lösungsmittels bei 25 °C im Rührkessel. Über die gesamte Austauschfläche wird ein Wärmestrom von $k \cdot A = 11,5$ kJ/(min·K) übertragen.

Berechne:

a) die stationäre Austrittstemperatur
b) die Austrittstemperatur nach 40 min
c) nach welcher Zeit ist die stationäre Austrittstemperatur bis auf 1° erreicht?

Annahmen: idealer Rührkessel, c_p = konstant

Lösungshinweis:

Bilanzraum ist das Volumen des Lösungsmittels im Rührkessel. Instationäres, offenes System ohne Arbeitsleistung; kinetische, potentielle Energie vernachlässigbar. $c_P \approx c_V$

Energiebilanz:

$$1) \quad \dot{M}_{LM} \cdot (\Delta h_{aus} - \Delta h_{ein}) = \dot{Q}$$

$$2) \text{ und } 3) \quad \frac{dU_{Sys}}{dt} + \dot{M}_{LM} \cdot (\Delta h_{aus} - \Delta h_{ein}) = \dot{Q}$$

Ergebnis:

a) Die stationäre Austrittstemperatur beträgt 66,97 °C
b) Nach 40 min beträgt die Austrittstemperatur 49,82 °C
c) Nach 167,1 min sind ca. 66 °C erreicht.

Beispiel 4-70: Wärmebehandlung Aluminiumplatte [17]

Eine $\delta = 3$ mm dicke Aluminiumplatte wird beidseitig (2A) mit einem Epoxid-Überzug versehen, welcher wärmebehandelt werden muss. Anfänglich hat die Platte eine Temperatur von 25 °C und wird dann in einen Ofen eingebracht, in dem eine Lufttemperatur von 175 °C herrscht. Die Platte muss in diesem Ofen 5 min bei einer Temperatur von mindestens 150 °C bleiben. Anschließend wird die Platte in Luft bei Umgebungstemperatur von 25 °C gekühlt.

Berechne die gesamte Aufheizzeit im Ofen und die Abkühlzeit, bis die Platte eine Temperatur von 37 °C angenommen hat.

Es soll einmal nur der konvektive Wärmeübergang berücksichtigt werden und einmal mit Strahlung. Die Eigenschaften der Epoxid-Schicht werden vernachlässigt.

weitere Daten:

- Wärmekapazität Aluminium $c_P = 875$ J/(kg·K)
- Dichte Al $\rho = 2770$ kg/m³

- Wärmeübergangskoeffizient Aufheizphase: $\alpha_H = 40$ W/(m²·K)
- Wärmeübergangskoeffizient Abkühlphase: $\alpha_K = 10$ W/(m²·K)

Lösungshinweis:

Bilanzgebiet ist beliebige Länge der Aluminium-Platte (Epoxid-Schicht wird vernachlässigt). Instationäres, geschlossenes System.

Energiebilanz:

$$\frac{dU_{Sys}}{dt} = \alpha \cdot 2A \cdot \left(T_{Umgebung} - T_{Sys}\right) + \sigma \cdot 2A \cdot \varepsilon_1 \cdot \varepsilon_2 \cdot \varphi \cdot \left(T_{Umgebung}^4 - T_{System}^4\right)$$

Ergebnis:

Die Aufheizzeit beträgt ohne Berücksichtigung der Strahlung 462,9 s, die Abkühlzeit beträgt dann 916,0 s.

Mit Strahlung beträgt die Aufheizzeit 423,0 s, die Abkühlzeit 563,0 s.

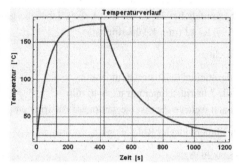

4.8.3. Impulsbilanzen

Beispiel 4-71: Ozon-Bildung

Ozon wird in der Stratosphäre durch Reaktion von Sauerstoffmolekülen O_2 mit angeregten Sauerstoffatomen O gebildet:

$$O + O_2 \leftrightarrow O_3$$

Zeige anhand einer Massen-, Energie- und Impulsbilanz, dass diese Reaktion so nicht ablaufen kann, wohl aber wenn ein weiteres inertes Molekül oder Atom (Stoßpartner) beteiligt ist:

$$O + O_2 + M \leftrightarrow O_3 + M$$

Lösungshinweis und Ergebnis:

Es werden die Masse, die kinetische Energie und der Impuls der Einzelmoleküle vor und nach der Reaktion bilanziert. Nur für die Reaktionsgleichung mit Stoßpartner ergibt das Gleichungssystem eine Lösung.

Beispiel 4-72: Ausfluss von Flüssigkeiten aus Behältern und Rohren

A) Ausfluss aus Behälter, stationär

In einem Gefäß entsprechend der Abbildung befinde sich Wasser mit einer bestimmten Füllhöhe (H = 1m), die über einen Zufluss und Überlauf konstant gehalten wird. Wie groß ist die Ausflussgeschwindigkeit aus der Bodenöffnung)

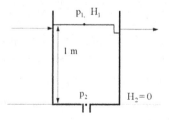

Lösungshinweis:

Die Impulsbilanz, Gleichung (4.20), führt für stationäre Bedingungen und angenommener Reibungsfreiheit durch Integration zur Bernoulli-Gleichung, welche hier am besten in Druckform angegeben wird:

$$p_1 + \frac{\rho \cdot w_1^2}{2} + \rho \cdot g \cdot H_1 = p_2 + \frac{\rho \cdot w_2^2}{2} + \rho \cdot g \cdot H_2$$

Bezugspunkt 1 ist die Wasseroberfläche, Bezugspunkt 2 die Ausflussöffnung. p_1 und p_2 entsprechen dann dem Umgebungsdruck; H_2 wird als Nullniveau festgelegt, H_1 bleibt konstant, daher ist $w_1 = 0$. Diese Werte in die Bernoulli-Gleichung eingesetzt ergeben die Ausflussformel von Toricelli:

$$w_2 = \sqrt{2g \cdot H_1}$$

Ergebnis:

Die Ausflussgeschwindigkeit beträgt 4,43 m/s

Kommentar:

Ausflussgeschwindigkeit ist unabhängig von der Größe der Ausflussöffnung!

B) Ausfluss aus Behälter, instationär

Der Behälter in obiger Abbildung habe einen Durchmesser von D = 0,5 m. Es wird der Zufluss abgedreht; nach welcher Zeit ist der Gefäßinhalt ausgelaufen, wenn die kreisförmige Bodenöffnung einen Durchmesser von 2 cm aufweist und so abgerundet ist, dass keine Strahlkontraktion auftritt?

Lösungshinweis:

Der Wasserspiegel sinkt nunmehr mit der Geschwindigkeit w_1, wodurch sich auch die Ausflussgeschwindigkeit w_2 ändert. Der Zusammenhang zwischen w_1 und w_2 ist für jeden beliebigen Zeitpunkt über die Massenbilanz (Kontinuitätsgleichung) gegeben. Es gilt:

$$w_1 \cdot A_1 = w_2 \cdot A_2 \implies w_1 = w_2 \cdot A_2 / A_1$$

Einsetzen in die Bernoulli-Gleichung und Auflösen nach w_2 ergibt:

$$w_2 = \sqrt{\frac{2g \cdot H_1}{1 - \left(\dfrac{A_2}{A_1}\right)^2}}$$

Ist die Ausflussöffnung A_2 klein und vernachlässigbar gegen die Wasseroberfläche A_1 ergibt sich wieder die Ausflussformel von Toricelli.

Der wesentliche Unterschied zu A) liegt aber nicht in der Berücksichtigung der Querschnittsflächen, sondern in der Änderung der Höhe H_1 der Wasseroberfläche. H_1 ist nicht mehr konstant sondern ändert sich mit dem Ausfluss; $H_1 = H(t)$. Dementsprechend sind nunmehr auch die Geschwindigkeiten w_1 und w_2 eine Funktion der Zeit.

$$w_1 = \frac{dH_1}{dt} = \frac{A_2}{A_1} \cdot w_2 = \frac{A_2}{A_1} \cdot \sqrt{\frac{2g \cdot H_1}{1 - \left(\dfrac{A_2}{A_1}\right)^2}}$$

Werden alle konstanten Werte (A_1, A_2 und g) zu einer Konstanten K zusammengefasst, ergibt sich folgende Differentialgleichung:

$$\frac{dH_1}{dt} = K \cdot \sqrt{H_1} \qquad bzw. \qquad \frac{dH_1}{\sqrt{H_1}} = K \cdot dt$$

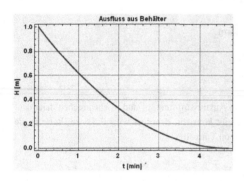

Ergebnis:

Ergebnis:

Das Wasser ist nach 4,7 min ausgeflossen.

C) Ausfluss aus Feuerwehrschlauch

Ausfluss aus einem Feuerwehrschlauch: Der Schlauch mit einem Durchmesser von 8 cm wird an einem Hydranten angeschlossen, welcher einen Wasserdruck von 8 bar liefert. An der Spitze des Schlauches ist eine Düse mit einem kreisförmigen Querschnitt von 1 cm. Wie groß sind die Ausflussgeschwindigkeit und der Wasserdurchsatz, wenn man die Reibungsverluste, geodätische Höhen und Strahlkontraktion vernachlässigen kann?

Lösungshinweis:

In der Bernoulli-Gleichung sind nun die beiden Geschwindigkeiten unbekannt, welche über die Kontinuitätsgleichung verknüpft werden können.

Ergebnis:

Austrittsgeschwindigkeit aus Düse $w_2 = 37,4$ m/s; Wasserdurchsatz = 2,9 l/s.

D) Ausfluss aus Rohr

Durch ein Rohr mit einem Innendurchmesser von 5 cm strömt Wasser. Der Durchfluss soll mit einer Venturidüse ($D_{innen} = 2,5$ cm, Strahlkontraktion = 1) gemessen werden. Das eingebaute Hg-Manometer zeigt eine Höhendifferenz von 10 cm.

Lösungshinweis:

$H_1 = H_2$; die Höhendifferenz des Hg-Manometers wird in ein Δp umgerechnet; $p_2 = p_1 + \Delta p$. Mit der Kontinuitätsgleichung erhält man wieder die beiden Geschwindigkeiten und daraus den Durchfluss; $\rho_{HG} = 13600$ kg/m³.

Ergebnis:

Strömungsgeschwindigkeit im Rohr $w_1 = 1,33$ m/s, Durchsatz = 2,6 l/s.

Beispiel 4-73: Ausfluss aus Hochbehälter [26]

Stelle den Druckverlauf im Hochbehälter und Fallrohr für zwei Gesamthöhen grafisch dar und berechne, ab welcher Fallrohrlänge es beim Übergang Hochbehälter/Fallrohr zum einem Abriss des Stromfadens kommt.

Füllhöhe Hochbehälter $H_B = 5$ m = konstant
Gesamthöhe $H_{ges1} = 10$ m bzw. $H_{ges2} = 12$ m
Umgebungsdruck $p_0 = 1$ bar
Geschwindigkeit im Behälter $w_B \approx 0$
T = 20 °C

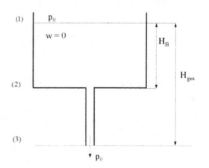

Lösungshinweis:

Bernoulli-Gleichung.

Ausflussgeschwindigkeit $w_{aus} = \sqrt{2\,g \cdot H_{ges}}$

Druck im Behälter: $p_B = p_0 + \rho \cdot g \cdot h$

Druck im Fallrohr: $p_{FR} = p_0 + \rho \cdot g \cdot h - \frac{\rho}{2} w_{aus}^2$

Am niedrigsten ist der Druck beim Übergang vom Behälter ins Fallrohr, bei $h = H_B$. Der Druck ist dort umso kleiner, je länger das Fallrohr ist, da die Ausflussgeschwindigkeit mit der Gesamthöhe zunimmt. Wird der Druck an dieser Stelle kleiner als der Dampfdruck des Wassers, beginnt Wasser zu verdampfen und der Stromfaden reißt ab.

Ergebnis:

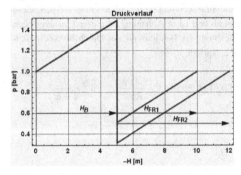

Bei einer Behälterhöhe von 5 m beginnt Wasser von 20 °C ab einer Fallrohrhöhe von 9,97 m am Eintritt zum Fallrohr zu verdampfen.

Beispiel 4-74: Mischen von Gasströmen 1 [27]

Zwei verschiedene Gasströme 1 und 2 werden zu einem Gasstrom 3 gemischt. Es gelten folgende Bedingungen:

Rohrquerschnittsfläche $A_1 = A_2 = A_3 = 0,01$ m²; Gasgeschwindigkeit $w_1 = 120$, $w_2 = 200$ m/s; Massenstrom $M_1 = 10$, $M_2 = 15$ kg/s; Druck $p_1 = p_2 = 10$ bar; Temperatur $T_1 = 300$, $T_2 = 400$ K; Wärmekapazität beider Gase gleich und konstant $c_p = 1000$ J/kg.

Gesucht ist Druck, Temperatur und Gasgeschwindigkeit am Austritt. Annahme: keine Verluste, ideales Gas.

Lösungshinweis:

Molare Massen und Dichten aus idealem Gasgesetz.

Die drei benötigten Gleichungen sind:

- Energiebilanz: $c_p \cdot \Delta T_1 + \frac{\rho_1}{2} \cdot w_1^2 + c_p \cdot \Delta T_2 + \frac{\rho_2}{2} \cdot w_2^2 = c_p \cdot \Delta T_3 + \frac{\rho_3}{2} \cdot w_3^2$

- Impulsbilanz: $p_1 \cdot A_1 + \rho_1 \cdot w_1^2 \cdot A_1 + p_2 \cdot A_2 + \rho_2 \cdot w_2^2 \cdot A_2 = p_3 \cdot A_3 + \rho_3 \cdot w_3^2 \cdot A_3$

- ideale Gasgleichung: $w_3 = \frac{M_3}{MM_3} \cdot \frac{R \cdot T_3}{p_3 \cdot A_3}$

Ergebnis:

$p_3 = 19,4$ bar; $T_3 = 371,4$ K; $w_3 = 172,4$ m/s

Beispiel 4-75: Durchflussmessung mit Messblende [21]

Durchflussmessung in einer Wasserleitung $d_1 = 80$ mm mit Normblende $d_2 = 53{,}5$ mm. Es wird eine Druckdifferenz von $p_1 - p_2 = 0{,}15$ bar gemessen (Wirkdruckdifferenz). Wie groß sind der Durchflusskoeffizient und der Wasserdurchsatz?

Lösungshinweis:

Ist die Druckmessung sehr nahe der Messblende, kann praktisch verlustfrei mit der Bernoulli-Gleichung gerechnet werden. Verwirbelungsverluste treten erst nach der Blende beim Druckanstieg

auf p_3 auf (siehe dazu die Druckverlustbeispiele unstetige Querschnittserweiterung, Beispiel 5-8, Messblende, Beispiel 5-10, Siebboden, Beispiel 5-25). Allerdings muss die Strahlkontraktion α berücksichtigt werden; diese hängt vom Durchmesserverhältnis $\beta = d_2/d_1$ und der Re-Zahl ab und ist in Abhängigkeit dieser Einflussgrößen tabelliert. Es kann aber auch die Reader-Harris/Gallagher-Gleichung zur Bestimmung des Durchflusskoeffizienten C herangezogen werden, welcher der Strahlkontraktion α entspricht.

$$C = 0{,}5961 + 0{,}0261\beta^2 - 0{,}216\beta^8 + 0{,}000521\left(\frac{10^6\beta}{Re}\right)^{0,7} + \left(0{,}0188 + 0{,}0063\left(\frac{19000\beta}{Re}\right)^{0,8}\right)\cdot\beta^{3,5}\cdot\left(\frac{10^6}{Re}\right)^{0,3}$$

Die Re-Zahl bezieht sich auf die Verhältnisse vor der Blende

Mit der Kontinuitätsgleichung $w_1 = w_2 \cdot \dfrac{A_2}{A_1} = w_2 \cdot \dfrac{d_2^2}{d_1^2} = w_2 \cdot \beta^2$

und der Bernoulli-Gleichung $p_1 + \rho \cdot \dfrac{w_1^2}{2} = p_2 + \rho \cdot \dfrac{w_2^2}{2}$ erhält man

$$w_2 = C\sqrt{\frac{2(p_1 - p_2)}{\rho(1 - \beta^4)}} \quad\text{bzw.}\quad \dot{V} = \frac{C}{\sqrt{1 - \beta^4}}\cdot\frac{d_2^2\pi}{4}\sqrt{\frac{2(p_1 - p_2)}{\rho}}$$

Ergebnis:

$w_2 = 3{,}73$ m/s, $\dot{V} = 30{,}2$ m³/h, $C = 0{,}61$

Anmerkungen:

1) Obige Gleichung für C gilt, wenn der Druck unmittelbar an der Messblende gemessen wird. In der EN-ISO 5167-2 wird der Druck aber nicht unmittelbar an der Messblende, sondern in einem gewissen Abstand vor und hinter der Blende gemessen. Der Durchflusskoeffizient C wird noch um geometrische Faktoren erweitert und enthält dann neben der Strahlkontraktion auch noch geringe Verwirbelungsverluste. In einigen Literaturstellen wird der 4. Term der Reader-Harris/Gallagher-Gleichung noch mit β^2 multipliziert, was aber nur geringfügige Unterschiede ergibt.

2) Diese Gleichungen können auch für kompressible Gase verwendet werden; w_2 muss dann noch mit dem Faktor ε multipliziert werden.

$$\varepsilon = 1 - \left(0{,}351 + 0{,}256\beta^4 + 0{,}93\beta^8\right)\cdot\left(1 - \left(\frac{p_2}{p_1}\right)^{1/\kappa}\right)$$

3) Die Blendenformel $\zeta = \left(\dfrac{1}{\alpha} + \beta^2\right)^2$, Beispiel 5-10, dient nicht zur Messung der Geschwindigkeit, sondern zur Messung des bleibenden Druckverlustes der Messblende und ist auf den Druck p_3 in genügender Entfernung hinter der Blende zu beziehen, $\Delta p = p_1 - p_3 = \zeta \cdot \rho/2 \cdot w_1^2$.

Beispiel 4-76: Drossel: ideales Gas mit Verlusten

0,1 m³/s Propangas wird in einem Rohr mit einem Durchmesser von 10 cm von 10 bar und 400 K adiabat auf 1 bar gedrosselt (Drücke werden in ausreichender Entfernung von und hinter der Drossel gemessen).

a) Wie ändert sich die Temperatur und die Gasgeschwindigkeit, wenn Propan unter den gegebenen Bedingungen als ideales Gas betrachtet wird?

b) Wie groß sind die Verluste durch die Verwirbelung hinter der Drossel?

c) Wie hoch ist die Entropiezunahme?

Lösungshinweis:

Energiebilanz:

$$\frac{d\mathrm{U}}{d\mathrm{t}} + \sum \dot{M}\left(u + e_{kin} + e_{pot} + p \cdot v\right) = \sum \dot{Q} + \dot{W}_s$$

Stationär, gleiche Höhe, daher potentielle Energie vernachlässigbar, adiabat, keine Leistung, nur ein Massenstrom. Üblicherweise kann auch die kinetische Energie vernachlässigt werden (auch wenn sich die Strömungsgeschwindigkeit in der Drossel ändert). Energiebilanz vereinfacht sich daher zu:

$$u_{aus} + (p \cdot v)_{aus} = u_{ein} - (p \cdot v)_{ein}$$

bzw.

$$\Delta h = h_{aus} - h_{ein} = 0$$

Da bei einem idealen Gas die Enthalpie nur eine Funktion der Temperatur und nicht des Druckes ist, ändert sich die Temperatur unter den getroffenen Annahmen nicht. Es soll hier aber überprüft werden, ob die Vernachlässigung der kinetischen Energie gerechtfertigt ist und wie sich die Gasgeschwindigkeit ändert. Dazu braucht man noch eine zweite Gleichung, die Massenbilanz. Die beiden zu lösenden Gleichungen für die beiden gesuchten Größen T_{aus} und w_{aus} lauten daher:

- Energiebilanz: $c_p \cdot (T_{aus} - T_{ein}) + (w_{aus}^2 - w_{ein}^2)/2 = 0$

- Massenbilanz: $\rho_{aus} \cdot w_{aus} \cdot A - \rho_{ein} \cdot w_{ein} \cdot A = 0$,   mit $\rho = p \cdot MM/(R \cdot T)$

Die Verluste durch die Verwirbelung hinter der Drossel können nicht direkt berechnet werden. Es gibt keine Beziehung z. B. analog dem Reibungskoeffizienten, die eine solche Berechnung erlauben. Das ist aber auch nicht die Fragestellung bei einer Drossel. Üblicherweise sind die Drücke vorgegeben, gesucht sind die Drosselöffnung und die Temperatur- und Geschwindigkeitsänderung. Die Verwirbelungs- und Reibungsverluste zwischen den Messstellen können aber mit einer Impulsbilanz berechnet werden:

- Impulsbilanz: $p_{aus} \cdot A + \rho_{aus} \cdot w_{aus}^2 \cdot A + \text{Verluste} = p_{ein} \cdot A + \rho_{ein} \cdot w_{ein}^2 \cdot A$

Die Entropiezunahme wird aus der Entropiebilanz für ein ideales Gas berechnet:

$$\Delta s = \int\limits_{T_{ein}}^{T_{aus}} \frac{c_p}{T} dT - \int\limits_{p_{ein}}^{p_{aus}} \frac{R}{p} dp$$

Ergebnis:

Unter Berücksichtigung der kinetischen Energie bleibt die Temperatur beim Drosselvorgang auch bei einem idealen Gas nicht konstant; für die gegebenen Bedingungen kühlt sich das Gas geringfügig von 400 auf 399,915 K ab. Die Strömungsgeschwindigkeit ändert sich von 12,7 auf 127,3 m/s.

Die Verwirbelungsverluste betragen – 12272 N.

Die Entropiezunahme beträgt 575 W/K.

Beispiel 4-77: Diffusor, Carnotscher Stoßdiffusor

Wasserdampf mit 300 °C und 1 bar strömt mit 300 m/s durch ein Rohr mit 5 cm Durchmesser und wird

a) in einem richtig dimensionierten Diffusor, und
b) in einer unstetigen Querschnittserweiterung (Carnotscher Stoßdiffusor)

in ein Rohr mit 15 cm Durchmesser entspannt.

Berechne die Druck-, Temperatur- und Geschwindigkeitsänderung, sowie die Entropieänderung unter Vernachlässigung der Wandreibung und für Wasserdampf als ideales Gas. Stelle die Druckänderung für beide Diffusoren im Bereich $A_2/A_1 = 1$ bis 10 grafisch dar.

Lösungshinweis:

Bei einem richtig dimensionierten Diffusor ist die Querschnittserweiterung so ausgeführt, dass der gesamte Prozess isentrop abläuft. Es treten nur Wandreibungsverluste auf wie in jedem Rohr, aber keine Verwirbelungsverluste; es wird daher keine Impulsbilanz benötigt. Die drei gesuchten Größen Druck, Temperatur und Geschwindigkeit werden aus der Energie-, Massen- und Entropiebilanz ($\Delta s = 0$) erhalten.

Beim Carnotschen Stoßdiffusor kommt es hinter der Querschnittserweiterung zu einer Ablösung der Strömung und dadurch zu einer Entropiezunahme. ΔS geht daher als zusätzliche Unbekannte in die Gleichungen ein, weshalb man noch eine weitere Gleichung benötigt. Dafür kann die Impulsbilanz herangezogen werden, wenn man davon ausgeht, dass unmittelbar hinter der Querschnittserweiterung der Druck p1 infolge der Ablösung über den gesamten Querschnitt (Fläche A_2!) wirkt. Die Impulsbilanz lautet dann (ohne Wandreibung):

$$\rho_{ein} \cdot w_{ein}^2 \cdot A_{ein} + p_{ein} \cdot A_{aus} = \rho_{aus} \cdot w_{aus}^2 \cdot A_{aus} + p_{aus} \cdot A_{aus}$$

Ergebnis für die gegebene Querschnittserweiterung $A_2/A_1 = 9$:

	T [°C]	p [bar]	w [m/s]	Δs [J/(kg·K)]
Vor Diffusor	300	6,0	300	-
Stetiger Idealdiffusor	322,163	7,08	29,3	0
Stoßdiffusor	322,099	6,20	33,5	60,8

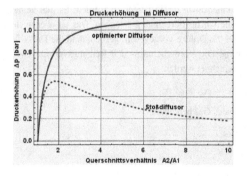

Beispiel 4-78: Carnotscher Stoßdiffusor

Wasser von 20 °C ströme mit einer Geschwindigkeit von 30 m/s durch ein Rohr mit einem Durchmesser von 5 cm, welches an einer bestimmten Stelle auf 20 cm erweitert wird. An der Stelle der Erweiterung wird ein Druck von 0,5 bar gemessen. Berechne die Temperaturerhöhung des Wassers.

Folgende Annahmen: w_1 und w_2 sind konstant über die jeweiligen Querschnitte; Wandreibung vernachlässigbar; stationäre Strömung.

Lösungshinweis:

Austrittsgeschwindigkeit aus Massenbilanz (Kontinuitätsgleichung): $A_1 \cdot w_1 = A_2 \cdot w_2$.

Druck an der Stelle 2 aus Impulsbilanz. Beachtet man, dass an der Stelle 1 der Druck p_1 durch Ablösung und Totzonen über die gesamte Querschnittsfläche A_2 herrscht, lautet die Impulsbilanz:

$$\dot{M}_1 \cdot w_1 + p_1 \cdot A_2 = \dot{M}_2 \cdot w_2 + p_2 \cdot A_2, \quad \text{bzw. mit } \dot{M} = \rho \cdot w \cdot A$$

$$p_2 = p_1 + \rho_1 \cdot w_1^2 \cdot \frac{A_1}{A_2} - \rho_2 \cdot w_2^2$$

Mit diesem Druck ergibt sich die Änderung der inneren Energie und damit die Temperaturänderung aus der Energiebilanz:

$$\dot{M}_1 \cdot \left(u_1 + \frac{w_1^2}{2} + g \cdot h_1 + \frac{p_1}{\rho_1} \right) = \dot{M}_2 \cdot \left(u_2 + \frac{w_2^2}{2} + g \cdot h_2 + \frac{p_2}{\rho_2} \right)$$

mit $M_1 = M_2$, $h_1 = h_2$ und $\rho_1 = \rho_2$ erhält man

$$\Delta u = \frac{w_1^2 - w_2^2}{2} + \frac{p_1 - p_2}{\rho} = c_v \cdot \Delta T$$

Ergebnis:

$w_2 = 1{,}875$ m/s, $p_2 = 1{,}027$ bar, $\Delta u = 395{,}5$ J/kg, $\Delta T = 0{,}095$ °C

Beispiel 4-79: Hydrostatisches Grundgesetz, barometrische Höhenformel

Wie groß ist der Druck 100 m unter der Meeresoberfläche und auf der Zugspitze (2962 m)? Stelle die Druckabhängigkeit mit der Höhe grafisch dar.

Annahmen: Dichte Meerwasser = 1000 kg/m³; mittlere konstante Temperatur der Atmosphäre von 0 °C; Druck auf Meeresniveau = 1 bar; g = 9,81 m/s² = konstant.

Lösungshinweis:

System ist das Volumen einer beliebigen Fläche vom 0-Niveau bis 100 m unter die Meeresoberfläche bzw. bis 2962 m in die Atmosphäre. Gesucht ist die Druckverteilung im System.

Das Gravitationsfeld wirkt nur in vertikaler Richtung, daher gibt es nur in diese Richtung einen Druckunterschied, unabhängig von der Form des Systems (Hydrostatisches (Pascalsches) Paradoxon)

Integration der Impulsbilanz, Gleichung (4.22)

$$\int_{p_0}^{p} dp = \int_{0}^{(-)h} \rho \cdot g \cdot dz$$

Für Wasser kann die Dichte konstant angenommen werden und man erhält:

$$p = p_0 + \rho \cdot g \cdot h \qquad \text{(hydrostatisches Grundgesetz)}$$

Die Luftdichte ist nicht konstant; mit der idealen Gasgleichung erhält man $\rho = \dfrac{p \cdot MM_{Luft}}{R \cdot T}$ und die Integration ergibt:

$$p = p_0 \cdot \exp\left(-\frac{g \cdot MM_{Luft} \cdot h}{R \cdot T}\right) \quad \text{(barometrische Höhenformel)}$$

Ergebnis:

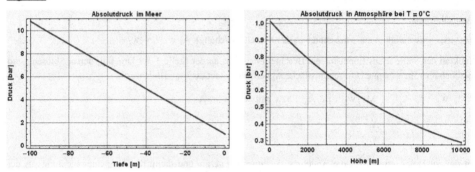

Unter den gegebenen Bedingungen beträgt der Absolutdruck in 100 m Meerestiefe 10,8 bar und auf der Zugspitze 0,69 bar.

Beispiel 4-80: Barometrische Höhenformel mit Berücksichtigung der Temperaturänderung

Wie groß ist Druck und Temperatur auf der Zugspitze, wenn auf Meeresniveau $p_0 = 1$ bar und $T_0 = 273,15$ ist?

Isentropenkoeffizient $\kappa = 1,4$.

Lösungshinweis:

Die Temperaturänderung bei reversibler, adiabater Expansion oder Kompression eines idealen Gases ist gegeben mit $T = T_0 \cdot (p/p_0)^{\frac{\kappa-1}{\kappa}}$. Dies in die barometrische Höhenformel eingesetzt ergibt

$$p = p_0 \cdot \exp\left(-\frac{g \cdot MM_L \cdot h \cdot (p/p_0)^{\frac{1-\kappa}{\kappa}}}{R \cdot T_0}\right).$$

Diese Gleichung kann numerisch für verschiedene Höhen gelöst werden.

Ergebnis:

$p = 0,668$ bar; $T = 242,5$ K; d. h. ca. 1 °C pro 100 m

Anmerkung:

Diese Berechnung mit dem Isentropenkoeffzienten ergibt die maximale Temperatur- und somit auch maximale Druckänderung. Tatsächlich ist die Temperaturänderung etwa um einen Faktor 0,6 geringer.

4.8.4. Entropie- und Exergiebilanzen

Beispiel 4-81: Mischen von Gasströmen 2 [3]

Ein Luftstrom (600 K, 1 mol/s) wird unter stationären Bedingungen mit einem zweiten Luftstrom (450 K, 2 mol/s) gemischt. Es soll so viel Wärme abgeführt werden, dass der austretende Luftstrom eine Temperatur von 400 K aufweist. Der Druck ist überall 1 bar, die Umgebungstemperatur T_{Umg} betrage 300 K. Wie groß ist die abzuführende Wärmemenge und wie groß ist der gesamte Generationsterm für die Entropie?

Es kann eine konstante Wärmekapazität von 7/2 R für die Luft angenommen werden.

Lösungshinweis:

- Wärmebilanz: $\sum_i \dot{N}_i \cdot \Delta h_i = \dot{Q}$

- Entropiebilanz: $\sum_i \dot{N}_i \cdot s_i - \dfrac{\dot{Q}}{T_{Umg}} = \dot{S}_{G,tot}$

Im Unterschied zur Enthalpie ist die Entropie ein Absolutwert (kein Δ, 3. Hauptsatz). Es macht hier aber wenig Sinn, mit Absolutwerten zu rechnen. Leichter ist es, Gleichung (4.38) für ein ideales Gas zu verwenden; es muss dann aber eine Referenztemperatur gewählt werden, bei welcher die Luft noch ideal ist, z. B. 0 °C, 25 °C oder noch einfacher 400 K.

Ergebnis:

Es müssen 8,7 kJ/s an Wärme abgeführt werden. Die Entropiezunahme beträgt 10,4 J/(s·K).

Beispiel 4-82: Entropieänderung Rohrströmung

Eine inkompressible Flüssigkeit ströme durch ein gerades, horizontales, gut isoliertes Rohr mit konstantem Querschnitt. Wie ändert sich a) die Strömungsgeschwindigkeit, b) die Temperatur und c) der Druck in Strömungsrichtung für reversible und irreversible Bedingungen?

Lösungshinweis und Ergebnis:

a) Massenbilanz: $\rho \cdot A \cdot w$ = konstant (Kontinuitätsgleichung). Strömungsgeschwindigkeit bleibt immer konstant.

b) Entropiebilanz: $S_{G,tot} = \dot{M} \cdot (s_2 - s_1) = \dot{M} \cdot \displaystyle\int_{T_1}^{T_2} \dfrac{c_p}{T} dT$

Unter reversiblen Bedingungen ist $S_{G,tot} = 0$ und somit bleibt die Temperatur konstant; unter irreversiblen Bedingungen ist $S_{G,tot}$ positiv, die Temperatur nimmt zu.

c) Energiebilanz: $H_2 - H_1 = 0$

$$H_2 - H_1 = c_p \cdot (T_2 - T_1) + V \cdot (p_2 - p_1) = 0$$

reversibel: $T_2 = T_1$, daher auch $p_2 = p_1$,

irreversibel: $T_2 > T_1$, daher $p_2 < p_1$

Beispiel 4-83: Exergie 1 [28]

1 kg Wasser werde von 20 auf 100 °C erhitzt. Berechne den Anteil der Exergie an der zugeführten Wärme.

Lösungshinweis:

Die Exergie ist der Anteil der zugeführten Wärme, welcher bei der Abkühlung des Wassers auf die Ausgangstemperatur maximal in Arbeit umgewandelt werden kann. Sie ergibt sich nach Gleichung (4.41) zu

$$d\text{E} = \left(1 - \dfrac{T_u}{T}\right)\delta Q .$$

Ergebnis:

Der Anteil der Exergie an der zugeführten Wärme beträgt 11,6 %.

Beispiel 4-84: Exergie 2 [29]

In einem Wärmeüberträger mit einer Wärmeleistung von 1000 kW werden 2 kg/s He mit einer Eintrittstemperatur von 10 °C isobar erwärmt. Berechne die Austrittstemperatur, die Entropieänderung und die Änderung der Exergie für eine Umgebungstemperatur von 20 °C.

Lösungshinweis:

- Energiebilanz: $\dot{Q} = \dot{M}\left(h_{aus} - h_{ein}\right) = \dot{M} \cdot c_p \cdot \left(T_{aus} - T_{ein}\right)$

- Entropiebilanz: $\dot{S}_{aus} - \dot{S}_{ein} = \dot{M} \cdot c_p \cdot \ln\dfrac{T_{aus}}{T_{ein}}$

- Exergiebilanz: Gleichung (4.41), reduziert sich für die gegebenen Bedingungen zu

$$\Delta\left(\dot{M} \cdot b\right) = \Delta Ex = \dot{M} \cdot \left(\Delta h - T_{Umg} \cdot \Delta s\right) = \dot{M} \cdot c_p \cdot \left(T_{aus} - T_{ein} - T_{Umg} \cdot \ln\frac{T_{aus}}{T_{ein}}\right)$$

Ergebnis:

Austrittstemperatur: 106,3 °C
Entropieänderung: +3,04 kJ/(s·K)
Exergieänderung: +108,8 kJ/s
Wärmeinhalt nimmt um 1000 kW zu, Exergie aber nur um 108,8 kW.

Beispiel 4-85: Exergie 3 [29]

Luft mit einer Eintrittstemperatur von 182 °C expandiert reversibel in einer Turbine von 600 auf 100 kPa. Umgebungszustand 100 kPa, 20 °C. Berechne die Änderung der spezifischen Exergie, falls die Expansion a) adiabat und b) isotherm verläuft.

Lösungshinweis:

Luft ideal, mit konstantem c_p = 1,006 kJ/(kg·K).

a) adiabat + reversibel = isentrop; Gleichung (4.41) reduziert sich zu $\Delta Ex = \Delta H$ und
b) isotherm: $\Delta Ex = -T_{Umg} \cdot \Delta S$

Ergebnis:

Bei adiabater Zustandsänderung ändert sich die Exergie um -183,7, bei isothermer Zustandsänderung um -151,3 kJ/kg.

Beispiel 4-86: Exergie 4 [30]

In einem Wärmeaustauscher wird eine Wärmeleistung von $\dot{Q} = 500$ kW von der heißen auf die kalte Seite übertragen. Auf der heißen Seite kondensiert Wasserdampf bei 140 °C, auf der kalten Seite verdampft Wasser bei 110 °C. Die Umgebungstemperatur beträgt 25 °C.

Berechne die Änderungen der Enthalpie, der Entropie und der Exergie für die beiden Ströme und für den gesamten Wärmeaustauscher.

Lösungshinweis:

$\Delta H = Q, \quad \Delta S = \Delta H/T, \quad \Delta B = \Delta H - T_{Umg} \cdot \Delta S$

Ergebnis:

$\Delta H_1 = -500$, $\Delta H_2 = +500$, $\Delta H_{ges} = 0$ kW;

$\Delta S_1 = -1,21$, $\Delta S_2 = +1,30$, $\Delta S_{ges} = +0,09$ kW/K

$\Delta B_1 = -139,2$, $\Delta B_2 = 110,9$, $\Delta B_{ges} = -28,3$ kW

Anmerkung:

Die Exergieänderung entspricht der verminderten Arbeitsfähigkeit (lost work); vor dem Wärmeaustausch steht Dampf mit 140 °C und Wasser mit 110 °C zur Verfügung, mit diesen Strömen könnte man mehr Arbeitsleistung erzielen als nach dem Wärmeaustausch, wo Wasser von 140 °C und Dampf mit 110 °C zur Verfügung stehen.

4.8.5. Anlagenbilanzen

Beispiel 4-87: Destillation C1-C4 [31]

Eine Mischung aus Methan (M), Ethan (E), Propan (P) und Butan (B) soll in vier Destillationseinheiten entsprechend folgendem Schema in möglichst reine Komponenten getrennt werden.

Der Einsatzstrom S1 (1000 kmol/h) besteht aus 20 % M, 25 % E, 40 % P und B. Alle anderen gegebenen Molanteile sind in der Abbildung ersichtlich.

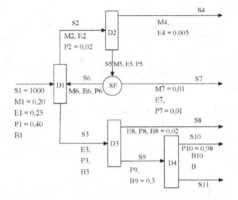

Als zusätzliche Angabe ist gegeben, dass die Hälfte des Bodenproduktes von D2 (S5) als Rücklauf für D1 (S6) aufgegeben werden soll, die andere Hälfte ist der Produktstrom S7.

Erstelle eine Freiheitsgradanalyse und berechne alle Ströme und Konzentrationen.

Lösungshinweis:

Freiheitsgradanalyse:

	D1	D2	Splitter	D3	D4	Anlage	Prozess
Ströme	4	3	3	3	3	6	11
+ Komponenten	13	8	9	8	5	15	29
= Variable	17	11	12	11	8	21	40
- gegebene Ströme	1	0	0	0	0	1	1
- gegebene Konzentrationen	4	2	2	2	2	8	10
= Unbekannte	12	9	10	9	6	12	29
Summationsbedingungen	4	3	3	3	3	6	11
+ Massenbilanzen	4	3	3	3	2	4	15
+ Nebenbedingungen	0	0	3	0	0	0	3
= Gleichungen	8	6	9	6	5	10	29
Freiheitsgrade	4	3	1	3	1	2	0

Nur der Gesamtprozess hat keinen Freiheitsgrad und kann mit Computer direkt gelöst werden. Es ist aber auch eine schrittweise Lösung möglich, was im Folgenden gezeigt wird. Hierfür berechnet man eine Einheit, mit den erhaltenen Ergebnissen kann man dann die nächsten Einheiten berechnen bis der gesamte Prozess gelöst ist. Es ist aber erforderlich, einen geeigneten Startpunkt zu finden; keine einzelne Einheit hat hier einen Freiheitsgrad

FG = 0, zwei Einheiten, D4 und SP, haben aber FG = 1; falls man dort den Freiheitsgrad auf null reduzieren kann, könnte dies ein passender Start sein. Dazu braucht man entweder eine zusätzliche Angabe (Messung oder Annahme), was hier aber nicht nötig ist, oder man versucht es mit einer Umstellung. Dazu wird eine andere Berechnungsbasis gewählt. Der gegebene Einsatzstrom S1 = 1000 kmol/h wird als Unbekannte angenommen und ein anderer Strom der Einheiten D4 und SP (S5, S6, S7, S9, S10 oder S11) mit einem beliebigen Wert versehen. Dadurch reduziert sich der Freiheitsgrad dieser Einheiten auf FG = 0. Falls dies zum Ziel führt und alle Einheiten berechnet werden können, erhält man als Ergebnis bereits alle richtigen Konzentrationen nicht aber noch die richtigen Zahlenwerte für die Ströme. Sie stehen aber zueinander im richtigen Verhältnis, so dass jeder Strom mit dem Verhältnis $\dfrac{S1_{gegeben}}{S1_{berechnet}}$ multipliziert werden kann um auch die richtigen Zahlenwerte zu erhalten.

Versuchen wir nun z. B. einen Zahlenwert für S11 festzulegen; dann ist D4 berechenbar und man erhält alle Ströme und Konzentrationen. Damit ergibt sich eine zusätzliche bekannte Größe für D3 (nur S9, wird auch P9 als bekannt gesetzt, darf keine Summationsbedingung mehr angesetzt werden), wodurch deren Freiheitsgrad auf FG = 2 reduziert wird, aber somit nicht berechnet werden kann.

Nun versuchen wir es mit dem Splitter SP und legen z. B. S7 fest. Die Berechnung ergibt nun alle Ströme und Konzentrationen, wobei aber wieder wegen der Summationsbedingung für jeden Strom eine Konzentration unbekannt bleibt (oder die Summationsbedingungen nicht angesetzt werden, was hier sicher einfacher wäre).

Man erhält somit für die Ströme 5 und 6 jeweils 3 bekannte Größen. Für D1 bleiben damit immer noch 2 Freiheitsgrade (S1 ist jetzt unbekannt), aber D2 ist vollständig bestimmt, wodurch man für den Strom S2 zwei zusätzliche Größen erhält. Damit ist nun auch D1 berechenbar und in weiterer Folge auch D3 und D4.

Nach dieser Vorgangsweise ergibt sich somit folgende Freiheitsgradanalyse, wobei jeweils die berechneten Werte einer Einheit als Bekannte in die nächste aufgenommen werden:

	Splitter	D2	D1	D3	D4
Ströme	3	3	4	3	3
+ Komponenten	9	8	13	8	5
= Variable	12	11	17	11	8
- gegebene Ströme	1 (S7)	1 (S5)	2 (S2,S6)	1 (S3)	1 (S9)
- gegebene Konzentrationen	2	4	7	4	2
= Unbekannte	9	6	8	6	5
Summationsbedingungen	3	3	4	3	3
+ Massenbilanzen	3	3	4	3	2
+ Nebenbedingungen	3	0	0	0	0
= Gleichungen	9	6	8	6	5
Freiheitsgrade	0	0	0	0	0

Ergebnis:

Strom Nr.	Stromfluss	Methan	Ethan	Propan	Butan
1	1000	0,2	0,25	0,4	0,15
2	286,53	0,6995	0,2705	0,03	0
3	756,45	0	0,177	0,624	0,198
4	200,57	0,995	0,005	0	0
5	85,96	0,01	0,89	0,1	0
6	42,98	0,01	0,89	0,1	0
7	42,98	0,01	0,89	0,1	0
8	258,17	0	0,520	0,478	0,002
9	498,28	0	0	0,7	0,3
10	355,91	0	0	0,98	0,02
11	142,37	0	0	0	1

Beispiel 4-88: Mischen von Gasströmen 3: Luftbefeuchtung [9]

Für Versuche zum Wachstum bestimmter Mikroorganismen wird O_2-angereicherte Luft bestimmter Feuchtigkeit benötigt. Dazu wird Frischluft mit Reinsauerstoff (trocken) und Wasserdampf vermischt. Die Frischluft hat einen Feuchtegehalt von 20 g pro kg trockener Luft. Es soll ein Produktstrom mit 100 mol/min erhalten werden mit 5 Vol.% Feuchte und 30 Vol.% Sauerstoff.

Führe eine Freiheitsgradanalyse durch und bestimme – falls das System lösbar ist – alle Ströme und Molanteile.

Lösungshinweis:

Basis: Molenströme und als Konzentrationsmaß Molanteile.

Ströme: Frischluft, Wasserdampf, Reinsauerstoff, Produkt	4
+ Komponenten in jedem Strom	8
= Variable, gesamt	12
- 1 Strom (Produktstrom)	1
- 3 Konzentrationen	3
= Unbekannte	8
Summationsbedingungen (für jeden Strom)	4
+ Massenbilanzen (für jede Komponente)	3
+ Nebenbedingungen (O_2/N_2-Verhältnis)	1
= Anzahl Gleichungen	8
Freiheitsgrade = Unbekannte – Gleichungen	0

Ergebnis:

Frischluft: 84,9 mol/min
Reinsauerstoff: 12,7 mol/min
Wasserdampf: 2,4 mol/min

Beispiel 4-89: Eindampfanlage

Zwei Salzströme (1000 kg/h mit 6 % und 800 kg/h mit 9 %) sollen durch Abdampfen von 500 kg/h Wasser auf 50 % Salz aufkonzentriert werden. Wie groß ist der Produktstrom?

Lösungshinweis:

Basis: Massenströme mit Massenanteilen.

Ströme: 2 Einsatz-, 1 Produktstrom, Brüden	4
+ Komponenten in jedem Strom	7
= Variable, gesamt	11
- Ströme (2 Einsatzströme, Brüden)	3
- Konzentrationen	3
= Unbekannte	5
Summationsbedingungen (für jeden Strom)	4
+ Massenbilanzen (für jede Komponente)	2
+ Nebenbedingungen	0
= Anzahl Gleichungen	6
Freiheitsgrade = Unbekannte – Gleichungen	-1

Ergebnis:

Das System ist überbestimmt; eine Angabe ist zu viel. Nachdem die Einsatzströme üblicherweise fixiert sind, muss entweder der Brüdenstrom oder die Produktkonzentration als Variable angegeben werden und darf nicht spezifiziert werden.

Für einen Salzanteil im Produkt von 50 % müssen 1536 kg/h Wasser abgedampft werden, werden nur 500 kg/h abgedampft, beträgt der Salzanteil im Produkt nur 10,2 %.

Beispiel 4-90: Mischen von Dampfströmen

1000 kg/h eines gesättigten Dampfstromes (Strom S1) sollen mit einem überhitzten Dampf von 400 °C so gemischt werden, dass ein Dampfstrom mit 300 °C entsteht. Der Druck beträgt überall 1 atm. Wie viel 400°-Dampf (Strom 2) wird gebraucht und wie viel 300°-Dampf (S3) entsteht?

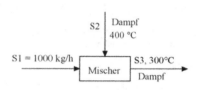

Die benötigten Enthalpien werden den Dampftafeln entnommen.

Lösungshinweis:

Ströme	3
+ Komponenten in jedem Strom	3
= Variable, gesamt	6
- gegebene Ströme	1
- gegebene Konzentrationen	0
= Unbekannte	5
Summationsbedingungen (für jeden Strom)	3
+ Massenbilanz	1
+ Energiebilanz	1
= Anzahl Gleichungen	5
Freiheitsgrade = Unbekannte – Gleichungen	0

Ergebnis:

400°-Dampf: 1954,9 kg/h
300°-Dampf: 2954,9 kg/h

Beispiel 4-91: Umlufttrockner

1000 kg/h feuchtes Gut mit einer Wasserbeladung von Y_{ein} = 1,5 kg/kg trockenes Gut (G) wird in einem Umlufttrockner entsprechend nachstehender Abbildung auf Y_{aus} = 0,5 kg/kg getrocknet. Die Frischluft (S1) enthält X_{FL} = 10 g H_2O (W) pro kg trockener Luft (L), die den Trockner verlassende Abluft (S4) X_{AL} = 30 g/kg. Ein Teil der Abluft wird rückgeführt und vor dem Trockner mit der Frischluft im Verhältnis AL:FL = 2:1 vermischt. Berechne alle Ströme und Konzentrationen.

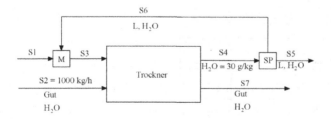

Lösungshinweis:

Trockene Luft wird als eine Komponente betrachtet. Berechnung mit Massenanteilen.

	Mischer	Trockner	Splitter	Anlage	Prozess
Ströme	3	4	3	4	7
+ Komponenten	6	8	6	8	14
= Variable	9	12	9	12	21
- gegebene Ströme	0	1	0	1	1
- bekannte Konzentrationen	1	3	1	3	4
= Unbekannte	8	8	8	8	16
Summationen	3	4	3	4	7
+ Bilanzen	2	3	2	3	7
+ Nebenbedingungen	1	0	1	0	2
= Gleichungen	6	7	6	7	16
Freiheitsgrade	2	1	2	1	0

Die Nebenbedingungen sind eine Splitterrestriktion und das Frischluft/Umluft-Verhältnis.

Ergebnis:

Ströme in kg/h:
S1 = 20200; S3 = 60600; S4 = 61000; S5 = 20600; S6 = 40400; S7 = 600;
Massenanteile Wasser:
w1 = 0,0099; w2 = 0,6; w3 = 0,0227; w4 = w5 = w6 = 0,0291; w7 = 0,333;

Beispiel 4-92: Herstellung von Azetylen

Azetylen kann aus Methan mittels Lichtbogenpyrolyse hergestellt werden, entsprechend der Reaktionsgleichung

$$2\, CH_4 \;\leftrightarrow\; C_2H_2 + 3\, H_2$$

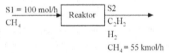

Wenn 100 kmol/h Methan dem Reaktor zugeführt werden und
noch 55 kmol/h Methan den Reaktor verlassen, wie groß sind
der gesamte Austrittsstrom und die Molanteile aller Komponenten?

Lösungshinweis:

	Molbilanzen	Atombilanzen
Ströme	2	2
+ Komponenten in jedem Strom	4	4
+ Reaktion	1	0
= Variable, gesamt	7	6
- gegebene Ströme	1	1
- gegebene Konzentrationen	0	0
= Unbekannte	6	5
Summationsbedingungen (für jeden Strom)	2	2
+ Molbilanzen	3	-
+ Atombilanzen	-	2
+ Nebenbedingungen	1	1
= Anzahl Gleichungen	6	5
Freiheitsgrade	0	0

Molbilanzen für Methan, Azetylen und Wasserstoff; Atombilanzen für Kohlenstoff und Wasserstoff. Die Nebenbedingung ist der Teilstrom Methan im Austrittsstrom.

Ergebnis:

Produktstrom = 145 kmol/h.
Molanteile im Produktstrom: $x_{Methan} = 0{,}38$; $x_{Azetylen} = 0{,}155$; $x_{H2} = 0{,}465$.

Beispiel 4-93: Dimerisierung Ethylen [9]

100 mol/s mit 60 % Ethylen und 40 % Stickstoff gelangen in einen Reaktor, wo 60 % des Ethylens zu Butylen dimerisieren. Führe eine Freiheitsgradanalyse mit Mol- und Atombilanzen durch und berechne den austretenden Molenstrom mit allen Konzentrationen.

Lösungshinweis:

Reaktionsgleichung: $2\,C_2H_4 \leftrightarrow C_4H_8$

	Molbilanz	Atombilanz
Ströme	2	2
+ Komponenten in jedem Strom	5	5
+ Reaktionsvariable	1	0
= Variable	8	7
- gegebene Ströme	1	1
- gegebene Konzentrationen	1	1
= Unbekannte	6	5
Summationsbedingungen	2	2
+ Molbilanz bzw. Atombilanz	3	2
+ Nebenbedingung: Umsatz	1	1
= Anzahl Gleichungen	6	5
Freiheitsgrade = Unbekannte – Gleichungen	0	0

Im Eintrittsstrom sind zwei Konzentrationen gegeben. Wenn man aber konsequent mit einer Summationsbedingung für jeden Strom rechnet, dann ist nur eine Konzentration gegeben. Die zweite wird dann, obwohl in der Angabe enthalten, über die Summationsbedingung für den Eingangsstrom ausgerechnet.

Achtung bei den Atombilanzen: Obwohl 3 Atome im Prozess auftreten, gibt es nur 2 unabhängige Gleichungen, für N und für C oder H. Die C- und H-Bilanz unterscheiden sich nur um einen konstanten Faktor 2, da in allen Molekülen, in denen C und H vorkommen, diese immer im selben Verhältnis stehen.

N-Bilanz: $S2 \cdot x2_{N2} \cdot 2 - S2 \cdot x1_{N2} \cdot 2 = 0$

H-Bilanz: $S2 \cdot (x2_{C4H8} \cdot 8 + x2_{C2H4} \cdot 4) - S2 \cdot x1_{C2H4} \cdot 4 = 0$

C-Bilanz: $S2 \cdot (x2_{C4H8} \cdot 4 + x2_{C2H4} \cdot 2) - S2 \cdot x1_{C2H4} \cdot 2 = 0$

Ergebnis:

Austrittsstrom S2 = 82 mol/s mit den Molanteilen:
$x_{N2} = 0{,}488$; $x_{Ethylen} = 0{,}293$; $x_{Buthylen} = 0{,}219$

Beispiel 4-94: TiO₂-Wäsche 1: Kreuzstrom [31]

Ein Schlamm aus TiO_2 in Salzwasser soll in drei Stufen mit reinem Wasser gewaschen werden. Der Einsatz besteht aus 20 % TiO_2 (Feststoff F), 30 % Salz (S) und Wasser (W). Berechne für einen Produktstrom von 750 kg/h (S10) die Waschwassermengen in jeder Stufe, wenn jeweils 80 % des eintretenden Salzes ausgewaschen werden, der Schlamm jeweils ein Drittel Feststoffe enthält und die Salzkonzentration im austretenden Waschwasser gleich groß ist wie in der Flüssigphase des Schlammes.

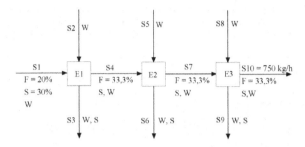

Lösungshinweis:

	E1	E2	E3	Anlage	Prozess
Ströme	4	4	4	8	10
+ Komponenten	9	9	9	15	21
= Variable	13	13	13	23	31
- gegebene Ströme	0	0	1	1	1
- bekannte Konzentrationen	3	2	2	3	5
= Unbekannte	10	11	10	19	25
Summationen	4	4	4	8	10
+ Bilanzen	3	3	3	3	9
+ Nebenbedingung (80%)	1	1	1	0	3
+ Gleichgewicht (gleiche c)	1	1	1	0	3
= Gleichungen	9	9	9	11	25
Freiheitsgrade	1	2	1	8	0

Es kann entweder das Gesamtsystem gelöst werden, oder schrittweise jede Einheit, wobei aber zunächst ein Strom S1 angenommen werden muss (anstelle des gegebenen Stromes S10) und hinterher alle Ströme mit dem Faktor (geforderter S10/berechneter S10) korrigiert werden müssen.

Ergebnis:

	Ströme [kg/h]	Wasser [%]	Salz [%]	Feststoff [%]
S1	1250	50,0	30,0	20,0
S2	1500	100	0	0
S3	2000	85,0	15,0	0
S4	750	56,7	10,0	33,3
S5	2000	100	0	0
S6	2000	97,0	3,0	0
S7	750	64,7	2,0	33,3
S8	2000	100	0	0
S9	2000	99,4	0,6	0
S10	750	66,3	0,4	33,3

Beispiel 4-95: TiO$_2$-Wäsche 2: Gegenstrom

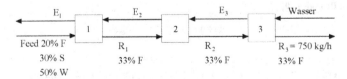

Gleiche Angaben wie in Beispiel 4-94, aber als Gegenstrom.

Erstelle eine Freiheitsgradanalyse, kommentiere das Ergebnis und mache einen Lösungsvorschlag.

Ergebnis:

	E1	E2	E3	Anlage	Prozess
Ströme	4	4	4	4	8
+ Komponenten	10	10	9	9	19
= Variable	14	14	13	13	27
- gegebene Ströme	0	0	1	1	1
- bekannte Konzentrationen	3	2	2	3	5
= Unbekannte	11	12	10	9	21
Summationen	4	4	4	4	8
+ Bilanzen	3	3	3	3	9
+ Nebenbedingung (80%)	1	1	1	0	3
+ Gleichgewicht (gleiche c)	1	1	1	0	3
= Gleichungen	9	9	9	7	23
Freiheitsgrade	2	3	1	2	-2

Jede einzelne Einheit und auch die Anlage sind unterbestimmt, der Gesamtprozess jedoch überbestimmt. Es gibt keine Lösung für die gestellten Angaben.

Es müssen Angaben geändert werden. Da immer ungefähr gleich viel Wasser am Feststoff haften bleibt, kann nur die Forderung nach 80 % Abtrennung in jeder Stufe geändert werden. Wichtig ist die Gesamtabscheidung, nicht aber die Abscheidung in jeder Stufe. Legt man die Gesamtabscheidung fest mit

$$1 - \eta_{ges} = (1 - \eta_i)^3 \Rightarrow \eta_{ges} = 0,992$$

und lässt die Abscheidung in den einzelnen Stufen als Variable, kann das System gelöst werden. Man erhält dann folgendes Schema für die Freiheitsgradanalyse:

	E1	E2	E3	Anlage	Prozess
Ströme	4	4	4	4	8
+ Komponenten	10	10	9	9	19
= Variable	14	14	13	13	27
- gegebene Ströme	0	0	1	1	1
- bekannte Konzentrationen	3	2	2	3	5
= Unbekannte	11	12	10	9	21
Summationen	4	4	4	4	8
+ Bilanzen	3	3	3	3	9
+ Nebenbedingung (80%)	0	0	0	1	1
+ Gleichgewicht (gleiche c)	1	1	1	0	3
= Gleichungen	8	8	8	8	21
Freiheitsgrade	3	4	2	1	0

Es werden 2136 kg/h Waschwasser benötigt (5500 bei Kreuzstrom). Die Abscheidung in Stufe 3 beträgt 81,03 %, in der 2. Stufe 77,59 % und in der 1. Stufe 81,18 %. Insgesamt ergibt dies wieder 99,2 % Abscheidung.

Beispiel 4-96: Dehydrierung von Propan 1 [9]

Propan wird katalytisch entsprechend folgender Gleichung zu Propen dehydrogeniert:

$$C_3H_8 \leftrightarrow C_3H_6 + H_2$$

Als Basis für die Berechnung werden 100 mol/Zeiteinheit Feed (S1) angenommen. Der Gesamtumsatz an Propan beträgt 95 %. Für den Separator wird vorgegeben, dass der Wasserstoff vollständig ins Produkt (S5) übergeht, sowie 95 % Propen und 0,555 % Propan des Einsatzes (S3) im Produkt enthalten sind.

Berechne alle Ströme, Konzentrationen und den Umsatz im Reaktor.

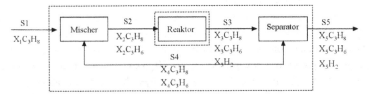

Lösungshinweis:

	Mischer	Reaktor	Separator	Anlage	Prozess
Ströme	3	2	3	2	5
+ Komponenten	5	5	8	4	11
+ Reaktionsvariable	0	1	0	1	1
= Variable	8	8	11	7	17
- gegebene Ströme	1	0	0	1	1
- gegebene Konzentrationen	0	0	0	0	0
= Unbekannte	7	8	11	6	16
Summationsbedingungen	3	2	3	2	5
+ Massenbilanzen	2	3	3	3	8
+ Nebenbedingungen	0	0	2	1	3
= Gleichungen	5	5	8	6	16
Freiheitsgrade	2	3	3	0	0

Die Nebenbedingungen sind der Gesamtumsatz und die Wirkungsgrade des Separators.

Ergebnis:

Strom	S [kmol/h]	x_{Propan}	x_{Propen}	x_{H2}
S1	100	1	0	0
S2	1000,9	0,995	0,005	0
S3	1095,9	0,822	0,091	0,0867
S4	900,9	0,994	0,0055	0
S5	195	0,0256	0,487	0,487

Der Reaktorumsatz beträgt 9,54 %.

Beispiel 4-97: Dehydrierung Propan 2 [31]

Propylen (C_3H_6) wird aus Propan (C_3H_8) durch eine katalytische Dehydrierung gewonnen. Bei diesem Vorgang entstehen durch eine Reihe unvermeidbarer Parallelreaktionen auch leichtere Kohlenwasserstoffe, wobei gleichzeitig Kohlenstoff am Katalysator abgelagert wird. Dieser Kohlenstoff vermindert die Aktivität des Katalysators, so dass dieser regelmäßig regeneriert werden muss, indem man ihn abbrennt.

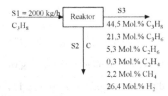

Berechne die täglich abgelagerte Menge an Kohlenstoff für einen Einsatzstrom von 2000 kg/h Propan.

Lösungshinweis:

Atombilanz für C und H.

Ergebnis:

Es lagern sich täglich 1102,2 kg C am Katalysator ab.

Beispiel 4-98: Synthesegas für Ammoniak-Produktion

Das Synthesegas für die Herstellung von Ammoniak wird durch Mischen eines Gasstroms S1 (78 % N_2, 20 % CO, 2 % CO_2) mit dem Wassergas S2 (50 % H_2, 50 % CO) erzeugt. Das Kohlenmonoxid wirkt aber als Katalysatorgift und wird mit Wasserdampf S3 entsprechend der Reaktion

$$CO + H_2O \leftrightarrow CO_2 + H_2$$

zu CO_2 oxidiert, welches anschließend ausgewaschen wird. Im Produktstrom S4 sollen Wasserstoff und Stickstoff im stöchiometrischen Verhältnis (3:1) vorliegen.

Für einen Einsatzstrom von S1 = 100 mol/s sind die Molenströme von Wassergas S2, Wasserdampf S4 und Produkt S5 (mit CO_2) zu berechnen, wobei einmal eine Komponentenbilanz mit Bildungskomponente und einmal eine Atombilanz ohne Bildungskomponente erstellt werden soll.

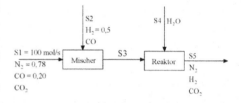

Lösungshinweis:

	Mischer	Reaktor	Anlage
Ströme	3	3	4
+ Komponenten	9	5	9
+ Reaktionsvariable	0	1 (0)	1
= Variable	12	9 (8)	14
- gegebene Ströme	1	0	1
- gegebene Konzentrationen	3	0	3
= Unbekannte	8	9 (8)	10
Summationsbedingungen	3	2	4
+ Massenbilanzen	4	5 (4)	5
+ Nebenbedingungen	0	1	1
= Gleichungen	7	8 (7)	10
Freiheitsgrade	1	1	0

Die Nebenbedingung ist das H_2/N_2-Verhältnis im Produktstrom

Ergebnis:

S2 = 214; S3 = 117; S4 = 441 mol/s. Im Produktstrom sind 29,3 % CO_2.

Beispiel 4-99: unvollständige Verbrennung von Ethan [9]

Ethan wird mit 50 % Luftüberschuss verbrannt und wird dabei zu 90 % umgesetzt. Aus dem verbrennenden Kohlenstoff entsteht 25 Mol-% CO und 75 % CO2. Berechne die Zusammensetzung des Rauchgases.

Lösungshinweis:

Die Angabe des Luftüberschusses bei mehreren möglichen Reaktionen bezieht sich immer auf die gewünschte Reaktion, hier also auf die vollständige Verbrennung.

2 Reaktionen:

Reaktion 1: $C_2H_6 + 3,5\,O_2 \;\rightarrow\; 2\,CO_2 + 3\,H_2O$

Reaktion 2: $C_2H_6 + 2,5\,O_2 \;\rightarrow\; 2\,CO + 3\,H_2O$

Ströme	3	
+ Komponenten in jedem Strom	9	
+ Reaktionsvariable	2	(0 mit Atombilanzen)
= Variable, gesamt	14	
- gegebene Ströme	0	
- gegebene Konzentrationen	0	
= Unbekannte	14	
Summationsbedingungen (für jeden Strom)	3	
+ Massenbilanz	6	(4 mit Atombilanzen)
+ Nebenbedingungen	4	
= Anzahl Gleichungen	13	
Freiheitsgrade	1	

Die Nebenbedingungen sind der Luftüberschuss, das N_2/O_2-Verhältnis der Luft, der Ethanumsatz und das Verhältnis der entstehenden Kohlenstoffverbindungen.

Es ergibt sich ein Freiheitsgrad. Da kein Strom als Berechnungsbasis gegeben ist, kann einer beliebig festgelegt werden; hat auf das Ergebnis keinen Einfluss, da nur die Zusammensetzung gesucht ist, aber keine Ströme.

Ergebnis:

$x_{Ethan} = 0,004$; $x_{O2} = 0,087$; $x_{N2} = 0,74$; $x_{CO2} = 0,051$; $x_{CO} = 0,017$; $x_{H2O} = 0,101$.

Beispiel 4-100: Oxyfuel-Prozess ohne REA

10 t/h Kohle (56,5 Ma.% C, 21,5 % O, 4 % H, 0,7 % N, 0,8 % S und 10,5 % H_2O, 25 °C, Heizwert bei 25 °C = 21000 kJ/kg) werden mit Sauerstoff (98 Vol.% O_2, 2 % N_2, trocken bei 25 °C) mit einem Überschuss $\lambda = 1,02$ verbrannt. Das den Brennraum verlassende Rauchgas soll eine Temperatur von 1000 °C aufweisen. Da die adiabate Verbrennungstemperatur wesentlich höher liegt, muss ein Teil des Rauchgases nach Abkühlung auf 200 °C zur Kühlung der Brennkammer rückgeführt werden. Berechne alle Molenströme und Molanteile.

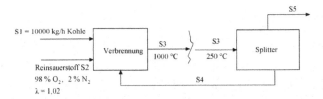

Lösungshinweis:

Die Verbrennungsrechnung für feste Brennstoffen wird hier nicht benötigt. Für die Freiheitsgradanalyse wird die Kohle nicht berücksichtigt; in den Bilanzen für die Verbrennung werden die entstehenden Produkte direkt als Bildungskomponenten B_i eingesetzt, deren Mengen in der Verbrennungsrechnung ermittelt werden. Die spezifische Bildungskomponente $b = B_i/v_i$ wird dann auch nicht benötigt. Die Abkühlung des Rauchgases (Dampferzeugung) braucht nicht berücksichtigt zu werden.

	Verbrennung	Splitter	Anlage	Prozess
Ströme	3	3	2	4
+ Komponenten	12	15	7	17
= Variable	15	18	9	21
- gegebene Ströme	0	0	0	0
- gegebene Konzentrationen	1	0	1	1
= Unbekannte	14	18	8	20
Summationsbedingungen	3	3	2	4
+ Massenbilanzen	5	5	5	10
+ Energiebilanz	1	0	0	1
+ Nebenbedingungen	1	4	1	5
= Gleichungen	10	10	8	20
Freiheitsgrade	4	6	0	0

Die Nebenbedingungen sind der Luftüberschuss und 4 Splitterrestriktionen, $(2-1)(5-1) = 4$.

Die Anlagenbilanz kann zwar leicht durchgeführt werden, enthält aber nicht den entscheidenden Punkt der Rauchgasrückführung, da diese dann innerhalb der Bilanzgrenzen erfolgt.

Auf den ersten Blick scheint auch die Verbrennung sofort lösbar; dazu muss aber vorausgesetzt werden, dass das rückgeführte Rauchgas dieselbe Zusammensetzung hat; in diesem Fall sind 4 weitere Nebenbedingungen gegeben (Konzentrationen in S3 und S4 sind gleich) und es ergeben sich 0 Freiheitsgrade. Ist eine Entschwefelung dazwischen (nächstes Beispiel), so ist das nicht der Fall.

Ergebnis:

Strom	S [kmol/h]	x_{CO2}	x_{N2}	x_{O2}	x_{SO2}	x_{Wasser}
S2	525,5	0	0,02	0,98	0	0
S3	5438,0	0,625	0,017	0,013	0,003	0,341
S4	4685,3	0,625	0,017	0,013	0,003	0,341
S5	752,7	0,625	0,017	0,013	0,003	0,341

Beispiel 4-101: Oxyfuel-Prozess mit REA

Gleiche Angaben wie in Beispiel 4-100. Im Unterschied dazu wird hier nach der Entstaubung und Dampferzeugung noch eine Rauchgasentschwefelung (REA) berücksichtigt, aus welcher das Gas wasserdampfgesättigt bei 60 °C austritt (p = 1 bar). In der REA werden 95 % des SO_2 abgetrennt; das gelöste SO_2 wird mit 10 % Luftüberschuss oxidiert. Gesucht sind wieder alle Molenströme und Molanteile.

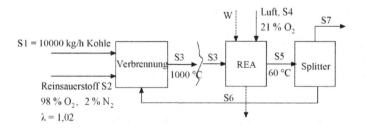

Lösungshinweis:

Die Wasserbilanz der REA wird durch die Sättigung des austretenden Gasstromes ersetzt. Bei der Sauerstoffbilanz der REA muss berücksichtigt werden, dass für 1 mol SO_2 1/2 Mol O_2 zur Oxidation gebraucht wird und davon 95 % laut Angabe (= Differenz SO_2 aus-ein). Für die Berechnung der stöchiometrischen Luftmenge müssen aber 100 % (SO_2 in S3) verwendet werden. Der wässrige Strom aus der REA braucht nicht berücksichtigt zu werden, es kann dann aber auch keine Anlagenbilanz durchgeführt werden.

	Verbrennung	Splitter	REA	Prozess
Ströme	3	3	3	6
+ Komponenten	12	15	12	24
= Variable	15	18	15	30
- gegebene Ströme	0	0	0	0
- gegebene Konzentrationen	1	0	1	2
= Unbekannte	14	18	14	28
Summationsbedingungen	3	3	3	6
+ Massenbilanzen	5	5	5	15
+ Energiebilanz	1	0	0	1
+ Nebenbedingungen	1	4	1	6
= Gleichungen	10	10	9	28
Freiheitsgrade	4	6	5	0

Ergebnis:

Strom	S [kmol/h]	x_{CO2}	x_{N2}	x_{O2}	x_{SO2}	x_{Wasser}
S2	525,5	0	0,02	0,98	0	0
S3	4735,1	0,734	0,028	0,016	0,001	0,221
S4	6,8	0	0,79	0,21	0	0
S5	4605,3	0,755	0,03	0,017	0	0,199
S6	3982,4	0,755	0,03	0,017	0	0,199
S7	622,9	0,755	0,03	0,017	0	0,199

Beispiel 4-102: Methanol-Produktion aus CO [9]

Methanol wird aus Kohlenmonoxid und Wasserstoff entsprechend der Reaktion

$$CO + 2 H_2 \leftrightarrow CH_3OH$$

hergestellt.

2,2 m³/s der Einsatzlösung (S1), welche CO und H_2 im stöchiometrischen Verhältnis enthält, werden dem Prozess bei 25 °C und 60 bar zugeführt. Der Prozess wird so geführt, dass in allen Apparaten und Strömen der Druck von 60 bar erhalten bleibt.

In einem ersten Schritt wird die Einsatzlösung mit einem Recyclingstrom (S2) adiabat gemischt (Mischer). Der resultierende Strom S3 mit der Temperatur T3 wird in einem Vorwärmer auf T4 = 250 °C erhitzt (Q_{VW}) und dieser Strom S4 tritt in den Reaktor ein. Im Reaktor wird soviel CO und H_2 umgesetzt, dass der Gesamtumsatz des Prozesses 98 % beträgt. Im Reaktor wird Wärme zu- oder abgeführt (Q_R), so dass der austretende Strom S5 ebenfalls 250 °C aufweist. In dem anschließenden Kondensator wird die Temperatur auf 0 °C gesenkt (Q_K), wobei ein Großteil des Methanols, aber kein H_2 oder CO auskondensiert (Strom S6); des Weiteren wird angenommen, dass sich auch kein H_2 und CO im Methanol löst. Der aus dem Kondensator austretende Gasstrom S7 ist an Methanol gesättigt. 1 % von S7 wird in einer Probenahme (Splitter) für Analysezwecke entnommen (Strom S8). Da das Einsatzgemisch bereits stöchiometrisch zugeführt wird, ändert sich dieses Verhältnis in keinem der Ströme.

Es sollen alle unbekannten Größen berechnet werden.

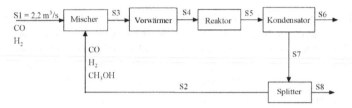

Lösungshinweis:

	Mischer	Vorwärmer	Reaktor	Kondensator	Splitter	Anlage	Prozess
Ströme	3	2	2	3	3	3	8
+ Komponenten	8	6	6	7	9	6	21
+ Energievariable	0	1	1	1	0	1	3
+ p, T	6	4	4	6	6	6	16
+ Reaktion	0	0	1	0	0	1	1
= Variable	17	13	14	17	18	17	49
- gegebene Ströme	1	0	0	0	0	1	1
- gegebene Konz.	0	0	0	0	0	0	0
- bekannte T, p	5	3	4	6	6	6	15
= Unbekannte	11	10	10	11	12	10	33
Summationen	3	2	2	3	3	3	8
+ Massenbilanzen	3	3	3	3	3	3	15
+ Energiebilanz	1	1	1	1	0	1	4
+ Nebenbedingungen	2	1	1	2	5	2	6
= Gleichungen	9	7	7	9	11	9	33
Freiheitsgrade	2	3	3	2	1	1	0

Bei der Anlagenbilanzierung gibt es nur eine Energievariable; nur die gesamte zu- oder abzuführende Wärmemenge Q_{gesamt} kann erfasst werden.

Nebenbedingungen:

Mischer: 2 mal das Verhältnis CO/H_2, im 3. Strom linear abhängig.

Vorwärmer: Verhältnis CO/H_2 in einem Strom

Reaktor: Verhältnis CO/H_2 in einem Strom. Der Umsatz im Reaktor selbst ist nicht bekannt (nur Gesamtumsatz), daher keine Nebenbedingung.

Kondensator: Verhältnis CO/H_2 in einem Strom, Methanolsättigung in S7.

Splitter: Verhältnis CO/H_2 in einem Strom, Probenahmemenge ($S8 = 0,01 \cdot S7$), Methanolsättigung in S7, 2 Splitterrestriktionen

Anlage: Verhältnis CO/H_2 in S1, sowie Umsatz (oder als Bilanz für b in den Massenbilanzen). Methanolsättigung in S8 ist zwar logisch (dann 3 Nebenbedingungen und Freiheitsgrad 0), aber nicht direkt aus den Angaben ersichtlich; es könnte eine beliebige Methanolkonzentration in S8 gewählt werden.

Prozess: Verhältnis CO/H_2 in S1 (dieses Verhältnis nur ein Mal, da es sich nirgends ändern kann, alle anderen sind linear abhängig), Umsatz, 2 Splitterrestriktionen, Probenahmemenge und Methanolsättigung.

Ergebnis:

Im Kondensator werden -165516 kJ/s abgeführt. Im Reaktor entsteht eine Wärmemenge von -175443 kJ/s. Dem Gasvorwärmer muss eine Wärmemenge von 110994 kJ/s zugeführt werden.

Strom	S [kmol/h]	T [°C]	x_{CO}	x_{H2}	x_{CH3OH}
S1	5,32	25	0,333333	0,666667	0
S2	10,55	0	0,333109	0,666219	0,000672
S3	15,88	8,4	0,333184	0,666369	0,000447
S4	15,88	250	0,333184	0,666369	0,000447
S5	12,40	250	0,286369	0,572738	0,140893
S6	1,74	0	0	0	1
S7	10,66	0	0,333109	0,666219	0,000672
S8	0,11	0	0,333109	0,666219	0,000672

Beispiel 4-103: Methanol-Produktion aus CO₂ [9]

Methanol kann auch aus CO_2 entsprechend folgender Reaktion hergestellt werden:

$$CO_2 + 3\,H_2 \;\leftrightarrow\; CH_3OH + H_2O$$

Der Einsatzstrom enthält neben CO_2 und H_2 auch 0,4 Mol-% nicht kondensierbare Inertstoffe. Nach dem Reaktor, in welchem der eintretende Wasserstoff zu 60 % umgesetzt wird, werden Methanol und Wasser vollständig auskondensiert, während die unverbrauchten Reaktanten und die Inertstoffe rückgeführt werden. Um eine zu hohe Aufkonzentrierung der Inertstoffe zu vermeiden, muss ein Teil des Rücklaufstromes aus dem System ausgeschleust werden (purge). Der Molanteil an CO_2 im Einsatzstrom für den Reaktor (nach dem Mischen von Feed und Rücklaufstrom) beträgt 0,28.

Berechne alle Ströme und Konzentrationen für einen Produktstrom von 155 kmol/h Methanol unter der Berücksichtigung, dass die maximale Anreicherung der Inertstoff im Reaktoreinsatz 2 Mol-% betragen darf. Beschreibe auch eine schrittweise Berechnung der einzelnen Einheiten.

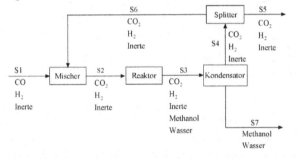

Lösungshinweis:

	Mischer	Reaktor	Kondensator	Splitter	Anlage	Prozess
Ströme	3	2	3	3	3	7
+ Komponenten	9	8	10	9	8	22
+ Reaktion	0	1	0	0	1	1
= Variable	12	11	13	12	12	30
- gegebene Ströme	0	0	0	0	0	0
- gegebene Konzentrationen	3	2	0	0	1	3
= Unbekannte	9	9	13	12	11	27
Summationsbedingungen	3	2	3	3	3	7
+ Massenbilanzen	3	5	5	3	5	16
+ Nebenbedingungen	0	1	1	2	1	4
= Gleichungen	6	8	9	8	9	27
Freiheitsgrade	3	1	4	4	2	0

In der Freiheitsgradanalyse fällt auf, dass kein Gesamtstrom gegeben ist. In diesem Fall ist das System trotzdem lösbar, da der Produktstrom an Methanol gegeben ist. Die Umrechnung in den gesamten Strom S7 erfolgt als Nebenbedingung ($x7_M$ = Produktstrom/S7). Die anderen Nebenbedingungen sind der Umsatz im Reaktor und zwei Splitterrestriktionen.

Ergebnis:

Für eine schrittweise Berechnung wird der Produktstrom vorerst als Unbekannte angenommen und ein Strom des Reaktors wird willkürlich festgelegt, z. B. S2 = 100, dann ergeben sich für den Reaktor 0 Freiheitsgrade und er kann exakt berechnet werden. Damit ist S3 vollständig definiert und es ergeben sich für den Kondensator 0 Freiheitsgrade (+ 5 Gleichungen, aber Nebenbedingung Produktstrom fällt weg, wird erst nachträglich berechnet). Der Splitter kann anschließend noch nicht berechnet werden, da bei der Berechnung des Kondensators nur 3 unabhängige Gleichungen für den Strom 4 dazukommen und daher 1 FG übrigbleibt. Mit dem Kondensator ist aber auch S7 vollständig fixiert, wodurch sich für die Anlage 0 FG ergeben. Mit der Anlage ist S5 und S1 bestimmt, damit können dann auch der Splitter und der Mischer berechnet werden.

Mit dieser schrittweisen Berechnung hat man jetzt einen Strom S7 bzw. Methanolstrom S7·$x7_M$ berechnet, welcher nicht dem gewünschten Produktstrom entspricht. Es müssen daher alle berechneten Ströme mit dem Faktor

$$\frac{\text{gegebener Methanolstrom}}{\text{berechneter Methanolstrom (S7} \cdot x7_M)}$$ skaliert werden.

	S [kmol/h]	x_{CO2}	x_{H2}	x_{inert}	$x_{Methanol}$	x_{Wasser}
S1	679,8	0,256	0,74	0,004	0	0
S2	1107,1	0,280	0,70	0,020	0	0
S3	797,1	0,194	0,389	0,028	0,194	0,194
S4	487,1	0,318	0,636	0,045	0	0
S5	59,8	0,318	0,636	0,045	0	0
S6	427,3	0,318	0,636	0,045	0	0
S7	310,0	0	0	0	0,5	0,5

Beispiel 4-104: Herstellung von Ethylenoxid [32]

Ethylenoxid kann durch katalytische Oxidation von Ethan mit reinem Sauerstoff erzeugt werden:

$$C_2H_6 + O_2 \leftrightarrow C_2H_4O + H_2O$$

Neben dieser Hauptreaktion laufen aber auch noch andere Oxidationsreaktionen ab, die zur Bildung von CO und CO_2 führen.

Ethan und Sauerstoff werden dem Reaktor im stöchiometrischen Verhältnis (bezüglich der gewünschten Hauptreaktion) zugeführt.

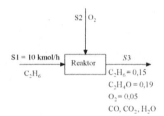

Im Produktstrom werden folgende Molanteile gemessen:

$y_{C2H6} = 0,15$, $y_{C2H4O} = 0,19$, $y_{O2} = 0,005$.

Der Einsatzstrom S1 beträgt 10 kmol/h.

Bestimme die Molanteile von H_2O, CO und CO_2 im Produkt, den Molenstrom des Produktes S3, sowie den Umsatz von Ethan und die Ausbeute an Ethylenoxid.

Lösungshinweis:

Umsatz: wie viel vom Einsatz reagiert. Umsatz Ethan = (Mole Ethan$_{ein}$ – Mole Ethan$_{aus}$)/(Mole Ethan$_{ein}$)

Ausbeute: wie viel des gewünschten Produktes im Verhältnis zur maximal möglichen Menge entsteht, bezogen auf einen Einsatzstoff.

Für die Berechnung mit Molbilanzen müssen 3 Reaktionen berücksichtigt werden: Bildung von Ethylenoxid, Kohlenmonoxid und Kohlendioxid, bei der Berechnung mit Atombilanzen ist dies nicht erforderlich.

$$C_2H_6 + 3,5\,O_2 \leftrightarrow 2\,CO_2 + 3\,H_2O$$

$$C_2H_6 + 2,5\,O_2 \leftrightarrow 2\,CO + 3\,H_2O$$

	Molbilanz	Atombilanz
Ströme	3	3
+ Komponenten	8	8
+ Reaktionsvariable	3	0
= Variable	14	11
- gegebene Ströme	1	1
- gegebene Konzentrationen	3	3
= Unbekannte	10	7
Summationsbedingungen	3	3
+ Molbilanzen	6	-
+ Atombilanzen	-	3
+ Nebenbedingungen	1	1
= Gleichungen	10	7
Freiheitsgrade	0	0

Die Nebenbedingung ist das Sauerstoff/Ethan-Verhältnis.

Ergebnis:

Der Produktstrom beträgt 23,1 kmol/min mit $y_{CO} = 0,175$, $y_{CO2} = 0,011$ und $y_{H2O} = 0,469$.

Der Umsatz an Ethan beträgt 65,4 %. Die Ausbeute an Ethylenoxid bezogen auf Ethan beträgt 43,9 %.

Beispiel 4-105: Kristallisationsanlage [31]

Aus einer wässrigen Lösung (18400 kg/h), die 10 Ma.% NaCl und 3 Ma.% KCl enthält, werden die Salze nach folgendem Schema abgetrennt, wobei die angegebenen Massenanteile Messwerte sind, die einen Relativfehler von 1 % aufweisen können:

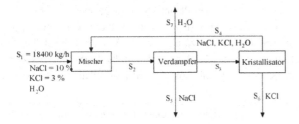

Nach dem Verdampfer werden 16,9 % NaCl und 21,6 % KCl gemessen, in der Mutterlauge nach dem Kristallisator 18,9 % NaCl und 12,3 % KCl.

Erstelle eine Freiheitsgradanalyse, diskutiere das Ergebnis, berechne alle Ströme und Konzentrationen und bestimme den Relativfehler dieser Messwerte.

Lösungshinweis:

$$\text{Messwert} = \text{gemessener Wert} \pm \frac{\text{relativer Fehler x}}{\text{gemessener Wert}}$$

Ergebnis:

	Mischer	Verdampfer	Kristallisator	Anlage	Prozess
Ströme	3	4	3	4	7
+ Komponenten	9	8	7	6	15
= Variable	12	12	10	10	22
- gegebene Ströme	1	0	0	1	1
- gegebene Konzentrationen	4	2	4	2	6
= Unbekannte	7	10	6	7	15
Summationsbedingungen	3	4	3	4	7
+ Massenbilanzen	3	3	3	3	9
= Gleichungen	6	7	6	7	16
Freiheitsgrade	1	3	0	0	-1

Obwohl alle einzelnen Einheiten und auch die Anlagenbilanz einen Freiheitsgrad ≥ 0 aufweisen, ist der gesamte Prozess überbestimmt. Bei genauer Betrachtung sieht man aber, dass auch der Kristallisator überbestimmt ist, denn er enthält keinen spezifizierten Strom. Mit den angegebenen Daten ist das Problem nicht lösbar. Berücksichtigt man aber die Analyseungenauigkeit, kann das Problem gelöst werden. Der relative Fehler x geht als zusätzliche Unbekannte in das Gleichungssystem ein, wodurch dann der gesamte Prozess genau bestimmt ist.

Ergebnis:

Es entstehen 1840 kg/h NaCl und 552 kg/h KCl; es verdampfen 16008 kg/h Wasser; der relative Analysenfehler beträgt 0,15 %.

Kommentar:

Ist ein System überbestimmt, so kann es möglicherweise gar nicht gelöst werden, wie in Beispiel 4-95, wo die gestellten Anforderungen nicht erfüllt werden können. Es können aber auch, wie in diesem Beispiel, zu viele Messwerte vorhanden sein. Es kann dann entweder ein Analysenfehler berechnet, oder das System für eine geringere Anzahl von Messwerten gelöst werden; die überzähligen Messwerte dienen dann als Kontrolle.

Beispiel 4-106: Röstofen und SO_2-Oxidation [31]

Bei der Herstellung von Schwefelsäure im Kontaktverfahren wird Schwefelkies (FeS_2, Pyrit) in Luft geröstet, wobei das Eisen zu Fe_2O_3 oxidiert wird. Das gebildete Schwefeldioxid wird weiter zu Schwefeltrioxid umgesetzt, indem es mit Luft gemischt über einen Platinkatalysator geleitet wird. Es wird ein 40 %iger Sauerstoffüberschuss im Röstofen angenommen (bezogen auf die theoretisch notwendige Sauerstoffmenge um den gesamten Pyrit zu SO_3 und Fe_2O_3 zu oxidieren). 15 % des Schwefelkieses fallen durch den Rost und werden nicht umgesetzt. Im Röstofen werden 40 % des SO_2 bereits zum SO_3 oxidiert. 96 % des den Röstofen verlassenden Schwefeldioxids werden am Platinkatalysator zu SO_3 umgesetzt.

Zu berechnen sind alle Ströme und alle Zusammensetzungen für einen Einsatzstrom von 100 kg/h FeS_2.

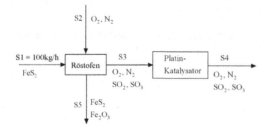

Lösungshinweis:

	Röstofen	Katalysator	Anlage	Prozess
Ströme	4	2	4	5
+ Komponenten	9	8	9	13
+ Reaktionsvariable	2	1	2	3
= Variable	15	11	15	21
- gegebene Ströme	1	0	1	1
- bekannte Konzentrationen	0	0	0	0
= Unbekannte	14	11	14	20
Summationen	4	2	4	5
+ Bilanzen	6	4	6	10
+ Nebenbedingung	4	1	3 (4)	5
= Gleichungen	14	7	13 (14)	20
Freiheitsgrade	0	4	1 (0)	0

Es gibt folgende Nebenbedingungen: Verhältnis N_2 zu O_2 in Luft, Umsatz FeS_2, Konversion SO_2 im Röstofen, Konversion SO_2 am Katalysator, Luftüberschuss.

Für die Anlagenbilanz ist eine Gesamtkonversion von SO_2 zu SO_3 zu berücksichtigen.

Es finden 2 Reaktionen statt:

Reaktion 1: $2\,FeS_2 + 5,5\,O_2 \rightarrow Fe_2O_3 + 4\,SO_2$

Reaktion 2: $2\,SO_2 + O_2 \rightarrow 2\,SO_3$

Reaktion 2 findet aber sowohl im Röstofen wie auch am Katalysator statt. Für den Gesamtprozess sind daher 3 Reaktionen zu berücksichtigen.

Für die Anlagenbilanz ist der Gesamtumsatz nicht direkt gegeben, weshalb sich ein Freiheitsgrad ergibt. Aus den Angaben kann aber ein Gesamtumsatz ermittelt werden, so dass eine Lösung möglich ist. Diese Lösung ist aber nur mit einer Atombilanz zu erhalten; bei der Komponentenbilanz müssten die beiden Reaktionen zu einer einzigen verknüpft werden (Strom S2 kann in einer Anlagenbilanz nicht berücksichtigt werden), wofür dann aber wieder die stöchiometrischen Koeffizienten nicht bekannt sind.

Ergebnis:

S1 = 0,83; S2 = 15,28; S3 = 14,47; S4 = 14,06; S5 = 0,48 kmol/h
Molanteile in Strom S3: O_2 = 0,068; N_2 = 0,83; SO_2 = 0,059; SO_3 = 0,039;
Molanteile in Strom S4: O_2 = 0,040; N_2 = 0,86; SO_2 = 0,0024; SO_3 = 0,098;
Molanteile in Strom S5: FeS_2 = 0,26; Fe_2O_3 = 0,74;

Beispiel 4-107: Infrarottrockner

Ein IR-Strahler zur Papiertrocknung wird mit Methangas (1) betrieben, welches mit Luft (2) bei einem Luftüberschuss von $\lambda = 1,2$ verbrannt wird (Reaktor R). Die Verbrennungsluft (3) wird nach dem IR-Strahler in den Kreislauf der Trocknungsluft eingeblasen (Mischer M2). Die Abluft (4) wird im Splitter SP geteilt. Die Abluft (5) wird abgeblasen, die Umluft (6) durch den Bandtrockner geführt, um das verdunstende Wasser aufzunehmen (M3). Berechne die stündlich verdunstende Wassermenge sowie die angesaugte Falschluftmenge (9 bei Mischer M1).

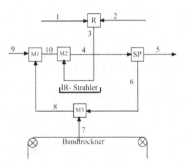

Gegeben:

- Methan G = 15 m³/h mit ρ = 1,66 kg/m³, T = 25 °C
- Luft L = Frischluft FL: 35 °C, Beladung X = 0,02 kg Wasserdampf pro kg trockene Luft
- Abluft A: 750 m³/h bei 100 °C und X = 0,15
- Umluft U: 3000 m³/h
- Druck im Trockner: 1 atm

Lösungshinweis:

Berechnungsbasis: kmol/h. Für die Freiheitsgradanalyse wird vorerst angenommen, dass die Umrechnung der gegebenen Ströme von m³/h auf kmol/h außerhalb der Freiheitsgradanalyse erfolgt und somit als gegeben angenommen werden kann. Es wird sich dann bei der Berechnung zeigen, dass dies für die Abluft (5) nicht möglich ist; man muss dann den Abluftstrom (5) als Variable annehmen und die Umrechnung in die Nebenbedingungen aufnehmen.

	Reaktor R	Mischer M1	Mischer M2	Mischer M3	Splitter SP	Anlage	Prozess
Ströme	3	3	3	3	3	5	10
+ Komponenten	8	11	12	9	12	12	32
+ Reaktionsvariable	1	0	0	0	0	1	1
= Stromvariable	12	14	15	12	15	18	43
- bekannte Ströme	1	0	0	1	2	2	3
- bekannte Konz.	2	2	0	0	1	5	5
= Unbekannte	9	12	15	11	12	11	35
Summationsbedingungen	3	3	3	3	3	5	10
+ Stoffbilanzen	5	4	4	4	4	5	21
+ Nebenbedingungen	1	0	0	0	3	1	4
= Gleichungen	9	7	7	7	10	11	35
Freiheitsgrade	0	5	8	4	2	0	0

Ergebnis:

Strom Nr.	S [kmol/h]	Molanteile				
		CH_4	CO_2	O_2	N_2	H_2O
1	1,556	1	0	0	0	0
2	18,357	0	0	0,203	0,765	0,031
3	19,913	0	0,078	0,031	0,706	0,185
4	120,875	0	0,064	0,053	0,685	0,198
5	24,175	0	0,064	0,053	0,685	0,198
6	96,7	0	0,064	0,053	0,685	0,198
7	0,0991	0	0	0	0	1
8	97,692	0	0,064	0,053	0,678	0,206
9	3,271	0	0	0,203	0,765	0,031
10	100,962	0	0,062	0,058	0,681	0,2

Es verdunsten stündlich 17,84 kg Wasser; 93,2 kg Falschluft werden stündlich angesaugt.

Beispiel 4-108: Gasreinigung [31]

Ein Abgas (Strom 1) mit 30 Vol.% CO_2, 10 % H_2S und Inertgas I wird in einem Absorber mit einem Lösungsmittel LM behandelt, wobei H_2S vollständig und CO_2 teilweise entfernt werden (Reingasstrom 2). Der beladene Lösungsmittelstrom 5 wird in einem Behälter entspannt (Flash), wobei folgende Verhältnisse der Austrittskonzentrationen bekannt sind:

$x6_{CO2} = 13,33 \cdot x7_{CO2}$ und $x6_{H2S} = 6,9 \cdot x7_{H2S}$.

Im Splitter wird der Strom 7 genau zur Hälfte geteilt. Die eine Hälfte wird in einen Stripper geleitet, wo man unter weiterer Reduktion des Druckes ein Kopfprodukt mit 10 % Lösungsmittel erhält. Der reine Lösungsmittelstrom 9 wird rückgeführt.

Weitere bekannte Konzentrationen: $x2_{CO2} = 0,01$; $x8_{CO2} = 0,05$; $x6_{LM} = 0,2$.

Erstelle eine Freiheitsgradanalyse und berechne alle Ströme und Konzentrationen für einen Einsatzstrom von 100 kmol/h.

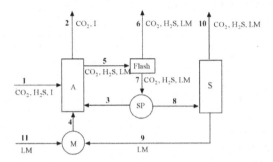

Lösungshinweis:

	Absorber	Flash	Splitter	Stripper	Mischer	Anlage	Prozess
Ströme	5	3	3	3	3	5	11
+ Komponenten	11	9	9	7	3	12	26
= Stromvariable	16	12	12	10	6	17	37
- bekannte Ströme	1	0	0	0	0	1	1
- bekannte Konz.	3	1	1	2	0	5	6
= Unbekannte	12	11	11	8	6	11	30
Summationsbedingungen	5	3	3	3	3	5	11
+ Stoffbilanzen	4	3	3	3	1	4	14
+ Nebenbedingungen	0	2	3	0	0	0	5
= Gleichungen	9	8	9	6	4	8	30
Freiheitsgrade	3	3	2	2	2	3	0

Alle Einheiten und auch die Anlage haben mindestens 2 Freiheitsgrade. Eine sequentielle Lösung ist durch Wahl eines anderen Stromes und mit Iteration möglich. Wesentlich einfacher ist die direkte Lösung des gesamten Prozesses.

Ergebnis:

Nr.	1	2	3	4	5	6	7	8	9	10	11
S [kmol/h]	100	60,6	440,6	412,3	892,3	11,0	881,3	440,6	406,7	34,0	5,6
x_{CO2}	0,3	0,01	0,05	0	0,058	0,667	0,05	0,05	0	0,649	0
x_{H2S}	0,1	0	0,019	0	0,021	0,133	0,019	0,019	0	0,251	0
x_{Inerte}	0,6	0,99	0	0	0	0	0	0	0	0	0
x_{LM}	0	0	0,931	1	0,921	0,2	0,931	0,931	1	0,1	1

Beispiel 4-109: Abgasquenche

1000 Nm³/h Luft mit 20 g/Nm³ Wasserdampf soll von 120 °C durch Einspritzen von Wasser (15 °C) gekühlt werden.

Berechne

a) die sich einstellende Temperatur für einen Wasserstrom von 10 m³/h und

b) den benötigten Wasserstrom damit eine Temperatur von 20 °C erreicht wird.

Systemdruck ist 1 bar.

Annahmen:
- Der Apparat ist so ausgelegt, dass eine Gleichgewichtseinstellung der austretenden Ströme erfolgen kann.
- es kann mit konstanten Stoffwerten bei 25 °C gerechnet werden.

Lösungshinweis:

	a)	b)
Ströme	4	4
+ Komponenten	6	6
+ Systemvariable (T)	4	4
= Stromvariable	14	14
- bekannte Ströme	2	1
- bekannte Konzentrationen	1	1
- gegebene T	2	3
= Unbekannte	9	9
Summationsbedingungen	4	4
+ Stoffbilanzen	2	2
+ Energiebilanzen	1	1
+ Gleichgewichte	2	2
= Gleichungen	9	9
Freiheitsgrade	0	0

Ergebnis:

a) mit 10 m³/h Wasser wird eine Temperatur von 18,5 °C erreicht.
b) für eine Temperatur von 20 °C sind 6,8 m³/h Wasser notwendig.

Beispiel 4-110: Flash: Hexan/Heptan-Trennung [9]

Ein Strom S1 mit 100 kmol/h bestehend zu je 50 % aus n-Hexan (HX) und n-Heptan (HP) wird von einem höheren Druck schnell auf einen niedrigeren Druck entspannt, wobei ein Teil der Mischung verdampft. Die zwei Produktströme (Dampf S2 und Flüssigkeit S3) stehen im Gleichgewicht, ihre Zusammensetzungen sind durch das Raoultsche Gesetz verknüpft.

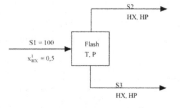

Führe eine Freiheitsgradanalyse durch und berechne das System (Ströme, Molanteile, Temperatur, Druck) für zwei verschiedene Betriebszustände.

1) Temperatur in der Trennapparatur T = 70 °C, Molanteil Hexan im flüssigen Produktstrom $x3_{HX} = 0,38$.

2) Dampfstrom S2 = 45 kmol/h mit einem Molanteil Hexan $x2_{HX} = 0,62$.

Lösungshinweis:

Eintrittsdruck und –temperatur in S1 sind nicht bekannt und auch nicht notwendig. Sie werden daher in die Variablenliste nicht aufgenommen. Für den Austrittsdruck bzw. die Austrittstemperatur kann entweder ein Wert für die Trenneinheit angenommen bzw. berechnet werden (was im Folgenden gemacht wird) oder je ein Wert für die beiden Produktströme. Im zweiten Fall müssten dann noch 2 zusätzliche Gleichungen angegeben werden (Gleichgewicht $T_2 = T_3$ und $p_2 = p_3$).

	Variante 1	Variante 2
Ströme	3	3
+ Komponenten	6	6
+ Systemvariable (T, p)	2	2
= Stromvariable	11	11
- bekannte Ströme	1	2
- bekannte Konzentrationen	2	2
- gegebene T	1	0
= Unbekannte	7	7
Summationsbedingungen	3	3
+ Stoffbilanzen	2	2
+ Gleichgewichte	2	2
= Gleichungen	7	7
Freiheitsgrade	0	0

Ergebnis:

Variante 1: $S2 = 51,18$; $S3 = 48,82$ kmol/h; $p = 65177$ Pa;
  $x2_{HX} = 0,614$; $x2_{HP} = 0,386$; $x3_{HX} = 0,38$; $x3_{HP} = 0,62$;

Variante 2: $S2 = 45$; $S3 = 55$ kmol/h; $p = 112619$ Pa; $T = 87,0$ °C;
  $x2_{HX} = 0,62$; $x2_{HP} = 0,38$; $x3_{HX} = 0,402$; $x3_{HP} = 0,598$;

5. Druckverlust

Der Druckverlust wurde teilweise schon in den Kapiteln 3 und 4 behandelt. Bevor das Thema in einem eigenen Kapitel noch einmal diskutiert wird, soll die zu Grunde liegende Systematik hervorgehoben werden. In Kapitel 3 wurden die Transportgleichungen vorgestellt; der Impulstransport wurde in Analogie zum Wärme- und Stofftransport dargestellt. Der spezifische Impulstransport hat die Dimension eines Druckes und die entsprechenden Transportgleichungen führen direkt zu den wichtigen Druckverlustgleichungen.

In Kapitel 4 wurden die Bilanzen behandelt. Die Impulsbilanz führte zur Navier-Stokes-Gleichung und unter gewissen Vereinfachungen (stationär, reibungsfrei) zur Euler-Gleichung und integriert zur Bernoulli-Gleichung. Auch wenn die Bernoulli-Gleichung um einen Verlustterm erweitert werden kann, beinhalten die Beispiele in Kapitel 4 Druckänderungen bei reibungsfreien Strömungen, bei welchen man nicht von einem Druckverlust sprechen kann.

Wegen der großen Bedeutung in der Verfahrenstechnik wird daher der Druckverlust für vielfältige Anwendungen noch einmal in einem eigenen Kapitel 5 aufbereitet. Es werden vor allem die Koeffizienten der Druckverlustgleichungen bestimmt und einige für die Praxis wichtige Fälle behandelt.

Beispiel Messblende: Für die Messung der Geschwindigkeit ist die Wirkdruckdifferenz unmittelbar vor und hinter der Messblende maßgebend. In diesem Bereich treten praktisch keine Verluste auf, weshalb die Strömungsmessung mit der Messblende in Kapitel 4 dargestellt wird (Beispiel 4-75). Hinter der Messblende treten aber Verwirbelungsverluste auf, die gesamte Messblende weist daher wie alle anderen Armaturen einen Druckverlust auf und wird daher in diesem Kapitel behandelt.

Die Bedeutung des Druckverlustes in der Verfahrenstechnik liegt insbesondere im erhöhten Energiebedarf der Strömungsmaschinen, welche die Medien durch die Apparate befördern. Die zusätzlich erforderliche Leistung P ergibt sich direkt aus dem Volumenstrom und dem Druckverlust.

$$P = \Delta p \cdot \dot{V} \qquad (5.1)$$

Es wird der Druckverlust in Rohrleitungen, Fest- und Fließbetten, Stoffaustauschkolonnen und Zyklonen berechnet. Für alle anderen Anwendungen wird auf die Spezialliteratur verwiesen (z. B. [4] oder [33]). Die Querumströmung von Rohrbündeln wird kurz in Beispiel 5-13 erläutert.

5.1. Druckverlust in Rohrleitungen

Die Strömungsverluste in Rohrleitungsanlagen setzen sich zusammen aus den Druckverlusten der geraden und gekrümmten Leitungsabschnitte sowie der Summe der Einzelverluste, die durch Rohrleitungseinbauten (Querschnittsübergänge, Krümmer, Abzweig- und Formstücke, Apparateeinbauten usw.) entstehen.

Der Druckverlust wird auf den mittleren dynamischen Druck ($\rho \cdot w^2/2$) bezogen.

5.1.1. Gerade Leitungsabschnitte

Für gerade Rohrleitungsstücke gilt folgender Ansatz (vgl. Gleichung (3.31)):

$$\Delta p = \lambda \cdot \frac{\Delta L}{d} \cdot \rho \frac{\overline{w}^2}{2} \qquad (5.2)$$

Dies ist die Gleichung von Darcy-Weisbach. Der Proportionalitätsfaktor zwischen Druckverlust Δp und Länge ΔL ist die Rohrreibungszahl λ; d ist der Innendurchmesser des kreisförmigen Rohres. Ersetzt man d durch den hydraulischen Durchmesser d_h (4 mal Querschnittsfläche durch benetzten Umfang), so kann man die empirischen Zahlenwerte für λ auch für nichtkreisförmige Querschnitte verwenden (Beispiel 5-4).

Für die laminare Rohrströmung kann der Reibungskoeffizient λ berechnet werden (Beispiel 5-1), $\lambda = 64/Re$. Durch Einsetzen in Gleichung (5.2) erhält man die nach Hagen und Poiseuille benannte Gleichung:

$$\Delta p = \frac{64}{Re} \cdot \frac{\Delta L}{d} \cdot \rho \cdot \frac{\overline{w}^2}{2} = \frac{32 \Delta L \cdot \eta \cdot \overline{w}}{d^2} = \frac{128 \Delta L \cdot \eta \cdot \dot{V}}{d^4 \pi} \tag{5.3}$$

Während in laminaren Strömungen die durch die Wanderhebungen verursachten Störungen durch den Einfluss der Viskosität geglättet werden, spielt diese Rauigkeit in turbulenten Strömungen eine bedeutende Rolle bei der Berechnung des Druckverlustes. Die größten Verluste ergeben sich in der Kernströmung durch die turbulenten Austauschbewegungen. Die laminare Grenzschicht ist also von großer Bedeutung für das Ausmaß des Druckverlustes. Dieser ist abhängig davon, ob diese Grenzschicht die Wandunebenheiten, die ja zusätzliche Turbulenzerzeuger darstellen, mehr oder weniger oder gar ganz abdeckt. Abhängig vom Verhältnis der Rohrrauigkeit k zur Grenzschichtdicke δ_l ergeben sich drei wesentliche Rauigkeitsbereiche. Die Rauigkeit k wird in mm angegeben und hat folgende typische Größenordnung [21]:

Rohr	k in mm
Glas, Kupfer, Messing	0,001 – 0,005
Eternit	0,05 – 0,1
Stahlrohr, neu	0,02 – 0,1
Stahlrohr, rostig	0,15 – 1,5
Betonrohre	0,3 – 0,8

Neben dieser technischen Rauigkeit k wird auch noch häufig eine Sandrauigkeit k_s angegeben; sie stellt eine künstlich aufgebrachte, gleichmäßige Rauigkeit dar, mit welcher erstmals der Einfluss der Rauigkeit durch Nikuradse 1933 untersucht wurde.

5.1.1.1. *Hydraulisch glatte Rohre*

Die Rauigkeit ist so gering, dass alle Unebenheiten in der Grenzschicht liegen. Die Rauigkeit bewirkt also keine Widerstandserhöhung, die Turbulenz entsteht von selbst in der Kernströmung und ein raues Rohr verhält sich wie ein glattes.

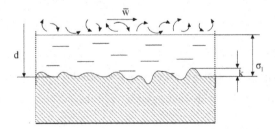

Abbildung 5-1: Rauigkeitserhebung innerhalb der laminaren Grenzschicht

Die Rohrreibungszahl λ ist in diesem Bereich ausschließlich von der Reynolds-Zahl abhängig. In der Literatur finden sich verschiedene Zusammenhänge für die ausgebildete Strömung.

Nach Blasius:

$$\lambda_{t,glatt} = \frac{0,3164}{Re^{0,25}} \tag{5.4}$$

gültig für $3000 < Re < 10^5$; Erweiterung für $10^5 < Re < 2 \cdot 10^6$ ergibt (aus [34]):

$$\lambda_{t,glatt} = 0054 + \frac{0,3964}{Re^{0,3}} \tag{5.5}$$

implizite Darstellung nach Prandtl und Kármán (gültig bis Re < ca. $3 \cdot 10^6$):

$$\frac{1}{\sqrt{\lambda_{t,glatt}}} = 2 \cdot \log\left(Re \cdot \sqrt{\lambda_t}\right) - 0,8 \tag{5.6}$$

nach Filonenko (gültig bis Re < ca. 10^7):

$$\lambda_{t,glatt} = \frac{1}{\left(1,82 \cdot \log Re - 1,64\right)^2} \tag{5.7}$$

Böswirth [21] gibt auch eine Formel für hydraulisch glatte Rohre an, deren Gültigkeitsbereich vom Verhältnis Rohrdurchmesser d zu Rohrrauigkeit k abhängig ist:

$$\lambda_{t,glatt} = \frac{0,309}{\left(\log\dfrac{Re}{7}\right)^2} \qquad \text{für} \quad 2320 < Re < \frac{d}{k} \cdot \log\left(0,1\frac{d}{k}\right) \tag{5.8}$$

Aus diesen Gleichungen ergibt sich eine Abhängigkeit des Druckverlustes von der Geschwindigkeit zu

$$\Delta p \ \square \ w^{1,75 - 1,8} \tag{5.9}$$

5.1.1.2. *Übergangsbereich*

Mit zunehmender Rauigkeit wird die laminare Grenzschicht teilweise von den Wanderhebungen durchdrungen. Die Spitzen ragen in die turbulente Strömung hinein und bewirken gegenüber glatten Rohren einen zusätzlichen Widerstand.

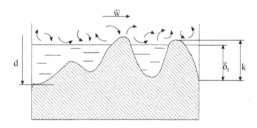

Abbildung 5-2: Rauigkeitserhebung teilweise außerhalb der laminaren Grenzschicht

Die Rohrreibungszahl λ hängt sowohl von der Reynolds-Zahl als auch von dem Verhältnis der Rohrrauigkeit k zum Rohrinnendurchmesser d ab, z. B.

$$\lambda_{t,\ddot{u}} = \frac{0,25}{\left(\log\dfrac{15}{Re}+\dfrac{k}{3,715\,d}\right)^{2}} \tag{5.10}$$

gültig für $\dfrac{d}{k}\cdot\log\left(0,1\dfrac{d}{k}\right) < Re < 400\cdot\dfrac{d}{k}\cdot\log\left(3,715\dfrac{d}{k}\right)$,

oder Strybny [35]

$$\frac{1}{\sqrt{\lambda_{t,\ddot{u}}}} = -2\log\left(\frac{2,51}{Re\sqrt{\lambda_{t,\ddot{u}}}} + \frac{k}{3,71\,d}\right) \tag{5.11}$$

Für den Druckverlust als Funktion der Geschwindigkeit erhält man

$$\Delta p \; \square \; w^{1,75\,-\,2,0}$$

5.1.1.3. *Hydraulisch raue Rohre*

Ragen die Rauigkeitsspitzen nun so weit aus der laminaren Grenzschicht heraus, dass die Energieverluste nur mehr durch die Turbulenzen, die von diesen Erhebungen ausgehen, verursacht werden, so spricht man von hydraulisch rauen Rohren. Dies ist dann der Fall, wenn die relative Rauigkeit $\dfrac{k}{d} > \dfrac{225}{Re^{7/8}}$ ist.

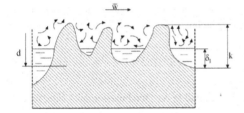

Abbildung 5-3: Rauigkeitserhebung überwiegend außerhalb der laminaren Grenzschicht

Die Rohrreibungszahl λ hängt nur mehr von dem Verhältnis der Rohrrauigkeit k zum Rohrinnendurchmesser d ab. Auch für diesen Bereich gibt es in der Literatur unterschiedliche Ansätze, z. B.:

$$\frac{1}{\sqrt{\lambda_{t,rau}}} = 2\log\left(\frac{d}{k}\right) + 1,14 \tag{5.12}$$

Diese Formel lässt sich vereinfachen und man erhält mit einer Abweichung von maximal 2 % die Gleichung nach Moody:

$$\lambda_{t,rau} = 0,0055 + 0,15\left(\frac{d}{k}\right)^{1/3} \tag{5.13}$$

Eine weitere Berechnungsmöglichkeit bietet folgende Näherungsformel:

$$\lambda_{t,rau} = \frac{0,25}{\left(\log 3,715\dfrac{d}{k}\right)^{2}} \quad \text{gültig für: } Re < 400\dfrac{d}{k}\log\left(3,715\dfrac{d}{k}\right) \tag{5.14}$$

In diesem Rauigkeitsbereich ist der Druckverlust dem Quadrat der Geschwindigkeit proportional.

5.1.1.4.   Gesamter Bereich

Colebrook und White entwickelten 1939 aus den Formeln für hydraulisch glatte und hydraulisch raue Rohre eine Widerstandsformel, die den gesamten Bereich gut interpoliert.

$$\frac{1}{\sqrt{\lambda}} = 1{,}74 - 2\log\left(\frac{k}{d/2} + \frac{18{,}7}{Re\sqrt{\lambda}}\right) \tag{5.15}$$

Oder die Gleichung von Prandtl-Colebrook:

$$\frac{1}{\sqrt{\lambda}} = -2\log\left(\frac{k}{3{,}71d} + \frac{2{,}51}{Re\sqrt{\lambda}}\right) \tag{5.16}$$

Solch implizite Gleichungen waren vor dem Computerzeitalter schwer zu handhaben, weshalb Rouse 1942 eine grafische Darstellung entwickelte, die 1944 von Moody verbessert wurde. Heute wird die grafische Präsentation von Gleichung (5.15) allgemein nach Moody benannt.

Beispiel 5-2 berechnet dieses Diagramm mit Gleichung (5.15).

5.1.2.   Gekrümmte Leitungsabschnitte

In gekrümmten Bahnen entstehen durch die Umleitung der Strömung Zentrifugalkräfte, die das Geschwindigkeitsprofil leicht nach außen verschieben und eine Sekundärströmung in Form eines Doppelwirbels verursachen. Durch diese Querverwirbelungen wird die Energie, die zur Erzeugung der Turbulenz nötig ist, herabgesetzt. Daraus folgt, dass die kritische Reynolds-Zahl mit dem Krümmungsverhältnis gemäß nachfolgendem Zusammenhang steigt.

$$Re_{krit} = 2300\left[1 + 8{,}6\left(\frac{d}{D}\right)^{0{,}45}\right] \tag{5.17}$$

In dieser Gleichung ist d der Innendurchmesser des Rohres und D der Durchmesser der Krümmung.

Der Druckverlust lässt sich einerseits mit Gleichung (5.2) berechnen, wobei die Rohrreibungszahl λ um einen Faktor f_K erhöht wird, andererseits aber auch mit der Widerstandszahl ζ (Kapitel 5.1.3.4).

$$\lambda_K = \lambda \cdot f_K \tag{5.18}$$

Bei laminarer Strömung ist der Erhöhungsfaktor $f_{K,l}$ unabhängig von der Rauigkeit des Rohres. Eine für die Praxis handliche Näherungsformel hat Prandtl aufgestellt.

$$f_{K,l} = 0{,}37\left[Re\left(\frac{d}{D}\right)\right]^{0{,}36} \qquad \text{gültig für: } 20 < Re\cdot\left(\frac{d}{D}\right)^{1/2} < 2\cdot10^3 \tag{5.19}$$

Mit der nachfolgenden Gleichung lässt sich die Rohrreibungszahl direkt berechnen (nach Mishra und Gupta).

$$\lambda_{K,l} = \frac{64}{Re}\cdot\left\{1 + 0{,}033\left[\log\left(Re\left(\frac{d}{D}\right)^{1/2}\right)\right]^4\right\} \qquad \text{gültig für } 1 < Re\left(\frac{d}{D}\right)^{1/2} < Re_{krit}\left(\frac{d}{D}\right)^{1/2} \tag{5.20}$$

Bei turbulenten Rohrströmungen ist die Rohrreibungszahl von der Wandrauigkeit abhängig. Da gekrümmte Rohre jedoch aufgrund der leichten Verformbarkeit hauptsächlich aus Kupfer bzw. Gummi ausgeführt sind, beziehen sich die auf Versuchsergebnissen basierenden Gleichungen für den Erhöhungsfaktor $f_{K,t}$ auf glatte Rohre. Für raue Rohre ist der Reibungsbeiwert im gleichen Verhältnis wie für glatte Rohre entsprechend Gleichung (5.15) zu erhöhen. Da der Druckabfall in gekrümmten Rohren stärker von der Rauigkeit abhängt als in geraden Rohren, muss zusätzlich ein Zuschlag von 20 % einberechnet werden.

Für den Übergangsbereich zwischen laminarer und turbulenter Strömung gilt:

$$f_{K,\ddot{U}} = 1 + \frac{2,88 \cdot 10^4}{Re} \cdot \left(\frac{d}{D}\right)^{0,62} \tag{5.21}$$

gültig für: $Re_{krit} < Re < 2 \cdot 10^4$ und $0,0123 < \dfrac{d}{D} < 0,2035$

Für eine voll ausgebildete turbulente Strömung berechnet sich der Erhöhungsfaktor mit:

$$f_{K,t} = 1 + 0,0823 \cdot \left(1 + \frac{d}{D}\right) \cdot \left(\frac{d}{D}\right)^{0,53} \cdot Re^{0,25} \tag{5.22}$$

gültig für: $2 \cdot 10^4 < Re \leq 1,5 \cdot 10^5$ und $0,0123 < \dfrac{d}{D} < 0,2035$

Direkte Ermittlung der Rohrreibungszahl nach Mishra und Gupta:

$$\lambda_{K,t} = \frac{0,3164}{Re^{0,25}} \cdot \left[1 + 0,095\left(\frac{d}{D}\right)^{1/2} \cdot Re^{0,25}\right] \tag{5.23}$$

gültig für: $Re_{krit} < Re < 10^5$

Für Reynolds-Zahlen größer 10^5 sollte mit dem für $Re = 10^5$ ermittelten λ - Wert gerechnet werden.

5.1.2.1. *Praktische Anwendung*

Rohrwendel:

Bereits nach 90° Umlenkung stellt sich ein gleich bleibendes Geschwindigkeitsprofil ein, das dann über die Windungszahl n konstant bleibt.

Bezüglich der Geometrie ist es wichtig, zwischen dem Durchmesser der Rohrschlange D_R, dem Durchmesser der Windung D_W und der für die Berechnung notwendigen Krümmung D, zu unterscheiden.

Entsprechend der Definition der Schraubenlinie ergibt sich folgender Zusammenhang:

$$D = \frac{D_W^2}{D_R}$$

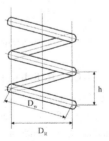

Abbildung 5-4: Rohrwendel

Da $D_W = \dfrac{L_W}{n \cdot \pi}$ (L_W = Länge der gestreckten Rohrschlange) und $D_R = \sqrt{D_W^2 - \left(\dfrac{h}{\pi}\right)^2}$ sind, ergeben

sich merkliche Abweichungen jedoch erst bei großen Steighöhen h und kleinen Krümmungsradien. In der Praxis gilt also in den meisten Fällen: $D \approx D_R \approx D_W$.

Für den Erhöhungsfaktor gilt Gleichung (5.22)

ebene Rohrschlange:

Da nach jeder halben Windung eine Umlenkung erfolgt, ist ein periodischer Wechsel des Strömungsbildes zu beobachten.

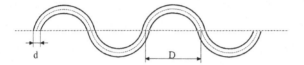

Abbildung 5-5: Geometrie der ebenen Rohrschlange

Vernachlässigt man die geringfügige Abhängigkeit des Erhöhungsfaktors von der Reynolds-Zahl, lässt sich folgende Formel zur Berechnung anwenden.

$$f_{K,r} = 1 + \left(\dfrac{35{,}25}{\dfrac{D}{d} + 53{,}2}\right)^2$$

Rohrspiralen:

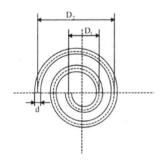

Eine überschlägige Berechnung des Erhöhungsfaktors bzw. der Rohrreibungszahl ist mit den Gleichungen (5.22) und (5.23) möglich, wobei als Krümmung der mittlere Durchmesser einzusetzen ist.

$$\bar{D} = \dfrac{D_1 + D_2}{2}$$

Abbildung 5-6: Geometrie der Rohrspirale

5.1.3. Rohrleitungseinbauten

Bei Anlagenelementen, wie z. B. Armaturen, für welche die Längenabhängigkeit des Widerstandes nicht genau definiert werden kann, wird der Gesamtproportionalitätsfaktor $\lambda \cdot l/d$ aus Versuchen ermittelt und als Widerstandszahl ζ bezeichnet.

$$\zeta = \lambda \cdot \dfrac{\Delta L}{d} \tag{5.24}$$

Die Strömung ist nach diesen Einbauten bis zu einer Länge von 30 Durchmessern gestört. Dadurch ergeben sich auch in den anschließenden geraden Rohrleitungselementen zusätzliche Verluste. Im

ζ - Wert von Einbauten sind diese Zusatzverluste und die Verluste in den Einbauten selbst zusammengefasst.

Es folgt für den Druckverlust:

$$\Delta p = \zeta \cdot \rho \frac{\overline{w}^2}{2} \tag{5.25}$$

Neben vielfältigen Armaturen kann der Druckverlust auch bei Querschnittsveränderungen, Krümmern, T-Stücken etc. mit der Widerstandszahl ζ berechnet werden.

Sowohl Querschnittserweiterungen als auch Querschnittsverengungen verursachen eine Änderung der Geschwindigkeit und die damit verbundene Verwirbelung einen Druckverlust. Für die hier behandelten Querschnittsveränderungen ist ß das Durchmesserverhältnis d_1/d_2 und m das Flächenverhältnis

$m = \left(\dfrac{A_1}{A_2} \right) = \left(\dfrac{d_1}{d_2} \right)^2 = ß^2$. Die Widerstandszahl für den Austritt eines Fluides aus einer Rohrleitung in

einen offenen Raum ist mit $\zeta_A = 1$ gegeben und für den Eintritt aus einem offenen Raum in eine Rohrleitung ist sie gemäß Abschnitt 5.1.3.3 Rohreinlaufverluste zu berechnen.

5.1.3.1.   *Querschnittserweiterung*

Betrachtet man eine Strömung, die aus einem Rohr mit dem Querschnitt A_1 in ein größeres Rohr des Querschnittes A_2 fließt, so erkennt man, dass sie kurz hinter dem Ablösepunkt im Totwassergebiet ruht. Dadurch herrscht über den gesamten Querschnitt ungefähr der Druck p_1 und der Freistrahl vermischt sich entlang einer bestimmten Strecke mit dem umgebenden Fluid. Erst nach diesem Mischungsweg erreicht die Strömung die zum Querschnitt A_2 gehörende Geschwindigkeit w_2.

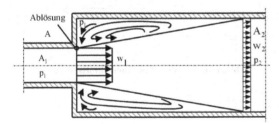

Abbildung 5-7: unstetige Querschnittserweiterung

Durch diese Vermischung des Strahles entstehen Energieverluste, die als Stoßverlust bezeichnet werden.

$$\Delta p_V = \zeta_{QE} \cdot \rho \cdot \frac{w_1^2}{2}$$

Für ζ ergibt sich folgender Zusammenhang mit dem Verhältnis der Querschnitte bzw. der Geschwindigkeiten:

$$\zeta_{QE,unstetig} = (1-m)^2 = \left(1 - \frac{A_1}{A_2} \right)^2 = \left(1 - \frac{w_2}{w_1} \right)^2, \tag{5.26}$$

und damit

$$\Delta p_v = \frac{\rho}{2} \cdot \left(w_1 - w_2 \right)^2 \quad \text{(Borda-Carnot-Gleichung)}, \tag{5.27}$$

Der Stoßverlust kann nun dadurch vermieden werden, dass man die Wirbelbildung bei der Vermischung des Freistrahles mit dem Totwasser verhindert. In einem Diffusor löst sich unter Einhaltung eines bestimmten Öffnungswinkels die Strömung nicht von der Rohrwand ab und man erhält einen annähernd idealen Druckanstieg nach Bernoulli. Trotzdem ist bei so verzögerten Strömungen mit einem Energieverlust von bis zu 30 % zu rechnen. Größere Öffnungswinkel verursachen eine Ablösung der Strömung und die Verluste sind noch größer.

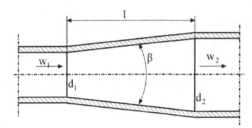

Abbildung 5-8: stetige Querschnittserweiterung

5.1.3.2.   Querschnittsverengungen

Bei unstetigen Querschnittsverengungen gibt es in den meisten Fällen zwei Ablösepunkte AP, da sich die Strömung schon bei kleinen Reynolds-Zahlen sowohl vor der scharfkantigen Einmündung als auch direkt bei dieser von der Rohrwand löst. Durch diese Verwirbelungen wird die Strömung hinter der Verengung weiter eingeschnürt und die Querschnittsfläche des Freistrahles verringert sich von A_2 auf A_0.

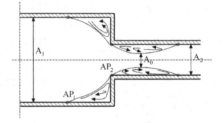

Abbildung 5-9: unstetige Querschnittsverengung

Die Energieverluste ergeben sich analog zur unstetigen Querschnittserweiterung aus der Vermischung des Freistrahles mit dem Totwasser.

$$\Delta p_V = \zeta_{QV} \cdot \rho \cdot \frac{w_2^2}{2}$$

Definiert man nun die Kontraktionszahl μ als Flächenverhältnis A_0 zu A_2, dann erhält man für ζ den nachfolgenden Zusammenhang:

$$\zeta_{QV} = \left(\frac{1}{\mu} - 1 \right)^2 \tag{5.28}$$

In einem Konfusor tritt durch die stetige Querschnittsverengung ein wesentlich geringerer
Druckverlust auf. Für den Widerstandsbeiwert
gilt: $\zeta_{QV} \approx 0,04$. Prinzipiell sind beschleunigte
Strömungen im Vergleich zu verzögerten eher
unproblematisch und verlustarm.

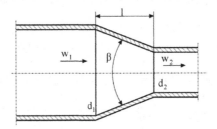

Abbildung 5-10: stetige Querschnittsverengung

Typische Anwendungen von Querschnittsänderungen sind z. B. Blenden und Düsen. Wird der Druckverlust auf den Wirkdruck Δp_W bezogen, d. h. auf die Drücke vor und unmittelbar hinter der Quer-
schnittsänderung, erhält man folgende Näherungsformeln:

Blende: $\Delta p_v \approx (1\text{-}m) \cdot \Delta p_W$ (5.29)

Venturidüse: $\Delta p_v \approx 0,15(1\text{-}m) \cdot \Delta p_W$

Wegen des integrierten Diffusors beträgt der Druckverlust einer Venturidüse nur ca. ein Sechstel einer
Blende.

5.1.3.3. Rohreinlaufverluste

Als Einlauflänge wird jene Rohrstrecke bezeichnet, in der sich, ausgehend vom einem ruhenden Fluid,
das Strömungsprofil vollständig ausbildet, z. B. bei Strömung aus einem großen Behälter in ein Rohr.

Bei laminarer Strömung erhält man die Einlauflänge L_E mit

$L_E = 0,06 \cdot d \cdot Re$ (5.30)

Der Einlaufdruckverlust wird mit einem Widerstandsbeiwert $\zeta_{E,l} = 1,16$ berechnet.

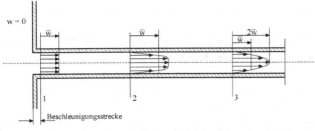

Abbildung 5-11: Strömungsausbildung im Einlauf eines laminar durchströmten Rohres

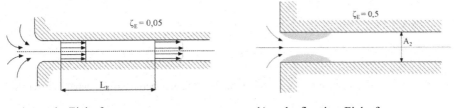

a) runder Einlauf   b) scharfkantiger Einlauf

Abbildung 5-12: Strömungsausbildung im Einlauf eines turbulent durchströmten Rohres

Bei turbulenter Strömung ist die Einlauflänge gegeben durch:

$$L_E = 5{,}2 \cdot d \cdot Re^{0{,}12} \qquad (5.31)$$

Zur Ermittlung der Widerstandszahl ist zwischen abgerundetem und scharfkantigem Einlauf zu unterscheiden. Während bei ersterem nur sehr geringe Energieverluste auftreten, wird die Strömung bei scharfkantigen Einläufen eingeschnürt (wie auch in Abbildung 5-9) und der Druckverlust dementsprechend größer.

Für die ζ - Werte gilt nun für $A_1 \gg A_2$:

- abgerundeter Einlauf: $\zeta_{E,t} \approx 0{,}05$

- scharfkantiger Einlauf: $\zeta_{E,t} \approx 0{,}5$

Ist das Verhältnis von Rohrleitungsquerschnitt zu Einströmquerschnitt nicht wie bisher angenommen ungefähr null, sind die Widerstandsbeiwerte von diesem Querschnittsverhältnis abhängig.

Für scharfkantige Verengungen sind folgende ζ- Werte anzuwenden:

$$\text{laminar:} \quad \zeta_{E,l} = 1{,}16 \cdot \left(1 - 0{,}5 \cdot \frac{A_2}{A_1}\right), \qquad \text{turbulent:} \quad \zeta_{E,t} = 0{,}5 \cdot \left(1 - \frac{A_2}{A_1}\right)$$

5.1.3.4. Formstücke

Aufgrund der Vielzahl unterschiedlichster Formstücke für Rohrleitungen, kann nicht weiterführend darauf eingegangen werden. Als Nachschlagewerk für zahlreiche aus Versuchen ermittelte Verlustbeiwerte sei das „Handbook of Hydraulic Resistance" [36] erwähnt, sowie von Wagner „Rohrleitungstechnik" [37] und „Strömung und Druckverlust" [33], in welchen sich viele für Praktiker wichtige Diagramme befinden. Widerstandsbeiwerte von auf dem Markt erhältlichen Armaturen werden vom Hersteller bekannt gegeben.

Ähnlich wie bei gekrümmten Rohrleitungen müssen bei Rohrbögen und Krümmern Reibungs- und auch Umlenkverluste ξ_U berücksichtigt werden.

$$\zeta_{Bogen} = \zeta_U + \zeta_\lambda$$

Für 90°-Bögen lässt sich der Widerstandsbeiwert des Umlenkverlustes in Abhängigkeit von der Krümmung nach folgenden Gleichungen von Herning berechnen:

$$\zeta_U = 1{,}6 \cdot \lambda \cdot \left(\frac{R}{d}\right)^{1/2} \quad \text{für } \frac{R}{d} \geq 8 \qquad (5.32)$$

$$\zeta_U = \frac{12{,}8 \cdot \lambda}{\left(\dfrac{R}{d}\right)^{1/2}} \quad \text{für } 2 \leq \frac{R}{d} < 8 \qquad (5.33)$$

$$\zeta_U = \frac{12{,}8 \cdot \lambda}{\left(\dfrac{R}{d}\right)^{1/2}} \cdot \left(\frac{2d}{R}\right)^{0{,}25} \quad \text{für } 1 \leq \frac{R}{d} < 2 \qquad (5.34)$$

Andere Umlenkwinkel $\zeta_{U,\alpha}$ können mit den Werten für 90°-Bögen näherungsweise berechnet werden:

$$\zeta_{U,\alpha} \approx \zeta_{U,90°} \cdot \left(\frac{\alpha}{90°}\right)^{1/2} \qquad (5.35)$$

Die so berechneten Widerstandsbeiwerte sind nur bei ausreichend großer Auslaufstrecke gültig. Werden mehrere Bögen direkt hintereinander geschalten, ist das Formstück als gesamtes zu betrachten und der Widerstand erhöht sich um den Formstückfaktor f_F. Für einige praktische Fälle ist der Gesamtwiderstandsbeiwert $\zeta_{U,F}$ aus Abbildung 5-13 zu entnehmen.

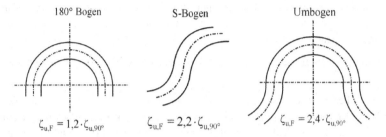

Abbildung 5-13: ζ - Werte einiger häufig angewandter Formstücke

5.1.4. Anlagendruckverlust

Der gesamte Druckverlust eines Rohrleitungssystems ergibt sich aus den Druckverlusten durch Reibung und den Verlusten durch örtliche Widerstände.

$$\Delta p_{V,ges} = \Delta p_{V,\lambda} + \Delta p_{V,\zeta} \tag{5.36}$$

Zur Berechnung des Gesamtdruckverlustes können nun die Einzeldruckverluste addiert, Gleichung (5.37) oder die einzelnen Widerstände auf einen Bezugsquerschnitt umgerechnet und zu einem Gesamtwiderstand zusammengefasst werden, Gleichung (5.38).

$$\Delta p_{V,ges} = \sum_{i=1}^{n}\left(\zeta_i \cdot \rho \cdot \frac{w_i^2}{2} \right) \tag{5.37}$$

$$\Delta p_{V,ges} = \zeta_{0,ges} \cdot \rho \cdot \frac{w_0^2}{2} \tag{5.38}$$

mit $\zeta_{0,ges} = \sum_{i=1}^{n}\zeta_{0,i}$ und $\zeta_{0,i} = \zeta_i \cdot \left(\dfrac{A_0}{A_i} \right)^2$

Sind in Anlagensystemen hauptsächlich Rohrleitungseinbauten für die Energieverluste verantwortlich, ist es von Vorteil, anstatt der Rohrreibungszahl, den Widerstandsbeiwert bezogen auf 1 m lange Rohre zur Berechnung heranzuziehen. So können die einzelnen Widerstände besser miteinander verglichen werden. Im Fall von langen Rohrleitungssystemen ist es hingegen empfehlenswert, die Widerstandsbeiwerte der Einbauten in äquivalente Rohrlängen umzurechnen.

5.1.5. Offene Kanäle

Bei Strömungen in offenen Kanälen entspricht der Druck an der Oberfläche immer dem Umgebungsdruck, man kann daher nicht von einem Druckverlust sprechen. Am benetzten Teil des Kanals wirken aber Reibungskräfte, die dadurch bedingten Verluste müssen von den Pumpen aufgebracht werden. Man dividiert daher den Druck durch $\rho \cdot g$, was einer äquivalenten Höhe entspricht, und spricht von einem Höhenverlust (head loss). In der angelsächsischen Literatur wird vielfach auch der Druckverlust in die äquivalente Höhe umgerechnet.

5.2. Druckverlust bei der Durchströmung von Haufwerken

Haufwerke sind Gemische aus festen Partikeln, die lose vermengt oder fest miteinander verpresst sind. Lose vermengte Partikel treten vor allem bei der Filtration auf, aber auch bei Adsorption, Ionenaustauschern etc.

Die Filtration ist ein Verfahren zur Fest-Flüssig-Abtrennung. Bei ihr wird der disperse Feststoff mit Hilfe eines Filtermittels aus der Strömung zurück gehalten, während die Flüssigkeit das Filtermittel und oft auch die Feststoffschicht durchströmt.

Es wird nach der Art des Feststoffrückhaltes zwischen drei verschiedenen Arten der Filtration unterschieden.

Kuchenfiltration (auch Oberflächenfiltration genannt) liegt dann in reiner Form vor, wenn der Feststoff auf der Oberfläche der vorhandenen Schicht einen wachsenden Filterkuchen bildet, ohne ins Innere der Schicht zu dringen. Die Schicht besteht zu Beginn allein aus dem Filtermittel, später aber zusätzlich aus dem gebildeten Kuchen. Kennzeichnend ist, dass die Porenweite des Filtermittels kleiner ist als die Partikelgröße des Feststoffes.

Tiefenfiltration findet in einer meist relativ dicken Filtermittelschicht statt. Die Feststoffpartikel sind wesentlich kleiner als die Poren des Filtermittels. So dringt der Feststoff ins Innere der Schicht ein, wird zur Oberfläche der Filtermittelkörner transportiert und bleibt dort haften. Das Festhalten der Partikel erfolgt aufgrund physikalisch-chemischer Mechanismen.

Bei der Querstromfiltration (Membranverfahren) findet die Strömung auf der Suspensionsseite parallel zum Filtermittel statt. Die Flüssigkeit kann quer dazu durch das Filtermittel dringen, während der Großteil des Feststoffes mit der Strömung fort transportiert wird. Auf eine sich am Filtermittel eventuell bildende Feststoffschicht wirken Strömungs-Scherkräfte, die diese Schicht dünn halten oder sogar ganz verhindern. In Strömungsrichtung wird dadurch lediglich eine Aufkonzentrierung des Feststoffes in der Suspension erreicht.

5.2.1. Kuchenfiltration

Beim prinzipiell instationären und periodischen Vorgang der kuchenbildenden Filtration sammelt sich auf dem Filtermittel eine zeitlich anwachsende Schicht des Feststoffes, der Filterkuchen, an. Dadurch wird die zu durchdringende Schicht insgesamt dicker und der Durchströmungswiderstand (Druckverlust) steigt bzw. der durchgesetzte Volumenstrom wird kleiner.

Die folgenden Gleichungen gelten nicht nur für die Kuchenbildung bei der Filtration, sondern bei allen Strömungen durch Schüttungen und Haufwerken.

5.2.1.1.   Druckverlust bei der Kuchenfiltration

Der Zusammenhang zwischen Filtratvolumenstrom, Kuchendicke, Filterfläche, Druckdifferenz und spezifischen Durchströmungseigenschaften wird durch die so genannte Filtergleichung beschrieben.

Bei zäher (laminarer) Durchströmung kann die Gleichung von Darcy (5.2) umgeformt werden und lautet dann in allgemeiner Form:

$$\frac{\Delta p}{L} = \frac{\eta \cdot \bar{w}}{B} = \frac{\dot{V} \cdot \eta}{A \cdot B} \tag{5.39}$$

L entspricht hier der Kuchenhöhe, $\overline{w}$ ist die mittlere Leerrohrgeschwindigkeit, $\dot{V}$ der Durchsatz, A die Filterfläche und B die Durchlässigkeit mit der Dimension einer Fläche[15]. Der Reziprokwert der Durchlässigkeit 1/B gibt den gesamten Widerstand an, welcher den Kuchenwiderstand α und den Filtertuchwiderstand β beinhaltet.

$\beta = s/B_{FT}$ ergibt sich aus der Dicke s und der spezifischen Durchlässigkeit B_{FT} des Filtertuches. β bleibt konstant, während der Widerstand des Kuchens mit der Höhe anwächst. Die Höhe L muss daher in den Widerstand des Kuchens eingehen. Kann der Kuchen als inkompressibel angenommen werden, wächst die Kuchenhöhe direkt mit dem filtrierten Volumen $L(t) \sim V(t)/A$. Der gesamte Kuchenwiderstand ergibt sich daher aus dem materialspezifischen Kuchenwiderstand α, der Konzentration der zu filtrierenden Teilchen c_P im Wasser und dem filtrierten Wasser. Damit erhält man folgenden Ausdruck für den Druckabfall im Filter:

$$\Delta p = \frac{\dot{V} \cdot \eta}{A} \cdot \left(c_P \cdot \frac{V}{A} \cdot \alpha + \beta \right) \tag{5.40}$$

Hierfür wird vorausgesetzt, dass die Konzentration c_P der Partikel im Wasser zeitlich und örtlich konstant bleibt, dass die Feststoffe vollständig zurückgehalten werden und dass der Filterkuchen isotrop und inkompressibel ist. Selbstverständlich können auch andere Konzentrationsmaße verwendet werden, wobei sich dann auch die Einheit von α ändern kann.

Der Druckverlust in einem Haufwerk kann auch über die Euler-Zahl ($Eu = \Delta p/\rho \cdot w^2$) abgeleitet werden. Die Eulerzahl hängt von der Höhe L der durchströmten Schicht, dem Partikeldurchmesser d_P und dem Widerstandsbeiwert c_w ab.

$$Eu = \frac{L}{d_p} \cdot c_w (Re, \varepsilon)$$

Wie bei anderen Widerstandsfunktionen ist der c_w-Wert eine Funktion der Re-Zahl, die Konstante ist aber vom Lückenvolumen ε abhängig.

$$c_w = \frac{konst(\varepsilon)}{Re}$$

Damit erhält man für den spezifischen Druckverlust

$$\frac{\Delta p}{L} = \frac{konst(\varepsilon)}{d_p^2} \cdot \eta \cdot \overline{w} \tag{5.41}$$

Ein Vergleich mit Gleichung (5.39) zeigt, dass die Durchlässigkeit B dem Partikeldurchmesser d_P zum Quadrat, dividiert durch eine ε-abhängige Konstante entspricht.

Ist man an der Abhängigkeit des Druckverlustes vom Lückenvolumen ε interessiert, betrachtet man den Druckverlust am einfachsten analog zur Kanalströmung, mit einem hydraulischen Durchmesser d_h und der effektiven Geschwindigkeit in den Kanälen $w_{eff} = \overline{w}/\varepsilon$. Da es sich bei dem hydraulischen Durchmesser des Filterkuchens um keine sehr anschauliche Größe handelt, wird sie durch den gleich-

---

[15] In den Geowissenschaften wird die Durchlässigkeit auch als Permeabilität bezeichnet mit der Einheit 1 Darcy $= 10^{-12}$ m².

wertigen Kugeldurchmesser der Teilchen des Filterkuchens ersetzt, wofür der Sauterdurchmesser d_{32} verwendet wird.

Man kann zeigen[16], dass der hydraulische Durchmesser $d_h = \dfrac{2}{3} \cdot \dfrac{\varepsilon}{1-\varepsilon} \cdot d_{32}$ ist.

Einsetzen in Gleichung (5.2) ergibt

$$\Delta p = c_f \cdot \frac{L}{d_{32}} \cdot \frac{1-\varepsilon}{\varepsilon^3} \cdot \rho \cdot \bar{w}^2 \,, \tag{5.42}$$

wobei alle Zahlenwerte im Widerstandsbeiwert c_f enthalten sind.

Analog dem λ-Wert bei der laminaren Rohrströmung (64/Re) oder der laminaren Umströmung eines Partikels (24/Re, siehe Sedimentation), ist dieser Widerstandsbeiwert c_f ebenfalls umgekehrt proportional zur Re-Zahl, $c_f = k_l/Re$.

Wird die Re-Zahl mit dem Sauterdurchmesser als hydraulischem Durchmesser und der effektiven Strömungsgeschwindigkeit gebildet, erhält man:

$$Re = \frac{\bar{w}}{\varepsilon} \cdot \frac{\varepsilon}{1-\varepsilon} \cdot d_{32} \cdot \frac{\rho}{\eta} = \frac{\bar{w}}{1-\varepsilon} \cdot d_{32} \cdot \frac{\rho}{\eta} \,. \tag{5.43}$$

Einsetzen der Re-Zahl in Gleichung (5.42) ergibt die Carman-Kozeny-Gleichung für die zähe Durchströmung[17] eines Haufwerkes.

$$\Delta p = k_l \cdot \frac{(1-\varepsilon)^2}{\varepsilon^3} \cdot \eta \cdot L \cdot \frac{\bar{w}}{d_{32}^2} \tag{5.44}$$

Falls die Teilchen der Schüttung bei enger Korngrößenverteilung eine einigermaßen kugelförmige oder kubische Gestalt aufweisen, beträgt der Proportionalitätsfaktor etwa $k_l = 150$. Bei starker Abweichung von kugelähnlicher Form kann er Werte von 125 bis 200 annehmen.

In der Praxis ist Gleichung (5.44) aber zur Berechnung des Druckverlustes wenig nützlich, da die Parameter k_l, ε und d_{32} nicht genau bekannt sind, aber einen großen Einfluss aufweisen. Sie werden daher zu einem Widerstandswert α zusammengefasst, welcher in Laborversuchen aus einem gemessenen Druckverlust berechnet werden kann (Beispiel 5-18). Man erhält dann wieder die Darcy-Gleichung.

$$\Delta p = \alpha \cdot \eta \cdot L \cdot \bar{w} = \alpha \cdot \eta \cdot L \cdot \frac{\dot{V}}{A}, \quad \text{mit } \alpha = \frac{k_l (1-\varepsilon)^2}{\varepsilon^3 \cdot d_{32}^2} \tag{5.45}$$

Eine laminare, zähe Durchströmung eines Filters oder Haufwerkes liegt bis zu einer Re-Zahl (Gleichung (5.43)) von etwa 3 – 10 vor. Bei größeren Strömungsgeschwindigkeiten wird die Carman-Kozeny-Gleichung mit einem turbulenten Anteil erweitert, wobei dieser Anteil genau

---

[16] $d_h = \dfrac{4 \text{ Lückenvolumen}}{\text{Gesamtoberfläche}} = \dfrac{4 V_F}{A} = \dfrac{4 \varepsilon V}{A} = \dfrac{4 \varepsilon V_P}{(1-\varepsilon)A}$, mit dem Volumen des Fluids $V_F = \varepsilon \cdot V$ und dem Volumen der

Partikel $V_P = (1-\varepsilon) \cdot V$. Einsetzen des Sauterdurchmesser $d_{32} = \dfrac{6 V_P}{A}$ in d_h ergibt obigen Zusammenhang.

[17] Da man eine laminare Rohrströmung immer mit einem parabolischen Strömungsprofil verbindet, was bei durchströmten Schüttschichten nicht der Fall ist, spricht man stattdessen auch von zäher Durchströmung.

Gleichung (5.42) mit einem konstanten c_f-Wert entspricht. Die entsprechende Gleichung wird dann nach Ergun benannt, welcher den konstanten c_f-Wert (oder k_t) mit 1,75 bestimmte.

Ergun-Gleichung:

$$\Delta p = k_l \cdot \frac{(1 - \varepsilon)^2}{\varepsilon^3} \cdot \eta \cdot L \cdot \frac{\overline{w}}{d_{32}^2} + k_t \frac{L}{d_{32}} \cdot \frac{1 - \varepsilon}{\varepsilon^3} \cdot \rho \cdot \overline{w}^2 \qquad (5.46)$$

5.2.1.2. Kompressibler Filterkuchen

Die vorhin getroffene Annahme eines inkompressiblen Kuchens ist in Wirklichkeit kaum je erfüllt. Nur starre grobe Partikel mit relativ enger Korngrößenverteilung sowie einige spezielle Stoffe wie Kieselgur, Perlite und dergleichen bilden auch bei höheren Druckdifferenzen fast inkompressible Filterkuchen.

Die aus Laborversuchen bestimmte Abhängigkeit der Kuchenparameter vom Kompressionsdruck muss zur Vorausberechnung des Filtrationsverlaufes in technischen Filtern durch eine möglichst einfache Gleichung angenähert werden. Im Hinblick auf die erreichbaren Messgenauigkeiten und die im praktischen Betrieb stets auftretenden Schwankungen der Korngrößen der Feststoffe sind dafür die nachstehenden Potenzgesetze durchaus genügend.

$$\alpha_V = \alpha_{V0} \cdot (p_K/p_{K0})^a \qquad (5.47)$$

$$\varepsilon = \varepsilon_0 \cdot (p_K/p_{K0})^e \qquad (5.48)$$

Mit aus der gemessenen Abhängigkeit abgeschätzten Werten des Grenzkompressionsdruckes p_{K0} können die restlichen Kuchenparameter α_{V0}, ε_0, a und e durch eine Ausgleichsrechnung ermittelt werden.

In den obersten Kuchenschichten ist der Kompressionsdruck noch gering (für s = 0 ist $p_K = 0$). Für sehr kleine Kompressionsdrücke liefern die Potenzansätze aus den Gleichungen (5.47) und (5.48) aber unbrauchbare Werte. Man rechnet deshalb bis zum Grenzkompressionsdruck p_{K0} mit konstanten Werten des Filterkuchenwiderstandes α_{V0} und der Porosität ε_0 und erst darüber mit diesen Gleichungen. Dies bedeutet, dass der Filterkuchen rechnerisch in eine inkompressible äußere Schicht und eine mit den Potenzansätzen aus den Gleichungen (5.47) und (5.48) erfasste kompressible innere Schicht unterteilt wird, Beispiel 5-19.

5.2.2. Tiefenfiltration

Die abzuscheidenden Partikel werden bei der Tiefenfiltration im Inneren der Filterschicht zurückgehalten. Man spricht daher auch von Innenfiltration oder von Raumfiltration. Das Absetzen von Teilchenagglomeraten auf der Oberfläche oder nur in der obersten Schicht des Filters ist unerwünscht, da es den weiteren Zutritt der Partikel ins Innere der Schicht erschwert und weil es einen lokal sehr hohen Druckverlust hervorruft. Tiefenfilter werden deshalb vielfach als Mehrschichtfilter ausgeführt, wo jede Schicht einigermaßen gleichmäßig mit Partikeln belegt werden kann.

Wegen des beschränkten Aufnahmevermögens der Filterschicht eignet sich die Tiefenfiltration nur für niedrig konzentrierte Suspensionen; typische Werte sind kleiner 0,05 Vol.% Feststoff, weshalb Tiefenfilter fast ausschließlich zur Klärfiltration eingesetzt werden.

Zur Berechnung des Druckverlustes sind verschiedene Ansätze in Verwendung. In Beispiel 5-21 wird mit der Gleichung von Rose gerechnet.

5.3. Fließbett / Wirbelschicht

Die Fluidisation ist das der Wirbelschichttechnik zugrunde liegende Verfahrensprinzip. Hierbei wird
eine aus Feststoffpartikeln bestehende Schüttschicht aufgrund eines aufwärts durch die Schüttung
strömenden Fluidstromes (Gas oder Flüssigkeit) aufgewirbelt, in Schwebe gehalten und so in einen
flüssigkeitsähnlichen „fluidisierten" Zustand versetzt.

Wird bei der Durchströmung eines Festbettes die Strömungsgeschwindigkeit gesteigert, nimmt die
Widerstandskraft mit $F_w \sim w^2$ zu, bis die Widerstandskraft schließlich der um den Auftrieb verminderten Gewichtskraft entspricht. Diesen Punkt nennt man Fluidisierungspunkt (Lockerungspunkt, Wir-
belpunkt, fluidizing point).

$$\Delta p_{FP} \cdot A = A \cdot H \cdot (1 - \epsilon) \cdot (\rho_P - \rho_F) \cdot g \qquad (5.49)$$

Die Division durch die Querschnittsfläche des Bettes ergibt den Druckverlust am Fluidisierungspunkt.

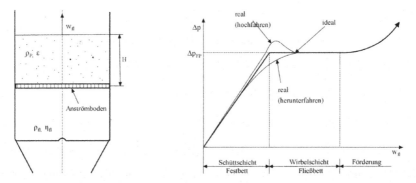

Abbildung 5-14: Aufbau einer Wirbelschicht zur Bestimmung der Fluidisierungsgeschwindigkeit

Fluidgeschwindigkeiten w_F, die größer sind als die Fluidgeschwindigkeit w_{FP} am Lockerungspunkt,
wirbeln die Partikel auf, wobei sich eine Wirbelschicht ausbildet, deren Höhe und somit auch deren
Volumen zunimmt.

Sieht man von Kräften zwischen den Teilchen untereinander und der Behälterwand ab, müssten die
Feststoffteilchen an diesem Fluidisierungspunkt durch die Fluidströmung getragen werden und somit
vom Anströmboden abheben (ideal). Infolge der Haft- und Anziehungskräfte tritt dies allerdings erst
bei Strömungsgeschwindigkeiten ein, die etwas höher als die Fluidisierungsgeschwindigkeit sind (real). Der Druckverlust steigt aus diesem Grund bis zum Abheben der Teilchen noch etwas weiter an.
Bis zu diesem Punkt kann die Höhe des Bettes um etwa 5-10 % anwachsen.

Dann lösen sich die Teilchen von einander, die Kräfte zwischen den Teilchen verschwinden und der
Druckverlust fällt wieder auf den Wert am Fluidisierungspunkt ab. Die Schüttung aus schwebenden
Feststoffteilchen verhält sich nun wie eine Flüssigkeit. Man nennt diesen Zustand deshalb auch Fließ-
bett.

Bei einer weiteren Steigerung der Fluidisierungsgeschwindigkeit nimmt der Druckverlust nur noch
geringfügig aufgrund von Wirbelbildung und Wandreibung zu.

Nach oben ist der Bereich des Fließbettes durch die Austragsgeschwindigkeit w_A begrenzt. Sie entspricht bei homogenen Fließbetten der stationären Sinkgeschwindigkeit der durch die Fluidströmung
gerade nicht mehr auszutragenden Teilchen.

Die Betriebsgeschwindigkeit eines Fließbettes w_{FB} muss zwischen der Fluidisierungsgeschwindigkeit w_{FP} und der Austragsgeschwindigkeit w_A liegen, $w_{FP} < w_{FB} < w_A$.

Da für den Betrieb eines Fließbettes (ohne Gebläseverluste) die Leistung

$$P = \dot{V} \cdot (\Delta p_{FB} + \Delta p_{Anströmboden} + \Delta p_{Rohrleitungen}) \qquad (5.50)$$

erforderlich ist, ist es in den meisten Fällen erstrebenswert das Fließbett nahe am Fluidisierungspunkt zu betreiben.

Im Interesse eines möglichst kleinen Leistungsbedarfs werden Fließbetten im Allgemeinen mit Strömungsgeschwindigkeiten betrieben, welche $(1-\varepsilon_{FB})/(1-\varepsilon)$-Verhältnisse von 1,2 bis 1,5 ergeben. Die endgültige Wahl der Betriebsgeschwindigkeit ist erst nach der Auslegung des Gesamtprozesses möglich, Beispiel 5-28.

5.4. Druckverlust in Stoffaustauschkolonnen

Es können Kolonnen ohne Einbauten (z. B. Sprühwäscher, Blasensäulen), Benetzungskolonnen (Packungen, structured packings, oder Füllkörper, random packings), Bodenkolonnen und gerührte Kolonnen unterschieden werden. Berücksichtigt werden nur Benetzungskolonnen und Bodenkolonnen.

Bei allen Berechnungen wird angenommen, dass Druck und Druckverlust in einer Ebene über den gesamten Querschnitt der Kolonnen konstant bleiben.

5.4.1. Druckverlust in Benetzungskolonnen

Prinzipiell können dieselben Gleichungen wie für Filtration herangezogen werden. Auf Grund des wesentlich größeren Lückenvolumens wird aber meist nicht eine charakteristische Größe der Schüttung oder Packung, wie z. B. Sauterdurchmesser, verwendet, sondern ein hydraulischer Durchmesser für das Lückenvolumen. Jedenfalls ist immer zwischen einer trockenen Durchströmung ohne Flüssigkeitsbeaufschlagung und einer feuchten Durchströmung zu unterscheiden.

5.4.1.1.   Trockene Durchströmung

Ähnlich wie die Strömung in Rohren kann die Strömung durch Festbetten als Parallelströmung durch eine Vielzahl von Kanälen, die durch das Lückenvolumen V_P (Volumen der Poren) gebildet werden, gesehen werden. Hierbei ist A_P die Gesamtquerschnittsfläche der durchströmten Poren bzw. Kanäle.

$$A_P = \frac{V_P}{h} \qquad (5.51)$$

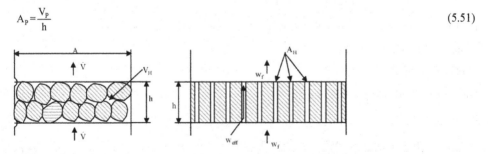

Abbildung 5-15: trockene Durchströmung eines Festbettes

Der Druckverlust über der Schüttung lässt sich analog zum Druckverlust in Rohren berechnen. Es muss lediglich anstelle des Rohrdurchmessers ein äquivalenter Durchmesser $d_{äq}$ eingeführt werden.

$$\Delta p_v = \lambda \cdot \frac{h}{d_{\ddot{a}q}} \cdot \rho \cdot \frac{w_{eff}^2}{2} \tag{5.52}$$

Als Geschwindigkeit w_{eff} ist die mittlere in den Kornzwischenräumen herrschende Strömungsgeschwindigkeit einzusetzen. Das Lückenvolumen bzw. die Porosität ε gibt den Zusammenhang zwischen Leerrohrgeschwindigkeit w und effektiver Gasgeschwindigkeit w_{eff} an.

$$\dot{V} = A \cdot w = A_P \cdot w_{eff} \tag{5.53}$$

$$\varepsilon = \frac{V_P}{V} = \frac{A_P \cdot h}{A \cdot h} = \frac{A_P}{A} \tag{5.54}$$

daraus ergibt sich:

$$w_{eff} = \frac{w}{\varepsilon} \tag{5.55}$$

Der äquivalente (hydraulische) Durchmesser ist definiert als:

$$d_{\ddot{a}q} = \frac{4V_{str}}{O_{ben}} = \frac{4 \text{ durchströmtes Volumen (Lückenvolumen)}}{\text{gesamte bzw. benetzte Oberfläche}} \tag{5.56}$$

im Falle einer Schüttschicht erhält man für $d_{\ddot{a}q}$:

$$d_{\ddot{a}q} = \frac{4A_P \cdot h}{U_P \cdot h} = \frac{4V_P}{U_P \cdot h} = \frac{4V \cdot \varepsilon}{V \cdot a} \tag{5.57}$$

wobei die spezifische Oberfläche a definiert ist als:

$$a = \frac{U_P \cdot h}{V} \tag{5.58}$$

Daraus folgt für $d_{\ddot{a}q}$:

$$d_{\ddot{a}q} = \frac{4\varepsilon}{a} \tag{5.59}$$

Die im Lückenraum vorherrschenden Strömungsbedingungen werden durch Re festgelegt:

$$Re = \frac{w_{eff} \cdot d_{\ddot{a}q} \cdot \rho}{\eta} = \frac{w \cdot 4\varepsilon \cdot \rho}{\varepsilon \cdot a \cdot \eta} = \frac{4w \cdot \rho}{a \cdot \eta} \tag{5.60}$$

Da der Widerstandsbeiwert λ eine Funktion von Re ist, ergeben sich folgende Bereiche:

- laminar: Re < 40, $\lambda = 140 / Re$

- turbulent: Re > 40, $\lambda = 16 / Re^{0,2}$

Für den Druckverlust ergibt sich daher:

laminar:

$$\Delta p_v = \frac{140a \cdot \eta}{4w \cdot \rho} \cdot h \cdot \frac{a}{4\varepsilon} \cdot \rho \cdot \frac{w^2}{2\varepsilon^2} = \frac{35w \cdot h \cdot a \cdot \eta}{8\varepsilon^3} \tag{5.61}$$

turbulent:

$$\Delta p_v = 2h \cdot \frac{a \cdot w^2 \cdot \rho}{Re^{0,2} \cdot \epsilon^3} \tag{5.62}$$

5.4.1.2.   *Feuchte Durchströmung*

Bei Stoffaustauschapparaten werden die Füllkörper und Packungen von einer Flüssigkeit berieselt. In der Druckverlustberechnung solcher Apparate muss der Flüssigkeitsfilm berücksichtigt werden. Dieser Flüssigkeitsfilm kann bei höheren Gasgeschwindigkeiten in engen Querschnitten zurück gestaut werden, wodurch sich der freie Querschnitt erheblich verringert.

Die Beziehung zwischen den Druckdifferenzen im trockenen und im berieselten Bett wurde anhand von experimentellen Untersuchungen wie folgt bestimmt (aus [38]):

$$\Delta p_{ber} = \Delta p_{tr} \cdot n \tag{5.63}$$

Wobei die Verhältniszahl n vom Berieselungskoeffizient Φ abhängig ist:

$$\Phi = 3 \cdot \sqrt[3]{\left(\frac{\dot{m}_l}{\rho_l}\right)^2 \cdot \frac{a}{\epsilon^3} \cdot \frac{0,87}{g \cdot Re_l^{0,3}}} \tag{5.64}$$

Die auf den leeren Kolonnenquerschnitt bezogene Berieselungsdichte $\dot{m}_l$ ist definiert als:

$$\dot{m}_l = \frac{\dot{M}_l}{S} = \frac{\rho_l \cdot w_l \cdot S}{S} = \rho_l \cdot w_l \tag{5.65}$$

Die Re-Zahl für den Flüssigkeitsstrom ist:

$$Re_l = \frac{w_{l,eff} \cdot d_{äq} \cdot \rho_l}{\eta_l} \tag{5.66}$$

Die effektive Strömungsgeschwindigkeit lässt sich anhand der Kontinuitätsgleichung bestimmen:

$$w_{l,eff} = \frac{\dot{M}_l}{\rho_l \cdot A_P} = \frac{\rho_l \cdot w_l \cdot A}{\rho_l \cdot A_P} = \frac{w_l}{\epsilon} \tag{5.67}$$

Setzt man nun noch den äquivalenten Durchmesser der Schüttschicht ein, erhält man für die Reynolds-Zahl:

$$Re_l = \frac{w_l \cdot 4\epsilon \cdot \rho_l}{\epsilon \cdot a \cdot \eta_l} = \frac{4 w_l \cdot \rho_l}{a \cdot \eta_l} = \frac{4 \dot{m}_l}{a \cdot \eta_l} \tag{5.68}$$

Die Werte für n hängen von der Art der Schüttung und dem Berieselungskoeffizienten ab:

$$n = \frac{1}{\left(1 - 1,65 \cdot 10^{-10} \cdot \frac{a}{\epsilon^3} - \Phi\right)^3} \quad \text{für Durchmesser} < 30 \text{ mm} \tag{5.69}$$

$$n = \frac{1}{\left(1 - \Phi\right)^3} \quad \text{für Durchmesser} > 30 \text{ mm und } \Phi < 0,3 \tag{5.70}$$

$$n = \frac{1}{\left(1,13 - 1,43 \Phi\right)^2} \quad \text{für Durchmesser} > 30 \text{ mm und } \Phi > 0,3 \tag{5.71}$$

Die obigen Gleichungen für n gelten im Falle frei rieselnder Flüssigkeit.

Wird die Gasgeschwindigkeit gesteigert, kommt es zu einem Rückstau der Flüssigkeit. Dies führt dazu, dass sich Gasblasen in der Flüssigkeit bilden. Überschreitet man bei gegebenem Flüssigkeitsstrom eine bestimmte Gas- bzw. Dampfstromdichte ist kein ordnungsgemäßer Phasengegenstrom mehr möglich und es tritt Fluten ein. Die Trennwirkung der Packungskolonne nimmt ab diesem Zeitpunkt drastisch ab.

Umfangreiche Literatur (z. B. [39]) beschäftigt sich mit Berechnungsverfahren für den Druckverlust bei Zweiphasengegenstrom in Füllkörperschüttungen. Es wird noch das Modell von Stichlmair vorgestellt.

5.4.1.3.   Druckverlustmodell nach Stichlmair [40]

Grundlage ist nicht ein Poren- oder Kanalmodell, sondern ein Partikelmodell. In diesem wird angenommen, dass das Gas die Partikel (Füllkörper) umströmt und ähnelt damit den Druckverlustgleichungen von Carman-Kozeny, Gleichung (5.44), Ergun, Gleichung (5.46), oder Rose, Beispiel 5-21. Die herabfließende Flüssigkeit haftet an den Füllkörpern, vergrößert dabei deren Dimensionen und verringert den Leerraumanteil.

Berechnungsgrundlage ist das Modell von Richardson und Zaki für ein Fließbett, wobei angenommen wird, dass das Modell auch für Festbette Gültigkeit hat.

$$\frac{w_S}{w_P} = \varepsilon^n,\tag{5.72}$$

w_P ist die Leerrohrgeschwindigkeit, welche erforderlich ist, um ein einzelnes Partikel in Schwebe zu halten, und w_S die entsprechende Geschwindigkeit für viele Partikel. Dies entspricht der Sedimentation eines Partikelschwarms im Verhältnis zu einem Einzelpartikel, Beispiel 7-7; es können auch die in diesem Beispiel angegebenen Gleichungen zur Berechnung des Koeffizienten n herangezogen werden.

Das Verhältnis der Geschwindigkeiten wird nun umgerechnet in ein Verhältnis der Widerstandsbeiwerte mit einem konstanten Koeffizienten n = - 4,65.

$$\frac{c_{W,S}}{c_{W,P}} = \varepsilon^{-4,65} \quad \text{bzw.} \quad c_{W,P} = c_{W,S} \cdot \varepsilon^{4,65}\tag{5.73}$$

Mit diesem Widerstandsbeiwert kann der spezifische, trockene Druckverlust wie der der Kuchenfiltration hergeleitet werden.

$$\frac{\Delta p_{tr}}{H} = \frac{3}{4} c_{W,P} \cdot \frac{1-\varepsilon}{\varepsilon^{4,65}} \cdot \frac{\rho_g \cdot w_g^2}{d_P}\tag{5.74}$$

Als Partikeldurchmesser ist $d_P = 6 \cdot (1-\varepsilon)/a$ einzusetzen. Im Gegensatz zur Ergun-Gleichung (5.46) wird kein experimentell zu bestimmenden Parameter benötigt, der Druckverlust ergibt sich aus der Umströmung eines Einzelpartikels, erweitert mit dem Ansatz von Richardson/Zaki für viele Partikel.

Der Widerstandsbeiwert für einzelne Partikel kann analog der Sedimentation berechnet werden, z. B. mit Gleichung (7.8), wobei die Zahlenwerte nun aber vom Füllkörpertyp abhängen; mit den Füllkörper-spezifischen Konstanten C_1, C_2 und C_3 gilt dann:

$$c_{W,P} = \frac{C_1}{Re} + \frac{C_2}{\sqrt{Re}} + C_3\tag{5.75}$$

Zahlenwerte für viele Füllkörpertypen sind in [40] zusammengestellt.

Der feuchte Druckverlust wird in gleicher Weise berechnet, wobei das Volumen der herabfließenden Flüssigkeit den Partikeln bzw. Füllkörpern zugerechnet wird. Es wird damit der Partikeldurchmesser größer und das Lückenvolumen kleiner. Dies bedingt auch eine höhere effektive Gasgeschwindigkeit, was wiederum zu einem größeren Widerstandsbeiwert führt. Die entscheidende Größe bei diesen Berechnungen ist der Flüssigkeitsanteil x_D (hold-up) in der Füllkörperschicht. Dieser kann über die Froude-Zahl erhalten werden:

$$x_D = 0,555 \cdot \sqrt[3]{Fr_l} \quad \text{mit} \quad Fr_l = \frac{w_l^2 \cdot a}{g \cdot \varepsilon^{4,65}} \tag{5.76}$$

Nach allen Umrechnungen wird folgendes Endergebnis erhalten:

$$\frac{\Delta p_f}{\Delta p_{tr}} = \frac{\left(\left(1 - \varepsilon\left(1 - \frac{x_D}{\varepsilon}\left(1 + 20\left(\frac{\Delta p_f}{\rho_l g H}\right)^2\right)\right)\right) / (1-\varepsilon)\right)^{\frac{2+c}{3}}}{\left(1 - \frac{x_D}{\varepsilon}\left(1 + 20\left(\frac{\Delta p_f}{\rho_l g H}\right)^2\right)\right)^{4,65}} \tag{5.77}$$

Der Parameter c ergibt sich aus der Umrechnung des trockenen zum flüssigen Widerstandsbeiwertes aus

$$c = \frac{\partial \ln c_{W,P}}{\partial \ln Re_g} \tag{5.78}$$

Beispiel 5-24 berechnet den Druckverlust einer Kolonne mit Berl-Sättel nach diesen Gleichungen. Dieses Modell erlaubt auch die Berechnung des Flutpunktes in Füllkörperkolonnen, siehe Beispiel 14-3.

5.4.2. Druckverlust an Kolonnenböden

Bodenkolonnen werden meist mit Flüssigkeitszwangsführung ausgeführt. Die Rücklaufflüssigkeit strömt quer über den Boden, während sie vom Dampf, der durch die Bohrungen, Schlitze oder Kamine (mit hydraulischem Durchmesser d_h) in den Boden tritt, durchdrungen wird. Dies ist durch eine bestimmte Anordnung von Zu- und Ablaufvorrichtungen mit Ablaufwehr möglich. Dampf und Flüssigkeit werden im Kreuzstrom durch die Kolonne geführt.

Wird eine Ausführungsform ohne Zwangsführung gewählt, strömen Dampf und Rücklauf im Gegenstrom durch dieselben Bodenöffnungen. In einem solchen Fall kommt es nur bei bestimmten Strömungsbedingungen zu einem für den Stoff- und Wärmeübergang ausreichenden Flüssigkeitsstand auf dem Boden.

Der Druckverlust Δp, den das Gas beim Durchströmen der Kolonne erfährt, ist deshalb eine so wichtige Betriebsgröße, weil bei eingeregeltem Druck im Kolonnenkopf p_o, der Druck im Kolonnensumpf p_u vom Druckverlust über die gesamte Kolonne festgelegt wird.

$$p_u = p_o + \Delta p_{ges} = p_o + N_P \cdot \Delta p \tag{5.79}$$

Δp ist der mittlere Druckverlust, den das Gas an einem einzelnen Kolonnenboden erfährt. N_P ist die Anzahl der eingebauten Böden.

Der Druckverlust, den das Gas zwischen den Kolonnenböden erleidet, ist gegenüber dem Druckverlust Δp an den Böden zu vernachlässigen.

Durch einen hohen Bodendruckverlust kann es zu einem zu hohen Flüssigkeitsstand im Bodenablauf-rohr kommen, was die Funktionstüchtigkeit des Bodens außer Kraft setzen kann. Andererseits lässt ein hoher Druckverlust aber auch auf große Turbulenzen innerhalb des Bodens schließen. Dies wirkt sich wiederum positiv auf Stoff- und Wärmeübergang zwischen den Phasen aus.

Es gilt also bei der Auslegung einer Kolonne bzw. der Festlegung der Bodentypen, einen Kompromiss zwischen guten Wärme- und Stoffübergängen und einem nicht zu hohen Druckverlust zu finden.

Der Druckverlust Δp je Boden setzt sich im Allgemeinen aus drei Anteilen zusammen:

$$\Delta p = \Delta p_{tr} + \Delta p_{\sigma} + \Delta p_{st} \tag{5.80}$$

Δp_{tr} beschreibt den „trockenen" Druckverlust, den das Gas beim Durchströmen der trockenen Böden erleidet.

$$\Delta p_{tr} = \zeta \cdot \frac{\rho_g}{2} \cdot w_{eff}^2 \tag{5.81}$$

Δp_{σ} ist der Druckverlust, der aus der Zerteilung des Gases in Blasen resultiert. Er hängt wesentlich von der Oberflächenspannung der Flüssigkeit ab. Bei langsamer Blasenbildung auf einem Siebboden mit dem Sieblochdurchmesser d_b lässt sich der Zerteilungsdruckverlust beispielsweise folgendermaßen berechnen:

$$\Delta p_{\sigma} = \frac{4\sigma}{d_h} \tag{5.82}$$

Jedoch ist Δp_{σ} meist zu vernachlässigen, da er keinen nennenswerten Beitrag zum Gesamtdruckverlust liefert.

Δp_{st} ist der hydrostatische Druckverlust. Er entsteht, wenn das Gas die Zweiphasenschicht der Höhe h_s auf dem Boden durchströmt.

$$\Delta p_{st} = \rho_{lg} \cdot g \cdot h_s = h_l \cdot \rho_l \cdot g = h_s \cdot \varepsilon \cdot \rho_l \cdot g \tag{5.83}$$

Bei sehr hohen Gasbeladungen, bei denen beim Durchströmen der Böden ein Teil der Flüssigkeit mit dem Gasstrom mitgerissen wird, entsteht ein weiterer Druckverlust. Dies ist dadurch erklärbar, dass nicht nur der hydrostatische Druck vom Gas überwunden werden muss, sondern die mitgerissene Flüssigkeit auch beschleunigt werden muss.

In einem solchen Fall ist in Gleichung (5.80) ein weiterer Term Δp_b zu berücksichtigen, der die Beschleunigungsarbeit beschreibt.

$$\Delta p_b = \frac{\rho_g}{2} w_g^2 \cdot 2 \frac{\dot{L}}{\dot{G}} \cdot \frac{\rho_l}{\rho_g} \cdot \frac{\Delta w_l}{w_g} \tag{5.84}$$

Δw_l beschreibt die Geschwindigkeitsänderung der Flüssigkeit, es kann davon ausgegangen werden, dass die Flüssigkeit anfänglich ruhig ($w_l \approx 0$) am Boden steht und mit dem Gasstrom auf dessen Geschwindigkeit ($w_l \approx w_g$) beschleunigt wird.

Aufgrund der vielen Einflussgrößen wie Bodengeometrie, Stoffdaten der kontaktierenden Phasen, Gasbeladung, Flüssigkeitsbelastung und Betriebsdruck ist es bisher nicht gelungen allgemein gültige

Formeln zur Berechnung des Bodendruckverlustes zu finden. Bei der Kolonnenauslegung ist man daher oftmals auf experimentelle Druckverlustuntersuchungen angewiesen. Beispiel 5-25 zeigt die typische Vorgangsweise bei der Berechnung des Druckverlustes eines Siebbodens.

5.5. Zyklon

Zyklone sind sehr einfach aufgebaute und sichere Abscheideapparate bzw. Klassierapparate ohne bewegte Apparateteile und deshalb auch sehr preisgünstig. Ihr hoher Druckverlust und die oft bescheidene Trennschärfe sind allerdings erhebliche Nachteile.

Zyklone dienen hauptsächlich zur Grobentstaubung und damit zur Entlastung nachgeschalteter Staubfilter. Hydrozyklone zur Partikelabscheidung aus wässrigen Lösungen sind ähnlich aufgebaut.

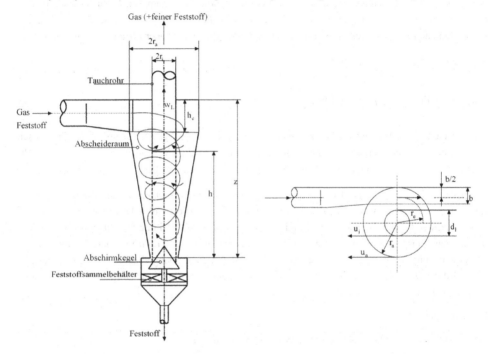

Abbildung 5-16: Hauptmaße eines Zyklonabscheiders mit Tangentialeinlauf

Das zu trennende Gas/Feststoff-Gemisch wird einem zylindrischen Behälter mit meist konischem Unterteil tangential oder axial zugeführt. Der Drall wird entweder durch den tangentialen Eintritt erzeugt oder durch Leitschaufeln, die am Umfang des Zyklongehäuses angebracht sind. Durch die sich ausbildende Rotationsströmung wirken Fliehkräfte auf die Feststoffpartikel, die diese nach außen schleudern. Der abgeschiedene Feststoff rutscht an der Wand des Zyklons nach unten in den Feststoffsammelbehälter. Das im Abscheideraum rotierend gereinigte Gas wird durch ein zylindrisches Tauchrohr nach oben abgeführt.

Zyklonabscheider zur Entstaubung weisen meist recht hohe Druckverluste im Bereich von 1000 bis 2500 Pa auf.

Auf den ersten Blick erscheint es zur Erzielung einer kleinen Trennteilchengröße sinnvoll einen Zyklon mit kleinem Radienverhältnis - Innenradius des Tauchrohres r_i zu Bahnradius am Partikeleintritt r_e und kleinem Eintrittsquerschnitt $A_e = h_e \cdot b$ - zu betreiben (siehe Abbildung 5-16). Dies ergäbe zwar sehr hohe Zentrifugalbeschleunigungen $F_z = M \cdot u^2/r$ und somit sehr gute Abscheidegrade (Kapitel 7), allerdings würde es aber auch zu entsprechend hohen Druckverlusten führen, da das Tauchrohr einen recht kleinen Durchmesser haben müsste.

Druckverlust:

$$\Delta p_v = \Delta p_{ein} + \Delta p_{Ab} + \Delta p_i = \Delta p_e + \Delta p_i \tag{5.85}$$

Der gesamte Druckverlust Δp_v lässt sich in den Einlaufverlust Δp_{ein}, die Strömungsverluste im Abscheideraum (Δp_{Ab}), sowie in den Strömungsverlust beim Ausströmen des Gases durch das Tauchrohr (Δp_i) aufteilen. Meist wird der Druckverlust im Einlaufteil und im Abscheideraum zusammengefasst zum Druckverlust Δp_e.

Bei Zyklonen technisch üblicher Länge entsteht der Hauptdruckverlust im Tauchrohr (Größenordnung 80 bis 90 % des Gesamtdruckverlustes), da das Gas in diesem Abschnitt auf sehr hohe Axialgeschwindigkeiten beschleunigt werden muss. Der Druckverlust wird daher oft auf die mittlere Tauchrohrgeschwindigkeit $w_i = \dfrac{\dot{V}}{r_i^2 \pi}$ bezogen.

$$\Delta p_v = \zeta \cdot \frac{\rho_F}{2} \cdot w_i^2 = \left(\zeta_e + \zeta_i\right) \cdot \frac{\rho_F}{2} \cdot w_i^2 \tag{5.86}$$

Zur Berechnung der Widerstandzahlen sind die Umfangsgeschwindigkeiten erforderlich. Theoretisch (bei Potentialströmung) ergeben sich die Umfanggeschwindigkeiten im Außenraum u_a und im Tauchrohr u_i aus der Geschwindigkeit im Eintrittsbereich $w_e = \dot{V}/A_{ein}$ aus der Bedingung $u \cdot r =$ konstant.

In der Praxis ist dies auf Grund von Wirbelbildungen nicht erfüllt. Es kann vereinfachend mit Näherungsformeln gerechnet werden ($u \cdot r^m =$ konstant mit $m = 0,3 - 1$; oft 0,6), oder es kann versucht werden, die Abweichungen genauer zu beschreiben. Dafür muss die Gestaltung des Einlaufes berücksichtigt werden. Beispielsweise wird bei einem tangentialen Einlauf die Eintrittsströmung eingeschnürt und beschleunigt, während sie bei einem Spiraleinlauf durch die Reibung abgebremst wird. In Beispiel 5-29 wird der Druckverlust in einem Gaszyklon mit tangentialem Einlauf mit folgender Vorgangsweise berechnet:

Einschnürungszahl α:

mit $\beta = b/r_a$ und $\mu_e =$ Staubbeladung in kg Staub/kg Gas erhält man

$$\alpha = \frac{1 - \sqrt{1 + 4\left[\left(\dfrac{\beta}{2}\right)^2 - \dfrac{\beta}{2}\right] \cdot \sqrt{1 - \left(\dfrac{1-\beta^2}{1+\mu_e}\right) \cdot \left(2\beta - \beta^2\right)}}}{\beta}, \tag{5.87}$$

mit der Eintrittsgeschwindigkeit w_e erhält man damit die Umfangsgeschwindigkeit im Außenraum:

$$u_a = \frac{w_e}{\alpha} \cdot \frac{r_e}{r_a} \tag{5.88}$$

Innere Umfangsgeschwindigkeit:

Die innere Umfangsgeschwindigkeit u_i im Tauchrohr ist durch Reibungseffekte deutlich geringer als einer Potentialströmung entsprechen würde. In die Berechnung geht daher die gesamte, die Fluidströmung begrenzende Fläche A_R, sowie ein Reibungsbeiwert λ ein, welcher sich wiederum aus einem λ_0

der reinen Fluidströmung und einem durch die abgeschiedenen Partikel verursachten λ_s zusammensetzt.

λ_0 kann wie bei der Rohrströmung aus Re-Zahl und Rauigkeit berechnet werden; für übliche Betriebsbedingungen ergibt sich aber fast immer ein Wert von ca. 0,005.

Mit $\lambda_s = \lambda_0 \cdot \left(1 + 2\sqrt{\mu_e}\right)$ erhält man für die innere Umfangsgeschwindigkeit:

$$u_i = \frac{u_a \cdot \dfrac{r_a}{r_i}}{1 + \dfrac{\lambda_s}{2} \cdot \dfrac{A_R}{\dot{V}} \cdot u_a \cdot \sqrt{\dfrac{r_a}{r_i}}} \tag{5.89}$$

Damit können die Widerstandszahlen und die Druckverluste für Außenraum und Tauchrohr berechnet werden. Im VDI-Wärmeatlas, ([4], Lcd3) werden folgende Werte angegeben:

$$\zeta_e = \frac{\lambda_s A_R}{0,9\dot{V}} \cdot \frac{\left(u_a u_i\right)^{3/2}}{w_i^2} \tag{5.90}$$

Hier wird berücksichtigt, dass der gesamte Volumenstrom sich in eine Hauptströmung von ca. 0,9 V entlang der Wand und in eine Sekundärströmung von 0,1 V aufteilt. Die Sekundärströmung fließt als Kurzschlussströmung durch die Deckelgrenzschicht direkt in das Tauchrohr.

$$\zeta_i = 2 + 3\left(\frac{u_i}{w_i}\right)^{4/3} + \left(\frac{u_i}{w_i}\right)^2 \tag{5.91}$$

Damit können die Druckverluste nach Gleichung (5.86) berechnet werden.

Es muss betont werden, dass dies nur eine Möglichkeit zur Berechnung des Druckverlustes in Zyklonen ist. In der Literatur finden sich weitere Möglichkeiten. Für das Tauchrohr gibt es einige konstruktive Möglichkeiten, den Druckverlust zu minimieren, was nur mit empirischen Gleichungen zu erfassen ist.

5.6. Beispiele

Beispiel 5-1: Berechnung von λ für laminare Rohrströmung

Es soll der Reibungskoeffizient λ in der Darcy-Weisbach Gleichung (5.2) für eine laminare Rohrströmung berechnet werden.

<u>Lösungshinweis:</u>

Ausgangspunkt ist die örtliche Geschwindigkeit w(r) in einem Rohr mit dem Radius R, welche in Beispiel 3-21 abgeleitet wurde:

$$w(r) = \frac{\Delta p}{\Delta L} \cdot \frac{R^2}{4\eta} \cdot \left[1 - \left(\frac{r}{R}\right)^2\right]$$

Die erforderliche mittlere Strömungsgeschwindigkeit erhält man durch Integration über die Querschnittsfläche:

$$\bar{w} = \frac{1}{A} \int_A w(r)\,dA = \frac{1}{R^2 \pi} \int_0^R w(r)\,2\pi r\,dr$$

Mit dem Durchmesser d = 2R und der Re-Zahl Re $= \dfrac{\bar{w} \cdot d \cdot \rho}{\eta}$ erhält man das Ergebnis aus dem Vergleich mit der Darcy-Gleichung.

Ergebnis:

$$\lambda = \frac{64}{Re}$$

Beispiel 5-2: Moody Diagramm

Stelle den Rohrreibungskoeffizienten von Colebrook, Gleichung (5.15), grafisch dar.

Ergebnis:

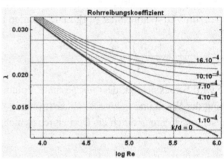

Lösungshinweis:

Eine explizite Darstellung von $\lambda = f(Re, k/d)$ ist nicht
möglich, nur eine numerische Lösung für konkrete
Werte von Re und k/d.

Beispiel 5-3: Druckverlust im glatten Rohr 1

Stelle den Rohrreibungskoeffizienten (Rohrwiderstandsbeiwert) λ und den Druckverlust pro m in einem glatten Rohr mit einem Durchmesser von 1 cm für von Wasser bei 20 °C von 0 bis zu w_{max} grafisch dar. Für den laminaren Bereich (bis Re = 2300) gilt: $\lambda = 64/Re$, im Übergangs- und im turbulenten Bereich soll die Blasius-Formel verwendet werden (gültig bis Re $\approx 10^5$):

$$\lambda = \frac{0,3164}{Re^{1/4}}.$$

Die maximale Geschwindigkeit ergibt sich aus dem Gültigkeitsbereich der Blasius-Formel.

Ergebnis:

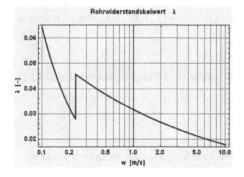

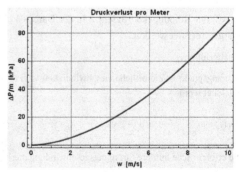

Kommentar:

Bei Re_{krit} = 2300 tritt eine Unstetigkeitsstelle auf; dies ist physikalisch bedingt, beim ersten Auftreten von Turbulenz erhöht sich zunächst der Widerstandsbeiwert.

Beispiel 5-4: Druckverlust im glatten Rohr 2 [41]

Wie hoch ist der Druckverlust nach 15 m einer Rohrleitung mit 6 mm Durchmesser für eine Hydraulikflüssigkeit (η = 0,014 Pa·s, ρ = 848 kg/m³) mit einer Geschwindigkeit von 2,0 m/s?

Wie hoch wäre der Druckverlust wenn die gleiche Hydraulikflüssigkeit durch ein dreieckiges Rohr (gleichseitiger Querschnitt mit derselben Querschnittsfläche) fließt? Für dieses Rohr wird ein Wert λ = 53,3/Re angegeben.

Ergebnis:

Der Druckverlust im kreisförmigen Rohr beträgt 3,73 bar und im dreiecksförmigen Rohr bei gleicher Querschnittsfläche 5,14 bar.

Kommentar:

Für gleiche Querschnittsfläche und somit gleiche mittlere Strömungsgeschwindigkeit hat ein kreisförmiges Rohr immer die geringste Oberfläche und daher den geringsten Impulsaustausch und Druckverlust.

Beispiel 5-5: Fluss durch ein raues Rohr 1 [41]

Wasser mit einer Viskosität von 0,864·10⁻⁶ m²/s fließt durch ein horizontales raues Rohr (Durchmesser d = 3 cm, relative Rauigkeit k/d = 0,05) mit einer Durchschnittsgeschwindigkeit von 2,8 m/s. Wie groß ist der Druckverlust nach 3 m?

Lösungshinweis:

Reibungsbeiwert λ aus Moody-Diagramm oder Gleichung von Colebrook (5.15).

Ergebnis:

Der Druckverlust beträgt 0,28 bar.

Beispiel 5-6: Fluss durch ein raues Rohr 2 [21]

Der Kondensator einer Dampfkraftanlage wird aus einem Wasserkanal mit Kühlwasser versorgt. Der Wasserabfluss erfolgt in einen zweiten Kanal 8 m unterhalb. Die Förderung des Kühlwassers erfolgt durch eine Axialpumpe, sofern die Höhendifferenz nicht ausreicht.

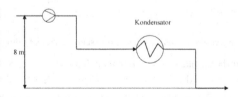

Anlagedaten:

Rohrleitung bitumiert: L = 400 m, d = 0,9 m, k = 4·10⁻⁵ m;

8 Krümmer (ζ = 0,25), 3 Klappen (ζ = 0,3), 1 Rückschlagorgan (ζ = 0,5)

Druckverlust im Kondensator:

$$\Delta p_{Kond} = 0,2 \cdot \dot{M}^{1,78} \quad (\Delta p \text{ in [Pa]}, \dot{M} \text{ in [kg/s]})$$

a) Berechne die notwendige Pumpenleistung (80 % Wirkungsgrad) für einen Massenstrom von 1500 kg/s.

b) Berechne den maximal möglichen Wasserstrom ohne Pumpenleistung (Heberbetrieb), wobei zu berücksichtigen ist, dass beim Durchfluss des Wassers durch die Pumpe diese ein $\zeta = 0{,}5$ aufweist.

Lösungshinweis:

ad a) Leistung P_P der Pumpe: $P_P = \dfrac{\dot{M}}{\rho \cdot \eta} \cdot \left(\Delta p_{ges} - \rho \cdot g \cdot H \right)$

ad b) drei Unbekannte: λ, w und M, drei Gleichungen:

- λ aus Colebrook-Gleichung,

- $\Delta p_{ges} = \rho \cdot g \cdot H$ mit $\Delta p_{ges} = \left(\lambda \dfrac{1}{d} + \sum_i n_i \cdot \zeta_i \right) \cdot \dfrac{\rho}{2} w^2 + \Delta p_{Kond}$

- $w = \dfrac{\dot{M}}{\rho \cdot A}$

Numerisch können die drei Gleichungen simultan gelöst werden.

Ergebnis:

    a) $\lambda = 0{,}0116$, w = 2,36 m/s, $P_{Pumpe} = 66{,}3$ kW
    b) $\lambda = 0{,}0118$, w = 1,91 m/s, M = 1214 kg/s

Beispiel 5-7: Fluss durch ein raues Rohr 3 [26]

Durch eine Rohrleitung (d_i = 80 mm) mit Wandrauigkeiten von 0,5 mm und einer Länge von 100 m soll Wasser (20 °C) gefördert werden. Wassereintritt bei 4 bar, der Austritt liegt 18 m über dem Leitungsanfang bei einem Außendruck von 1 bar. In der Leitung sind zehn 90°-Krümmer (Krümmungsradius/Durchmesser = 4) und 2 Tellerventile (Querschnitt/Normquerschnitt = 0,6) eingebaut. Wie groß ist der stündliche Wasserdurchsatz?

Lösungshinweis:

Druckverlust = $p_1 - p_2 - \rho \cdot g \cdot h$; Widerstandsbeiwert der Umlenkung nach (5.33), ζ für ein Tellerventil ist mit $2/0{,}6^2$ angegeben, λ für raues Rohr entweder aus Moody-Diagramm mit angenommener hoher Re-Zahl, oder simultane Lösung der Druckverlustgleichung und der Colebrook-Gleichung nach λ und w.

Ergebnis:

$\lambda = 0{,}033$; w = 2,13 m/s; $\dot{V} = 38{,}5$ m³/h;

Beispiel 5-8: unstetige Querschnittserweiterung 1, ohne Wandreibung

Ein horizontales Rohr (Innendurchmesser d_1 = 7,5 cm) wird mit einem zweiten Rohr (d_2 = 15 cm) entsprechend Abbildung 5-7 verbunden. Die Rohre werden von Wasser mit 15 l/s durchströmt. Berechne den Druck in einer genügenden Entfernung von der Erweiterung unter Vernachlässigung der Wandreibung, sowie den Druckverlust gegenüber einer verlustfreien Druckerhöhung.

Lösungshinweis:

Genügende Entfernung bedeutet etwa 5 – 10 d_2, dann ist der Druck über den Querschnitt wieder konstant.

Bei einer Re-Zahl für die Stelle 2 von > ca. 10^4 kann die Wandreibung vernachlässigt werden, nicht aber die Schubspannungen nach der Erweiterung zwischen Flüssigkeitsbereichen unterschiedlicher Geschwindigkeit. Im Totwasser nach der Erweiterung gibt es ruhende, bzw. langsam strömende Bereiche (sofern die Erweiterung groß genug ist), so dass dort ungefähr der Druck p_1 herrscht. Durch die innere Reibung werden diese Flüssigkeitsbereiche vom strömenden Medium beschleunigt, wodurch es zu Verwirbelungen kommt, welche den Druckverlust hervorrufen.

Bei einer Impulsbilanz zwischen den Punkten 1 und 2 sind diese Verwirbelungen enthalten, nicht aber in der Bernoulli-Gleichung. Die Differenz im Druckunterschied $p_2' - p_1$ der Bernoulli-Gleichung und $p_2 - p_1$ des Impulssatzes gibt den Druckverlust durch diese Verwirbelungen an.

Impulsbilanz 1 - 2:

$$p_1 A_2 + \rho w_1^2 A_1 = p_2 A_2 + \rho w_2^2 A_2 .$$

Mit der Kontinuitätsgleichung $w_1 A_1 = w_2 A_2$ kann die Fläche gekürzt werden und man erhält für die Druckdifferenz:

$$p_2 - p_1 = \rho \cdot w_2 \cdot (w_1 - w_2)$$

Mit der verlustfreien Bernoulli-Gleichung (in welcher die Verwirbelungen nicht enthalten sind und daher nur für stetige und nicht zu große Querschnittserweiterung gilt) erhält man bei gleicher Höhe H hingegen

$$p_2^* - p_1 = \frac{\rho}{2} \cdot \left(w_1^2 - w_2^2 \right)$$

Die Differenz dieser beiden Druckunterschiede gibt den Druckverlust durch die Verwirbelungen an:

$$\Delta p_v = \left(p_2^* - p_1 \right) - \left(p_2 - p_1 \right) = \frac{\rho}{2} \left(w_1^2 - 2 w_1 w_2 + w_2^2 \right) = \frac{\rho}{2} \left(w_1 - w_2 \right)^2 \quad \text{(Borda-Carnot-Gleichung)}$$

Ergebnis:

Nach Bernoulli ergibt sich ein Druck an der Stelle 2 von 105,4 kPa, der tatsächliche Druck beträgt 102,16 kPa, der Druckverlust somit 3,42 kPa.

Beispiel 5-9: unstetige Querschnittserweiterung 2, mit Wandreibung [41]

Behälter A und B werden gemäß nachstehender Abbildung durch zwei Rohre mit unterschiedlichen Maßen und Rauigkeiten nacheinander verbunden (serielle Verbindung). Wie groß ist der Wasserfluss durch das System und die Geschwindigkeiten, Reibungsbeiwerte und Verluste durch die unstetige Rohrerweiterung.

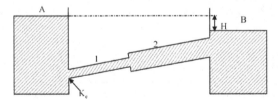

Eingangsverlustkonstante $K_e = 0,5$; Länge Rohr 1 $L_1 = 300$ m mit Durchmesser $d_1 = 0,6$ m und Rohrrauigkeitskonstante $k_1 = 1,5$ mm. Rohr 2: $L_2 = 240$ m; $d_2 = 1$ m; $k_2 = 0,25$ mm. Viskosität des Wassers $\nu_W = 3 \cdot 10^{-6}$ m²/s. Höhendifferenz der beiden Behälter $H = 6$ m.

Lösungshinweis:

Es kann die Bernoulli-Gleichung verwendet werden, sofern alle Verlustterme berücksichtigt werden. Es sind dies der Eintrittsverlust aus Behälter A in Rohr 1 ($K_e \cdot \rho/2 \cdot w^2$), Reibung in Rohr 1, Verlust durch die Querschnittserweiterung in Rohr 2 ($\rho/2 \cdot (w_1 - w_2)^2$) und Reibung in Rohr 2.

Wird der Reibungsbeiwert aus dem Moody-Diagramm ermittelt, muss iterativ vorgegangen werden (geschätzte Geschwindigkeit, Re-Zahl, λ und neue Geschwindigkeit). Mit Computer kann das Gleichungssystem aus Bernoulli-Gleichung, Kontinuitätsgleichung und 2-mal Colebrook-Gleichung für die 4 Unbekannten w_1, w_2, λ_1 und λ_2 gleichzeitig gelöst werden.

Ergebnis:

$w_1 = 2{,}89$ m/s; $w_2 = 1{,}04$ m/s; $\lambda_1 = 0{,}025$; $\lambda_2 = 0{,}016$;

Durchfluss Q = 2939 m³/h.

Beispiel 5-10: bleibender Druckverlust Messblende

Leite den bleibenden Druckverlust einer Messblende aus Impulssatz und Bernoulli-Gleichung ab. Bestimme daraus den Widerstandskoeffizienten für die Druckverlustgleichung und vergleiche das Ergebnis für die Bedingungen aus Beispiel 4-75 mit der Näherungsformel (5.29).

Lösungshinweis:

Ableitung wie im vorhergehenden Beispiel 5-8, wobei aber die Einschnürung (siehe Abbildung in Beispiel 4-75) zu beachten ist. Mit Punkt 1 vor, Punkt 2 unmittelbar nach der Blende und Punkt 3 in genügender Entfernung nach der Blende ergibt sich die Borda-Carnot-Gleichung zu $\Delta p_v = \dfrac{\rho}{2}(w_3 - w_1)^2$. Eine Erweiterung mit w_2 ergibt:

$\Delta p_v = \dfrac{\rho}{2} w_2^2 \left(\dfrac{w_3}{w_2} - \dfrac{w_1}{w_2} \right)^2$. Nach der Kontinuitätsgleichung ist das Verhältnis der Geschwindigkeiten umgekehrt proportional zu den Flächen, $w_3/w_2 = 1/\alpha$ und $w_1/w_2 = m = \beta^2$. Damit erhält man:

$$\Delta p_v = \zeta \cdot \frac{\rho}{2} w_2^2 \quad \text{mit} \quad \zeta = \left(\frac{1}{\alpha} + m \right)^2$$

Für hohe Re-Zahlen kann α mit 0,611 angenommen werden.

Ergebnis:

$\zeta = 1{,}4$; $\Delta p_v = \zeta \dfrac{\rho}{2} w_2^2 = 9829$ Pa; $\Delta p_v = (1 - m) \cdot \Delta p_{\text{wirk}} = 8292$ Pa.

Beispiel 5-11: laminarer Fluss durch Ventile und Bögen [42]

Schmieröl (bei 40 °C, $\eta = 0{,}45$ Pa·s, $\rho = 899$ kg/m³) fließt durch ein 5-inch (Ø$_{\text{innen}}$ =127,0 mm) Rohr mit 2300 l/min. Die Strecke sieht wie folgt aus:

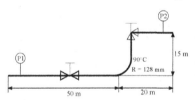

Berechne den Druckverlust zwischen den beiden Manometern p_1 und p_2.

Für den Druckverlust der Ventile werden in der zitierten Literatur folgende Werte angegeben:

- Reibungsbeiwert der Fittings: $\lambda = 0{,}016$;
- Absperrhahn (gate valve): $K_1 = 8\,\lambda$
- Eckventil (angle valve): $K_2 = 150\,\lambda$

Für den 90°-Bogen wird die passende Gleichung nach Herning, Gleichungen (5.32) - (5.34), verwendet.

Ergebnis:

Widerstandszahlen ζ bzw. $\lambda \cdot L/d$:

Rohrleitung: 55,8;   Absperrhahn: 0,128;   Eckventil: 2,4;   90°-Bogen: 1,26;

Druckverlust in der Leitung: 2,45 bar; durch die Höhendifferenz 1,32 bar; gesamter Druckverlust daher 3,77 bar.

Beispiel 5-12: Druckverlust in Rohrsystemen [42]

Wasser mit 80 °C ($\eta = 0,35 \cdot 10^{-3}$ Pa·s, $\rho = 971,8$ kg/m³) fließt durch eine Fußbodenheizungsspirale (Innendurchmesser 1 Zoll = 2,54 cm) mit einer Geschwindigkeit von 60 l/min. Für Re-Zahlen größer 10^5 beträgt der Reibungsbeiwert des gegebenen Rohres $\lambda = 0,023$. Berechne den Druckverlust des dargestellten Systems.

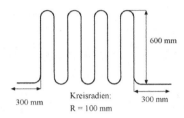

Lösungshinweis:

Für die 90°-Bögen wird die passende Gleichung nach Herning, (5.32) - (5.34), verwendet; für die 180°-Bögen der entsprechende Faktor aus Abbildung 5-13.

Ergebnis:

Der Druckverlust beträgt 12,2 kPa.

Beispiel 5-13: querangeströmte Rohrbündel [4]

Im Außenraum des skizzierten elfreihigen (NW=11) fluchtenden Rohrbündels fließt Öl bei einem Volumenstrom V = 62 m³/h bei einer mittleren Temperatur von 79,6 °C; die mittlere Wandtemperatur der Rohre beträgt 40,9 °C. Der Außendurchmesser der Rohre beträgt 19,05 mm und die Rohrlänge ist 400 mm. Weitere Abmessungen des Rohrbündels sind der Skizze zu entnehmen. Es ist der Reibungsdruckverlust im Rohrbündel für dieses Öl zu berechnen und mit dem für Wasser zu vergleichen.

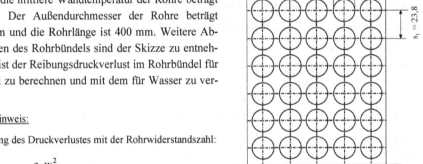

Lösungshinweis:

Berechnung des Druckverlustes mit der Rohrwiderstandszahl:

$$\Delta p = \zeta \cdot N_W \cdot \frac{\rho \cdot w_e^2}{2}.$$

N_W ist die Anzahl der Hauptwiderstände in Strömungsrichtung und w_e die Geschwindigkeit im engsten Querschnitt.

Für ζ gilt:

$$\zeta = \zeta_l f_{T,l} + \left(\zeta_t f_{T,t} + f_{n,t} \right) \cdot \left(1 - \exp \left[-\frac{Re + 1000}{2000} \right] \right)$$

ζ_l und ζ_t sind die Widerstandszahlen für den laminaren und turbulenten Bereich, $f_{T,l}$ und $f_{T,t}$ entsprechende Temperaturfunktionen, welche die Änderung der Stoffwerte zwischen der Temperatur der Hauptphase und der Temperatur an der Wand (Index W) berücksichtigen. $f_{n,t}$ enthält den Austrittsdruckverlust aus Rohrreihen und kann ab einer Reihenanzahl > 10 Null gesetzt werden.

Mit dem Querteilungsverhältnis a und dem Längsteilungsverhältnis b können folgende Formeln verwendet werden:

$$\zeta_l = \frac{f_{a,l,f}}{Re} \quad \text{mit} \quad f_{a,l,f} = \frac{280\pi \cdot \left[\left(b^{0,5} - 0,6\right)^2 + 0,75\right]}{(4ab - \pi) \cdot a^{1,6}}$$

$$f_{T,l} = \left(\frac{\eta_w}{\eta}\right)^{\frac{0,57}{\sqrt[4]{\left(\frac{4ab}{\pi} - 1\right)Re}}}$$

$$\zeta_t = \frac{f_{a,t,f}}{Re^{0,1(b/a)}} \quad \text{mit} \quad f_{a,t,f} = \left[0,22 + 1,2\frac{\left(1 - \frac{0,94}{b}\right)^{0,6}}{(a - 0,85)^{1,3}}\right] \cdot 10^{0,47\left(\frac{b}{a} - 1,5\right)} + \left[0,03(a-1)(b-1)\right]$$

$$f_{T,t} = \left(\frac{\eta_w}{\eta}\right)^{0,14}$$

Ergebnis:

Der Druckverlust beträgt mit Öl 2,71 kPa und mit Wasser 1,85 kPa.

Beispiel 5-14: Kuchenfiltration 1: inkompressibler Kuchen

In einem Druckfilter sollen 500 m³ eines Abwassers filtriert werden. Die Filtration hat in zwei Abschnitten zu erfolgen: Während im ersten Abschnitt die Filtration unter der Annahme eines konstanten Filtratstromes von 15 m³/h solange erfolgt, bis der Druckverlust 3 bar beträgt, soll im zweiten Abschnitt das restliche Volumen bei konstantem Druck von 3 bar filtriert werden.

Nach welcher Zeit ist das gesamte Abwasser filtriert?

- Filterfläche A = 70 m²
- Spezifischer Kuchenwiderstand $\alpha = 1,5 \cdot 10^{10}$ m/kg,
- Filterwiderstand $\beta = 4,5 \cdot 10^{10}$ m⁻¹,
- Viskosität des Abwassers: $\eta = 1,5 \cdot 10^{-3}$ Pa·s
- Partikelkonzentration im Wasser c_p = 15 kg/m³

Lösungshinweis:

Darcy-Gleichung (5.40), wobei zu beachten ist, dass im 2. Filterabschnitt $\dot{V}$ nicht konstant ist und durch $\frac{dV}{dt}$ mit anschließender Integration ersetzt werden muss.

Ergebnis:

Das Abwasser ist nach 47,1 h filtriert.

Beispiel 5-15: Filtergleichung nach Carman-Kozeny

1. Welche Druckdifferenz ist erforderlich, damit durch eine 1 cm dicke und 1 m² große Filterschicht aus sehr kleinen Partikeln (d_{32} = 5 μm), die eine Porosität von 50 % hat, gerade 1 Liter/s Wasser von ca. 20 °C strömt? Die dynamische Zähigkeit von Wasser ist 1 mPa·s, die Dichte 1000 kg/m³. Die Carman-Kozeny-Konstante k_ε betrage 144.

2. Welche Durchlässigkeit B in m² hat diese Schicht?

Lösungshinweis:

es wird zunächst die Partikel-Reynolds-Zahl bestimmt. Ist sie - wie auf Grund der kleinen Partikeln zu erwarten - kleiner als 0,3 wird zur Berechnung die Carman-Kozeny-Gleichung verwendet:

$$\frac{\Delta p}{L} = k_\varepsilon \cdot \frac{(1-\varepsilon)^2}{\varepsilon^3} \cdot \frac{\eta \cdot w}{d_{32}^2}$$

Die Durchlässigkeit B ist der Reziprokwert der Summe aller Widerstände und ergibt sich aus der Gleichung von Darcy zu:

$$B = \frac{\dot{V} \cdot L \cdot \eta}{A \cdot \Delta P}$$

Ergebnis:

Der Druckverlust beträgt 115200 Pa; die Durchlässigkeit $B = 8{,}68 \cdot 10^{-14}$ m².

Beispiel 5-16: Druckverlust einer Salzschicht [43]

Feuchte Kochsalzpartikel (ρ = 2140 kg/m³) werden zur Trocknung mit Luft durchströmt (ρ = 1,13 kg/m³, η = 18,3·10^{-6} Pa·s). Wie groß ist der Druckverlust bei einer Leerrohrgeschwindigkeit von 0,1 m/s, einem Lückenvolumen von ε = 0,37 und einer Schütthöhe von 155 mm?

Die Kristalle weisen kugelähnliche Gestalt auf; die Korngrößenverteilung entspricht einer RRSB-Verteilung mit d' = 0,57 mm und einem Gleichmäßigkeitsparameter n = 3,5.

Lösungshinweis:

Gleichung (5.42), wobei für den Widerstandsbeiwert c_f nicht die Carman-Kozeny-Konstante (c_f = 150/Re), sondern folgende Gleichung nach Brauer verwendet werden soll, die insbesondere für kugelförmige Partikel geeignet ist:

$$c_f = \frac{160}{Re} + \frac{3,1}{Re^{0,1}} \quad (0{,}04 < Re < 3 \cdot 10^4)$$

Für den Sauterdurchmesser d_{32} ist ein Vorgriff auf das nächste Kapitel erforderlich, für eine RRSB-Verteilung kann die spezifische Oberfläche a nach Gleichung (6.6) berechnet werden und daraus d_{32} = 6/a.

Ergebnis:

a = 13430 m²/m³ = 6,28 m²/kg; d_{32} = 0,4467 mm; Re = 4,4; c_f = 38,9; Δp = 1809 Pa

Beispiel 5-17: Ergun-Gleichung

Druckverlust in einem Haufwerk. Es ist der spezifische Druckverlust ($\Delta p/L$) in Abhängigkeit der Strömungsgeschwindigkeit, der Partikelgröße und des Lückenvolumens mit der Ergun-Gleichung grafisch darzustellen, wobei folgende Werte anzunehmen sind:

- Konstanten in der Ergun-Gleichung: k_l = 150, k_t = 1,75
- Dichte des durchströmenden Mediums: ρ = 1,2 kg/m³
- Viskosität des durchströmenden Mediums: η = 1,82·10^{-5} Pa·s
- Höhe des Haufwerkes L = 1m

Ergebnis:

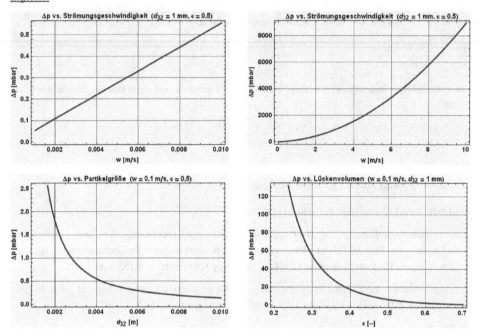

Beispiel 5-18: Kuchenfiltration 2: inkompressibler Kuchen [43]

Wasser (ρ = 1000 kg/m³, η = 1 mPa·s) enthält eine Feststoffbeladung X_e = 0,002 kg Feststoff pro kg Wasser; die Dichte des Feststoffes betrage ρ_{FS} = 1510 kg/m³. Der Feststoff wird durch ein Filter mit einer Fläche von 10 m² vollständig abgetrennt. Gesucht:

A) Die Zeit, die bei einer konstanten Druckdifferenz von 3 bar erforderlich ist, um eine maximale Kuchenhöhe von 30 mm zu erreichen.

B) Der Druckverlauf bei Betrieb mit einem konstanten Volumenstrom, wofür der gemittelte Volumenstrom aus A) einzusetzen ist.

C) grafische Darstellung der zeitlichen Änderung des Druckes, des Volumenstromes und des gesamten filtrierten Volumens, wenn die Filtration mit einer Kreiselpumpe betrieben wird, für welche folgende Punkte der Kennlinie gegeben sind:

$\dot{V}$ [m³/h]	140	130	120	100	80	60	40	20	16	12	8
Δp [bar]	0,2	0,4	0,6	1,04	1,5	2	2,6	3,2	3,3	3,4	3,5

Der Filtermittelwiderstand und die Kuchenparameter sollen aus Versuchen mit einem Laborfilter bestimmt werden. Der Innendurchmesser des Laborfilters beträgt 150 mm. Zur Bestimmung des Filtermittelwiderstandes ß wird Wasser bei einem Überdruck von 0,1 bar über das Filter geleitet, wobei sich ein Volumenstrom von 3·10⁻⁵ m³/h einstellt.

Zur Bestimmung der Kuchenparameter α und ϵ wird eine Suspension mit 0,01 kg der gleichen Feststoffpartikeln pro kg Wasser bei einer konstanten Druckdifferenz von 0,8 bar filtriert. Nach 1800 s beträgt die Kuchendicke 25 mm und die feststofffreie Filtratmasse 10,0 kg.

Lösungshinweis:

scheinbare Feststoffdichte $\rho_s = \rho_{FS} \cdot (1-\varepsilon)$.

Darcy-Gleichung wie in Beispiel 5-14, wobei auf die unterschiedliche Einheit der Feststoffkonzentration und damit auch von α zu achten ist.

$$\Delta p = \frac{\dot{V} \cdot \eta}{A} \cdot (\alpha \cdot H + \beta),$$

mit H als der Kuchenhöhe. Bei der Laborfiltration von reinem Wasser ergibt sich daraus sofort $\beta = \dfrac{\Delta p \cdot A}{\dot{V} \cdot \eta}$.

Bei konstantem Volumenstrom ist der Druckverlust direkt der Kuchenhöhe proportional. Bei konstantem Differenzdruck ändert sich der Volumenstrom und die Darcy-Gleichung muss differentiell angeschrieben und integriert werden:

$$\Delta p = \frac{d V(t)}{dt} \cdot \frac{\eta}{A} \cdot (\alpha \cdot H(t) + \beta) \tag{5.92}$$

Das filtrierte Volumen durch die Kuchenhöhe ausgedrückt und integriert ergibt folgende Gleichung:

$$\Delta p \cdot \frac{\rho_W \cdot (X_e - X_a)}{\rho_s \cdot \eta} t = \alpha \frac{H^2}{2} + \beta \cdot H$$

In dieser Gleichung wird noch die scheinbare Feststoffdichte ρ_s bzw. die Porosität ε des Filterkuchens benötigt. Diese erhält man aus der abgeschiedenen Masse des Feststoffes und der gemessenen Kuchenhöhe:

$$M_{FS} = V \cdot \rho \cdot (X_e - X_a) = H \cdot A \cdot \rho_s = H \cdot A \cdot \rho_{FS} \cdot (1 - \varepsilon) \tag{5.93}$$

zu C)
Am einfachsten diskrete Berechnung für verschiedene Zeitschritte Δt. Anfangswerte aus Druckverlustgleichung mit Widerstand nur für Filtertuch und Pumpenkennlinie (Interpolationsfunktion aus gegebenen Datenpunkten). Für einen gegebenen Zeitschritt wird nun mit einem konstanten Anfangsvolumenstrom gerechnet, woraus die Kuchenhöhe und der sich über diese Kuchenhöhe ergebende Druckverlust berechnet werden kann. Für den nunmehrigen Gesamtdruckverlust kann aus der Interpolationsfunktion ein neuer Volumenstrom berechnet werden. Die Berechnung kann bis zum Ende der Interpolationsfunktion erfolgen, Extrapolation ist zu vermeiden.

Ergebnis:

$\alpha = 1{,}99 \cdot 10^{13}$ m^{-2}; $\beta = 5{,}89 \cdot 10^9$ m^{-1}; $\varepsilon = 0{,}85$.

A) konstanter Druck: $t_{max} = 3443$ s;   filtriertes Volumen = 33,96 m^3;   mittlerer Volumenstrom = 0,0099 m^3/s.

B) konstanter Volumenstrom von 0,0099 m^3/s: Druckverlust nach $t_{max} = 5{,}94$ bar.

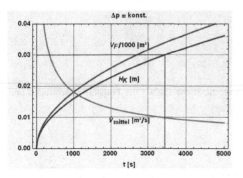

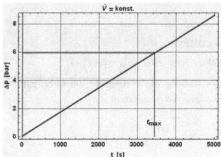

C)

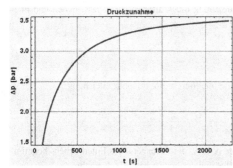

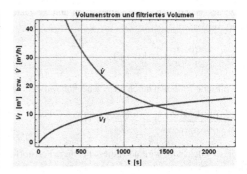

<u>Kommentar:</u>

Es mag verwundern, dass der Druck im Fall B) fast auf die doppelte Höhe ansteigt, obwohl dieselben Daten wie für A) zu Grunde gelegt wurden. Es wird aber klar, wenn man bedenkt, dass gegen Ende der Filtrationszeit, wenn der Kuchen schon fast die maximale Höhe erreicht hat, im Fall B) immer noch der mittlere Volumenstrom durchgepumpt wird. Der mittlere Druckverlust $\Delta p_{mittel} = \dfrac{1}{t_{max}} \cdot \displaystyle\int_0^{t_{max}} \Delta p(t)\, dt$

ergibt aber wieder genau die 300000 Pa von Fall A).

Dieser hohe Druckanstieg ist auch der Grund, wieso die Kuchenfiltration selten bei konstantem Volumenstrom (z. B. mit Kolbenpumpen) betrieben wird. Aber auch der Betrieb bei konstantem Druck (z. B. konstante geodätische Höhe oder Vakuum) ist selten. Am häufigsten ist der Betrieb mit Kreiselpumpen, wobei sich Druck und Volumenstrom zeitlich ändern, wie im obigen Ergebnis zu sehen ist.

Beispiel 5-19: Kuchenfiltration 3: kompressibler Kuchen

Gleiche Angaben wie im vorhergehenden Beispiel 5-18; nun soll aber die Kompressibilität des Kuchens berücksichtigt werden. Dafür stehen folgende Daten aus Laborversuchen zur Verfügung:

Druck [bar]	0,2	0,3	0,4	0,5	1	2	3
$\alpha \cdot 10^{-13}$ [m^{-2}]	1,19	1,8	2	2,3	4	6,8	9
ε	0,85	0,84	0,83	0,82	0,79	0,75	0,73

Bis zu einem Druck von 0,2 bar können α und ε als konstant angenommen werden.

A) Wie groß ist jetzt die benötigte Zeit und das filtrierte Volumen, um bei einer konstanten Druckdifferenz eine Kuchenhöhe von 30 mm zu erreichen?

B) Stelle den Druckverlauf für einen konstanten Volumenstrom von 0,01 m³/s grafisch dar.

Lösungshinweis:

α und ε sind nun druckabhängig und müssen aus obigen Daten gefittet werden. Es sollen folgende Fitfunktionen verwendet und verglichen werden:

a) Polynom 2. Ordnung,

b) $\alpha_V = \alpha_{V0} \cdot (p_K/p_{K0})^a$ (Gleichung (5.47)) und

c) $\alpha_V = \alpha_{V0} \cdot (1 + p_K/p_{K0})^a$.

Für den Betrieb bei konstantem Druck ändert sich nichts, es sind nur die entsprechenden Werte von α und ε bei dem gegebenen Druck einzusetzen. Bei konstantem Volumenstrom muss zunächst analog dem vorhergehenden Beispiel die Zeit t_{Gr} bestimmt werden, bis zu welcher mit konstanten Werten gerechnet werden kann. Für variable Werte ergibt sich folgende Differentialgleichung, die nur mehr numerisch gelöst werden kann:

$$\frac{d\Delta p}{dt} = \frac{\dot{V}^2 \cdot \eta}{A^2} \cdot \alpha(\Delta p) \cdot \frac{\rho_W (X_e - X_a)}{\rho_{FS} (1 - \varepsilon(\Delta p))}$$

Ergebnis:

A) V = 60,9 m³; t = 27525 s;   B) t_{Gr} = 190,2 s;   t bis 3 bar: 1161 s.

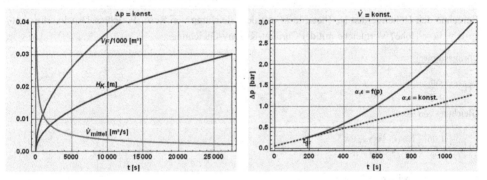

Beispiel 5-20: Kuchenfiltration 4: kompressibler Kuchen [24]

Filtration einer Fermentationsbrühe bei der Penicillin-Herstellung: 500 l sollen diskontinuierlich innerhalb einer Stunde filtriert werden. Gesucht ist die benötigte Filterfläche für eine konstante Druckdifferenz von 5 bzw. 10 psi.

Der Kuchen aus *Penicillinum chrysogenum* ist sehr kompressibel und weist einen Kompressibilitätskoeffizient von s = 0,5 auf. Die weiteren Parameter werden in einem Modellversuch bestimmt. Dabei können bei einer Druckdifferenz von 5 psi in 4,5 min 30 ml dieser Brühe in einer Laborfiltration mit 3 cm² Filterfläche filtriert werden. Der Filtertuchwiderstand ist zu vernachlässigen (ß = 0).

Lösungshinweis:

Für den variablen Kuchenwiderstand gilt analog Gleichung (5.47): $\alpha_v = \alpha_k (\Delta p)^a$. Die Filterfläche erhält man aus der Darcy-Gleichung (5.40) mit $\dot{V} = dV/dt$ nach Integration:

$$A = \sqrt{\frac{\eta \cdot \alpha_k \cdot c \cdot V^2}{2\Delta p^{1-a} \cdot t}}$$

Mit dem Laborversuch wird das Produkt $\eta \cdot \alpha_k \cdot c$ bestimmt, welches unabhängig vom Maßstab ist.

Ergebnis:

Bei einem Druck von 5 psi beträgt die erforderliche Fläche 1,37 m² ; bei dem doppelten Druck reduziert sich die Fläche aber nur auf 1,15 m².

Anmerkung:

Es braucht nicht auf SI-Einheiten umgerechnet werden, sofern für Modell- und Großanlage die gleichen Einheiten verwendet werden.

(psi = pound force per square inch = Kraft mit der ein Pfund auf eine Fläche von 1x1 Zoll drückt = 6994,757 Pa)

Beispiel 5-21: Sandfilter, Gleichung von Rose [44]

Gegeben sind folgende Daten für ein schnelles Sandfilter:

Höhe bzw. Länge L des Bettes = 0,61 m; Dichte des Sandes = 2650 kg/m³; Formfaktor φ = 0,82, Lückenvolumen ε = 0,45; spezifische Filtrationsgeschwindigkeit = Leerrohrgeschwindigkeit w = 0,00170 m³/(m²·s); kinematische Viskosität Abwasser ν = 1,31·10^{-6} m²/s; Dichte Abwasser = 1000 kg/m³.

Eine Siebanalyse des Sandes ergibt folgende Werte:

d [mm]	1,001	0,7111	0,5422	0,4572	0,3834	0,3225	0,2707	0,2274	0,1777
Ma.%	0,87	8,63	26,3	30,1	20,64	7,09	3,19	2,16	1,02

Berechne den Höhenverlust H_L (head loss) mit der Gleichung von Rose. Welchem Druckverlust entspricht diese Höhe? Vergleiche mit der Carman-Kozeny-Gleichung.

Lösungshinweis:

$$H_L = \frac{\Delta p}{\rho \cdot g}$$

Gleichung von Rose:

$$H_L = \frac{1,067}{\varphi} \cdot \frac{L}{g} \cdot \frac{w^2}{\varepsilon^4} \cdot \sum \frac{c_w \cdot x}{d}$$

c_w...Widerstandsbeiwert, = 24/Re für Re < 1

x....Massenanteil jeder Kornklasse [-]

d....Durchmesser bzw. Maschenweite jeder Klasse [m]

Für jede Fraktion wird die Re-Zahl und der Widerstandsbeiwert bestimmt und damit die Summe gebildet.

In Haufwerken wird die Re-Zahl üblicherweise mit der Effektivgeschwindigkeit w/ε bestimmt. In der Rose-Gleichung ist jedoch die Leerrohrgeschwindigkeit zu verwenden. Als charakteristische Länge wird die Maschenweite mit dem Formfaktor multipliziert.

Ergebnis:

Der Höhenverlust beträgt 0,74 m (0,56 nach Carman-Kozeny). Das entspricht einem Druckverlust von 72,89 mbar.

Anmerkung:

Beim Sandfilter ändert sich die Höhe nicht mit dem filtrierten Volumen. Die Partikeln scheiden sich am Sand ab, wodurch das Lückenvolumen kleiner wird und der Druckverlust ansteigt.

Beispiel 5-22: Rückspülen des Sandfilters [44]

Das Sandfilter aus Beispiel 5-21 wird rückgespült. Bestimme die maximale und minimale Rückspül-geschwindigkeit und die Höhe des expandierten Bettes.

<u>Lösungshinweis:</u>

Die maximale Rückspülgeschwindigkeit ist jene, bei welcher die größten Sandteilchen in Schwebe gehalten werden können (Sinkgeschwindigkeit $w_{s,max}$ der größten Teilchen). Es ist zu beachten, dass das Rückspülen fast immer im turbulenten Bereich stattfindet. Bei einer Re-Zahl > 1 soll für den c_w-Wert folgende Formel verwendet

werden: $c_w = \dfrac{24}{Re} + \dfrac{3}{\sqrt{Re}} + 0,34$

Die minimale Rückspülgeschwindigkeit $w_b = w_{s,max} \cdot \varepsilon^{4.5}$

Die Höhe des expandierten Bettes L_{exp} wird berechnet mit: $L_{exp} = (1-\varepsilon) \cdot L \cdot \sum \dfrac{x}{1-\varepsilon_{exp}}$

ε_{exp} ist das Lückenvolumen des expandierten Bettes für jede Klasse und wird berechnet mit $\varepsilon_{exp} = \left(\dfrac{w_b}{w_s}\right)^{0,22}$

<u>Ergebnis:</u>

Die maximale Rückspülgeschwindigkeit beträgt 0,156 m³/(m²·s), die minimale 0,00429. Die Höhe des expandierten Bettes bei der minimalen Rückspülgeschwindigkeit beträgt dann 0,766 m.

Beispiel 5-23: Druckverlust in Füllkörperkolonne 1 [45]

In einem mit keramischen Ringen 50 x 50 x 5 mm ($\varepsilon = 0,79$, a = 88 m²/m³) über eine Höhe von 15 m gefüllten Waschturm (Durchmesser 1,5 m) sollen schwefelige Gase aus dem Gasstrom eines Röst-ofens im Gegenstrom mit 175 m³/h Wasser absorbiert werden. Die zu verarbeitende Gasmenge beträgt 685,5 m³/h mit 5 Vol.% SO_2. Die Dichte des Röstgases beträgt $\rho_G = 1,35$ kg/m³, die dynamische Vis-kosität 0,0175·10⁻³ Pa·s. Die Dichte des Wassers ist mit $\rho_F = 1000$ kg/m³ und die dynamische Viskosi-tät mit 10⁻³ Pa·s anzunehmen. Der Waschprozess läuft bei T = 293 K und p = 1 bar.

Wie groß ist der Druckverlust der berieselten Schüttschicht?

<u>Lösungshinweis:</u>

Druckverlust der trockenen Schüttung nach Gleichung (5.52), der feuchten Schüttung nach Gleichung (5.63), der dafür notwendige Koeffizient n nach den Gleichungen (5.69) - (5.71), worin der Berieselungskoeffizient nach Gleichung (5.64) enthalten ist.

<u>Ergebnis:</u>

Der trockene Druckverlust beträgt 25,6 Pa, der feuchte 93,7 Pa.

Beispiel 5-24: Druckverlust in Füllkörperkolonne 2 [40]

Zu berechnen ist der spezifische (pro Meter Höhe) trockene und feuchte Druckverlust einer Füllkör-perkolonne aus Berlsättel mit a = 260 m²/m³, $\varepsilon = 0,68$, $C_1 = 32$, $C_2 = 7$, $C_3 = 1$.

Daten Gas: $w_g = 0,4$ m/s, $\rho_g = 5$ kg/m³,
$v_g = 1 \cdot 10^{-5}$ m²/s.

Daten Flüssigkeit: $w_l = 0,005$ m³/(m²·s),
$\rho_l = 1200$ kg/m³, $v_l = 2 \cdot 10^{-6}$ m²/s.

<u>Lösungshinweis:</u>

Einsetzen der Daten in die Gleichungen (5.74) bis (5.78)

<u>Ergebnis:</u>

Trockener Druckverlust = 236,8 Pa/m
Feuchter Druckverlust = 539,8 Pa/m

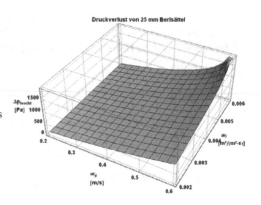

Beispiel 5-25: Druckverlust eines Siebbodens [4]

Berechnung des Druckverlustes eines Siebbodens.

Gegeben: Verhältnis Lochfläche zu Gesamtfläche $\varphi = 0,125$; Lochdurchmesser $d_h = 5$ mm; Verhältnis Dicke der Platte zu Lochdurchmesser $s/d_h = 1$; Höhe des Ablaufwehres $h_w = 5$ cm; Gasbelastung $w_G = 1,8$ m³/(m²·s); Wehrbelastung (Flüssigkeitsstrom durch Seitenlänge des Ablaufwehres) $B_W = \dot{V}/l_W = 20$ m³/(m·h).

Stoffwerte: $\rho_G = 1,2$ kg/m³; $\rho_L = 1000$ kg/m³; $\eta_G = 18 \cdot 10^{-6}$ Pa·s; $\sigma = 0,072$ N/m.

Gesucht:

A) Der Druckverlust bei trockener Durchströmung für die Grenzfälle sehr dünne ($s/d_h \to 0$) und sehr dicke Lochplatte bzw. sehr kleine Löcher ($s/d_h \gg 0$), sowie für das gegebene s/d_h- Verhältnis.

B) Druckverlust für Durchströmung von Gas und Flüssigkeit

C) Diagramm für den Druckverlust als Funktion der Gasbelastung ($1 - 4 Pa^{0,5}$) mit verschiedenen Wehrbelastungen (5, 20, 35, 50 m³/(m·h)) als Parameter.

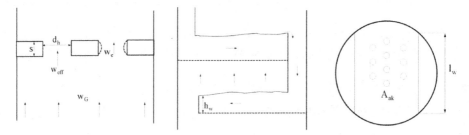

<u>Lösungshinweis:</u>

A) trockener Druckverlust

Bei der Durchströmung eines einzelnen Loches kommt es zunächst zu einer Kontraktion der Strömung, wodurch sich die Geschwindigkeit auf w_e erhöht. Dabei treten nur geringe Verluste auf, größere Verluste treten bei der anschließenden Expansion auf (Borda-Carnot-Gleichung (5.26). Diese sind am größten bei sehr dünnen Platten, da es hier zu einer unstetigen Querschnittserweiterung kommt. Dicke Platten, bzw. lange Löcher wirken wie ein Diffusor, wodurch die Verluste geringer sind.

Mit der Kontraktionszahl ($\alpha = 0,611$ für hohe Re-Zahlen) und dem Grenzfall sehr kleiner Bohrungen ($m \to 0$) erhält man $\zeta_{01} = (1/\alpha)^2 = 2,67$ für $s/d \to 0$ und $\zeta_{02} = (1/\alpha - 1)^2 + 1 = 1,41$ für $s/d \gg 0$.

Für realistische s/d-Verhältnisse wird folgende Formel angegeben:

$$\zeta_0 = \zeta_{02} + \frac{\zeta_{01} - \zeta_{02}}{1 + 0{,}2\left(s/d\right)^{0{,}56} + 3{,}9\left(s/d\right)^{3{,}7}}$$

Mit diesem Wert muss nun auf tatsächliche Öffnungsverhältnisse umgerechnet werden, wobei wieder zwei Grenzfälle unterschieden werden:

$$\zeta = \zeta_0 + m^2 - 2m \cdot \sqrt{\zeta_0} \quad \text{für } s/d_h \rightarrow 0, \quad \text{und} \quad \zeta = \zeta_0 + m^2 - 2m \quad \text{für } s/d_h >> 0,$$

Diese beiden Grenzfälle unterscheiden sich nicht wesentlich, es soll ein arithmetischer Mittelwert verwendet werden.

Bei Kolonnenböden ist es zweckmäßig, den Widerstandsbeiwert nicht auf die Strömungsgeschwindigkeit im engsten geometrischen Querschnitt, sondern auf die Leerrohrgeschwindigkeit des aktiven Teiles des Bodens A_{ak} zu beziehen. Somit gilt für den trockenen Druckverlust des Siebbodens:

$$\Delta p = \zeta \cdot \frac{\rho_G}{2} \cdot \frac{w_G^2}{m^2}$$

B) feuchter Druckverlust

Unter üblichen Bedingungen einer Bodenkolonne ist nur der hydraulische bzw. statische Druckverlust, Gleichung (5.83) von Bedeutung. Zu dessen Berechnung müssen die Höhe der Zweiphasenschicht h_s (Sprudelschicht) und der relative Flüssigkeitsinhalt ε_L bekannt sein, wobei beide Größen über die Höhe der klaren Flüssigkeit h_L in der Zweiphasenschicht definiert sind:

$$\varepsilon_L \equiv h_L/h_s$$

ε_L hängt vom Gasbelastungsfaktor F (F-Faktor = $w_G\sqrt{\rho_G}$) ab:

$$\varepsilon_L = 1 - \left(\frac{F}{F_{max}}\right)^{0{,}28}$$

F_{max} ist die maximale Gasbelastung beim Leerblasen (wenn durch die hohe Gasgeschwindigkeit die gesamte flüssige Phase in Tropfen zerteilt und mitgerissen wird); sie errechnet sich aus:

$$F_{max} \approx 2{,}5 \cdot \left(\varphi^2 \cdot \sigma \cdot (\rho_L - \rho_G) \cdot g\right)^{1/4}$$

Die Höhe der Zweiphasenschicht h_s kann auch aus Stoffdaten und Betriebsbedingungen abgeleitet werden und muss jedenfalls so hoch wie die Wehrhöhe h_W sein.

$$h_s = h_W + \frac{1{,}45}{g^{1/3}} \cdot \left(\frac{\dot{V}_L/l_W}{\varepsilon_L}\right)^{2/3} + \frac{125}{(\rho_L - \rho_G)g} \cdot \left(\frac{F - 0{,}2\sqrt{\rho_G}}{1 - \varepsilon_L}\right)^2$$

Mit Gleichung (5.83) kann nun der statische Druckverlust durch die Sprudelschicht berechnet werden.

Ergebnis:

A) Der trockene Druckverlust beträgt für den Grenzfall einer sehr dünnen Platte 295,2 Pa, für den
Grenzfall einer sehr dicken Platte 145,7 Pa und für
die gegebenen Bedingungen 172,3 Pa.

B) Der nasse Druckverlust beträgt 354,6 und somit der
gesamte Druckverlust 532,2 Pa.

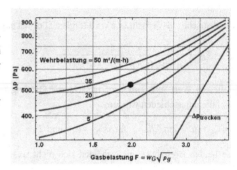

Beispiel 5-26: Wirbelschicht 1 [27]

Ein Wirbelschichtbett mit einem Durchmesser von 2,5 m enthält 20 t Kohlenstaub (Korndurchmesser
$d_P = 0,3$ mm, Lückenvolumen $\varepsilon = 0,6$, Dichte = 1300 kg/m³). Berechne den Druckverlust, wenn die
Wirbelschicht um 10 % expandiert ist.

Lösungshinweis:

Berechnung der Höhe des ruhenden Bettes, dann ε des expandierten Bettes und mit Gleichung (5.49) den Druckverlust.

Ergebnis:

Der Druckverlust beträgt 0,4 bar.

Beispiel 5-27: Wirbelschicht 2 [43]

Die Trocknung des Salzes nach Beispiel 5-16 erfolgt nun in einer Wirbelschicht mit der 2,5-fachen
Fluidisierungsgeschwindigkeit. Berechne die Fluidisierungsgeschwindigkeit, den Druckverlust und die
Höhe des expandierten Bettes, sowie die maximale Luftgeschwindigkeit, wenn höchstens 2 % des
Salzes aus dem Trockner ausgetragen werden dürfen.

Lösungshinweis:

Der Fluidisierungspunkt ist gegeben, wenn der Druckverlust des Festbettes dem der Wirbelschicht entspricht
(Druckverlusterhöhung am Fluidisierungspunkt durch Überwinden der Haftkräfte zwischen den Partikeln wird
vernachlässigt). Es wird zunächst für die gegebenen Bedingungen $\Delta p = H \cdot (1-\varepsilon) \cdot (\rho_S - \rho_L) \cdot g$, Gleichung (5.49),
berechnet und mit diesem Δp die Fluidisierungsgeschwindigkeit mit der Druckverlustgleichung (5.42) (c_f und d_{32}
wie in Beispiel 5-16).

Für den Wirbelschichtzustand braucht man den Zusammenhang w, ε und H. Dafür kann die Gleichung für das
Festbett herangezogen werden, wenn für Δp der Druckverlust der Wirbelschicht eingesetzt wird; die zweite
Gleichung ist dann entweder die Druckverlustgleichung für die Wirbelschicht oder der Zusammenhang $h_1 \cdot (1-\varepsilon_1)$
$= h_2 \cdot (1-\varepsilon_2)$.

Der größte Durchmesser für die kleinsten 2 % des Salzes wird aus der Definition der RRSB-Verteilung bestimmt, Gleichung (6.13): Rückstand 1- 0,02 = exp[-(x/d')ⁿ].

Die Sinkgeschwindigkeit einer Kugel mit diesem Durchmesser (= maximale Fluidisierungsgeschwindigkeit)
kann mit Gleichung (7.10) aus dem Kapitel zur Sedimentation berechnet werden.

Ergebnis:

Fluidisierungsgeschwindigkeit w_{fl} = 0,107 m/s mit Druckverlust Δp = 2049 Pa. Betriebszustand Wirbelschicht: w = 0267 m/s; ε = 0,488; Re = 14,36; c_f = 13,5; H = 0,191. Zwei Prozent der Teilchen haben einen Durchmesser < 0,187 mm; diese Teilchen werden ab einer Luftgeschwindigkeit von 1,10 m/s ausgetragen.

Beispiel 5-28: Wirbelschicht 3 [46]

10000 kg/h partikulärer Feststoff mit einer Schüttdichte von ρ_P = 1600 kg/m³ wird in einem Fließbett aufbereitet (z. B. getrocknet, erwärmt oder chemisch behandelt). Für das Fließbett werden 2,16·10^4 kg/h Gas mit einer Dichte – bei Betttemperatur – von ρ_F = 0,7 kg/m³ verwendet. Die Mindestbeschickungszeit (Verweilzeit des Feststoffes) beträgt hier eine Stunde.

Versuche haben ergeben, dass die minimale Gasgeschwindigkeit zur Fluidisierung des Feststoffes bei $w_{F,min}$ = 0,15 m/s liegt und dass ein übermäßiger Austrag auftritt wenn die Geschwindigkeit $w_{F,max}$ = 1,8 m/s überschreitet.

Berechne die Leistung bzw. den Druckverlust zunächst für die kompakteste Bauweise mit D = H. Liegt die Fluidisierungsgeschwindigkeit außerhalb der vorgegebenen Grenzen, muss der Durchmesser so lange variiert werden, bis diese Grenzen nicht über- bzw. unterschritten werden. Des Weiteren wird eine Gebläseleistung < 80 kW gefordert; mit welchen Abmessungen wird diese Leistung erreicht und liegt dann die Gasgeschwindigkeit innerhalb der Grenzgeschwindigkeiten?

Lösungshinweis:

Als Höhe des Bettes soll vereinfachend immer die Höhe H_{mF} bei minimaler Fluidisierung (Lockerungspunkt) verwendet werden. Insbesondere wegen möglicher Blasenbildung innerhalb des Fließbettes kann ein Zusammenhang der tatsächlichen Höhe mit der Gasgeschwindigkeit nur über Versuche ermittelt werden.

Der Druckverlust setzt sich aus jenem des Distributors (Luftstromverteiler) und jenem durch das Bett zusammen, $\Delta p = \Delta p_B + \Delta p_D$. Im fluidisierten Zustand muss Δp_B dem Gewicht des Bettes entsprechen,

$$\Delta p_B = \rho_{B,mF} \cdot g \cdot H_{mF} \approx \rho_P \cdot g \cdot H,$$

wobei auch hier für die Bettdichte bei minimaler Fluidisierung die Schüttdichte der Feststoffpartikeln verwendet wird.

Der Druckverlust des Distributors Δp_D muss ausreichend groß sein, um einen einheitlich verteilten Fluss des Gases durch das Bett zu erhalten. Zwei Möglichkeiten, wobei jene mit dem größeren Druckverlust zu wählen ist:

a) $0,1 \cdot \Delta p_B$

b) 0,35 m Wassersäule

Die erforderliche Leistung P, um das fluidisierende Gas durch das System zu pumpen, ist das Produkt aus Druckverlust Δp und der volumetrischen Durchflussrate: $P = \dfrac{\Delta p \cdot \dot{M}_F}{\rho_F}$.

Ergebnis:

Kriterium:	D [m]	H [m]	w_{Gas} [m/s]	Δp [kPa]	P [kW]
Kompaktheit D = H	2	2	2,74	34,8	298
Betriebspunkt am Austrag	2,5	1,31	1,8	24,0	206
Minimale Leistung	4,6	0,4	0,52	9,3	80

Beispiel 5-29: Gaszyklon [4]

Für den dargestellten Gaszyklon mit tangentialem Schlitzeinlauf soll der Druckverlust berechnet werden. Bei der gegebenen Temperatur von 870 °C beträgt der Gasdurchsatz 50 m³/s, die Gasdichte 0,305 kg/m³ und die Viskosität des Gases $45 \cdot 10^{-6}$ Pa·s. Die Feststoffbeladung am Eintritt beträgt 5 kg/kg Gas und die gesamte Reibungsfläche A_R = 130 m².

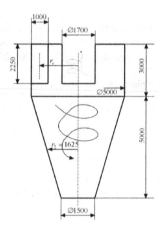

Lösungshinweis:

Vorgangsweise wie im Text angegeben. Einschnürzahl α nach Gleichung (5.87), Reibungsbeiwert mit $\lambda_s = \lambda_0 \left(1+2\sqrt{\mu_e}\right)$, Umfangsgeschwindigkeiten nach (5.88) und (5.89), Widerstandszahlen nach (5.90) und (5.91) und Druckverlust nach Gleichung (5.86).

Ergebnis:

Der Druckverlust im Außenraum beträgt 130 und im Innenraum 524 Pa, der gesamte daher 654 Pa.

6. Partikelgrößen und Partikelgrößenverteilungen

Die Bezeichnung „Partikel" ist ein Überbegriff für Körner, Tropfen und Blasen, welche sich in einem Gas oder einer Flüssigkeit befinden und allgemein als disperse Systeme bezeichnet werden.

6.1. Partikeleigenschaften

Betrachtet werden Partikelgröße, Partikelgrößenverteilungen und die Form von Partikeln mittels Formfaktor. Daneben gibt es zahlreiche weitere Eigenschaften, welche je nach Anwendungsbereich unterschiedliche Bedeutung haben, wie z. B. Dichte, Porosität, Farbe, chemische Zusammensetzung, Kristallinität, Löslichkeit, Festigkeit, Aktivität als Katalysator, Fließfähigkeit, Haftverhalten, Abscheideverhalten, Filtrierbarkeit, Bioverfügbarkeit. Die meisten dieser Eigenschaften werden von der Partikelgröße, der Größenverteilung und der Form beeinflusst.

6.1.1. Partikelgröße

Partikeldurchmesser:

Die Größe von Partikeln ist nur bei kleinen Tropfen und Blasen einfach zu charakterisieren, da diese auf Grund der Oberflächenspannung meist Kugelform aufweisen.

Die Angabe der Partikelgröße von Körnern wird meist durch die Messmethode bestimmt, z. B.:

- Sedimentation, Windsichtung: äquivalenter Kugeldurchmesser
- Siebung: Maschenweite bzw. mittlere Maschenweite zweier Siebe
- Nicht bildgebende optische Verfahren: Äquivalentdurchmesser
- Bildgebende optische Verfahren: verschiedene Möglichkeiten

Zur Bestimmung verschiedener Eigenschaften von Partikeln sind vor allem folgende geometrische Äquivalentdurchmesser von Bedeutung:

- Durchmesser der volumengleichen Kugel d_V; wird insbesondere für die Trennung von Partikeln verschiedener Größe benötigt.

- Durchmesser der oberflächengleichen Kugel d_A; für Transportvorgänge, Stoff-, Wärme- und Impulsaustausch

- Durchmesser des projektionsflächengleichen Kreises d_K (Spantfläche), für Widerstandsbeiwert.

Partikeloberfläche:

Neben der Größe von Partikeln ist auch die spezifische Oberfläche eine wichtige Kennzeichnung; die volumenspezifische Oberfläche a oder S_V ist ein geometrischer Parameter und wird beispielsweise für Sprühwäscher, Blasensäulen, Füllkörperkolonnen benötigt. Die massenspezifische Oberfläche S_M [m²/kg] ist zusätzlich noch stoffabhängig und dient z. B. zur Charakterisierung von Adsorptionsmitteln wie Aktivkohle.

Für Kugeln ergibt sich die volumenspezifische Oberfläche

$$a = \frac{d^2\pi}{d^3\pi/6} = \frac{6}{d} \quad (d = d_V = d_A) \tag{6.1}$$

Umgekehrt erhält man damit für den charakteristischen Durchmesser oberflächengleicher Kugeln des Kollektivs (Sauterdurchmesser) $d_S = d_{32} = 6/a$.

6.1.2. Partikelform

Insbesondere feste Partikel (Körner) können beinahe jede beliebige Form annehmen mit oft sehr unterschiedlichen Eigenschaften. Eine allgemeine Charakterisierung kann durch ein Verhältnis charakteristischer Längen erfolgen. Betrachtet werden Formfaktoren, die die realen Partikel mit Kugeln vergleichen.

Die Wadell-Sphärizität ϕ_W gibt die Oberfläche einer volumengleichen Kugel zur tatsächlichen Oberfläche des Korns an. Da bei volumengleichen Körpern die Kugel die kleinste Oberfläche aufweist, ist ϕ_W immer < 1.

Meist wird jedoch nicht die Sphärizität ϕ_W als Formfaktor verwendet, sondern der Reziprokwert $\varphi = 1/\phi_W$, welcher dann immer Werte > 1 aufweist (tatsächliche Oberfläche zur Oberfläche einer volumengleichen Kugel)

Die volumenspezifische Oberfläche realer Partikel ergibt sich dann durch Erweiterung von Gleichung (6.1) zu

$$a = \frac{6 \cdot \varphi}{d}.$$

Dieser Formfaktor φ empfiehlt sich vor allem, wenn alle Partikel die gleiche Abweichung von der Kugelform aufweisen, es gibt aber auch noch andere Definitionen.

6.1.3. Partikelverteilungen

Partikel haben nur selten eine einheitliche Größe (monodispers), zumeist bestehen sie aus vielen unterschiedlichen Größen. Um daraus die zur Charakterisierung wichtigen Parameter Mittelwert und Standardabweichung (Breite der Verteilung) bestimmen zu können, versucht man, die Messergebnisse mit mathematischen bzw. statistischen Verteilungsfunktionen zu beschreiben. Aus der Statistik ist eine Vielzahl verschiedener Verteilungsfunktionen bekannt, allein in *Mathematica* sind standardmäßig 28 kontinuierliche und 11 unstetige Verteilungsfunktionen integriert. Trotzdem kann es vorkommen, dass eine bestimmte Partikelgrößenverteilung mit keiner bekannten Funktion beschrieben werden kann. Alle Verteilungsfunktionen geben die Häufigkeit q (PDF, probability distribution function) oder die Summenhäufigkeit Q (CDF, cumulative distribution function) einer Mengenart r als Funktion einer charakteristischen Länge (Äquivalentdurchmesser, Maschenweite etc.) an.

Sehr wichtig ist die Mengenart r. Man kann Verteilungen plus die charakteristischen statistischen Daten für die Anzahl von Teilchen (r = 0) bestimmen, sowie für die Länge (r = 1), die Oberfläche (r = 2) und Volumen (r = 3) bzw. Masse (r = 3), sofern alle Partikel eine einheitliche Dichte aufweisen. Die Verteilungen der Mengenarten können ineinander umgerechnet werden (Beispiel 6-7). Die Verteilungen bezeichnet man entsprechend mit Q_0, Q_1, Q_2, Q_3, bzw. q_0, q_1, q_2, q_3. Gemessen wird meist die Anzahl oder die Masse bzw. Volumen, gebraucht wird vor allem die Massen- und Oberflächenverteilung.

Bei Vorliegen einer bestimmten Probe wird zunächst die geeignete Verteilung durch Anpassen an eine Verteilungsfunktion bestimmt. Dies kann durch Eintragen der Daten in genormte Körnungsnetze geschehen oder – was hier bevorzugt wird – durch Fitten der Daten mit vorgegebenen Verteilungsfunktionen. Meist ist eine eindeutige Zuordnung möglich (z. B. Beispiel 6-5), ist dies nicht der Fall, müssen statistische Methoden oder Interpolationsfunktionen (Beispiel 6-11) angewandt bzw. muss nach einer anderen Verteilung gesucht werden.

Hat man eine geeignete Verteilungsfunktion zugeordnet, können daraus leicht die charakteristischen Daten bestimmt werden. Besonders wichtig sind Mittelwert, Standardabweichung, spezifische Oberfläche und Sauterdurchmesser. Praktisch wenig Bedeutung haben Median- und Modalwert. Es gelten folgende Definitionen:

Medianwert $d_{50,r}$

Der Medianwert gibt diejenige Partikelgröße, unterhalb, bzw. oberhalb derer 50 % der jeweiligen Mengenart r liegen; z. B. 50 % der Anzahl aller Teilchen, oder 50 % der Masse aller Teilchen.

Modalwert $d_{M,r}$

Der Modalwert gibt die häufigste Partikelgröße an; Maximalwert der Häufigkeitsverteilung.

Mittelwert, mittlere Partikelgröße $\overline{d}_r$

Im Unterschied zum Medianwert ist der Mittelwert gewichtet. Die Partikelgröße x wird in einem bestimmten Intervall mit dem Mengenanteil gewichtet und über die gewichteten Werte gemittelt (siehe 1. Moment, Gleichung (6.3)).

Statistisch ist zwischen Mittelwert und Erwartungswert μ zu unterscheiden, welche sich bei großer Partikelanzahl immer mehr annähern. Da eine sinnvolle Probenahme mindestens 10^4 Partikel umfassen soll, können für die meisten praktischen Anwendungen Erwartungswert und Mittelwert gleich gesetzt werden.

Mittelwert und andere wichtige charakteristische Größen können aus den statistischen Momenten berechnet werden. Ist eine Häufigkeitsverteilung $q_r(x)$ gegeben, können folgende zentrale (um Mittelwert μ) statistische Momente für jede Mengenart r berechnet werden:

$$0.\ \text{Moment: Summenhäufigkeit}\quad Q_r(x) = \int_{x_{min}}^{x} q_r(x)\,dx \quad\text{bzw.}\quad CDF(x) = \int_{0}^{x} PDF(x)\,dx \tag{6.2}$$

$$1.\ \text{Moment: Mittelwert}\quad \mu = \int_{x_{min}}^{x_{max}} x \cdot q_r(x)\,dx \tag{6.3}$$

$$2.\ \text{Moment: Varianz}\quad \sigma^2 = \int_{x_{min}}^{x_{max}} \left(x\text{-}\mu\right)^2 \cdot q_r(x)\,dx \tag{6.4}$$

$$3.\ \text{Moment: Schiefe}\quad \gamma = \frac{\displaystyle\int_{x_{min}}^{x_{max}} \left(x\text{-}\mu\right)^3 \cdot q_r(x)\,dx}{\sigma^3} \tag{6.5}$$

$$4.\ \text{Moment: Wölbung}\quad \beta = \frac{\displaystyle\int_{x_{min}}^{x_{max}} \left(x\text{-}\mu\right)^4 \cdot q_r(x)\,dx}{\sigma^4}$$

Die Schiefe gibt die Abweichung von der Normalverteilung an, was einer Neigung entspricht. In der Partikeltechnologie erhält man fast immer eine positive Schiefe (rechtsschief). Selten wird auch noch als 4. Moment die Wölbung (Spitzigkeit, je größer, desto spitzer) angegeben. Beide Werte werden normiert und damit dimensionslos angegeben.

Die spezifische Oberfläche aller Partikel kann auch aus der Häufigkeitsverteilung berechnet werden. Man erhält mit dem Formfaktor φ für eine Volumenverteilung:

$$a = 6 \cdot \varphi \cdot \int_{x_{min}}^{x_{max}} \frac{1}{x} \cdot q_3(x)\,dx, \tag{6.6}$$

und für eine Anzahlverteilung

$$a = 6 \cdot \varphi \cdot \frac{\int_{x_{min}}^{x_{max}} x^2 \cdot q_0(x)\,dx}{\int_{x_{min}}^{x_{max}} x^3 \cdot q_0(x)\,dx}. \tag{6.7}$$

Sauterdurchmesser

Aus Gleichungen (6.6) bzw. (6.7) kann der Sauterdurchmesser mit $d_S = d_{32} = 6/a$ berechnet werden. Der Sauterdurchmesser gibt den Kugeldurchmesser eines monodispersen Kugelkollektivs an, welches die gleiche Oberfläche und das gleiche Volumen aufweist wie die realen Partikel. Wenn Oberfläche und Volumen gleich sind, muss sich aber die Anzahl unterscheiden, was aber nicht von Bedeutung ist. Liegt eine vollständige Partikelanalyse vor, kann der Sauterdurchmesser auch berechnet werden mit

$$d_{32} = \frac{\sum_i n_i d_i^3}{\sum_i n_i d_i^2} \tag{6.8}$$

Im Allgemeinen lassen sich in der Technik Partikelverteilungen mit einer der vier folgenden Funktionen recht gut beschreiben:

Normalverteilung (Gaußsche Glockenkurve), Beispiel 6-1

Bei natürlichem Wachstum, Kristallisation, in der Technik zur Beschreibung der Streuung von Messwerten.

Häufigkeitsfunktion (PDF):

$$q_r(x) = \frac{1}{\sigma\sqrt{2\pi}} \cdot \exp\left[-\frac{(x-\mu)^2}{2\sigma^2} \right]$$

μ ist der Mittelwert, was bei der Normalverteilung für jede Mengenart r dem Medianwert und dem Modalwert entspricht.

Summenhäufigkeit (CDF): Integration der Häufigkeitsfunktion

$$Q_r(x) = \frac{1}{2} \cdot \left(1 + \mathrm{erf}\left(\frac{x-\mu}{\sigma\sqrt{2}} \right) \right) \tag{6.9}$$

Bei einer Siebanalyse entspricht die Summenhäufigkeit dem Durchgang durch das jeweilige Sieb. Es ist aber vielfach üblich, nicht mit dieser Durchgangskurve, sondern mit der entsprechenden Rückstandskurve zu rechnen, welche sich aus 1 – Durchgang ergibt.

$$\text{Rückstandssumme} = 1 - Q_r(x) = \frac{1}{2} \cdot \left(1 - \text{erf}\left(\frac{x-\mu}{\sigma\sqrt{2}}\right)\right) = \frac{1}{2} \cdot \left(\text{erfc}\left(\frac{x-\mu}{\sigma\sqrt{2}}\right)\right) \qquad (6.10)[18]$$

Die Durchgangs- bzw. Rückstandssumme an der Stelle $\mu \pm \sigma$ weist immer denselben Wert, nämlich 0,8413 bzw. 0,1587.

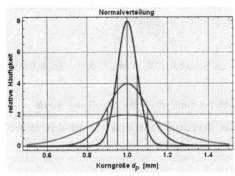 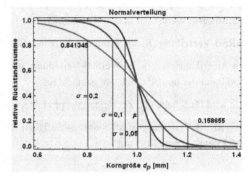

Abbildung 6-1: Normalverteilung

Logarithmische Normalverteilung, Beispiel 6-2.

Aerosole, Pulver, Partikel in wässrigen Lösungen, natürliche Wachstumsvorgänge, Schüttungen, Agglomerationen, Tropfengrößenverteilung bei Zerstäubung. Generell bei hohem Feingutanteil.

Bei der logarithmischen Normalverteilung ist nicht die Partikelgröße x normalverteilt, sondern deren Logarithmus. Entsprechend erhält man auch einen logarithmischen Mittelwert und eine logarithmische Standardabweichung.

$$q_r(\ln x) = \frac{1}{\sigma_{\ln}\sqrt{2\pi}} \cdot \exp\left[-\frac{(\ln x - \ln\mu)^2}{2\sigma_{\ln}^2}\right] = \frac{1}{\sigma_{\ln}\sqrt{2\pi}} \cdot \exp\left[-\frac{\left(\ln\frac{x}{\mu}\right)^2}{2\sigma_{\ln}^2}\right] \qquad (6.11)$$

Soll die Darstellung nicht mit ln x, sondern mit der Partikelgröße x erfolgen, muss noch umgerechnet werden:

$$q_r(x) = q_r(\ln x) \cdot \frac{d(\ln x)}{dx} = \frac{q_r(\ln x)}{x} \quad \text{und man erhält für die logarithmische Normalverteilung}$$

---

[18] erf(z) ist die Fehlerfunktion (error function): $\text{erf}(z) = \frac{2}{\sqrt{\pi}} \int_0^z \exp\left(-u^2\right) du$; erfc(z) ist die komplementäre (konjugierte) Fehlerfunktion $\text{erfc}(z) = 1 - \text{erf}(z) = \frac{2}{\sqrt{\pi}} \int_z^\infty \exp\left(-u^2\right) du$. Die Werte der Fehlerfunktionen sind vielfach tabelliert; in den CAS sind sie meist direkt implementiert

$$q_r(x) = \frac{1}{x \cdot \sigma_{ln}\sqrt{2\pi}} \cdot \exp\left[-\frac{\left(\ln\frac{x}{\mu_{ln}}\right)^2}{2\sigma_{ln}^2}\right] \tag{6.12}$$

Der Mittelwert μ ist dann $\mu = \exp(\mu_{ln})$ und entspricht dann wieder dem Medianwert. Die allgemeinen statistischen Werte sind in der *Mathematica*-Datei zu Beispiel 6-2 dargestellt.

RRSB-Verteilung (Rosin, Rammler, Sperling, Benett),

im Amerikanischen meist Weibull-Verteilung, nach dem Schweden W. Weibull, der sie nach Rosin und Rammler um 1950 bekannt gemacht hat.

Sie wird für Stäube und Zerkleinerungsprodukte, generell bei mittlerem Feingutanteil angewandt.

Die RRSB-Verteilung ist als Summenhäufigkeit für die Mengenart Volumen, r = 3, definiert, für die Rückstandssumme R(x) mit

$$R(x) = 1 - Q_3(x) = \exp\left[-\left(\frac{x}{d'}\right)^n\right], \tag{6.13}$$

bzw. für den Durchgang

$$D(x) = Q_3(x) = 1 - \exp\left[-\left(\frac{x}{d'}\right)^n\right]$$

mit dem Korngrößenparameter d' und dem Gleichmäßigkeitsparameter n. Je größer n, desto größer die Gleichmäßigkeit. Differentiation ergibt die Häufigkeitsverteilung $q_3(x)$

$$q_3(x) = \frac{\left(\frac{x}{d'}\right)^{n-1} \cdot \exp\left[-\left(\frac{x}{d'}\right)^n\right]}{d'},$$

aus welcher wieder alle statistischen Daten berechenbar sind, Beispiel 6-3.

GGS-Verteilung (Gates, Gaudin, Schuhmann), auch Potenzverteilung, Beispiel 6-4.

Für Grobzerkleinerungsprodukte. Generell bei geringem Feingutanteil.

Die GGS-Verteilung ist auch als Summenhäufigkeit für die Mengenart Volumen, r = 3, definiert, für die Durchgangssumme mit

$$D(x) = Q_3(x) = \left(\frac{x}{d_{max}}\right)^m \quad \text{bzw.} \quad R(x) = 1 - \left(\frac{x}{d_{max}}\right)^m.$$

Als Korngrößenparameter dient der maximale Durchmesser d_{max}; m ist ein Gleichmäßigkeitsparameter.

Alle genannten Verteilungsfunktionen beinhalten 2 Parameter. Falls eine bestimmte Verteilung angenommen werden kann, sind daher 2 Messpunkte ausreichend um die gesamte Verteilung beschreiben zu können.

Umrechnung auf andere Mengenarten:

Ist die Mengenart r gegeben und soll auf die Mengenart s umgerechnet werden, können folgende Formeln abgeleitet werden:

$$q_s(x) = \frac{x^{s-r} \cdot q_r(x)}{\int\limits_{x_{min}}^{x_{max}} x^{s-r} \cdot q_r(x)dx} \qquad (6.14)$$

$$Q_s(x) = \frac{\int\limits_{x_{min}}^{x} x^{s-r} \cdot q_r(x)dx}{\int\limits_{x_{min}}^{x_{max}} x^{s-r} \cdot q_r(x)dx} \qquad (6.15)$$

Ist x_{min} und x_{max} nicht bekannt, kann natürlich von 0 bis ∞ integriert werden.

6.2. Trennen von Partikeln

Es ist zwischen Klassieren, Sortieren und Abscheiden zu unterscheiden.

Beim Klassieren wird nach der Partikelgröße getrennt; nach einem Trennapparat erhält man zwei Fraktionen mit durchschnittlich gröberen Partikeln (Grobgut) und durchschnittlich feineren Partikeln (Feingut) als im Aufgabegut. Die Trennung ist nie vollständig; will man beispielsweise eine Trennung der Partikel bei 1 mm durchführen, so wären bei einer idealen Trennung alle Partikel > 1 mm im Grobgut und alle Partikel < 1 mm im Feingut. Bei jeder praktischen Trennung werden sich auch Partikel < 1mm im Grobgut und > 1 mm im Feingut befinden. Man spricht dann auch von Fehlgut.

Beim Sortieren erfolgt die Trennung nach anderen Partikelmerkmalen, z. B. Zusammensetzung, Dichte etc. Beispiel Trennung Weißglas – Buntglas, PVC – PE, Kalk – Gips etc.

Abscheiden ist ein Klassieren für sehr geringe Partikelgröße (idealerweise 0); es sollte möglichst alles im Grobgut sein; z. B. Staubabscheiden bei der Gasreinigung, Filtrieren bei Flüssigkeiten.

6.2.1. Begriffe und Definitionen

Gesamtabscheidung η_G oder g:

Gibt an, welcher Massenanteil der in den Klassierer oder Abscheider eingebrachten Partikel M_A (Index A für Aufgabe) sich im Grobgut M_G wiederfindet. Wird auch Grobgut-Masseanteil genannt und in der Aufbereitungstechnik auch Masseausbringen.

$$\eta_G = g = M_G/M_A \qquad (6.16)$$

Entsprechend dem Grobgutmasseanteil gibt es auch den Feingut-Masseanteil f = 1 - g.

Fraktionsabscheidegrad, Trenngrad:

Neben der Gesamtabscheidung ist eine wichtige Fragestellung, welcher Anteil einer bestimmten Teilchengröße abgeschieden wird. Der Abscheidegrad für eine bestimmte Teilchengröße (Trenngrad, Fraktionsabscheidegrad) TG(x) gibt an, welcher Anteil aller Teilchen > Teilchengröße x sich im Grobgut wiederfindet. Je größer die gewählte Teilchengröße, desto mehr findet sich anteilsmäßig im Grobgut. Ab einer gewissen Teilchengröße x_{max} findet sich alles im Grobgut und nichts im Feingut,

d. h. $TG(x_{max}) = 1$. Umgekehrt ist unterhalb von x_{min} alles im Feingut und nichts im Grobgut $TG(x_{min}) = 0$.

Sind die Häufigkeitsverteilungen (Mengenart Masse, $r = 3$) für Aufgabegut q_A und Grobgut q_G gegeben, erhält man die gesamte Trenngradkurve mit

$$TG(x) = \frac{g \cdot q_G(x)}{q_A(x)} \tag{6.17}$$

Die Teilchengröße x_{50} oder d_{50} gibt an, dass 50 % aller Teilchen dieser Größe sich im Grobgut und 50 % im Feingut befinden. Diese ausgezeichnete Teilchengröße wird auch Trennteilchengröße oder Median-Trenngrenze genannt.

$$TG(d_{50}) = 0,5 \tag{6.18}$$

Trennschärfe:

Die Trennschärfe J gibt die Güte einer Trennung an und äußert sich im Abstand zwischen x_{min} und x_{max}. Bei einer idealen Trennung fällt x_{min} und x_{max} zusammen. Je schlechter die Trennung, desto größer ist der Abstand und desto flacher die Trenngradkurve. Es gibt verschiedene Maße für die Trennschärfe; häufig wird sie definiert mit

$$J = \frac{d_{25}}{d_{75}} \tag{6.19}$$

Diese Definitionen gelten aber nur bei Klassierapparaten. Bei Abscheideapparaten sollte x_{min} nahe bei null sein, wodurch sich eine flache Trennkurve und schlechte Trennschärfe ergibt (Beispiel 6-10).

Normalaustrag, Fehlaustrag:

Normalaustrag ist der Anteil, welcher sich auf der richtigen, und Fehlaustrag der Anteil, welcher sich auf der falschen Seite des Klassierapparates befindet; beides für Grob- und Feingut. Bei einer gewünschten Trennung bei $d = 1$mm gibt der Grobgut-Normalaustrag den Anteil der Teilchen > 1 mm im Grobgut an und der Grobgut-Fehlaustrag den Anteil der Teilchen < 1 mm im Grobgut.

Sind die Teilchengrößen als kontinuierliche Verteilungsfunktionen gegeben, erhält man folgende Formeln für eine bestimmte Trenngrenze x_T:

$$\text{Grobgut-Fehlaustrag:} \quad g \cdot \int_{x_{min}}^{x_T} q_G(x)\,dx = g \cdot Q_G(x_T) \tag{6.20}$$

$$\text{Grobgut-Normalaustrag:} \quad g \cdot \int_{x_T}^{x_{max}} q_G(x)\,dx = g \cdot \left(1 - Q_G(x_T)\right) \tag{6.21}$$

$$\text{Feingut-Fehlaustrag:} \quad f \cdot \int_{x_T}^{x_{max}} q_F(x)\,dx = f \cdot \left(1 - Q_F(x_T)\right) \tag{6.22}$$

$$\text{Feingut-Normalaustrag:} \quad f \cdot \int_{x_{min}}^{x_T} q_F(x)\,dx = f \cdot Q_F(x_T) \tag{6.23}$$

Eine weitere wichtige Teilchengröße ist noch die Ausgleichs-Trenngrenze x_A, welche diejenige Teilchengröße angibt, bei welcher der Fehlaustrag im Grob- und Feingut gleich groß ist. Sie berechnet sich aus

$$g \cdot \int_{x_{min}}^{x_A} q_G(x)\,dx = f \cdot \int_{x_A}^{x_{max}} q_F(x)\,dx \tag{6.24}$$

In Beispiel 6-9 werden diese Kenngrößen nach diesen Definitionen berechnet bzw. gezeichnet.

6.3. Beispiele

Beispiel 6-1: Normalverteilung (Gaußsche Glockenkurve) [43]

Die Analyse einer Schüttung ergibt für einen Korndurchmesser von 0,5 mm eine relative Rückstandssumme von 0,17 und 0,986 für einen Korndurchmesser von 0,045 mm. Berechne die mittlere Korngröße μ, den Median- und den Modalwert, die Standardabweichung σ, die Schiefe und die Wölbung für die Annahme einer Normalverteilung.

Lösungshinweis:

Alle Verteilungsfunktionen beinhalten 2 Parameter. Falls eine bestimmte Verteilung angenommen werden kann, sind daher zwei Messpunkte ausreichend, um die gesamte Verteilung beschreiben zu können. Einsetzen der Messwerte in die Funktion für die Rückstandssumme (Gleichung (6.10)) und Lösen nach μ und σ.

Ergebnis:

Für die Annahme einer Normalverteilung beträgt der Mittelwert dieser Schüttung $\mu = 0,364$ mm, die Standardabweichung $\sigma = 0,144$ mm, die Schiefe ist immer $\tau = 0$ und die Wölbung immer 3. Der Medianwert x_{50} und der Modalwert entsprechen bei einer Normalverteilung dem Mittelwert.

Beispiel 6-2: logarithmische Normalverteilung [43]

Wie Beispiel 6-1, mit der Annahme einer logarithmischen Normalverteilung

Ergebnis:

Mittelwert = 0,323 mm, Modalwert = 0,135 mm
Medianwert = 0,241 mm
Standardabweichung = 0,288
Schiefe = 3,38
Wölbung = 28,5

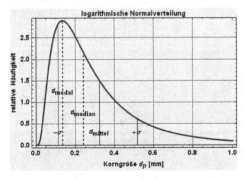
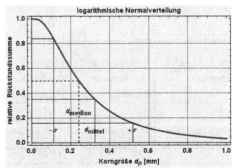

Beispiel 6-3: RRSB-Verteilung [43]

Wie Beispiel 6-1, mit der Annahme einer RRSB-Verteilung.

Ergebnis:

Der Korngrößenparameter d' dieser Schüttung mit angenommener RRSB-Verteilung beträgt d' = 0,376 mm, der Gleichmäßigkeitsparameter n = 2,01; der Mittelwert = 0,333 mm, der Modalwert = 0,267 mm, der Medianwert = 0,313 mm, die Standardabweichung = 0,174 mm, die Schiefe 0,626 und die Wölbung 3,24.

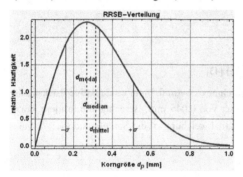
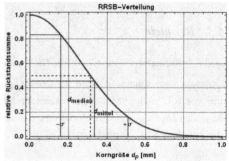

Beispiel 6-4: GGS-Verteilung [43]

Wie Beispiel 6-1, mit der Annahme einer GGS-Verteilung.

Ergebnis:

Der maximale Durchmesser d_{max} (Korngrößenparameter) dieser Schüttung mit angenommener GGS-Verteilung beträgt 0,558 mm, der Gleichmäßigkeitsparameter m = 1,695, der Mittelwert 0,351, der Medianwert 0,371 mm, die Standardabweichung 0,14 mm, die Schiefe –0,44 (Neigung nach rechts) und die Wölbung 2,2.

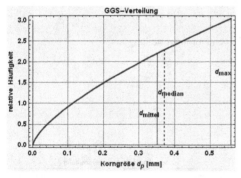
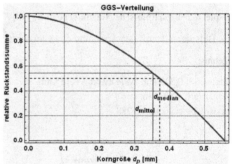

Beispiel 6-5: Auswertung einer Siebanalyse [43]

Eine Siebanalyse ergibt folgende Ergebnisse:

Siebnummer	Maschenweite d_P [mm]	Rückstände ΔM_i [g]
1	0,71	13,9
2	0,5	71,1
3	0,355	120,1
4	0,25	116,7
5	0,18	76,3
6	0,125	50,0
7	0,071	34,6
8	0,045	10,3

Pfanne	0	7,0

Stelle diese Daten als Histogramm mit dem relativen Rückstand und der relativen Häufigkeit vs. Korngröße dar. Wie sehen diese Histogramme aus, falls das 5. Sieb nicht verwendet werden kann und dessen Inhalt sich daher auf dem 6. Sieb wiederfindet?

Berechne aus diesen Daten die Parameter für die Normalverteilung, die logarithmische Normalverteilung, die RRSB- und die GGS-Verteilung und bestimme daraus, welcher Verteilung diese Partikel folgen. Mit der passenden Verteilung sollen dann Mittelwert, Medianwert, Modalwert, Standardabweichung, Schiefe sowie spezifische Oberfläche und Sauterdurchmesser für einen Formfaktor f = 1,3 berechnet werden.

Lösungshinweis:

Bei einer Siebanalyse kann keine Korngröße, sondern nur die Maschenweite des Siebes angegeben werden. Als mittlere Korngröße kann der Mittelwert zwischen zwei Sieben verwendet werden; beim obersten Sieb kann dann eine Korngröße nur geschätzt werden. Besser ist daher, mit den relativen Rückständen bzw. der Rückstandssumme zu arbeiten, da dies exakte Werte sind, sofern die Analyse normgerecht durchgeführt wurde. Dazu wird die Tabelle noch mit Spalten für die relativen Rückstände, für die relative Rückstandssumme M_R/M und für die relative Häufigkeit der Kornklassen erweitert. Diese erhält man, indem man die relativen Rückstände durch die Klassenbreite (Differenz der Maschenweite zweier Siebe) dividiert, was aber nicht für das erste Sieb gemacht werden kann.

Die Bestimmung einer geeigneten Verteilungsfunktion soll hier mit Computer erfolgen, in dem man die Parameter für die Normalverteilung, logarithmische Normalverteilung, RRSB- und GGS-Verteilung aus einem nichtlinearen Fit für die relative Rückstandssumme bestimmt.

Ergebnis:

Siebnummer	Maschenweite d_P [mm]	Rückstände ΔM_i [g]	Relative Rückstände $\Delta M_i/M_{ges}$ [-]	Relative Rückstandssumme M_R/M_{ges} [-]	Relative Häufigkeit der Kornklasse [mm^{-1}]
1	0,71	13,9	0,0278	0,0278	-
2	0,5	71,1	0,1422	0,170	0,677
3	0,355	120,1	0,2402	0,4102	1,657
4	0,25	116,7	0,2334	0,6436	2,222
5	0,18	76,3	0,1526	0,7962	2,180
6	0,125	50,0	0,1000	0,8962	1,818
7	0,071	34,6	0,092	0,9654	1,282
8	0,045	10,3	0,0206	0,986	0,792
Pfanne	0	7,0	0,014	1	0,311

alle Siebe: alle Siebe:

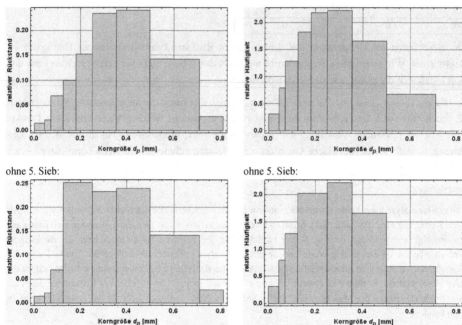

ohne 5. Sieb: ohne 5. Sieb:

Die vorliegende Korngrößenverteilung entspricht einer RRSB-Verteilung.

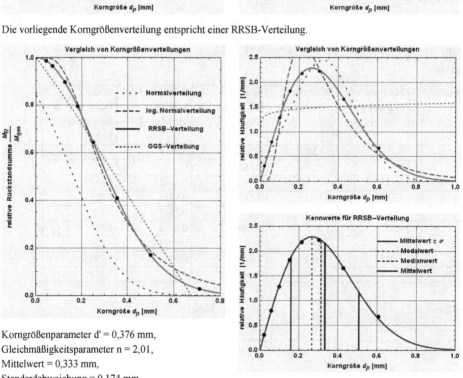

Korngrößenparameter d' = 0,376 mm,
Gleichmäßigkeitsparameter n = 2,01,
Mittelwert = 0,333 mm,
Standardabweichung = 0,174 mm,
Medianwert = 0,313 mm,
Modalwert = 0,267 mm,
Spezifische Oberfläche = 36,6 mm²/mm³,
Sauterdurchmesser = 0,164 mm.

Beispiel 6-6: Siebanalyse: alternative Berechnung des Sauterdurchmessers

Gleiche Daten der Siebanalyse wie in Beispiel 6-5. Der Sauterdurchmesser soll jetzt mit Gleichung (6.8) für verschiedene Formfaktoren berechnet und mit dem Ergebnis des vorhergehenden Beispiels verglichen werden. Der mittlere Korndurchmesser des obersten Siebes soll mit 0,75 mm angenommen werden, für alle anderen Siebe ein arithmetischer Mittelwert.

Des Weiteren soll der Sauterdurchmesser noch als harmonischer Mittelwert berechnet werden:

$$d_{32} = \frac{1}{\sum_i \frac{w_i}{d_i}}, \text{ mit } w_i \text{ als dem Massenanteil der jeweiligen Fraktion.}$$

<u>Lösungshinweis:</u>

Wird in obiger Formel für d_i der aktuelle mittlere Korndurchmesser eingesetzt, so muss anschließend noch durch den Formfaktor dividiert werden, um den Sauterdurchmesser zu erhalten. Alternativ kann gleich ein äquivalenter Kugeldurchmesser eingesetzt werden, indem der Korndurchmesser durch den Formfaktor dividiert wird.

Die Tabelle aus den Angaben in Beispiel 6-5 wird der Reihe nach erweitert um den mittleren Korndurchmesser, einen Äquivalentdurchmesser, das Volumen jeder Fraktion, die Anzahl der Teilchen jeder Fraktion und ggf. noch um die Oberfläche. Die Dichte der Partikel spielt keine Rolle, sie kürzt sich heraus.

<u>Ergebnis:</u>

Falls alle Körner Kugeln sind, würde sich ein Sauterdurchmesser von 0,215 mm ergeben. Da die Körner keine Kugeln sind, weisen sie eine größere spezifische Oberfläche auf und somit einen kleineren Sauterdurchmesser, den man mit 0,215/φ erhält. Für einen Formfaktor von 1,3 erhält man $d_{32} = 0,165$ mm, in guter Übereinstimmung mit dem aus der Verteilungsfunktion berechneten Wert im vorhergehenden Beispiel.

Beispiel 6-7: Tropfenschwarm

Gemessen wurde die folgende Anzahlverteilungssumme $Q_0(x)$ bei der Verdüsung von Wassertröpfchen:

x [μm]	6,0	8,5	12,0	17,0	24,0	34,0	48	65
Q_0 [-]	0,0025	0,026	0,125	0,365	0,680	0,910	0,985	0,998

Die Wassertröpfchen können kugelig angenommen werden, Sphärizität = 1; gesucht sind:

a) die passende Verteilungsfunktion

b) Umrechnung dieser Verteilungsfunktion in die Mengenarten Oberfläche und Volumen

c) für jede Mengenart der Mittel-, Median- und Modalwert, die Standardabweichung, die Schiefe, die spezifische Oberfläche und der Sauterdurchmesser.

<u>Lösungshinweis:</u>

Verteilungsfunktion durch Fitten der Parameter, Umrechnung der Mengenarten entsprechend Gleichung (6.14) und (6.15), statistische Werte aus den Momenten, Medianwert bei 50 % der Summenhäufigkeit, Modalwert aus Maximum der Häufigkeitsverteilung, spezifische Oberfläche aus Gleichungen (6.6) oder (6.7), Sauterdurchmesser aus spezifischer Oberfläche oder harmonischem Mittelwert.

<u>Ergebnis:</u>

Die Daten entsprechen am besten einer logarithmischen Normalverteilung.

	Anzahl	Oberfläche	Volumen

Mittelwert [μm]	21,4	30,6	36,5
Medianwert [μm]	19,6	28,0	33,4
Modalwert [μm]	16,4	23,4	28,0
σ_{ln}	0,42	0,42	0,42
Standardabweichung [μm]	9,4	13,5	16,1
Schiefe	1,4	1,4	1,4
spez. Oberfläche [μm²/μm³]	0,196	0,196	0,196
Sauterdurchmesser [μm]	30,6	30,6	30,6

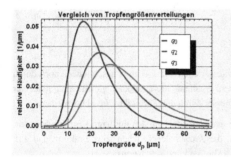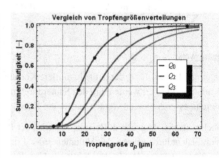

Kommentar:

Der Mittelwert, ebenso wie Median- und Modalwert, werden größer, wenn von Anzahlverteilung auf Oberflächen- und Volumenverteilung gerechnet wird. Es sind aber dieselben Daten in anderer Darstellung, der Parameter σ_{ln} in der logarithmischen Normalverteilung bleibt daher gleich, genauso die Schiefe. Die Verteilung wird aber breiter, weshalb sich die Standardabweichung auch vergrößert. Spezifische Oberfläche und Sauterdurchmesser haben selbstverständlich auch denselben Wert, egal von welcher Mengenart aus gerechnet wird.

Beispiel 6-8: Trenngrad, Sichter [47]

9 t/h Partikel werden in einem Sichter aufgegeben, 5 t/h verlassen ihn auf der Feingutseite. Es wurden folgende Summenhäufigkeiten (r = 3) für Aufgabe und Grobgut bei den angegebenen Korngrößen gemessen:

x [μm]	32	45	63	90	125	180	250
$Q_A(x)$	0,17	0,30	0,44	0,60	0,72	0,82	0,91
$Q_G(x)$	0	0	0,03	0,13	0,36	0,59	0,79

Es ist der Trenngrad zu bestimmen, einmal für die angegebenen Intervalle (Stufentrenngrad), und einmal als kontinuierliche Funktion nach Fitten der Daten für eine geeignete Verteilungsfunktion. Aus der kontinuierlichen Funktion ist auch die Median-Trenngrenze, die Ausgleichstrenngrenze und die Trennschärfe zu bestimmen.

Lösungshinweis:

Trenngrad für die kontinuierliche Funktion nach Gleichung (6.17):

$$TG(x) = \frac{g \cdot q_G(x)}{q_A(x)}$$

Für den Stufentrenngrad im Intervall Δx folgt daraus:

$$TG(\Delta x) = g \cdot \frac{q_G \cdot \Delta x}{q_A \cdot \Delta x} = g \cdot \frac{\Delta Q_G}{\Delta Q_A}$$

Mediantrenngrenze nach (6.18), Ausgleichstrenngrenze nach (6.24), Trennschärfe nach (6.19).

Ergebnis:

Median-Trenngrenze = 94,7 μm,

Ausgleichstrenngrenze = 33,7 μm,

Trennschärfe = 0,60.

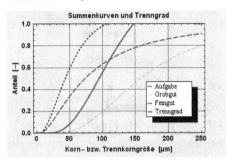

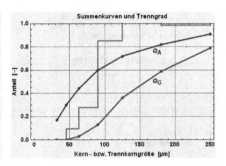

Beispiel 6-9: Trenngradkurve Zyklon [43]

Staubabscheidung in einem Zyklon. Die Staubbeladung des Gases am Eintritt beträgt 10 g/m³ und am Austritt 0,9 g/m³. Es wurden die Partikelgrößenverteilungen im eintretenden und austretenden Gas analysiert; beide Verteilungen entsprechen einer RRSB-Verteilung mit den Kenngrößen n_A = 1,58 und d_A = 35 μm für den Staub am Eintritt (Index A für Aufgabe) und n_F = 1,66 und d_F = 7,09 μm (F für Feingut = austretendes Gas). Gesucht:

- Diagramm für Rückstandssumme Aufgabe-, Fein- und Grobgut und Häufigkeitsverteilung
- Gesamtabscheidegrad,
- Fraktionsabscheidegrad als Trennkurve (einzuzeichnen in Diagramm für Rückstandssummen)
- Trenngrad bei 10 μm
- Berechnung von x_{min} (unterhalb nichts im Grobgut), x_{max} (oberhalb nichts im Feingut)
- Median-Trenngrenze (Trennteilchengröße) und Ausgleichstrenngrenze,
- Trennschärfe als d_{25}/d_{75}.
- Diagramm Fehlaustrag für Grob- und Feingut von 0 bis 20 μm.

Lösungshinweis:

Gesamtabscheidegrad nach Gleichung (6.16),

die Verteilungsfunktion für die fehlende Fraktion (hier Grobgut) berechnet sich aus

$$q_A(x) = g \cdot q_G(x) + f \cdot q_F(x), \quad bzw.$$
$$Q_A(x) = g \cdot Q_G(x) + f \cdot Q_F(x)$$

Trennkurve nach (6.17), x_{min} und x_{max} für TG = 1 bzw. TG = 0

Mediantrenngrenze nach (6.18), Ausgleichstrenngrenze nach (6.24), Trennschärfe nach (6.19).

Ergebnis:

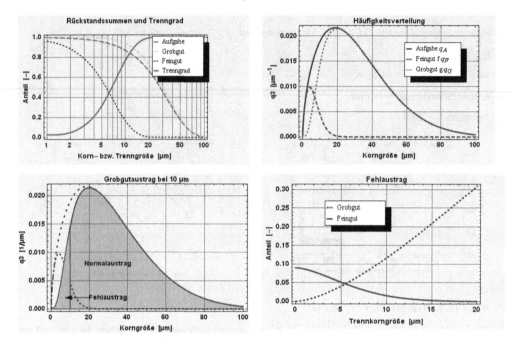

- Gesamtabscheidegrad = 91 %
- Trenngrad bei 10 μm = 76,3 % (76,3 % aller Teilchen größer 10 μm befinden sich im Grobgut)
- $x_{min} \approx 0$ und $x_{max} \approx 20$ (kann bei kontinuierlichen Verteilungsfunktionen wegen der asymptotischen Annäherung nicht genau bestimmt werden)
- Mediantrenngrenze = 6,78 μm
- Ausgleichstrenngrenze = 5,46 μm
- Trennschärfe = 0,448

Der Grobgut-Fehlaustrag steigt mit zunehmender Trennkorngröße x_T, weil sich immer mehr kleinere Partikel als x_T im Grobgut befinden; umgekehrt sinkt der Feingut-Fehlaustrag, da sich immer weniger Teilchen > x_T im Feingut befinden.

Beispiel 6-10: Staubabscheiden [47]

In der Praxis wird oft davon ausgegangen, dass ein Abscheideapparat eine bestimmte und annähernd Aufgabe-unabhängige Trenngradkurve aufweist. Wird eine solche Trenngradkurve als gegeben vorausgesetzt, können alleine aus der Partikelgrößenverteilung des Aufgabegutes alle weiteren Daten berechnet werden.

In folgender Tabelle sind für bestimmte Messpunkte die jeweilige Summenhäufigkeit und der Stufentrenngrad (mittlerer Trenngrad zwischen den Messpunkten) gegeben. Berechne daraus den Gesamtabscheidegrad, die Summenfunktion für das Feingut, die Trennteilchengröße (Median-Trenngrenze) und die Trennschärfe. Diese Berechnungen sollen mit den diskreten Werten sowie mit kontinuierlichen Ausgleichsfunktionen durchgeführt werden.

x_i [μm]	$Q_{A,i}$	TG_i
0,2	0,01	0,56
0,4	0,06	0,71
0,6	0,1	0,79
1,0	0,17	0,85

2,0	0,32	0,92
3,0	0,42	0,97
5,0	0,56	0,99
10,0	0,82	1,0
20,0	1,0	1,0

Lösungshinweis:

Aus dem Trenngrad Gleichung (6.17) erhält man durch Umstellung

$$g \cdot q_G(x)dx \;=\; T(x) \cdot q_A(x)dx.$$

Integration links und rechts über alle Partikelgrößen ergibt den Abscheidegrad g allein aus der Trenngradkurve und der Aufgabeverteilung:

$$g \;=\; \int\limits_0^\infty T(x) \cdot q_A(x)\,dx \quad \left(\text{mit } \int q_G = 1 \right).$$

Entsprechend erhält man den Gesamtabscheidegrad aus diskreten Werten zu

$$g \;=\; \sum_i T_i \cdot q_{A,i} \cdot \Delta x_i \;=\; \sum_i T_i \cdot \Delta Q_{A,i}$$

Ist der Abscheidegrad g nun bekannt, kann die Summenhäufigkeit für das Grobgut und Feingut berechnet werden:

Kontinuierlich:

$$Q_G(x) \;=\; \frac{1}{g} \cdot \int\limits_0^x T(x) \cdot q_A(x)\,dx$$

$$Q_F(x) \;=\; \frac{1}{1-g} \cdot \int\limits_0^x \left(1 - T(x)\right) \cdot q_A(x)\,dx$$

diskret:

$$\Delta Q_G \;=\; \frac{1}{g} \cdot \sum_i T_i \cdot \Delta Q_{A,i}$$

$$\Delta Q_F \;=\; \frac{1}{1-g} \cdot \sum_i \left(1 - T_i\right) \cdot \Delta Q_{A,i}$$

Ergebnis:

Der Gesamtabscheidegrad berechnet sich mit Ausgleichsfunktionen zu g = 92,2 % und mit den diskreten Werten zu 94,6 %. Die Median-Trenngrenze beträgt 0,09 µm, die Trennschärfe 0,11.

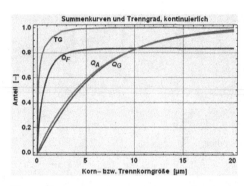

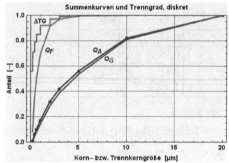

Kommentar:

Im Unterschied zu Klassierapparaten sollten bei Abscheideapparaten möglichst alle Partikel in das Grobgut abgeschieden werden. Dadurch sollte sich ein hoher Gesamtabscheidegrad, nahe aneinander liegende Q_A und Q_G-Kurven, eine niedrige Trenngrenze und schlechte Trennschärfe ergeben, was hier alles zu sehen ist.

Die Q_G-Kurve sollte nahe bei Q_A sein, kann aber niemals darüber liegen. Bei der Auswertung mit diskreten Punkten ist dies auch der Fall. Vorsicht ist aber bei der Auswertung mit Ausgleichskurven geboten. Hier wurde als beste Verteilung eine RRSB-Verteilung bestimmt, die Messpunkte liegen aber nicht genau auf der RRSB-Kurve. Die Ausgleichfunktion kann sich daher in unzulängliche Bereiche erstrecken, wie z. B. Summenfunktion > 1 (Beispiel 6-8), oder wie hier eine Überschneidung der Q_A und Q_G-Kurven. Die weitere Verwendung führt hier zu einer völlig falschen Q_F-Kurve für das Feingut. Diese mündet genau im Schnittpunkt der Q_A- und Q_G-Kurven, wie es auch sein sollte, aber erst beim Wert 1 (im Unendlichen). Wird statt der RRSB-Verteilung die logarithmische Normalverteilung gewählt, ergibt sich ein analoges Bild, der Schnittpunkt liegt aber noch tiefer.

Trotz solcher Unzulänglichkeiten berechnet man aber die charakteristischen Kennwerte am genauesten und einfachsten aus den kontinuierlichen Verteilungskurven.

Beispiel 6-11: Siebklassierung [48]

Bei einer technischen Siebklassierung werden folgende Partikelgrößenverteilungen für das Aufgabe- und Grobgut mittels einer Siebanalyse erhalten, wobei als hypothetisches Sieb Nr.11 noch eine angenommene maximale Partikelgröße von 3 mm eingefügt wurde:

Sieb Nr.	Maschenweite x [mm]	Massenanteile w_A [-]	Massenanteile w_G [-]
1	0	0,131	0
2	0,1	0,182	0,002
3	0,25	0,238	0,005
4	0,63	0,101	0,021
5	0,8	0,038	0,094
6	1,0	0,05	0,141
7	1,25	0,056	0,158
8	1,6	0,068	0,192
9	2	0,081	0,231
10	2,5	0,055	0,156
(11)	(3)	(0)	(0)

Der Grobgutaustrag (Gesamtabscheidegrad) beträgt 0,353. Berechne die Häufigkeits- und Summenfunktionen und die Trenngradkurve mittels diskreter und kontinuierlicher Auswertung.

Lösungshinweis:

Wie in Beispiel 6-10, hier ist aber die Verteilung des Grobgutes gegeben und der Trenngrad gesucht.

Die Massenanteile des Aufgabegutes lassen eine bimodale Verteilung erwarten. Auch wenn das dann doch nicht der Fall ist, kann davon ausgegangen werden, dass keine der bekannten Verteilungsfunktionen diese Partikel gut beschreibt. Die Messdaten sollen daher noch zusätzlich mit Interpolation ausgewertet und verglichen werden.

Ergebnis:

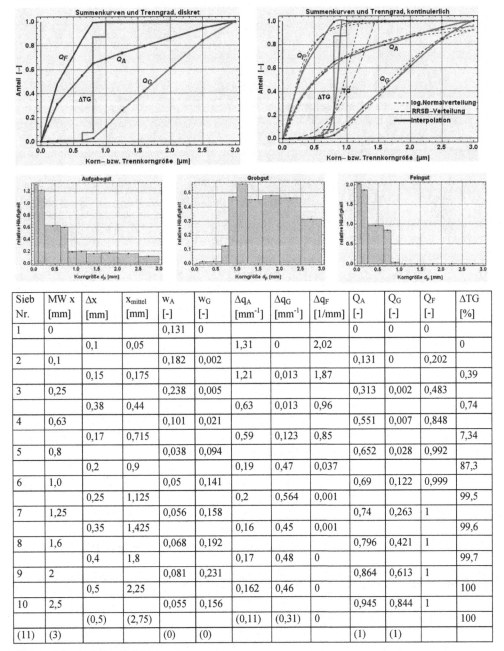

Sieb Nr.	MW x [mm]	Δx [mm]	x_{mittel} [mm]	w_A [-]	w_G [-]	Δq_A [mm⁻¹]	Δq_G [mm⁻¹]	Δq_F [1/mm]	Q_A [-]	Q_G [-]	Q_F [-]	ΔTG [%]
1	0			0,131	0				0	0	0	
		0,1	0,05			1,31	0	2,02				0
2	0,1			0,182	0,002				0,131	0	0,202	
		0,15	0,175			1,21	0,013	1,87				0,39
3	0,25			0,238	0,005				0,313	0,002	0,483	
		0,38	0,44			0,63	0,013	0,96				0,74
4	0,63			0,101	0,021				0,551	0,007	0,848	
		0,17	0,715			0,59	0,123	0,85				7,34
5	0,8			0,038	0,094				0,652	0,028	0,992	
		0,2	0,9			0,19	0,47	0,037				87,3
6	1,0			0,05	0,141				0,69	0,122	0,999	
		0,25	1,125			0,2	0,564	0,001				99,5
7	1,25			0,056	0,158				0,74	0,263	1	
		0,35	1,425			0,16	0,45	0,001				99,6
8	1,6			0,068	0,192				0,796	0,421	1	
		0,4	1,8			0,17	0,48	0				99,7
9	2			0,081	0,231				0,864	0,613	1	
		0,5	2,25			0,162	0,46	0				100
10	2,5			0,055	0,156				0,945	0,844	1	
		(0,5)	(2,75)			(0,11)	(0,31)	0				100
(11)	(3)			(0)	(0)				(1)	(1)		

Werte mit Interpolationsfunktion:

Mittelwerte: Aufgabe: 0,78; Grobgut 1,59; Feingut 0,34 mm

Mediantrenngrenze = 0,86 mm

Ausgleichstrenngrenze =0,34 mm

Trennschärfe = 0,76

7. Partikeltrennverfahren

Es werden die Sedimentation und die Zyklonabscheidung dargestellt. Einige Filtrationsverfahren wurden bereits im Kapitel Druckverlust behandelt.

7.1. Sedimentation

Unter Sedimentation versteht man das Abscheiden von Fest- oder Flüssigkeitsteilchen aus Flüssigkeiten oder Gasen unter dem Einfluss der Schwerkraft. Manchmal wird auch das Aufsteigen spezifisch leichterer Flüssigkeiten (z. B. Ölabscheider) dazugerechnet, das Aufsteigen von Blasen aber nicht. Bei größeren Tropfen und Blasen treten zusätzliche Effekte wie innere Zirkulation und Oszillation auf, die zu einer veränderlichen Teilchenform führen. Bei der Sedimentation werden nur starre Teilchen betrachtet.

Bei der Abscheidung von starren Teilchen in technischen Apparaten handelt es sich meist um eine Vielzahl von Teilchen verschiedener Größe und Form, die sich beim Abscheiden auch gegenseitig beeinflussen. Basis aller Berechnungen ist immer die Sedimentation von starren, kugelförmigen und glatten Einzelteilchen; davon ausgehend können dann Teilchenschwärme unterschiedlicher Größe und Form berechnet werden.

7.1.1. Stationäre Sedimentation kugelförmiger Einzelpartikel

An einem stationär absinkenden Teilchen wirken drei Kräfte:

- Schwerkraft $F_G = M_P \cdot g = \rho_P \cdot V_P \cdot g$

- Auftriebskraft $F_A = M_{fl} \cdot g = \rho_{fl} \cdot V_P \cdot g$

- Widerstandskraft $F_W = c_W \cdot A \cdot \rho_{fl} \cdot w^2/2$

M_{fl} ist die Masse des durch das Partikel verdrängten Fluids, w die Relativgeschwindigkeit zwischen Partikel und Fluid; im ruhenden Medium ist dies die Sink- bzw. Steiggeschwindigkeit w_P des Partikels. Die Widerstandskraft ist dem Widerstandsbeiwert c_W, der Querschnittsfläche A des Teilchens (Schatten- bzw. Spantfläche) und dem Staudruck $\rho_{fl} \cdot w^2/2$ proportional.

Basis für alle Berechnungen ist das 2. Newtonsche Gesetz:

$$M_P \cdot a = \sum_i F_i \qquad (7.1)$$

Die Beschleunigung eines Teilchens $M_P \cdot a$ (Trägheit) ergibt sich aus der Summe aller angreifenden Kräfte. Im stationären Fall erhält man

$$\sum_i F_i = 0 \qquad (7.2)$$

An einem Partikel in einem ruhenden oder bewegten Fluid wirken im stationären Zustand Oberflächenkräfte (Reibung, Auftrieb) und Massenkräfte (Schwerkraft). Trägheitskräfte sind bei instationären Vorgängen von Bedeutung (Kapitel 7.1.4).

Die Widerstandskraft wird vor allem durch den Reibungs- und den Formwiderstand (Ablösung auf der Rückseite) gebildet, welche beide im Widerstandsbeiwert c_W (oder c_D) enthalten sind.

Bei starren, kugelförmigen, glatten Partikeln ist der Widerstandsbeiwert c_W nur von der Partikel-Reynoldszahl abhängig:

$$c_W = f(Re_P), \quad \text{mit} \quad Re_P = \frac{d_P \cdot w}{v_{Fl}} = \frac{d_P \cdot w \cdot \rho_{Fl}}{\eta_{Fl}}$$

Als Grenzwert für die rein laminare Umströmung eines Partikels werden in der Literatur Re-Zahlen zwischen 0,2 und 2 angegeben. Unterhalb dieses Bereiches gilt:

$$c_W = \frac{24}{Re_P} \tag{7.3}$$

In die Widerstandkraft F_W eingesetzt, erhält man mit der Spantfläche $d^2\pi/4$ folgenden Ausdruck für die Widerstandskraft im laminaren Bereich (Stokessches Reibungsgesetz):

$$F_W = 3\pi \cdot \eta_{fl} \cdot d_P \cdot w \tag{7.4}$$

Durch Gleichsetzen aller Kräfte und Auflösen nach w erhält man die Sink- bzw. Steiggeschwindigkeit der Teilchen im laminaren Bereich (Stokessche Sinkgeschwindigkeit):

$$w = \frac{d_P^2 \cdot g \cdot (\rho_P - \rho_{fl})}{18\eta} \tag{7.5}$$

Die Bedingungen für den laminaren Bereich sind in der Praxis nur bei der Abscheidung von Teilchen mit einem Durchmesser von ungefähr $d_P < 100$ µm erfüllt, Beispiel 7-1.

Bei der Abscheidung von Partikeln größer als 50-100 µm muss berücksichtigt werden, dass keine laminare Umströmung mehr vorliegt. An den laminaren Bereich schließt sich ein Übergangsbereich an, welcher ab einer Re-Zahl von ca. 1000 in einer turbulenten Umströmung endet. Auch bei der turbulenten Umströmung bleibt eine laminare Unterschicht, welche erst bei sehr hohen Re-Zahlen von $> 3 \cdot 10^5$ durchbrochen wird. Dieser Bereich wird nicht betrachtet.

Zur Berechnung des c_W-Wertes finden sich in der Literatur viele Gleichungen, welche in einzelne Bereiche unterteilt sein können oder den ganzen Bereich in einer Gleichung berücksichtigen, z. B. (Beispiel 7-2):

Gleichung von Martin (in [43]) für $0 < Re_P < 10^4$:

$$c_W = \frac{1}{3} \cdot \left(\sqrt{\frac{72}{Re_P}} + 1 \right)^2 \tag{7.6}$$

Weitere Gleichungen, zitiert in [49]:

c_W-Werte in verschiedenen Bereichen: $\hphantom{aaaaaaaaaaaaaaaaaaaaaaaaaaaaaaaaa}$ (7.7)

Re	c_W
0 - 0,5	$\dfrac{24}{Re}$
0,5 - 10,1	$\dfrac{27}{Re^{0,8}}$
10,1 - 122,6	$\dfrac{17}{Re^{0,6}}$
122,6 - 984,5	$\dfrac{6,5}{Re^{0,4}}$
> 984,5	0,44

$$c_W = \frac{24}{Re} + \frac{4}{\sqrt{Re}} + 0,4 \tag{7.8}$$

$$c_W = \frac{24}{Re} + \frac{3,73}{\sqrt{Re}} - \frac{4,83 \cdot 10^{-3} \cdot \sqrt{Re}}{1 + 3 \cdot 10^{-6} \cdot Re^{2/3}} + 0,49 \tag{7.9}$$

Gleichungen (7.8) und (7.9) sind bis $Re = 2 \cdot 10^5$ gültig

Analog dem laminaren Fall erhält man die stationäre Sinkgeschwindigkeit für den allgemeinen Fall durch das Kräftegleichgewicht und Lösen nach der Geschwindigkeit w. Man erhält damit:

$$w = \sqrt{\frac{4 \cdot d_P \cdot g \cdot (|\rho_P - \rho_{Fl}|)}{3 \cdot c_W \cdot \rho_{Fl}}} \tag{7.10}$$

Diese Gleichung musste früher iterativ gelöst werden, da im c_W-Wert die Re-Zahl und damit die gesuchte Sinkgeschwindigkeit w enthalten ist. Mit den heutigen Computeralgebraprogrammen kann diese Gleichung aber sofort numerisch ausgewertet werden; mit Beziehungen für den gesamten Bereich, wie der Martin-Gleichung ist auch eine analytische Lösung möglich, Beispiel 7-3.

Eine andere Lösungsmöglichkeit ist die Berechnung über die Archimedes-Zahl Ar (Beispiel 7-3) und die Ljatschenko-Zahl La.

$$Ar = \frac{d_P^3 \cdot g}{v_{Fl}^2} \cdot \frac{\Delta\rho}{\rho_{Fl}} = \frac{3}{4} \cdot c_W \cdot Re^2 \tag{7.11}$$

$$La = \frac{w^3}{\Delta\rho \cdot g \cdot v_f} = \frac{4\,Re}{3\,c_W} \tag{7.12}$$

Beide Kennzahlen sind Funktionen der Re-Zahl und des Widerstandsbeiwertes c_W. Die Ar-Zahl ist aber nur eine Funktion des Partikeldurchmessers, während die La-Zahl nur eine Funktion der Partikelgeschwindigkeit ist. Beide gelten auch nur im Übergangsbereich, man kann aber damit die Grenzen zum laminaren und turbulenten Bereich bestimmen. Werden als Grenzen $Re < 1$ für den laminaren und $Re > 1000$ für den turbulenten Bereich angenommen, ergeben sich folgende Grenzen für die Ar- und La-Zahl:

- laminar: $Ar < 18$, $La < 0,055$

- turbulent: $Ar > 3,2 \cdot 10^5$, $La > 3180$

Man kann auch die verschiedenen Bereiche nach Gleichung (7.7) mit der Ar- und La-Zahl erweitern:

Re	c_W	Ar	La
0 - 0,5	$\frac{24}{Re}$	0 - 9	0 - 0,014
0,5 - 10,1	$\frac{27}{Re^{0,8}}$	9 - 324,8	0,014 - 3,17
10,1 - 122,6	$\frac{17}{Re^{0,6}}$	324,8 - 10700	3,17 - 172,2
122,6 - 984,5	$\frac{6,5}{Re^{0,4}}$	10700 - $3,2 \cdot 10^5$	172,2 - 3180
> 984,5	0,44	> $3,2 \cdot 10^5$	> 3180

$$\text{(7.13)}$$

7.1.2. Stationäre Sinkgeschwindigkeit von nicht kugelförmigen Partikeln und Partikelschwärmen

Nicht kugelförmigen Teilchen haben bei gleichem Volumen immer mehr Oberfläche als kugelige Teilchen, weshalb schon allein die Reibungskraft größer ist. Der Gesamtwiderstand nicht kugeliger Teilchen ist jedenfalls immer größer als bei kugelförmigen Teilchen und die Sedimentationsgeschwindigkeit daher kleiner. Oft wird dies durch einen Formfaktor ϕ_W (Wadell-Sphärizität, s. Kapitel 6.1.2) berücksichtigt, so dass gilt:

$$w_{\text{nicht kugelig}} = w_{\text{kugelig}} \cdot \phi_W$$

Tabelle 7-1 enthält einige experimentell ermittelte Formfaktoren in Abhängigkeit der Archimedes-Zahl.

Tabelle 7-1: Formfaktor ϕ_W zur Ermittlung der Sinkgeschwindigkeit nichtkugeliger Teilchen

Ar-Zahl	kugelig	abgerundet	eckig	länglich	flach
15300	1	0,81	0,68	0,61	0,45
19100	1	0,80	0,68	0,60	0,44
38200	1	0,79	0,67	0,59	0,43
95600	1	0,76	0,65	0,56	0,42
191000	1	0,75	0,64	0,56	0,41
382000	1	0,74	0,63	0,55	0,39

Die gegenseitige Beeinflussung von Partikeln bei der Sedimentation kann sehr unterschiedlich sein. Bei sehr geringen Teilchenkonzentrationen kann es zu einer Beschleunigung kommen, da einzelne Teilchen in den Nachlauf von anderen Teilchen gelangen, diese einholen und dann wie ein Teilchen mit größerer Masse sinken.

In der Praxis ist aber der Fall höherer Teilchenkonzentrationen wichtig. Diese werden dann durch die Aufwärtsbewegung der verdrängten Flüssigkeit gebremst, so dass es insgesamt zu einer Verlangsamung des Sedimentationsvorganges kommt. Es gibt verschiedene empirische Ansätze zur Beschreibung des Sinkverhaltens eines Partikelschwarms. Am bekanntesten ist die Richardson-Zaki-Gleichung:

$$w_{\text{Schwarm}} = w_{\text{Einzelpartikel}} \cdot \left(1 - c_V\right)^{\alpha(\text{Re}_P)} \tag{7.14}$$

c_V ist die Volumenkonzentration der Teilchen und $\alpha(\text{Re}_P)$ ein von der Partikel-Reynolds-Zahl abhängiger Exponent mit den Grenzen $\alpha = 4{,}65$ für den laminaren und 2,4 für den turbulenten Bereich.

In Beispiel 7-7 sind verschiedene Ansätze zur Berechnung der Schwarmgeschwindigkeit verglichen.

7.1.3. Auslegung Sedimentationsbecken

Per Definition gilt ein Teilchen als abgeschieden, wenn es am Ende des Sedimentationsbeckens am Boden ankommt; es muss also so lange im Becken bleiben, wie es zum Absetzen braucht. Für ein rechteckiges Absetzbecken mit der Länge L, der Breite B und der Tiefe H gilt:

Verweilzeit $\geq$ Absetzzeit

$$\frac{L}{w_0} \geq \frac{H}{w_K} \tag{7.15}$$

mit

w_0 = horizontale Strömungsgeschwindigkeit des Fluids

w_K = Sinkgeschwindigkeit der Teilchen im Kollektiv

Aus Gleichung (7.15) folgt weiter:

$$\frac{B \cdot H \cdot L}{\dot{V}} = \frac{H}{w_K} \quad \Rightarrow \quad \dot{V} = B \cdot L \cdot w_K \tag{7.16}$$

Die Sinkgeschwindigkeit des Kollektivs entspricht somit genau der spezifischen Strömungsgeschwindigkeit $\dot{V}/(B \cdot L)$, welche auch Oberflächenbeschickung (overflow rate) oder Trennflächenbelastung genannt wird.

Gleichung (7.16) ist als Oberflächensatz bekannt und bedeutet, dass die Sedimentation von Partikeln in einem bestimmten Volumenstrom nur von der Sinkgeschwindigkeit des Teilchenkollektivs und der Oberfläche $B \cdot L$ abhängig ist, nicht jedoch von der Tiefe des Beckens.

In einem halb so tiefen Becken ist zwar die Absetzzeit nur halb so groß, wegen der doppelten Strömungsgeschwindigkeit nimmt aber auch die Verweilzeit auf die Hälfte ab.

Die Tiefe des Beckens wird nach praktischen Gesichtspunkten gewählt. Jedenfalls müssen bei der praktischen Auslegung Kurzschlussströmungen, Thermokonvektion oder vom Wind verursachte Umlaufströmungen berücksichtigt werden. Dies kann mit einem hydraulischen Wirkungsgrad η_h erfolgen, oder mit einer kritischen Re-Zahl, die nicht überschritten werden soll.

In der Praxis geht man bei der Auslegung eines Sedimentationsbeckens immer von Versuchen aus, in denen die Sinkgeschwindigkeit für einen Anteil der Teilchen bestimmt wird, denen man dann einen äquivalenten Durchmesser zuordnen kann. Dieser gilt dann für die realen Teilchen und enthält Form, Konzentration und auch die instationären Anlaufvorgänge.

Die Vorgangsweise wird in Beispiel 7-4 und Beispiel 7-5 demonstriert.

7.1.3.1. *Flockende Suspension*

Bei einigen Suspensionen, wie z. B. Klärschlämmen oder nach Zusatz von Flockungshilfsmitteln, kommt es während des Sedimentationsvorganges zur einer Flockenbildung, d. h. die einzelnen Partikel lagern sich zu Flocken zusammen, wodurch der Sedimentationsvorgang beschleunigt wird. Es sind keine Berechnungsansätze bekannt, es muss auf Laborversuche zurückgegriffen werden.

Im Unterschied zu den Versuchen mit nicht flockenden Suspensionen (Beispiel 7-4), wird die Sinkgeschwindigkeit für den entsprechenden Massenanteil auf mehreren Ebenen bestimmt, siehe Beispiel 7-6.

7.1.4. Instationäre Sedimentation

Bei der instationären Sedimentation muss im Kräftegleichgewicht noch die Trägheitskraft $M \cdot a$ berücksichtigt werden[19], wobei die Beschleunigung a durch die Änderung der Relativgeschwindigkeit mit der Zeit gegeben ist.

---

[19] Weitere Kräfte betreffen die Beschleunigung des Fluides durch das sich bewegende Partikel und das Geschwindigkeitsfeld um das beschleunigte Partikel, welches von der vorhergehenden Position des Partikels abhängt (Basset history time). Diese Kräfte müssen manchmal bei der Bewegung von Partikeln in Wasser berücksichtigt werden.

Die Trägheitskraft spielt bei Anlaufvorgängen eine Rolle, ist aber oft zu vernachlässigen. Bei aufwärts gerichteten Sprühvorgängen ändern die Tropfen ihre Richtung, die Trägheitskraft ist dann von großer Bedeutung (Beispiel 7-13).

Das Kräftegleichgewicht lautet nun:

$$\text{Schwerkraft} - \text{Auftriebskraft} \;=\; \text{Widerstandskraft} \;+\; \text{Trägheitskraft}$$

$$\frac{d_P^3 \cdot \pi}{6} \cdot (\rho_P - \rho_{fl}) \cdot g \;=\; c_W \cdot \frac{d_P^2 \cdot \pi}{4} \cdot \frac{\rho_{fl}}{2} \cdot w(t)^2 \;+\; \frac{d_P^3 \cdot \pi}{6} \cdot \rho_P \cdot \frac{d\,w(t)}{d\,t} \tag{7.17}$$

Diese Differentialgleichung ist mit den Formeln (7.6) bis (7.9) und mit (7.7) im Übergangsbereich nur numerisch lösbar (Beispiel 7-13). Wie in Beispiel 7-12 gezeigt wird, spielen die instationären Vorgänge in der Beschleunigungsphase nur bei großen bzw. schweren Teilchen und bei kurzen Absetzwegen eine Rolle. Bei den meisten praktischen Sedimentationsvorgängen sind sie zu vernachlässigen.

7.2. Partikelabscheidung im Zyklon

Der Aufbau und Druckverlust eines Zyklons wurde bereits in Kapitel 5 behandelt. Hier soll die Partikeltrennung (Trennkorngröße) untersucht werden. Es gibt mehrere Berechnungsansätze, für alle ist der gedachte Zylinder der Verlängerung des Tauchrohres (Radius r_i, Höhe z_i, Abbildung 5-16) entscheidend.

Zu einer einfachen Berechnung gelangt man, wenn man die Umfangsgeschwindigkeit u an diesem gedachten Zylinder mit einer um den Faktor m korrigierten Potentialströmung berechnet. Es gilt dann

$$u \cdot r^m = \text{konstant} \tag{7.18}$$

und daraus

$$u_i \;=\; u_e \left(\frac{r_e}{r_i} \right)^m \tag{7.19}$$

Geht man davon aus, dass die Trennteilchengröße < ca. 50 µm ist und somit laminare Verhältnisse vorliegen, kann die Formel für die Stokessche Sinkgeschwindigkeit, Gleichung (7.5), herangezogen werden, indem die Erdbeschleunigung g durch die Zentrifugalbeschleunigung $r \cdot \omega^2$ ersetzt wird:

$$w \;=\; \frac{d_P^2 \cdot r \cdot \omega^2 \cdot (\rho_P - \rho_{Fl})}{18\eta} \tag{7.20}$$

bzw. umgeformt für den Teilchendurchmesser:

$$d_P \;=\; \sqrt{\frac{w \cdot 18\eta}{r \cdot \omega^2 \cdot (\rho_P - \rho_{fl})}} \tag{7.21}$$

Beim Zyklon entspricht die Sinkgeschwindigkeit w der Radialgeschwindigkeit w_{ri} am gedachten Zylindermantel bei $r = r_i$. Partikel mit der Trennkorngröße d_T werden an der Stelle $r = r_i$ in Schwebe gehalten. Größere Teilchen werden durch die Zentrifugalkraft $M \cdot r \cdot \omega^2$ in den Außenraum befördert, kleinere Teilchen werden mit der Axialströmung bei $r < r_i$ durch das Tauchrohr ausgetragen. Berücksichtigt man noch, dass bei tangentialem Einlass die Eintrittsgeschwindigkeit w_e gleich der Umfangsgeschwindigkeit u_e entspricht, kann Gleichung (7.21) ausgewertet werden. Mit

$$w_{ri} = \frac{\dot{V}}{2\pi \cdot r_i \cdot z_i},$$

$$\omega = \frac{u_i}{r_i},$$

und u_i nach Gleichung (7.19),

$$u = w = \frac{\dot{V}}{A},$$

erhält man für den Trennteilchendurchmesser

$$d_T = \sqrt{\frac{9\eta \cdot A_e^2}{\pi \cdot z_i \cdot \Delta\rho \cdot \dot{V}}} \cdot \left(\frac{r_i}{r_e}\right)^m \qquad (7.22)$$

Beispiel 7-15 berechnet den Trennteilchendurchmesser nach dieser Methode und vergleicht d_T und Δp für variable r_i.

Für eine genauere Berechnung wird die innere Umfangsgeschwindigkeit nicht nach Gleichung (7.19) mit dem Parameter m berechnet, sondern mit

$$u_i = \frac{u_a \cdot \dfrac{r_a}{r_i}}{1 + \dfrac{\lambda_s}{2} \cdot \dfrac{A_R}{\dot{V}} \cdot u_a \cdot \sqrt{\dfrac{r_a}{r_i}}}, \qquad (7.23)$$

wie im Kapitel 5 Druckverlust abgeleitet wurde.

Des Weiteren wird die gesamte Strömung oft aufgeteilt in eine Hauptströmung (ca. 90 %) und eine Sekundärströmung, welche als Kurzschlussströmung von der Aufgabe über die Deckelschicht dem Tauchrohr entlang direkt in die Tauchrohröffnung fließt. Hierfür ergibt sich eine mittlere Umfangsgeschwindigkeit von etwa 2/3 u_i. Damit erhält man für die Hauptströmung

$$d_T = \sqrt{\frac{9\eta \cdot 0{,}9\dot{V}}{\pi \cdot z_i \cdot u_i^2 \cdot \Delta\rho \cdot \dot{V}}}, \qquad (7.24)$$

und für die Sekundärströmung

$$d_T = \sqrt{\frac{9\eta \cdot 0{,}1\dot{V}}{\pi \cdot h_T \cdot \left(2/3u_i^2\right) \cdot \Delta\rho \cdot \dot{V}}}, \qquad (7.25)$$

wobei h_T der Höhe des Tauchrohres entspricht.

Beide Trennkorngrößen sollten gleich groß sein, was durch optimale Wahl der Tauchrohrlänge erreicht werden kann, Beispiel 7-16.

7.3. Beispiele:

Beispiel 7-1: Sedimentation 1: maximaler Partikeldurchmesser für laminaren Bereich

Es ist die maximale Teilchengröße zu bestimmen, für welche bei der stationären Sedimentation die Annahme einer laminaren Umströmung noch zutreffend ist.

Folgende Systeme sollen untersucht werden:

- Quarz (ρ = 2640 kg/m³) in Luft und Wasser
- Eisen (ρ = 7870 kg/m³) in Luft und Wasser
- Wassertropfen (ρ = 1000 kg/m³) in Luft (ρ = 1,3 kg/m³)

Annahmen: Quarz- und Eisenteilchen sind kugelförmig; Wassertropfen ist starr. Viskosität von Wasser: $\eta_W = 1{,}0 \cdot 10^{-3}$ Pa·s, von Luft: $\eta_L = 20{,}0 \cdot 10^{-6}$ Pa·s.

Lösungshinweis:

Als kritische Reynolds-Zahl wird 1 angenommen. In diese Reynolds-Zahl wird für w die Stokessche Sinkgeschwindigkeit eingesetzt und der Durchmesser ausgerechnet.

Ergebnis:

Quarz in Luft: d = 60 µm
Quarz in Wasser: d = 104 µm
Eisen in Luft: d = 42 µm
Eisen in Wasser: d = 64 µm
Wassertropfen in Luft: d = 83 µm

Beispiel 7-2: Sedimentation 2: c_W-Wert bei der Umströmung von kugelförmigen Partikeln

Stelle die c_W-Werte nach den Gleichungen (7.6) bis (7.7) grafisch dar.

Ergebnis:

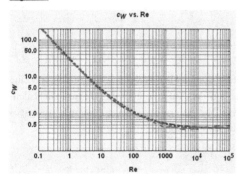

Kommentar:

Alle Formeln sind praktisch gleichwertig; nur bei der abschnittsweisen Berechnung gibt es eine kleine Unstetigkeitsstelle im Übergang zum voll turbulenten Bereich

Beispiel 7-3: Sedimentation 3: stationäre Sinkgeschwindigkeit von Quarz

Berechne die stationäre Sinkgeschwindigkeit eines kugelförmigen Quarzpartikels (ρ = 2650 kg/m³) mit einem Durchmesser von d_P = 0,5 mm in Luft (ρ_L = 1,2 kg/m³, ν = 18·10⁻⁶ m²/s) und in ruhendem Wasser (ρ_W = 1000 kg/m³, ν = 10⁻⁶ m²/s). Welche Re-Zahlen ergeben sich unter diesen Bedingungen?

Die Berechnung soll mit den Beziehungen für den c_W-Wert, Gleichungen (7.6) bis (7.9) auf drei verschiedene Arten erfolgen:

a) direktes Lösen von Gleichung (7.10)
b) iterativ
c) über die Archimedes-Zahl, Gleichung (7.13)

Ergebnis:

Die Re-Zahl bei der Sedimentation eines kugelförmigen Quarzkorns mit 0,5 mm Durchmesser beträgt in Luft Re $\approx$ 90 und in Wasser Re $\approx$ 1,8.

Sinkgeschwindigkeiten in m/s:

	Quarz in Luft	Quarz in Wasser
Gleichung (7.6)	3,548	0,0756
Gleichung (7.8)	3,760	0,0818
Gleichung (7.9)	3,727	0,0812
Gleichung (7.7)	3,698	0,0746

Beispiel 7-4: Sedimentation 4: Abscheidung einer nicht flockenden Suspension [12]

Das Absetzverhalten einer Suspension mit nicht flockenden Partikeln verschiedener Größe wird in einer Laborkolonne unter ruhenden Bedingungen untersucht. Die Kolonne wird mit der Suspension gefüllt, in 1,5 m Tiefe werden zu verschiedenen Zeiten Proben genommen und der Massenanteil der verbleibenden Partikel gemessen (= gemessene Partikelkonzentration zu Anfangskonzentration).

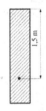

Absetzzeit [min]	Verbleibender Massenanteil
5	0,96
10	0,81
15	0,62
20	0,46
30	0,23
60	0,06

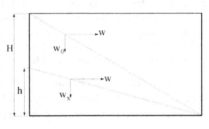

Aus diesen gemessenen Daten soll die Abscheidung der Partikel in einem idealen Rechteckbecken für einen spezifischen Abwasserfluss von $w_0 = 1{,}4 \cdot 10^{-3} \dfrac{m^3 \text{ Abwasser}}{m^2 \text{ Oberfläche} \cdot s}$ berechnet werden.

Lösungshinweis:

Ein Teilchen gilt als abgeschieden, wenn es spätestens am Ende des Sedimentationsbeckens am Boden auftrifft. Das ist genau dann der Fall, wenn die Sinkgeschwindigkeit der Teilchen genau dem spezifischen Abwasserfluss w_0 (Oberflächenbeschickung, overflow rate) entspricht. Teilchen mit größerer Sinkgeschwindigkeit erreichen diesen Punkt immer und werden vollständig abgeschieden. Teilchen mit geringerer Sedimentationsgeschwindigkeit erreichen diesen Punkt nur, wenn sie sich am Einlass des Beckens bereits in entsprechend niedrigerer Höhe befinden. Wie aus der Abbildung ersichtlich ist, ist der Anteil F_x der Teilchen, welche mit einer Sinkgeschwindigkeit $w_x < w_0$ noch abgeschieden werden, gegeben durch

$$F_x = \frac{h}{H} = \frac{w_x \cdot t_0}{w_0 \cdot t_0} = \frac{w_x}{w_0}$$

Die w_x werden für jeden Messpunkt berechnet und daraus ein Diagramm erstellt, welches zu jeder Geschwindigkeit den Anteil mit größerer bzw. kleinerer Sinkgeschwindigkeit darstellt. w_0 ist gegeben, aus dem Diagramm berechnet man den Anteil f_r der Teilchen mit einer kleinerer Sinkgeschwindigkeit, welche nicht vollständig abgetrennt werden. Der Anteil $f_0 = 1 - f_r$ hat eine größere Sinkgeschwindigkeit und wird vollständig abgeschieden.

Vom Anteil f_r wird aber abhängig von den Sinkgeschwindigkeiten noch ein Teil abgeschieden. Innerhalb der Fläche $f_r \cdot w_0$ ist dies dann die Fläche oberhalb der Kurve. Dieser Teil f_a ist gegeben durch:

$$f_a = \frac{1}{w_0} \cdot \int_0^{f_r} w_x \, df \qquad (7.26)$$

Der insgesamt abgeschiedene Anteil ist dann $f_0 + f_a$

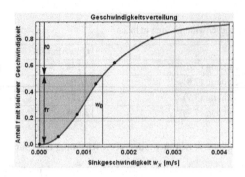

Ergebnis:

- vollständig abgeschiedener Anteil $f_0 = 1 - f_r = 0{,}475$

- nicht vollständig abgeschiedener Anteil $f_r = 0{,}525$

    davon abgeschiedener Anteil $= 0{,}614$;
    $f_a = 0{,}614 \cdot f_r = 0{,}322$

- insgesamt abgeschiedener Anteil $f_0 + f_a = 0{,}798$

Kommentar:

Nach dem Oberflächensatz, Gleichung (7.16), muss der spezifische Abwasserfluss (Oberflächenbeschickung) genau der Sinkgeschwindigkeit der zu sedimentierenden Teilchen entsprechen. Die Messpunkte in obiger Abbildung geben die Sinkgeschwindigkeit eines entsprechenden Massenanteiles der Suspension an und charakterisieren das Sedimentationsverhalten dieser Suspension. Auf der Abszisse ist aber die Oberflächenbeschickung aufgetragen, da dies der variable Parameter ist, nach welchem ein Sedimentationsbecken auszulegen ist.

Beispiel 7-5: Sedimentation 5: Auslegung eines Klärbeckens

Zur Abscheidung der Partikel nach Beispiel 7-4 soll ein Klärbecken ausgelegt werden. Der Abwasserdurchsatz betrage 10 m³/h, das Verhältnis Breite zu Höhe des Beckens soll 2:1 sein. Das Becken soll so ausgelegt werden, dass die Re-Zahl der Strömung (Kanalströmung) 4000 nicht überschreitet.

Zur Berechnung der Dimensionen des Beckens ist die Sinkgeschwindigkeit erforderlich. Es soll dafür jene Sinkgeschwindigkeit (für einen äquivalenten Teilchendurchmesser) herangezogen werden, bei welcher ca. 85 Ma.% der Teilchen abgetrennt werden können.

Berechne die Dimensionen des Sedimentationsbeckens, wobei für die Schlammdicke noch 30 cm und für den Ein- und Auslauf noch je 10 % der Länge dazuzurechnen sind.

Lösungshinweis:

Zunächst muss der spezifische Abwasserfluss (= Oberflächenbeschickung, = Sinkgeschwindigkeit w_p für äquivalenten Teilchendurchmesser) bestimmt werden, bei welchem 85 % der Teilchen abgeschieden werden. Dies kann grafisch durch Variation von f_r erfolgen. Mit dem Computer kann f_r direkt aus der Gleichung

$$0{,}85 = (1 - f_r) + f_r \cdot f_a$$

berechnet werden, wobei für f_a Gleichung (7.26) einzusetzen ist.

Die Höhe und die Breite des Beckens erhält man aus der zulässigen Re-Zahl. Die Re-Zahl für eine Kanalströmung ist mit dem hydraulischen Durchmesser (d_h = 4 Querschnittsfläche/benetzter Umfang) zu bilden. Die Länge des Beckens erhält man schließlich aus dem Oberflächensatz.

Ergebnis:

Oberflächenbeschickung $w_{0{,}85} = 9{,}5 \cdot 10^{-4}$ m³/(m²·s)
Länge = 2,5 m;   Breite = 1,4 m;   Höhe = 1,0 m (inklusive Schlammdicke)

Beispiel 7-6: Sedimentation 6: Abscheidung einer flockenden Suspension [12]

Das Absetzverhalten eines Klärschlamms wird in einer Testapparatur untersucht. Zu verschiedenen Zeiten werden in unterschiedlichen Höhen Proben genommen und der Prozentsatz des bereits abgesetzten Schlammes bestimmt.

	Abgesetzter Anteil [%]		
Zeit [min]	0,6 m	1,2 m	1,8 m
10	22	14	12
20	37	29	26
30	49	38	36
40	58	49	43
60	71	60	55
80	74	68	63

Zu bestimmen ist der Anteil des abgeschiedenen Schlammes in einem Becken mit 1,8m Tiefe und einer Verweilzeit von 50 min.

Lösungshinweis:

Flockulierende Partikel aggregieren während der Sedimentation, wodurch die Sinkgeschwindigkeit zunimmt. Der abgeschiedene Anteil ist dann nicht mehr nur eine Funktion des spezifischen Abwasserdurchsatzes wie bei nicht flockenden Partikeln, sondern auch der Partikelverweilzeit.

Durch Interpolation der Datenpunkte werden die Funktionen Abtrennleistung vs. Höhe ermittelt. Für die vorgegebene Zeit kann dann die Höhe ermittelt werden, in der 40, 50, 60 etc. % vollständig abgeschieden werden. Geht beispielsweise die 50 %-Kurve genau durch den gegebenen Punkt von 50 min und 1,8 m Tiefe, bedeutet dies, dass 50 % des Schlammes in diesem Punkt vollständig abgesetzt sind; die anderen 50% sind noch nicht vollständig abgesetzt, sondern nur zum Teil. Oder anders ausgedrückt, Teilchen, die nach 50 min 1,8 m Tiefe erreichen, werden vollständig abgetrennt, Teilchen mit geringerer Sinkgeschwindigkeit nur zum Teil. Dieser Teil wird durch Interpolation zwischen den Höhen zu der vorgegebenen Zeit bestimmt. Wie bei nichtflockenden Suspensionen gilt wieder:

$$\frac{w}{w_0} = \frac{h}{h_0}$$

h_0 ist 1,8 m; w_0 für 50 min ist 1,8/50 = 0,037 m/min. Ist die Tiefe, in der 60 % der Teilchen abgeschieden werden, h_{60}, so ist die durchschnittliche Tiefe, in der die Teilchen zwischen 50 und 60 % abgeschieden werden $(h_{60}+h_0)/2$. Diese Teilchen haben dann eine durchschnittliche Sinkgeschwindigkeit von $w = w_0 \cdot \frac{(h_{60}+h_0)/2}{h_0}$.

Der Anteil der Teilchen (an der Gesamtabscheidung) der mit dieser durchschnittlichen Geschwindigkeit noch abgeschieden wird, ist dann $\frac{(h_{60}+h_0)/2}{h_0}$ (60 % - 50 %).

Ergebnis:

Die gesamte Abscheidung des Schlammes in 1,8 m Tiefe nach 50 Minuten beträgt 64,14 %.

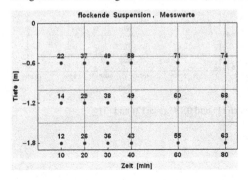

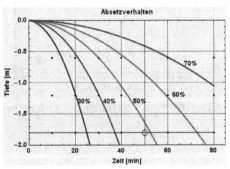

Beispiel 7-7: Sedimentation 7: Sinkgeschwindigkeit eines Partikelschwarms

Es sollen drei Gleichungen zur Berechnung von Schwarmgeschwindigkeiten verglichen werden:

(1) $w_{Schwarm} = w_{Einzelpartikel} \cdot (1 - c_V)^{\alpha(Re_P)}$ (Richardson-Zaki, in [50])

(2) $w_{Schwarm} = w_{Einzelpartikel} \cdot \dfrac{1 - c_V}{1 + 4,5 c_V}$ (unbekannte Quelle)

(3) $w_{Schwarm} = w_{Einzelpartikel} \cdot \left[1 - c_V^{(2/3) \cdot (1+Dg)}\right]^{1,75(1+4/3Dg)^2}$ (nach Zehner in [43])

mit c_V = Volumenanteil; α = 4,65 für Re < 1 bzw. 2,4 für Re > 1000 und $4,65 - \dfrac{(4,65 - 2,4) \cdot Re}{1000}$ im

Übergangsbereich; $Dg = \dfrac{1}{2 + \sqrt{Re_P/2}}$

A) es soll die relative Schwarmgeschwindigkeit (zur Sinkgeschwindigkeit Einzelpartikel) für die drei Gleichungen grafisch dargestellt werden; einmal bei Re_P = 1 für c_V von 0,01 bis 0,3 und einmal bei c_V = 0,1 von Re_P = 0,1 bis 10^4.

B) In einer Suspension befinden sich kugelförmige Teilchen gleicher Größe mit d = 0,03 mm und ρ = 1370 kg/m³. Die Feststoffbeladung der Suspension beträgt X = 0,08. Die kontinuierliche Phase ist Wasser (ρ = 1000 kg/m³, η = 1 mPa·s). Wie groß sind die Re-Zahl, die Sinkgeschwindigkeit eines Partikels und die Schwarmgeschwindigkeit nach den drei Gleichungen.

Lösungshinweis:

Feststoffbeladung X muss in Volumenanteil c_V umgerechnet werden: $c_V = \dfrac{X}{X + \dfrac{\rho_P}{\rho_W}}$.

Sinkgeschwindigkeit Einzelpartikel direkt nach Gleichung (7.10), wobei für den c_W-Wert die Gleichung von Martin (7.6) verwendet wird.

Ergebnis:

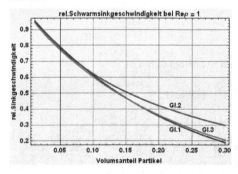
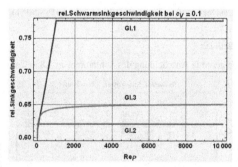

B) Re_P = 0,00535; w_P = 0,178 mm/s; w_{sch} = 0,137 m/s nach (1) und 0,135 nach (2) und (3).

Beispiel 7-8: Zentrifuge 1: Schleuderzahl

Stelle die Sinkgeschwindigkeit von kugelförmigen Quarzsandpartikel (ρ = 2650 kg/m³) in Wasser für Schleuderzahlen z (= Vielfaches der Erdbeschleunigung g) von 1, 10, 100, 1000 im Bereich von ca. 1 µm bis 10 mm grafisch dar.

Lösungshinweis:

Gleichung (7.10) mit $\omega^2 r$ anstelle von g. Für den c_W-Wert soll Gleichung (7.9) verwendet werden.

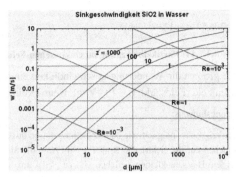

Beispiel 7-9: Zentrifuge 2 [24]

Eine wässrige Lösung (60 l/min) enthält Backhefe, die in einer Tellerzentrifuge bei 5000 Umdrehungen pro Minute (rpm) zu 50 % abgetrennt werden kann. Die Abtrennung soll auf 90 % gesteigert werden, was durch Verringerung des Durchsatzes oder durch Erhöhung der Drehzahl erreicht werden kann. Welche neuen Betriebsbedingungen müssen eingestellt werden?

Lösungshinweis:

Es kann die Stokes-Gleichung verwendet werden, wenn g durch $\omega^2 \cdot r$ ersetzt wird. Analog der Sedimentation erhält man mit der Zeit eine Verteilung der Partikel entlang des Radius r. Bei längerer Verweilzeit bzw. höherer Wanderungsgeschwindigkeit der Partikel wird sich die Partikelverteilung zum Tellerrand erhöhen. Näherungsweise kann angenommen werden, dass hierfür eine direkte Proportionalität besteht, d. h.

$$\dot{V}_2 = \dot{V}_1 \cdot \frac{50\,\%}{90\,\%} \quad \text{bzw. } w_2 = w_1 \cdot \frac{90\,\%}{50\,\%} \quad \text{bzw. } \omega_2^2 = \omega_1^2 \cdot \frac{90\,\%}{50\,\%}$$

Ergebnis:

Durchsatz bei 90 % Abtrennung = 33,3 l/min. Drehzahl bei 60 l/min und 90 % Abtrennung = 6708 rpm

Beispiel 7-10: Zentrifuge 3

Eine Suspension soll in einer Röhrenzentrifuge geklärt werden. Der Rotor hat eine Länge von L = 1 m, einen Radius R von 7,5 cm und ein Arbeitsvolumen von 9 l. Die effektive Länge L_{eff} = 0,9·L. Der Durchsatz der Suspension beträgt 1 m³/h. Wie hoch muss die Drehzahl gewählt werden, damit Feststoffpartikel > 1,2 µm abgeschieden werden?

Dichte Feststoff ρ_s = 1200, Flüssigkeit ρ_{fl} = 1000 kg/m³, Viskosität Flüssigkeit = η_{fl} = 1 mPa·s.

Lösungshinweis:

Annahmen: kugelförmige Partikel, keine gegenseitige Beeinflussung, Gültigkeit des Stokesschen Reibungsgesetzes mit $\omega^2 \cdot r$ anstelle von g.

Die Trennkorngröße erhält man aus der Bedingung Absetzzeit $\leq$ Verweilzeit (vergleiche Absetzbecken Gleichung (7.15).

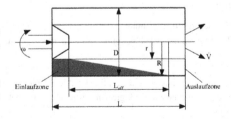

$$\text{Verweilzeit } t_V = \frac{L_{eff}}{\overline{w}_{ax}} = \frac{L_{eff} \cdot \left(R^2 - r_i^2\right) \cdot \pi}{\dot{V}}; \quad \text{Absetzzeit } t_A = \int_{r_i}^{R} \frac{dr}{w_A(r)} = \frac{18\eta_{fl}}{d_T^2 \cdot \left(\rho_s - \rho_{fl}\right) \cdot \omega^2} \cdot \ln\frac{R}{r_i}$$

Ergebnis:

n = 206,5 U/s = 12360 U/min

Beispiel 7-11: Partikelbewegung im elektrischen Feld [22]

Wie groß ist die Wanderungsgeschwindigkeit eines Partikels mit 1 μm Durchmesser in einem elektrischen Feld (Feldstärke E = 10 kV/m), wenn es eine Ladung von $4 \cdot 10^{-17}$ C trägt?

Lösungshinweis:

Partikelgeschwindigkeit wie bei der Sedimentation aus Kräftegleichgewicht. Bei so kleinen, geladenen Partikeln brauchen nur die elektrische Kraft $F_{el} = q \cdot E$ und die Stokessche Reibungskraft $F_D = 3\pi \cdot \eta \cdot d \cdot w$ berücksichtigt zu werden. Bei sehr kleinen Teilchen von ca. < 10 μm werden nicht-Kontinuums-Effekte wirksam, wodurch die Reibungskraft vermindert wird. Dies wird durch einen Korrekturfaktor (Cunningham-Korrektur f_C) berücksichtigt, welcher bei 10 μm 1,017, bei 1 μm 1,162, bei 0,1 μm 2,91 und bei 0,01 μm 22,7 beträgt.

Ergebnis:

Die Wanderungsgeschwindigkeit beträgt 0,0275 C·V·s/(m·kg) = m/s. Vergleich: Sedimentationsgeschwindigkeit eines 1 μm Quarz-Partikels beträgt 0,058 mm/s.

Beispiel 7-12: Sedimentation 8: instationär, Querstromklassierer

In einem Querstromklassierer sind kugelförmige Teilchen mit einem Durchmesser von 10 mm und einer Dichte von 3000 kg/m³ aus Wasser (ρ = 1000 kg/m³, η = 1 mPa·s) abzuscheiden. Der Absetzweg ist 0,5 m. Wie groß ist die Absetzzeit unter der Annahme einer stationären Sinkgeschwindigkeit. Wie viel größer wird die Absetzzeit, wenn die Beschleunigungsphase berücksichtigt wird.

Anfangsbedingung: w(0) = 0.

Für den Widerstandsbeiwert soll Gleichung (7.9) herangezogen werden.

Lösungshinweis:

Für die instationäre Berechnung muss eine zeitabhängige Sinkgeschwindigkeit berücksichtigt und im Kräftegleichgewicht die Trägheitskraft angesetzt werden. Die resultierende Differentialgleichung kann mit diesem c_w-Wert nur numerisch gelöst werden. Als Lösung der Differentialgleichung erhält man die zeitabhängige Sinkgeschwindigkeit. Als Anfangsbedingung zur Zeit t = 0 kann nicht 0 eingesetzt werden, da dies eine Division durch 0 ergibt; deshalb ein sehr kleiner Wert, z. B. 10^{-10} m/s.

Der zurückgelegte Absetzweg x zu einer bestimmte Zeit t, bzw. die Zeit für einen bestimmten Weg erhält man

aus $x = \int\limits_{0}^{t} w(t) dt$.

Ergebnis:

Die Absetzzeit beträgt unter der Annahme einer stationären Sinkgeschwindigkeit $t_{stationär}$ = 0,617 s und bei Berücksichtigung der Beschleunigungsphase 0,70 s, das sind 13,7 % mehr.

Kommentar:

Bei 1 mm Teilchen ist die instationäre Absetzzeit nur mehr um 0,7 % länger, was verdeutlicht, dass die Beschleunigungsphase nur bei großen Partikeln, bzw. auch schweren Partikeln oder kurzen Absetzwegen von Bedeutung ist.

Beispiel 7-13: Sedimentation 9: instationär, Flugbahn Wassertropfen

Für einen Wassertropfen mit einer Dichte von 1000 kg/m³, einem Durchmesser von 1 mm und einer aufwärts gerichteten Startgeschwindigkeit von 2 m/s soll die Sinkgeschwindigkeit in einem aufwärts gerichteten Luftstrom ($v = 1,8 \cdot 10^{-5}$ m²/s, $\rho = 1,2$ kg/m³) und die Fallhöhe als Funktion der Zeit für eine Strömungsgeschwindigkeit von 1 m/s grafisch dargestellt werden. Ferner soll die Sinkgeschwindigkeit als Funktion der Zeit bis zum Erreichen von 99 % der stationären Sinkgeschwindigkeit grafisch dargestellt und die Verweilzeit für eine Höhe von 8 m berechnet werden.

Für den c_W-Wert sollen die Bereiche nach Gleichung (7.7) verwendet werden. Die Form des Wassertropfens wird als starre Kugel vereinfacht.

Lösungshinweis:

Als wesentlicher Unterschied zu Beispiel 7-12 ist hier auf die Vorzeichen der Geschwindigkeiten zu achten. Die abwärts gerichtete Teilchen- und Fluidgeschwindigkeit soll positiv, die aufwärts gerichtete negativ sein. Mit diesen Vorzeichen ergibt sich die Relativgeschwindigkeit zu $w_{rel} = |w_P - w_{Fl}|$, wobei der Absolutwert zu nehmen ist, damit Re-Zahl und der c_W-Wert positive Werte annehmen.

Die zeitabhängige Sinkgeschwindigkeit ergibt sich wieder aus der Lösung des Kräftegleichgewichtes und der zurückgelegte Weg als Integration dieser Geschwindigkeit über die Zeit.

Ergebnis:

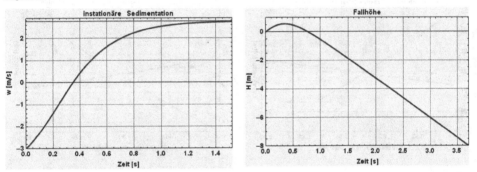

Die stationäre Sinkgeschwindigkeit beträgt 2,77 m/s; nach 1,52 s sind 99 % dieser Sinkgeschwindigkeit erreicht. Die Verweilzeit des Tropfens im Apparat beträgt 3,712 s.

Beispiel 7-14: Gaszyklon 1 [4]

Zyklone werden oft mittels Erfahrungswerten ausgelegt. Entsprechend bestimmter Längen- oder Geschwindigkeitsverhältnisse werden Zyklone in verschiedene Typen unterteilt. Für einen mit kleinen Partikeln (2600 kg/m³) beladenen Gasstrom ($\rho = 1,13$ kg/m³, $\eta = 19 \cdot 10^{-6}$ Pa·s) soll ein Zyklon eines bestimmten Typs mit folgenden Erfahrungswerten ausgelegt und der Trennkorndurchmesser bestimmt werden:

Drallverhältnis $u_i/w_i = 2$; Radienverhältnis $r_a/r_i = 3$; Höhenverhältnis $z_i/r_a = 4$; Widerstandsbeiwert des Tauchrohres $\zeta_i = 15$; zulässiger Gesamtdruckverlust = 2000 Pa (davon 90 % im Tauchrohr)

Lösungshinweis:

Tauchrohrgeschwindigkeit w_i aus Druckverlust, daraus r_i und alle anderen Abmessungen.

Ergebnis:

$w_i = 14,6$ m/s; $r_i = 0,148$; $r_a = 0,444$; $h_{ges} = 2,22$ m; $d_T = 3,54$ µm

Beispiel 7-15: Gaszyklon 2 [4]

Gleicher Gaszyklon wie in Beispiel 5-29 mit folgenden Daten:

Gasdurchsatz = 50 m³/h bei Betriebsbedingungen; T = 870 °C, Gasdichte = 0,305 und Feststoffdichte = 2000 kg/m³, Viskosität des Gases = 45·10⁻⁶ Pa·s; Feststoffbeladung am Eintritt μ_e = 5 kg/kg, gesamte Reibungsfläche A_R = 130 m².

Es soll der Druckverlust und der Trennteilchendurchmesser berechnet und für einen Innenradius des Tauchrohres r_i = 0,8 bis 0,9 grafisch dargestellt werden. Für den Faktor m wird ein Wert von 0,5 angenommen. Des Weiteren soll ein Diagramm mit variablem Gasdurchsatz von 40 bis 60 m³/h für einen Innendurchmesser von 0,85 m gezeichnet werden.

<u>Lösungshinweis:</u>

Druckverlust wie in Beispiel 5-29; Trennteilchendurchmesser nach Gleichung (7.22).

<u>Ergebnis:</u>

Trennteilchengröße = 22,0 µm

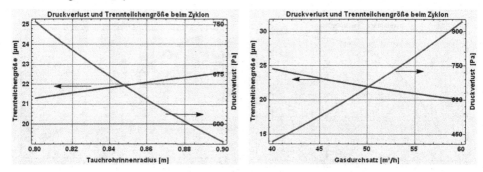

<u>Kommentar:</u>

Auch wenn dies nur eine vereinfachte Rechnung darstellt, ist der wesentliche Nachteil des Zyklons deutlich zu sehen. Trennteilchengröße und Druckverlust verlaufen immer gegenläufig. Will man eine bessere Abtrennung steigt der Druckverlust stark an.

Beispiel 7-16: Gaszyklon 3

Wie vorhergehendes Beispiel 7-15. Es soll die Trennteilchengröße aber mit den genaueren Formeln nach Gleichungen (7.23) - (7.25) bestimmt werden. Des Weiteren soll für die gegebenen Betriebsbedingungen und Außenabmessungen des Zyklons die optimale Tauchrohrlänge bestimmt werden, bei welcher die Trennteilchengrößen der Haupt- und Sekundarströmung gleich groß sind.

<u>Ergebnis:</u>

Trennteilchengröße Hauptströmung = 27,5 µm, Sekundärströmung = 22,0 µm.

Optimale Tauchrohrlänge = 1,6 m, die Trennteilchengröße beträgt dann für beide Strömungen 26,1 µm.

Beispiel 7-17: Gaszyklon 4: Vergleich Einfach- mit Multizyklon

Gleiches Gas wie in den beiden vorangegangenen Beispielen. Es soll nun aber der vierfache Gasstrom behandelt werden. Zwei Varianten sollen verglichen werden: A) vier parallel geschaltete kleine Zyklone mit den Abmessungen von vorhin. B) ein großer Zyklon mit den doppelten Abmaßen.

Wie ändert sich Druckverlust und Trennkorngröße des großen Zyklons im Vergleich zu den kleinen?

Welcher Druckverlust ergibt sich im großen Zyklon, wenn die gleiche Trennkorngröße wie im kleinen erreicht werden soll?

Der Koeffizient m für die Abweichung von der Potentialströmung soll mit m = 0,6 angenommen werden.

Lösungshinweis:

Vereinfachte Berechnung wie in Beispiel 7-14.

Ergebnis:

Kleiner Zyklon: $\Delta p = 654{,}3$ Pa, $d_{Trenn} = 22{,}0$ µm;
Großer Zyklon: $\Delta p = 654{,}3$ Pa, $d_{Trenn} = 31{,}1$ µm;
Großer Zyklon mit $d_{Trenn} = 22{,}0$ µm: $r_i = 0{,}954$ m, $\Delta p = 2993$ Pa

Kommentar:

Bei doppelter Längenskala und vierfachem Durchsatz herrscht überall die gleiche Geschwindigkeit wie im kleinen Zyklon. Da im Widerstandbeiwert Gleichung (5.90) sich der Größenfaktor für Fläche und Volumenstrom kürzt, λ_s nicht von der Geometrie abhängt und die Geschwindigkeiten gleich bleiben, ergibt sich auch derselbe Druckverlust (Unterschied zur Rohrströmung!). In der vereinfachten Formel für den Trennkorndurchmesser, Gleichung (7.22), kürzt sich der Größenfaktor f nicht, sondern geht mit $\sqrt{f}$ in den Trennkorndurchmesser ein.

8. Thermische Trennverfahren I

In diesem Kapitel werden ideale Gleichgewichtsberechnungen durchgeführt, d. h. alle Aktivitäts- und Fugazitätskoeffizienten werden vernachlässigt, bzw. eins gesetzt. Neben Massenbilanzen werden auch Temperaturänderungen mittels Energiebilanzen berücksichtigt, sowie chemische Gleichgewichtsreaktionen. Kinetik und Apparateauslegung werden in Kapitel 14, Thermische Trennverfahren II, behandelt.

8.1. Einstufige Trennoperationen

8.1.1. Theoretische Stufe

Unter einer theoretischen Stufe versteht man jene Trennleistung, die erreicht wird, wenn ein oder mehrere Ströme in eine Trennanlage eintreten und diese im Gleichgewicht verlassen. Dies ist eine idealisierte Annahme und gibt die maximale Trennleistung an. Eine Komponente kann in einer theoretischen Stufe bis zur entsprechenden Gleichgewichtsbedingung aus einer Phase entfernt werden. Eine weiter gehende Abtrennung ist in einer Stufe nicht möglich. Werden aber mehrere Stufen in Serie geschaltet, lassen sich beliebige Abtrenngrade verwirklichen. Mehrere Stufen können in Kreuzstrom- oder in Gegenstromführung verwirklicht werden. Die Kreuzstromführung stellt mehrere nacheinander geschaltete einstufige Trenneinheiten dar (Beispiel 8-10).

In der Praxis kann eine theoretische Stufe in einer Einheit oder auf einem Boden nicht erreicht werden. Die Gründe hierfür sind beispielsweise schlechte Durchmischung oder zu geringe Verweilzeit. Trotzdem ist die theoretische Stufe das grundlegende Konzept der thermischen Trennverfahren, da mit dem Wissen um die notwendige Anzahl an theoretischen Stufen auf die Anzahl der tatsächlichen Trenneinheiten bzw. Böden oder auch auf die notwendige Apparatehöhe geschlossen werden kann.

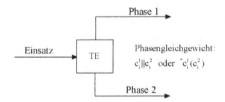

Abbildung 8-1: Theoretische Stufe

In Abbildung 8-1 tritt ein Einsatzstrom in die Trenneinheit TE ein und wird dort z. B. durch Energiezufuhr in zwei Phasen aufgetrennt. Kann in dieser Trenneinheit eine theoretische Stufe verwirklicht werden (100 % Wirkungsgrad), befinden sich alle Komponenten in den beiden austretenden Phasen im Gleichgewicht. Es werden verschiedene allgemeine Bezeichnungen für das Gleichgewicht verwendet, zwei davon sind in obiger Abbildung dargestellt.

8.1.2. Gleichgewichtsgesetze für physikalisch wirkende Trennverfahren

Je nach Aufgabenstellung und Verfahren werden häufig folgende Gleichgewichtsbeschreibungen verwendet, welche in der dargestellten Form aber nur für ideale Bedingungen gültig sind (Kapitel 2.3.2):

<u>Raoultsches Gesetz</u> (hohe Konzentration der Komponente i) für dampf/flüssig-Gleichgewichte (Destillation):

$$p_i \;=\; p_i^s \cdot x_i \tag{8.1}$$

Henry-Gesetz (niedrige Konzentration der Komponente i) für Gaslöslichkeiten (Ab- und Desorption):

$$p_i = H_{ij} \cdot x_i \tag{8.2}$$

Nernstsches Gesetz für flüssig/flüssig-Gleichgewichte (Extraktion):

$$c_i^I = K \cdot c_i^{II} \tag{8.3}$$

Langmuir- oder Freundlich-Isotherme für Adsorption:

$$q_i = k \cdot c_i^{1/n} \qquad \text{(Freundlich)} \tag{8.4}$$

$$q_i = q_{i,max} \cdot \frac{k \cdot p_i}{1 + k \cdot p_i} \qquad \text{(Langmuir)} \tag{8.5}$$

Löslichkeit bzw. Löslichkeitsprodukt für Kristallisations- und Fällungsvorgänge:

$$K_L = c_i^n \cdot c_j^m \tag{8.6}$$

Bei fest/flüssig Trennoperationen (Adsorption, Extraktion, Kristallisation) bleibt immer eine gewisse Flüssigkeitsmenge am Feststoff haften. Vereinfachend kann dafür angenommen werden, dass die Zusammensetzung der Flüssigkeit und der am Feststoff haftenden Flüssigkeit gleich ist. Für diesen Fall (Beispiel 4-94) lautet die Gleichgewichtsbeziehung:

$$K = \frac{c_i^I}{c_i^{II}} = 1 \tag{8.7}$$

Die verschiedenen Konzentrationsmaße für die Komponente i - Partialdruck p_i, Molanteil x_i, Konzentration c_i, Beladung q_i - können beliebig untereinander ausgetauscht werden. Es müssen dann aber die verschiedenen Koeffizienten entsprechend umgerechnet werden.

Der Sättigungsdampfdruck p_i^s ist eine Stoffeigenschaft und wird meist mit der Antoine-Gleichung (2.51) berechnet.

Die Henry-Konstante H_{ij} hingegen ist keine Stoffeigenschaft, sondern von der Komponente i und dem Lösungsmittel j abhängig. So gibt es beispielsweise keine Henry-Konstante von Sauerstoff, sondern nur von O_2 in Wasser oder O_2 in einem beliebigen Lösungsmittel.

Der Nernstsche Verteilungskoeffizient K ist sogar von 3 Komponenten abhängig, der übergehenden Komponente i und den beiden Phasen.

Die Löslichkeit einer Komponente in einem Lösungsmittel wird direkt in einer Konzentrationseinheit angegeben. Sie hat nicht die Form eines Gleichgewichtsgesetzes, ebenso wenig wie das Löslichkeitsprodukt. Die zweite Phase ist der kristallisierte oder gefällte Feststoff mit konstanter Aktivität und geht nicht in die Löslichkeit bzw. das Löslichkeitsprodukt ein. Mit der Löslichkeit wird bei undissoziierten Stoffen und leicht löslichen Salzen (Aktivitätskoeffizient $\gamma \neq 1$) gerechnet, mit dem Löslichkeitsprodukt bei schwer löslichen Salzen ($\gamma \approx 1$).

Werte für alle diese Konstanten finden sich in verschiedenen Tabellenwerken, selten aber die Konstanten für Adsorptionsgleichgewichte. Diese hängen von der Oberflächenbeschaffenheit und Porosität des Adsorptionsmittels ab und können daher nicht bzw. nur für ein spezifiziertes Adsorbens tabelliert werden. Sie müssen jedenfalls experimentell bestimmt werden, weshalb diese Gleichgewichtsgesetze in dieser Form nicht auf verdünnte Lösungen beschränkt sind.

Häufig wird die Freundlich-Isotherme für die Flüssigphasenadsorption und die Langmuir-Isotherme für die Gasphasenadsorption angewandt. Es sind aber auch noch einige andere Gleichungen in Verwendung.

8.1.3. Trennverfahren mit chemischer Reaktion

In den meisten praktischen Fällen ist eine einstufige Trennoperation nicht ausreichend, um die gewünschte Abtrennung zu erzielen. Neben mehrstufigen Trennoperationen kann die erforderliche Trennleistung auch durch eine anschließende oder gleichzeitige Reaktion erreicht werden. Die abzutrennende Komponente reagiert mit einer weiteren Komponente, wodurch ihre Konzentration verringert wird und entsprechend den Gleichgewichtsgesetzen wieder mehr abzutrennende Komponente in diese Phase übertreten kann.

Neben den physikalischen Gleichgewichtsgesetzen müssen auch Reaktionsgleichgewichte berücksichtigt werden. Meist ergibt sich ein Gleichungssystem mit Summationsbedingungen, Gleichgewichten (physikalisch und Reaktionsgleichgewichte), Massen- und gegebenenfalls Energiebilanzen (MESH-Gleichungen), was die Berechnung deutlich erschwert und oft nur mit Computer durchführbar ist, Beispiel 8-17 bis Beispiel 8-19.

Unter isothermen Bedingungen genügt für die meisten Berechnungen eine Bilanzgleichung für die übergehende Komponente sowie die Phasengleichgewichtsbeziehung, Beispiel 8-1 bis Beispiel 8-10.

Durch den Energieinhalt der übergehenden Komponenten bedingt, sind die Thermischen Trennverfahren immer mit einem Wärmeübergang gekoppelt. Häufiger als isotherme Bedingungen sind adiabate Bedingungen; die Temperaturänderung kann die Effizienz der Trennung wesentlich beeinflussen. Für die Berechnung der Temperaturänderung, bzw. für die Berechnung der Wärmemengen zur Einstellung eines bestimmten Betriebszustandes sind die Massenbilanzen und Phasengleichgewichte noch durch eine Energiebilanz zu ergänzen, Beispiel 8-11 bis Beispiel 8-16.

8.1.4. Beispiele zu einstufigen Trennoperationen

Einige Beispiele zu einstufigen Trennoperationen sind auch in Kapitel 4.8.5 (Anlagenbilanzen) zu finden.

Beispiel 8-1: Adsorption von Phenol an Aktivkohle

Ein Kubikmeter einer wässrigen Lösung mit 0,01 mol/l Phenol wird bei 20 °C in einem Rührkessel mit 1, 5, 15 bzw. 50 kg Aktivkohle behandelt, welche bereits mit 10 g/kg vorbeladen ist. Es kann angenommen werden, dass sich im Rührkessel ein Gleichgewichtszustand einstellt.

Wie viel Phenol wird adsorbiert und wie sind die Gleichgewichtskonzentrationen, wenn für den Gleichgewichtszustand bei 20 °C die Freundlich-Isotherme lautet:

$$q_{Ph} = k \cdot c_{Ph}^{1/n}$$

mit

q_{Ph} = Beladung der Aktivkohle mit Phenol, [mol Phenol/kg AK]
c_{Ph} = Konzentration Phenol in wässriger Lösung, [mol/l]
$k = 2,16$
$n = 4,35$

Lösungshinweis:

Es handelt sich hier um einen diskontinuierlichen Prozess. Die Phenol-haltige Lösung wird in dem Rührkessel vorgelegt, Aktivkohle dazugegeben und so lange gerührt bis das Gleichgewicht erreicht ist, d. h. bis sich Temperatur und Konzentrationen nicht mehr ändern. Anschließend werden die beiden Phasen z. B. durch Filtration getrennt und die Phenol-Konzentrationen im Wasser und auf der Aktivkohle gemessen. Für die Rechnung wird angenommen, dass sich die beiden Phasen vollständig trennen. In der Praxis ist zu beachten, dass immer eine bestimme Menge Wasser an der Aktivkohle haften bleibt.

Die Berechnung beginnt mit einer Komponentenbilanz für Phenol. Da es sich um einen diskontinuierlichen Prozess handelt, ist die Bilanz zwischen dem Anfangszustand t = 0 und dem Endzustand t = ∞ zu erstellen.

$$W \cdot c_{Ph}^0 \; + \; AK \cdot q_{Ph}^0 \; = \; W \cdot c_{Ph}^\infty \; + \; AK \cdot q_{Ph}^\infty$$

Die Bilanz enthält zwei Unbekannte, die Endkonzentration Phenol im Abwasser und Beladung Phenol auf Aktivkohle. Die notwendige zweite Gleichung ist die Freundlich-Isotherme, wobei die Endkonzentrationen im Gleichgewicht einzusetzen sind.

$$q_{Ph}^\infty \; = \; k \cdot \left(c_{Ph}^\infty \right)^{1/n}$$

Ergebnis:

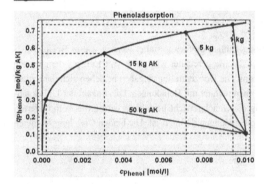

AK [kg]	c_{Wasser} [mmol/l]	q_{AK} [mmol/kg]
1	9,37	738,2
5	7,07	692,0
15	3,04	570,1
50	0,19	302,5

Beispiel 8-2: Absorption von Ammoniak in Wasser, isotherm

Ein Gasstrom besteht aus 30 Vol.% Ammoniak und 70 Vol.% Luft. NH_3 soll in einem Gleichstromwäscher mit Wasser ausgewaschen werden. Wasser und Gas werden bei je 20 °C zugeführt, der Druck beträgt überall 1 bar. Gesucht sind die NH_3-Austrittskonzentrationen im Gas, wenn 0,5, 2, 3,5 und 10 mol Wasser pro mol Gas eingesetzt werden, für isotherme Bedingungen und trockenes Gas (es verdunstet kein Wasser). Die Henry-Konstante von NH_3 in Wasser beträgt 0,7 bar bei 20 °C.

Lösungshinweis:

Ein wesentlicher Unterschied zu Beispiel 8-1 ist, dass die beiden eintretenden Ströme nicht konstant bleiben. Es wird so viel NH_3 absorbiert, dass sich der gesamte Gasstrom merklich ändert. Ebenso ändert sich der Lösungsmittelstrom. Es gibt also zwei Unbekannte mehr (neben y_{aus} und x_{aus} auch G_{aus} und L_{aus}), ohne dass man auf den ersten Blick zusätzliche Gleichungen sieht. Wir führen deshalb eine Freiheitsgradanalyse durch:

4 Ströme + 8 Komponenten = 12 Variable; - 2 gegebene Ströme – 2 gegebene Konzentrationen = 8 Unbekannte. Gleichungen: 4 Summationsbedingungen, 3 Massenbilanzen und 1 Gleichgewicht; daher 0 Freiheitsgrade.

Die Luft wurde hier als eine Komponente angenommen. Wie im Kapitel Bilanzen ausführlich dargestellt, können in jeder Phase maximal n - 1 Konzentrationen als gegeben angenommen werden, falls eine Summationsbedingung für jeden Strom angesetzt wird. Selbstverständlich können auch beide Komponenten (NH_3 und Luft) im eintretenden Gas als gegeben angesetzt werden, dann darf aber keine Summationsbedingung mehr angesetzt werden; ebenso für das eintretende Wasser.

Die Bilanzen werden für alle drei Komponenten (NH_3, Luft und Wasser) angesetzt, da sich aber keine Luft im Wasser löst und kein Wasser verdunstet, gibt es nur ein Gleichgewicht für Ammoniak.

Gegeben sind:

Eintretender Gasstrom G_{ein}, eintretender Wasserstrom W_{ein}, Molanteil NH_3 in G_{ein}, $y_{NH3,ein} = 0,3$ und Molanteil NH_3 in W_{ein}, $x_{NH3,ein} = 0$.

Gesucht sind:

Austretender Gas- und Wasserstrom, G_{aus}, W_{aus}, $y_{NH3,aus}$, $x_{NH3,aus}$, $y_{Luft,ein}$, $y_{Luft,aus}$, $x_{W,ein}$, $x_{W,aus}$.

Für diese 8 Unbekannten (zu den vorhin angeführten 4 Unbekannten kommt noch die jeweils zweite Komponente in allen Phasen dazu) lauten die 8 Gleichungen:

- Summation Gas, ein: $y_{NH3,ein} + y_{Luft,ein} = 1$
- Summation Wasser, ein: $x_{NH3,ein} + x_{W,ein} = 1$
- Summation Gas, aus: $y_{NH3,aus} + y_{Luft,aus} = 1$
- Summation Wasser, aus: $x_{NH3,aus} + x_{W,aus} = 1$
- Bilanz NH_3: $G_{ein} \cdot y_{NH3,ein} + W_{ein} \cdot x_{NH3,ein} = G_{aus} \cdot y_{NH3,aus} + W_{aus} \cdot x_{NH3,aus}$
- Bilanz Luft: $G_{ein} \cdot y_{Luft,ein} = G_{aus} \cdot y_{Luft,aus}$
- Bilanz Wasser: $W_{ein} \cdot x_{W,ein} = W_{aus} \cdot x_{W,aus}$
- Gleichgewicht NH_3: $y_{NH3,aus} \cdot p_{ges} = H_{NH3,W} \cdot x_{NH3,aus}$

Falls sich die Ströme nicht ändern kann die Berechnung ähnlich einfach gestaltet werden wie in Beispiel 8-1. Dazu ist es erforderlich, dass mit den Inertanteilen der Ströme gerechnet wird, d. h. mit Luft als dem inerten Gasstrom und Wasser als dem inerten Lösungsmittelstrom. Die Konzentrationsangaben beziehen sich dann nicht auf die gesamte Phase, sondern nur auf den Inertanteil, man rechnet mit Beladungen. Die Anzahl der Unbekannten wird auf zwei reduziert, $Y_{NH3,aus}$ und $X_{NH3,aus}$, einzig die Gleichgewichtsbeziehung wird etwas komplizierter, da das Henry-Gesetz mit Molanteilen und nicht mit Molbeladungen definiert ist. Die beiden Gleichungen lauten nun:

NH_3-Bilanz: $G_s \cdot (Y_{NH3,ein} - Y_{NH3,aus}) = W_s \cdot (X_{NH3,aus} - X_{NH3,ein})$

Gleichgewicht: $\dfrac{Y_{NH3,aus}}{1 + Y_{NH3,aus}} \cdot p_{ges} = H \cdot \dfrac{X_{NH3,aus}}{1 + X_{NH3,aus}}$

Ergebnis:

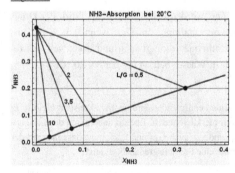

$\dfrac{L}{G}$ $\left[\dfrac{\text{mol Wasser}}{\text{mol Luft}}\right]$	X_{aus} $\left[\dfrac{\text{mol } NH_3}{\text{mol Wasser}}\right]$	Y_{aus} $\left[\dfrac{\text{mol } NH_3}{\text{mol Luft}}\right]$
0,5	0,317	0,202
2,0	0,121	0,082
3,5	0,075	0,052
5,0	0,029	0,020
Eintritt	0	0,429

Kommentar:

Die Steigung der Bilanzlinie $\tan \alpha = \dfrac{X_{aus} - X_{ein}}{Y_{ein} - Y_{aus}} = -\dfrac{\dot{L}_s}{\dot{G}_s}$ gibt das Verhältnis der Lösungsmittelmenge zur Gasmenge an (hier auf die Inertkomponenten bezogen). Je weniger Lösungsmittel verwendet wird, desto geringer ist die (negative) Steigung; die Abtrennung im Gas ist dann schlechter, aber die Anreicherung im Lösungsmittel höher.

Beispiel 8-3: Ab- und Desorption von CO_2

In einer NH_3-Fabrik fällt CO_2 als Nebenprodukt an, welches durch einstufige Absorption mit Wasser und anschließender Desorption entfernt wird. Absorbiert wird bei einem CO_2-Partialdruck von 127 kPa und desorbiert bei 9 kPa.

Wie groß ist der Molenstrom der Prozesslösung (Wasser), wenn durch diese Ab- und Desorption 1000 Nm³/h CO_2 entfernt werden?

Annahmen: isotherm und ideal, Henry-Konstante von CO_2 in Wasser (= Prozesslösung) bei der gegebenen Temperatur H_{CO2} = 1667 atm.

Lösungshinweis:

Mit dem Henry-Gesetz wird der Molanteil von CO_2 nach Ab- und Desorption berechnet und aus der Differenz der Molenstrom der Prozesslösung.

Ergebnis:

63847 kmol/h Wasser ≈ 1150 m³/h

Beispiel 8-4: Phenolextraktion

In einer einstufigen Extraktionsanlage wird das in einem Abwasser AW enthaltene Phenol (100 mg/l) mit einem Lösungsmittel LM extrahiert, welches mit Wasser nicht mischbar ist. Der Verteilungskoeffizient von Phenol zwischen dem Lösungsmittel und dem Abwasser beträgt 250 (g Phenol im LM zu g Phenol im AW). Das Lösungsmittel ist mit 10 mg/l Phenol vorbeladen.

Wie groß muss der spezifische Lösungsmittelstrom (m³/m³ Abwasser) sein, wenn die Restkonzentration im Abwasser höchstens 2 mg/l betragen darf?

Annahme: Die Verweilzeit in der Anlage ist so lange, dass sich Gleichgewicht einstellen kann.

Ergebnis:

Es werden 0,2 m³ Lösungsmittel pro m³ Abwasser benötigt.

Beispiel 8-5: Entspannungsflotation

Ein Abwasser wird bei 6 bar und 25 °C mit Luft gesättigt und dann auf 1 bar entspannt.

Welches Luftvolumen wird dabei freigesetzt?

Henry-Konstanten bei 25 °C: O_2/H_2O = 40000 bar, N_2/H_2O = 84000 bar.

Lösungshinweis:

Δx aus Henry-Gesetz für beide Komponenten berechnen und addieren.

Ergebnis:

Bei 25 °C werden 0,1 l Luft pro kg Abwasser freigesetzt.

Beispiel 8-6: isothermer Flash

Ein Flash entspricht einer einstufigen Destillation, bei welcher ein flüssiger bzw. dampfförmiger Einsatz teilweise verdampft bzw. verflüssigt wird und der Dampf dann reicher an den leichter flüchtigen

Komponenten ist. Bei konstantem Druck kann die Verdampfung (Verflüssigung) durch Wärmezufuhr (Wärmeabfuhr) erfolgen; ist dabei die Temperatur spezifiziert, spricht man von einem isothermen Flash. Es kann aber auch eine Flüssigkeit unter Druck erhitzt und dann entspannt werden, oder auch ein Dampf komprimiert werden. Sind die Drücke gegeben und die Temperatur unbekannt, spricht man von einem adiabaten Flash[20].

Aufgabe1:

100 kmol (oder kontinuierlich mit kmol/h) einer Mischung mit 50 Mol-% Methanol ($z_M = 0,5$) und 50 Mol-% Wasser werden bei 1 bar auf 80 °C erhitzt. Berechne den Anteil und die Zusammensetzung der dampfförmigen und flüssigen Phase, wobei anzunehmen ist, dass sich beide Phasen ideal verhalten.

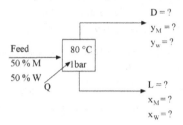

Aufgabe 2:

100 kmol (oder kontinuierlich mit kmol/h) einer Mischung mit je 20 Mol-% Methanol, Ethanol, Aceton, Essigsäure und Wasser werden bei 1 bar auf 80 °C erhitzt. Berechne den Anteil und die Zusammensetzung der dampfförmigen und flüssigen Phase, wobei angenommen werden soll, dass sich beide Phasen ideal verhalten.

Lösungshinweis:

Freiheitsgradanalyse	Aufgabe 1	Aufgabe 2
Ströme	3	3
+ Komponenten	6	15
= Variable	9	18
- gegebene Ströme	1	1
- gegebene Konzentrationen	2	5
= Unbekannte	6	13
Summationsbedingungen	2	2
+ Massenbilanzen	2	5
+ Gleichgewichte	2	5
= Gleichungen	6	13
Freiheitsgrade	0	0

Es wird zuerst der Siede- und Taupunkt berechnet, um zu überprüfen, ob der gegebene Gleichgewichtszustand im 2-Phasengebiet liegt. Liegt die gegebene Temperatur unterhalb des Siedepunktes, verdampft nichts (geringe Verdunstung), liegt sie oberhalb des Taupunktes ist die gesamte Flüssigkeit verdampft.

Bei Wärmezufuhr wird der Siedepunkt dann erreicht, wenn die Summe der Partialdrücke – berechnet aus dem Raoultschen Gesetz – den Gesamtdruck ergibt, bzw. wenn die Summe der Molanteile in der Dampfphase 1 ergibt. Wird ein Dampfgemisch abgekühlt, ist der Taupunkt dann erreicht, wenn die Summe der Molanteile der flüssigen Phase 1 ergibt.

Beim isothermen Flash spielen die Anfangsbedingungen keine Rolle (außer der Energiebedarf ist gesucht). Es gibt daher nur 2 Systemvariable: 1 T und 1 P für den Gleichgewichtszustand, welche beide schon gegeben sind und in der Freiheitsgradanalyse nicht mehr berücksichtigt werden. Es sind die zwei (fünf) bekannten Konzentra-

---

[20] Genau genommen gibt es nur einen adiabaten Flash, wo bei schneller Druckabsenkung ein Teil der Flüssigkeit „blitzartig" verdampft.

tionen des Einsatzgemisches angegeben, es kann deshalb dafür keine Summationsbedingung angeführt werden. Nachdem Druck und Temperatur schon für den Gleichgewichtszustand gegeben sind, bleiben noch zwei (fünf) Gleichgewichte für die beiden (fünf) Komponenten (Raoultsches Gesetz).

Folgendes Gleichungssystem muss daher gelöst werden (für Aufgabe 1):

Summation Dampfphase: $\quad y_M + y_W = 1$

Summation Flüssigphase: $\quad x_M + x_W = 1$

Gleichgewicht Methanol: $\quad y_M \cdot p_{ges} = p_M^s \cdot x_M$

Gleichgewicht Wasser: $\quad y_W \cdot p_{ges} = p_W^s \cdot x_W$

Bilanz Methanol : $\quad F \cdot z_M = D \cdot y_M + L \cdot x_M$

Bilanz Wasser : $\quad F \cdot z_W = D \cdot y_W + L \cdot x_W$

Ergebnis:

Aufgabe 1: Im Gleichgewicht bei 80 °C und 1 bar sind 67,1 kmol flüssig und 32,9 kmol dampfförmig. In der Flüssigphase befinden sich dann 39,5 % Methanol und 60,5 % Wasser, in der Dampfphase 71,4 % Methanol und 28,6 % Wasser.

Aufgabe 2: : Im Gleichgewicht bei 80 °C und 1 bar sind 68,3 kmol flüssig und 31,7 kmol dampfförmig. In der Flüssigphase befinden sich dann 15,9 % Methanol, 19,5 % Ethanol, 14,7 % Aceton, 25,9 % Essigsäure und 24,0 % Wasser, in der Dampfphase 28,8 % Methanol, 21,1% Ethanol, 31,6% Aceton, 7,15 % Essigsäure und 11,3 % Wasser.

Beispiel 8-7: Kondensation aus Inertgas ohne Wärmebilanz

Ein Dampfstrom (1000 kmol/h) aus einer CO_2-Abscheidungsanlage enthält 40 % CO_2 und Wasserdampf. Durch Abkühlung auf 30 °C bei 2 bar wird Wasserdampf kondensiert.

Wie viel Wasserdampf wird kondensiert? Wie groß ist, und welche Zusammensetzung hat der verbleibende Gasstrom, wenn die Löslichkeit von CO_2 im Wasser vernachlässigt wird?

Lösungshinweis:

Im Gleichgewicht entspricht der Sättigungsdampfdruck des Wassers dem Partialdruck des Wasserdampfes in der Gasphase. Mit dem Daltonschen Gesetz kann aus dem Partialdruck der Molanteil des Wasserdampfes berechnet werden und über eine CO_2- und Gesamtbilanz die Ströme.

Ergebnis:

Es werden 591,4 kmol/h Wasserdampf kondensiert. Der verbleibende CO_2-Strom enthält noch 2,1 % Wasserdampf.

Beispiel 8-8: Kondensation zweier Komponenten

100 kmol/h eines Dampfstromes mit 22 Vol.% Methanol und 78 Vol.% Wasserdampf werden bei 1,5 bar und 110, 100, bzw. 90 °C kondensiert. Berechne die jeweiligen Zusammensetzungen und Ströme.

Lösungshinweis:

Analog isothermer Flash.

Ergebnis:

Die Tautemperatur beträgt 106,4 °C, die Siedetemperatur 98,7 °C. Bei 110 °C wird daher nichts kondensiert, bei 90 °C alles. Bei 100 °C werden 89,7 kmol/h kondensiert mit 19,3 % Methanol. Der übrigbleibende Dampfstrom enthält 45,5 % Methanol.

Beispiel 8-9: Absorption und Desorption von Hexan

Ein Hexan-Dämpfe enthaltendes Abgas wird in einer einstufigen Absorptionsanlage mit Dodekan als Lösungsmittel L behandelt. Bei isothermen und isobaren Bedingungen von 25 °C und 5 bar beträgt der Volumenstrom des Abgases 900 m³/h. Im Abgas sind 3,5 Mol-% Hexan enthalten, das Reingas darf nicht mehr als 0,3 Mol-% Hexan enthalten.

Nach der Absorption wird das mit Hexan beladene Dodekan in einer einstufigen Desorptionsanlage mit 675 m³/h überhitztem, reinem Wasserdampf (1 bar, 120 °C) regeneriert. Nach der Desorption wird das Dodekan vor Rückführung in die Absorption wieder auf 25 °C gekühlt.

Gesucht sind der Stoffmengenstrom Dodekan, der Molanteil von Hexan in Dodekan vor und nach dem Absorber und der Molanteil von Hexan im austretenden Dampf.

- Dampfdruck Dodekan vernachlässigbar,
- Antoine-Parameter für Dampfdruck Hexan: A = 4,00266, B = 1171,53, C = 224,366; dekadischer Logarithmus, p^s in bar, T in °C.

<u>Lösungshinweis:</u>

Im Schema ist die Absorption als Gegenstrom und die Desorption als Gleichstrom dargestellt. Da für beide eine theoretische Stufe angenommen wird, sind für die Berechnung beide gleichwertig, bei beiden gilt, dass sich die austretenden Ströme im Gleichgewicht befinden.

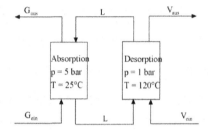

Die Berechnung beginnt am einfachsten mit einer Bilanz um beide Anlagen. Damit kann der Molanteil Hexan im austretenden Dampf bestimmt werden. Aus den Gleichgewichten (Raoultsches Gesetz) können anschließend die Hexan-Konzentrationen im beladenen und unbeladenen Dodekan berechnet werden und aus den Bilanzen um Absorption und Desorption ergeben sich schließlich alle gesuchten Größen.

<u>Ergebnis:</u>

Der Molenstrom Dodekan beträgt 265,5 kmol/h, mit einem Molanteil Hexan von 0,055 im unbeladenen (Absorber ein bzw. Desorber aus) und 0,074 im beladenen Zustand. Der Molanteil Hexan im austretenden Dampf beträgt 0,22.

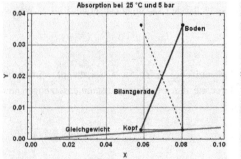
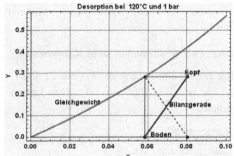

<u>Kommentar:</u>

In den Abbildungen sind die Molbeladungen, nicht die Molanteile aufgetragen, weshalb sich die Zahlenwerte vom Text geringfügig unterscheiden.

Aus den Abbildungen ist ersichtlich, dass es bei einstufigen Operationen keinen Unterschied zwischen Gleich- und Gegenstrom gibt (außer Druckverlust und konstruktive Ausführung, was hier nicht betrachtet wird). Die durchgezogene Linie zwischen Kopf K und Boden B gibt in beiden Fällen die Bilanzlinie für Gegenstrom an; die Verbindung mit der Gleichgewichtslinie GGW ergibt genau eine theoretische Stufe. Für Gleichstrom (strichlierte Linie) ergeben sich die genau gleichen Konzentrationen, es sind nur die Zustandspunkte für Kopf und Boden vertauscht.

Beispiel 8-10: Alkoholwäsche [31]

100 kg/h einer Mischung aus 40 % Alkohol und 60 % Keton werden mit reinem Wasser in einem bzw. mehreren Mischer-Abscheidern gewaschen. Dabei tritt ein Teil des Alkohols in das Wasser über, Keton und Wasser bleiben aber völlig unmischbar. Die Verweilzeit der beiden Phasen wird so lange angenommen, dass sich immer Gleichgewicht einstellen kann. Das Gleichgewicht ist durch einen Verteilungskoeffizienten K gegeben.

$$K = \frac{\dfrac{\text{kg Alkohol}}{\text{kg Wasser}}}{\dfrac{\text{kg Alkohol}}{\text{kg Keton}}} = 4 .$$

Es sollen zwei Möglichkeiten betrachtet werden, eine einstufige Wäsche und eine mehrstufige Wäsche im Kreuzstrom. Im Kreuzstrom fließt die organische Phase von einer Einheit zur nächsten und in jede Einheit wird frisches Wasser zugegeben. Die abgereicherte organische Phase wird als Raffinat R, die mit Alkohol angereicherte wässrige Phase als Extrakt E bezeichnet.

Wie viel Wasser muss zugegeben werden, damit Alkohol in einer einzigen Stufe zu 98 % ausgewaschen wird? Wie viele Stufen sind für die gleiche Abscheidung mindestens notwendig, wenn in jeder Stufe 40 kg/h frisches Wasser zugegeben wird? Wie hoch ist dann die Alkoholkonzentration in den gesammelten Extrakten?

Bei welcher Stufenanzahl wird am wenigsten Waschwasser gebraucht?

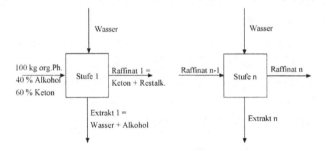

<u>Lösungshinweis:</u>

Wenn das Raffinat der einen Stufe als Einsatz (Feed) für die nächste Stufe verwendet wird, gibt es in jeder Stufe zwei Unbekannte, die mit der jeweiligen Alkoholbilanz und der Gleichgewichtsbeziehung berechnet werden können.

<u>Ergebnis:</u>

In einer einstufigen Wäsche werden 735 kg/h Wasser gebraucht, um die erwünschte Abtrennung (Massenanteil Alkohol im Keton = 0,0133) zu erzielen. Das Wasser enthält dann 5,1 % Alkohol.

Mehrstufige Wäsche im Kreuzstrom mit je 40 kg/h Wasser (Massenanteile Alkohol im Keton und Wasser):

	w_{Keton}	w_{Wasser}
Stufe 1	0,182	0,727
Stufe 2	0,050	0,198
Stufe 3	0,0135	0,054
Stufe 4	0,0037	0,015

Kommentar:

Obwohl nur 40 kg/h Wasser zugegeben werden, ist die gewünschte Abtrennung schon nach drei Stufen fast erreicht. Mit insgesamt 160 kg/h Wasser in vier Stufen ist somit die Kreuzstromoperation wesentlich effektiver als eine einstufige Wäsche, bei welcher 735 kg/h Wasser benötigt werden. Der mittlere Alkoholanteil in den vier gesammelten Extrakten beträgt 19,9 %.

Je mehr Stufen die Anlage hat, desto weniger Waschwasser wird insgesamt gebraucht. Die in der Praxis gewählte Stufenanzahl ergibt sich immer aus dem Minimum der Gesamtkosten.

Beispiel 8-11: Absorption von Ammoniak in Wasser, adiabat

Ein Gasstrom (1 kmol/h) enthält 30 Vol.% Ammoniak und 70 % Luft. NH_3 soll in einem Gleichstromwäscher mit Wasser zu 90 % ausgewaschen werden. Wasser und Gas werden bei je 20 °C zugeführt, der Druck beträgt überall 1 bar.

a) Wie viel Wasser wird für isotherme Bedingungen und trockenes Gas benötigt (es verdunstet kein Wasser, analog Beispiel 8-2).

b) Wie viel Wasser wird benötigt und welche Temperatur stellt sich unter adiabaten Bedingungen bei trockenem Gas ein.

c) Wie viel Wasser wird benötigt und welche Temperatur stellt sich unter adiabaten Bedingungen und feuchtem Gas ein (Wasser verdunstet bis zum Gleichgewicht).

Henry-Konstante für NH_3, Sättigungsdampfdruck und Verdampfungsenthalpie für Wasser finden sich im Anhang. Für die Lösungsenthalpie von NH_3 in Wasser ist ein konstanter Wert von -35000 J/mol anzunehmen.

Wärmekapazitäten sind für den Temperaturbereich ebenfalls konstant [J/(mol·K)]:

$c_{p,Wasser} = 75,29$; $c_{p,Dampf} = 33,58$; $c_{p,NH3} = 35,06$; $c_{p,Luft} = 30,99$;

Lösungshinweis:

Freiheitsgradanalyse	Isotherm,trocken	Adiabat,trocken	Adiabat,feucht
Ströme	4	4	4
+ Komponenten	7	7	8
+ Temperaturen	0	4	4
= Variable	11	15	16
- gegebene Ströme	1	1	1
- gegebene Konzentrationen	1	1	1
- gegebene Temperaturen	0	2	2
= Unbekannte	9	11	12
Summationsbedingungen	4	4	4
+ Massenbilanzen	3	3	3
+ Energiebilanzen	0	1	1
+ Gleichgewichte	1	2	3
+ Nebenbedingung ($\eta = 0,9$)	1	1	1
= Gleichungen	9	11	12
Freiheitsgrade	0	0	0

Es sind jeweils vier Ströme vorhanden: eintretendes Gas mit zwei Komponenten, eintretendes Wasser mit einer Komponente, austretendes Wasser mit zwei Komponenten und austretendes Gas mit zwei für das trockene Gas bzw. drei Komponenten für das feuchte Gas.

Für jeden Strom eine Summationsbedingung, für jede Komponente eine Massenbilanz. Um die Temperaturänderung im adiabaten Fall zu berechnen wird eine Energiebilanz benötigt. Gleichgewichte sind prinzipiell für jede Komponente und die Temperatur anzusetzen (thermisches Gleichgewicht ist hier gegeben). Da aber die Löslichkeit der Luft im Wasser nicht berücksichtigt wird, gibt es für die Luft auch kein Gleichgewicht.

Energiebilanz:

Die Wärmekapazität der Ammoniak-Lösung ist nicht bekannt. Es wird für die Berechnung daher angenommen, dass zunächst das gasförmige Ammoniak auf Gleichgewichtstemperatur aufgewärmt und anschließend bei dieser Temperatur absorbiert wird. Analog kann Wasser auf diese Temperatur aufgewärmt und dann verdunstet werden. Einfacher ist aber, das Wasser bei der Bezugstemperatur zu verdunsten und dann den Wasserdampf zu erwärmen.

Ergebnis:

	isotherm, trocken	adiabat, trocken	adiabat, feucht
G_{aus} [kmol/h]	0,73	0,73	0,765
W_{ein} [kmol/h]	4,36	8,57	8,27
$x_{NH3,aus}$	0,058	0,031	0,032
$y_{NH3,aus}$	0,041	0,041	0,039
$y_{Luft,aus}$	0,959	0,959	0,915
$y_{H2O,aus}$	-	-	0,046
T_{aus} [°C]	20	33,9	32,1

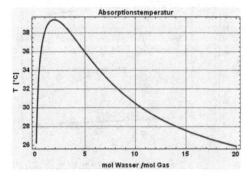
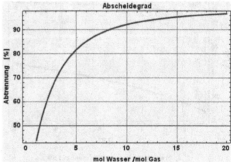

Kommentar:

Es ist der große Einfluss der Temperatur erkennbar. Bei Berücksichtigung der Absorptionswärme wird fast doppelt so viel Wasser gebraucht, weil sich auch die Henry-Konstante ca. verdoppelt. Aus dem Diagramm ist ersichtlich, dass es einen maximalen Temperaturanstieg gibt. Bei weniger Wasser als es dem Temperatur-Maximum entspricht, kommt es zwar zu noch höheren NH_3-Konzentrationen im Wasser, es wird aber auch weniger aus dem Gas absorbiert. Mit viel Wasser wird zwar fast alles absorbiert, mit der Absorptionswärme muss aber auch viel Wasser aufgewärmt werden, wodurch der Temperaturanstieg kleiner ausfällt.

Die Berechnungen wurden für Gleichgewichtsbedingungen durchgeführt. Oft ist aber die Verweilzeit der Gasphase so gering, dass sich kein thermisches Gleichgewicht einstellen kann. Die Absorptionswärme wird dann hauptsächlich von der wässrigen Phase aufgenommen. Für eine genaue Berechnung muss noch die Kinetik des gekoppelten Stoff- und Wärmetransportes berücksichtigt werden.

Beispiel 8-12: Absorption verschiedener Gase mit Wasser

Verschiedene feuchte Abgasströme (S_1 = 1000 Nm³/h, T_1 = 120 °C, ρ_{Wasser} = 20 g/Nm³) enthalten jeweils 1 mol/Nm³ verschiedener Gase (NO_2, CO_2, SO_2, NH_3). Diese Gase werden mit 100 m³/h reinem Wasser (ρ = 1000 kg/m³, T_2 = 20 °C) in einer einstufigen Trenneinheit ausgewaschen.

- Berechne alle Ströme mit den entsprechenden Molanteilen und Temperaturen.

- Zeichne Diagramme für den Abscheidegrad mit der Druckabhängigkeit (1 bis 10 bar bei 20 °C) und Temperaturabhängigkeit (10 bis 90 °C für 1 bar) für feuchtes Gas.

- Zeichne Diagramme mit der Temperaturdifferenz ΔT zwischen aus- und eintretendem Wasserstrom für 1 und 10 bar und jeweils 10 – 70 °C.

Lösungshinweis:

Wie im vorhergehenden Beispiel 8-11, es sind aber keine Lösungswärmen gegeben. Diese können aus der Temperaturabhängigkeit der Henry-Konstanten ermittelt werden, wie in Beispiel 2-27 gezeigt wurde.

Ergebnis:

Werte für NH_3 (für andere Gase ähnlich, siehe *Mathematica*-Datei):

	Molenstrom [mol/s]	Molanteil NH_3	Molanteil H_2O	Temperatur [°C]
Gas, ein	12,4	0,0224	0,0249	120
Gas, aus	12,1	0,000129	0,0239	20,4
Wasser, ein	1543,2	0	1	20
Wasser, aus	1543,5	0,000179	0,999	20,4

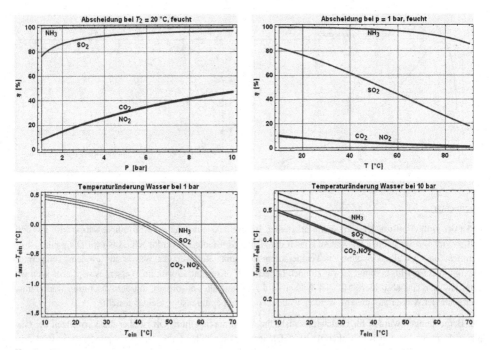

Kommentar:

- CO_2 und NO_2 haben über den gesamten Temperaturbereich sehr ähnliche Henry-Konstanten und weisen daher ein beinahe identes Absorptionsverhalten auf; dies wird z. B. bei der CO_2-Absorption mit reaktiven Komponenten wie Aminen genutzt, um experimentell zwischen physikalischer und chemischer Absorption unterscheiden zu können, da gelöstes NO_2 nicht mit Aminen reagiert.

- Für die Temperatur- und Druckänderungen zeigen sich die erwarteten Verläufe, bei höherem Druck und niedrigerer Temperatur wird ein höherer Abscheidegrad erhalten.

- Die Temperaturänderung auf Grund der Absorptionswärme ist im Vergleich zum vorhergehenden Beispiel 8-11 sehr gering, da hier viel mehr Wasser verwendet wurde. Es fällt auf, dass ab einer Wassereingangstemperatur von ca. 45 °C die Austrittstemperatur sogar abfällt, was durch die zunehmende Verdunstung des Wassers erklärbar wird. Bei 10 bar verdunstet viel weniger Wasser, weshalb immer noch ein geringfügiger Temperaturanstieg gegeben ist.

- Die berechnete Abscheidung für NH_3 ist etwas zu hoch, da die Berechnung für ideale Bedingungen durchgeführt wurde. Auf Grund der guten Löslichkeit von Ammoniak müsste unbedingt der Aktivitätskoeffizient γ_{NH3} berücksichtigen werden. Dieser ist bei den anderen Komponenten vernachlässigbar. Die Abscheidung ist aber immerhin so groß, dass in der industriellen Praxis Ammoniak neben H_2SO_4 auch in reinem Wasser absorbiert wird. Alle anderen Komponenten werden meist nur mit reaktiven Lösungsmitteln absorbiert. CO_2 kann auch mit reinem Wasser bei hohem Druck entfernt werden (Druckwasserwäsche) und SO_2 in höheren Konzentrationen (bei Röstprozessen) auch durch physikalisch wirkende organische Lösungsmittel.

Beispiel 8-13: Kondensation aus Inertgas mit Wärmebilanz [9]

100 mol/s einer Mischung aus je 50 Mol-% dampfförmigem Aceton und Stickstoff werden bei einem Druck von 1 atm von 85 °C auf 20 °C abgekühlt, wobei ein Teil des Acetons kondensiert. Berechne alle Ströme, Konzentrationen und die erforderliche Kühlenergie.

- Der Dampfdruck von Aceton bei 20 °C beträgt 24,73 kPa.
- Wärmekapazität für flüssiges Aceton: $c_{p,l} = 0,123 + 18,6 \cdot 10^{-5} \cdot T$ kJ/(mol·°C).
- Wärmekapazität für dampfförmiges Aceton:
  $c_{p,d} = 0,07196 + 20,1 \cdot 10^{-5} \cdot T - 12,78 \cdot 10^{-8} \cdot T^2 + 34,76 \cdot 10^{-12} \cdot T^3$ kJ/(mol·°C).
- Die Wärmekapazität von Stickstoff beträgt bei 25 °C 0,02913 kJ/(mol·K) und soll für den betrachteten Temperaturbereich als konstant angenommen werden.
- Die Verdampfungsenthalpie von Aceton beträgt am Normalsiedepunkt von 56 °C 30,2 kJ/mol.

Lösungshinweis:

Als Bezugszustand für die Energiebilanz kann z. B. flüssiges Aceton bei der Austrittstemperatur von 20 °C gewählt werden. Die dafür benötigte Verdampfungswärme bei 20 °C kann aus der gegebenen Verdampfungsenthalpie bei 56 °C und den c_p-Werten berechnet werden. Es kann aber auch ein beliebiger anderer Bezugszustand gewählt werden; am einfachsten dampfförmiges Aceton bei 56 °C.

Ergebnis:

Austretender Gasstrom: 66,1 mol/s mit 24,4 % Aceton. Zur Kondensation des Acetons muss eine Wärme von 1445,6 kJ/s abgeführt werden.

Beispiel 8-14: Kondensation von Wasserdampf in einer Trocknungsanlage

Ein Teil eines Abluftstromes aus einer Trocknungsanlage soll als Umluft wieder zum Vorwärmer vor dem Trockner rückgeführt werden. Der Volumenstrom dieser Umluft beträgt 1000 m³/h bei 1,3 bar und 60 °C. Die relative Feuchtigkeit dieses Stromes beträgt $\varphi = 0,9$. Aus dieser Umluft sollen 60 % des vorhandenen Wasserdampfes auskondensiert werden.

Auf welche Temperatur muss der Umluftstrom abgekühlt werden? Wie groß ist dann der Volumenstrom (bei konstantem Druck von 1,3 bar), die relative Sättigung und wie viel Wärme muss abgeführt werden?

Lösungshinweis:

Zunächst wird der Umluftstrom in den Molenstrom umgerechnet; dann der Partialdruck des Wasserdampfes aus der relativen Feuchtigkeit, anschließend der Molanteil des Wasserdampfes im Umluftstrom mit dem Daltonschen Gesetz und daraus der in den Kondensator eintretende Molenstrom Wasserdampf. Aus der Angabe über die Abscheidung wird das abgeschiedene Wasser und der austretende Wasserdampfstrom berechnet und wiederum der Molanteil und der Partialdruck im austretenden Umluftstrom. Falls eine theoretische Stufe im Kondensator erreicht wird (praktisch immer bei genügender Turbulenz) muss der austretende Umluftstrom an Wasserdampf gesättigt sein, d. h. $\varphi = 1$ und Partialdruck = Sättigungsdampfdruck. Aus dem Sättigungsdampfdruck kann nun mit der Antoine-Gleichung die Temperatur berechnet werden. Die notwendige Kühlenergie ergibt sich aus der Energiebilanz. Dazu ist ein Referenzzustand notwendig. Am einfachsten wird die Energiebilanz, wenn als Referenzzustand flüssiges Wasser bei der berechneten Kondensatortemperatur gewählt wird.

Ergebnis:

Der Umluftstrom muss auf 41,9 °C gekühlt werden, dabei werden 2,58 kmol/h Wasser kondensiert, wofür 54,3 kW Kühlenergie erforderlich sind.

Beispiel 8-15: Adiabater Flash, binär

100 kmol/h einer Mischung aus Methanol und Wasser (Molanteil Methanol $z_M = 0,5$) wird bei 5 bar auf 130 °C erhitzt und dann auf 1 bar entspannt. Berechne die sich einstellende Temperatur und die Mengen und Zusammensetzung der Dampf- und Flüssigphase.

Lösungshinweis:

Beim adiabaten Flash wird der Gleichgewichtsdruck vorgegeben, die Gleichgewichtstemperatur ist nicht bekannt und muss aus der Energiebilanz berechnet werden. Im Vergleich zum isothermen Flash gibt es also eine Unbekannte mehr, die zusätzlich benötigte Gleichung ist die Energiebilanz.

Für die Energiebilanz muss eine Bezugstemperatur und ein Bezugsdruck festgelegt werden. Hier werden am einfachsten 0 °C und der Gleichgewichtsdruck $p_2 = 1$ bar gewählt. Die Dichte der Einsatzlösung ρ_F (zum Umrechnen auf den Volumenstrom) wird auf 900 kg/m³ geschätzt, der thermische Ausdehnungskoeffizient der Flüssigkeit kann vernachlässigt werden. Die Energiebilanz lautet: $H_1 = H_2$ mit

$$\dot{H}_1 = \dot{N}_{Feed} \cdot \left(z_M c_{p,M} + z_W c_{p,W} \right) \cdot T_1 + \dot{V}_{Feed} \cdot \left(p_1 - p_2 \right),$$

mit $\dot{V}_{Feed} = \dot{N}_{Feed} \cdot \left(z_M MM_{,M} + z_W MM_W \right) \cdot \left(p_1 - p_2 \right) / \rho_F$,

$$\dot{H}_2 = \dot{N}_{liquid} \cdot \left(x_M c_{p,M} + x_W c_{p,W} \right) \cdot T_2 + \dot{N}_{vapor} \cdot \left(y_M \left(c_{p,M} T_{aus} + \Delta h_{v,M} \right) + y_W \left(c_{p,W} T_{aus} + \Delta h_{v,W} \right) \right)$$

Ergebnis:

Die Austrittstemperatur T_2 beträgt 81,0 °C
Flüssigphase = 59,0 kmol/h mit 63,2 % Wasser
Dampfphase = 41,0 kmol/h mit 68,9 % Methanol

Beispiel 8-16: Verdampfung Methanol/Wasser

100 kmol/h einer Mischung mit je 50 Mol-% Methanol und Wasser bei 20 °C werden erhitzt und verdampft. Berechne die notwendige Energiezufuhr für

a) Aufwärmung auf Siedetemperatur.
b) Aufwärmung und vollständige Verdampfung.
c) Aufwärmung und Verdampfung bis Molanteil Wasser in flüssiger Phase $x_W = 0,6$.
d) Aufwärmung und Verdampfung bis Molanteil Methanol in Dampfphase $y_M = 0,6$.

<u>Lösungshinweis:</u>

Vollständige Verdampfung bei Tautemperatur.

Gleichungssystem mit Summationsbedingungen für beide Phasen, Massenbilanzen und Gleichgewichte für beide Komponenten, und Energiebilanz.

<u>Ergebnis:</u>

a) Q bis Siedetemperatur $T_S = 76,46\ °C$: 123 kJ/s

b) Q bis Tautemperatur $T_T = 87,47\ °C$: 1226,5 kJ/s

c) Bedingungen bei $x_W = 0,6$:

$T = 79,8\ °C$; $\dot{V} = 31,4$ kmol/h; $L = 68,6$ kmol/h; $y_M = 0,718$; $Q = 462,0$ kJ/s

d) Bedingungen bei $y_M = 0,6$:

$T = 84,2\ °C$; $\dot{V} = 68,2$ kmol/h; $L = 31,8$ kmol/h; $x_W = 0,714$; $Q = 868,3$ kJ/s.

Beispiel 8-17: Absorption von Ammoniak mit Wasser: Berücksichtigung der Reaktion

Gleiche Angabe wie in Beispiel 8-2 (mit 2 mol Wasser pro mol Gas); dort wurde die reine Löslichkeit von Ammoniak entsprechend dem Henry-Gesetz betrachtet. In diesem Beispiel soll untersucht werden, ob die Reaktion von Ammoniak mit Wasser

$$NH_3\ +\ H_2O\ \leftrightarrow\ NH_4^+\ +\ OH^-$$

die Absorption verbessert.

<u>Lösungshinweis:</u>

Im Unterschied zu Beispiel 8-2 gibt es mindestens zwei neue Unbekannte, die Ammonium- und Hydroxidionen. Unter Vernachlässigung der Protonenkonzentration können aber die Konzentrationen der Ammonium- und Hydroxidionen gleich gesetzt werden. Zur Umrechnung verschiedener Konzentrationsmaße in der wässrigen Phase (Henry-Gesetz mit Molanteil, Basenreaktion mit Konzentrationen oder Molalitäten), wird noch die Dichte der wässrigen Phase (= 1000 kg/m³) und die Gesamtkonzentration (= 55,6 mol/l) benötigt. Ein mögliches Gleichungsschema für diese Aufgabe könnte lauten:

Summation Gasphase: $y_{NH3} + y_{Luft} = 1$

Henry-Gesetz: $y_{NH3} \cdot p_{ges} = H_{NH3} \cdot c_{NH3}/c_{ges}$

Basenreaktion: $c_{NH4} \cdot c_{OH}/c_{NH3} = K_B$

N-Bilanz: $G_{ein} \cdot y_{NH3,ein} = G_{aus} \cdot y_{NH3} + L \cdot (c_{NH3} + c_{NH4})$

Luft-Bilanz: $G_{ein} \cdot y_{Luft,ein} = G_{aus} \cdot y_{Luft,aus}$

<u>Ergebnis:</u>

Im Vergleich zum Ergebnis ohne Berücksichtigung der Reaktion besteht praktisch kein Unterschied.

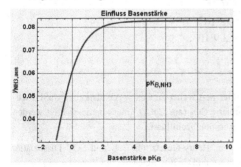

<u>Kommentar:</u>

Durch die verschiedenen Vereinfachungen stimmt der NH_3-Austrittswert auch bei unendlich schwacher Reaktion nicht exakt mit dem Ergebnis aus Beispiel 8-2 überein.

Aus nebenstehender Abbildung ist deutlich zu sehen, dass der Einfluss der Reaktion auf die Absorption erst ab einer gewissen Basen- bzw. Säurestärke bemerkbar ist. Ammoniak ist eine ziemlich schwache Base, ein Einfluss auf die Absorption ist vernachlässigbar.

Erst ab einem $pK_B < 2$ ist eine Verbesserung der Absorption durch die Reaktion mit Wasser von Bedeutung.

Beispiel 8-18: CO_2-Absorption mit K_2CO_3

Aus einem Rauchgasstrom (100000 Nm^3/h, 13 % CO_2) soll CO_2 mittels einer K_2CO_3-Lösung (1 mol/l) zu 90 % abgetrennt werden. Wie viel dieser K_2CO_3-Lösung ist dafür erforderlich, falls genau eine Gleichgewichtsstufe verwirklicht werden könnte? Wie viel reines Wasser als Lösungsmittel würde man dafür benötigen?

Die Berechnung soll für isotherme Bedingungen mit folgenden Stoffdaten erfolgen:

- Dissoziationskonstanten Kohlensäure: $K_{s1} = 4{,}35 \cdot 10^{-7}$; $K_{s2} = 4{,}69 \cdot 10^{-11}$
- Henry-Konstante CO_2 in Wasser: H = 1610 bar;
- Gesamtdruck: 1 bar
- Ionenprodukt Wasser: $K_W = 10^{-14}$
- Gesamtkonzentration der wässrigen Phase: $c_{ges} = 56$ mol/l = konst.
- Weitere Annahme: Lösungsmittelstrom L bleibt konstant.

Lösungshinweis:

Folgende Unbekannte:

Austretender Gasstrom G_{aus}, Lösungsmittelstrom L, Molanteil CO_2 $y_{CO2,aus}$ und Molanteil Luft $y_{Luft,aus}$ im austretenden Gasstrom, wässrige Konzentrationen an Protonen H^+, Hydroxidionen OH^-, gelöstes CO_2, Hydrogenkarbonat HCO_3^-, Karbonat CO_3^{2-},

Für diese 9 Unbekannten werden folgende 9 Gleichungen benötigt:

Summationsbedingung Gasphase, Henry-Gesetz, Luft- und CO_2- bzw. C-Bilanz, 1. und 2. Dissoziation der Kohlensäure, Ionenprodukt Wasser, Elektroneutralität und Wirkungsgrad.

Ergebnis:

Es werden 805,5 m^3/h einer 1 m K_2CO_3-Lösung benötigt. Für die gleiche Abscheideleistung würde man $1{,}02 \cdot 10^6$ m^3/h reines Wasser benötigen.

Beispiel 8-19: SO_2-Absorption mit $CaCO_3$ und $Ca(OH)_2$:

Ein Rauchgas (1000 Nm^3/h) mit 5 g/Nm^3 SO_2 und 13 % CO_2 wird in einem Gleichstromwäscher gereinigt. Der Lösungsmittelstrom beträgt 10 m^3/h und enthält a) $CaCO_3$ im 1,5 fachen Überschuss zum vorhandenen SO_2 und b) $Ca(OH)_2$ im stöchiometrischen Verhältnis zu SO_2.

Berechne die maximal möglich SO_2-Abtrennung für ideale, isotherme Bedingungen.

Gegebene Daten für bestimmte Temperatur:

- Henry-Konstanten: $CO_2 = 2647{,}1$; $SO_2 = 86{,}93$ bar.
- Kohlensäure: $K_{1,H2CO3} = 5{,}28 \cdot 10^{-7}$; $K_{2,H2CO3} = 6{,}82 \cdot 10^{-11}$.
- Schwefelige Säure: $K_{1,H2SO3} = 1{,}7 \cdot 10^{-2}$; $K_{2,H2SO3} = 6{,}3 \cdot 10^{-8}$.
- Löslichkeitsprodukte: $CaCO_3 = 4{,}5 \cdot 10^{-9}$; $CaSO_3 = 3{,}9 \cdot 10^{-7}$;
- Ionenprodukt Wasser: $K_W = 3{,}9 \cdot 10^{-14}$.

Lösungshinweis:

Absorption mit chemischer Reaktion. Das absorbierte SO_2 reagiert weiter zu $CaSO_3$ (Oxidation zu $CaSO_4$ wird nicht betrachtet). Auch das ab- bzw. gegebenenfalls desorbierte CO_2 (aus $CaCO_3$) muss berücksichtigt werden, da es durch die dabei auftretende pH-Änderung die SO_2-Absorption beeinflusst.

Insgesamt sind folgende Gleichgewichte zu berücksichtigen: Henry-Gesetz für CO_2 und SO_2, Dissoziation schwefelige Säure und Kohlensäure, Löslichkeitsprodukt $CaCO_3$ und $CaSO_3$, Ionenprodukt Wasser.

Ergebnis:

Unter den gegebenen Bedingungen beträgt die SO_2-Reingaskonzentration bei Verwendung von $CaCO_3$ $3,5 \cdot 10^{-2}$, und bei Verwendung von $Ca(OH)_2$ $1 \cdot 10^{-5}$ mg/m³.

Kommentar:

Die SO_2-Reingaswerte sind äußerst gering und werden in der Praxis auch in einem Gegenstromwäscher nicht erreicht. Dies ist u. a. darauf zurückzuführen, dass einige Reaktionen, insbesondere die Kalksteinauflösung, relativ langsam verlaufen und nie eine Gleichgewichtseinstellung erreicht wird.

8.2. Mehrstufige Gegenstromoperationen

Bei einstufigen Trennoperationen ist meist sehr viel Lösungsmittel (bei Absorption und Extraktion) bzw. Adsorbens (bei Adsorption) erforderlich, um eine weitgehende Abtrennung der gewünschten Komponente zu erzielen. Der Prozess kann verbessert werden, indem mehrere einstufige Trennoperationen hintereinander geschaltet werden (Kreuzstromoperationen). Insgesamt ist dann deutlich weniger Lösungsmittel notwendig, welches dann auch höher mit der übergehenden Komponente angereichert ist. Dem steht ein höherer apparativer Aufwand gegenüber.

Mit Hilfe von Gegenstromoperationen kann der Prozess noch effektiver gestaltet werden. Abbildung 8-2 zeigt einige Möglichkeiten zur Verwirklichung des Gegenstromprinzips. Abbildung 8-2 a) zeigt einzelne einstufige Trenneinheiten, die in Gegenstromführung verbunden sind. Solche Anlagen kommen häufig in der Extraktion als Mischer-Abscheider-Einheiten zur Anwendung, wobei in jeder Einheit eine vollständige Durchmischung und Trennung der beiden Phasen erfolgt. In Bodenkolonnen (Abbildung 8-2 b) wird dieses Prinzip in einem einzigen Apparat verwirklicht, wobei idealerweise auf jedem Boden eine Durchmischung und Trennung erfolgt. In Füllkörper- oder Packungskolonnen (Abbildung 8-2 c) kommt es über den gesamten

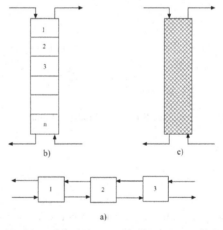

Abbildung 8-2: Apparate mit Gegenstromprinzip

Apparat zu keiner Trennung der Phasen. Das Gegenstromprinzip wird an jeder beliebigen Höhe des Apparates verwirklicht. Der Trennwirkung für eine theoretische Stufe kann man aber eine bestimmte Höhe der Schüttung zuordnen (HETS, height equivalent to one theoretical stage).

Die folgenden Berechnungsgleichungen gelten für die Absorption mit y bzw. x als Molanteil der übergehenden Komponente in der Gasphase bzw. in der Flüssigphase. Die Flüssigphase soll unbeladen ($x_{ein} = 0$) am Kopf der Kolonne eintreten. Nach den Bezeichnungen in Abbildung 8-2b wird der oberste Boden mit Stufe 1 benannt, der unterste mit Stufe n. Auf jedem Boden soll das Gleichgewicht erreicht werden.

Bilanz für den obersten Boden 1 ($y_1 = y_{aus}$, $x_0 = x_{ein} = 0$):

$$G \cdot (y_2 - y_1) = L \cdot (x_1 - x_0) \tag{8.8}$$

Gleichung (8.8) gilt nur für den Fall, dass sich Gas- und Flüssigkeitsstrom durch die übergehende Komponente nicht ändern. Als Daumenregel kann angegeben werden, dass dies für die meisten ingenieurmäßigen Aufgabenstellungen mit ausreichender Genauigkeit gegeben ist, wenn der Anteil der übergehenden Komponente kleiner als ca. 1 % ist. Die Molbeladungen können dann ungefähr den Molanteilen gleich gesetzt werden.

Gleichgewicht nach dem Henry-Gesetz für Boden 1:

$$y_1 \;=\; \frac{H}{p_{ges}} \cdot x_1 \;=\; m \cdot x_1 \tag{8.9}$$

Wird $x_1 = y_1/m$ in die Bilanz eingesetzt ergibt sich:

$$y_2 - y_1 \;=\; \frac{L}{G \cdot m} \cdot y_1 \;=\; A \cdot y_1 \tag{8.10}$$

wobei der Absorptionsfaktor A das Verhältnis der Steigung der Bilanzlinie L/G zur Steigung der Gleichgewichtslinie m angibt.

Für Stufe 2 gilt analog:

$$y_2 \;=\; m \cdot x_2 \quad \text{und}$$

$$y_3 - y_2 \;=\; A \cdot \left(y_2 - y_1\right)$$

Kombination dieser Gleichungen unter Elimination von y_2 ergibt dann mit $y_1 = y_{aus}$ und $y_3 = y_{ein}$:

$$y_{aus} \;=\; \frac{y_{ein}}{\left(1+A\right)^2 - A} \;=\; \frac{y_{ein}}{1+A+A^2} \tag{8.11}$$

Für eine beliebige Stufenanzahl n erhält man:

$$y_{aus} \;=\; \frac{y_{ein}}{\displaystyle\sum_{i=0}^{n} A^i} \tag{8.12}$$

Für $x_{ein} \neq 0$ ist diese Ableitung nicht mehr so einfach und wird am besten mit Computer durchgeführt (Beispiel 8-20). Die Ableitung führt nach mehreren Umformungen zu folgender Gleichung für die gesuchte Stufenanzahl bei gegebenen y_{aus}:

$$N_{th} \;=\; \frac{\ln\left[\dfrac{y_{ein} - m \cdot x_{ein}}{y_{aus} - m \cdot x_{ein}}\right] \cdot \left(1 - \dfrac{1}{A}\right) + \dfrac{1}{A}}{\ln A} \tag{8.13}$$

Dies ist die Formel nach Kremser[21], welche aber nur für verdünnte Systeme und konstanter Steigung m der Gleichgewichtslinie gilt.

---

[21] Für den NTU-Wert (siehe Kapitel 14.1) erhält man $NTU_{og} = \dfrac{\ln\left[\dfrac{y_{ein} - m \cdot x_{ein}}{y_{aus} - m \cdot x_{ein}}\right] \cdot \left(1 - \dfrac{1}{A}\right) + \dfrac{1}{A}}{1 - \dfrac{1}{A}}$. Ein Vergleich

zeigt, dass $N_{th} = NTU_{og}$, wenn $A = 1$, d. h. wenn die Steigung der Bilanzlinie genau der Steigung der Gleichgewichtslinie entspricht.

8.2.1. Beispiele zu mehrstufigen Trennoperationen

Beispiel 8-20: mehrstufige Absorption Ammoniak 1: gegebene Stufenzahl

Ein Abgas bei 1 bar und 30 °C enthält 1 Vol.% NH_3, welches mit 1 kg Wasser pro m^3 Abgas in 7 theoretischen Stufen ausgewaschen werden soll. Das Wasser tritt einmal rein und einmal mit einem Ammoniakanteil von $x_e = 0{,}0005$ in den Absorber ein. Berechne jeweils den Molanteil NH_3 im austretenden Gas und im Wasser für eine Henry-Konstante von 1,25 bar.

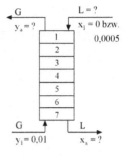

Annahme: Molanteile $\approx$ Molbeladungen, isotherm, Gültigkeit des Henry-Gesetzes.

Lösungshinweis:

Das Ergebnis kann auf vier Arten erhalten werden:

1. Es wird ein Austrittswert y_{aus} geschätzt und y_{ein} für sieben Stufen berechnet. Iteration bis das erhaltene y_{ein} genau dem vorgegebenen entspricht.

2. Rekursiv. Die Bilanzgleichung einer Stufe enthält immer eine Unbekannte, welche in die nächste Stufe eingesetzt wird. In der ersten oder letzten Stufe ist ein Wert gegeben (x_{ein} oder y_{ein}), damit können rückwärts alle anderen Stufen berechnet werden. Für $x_{ein} = 0$ ergibt sich Gleichung (8.12).

3. Aufstellen und gleichzeitiges Lösen des gesamten Gleichungssystems für 7 Stufen.

4. Grafisch: dabei wird die Bilanzlinie so lange parallel verschoben, bis 7 Stufen eingezeichnet werden können.

Ergebnis:

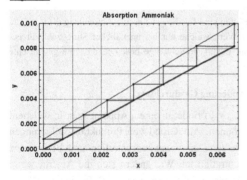
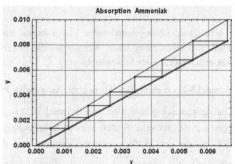

a) für $x_{ein} = 0$ beträgt $y_{aus} = 0{,}00082$ und $x_{aus} = 0{,}0066$,
b) für $x_{ein} = 0{,}0005$ ist $y_{aus} = 0{,}00139$ und $x_{aus} = 0{,}0067$;

Beispiel 8-21: mehrstufige Absorption Ammoniak 2: minimale Lösungsmittelmenge

Analog zu Beispiel 8-20; Wasser tritt rein ein, y_{aus} ist mit $y_a = 0{,}0005$ gegeben. Gesucht ist das Lösungsmittelverhältnis L/G (als mol/mol) für 2, 7 und unendlich viele Stufen (= minimale Lösungsmittelmenge) gesucht. Was passiert, wenn die Anlage mit weniger als der minimalen Lösungsmittelmenge betrieben wird? Berechne bzw. zeichne einen beliebigen Zustand dazu.

Lösungshinweis:

Gleiche Vorgangsweise wie in Beispiel 8-20. Nachdem $x_{ein} = 0$ ist, kann die einfache Formel (8.12) zur Berechnung des Absorptionsfaktors und damit des Lösungsmittelverhältnisses verwendet werden. Diese Formel kann auch für unendliche Stufenzahl verwendet werden, wobei ∞ mit einer hohen Stufenzahl angenähert werden muss

Ergebnis:

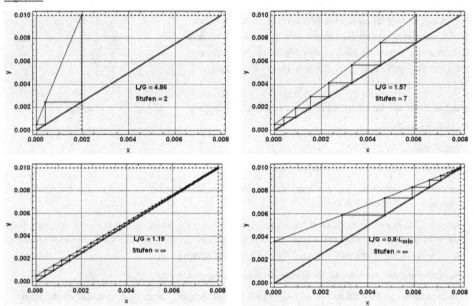

Kommentar:

Je weniger Lösungsmittel verwendet wird, desto mehr Stufen sind für die gewünschte Abtrennung erforderlich. Die minimale Lösungsmittelmenge ist ein theoretischer Wert, welche nur bei unendlicher Stufenzahl zur gewünschten Abtrennung führt. Weniger als die minimale Lösungsmittelmenge bedeutet, dass die gewünschte Abtrennung nicht erreicht werden kann.

Beispiel 8-22: mehrstufige Absorption Ammoniak 3: Änderung Gasdurchsatz

Die Ammoniak-Absorption von Beispiel 8-20 (mit $x_{ein} = 0$) findet in einem Apparat statt, in welchem genau 7 theoretische Stufen verwirklicht werden können. Auf Grund von Produktionssteigerungen fällt a) ein um 25 % größerer Gasstrom mit derselben Ammoniakkonzentration und b) derselbe Gasstrom mit einer 30 % höheren Ammoniakkonzentration an. Wie ändern sich die Austrittswerte wenn der Lösungsmittelstrom gleich bleibt und der Apparat immer noch genau 7 Stufen schafft?

Lösungshinweis:

Mit Computer gleiche Vorgangsweise wie in den vorangegangenen Beispielen. Bei der grafischen Methode wird die Bilanzlinie so lange parallel verschoben, bis wieder 7 Stufen eingezeichnet werden können.

Ergebnis:

a)

y_{aus} verschlechtert sich von 0,00082 auf 0,0018,

x_{aus} steigt von 0,0066 auf 0,0073

b)

y_{aus} verschlechtert sich von 0,0008 auf 0,0010,

x_{aus} steigt von 0,0066 auf 0,0085

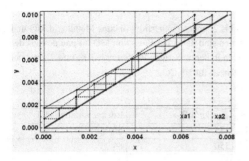
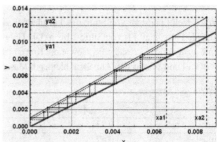

Beispiel 8-23: Luftstrippen NH₃

Ein Abwasser mit 45 °C und 10 g/l NH₃ soll durch Strippen mit Luft auf 1 g/l NH₃ gereinigt werden. Die eintretende Luft ist bei dieser Temperatur wasserdampfgesättigt und enthält bereits eine Ammoniak-Beladung von 0,001 mol NH₃ pro mol feuchte Luft. Für idealisierte Bedingungen (isotherm, ideales Gas, Gültigkeit des Henry-Gesetzes) ist zu berechnen:

a) die Anzahl der erforderlichen theoretischen Stufen und die Luftaustrittsbeladung für das 1,4 fache der minimalen Luftmenge,

b) die Anzahl der erforderlichen theoretischen Stufen und die Luftaustrittsbeladung für einen Stripfaktor von 1,5.

Lösungshinweis:

Der Stripfaktor gibt das Verhältnis der Steigung der Gleichgewichtslinie zur Bilanzlinie an, $SF = SF = \dfrac{m}{L/G}$

Ergebnis:

a) 6 und b) 5 theoretische Stufen

Beispiel 8-24: Waschen eines Feststoffes 1 [51]

3750 kg/h eines Feststoffes bestehend aus 64 % eines wasserunlöslichen Metalloxides MO und 36 % Na₂CO₃ werden mit 4000 kg/h Wasser W in einer Gegenstromkaskade gewaschen. Berechne die Rückgewinnung an Na₂CO₃ für 1 bis 10 Stufen für folgende Annahmen:

- in der 1. Stufe (Eintritt Feststoff) wird alles Na₂CO₃ gelöst.

- der aus jeder Stufe austretende feuchte Feststoff (= underflow) enthält 40 % anhaftende Flüssigkeit Fl.

- die Na₂CO₃-Konzentration in der anhaftenden Flüssigkeit und im Lösungsmittel (= overflow) ist in jeder Stufe am Austritt gleich.

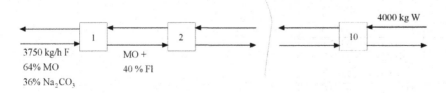

Lösungshinweis:

Overflow bleibt konstant von Stufe n + 1 (Zulauf Wasser) bis 2, ebenso underflow (inertes Metalloxid MO und anhaftende Flüssigkeit Fl) von Stufe 1 bis n. Die Unbekannten sind daher der Fluss von MO, Fl und des aus der 1. Stufe austretenden Wassers W_1, sowie die Konzentrationen in den wässrigen Phasen in jeder Stufe. Berechnet man MO, Fl und W_1 aus den Angaben, bleiben n Massenbilanzen für Na_2CO_3.

Ergebnis:

	$\rho_{Extrakt}$ [kg/m³]	$\rho_{Raffinat}$ [kg/m³]	Rückgewinnung [%]
1 Stufe	0,3375	0,3375	60,0
2 Stufen	0,4725	0,1350	84
3 Stufen	0,5265	0,054	93,6
4 Stufen	0,5481	0,0216	97,4
5 Stufen	0,5567	0,0086	98,98
6 Stufen	0,5602	0,0035	99,6
7 Stufen	0,5616	0,0014	99,8
8 Stufen	0,5621	0,0006	99,93
9 Stufen	0,5624	0,0002	99,97
10 Stufen	0,5624	0,0001	99,99

Beispiel 8-25: Waschen eines Feststoffes 2: Vergleich einstufig, Kreuzstrom, Gegenstrom

Wie vorhergehendes Beispiel 8-24. Nun ist aber die Wassermenge nicht gegeben sondern gesucht, um das Na_2CO_3 zu 99 % auszuwaschen, für

a) eine einstufige Wäsche

b) 1 - 10 Stufen im Kreuzstrom

c) 1 – 10 Stufen im Gegenstrom

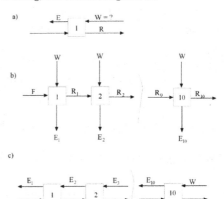

Lösungshinweis:

Für jede Stufe 2 bis n gleiche Salz- und Wasserbilanzen. Gleichgewicht wird nicht benötigt, wenn die ausgehenden Konzentrationen gleich gesetzt werden. Zusätzlich eigene Salz- und Wasserbilanz für die erste Stufe, sowie Gleichung für Wirkungsgrad der Gesamtanlage.

Ergebnis:

Gesamter Wasserbedarf für eine Salzabtrennung von 99% [kg/h]:

Stufenanzahl	Kreuzstrom	Gegenstrom
1	160000	160000
2	30400	16000
3	19079,6	7426,5
4	15438,6	5059,6
5	13695,1	4019,0
6	12682,6	3447,1
7	12023,8	3089,1
8	11562,0	2845,3
9	11220,6	2669,0
10	10958,3	2535,8

Beispiel 8-26: Methanol-Rektifikation, Idealkaskade

100 kmol/h einer flüssigen Mischung mit je 50 % Methanol und Wasser tritt mit Siedetemperatur in eine Destillationseinheit (Stufe 0) ein. In dieser Stufe 0 wird genau so viel Energie zugeführt, dass die Hälfte verdampft. Man erhält einen Dampfstrom V_0, welcher an Methanol angereichert ist und einen Flüssigkeitsstrom L_0, welcher reicher am Wasser ist. Mit einer Stufe kann immer nur eine Anreicherung, aber keine weitgehende Trennung erreicht werden. Deshalb werden sowohl der Dampfstrom V_0, wie auch der Flüssigkeitsstrom L_0 einer weiteren Destillationseinheit zugeführt. Der Dampfstrom V_0 wird in der Destillationseinheit Stufe 1 wieder in einen Dampfstrom V_1 und Flüssigkeitsstrom L_1 aufgeteilt. V_1 ist wieder reicher an Methanol und kann in weiteren Stufen so weit angereichert werden, bis die gewünschte Reinheit erreicht ist.

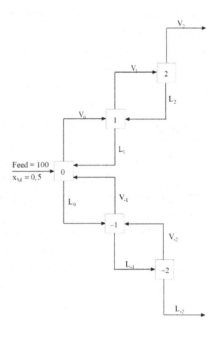

Der in Stufe 1 anfallende Flüssigkeitsstrom L_1 kann nun wieder der Stufe 0 rückgeführt werden, wodurch eine Gegenstromführung entsteht. Idealerweise sollte L_1 genau die Zusammensetzung des Einsatzgemisches haben (keine Mischungsentropie), man spricht dann auch von einer Idealkaskade.

Es sind alle Ströme, Zusammensetzungen, Temperaturen und der Energiebedarf in jeder Stufe zu berechnen für den Fall, dass die rückgeführten Ströme genau die Zusammensetzung der zugeführten Ströme haben. Erstelle ein x-y-Diagramm mit den Gleichgewichten und Bilanzen jeder Stufe.

Lösungshinweis:

Die Temperaturen erhält man aus den Gleichgewichten (Raoultsches Gesetz für Methanol und Wasser); die Energiebilanz ist dazu nicht erforderlich. Deshalb zwei Schritte: zuerst die Berechnung der Ströme, Zusammensetzungen und Temperaturen, und anschließend aus der Energiebilanz den Energiebedarf.

Zunächst wird ohne Rückführungen gerechnet. Damit ergeben sich bereits die richtigen Konzentrationen und Temperaturen, aber noch falsche Flüsse. Da aber das Verhältnis der Flüsse (Steigung L/G) auch passt, kann leicht auf die richtigen Flüsse umgerechnet werden. Dazu werden aus einer Gesamtbilanz um die gesamte Trenneinrichtung die Flüsse V_2 und L_{-2} berechnet; von diesen ausgehend können nun mit der Steigung L/G auch alle anderen Flüsse umgerechnet werden. Alternativ kann natürlich gleichzeitig das gesamte System gelöst werden.

Ergebnis:

für 100 kmol/h Einsatz bei Siedetemperatur von 76,5 °C:

	V [kmol/h]	L [kmol/h]	y_M	x_M	T [°C]	$Q \cdot 10^{-6}$ [kJ/h]
Stufe +2	49,32	32,93	0,886	0,661	71,8	- 1,24
Stufe +1	82,26	69,23	0,796	0,500	76,5	- 1,44
Stufe 0	118,55	118,55	0,661	0,339	82,1	+ 1,85
Stufe −1	67,88	86,30	0,500	0,213	87,5	+ 1,22
Stufe -2	35,62	50,68	0,339	0,125	92,0	+ 1,41

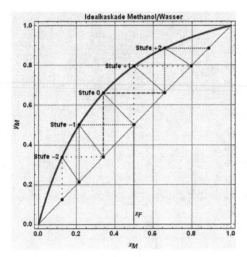

Kommentar:

Die Idealkaskade hat zwar die beste Trennwirkung, erfordert aber auf jeder Stufe ein anderes Dampf/Flüssigkeitsverhältnis, welches nur durch entsprechend unterschiedliche Energiezu- bzw. – abfuhr eingestellt werden kann. Dies ist in der Praxis nicht zweckmäßig. Es werden verschiedene Kolonnentypen verwendet, die Wärmezufuhr erfolgt meist auf der untersten Stufe (Sumpfverdampfer), die Kondensation des Dampfes zur Aufgabe des Rücklaufs erfolgt auf oder nach der obersten Stufe. Damit können aber diese idealen Bedingungen nicht eingestellt werden; man spricht dann von einer Normalkaskade.

9. Wässrige Lösungen

In diesem Kapitel werden die Chemie und Thermodynamik von Ionen im Lösungsmittel Wasser behandelt. Andere Lösungsmittel werden nicht betrachtet; Indizes die auf Wasser als Lösungsmittel hinweisen, wie z. B. ein tiefgestelltes w oder aq werden daher weg gelassen. Ionenreaktionen sind üblicherweise auch sehr schnelle Reaktionen, kinetische Aspekte bleiben daher unberücksichtigt. Es werden nur Gleichgewichtsberechnungen betrachtet.

Es gelten die in den Kapiteln Thermodynamik und Bilanzen dargestellten Beziehungen und Gleichungen, welche um die Eigenschaften von Ionen in wässrigen Lösungen erweitert werden. Insbesondere die Bilanzen in den MESH-Gleichungen müssen um die Ionenbilanz ergänzt werden. Die Ionenbilanz berücksichtigt, dass in wässrigen Lösungen immer gleiche viele positive und negative Ladungen vorhanden sein müssen (Elektroneutralität). An Phasengrenzen können Kationen und Anionen aber räumlich getrennt werden, was zur Ausbildung ein elektrisches Potential führt und die Basis für alle elektrochemischen Prozesse darstellt.

Alle Gleichgewichtskonstanten in wässrigen Lösungen basieren auf dem Massenwirkungsgesetz und sind immer mit dimensionslosen Aktivitäten definiert, z. B. Säuredissoziationskonstanten, Löslichkeitsprodukte, Komplexbildungskonstanten etc. Zum Verständnis der Vorgänge in wässrigen Lösungen ist es aber ausreichend, anstelle der abstrakten Aktivitäten besser vorstellbare Konzentrationsmaße zu verwenden. Die in wässrigen Lösungen am häufigsten verwendeten Konzentrationsmaße sind die Partialdichte ρ_i [mg/l] und die Konzentration c_i [mol/l]. Aber auch die Molalität m_i [mol_i/kg_{Wasser}] bzw. der Molanteil x_i werden häufig verwendet.

Für genauere Berechnungen ist es unumgänglich, mit Aktivitäten zu rechnen, da die Aktivität von Elektrolyten bereits bei sehr verdünnten Lösungen (< 1 mmol/l) erheblich von der Konzentration abweichen kann. Es werden daher im ersten Teil dieses Kapitels die grundlegenden Konzepte anhand verdünnter Lösungen vorgestellt und vereinfachte Berechnungen mit Konzentrationen durchgeführt. Im zweiten Teil werden dann einige Aktivitätskoeffizientenmodelle diskutiert und die entsprechenden Berechnungen mit Aktivitäten wiederholt.

9.1. ideal verdünnte Lösungen

Von verdünnten Lösungen spricht man, wenn die Aktivitätskoeffizienten nicht merklich von 1 abweichen, was bei ionischen Spezies je nach Oxidationsstufe bei einer Konzentration < 0,0001 mol/l der Fall ist.

9.1.1. Ionenprodukt Wasser

Die Grundlagen für alle Berechnungen in wässrigen Lösungen lassen sich gut am Beispiel der Autoprotolyse des Wassers (Ionenprodukt Wasser) demonstrieren, weshalb diese zu Beginn ausführlich diskutiert wird.

Die Reaktionsgleichung für die Autoprotolyse des Wassers lautet entweder

$$H_2O \;\leftrightarrow\; H^+ + OH^- \hspace{6cm} (9.1)$$

oder

$$2\,H_2O \;\leftrightarrow\; H_3O^+ + OH^-$$

Die zweite Gleichung ist „richtiger", da das Proton H^+ nicht isoliert in wässrigen Lösungen vorliegt, sondern hydratisiert, z. B. als H_3O^+. Für die allermeisten Berechnungen spielt es keine Rolle, ob H^+

oder H_3O^+ geschrieben wird; der Einfachheit halber wird in vielen Lehrbüchern nur H^+ verwendet, was auch hier beibehalten werden soll.

Vorsicht ist aber bei thermodynamischen Berechnungen geboten, da die Bildungsenthalpien für H^+ (Δg_B und Δh_B) zwar mit null festgelegt sind, nicht aber für H_3O^+. Da aber die Bildungsenthalpien für H^+ null sind, müssen die Bildungsenthalpien für H_3O^+ gleich groß wie für H_2O sein und sie kürzen sich aus jeder Gleichung wieder heraus. Sobald nämlich H_3O^+ anstelle von H^+ verwendet wird, steht auf der anderen Seite der Reaktionsgleichung ein H_2O mehr, so dass beide Seiten um den gleichen Betrag erhöht bzw. erniedrigt werden.

Die Gleichgewichtskonstante für diese Autoprotolysereaktion (9.1) lautet entsprechend dem Massenwirkungsgesetz

$$K = \frac{a_{H^+} \cdot a_{OH^-}}{a_{H_2O}}. \tag{9.2}$$

Die Aktivität der Protonen multipliziert mit der Aktivität der Hydroxidionen und dividiert durch die Aktivität des Wassers ist für gegebene Temperatur und Druck eine Konstante. Aktivitäten sind dimensionslose Größen, dementsprechend sind auch alle Gleichgewichtskonstanten dimensionslos. Die Aktivität reinen Wassers ist mit eins definiert, $a_{H_2O} \equiv 1$. Sind Ionen und andere Substanzen im Wasser gelöst, ändert sich die Aktivität des Wassers. Für die allermeisten praktischen Anwendungen weicht die Wasseraktivität nicht sehr vom Wert eins ab; sie wird daher in die Gleichgewichtskonstante mit einbezogen und man erhält eine neue, fast gleich große Gleichgewichtskonstante K_W,

$$K_W = a_{H^+} \cdot a_{OH^-} \approx c_{H^+} \cdot c_{OH^-} \approx m_{H^+} \cdot m_{OH^-} \tag{9.3}$$

welche als Ionenprodukt des Wassers bezeichnet wird. Für verdünnte Lösungen können Konzentrationen oder Molalitäten verwendet werden, wobei aber zu beachten ist, dass Molalitäten und Molaritäten dimensionsbehaftete Größen sind; sie müssen deshalb durch entsprechende Standardgrößen dividiert werden damit die Gleichgewichtskonstante dimensionslos bleibt. Im Folgenden wird die Standardmolalität mit $m^0 = 1$ mol_i/kg_{Wasser} und die Standardkonzentration mit $c^0 = 1$ $mol_i/l_{Lösung}$ festgelegt und nicht mehr angeschrieben.

Im Rahmen der Berechnungen für wässrige Lösungen stellen sich zwei essentielle Aufgaben:

- Berechnung der Gleichgewichtskonstanten

- Berechnung der Konzentrationen aller gelösten Komponenten

9.1.1.1.   *Berechnung der Gleichgewichtskonstanten*

Die Gleichgewichtskonstanten vieler Reaktionen in wässrigen Lösungen sind in zahlreichen Tabellenwerken tabelliert, meist aber nur bei 25 °C. Die Aufgabe in diesem Abschnitt ist daher die Berechnung von Gleichgewichtskonstanten nicht tabellierter Reaktionen und insbesondere die Umrechnung auf andere Temperaturen.

Die Behandlung von Reaktionsgleichgewichten wurde ausführlich im Kapitel Thermodynamik gezeigt. Diese Berechnungen können in analoger Weise auch auf Ionenreaktionen angewandt werden, wobei es aber vereinzelt einige Besonderheiten geben kann.

Die thermodynamische Gleichgewichtskonstante bei der Referenztemperatur von 25 °C (Index 0) kann aus der Gibbsschen freien Standardreaktionsenthalpie bei 25 °C abgeleitet werden. Als Ergebnis erhält man:

$$\Delta g_R^0 = -R \cdot T \cdot \ln K^0 \quad \text{bzw.} \quad K^0 = \exp\left(-\frac{\Delta g_R^0}{R \cdot T}\right) \tag{9.4}$$

Die Gibbssche freie Standardreaktionsenthalpie kann wiederum aus den Gibbsschen Bildungsenthalpien berechnet werden:

$$\Delta g_R^0 = \sum_i v_i \cdot \Delta g_{B,i}^0 , \tag{9.5}$$

mit den Zahlenwerten (in kJ/mol)

$$\Delta g_{B,H^+}^0 = 0$$

$$\Delta g_{B,OH^-}^0 = -157,24$$

$$\Delta g_{B,H_2O}^0 = -237,13$$

erhält man die Gibbssche Reaktionsenthalpie für die Autoprotolyse des Wassers

$$\Delta g_R^0 = 1 \cdot \Delta g_{B,H^+}^0 + 1 \cdot \Delta g_{B,OH^-}^0 + (-1) \cdot \Delta g_{B,H_2O}^0 = 79,89 \text{ kJ/mol} \tag{9.6}$$

und daraus die Gleichgewichtskonstante bei 25 °C

$$K_W^0 = \exp\left(-\frac{\Delta g_R^0}{R \cdot T}\right) = \exp\left(-\frac{79,89 \cdot 10^6}{8314,51 \cdot 298,15}\right) = 1,009 \cdot 10^{-14} . \tag{9.7}$$

Es ist zu beachten, dass bei dieser Berechnung das Wasser berücksichtigt werden muss. Generell kann festgehalten werden, dass das Wasser immer dann berücksichtigt werden muss, wenn es als Reaktionspartner auftritt; ist es nur Lösungsmittel, kann es in den meisten Fällen vernachlässigt werden, Beispiel 9-1, Beispiel 9-8.

Die Temperaturabhängigkeit der Gleichgewichtskonstante erhält man entweder aus der Gibbsschen Reaktionsenthalpie bei der entsprechenden Temperatur (Beispiel 2-20), oder aus der van't Hoff-Gleichung.

$$\frac{d\ln K}{dT} = \frac{\Delta h_R^0}{R \cdot T^2} \tag{9.8}$$

Die Standardreaktionsenthalpie [kJ/mol] bei 25 °C erhält man analog zu Gleichung (9.5):

$$\Delta h_{B,H^+}^0 = 0$$

$$\Delta h_{B,OH^-}^0 = -229,99$$

$$\Delta h_{B,H_2O}^0 = -285,83$$

$$\Delta h_R^0 = 1 \cdot \Delta h_{B,H^+}^0 + 1 \cdot \Delta h_{B,OH^-}^0 + (-1) \cdot \Delta h_{B,H_2O}^0 = 55,84 \text{ kJ/mol} \tag{9.9}$$

Sind keine Wärmekapazitäten von Ionen (hypothetische Werte) verfügbar, muss bei der Integration der van't Hoff-Gleichung davon ausgegangen werden, dass die Reaktionsenthalpie konstant ist und sich mit der Temperatur nicht ändert. Integration ergibt dann

$$\ln K(T) = \ln K(T_0) - \frac{\Delta h_R^0}{R} \cdot \left(\frac{1}{T} - \frac{1}{T_0}\right) \tag{9.10}$$

Die Druckabhängigkeit der Gleichgewichtskonstanten ist von geringer praktischer Bedeutung; sie kann ebenfalls über die Druckabhängigkeit der Gibbsschen Reaktionsenthalpie berechnet werden. Stumm [52] gibt folgende Werte für das Verhältnis $K_W(p)/K_W(1 \text{ atm})$ an:

  200 atm: 1,2
  600 atm: 1,62
1000 atm: 2,19

9.1.1.2.   *Berechnung der Konzentrationen aller gelöster Stoffe*

Sind die Gleichgewichtskonstanten aller Reaktionen bei der gegebenen Temperatur bekannt, können die Konzentrationen aller Ionen berechnet werden. Es kann ein Gleichungssystem aufgestellt werden (MESH-Gleichungen), welches nach den gesuchten Konzentrationen gelöst wird. Dieses Gleichungssystem muss mindestens alle

- Gleichgewichtsreaktionen und die

- Ionenbilanz (Elektroneutralität)

enthalten. Je nach Anzahl der Unbekannten müssen auch noch andere Bilanzen (Säure, Basen, Atome u. a.) inkludiert werden.

Auch wenn für die Lösbarkeit des Gleichungssystems gegebenenfalls gewisse Vereinfachungen getroffen werden müssen, können mit dieser Vorgangsweise prinzipiell beliebig komplexe Systeme berechnet werden. Das Aufstellen des Gleichungssystems und die wichtigsten Merkmale werden wieder anhand der Autoprotolyse von Wasser erläutert und in den Beispielen der weiteren Kapitel angewandt.

Bei der Autoprotolyse des Wassers werden die Konzentrationen der beteiligten Ionen H^+ und OH^- gesucht. Es gibt daher zwei Unbekannte, es müssen dazu zwei unabhängige Gleichungen gefunden werden. Es sind dies die Gleichgewichtsreaktion und die Ionenbilanz.

- Gleichgewicht: $K_W = a_{H^+} \cdot a_{OH^-}$

- Ionenbilanz: $c_{H^+} = c_{OH^-}$

Weitere Bilanzen sind in diesem Fall nicht erforderlich.

Prinzipiell müssen in den Gleichgewichten immer die wirksamen Konzentrationen, d. h. die Aktivitäten eingesetzt werden, während bei den Bilanzen immer die Konzentrationen oder Molalitäten zu verwenden sind.

Ersetzt man die Aktivitäten im Gleichgewicht durch Konzentrationen, erhält man folgendes Gleichungssystem,

$$1,009 \cdot 10^{-14} = c_{H^+} \cdot c_{OH^-}$$

$$c_{H^+} = c_{OH^-}$$

woraus sich die bekannten Konzentrationen von 10^{-7} mol/l für die Protonen und Hydroxidionen berechnen.

Mit der Definition des pH-Wertes pH $= - \log a_H^+ \approx - \log c_H^+$ erhält man dem pH-Wert von reinem Wasser bei 25 °C von pH = 7. Es ist aber zu beachten (z. B. hinsichtlich Korrosion in Leitungen), dass der pH-Wert von reinem Wasser bei höherer Temperatur sinkt, Beispiel 9-1.

9.1.2. Säuren und Basen, pH-Wert Berechnungen

Es gibt verschiedene Konzepte und Definitionen für Säuren und Basen (Arrhenius, Bronsted, Lowry, Lewis). Für Berechnungen in wässrigen Lösungen ist jenes am geeignetsten, welches 1923 unabhängig von einander von Johannes Bronsted und Thomas Lowry entwickelt wurde. Demnach ist eine Säure eine Substanz, welche Protonen abgeben kann (Protonen-Donator), und eine Base eine Substanz, welche Protonen aufnehmen kann (Protonen-Akzeptor). Eine Säure, die ein Proton abgegeben hat, wird demnach zu einer Base, da sie nun ein Proton aufnehmen kann. Die Säure und die nach Abgabe des Protons daraus entstehende Base bilden immer ein Säure-Basen-Paar. Die so entstandene Base nennt man auch konjugierte oder korrespondierende Base. Analog entsteht aus einer Base durch Aufnahme eines Protons eine korrespondierende Säure.

Aber auch das Arrhenius-Konzept ist sehr nützlich; demnach bildet eine Säure in Wasser Protonen, während eine Base Hydroxid-Ionen bildet. Beispielsweise reagiert Ammoniak in Wasser nach folgender Gleichung:

$$NH_3 + H_2O \leftrightarrow NH_4^+ + OH^-$$

Ammoniak nimmt in Wasser ein Proton auf, wodurch es nach Bronsted eine Base ist, bildet dadurch aber auch ein OH^- Ionen, was der Basen-Definition von Arrhenius entspricht.

Eine starke Säure ist eine Säure, welche sehr leicht Protonen abgibt; dementsprechend muss die konjugierte Base eine schwache Base sein, da sie kaum Protonen aufnehmen kann. Je stärker die Säure, desto schwächer die konjugierte Base und umgekehrt.

Die Stärke einer Säure oder Base wird durch die Gleichgewichtskonstante der entsprechenden Säure- oder Basenreaktion bestimmt und wird dann als Säure- oder Basenkonstante bezeichnet, beispielsweise für Essigsäure

$$CH_3COOH \leftrightarrow H^+ + CH_3COO^-$$

$$K = K_S = \frac{H^+ \cdot CH_3COO^-}{CH_3COOH},$$

wobei für jede Spezies die jeweilige Aktivität, bzw. bei verdünnten Lösungen die Konzentration oder Molalität einzusetzen ist.

oder für Ammoniak nach obiger Reaktionsgleichung:

$$K = \frac{NH_4^+ \cdot OH^-}{NH_3 \cdot H_2O}.$$

Die Aktivität des Wassers wird wieder in die Gleichgewichtskonstante einbezogen, so dass man für die Basenkonstante des Ammoniaks erhält:

$$K_B = \frac{NH_4^+ \cdot OH^-}{NH_3}. \tag{9.11}$$

Es ist wiederum zu beachten, dass das Wasser bei der Berechnung der Gleichgewichtskonstante aus thermodynamischen Daten zu berücksichtigen ist.

Mehrprotonige Säuren enthalten mehr als ein dissoziierbares Wasserstoffatom. Sie dissoziieren schrittweise, wobei für jeden Schritt eine eigene Dissoziationskonstante angegeben werden kann, z. B. schwefelige Säure:

1. Schritt: $H_2SO_3 \leftrightarrow H^+ + HSO_3^-$ $K_{S1} = 1{,}3 \cdot 10^{-2}$

2. Schritt: $HSO_3^- \leftrightarrow H^+ + SO_3^{2-}$ $K_{S2} = 5{,}6 \cdot 10^{-8}$

Beide Schritte können auch zusammengefasst werden:

$$H_2SO_3 \leftrightarrow 2\,H^+ + SO_3^{2-} \quad K = K_{S1} \cdot K_{S2} = 7{,}28 \cdot 10^{-10}$$

Die experimentelle Bestimmung der Konzentration von Säuren und Basen in wässrigen Lösungen erfolgt durch Titration. Am Äquivalenzpunkt ist die Säure oder Base exakt neutralisiert; aus der zugegebenen Menge der Maßlösung kann dann über eine Bilanz die ursprünglich vorhandene Menge der Säure bzw. Base berechnet werden. Beispiel 9-5 zeigt einige berechnete Titrationskurven.

Wie aus den Titrationskurven reiner Säuren und Basen ersichtlich, kann sich der pH-Wert in der Nähe des Äquivalenzpunkt sehr stark ändern. Pufferlösungen können im begrenzten Maße den pH-Wert bei Zugabe von Säure oder Lauge konstant halten, Beispiel 9-6. Sie bestehen aus einer schwachen Säure und ihrer konjugierten Base bzw. schwacher Base mit konjugierter Säure.

Die Berechnung des pH-Wertes einzelner Säure, Basen und Pufferlösungen kann mit Näherungsgleichungen erfolgen (Beispiel 9-2), wie sie in allen Standardlehrbüchern zu finden sind. Hier wird in den Beispielen aber die allgemeine, exakte Vorgangsweise bevorzugt, nämlich das Ermitteln aller Unbekannten und Aufstellen und Lösen des entsprechenden Gleichungssystems.

9.1.3. Lösungs- und Fällungsreaktionen, Komplexbildung

Die bisherigen Betrachtungen und Beispiele beinhalteten ausschließlich gelöste Komponenten. Liegen nun eine oder mehrere Komponenten als Feststoff vor, sei es durch Auflösen eines festen Salzes oder durch Bildung einer schwerlöslichen Verbindung, so wird nur das Gleichgewicht der Reaktion des Feststoffes mit seinen gelösten Komponenten mit einem anderen Namen versehen, die Berechnungsmethoden bleiben aber völlig gleich.

Die Gleichgewichtsreaktion des Feststoffes wird immer in Richtung Auflösung angesetzt, z. B.

$$NaCl \leftrightarrow Na^+ + Cl^- \quad K = \frac{a_{Na^+} \cdot a_{Cl^-}}{a_{NaCl}}$$

$$AgCl \leftrightarrow Ag^+ + Cl^- \quad K = \frac{a_{Ag^+} \cdot a_{Cl^-}}{a_{AgCl}}$$

Die Aktivität des reinen festen Stoffes wird 1 gesetzt, so dass man für schwer lösliche Salze wie z. B. AgCl erhält:

$$K = K_L = a_{Ag^+} \cdot a_{Cl^-} \approx c_{Ag^+} \cdot c_{Cl^-} \approx m_{Ag^+} \cdot m_{Cl^-} \tag{9.12}$$

Die Gleichgewichtskonstante K entspricht dem Löslichkeitsprodukt (für $\gamma = 1$)und ist für viele Salze bei 25 °C tabelliert.

Es ist zu beachten, dass sich die Gleichgewichtskonstante auf die tatsächlich im Gleichgewicht wirkenden Aktivitäten bezieht. Wird AgCl in Wasser gelöst, so liegen immer gleich viel Ag^+-Ionen wie Cl^--Ionen vor, wird hingegen z. B. Kalkstein $CaCO_3$ gelöst, so lösen sich zwar schon gleich viele Ca^{2+}-Ionen wie CO_3^{2-}-Ionen, die Karbonationen reagieren aber mit Wasser teilweise weiter zu Hydrogenkarbonat, so dass das Löslichkeitsprodukt nicht mehr erfüllt ist. Die Folge ist, dass sich weiterer Kalkstein löst; im Gleichgewicht muss dann die Summe der Karbonat-Spezies den Ca^{2+}-Ionen entsprechen (Beispiel 9-17).

Für leicht lösliche Salze, wie z. B. NaCl, ist die Berechnung mit dem Löslichkeitsprodukt nicht sinnvoll, da die leichte Löslichkeit immer hohe Konzentrationen der Ionen in der Lösung bedingt und die Konzentrationen bzw. Molalitäten auch nicht näherungsweise den Aktivitäten gleichgesetzt werden können. Das Gleichgewicht leicht löslicher Salze wird meist als Löslichkeit in verschiedenen Einheiten angegeben (g/l, mol/l, g/100 g Wasser, etc.). Dies ist für die meisten praktischen Aufgabenstellungen ausreichend und zielführend.

Der wesentliche praktische Unterschied zwischen reinen Ionenreaktionen in wässriger Lösung und solchen, die eine Bildung oder Auflösung eines Feststoffes beinhalten, ist die Kinetik. Ionenreaktionen sind sehr schnell, die Auflösung eines Feststoffes kann aber sehr langsam erfolgen (Hydratisierung, Diffusion).

Die Fällung eines Feststoffes bei Überschreiten des Löslichkeitsproduktes erfolgt üblicherweise auch sehr schnell (Ausnahmen z. B. durch Bildung einer metastabilen übersättigten Lösung, z. B. häufig bei $CaSO_4$). Es ist aber auch häufig der Fall, dass der primär gebildete Feststoff nicht die thermodynamisch stabile Form aufweist, welche sich dann erst langsam bildet.

Sollen beispielsweise die Zinkionen aus einer $ZnSO_4$-Lösung durch Anheben des pH-Wertes als Hydroxide gefällt werden, bilden sich primär auch einige Zwischenverbindungen (basische Salze), die sich dann erst sehr langsam in das gewünschte Endprodukt umwandeln, z. B.

$$Zn_2SO_4(OH)_2 \text{ (prim. Zwischenprodukt)} + 2\,H_2O \leftrightarrow 2\,Zn(OH)_2 + H_2SO_4$$

Dies ist auch der Grund, wieso die analytische Bestimmung von Metallionen nicht direkt durch Titration erfolgen soll.

Komplexgleichgewichte:

Viele Ionen bilden in wässrigen Lösungen mit anderen Ionen oder mit ungeladenen Molekülen sehr stabile lösliche Komplexe. Das Gleichgewicht wird üblicherweise für die Zerfallsreaktion des Komplexes angeschrieben, z. B.

$$Ni(CN)_4^{2-} \leftrightarrow Ni^{2+} + 4\,CN^-, \quad K = \frac{a_{Ni^{2+}} \cdot a_{CN^-}^4}{a_{Ni(CN)_4^{2-}}},$$

man spricht dann von der Komplexdissoziationskonstante K_D, sie kann aber auch umgekehrt für die Komplexbildung definiert sein.

Komplexverbindungen spielen in der analytischen Chemie eine große Rolle, in der industriellen Praxis werden sie vielfach zur Verhinderung der Fällung von Metallionen eingesetzt (Galvanik-, Leiterplattenindustrie).

9.1.4. Gase

Viele gasförmige Komponenten, welche sich entsprechend dem Henry-Gesetz in Wasser lösen, können dort weiter reagieren. Aber auch umgekehrt können viele ionische Komponenten je nach Bedingungen (meist pH-Wert) leicht flüchtige nicht-ionische Verbindungen bilden.

Beispiele:

$$CO_2 + H_2O \leftrightarrow H_2CO_3 \leftrightarrow H^+ + HCO_3^- \leftrightarrow 2\,H^+ + CO_3^{2-}$$

$$NH_3 + H_2O \leftrightarrow NH_4OH \leftrightarrow NH_4^+ + OH^-$$

$$H_2S + H_2O \leftrightarrow H_2S_{aq} \leftrightarrow H^+ + HS^- \leftrightarrow 2\,H^+ + S^{2-}$$

$$HCN + H_2O \leftrightarrow HCN_{aq} \leftrightarrow H^+ + CN^-$$

Stehen die Komponenten im Austausch mit der Gasphase, spricht man von einem offenen System, findet kein Austausch statt, wird es als geschlossen bezeichnet.

9.2. Berücksichtigung von Aktivitätskoeffizienten

9.2.1. Allgemeines

Es werden Elektrolytsysteme betrachtet, d. h. Moleküle, die in Wasser (bzw. einem anderen Lösungsmittel) ganz oder teilweise dissoziieren. Hierfür gilt die unsymmetrische Normierung, die Aktivitätskoeffizienten werden bei unendlicher Verdünnung der Komponenten eins. Um diesen Aktivitätskoeffizienten von jenen mit symmetrischer Normierung ($\gamma = 1$ für Reinkomponenten) unterscheiden zu können, wird er häufig mit einem * versehen, γ^* (oder auch γ^H für Henry-Normierung), worauf hier der Übersichtlichkeit halber verzichtet wird; alle Aktivitätskoeffizienten in diesem Kapitel beziehen sich auf die unsymmetrische Normierung.

Starke Elektrolyte, wie z. B. NaCl dissoziieren in Wasser vollständig; es liegen nur Na^+- und Cl^-- Ionen vor. Bei schwachen Elektrolyten, z. B. Essigsäure, dissoziiert nur ein geringer Teil; der Großteil der Essigsäure verbleibt undissoziiert als ungeladenes Molekül. Der wesentliche Unterschied zwischen ionischen und nicht ionischen Komponenten besteht in der Reichweite der Wechselwirkungskräfte. Zwischen Ionen herrschen starke Coulombsche Wechselwirkungskräfte, die mit dem Quadrat der Entfernung abnehmen, während die bei ungeladenen Molekülen vorherrschenden Van der Waals-Kräfte mit der 7. Potenz der Entfernung abnehmen. Das bedeutet, dass sich der Einfluss der Wechselwirkungskräfte bei Ionen schon in relativ verdünnten Lösungen bemerkbar macht, bei ungeladenen Molekülen erst bei höheren Konzentrationen.

In allen Beispielen wird hier der Aktivitätskoeffizient von ungeladenen Molekülen gleich $\gamma = 1$ gesetzt; siehe Spezialliteratur [53], sollten diese Aktivitätskoeffizienten berücksichtigt werden müssen, ebenso wie jener des Lösungsmittels Wasser (welcher aber besser über den osmotischen Koeffizienten erfasst wird).

In verdünnten Lösungen, wenn nur die weitreichenden Coulomb-Kräfte wirken, sind die Aktivitätskoeffizienten von Ionen generell < 1. In konzentrierteren Lösungen, wenn auch Wechselwirkungskräfte geringer Reichweite von Bedeutung sind, können die Aktivitätskoeffizienten deutlich ansteigen und Werte $\gg 1$ erreichen. Die Aktivitätskoeffizienten von ungeladenen Molekülen in hoch konzentrierten Lösungen, sowie von Wasser sind dann ebenfalls größer 1.

9.2.2. Arten von Aktivitätskoeffizienten

Schon bei etwas konzentrierteren Lösungen (> 1 mmol/l) kann die Aktivität von Ionen nicht mehr durch die Konzentration oder Molalität angenähert werden. Sie kann aber über zu berechnende Aktivitätskoeffizienten mit den üblichen Konzentrationsmaßen in Verbindung gesetzt werden. Für eine gelöste Komponente i gilt:

$$a_i \equiv \frac{f_i}{f_i^0} = x_i \cdot \gamma_i^x = \frac{m_i}{m_i^0} \cdot \gamma_i^m = \frac{c_i}{c_i^0} \cdot \gamma_i^c \qquad (9.13)$$

Die Aktivitätskoeffizienten sind immer dimensionslose Größen, die sich aber im Zahlenwert unterscheiden können, je nachdem welches Konzentrationsmaß verwendet wird. Eine entsprechende Kennzeichnung ist daher erforderlich. Damit sie dimensionslos bleiben, ist es erforderlich, die Molalität bzw. Konzentration durch eine Standardmolalität bzw. Standardkonzentration zu dividieren. Diese wird üblicherweise 1 gesetzt ($m_i^0 = 1$ mol/kg, $c_i^0 = 1$ mol/l).

In wässrigen Lösungen sollte immer mit der Molalität gerechnet werden, welche für verdünnte Lösungen bei Umgebungstemperatur mit normalerweise ausreichender Genauigkeit durch die Konzentration angenähert werden kann. Da Wasser immer in großem Überschuss vorliegt, ist die Verwendung von Molanteilen weniger sinnvoll.

Des Weiteren können die Aktivitätskoeffizienten in mittlere und in Einzelionenaktivitätskoeffizienten unterschieden werden. Aktivitätskoeffizienten von Einzelionen können zwar berechnet, nicht aber gemessen werden. Gemessen können nur gemischte Aktivitätskoeffizienten $\gamma_\pm$ werden (z. B. Messung der elektromotorischen Kraft, des osmotischen Druckes, der Gefrierpunktserniedrigung u. a.), aus denen mit verschiedenen Modellansätzen die mittleren oder die Einzelionenaktivitätskoeffizienten berechnet werden können.

Einzelionenaktivitätskoeffizienten sind vor allem nützlich in Lösungen mit mehreren Elektrolyten, sowie bei Berechnungen mit dem Massenwirkungsgesetz, da hier die Aktivität der einzelnen Ionen benötigt wird.

Beispiel: Berechnung des pH-Wertes einer Essigsäure (HAc)-Lösung (Standardmolalität = 1):

- Reaktion: $HAc \leftrightarrow Ac^- + H^+$

- Säurekonstante: $K_S = \dfrac{a_{Ac^-} a_{H^+}}{a_{HAc}} = \dfrac{m_{Ac^-} \gamma_{Ac^-} \cdot m_{H^+} \gamma_{H^+}}{m_{HAc} \gamma_{HAc}}$

- Ionenprodukt Wasser: $K_W = a_{H^+} \cdot a_{OH^-} = m_{H^+} \gamma_{H^+} \cdot m_{OH^-} \gamma_{OH^-}$

- Acetatbilanz: $m_{HAc} + m_{Ac^-} = m_{HAc}^{ges}$

- Ladungsbilanz: $m_{H^+} = m_{OH^-} + m_{Ac^-}$

Bei diesem Gleichungssystem ist zu beachten, dass die Gleichgewichte immer mit Aktivitäten formuliert werden, die Bilanzen hingegen mit Molalitäten (Konzentrationen). Es treten hierbei vier verschiedene Einzelionenaktivitätskoeffizienten auf, wobei die Aktivitätskoeffizienten von undissoziierten Verbindungen (hier: γ_{HAc}) meist mit ausreichender Genauigkeit 1 gesetzt werden können.

9.2.3. Die Debye-Hückel Theorie

Basis für die Berechnung des nichtidealen Verhaltens von Ionen in wässrigen Lösungen ist die von Peter Debye und Erich Hückel (1923) entwickelte Theorie der Elektrolytlösungen.

In Elektrolytlösungen sind die Abweichungen vom idealen Verhalten wegen der elektrostatischen Wechselwirkungen zwischen den Ionen sehr groß. Die Coulombsche Wechselwirkungsenergie nimmt mit zunehmendem Abstand nur um den Faktor $1/R$ ab, während sich die Wechselwirkungsenergie zwischen zwei neutralen Molekülen mit $1/R^6$ vermindert. Da sich positive und negative Ionen anziehen, geht das Debye-Hückelsche Modell davon aus, dass sich in der Umgebung von Kationen bevorzugt Anionen aufhalten und umgekehrt. Die zeitlich gemittelte kugelsymmetrische Hülle aus Gegenionen nennt man Ionenatmosphäre (Ionenwolke). Als Folge der elektrostatischen Wechselwirkung des Zentralions mit der Ionenatmosphäre wird das chemische Potential desselben herabgesetzt ($\gamma < 1$).

In der Theorie von Debye und Hückel wird also die gesamte Abweichung von der Idealität den weitreichenden elektrostatischen Wechselwirkungen eines Ions mit der Ionenatmosphäre zugeschrieben, wobei aber nur verdünnte Systeme betrachtet werden. Alle Wechselwirkungen von Ionen bei höheren Konzentrationen und somit geringeren Abständen werden vernachlässigt und durch andere Modelle erfasst.

Grenzgesetz von Debye-Hückel:

$$\log \gamma_i = -z_i^2 \cdot A \cdot \sqrt{I} \qquad \text{für Einzelionen, oder} \tag{9.14}$$

$$\log \gamma^\pm = -|z_+ \cdot z_-| \cdot A \cdot \sqrt{I} \quad \text{für mittlere Aktivitätskoeffizienten.}$$

Aus Einzelionenaktivitätskoeffizienten können die mittleren berechnet werden über

$$\gamma^\pm = {}^{z_+ + |z_-|}\sqrt{\gamma_+^{z_+} \cdot \gamma_-^{|z_-|}} \tag{9.15}$$

Die Debye-Hückel-Konstante A hat die Einheit $[(kg/mol)^{1/2}]$, weshalb die Ionenstärke mit Molalitäten zu berechnen ist.

$$I = 0,5 \cdot \sum_i m_i \cdot z_i^2 \, , \tag{9.16}$$

wobei über alle in der Lösung vorhandenen Ionen summiert wird.

Diese Konstante A kann theoretisch berechnet werden und ergibt nach Zusammenfassen aller Konstanten

$$A = 1,8248 \cdot 10^6 \frac{\sqrt{\rho_{Wasser}}}{\left(T \cdot \varepsilon_{r,Wasser}\right)^{3/2}} \cdot \tag{9.17}$$

Bei 25 °C hat A den Wert 0,51 $(kg/mol)^{1/2}$.

Das Debye-Hückel-Gesetz ist bis zu einer Ionenstärke von etwa 0,005 mol/kg anwendbar.

9.2.4. Erweiterung der Debye-Hückel-Theorie ohne Berücksichtigung von Nahwirkungen

Im erweiterten Debye-Hückel-Gesetz, welches bis zu einer Ionenstärke von ca. 0,1 mol/kg anwendbar ist, erfolgt eine Erweiterung des einfachen Debye-Hückel-Grenzgesetzes mit dem Radius der Ionenwolke r_{IW} und dem ebenfalls theoretisch ableitbaren Debye-Hückel-Parameter B.

Erweitertes Debye-Hückel-Gesetz:

$$\log \gamma_i = -z_i^2 \cdot A \cdot \frac{\sqrt{I}}{1 + r_{IW} \cdot B \cdot \sqrt{I}} \tag{9.18}$$

Nach dem Zusammenfassen aller Parameter ergibt sich B zu

$$B = 5,0291 \cdot 10^{11} \sqrt{\frac{\rho_{Wasser}}{T \cdot \varepsilon_{r,Wasser}}} \, , \tag{9.19}$$

und hat bei 25 °C den Wert $3,287 \cdot 10^9 \ m^{-1}kg^{1/2}mol^{-1/2}$.

Die Radien der Ionenwolke betragen zwischen 0,3 und 0,9 nm. Güntelberg erreichte eine Vereinfachung des erweiterten Debye-Hückel-Gesetzes, indem der den Radius der Ionenwolke für alle Ionen mit etwa 0,3 nm annahm. Multiplikation des Radius der Ionenwolke mit der Konstante B ergibt nun den Wert eins und man erhält damit die

Gleichung von Güntelberg:

$$\log \gamma_i = - z_i^2 \cdot A \cdot \frac{\sqrt{I}}{1 + \sqrt{I}} \tag{9.20}$$

Die Gleichung von Güntelberg gilt ebenfalls bis zu einer Ionenstärke von etwa 0,1 mol/kg. Sie ist vor allem in Lösungen mit mehreren Elektrolyten leichter handhabbar, ebenso wie die nächste Erweiterung von Davis, welche bis zu einer Ionenstärke von ca. 0,5 mol/kg gilt.

Gleichung von Davis:

$$\log \gamma_i = - z_i^2 \cdot A \cdot \left(\frac{\sqrt{I}}{1 + \sqrt{I}} - 0{,}3I \right) \tag{9.21}$$

9.2.5. Erweiterung der Debye-Hückel-Theorie mit Berücksichtigung von Nahwirkungen

Das Debye-Hückel-Gesetz und die vorgestellten Erweiterungen gelten nur für relativ verdünnte Lösungen, in welchen die weitreichenden Coulombschen Wechselwirkungen vorherrschen. In konzentrierteren Lösungen sind sich die Ionen so nahe, dass auch andere Wechselwirkungen von Bedeutung sind. Es sind hierfür zahlreiche, meist empirische Erweiterungen entwickelt worden, von welchen hier nur die Gleichung von Bromley vorgestellt wird.

Die Gleichung von Bromley:

Für Einzelionenaktivitätskoeffizienten lautet der Ansatz von Bromley (bis ca. I = 6 mol/kg)

$$\log \gamma_i = - z_i^2 \cdot A \cdot \frac{\sqrt{I}}{1 + \sqrt{I}} + F_i \tag{9.22}$$

mit i = c,a (Kation, Anion)

und

$$F_i = \sum_j B_{ij}^* \cdot z_{ij}^2 \cdot m_j \tag{9.23}$$

Ist i ein Kation, so sind j die Anionen und umgekehrt.

$$z_{ij} = \frac{|z_i + z_j|}{2}, \quad m_j \text{ ist die Molalität des Ions j, und}$$

$$B_{ij}^* = \frac{(0{,}06 + 0{,}6B) \cdot |z_i z_j|}{\left(1 + \frac{1{,}5}{|z_i z_j|} \cdot I \right)^2} + B \tag{9.24}$$

Für den mittleren Aktivitätskoeffizienten $\gamma_{\pm}$ eines einzelnen starken Elektrolyten vereinfacht sich Gleichung (9.22) zu

$$\log \gamma_{\pm} = -|z_c z_a| \cdot A \cdot \frac{\sqrt{I}}{1+\sqrt{I}} + \frac{(0{,}06 + 0{,}6\,B) \cdot |z_c z_a| \cdot I}{\left(1 + \frac{1{,}5}{|z_c z_a|} \cdot I\right)^2} + B \cdot I \tag{9.25}$$

B sind die Bromley-Wechselwirkungsparameter bei 25 °C, die für viele Elektrolyte in z. B. [54] tabelliert sind; einige Parameter häufiger Komponenten sind im Anhang gegeben. Sie können auch aus Einzelbeiträgen B_c und δ_c bzw. B_a und δ_a mit $B = B_c + B_a + \delta_c \cdot \delta_a$ angenähert werden, wobei aber die Übereinstimmung nicht immer gut ist.

Die Bromley-Gleichung ist meist bis zu einer Ionenstärke von 6 mol/kg gültig. Es werden nur Nah-Wechselwirkungskräfte von Kationen mit Anionen berücksichtigt, nicht aber von gleichgeladenen Ionen und von Ionen mit ungeladenen Molekülen. Sollen diese Wechselwirkungskräfte auch berücksichtigt werden (was aber nur in sehr konzentrierten Lösungen von Bedeutung sein kann), empfiehlt sich die Gleichung von Pitzer oder auch die Elektrolyt-NRTL-Gleichung, welche außerdem noch Lösungsmittelgemische erfassen kann. Der Wechselwirkungsparameter B ist von der Temperatur abhängig. Diese Abhängigkeit kann berechnet werden, es gibt hierfür aber kaum Daten, weshalb Bromley selbst hierfür die Methode von Meissner empfiehlt, in [53].

Die Aktivität des Lösungsmittels Wasser, welche aber auch nur in sehr konzentrierten Salz-Lösungen merklich von 1 abweicht, kann mit einer Erweiterung der Bromley-Gleichung erfasst werden [53].

9.3. Elektrochemie

Bei elektrochemischen Prozessen handelt es sich prinzipiell um Vorgänge an Grenzflächen, an denen es zu einer Ladungstrennung kommt. Die Elektroneutralität ist dann für eine Phase nicht mehr erfüllt; die Ladungstrennung verursacht ein elektrochemisches Potential, welches dann Auslöser für einen Stromfluss (galvanische Zellen, Batterien) oder einer chemischen Reaktion (Elektrolyse) ist.

Die für elektrochemische Prozesse abgeleiteten Gleichungen können vielfach auch auf Ionenreaktionen in homogenen wässrigen Lösungen ohne Grenzflächen angewandt werden.

Taucht man z. B. einen Kupferstab in Wasser, so werden einige Kupfer-Ionen in Lösung gehen und eine äquivalente Elektronenanzahl am Kupferstab zurückbleiben. Es kommt also zu einer Ladungstrennung und Ausbildung einer Potentialdifferenz. Die Höhe dieser Potentialdifferenz ist von der Art der Komponenten (es lösen sich z. B. mehr Zn- als Cu-Ionen) sowie deren Konzentration in der Lösung abhängig.

Die Größe des Potentials einer solchen Halbzelle kann nicht gemessen werden, wohl aber die Differenz zu einer anderen Halbzelle, wenn zwei solcher Halbzellen zu einer Zelle zusammengeschlossen werden. Zu Zahlenwerten kommt man, wenn man einer Halbzelle für bestimmte Bedingungen willkürlich ein Potential 0 zuweist. Dies wird für die Wasserstoffelektrode (siehe Δg_B^0 für H^+/H_2) für Standardbedingungen gemacht. Davon ausgehend können Zahlenwerte für beliebige Halbzellen festgelegt werden. Man erhält damit die elektrochemische Spannungsreihe mit den Normalpotentialen E_0. Der Standardzustand für feste und flüssige Stoffe ist der jeweilige reine Stoff; für Gase und gelöste Stoffe jener, bei welchem die Komponenten eine Aktivität von 1 aufweisen.

Wird das Potential zur Stromerzeugung genutzt, spricht man von einer galvanischen Zelle. Bei der Elektrolyse wird die Stromrichtung durch eine externe Spannungsquelle umgedreht; Elektronen, welche durch Oxidationsvorgänge an der Anode entstehen, fließen zur Kathode und stehen dort für Reduktionsvorgänge zur Verfügung.

Das Potential E einer galvanischen Zelle nennt man elektromotorische Kraft (EMK). Liegen alle beteiligten Komponenten im Standardzustand vor, spricht man von Normalpotential bzw. Standard-EMK,
welche üblicherweise für 25 °C (Temperatur ist kein Standard!) angegeben werden.

Aus dem Wert des Potentials kann die maximale Arbeitsleistung einer galvanischen Zelle berechnet
werden; maximal bedeutet dabei ohne Stromfluss, da durch die dabei auftretenden Verluste die Leistung gemindert wird. Die maximale Arbeitsleistung W_{max} ist proportional dem Potential E und der
Anzahl der übertragenen Elektronen z, mit der Faraday-Konstante F als Proportionalitätskonstante.

$$W_{max} = z \cdot F \cdot E$$

Die übertragenen Elektronen z bewirken immer eine Oxidation bzw. Reduktion von Komponenten;
mit dem Stromfluss ist daher immer eine chemische Reaktion verbunden. Oft ist man auch nur an der
chemischen Reaktion ohne Stromfluss interessiert; ohne äußeren Stromkreis treten bei Vermischen der
beiden Halbzellen nur die chemischen Reaktionen ohne Stromfluss auf (z. B. Zn in Cu^{2+}-Lösung).

Ein Maß für den Ablauf einer chemischen Reaktion ist die Gibbssche freie Reaktionsenthalpie Δg_R.
Eine Reaktion läuft freiwillig ab, wenn $\Delta g_R < 0$ ist. Es folgt somit

$$\Delta g_R = -W = -z \cdot F \cdot E,$$

bzw. wenn alle Komponenten in ihren Standardzuständen vorliegen:

$$\Delta g_R^0 = -z \cdot F \cdot E^0.$$

Aus der Thermodynamik folgt weiter

$$\Delta g_R^0 = -RT \cdot \ln K,$$

so dass aus Normalpotentialen die Gibbssche Reaktionsenthalpie und die Gleichgewichtskonstante
berechnet werden kann (Beispiel 9-23 und Beispiel 9-25).

Auf einen wichtigen Unterschied zwischen Normalpotential und Δg_R sei besonders hingewiesen: Das
Normalpotential ist nicht von der Anzahl der übertragenen Elektronen abhängig, wohl aber Δg_R (siehe
Fußnote 6, S. 15) und die Gleichgewichtskonstante K.

Beispiel:

$$Fe^{2+} + Ag^+ \leftrightarrow Fe^{3+} + Ag(s) \qquad E^0 = +0,028\ V$$

Bei dieser Reaktion wird ein Elektron übertragen, deshalb folgt daraus für Δg_R und K bei 25 °C:

$$\Delta g_R = -1 \cdot 96480 \cdot 0,028 = -2701,4\ VAs/mol = J/mol$$

$$K = \exp(-\Delta g_R/RT) = 2,97$$

Für die Reaktion

$$2\,Fe^{2+} + 2\,Ag^+ \leftrightarrow 2\,Fe^{3+} + 2\,Ag(s) \qquad E^0 = +0,028\ V$$

bleibt das Normalpotential gleich, es werden aber jetzt 2 Elektronen übertragen und Δg_R ist daher –
5402,8 J/mol und die Gleichgewichtskonstante K = 8,84.

Für die Gleichgewichtszusammensetzung ändert das aber nichts, wie im Kapitel Thermodynamik I
gezeigt wurde; dort wurde auch gezeigt, dass die Einheit von Δg_R mit J/mol verwirrend ist (wenn 1
mol Fe^{2+} mit 1 mol Ag^+ reagiert, kann Δg_R mit der Einheit J/mol nicht verschiedene Werte annehmen)
und dass deshalb J/Formelumsatz oder J pro mol Formelumsatz eine bessere Einheit ist.

Die Spannung, die gebraucht wird, um die Elektrolyse in Gang zu setzen (Zersetzungsspannung E_Z) ergibt sich aus der Zellspannung ($E_{Kathode} - E_{Anode}$), den Überspannungen und den Ohmschen Spannungen des Elektrolyten und externen Stromkreises.

$$E_Z = (E_{Kathode} - E_{Anode}) + \Sigma E_\ddot{U} + I \cdot R_{Zell} + I \cdot R_{Kreis}$$

Die Überspannungen sind durch verschiedene reversible und irreversible Hemmungserscheinungen an der Elektrodenoberfläche bedingt.

Bei der Bestimmung der Potentiale der Kathode und Anode ist noch die Konzentrationsabhängigkeit zu berücksichtigen, welche von Nernst abgeleitet wurde:

$$\Delta E = \Delta E^0 - \frac{R \cdot T}{z \cdot F} \cdot \ln Q \tag{9.26}$$

mit

Q = Reaktionsquotient, z. B. für Reaktion $a \cdot A + b \cdot B = c \cdot C + d \cdot D$: $Q = \dfrac{C^c \cdot D^d}{A^a \cdot B^b}$

(in dieser Formulierung mit den oxidierten Spezies auf der linken Seite; wie bei Normalpotential: $Zn^{2+} + 2\,e^- = Zn$, $E^0 = -0{,}76$ V)

Am besten lassen sich die Vorgänge in einer Elektrolysezelle am Beispiel einer Metallabscheidung in einem Strom-Spannungsdiagramm darstellen (Abbildung 9-1).

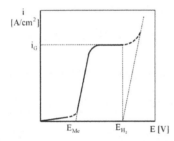

Abbildung 9-1: Strom-Spannungs-Diagramm

Wird die Spannung von 0 V an langsam gesteigert, so fließt zunächst ein geringer Strom entsprechend den Ohmschen Widerständen im Elektrolyten und externen Stromkreislauf. Bei Erreichen der Zersetzungsspannung beginnen sich an der Kathode Metallionen abzuscheiden. Wie viele Metallionen abgeschieden werden, kann aus dem 1. und 2. Faradayschen Gesetz berechnet werden. Das erste Faradaysche Gesetz besagt, dass die abgeschiedene Masse proportional der Ladungsmenge ist, Q = Strom I mal Zeit t. Im zweiten Faradayschen Gesetz wird diese Proportionalitätskonstante quantifiziert: wird eine Ladungsmenge von 96486 Coulomb (1C = 1A·s) durch die Elektrolysezelle geleitet, so wird an jeder Elektrode die Stoffmenge von 1 Äquivalent umgesetzt. Wird noch ein Wirkungsgrad η (Stromausbeute) eingeführt, lautet das Faradaysche Gesetz:

$$M = \frac{MM}{z \cdot F} \cdot I \cdot t \cdot \eta \quad \text{bzw.} \quad \dot{M} = \frac{M}{t} = \frac{MM}{z \cdot F} \cdot I \cdot \eta \tag{9.27}$$

Nach diesem Gesetz braucht man nur die Spannung zu erhöhen, dann fließt mehr Strom und es kann mehr abgeschieden werden. Es ist aber einleuchtend, dass es eine Grenze geben muss, wie in Abbildung 9-1 dargestellt, wo es ab einer gewissen Spannung zu keiner nennenswerten Stromerhöhung mehr kommt, außer es wird, wie dargestellt, die Zersetzungsspannung eines anderen Elementes erreicht.

Diese Grenze kann man sich so vorstellen: durch die an der Kathode zur Verfügung gestellten Elektronen werden die Metallionen an der Elektrodenoberfläche abgeschieden. Die Metallionenkonzentration in unmittelbarer Umgebung der Elektrode sinkt daher und ist niedriger als in der übrigen Zelle. Werden mehr Elektronen zur Verfügung gestellt, so wird entsprechend dem Faradayschen Gesetz mehr abgeschieden, bis die Metallionenkonzentration an der Oberfläche den Wert 0 erreicht. Dann können trotz höherer Spannung nicht mehr Metallionen abgeschieden werden. Es werden aber aus dem Zellinneren durch Diffusion Metallionen nachgeliefert, die an der Elektrode sofort abgeschieden werden. Der Stromfluss wird also in diesem Bereich durch die Diffusion bestimmt. Eine Kombination von Faradayschem Gesetz und dem Fickschen Gesetz für die Diffusion ergibt alle für die Elektrolyse wichtigen Parameter.

$$\text{Ficksche Gesetz (integriert):} \quad \dot{M} = D \cdot MM \cdot A \cdot \frac{c_Z - c_E}{\delta}$$

mit

D = Diffusionskoeffizient [m²/s]

A = Elektrodenoberfläche [m²]

δ = Diffusionsschichtdicke [m]

c_Z, c_E = Metallionenkonzentration in Zelle und an Elektrodenoberfläche

$$D \cdot MM \cdot A \cdot \frac{c_Z - c_E}{\delta} = \frac{MM}{z \cdot F} \cdot I \cdot \eta \tag{9.28}$$

mit der Konzentration an der Elektrodenoberfläche $c_E = 0$ erhält man damit für den Strom I:

$$I = \frac{z \cdot F}{\eta} \cdot \frac{D \cdot A \cdot c_Z}{\delta} \tag{9.29}$$

Der zweite Bruch enthält alle Parameter, die die Betriebsweise einer Elektrolyse bestimmen und wird auch der Raum-Zeit-Ausbeute RZA gleichgesetzt. Höhere Temperaturen ergeben einen höheren Diffusionskoeffizienten, während eine turbulente Strömung die Diffusionsschichtdicke δ verringert. Eine hohe Konzentration an Metallionen ist für den wirtschaftlichen Betrieb einer Elektrolyse vorteilhaft. Eine übliche Cu-Elektrolyse arbeitet mit einer Anfangskonzentration von etwa 50 g/l und der verbrauchte Elektrolyt enthält immer noch 30 g/l.

9.4. Beispiele:

Beispiel 9-1: Gleichgewichtskonstante für die Autoprotolyse des Wassers

Das Ionenprodukt von Wasser soll aus thermodynamischen Daten über den Temperaturbereich von 0 bis 100 °C berechnet und grafisch dargestellt werden. Des Weiteren sollen in der Grafik auch folgende empirischen Gleichungen dargestellt werden:

$$(1) \quad K_W = 10^{-\frac{4471,33}{T_{Kelvin}} + 6,084 - 0,01705 \cdot T_{Kelvin}}$$

$$(2) \quad K_W = \exp\left(132,899 - \frac{13445,9}{T_{Kelvin}} - 22,4773 \cdot \ln T_{Kelvin} \right) \cdot \left(\frac{\rho_{Wasser}}{MM_{Wasser}} \right)^2$$

Für die thermodynamische Berechnung soll einmal eine konstante Reaktionswärme und einmal eine temperaturabhängige Reaktionswärme verwendet werden.

Lösungshinweis:

Autoprotolyse Wasser:

$$H_2O \leftrightarrow H^+ + OH^-, \qquad Kw = a_{H^+} \cdot a_{OH^-} \approx c_{H^+} \cdot c_{OH^-}$$

$$K_W(T^0) = \exp\left(-\frac{\Delta g_R^0}{R \cdot T^0}\right) \quad \text{mit} \quad \Delta g_R^0 = \Delta g_{B,H^+}^0 + \Delta g_{B,OH^-}^0 - \Delta g_{B,H_2O}^0,$$

$$\ln K_W(T) = \ln K_W\left(T^0\right) - \frac{\Delta h_R^0}{R} \cdot \left(\frac{1}{T} - \frac{1}{T^0}\right) \qquad \text{für } \Delta h_R^0 \neq f(T)$$

$$\ln K_W(T) = \ln K_W\left(T^0\right) + \int_{T^0}^{T} \frac{\Delta h_R^0(T)}{RT^2} dT \qquad \text{für } \Delta h_R^0 = f(T)$$

$$\Delta h_R^0(T) = \Delta h_R^0\left(T^0\right) + \int_{T^0}^{T} c_{p,R} dT$$

Die Berechnung erfolgt also völlig analog zur Gasphase. Der Temperaturbereich ist meist wesentlich geringer, trotzdem kann die Temperaturabhängigkeit der Reaktionsenthalpie von Bedeutung sein. Die c_p-Werte von Ionen sind allerdings reine Rechengrößen und haben vielfach negative Werte.

K_W bei 298,15 K aus Gleichung (9.4) und (9.7), die Temperaturabhängigkeit von K_W aus Gleichung (9.10) für konstante Reaktionswärme. Bei temperaturabhängiger Reaktionswärme muss diese zunächst aus den temperaturabhängigen c_p-Werten berechnet werden. Die c_p-Werte der Reaktion ergeben sich analog der Reaktionswärmen aus:

$$c_{p,R}^0 = \sum_i v_i \cdot c_{p,i}^0$$

Es sollen folgende Werte verwendet werden [7]:

c_p [J/(mol·K)] = $A + B \cdot 10^{-3} \cdot T + C \cdot 10^5/T^2 + D \cdot 10^{-6} \cdot T^2$

c_p für OH⁻:
   A = 40928,517; B = -169401,057; C = -7180.118; D = 197089,624   (298,15 - 333,15 K)
   A = -1918,448; B = 8830,259; C = 182,977; D = -11628,816   (333,15 – 473,15 K)

c_p für Wasser:
   A = 186,884; B = -464,247; C = -19,565; D = 548,631.

Ergebnis:

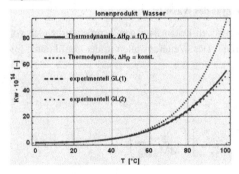
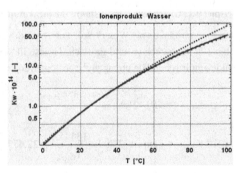

Kommentar:

Im Bereich von etwa 60 – 100 °C stellt die Annahme einer konstanten Reaktionsenthalpie eine zu starke Vereinfachung dar, was auch für viele andere Berechnungen in wässrigen Lösungen zutreffend ist.

Beispiel 9-2: pH-Wert Berechnungen

Berechne den pH-Wert einer

    a) 0,01 molaren HClO-Lösung

    b) 0,001 molaren H_2CO_3-Lösung

    c) 0,1 molaren H_2S-Lösung

    d) 0,1 molaren Phosphorsäure-Lösung

    e) 0,1 molaren Na_2HPO_4-Lösung

    f) 0,1 molaren Natriumacetat-Lösung

    g) 0,1 molaren $NaHCO_3$-Lösung

    h) 0,1 molaren NH_3-Lösung

    i) 0,1 molaren NH_4Cl-Lösung

Die Säure- bzw. Basenkonstanten betragen bei 25 °C:

HClO: $K_S = 10^{-7,43}$

H_2CO_3: $K_{S1} = 4,2 \cdot 10^{-7}$, $K_{S2} = 4,9 \cdot 10^{-11}$

HAc: $K_S = 10^{-4,75}$

H_3PO_4: $K_{S1} = 10^{-2,12}$; $K_{S2} = 10^{-7,21}$; $K_{S3} = 10^{-12,67}$

NH_3: $K_B = 10^{-4,75}$

Ionenprodukt Wasser $K_W = 10^{-14}$

Annahme: Konzentrationen $\approx$ Aktivitäten, Salze sind vollständig dissoziiert.

Lösungshinweis:

1. Möglichkeit:

für eine einwertige Säure HA gilt:

$$HA \leftrightarrow H^+ + A^-$$

mit der Gleichgewichtskonstante $K_S = \dfrac{a_{H^+} \cdot a_{A^-}}{a_{HA}}$, wobei a die Aktivität der entsprechenden Komponenten ist. Es

soll aber zunächst die Aktivität a vereinfachend durch die Konzentration c ersetzt werden. $K_S \approx \dfrac{c_{H^+} \cdot c_{A^-}}{c_{HA}}$.

Ausgehend von einer Anfangskonzentration c^0 wird ein gewisser Anteil dissoziieren. Bezeichnet man die im Gleichgewicht vorhandene Protonenkonzentration mit x, so müssen ebenfalls x Anionen vorhanden sein und c^0 - x undissoziierte Säure. Die zu lösende Gleichung lautet somit:

$$K_S = \frac{x \cdot x}{c^0 - x}$$

Diese Vorgangsweise lässt sich leicht auch für mehrwertige Säure und Basen anwenden, ist aber weitgehend auf einkomponentige Systeme beschränkt. Sind mehrere Säuren und Basen gleichzeitig anwesend, so muss eine andere Berechnung gewählt werden.

2. Möglichkeit:

Hier wird ein Gleichungssystem mit allen (unabhängigen) Bilanzgleichungen sowie allen Gleichgewichtsbeziehungen aufgestellt und für alle Komponenten gelöst.

Gleichgewichte sind durch das Massenwirkungsgesetz gegeben (z. B. Dissoziationskonstanten, Löslichkeitsprodukte, Komplexbildungskonstanten)

Bilanzen müssen für die einzelnen Komponenten und für alle Ionen (Elektroneutralität) aufgestellt werden.

Beispielsweise für die einprotonige Säure HA:

- Gleichgewicht 1: $K_S = \dfrac{c_{H^+} \cdot c_{A^-}}{c_{HA}}$ (Dissoziation)

- Gleichgewicht 2: $K_W = c_{H^+} \cdot c_{OH^-}$ (Ionenprodukt Wasser)

- Bilanz 1: $c_{HA}^0 = c_{HA} + c_{A^-}$ (Säurebilanz)

- Bilanz 2: $c_{H^+} = c_{A^-} + c_{OH^-}$ (Elektroneutralität)

4 Gleichungen mit den 4 Unbekannten HA, H^+, A^- und OH^-. Es gibt auch noch eine Protonenbilanz, welche man anstelle der Säurebilanz verwenden könnte; eine Bilanz ist aber immer abhängig und darf nicht verwendet werden.

Mit dieser Möglichkeit können beliebig komplexe Systeme berechnet werden.

Ergebnis:

Der pH-Wert einer

0,01 molaren HClO-Lösung = 4,72
0,001 molaren H_2CO_3-Lösung = 4,69
0,1 molaren H_2S-Lösung = 3,98
0,1 molaren Phosphorsäure-Lösung = 1,62
0,1 molaren Na_2HPO_4-Lösung = 9,86
0,1 molaren Natriumacetat-Lösung = 8,87
0,1 molaren $NaHCO_3$- Lösung = 8,35
0,1 molaren NH_3-Lösung = 11,12
0,1 molaren NH_4Cl-Lösung = 5,12

Beispiel 9-3: pH-Wert einer Säuremischung

Ein Abwasser aus der Zellstoffindustrie (Brüdenkondensat) enthält 480 mg/l Essigsäure und 46 mg/l Ameisensäure. Wie groß ist der pH-Wert bei 25 °C wenn alle sonstigen Komponenten vernachlässigt werden?

Säurekonstanten: Essigsäure: $1,8 \cdot 10^{-5}$, Ameisensäure: $1,8 \cdot 10^{-4}$

Lösungshinweis:

Annahme: $c \approx a$. Wie voriges Beispiel, aber nicht mehr mit vereinfachter Möglichkeit, sondern nur ganzes Gleichungssystem.

Ergebnis:

pH = 3,28

Beispiel 9-4: pH-Wert von Puffer-Lösungen

Berechne die pH-Werte von

a) 1 Mol/l HAc + 1 mol/l NaAc

b) 1 Mol/l HAc + 1 mol/l NaAc + 0,01 mol/l HCl

c) 1 Mol/l HAc + 1 mol/l NaAc + 0,1 mol/l HCl

d) 1 Mol/l HAc + 1 mol/l NaAc + 1 mol/l HCl

Der pK_S-Wert der Essigsäure beträgt 4,75; HCl und NaCl sind vollständig dissoziiert.

Lösungshinweis:

Aufstellen aller Bilanzgleichungen und Lösen des Gleichungssystems.

- 4 Unbekannte: H^+, HAc, Ac^-, OH^-

- 4 Gleichungen: a) Säuredissoziation, b) Acetat-Bilanz, c) Ionenprodukt Wasser, d) Elektroneutralität

Der einzige Unterschied zwischen den 4 verschieden HCl-Konzentrationen liegt in der Ladungsbilanz, wo die unterschiedlichen Cl^--Konzentrationen zu berücksichtigen sind.

Ergebnis:

Der pH-Wert beträgt

a) ohne Zusatz von HCl = 4,75

b) mit 0,01 m HCl = 4,74

c) mit 0,1 m HCl = 4,66

d) mit 1 m HCl = 2,23

Beispiel 9-5: Titrationskurven

Berechne Titrationskurven von je 0,1 mol/l Essigsäure, schwefelige Säure, Phosphorsäure und Soda (Na_2CO_3). Das zu titrierende Anfangsvolumen ist jeweils 100 ml. Die Konzentration der Natronlauge bzw. Salzsäure beträgt 0,1 mol/l. Erstelle eine Grafik mit dem pH als Ordinate und den ml NaOH bzw. HCl als Abszisse.

Lösungshinweis:

Jeweils Gleichungssystem mit den Dissoziationsstufen der Säuren, dem Ionenprodukt des Wassers, Säure- und Ladungsbilanz. Der Zusatz von Lauge bzw. Säure äußert sich nur in der Ladungsbilanz (mehr Na^+- bzw. Cl^--Ionen). Es ist aber zu beachten, dass sich alle Konzentrationen durch das zugesetzte Volumen ständig ändern.

Na_2CO_3 in der Soda-Lösung ist vollständig dissoziiert. Durch Zusatz von HCl bildet sich immer mehr undissoziierte Kohlensäure bzw. CO_2, welches nicht im Austausch mit der Luft steht (geschlossenes System).

Ergebnis:

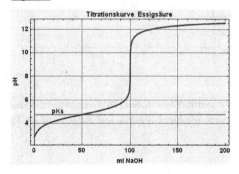

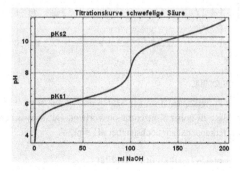

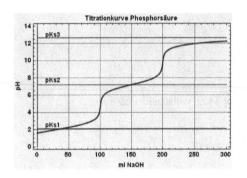

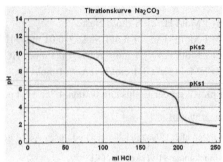

Beispiel 9-6: Pufferkapazität

Berechne und zeichne die Pufferkapazität über den pH-Bereich von 0,1 m Essigsäure bei der Titration
mit 0,1 m NaOH, sowie einer Mischung von je 0,1 mol/l NaOH und Na_2CO_3 bei der Titration mit
0,1 m HCl.

Lösungshinweis:

Die Pufferkapazität β ist definiert als die Änderung der Konzentration der Säure/Base mit dem pH-Wert.

$$\beta = \pm \frac{dc}{d\mathrm{pH}} \tag{9.30}$$

Da die Titrationskurve meist nicht als pH vs. Konzentration der Säure/Base aufgetragen wird, sondern wie im
vorhergehenden Beispiel als pH vs. ml zugesetzter Säure/Base, wird auch die Pufferkapazität als

$$\beta = \frac{d\mathrm{ml}}{d\mathrm{pH}}$$

berechnet.

Ergebnis:

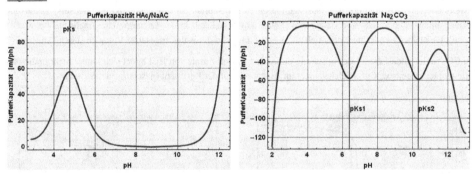

Kommentar:

Die Pufferkapazität starker Säuren und Basen ist groß bei sehr niedrigen bzw. hohen pH-Werten, wenn die Säu-
re/Base in hoher Konzentration vorliegt. Bei schwachen Säuren wie hier Essigsäure und Kohlensäure ist die
Pufferkapazität am höchsten bei pH = pK_S.

Beispiel 9-7: Alkalinität, Acidität

Bestimme den positiven p- und den positiven m-Wert der NaOH/Na_2CO_3- Lösung aus dem vorhergehenden Beispiel 9-6.

Die Alkalinität wird auch Säurebindungsvermögen genannt. Sie ist ein weiteres Maß für die Pufferkapazität. Der Verbrauch an Salzsäure (in mmol/l) bis pH 8,2 bzw. bei händischem Titrieren bis zum Farbumschlag von Phenolphtalein ergibt den positiven p-Wert, der Verbrauch bis pH 4,3 (Umschlag Methylorange) ergibt den positiven m-Wert. Sind nur Kohlensäurekomponenten vorhanden entspricht der positive p-Wert der Titration des Karbonates zu Hydrogenkarbonat (Karbonatalkalinität) und der positive m-Wert der Titration bis zum Umschlag vom Hydrogenkarbonat zur undissoziierten Kohlensäure (Gesamtalkalinität).

Ergebnis:

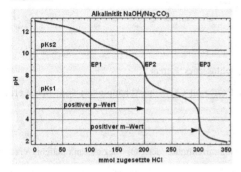

Kommentar:

Der erste Äquivalenzpunkt EP_1 gibt die Titration der NaOH an, EP_2 das Karbonat und EP_3 das Hydrogenkarbonat. Die pH-Werte der Äquivalenzpunkte sind nicht ident mit jenen der Definition. EP_1 wird bei pH = 11,5 erhalten, EP_2 bei pH = 8,34 und EP_3 bei pH = 4,0. Die geringen Unterschiede resultieren daraus, dass die Rechnung ideal für Werte bei 25 °C durchgeführt wurde und dass die pH-Werte bei den Äquivalenzpunkten auch von den Konzentrationen abhängen.

Beispiel 9-8: Berechnung von Säure- und Basenkonstanten

Berechne die Säurekonstanten von Essigsäure und Basenkonstanten von Ammoniak im Bereich von 0 bis 100 °C aus thermodynamischen Daten.

Lösungshinweis:

Es sollen einmal die Daten aus Atkins [55] verwendet werden und einmal aus HSC6 [7] (siehe *Mathematica*-Datei). In [55] sind nicht alle c_p-Werte gegeben und vor allem auch keine Temperaturabhängigkeit. Mit diesen Daten kann also nur die Temperaturabhängigkeit mit konstanter Reaktionsenthalpie berechnet werden.

Bei der Dissoziation der Essigsäure ist kein Wassermolekül direkt beteiligt (nur als Lösungsmittel), Wasser braucht daher in der Berechnung nicht berücksichtigt zu werden.

$$CH_3COOH \leftrightarrow CH3COO^- + H^+$$

Die Gibbssche freie Reaktionsenthalpie lautet daher: $\Delta g_R^0 = \Delta g_{B,Ac} - \Delta g_{B,HAc}$ (Bildungsenthalpie des Protons $\Delta g_{B,H^+}^0 = 0$).

Bei der Ammoniakreaktion ist Wasser aber Reaktionspartner und muss in der Berechnung inkludiert werden:

$$NH_3 + H_2O \leftrightarrow NH4^+ + OH^-$$

$$\Delta g_R^0 = \Delta g_{B,NH_4^+} + \Delta g_{B,OH^-} - \Delta g_{B,NH_3} - \Delta g_{B,H_2O}$$

Die Gleichgewichtskonstante berechnet sich dann jeweils aus $\Delta g_R^0 = - RT \cdot \ln K$.

Die Temperaturabhängigkeit wird wie bei Gasphasenreaktionen berechnet, siehe dort, auch wenn die c_p-Werte von Ionen rein hypothetischen Charakter haben und auch negativ sein können.

Ergebnis:

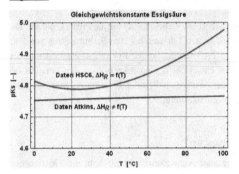

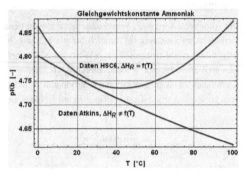

Beispiel 9-9: Verteilung von CO_2- Spezies im Wasser, geschlossenes System

Berechne die prozentuelle Verteilung von H_2CO_3, HCO_3^- und CO_3^{2-} in Abhängigkeit vom pH-Wert und stelle das Ergebnis grafisch dar.

Lösungshinweis:

Geschlossenes System, kein Austausch mit Luft. Die Gesamtkonzentration der CO_2-Spezies kann beliebig vorgegeben werden und bleibt konstant.

Gleichungssystem mit 5 Gleichungen (2 Säurekonstanten, Ionenprodukt Wasser, Säurebilanz, Ladungsbilanz); die 5 Unbekannten sind dann H, OH, H_2CO_3, HCO_3^- und CO_3^{2-}. Diese können daraus für eine beliebig vorzugebende Gesamtkonzentration berechnet werden.

Wird der pH-Wert vorgegeben, ist die H-Konzentration festgelegt und man hat auf den ersten Blick ein überbestimmtes System. Es ist aber zu beachten, dass der pH-Wert nur durch Zugabe einer Säure oder Base verändert werden kann, wodurch ein weiteres Ion als Unbekannte in der Ladungsbilanz dazukommt. Die Menge der zugesetzten Säure oder Base ist aber für die Aufgabenstellung nicht wichtig, weshalb dieses Ion und die Ladungsbilanz vernachlässigt werden können, wodurch sich 4 Gleichungen mit 4 Unbekannten ergeben.

Ergebnis:

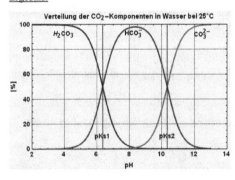

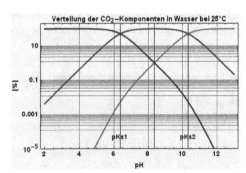

Beispiel 9-10: Fällung von Bleisulfat

Ein Abwasser enthält 500 mg/l Pb als Bleiacetat. Es soll durch Fällung als $PbSO_4$ auf 0,1 mg/l abgetrennt werden.

a) Wie viel Sulfat als Glaubersalz ($Na_2SO_4 \cdot 10H_2O$) muss zugesetzt werden, wenn ideales Verhalten angenommen wird und die Reaktion von Sulfat mit Wasser zu Hydrogensulfat vernachlässigbar ist?

b) Wie viel mehr Glaubersalz braucht man, falls man die Reaktion des bei der Auflösung des Glauber-salzes gebildeten SO_4^{2-} mit H_2O zu HSO_4^- berücksichtigt?

$K_{L,PbSO4} = 1,3 \cdot 10^{-8}$

$K_W = 10^{-14}$

$K_{S2} = 1,3 \cdot 10^{-2}$ (2. Dissoziation der Schwefelsäure)

Lösungshinweis:

a) Die benötigte Sulfatmenge setzt sich aus zwei Anteilen zusammen: 1. das Sulfat, das im gefällten $PbSO_4$ ge-bunden ist, und 2. das Sulfat, das im Überschuss vorhanden sein muss, um die Pb^{2+}-Konzentration auf 0,1 mg/l zu halten.

b) $SO4^{2-} + H_2O \leftrightarrow HSO_4^- + OH^-$

$$K = \frac{OH^- \cdot HSO_4^-}{SO_4^{2-}} = \frac{K_W}{K_{S2}}$$

Für Sulfat wird die in a) berechnete freie Sulfatkonzentration eingesetzt; daraus kann die Hydrogensulfatkon-zentration berechnet werden.

Ergebnis:

Es werden 9,45 g/l Glaubersalz benötigt.

Die zusätzlich erforderliche Menge für die Hydrogensulfatbildung ist vernachlässigbar gering ($1,4 \cdot 10^{-7}$ mol/l), weil die Schwefelsäure auch in der 2. Dissoziationsstufe noch sehr stark ist.

Beispiel 9-11: Fällung von NiS [56]

Eine 0,05 m Ni-Lösung wird mit H_2S gesättigt. Welchen pH-Wert muss die Lösung haben, damit ge-rade kein Nickel ausfällt?

$K_{L,NiS} = 3 \cdot 10^{-21}$

Sättigungskonzentration H_2S in Wasser = 0,1 mol/l

Dissoziationskonstanten H_2S: $K_{S1} = 1,1 \cdot 10^{-7}$; $K_{S2} = 1,0 \cdot 10^{-14}$

Lösungshinweis:

Aus dem Löslichkeitsprodukt wird zunächst die zugehörige Sulfid-Konzentration berechnet (höchst zulässige damit keine Fällung stattfindet, bzw. Mindestkonzentration zur Fällung). Aus der Säurestärke kann dann für die gegebene H_2S-Konzentration die H^+-Konzentration berechnet werden, die notwendig ist, um diese Sulfidkon-zentration einzustellen.

Ergebnis:

pH = 1,37

Beispiel 9-12: Fällung von PbS

Ein Abwasser enthält 0,2 mol/l Pb^{2+} bei einem pH von 0,7. Durch Einleiten von H_2S bis zur Sättigung wird PbS gefällt. Wie groß sind die Restkonzentration an Pb^{2+} und der sich einstellende pH?

Sättigungskonzentration und Säurekonstanten H_2S wie in Beispiel 9-11. Die Bildung von HS^- braucht nicht berücksichtigt zu werden.

Lösungshinweis:

In den Gleichgewichten sind die Gleichgewichtskonzentrationen einzusetzen. Diese sind mit den Anfangskon-zentrationen über die Bilanz verknüpft, pro Mol gebildeten PbS werden 2 Mole H^+ freigesetzt,

$$Pb^{2+} + H_2S \leftrightarrow PbS + 2H^+$$

Somit ergeben sich 3 Gleichungen (Löslichkeitsprodukt, Dissoziation H_2S, Bilanz) für die 3 Unbekannten Pb^{2+}, H^+ und S^{2-}.

<u>Ergebnis:</u>

Die Restkonzentration Pb^{2+} beträgt $2,29 \cdot 10^{-7}$ mol/l. Der pH-Wert beträgt dann 0,22.

<u>Kommentar:</u>

Die pH-Änderung resultiert nicht direkt aus dem H_2S. Bei dem gegebenen pH liegt praktisch nur undissoziierte H_2S vor, HS^- und S^{2-} sind vernachlässigbar gering. Der pH-Wert ändert sich, weil sich bei der Reaktion des Pb^{2+} mit H_2S eine Säure bildet. Sind die zum Pb^{2+} gehörigen Anionen z. B. Chlorid-Ionen, so bildet sich Salzsäure,

$$PbCl_2 + H_2S \leftrightarrow PbS + 2HCl.$$

Beispiel 9-13: Fällung von Fe^{3+}

Ein Abwasser aus einem metallverarbeitenden Betrieb enthält 10 g/l Fe^{2+} als $FeSO_4$, welches zunächst bei 25 °C mit Luft oxidiert und anschließend mit Natronlauge bei pH 5 als $Fe(OH)_3$ gefällt wird.

Gesucht:

a) Reaktionsgleichung für Oxidation und Fällung

b) Wie viel Säure als Schwefelsäure und wie viel Luft muss bei der Oxidation zugesetzt werden

c) Wie viel Natronlauge wird bei der Fällung benötigt

d) Restliche Eisenkonzentration bei idealer Berechnung

e) Restliche Eisenkonzentration bei realer Berechnung mit dem erweiterten Debye-Hückel-Gesetz nach Davies.

$K_{L,Fe(OH)3} = 6 \cdot 10^{-38}$. Folgende Annahmen:

- Natronlauge wird stöchiometrisch zu Eisen zugesetzt (es ergibt sich dann nicht genau pH 5)
- Schwefelsäure ist vollständig dissoziiert (kein Hydrogensulfat)
- Für die Berechnung der Ionenstärke können die H^+, OH^- und restlichen Fe^{3+}-Ionen vernachlässigt werden.

<u>Ergebnis:</u>

a) Reaktionsgleichung Oxidation:

$$4\,Fe^{2+} + O_2 + 4\,H^+ \leftrightarrow 4\,Fe^{3+} + 2\,H_2O \quad \text{oder}$$

$$4\,FeSO_4 + O_2 + 2\,H_2SO_4 \leftrightarrow 2\,Fe_2(SO_4)_3 + 2\,H_2O$$

b) Reaktionsgleichung Fällung:

$$Fe^{3+} + 3\,OH^- \leftrightarrow Fe(OH)_3 \quad \text{oder}$$

$$Fe_2(SO_4)_3 + 6\,NaOH \leftrightarrow 2\,Fe(OH)_3 + 3\,Na_2SO_4$$

c) Pro Liter Abwasser müssen zugesetzt werden:

8,75 g H_2SO_4;   5,2 l Luft und 21,43 g NaOH

d) die Restlöslichkeit Fe^{3+} beträgt:

$3,36 \cdot 10^{-6}$ mg/l bei idealer Berechnung

0,0135 mg/l bei realer Berechnung

Beispiel 9-14: Phosphat-Fällung

Phosphat wird aus Abwässern meist mit Eisen- oder Aluminiumsalzen gefällt. Es kann aber auch mit Mg^{2+} als MagnesiumAmmoniumPhosphat (MAP-Fällung) oder mit Ca^{2+}-Ionen gefällt werden, wobei sich je nach Bedingungen verschiedene Kalzium-Phosphat-Verbindungen bilden können. Hier soll die Fällung bzw. Lösung als Apatit $Ca_3(PO_4)_2$, als Kalziumhydrogenphosphat $CaHPO_4$ und als Hydroxyapatit $Ca_5OH(PO_4)_3$ untersucht werden.

a) Wie hoch sind die Konzentrationen an Ca^{2+} und Phosphat im Lösungsgleichgewicht für den Fall, dass die Weiterreaktion des primär gebildeten Phosphates, bzw. Hydrogenphosphates nicht berücksichtigt wird.

b) Wie hoch sind die Konzentrationen an Ca^{2+} und Gesamtphosphat sowie der pH-Wert bei der Auflösung dieser Feststoffe

c) Zeichne ein Diagramm mit den Restkonzentration Gesamtphosphat (H_3PO_4, $H_2PO_4^-$, HPO_4^{2-} und PO_4^{3-}, gerechnet als PO_4^{3-}) im pH-Bereich von 8-10, für die Annahme, dass Phosphat als Apatit, Kalziumhydrogensulfat und Hydroxyapatit ausfällt.

Rechnung ideal, ohne Aktivitätskoeffzienten

Löslichkeitsprodukte bei 25 °C:

$Ca_3(PO_4)_2$: $pK_L = 26$

$CaHPO_4$: $pK_L = 7$

$Ca_5OH(PO_4)_3$: $pK_L = 56$

<u>Lösungshinweis:</u>

a) direkt aus Löslichkeitsprodukt unter Berücksichtigung der Stöchiometrie

b) Gleichungssystem mit den Dissoziationsstufen der Phosphorsäure, dem Ionenprodukt des Wassers, der Elektroneutralität und dem Löslichkeitsprodukt und der Stöchiometrie für die 3 Substanzen. Im Unterschied zu a) bezieht sich die Stöchiometrie auf Gesamtphosphat und nicht auf die primär gebildete Phosphatspezies.

c) Gleiches Gleichungssystem wie bei b) ohne Stöchiometrie; pH-Wert ist nun aber vorgegeben und Gesamtphosphat gesucht.

<u>Ergebnis:</u>

Löslichkeit ohne Berücksichtigung der Weiterreaktion:

	$Ca_3(PO_4)_2$	$CaHPO_4$	$Ca_5OH(PO_4)_3$
Ca^{2+} [mg/l]	0,297	12,7	0,0377
PO_4^{3-} [mg/l]	0,470	30,0	0,0537

Löslichkeit mit Berücksichtigung der Weiterreaktion:

	$Ca_3(PO_4)_2$	$CaHPO_4$	$Ca_5OH(PO_4)_3$
Ca^{2+} [mg/l]	4,07	12,8	0,531
PO_4^{3-} [mg/l]	6,43	30,4	0,755
pH	9,83	8,85	9,03

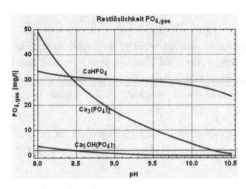

Kommentar:

Bei der Berücksichtigung der Weiterreaktion der primär gebildeten Phosphatverbindung ist bei $CaHPO_4$ kaum ein Unterschied festzustellen, wohl aber ein Faktor ca. 12 bei den anderen Feststoffen. Das ist darauf zurückzuführen, dass das primäre gebildete Hydrogenphosphat aus $CaHPO_4$ kaum weiter reagiert, da bei dem sich einstellenden pH-Wert schon fast alles als Hydrogenphosphat vorliegt, während das primär gebildete Phosphat der anderen Feststoffe zu einem großen Teil zu Hydrogenphosphat weiter reagiert.

Fällt das im Wasser vorhandene Phosphat bei Zugabe von Ca-Ionen als Hydroxyapatit aus, ist der Grenzwert schon bei pH 8,5 zu erreichen, auch als Apatit wären die Grenzwerte bei einem pH von ca. 10,5 erreichbar; leider wird aber zunächst hauptsächlich $CaHPO_4$ und andere Zwischenverbindungen gebildet, die sich nur langsam in stabilere Formen umwandeln. In der Praxis werden daher vornehmlich Fe- und Al-Salze für die Phosphat-Fällung verwendet.

Beispiel 9-15: Löslichkeit von CaF_2

Berechne die Löslichkeit von CaF_2 bei 25 und 50 °C in

a) reinem Wasser unter idealen Bedingungen

b) reinem Wasser unter Berücksichtigung von Aktivitätskoeffizienten (einfaches Debye-Hückel-Gesetz)

c) einer 10^{-3} molaren Lösung von $CaCl_2$ (erweitertes DH-Gesetz nach Davies)

d) einer 0,1 molaren Lösung von NaCl   (erweitertes DH-Gesetz nach Davies)

Das Löslichkeitsprodukt soll aus thermodynamischen Daten berechnet werden, wobei folgende Werte zu verwenden sind (aus [7]):

	Δh_B^0 [kJ/mol]	s^0 [J/(mol·K)]	c_p [J/(mol·K)]
Ca^{2+}	- 543,083	- 56,484	$12429,702 - 51,306782 \cdot T + 0,059345615 \cdot T^2 - 2,1681 \cdot 10^8 / T^2$
F^-	- 335,348	- 13,18	$31225,517 - 129,215085 \cdot T + 0,150106034 \cdot T^2 - 5,472496 \cdot 10^8 / T^2$
CaF_2	-1228,0	+ 68,45	$122,467 - 0,110277 \cdot T + 0,00008171 \cdot T^2 - 2,6512 \cdot 10^6 / T^2$

Lösungshinweis:

1. Löslichkeitsprodukt

Das Löslichkeitsprodukt ergibt sich aus der Gleichgewichtskonstanten der Auflösungsreaktion eines Feststoffes. Für CaF_2 gilt:

$$CaF_2 \leftrightarrow Ca^{2+} + 2\,F^- \qquad K = \frac{a_{Ca^{2+}} \cdot a_{F^-}^2}{a_{CaF_2}}$$

Da die Aktivität eines Feststoffes konstant bzw. per Definition gleich 1 ist, erhält man für das Löslichkeitsprodukt:

$$K_L = K \cdot a_{CaF_2} = a_{Ca^{2+}} \cdot a_{F^-} \qquad .$$

Die Gleichgewichtskonstante dieser Auflösungsreaktion kann aus thermodynamischen Daten berechnet werden:

$$\Delta g_R^0 = -RT \cdot \ln K$$

Δg_R^0 ist die Gibbssche freie Standardreaktionsenthalpie für die Auflösungsreaktion und wird aus den gegebenen Bildungsenthalpien Δh_B^0 und Entropien s^0 berechnet:

$$\Delta g_R^0(T^0) = \sum_i v_i \cdot \Delta h_{B,i}^0(T^0) + T^0 \cdot \sum_i v_i \cdot s_i^0(T^0)$$

Als Bezugstemperatur wird meist 25 °C gewählt, da die Bildungsenthalpien bei 25 °C tabelliert sind ($T^0 = 298,15$ K).

Die Temperaturabhängigkeit der Löslichkeitskonstante erhält man entweder aus

$$\Delta g_R^0(T) = -RT \cdot \ln K(T), \text{ mit}$$

$$\Delta g_R^0(T) = \Delta h_R^0(T) + T \cdot \Delta s_R^0(T), \text{ und}$$

$$\Delta h_R^0(T) = \Delta h_R^0(T^0) + \int_{T^0}^T \left(\sum_i v_i c_{p,i} \right) dT, \quad \Delta s_R^0(T) = \Delta s_R^0(T^0) + \int_{T^0}^T \left(\frac{\sum_i v_i c_{p,i}}{T} \right) dT,$$

oder aus der van't Hoff-Gleichung:

$$\ln K(T) = \ln K(T0) + \int_{T^0}^T \frac{\Delta h_R^0(T)}{RT^2} dT$$

Auf Grund der geringen Temperaturunterschiede in Wasser wird Δh_R^0 oft als unabhängig von der Temperatur angenommen. Sofern die entsprechenden c_p-Werte zur Verfügung stehen ist es aber immer besser mit $\Delta h_R^0(T)$ zu rechnen.

2. nicht ideale Bedingungen:

In stark verdünnten Lösungen (< 1 mmol) kann die Aktivität gleich der Konzentration bzw. Molalität gesetzt werden. Bei höheren Konzentrationen müssen Aktivitätskoeffizienten berücksichtigt werden, $a = c \cdot \gamma$. Hier sollen das einfache Debye-Hückel Gesetz (9.14) und eine Erweiterung von Davies (9.21) verwendet werden.

Lösungsweg:

a) mit Computer: Aufstellen des kompletten Gleichungssystems und gleichzeitiges Lösen. Es gibt immer nur 2 Unbekannte, Ca^{2+} und F^- (H^+ und OH^- werden vernachlässigt), das Gleichungssystem besteht daher nur aus 2 Gleichungen:

Gleichgewicht: $Ca^{2+} \cdot \gamma_{Ca} \cdot (F^- \cdot \gamma_F)^2 = K_L$

Ladungsbilanz: $Na^+ + Ca^{2+} = F^- + Cl^-$,

wobei aber die Aktivitätskoeffizienten Funktionen aller Ionen sind.

b) händisch: iterativ; zunächst ideale Berechnung; mit den Ergebnissen werden die Aktivitätskoeffizienten berechnet und damit neue Berechnung.

Ergebnis:

a) $K_{L,25} = 4,03 \cdot 10^{-11}$, $K_{L,50} = 5,59 \cdot 10^{-11}$

Unter idealen Bedingungen lösen sich bei 25 °C 8,66 mg/l Ca^{2+} (9,66 bei 50 °C) und 8,21 (9,15) mg/l Fluorid.

b) Bei Berücksichtigung von Aktivitätskoeffizienten lösen sich bei 25 °C 9,21 mg/l Ca^{2+} (10,31 bei 50 °C) und 8,73 (9,77) mg/l F^-.

c) In 0,001 m $CaCl_2$-Lösung lösen sich bei 25 °C 4,64 mg/l Fluorid (5,47 bei 50 °C), das entspricht 8,73 (11,25) mg/l $CaF2_2$.

d) In 0,1 m NaCl-Lösung lösen sich bei 25 °C 19,02 mg/l Ca^{2+} (21,81 bei 50 °C) und 18,03 (20,67) mg/l Fluorid.

Beispiel 9-16: Löslichkeit von CO_2 im Wasser

Berechne die Löslichkeit von CO_2 aus Luft in Wasser für 0, 25 und 100 °C und stelle die Ergebnisse als Funktion des pH von 6 – 9 grafisch dar.

Der Partialdruck von CO_2 in Luft sei $350 \cdot 10^{-6}$ bar.

Lösungshinweis:

Im Unterschied zu Beispiel 9-9 ist nicht die Summe aller CO_2-Spezies konstant, sondern das gelöste CO_2 bzw. die undissoziierte Kohlensäure. Dieser Wert ist über die Henry-Konstante für jede Temperatur zu dem gegebenen CO_2-Partialdruck in der Luft festgelegt.

Anstelle der Säurebilanz im Gleichungssystem wird nun das Henry-Gesetz benötigt; die übrigen Gleichungen wie in Beispiel 9-9.

Ergebnis:

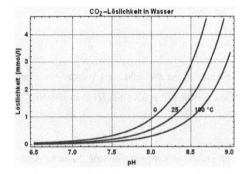

Beispiel 9-17: Löslichkeit von Kalkstein $CaCO_3$

Zu berechnen ist die Löslichkeit von Kalkstein $CaCO_3$ (Calcit) im geschlossenen und offenen System bei einer CO_2-Konzentration in Luft von 350 ppm, 0,1, 1,5, 10 und 13 %. Ferner soll die Temperaturabhängigkeit des offenen Systems bei 350 ppm sowie des geschlossenen Systems von 0 bis 100 °C grafisch dargestellt werden. Die Rechnungen sollen einmal für ein ideales System mit $\gamma = 1$ und einmal für ein reales System mit dem Aktivitätskoeffizientenmodell nach Davies berechnet werden.

Gesamtdruck 1 bar.

Lösungshinweis:

Für beide Systeme werden das Löslichkeitsprodukt Kalkstein, die beiden Dissoziationsstufen der Kohlensäure, das Ionenprodukt Wasser sowie die Elektroneutralität benötigt. Für das offene System kommt dann noch das Henry-Gesetz dazu; damit ist für jede CO_2-Konzentration und jede Temperatur die Konzentration der gelösten, undissoziierten Kohlensäure festgelegt. Das geschlossene System kann nicht wie ein offenes System mit CO_2-Konzentration Null berechnet werden, da dann auch alle anderen Konzentrationen null wären. Als zusätzliche Gleichung muss vielmehr eine Karbonatbilanz berücksichtigt werden:

$$Ca^{2+} = H_2CO_3 + HCO_3^- + CO_3^{2-}$$

Ergebnis:

Ideal bei 25 °C:

CO$_2$ in Luft	Ca^{2+} [mmol/l]	Ca^{2+} [mg/l]	pH	H$_2$CO$_3$ [mmol/l]	HCO$_3^-$ [mmol/l]	CO$_3^{2-}$ [mmol/l]
0 (geschlossen)	0,111	4,43	9,90	$2,3 \cdot 10^{-5}$	0,081	0,0299
350 ppm	0,460	18,4	8,24	0,012	0,904	0,0072
0,1 %	0,649	26,0	7,93	0,034	1,29	0,0051
1 %	1,39	55,8	7,27	0,345	2,78	0,0024
5 %	2,38	95,3	6,80	1,72	4,75	0,0014
10 %	3,00	120,1	6,60	3,45	5,99	0,0011
13 %	3,27	131,0	6,52	4,48	6,54	0,0010

Real bei 25°C

CO$_2$ in Luft	Ca^{2+} [mmol/l]	Ca^{2+} [mg/l]	pH	H$_2$CO$_3$ [mmol/l]	HCO$_3^-$ [mmol/l]	CO$_3^{2-}$ [mmol/l]
0 (geschlossen)	0,115	4,62	9,90	$2,3 \cdot 10^{-5}$	0,083	0,0325
350 ppm	0,489	19,6	8,23	0,012	0,959	0,0086
0,1 %	0,697	27,9	7,93	0,034	1,38	0,0063
1 %	1,54	61,8	7,27	0,345	3,08	0,0032
5 %	2,71	108,6	6,80	1,72	5,42	0,0020
10 %	3,47	138,9	6,60	3,45	6,93	0,0017
13 %	3,80	152,5	6,52	4,48	7,61	0,0016

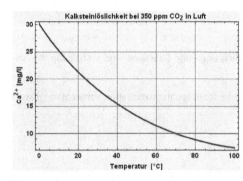

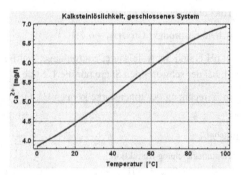

Kommentar:

Es ist immer das Gesamtsystem zu betrachten. Die Konzentration der Ca^{2+}-Ionen kann nicht einfach aus der Wurzel des Löslichkeitsproduktes berechnet werden, da die Karbonationen mit Wasser weiter reagieren.

Ebenso kann die Löslichkeit des Kalksteins nicht allein auf Grund der Temperaturabhängigkeit des Löslichkeitsproduktes (wird kleiner mit T) vorhergesagt werden, wie man am Beispiel des geschlossenen Systems sieht, da dort die Temperaturabhängigkeit der anderen Größen überwiegt. Im offenen System ist dann der starke Einfluss der Henry-Konstante spürbar, so dass die Löslichkeit wieder den erwarteten Verlauf aufweist.

Bei allen Berechnungen mit CO$_2$ wird üblicherweise ein Schritt nicht berücksichtigt, nämlich die Reaktion des gelösten CO$_2$ mit Wasser zu undissoziierter Kohlensäure. Genau genommen, laufen folgende Vorgänge bei der Lösung von CO$_2$ bzw. Auflösung von Kalkstein ab:

(1) Lösung des CO$_2$ in Wasser: CO$_2$,g $\leftrightarrow$ CO$_2$,aq

(2) Reaktion zu Kohlensäure: CO$_2$,aq + H$_2$O $\leftrightarrow$ H$_2$CO$_3$

(3) Dissoziation der Kohlensäure: H$_2$CO$_3$ $\leftrightarrow$ H$^+$ + HCO$_3^-$

(4) Dissoziation des Hydrogenkarbonates: HCO$_3^-$ $\leftrightarrow$ H$^+$ + CO$_3^{2-}$

(5) Fällung als Kalkstein: Ca^{2+} + CO$_3^{2-}$ $\leftrightarrow$ CaCO$_3$

Die Gleichgewichtskonstante der üblicherweise nicht berücksichtigten Reaktion (2) liegt bei ca. 0,03, kann also nicht vernachlässigt werden. Meist wird aber schon die Henry-Konstante auf H_2CO_3 bezogen, also

$$CO_2,g + H_2O \leftrightarrow H_2CO_3.$$

Falls dies nicht der Fall sein sollte, muss die Gleichgewichtskonstante der Reaktion (2) in die Dissoziation mit einbezogen werden.

Beispiel 9-18: Reduktion von Dichromat und Fällung von Cr^{3+}

Ein Abwasser enthält 10 g/l Chrom als $Na_2Cr_2O_7$. Zur Chrom-Entfernung wird das Dichromat zunächst mit $NaHSO_3$ zu Chrom der Oxidationsstufe +3 reduziert und anschließend mit Natronlauge bei pH 6 als Chromhydroxid $Cr(OH)_3$ gefällt; Sulfit wird dabei zu Sulfat oxidiert. Für die benötigte Natronlauge wird molmäßig die doppelte Menge zur vorhandenen Sulfatkonzentration angenommen.

Gesucht:

a) Reaktionsgleichung für die Reduktionsreaktion

b) Wie viel $NaHSO_3$ in g/l muss zugegeben werden?

c) Wie viel Säure als HCl in g/l muss entsprechend der Reaktionsgleichung zugegeben werden?

d) Wie groß ist die Restkonzentration an Chrom bei idealer Berechnung in mg/l?

e) Wie groß ist die Restkonzentration an Chrom bei realer Berechnung mit dem erweiterten Debye-Hückel-Gesetz nach Davies?

Löslichkeitsprodukt $Cr(OH)_3 = 6,7 \cdot 10^{-31}$

Bei pH 6 sind Schwefelsäure, Natronlauge, Natriumdichromat und Salzsäure sind vollständig dissoziiert, bei der schwefeligen Säure nur die 1. Stufe.

Zur Berechnung der Ionenstärke können H^+, OH^- und die Restchromkonzentration vernachlässigt werden.

Ergebnis:

Reaktionsgleichung Reduktion:
$$Cr_2O_7^{2-} + 3 HSO_3^- + 5 H^+ \leftrightarrow 2 Cr^{3+} + 3 SO_4^{2-} + 4 H_2O$$

oder
$$Na_2Cr_2O_7 + 3 NaHSO_3 + 5 HCl \leftrightarrow Cr_2(SO_4)_3 + 5 NaCl + 4 H_2O$$

Reaktionsgleichung Fällung:
$$Cr_2(SO_4)_3 + 6 NaOH \leftrightarrow 2 Cr(OH)_3 + 3 Na_2SO_4$$

es werden 30,0 g/l $NaHSO_3$ und 17,5 g/l HCl benötigt. Die Restlöslichkeit an Cr^{3+} beträgt bei idealer Berechnung 0,035 mg/l und bei realer Berechnung 0,50 mg/l.

Beispiel 9-19: Komplexbildung 1

Wie groß ist die Löslichkeit von Silberchlorid in reinem Wasser und in einer 0,1 m NH_3-Lösung?

$AgCl \leftrightarrow Ag^+ + Cl^-$ $K_{L,AgCl} = 1,7 \cdot 10^{-10}$

$Ag^+ + 2 NH_3 \leftrightarrow Ag(NH_3)_2^+$ $K = 1,67 \cdot 10^7$

Lösungshinweis:

Berechnung wie bei pH-Wert mit den 2 Möglichkeiten

Ergebnis:

In reinem Wasser lösen sich $1,3\cdot10^{-5}$ mol/l AgCl und in einer 0,1 m NH_3-Lösung $4,8\cdot10^{-3}$ mol/l.

Konzentrationen aller Spezies:

$Ag(NH_3)_2^+ = Cl^- = 4,8\cdot10^{-3}$; $\quad NH_3 = 0,09$; $\quad Ag^+ = 3,53\cdot10^{-8}$ mol/l

Beispiel 9-20: Komplexbildung 2

Aus dem Abwasser eines Galvanikbetriebes soll Nickel mittels NaOH als Hydroxid ausgefällt werden. Dabei ist zu beachten, dass im Abwasser zusätzlich NaCN enthalten ist und sich dadurch ein $\left[Ni(CN)_4\right]^{2-}$-Komplex bildet.

Das Abwasser A (400 l/Charge) enthält 10 g/l Ni und

 a) Cyanid in stöchiometrischer Menge,

 b) Cyanid in 1,5 fachem Überschuss.

Die Fällung soll mit 70 l/Charge einer 2 mol/l NaOH erfolgen

gesucht:

es soll überprüft werden, ob bei den gegebenen Bedingungen $Ni(OH)_2$ ausfällt.

Gleichgewichtsdaten:

$$\left[Ni(CN)_4\right]^{2-} \leftrightarrow Ni^{2+} + 4\,CN^- \qquad pK_D = 15,3$$

$$Ni(OH)_2 \leftrightarrow Ni^{2+} + 2\,OH^- \qquad pK_L = 13,8$$

molare Massen: NaOH = 40; Ni = 58,7; Cyanid = 26 g/mol;

Lösungshinweis:

Mit dem Löslichkeitsprodukt für $Ni(OH)_2$ wird zunächst die Gleichgewichtskonzentration der gelösten Ni^{2+}-Ionen berechnet. Bleiben aus der Komplexbildung mehr Ni^{2+}-Ionen übrig, so fallen sie bis zu diesem Wert aus.

Ergebnis:

Bei stöchiometrisch vorhandener Cyanidkonzentration kann Ni fast vollständig als Hydroxid gefällt werden, bei 1,5 fachem Überschuss kann aber praktisch kein Ni gefällt werden.

Beispiel 9-21: Aktivitätskoeffizienten nach Bromley

A) Berechne die Aktivitätskoeffizienten von HCl, NaCl, $CaCl_2$, Na_2SO_4 und $MgSO_4$ mit der Gleichung von Bromley für eine Ionenstärke von 0 bis 6 mol/kg bei 25 °C und stelle den Verlauf grafisch dar.

B) Zu berechnen und grafisch darzustellen sind die Einzelionenaktivitätskoeffizienten von Mg^{2+}, Cl^- und der mittlere Aktivitätskoeffizient von $MgCl_2$ bei 25 °C in einer $MgCl_2$-Lösung (m = 0,001 mol/kg), welche noch 0 bis 2 mol/kg Na_2SO_4 enthält.

Lösungshinweis:

A) Wenn jeweils nur 1 Komponente im Wasser vorhanden ist, ist es einfacher mit der Gleichung (9.25) für die mittleren Aktivitätskoeffizienten zu rechnen, für welche der Wechselwirkungsparameter B direkt gegeben ist.

B) Gleichungen (9.22) bis (9.24), Daten im Anhang.

Ergebnis:

A)   B)

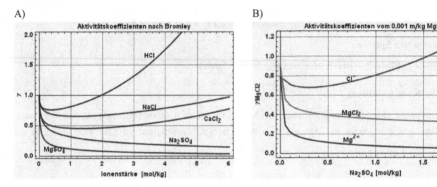

Kommentar:

Es ist zu beachten, dass im Ergebnis A) die Ionenstärke und nicht die Molalität dargestellt ist. Entsprechend der Definition der Ionenstärke $I = 0,5 \cdot \Sigma m_i \cdot z_i^2$ ist für 1-1-Elektrolyte $m = I$, für 1-2- und 2-1-Elektrolyte ist $m = I/3$ und für 2-2-Elektrolyte ist $m = I/4$.

Man sieht in dieser Abbildung, dass in verdünnten Lösungen bei geringen Ionenstärken, der Einfluss der weitreichenden Coulombschen Kräfte überwiegt; das Potential der Elektronenwolke wird geschwächt, die Aktivitätskoeffizienten sind immer kleiner 1.

Bei konzentrierteren Lösungen, in welchen die Ionen weniger weit voneinander entfernt sind, machen sich dann die nahen Wechselwirkungskräfte bemerkbar. Je nach Größe dieser Kräfte, können die Aktivitätskoeffizienten weiter kleiner werden (Na_2SO_4, $MgSO_4$) oder wieder ansteigen und zum Teil Werte deutlich größer 1 erreichen.

Beispiel 9-22: Fällung von $Zn(OH)_2$, Einfluss der Anfangskonzentration

Aus einer $ZnSO_4$-Lösung sollen die Zinkionen durch stöchiometrische Zugabe von Natronlauge als $Zn(OH)_2$ gefällt werden. Berechne die Restkonzentration an Zinkionen für Anfangskonzentrationen von 0,01 bis 10 g/l Zn^{2+}. Die Aktivitätskoeffizienten sollen mit dem Modell von Davies berechnet werden. Die OH^--Konzentration betrage in jedem Fall 10^{-6} mol/l.

Lösungshinweis:

Löslichkeitsprodukt $Zn(OH)_2$: $K_L = a_{Zn^{2+}} \cdot a_{OH^-}^2 = m_{Zn^{2+}} \gamma_{Zn^{2+}} \cdot m_{OH^-}^2 \gamma_{OH^-}^2 \approx c_{Zn^{2+}} \gamma_{Zn^{2+}} \cdot c_{OH^-}^2 \gamma_{OH^-}^2$

Zur Berechnung der Aktivitätskoeffizienten ist die Berücksichtigung der Na^+- und Sulfat-Ionen ausreichend, H^+, OH^- und die restlichen Zinkionen können vernachlässigt werden.

Ergebnis:

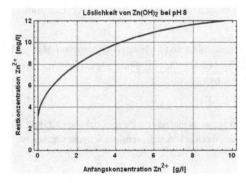

Kommentar:

Die exakte Rechnung (siehe *Mathematica*-Datei) zeigt, dass bei strikt stöchiometrischer NaOH-Zugabe die Restkonzentration an Zn^{2+}-Ionen sich kaum ändert, was darauf zurückzuführen ist, dass der pH-Wert auch immer leicht ansteigt, da NaOH eine etwas höhere Basenstärke aufweist als die Säurestärke der Schwefelsäure (2. Dissoziationsstufe der Schwefelsäure ist eher schwach , $K_{S2} = 1,3 \cdot 10^{-2}$).

Beispiel 9-23: Verteilung Eisen-Ionen in Wasser [12]

Die gesamte Eisenkonzentration (Fe^{2+} plus Fe^{3+}) in einer wässrigen Lösung bei pH 6 und 25 °C beträgt 10^{-5} mol/l. Die Lösung ist in Gleichgewicht mit Luft bei 1 bar. Berechne die Konzentrationen an Fe^{2+} und Fe^{3+}.

Normalpotentiale:

$$Fe^{3+} + e^- \leftrightarrow Fe^{2+} \qquad E^0 = +0,771 \text{ V}$$
$$O_2 + 4 H^+ + 4 e^- \leftrightarrow 2 H_2O \qquad E^0 = +1,229 \text{ V}$$

Lösungshinweis:

Die Gleichgewichtsreaktion von Fe^{2+} und Fe^{3+} in Kontakt mit Luft lautet:

$$4 Fe^{2+} + O_2 + 4 H^+ \leftrightarrow 4 Fe^{3+} + 2 H_2O$$

Berechne zuerst das Redoxpotential dieser Reaktion, daraus die Gleichgewichtskonstante und dann die Konzentrationen.

Ergebnis:

$E^0 = 0,458$
$K = 9,32 \cdot 10^{30}$
$Fe^{2+} = 2,6 \cdot 10^{-7}, \quad Fe^{3+} = 97,4 \cdot 10^{-7}$ mol/l

Beispiel 9-24: Potential Wasserstoffelektrode

Zu berechnen und grafisch darzustellen sind das Potential der Wasserstoffelektrode für

a) einen Konzentrationsbereich der Protonen (berechnet als HCl) von m = 10^{-5} bis m = 5 mol/kg bei 25 °C und einem Wasserstoffpartialdruck von 1 atm.

b) einen Temperaturbereich von 0 bis 100 °C bei $p_{H2} = 1$ atm und m = 0,5 mol/kg

c) einen Partialdruckbereich von $p_{H2} = 0,01$ bis 2 atm.

Die Gasphase soll immer ideal betrachtet werden (Partialdrücke statt Fugazitäten), für die Flüssigphase sollen die Aktivitäten in jedem Diagramm einmal durch die Molalitäten und einmal durch Berechnung nach dem Bromley-Modell angenähert werden.

Standarddruck = 1 atm; Standardmolalität = 1 mol/kg, Normalpotential $E^0 = 0$.

Besteht ein Unterschied, ob die Elektrodenreaktion

$$2 H^+ + 2 e^- \leftrightarrow H_2 \text{ oder}$$
$$H^+ + e^- \leftrightarrow \tfrac{1}{2} H_2 \text{ lautet?}$$

Lösungshinweis:

Konzentrationsabhängigkeit nach Nernst-Gleichung

$$E = E^0 + \frac{RT}{2F} \cdot \ln \frac{a_{H^+}^2}{p_{H_2}/p_{H_2}^0} = E^0 + \frac{RT}{F} \cdot \ln \frac{a_{H^+}}{\sqrt{p_{H_2}/p_{H_2}^0}}$$

Ergebnis:

Wie für das Potential zu erwarten (nicht aber für Δg) besteht kein Unterschied wenn die Elektrodenreaktion mit einem konstanten Faktor multipliziert wird,

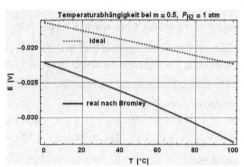

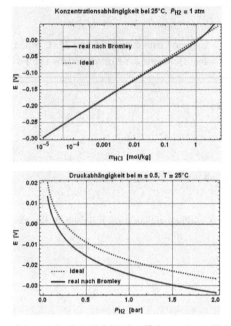

Kommentar:

Generell sinkt das Potential mit abnehmender Säurestärke, zunehmender Temperatur und zunehmenden H_2-Partialdruck. Zum Einfluss der Aktivitätskoeffizienten ist festzuhalten, dass dieser erst bei höheren Konzentrationen geringfügig bemerkbar ist. Bei $m = 0,5$, $T = 25\ °C$ und $p = 1\ atm$ ist die Differenz zwischen ideal und real in allen Abbildungen gleich; die scheinbaren Unterschiede resultieren aus der unterschiedlichen Skala der Ordinate. Beim Temperatureinfluss ist zu berücksichtigen, dass dieser sich auch in den Aktivitätskoeffizienten bemerkbar macht (hier aber nur im Debye-Hückel-Parameter, die T-Abhängigkeit der Bromley-Parameter ist nicht inkludiert). Eine optische Täuschung ist der Kurvenverlauf bei der Druckabhängigkeit: der Gasdruck wirkt sich nicht auf die Aktivitätskoeffizienten aus, die Differenz zwischen ideal und real ist überall gleich.

Praktische Bedeutung dieser Abhängigkeiten:

Bei der Abscheidung von unedlen Metallen aus wässrigen Lösungen an der Kathode ist immer darauf zu achten, dass nicht Wasserstoff anstelle der Metalle abgeschieden wird. In der Produktionstechnik (z. B. Zn-Elektrolyse) kann dies durch Wahl geeigneter Kathodenmaterialien mit entsprechend hoher H_2-Überspannung erreicht werden. In der Galvanotechnik werden aber verschiedene Werkstücke mit unterschiedlicher H_2-Überspannung als Kathode verwendet, weshalb nicht die Überspannung angepasst wird, sondern das Wasserstoff/Protonen-Potential. Dies geschieht durch Anheben des pH-Wertes (z. B. pH = 9 bei Ni-Bädern). Dann ist aber wieder zu berücksichtigen, dass bei höheren pH-Werten die Metalle als Hydroxide ausfallen, weshalb sie durch Zusatz von Komplexbildnern in Lösung gehalten werden.

Beispiel 9-25: Potentiometrische Titration

100 ml einer 0,1 m Fe^{2+}-Lösung wird mit einer 0,1 molaren Ce^{4+}-Lösung titriert. Stelle den Konzentrationsverlauf aller Kationen sowie den Potentialverlauf für Fe und Ce im Bereich von 0 bis 110 ml der Titrationslösung grafisch dar. Der Verdünnungseffekt durch das sich ändernde Volumen soll berücksichtigt werden.

Annahme: Konzentration $c \approx$ Molalität $m \approx$ Aktivität a, $T = 25\ °C$

$$Fe^{3+} + e^- \leftrightarrow Fe^{2+} \qquad E^0 = 0,771\ V$$
$$Ce^{4+} + e^- \leftrightarrow Ce^{3+} \qquad E^0 = 1,61\ V$$

Lösungshinweis :

Aus den Normalpotentialen wird zunächst die Gleichgewichtskonstante der Reaktion

$$Fe^{2+} + Ce^{4+} \leftrightarrow Fe^{3+} + Ce^{3+}$$

berechnet und daraus für beliebige Ce^{4+}-Zugabe alle Konzentrationen (mit Massenwirkungsgesetz, Fe-Bilanz, Ce-Bilanz und Elektroneutralität, wobei für die Anionen immer Cl^--Ionen angenommen werden sollen).

Sind die Konzentrationen bekannt, kann mit der Nernstgleichung leicht das Potential der Fe- und Ce-Ionen berechnet werden. Es gilt:

$$E_{Fe} = E_{Fe}^0 + \frac{RT}{F} \ln \frac{Fe^{3+}}{Fe^{2+}}$$

$$E_{Ce} = E_{Ce}^0 + \frac{RT}{F} \ln \frac{Ce^{4+}}{Ce^{3+}}$$

Ergebnis:

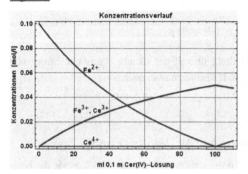 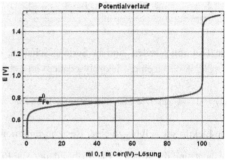

Kommentar:

Aus dem Konzentrationsverlauf sieht man, dass praktisch alles Ce^{4+} zu Ce^{3+} reduziert wird und dabei Fe^{2+} zu Fe^{3+} oxidiert wird, solange Fe^{2+} in der Lösung vorhanden ist. Erst wenn alles Fe^{2+} oxidiert ist steigt auch die Ce^{4+}-Konzentration an. Die Fe^{3+} und Ce^{3+}-Ionen bleiben dann konstant, die Abnahme im Bild ergibt sich aus dem Verdünnungseffekt bei weiterer Zugabe von Ce^{4+}-Lösung.

Aus dem Konzentrationsverlauf ist nicht zu sehen, wie diese Titration analytisch genützt werden könnte. Anders sieht es aus, wenn man die entsprechenden Potentialverläufe für die Fe- und Ce-Ionen entsprechend dem Nernstschen Gesetz aufträgt. Die beiden Kurvenverläufe sind natürlich deckungsgleich, nachdem es zu einer Elektrode nicht zwei verschiedene Potentiale geben kann.

Das Potential der reinen Fe^{2+}-Lösung ohne Zusatz von Ce^{4+} ist sehr gering (müsste erst berechnet werden, bzw. ist $-\infty$ falls $Fe^{3+} = 0$). Bei Zusatz der Ce^{4+}-Lösung steigt das Potential zunächst stark und dann nur sehr leicht an. Nach 50 ml ist praktisch genau die Hälfte der Fe^{2+}-Ionen oxidiert, wodurch der Logarithmus in der Nernst-Gleichung 0 wird und das Potential dem Normalpotential entspricht. Bei weiterem Zusatz von Ce^{4+} steigt das Potential weiter langsam an. Ist bei 100 ml alles Fe^{2+} oxidiert, steigt das Potential sprunghaft an und nähert sich dem Normalpotential Ce^{4+}/Ce^{3+} (ohne es je genau zu erreichen). Diese sprunghafte Änderung ist in einer geeigneten Zellanordnung (Platinelektrode in zu untersuchender Lösung und über Salzbrücke verbundene beliebige Elektrode in anderer Lösung) leicht feststellbar.

Beispiel 9-26: Faraday-Gesetz

Aus einem Abwasser eines Galvanikbetriebes sollen Au, Ag und Cu gewonnen werden. Zusätzlich ist zu überprüfen, ob eine gleichzeitige Aufkonzentrierung einer K_2SO_4-Lösung technisch sinnvoll ist.

Gegebene Volumina und Anfangskonzentrationen:

AgNO$_3$-Lösung: 2000 l/Charge mit 5,5 g/l Ag$^+$
AuCl$_3$-Lösung: 1000 l/Charge mit 5 g/l Au^{3+}
CuSO$_4$-Lösung: 1000 l/Charge mit 3,1 g/l Cu^{2+}
K$_2$SO$_4$-Lösung: 200 l/Charge mit 250 g/l K$_2$SO$_4$

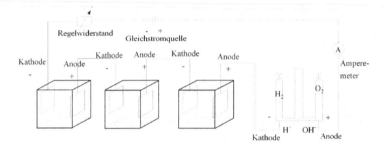

Die Elektrolysezellen sind in Serie geschalten, es fließt überall der gleiche, konstante Strom von I_k = 500 A bis zu einer Elektrolysedauer von t_k = 3,5 h. Danach nimmt er nach

$$I(t) = I_k \cdot \frac{t_k^2}{t^2}$$ ab. Die Stromausbeute beträgt 80 %.

Die Elektrolyse soll bis zu einer Restkonzentration von 5 mg/l Au^{3+} betrieben werden.

Gesucht sind die gesamte Elektrolysedauer, die Restkonzentrationen an Ag$^+$ und Cu^{2+}, sowie die Konzentration der K$_2$SO$_4$-Lösung nach der H$_2$O-Zersetzung.

Lösungshinweis:

Einsetzen in Faraday-Gesetz nach Gleichung (9.27), mit $Q = I_k \cdot t_k + I_k \int\limits_{t_k}^{t} \frac{t_k^2}{t^2} dt$

Zuerst wird die gesamte Elektrolysedauer für Gold berechnet und mit dieser Zeit die abgeschiedenen Massen an Ag, Cu und H$_2$O, wobei Acht zu geben ist, dass die Stromausbeute nicht 2 mal eingesetzt wird, da sie schon bei der Berechnung der Gesamtzeit berücksichtigt wurde.

Ergebnis:

t_{ges} = 6,44 h
c_{Ag} = 0,37 g/l
c_{Cu} = 0,78 g/l
c_{K2SO4} = 251,1 g/l

10. Chemische Kinetik

Die chemische Kinetik ist ein Teilgebiet der chemischen Verfahrenstechnik bzw. der chemischen Reaktionstechnik. Die Reaktionstechnik umfasst alle Bereiche, die für die Auslegung eines Reaktors notwendig sind, wie z. B. Stofftransport, Wärmetransport, Vermischungs- und Strömungsvorgänge mit Verweilzeitverhalten im Reaktor und natürlich auch die eigentliche chemische Reaktion, die stattfinden kann, wenn alle Reaktionspartner in bestimmten Konzentrationen am Reaktionsort vorliegen.

Die chemische Kinetik behandelt nur die eigentliche chemische Reaktion und wird deshalb auch Mikrokinetik genannt, während die Makrokinetik auch die Strömungen und konduktiven Transportvorgänge umfasst.

Definition der Reaktionsgeschwindigkeit

Die stoffbezogene Reaktionsgeschwindigkeit r_i einer Komponente i ist die durch die chemische Reaktion pro Zeit- und Volumeneinheit gebildete oder verbrauchte Menge der Komponente i.

$$r_i = \frac{dN_i}{Vdt} \quad \left[\frac{Stoffmenge\ i}{Volumen \cdot Zeit}\right] \tag{10.1}$$

Die (Äquivalent-) Reaktionsgeschwindigkeit r ist die auf den stöchiometrischen Koeffizienten v_i bezogene Änderung der spezifischen Stoffmenge pro Volumen mit der Zeit. Für eine homogene Reaktion der Form

$$a\,A + b\,B \leftrightarrow c\,C + d\,D$$

lautet die Reaktionsgeschwindigkeit

$$r = \frac{1}{v_i} \cdot \frac{dN_i}{Vdt} \quad \left[\frac{Stoffmenge\ i}{Volumen \cdot Zeit}\right], \text{ d. h.} \tag{10.2}$$

$$r = -\frac{1}{a} \cdot \frac{dN_A}{Vdt} = -\frac{1}{b} \cdot \frac{dN_B}{Vdt} = \frac{1}{c} \cdot \frac{dN_C}{Vdt} = \frac{1}{d} \cdot \frac{dN_D}{Vdt} \tag{10.3}$$

Es ergibt sich für jede Komponente die selbe positive Reaktionsgeschwindigkeit; bei den Edukten ist der stöchiometrische Koeffizient negativ, da dann aber auch die Molzahländerung dN_i negativ ist, ergibt sich wieder eine positive Reaktionsgeschwindigkeit. Man kann die Reaktionsgeschwindigkeit nicht nur auf das Volumen, sondern auch auf die Masse der homogenen Mischung beziehen, bei heterogenen Reaktionen auch auf die Masse einer Phase, oder auf die Grenzfläche, falls die Reaktion direkt an der Phasengrenzfläche oder in den Diffusionsgrenzschichten abläuft, z. B.

$$r_M = \frac{1}{v_i} \cdot \frac{dN_i}{Mdt}, \quad r_A = \frac{1}{v_i} \cdot \frac{dN_i}{Adt} \tag{10.4}$$

Bleibt das Systemvolumen konstant, gilt $N_i/V = c_i$. In der Gasphase wird oft anstelle der Konzentration der Partialdruck p_i der Komponenten verwendet. Häufig werden die Komponenten auch in eckige Klammern gesetzt, wobei [A] sowohl c_A wie auch p_A bedeuten kann.

Formaler Berechnungsansatz der Reaktionsgeschwindigkeit

Die Erfahrung hat gezeigt, dass die Reaktionsgeschwindigkeit r bestimmten Potenzen der Molzahlen (bzw. Konzentrationen bei konstantem Volumen) proportional ist, welche als Reaktionsordnungen bezeichnet werden. Für obige reversible Reaktion gilt damit der folgende Ansatz (Formalkinetik):

$$r = \overset{1}{k} \cdot c_A^{m_A} \cdot c_B^{m_B} - \overset{s}{k} \cdot c_C^{m_C} \cdot c_D^{m_D} \tag{10.5}$$

mit $\overset{1}{k}$ und $\overset{s}{k}$ als den Reaktionsgeschwindigkeitskonstanten für die Hin- und Rückreaktion.

Bei Elementarreaktionen (direkte Reaktion der Edukte zu den Produkten, ohne Bildung von Zwischenprodukten) entsprechen die Reaktionsordnungen meist den stöchiometrischen Koeffizienten. Auf Grund von Zwischen- und Übergangsreaktionen können nicht elementare Reaktionen beliebige Reaktionsordnungen aufweisen, welche experimentell zu ermitteln sind. Gleichung (10.5) stellt deshalb eine empirische Gleichung dar, für die aber auch ein Ansatz

$$r = \frac{k \cdot c_A c_B}{\left(1 + k_1 c_A + k_2 c_A\right)^2}$$

zutreffend sein könnte, was den empirischen Charakter dieser Reaktionsgleichungen unterstreicht (Beispiel 10-8).

Die Konzentrationen c_i in Gleichung (10.5) stellen immer die aktuellen, zu einem bestimmten Zeitpunkt des Reaktionsverlaufes vorhandenen Konzentrationen dar. Es ist aber nicht notwendig, bei der experimentellen Verfolgung dieser Reaktion die Konzentrationen aller Reaktionspartner zu messen, da diese über die Stöchiometrie der Reaktion gekoppelt sind. Die Darstellung der Reaktion erfolgt dann am besten nicht mit der aktuellen Konzentration einer Komponente, sondern für die bereits umgesetzte Menge. Dafür gibt es verschiedene Möglichkeiten, z. B. mit der Umsatzvariablen x. Stellt x die Differenz der Anfangskonzentration c^0 von A zur aktuellen Konzentration c von A dar,

$$x = c_A^0 - c_A, \text{ bzw. } c_A = c_A^0 - x, \tag{10.6}$$

so ergeben sich entsprechend die anderen Konzentrationen zu

$$c_B = c_B^0 - x \cdot \frac{b}{a}, \quad c_C = c_C^0 + x \cdot \frac{c}{a}, \quad c_D = c_D^0 + x \cdot \frac{d}{a}$$

Der Reaktionsverlauf kann aber auch mit der Reaktionslaufzahl ξ oder dem Umsatz U_i verfolgt werden, siehe Kapitel 2.3.3, Gleichungen (2.61) und (2.64).

Der Umsatz ist für jede Komponente definiert, geht aber nur für die limitierende, im Unterschuss vorliegende Komponente von 0 – 100 %. Im Überschuss vorliegende Komponenten können nicht vollständig umgesetzt werden, die aktuelle Molzahl kann aber immer aus dem Umsatz für die limitierende Komponente (Index k) und den stöchiometrischen Koeffizienten berechnet werden:

$$N_i = N_i^0 + \frac{v_i}{v_k} \cdot U_k \tag{10.7}$$

Die Bestimmung der Reaktionsordnung wird in Beispiel 10-1 bis Beispiel 10-3 für die verschiedenen Reaktionstypen gezeigt. In der einfachsten Form der Auswertung von Konzentration/Zeit-Datensätzen wird eine Reaktionsordnung angenommen und in die integrierte Form der Geschwindigkeitsgleichungen eingesetzt. Ergeben sich dann für Messpunkte zu verschiedenen Zeiten gleiche Geschwindigkeitskonstanten, war die gewählte Ordnung richtig, andernfalls muss man weiter probieren. Dies kann numerisch oder grafisch erfolgen. Für viele Reaktionen ergeben sich ganzzahlige Ordnungen; schwieriger ist es mit nicht ganzzahligen Ordnungen.

10.1. Bestimmung von Reaktionsordnungen

10.1.1. irreversible Reaktion A → Produkte

Die Geschwindigkeitsgleichung lautet in diesem Fall

$$r = -\frac{dc_A}{dt} = k \cdot c_A^{m_A}, \text{ oder}$$

$$r = +\frac{dx}{dt} = k \cdot \left(c_A^0 - x\right)^{m_A} \tag{10.8}$$

Integration für verschiedene Ordnungen ergibt:

0. Ordnung: $\quad k \cdot t = c_A^0 - c_A = x \tag{10.9}$

1. Ordnung: $\quad k \cdot t = \ln\frac{c_A^0}{c_A} = \ln\frac{c_A^0}{c_A - x} \tag{10.10}$

2. Ordnung: $\quad k \cdot t = \frac{1}{c_A} - \frac{1}{c_A^0} = \frac{x}{c_A^0 \left(c_A^0 - x\right)} \tag{10.11}$

m. Ordnung: $\quad k \cdot t = \frac{1}{m-1} \cdot \left(\frac{1}{\left(c_A\right)^{m-1}} - \frac{1}{\left(c_A^0\right)^{m-1}}\right) = \frac{1}{m-1} \cdot \left(\frac{1}{\left(c_A^0 - x\right)^{m-1}} - \frac{1}{\left(c_A^0\right)^{m-1}}\right) \tag{10.12}$

10.1.2. irreversible Reaktion a A + b B → Produkte

Bei mehreren Komponenten kann man für jede Komponente eine Reaktionsgeschwindigkeit nach Gleichung (10.3) erstellen, es ist deshalb einfacher, die Geschwindigkeitsgleichung mit der Umsatzvariablen x zu definieren, da es dann nur eine Möglichkeit gibt.

$$r = +\frac{dx}{dt} = k \cdot \left(c_A^0 - x\right)^{m_A} \cdot \left(c_B^0 - \frac{b}{a}x\right)^{m_B} \tag{10.13}$$

10.1.3. reversible Reaktion a A + b B ↔ c C + d D

Es ist eine Geschwindigkeitskonstante für die Hin- und eine weitere für die Rückreaktion zu berücksichtigen. Mit der Umsatzvariablen x lautet dann die Geschwindigkeitsgleichung:

$$r = +\frac{dx}{dt} = \vec{k} \cdot \left(c_A^0 - x\right)^{m_A} \cdot \left(c_B^0 - \frac{b}{a}x\right)^{m_B} - \overleftarrow{k} \cdot \left(c_C^0 + \frac{c}{a}x\right)^{m_C} \cdot \left(c_D^0 + \frac{d}{a}x\right)^{m_D} \tag{10.14}$$

Bei reversiblen Reaktionen kann die Verknüpfung zur Thermodynamik hergestellt werden. Wird die Rückreaktion gleich groß wie die Hinreaktion, ist keine makroskopische Änderung der Konzentrationen mehr feststellbar; das System befindet sich im Gleichgewicht, die Gleichgewichtskonstante entspricht dem Verhältnis der Geschwindigkeitskonstanten für Hin- und Rückreaktion[22].

---

[22] Genau ist dies nur, wenn auch die Kinetik mit Aktivitäten berechnet wird. Die Gleichgewichtskonstante K, Gleichung (10.15), ist dimensionslos; mit dem in Gleichung (10.5) verwendeten formalkinetische Ansatz aber nur, wenn Hin- und Rückreaktion die gleiche Ordnung haben.

$$K = \frac{\overset{\shortmid}{k}}{k} \tag{10.15}$$

10.1.4. irreversible Parallelreaktionen

Hier werden Reaktionen erfasst vom Typ

$$A \rightarrow B + C$$

$$A \rightarrow D + E$$

Beide Reaktionen laufen parallel ab. Läuft überwiegend eine Reaktion ab und die andere nur zu einem geringen Ausmaß spricht man auch von Nebenreaktionen (wobei aber diese auch Folgereaktionen beinhalten können).

Geht man von einer Reaktion 1. Ordnung für beide Reaktionen aus, bezeichnet man mit x die Umsatzvariable für den gesamten Zerfall von A nach beiden Reaktionen und mit y und z die Umsatzvariablen für die beiden Teilreaktionen, so gelten folgende Geschwindigkeitsgleichungen:

$$\frac{dx}{dt} = (k_1 + k_2) \cdot c_A = (k_1 + k_2) \cdot (c_A^0 - x) \tag{10.16}$$

$$\frac{dy}{dt} = k_1 \cdot c_A = k_1 \cdot (c_A^0 - y - z) \tag{10.17}$$

$$\frac{dz}{dt} = k_2 \cdot c_A = k_2 \cdot (c_A^0 - y - z) \tag{10.18}$$

Für die Teilreaktionen ergibt sich ein System von Differentialgleichungen, das entsprechend gelöst werden muss. Man kann aber auch alles über die leicht zu lösende Gesamtreaktion berechnen, wenn man berücksichtigt, dass x = y + z ist und $\frac{k_1}{k_2} = \frac{y}{z}$.

10.1.5. irreversible Folgereaktionen

Der einfachste Fall einer Folgereaktion lautet:

$$A \rightarrow B \rightarrow C$$

A reagiert zu B, welches teilweise zu C weiter reagiert. Mit k_1 für die erste Reaktion und k_2 für die Folgereaktion sowie der Annahme einer ersten Ordnung für beide Reaktionen ergeben sich folgende Geschwindigkeitsänderungen:

$$\frac{dc_A}{dt} = -k_1 \cdot c_A \tag{10.19}$$

$$\frac{dc_B}{dt} = k_1 \cdot c_A - k_2 \cdot c_B \tag{10.20}$$

$$\frac{dc_C}{dt} = k_2 \cdot c_B \tag{10.21}$$

Um die zeitlichen Änderungen der verschiedenen Konzentrationen zu erhalten, wird die erste Gleichung integriert und in die zweite eingesetzt; diese wird dann ebenfalls integriert und in die dritte eingesetzt, welche dann auch integriert werden kann. Für die Änderung von c_B erhält man damit

$$\frac{dc_B}{dt} = k_1\left(c_A^0 \cdot e^{-k_1 t}\right) - k_2 c_B$$

$$c_B = -c_A^0 \cdot \frac{k_1\left(e^{-k_1 t} - e^{-k_2 t}\right)}{k_1 - k_2} \tag{10.22}$$

Falls B das gewünschte Produkt und C ein unerwünschtes Folgeprodukt ist, kann durch Differenzieren und null setzen von Gleichung (10.22) die optimale Zeit für eine maximale Ausbeute (Definition von Umsatz und Ausbeute in Kapitel 11.1) an B berechnet werden zu (Beispiel 10-5):

$$t_{opt} = \frac{\ln\dfrac{k_1}{k_2}}{k_1 - k_2} \tag{10.23}$$

10.2. Reaktionsgeschwindigkeitskonstante

Die Reaktionsgeschwindigkeitskonstante k ist vor allem von der Temperatur abhängig, aber auch von der Konzentration der Reaktanten und gegebenenfalls von vorhandenen Katalysatoren.

Die Konzentrationsabhängigkeit wird meist nicht betrachtet. Man könnte wie in der Thermodynamik konzentrationsunabhängige Konstanten verwenden und mit Aktivitäten (Fugazitäten) anstelle der Konzentrationen (Partialdrücke) rechnen. Geschwindigkeitskonstanten sind aber prinzipiell nicht berechenbar, man ist immer auf Versuche angewiesen; es ist deshalb einfacher, mit Konzentrationen bzw. Partialdrücken zu rechnen und die Konzentrationsabhängigkeit in der experimentell ermittelten Gleichgewichtskonstanten zu verstecken.

Die Temperaturabhängigkeit der Reaktionsgeschwindigkeitskonstante wird nach der Gleichung von Arrhenius berechnet:

$$\frac{d\ln k}{dT} = \frac{E_A}{R \cdot T^2} \tag{10.24}$$

Wird die Aktivierungsenergie E_A als unabhängig von der Temperatur angenommen, ergibt die Integration:

$$\ln k = -\frac{E_A}{RT} + \text{konst.,} \quad \text{oder} \tag{10.25}$$

$$k = H \cdot \exp\left(-\frac{E_A}{RT}\right), \quad \text{oder} \tag{10.26}$$

$$\ln k(T) = \ln k(T_0) - \frac{E_A}{R}\left(\frac{1}{T} - \frac{1}{T_0}\right) \tag{10.27}$$

Je größer die Aktivierungsenergie, desto stärker ist die Temperaturabhängigkeit der Geschwindigkeitskonstante. Die Konstante H wird auch als Frequenzfaktor oder präexponentieller Faktor bezeichnet, hat die gleiche Einheit wie die Geschwindigkeitskonstante (abhängig von der Reaktionsordnung) und ist geringfügig von der Temperatur abhängig.

Elementarreaktionen haben immer eine positive Aktivierungsenergie, d. h. die Reaktionsgeschwindig-keit nimmt mit der Temperatur zu. Bei zusammengesetzten nicht elementaren Reaktionen kann es aber vorkommen, dass die Geschwindigkeit mit der Temperatur abnimmt, z. B. bei der Reaktion

$$2\,NO + O_2 \;\rightarrow\; 2\,NO_2,$$

welche tatsächlich über das Zwischenprodukt N_2O_2 verläuft:

$$2\,NO + O_2 \;\leftrightarrow\; N_2O_2 + O_2 \;\rightarrow\; 2\,NO_2.$$

Die erste Reaktion zu N_2O_2 ist schnell und praktisch immer im Gleichgewicht. Da es eine exotherm reversible Gleichgewichtsreaktion ist nimmt die Konzentration mit zunehmender Temperatur ab, wes-halb die Weiterreaktion zu NO_2 langsamer wird.

10.3. Enzymkinetik

In biologischen Systemen läuft eine Vielzahl chemischer Reaktionen ab, welche alle enzymatisch ge-steuert sind. Enzyme sind biologische Katalysatoren und bestehen aus Proteinen, welche sich aus den natürlichen Aminosäuren zusammensetzen.

Leonor Michaelis und Maud Menten haben 1913 ein vereinfachtes kinetisches Modell entwickelt, welches von der Annahme ausgeht, dass ein Substrat S zunächst reversibel mit einem Enzym E zu einem Komplex ES reagiert, welcher anschließend irreversibel (vereinfacht, ursprüngliche Annahme: reversibel) in das Produkt P und das regenerierte Enzym E zerfällt:

$$E + S \;\underset{k_{-1}}{\overset{k_1}{\rightleftharpoons}}\; ES \;\xrightarrow{k_2}\; E + P$$

Mit den Geschwindigkeiten

$$\frac{dS}{dt} = -k_1 \cdot S \cdot E + k_{-1} \cdot ES$$

$$\frac{dES}{dt} = k_1 \cdot S \cdot E - (k_{-1} + k_2) \cdot ES$$

und den Bilanzen

$$E^0 = E + ES \quad \text{und} \quad S^0 = S + P + ES$$

können prinzipiell alle Konzentrationen berechnet werden. Eine Geschwindigkeitsgleichung erhält man mit der Annahme $S^0 \gg ES$ und konstant bleibender Komplexkonzentration ($\frac{dES}{dt} = 0$) nach ei-nigen Umformungen zu

$$-\frac{dS}{dt} = \frac{dP}{dt} = \frac{w_{max} \cdot S}{K_M + S} \tag{10.28}$$

mit

der maximalen Geschwindigkeit $w_{max} = k_2 \cdot E^0$ und der

Michaelis-Menten-Konstante $K_M = \dfrac{k_{-1} + k_2}{k_1}$.

Die Michaelis-Menten-Gleichung (10.28) mit den getroffenen Vereinfachungen gilt für sehr viele enzymatisch katalysierten Reaktionen. Um sie insbesondere für Zellwachstum (z. B. biologische Abwasserreinigung) leichter anwenden zu können wurde sie 1949 von Jacques Monod angepasst:

Mit der Biomasse X als Produkt P, $w_{max} = \mu_{max} \cdot X$ (μ_{max} = maximale spezifische Zellwachstumsgeschwindigkeit 1/t) und der Sättigungskonstante $K_S = K_M$ lautet die Monod-Gleichung für das Zellwachstum (Sterberate noch nicht berücksichtigt):

$$\frac{dX}{dt} = \mu \cdot X = \frac{\mu_{max} \cdot S \cdot X}{K_S + S} \tag{10.29}$$

Bei hoher Substratkonzentration ($S \gg K_S$) ergibt sich die maximale spezifische Wachstumsgeschwindigkeit $\mu = \mu_{max}$, bei sehr niedriger Substratkonzentration ($S \ll K_S$) ist die Zellwachstumsgeschwindigkeit jeweils 1. Ordnung bezüglich S und X. Bei $S = K_S$ (Halbsättigung) ist $\mu = \mu_{max}/2$.

In der biologischen Abwasserreinigung ist man nicht nur am Zellwachstum interessiert, sondern vor allem auch an der Minderung der Substratkonzentration S. Im Unterschied zur Michaelis-Menten-Kinetik wird aber bei der Monod-Kinetik nicht alles Substrat zu Produkt P bzw. X (unterschiedliche Definition von w_{max}). Außer neuer Biomasse bilden sich auch andere Produkte wie CO_2 bei aeroben und CH_4 bei anaeroben Verfahren. Dies wird mit dem Ertragskoeffizient Y (yield) berücksichtigt, welcher die gebildete Biomasse pro Substrat angibt.

Damit ergibt sich der Zusammenhang zwischen der Bildung der Biomasse und dem Verbrauch an Substrat zu

$$\frac{dX}{dt} = -Y \cdot \frac{dS}{dt} \tag{10.30}$$

Nachstehende Tabelle enthält einige typische Werte für Y, μ_{max} und K_S für aerobe und anaerobe Prozesse (25 °C).

Parameter	aerob	anaerob
Y	$0{,}5 - 0{,}7 \quad \dfrac{\text{g CSB gebildet}}{\text{g CSB oxidiert}}$	$0{,}04 - 0{,}06 \quad \dfrac{\text{g OTS gebildet}}{\text{g CH}_3\text{COOH}}$
K_S	$10 - 80$ g CSB/m³	$300 - 400$ g CH_3COOH/m³
μ_{max}	$4 - 6$ d^{-1}	$0{,}15 - 0{,}25$ d^{-1}

Es gibt noch verschiedene andere Modellansätze für das Zellwachstum bzw. Erweiterungen der Monod-Kinetik, wobei insbesondere noch die Sterberate der Mikroorganismen (decay coefficient k_d) und die Substrat-Inhibierung berücksichtigt wird. Mit Berücksichtigung der Sterberate erhält man

$$\frac{dX}{dt} = \frac{\mu_{max} \cdot S \cdot X}{K_S + S} - k_d \cdot X \tag{10.31}$$

10.4. Beispiele

Beispiel 10-1: Bestimmung der Reaktionsordnung 1: A → Produkte [57]

Eine höhere organische Säure zerfällt irreversibel in der Gasphase nach der Reaktionsgleichung

$$RCOOH \rightarrow RH + CO_2$$

Die Temperatur wird konstant gehalten. Der Anfangsdruck der reinen Säure beträgt 10 Torr. Da aus einem Molekül zwei Moleküle entstehen, kann der Reaktionsfortschritt über Druckmessung verfolgt werden, wobei folgende Werte erhalten wurden:

t [min]	1	2	4	8	10	20	40	60
Δp [Torr]	0,733	1,413	2,627	4,564	5,322	7,821	9,525	9,899

Es ist die Ordnung der Reaktion und die Reaktionsgeschwindigkeitskonstante zu bestimmen.

Lösungshinweis:

Auswertung entweder numerisch oder grafisch. Numerisch, indem alle Messpunkte in die Gleichungen (10.9) bis (10.11) und gegebenenfalls (10.12) eingesetzt werden. Diejenige Reaktionsordnung ist richtig, für welche eine annähernd konstante Geschwindigkeitskonstante k für alle Messpunkte erhalten wird.

Für die grafische Auswertung wird auf der Ordinate die rechte Seite der Gleichungen (10.9) bis (10.11) und auf der Abszisse die Zeit aufgetragen. Bei der richtigen Reaktionsordnung ergibt die Steigung k eine Gerade.

Umrechnungsfaktor: 1 Torr = 133,322 Pa

Ergebnis:

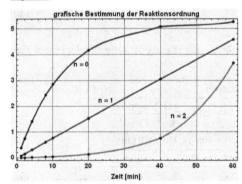

grafische Bestimmung der Reaktionsordnung

Der Zerfall dieser Säure entspricht einer Reaktion 1. Ordnung mit k = 0,076 min^{-1}.

Kommentar:

Mit Computer kann die Reaktionsordnung natürlich ganz leicht numerisch bestimmt werden. Eine grafische Bestimmung macht aber dennoch Sinn für den Fall, dass die Reaktionsordnung nicht geradzahlig ist; dann sieht man aus dem Kurvenverlauf sofort, in welche Richtung gesucht werden muss.

Beispiel 10-2: Bestimmung der Reaktionsordnung 2: A → Produkte, Halbwertszeitmethode 1 [57]

Eine andere organische Säure zerfällt in der Dampfphase ebenfalls irreversibel nach

$$R'COOH \rightarrow R'H + CO_2$$

Diesmal wird zu verschiedenen Anfangsdrücken die Zeit gemessen, bei welcher 50 % der Säure zerfallen waren (Druckanstieg um 50 %).

Anfangsdruck [Torr]	10	20	40	60	100	125	150	175	200
Halbwertszeit [s]	191,6	95,7	47,8	31,9	19,2	15,3	12,9	10,9	9,58

Es ist die Reaktionsordnung nach der Halbwertszeitmethode zu bestimmen.

Lösungshinweis:

1 bar = 750,064 Torr. In die Gleichungen (10.9) bis (10.12) wird $c_A = c_A^0/2$ gesetzt, bzw. hier entsprechend der Druck und für verschiedene Reaktionsordnungen die Geschwindigkeitskonstanten bestimmt. Bleiben diese konstant, wurde die richtige Reaktionsordnung gewählt.

Man erhält folgende k-Werte für die verschiedenen Ordnungen:

0. Ordnung: $k = \dfrac{c_A^0}{2\, t_{1/2}}$

1. Ordnung: $k = \dfrac{\ln 2}{t_{1/2}}$

2. Ordnung: $k = \dfrac{1}{c_A^0 \cdot t_{1/2}}$

n. Ordnung: $k = \dfrac{2^{n-1} - 1}{\left(c_A^0\right)^{n-1} \cdot t_{1/2}}$

Ergebnis:

Die Reaktion entspricht einer 2. Ordnung mit einer Konstante $k = 3,9 \cdot 10^{-6}$ 1/(Pa·s).

Beispiel 10-3: Bestimmung der Reaktionsordnung 3: A → Produkte, Halbwertszeitmethode 2 [55]

Alkalische Hydrolyse von Nitrobenzoesäure-Ethylester (A). Folgende Daten wurden gemessen:

t [s]	0	100	200	300	400	500	600	700	800
c·100 [mol/l]	5,0	3,55	2,75	2,25	1,85	1,60	1,48	1,40	1,38

Bestimme die Reaktionsordnung nach der Halbwertszeitmethode.

Lösungshinweis:

Zunächst werden die Messpunkte in ein Diagramm eingetragen, bzw. interpoliert. Dann kann daraus für beliebig zu wählende Anfangskonzentrationen die Halbwertszeit bestimmt werden. Nun wird wieder wie im vorhergehenden Beispiel in den Gleichungen (10.9) bis (10.12) $c_A = c_A^0/2$ gesetzt und mit den entsprechenden Halbwertszeiten die Geschwindigkeitskonstante berechnet. Bleibt diese konstant, wurde die richtige Reaktionsordnung gewählt.

Ergebnis

Die Reaktion ist 2. Ordnung mit einer Konstante $k = 0,097$ l/(mol·s).

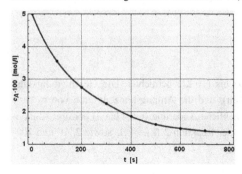

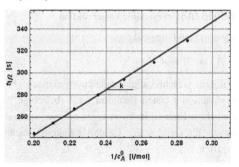

Beispiel 10-4: Reversible Reaktion, Gleichgewichtsumsatz [57]

Isotherme Verseifung eines Esters entsprechend

$$RCOOR' + H_2O \leftrightarrow RCOOH + R'OH$$

Die Reaktionsgeschwindigkeitskonstante der Hinreaktion wurde mit $\vec{k} = 1,2 \cdot 10^{-3}$ 1/min berechnet, jene der Rückreaktion mit $1,90 \cdot 10^{-3}$ 1/min. Dabei befanden sich Wasser und der Alkohol in großem Überschuss und die Reaktionsordnungen für Ester und Säure wurden mit 1 bestimmt. Die Anfangs-konzentration des Esters betrug 0,12 mol/l.

Gesucht ist die Umsatzvariable x, der prozentuelle Umsatz im Gleichgewicht und die Zeit bis 75 % des Gleichgewichtsumsatzes erreicht sind.

<u>Lösungshinweis:</u>

Geschwindigkeitsgleichung für die gegebenen Bedingungen:

$$\frac{dx}{dt} = \vec{k} \cdot \left(c_A^0 - x \right) - \overleftarrow{k} \cdot x = 0 \text{ im Gleichgewicht}$$

Zur Bestimmung der Zeit bis 75 % des Gleichgewichtsumsatzes erreicht wurden, muss diese Gleichung inte-griert werden; das Computerergebnis lautet:

$$t = \frac{\ln\left(\vec{k} \cdot c_A^0 \right) - \ln\left(\vec{k} \cdot c_A^0 - \left(\vec{k} + \overleftarrow{k} \right) \cdot x \right)}{\vec{k} + \overleftarrow{k}}$$

<u>Ergebnis:</u>

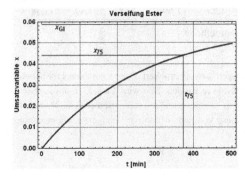

Gleichgewicht: Umsatzvariable x = 0,0587, Umsatz = 48,9 %

Zeit bis 75 % des Gleichgewichtsumsatzes erreicht wurden = 372,7 min.

Beispiel 10-5: irreversible Folgereaktion

Es wird eine Folgereaktion

$$A \rightarrow B \rightarrow C$$

mit dem Geschwindigkeitsgleichungen nach (10.19) bis (10.21) betrachtet. Die Geschwindigkeits-konstante der ersten Reaktion sei 1 (beliebige Einheit), und die Anfangskonzentration von $c_A^0 = 1$ (beliebige Einheit) und von $c_B^0 = c_C^0 = 0$. Stelle die zeitliche Änderung (t = 0 bis 3) der drei Kompo-nenten für verschiedene Geschwindigkeitskonstanten der Reaktion 2 ($k_2 = 0,1$, sowie 2, 10 und 100) grafisch dar.

<u>Lösungshinweis:</u>

Mit Computeralgebrasystemen kann das Gleichungssystem nach (10.19) bis (10.21) mit den Anfangsbedingun-gen gleichzeitig symbolisch gelöst werden.

Ergebnis:

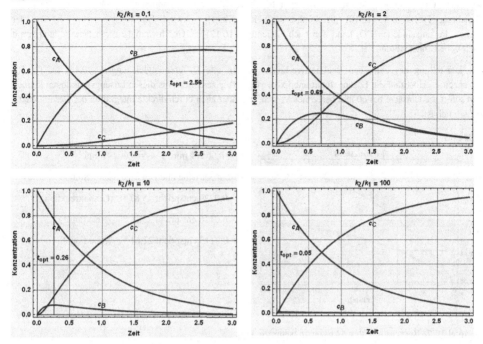

Beispiel 10-6: irreversible Parallelreaktionen [57]

Der Zerfall einer organischen Säure kann in alkoholischem Medium nach zwei verschiedenen Reaktionsgleichungen erfolgen, die neben einander ablaufen:

Reaktion 1: $RCOOH \rightarrow RH + CO_2$

Reaktion 2: $RCOOH + R'OH \rightarrow RCOOR' + H_2O$

Um den Ablauf der Reaktion verfolgen zu können, wurde sowohl die Abnahme der Säure während der Reaktion durch Titration mit NaOH, wie auch die CO_2-Menge bestimmt, die nach Reaktion 1 entsteht.

Berechne die Geschwindigkeitskonstanten der beiden Reaktionen für isotherme Bedingungen, stelle den zeitlichen Verlauf der Umsatzvariablen für die Gesamt- und Teilreaktionen grafisch dar und berechne die Umsätze nach 1 Stunde.

Es soll angenommen werden, dass die Reaktion 1 nach einer 1. Ordnung verläuft und die Reaktion 2 eine pseudomonomolekulare Reaktion ist (hoher Alkoholüberschuss) und ebenfalls nach 1. Ordnung verläuft.

Die Gesamtmenge der Flüssigkeit zu Beginn ist 500 ml. Titriert werden jeweils 10 ml mit 0,02 molarer NaOH.

Zeit [min]	0	10,44	22,14	50,58	90,91	159,69
NaOH [ml]	25	22,5	20,0	15,0	10,0	5,0
CO_2 [g]	0	0,056	0,111	0,223	0,335	0,447

<u>Lösungshinweis:</u>

Aus der NaOH-Titration bestimmt man zunächst die Säurekonzentrationen und durch Lösen der Gesamtreaktion, Gleichung (10.16) bzw. (10.10), die Summe der beiden Einzelgeschwindigkeitskonstanten $k_1 + k_2$. Aus der Menge des entstandenen CO_2 kann nun nach Gleichung (10.17) die Geschwindigkeitskonstante k_1 und somit auch k_2 berechnet werden.

Zur Darstellung des zeitlichen Reaktionsverlaufes werden alle Differentialgleichungen (10.16) bis (10.18) gleichzeitig gelöst und die Lösungsfunktionen x(t), y(t), z(t) gezeichnet. Aus diesen Lösungsfunktionen können nun sofort die Umsätze bei 60 min berechnet werden, was aber auch durch direkte Integration der Gesamtreaktion möglich ist.

<u>Ergebnis:</u>

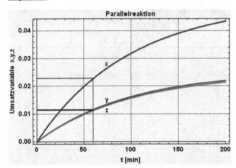

$k_1 = 0{,}00511$ min^{-1}, $k_2 = 0{,}00497$ min^{-1}

Umsatzvariable und Umsätze nach 1 Stunde:

x = 0,0229 entspricht 45,87 % (Gesamtreaktion),

y = 0,0116 entspricht 23,26 % (Reaktion 1),

z = 0,0113 entspricht 22,61 % (Reaktion 2).

Beispiel 10-7: Berechnung der Aktivierungsenergie [57]

Die Zersetzung einer organischen Säure verläuft nach

$$RCOOH \rightarrow RH + CO_2$$

Es wurden folgende Geschwindigkeitskonstanten gemessen:

T [°C]	330	350	370	390	410
k [1/s]	0,023	0,069	0,191	0,490	1,203

Berechne die Aktivierungsenergie E_A und die Konstante H in Gleichung (10.26).

<u>Lösungshinweis:</u>

Gleichung (10.26) muss für die beiden Unbekannten E_A und H gelöst werden. Dafür sind zwei Messpunkte ausreichend, für eine höhere Genauigkeit sollen aber Mittelwerte aus allen möglichen Wertepaaren gebildet werden.

Bei der grafischen Auswertung wird ln k gegen 1/T aufgetragen und die Messpunkte linear gefittet, die Steigung entspricht dann $-E_A/R$. Mit dieser Aktivierungsenergie kann dann ein mittleres H aus allen Messpunkten gebildet werden.

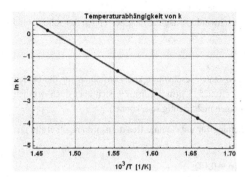

Ergebnis:

Numerisch:

$E_A = 169217$ kJ/kmol, $H = 1{,}085 \cdot 10^{13}$ s^{-1}

Grafisch:

$E_A = 169259$ kJ/kmol, $H = 1{,}058 \cdot 10^{13}$ s^{-1}

Beispiel 10-8: unganzzahlige Reaktionsordnung [57]

Die Bildung von Bromwasserstoffsäure erfolgt homogen und irreversibel in der Gasphase nach

$H_2 + Br_2 \rightarrow 2\,HBr$

Es wurden zwei Versuchsreihen bei konstanter Temperatur und unterschiedlichen Anfangskonzentrationen durchgeführt:

1. c_A^0 (H$_2$) = 0,5637 mol/l, c_B^0 (Br$_2$) = 0,2947 mol/l

t [min]	14,5	24,5	34,5	49,5	79,5	99,5	124,5	149,5
x [mol/l]	0,0699	0,0985	0,1262	0,1644	0,2093	0,2306	0,2502	0,2619

2. c_A^0 (H$_2$) = 0,3103 mol/l, c_B^0 (Br$_2$) = 0,5064 mol/l

t [min]	15	35	55	80	102	125	155	196
x [mol/l]	0,0492	0,1031	0,1406	0,1752	0,1963	0,2179	0,2360	0,2533

Berechne

a) die Geschwindigkeitskonstanten für beide Versuchsreihen unter der Annahme einer Reaktion 2. Ordnung (je 1. Ordnung für H$_2$ und Br$_2$), und

b) die tatsächlichen Reaktionsordnungen und die Geschwindigkeitskonstante aus Mittelwertbildung für viele Wertetripletts.

<u>Lösungshinweis:</u>

Für eine irreversible Reaktion mit zwei Einsatzkomponenten gilt:

$$\frac{dx}{dt} = k \cdot \left(c_A^0 - x\right)^{m_1} \cdot \left(c_B^0 - x\right)^{m_2}$$

Für 1. Ordnungen, $m_1 = m_2 = 1$, kann diese Geschwindigkeitsgleichung leicht integriert werden:

$$k \cdot t = \frac{1}{c_A^0 - c_B^0} \cdot \ln \frac{c_B^0 \left(c_A^0 - x\right)}{c_A^0 \left(c_B^0 - x\right)},$$

woraus die Geschwindigkeitskonstante k für jede Versuchsreihe berechnet werden kann.

Für unbekannte Reaktionsordnungen m_1 und m_2 kann die Geschwindigkeitsgleichung symbolisch integriert werden. Mit k gibt es dann 3 Unbekannte, die aus 3 Messpunkten berechnet werden können. Bei der gegebenen Anzahl an Messpunkten gibt es viele Kombinationsmöglichkeiten, wichtig ist dabei immer, dass in jeder Auswertung beide Messserien verwendet werden.

Alternativ können auch die Messpunkte t – x interpoliert oder gefittet, und daraus die Ableitung dx/dt gebildet werden. Dann kann man die Unbekannten direkt aus der Geschwindigkeitsgleichung berechnen. Es sollen beide Möglichkeiten verglichen werden.

Ergebnis:

Für die Teilreaktionen 1. Ordnung erhält man ziemlich konstante Geschwindigkeitskonstanten für die beiden Versuchsreihen mit den Mittelwerten $k_1 = 0{,}03576$ und $k_2 = 0{,}02575$ l/(mol·min), die sich aber doch deutlich unterscheiden, weshalb die angenommenen Reaktionsordnungen nicht richtig sein können.

Die Auswertung mit der integrierten Geschwindigkeitsgleichung für unbekannte Reaktionsordnungen ergibt aus 184 Wertetripletts folgende Mittelwerte:

$k = 0{,}023$ ($\sigma = 0{,}0006$), $m_1 = 1{,}07$ ($\sigma = 0{,}12$), $m_2 = 0{,}70$ ($\sigma = 0{,}12$),

und aus der differentiellen Geschwindigkeitsgleichung mit Fitfunktion der Ableitung erhält man:

$k = 0{,}029$ ($\sigma = 0{,}021$), $m_1 = 1{,}02$ ($\sigma = 0{,}33$), $m_2 = 0{,}76$ ($\sigma = 0{,}69$).

Die direkte Integration ergibt deutlich geringere Standardabweichungen.

Anmerkung:

Diese Reaktion wird oft als Beispiel für eine nicht elementare Reaktion gezeigt, wobei verschiedene empirische Ansätze zu finden sind, z. B.

$$r_{HBr} = \frac{d[HBr]}{dt} = \frac{k_1[H_2][Br_2]^{0,5}}{k_2 + [HBr]/[Br_2]}, \quad \text{in [22], oder}$$

$$r_{HBr} = \frac{d[HBr]}{dt} = \frac{k_1[H_2][Br_2]^{1,5}}{[Br_2] + k_2[HBr]}, \quad \text{in [55] .}$$

Eine Reaktionsordnung kann nur bezüglich H_2 bestimmt werden. Für diese beiden Reaktionsgleichungen konnten aber mit den gegebenen Daten keine konstanten Geschwindigkeitskonstanten erhalten werden (siehe *Mathematica*-Datei).

Beispiel 10-9: Wachstumsgeschwindigkeit von Mikroorganismen

Stelle die spezifische Wachstumsgeschwindigkeit von Mikroorganismen mit der Monod-Gleichung bei $\mu_{max} = 1$ für $K_S = 10$ und $K_S = 400$ von $S = 0$ bis 1000 grafisch dar.

Ergebnis:

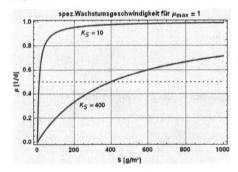

Kommentar:

Bei gleicher maximaler Wachstumsgeschwindigkeit benötigen anaerobe Prozesse im Vergleich zu aeroben Prozessen wegen des höheren K_S-Wertes viel höhere Substratkonzentrationen für ähnliche Wachstumsraten.

Beispiel 10-10: Monod-Kinetik [12]

Es sollen die kinetischen Parameter K_M, k_0 ($= \mu_{max}$), k_d und Y für einen ideal durchmischten Labor - Belebtschlammreaktor ermittelt werden. Für unterschiedliche Verweilzeiten τ und anfängliche Substratkonzentrationen S^0 wurden folgende Werte erhalten:

τ [h]	S^0 [mg CSB/l]	S [mg CSB/l]	X [mg TS/l]
2,8	1043	303	324
3,4	1040	220	359
3,75	986	162	358
6,0	987	80	388
9,0	1010	58	401
11,2	1037	47	409

Lösungshinweis:

Die Auswertung kann durch Linearisierung von Gleichung (10.31) erfolgen (Lineweaver-Burk-Plot).

$$\frac{S^0 - S}{X} = \frac{k_d \cdot \tau}{Y} + \frac{1}{Y}$$

Durch Auftragen von $(S^0 - S)/X$ über die mittlere Verweilzeit τ kann aus dem Ordinatenabschnitt der Ertragskoeffizient Y und aus der Steigung der Sterbekoeffizient k_d bestimmt werden. Wird anschließend nach

$$\frac{\tau \cdot X}{S^0 - S} = \frac{K_M}{Y \cdot S} + \frac{Y}{k_0}$$

die linke Seite gegen 1/S aufgetragen, erhält man aus dem Ordinatenabschnitt k_0 und aus der Steigung K_M.

Ergebnis:

Y = 0,447 mg TS/mg CSB, K_M = 83,5 mg CSB/l, k_0 = 0,844 1/h, k_d = 0,0072 1/h

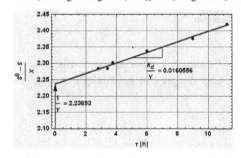

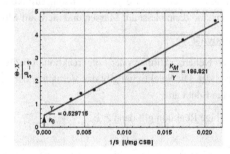

11. Reaktionstechnik

11.1. Begriffe und Definitionen

Umsatz U_i: (conversion)

Der Umsatz gibt an, welcher Anteil einer Komponente reagiert hat. Der reagierte Anteil berechnet sich aus der Differenz der anfänglich vorhandenen Molzahl N_i^0 und der nach Reaktionsende noch vorhandenen Molzahl N_i dividiert durch die anfänglich vorhandene Molzahl.

$$U_i = \frac{N_i^0 - N_i}{N_i^0} \qquad (11.1)$$

Nachdem sich die Definition des Umsatzes immer nur auf eine Komponente i bezieht, können statt der Molzahl auch Massen eingesetzt werden.

Liegen alle Edukte im stöchiometrischen Verhältnis vor, kann der Umsatz für alle Komponenten zwischen 0 und 1 liegen. Ist eine Komponente im Überschuss, kann diese Komponente nicht vollständig umgesetzt werden, d. h. U ist für diese Komponente immer < 1.

Ausbeute A_{ji}: (yield)

Die Ausbeute gibt das Verhältnis der gebildeten Menge einer Komponente j (Produkt) zur maximal möglichen Menge an Produkt an. Für eine Reaktion

$$v_A \cdot A + v_B \cdot B \leftrightarrow v_P \cdot P \text{ gilt}$$

$$A_{PA} = \frac{N_P}{N_A^0} \cdot \frac{|v_A|}{v_P} \quad \text{und} \quad A_{PB} = \frac{N_P}{N_B^0} \cdot \frac{|v_B|}{v_P} \qquad (11.2)$$

Es gibt noch andere Definitionen der Ausbeute, insbesondere auch für den Gesamtprozess, wo noch Verluste bei den dem Reaktor folgenden Aufbereitungsverfahren berücksichtigt werden. Diese Ausbeuten sind dann meist auf Massen und nicht auf Mole bezogen.

Selektivität S_{ji}:

Durch Nebenreaktionen oder Folgereaktionen bedingt, wird nicht immer nur das gewünschte Produkt P gebildet. Die Selektivität gibt das Verhältnis der Stoffmenge des gewünschten Produktes zum umgesetzten Edukt an.

Für obige Reaktion gilt dann z. B.

$$S_{PA} = \frac{N_P}{N_A^0 - N_A} \cdot \frac{|v_A|}{v_P} \quad \text{oder} \quad S_{PB} = \frac{N_P}{N_B^0 - N_B} \cdot \frac{|v_B|}{v_P} \qquad (11.3)$$

Aus Gleichungen (11.1) bis (11.3) folgt auch: Ausbeute = Selektivität x Umsatz.

Diese Definition der (integralen) Selektivität ist unabhängig vom Reaktortyp. Bei nicht vollständig rückvermischten Reaktoren kann es vorteilhaft sein, die Molzahl bzw. Konzentration des Produktes P über die Definition einer differentiellen Selektivität s_{PA} zu berechnen. Diese ist über die Reaktionsgeschwindigkeiten definiert, Beispiel 11-26.

$$s_{PA} = \frac{\text{Geschwindigkeit erwünschte Reaktion}}{\text{Gesamtgeschwindigkeit des Verbrauchs an Edukt}} = \frac{r_P \cdot |v_A|}{r_A \cdot v_P} \qquad (11.4)$$

Die Produktkonzentration erhält man dann durch Integration über alle Eduktkonzentrationen.

$$c_P = \int\limits_{c_P^0}^{c_P} s_{PA} dc_P = - \int\limits_{c_A^0}^{c_A} s_{PA} dc_A \tag{11.5}$$

Produktionsleistung:

In der Zeiteinheit erzeugte Menge eines gewünschten Produktes

Raum-Zeit-Ausbeute (RZA, space time yield):

Die RZA gibt die Produktionsleistung pro Reaktionsvolumen an und ist insbesondere für heterogene Reaktionen von Bedeutung, um die benötigte Menge Feststoff bzw. Katalysator berechnen zu können.

hydrodynamische Verweilzeit (Raumzeit):

Verhältnis Reaktionsvolumen zu volumetrischem Zulaufstrom. $\tau = \dfrac{V_R}{\dot{V}_0}$,

Der Reziprokwert der hydrodynamischen Verweilzeit ist die Verdünnungsgeschwindigkeit.

Mittlere Verweilzeit τ:

Gibt an, wie lange ein Teilchen oder eine Komponente im Schnitt im Reaktor verbleibt. Kann, muss aber nicht gleich der hydrodynamischen Verweilzeit sein, z. B. wenn sich Volumen ändert.

11.2. Bilanzgleichungen für isotherme ideale Reaktoren

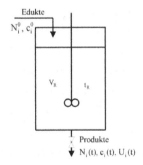

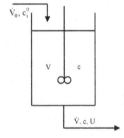

Abbildung 11-1: diskontinuierlicher Rührkessel   **Abbildung 11-2: kontinuierlicher Rührkessel**

11.2.1. Diskontinuierlicher Rührkessel

Annahmen: Es trete keine Volumenänderung während der Reaktion auf. Der Rührkessel sei ideal durchmischt, alle Komponenten haben die gleiche Verweilzeit. Die Stoffbilanz enthält nur den Speicherterm und den Generationsterm (Reaktion). Die zeitliche Änderung der Molzahlen der Komponenten i im Reaktionsvolumen entspricht dann genau der Reaktionsgeschwindigkeit der betreffenden Komponente.

$$\frac{dN_i}{dt} = V_R \cdot r_i = V_R \cdot v_i \cdot r \text{ bzw.} \tag{11.6}$$

$$\frac{dc_i}{dt} = r_i = v_i \cdot r$$

Oft wird direkt mit dem Umsatz U_i eines Eduktes gerechnet. Differenzieren von Gleichung (11.1) ergibt:

$$d U_i = - \frac{d N_i}{N_i^0} = - \frac{d c_i}{c_i^0} \tag{11.7}$$

Gleichung (11.7) in (11.6) eingesetzt und integriert ergibt die benötigte Reaktionszeit für einen bestimmten Umsatz:

$$t_R = - n_i^0 \cdot \int_0^{U_i} \frac{d U_i}{V_R \cdot r \cdot \nu_i} = - c_i^0 \cdot \int_0^{U_i} \frac{d U_i}{r \cdot \nu_i} = - c_i^0 \cdot \int_0^{U_i} \frac{d U_i}{r_i} \tag{11.8}$$

11.2.2. Kontinuierlicher Rührkessel (kRK)

Der Speicherterm in der Stoffbilanz wird null (stationär), der kRK ist aber ein offenes System mit Zu- und Abfuhr der Komponenten. Die Bilanz für die Komponente i lautet:

$$\dot{N}_i^0 - \dot{N}_i + V_R \cdot r_i = 0 \tag{11.9}$$

Mit $\dot{N}_i^0 = c_i^0 \cdot \dot{V}$, bzw. $\dot{N}_i = c_i \cdot \dot{V}$ und $\frac{V_R}{\dot{V}} = \tau$ erhält man

$$c_i^0 - c_i + \tau \cdot r_i = 0 , \tag{11.10}$$

woraus die Austrittskonzentration bei einer gegebenen hydrodynamischen Verweilzeit, oder die benötigte Verweilzeit für eine gewünschte Austrittskonzentration berechnet werden kann.

Anstelle der Austrittskonzentration kann entsprechend Gleichung (11.1) auch mit dem Umsatz gerechnet werden; es folgt

$$\frac{V_R}{\dot{N}_i^0} = \frac{U_i}{- r_i} , \tag{11.11}$$

oder

$$\frac{V_R}{\dot{V}} = \tau = \frac{c_i^0 \cdot U_i}{- r_i} . \tag{11.12}$$

11.2.3. Ideales Strömungsrohr

Im idealen Strömungsrohr treten Konzentrationsänderungen nur in axialer Richtung auf; in radialer Richtung herrscht homogene Verteilung (Pfropfen-, Kolben- oder Blockströmung). Die Bilanz erfolgt am besten über ein differentielles axiales Volumenelement mit anschließender Integration über die Reaktorlänge (Abbildung 11-3).

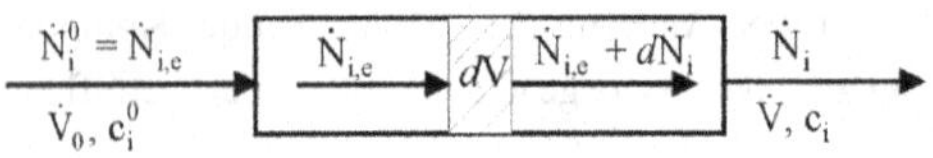

Abbildung 11-3: Bilanzgebiet im idealen Strömungsrohr

$$\dot{N}_{i,a} - \dot{N}_{i,e} - r_i \cdot dV = 0 \tag{11.13}$$

Für volumenkonstante Reaktionen erhält man mit $\dot{N}_{i,a} = \dot{N}_{i,e} + d\dot{N}_i$

$$\frac{dc_i}{r_i} = \frac{V_R}{\dot{V}} = \tau, \tag{11.14}$$

woraus wieder für beliebige Geschwindigkeitsgesetze nach Integration die Austrittskonzentration für bestimmte Verweilzeit oder die Verweilzeit für die gewünschte Austrittskonzentration berechnet werden kann.

Mit $d\dot{N}_i = -\dot{N}_i^0 dU_i$ kann auch das notwendige Reaktionsvolumen bzw. Verweilzeit zur Erreichung eines gewünschten Umsatzes berechnet werden:

$$V_R = \dot{N}_i^0 \cdot \int_0^{U_i} \frac{dU_i}{-r_i} \quad \text{bzw.} \quad \tau = -c_i^0 \cdot \int_0^{U_i} \frac{dU_i}{r_i} \tag{11.15}$$

Ein Vergleich mit Gleichung (11.8) zeigt, dass die zur Erreichung eines bestimmten Umsatzes erforderliche Verweilzeit im Strömungsrohr der erforderlichen Reaktionszeit im diskontinuierlichen Rührkessel entspricht.

11.2.4. Schlaufenreaktor, Kreislaufreaktor

Ein Schlaufenreaktor oder Kreislaufreaktor besteht im Prinzip aus einem Strömungsrohr mit Rückführung, Abbildung 11-4. Durch die Rückführung, gegeben durch das Rücklauf- oder Kreislaufverhältnis r = zurückgeführter zu austretendem Volumenstrom, kann jeder Zustand zwischen Strömungsrohr und Rührkessel eingestellt werden. Keine Rückführung entspricht dem Strömungsrohr, unendliche Rückführung dem Rührkessel, da dann im gesamten Reaktor die gleiche Konzentration herrscht.

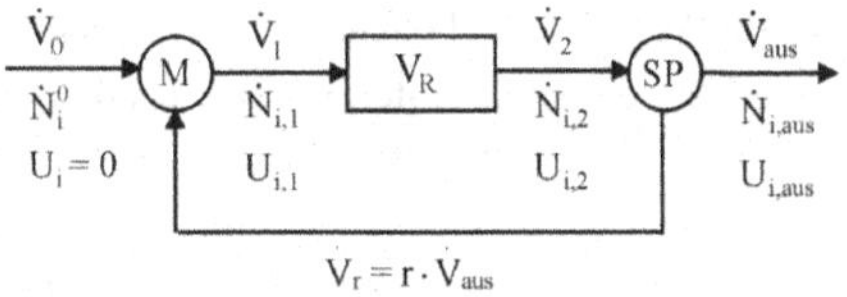

Abbildung 11-4: Bilanzraum Kreislaufreaktor

Prinzipiell gelten dieselben Gleichungen wie beim Strömungsrohr, mit dem Unterschied, dass die Eingangswerte in den Reaktor nicht die Zulaufwerte sind, sondern die Werte nach dem Mischen des Zulaufstromes mit dem Rücklaufstrom, welche sich leicht aus der Bilanz um den Mischer ermitteln lassen.

Aus Gleichung (11.15) wird somit:

$$V_R = -\dot{N}_{i,1}^0 \cdot \int_{U_{i,1}}^{U_i} \frac{dU_i}{r_i} \tag{11.16}$$

Aus der Gesamtbilanz und der Bilanz um den Mischer erhält man mit dem Volumenfaktor ε_V (Kapitel 11.2.7) folgende Beziehungen:

$$\dot{V}_{aus} = \dot{V}_0 \cdot \left(1 + \varepsilon_V U_i\right)$$

$$\dot{N}_{i,R} = R \cdot \dot{N}_i^0 \cdot \left(1 - U_i\right)$$

$$\dot{V}_1 = \dot{V}_0 + \dot{V}_R$$

$$\dot{N}_{i,1} = \dot{N}_i^0 + \dot{N}_{i,R}$$

$$U_{i,1} = \frac{R}{R+1} \cdot U_i$$

$$c_{A,1} = \frac{\dot{N}_{i,1}}{\dot{V}_i}$$

Die Kombination dieser Beziehungen ergibt folgende Auslegungsformel:

$$V_R = c_A^0 \cdot \dot{V}_0 \cdot (1+R) \cdot \int_{\frac{R}{R+1}U_i}^{U_i} \frac{dU_i}{-r_i} \tag{11.17}$$

11.2.5. Rührkesselkaskade

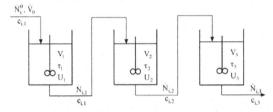

Abbildung 11-5: Rührkesselkaskade

Bei der idealen Rührkesselkaskade werden mehrere ideale Rührkessel hintereinander geschaltet; der Austrittsstrom des einen dient als Zulaufstrom des nächsten Rührkessels. Da die Komponenten in einem idealen Rührkessel homogen verteilt sind, erhält man bei einer Kaskade einen treppenförmigen Konzentrationsverlauf. Die Gleichungen für den idealen Rührkessel, (11.11) bzw. (11.12), können nun für jeden einzelnen Rührkessel angewandt werden. Für die Verweilzeit des n-ten Kessels τ_n erhält man dann:

$$\tau_n = \frac{c_{i,n-1} \cdot U_{i,n}}{-r_{i,n}} \tag{11.18}$$

Die Austrittskonzentration $c_{i,n-1}$ der Komponente i aus dem Rührkessel n-1 ist die Eintrittskonzentration in den Rührkessel n. Der Umsatz von i im n-ten Rührkessel ist $U_{i,n} = \dfrac{c_{i,n-1} - c_{i,n}}{c_{i,n-1}}$ und $r_{i,n}$ ist die Reaktionsgeschwindigkeit von i im n-ten Rührkessel.

Für die Vereinfachungen volumenkonstante, irreversible Reaktion 1. Ordnung und gleiches Reaktionsvolumen für jeden Rührkessel erhält man folgende Gleichung für den Gesamtumsatz:

$$U_i = 1 - \frac{1}{(1 + k \cdot \tau)^n} \tag{11.19}$$

Das Produkt $k \cdot \tau$ ist die erste Damköhlerzahl Da_I und gibt das Verhältnis von chemischer Reaktionsrate zum Konvektionsstrom an.

$$Da_1 = \frac{|r_i| \cdot V_R}{\dot{N}_i} \tag{11.20}$$

11.2.6. Strömungsrohr und Rührkessel

Auch Strömungsrohre (keine Rückvermischung) und Rührkessel (vollständige Vermischung) können in Serie geschaltet werden. Dabei ist aber die Reihenfolge von Bedeutung, ausgenommen bei Reaktionen 1. Ordnung. Dies wird als Zeitpunkt der Vermischung bezeichnet. Bei Reaktionsordnungen > 1 ist eine späte Vermischung günstiger, d. h. zuerst Strömungsrohr dann Rührkessel, bei Reaktionsordnungen < 1 ist eine frühe Vermischung günstiger, siehe Beispiel 11-24.

11.2.7. Gleichungen bei Änderung des Reaktionsvolumens

Treten durch die chemische Reaktion bedingt Volumenänderungen auf, kann nicht mehr mit konstantem Reaktionsvolumen V_R gerechnet werden. Ändert sich das Volumen linear mit dem Umsatz (bei p und T konstant) so kann mit einem Volumenfaktor ε_V

$$\varepsilon_V = \frac{V_{Umsatz=1} - V_{Umsatz=0}}{V_{Umsatz=0}} \tag{11.21}$$

das Volumen als Funktion des Umsatzes angegeben werden.

$$V_R = V_0 \cdot (1 + \varepsilon_V \cdot U) \tag{11.22}$$

V_R ist jetzt das Reaktionsvolumen zu Reaktionsende und V_0 das Anfangsvolumen. Wird die mittlere Verweilzeit mit dem Anfangsvolumen bestimmt, $\tau = \frac{V_0}{\overset{\cdot}{V}}$, so können alle Bilanzgleichungen in der gleichen Weise angewandt werden, indem V_R durch Gleichung (11.22) ersetzt wird. Man erhält dann für

- den diskontinuierlichen Rührkessel:

$$t_R = -n_i^0 \cdot \int_0^{U_i} \frac{dU_i}{V_R \cdot (1 + \varepsilon_V \cdot U_i) \cdot r \cdot v_i} = -c_i^0 \cdot \int_0^{U_i} \frac{dU_i}{r_i \cdot (1 + \varepsilon_V \cdot U_i)}, \tag{11.23}$$

- den idealen Rührkessel:

$$\tau = \frac{c_i^0 \cdot U_i}{-r_i \cdot (1 + \varepsilon_V \cdot U_i)}, \tag{11.24}$$

- das ideale Strömungsrohr:

$$\tau = -c_i^0 \cdot \int_0^{U_i} \frac{dU_i}{r_i \cdot (1 + \varepsilon_{V,i} \cdot U_i)}, \tag{11.25}$$

- den Kreislaufreaktor:

$$V_R = c_A^0 \cdot \overset{\cdot}{V}_0 \cdot (1+R) \cdot \int_{\frac{R}{R+1}U_i}^{U_i} \frac{dU_i}{-r_i (1 + \varepsilon_{V,i} \cdot U_i)}, \tag{11.26}$$

- und die ideale Rührkesselkaskade:

$$\tau_n = \frac{c_{i,n-1} \cdot U_{i,n}}{-r_{i,n} \cdot (1 + \varepsilon_V \cdot U_{i,n})} \tag{11.27}$$

Bei volumenkonstanten Reaktionen ist $\varepsilon_V = 0$; ist jeder Rührkessel gleich groß, ist auch τ_n immer gleich.

11.3. Verweilzeitverteilung in idealen Reaktoren

11.3.1. Kenngrößen der Verweilzeitverteilungen

Die E-Funktion gibt an, mit welcher Wahrscheinlichkeit ein bestimmter Anteil der zur Zeit t = 0 in den Reaktor gelangenden Stoffmenge diesen nach einer Zeit t wieder verlässt. Sie gibt somit die Wahrscheinlichkeitsverteilung an (Häufigkeitsfunktion). E(t)dt gibt den Bruchteil der Fluidfüllung im Reaktor an, dessen Verweilzeit im Bereich zwischen t und t + dt liegt. Sie wird auch Stoß- oder Pulsfunktion genannt, weil sie die Antwort (= Übertragungsfunktion) auf eine stoßhafte Zugabe z. B. eines Tracers angibt (ideal: Diracsche Deltafunktion).

Dimension: Bruchteil der Gesamtmenge pro Zeiteinheit (vergleiche: Korngrößenverteilung: Bruchteil der Gesamtmasse pro Klassenbreite)

$$E(t) = \frac{c(t)}{\int\limits_0^\infty c(t)\,dt} \tag{11.28}$$

Die E-Funktion ist eine normierte Größe. Da nach langer Zeit alle eingetretenen Teilchen den Reaktor wieder verlassen haben gilt:

$$\int\limits_0^\infty E(t)\,dt = 1 \tag{11.29}$$

Wie bei den Partikelgrößenverteilungen werden einige Kenngrößen definiert; dies ist insbesondere von Nutzen, wenn verschiedene Reaktoren oder Messungen verglichen werden sollen. Diese Kenngrößen können wieder aus den statistischen Momenten berechnet werden:

0. Moment (F-Funktion, Summenhäufigkeit):

$$F(t) = \int\limits_0^t E(t)\,dt \tag{11.30}$$

1. Moment (mittlere Verweilzeit):

$$\tau = \int\limits_0^\infty t \cdot E(t)\,dt \tag{11.31}$$

2. Moment (Varianz):

$$\sigma^2 = \int\limits_0^\infty (t - \tau)^2 \cdot E(t)\,dt \tag{11.32}$$

Die höheren Momente (Schiefe, Wölbung) haben kaum praktische Bedeutung.

Die F-Funktion wird auch Sprungfunktion genannt, weil sie die Antwort auf eine sprunghafte Änderung bei Zugabe eines Tracers angibt. Bei der praktischen Messung von Verweilzeitverteilungen kann man jedoch keine Puls- oder Sprungfunktion eines Tracers aufgeben. Man erhält schon am Eintritt eine Verteilungsfunktion, die sich beim Durchfluss durch den Reaktor ändert. Mathematisch erhält man die Austrittsfunktion durch Faltung[23] der gemessenen Eintrittsfunktion mit der Verweilzeitverteilungsfunktion (Beispiel 11-30 und Beispiel 11-31).

11.3.2. Idealer Rührkessel

Wird einem kontinuierlichen idealen Rührkessel (continuous stirred tank reactor, CSTR) stoßartig eine Tracersubstanz aufgegeben, so verteilt sich diese schlagartig und gleichmäßig im gesamten Rührkessel. Mit der sich einstellenden höchsten Konzentration gelangt die Substanz schon zum Zeitpunkt $t = 0$ zum Austritt. Da zu keiner Zeit $t > 0$ weiterer Tracer aufgegeben wird, verarmt der Reaktor immer mehr an Tracersubstanz. Für die Verteilungsfunktion erhält man (Beispiel 11-28):

$$E(t) = \frac{1}{\tau} \cdot \exp\left(-\frac{t}{\tau}\right) \tag{11.33}$$

Damit erhält man folgende Summenhäufigkeit und Kennwerte:

$$F(t) = \int_0^t E(t)\,dt = 1 - \exp\left(-\frac{t}{\tau}\right) \tag{11.34}$$

mittlere Verweilzeit: $\quad \tau = \int_0^\infty t \cdot E(t)\,dt \tag{11.35}$

Varianz: $\quad \sigma^2 = \int_0^\infty (t-\tau)^2 \cdot E(t)\,dt \tag{11.36}$

Aus Gleichung (11.34) folgt, dass nach der mittleren Verweilzeit $t = \tau$ bereits $1 - 1/e \approx 63{,}2\ \%$ der Volumenelemente den Reaktor wieder verlassen haben.

11.3.3. Ideales Strömungsrohr

Im idealen Strömungsrohr herrscht Propfenströmung (Kolben-, Blockströmung). Das bedeutet, dass die Eingangsfunktion unverändert nach der Verweilzeit τ am Austritt erscheint. Zu den mathematischen Funktionen von Puls- und Sprungfunktion siehe *Mathematica*-Datei zu Beispiel 11-28. Die Verweilzeit ist selbstverständlich τ (alle Volumenelemente haben dieselbe Aufenthaltszeit) und die Varianz 0.

11.3.4. Ideale Rührkesselkaskade

Die Rührkesselkaskade besteht aus hintereinander geschalteten idealen Rührkesseln. Ab dem 2. Reaktor kann die Eingangsfunktion keine Puls- oder Sprungfunktion mehr sein; sie ergibt sich aus der jeweiligen Ausgangsfunktion des vorhergehenden Reaktors. Die Ausgangsfunktion jedes Reaktors erhält man somit durch Faltung der jeweiligen Eingangsfunktion mit der E-Funktion des idealen Rührkessel. Für eine Rührkesselkaskade mit m Rührkesseln und einer gesamten mittleren Verweilzeit τ (wobei jeder Rührkessel die gleiche Verweilzeit τ_i aufweist) erhält man durch sukzessive Faltung

---

[23] Vereinfacht dargestellt wird dabei die Konzentrationsverteilung des Tracers am Eintritt $c_e(t')$ mit der E-Funktion $E(t)$ des Reaktor multipliziert und über t' von 0 bis t integriert, wodurch man die Konzentrationsverteilung $c_a(t)$ am Austritt erhält.

$$E(t) = \frac{n}{(n\text{-}1)!} \cdot \left(\frac{n \cdot t}{\tau}\right)^{(n\text{-}1)} \cdot \exp\left(-\frac{n \cdot t}{\tau}\right) \tag{11.37}$$

$$F(t) = \int_0^t E(t')\,dt' = 1 - \frac{\Gamma\left(n, \dfrac{n \cdot t}{\tau}\right)}{\Gamma(n)} \tag{11.38}[24]$$

mittlere Verweilzeit: $\tau = \int_0^\infty t \cdot E(t)\,dt$ $\qquad\qquad\qquad\qquad\qquad$ (11.39)

Varianz: $\sigma^2 = \int_0^\infty (t - \tau)^2 \cdot E(t)\,dt = \dfrac{\tau^2}{n}$ $\qquad\qquad\qquad$ (11.40)

Mit zunehmender Anzahl von Rührkesseln wird die Varianz immer kleiner, bis sie bei $n \to \infty$ Null wird; eine Kaskade mit unendlicher Anzahl von idealen Rührkesseln entspricht einem idealen Strömungsrohr.

11.3.5. Laminar durchströmtes Rohr

Das laminar durchströmte Rohr gehört eigentlich nicht zu den Idealreaktoren, auf Grund der genau definierten Strömungsverhältnisse können aber sämtliche Funktionen und Kennzahlen berechnet werden. Da bei einer laminaren Strömung in einem Rohr die maximale Geschwindigkeit in der Rohrmitte genau der doppelten mittleren Geschwindigkeit entspricht, erreichen die ersten Volumenelemente den Rohraustritt nach der halben mittleren Verweilzeit. Die E- und F-Funktionen beginnen daher bei $t = \tau/2$. Für die E-Funktion kann abgeleitet werden:

$$E(t) = \frac{\tau^2}{2t^3} \qquad \text{(gültig für } t \geq \tau/2) \tag{11.41}$$

$$F(t) = \int_0^t E(t')\,dt' = 1 - \frac{\tau^2}{4t^2} \quad \text{(gültig für } t \geq \tau/2) \tag{11.42}$$

mittlere Verweilzeit $= \tau$; Varianz $= \infty$, wegen Haftbedingung.

11.4. Reale Reaktoren

Das Verweilzeitverhalten realer Reaktoren kann sich erheblich von dem idealer Reaktoren unterscheiden. Bei Rührkesseln kann es eine ungenügende Vermischung geben, im Strömungsrohr können zusätzliche axiale Vermischung und überall Segregation, Totzonen und Kurzschlussströme auftreten. Nichtidealitäten sind schwer zu beschreiben, weshalb man sich diverser vereinfachender Modellvorstellungen bedient. Hier werden Modelle mit bis zu zwei anpassbaren Parametern vorgestellt.

---

[24] $\Gamma(x)$ stellt die Gammafunktion dar, $\Gamma(x) = \int_0^\infty t^{x\text{-}1} e^{\text{-}t}\,dt$; für ganz positive Zahlen x, wie z. B. für die Anzahl der Rührkessel n vereinfacht sich das Integral zu $\Gamma(n) = (n\text{-}1)!$. $\Gamma(x,n)$ ist eine unvollständige Gamma-Funktion.

11.4.1. Segregationsmodell, Null-Parameter-Modell

Im idealen Rührkessel liegt eine vollständige Vermischung bis in den molekularen Bereich vor. Man spricht von Mikrovermischung; die chemische Kinetik (Kapitel 10) befasst sich nur mit Reaktionen bei Mikrovermischung. Im idealen Strömungsrohr ist in radialer Richtung eine vollständige Mikrovermischung gegeben, die axiale Richtung bleibt unvermischt. Die laminare Strömung hingegen ist gänzlich unvermischt.

Eine weitere Modellvorstellung ist die Segregation. Einzelne Moleküle lagern sich zu Molekülaggregaten zusammen, innerhalb dieser Aggregate herrscht vollständige Vermischung; die Molekülaggregate selbst sind aber untereinander unvermischt. Im diskontinuierlichen Rührkessel haben alle Moleküle dieselbe Verweilzeit, unabhängig ob segregiert oder nicht, hier spielt die Segregation keine Rolle, wohl aber bei den kontinuierlichen Reaktoren.

Bei vollständiger Segregation kann – unabhängig von der Aggregatgröße – der Umsatz aus der gemessenen Verweilzeitverteilung des Realreaktor berechnet werden, und zwar aus dem Faltungsintegral des Umsatzes eines unvermischten Reaktors (Strömungsrohr) und der gemessenen E-Funktion, Beispiel 11-33.

$$U_{i,rR} = \int_0^\infty U_{i,iSR}(t) \cdot E(t) dt \qquad (11.43)$$

Man könnte meinen, dass Gleichung (11.43) auch für vollständige Vermischung gelten sollte, dass sich also der Umsatz eines idealen Rührkessels aus dem Faltungsintegral des Umsatzes eines idealen Strömungsrohres mit der E-Funktion des idealen Rührkessels ergeben sollte. Dies gilt aber nur für Reaktionen 1. Ordnung. Für Reaktionsordnungen > 1 ist der Umsatz bei vollständiger Segregation größer als bei vollständiger Vermischung, bei Reaktionsordnungen < 1 umgekehrt, Beispiel 11-34.

Unvollständige Segregation kann nicht berechnet werden. Für die Berechnung der vollständigen Segregation braucht man nur die gemessene E-Funktion, keine weiteren Parameter, weshalb das Segregationsmodell auch als 0-Parameter-Modell bezeichnet wird.

11.4.2. Ein-parametrige Modelle

11.4.2.1. Dispersionsmodell

Das Dispersionsmodell berücksichtigt die Abweichung von einer Pfropfenströmung im idealen Strömungsrohr durch axiale Vermischung. Diese axiale Vermischung wird durch einen axialen Dispersionskoeffizienten D_{ax} berücksichtigt, wobei $D_{ax} = 0$ einer Pfropfenströmung und $D_{ax} = \infty$ einer idealen Vermischung entspricht. D_{ax} ist ein reiner Strömungsparameter, kann aber formal wie der Diffusionskoeffizient D behandelt werden. Die Konzentrationsänderung eines Tracers im Reaktor kann dann aus einer Stoffbilanz ermittelt werden, wobei ein konvektiver und ein konduktiver Term (formal, mit D_{ax} anstelle D) angenommen werden (vgl. Gleichung (4.15)):

$$\frac{dc}{dt} = D_{ax} \cdot \frac{d^2c}{dx^2} - \overline{w} \cdot \frac{dc}{dx} \qquad (11.44)$$

In dimensionsloser Darstellung lautet diese Bilanz:

$$\frac{d\Psi}{d\Theta} = \frac{1}{Bo} \cdot \frac{d^2\Psi}{d\lambda^2} - \frac{d\Psi}{d\lambda} \qquad (11.45)$$

mit

$\Psi = c/c^0$,   dimensionslose Konzentration

$\Theta = t/\tau = t \cdot \overline{w}/L$,   dimensionslose Zeit,

$\lambda = x/L$,   dimensionslose Länge

$Bo = \overline{w} \cdot L/D_{ax}$,   Bodenstein-Zahl

Die Bo-Zahl entspricht den Pe-Zahlen (Pe $= w \cdot L/\lambda$, Pe' $= w \cdot L/D$), wobei aber zu beachten ist, dass die charakteristische Länge L für ein Strömungsrohr bei der Bo-Zahl die Rohrlänge und bei den Pe-Zahl der Rohrdurchmesser ist[25].

Bei der Integration der partiellen Differentialgleichung (11.45) sind die Randbedingungen zu beachten. Die zwei wichtigsten Fälle sind a) Pfropfenströmung links und rechts der betrachteten Stellen im Rohr (geschlossenes System) und b) gleiche Dispersion mit D_{ax} = konstant an diesen Stellen (offenes System), Abbildung 11-6.

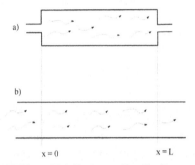

Abbildung 11-6: Typen von Randbedingungen für Dispersionsmodell

Für Fall b) gibt es eine analytische Lösung. Die dimensionslose Konzentrationsverteilung an der Austrittsstelle x=L des Strömungsrohres lautet:

$$\Psi(\lambda{=}1,\Theta) = \frac{1}{2}\sqrt{\frac{Bo}{\pi \cdot \Theta}} \cdot \exp\left(-\frac{(1-\Theta)^2 Bo}{4\Theta}\right) \tag{11.46}$$

Für Fall a) gibt es auch eine geschlossene Lösung in Form einer unendlichen Reihe, meist erfolgt die Lösung aber numerisch.

Die Bestimmung der Bo-Zahl kann durch Vergleich gemessener Verteilungsfunktionen mit den für verschiedene Bo-Zahlen berechneten Verteilungsfunktionen erfolgen. Insbesondere für große Bo-Zahlen – wenn sich die E-Funktion einer Gauß-Verteilung nähert – kann Bo direkt aus der dimensionslosen Varianz der Verteilung berechnet werden:

$$\sigma_\tau^2 = \frac{\sigma^2}{\tau^2} = \frac{2}{Bo} \tag{11.47}$$

---

[25] Es ist aber auch eine axiale Pe-Zahl definiert mit Rohrdurchmesser als charakteristische Länge und dem Dispersionskoeffizienten. $Pe_{ax} = \dfrac{\overline{w} \cdot d_R}{D_{ax}} = Bo \cdot \dfrac{d_R}{L}$. In der angelsächsischen Literatur wird die Bo-Zahl auch als reactor Pe-number bezeichnet.

Sie kann auch direkt aus der Lösung für offene Randbedingungen gewonnen werden. Die dimensionslose Lösung Gleichung (11.46) stellt die E-Funktion dar, welche aber auch die Ableitung der F-Funktion ist. Aus der Steigung der F-Funktion bei $\theta = 1$ kann die Bo-Zahl berechnet werden, Beispiel 11-42.

$$\Psi(\lambda=1,\Theta=1) = \left(\frac{\partial F}{\partial \Theta}\right)_{\Theta=1} = \frac{1}{2}\sqrt{\frac{Bo}{\pi}} \tag{11.48}$$

Da der axiale Dispersionskoeffizient hauptsächlich von den Strömungsverhältnissen abhängt, kann er über die Bo-Zahl näherungsweise auch direkt aus der Re-Zahl berechnet werden. Für Re > 2000 gilt (aus [58]):

$$\frac{1}{Pe_{ax}} = \frac{L}{Bo \cdot d_R} = \frac{3 \cdot 10^7}{Re^{2,1}} + \frac{1,35}{Re^{0,125}} \tag{11.49}$$

Für laminare Rohrströmung kann auch ein Zusammenhang zwischen Diffusionskoeffzienten D und Dispersionskoeffizienten D_{ax} hergeleitet werden [22]:

$$D_{ax} = D \cdot \left(1 + \frac{Pe^2}{48}\right) \tag{11.50}$$

11.4.2.2. Zellenmodell

Jeder reale Reaktor liegt zwischen einem idealen Rührkessel und einem idealen Strömungsrohr. Dies sind auch die Grenzfälle beim Kaskadenmodell für n = 1 und n = ∞. Es liegt daher nahe, das Kaskadenmodell selbst als Modell für reale Reaktoren zu verwenden. Der zu bestimmende Parameter ist dann die Anzahl n der idealen Rührkessel. Die Varianz einer Rührkesselkaskade wurde mit $\sigma^2 = \tau^2/n$ bestimmt, Gleichung (11.40). Aus der Varianz einer gemessenen Austrittsfunktion kann daher umgekehrt der Parameter n für eine äquivalente Anzahl von Rührkesseln bestimmt werden.

$$n = \frac{\tau^2}{\sigma^2} \tag{11.51}$$

Gleichung (11.51) gilt aber nur für ein pulsförmiges Eingangssignal. Für ein beliebiges Eingangssignal muss die Differenz der Varianzen zwischen Aus- und Eingang herangezogen werden (Beispiel 11-35).

11.4.3. Zwei-parametrige Modelle

Das wichtigste 2-Parameter-Modell ist jenes, welches im Rührkessel eine Kurzschlussströmung und eine Totzone berücksichtigt, Abbildung 11-7

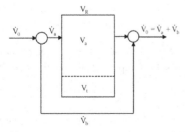

Abbildung 11-7: Rührkesselmodell mit Totzone und Kurzschlussströmung

Der gesamte Reaktorinhalt V_R wird in ein ideal vermischtes aktives Volumen V_a und ein Totvolumen V_t unterteilt. Der Modellparameter α gibt den Anteil aktiven Volumens an,

$$\alpha = V_a/V_R, \quad \text{bzw. } V_R = V_a + V_t \tag{11.52}$$

Der Kurzschlussstrom $\dot{V}_b$ ist in Abbildung 11-7 als Bypassstrom angegeben. Der Modellparameter β gibt den Anteil des Bypassstromes am gesamten Zulaufstrom an,

$$\beta = \dot{V}_b / \dot{V}_0, \quad \text{bzw. } \dot{V}_0 = \dot{V}_a + \dot{V}_b \tag{11.53}$$

Eine Bilanz um den Mischungspunkt mit dem Bypassstrom am Reaktoraustritt ergibt für die Komponente i (Tracer oder reagierende Komponente):

$$c_i^0 \cdot \dot{V}_b + c_i^a \cdot \dot{V}_a = c_i \cdot \dot{V}_0 \tag{11.54}$$

woraus der Zusammenhang zwischen der Konzentration c_i^a am Austritt des aktiven, ideal vermischten Volumens und der Austrittskonzentration c_i des gesamten realen Reaktors hergestellt werden kann.

Eine Stoffbilanz des aktiven Teils des Rührkessels ergibt:

$$\dot{V}_a \cdot c_i^0 - \dot{V}_a \cdot c_i^a = r_i \cdot V_a \tag{11.55}$$

Wird in Gleichung (11.55) allgemein $r_i = V_a \dfrac{dc_i^a}{dt}$ eingesetzt und integriert, erhält man

$$\frac{c_i^a}{c_i^0} = 1 - \exp\left(-\frac{\dot{V}_a \cdot t}{V_a}\right) \tag{11.56}$$

Mit der hydrodynamischen Verweilzeit $\tau = V_R/\dot{V}_0$ und Umformen mit den Gleichungen (11.52) bis (11.54) erhält man die F-Funktion:

$$F = \frac{c_i}{c_i^0} = 1 - (1-\beta) \cdot \exp\left(-\frac{1-\beta}{\alpha} \cdot \frac{t}{\tau}\right) \tag{11.57}$$

Die Modellparameter α und β können damit aus Messergebnissen (c_i/t-Daten) direkt durch nichtlinearen Fit ermittelt werden, Beispiel 11-39.

Wird für r_i in Gleichung (11.55) ein Geschwindigkeitsgesetz für eine irreversible Reaktion beliebiger Ordnung eingesetzt, kann in analoger Weise für jede Zeit t die Austrittskonzentration c_i und somit der Umsatz berechnet werden, Beispiel 11-39. Bei reversiblen Reaktionen werden noch weitere Bilanzgleichungen benötigt.

11.5. Bilanzierung adiabater idealer Reaktoren

11.5.1. Diskontinuierlicher Rührkessel

Auch für adiabaten Betrieb gilt die Stoffbilanz Gleichung (11.8), wobei r_i jetzt aber von der Temperatur abhängig ist. Für die Integration von Gleichung (11.8) muss die Temperatur als Funktion des Umsatzes ausgedrückt werden. Mit der Energiebilanz

$$\frac{d(M \cdot c_p \cdot T)}{dt} = -r \cdot V_R \cdot \Delta h_R \tag{11.58}$$

und der differentiellen Stoffbilanz erhält man:

$$T = T_0 - \frac{c_i^0 \cdot \Delta h_R}{\rho \cdot c_p \cdot |v_i|} \cdot U_i \tag{11.59}$$

Die Temperatur bzw. Temperaturdifferenz $T - T_0$ hängt von der Reaktionswärme und vom Umsatz ab. Gleichung (11.59) gilt auch für alle anderen Reaktoren.

11.5.2. Ideales Strömungsrohr

Wie schon bei den isothermen Bilanzen gezeigt, führt die Integration beim diskontinuierlichen Rührkessel über die Zeit und die Integration beim Strömungsrohr über die Länge zu denselben Gleichungen. Dies gilt auch für die Energiebilanz. Analog Gleichung (11.58) lautet die Energiebilanz:

$$\frac{d(\dot{M} \cdot c_p \cdot T)}{dV_R} = -r \cdot \Delta h_R \tag{11.60}$$

11.5.3. Idealer Rührkessel

Beim idealen kontinuierlichen Rührkessel ist nicht nur die Konzentration aller Komponenten im gesamten Rührkessel konstant und gleich der Austrittskonzentration, sondern auch die Temperatur. Abhängig von den Reaktionsbedingungen können sich mehrere Temperaturen einstellen.

Auch ohne Kenntnis der Reaktionswärme kann schon aus der Stoffbilanz, Gleichungen (11.9) bis (11.12), ein Zusammenhang zwischen Umsatz und Temperatur hergeleitet werden, wenn in diesen Gleichungen die Reaktionsgeschwindigkeit als Funktion der Temperatur eingesetzt wird. Beispielsweise erhält man für eine irreversible Reaktion 1. Ordnung:

$$U_i = \frac{k_0 \cdot \tau \cdot \exp\left(-\frac{E_a}{RT}\right)}{1 + k_0 \cdot \tau \cdot \exp\left(-\frac{E_a}{RT}\right)} \tag{11.61}$$

Aus dieser Abhängigkeit des Umsatzes von der Temperatur kann aber noch nicht berechnet werden, welche Temperatur sich tatsächlich unter gegebenen Bedingungen einstellen wird. Dafür ist noch die Energiebilanz notwendig.

$$\dot{M} \cdot (\Delta h_{aus} - \Delta h_{ein}) + V_R \cdot r \cdot \Delta h_R = 0 \tag{11.62}$$

Die mit den Massenströmen zu- und abgeführte Wärmemenge muss unter adiabaten Bedingungen genau der durch die Reaktion entstandenen Wärmemenge entsprechen. Wird der Reaktor gekühlt oder erwärmt, kann Gleichung (11.62) leicht um diese zu- oder abgeführten Wärmemengen erweitert werden.

Setzt man $r_i = r \cdot |v_i|$ aus Gleichung (11.12) in Gleichung (11.62) ein, erhält man ebenfalls eine Abhängigkeit des Umsatzes von der Temperatur ($T_{aus} = T$, $T_{ein} = T_0$) :

$$U_i = -\frac{\dot{M} \cdot c_p \cdot |v_i|}{\Delta h_R \cdot c_i^0 \cdot \dot{V}_0} \cdot (T - T_0) = -\frac{\rho \cdot c_p \cdot |v_i|}{\Delta h_R \cdot c_i^0} \cdot (T - T_0) \tag{11.63}$$

Für gegebene Bedingungen können sich nur jene Temperaturen mit Umsatz U_i einstellen, die beide Gleichungen (11.61) und (11.63) erfüllen, Beispiel 11-47.

11.6. Heterogen katalysierte Reaktionen

11.6.1. Reaktionen an festen Katalysatoren

Heterogen katalysierte Reaktionen setzen sich immer aus mehreren Teilschritten zusammen und umfassen

1. Diffusion der Ausgangsstoffe durch die gasförmige oder flüssige Grenzschicht zur Katalysatoroberfläche,
2. gegebenenfalls Diffusion in die Poren des Katalysators
3. Adsorption an der Oberfläche des Katalysators
4. chemische Reaktion
5. Desorption der Produkte
6. Diffusion der Produkte aus den Poren
7. Abdiffusion der Produkte durch die Grenzschicht

Die chemische Reaktion kann nicht unabhängig von den anderen Teilschritten betrachtet werden, insbesondere nicht von den Schritten 3 und 5, der Ad- und Desorption. Der kinetische Ansatz ist daher meist komplexer als bei homogenen Reaktionen und wird immer mit einer effektiven Reaktionsgeschwindigkeit r_{eff} angegeben. Die Bestimmung des Geschwindigkeitsgesetzes erfolgt in geeigneten Laborreaktoren, wobei wie bei den homogenen Reaktionen verschiedene Gesetze angenommen werden und durch Einsetzen und Fitten der kinetischen Daten das am besten zutreffende gefunden wird; Beispiel 11-54. Vielfach ist ein Reaktionsmechanismus nach Langmuir-Hinshelwood, Eley-Rideal oder Mars van Krevelen zutreffend.

Im stationären Zustand laufen alle Teilschritte gleich schnell ab. Ein Teilschritt ist jedoch für die Gesamtgeschwindigkeit bestimmend (limitierender Schritt), die anderen Teilgeschwindigkeiten stellen sich entsprechend ein. Es kann die Diffusion durch die äußere Grenzschicht limitierend sein (Filmdiffusion), die Porendiffusion oder die chemische Reaktion. Die Kenntnis des limitierenden Teilschrittes ist für eine optimale Auslegung des Reaktors sehr wichtig, da nur die Optimierung des limitierenden Schrittes auch die Gesamtgeschwindigkeit maximiert.

Bei der Auswahl eines Katalysators ist nicht nur die chemische Zusammensetzung von großer Wichtigkeit, sondern auch die Porengröße und Porengrößenverteilung. Eine wichtige Kennzahl hierfür ist der Porennutzungsgrad η (Katalysatorwirkungsgrad). Er ist definiert als das Verhältnis der effektiven Reaktionsgeschwindigkeit zur maximalen Reaktionsgeschwindigkeit, die sich ergibt, falls die gesamte Reaktion schon an der äußeren Katalysatoroberfläche stattfindet.

$$\eta = \frac{k_{eff}}{k_{max}} \tag{11.64}$$

Für den Fall einer Reaktion 1. Ordnung in zylindrischen Poren der Länge L findet man hierfür auch eine analytische Lösung. Mit der zweiten Damköhler-Zahl Da_{II} erhält man:

$$\eta = \frac{\tanh\sqrt{Da_{II}}}{\sqrt{Da_{II}}} = \frac{\tanh\theta}{\theta} \tag{11.65}$$

Die zweite Damköhler-Zahl gibt das Verhältnis von chemischer Reaktionsrate zu Diffusionsstrom an, für eine Reaktion 1. Ordnung ergibt sich damit

$$Da_{II} = \frac{k \cdot L^2}{D} \tag{11.66}$$

Die Wurzel der 2. Da-Zahl wird als Thiele-Modul θ bezeichnet.

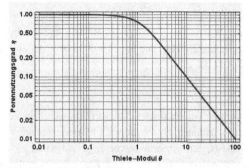

Abbildung 11-8: Thiele Modul vs. Porennutzungsgrad

Bei sehr langsamer Reaktion (θ < 1) können die Komponenten in alle Poren diffundieren, der Poren-nutzungsgrad ist hoch. Bei schneller Reaktion (θ > 2) reagieren die Komponenten schon an der äuße-ren Oberfläche, für diesen Fall verwendet man nicht-poröse Katalysatoren, wie z. B. Netz- oder Drahtkatalysatoren.

Insbesondere Gasphasenreaktionen werden oft in kontinuierlich durchströmten Festbettreaktoren durchgeführt, welche ab einem Längen- zu Korndurchmesserverhältnis von etwa > 10 als rückvermi-schungsfrei betrachtet werden können. Es kann hierfür in guter Näherung die Auslegungsgleichung für das ideale Strömungsrohr (11.15) verwendet werden; anstelle des Reaktionsvolumens wird die Kataly-satormasse eingesetzt,

$$M_{Kat} = -\dot{N}_i^0 \cdot \int_0^{U_A} \frac{dU_i}{r_{eff}}$$ (11.67)

wobei die effektive Reaktionsgeschwindigkeit dann auf die Katalysatormasse zu beziehen ist.

Bei sehr schnellen Reaktionen ist nur eine dünne Katalysatorschicht erforderlich; näherungsweise kann dann zur Berechnung die Gleichung für das Rührkesselmodell (11.12) verwendet werden:

$$M_{Kat} = -\dot{N}_i^0 \cdot \frac{U_A}{r_{eff}}$$ (11.68)

11.6.2. Diffusion mit Reaktion

Bei heterogen katalysierten Reaktionen finden die Diffusion und die chemische Reaktion gleichzeitig, aber örtlich getrennt statt. Bei zahlreichen homogenen und homogen katalysierten Reaktionen finden hingegen Diffusion und Reaktion gleichzeitig und am gleichen Ort statt. Hierfür gilt die in Kapitel 4.2.4 abgeleitete Stoffbilanz mit Generationsterm, Gleichung (4.10). Mit dem Diffusionsstrom der Komponente i in x-Richtung $j_{i,x} = -D_i \frac{dc_i}{dx}$ lautet diese Bilanz für stationäre Bedingungen:

$$D_i \cdot \frac{d^2 c_i}{dx^2} - r_i = 0$$ (11.69)

Für eine Reaktion 1. Ordnung $r_i = k \cdot c_i$ kann diese Differentialgleichung gelöst werden. Mit der Diffu-sionsschichtdicke δ lautet die Lösung:

$$c_i(x) = \frac{c_i^0 \cdot \cosh\left((\delta - x)\sqrt{k/D}\right)}{\cosh\left(\delta\sqrt{k/D}\right)} \qquad (11.70)$$

Die Diffusionsschichtdicke δ multipliziert mit der Wurzel des Verhältnisses Reaktionsgeschwindig-keitskonstante zu Diffusionskoeffizient ergibt die Hatta-Zahl Ha. Eine hohe Ha-Zahl bedeutet eine im Vergleich zur Diffusion schnelle Reaktion, Beispiel 11-58.

11.6.3. Gas-Flüssig-Reaktionen

Gas-Flüssig-Reaktionen werden einerseits zur Synthese von Produkten durchgeführt, wenn ein Edukt gasförmig und ein anderes Edukt flüssig vorliegt (Oxidationen, Hydrierungen, Chlorierungen wie z. B. Chlorbenzol aus Benzol und Cl_2-Gas). Andererseits, um Absorptionsvorgänge vollständiger und schneller durchführen zu können (z. B. Entschwefelung eines Rauchgases mit Kalkmilch anstelle von reinem Wasser). In beiden Fällen löst sich das Gas zunächst in der Flüssigkeit und diffundiert entspre-chend der 2-Film-Theorie durch die flüssigseitige Grenzschicht in die Hauptphase der Flüssigkeit. Besteht das Gas aus mehreren Komponenten, so ist auch die Diffusion der reagierenden Komponente durch die gasseitige Grenzschicht zu beachten. Die Reaktion läuft jedenfalls in der Flüssigkeit ab und kann je nach Reaktionsgeschwindigkeit in der flüssigen Hauptphase, im flüssigen Grenzfilm oder auch direkt an der Phasengrenzfläche stattfinden.

Es gibt zwei verschiedene Konzepte zur Berechnung. Das eine über den Nutzungsgrad ist analog der Feststoffkatalyse und findet hauptsächlich bei langsamen Reaktionen Anwendung, welche wiederum vornehmlich bei der Produktsynthese auftreten. Bei schnelleren Reaktionen, wie sie meist bei Absorp-tionsvorgängen von Schadstoffen auftreten, wird die Absorptionsbeschleunigung durch die Reaktion mit einem Beschleunigungsfaktor (Enhancement-Faktor) erfasst, siehe Kapitel 14.1.1.

Gleich wie bei Gleichung (11.64) gibt der Nutzungsgrad η das Verhältnis der effektiven Transportrate zur maximalen chemischen Reaktionsrate an, d. h. er gibt den Faktor an, um den die chemische Reak-tion durch den flüssigen und gegebenenfalls auch gasförmigen Filmwiderstand verlangsamt wird. Umgekehrt bedeutet der Enhancement-Faktor die Beschleunigung der rein physikalischen Absorption durch Überlagerung mit einer chemischen Reaktion.

Analog dem Porennutzungsgrad wird dieser flüssigseitige Nutzungsgrad umso höher, je langsamer die Reaktion abläuft, weil dann die Filmwiderstände immer geringer werden. Der 2. Da-Zahl (11.66) bzw. dem Thiele-Modul entspricht dann die Hatta-Zahl Ha. Nach der Filmtheorie ergibt der Diffusionskoef-fizient D dividiert durch die Grenzschichtdicke δ den Stoffübergangskoeffizient β_l und man erhält für eine Reaktion 1. Ordnung (bzw. auch pseudoerster Ordnung) die Ha-Zahl

$$Ha = \delta\sqrt{\frac{k}{D}} = \frac{\sqrt{k \cdot D}}{\beta_l} \qquad (11.71)$$

Über die Ha-Zahl kann mit einer Massenbilanz die effektive Reaktionsgeschwindigkeit berechnet werden. Mit dieser r_{eff} kann dann die Reaktorauslegung entsprechend den vorgestellten Methoden erfolgen.

Generell finden bei langsamen Reaktionen die Konzepte der Reaktionstechnik Anwendung (Reakti-onsvolumen ist wichtig, weniger die Austauschfläche), während schnelle Reaktionen mit den Metho-den der Absorption berechnet werden (Austauschfläche wichtiger als Reaktionsvolumen). Was schnell und langsam bedeutet, wird am besten mit der Ha-Zahl oder den einzelnen Transportwiderständen bestimmt, siehe Kapitel 14.1.1, Stoffaustausch mit chemischer Reaktion.

11.7. Beispiele

Beispiel 11-1: Umsatz, Selektivität, Ausbeute 1 [59]

Acrolein wird durch Reaktion von Formaldehyd mit Acetaldehyd hergestellt. Aus 300 kg/h Formaldehyd, 500 kg/h Acetaldehyd und 700 kg/h Wasser entstehen bei bestimmten Prozessbedingungen 224 kg/h Acrolein, 120 kg/h Formaldehyd, 280 kg/h Acetaldehyd, 790 kg/h Wasser und 86 kg/h Nebenprodukte.

Bestimme die Umsätze von Formaldehyd und Acetaldehyd, sowie die Ausbeute und Selektivität von Acrolein bezogen auf die beiden Edukte.

Molare Massen:

$MM_{Acrolein}$ = 56; $MM_{Formaldehyd}$ = 30; $MM_{Acetaldehyd}$ = 44 kg/kmol;

Lösungshinweis:

Umsatz der Komponente i: $U_i = \dfrac{N_i^0 - N_i}{N_i^0}$

Da die Umsatzberechnung immer nur auf eine Komponente bezogen wird, können anstelle der Molzahlen auch direkt die Massen eingesetzt werden.

Ausbeute: gebildetes Produkt P bezogen auf einen Einsatzstoff; hier sind jedenfalls Mole einzusetzen.

Ergebnis:

Umsatz Formaldehyd: (300 – 120)/300 = 0,6
Umsatz Acetaldehyd: (500 – 280)/500 = 0,44

Ausbeute Acrolein bezogen auf Formaldehyd: $\dfrac{224/56}{300/30} = 0,40$

Ausbeute Acrolein bezogen auf Acetaldehyd: $\dfrac{224/56}{500/40} = 0,352$

Selektivität Acrolein bezogen auf Formaldehyd: 0,4/0,6 = 0,667
Selektivität Acrolein bezogen auf Acetaldehyd: 0,352/0,44 = 0,8

Beispiel 11-2: Umsatz, Selektivität, Ausbeute 2 [59]

In einen Reaktor strömen 1000 kg/h Stickstoff ein. Davon reagieren 200 kg/h zu Ammoniak. Wie groß sind bei diesem Reaktor der Umsatz an Stickstoff, die Selektivität der Reaktion, die Ausbeute an Ammoniak und die Leistung des Reaktors?

$N_2 + 3 H_2 \leftrightarrow 2 NH_3$

Ergebnis:

Molenstrom Stickstoff: 1000/28 = 35,71 kmol/h
Umsatz: (1000-800)/1000 = 0,2
Selektivität = 1, nur stöchiometrische Reaktion, keine Nebenprodukte angegeben.
Ausbeute: Umsatz x Selektivität = 0,2
Produktionsleistung: 35,71 x 0,2 x 2 x 17 = 242,8 kg/h

Beispiel 11-3: Bilanz diskontinuierlicher Rührkessel 1: irreversible Reaktion 1. Ordnung [59]

Eine volumenbeständige Reaktion 1. Ordnung A → P wird in einem diskontinuierlich betriebenen Rührkessel bei 50 °C durchgeführt. Der Umsatz soll 85 % betragen. Die Geschwindigkeitskonstante k beträgt 0,0225·exp(-2570/T) s⁻¹.

Berechne die erforderliche Reaktionszeit. Zeichne ein Diagramm, das die erforderliche Reaktionszeit für 85 % Umsatz für eine Temperatur von 20 – 80 °C angibt.

Lösungshinweis:

Reaktionszeit mit Gleichung (11.8), wobei r mit dem Umsatz einzusetzen ist.

$$r_A = -k \cdot c_A = -k \cdot c_A^0 \cdot (1-U_A) \tag{11.72}$$

Ergebnis:

6,66 h

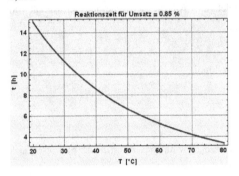

Beispiel 11-4: Bilanz diskontinuierlicher Rührkessel 2: irreversible Reaktion 2. Ordnung [59]

Irreversible Reaktion 2. Ordnung: In einem diskontinuierlich betriebenen Rührkessel soll bei 100 °C Essigsäureethylester aus Essigsäure und Ethanol hergestellt werden.

$$CH_3COOH \ (A) + C_2H_5OH \ (B) \ \rightarrow \ CH_3COOC_2H_5 \ (C) + H_2O$$

Ethanol liegt im 3-fachen Überschuss vor, die Geschwindigkeitsgleichung lautet dann $r = k \cdot c_A^2$ mit $k = 2,0 \cdot 10^{-4}$ m³/(kmol·s). Die Dichte der Reaktionsmischung beträgt 760 kg/m³.

Welche Reaktionszeit wird benötigt, um einen Umsatz der Essigsäure von 70 % zu erzielen? Berechne des Weiteren das Reaktionsvolumen für eine Produktionsleistung von 200 kg/h Ester und einer Rüstzeit von $t_V = 30$ min.

Lösungshinweis:

Reaktionszeit mit Gleichung (11.8), wobei r mit dem Umsatz einzusetzen ist.

$$r = k \cdot c_A^2 = k \cdot c_{A,0}^2 \cdot (1-U_A)^2$$

Bei der Berechnung des Reaktionsvolumens ist die Rüstzeit zu berücksichtigen. Man erhält

$$V_R = (t_R + t_V) \cdot \dot{V}_0.$$

Den anfänglichen Volumenstrom $\dot{V}_0$ erhält man aus der Produktionsleistung. Allgemein gilt:

$$\dot{V}_0 = \frac{\dot{n}_P \cdot |v_A|}{U_A \cdot S_{PA} \cdot c_A^0 \cdot v_P}.$$

Die Selektivität und die stöchiometrischen Koeffizienten sind hier 1.

Ergebnis:

Die Reaktionszeit beträgt 34,9 min und das Reaktionsvolumen 0,915 m³.

Beispiel 11-5: Bilanz diskontinuierlicher Rührkessel 3: reversible Reaktion [59]

Für eine volumenbeständige reversible Reaktion A $\leftrightarrow$ B mit $r = k_1 \cdot c_A - k_2 \cdot c_B$ soll die Reaktionszeit ermittelt werden, die erforderlich ist, um einen Umsatz von 80 % zu erzielen. Die Anfangskonzentrationen sind mit $c_A^0 = 1$ mol/l, $c_B^0 = 0$ gegeben und die Reaktionsgeschwindigkeitskonstanten mit $k_1 = 3{,}472 \cdot 10^{-3}$ s^{-1} und $k_2 = 4{,}167 \cdot 10^{-4}$ s^{-1}.

Lösungshinweis:

c_B durch c_A ausdrücken, in Gleichung (11.8) einsetzen und integrieren.

$$c_B = c_B^0 + \frac{v_B}{|v_A|} \cdot c_A^0 \cdot U_A = c_A^0 \cdot U_A$$

Ergebnis:

Die Reaktionszeit beträgt 9,7 min.

Beispiel 11-6: Bilanz diskontinuierlicher Rührkessel 4: Parallelreaktion [58]

Die Parallelreaktionen A $\rightarrow$ B ($r_{A1} = 1{,}6732 \cdot c_A$ kmol/(m$^3 \cdot$h)) und A $\rightarrow$ C ($r_{A2} = 0{,}0888 \cdot c_A$ kmol/(m$^3 \cdot$h)) werden unter isothermen Bedingungen in einem absatzweise betriebenen idealen Rührkessel ausgeführt. Anfangskonzentrationen: $c_A^0 = 1{,}5$ kmol/m^3, $c_B^0 = c_C^0 = 0$. Welche Reaktionszeit ist erforderlich, um einen Umsatz von 95,5 % zu erzielen. Wie groß ist das erforderliche Reaktionsvolumen für eine Produktionsleistung von 10 kmol/h B bei einer Rüstzeit von $t_V = 1$ h?

Lösungshinweis:

Reaktionszeit nach Gleichung (11.8) mit $r = r_{A1} + r_{A2}$. Reaktionsvolumen aus $V = \dfrac{\dot{N}_B(t_R + t_V)}{c_B}$; c_B ist die Endkonzentration, welche man aus umgesetztem A und dem Verhältnis der Reaktionsgeschwindigkeitskonstanten berechnet.

Ergebnis:

$t_R = 1{,}76$ h; $V = 20{,}3$ m^3

Beispiel 11-7: Bilanz diskontinuierlicher Rührkessel 5: autokatalytische Reaktion [58]

Die autokatalytische Reaktion A + B = 2A + C wird in einem absatzweise betriebenen idealen, isothermen Rührkessel durchgeführt. Die Anfangskonzentrationen betragen $c_A^0 = 0{,}06$, $c_B^0 = 1{,}46$ kmol/m^3; Reaktionsgeschwindigkeit $r = k \cdot c_A \cdot c_B$ mit $k = 0{,}52$ m^3/(kmol$\cdot$h). Zu berechnen ist die erforderliche Reaktionszeit für einen Umsatz an B von 95 %, sowie das benötigte Reaktionsvolumen für eine Produktion von $\dot{N}_A = 1$ kmol/h A und einer Rüstzeit $t_V = 0{,}5$ h.

Lösungshinweis:

Reaktionszeit nach Gleichung (11.8). $c_B = c_B^0(1 - U_B)$; die aktuelle Konzentration c_A ergibt sich aus der Überlegung, dass gleich viel A wie B verbraucht wird, aber dann die doppelte Menge entsteht, daher: $c_A = c_A^0 - (c_B^0 - c_B) + 2(c_B^0 - c_B) = c_A^0 + (c_B^0 - c_B)$.

Das Reaktionsvolumen erhält man aus: $V = \dfrac{\dot{N}_A(t_R + t_V)}{c_A}$, wobei für c_A die Konzentration nach Erzielung des gewünschten Umsatzes an B einzusetzen ist.

Ergebnis:

$t_R = 7,82$ h;   V = 5,75 m³

Beispiel 11-8: Austrittkonzentration und Umsatz idealer Reaktoren, allgemeine Gleichungen

Für eine irreversible Reaktion A → B mit der Geschwindigkeitsgleichung $r_A = k \cdot c_A^n$ sollen die allgemeinen Ausdrücke für die Austrittskonzentration bzw. den Umsatz, für die Reaktionsordnungen 1, 2 und 0,5 für einen idealen Rührkessel und ein ideales Strömungsrohr berechnet werden.

Lösungshinweis:

Einsetzen der Geschwindigkeitsgleichung mit der entsprechenden Reaktionsordnung in die Gleichungen (11.10) und (11.12) für den idealen Rührkessel, und in die Gleichungen (11.14) und (11.15) für das ideale Strömungsrohr. Die Lösung kann händisch oder mit Computer erfolgen.

Ergebnis:

im Ergebnis sind die Computerausdrücke angegeben, ohne weitere mögliche Vereinfachungen.

	Idealer Rührkessel		Ideales Strömungsrohr	
	c_{aus}	Umsatz	c_{aus}	Umsatz
1. Ordung	$\dfrac{c^0}{1+k\tau}$	$\dfrac{k\tau}{1+k\tau}$	$c^0 e^{-k\tau}$	$1 - e^{-k\tau}$
2. Ordnung	$\dfrac{-1+\sqrt{1+4c^0 k\tau}}{2k\tau}$	$\dfrac{1+2c^0 k\tau+\sqrt{1+4c^0 k\tau}}{2c^0 k\tau}$	$\dfrac{c^0}{1+c^0 k\tau}$	$\dfrac{c^0 k\tau}{1+c^0 k\tau}$
0,5. Ordnung	$\dfrac{1}{2}\left(2c^0+k^2\tau^2-k\tau\sqrt{4c^0+k^2\tau^2}\right)$	$\dfrac{-k^2\tau^2+k\tau\sqrt{4c^0+k^2\tau^2}}{2c^0}$	$\dfrac{1}{4}\left(-2\sqrt{c^0}+k\tau\right)^2$	$\dfrac{4\sqrt{c^0}k\tau-k^2\tau^2}{4c^0}$

Beispiel 11-9: Bilanz idealer Rührkessel 1: irreversible Reaktion 1. Ordnung [59]

In einem idealen kontinuierlichen Rührkessel mit 20 m³ Reaktionsvolumen wird Milchsäure MS durch Wasseranlagerung an Methylglyoxal MG hergestellt: MG + H_2O → MS.

Der Massenanteil MG in der zulaufenden Lösung beträgt 0,285. Die Reaktion ist 1. Ordnung bezüglich MG mit einer Geschwindigkeitskonstante k = 0,95 h⁻¹. Der Umsatz beträgt 95 %. Wie viel Milchsäure kann pro Tag erzeugt werden?

Molare Massen: MG = 72, MS = 90 kg/kmol;

Dichten: MG = 1140, Wasser = 1000 kg/m³;

Lösungshinweis:

Berechnung der Anfangskonzentration MG und Einsetzen in Gleichung (11.11), wobei r wieder mit dem Umsatz anzuschreiben ist, Gleichung (11.72).

Ergebnis:

Pro Tag können 84171 kg Milchsäure produziert werden.

Beispiel 11-10: Bilanz idealer Rührkessel 2: irreversible Reaktion 2. Ordnung [59]

Ethylacetat (A) wird mit Natriumhydroxid (B) in einem idealen kontinuierlichen Rührkessel hydrolisiert. Das Reaktionsvolumen beträgt 6 m³. In den Reaktor treten 3,12 l/s einer wässrigen Ethylacetatlösung mit 0,0121 mol/l A sowie 3,14 l/s Natronlauge mit 0,0462 mol/l B ein. Die Reaktion verläuft nach 2. Ordnung, bzw. je 1. Ordnung für A und B. Reaktionsgeschwindigkeitskonstante k = 0,11 l/(mol·s).

Welcher Umsatz des Ethylacetats wird erzielt?

<u>Lösungshinweis:</u>

Umrechnen in passende Einheiten und Lösen von Gleichung (11.12).

<u>Ergebnis:</u>

Umsatz A ist 66,9 %.

Beispiel 11-11: Bilanz idealer Rührkessel 3: reversible Reaktion 2. Ordnung [59]

Für die Flüssigphasenreaktion A + B $\leftrightarrow$ R + S wurde in wässriger Lösung folgender kinetischer Ansatz bestimmt:

$$r_A = r_B = - (k_1 \cdot c_A \cdot c_B - k_2 \cdot c_R \cdot c_S), \text{ mit } k_1 = 7 \text{ und } k_2 = 3 \text{ l/(mol·min)}.$$

Die Reaktion wird in einem kontinuierlichen idealen Rührkessel mit 120 l Inhalt durchgeführt. A mit 2,8 mol/l und B mit 1,6 mol/l werden getrennt im gleichen volumetrischen Verhältnis zugeführt, der Umsatz der limitierenden Komponente beträgt 75 %.

Welche Volumenströme müssen in den Reaktor eingespeist werden und wie groß ist die mittlere Verweilzeit τ im Rührkessel?

<u>Lösungshinweis:</u>

Durch das Mischen der beiden Zulaufströme beträgt die Einlaufkonzentration von A und B genau die Hälfte. Damit und mit dem Umsatz werden alle Konzentrationen im Rührkessel berechnet und mit den Gleichungen (11.11) bis (11.12) der Durchsatz und die Verweilzeit.

<u>Ergebnis:</u>

$\overset{\bullet}{V}_A = \overset{\bullet}{V}_B = 4 \text{ l/min}; \quad \tau = 15 \text{ min.}$

Beispiel 11-12: Bilanz ideales Strömungsrohr 1: nicht ganzzahlige Reaktionsordnung [59]

Eine enzymkatalysierte Reaktion A $\rightarrow$ P verläuft in wässriger Phase nach der Kinetik

$$- r_A = \frac{0,1 c_A}{1 + 0,5 c_A} \text{ mol/(l·min).}$$

Der Zulaufstrom beträgt 25 l/min und die Zulaufkonzentration $c_A^0 = 2$ mol/l. Berechne das erforderliche Reaktionsvolumen eines idealen Strömungsrohres für einen Umsatz von 60 %.

<u>Lösungshinweis:</u>

Gleichung (11.15).

<u>Ergebnis:</u>

379,1 l.

Beispiel 11-13: Bilanz ideales Strömungsrohr 2: 0,5. Ordnung mit Volumenänderung [59]

Eine homogene Gasreaktion A $\rightarrow$ 3 P verläuft bei 215 °C und 5 bar mit einer Reaktionsgeschwindigkeit von $r_A = - 0,01 \cdot c_A^{0,5}$ mol/(l·s). Der Zulaufstrom, welcher als ideales Gas angenommen werden kann, enthält 50 % A und 50 % Inertstoffe. Berechne die erforderliche Verweilzeit in einem idealen Strömungsrohr für einen Umsatz von 80 %.

Lösungshinweis:

Bei der Berechnung des Volumenfaktors ε_V ist zu berücksichtigen, dass sich das Volumen der Inertstoffe nicht ändert. Berechnung der Verweilzeit mit Gleichung (11.25), Integration numerisch oder symbolisch.

Ergebnis:

$\tau = 32,9$ s.

Beispiel 11-14: Bilanz ideales Strömungsrohr 3: 1. Ordnung mit Volumenänderung [59]

Die homogene Zersetzungsreaktion von Phosphorwasserstoff nach der Gleichung

$$4\,PH_3 \;\rightarrow\; P_4 + 6\,H_2$$

verläuft bei 650 °C und 4,6 bar in der Gasphase mit der Kinetik $r_{PH3} = -10 \cdot c_{PH3}$ mol/(l·h).

Welches Volumen muss ein ideales Strömungsrohr besitzen, wenn für einen Zulaufstrom von 2 mol/h PH_3 ein Umsatz von 80 % erzielt werden soll.

Lösungshinweis:

Volumenfaktor mit Gleichung (11.21); Berechnung des Reaktionsvolumens mit Gleichung (11.15), wobei für V_R entsprechend Gleichung (11.22) (mit $V_0 = V_R$) gleich $\dfrac{V}{1 + \varepsilon_V \cdot U}$ zu setzen ist.

Ergebnis:

7,4 l

Beispiel 11-15: Bilanz Schlaufenreaktor 1: Reaktion 1. Ordnung [59]

Eine Reaktion 1. Ordnung mit $\varepsilon_V = 0$ wird in einem Kreislaufreaktor durchgeführt; $k \cdot \tau = 5$. Welche Umsätze resultieren für ein Rücklaufverhältnis von 0, 5, 10, 20 und ∞?

Lösungshinweis:

Verweilzeit $\tau = V_R/\dot{V}_0$, nicht $V_R/\dot{V}_1$, da die umlaufenden Volumenelemente zwar kürzer, aber öfter im Reaktor sind. Dann Einsetzen in Gleichung (11.17).

Ergebnis:

Rücklaufverhältnis	0	5	10	20	∞
Umsatz [%]	99,3	88,6	86,4	85,0	83,3

Beispiel 11-16: Bilanz Schlaufenreaktor 2: autokatalytische Reaktion [59]

Eine autokatalytische Reaktion verläuft bei konstanter Dichte nach

$$A + P \;\rightarrow\; 2\,P$$

mit einer Geschwindigkeit von $r_A = -k \cdot c_A \cdot c_P$. Geschwindigkeitskonstante $k = 0,001$ m³/(kmol·s); Zulaufstrom = 0,002 m³/s, $c_A^0 = 2$ kmol/m³, $c_P^0 = 0$. Der Umsatz soll 98 % betragen.

Gesucht: Reaktionsvolumen für ideales Strömungsrohr, idealen Rührkessel, idealen Schlaufenreaktor mit r = 1. Des Weiteren soll das Rücklaufverhältnis berechnet werden, für welches sich die minimale Reaktorgröße des Schlaufenreaktors ergibt.

Lösungshinweis:

$\varepsilon_V = 0$; $c_A = c_A^0 (1 - U_A)$; $c_P = c_A^0 U_A$. Einsetzen in Gleichung (11.17) und für beliebiges Rücklaufverhältnis integrieren.

Die Berechnung der minimalen Reaktorgröße erfolgt über die Darstellung des Reaktorvolumens als Funktion des Rücklaufverhältnisses und anschließender Extremwertberechnung.

Ergebnis:

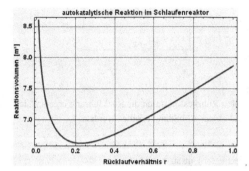

Reaktionsvolumina:

Strömungsrohr: 191616 m³; Rührkessel: 50 m³; Schlaufenreaktor mit r = 1: 7,9 m³

Minimales Reaktionsvolumen: 6,6 m³ bei einem Rücklaufverhältnis von 0,225.

Kommentar:

Bei dieser autokatalytischen Reaktion schneidet das ideale Strömungsrohr am schlechtesten ab, da anfänglich kein Produkt P vorliegt und damit die Reaktionsgeschwindigkeit 0 wird. Aber schon ein geringer Rücklauf sorgt für genügend Produkt P, wodurch die Reaktionsgeschwindigkeit stark erhöht wird.

Beispiel 11-17: Bilanz idealer Rührkessel 4: Umsatzoptimierung [59]

Die Reaktion A → P findet in einem kontinuierlich betriebenen Rührkessel statt. Es werden 100 mol/h P erzeugt. Die Reaktionsgeschwindigkeit lautet $-r_A = k \cdot c_A$, mit k = 0,2 1/h. Die Zulaufkonzentration an A beträgt 0,1 mol/l. Die Komponente A kostet K_A = 0,5 €/mol, die Betriebskosten betragen K_R = 0,01 € pro Liter Reaktionsvolumen und Stunde. Berechne den Umsatz, das Reaktionsvolumen, den Zulaufstrom und die Produktionskosten für die geringsten Gesamtkosten.

Lösungshinweis:

Gesamtkosten $K_{ges} = V_R \cdot K_R + \dot{n}_A^0 \cdot K_A$

V_R wird durch Gleichung (11.11) ausgedrückt und der Molenstrom an A durch den Produktstrom und Umsatz. Damit erhält man die Gesamtkosten als Funktion des Umsatzes.

Ergebnis:

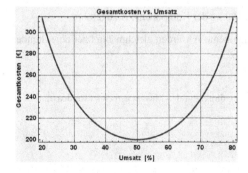

Umsatz = 50 %;

Reaktionsvolumen = 10 m³;

Zulaufstrom = 200 mol A/h bzw. 2000 l/h;

Produktionskosten = 2 €/mol P.

Beispiel 11-18: Bilanz Idealer Rührkessel 5: mit Rückführung [59]

Eine irreversible Reaktion 1. Ordnung des Typs A → P verläuft nach 1. Ordnung mit einer Geschwindigkeitskonstante k = 0,2 1/h in einem idealen Rührkessel. Die Eintrittskonzentration an A beträgt 0,1 kmol/m³, der Produktstrom P = 0,1 kmol/h. Nicht umgesetztes Edukt A wird in einer Destillationskolonne vom Produkt P getrennt und rückgeführt; die Konzentration von A im Rücklaufstrom beträgt wieder 0,1 kmol/m³.

Die Kosten für neu zugeführtes A betragen K_A = 200 €/kmol A, für rückgeführtes A K_r = 125 €/kmol A und die spezifischen Reaktorkosten K_V = 10 € pro Stunde und m³ Reaktorvolumen. Ermittle den optimalen Umsatz für die geringsten Gesamtkosten und für diese Bedingungen das Reaktionsvolumen und die spezifischen Produktkosten.

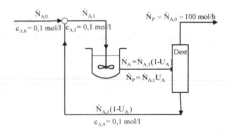

Lösungshinweis:

Wie Beispiel 11-17; es gelten die Gleichungen für den idealen Rührkessel; durch die Rückführung ergeben sich aber andere Eintrittswerte, welche aus Bilanzen entsprechend obiger Abbildung erhalten werden.

Ergebnis:

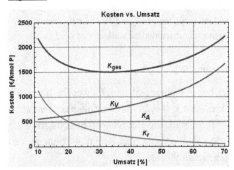

Optimaler Umsatz = 33,3 %;

V_R = 7,5 m³;

K_{sp} = 1500 €/kmol P.

Beispiel 11-19: Bilanz halbkontinuierlicher Rührkessel [59]

In einem Rührkessel wird eine Flüssigphasenreaktion 1. Ordnung A → B isotherm durchgeführt. Der Rührkessel ist ca. halb gefüllt mit inertem Lösungsmittel; die Reaktionsgeschwindigkeitskonstante k beträgt bei der gegebenen Temperatur 0,03 min⁻¹. Es soll der Umsatz nach einer und nach zwei Stunden für zwei Betriebsweisen verglichen werden:

A) Diskontinuierlicher Betrieb: es werden zu Beginn 180 kg der Komponente A zugeführt.

B) Halbkontinuierlicher Betrieb: die 180 kg der Komponente A werden gleichmäßig über eine Stunde zugeführt; danach wie beim diskontinuierlichen Betrieb.

Lösungshinweis:

Bei Reaktionen 1. Ordnung kann anstelle der Konzentrationen direkt mit den Massen gerechnet werden, d. h.

$$r_A^{'} = \frac{dm_A}{dt} = -k \cdot m_A$$

Eine Stoffbilanz für halbkontinuierlichen Betrieb ergibt:

$$\frac{dn_A}{dt} - \dot{n}_A^0 = r_A \cdot V = k \cdot c_A \cdot V = k \cdot n_A$$

Mit Massen anstelle von Molen und integriert ergibt die Zeit zur Erreichung einer gewünschten Masse A bzw. daraus den Umsatz, oder umgekehrt die notwendige Zeit zur Erreichung eines bestimmten Umsatzes.

$$t = \int_0^{m_A} \frac{dm_A}{m_A^0 - k \cdot m_A}$$

Nachdem beim halbkontinuierlichen Betrieb nach einer Stunde alles A zugeführt wurde, werden die Werte für diesen Zeitpunkt berechnet, welche dann als Startwerte für den anschließenden rein diskontinuierlichen Betrieb dienen.

Ergebnis:

Umsatz	1 Stunde	2 Stunden
halbkontinuierlich	53,6 %	92,3 %
diskontinuierlich	83,5 %	97,3 %

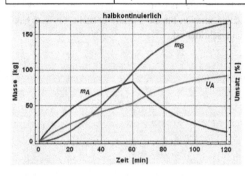
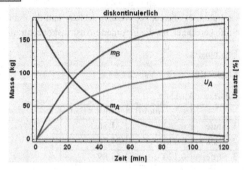

Kommentar:

In diesem Beispiel bringt die halbkontinuierliche Fahrweise keinen Vorteil. Sie wird aber häufig gewählt, wenn z. B. durch kontinuierliche Zu- oder Abfuhr einer Komponente der Gleichgewichtsumsatz verbessert werden kann, unerwünschte Nebenprodukte nach höherer Reaktionsordnung gebildet werden, oder wenn dadurch bei stark exothermen Reaktionen die Wärmeabfuhr erleichtert wird.

Beispiel 11-20: Bilanz Rührkesselkaskade 1: Reaktion 1. Ordnung [59]

Die Hydrolyse von Essigsäureanhydrid (= Komponente A) nach der Reaktionsgleichung

$$(CH_3CO)_2O + H_2O \rightarrow 2 CH_3COOH$$

verläuft bei der gegebenen Temperatur nach $r_A = -k \cdot c_A$, mit $k = 1,34 \cdot 10^{-3}$ 1/s. Der Zulaufstrom beträgt $1,667 \cdot 10^{-3}$ m³/s und die Anfangskonzentration $c_A{}^0 = 0,9$ kmol/m³. Der Umsatz soll 91 % betragen.

Wie groß ist das erforderliche Reaktionsvolumen für einen einzigen kontinuierlichen Rührkessel? Wie viele Rührkessel sind erforderlich, wenn die Reaktion in einer Kaskade durchgeführt wird mit 0,5 m³ Reaktionsvolumen in jedem Kessel?

Lösungshinweis:

Gleichung (11.12) für einen Rührkessel, Gleichung (11.19) für Kaskade.

Ergebnis:

12,6 m³ für einen Rührkessel; 7,12 bzw. aufgerundet 8 Rührkessel mit je 0,5 m³ für Kaskade.

Beispiel 11-21: Bilanz Rührkesselkaskade 2: nicht ganzzahlige Reaktionsordnung [59]

Eine volumenkonstante Flüssigphasenreaktion A → R verläuft nach folgendem Geschwindigkeitsgesetz:

$$r_A = - \frac{c_A}{0,2 + c_A} \quad \text{mol/(l·min).}$$

Der Zulaufstrom beträgt 12 l/min, die Zulaufkonzentration $c_A^0 = 0,5$ mol/l. Die Komponente A soll zu 80 % umgesetzt werden.

Wie groß ist das benötigte Reaktionsvolumen für einen einzelnen idealen Rührkessel? Wie viele Rührkessel mit je 3 l Reaktionsvolumen sind erforderlich und wie groß ist dann der Gesamtumsatz?

Lösungshinweis:

$\varepsilon_V = 0$. Ein Rührkessel: Gleichung (11.12). Rührkesselkaskade: $\tau = V/\dot{V} = $ konstant für jeden Rührkessel. Mit $c_A^1 = c_A^0 \cdot (1-U_{A,1})$ kann aus Gleichung (11.12) der Umsatz $U_{A,1}$ für die erste Stufe, und daraus die Austrittskonzentration c_A^1 berechnet werden, welche nun die Eintrittskonzentration für die 2. Stufe darstellt. So wird jede Stufe berechnet, bis die geforderte Austrittskonzentration unterschritten ist.

Ergebnis:

Idealer Rührkessel: $V_R = 14,4$ l

Rührkesselkaskade:

	$c_{A,aus}$ [mol/l]	Umsatz [%]
1. Stufe	0,342	31,56
2. Stufe	0,213	37,70
3. Stufe	0,120	43,89
4. Stufe	0,061	48,91

Der Gesamtumsatz beträgt dann 87,78 %.

Beispiel 11-22: Vergleich verschiedener Reaktortypen [59]

Butylacetat wird nach der Reaktion

$$CH_3COOH \text{ (A)} + C_4H_9OH \text{ (B)} \rightarrow CH_3COOC_4H_9 \text{ (P)} + H_2O$$

mit einem 5-fachen molaren Überschuss an Butanol hergestellt. Reaktionsgeschwindigkeit $r_A = - k \cdot c_A^2$ mit $k = 0,0148$ l/(mol·min). Die Dichte der Reaktionsmischung sei konstant 750 g/l. Die molaren Massen sind 60 (A), 74 (B) und 116 (P). Es wird ein Umsatz von 50 % gefordert; der Produktstrom ist dann 100 kg/h Butylacetat. Die Rüstzeit für den diskontinuierlichen Betrieb beträgt 30 min.

Berechne die Reaktionszeit für den diskontinuierlichen Rührkessel und die Reaktionsvolumina für den diskontinuierlichen und kontinuierlichen Rührkessel und das ideale Strömungsrohr.

Lösungshinweis:

Aus den Angaben können die Anfangskonzentration c_A^0, der anfängliche Molenstrom an A und der Volumenstrom berechnet werden; dann einsetzen in die Gleichungen (11.8), (11.12) und (11.15).

Ergebnis:

$c_A^0 = 1,744$ mol/l; $\dot{N}_A^0 = 28,7$ mol/min; $\dot{V}_0 = 16,5$ l/min.

diskontinuierlicher Rührkessel: t = 38,8 min; V = 1132,5 l;
kontinuierlicher Rührkessel: V = 1276,5 l;
Strömungsrohr: V = 638,2 l.

Beispiel 11-23: Vergleich Strömungsrohr – Rührkessel: Reaktion 2. Ordnung [59]

Für Reaktion 2. Ordnung mit unterschiedlichen Anfangskonzentrationen.

Folgende Reaktion: $A + B \rightarrow R + S$ mit $r_A = - k \cdot c_A \cdot c_B$

Die Produktionsleistung für R betrage 3200 t/a bei einer Betriebszeit von 8000 h/a. Umsatz der limitierenden Komponente A = 95 %; k = 628 l/(kmol·h). Dichte der Reaktionsmischung konstant 0,96 kg/l. Molare Massen: A = 40, B = 80, R = 60, S = 60 kg/kmol.

Berechne die Reaktionsvolumina für a) einen Rohrreaktor ohne Rückvermischung für stöchiometrischen Einsatz, b) einen Rohrreaktor ohne Rückvermischung für 100 % Überschuss an Komponente B und c) einen Reaktor mit vollständiger Rückvermischung und 100 % Überschuss an B.

Ergebnis:

a) $c_A^0 = c_B^0 = 0{,}008$ kmol/l, $\dot{V}_0 = 877$ l/h, $V_R = 3317{,}4$ l

b) $c_A^0 = 0{,}0048$, $c_B^0 = 0{,}0096$ kmol/l, $\dot{V}_0$ 1462 l/h, $V_R = 1140{,}4$ l

c) $V_R = 8776{,}2$ l

Beispiel 11-24: Kombination Rührkessel - Rohrreaktor

Eine Reaktion 2. Ordnung wird in zwei verschiedenen idealen Reaktorsystemen durchgeführt:

1. frühe Vermischung, d. h. zuerst ein kontinuierlich betriebener Rührkessel gefolgt von einem Strömungsrohr.

2. späte Vermischung, d. h. zuerst ein Strömungsrohr, gefolgt von einem kontinuierlichen Rührkessel.

Die Reaktionszeiten betragen in beiden Reaktoren jeweils 1 min, mit k = 1,0 m³/(kmol·min). Die Eintrittskonzentration des Reaktanden beträgt 1 kmol/m³.

Berechne den Umsatz für die beiden Systeme. Vergleiche das Ergebnis falls die Reaktion mit denselben Zahlenwert von k nach 1. bzw. 0,5. Ordnung abläuft.

Lösungshinweis:

Konzentrationen bzw. Umsatz aus den Bilanzen. Austrittswert des ersten Reaktors ist Eintrittswert in den zweiten Reaktor.

Ergebnis:

Umsatz bei	Frühe Vermischung	Späte Vermischung
2. Ordnung	61,8 %	63,4 %
1. Ordnung	81,6 %	81,6 %
0,5. Ordnung	98,6 %	95,7 %

Kommentar:

Der Zeitpunkt der Vermischung hat einen Einfluss auf den Umsatz, ausgenommen bei Reaktionen 1. Ordnung. Bei höheren Reaktionsordnungen ist späte Vermischung günstiger, bei kleineren frühe Vermischung.

Beispiel 11-25: Herstellung von Biodiesel

Die Herstellung von Biodiesel (zum Beispiel Rapsmethylester RME) aus Pflanzenölen erfolgt durch katalytische Umesterung von Triglyceriden mit Methanol nach folgender Reaktionsgleichung:

Triglycerid + 3 Methanol = 3 Fettsäuremethylester (RME) + Glycerin

Die Reaktion wird mit der doppelten stöchiometrischen Menge an Methanol isotherm bei T = 40 °C bis zu einem Umsatz von 99 % bezogen auf das Triglycerid durchgeführt. Sie kann vereinfachend als

Reaktion 2. Ordnung bezüglich Triglycerid beschrieben werden. Im Labormaßstab werden dazu folgende Kinetikdaten vermessen:

$k_0 = 596\,002,42\ m^3/(kmol \cdot s)$, $E_A = 43\,743,28\ kJ/kmol$.

Es sollen 20000 t/a Biodiesel (in 360 Tagen) hergestellt werden.

A) Berechne die notwendigen Reaktionsvolumina für einen idealen diskontinuierlichen Rührkessel (Rüstzeit = 30 min), einen idealen kontinuierlichen Rührkessel und ein ideales Strömungsrohr. Stelle des Weiteren die notwendigen Reaktionsvolumina für einen Umsatz von 85 bis 99,5 % grafisch dar.

B) Der Reaktor wird als Strömungsrohr mit dem berechneten Volumen des idealen Strömungsrohres gebaut. Es stellt sich bald heraus, dass sich der Reaktor nicht ideal verhält, da nur 97 % Umsatz erzielt werden können. Modelliere diesen realen Reaktor für das gegebene Volumen V_{iSR} nach folgenden Möglichkeiten:

- Frühe Vermischung: zuerst idealer Rührkessel, dann ideales Strömungsrohr.
- Späte Vermischung: zuerst ideales Strömungsrohr, dann idealer Rührkessel.
- Anzahl n idealer Rührkessel einer Rührkesselkaskade, mit $V_n = V_{iSR}/n$
- Rücklaufverhältnis eines Schlaufenreaktors.
- Totvolumen, ein Teil des Reaktors ist blockiert und steht für die Reaktion nicht zur Verfügung

Stoffdaten:
Molare Massen: Triglycerid = 887; Methanol = 32; RME = 297; Glycerin = 92 kg/kmol;
Dichten: Triglycerid = 920,6; Methanol = 787; RME = 880; Glycerin = 1260 kg/m³;

Lösungshinweis:

Mit dem gegebenen Produktionsstrom werden zunächst alle Massen-, Mol- und Volumenströme berechnet. Damit kann die für die Kinetik benötigte Anfangskonzentration an Triglycerid (Tri) berechnet werden (c_{Tri} = Molenstrom Tri durch gesamter anfänglicher Volumenstrom). Berechnung der Reaktionsvolumina der idealen Reaktoren wie in den vorangegangenen Beispielen.

Bei der Modellierung der frühen oder späten Vermischung gibt es drei Gleichungen, die gleichzeitig gelöst werden: die beiden gesuchten Teilvolumina der Reaktoren, welche sich zum gegebenen Gesamtvolumen addieren. Die dritte Unbekannte ist der Umsatz nach dem jeweils ersten Reaktor. Bei später Vermischung ist in der Designgleichung (11.12) für U_i die Differenz zwischen Gesamtumsatz und den Umsatz nach dem Rohrreaktor einzusetzen, während in der Reaktionsgeschwindigkeit $r_{Tri} = k \cdot \left(c_{Tri}^0\right)^2 \cdot \left(1 - U_{Tri}\right)^2$ der Gesamtumsatz einzusetzen ist.

Für die Modellierung der Rührkesselkaskade kann nicht Gleichung (11.19) verwendet werden, da diese nur für Reaktionen 1. Ordnung gilt. Es muss schrittweise der Umsatz berechnet werden, bis der geforderte Gesamtumsatz erreicht ist.

Ergebnis:

$V_{disk.RK} = 5,1\ m^3$; $V_{iRK} = 349,7\ m^3$; $V_{iSR} = 3,49\ m^3$.

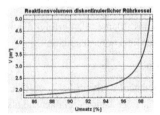
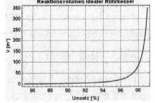
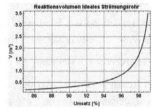

Modellierung als:
- Frühe Vermischung: $V_{iRK} = 2,64$, $V_{iSR} = 0,85$ m³
- Späte Vermischung: $V_{iSR} = 0,28$, $V_{iRK} = 3,22$ m³
- Rührkesselkaskade: für drei ideale Rührkessel mit jeweils 1,16 m³ beträgt der Umsatz 97,1 %
- Schlaufenreaktor: Rücklaufverhältnis = 2,27
- Totvolumen: 2,35 m³, d. h. 97 % Umsatz werden im iSR schon in 1,14 m³ erzielt

Beispiel 11-26: Bilanzen bei Parallelreaktionen mit differentieller Selektivität [59]

Eine Flüssigphasenreaktion verläuft bei konstanter Temperatur und konstantem Volumen nach folgendem Schema ab:

$$A + B \xrightarrow{k_1} R \qquad \frac{dc_R}{dt} = 1,0 \cdot c_A^{m_R} \cdot c_B^{n_R} \quad \text{mol/(l·min)}$$

$$A + B \xrightarrow{k_2} S \qquad \frac{dc_S}{dt} = 1,0 \cdot c_A^{m_S} \cdot c_B^{n_S} \quad \text{mol/(l·min)}$$

Die Zulaufkonzentrationen an A und B betragen je 10 mol/l. Der Umsatz soll 90 % betragen.

Vergleiche die Selektivität des gewünschten Produktes R in einem idealen Strömungsrohr und einem idealen Rührkessel für drei verschiedene Fälle an angenommenen Reaktionsordnungen.

a) $m_R = 1$; $n_R = 0,3$; $m_S = 0,5$; $n_S = 1,8$;

b) $m_R = 0,5$; $n_R = 1,8$; $m_S = 1$; $n_S = 0,3$;

c) $m_R = 1$; $n_R = 1$; $m_S = 1$; $n_S = 1$;

Lösungshinweis:

Für die Selektivität gilt Gleichung (11.3). Allerdings ist die Konzentration des gewünschten Produktes R nicht bekannt. Das Verhältnis R/S und somit die Selektivität ändert sich mit den Reaktionsgeschwindigkeiten. Die Berechnung erfolgt daher mit der differentiellen Selektivität, Gleichung (11.4) und anschließender Integration bis zum gewünschten Umsatz bzw. $c_{A,aus}$. Für die Reaktionsgeschwindigkeit von A gilt: $r_A = -(r_R + r_S)$.

Ergebnis:

Umsatz [%]	Fall a)	Fall b)	Fall c)
Ideales Strömungsrohr	18,9	81,1	50
Idealer Rührkessel	50	50	50

Kommentar:

Beim idealen Rührkessel entspricht die differentielle Selektivität der integralen Selektivität, da die Konzentrationen sich nicht ändern.

Ist die Reaktionsordnung für das gewünschte Produkt geringer als für das unerwünschte, ergibt ein Reaktor mit niedrigen Konzentrationen die bessere Selektivität, z. B. idealer Rührkessel, wobei dann aber das größere erforderliche Reaktionsvolumen zu beachten ist.

Beispiel 11-27: Bilanz Folgereaktion [59]

Die Folgereaktion

$$A \xrightarrow{k_1} R \xrightarrow{k_2} S$$

verläuft irreversibel jeweils nach 1. Ordnung mit den Geschwindigkeitskonstanten $k_1 = 0,25$ 1/min und $k_2 = 0,05$ 1/min. Die Anfangskonzentrationen betragen $c_A^0 = 1$ mol/l, $c_R^0 = c_S^0 = 0$.

Stelle den Konzentrationsverlauf der drei Komponenten über 30 Minuten für das ideale Strömungsrohr und den idealen Rührkessel grafisch dar. Berechne ferner die Konzentrationsverteilungen am Ausgang des Reaktors für einen Zulaufstrom von 5 l/min und ein Reaktionsvolumen von 10 l, sowie die Verweilzeiten für maximale Konzentration an R und die Zeiten für R = S.

Lösungshinweis:

$$r_A = \frac{dc_A}{dt} = -k_1 \cdot c_A$$

$$r_R = \frac{dc_R}{dt} = k_1 \cdot c_A - k_2 \cdot c_R$$

$$r_S = \frac{dc_S}{dt} = k_2 \cdot c_R$$

Für das Strömungsrohr wird zunächst r_A integriert, das Ergebnis (c_A als Funktion der Zeit) in r_R eingesetzt, wieder integriert und das Ergebnis (c_R als Funktion der Zeit) in r_S eingesetzt und integriert.

Beim idealen Rührkessel, herrschen überall die gleichen Konzentrationen, man braucht nicht zu integrieren. Es genügt die Stoffbilanz für jede Komponenten.

$$\dot{n}_A^0 - \dot{n}_A + V_R \cdot r_A = 0, \quad \text{bzw.}$$

$$c_A^0 \cdot \dot{V} - c_A \cdot \dot{V} + V_R \cdot r_A = 0$$

Mit $V_R / \dot{V} = \tau$, bzw. allgemein t für variable Reaktorgröße oder Durchsatz, gilt

$$c_A^0 - c_A + r_A \cdot t = 0.$$

Daraus kann für beliebiges Geschwindigkeitsgesetz die Austrittskonzentration c_A berechnet werden. Diese wird in r_R eingesetzt, aus der Bilanz die Austrittskonzentration von c_R berechnet und in analoger Weise auf für c_S.

Ergebnis:

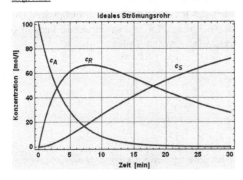 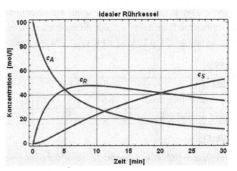

Konzentrationsverteilung nach $\tau = V_R / \dot{V} = 2$:

Strömungsrohr: $c_A = 0{,}607$; $c_R = 0{,}373$; $c_S = 0{,}02$ mol/l;

Rührkessel: $c_A = 0{,}667$; $c_R = 0{,}303$; $c_S = 0{,}03$ mol/l.

$c_{R,max}$ nach 8,0 min für Strömungsrohr und nach 8,9 min für Rührkessel.

$c_R = c_S$ nach 18,0 min im Strömungsrohr und 20 min im Rührkessel

Beispiel 11-28: Verweilzeitverteilungsfunktionen idealer Reaktoren

Erstelle Grafiken der Antworten eines idealen Rührkessels, eines idealen Strömungsrohres, einer idealen Rührkesselkaskade sowie eines Strömungsrohres mit laminarer Strömung auf ein pulsförmiges bzw. sprunghaftes Eingangssignal. Berechne ferner die Varianz dieser Funktionen.

Ergebnis:

Idealer Rührkessel: $\sigma^2 = \tau^2$

Ideales Strömungsrohr: $\sigma^2 = 0$

Ideale Rührkesselkaskade: $\sigma^2 = \dfrac{\tau^2}{N}$

Laminare Strömung: $\sigma^2 = \infty$ (wegen Haftbedingung)

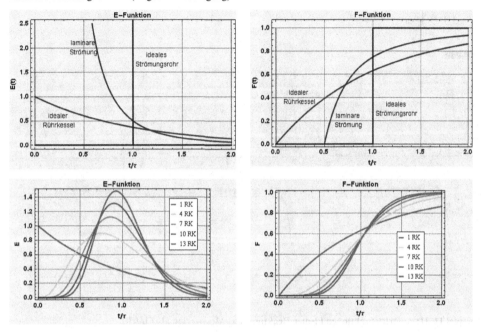

Beispiel 11-29: Verweilzeit in Rührkesselkaskade [43]

Zur Durchführung einer chemischen Reaktion wird eine mittlere Verweilzeit im Reaktor von 50 s gefordert, wobei der Anteil der Moleküle (= E), welche nur 25 s im Reaktor sind, 40 % nicht überschreiten darf. Wie viele Reaktoren sind in einer Kaskade notwendig, bzw. wie groß muss die äquivalente Rührkesselanzahl für ein Strömungsrohr sein?

Lösungshinweis:

mittlere Verweilzeit, gegebene Zeit und beliebige Anzahl Rührkessel in E-Funktion für Rührkesselkaskade einsetzen (Gleichung (11.37)) und Anzahl variieren bis 40 % unterschritten sind.

Ergebnis:

Es sind 10 Rührkessel erforderlich.

Beispiel 11-30: Verweilzeitverteilung idealer Reaktoren bei Normalverteilung als Eintritt

Die Konzentrationsverteilung eines Tracers am Eintritt eines idealen Reaktors entspreche einer Normalverteilung mit einem Mittelwert (mittlere Zeit von Beginn des Experimentes bis sämtlicher Tracer in den Reaktor eingetreten ist) von $\mu = 1$ und einer Standardabweichung von $\sigma = 0{,}3$. Berechne das Austrittssignal für einen idealen Rührkessel, einen idealen Strömungsreaktor sowie eine Rührkesselkaskade mit 10 idealen Rührkesseln.

Lösungshinweis:

Das Eingangssignal muss mit der entsprechenden E- bzw. F-Funktion gefaltet werden, d. h. beide Funktionen werden multipliziert und von 0 bis zur Zeit t integriert; Faltungsintegral (convolution integral):

$$c_{ein}\left(t'\right) = \frac{1}{\sigma\sqrt{2\pi}} \cdot exp\left(-\frac{\left(t'-\mu\right)^2}{2\sigma^2}\right)$$

$$c_{aus}\left(t\right) = \int_0^t c_{ein}\left(t - t'\right) \cdot E(t')\, dt'$$

Ergebnis:

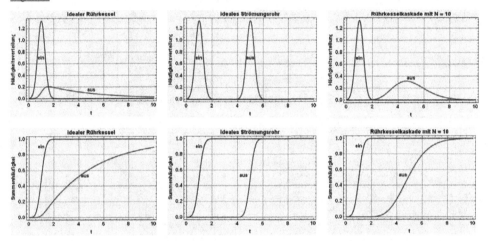

Beispiel 11-31: Austrittsfunktionen idealer Reaktoren bei Messwerten als Eintritt

Es sollen die Austrittsfunktionen eines idealen Rührkessels und einer Rührkesselkaskade mit 10 idealen Rührkesseln für folgendes gemessene Eingangssignal einer Tracerkonzentration berechnet werden. Die mittlere Verweilzeit in den Reaktoren betrage 5 Minuten.

t [min]	0	1	1,5	2	2,5	3	3,5	4	4,5	5
c [kg/m³]	0	0	4,5	8	5,8	4	4,8	6	3	0

Ergebnis:

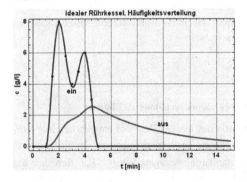
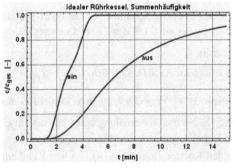

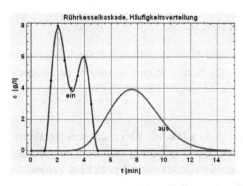
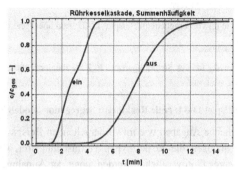

Aus den Messwerten wurde eine Fit- oder Interpolationsfunktion gebildet und aus dieser das Faltungsintegral mit den E- und F-Funktionen der idealen Reaktoren.

Beispiel 11-32: reale Reaktoren: Segregationsmodell 1

Es wird die Flüssigphasenreaktion A → B in einem Rohrreaktor durchgeführt. Die Reaktion ist erster Ordnung mit der Geschwindigkeitskonstanten k = 0,307 l/min. Vor Durchführung der Reaktion wird über eine Stoßfunktion mit einem Tracer T die Verweilzeitverteilung ermittelt:

t [min]	0	5	10	15	20	25	30	35
c_T [g/m³]	0	3	5	5	4	2	1	0

Wie groß wären die Umsätze in einem idealen Rührkessel und einem idealen Strömungsrohr und wie groß ist der reale Umsatz in diesem Rohrreaktor unter der Annahme einer vollständigen Segregation?

<u>Lösungshinweis:</u>

Umsätze für die idealen Reaktoren wurden in Beispiel 11-8 berechnet. Umsatz nach Segregationsmodell = Faltungsintegral Umsatz ideales Strömungsrohr mit E-Funktion des realen Reaktors. Berechnung der E-Funktion aus den Messwerten entweder über Interpolationsfunktion, Fitfunktion und mit den diskreten Werten (siehe Beispiel 11-40).

<u>Ergebnis:</u>

Umsatz idealer Rührkessel = 81,9 %, ideales Strömungsrohr = 98,9 %; reales Strömungsrohr = 94,2 % mit Interpolationsfunktion, 93,7 % mit Fitfunktion (Polynom 3. Ordnung) und 95,0 % mit diskreten Werten.

Beispiel 11-33: reale Reaktoren: Segregationsmodell 2 [59]

Eine Dimerisierung des Typs 2A → B wird in Flüssigphase durchgeführt. Der Zulaufstrom besteht aus reinem A mit c_A^0 = 8 mol/m³. Die Reaktion verläuft nach 2. Ordnung mit k = 0,01 m³/(mol·min). Das Reaktionsvolumen beträgt 1 m³ und der Zulaufstrom 25 l/min. Eine Stoßmarkierung ergab folgende Tracerkonzentrationen am Austritt:

t [min]	0	5	10	15	20	30	40	50	70	100	150	200
c_T [g/m³]	112	95,8	82,2	70,6	60,9	45,6	34,5	26,3	15,7	7,67	2,55	0,90

Berechne:

a) Die Umsätze, welche man für die gegebenen Bedingungen in einem idealen Strömungsrohr und einem idealen Rührkessel erzielen würde.

b) Den im realen Reaktor erzielten Umsatz unter der Annahme vollständiger Segregation.

<u>Lösungshinweis:</u>

Wie im vorhergehenden Beispiel 11-32, nun aber Reaktion 2. Ordnung.

<u>Ergebnis:</u>

Umsatz ideales Strömungsrohr: 76,2 %, idealer Rührkessel: 57,6 %, realer Reaktor bei vollständiger Segregation: 61,1 %.

Beispiel 11-34: reale Reaktoren: Segregationsmodell 3

Gleiche Angaben wie im vorhergehenden Beispiel 11-33. Es sollen jetzt für verschiedene Reaktionsordnungen die Reaktortypen vermischungsfrei, vollständige Vermischung und ideale vollständige Segregation verglichen werden, unter der Annahme derselben Reaktion und dem gleichen Zahlenwert von k (aber anderen Einheiten entsprechend der gewählten Reaktionsordnung).

<u>Lösungshinweis:</u>

Prinzipiell wie im vorhergehenden Beispiel 11-33. Für einen treffenderen Vergleich zwischen vollständiger Vermischung und vollständiger Segregation soll für letztere nicht die Verweilzeitverteilung des realen Reaktors, sondern jene des idealen Rührkessel herangezogen werden (deshalb ideale vollständige Segregation).

<u>Ergebnis:</u>

Umsatz [%] bei	ideales Strömungsrohr	idealer Rührkessel	ideale vollständige Segregation
2. Ordnung	76,2	57,6	62,6
1. Ordnung	33,0	28,6	28,6
0,5. Ordnung	13,6	13,2	13,1

<u>Kommentar:</u>

Der Umsatz ist immer im axial unvermischten idealen Strömungsrohr am höchsten. Bei Reaktionen 1. Ordnung hat die Segregation keinen Einfluss im Vergleich zu einer vollständigen Vermischung. Bei Reaktionsordnungen > 1 wird bei vollständiger Segregation ein höherer Umsatz und bei Reaktionsordnungen < 1 ein niedrigerer Umsatz im Vergleich zu einer vollständiger Vermischung erzielt.

Beispiel 11-35: reale Reaktoren: Zellenmodell 1

Am Ein- und Austritt eines Reaktors werden folgende Konzentrationen eines Tracerstoffes gemessen:

Eintritt:

t [s]	2,5	7,5	10	12,5	15	17,5
c [mg/l]	0,6	3	2,4	2,2	0,2	0

Austritt:

t [s]	40	50	55	60	65	70	75	80	85	90	95
c [mg/l]	0	0,05	0,13	0,91	1,4	1,27	0,79	0,39	0,18	0,07	0,02

Berechne die E-Funktion des Reaktors, bzw. die Anzahl der äquivalenten Rührkessel.

<u>Lösungshinweis:</u>

Sind zwei Funktionen eines Reaktors am Ein- und Austritt gegeben, so kann die E-Funktion mathematisch durch Umkehrung des Faltungsintegrals (Entfaltung) berechnet werden. Dies ist aber schwierig, weshalb einfacher aus den Kennwerten der Verteilungen die Anzahl der äquivalenten Rührkessel berechnet wird.

$$N = \frac{\tau}{\sigma^2} = \frac{\tau_{aus} - \tau_{ein}}{\sigma_{aus}^2 - \sigma_{ein}^2}$$

Ergebnis:

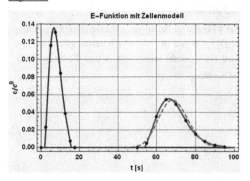

Der Reaktor zeigt ein Verweilzeitverhalten, welches einer Kaskade mit 79 idealen Rührkesseln entspricht.

Die strichlierte Linie gibt die Faltung des Eingangssignals mit der E-Funktion einer Kaskade von 79 Rührkesseln an.

Beispiel 11-36: reale Reaktoren: Dispersionsmodell 1

Stelle die Antwortfunktion an der Stelle x = L eines Rohrreaktors nach dem Dispersionsmodell für offene Randbedingungen und verschiedene Bo-Zahlen grafisch dar. Berechne auch die mittlere Verweilzeit und die Varianz als Funktion der Bodensteinzahl und der hydrodynamischen Verweilzeit $\tau = L/w$.

Lösungshinweis:

Gleichung (11.46) stellt die analytische Lösung des Dispersionsmodells für offene Randbedingungen in dimensionsloser Form für die dimensionslose Konzentration Ψ dar. Die mittlere dimensionslose Verweilzeit $\theta_m = t_m / \tau$ (mittlere Verweilzeit durch hydrodynamische Verweilzeit) erhält man aus dem ersten statistischen Moment und die Varianz aus dem zweiten statistischen Moment.

Ergebnis:

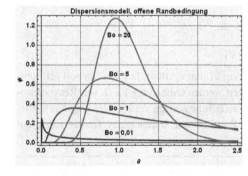

Mittlere Verweilzeit: $t_m = \left(1 + \dfrac{2}{Bo}\right) \cdot \tau$

Varianz: $\sigma^2 = 1 + \dfrac{6}{Bo} + \dfrac{12}{Bo^2} - 2\tau - \dfrac{4\tau}{Bo} + \tau^2$

für $\tau = 1$ folgt $\sigma^2 = \dfrac{2}{Bo} + \dfrac{12}{Bo^2}$, und für

$\tau = t_m$ folgt $\sigma^2 = \dfrac{2}{Bo} + \dfrac{8}{Bo^2}$

Beispiel 11-37: Dispersion in Strömungsrohr

Wasser ($v = 10^{-6}$ m²/s) ströme durch ein Rohr mit einem Innendurchmesser von $d_R = 0,1$ m mit einer Geschwindigkeit von 1 m/s. Am Rohreintritt liege Pfropfenströmung vor. Berechne die Bo-Zahl über die Länge des Rohres (z. B. 1, 5, 10, 20 m) und stelle die Verweilzeit-Häufigkeitsverteilung als Normalverteilung für diese Längen grafisch dar.

Lösungshinweis:

Bo-Zahl als Funktion der Länge nach Gleichung (11.49); Verweilzeit τ aus L/w; damit Standardabweichung σ nach Gleichung (11.47).

Ergebnis:

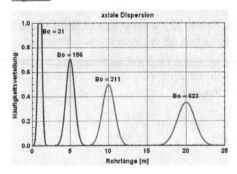

Kommentar:

Am Rohreintritt bei angenommener Pfropfenströmung ist $D_{ax} = \infty$ und $Bo = 0$. Mit zunehmender Rohrlänge wird die Bo-Zahl immer größer und die Verweilzeitverteilung immer breiter.

Beispiel 11-38: reale Reaktoren: 2-Parameter Modell 1 [58]

Durch Tracermarkierung wird folgende Summenfunktion eines realen Reaktors mit einer mittleren Verweilzeit $\tau = 2{,}54$ min erhalten:

t [min]	0	1	2	3	4	5	6	7	8	9	10	11
F	0,1	0,36	0,55	0,71	0,80	0,86	0,89	0,93	0,95	0,97	0,98	0,99

Berechne die beiden Modellparameter α und β und daraus den Anteil an Kurzschlussströmen und Totvolumen.

Lösungshinweis:

Fitten von α und mit den Datenpunkten nach Gleichung (11.57) und Berechnung des Anteils an Kurzschlussströmen und Totvolumen mit Gleichungen (11.52) und (11.53).

Ergebnis:

$\alpha = 0{,}908$, $\beta = 0{,}975$;
Anteil Kurzschlussströme = 9,2 %; Anteil Totvolumen = 2,53 %.

Beispiel 11-39: reale Reaktoren: 2-Parameter-Modell 2 [59]

Eine irreversible Reaktion wird in einem realen Rührkessel durchgeführt. Der Reaktor soll als Rührkessel mit Totzone und Kurzschlussströmung modelliert werden (Abbildung 11-7). Das Reaktionsvolumen beträgt 1 m³, der Zulaufstrom 0,1 m³/min. Verweilzeitmessungen mittels Verdrängungsmarkierung ergaben bei einer sprunghaften Änderung der Eintrittskonzentration eines Tracers von 0 auf 2 g/m³ folgende Werte am Reaktorausgang:

t [min]	4	8	10	14	16	18
c_T [g/m³]	1,0	1,333	1,5	1,666	1,75	1,8

Berechne:

a) Die Modellparameter α und β.

b) Den Umsatz im Realreaktor für den Fall, dass die Reaktion nach 1. Ordnung mit $k = 0{,}1$ min^{-1} und nach 2. Ordnung mit $k = 0{,}1$ m³/(g·min) abläuft.

c) Die Umsätze, welche in einem idealen Rührkesser erzielt werden könnten.

Lösungshinweis:

Modellparameter durch Fitten der Messpunkte mit der F-Funktion, Gleichung (11.57). Umsätze $U_i = 1-c_i/c_i^0$ durch Einsetzen der entsprechenden Geschwindigkeitsgleichungen in Gleichung (11.55) und Berechnung von c_i nach der mittleren Verweilzeit τ.

Umsätze für beliebige Reaktionsordnung aus Stoffbilanz für den idealen Rührkessel, Gleichung (11.9).

Ergebnis:

Modellparameter: $\alpha = 0{,}701$; $\beta = 0{,}208$;
Umsatz Realreaktor: 1. Ordnung: 37,2 %;   2. Ordnung: 42,6 %
Umsatz in idealem Rührkessel: 1. Ordnung: 50 %, 2. Ordnung: 50 %.

Kommentar:

Die Reaktion 2. Ordnung kann sowohl nach A → P oder auch nach A + B → R + S, mit jeweils 1. Ordnung für A und B, ablaufen, sofern die Edukte stöchiometrisch zugegeben werden.

Variiere Anfangskonzentration und Geschwindigkeitskonstante und vergleiche die Auswirkungen auf die Umsätze für die verschiedenen Reaktionsordnungen.

Beispiel 11-40: realer Reaktor: Umsatz bei Reaktion 1. Ordnung 1 [59]

Von einem Realreaktor soll das Verweilzeitverhalten bestimmt werden. Nach einer Tracer-Stoßmarkierung werden am Reaktorausgang folgende Tracerkonzentrationen zu verschiedenen Zeiten gemessen:

t [min]	0	0,5	1	2	3	4	5	6	8	12
c_T [g/m³]	0	0,6	1,3	4,1	6,2	6,7	5,7	3,8	1,4	0,3

Berechne:

a) die mittlere Verweilzeit

b) den Umsatz einer irreversiblen Reaktion 1. Ordnung mit k = 0,13 min⁻¹.

c) die Verweilzeit, welche sich für ein ideales Strömungsrohr und einen idealen Rührkessel mit demselben Umsatz ergeben würde?

Lösungshinweis:

Es soll mit den diskreten Messwerten gerechnet werden. Damit kann keine E-Funktion bestimmt werden, sondern nur die E-Werte zu den Messpunkten. Diese erhält man analog zu Gleichung (11.28) in diskreter Form mit

$$E(t_i) = \frac{c_{T,i}}{\sum_j c_{T,j} \cdot \Delta t_j},$$

wobei sich die Δt immer auf den vorhergehenden Messpunkt beziehen sollen. Die mittlere Verweilzeit ergibt sich dann entsprechend Gleichung (11.31) in diskreter Form zu

$$\tau = \sum_i t_i \cdot E(t_i) \cdot \Delta t_i$$

Die Umsätze der idealen Reaktoren erhält man aus der Geschwindigkeitsgleichung, hier für 1. Ordnung bei konstantem Volumen $r_i = \dfrac{dc_i}{dt} = -k \cdot c_i$, und Einsetzen in die Definition des Umsatzes, Gleichung (11.1). Beim idealen Strömungsrohr ändert sich die Konzentration kontinuierlich, die Geschwindigkeitsgleichung kann integriert werden, man erhält:

$$c_i = c_i^0 \cdot e^{-kt},$$

und daraus den Umsatz des idealen Strömungsrohres:

$$U_{iSR} = 1 - e^{-kt}.$$

Für den idealen Rührkessel erhält man mit den Gleichungen (11.9) und (11.10) sowie der Reaktionsgeschwindigkeit für 1. Ordnung für konstantes Volumen

$$c_i = \frac{c_i^0}{1 + k \cdot t},$$

und daraus mit der Definition des Umsatzes, Gleichung (11.1)

$$U_{iRK} = \frac{k \cdot t}{1 + k \cdot t}$$

Den Umsatz des realen Strömungsrohres erhält man aus der Faltung des Umsatzes des idealen Strömungsrohres mit der E-Funktion des realen Rohres (Segregationsmodell), mit diskreten Werten als Summe über alle Messpunkte:

$$U_{rSR} = \sum E \cdot U_{iSR} \cdot \Delta t$$

Ergebnis:

t [min]	c [g/m³]	Δt	c·Δt	E	E·t·Δt	E·U_{iSR}·Δt
0	0	-	-	0	-	-
0,5	0,6	0,5	0,3	0,019	0,005	0,001
1	1,3	0,5	0,65	0,041	0,021	0,003
2	4,1	1	4,1	0,13	0,216	0,03
3	6,2	1	6,2	0,197	0,591	0,064
4	6,7	1	6,7	0,213	0,852	0,084
5	5,7	1	5,7	0,181	0,906	0,087
6	3,8	1	3,8	0,121	0,725	0,065
8	1,4	2	2,8	0,045	0,12	0,058
12	0,3	4	1,2	0,01	0,458	0,03
					$\tau = \sum = 4,53$	$U_{rSR} = \sum = 0,423$

Die mittlere Verweilzeit beträgt 4,53 min und der Umsatz 42,3 %. Dieser Umsatz würde in einem idealen Strömungsrohr nach 4,23 und in einem idealen Rührkessel nach 5,63 min erreicht werden.

Beispiel 11-41: realer Reaktor: Umsatz bei irreversibler Reaktion 1. Ordnung 2 [60]

Eine volumenbeständige Reaktion A → B verlaufe irreversibel nach 1. Ordnung, wobei die Reaktionsgeschwindigkeitskonstante k = 0,03 s^{-1} beträgt. Es soll die mittlere Verweilzeit und der Umsatz in einem realen Strömungsrohr berechnet werden, für welches folgende Tracerkonzentrationen bei pulsförmiger Aufgabe zur Zeit t = 0 gemessen wurden:

Zeit [s]	25	50	75	100	124
Konzentration [g/m³]	2	7,5	9,1	8,0	5,8

Des Weiteren soll der Umsatz in einem idealen Strömungsrohr und in einem idealen Rührkessel für dieselbe mittlere Verweilzeit wie beim realen Rohr berechnet werden.

Lösungshinweis:

Prinzipiell gleich wie Beispiel 11-40, hier soll aber mit Fit- oder Interpolationsfunktionen gerechnet werden. Dazu ist es zweckmäßig, die Messwerte um zwei geschätzte Nullpunkte zu erweitern, z. B. c = 0 bei t < 19 und t > 190 s. Dies ist vor allem deshalb erforderlich, weil der letzte Messwert noch eine relativ hohe Konzentration aufweist.

Die E-Funktion dieses realen Strömungsrohres ergibt sich dann aus dieser Fit- oder Interpolationsfunktion dividiert durch die Fläche unter der Funktion. Die mittlere Verweilzeit dann nach (11.31). Den Umsatz im realen Strömungsrohr erhält man dann aus der numerischen Lösung des Faltungsintegral des Umsatzes für das ideale Strömungsrohr (= 1 − exp(-k·t) für irreversible Reaktion 1. Ordnung) und der realen E-Funktion:

$$U_{realesSR}(t) = \int_0^t U_{idealesSR} \cdot E_{realesSR} \, dt$$

<u>Ergebnis:</u>

Die mittlere Verweilzeit beträgt 89 s. Die Umsätze betragen dann:
Ideales Strömungsrohr: 93,1 %
Reales Strömungsrohr: 88,8 %
Idealer Rührkessel: 72,7 %

Beispiel 11-42: reale Reaktoren: Dispersionsmodell 2: Berechnung der Bo-Zahl [59]

In den Zulaufstrom eines kontinuierlich betriebenen Reaktors wird ein Farbstoff als Tracer eingespritzt. Die Farbstoffkonzentration im Ausgangsstrom wird nach verschiedenen Zeiten gemessen:

t [s]	0	120	240	360	480	600	720	840	960
c [g/m³]	0	6,5	12,5	12,5	10,0	5,0	2,5	1,0	0

Im Reaktor wird eine irreversible Reaktion 1. Ordnung mit k = 3,33·10⁻³ s⁻¹ durchgeführt. Berechne:

a) Mittlere Verweilzeit τ

b) Bo-Zahl nach der Steigungs- und der Varianz-Methode

c) Umsatz in diesem Reaktor sowie für ideales Strömungsrohr und idealen Rührkessel für τ.

d) Welcher Umsatz ergibt sich nach dem Kaskadenmodell?

Die Berechnung soll einmal mit den diskreten Messpunkten und einmal mit Interpolationsfunktionen erfolgen.

<u>Lösungshinweis:</u>

Aus den Daten kann eine passende Interpolationsfunktion gebildet werden, die E-Funktion und die mittlere Verweilzeit dann wie im vorhergehenden Beispiel 11-41. Die E-Funktion ist auch die Ableitung und daher die Steigung der F-Funktion. Aus dem Wert bei τ erhält man mit Gleichung (11.48) die Bo-Zahl nach der Steigungsmethode. Mit dem 2. Moment, Gleichung (11.32), erhält man die Varianz und damit nach Gleichung (11.47) die Bo-Zahl.

Mit diskreten Werten erhält man die E-Funktion und die mittlere Verweilzeit wie in Beispiel 11-40, und analog auch die Varianz. In diesem Beispiel sind die Δt alle gleich, wodurch sie auch in der Summe gekürzt werden können. Für die Steigungsmethode wird aber auch am besten eine kontinuierliche Interpolation genommen.

<u>Ergebnis:</u>

mittlere Verweilzeit τ = 372,6 s (374,4 bei diskreter Berechnung)
Bo-Zahl aus Steigung = 7,3 (6,3)
Bo-Zahl aus Varianz = 8,7 (9,2)
Umsatz realer Reaktor = 66,1 %
Umsatz bei äquivalenter Anzahl idealer Rührkessel = 67,0 %

Umsatz ideales Strömungsrohr bei gleicher Verweilzeit = 71,1 %

Umsatz idealer Rührkessel bei gleicher Verweilzeit = 55,4 %

Beispiel 11-43: Reaktionswärme: diskontinuierlicher Rührkessel 1 [59]

Eine exotherme, homogene, volumenbeständige irreversible Reaktion A → P wird in einem diskontinuierlichen Rührkessel mit 2 m³ Reaktionsvolumen durchgeführt. Zu berechnen ist die Reaktionszeit und Endtemperatur für adiabaten, und die Reaktionszeit und die notwendige Wärmeabfuhr bei isothermem Betrieb für eine Anfangstemperatur von 40 °C und einem gewünschten Umsatz von 60 %.

$r = k \cdot c_A$ mit $k = 0{,}2283 \cdot exp(-2478/T)$ 1/s,

$c_A^0 = 1500$ mol/m³; $\rho = 800$ kg/m³; $c_p = 2{,}51$ kJ/(kg·K); $\Delta h_R = -62{,}9$ kJ/mol.

Lösungshinweis:

T als Funktion des Umsatzes ausdrücken, Gleichung (11.59), in die Stoffbilanz (11.8) einsetzen und integrieren. Integration numerisch, z. B. mit Simpson-Regel, einige CAS schaffen aber auch eine symbolische Integration.

Ergebnis:

Adiabat: 126,6 min, T = 68,2 °C;   isotherm: 182,8 min, Q = 33970 kJ.

Beispiel 11-44: Reaktionswärme: diskontinuierlicher Rührkessel 2

Eine endotherme, volumenbeständige, irreversible Reaktion A → P wird in einem diskontinuierlichen Rührkessel durchgeführt. Gegeben sind folgende Daten:

$r_A = - k \cdot c_A$, mit $k = 0{,}25 \cdot exp(-2500/T)$;

$c_A^0 = 1{,}5$ mol/l; $\rho = 0{,}8$ kg/l; $c_p = 2{,}5$ kJ/(kg·K); $\Delta h_R = +30$ kJ/mol,

Der Umsatz soll 60 % betragen. Gesucht ist die notwendige Anfangstemperatur, damit in einer Stunde der gewünschte Umsatz erreicht werden kann. Wie hoch ist dann die Endtemperatur?

Lösungshinweis:

Prinzipiell wie im vorhergehenden Beispiel 11-43; im Integral ist nun aber auch die gesuchte Anfangstemperatur enthalten, so dass eine Lösung nur mehr mit Computer möglich ist.

Ergebnis:

$T_{Anfang} = 97{,}7$ °C, $T_{Ende} = 84{,}2$ °C.

Beispiel 11-45: Reaktionswärme: Strömungsrohr 1 [59]

Ethylenglykol wird in einem adiabat arbeitenden Rohrreaktor durch Umsetzung von Ethylenoxid (EO) mit Wasser hergestellt. Das Massenverhältnis Wasser zu EO im Einsatz beträgt 9:1. Der Umsatz an EO soll 99,9 % betragen. Berechne die erforderliche Eintrittstemperatur und die Länge des Reaktors für folgende Daten:

$r = - k \cdot c_{EO}$ mol/(l·s), mit log k = 6,7 - 3795/T

$\Delta h_R = -92{,}2$ kJ/mol; $c_p = 4{,}19$ kJ/(kg·K); $\rho = $ konstant = 1 kg/l. Strömungsgeschwindigkeit w = 1 m/s.

Lösungshinweis:

Wie beim diskontinuierlichen Rührkessel. Aus der erforderlichen Reaktionszeit wird mit der Strömungsgeschwindigkeit die Länge des Reaktors berechnet.

<u>Ergebnis:</u>

Eintrittstemperatur = 150 °C; Rohrlänge = 228 m;

Beispiel 11-46: Reaktionswärme: Strömungsrohr 2 [59]

Ethylbenzol (EB) wird in der Gasphase heterogen katalytisch zu Styrol (S) dehydriert:

$$EB \rightarrow S + H_2$$

Die Reaktion wird adiabat mit Zusatz von Wasserdampf durchgeführt, wobei das anfängliche Stoffmengenverhältnis Wasser : EB = 20 : 1 beträgt. Die effektive Reaktionsgeschwindigkeit beträgt

$$r = \frac{1}{M_{Kat}} \cdot \frac{d n_{EB}}{dt} = -k_{eff}\left(p_{EB} - \frac{1}{K_{eq}} \cdot p_S \cdot p_H \right) \quad [kmol/(kg \cdot h)],$$

mit k_{eff} = 12600·exp(-10985/T) kmol(bar·kg·h) und der Gleichgewichtskonstante K_{eq} = 6,82 – 5365/T bar.

Weitere Angaben: Eintrittstemperatur = 600 °C, Gesamtdruck = 1,2 bar, Schüttdichte des Katalysators = 1,44 kg/l, mittlere Wärmekapazität des Reaktorinhaltes (Katalysator + Reaktionsgemisch) = 2,20 kJ/(kg·K), Reaktionswärme = + 139,5 kJ/mol EB. Molare Massen: EB = 106, Styrol = 104 g/mol.

Berechne das Reaktionsvolumen, welches benötigt wird, um bei einem EB-Umsatz von 40 % täglich 30 t Styrol zu produzieren.

<u>Lösungshinweis:</u>

Wie im vorhergehenden Beispiel 11-45, durch den Einsatz eines festen Katalysators sind aber einige Punkte zu beachten:

Für die Berechnung der Temperatur als Funktion des Umsatzes nach Gleichung (11.59) müssen für die Dichte und Konzentration die Werte der reagierenden Gasphase eingesetzt werden, für die Wärmekapazität aber ein mittlere Wert des gesamten Reaktorinhaltes inklusive Katalysator, da dieser auch erwärmt oder abgekühlt wird.

Die Reaktionsgeschwindigkeit bezieht sich auf die Masse des Katalysators; daher zuerst die erforderliche Masse des Katalysators berechnen und mit der Schüttdichte dann das Reaktionsvolumen.

<u>Ergebnis:</u>

Austrittstemperatur = 545,6 °C, Katalysatormasse = 10260 kg, Reaktionsvolumen = 7,13 m³

Beispiel 11-47: adiabater idealer Rührkessel 1 [59]

Eine irreversible Flüssigphasenreaktion 1. Ordnung A → P wird in einem idealen kontinuierlichen Rührkessel durchgeführt. Der Zulaufstrom beträgt 0,06 l/s bei 25 °C mit $c_A{}^0$ = 3 mol/l. Die Reaktionsgeschwindigkeit beträgt $r = 4,5 \cdot 10^6 \cdot c_A \cdot exp(-7580/T)$ mol/(l·s).

Welche Betriebspunkte können sich bei adiabater Fahrweise einstellen? Diskutiere die Betriebspunkte anhand eines zu erstellenden Diagramms Wärmeströme – Temperatur.

<u>Lösungshinweis:</u>

Eine Umsatzkurve ergibt sich aus Stoffbilanz, Gleichung (11.12), eine andere aus der Energiebilanz, Gleichung (11.63).

Für die Darstellung des Wärmestrom – Temperatur – Diagramms berechnet man die mit den Massenströmen zu- und abgeführte Wärmemenge, sowie die durch die Reaktion frei werdende bzw. verbrauchte Wärmemenge.

Wärmeabfuhrgerade: $\dot{Q} = \dot{V} \cdot \rho \cdot c_p \left(T_{aus} - T_{ein} \right)$ (11.73)

Wärmeerzeugungskurve: $\dot{Q} = -\dfrac{\dot{V} \cdot \rho}{MM} \cdot U_i \cdot \Delta h_R$, (11.74)

wobei für U_i Gleichung (11.63) einzusetzen ist. Die molare Masse der Komponente A kann aus den Angaben berechnet werden.

Ergebnis:

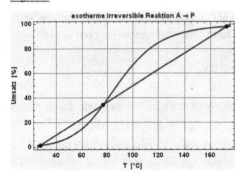
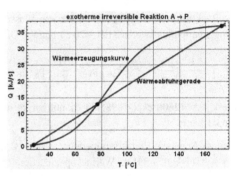

Stabiler Betriebspunkt 1: 27,2 °C,   Umsatz = 1,5 %,   Wärmestrom = 0,55 kJ/s
Stabiler Betriebspunkt 2: 172,3 °C,   Umsatz = 98,2 %,   Wärmestrom = 37,1 kJ/s
Instabiler Betriebspunkt: 76,7 °C,   Umsatz = 34,5 %,   Wärmestrom = 13,0 kJ/s

Kommentar:

Es können sich drei Betriebspunkte einstellen, zwei stabile und ein instabiler. Der erste stabile Betriebspunkt macht wenig Sinn, da nur ein sehr geringer Umsatz erreicht wird. Anzustreben ist der zweite stabile Betriebspunkt beim Umsatz von 98,2 %. Befindet sich der Reaktor im instabilen Betriebspunkt, dann kann bei einer leichten Änderung der Betriebsbedingungen ein anderer Betriebspunkt erreicht werden. Wird beispielsweise durch eine Störung die Temperatur geringer als im instabilen Betriebspunkt, so wird mit dem Massenstrom mehr Wärme abgeführt als durch die Reaktion zugeführt, wodurch die Temperatur weiter fällt bis der untere stabile Betriebspunkt erreicht wird. Beim Anfahren des Reaktors muss daher durch eine externe Heizung eine höhere Temperatur eingestellt werden als dem instabilen Betriebspunkt entspricht. Dann wird mehr Wärme erzeugt als abgeführt, wodurch der Reaktor in den oberen stabilen Betriebspunkt übergeht.

Variiere einige Parameter (z. B. Eintrittstemperatur, Durchsatz) und beobachte die Auswirkungen auf die Betriebspunkte!

Beispiel 11-48: adiabater idealer Rührkessel 2 [59]

Eine irreversible Reaktion 1. Ordnung A → P soll in einem kontinuierlichen idealen Rührkessel durchgeführt werden mit folgenden konstant bleibenden Daten: T_{ein} = 20 °C; V_R = 3 m³; $\dot{V}$ = 1 l/s; ρ = 800 kg/m³; c_p = 3700 J/(kg·K); Δh_R = -350000 J/mol; k = $9,2 \cdot 10^{14} \cdot \exp(-15150/T)$ 1/s;

Bei welcher Temperatur wird ein Umsatz von 85 % erreicht und wie hoch muss die Anfangskonzentration an A sein, damit dies einen stabilen Betriebszustand ergibt?

Lösungshinweis:

Aus der Stoffbilanz, Gleichung (11.12), wird die Temperatur für diesen Umsatz berechnet und aus der Energiebilanz, Gleichung (11.63), die Anfangskonzentration für diese Temperatur und Umsatz.

Ergebnis:

T_{aus} = 372,0 K; $c_A{}^0$ = 0,784 mol/l.

Beispiel 11-49: adiabater idealer Rührkessel 3

Eine irreversible Reaktion 2. Ordnung A→ P soll in einem kontinuierlichen idealen Rührkessel durchgeführt werden mit folgenden konstant bleibenden Daten: T_{ein} = 25 °C; V_R = 2 m³; $\dot{V}$ = 2 m³/h; c_A^0 = 5 kmol/m³; k = 4,5·10⁵·exp(-7220/T) 1/s; Δh_R = -73800 kJ/kmol; c_p = 4,0 kJ/(kg·K); ρ = 980 kg/m³; r = - k·c_A^2.

Lösungshinweis:

Wie in Beispiel 11-47.

Ergebnis:

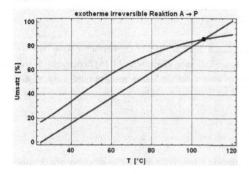

Es gibt nur einen Betriebspunkt bei T = 105,9 °C und U = 85,9 %, was auf die Betriebsbedingungen und nicht auf die Reaktionsordnung zurückzuführen ist.

Beispiel 11-50: adiabate ideale Rührkesselkaskade [59]

In einer Kaskade aus zwei gleich großen Rührkesseln läuft eine volumenbeständige exotherme Flüssigphasenreaktion 1. Ordnung A → P ab. Der Gesamtumsatz soll 95 % betragen, die Temperatur soll in beiden Rührkesseln bei 90 °C liegen.

Weitere Daten: k = 3,5·10⁶·exp(-7500/T) 1/s; Δh_R = -1,5·10⁵ kJ/kmol; c_p = 4,12 kJ/(kmol·K); ρ = 1040 kg/m³; c_A^0 = 1 kmol/m³, $\dot{N}_A^0$ = 4,0·10⁻⁴ kmol/s.

Berechne a) die gesamte Verweilzeit, b) den Teilumsatz im 1. Reaktor, c) die Eintrittstemperatur in den ersten Reaktor, d) den im 2. Reaktor abzuführenden Wärmestrom damit die 90 °C eingehalten werden können.

Lösungshinweis:

Gesamte Verweilzeit aus Gesamtumsatz, Gleichung (11.19); aus derselben Gleichung den Umsatz für den ersten Rührkessel. Mit dem Umsatz aus dem 1. Reaktor kann mit Gleichung (11.63) die Eintrittstemperatur berechnet werden. Der abzuführende Wärmestrom ergibt sich schließlich aus der Wärmebilanz:

$$\dot{Q} = \left(\dot{N}_{aus,2} - \dot{N}_{ein,2}\right)·\Delta h_R = \dot{N}_A^0·\left(U_{A,ges} - U_{A,1}\right)·\Delta h_R$$

Ergebnis:

Gesamte Verweilzeit τ = 924,4 s; Umsatz im 1. Reaktor $U_{A,1}$ = 77,6 %; Eintrittstemperatur T_{ein} = 62,8 °C; abzuführende Wärmemenge im 2. Reaktor = - 10,4 kJ/s

Beispiel 11-51: Katalysator 1 [59]

Eine Gasphasenreaktion am festen Katalysator verläuft nach folgender Gleichung:

A + B → R + S

Die Edukte werden im stöchiometrischen Verhältnis in den Reaktor eingespeist. Der Reaktor soll täglich 10 t R bei einem Umsatz von 80 % produzieren. Die Schüttdichte des Katalysators beträgt 0,72 kg/l. Vom Labor wurde eine Langmuir-Hinshelwood-Kinetik bestimmt, d. h. beide Komponenten werden an der Katalysatoroberfläche adsorbiert und reagieren nur im adsorbierten Zustand mit

$$r_{eff} = -\frac{k_1 \cdot p_A \cdot p_B}{1 + k_2 \cdot p_A + k_3 \cdot p_R} \quad [kmol/(kg \cdot h)]$$

Die molare Masse von R beträgt 60. Bei 300 °C und 2 bar haben die Konstanten folgende Werte:

$k_1 = 0,595$ kmol/(h·kg·bar); $k_2 = 4,46$ 1/bar; $k_3 = 41,65$ bar.

Berechne das notwendige Reaktions- bzw. Katalysatorvolumen.

Lösungshinweis:

Katalytische Gasphasenreaktionen werden meist in einem kontinuierlich betriebenen Festbettreaktor durchgeführt, der im Idealfall rückvermischungsfrei arbeitet. Für diesen Fall kann Gleichung (11.15) herangezogen werden; da die Reaktionsgeschwindigkeit bei Feststoffreaktionen immer auf die Masse bezogen wird, wird V_R einfach durch die Masse des Katalysators ersetzt.

$$M_{Kat} = \dot{n}_i^0 \cdot \int_0^{U_i} \frac{dU_i}{-r_{eff}}$$

Die Partialdrücke müssen noch durch den Umsatz U ausgedrückt werden. Da die Edukte stöchiometrisch zugeführt werden (i = A oder B) und sich die Gesamtmole nicht ändern, gilt

$p_A = p_B = 1 - U$ und $p_R = p_S = U$.

Ergebnis:

Es werden 1406 kg bzw. 1,953 m³ Katalysator benötigt.

Beispiel 11-52: Katalysator 2 [59]

Die Umsetzung von wässriger Lactose-Lösung (Substrat S) in Glucose (P_1) und Galaktose (P_2) wird in einem immobilisierten Enzymkatalysator in einem Strömungsrohr-Reaktor durchgeführt. Die gebildete Glucose inhibiert die Reaktion; es kann dafür folgende effektive Reaktionsgeschwindigkeit angegeben werden:

$$r_{eff} = \frac{k \cdot S}{S + K_M \cdot \left(1 + \frac{P_1}{K_I}\right)},$$

mit S und P_1 als den Konzentrationen des Substrates und des Produktes 1 in mol/l; k = 5,53 mol/(l·min); Michaelis-Konstante $K_M = 0,0528$ mol/l und Inhibierungskonstante $K_I = 0,0054$ mol/l.

Berechne die benötigte Verweilzeit in einem idealen Strömungsrohr und in einem idealen Rührkessel für einen Umsatz von 80 % und einer Anfangskonzentration der Lactose von 0,15 mol/l.

Lösungshinweis:

Wie homogene Reaktion mit den Verweilzeiten nach Gleichungen (11.15) und (11.12) und numerischer Integration.

Ergebnis:

Ideales Strömungsrohr: $\tau = 0,25$ min; idealer Rührkessel: $\tau = 0,91$ min.

Beispiel 11-53: Katalysator 3 [59]

Eine Reaktion 1. Ordnung des Typs A → R wird in einem Rührkesselreaktor mit konstanter Katalysatormasse M_{Kat} = 3 g durchgeführt. Unter isothermen Bedingungen werden mit c_A^0 = 0,1 mol/l folgende Messergebnisse bei zwei Partikeldurchmessern erhalten:

d_P [mm]	$\dot{V}_0$ [ml/s]	c_A [mol/l]
3	8	0,04
6	3	0,02

Beeinflusst die Porendiffusion die Reaktionsgeschwindigkeit?

<u>Lösungshinweis:</u>

Wenn sich bei den unterschiedlichen Korndurchmessern unterschiedliche Reaktionsgeschwindigkeiten ergeben, dann ist die Reaktion auch von der Größe der Oberfläche abhängig und eine Beeinflussung durch Porendiffusion wahrscheinlich.

Daher wird aus der Gleichung für den idealen Rührkessel (11.12) die Reaktionsgeschwindigkeit und daraus die Reaktionsgeschwindigkeitskonstante bestimmt. Bleibt diese konstant, findet keine Porendiffusion statt.

<u>Ergebnis:</u>

k beträgt in beiden Fällen $4 \cdot 10^{-3}$ l/(g·s), daher keine Porendiffusion.

Beispiel 11-54: Katalysator 4: Bestimmung der Geschwindigkeitsgleichung [59]

Die Herstellung von Toluol (T) kann durch Dehydrierung von Methylhexan (MHx) an einem Pt/Al_2O_3-Katalysator erfolgen, wobei die Reaktion in Gegenwart von zusätzlichem Wasserstoff durchgeführt wird.

$$MHx \xrightarrow{\quad H_2 \quad} T + 3 H_2$$

Bei 315 °C wurden in einem Laborreaktor folgende Anfangsreaktionsgeschwindigkeiten erhalten:

p_{MHx} [bar]	p_{H2} [bar]	r [mol/(h·g)]
0,36	1,1	1,2
0,36	3,0	1,2
0,07	1,4	0,86
0,24	1,4	1,1
0,72	1,4	1,3

Bestimme die Geschwindigkeitsgleichung.

<u>Lösungshinweis:</u>

Analog der Bestimmung der Reaktionsordnung bei homogenen Reaktionen, muss ein Geschwindigkeitsansatz angenommen und die benötigten Konstanten mit den Versuchsergebnisse gefittet werden. Der beste Fit gibt dann die Geschwindigkeitsgleichung.

Hier sollen die beiden Ansätze $r_1 = k \cdot p_{MHx}^a \cdot p_{H2}^b$ und $r_2 = \dfrac{k_1 \cdot p_{MHx}^m}{\left(1 + k_2 \cdot p_{MHx}\right)^n}$ untersucht werden. Zur Bestimmung aller vier Parameter k_1, k_2, m und n in r_2 sind zu wenige Versuchsergebnisse bekannt. Es sollen daher einmal die Parameter k_1 und k_2 für m = n = 1 bestimmt werden, und einmal k_1, k_2 und m für n = 1.

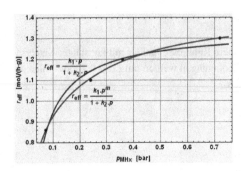

Wie man aus den ersten beiden Messpunkten obiger Tabelle sieht, hat der Wasserstoffpartialdruck keinen Einfluss, r_1 kann daher höchstens für b = 0 stimmen; aber auch für diesen Fall erhält man keine konstanten Werte für a, so dass r_1 nicht zutreffend ist.

Den besten Fit erhält man mit r_2 mit $k_1 = 1,656$, $k_2 = 0,243$ und m = 0,241.

Beispiel 11-55: Katalysator 5 [59]

Die nach 2. Ordnung ablaufende, heterogen katalysierte Gasphasenreaktion des Typs A → R wird in einem Kreislaufreaktor mit sehr großem Kreislaufverhältnis untersucht. Unter isothermen Bedingungen wird mit dem Reaktorzulaufstrom $\dot{V}_0 = 1$ l/h und $c_A{}^0 = 2$ mol/l bei einer Katalysatormenge von 3 g eine Austrittskonzentration von 0,5 mol/l erhalten. Berechne die Reaktionsgeschwindigkeitskonstante. Welche Katalysatormenge würde für die gleiche Reaktion in einem idealen Strömungsrohr benötigt, in dem bei einem Zulaufstrom von 1000 l/h mit einer Konzentration von 1 mol/l A ein Umsatz von 80 % erzielt werden soll?

Lösungshinweis:

Sehr hohes Rücklaufverhältnis bedeutet, dass der Reaktor praktisch vollständig rückvermischt ist; daher Gleichung (11.12) bzw. für Strömungsrohr (11.15), jeweils mit Katalysatormasse anstelle V_R.

Ergebnis:

$k = 2$ l²/(h·g·mol) (g bezieht sich auf Katalysator, mol auf A); $M_{Kat} = 2000$ g.

Beispiel 11-56: Katalysator 6: Diffusionskontrolle [59]

Ethylen wird in einem Blasensäulenreaktor bei 50 °C und 10 bar hydriert:

$$C_2H_4 + H_2 (A) \rightarrow C_2H_6$$

Das äquimolare Einsatzgemisch strömt durch einen annähernd rückvermischungsfreien Reaktor, welcher eine hohe Konzentration kleiner Katalysatorpartikel, suspendiert in einer inerten flüssigen Phase enthält. Unter diesen Bedingungen wird die Gesamtgeschwindigkeit durch die Diffusionsgeschwindigkeit des Wasserstoffs von der Phasengrenzfläche in die Flüssigkeit bestimmt, und der kinetische Ausdruck lautet:

$$r_A = -\beta_A^l \cdot a \cdot c_A^g . \tag{11.75}$$

$\beta_A^l \cdot a = 1,38 \cdot 10^{-3}$ 1/s. c_A^g ist für diesen Fall die Gasphasenkonzentration von Wasserstoff an der gas/flüssig-Grenzschicht.

Der Zulaufstrom an Wasserstoff beträgt 100 l/min bei 60 °C und 1 bar. Berechne das Volumen des blasenfreien Reaktors für einen Umsatz von 30 %.

Lösungshinweis:

Die Konzentration c_A^g über ideales Gasgesetz bei Betriebsbedingungen berechnen und in Molanteil umrechnen; den Molanteil über Umsatz ausdrücken und in Gleichung (11.75) einsetzen. Dann den Anfangsmolenstrom auch über ideale Gasgleichung berechnen, in Gleichung (11.15) einsetzen und bis zum gewünschten Umsatz integrieren.

Ergebnis:

Reaktionsvolumen = 76,9 Liter.

Beispiel 11-57: Katalysator 7: Bestimmung des Widerstandes [59]

Bei einer 3-Phasen-Hydrierungsreaktion in einem Suspensionsreaktor werden folgende Versuchsergebnisse erhalten:

p_{H2} [bar]	d_P [µm]	c_{Kat} [kg/m³]	$-r_{H2}$ [kmol/(m³·min)]
3	40	5,0	0,0625
6	40	0,2	0,0178
6	80	0,16	0,0073

Die Henry-Konstante beträgt 0,00233 mol H_2/(bar·l).

Ermittle

a) den Hauptreaktionswiderstand im Reaktor,

b) die Widerstände für eine Katalysatormenge von 0,4 kg/m³ bei einem Korndurchmesser von 80 µm.

Lösungshinweis:

Die Gasphase ist hier reiner Wasserstoff und stellt somit keinen Stofftransportwiderstand dar. Es sind folgende Teilschritte zu berücksichtigen:

- Transport durch die flüssige Grenzschicht von der gas/flüssig-Phasengrenze:

$$r_A = \beta_A^l \cdot a \cdot \left(c_A^* - c_A^l\right), \quad \text{mit } c_A^* = c_A^g/H .$$

- Transport durch die flüssige Grenzschicht zur äußeren Katalysatoroberfläche:

$$r_A = \beta_A^s \cdot a_s \cdot c_{Kat} \cdot \left(c_A^l - c_A^s\right).$$

- Transport in die Poren und Reaktion:

$$r_A = c_{Kat} \cdot \eta \cdot k \cdot c_A^s \quad \text{für Reaktion 1. Ordnung mit } \eta = \text{Katalysatorwirkungsgrad.}$$

Umstellen und Summation ergibt

$$r_A \cdot \left(\frac{1}{\beta_A^l} + \frac{1}{\beta_A^s \cdot a_s \cdot c_{Kat}} + \frac{1}{c_{Kat} \cdot \eta \cdot k} \right) = c_A^*$$

Der Klammerausdruck enthält die 3 Widerstände. Mit den gegebenen Daten kann aber nur zwischen dem 1. Widerstand der Gasabsorption und den anderen beiden Widerständen unterschieden werden, welche deshalb zusammengefasst werden und dann den Gesamtwiderstand gegen Diffusion zum und ins Katalysatorkorn und Reaktion darstellen.

$$r_A \cdot \left(\frac{1}{\beta_A^l} + \frac{1}{c_{Kat}} \cdot \left(\frac{1}{\beta_A^s \cdot a_s} + \frac{1}{\eta \cdot k} \right) \right) = c_A^* .$$

Trägt man nun $\dfrac{c_A^*}{r_A}$ gegen $\dfrac{1}{c_{Kat}}$ auf, erhält man eine Gerade mit $\dfrac{1}{\beta_A^l}$ als Ordinatenabschnitt und $\dfrac{1}{\beta_A^s \cdot a_s} + \dfrac{1}{\eta \cdot k}$ als Steigung.

Aus den ersten beiden Punkten werden nun die Steigung und der Ordinatenabschnitt bestimmt. Beim dritten Versuch wird die Korngröße variiert, was keinen Einfluss auf den Absorptionswiderstand haben kann; der Ordinatenabschnitt muss daher gleich bleiben. Ändert sich nun beim dritten Punkt die Steigung, ist der gesamte innere Widerstand bestimmend, ansonsten die Absorption.

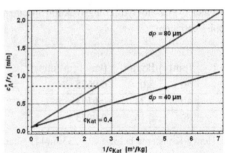

<u>Ergebnis:</u>

a) die Steigung bei $d_P = 80\ \mu m$ ist ungefähr doppelt so groß wie bei $40\ \mu m$, d. h. der gesamte innere Widerstand ist geschwindigkeitsbestimmend,

b) $R_{Abs} = 0{,}084$ min, $R_{innen} = 0{,}816$ min

Beispiel 11-58: Diffusion mit Reaktion

Die Phenol-Konzentration eines Abwassers (100 l/h) soll durch enzymatische Reaktion in einem Biofilm von 0,1 auf 0,02 mol/m³ reduziert werden. Der Biofilm wächst auf einer festen Unterlage (Füllkörper, Packungen) und habe eine konstante Dicke von 2 mm. Die Unterlage mit dem Biofilm befinde sich in einem ideal durchmischten Reaktor. Phenol diffundiert in den Biofilm und wird dort durch eine Reaktion mit Mikroorganismen zu CO_2 und Wasser zersetzt. Die Reaktion verlaufe näherungsweise nach 1. Ordnung mit k = 0,019 1/s; der Diffusionskoeffizient von Phenol im Abwasser betrage bei der gegebenen Temperatur $2{,}0 \cdot 10^{-10}$ m²/s. Wie groß ist die erforderliche Fläche S des Biofilms?

<u>Lösungshinweis:</u>

Gleichung (11.70) ergibt das Konzentrationsprofil im Film, wobei für c_i^0 die Austrittskonzentration einzusetzen ist (ideal durchmischt). Die notwendige Fläche des Biofilms erhält man aus der Bedingung, dass das gesamte umgesetzte Phenol an der äußeren Oberfläche des Biofilms in diesen hineindiffundieren muss.

$$\dot{V} \cdot (c_{ein} - c_{aus}) = -D \cdot \left(\dfrac{dc}{dx}\right)_{x=0}$$

<u>Ergebnis:</u>

Die benötigte Fläche beträgt 57 m²

12. Thermodynamik II

Im Kapitel Thermodynamik I wurden Energieumwandlungen und Gleichgewichtssysteme unter idealen Bedingungen betrachtet. Hier werden diese Betrachtungen für reale Bedingungen (reale Fluide, reale Mischungen) erweitert. Unterteilungen werden getroffen hinsichtlich ein- und mehrkomponentiger Systeme in einer oder mehreren Phasen. Zuvor erfolgt aber noch eine Erweiterung der in Thermodynamik I vorgestellten thermischen Zustandsgleichungen.

12.1. Zustandsgleichungen

Ausgehend von der idealen Gasgleichung $p \cdot v = R \cdot T$ wurden zahlreiche theoretische und empirische Erweiterungen vorgeschlagen, um das reale Verhalten von Gasen und Flüssigkeiten beschreiben zu können. Historische Bedeutung haben die Virial- und die van der Waals-Gleichung; beide werden heute aber nur mit entsprechenden Erweiterungen benutzt. Von den vielen Erweiterungen der Virialgleichung wurden in Kapitel 2.3.1 schon die BWR- und die Bender-Gleichung erwähnt. In den Beispielen wird hier die 20-parametrige Bender-Gleichung für CO_2 und H_2O verwendet. In Beispiel 12-1 wird das p-v-Diagramm für CO_2 mit der Bender-Gleichung berechnet.

In der van der Waals-Gleichung wird die ideale Gasgleichung durch zwei Parameter a (berücksichtigt anziehende Wechselwirkungskräfte) und b (Eigenvolumen, Abstoßungskräfte) erweitert.

$$\left(p + \frac{a}{v^2}\right) \cdot (v\text{-}b) = R \cdot T, \text{ bzw.} \tag{12.1}$$

$$p = \frac{R \cdot T}{v - b} - \frac{a}{v^2} \tag{12.2}$$

Ebenso wie alle Erweiterungen ist die van der Waals-Gleichung 3. Grades hinsichtlich des Volumens v (kubische Zustandsgleichungen). Sie werden daher entweder analog Gleichung (12.1) oder als druckexplizite Gleichung wie (12.2) dargestellt, nicht aber als volumenexplizite Gleichungen. Durch Ergänzung mit v/RT kann jede druckexplizite Form auch als Form des Kompressibilitätsfaktors z (Realgasfaktor) angegeben werden; Gleichung (12.2) wird dann zu

$$z = \frac{p \cdot v}{R \cdot T} = \frac{v}{v - b} - \frac{a}{v \cdot R \cdot T} \tag{12.3}$$

Die nächsten Erweiterungen beinhalten einen dritten Parameter (weitere werden nicht betrachtet), den azentrischen Faktor ω. Dieser gibt die Abweichung der Substanzen von der Kugelform an. Definiert ist er als Differenz zwischen dem logarithmischen reduzierten Sättigungsdampfdruck kugelförmiger Moleküle (Edelgase wie Ar, Kr, Xe) und dem entsprechenden Sättigungsdampfdruck der Substanz bei einer reduzierten Temperatur von $T_r = 0,7$. Da der reduzierte Sättigungsdampfdruck dieser Edelgase bei $0,7 \cdot T_c$ ziemlich genau 0,1 beträgt, erhält man folgende Definition für den azentrischen Faktor ω:

$$\omega = -1,00 - \log\left(p_r^s\right)_{T_r = 0,7} . \tag{12.4}$$

Beispiel 12-2 zeigt die Berechnung für einige Substanzen.

Als 3-parametrige Gleichungen, welche den azentrischen Faktor enthalten, werden hier die Peng-Robinson-Gleichung (PR) und die Soave-Redlich-Kwong-Gleichung (SRK) verwendet.

$$\text{SRK: } \quad p \;=\; \frac{R \cdot T}{v - b} \;-\; \frac{a \cdot \left[1 + \left(0,48 + 1,574\omega - 0,176\omega^2\right) \cdot \left(1 - \sqrt{T_r}\right)\right]^2}{v\left(v + b\right)} \tag{12.5}$$

$$\text{PR: } \quad p \;=\; \frac{R \cdot T}{v - b} \;-\; \frac{a \cdot \left[1 + \left(0,37464 + 1,54226\omega - 0,26992\omega^2\right) \cdot \left(1 - \sqrt{T_r}\right)\right]^2}{v\left(v + b\right) + b\left(v - b\right)} \tag{12.6}$$

Die SRK-Gleichung wurde 1973 publiziert und ist sehr gut geeignet für nicht polare Substanzen, für Dampfdruckberechnungen, Gleichgewichte und überkritische Zustände; für das kritische Molvolumen wird aber $v_{kr} = \frac{1}{3} \cdot \frac{R \cdot T_{kr}}{P_{kr}}$ erhalten, was deutlich zu hoch ist (Beispiel 12-3). Deshalb wurde 1976 die

PR-Gleichung entwickelt, mit $v_{kr} = 0,307 \cdot \frac{R \cdot T_{kr}}{P_{kr}}$. Dieser Wert ist besser, aber immer noch zu hoch.

Für die meisten Aufgabenstellungen ist der Unterschied zwischen den beiden Gleichungen sehr gering. In der Praxis wird die SRK-Gleichung hauptsächlich in der chemischen Industrie und bevorzugt in Europa verwendet und die PR-Gleichung in der Erdölindustrie und in Amerika.

Mit dem azentrischen Faktor wurde von Pitzer auch eine 3-parametrige (ω, p_{kr}, T_{kr}) generalisierte Zustandsgleichung entwickelt, welche sich von der Virialgleichung ableitet. Sie hat die Form

$$z \;=\; 1 + B^0 \cdot \frac{p_r}{T_r} + \omega \cdot B^1 \cdot \frac{p_r}{T_r}, \text{ mit} \tag{12.7}$$

$$B^0 = 0,083 - \frac{0,422}{T_r^{1,6}} \quad \text{und} \quad B^1 = 0,139 - \frac{0,172}{T_r^{4,2}} \tag{12.8}$$

und gilt für die Gasphase bei nicht allzu hohen Drücken und vor allem für nicht oder nur schwach polare Substanzen.

12.2. Reinphasen (eine Phase, eine Komponente)

Das reale Verhalten einer reinen Phase wird vornehmlich mit Realanteilen (Index R, engl. residual properties, Index res), aber auch mit Hilfsgrößen wie dem Kompressibilitätsfaktor z, dem isothermen Ausdehnungskoeffizienten β und dem isothermen Kompressibilitätskoeffizienten κ beschrieben.

Der Realanteil gibt die Differenz einer thermodynamischen Eigenschaft eines realen Fluides zur entsprechenden Eigenschaft eines idealen Gases bei gleicher Temperatur und gleichem Druck an, z. B. für die Gibbssche freie Enthalpie:

$$g^R = g - g^{iG} \tag{12.9}$$

Aus der Gibbsschen Fundamentalgleichung für Reinstoffe

$$dg = v dp - s dT \tag{12.10}$$

folgt nach Integration bei konstanter Temperatur

$$g^R \;=\; \int_0^p \left(v - v^{iG}\right) dp \;=\; \int_0^p \left(v - \frac{RT}{p}\right) dp \tag{12.11}$$

oder

$$g^R = RT \cdot \int_0^p (z-1) \frac{dp}{p}. \tag{12.12}$$

Wird für v bzw. z eine Zustandsgleichung eingesetzt, können obige Gleichungen sofort ausgewertet werden. Die Zustandsgleichungen sind aber selten in volumenexpliziter Form (v = ..) gegeben, wie sie für Gleichung (12.11) benötigt werden, da sie oft 3. Grades im Volumen sind. Die druckexpliziten Zustandsgleichungen müssen daher entweder durch Multiplikation mit v/RT in Form von Gleichung (12.12) überführt werden, oder g^R direkt als Funktion des Volumens angegeben werden.

Ebenso wie der Realanteil der Gibbsschen freien Enthalpie können auch die Realanteile aller übrigen thermodynamischen Funktionen abgeleitet werden. Tabelle 12-1 gibt einen Überblick der Berechnungsmöglichkeiten für den Realanteil von Gibbsscher Enthalpie, Enthalpie und Entropie (Beispiel 12-5).

Tabelle 12-1: Realanteile g^R, h^R, s^R

	volumenexplizit	druckexplizit
$g^R = g - g^{iG}$	$\int_0^p \left(v - \frac{RT}{p} \right) dp$	$RT(z - 1 - \ln z) + \int_\infty^v \left(\frac{RT}{v} - p \right) dv$
$h^R = h - h^{iG}$	$\int_0^p \left[v - T\left(\frac{\partial v}{\partial T} \right)_p \right] dp$	$-\int_\infty^v \left[p - T\left(\frac{\partial p}{\partial T} \right)_v \right] dv + pv + RT$
$s^R = s - s^{iG}$	$\int_0^p \left[-\left(\frac{\partial v}{\partial T} \right)_p + \frac{R}{p} \right] dp$	$\int_\infty^v \left[\left(\frac{\partial p}{\partial T} \right)_v - \frac{R}{v} \right] dv + R \ln z$

Für die generalisierte Zustandsgleichung erhält man:

$$g^R = R \cdot T \cdot \frac{p_r}{T_r} \cdot \left(B^0 - \omega \cdot B^1 \right) \tag{12.13}$$

$$h^R = R \cdot T_{kr} \cdot p_r \left[B^0 - T_r \cdot \frac{dB^0}{dT_r} + \omega \cdot \left(B^1 - T_r \cdot \frac{dB^1}{dT_r} \right) \right] \tag{12.14}$$

$$s^R = - R \cdot p_r \left(\frac{dB^0}{dT_r} + \omega \cdot \frac{dB^1}{dT_r} \right) \tag{12.15}$$

12.2.1. Anwendungen

12.2.1.1. Wärmezu- und –abfuhr:

$$dh = c_p dT + v dp \tag{12.16}$$

Ideales Gas: Die Enthalpieänderung idealer Gase ist unabhängig vom Druck, man erhält daher

$$dh^{iG} = c_p^{iG} dT \quad \text{bzw.} \quad \Delta h^{iG} = \int_{T_1}^{T_2} c_p^{iG} dT \tag{12.17}$$

Reale Gase:

Die Enthalpieänderung realer Gase ist druckabhängig; bleibt der Druck bei der Zustandsänderung aber konstant, erhält man wieder $dh = c_p dT$. Das ist korrekt, wenn reale, druckabhängige c_p-Werte eingesetzt werden.

$$\Delta h = \int_{T_1}^{T_2} c_p^{real} dT \; . \tag{12.18}$$

Reale c_p-Werte sind aber nur selten tabelliert (z. B. im VDI-Wärmeatlas für O_2, N_2, CO_2). Meist rechnet man daher mit Realanteilen, man erhält dann für die reale Enthalpieänderung bei beliebigem Druck:

$$\Delta h = \int_{T_1}^{T_2} c_p^{iG} dT + h_2^R - h_1^R \; . \tag{12.19}$$

In der Differenz der Realanteile ist immer auch die Druckabhängigkeit enthalten, auch wenn die Zustandsänderung bei konstantem Druck erfolgt, Beispiel 12-6.

12.2.1.2.   weitere Zustandsänderungen

Analog der Enthalpie kann auch der Realanteil der Entropie berechnet werden, wie er z. B. bei Expansions- und Kompressionsvorgängen benötigt wird (Beispiel 12-8, Beispiel 12-10). Es darf dabei aber nicht die Realität eines Gases mit einem nicht isentropen Vorgang verwechselt werden. Für die isentrope Zustandsänderung eines idealen Gases gilt:

$$\Delta s = \int_{T_1}^{T_2} \frac{c_p^{iG}}{T} dT - R \int_{p_1}^{p_2} \frac{1}{p} dp = 0 \; , \tag{12.20}$$

und für die isentrope Änderung eines realen Gases:

$$\Delta s = \int_{T_1}^{T_2} \frac{c_p^{iG}}{T} dT - R \int_{p_1}^{p_2} \frac{1}{p} dp + s_2^R - s_1^R = 0 \; . \tag{12.21}$$

Die Änderung der inneren Energie u eines realen Gases wird über die Enthalpieänderung berechnet.

$$\Delta u = \Delta h - \Delta(p \cdot v), \tag{12.22}$$

wobei für Δh die reale Enthalpieänderung, für p die jeweiligen Systemdrücke und für v die realen Volumina einzusetzen sind, Beispiel 12-7.

12.2.1.3.   Joule-Thomson-Effekt

Die Drosselung von Gasen ist ein isenthalper Vorgang, $\Delta h = 0$. Da die Enthalpie eines idealen Gases nur von der Temperatur, nicht aber vom Druck abhängt, kann sich die Temperatur bei der Drosselung eines idealen Gases nicht ändern.

$$\Delta h = \int_{T_1}^{T_2} c_p^{iG} dT = 0, \quad \Rightarrow \quad T_1 = T_2 \tag{12.23}$$

Die Drosselung realer Gase erfolgt ebenfalls isenthalp. Die Enthalpie realer Gase ist aber vom Druck abhängig, was hier durch die Realanteile berücksichtigt wird.

$$\Delta h = \int_{T_1}^{T_2} c_p^{iG} dT + h_2^R - h_1^R = 0, \quad \Rightarrow \quad T_1 \neq T_2 \tag{12.24}$$

Die Temperaturänderung bei der Expansion eines realen Gases durch eine Drossel kann positiv oder negativ sein. Oberhalb der Inversionstemperatur steigt die Temperatur, unterhalb sinkt sie. Dieser Effekt ist auch als Joule-Thomson-Effekt bekannt und wird mit dem Joule-Thomson-Koeffizient μ_{JT} ausgedrückt, Beispiel 12-12.

$$\mu_{JT} = \left(\frac{\partial T}{\partial p} \right)_h \tag{12.25}$$

12.2.1.4.   Fugazitätskoeffizienten

Aus der Gibbsschen Fundamentalgleichung in Form von Gleichung (12.10) folgt für die molare Gibbsche Enthalpie eines idealen Gases bei konstanter Temperatur:

$$dg^{iG} = v^{iG} dp = \frac{RT}{p} dp = RT d\ln p \tag{12.26}$$

Um auch für reale Fluide eine ähnlich einfache Gleichung benutzen zu können, wurde von Lewis der Begriff der Fugazität f eingeführt:

$$dg = RT d\ln f \tag{12.27}$$

Nach Integration (mit gleichem Bezugszustand) ergibt sich der Realanteil der Gibbsschen freien Enthalpie zu

$$g^R = g - g^{iG} = RT \cdot \ln \frac{f}{p} \tag{12.28}$$

Die Fugazität f hat die Dimension eines Druckes, das Verhältnis f/p wird Fugazitätskoeffizient mit dem Symbol φ genannt. f ist so definiert, dass φ beim idealen Gas ($p \to 0$) eins wird.

$$\varphi = \frac{f}{p} \tag{12.29}$$

$$\lim_{p \to 0} \frac{f}{p} = 1 \tag{12.30}$$

Der Fugazitätskoeffizient φ kann daher direkt aus dem Realanteil der Gibbsschen freien Enthalpie berechnet werden.

$$\varphi = \exp\left(\frac{g^R}{R \cdot T} \right) \tag{12.31}$$

Der Fugazitätskoeffizient wird zwar meist für die reale Gasphase verwendet, sofern geeignete Zustandsgleichungen zur Berechnung zur Verfügung stehen (SRK, PR) kann er aber auch für die Flüssigphase und sogar für feste Phasen eingesetzt werden, Beispiel 12-14.

12.3. eine Komponente, zwei Phasen

Verteilt sich eine Komponente zwischen zwei Phasen, z. B. Gasphase (Index g) und Flüssigphase (Index l), so gilt im Gleichgewicht neben $T^g = T^l$ und $p^g = p^l$ auch

$$g^g = g^l. \tag{12.32}$$

Mit Gleichung (12.27) gilt für das Gleichgewicht auch $f^g = f^l$ und mit der Definition des Fugazitätskoeffizienten (12.29) auch

$$\varphi^g = \varphi^l. \tag{12.33}$$

Für die Berechnung der Fugazitätskoeffizienten aus einer druckexpliziten Zustandsgleichung (Tabelle 12-1 + Gleichung (12.31)) wird das Molvolumen der beiden Phasen benötigt. Bei kubischen Zustandsgleichungen erhält man im Zweiphasengebiet mit der analytischen Lösung immer 3 reelle Werte für die Volumina; der größte gibt das Gasvolumen an, der kleinste das Flüssigvolumen, der mittlere Wert hat keine physikalische Bedeutung. Bei numerischen Lösungen, z. B. mit Newton-Verfahren erhält man immer nur eine Lösung; es ist dann auf einen geeigneten Startwert zu achten. Für das Gasvolumen bietet sich als Startwert das entsprechende Molvolumen des idealen Gases an, für das Flüssigkeitsvolumen das Eigenvolumen b. Durch Einsetzen von v^g oder v^l in g^R erhält man dann mit Gleichung (12.31) die Fugazitätskoeffizienten φ^g und φ^l.

Der Gleichgewichtsdruck in einem einkomponentigen g/l-System entspricht dem Sättigungsdampfdruck der Flüssigkeit. Gleichung (12.33) bietet daher auch die Möglichkeit, den Dampfdruck zu berechnen. Der Druck zur Berechnung der Molvolumina wird dabei solange variiert, bis Gleichung (12.33) erfüllt ist.

Flüssigseitige Fugazitätskoeffizienten werden immer beim Sättigungsdampfdruck berechnet. Normalerweise ist man aber an der Fugazität der Flüssigphase bei Systemdruck interessiert. Die Berechnung der Fugazität der Flüssigphase bei beliebigem Druck erfolgt daher in mehreren Schritten:

- Berechnung des Fugazitätskoeffizienten beim Sättigungsdampfdruck zur gegebenen Temperatur, φ^{sat};

- Berechnung der Sättigungsfugazität: $f^{sat} = \varphi^{sat} \cdot p^{sat}$;

- Umrechnen auf gegebenen Druck:

$$f = f^{sat} \cdot \exp\left(\frac{v^l \cdot \left(p - p^{sat}\right)}{R \cdot T}\right). \tag{12.34}$$

Der Exponentialausdruck wird Poynting-Faktor genannt.

Beispiel 12-15 zeigt diese Berechnungsmöglichkeiten.

12.4. Mehrere Komponenten in einer Phase

Die thermodynamischen Zustände einer homogenen Phase mit mehreren Komponenten hängen nunmehr nicht nur von T und p ab, sondern auch von deren Zusammensetzung und bei realen Mischungen auch von den Wechselwirkungen der verschiedenen Komponenten untereinander.

Zunächst einige Definitionen, hier für eine beliebige spezifische Größe m, jeweils für gegebenen Systemdruck und gegebene Systemtemperatur:

m   Stoffgröße der ganzen Phase,

m_i Reinstoffgröße m der Komponente i,

$\hat{m}_i$ Größe m der Komponente i, wie sie in einer Mischung tatsächlich vorliegt,

$\tilde{m}_i$ partielle molare Größe m,

m_i^{iG} Reinstoffgröße m der Komponente i im idealen Gaszustand,

$m_i^R = m_i - m_i^{iG}$ Realanteil der Größe m für die Komponente i,

$\hat{m}_i^{iM}$ Größe m der Komponente i in einer idealen Mischung,

$m_i^{Ex} = \hat{m}_i - \hat{m}_i^{iM}$ Exzessanteil der Komponente i.

Gemischeigenschaften können auf verschiedene Weise dargestellt werden. Alle Darstellungen basieren auf folgenden drei grundsätzlichen Möglichkeiten, immer bei konstanten Bedingungen (T, p):

- Mischungsgrößen,
- partielle molare Größen
- Exzessgrößen.

12.4.1. Mischungsgröße Δm

Die spezifische Mischungsgröße Δm gibt die Differenz der Gemischeigenschaft m zum arithmetischen Mittelwert aus den Einzelkomponenten an.

$$\Delta m = m - \sum_i x_i \cdot m_i \tag{12.35}$$

Multipliziert mit der Molzahl ergibt die gesamte Mischungsgröße ΔM:

$$\Delta M = N_{ges} \cdot \Delta m = N_{ges} \cdot m - \sum_i N_i \cdot x_i \tag{12.36}$$

Aus diesen Gleichungen kann bei bekannter Mischungsgröße Δm die Eigenschaft der Mischung durch Addition mit dem arithmetischen Mittelwert berechnet werden.

$$m = \Delta m + \sum_i x_i \cdot m_i \tag{12.37}$$

Mischungsgrößen werden für Volumina und Enthalpien (Mischungswärme) verwendet, sie können aber nicht aus thermodynamischen Beziehungen berechnet werden. Für 2-Komponentensysteme findet man viele Werte tabelliert, Werte für mehrere Komponenten müssen meist experimentell ermittelt werden.

12.4.2. Partielle molare Größen

Partielle molare Größen geben die differentielle Änderung der Größe M der gesamten Mischung mit der Molzahl N_i der Komponente i an, bei sonst gleichbleibenden Bedingungen (T, p konstant, ebenso wie alle anderen Molzahlen).

$$\tilde{m}_i = \left(\frac{\partial M}{\partial N_i} \right)_{T,p,N_j} \tag{12.38}$$

Mit Hilfe der partiellen molaren Größen kann die Mischungsgröße m direkt aus dem arithmetischen Mittelwert berechnet werden.

$$m = \sum_i x_i \cdot \tilde{m}_i \tag{12.39}$$

Von besonderem Interesse in der Thermodynamik ist die partielle molare Gibbssche Enthalpie, welche auch chemisches Potential genannt wird:

$$\tilde{g}_i = \left(\frac{\partial G}{\partial N_i} \right)_{T,p,N_j} = \mu_i \tag{12.40}$$

Das chemische Potential stellt die theoretische Basis zur Beschreibung von Phasengleichgewichten von Mehrkomponentensystemen dar. Thermodynamisches Gleichgewicht ist gegeben, wenn bei T und p = konstant das chemische Potential der Komponenten in jeder Phase gleich groß ist.

$$\mu_i^{\text{Phase 1}} = \mu_i^{\text{Phase 2}} \tag{12.41}$$

Für die praktische Anwendung ist das chemische Potential aber weniger geeignet, man arbeitet entweder wie bei einkomponentigen Systemen mit Fugazitäten oder mit Aktivitätskoeffizienten, welche nur für Mehrkomponentensysteme definiert sind (12.4.3.2). Beide Größen können für alle Phasen angewandt werden, in der Praxis werden aber meist Fugazitäten für die Gasphase und Aktivitäten für die flüssige Phase verwendet.

Alle für Reinstoffgrößen gültigen thermodynamischen Beziehungen gelten auch für partielle molare Größen und auch für Exzessgrößen. Analog zu den Gleichungen (12.27) und (12.28) gilt daher auch für Mehrkomponentensysteme

$$d\tilde{g}_i = RT d\ln\hat{f}_i, \text{ und} \tag{12.42}$$

$$\tilde{g}_i^R = \tilde{g}_i - \tilde{g}_i^{iG} = RT\ln\frac{\hat{f}_i}{y_i \cdot p} = RT\ln\hat{\varphi}_i \tag{12.43}$$

Der Fugazitätskoeffizient $\hat{\varphi}_i$ der Komponente i in einer Mischung kann wie für reine Phasen mit Tabelle 12-1 und Gleichung (12.31) berechnet werden, wenn man entsprechende Mischungsregeln und Wechselwirkungsparameter berücksichtigt. Beispiel 12-19 zeigt dies für die Berechnung der Fugazitätskoeffizienten in der Gasphase.

12.4.3. Exzessgrößen

Ähnlich wie Realanteile die Abweichung vom idealen Gaszustand angeben, geben Exzessgrößen die Abweichung von einer idealen Mischung an, die daher zunächst definiert werden muss.

12.4.3.1. Ideale Mischung

Für die Beschreibung einer aus mehreren Komponenten bestehenden Phase ist das Konzept einer idealen Mischung von grundlegender Bedeutung. Die ideale Mischung bezieht sich nicht nur auf ideale Gase, sondern auch auf reale Gase, Flüssigkeiten und Feststoffe.

Mischt man Schwefelsäure mit Wasser, tritt eine beträchtliche Wärmeentwicklung auf, und trotz der wärmebedingten Ausdehnung kommt es zu einer Volumenkontraktion. Dies ist eine sehr reale Mischung; bei einer idealen Mischung treten keine Wärmeeffekte und keine Volumenänderungen auf; es gilt:

$$h_i^{iM} = h_i, \quad \text{bzw.} \quad h^{iM} = \sum_i x_i \cdot h_i \,. \qquad (12.44)^{26}$$

Hierin bedeuten h_i^{iM} die Enthalpie der Komponente i in einer idealen Mischung, h_i die Enthalpie der reinen Komponente i und h^{iM} die Enthalpie der gesamten Mischung.

Analog gilt auch für das Volumen:

$$v_i^{iM} = v_i, \quad \text{bzw.} \quad v^{iM} = \sum_i x_i \cdot v_i \,. \qquad (12.45)$$

Für die Entropie und folglich auch für die Gibbssche Enthalpie gilt das nicht. Beim Mischen von Substanzen steigt die Unordnung und daher auch die Entropie entsprechend dem Molanteil:

$$s_i^{iM} = s_i - R \cdot \ln x_i, \quad \text{und} \quad s^{iM} = \sum_i x_i \cdot s_i - R \sum_i x_i \cdot \ln x_i \qquad (12.46)$$

Mit $h^{iM} = 0$ und $g = h - T \cdot s$ folgt

$$g^{iM} = \sum_i x_i \cdot g_i + RT \sum_i x_i \cdot \ln x_i \qquad (12.47)$$

Im Gegensatz zur Entropie ist die Änderung der Gibbsschen Enthalpie g bei idealen Mischungen immer negativ. Daraus folgt aber auch, dass sie beim Trennen von Komponenten immer positiv ist. Die Mindesttrennarbeit ergibt sich daher aus dem negativen Mischungsterm von Gleichung (12.47).

$$\Delta g_{min} = - RT \sum_i x_i \cdot \ln x_i$$

In Beispiel 12-18 wird diese Mindesttrennarbeit berechnet.

Mit dem Konzept der idealen Mischung kann die in Gleichung (12.35) bzw. (12.37) definierte Mischungsgröße Δm weiter in einen Anteil der idealen Mischung und einen Exzessanteil unterteilt werden.

$$\Delta m = \Delta m^{iM} + m^{Ex}, \qquad (12.48)$$

bzw. für die gesamte Mischung:

$$m = \sum_i x_i \cdot m_i + \Delta m^{iM} + m^{Ex} \qquad (12.49)$$

12.4.3.2. Aktivitätskoeffizienten

Theoretisch kann das reale Verhalten von Fluiden und Feststoffen mit den Realanteilen hinreichend charakterisiert werden. Insbesondere für flüssige Mischungen (Feststoffe werden in der Folge nicht betrachtet) stehen aber nicht immer ausreichend genaue Zustandsgleichungen und Mischungsparameter zur Verfügung. Eine weitere Möglichkeit zur Beschreibung des realen Verhaltens, insbesondere von flüssigen Mischungen, besteht daher in der Anwendung der Exzessgrößen, welche auch für partielle molare Größen gelten. So erhält man für die partielle molare Gibbssche Exzessenthalpie

---

[26] Korrekterweise müsste immer Δh als Differenz zu einem Bezugszustand stehen; wird hier und im folgenden der Übersichtlichkeit halber weggelassen.

$$\tilde{g}_i^{Ex} = \tilde{g}_i - \tilde{g}_i^{iM} = RT\ln\frac{\hat{f}_i}{x_i f_i} = RT\ln\gamma_i ,$$ (12.50)

mit der Fugazität der Komponente i in einer idealen Mischung

$$\hat{f}_i^{iM} = x_i \cdot f_i \quad \text{(Lewis-Randall-Regel)}.$$ (12.51)

Damit kann der Aktivitätskoeffizient γ als Verhältnis der Fugazität der Komponente i in einer realen zur idealen Mischung angegeben werden.

$$\gamma_i = \frac{\hat{f}_i}{\hat{f}_i^{iM}}$$ (12.52)

Der Aktivitätskoeffizient wird nicht über die Fugazitäten berechnet (dann würde man ihn gar nicht brauchen), sondern mit verschiedenen Modellen für $\tilde{g}_i^{Ex}$, siehe Kapitel 12.5.2.

12.5. Mehrere Komponenten in zwei Phasen

Stehen zwei Phasen miteinander im Gleichgewicht, so gilt die Gleichgewichtsbedingung (12.41), was mit (12.42) zu

$$\hat{f}_i^l = \hat{f}_i^v \quad \text{führt.}$$ (12.53)

Können beide Phasen als ideale Mischungen betrachtet werden, erhält man mit der Lewis-Randall-Regel

$$x_i \cdot f_i^l = y_i \cdot f_i^v, \quad \text{bzw. mit } f_i = \varphi_i \cdot p$$

$$x_i \cdot \varphi_i^l = y_i \cdot \varphi_i^v$$ (12.54)

Beispiel 12-22 zeigt die Berechnung für das System N_2/CH_4.

Die Gasphase kann praktisch immer als ideale Mischung betrachtet werden, nicht aber flüssige Phasen. Reale flüssige Mischungen können nur unzureichend mit Fugazitäten aus Zustandsgleichungen beschrieben werden; man rechnet bevorzugt mit Aktivitätskoeffizienten. Mit den Gleichungen (12.51) und (12.52) erhält man:

$$\hat{f}_i = \gamma_i \cdot x_i \cdot f_i$$ (12.55)

Wird die linke Seite für die Gasphase und die rechte Seite für die Flüssigphase herangezogen erhält man nach Einsetzen der Ausdrücke für die Fugazitäten folgende Gleichgewichtsbeziehung:

$$y_i \cdot \varphi_i^v \cdot p = \gamma_i \cdot x_i \cdot \varphi_i^{l,s} \cdot p_i^s \cdot Poy_i$$ (12.56)

Insbesondere für niedrige Drücke gilt oft

$$\varphi_i^v \approx \varphi_i^{l,s} \cdot Poy_i ,$$

womit sich Gleichung (12.56) auf folgende für die Praxis wichtige Gleichgewichtsbeziehung reduziert:

$$y_i \cdot p = x_i \cdot \gamma_i \cdot p_i^s$$ (12.57)

Kann, was in der Praxis aber selten der Fall ist, die Flüssigphase ideal betrachtet werden, erhält man daraus mit dem Daltonschen Gesetz ($p_i = y_i \cdot p$) das Raoultsche Gesetz:

$$y_i \cdot p = x_i \cdot p_i^s. \tag{12.58}$$

Gleichungen (12.56) bzw. (12.57) können prinzipiell für alle gas/flüssig-Gleichgewichtssysteme verwendet werden. Schwierigkeiten ergeben sich jedoch, wenn die Komponente i bei Systembedingungen überkritisch vorliegt. Es kann dann kein Sättigungsdampfdruck angegeben werden, eine Extrapolation der Dampfdruckkurve ist unzureichend. Für diesen Fall wird die Fugazität der flüssigen Phase nicht mit dem Sättigungsdampfdruck berechnet, sondern mit der Henry-Konstante H_{ij}.

$$f_i = x_i \cdot H_{ij}, \tag{12.59}$$

und die Gleichgewichtsbeziehung (12.53) lautet damit bei idealer Gasphase und realer flüssiger Mischung:

$$y_i \cdot p = \gamma_{ij}^H \cdot x_i \cdot H_{ij} \tag{12.60}$$

Es ist aber zu beachten, dass nicht einfach der Dampfdruck durch die Henry-Konstante ersetzt wurde; Gleichung (12.60) unterscheidet sich in mehrfacher Hinsicht von (12.57). Erstens ist die Henry-Konstante im Unterschied zum Sättigungsdampfdruck keine Stoffkonstante, sondern vom gelösten Stoff und vom Lösungsmittel abhängig. Der Wert der Henry-Konstante von z. B. O_2 in Wasser unterscheidet sich von O_2 in Methanol. Deshalb auch die zwei Indizes, H_{ij} gibt die Henry-Konstante der Komponente i im Lösungsmittel j an. Dasselbe gilt prinzipiell für alle Aktivitätskoeffizienten. Wird für die Henry-Konstante und den Aktivitätskoeffizienten nur ein Index angegeben, so bezieht sich dieser auf die Komponente in der vorliegenden Mischung.

Zweitens unterscheidet sich auch der Aktivitätskoeffizient was in Gleichung (12.60) durch das hochgestellte H in γ^H bzw. oft auch als γ^* gekennzeichnet ist. γ in Gleichung (12.57) wird bei einer Reinkomponente gleich 1 (symmetrischer Aktivitätskoeffizient, $x = 1 \Rightarrow \gamma = 1$); γ^H wird hingegen bei unendlicher Verdünnung 1 (unsymmetrischer Aktivitätskoeffizient, $x = 0 \Rightarrow \gamma = 1$).

Bei Vorliegen von experimentellen p_i-x_i-Daten kann die Henry-Konstante aus der Steigung der p_i-x_i-Kurve bei $x_i = 0$ berechnet werden (Beispiel 12-23).

$$H_{1,2} = \lim_{\substack{x_1 \to 0 \\ p \to p_2^s}} \frac{f_1}{x_1 \cdot \gamma_{1,2}^H} \tag{12.61}$$

12.5.1. Berechnung des unsymmetrischen Aktivitätskoeffizienten

Die Berechnung des unsymmetrischen Aktivitätskoeffizienten erfolgt für Elektrolyte mit Erweiterungen der Debye-Hückel-Gleichung, Kapitel 9.2. Der unsymmetrische Aktivitätskoeffizient für Nichtelektrolyte kann für ingenieurmäßige Aufgabenstellungen meist $\gamma^H = 1$ gesetzt werden. Die wesentliche Ausnahme ist NH_3, dessen Aktivitätskoeffizient in Wasser auf Grund der hohen Löslichkeit deutlich von eins abweichen kann, Beispiel 12-24.

12.5.2. Berechnung des symmetrischen Aktivitätskoeffizienten

Zur Berechnung des Aktivitätskoeffizienten in flüssigen Mischungen gibt es zahlreiche Möglichkeiten, die alle auf empirischen und halbempirischen Ansätzen für die Gibbssche Exzessenthalpie beruhen. Historisch wichtig waren die 2-parametrigen Modelle von Margules und van Laar. Moderne theoretische Entwicklungen beruhen auf dem Konzept der lokalen Zusammensetzung; diese unterscheidet sich von der makroskopischen Zusammensetzung und berücksichtigt kurzreichende Wechselwirkungskräfte und eine geordnete, nicht zufällige Orientierung der Moleküle auf Grund der Molekülgrößen und Wechselwirkungskräften. Das erste Modell dieser Art wurde von Wilson 1964 publiziert (Wilson-Gleichung). Ein weiteres ist die NRTL (Non-Random-Two-Liquids)-Gleichung von Renon und Prausnitz. Hier wird nur die UNIQUAC-Gleichung (UNIversal-QUAsi-Chemical) von Abrams und Prausnitz und die UNIFAC-Gleichung vorgestellt und in den Beispielen angewendet.

In der Uniquac-Gleichung wird der Aktivitätskoeffizient der Komponente i in zwei Anteile zerlegt, einen kombinatorischen Anteil (Index C), welcher die Größe und die Form der Komponente berücksichtigt, sowie einen Restanteil (Index R), welcher die intermolekularen Wechselwirkungskräfte enthält. Der kombinatorische Anteil kann auch als Entropieanteil gesehen werden, welcher die Abweichung von einer idealen Mischung angibt. Der Restanteil kann als Enthalpieänderung interpretiert werden, die durch die Wechselwirkung beim Mischen zweier Komponenten hervorgerufen wird.

$$\ln\gamma_i = \ln\gamma_i^C + \ln\gamma_i^R \tag{12.62}$$

Der kombinatorische Anteil beinhaltet ausschließlich stoffspezifische Konstanten und zwar die relativen van der Waalsschen Volumina r_i und Oberflächen q_i.

$$\ln\gamma_i^C = 1 - V_i + \ln V_i - 5q_i \cdot \left(1 - \frac{V_i}{F_i} + \ln\frac{V_i}{F_i}\right) \tag{12.63}$$

mit

$$V_i = \frac{r_i}{\sum_j r_j \cdot x_j} \qquad \text{Volumenanteil/Molanteil der Komponente i}$$

$$F_i = \frac{q_i}{\sum_j q_j \cdot x_j} \qquad \text{Oberflächenanteil/Molanteil der Komponente i}$$

Der Restanteil enthält Wechselwirkungsparameter, die experimentell angepasst werden müssen.

$$\ln\gamma_i^R = q_i \cdot \left(1 - \ln\frac{\sum_j q_j x_j \tau_{ji}}{\sum_j q_j x_j} - \sum_j \frac{q_j x_j \tau_{ij}}{\sum_k q_k x_k \tau_{kj}}\right) \tag{12.64}$$

mit

$$\tau_{ij} = \exp\left(-\frac{a_{ij}}{RT}\right),$$

a_{ij} ist der Wechselwirkungsparameter zwischen i und j in der Einheit von RT.

Die Uniquac-Gleichung ist auch für mehrkomponentige Systeme anwendbar, in den Gleichungen (12.63) und (12.64) muss dann über alle Komponenten summiert werden, wofür aber alle binären Wechselwirkungsparameter a_{ij} benötigt werden.

Die UNIFAC (Universal Quasichemical Functional Group Activity Coefficient) Methode beruht auf der Uniquac-Gleichung, wobei aber die stoffspezifischen Werte und Wechselwirkungsparameter aus den Strukturgruppen der Moleküle berechnet werden.

Das van der Waalssche Volumen r_i und die Oberfläche q_i werden mit den tabellierten relativen Gruppengrößen R_k und Q_k berechnet:

$$r_i = \sum_k v_k^i \cdot R_k \quad \text{und} \quad q_i = \sum_k v_k^i \cdot Q_k$$

v_k^i gibt die Anzahl gleicher Strukturgruppen vom Typ k im Molekül i an.

Für den Restanteil findet man:

$$\ln \gamma_i^R = \sum_k v_k^i \cdot \left(\ln \Gamma_k - \ln \Gamma_k^i \right),$$

Die Konzentrationsabhängigkeit der Gruppenaktivitätskoeffizienten in der Mischung Γ_k bzw. im Reinstoff Γ_k^i wird folgendermaßen berechnet:

$$\ln \Gamma_k = Q_k \left(1 - \ln \left(\sum_m \Theta_m \Psi_{mk} \right) - \sum_m \frac{\Theta_m \Psi_{km}}{\sum_n \Theta_n \Psi_{nm}} \right) \tag{12.65}$$

mit

$$\Theta_m = \frac{Q_m X_m}{\sum_n Q_n X_n} \quad \text{(Oberflächenanteil)},$$

$$X_m = \frac{\sum_j v_m^j \cdot x_j}{\sum_j \sum_n v_n^j \cdot x_j} \quad \text{(Gruppenmolanteil)},$$

$$\Psi_{nm} = \exp \left(-\frac{a_{nm}}{T} \right).$$

a_{nm} ist der Gruppenwechselwirkungsparameter, wobei für die unterschiedlichen Strukturgruppen in einer funktionellen Hauptgruppe (z. B. CH_3, CH_2, CH, C in Hauptgruppe CH_2) die gleichen Wechselwirkungsparameter benutzt werden.

Beispiel 12-25 vergleicht die Gleichgewichtsberechnung mit Uniquac und Unifac für das System Ethanol/Toluol.

12.6. Beispiele

Beispiel 12-1: Bender-Gleichung

A) Zeichne ein p-v-Diagramm (mit p in bar und v in l/mol) für CO_2 mit der Bender-Gleichung für die Isothermen bei 270, 280, 290, 300, 304,19 (T_{kr}), 310 und 320 K.

B) Berechne das flüssige und dampfförmige Molvolumen für 290 K und 50 bar.

C) Berechne das Molvolumen bei 360 und 500 K für 50, 100, 400 und 800 bar und vergleiche das Ergebnis mit experimentellen Werten aus [13].

Bender-Gleichung in Tabelle 15-12 im Anhang.

<u>Lösungshinweis:</u>

Die Bender-Gleichung ist 6. Grades bezüglich der Dichte ρ; es gibt daher 6 Lösungen (die auch zusammenfallen können). Die Gleichung muss numerisch gelöst werden, es sind dabei geeignete Startwerte erforderlich, die aus der grafischen Darstellung gewonnen werden können. Im 2-Phasengebiet gibt es wahrscheinlich 3 verschiedene Lösungen; der kleinste Wert gibt das Molvolumen der Flüssigphase, der größte das der Dampfphase, der mittlere Wert hat keine physikalische Bedeutung.

<u>Ergebnis:</u>

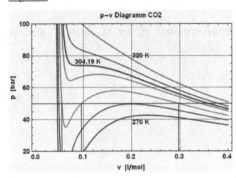

p-v Diagramm CO2

B) Das Molvolumen von CO_2 bei 50 bar und 290 K beträgt 0,055 l/mol für die Flüssigphase und 0,297 l/mol für die Dampfphase. Der Wert im Nass-dampfgebiet von 0,096 l/mol hat keine physikalische Bedeutung.

C) Molvolumen in $[cm^3/mol]$

Druck	berechnet		experimentell	
	360 K	500 K	360 K	500 K
50 bar	515,3	802,4	514,6	802,8
100 bar	211,7	389,4	211,2	389,2
400 bar	55,0	97,0	55,0	97,1
800 bar	45,8	63,2	45,8	62,9

Beispiel 12-2: azentrischer Faktor

Berechne den azentrischen Faktor ω für CO_2, SO_2, H_2O, Methanol, Hexan und Benzol und vergleiche die erhaltenen Werte mit den im Anhang gegebenen Werten (Tabelle 15-14).

<u>Lösungshinweis:</u>

Aus den kritischen Temperaturen werden die benötigten Temperaturen für eine reduzierte Temperatur von $T_r = 0,7$ berechnet und mit diesen Temperaturen aus den Dampfdruckgleichungen die zugehörigen Sättigungs-dampfdrücke. Division durch den kritischen Druck ergibt den reduzierten Sättigungsdampfdruck und mit Glei-chung (12.4) wird dann ω erhalten.

<u>Ergebnis:</u>

ω	CO_2	SO_2	H_2O	CH_3OH	Hexan	Benzol
berechnet	- 0,631	0,196	0,335	0,565	0,294	0,213
tabelliert	0,225	0,256	0,344	0,556	0,296	0,212

<u>Kommentar:</u>

Wie immer ist bei der Verwendung empirischer Gleichungen, wie hier der Antoine-Gleichung, auf den Gültig-keitsbereich zu achten. Dieser wurde offensichtlich bei CO_2 und SO_2 für $T_r = 0,7$ weit überschritten. Die gerin-gen Unterschiede bei den anderen Komponenten sind nicht mit dem Gültigkeitsbereich, sondern wahrscheinlich durch die Verwendung unterschiedlicher Dampfdruckparameter zu erklären.

Beispiel 12-3: kubische Zustandsgleichungen: Berechnung von a, b und v_{kr}

A) Bestimme die Konstanten a und b der van der Waals-Gleichung (vdW), der Soave-Redlich-Kwong (SRK)- und der Peng-Robinson-Gleichung (PR).

B) Berechne v_{kr} mit diesen Gleichungen aus p_{kr} und T_{kr} und vergleiche die Ergebnisse mit den Werten aus der Datenbank für O_2, CO_2, SO_2, NH_3 und CH_4 (Tabelle 15-3).

Lösungshinweis:

Wie Beispiel 2-8. Am kritischen Punkt weisen die p-v-Isothermen einen Sattelpunkt auf, deshalb 1. und 2. Ableitung von p nach v Null setzen und gemeinsam mit der Definitionsgleichung nach a, b und v_{kr} lösen.

Ergebnis:

	van der Waals	SRK	PR
a	$\dfrac{27}{64} = 0,421875 \dfrac{R^2 T_{kr}^2}{P_{kr}}$	$0,42748 \dfrac{R^2 T_{kr}^2}{P_{kr}}$	$0,457236 \dfrac{R^2 T_{kr}^2}{P_{kr}}$
b	$\dfrac{1}{8} = 0,125 \dfrac{R T_{kr}}{P_{kr}}$	$0,0866403 \dfrac{R T_{kr}}{P_{kr}}$	$0,0777961 \dfrac{R T_{kr}}{P_{kr}}$
v_{kr}	$\dfrac{3}{8} = 0,375 \dfrac{R T_{kr}}{P_{kr}}$	$\dfrac{1}{3} = 0,333333 \dfrac{R T_{kr}}{P_{kr}}$	$0,307401 \dfrac{R T_{kr}}{P_{kr}}$

Kritisches Molvolumen, [m³/kmol]

	O_2	CO_2	SO_2	NH_3	CH_4
experimentell	0,0734	0,0939	0,1222	0,0725	0,0992
vdW	0,0956416	0,128478	0,170458	0,111394	0,129056
SRK	0,0850148	0,114202	0,151518	0,0990171	0,114716
PR	0,078401	0,105318	0,139731	0,091314	0,105792

Beispiel 12-4: Berechnung des Molvolumens

Berechne das Molvolumen von Methanol bei 100 atm und 300 °C mit der idealen Gasgleichung, der van der Waals-Gleichung, der generalisierten Zustandsgleichung, der SRK- und der PR-Gleichung.

Lösungshinweis:

Bei den kubischen Zustandsgleichungen ergeben sich drei Lösungen für das Volumen, wobei in der Gasphase zwei komplex und eine reell sein sollten. Mit der generalisierten Zustandsgleichung wird der Kompressibilitätsfaktor z nach (12.7) mit den reduzierten Größen p_r und T_r berechnet und daraus v.

Ergebnis:

Molvolumen in [m³/kmol]

Ideale Gas	Van der Waals	gen. Gleichung	SRK	PR
0,47	0,95	0,337	0,330	0,315

Beispiel 12-5: Realanteil h^R und s^R von Ethanol

Berechne die Realanteile H und S mit der SRK-Gleichung für a) 70 °C, Sättigung, b) 100 °C, 1 bar, c) 150 °C, 5 bar, d) 200 °C, 10 bar.

Lösungshinweis:

Berechnung der Molvolumina für die gegebenen Bedingungen, dann Integrieren der Gleichungen in Tabelle 12-1.

Ergebnis:

	70 °C, 0,723 bar	100 °C, 1 bar	150 °C, 5 bar	200 °C 10 bar
h^R_{dampf} [J/mol]	- 142,5	- 171,2	- 711,9	- 1175,1
h^R_{liquid} [J/mol]	- 41000,1	- 38380,3	- 33538,9	- 26734,0
s^R_{dampf} [J/(mol·K)]	- 0,28	- 0,32	- 1,21	- 1,84
s^R_{liquid} [J/(mol·K)]	- 119,3	- 109,3	- 83,8	- 63,1

Anmerkung:

Die Realanteile für die flüssige Phase haben wesentlich größere Zahlenwerte als für die Gasphase, da hier immer noch die Kondensationswärme enthalten ist. Dies ist in der Rechnung nicht direkt ersichtlich, ist aber bei der Integration der Zustandsgleichung bis zum flüssigen Molvolumen enthalten.

Beispiel 12-6: Enthalpieänderung beim Abkühlen eines realen Gases

CO_2 wird bei 100 bar von 900 auf 100 °C abgekühlt. Wie viel Wärme in kJ/kmol muss abgeführt werden?

Die Berechnung soll erfolgen mit

a) idealem Gas,

b) realen c_p-Werten aus VDI-Wärmeatlas bei 100 bar in [kJ/(kg·K)],

T [°C]	100	150	200	300	400	500	600	700	800	900
c_p	1,521	1,252	1,178	1,154	1,172	1,198	1,225	1,249	1,270	1,289

c) Realanteilen, wobei diese mit der generalisierten Virialgleichung, der Bender-, SRK- und PR-Gleichung berechnet werden sollen.

Lösungshinweis:

Reale c_p-Werte: Interpolationskurve und integrieren: $\Delta h = \int\limits_{T_1}^{T_2} c_p^{real} dT$.

Mit Zustandsgleichungen: $\Delta h = \int\limits_{T_1}^{T_2} c_p^{iG} dT + h_2^R - h_1^R$

Ergebnis:

Ideales Gas	Reale c_p-Werte	Realanteile gen.Virialgl.	Realanteile Bender	Realanteile SRK	Realanteile PR
- 40033,8	- 43017,8	- 42599,4	- 42966,7	- 43300,7	- 43300,9

Beispiel 12-7: Zustand eines realen Gases

Berechne das Molvolumen v und die molare innere Energie u, Enthalpie h und Entropie s von Propan bei 200 °C und 100 bar. Referenzzustand für u, h und s soll die gesättigte Flüssigkeit bei 0 °C sein.

Beim niedrigeren Sättigungsdampfdruck soll mit der generalisierten Virialgleichung gerechnet werden, beim höheren Systemdruck mit der SRK-Gleichung.

Die Dampfdruckkurve im Bereich von - 42 bis + 58°C ist gegeben durch:

$$\log p^s (atm) = 3,85254 - \frac{757,9}{238,9 + T\left(°C\right)}$$

Lösungshinweis:

Referenzpunkt ist 0 °C, flüssig beim Sättigungsdruck. Um zum Systemzustand zu kommen könnte man die Flüssigkeit verdampfen und mit realen c_p-Werten den Endzustand berechnen. Das Problem dabei ist, dass keine realen c_p-Werte zur Verfügung stehen. Man muss daher die Berechnung in vier Schritte unterteilen:

1. Verdampfen beim Referenzpunkt: Verdampfungsenthalpie ist nicht gegeben, man erhält sie aus der Steigung der Dampfdruckkurve bei der Referenztemperatur (s. Beispiel 2-28). Die gegebene Dampfdruckkurve basiert auf Messwerten. Die erhaltene Verdampfungswärme stellt daher die Enthalpie des realen Dampfes dar.

2. Umrechnen auf idealen Gaszustand. $H = H^{iG} + H^R$ bzw. $H^{iG} = H - H^R$. Von der Verdampfungswärme muss der Realanteil H^R abgezogen werden. Bei dem niedrigeren Dampfdruck bei 0 °C ist zur Berechnung des Realanteiles die generalisierte Virialgleichung ausreichend; vergleiche mit SRK-Gleichung.

3. Änderung des idealen Dampfes von T^0, p^0 auf T^{Sys} und p^{Sys} mit den idealen c_p-Werten.

4. Berechnung des Realanteiles beim gegebenen Systemzustand. Bei dem höheren Druck ist die SRK-Gleichung der Virialgleichung vorzuziehen.

Ergebnis:

v = 0,279 m³/kmol
h = 31584,4 J/mol
s = 32,67 J/(mol·K)
u = 28796,4 J/mol

Beispiel 12-8: einstufige Kompression CO_2

Reines CO_2 mit 20 °C soll in einer Stufe von verschiedenen Anfangsdrücken adiabat auf den 4-fachen Druck komprimiert werden. Der Wirkungsgrad des Kompressors betrage 75 %. Wie groß sind die Austrittstemperaturen für den reversiblen und irreversiblen Fall und für ideales und reales Gas? Das reale Gas soll mit der generalisierten Zustandsgleichung und der Bender-Gleichung berechnet werden.

Lösungshinweis:

Zuerst die Temperatur für den reversiblen Fall berechnen, für ideales Gas nach Gleichung (12.20) und real nach Gleichung (12.21). Danach Δh, durch Wirkungsgrad dividieren und dann daraus die tatsächliche Austrittstemperatur. Dabei muss aber iterativ vorgegangen werden, da zur Berechnung der Realanteile am Austritt schon die Austrittstemperatur bekannt sein muss.

Ergebnis:

Anfangsdruck (bar)	Ideal reversibel	Real (gen.) reversibel	Real(Bender) reversibel	Ideal irreversibel	Real (gen.) irreversibel	Real(Bender) irreversibel
0,1	121,29	121,36	121,36	153,05	153,07	153,07
1	121,29	121,94	121,94	153,05	153,18	153,19
3	121,29	123,19	123,21	153,05	153,43	153,44
5	121,29	124,39	124,45	153,05	153,67	153,68
10	121,29	127,17	127,36	153,05	154,26	154,17
15	121,29	129,70	129,96	153,05	154,83	154,48
20	121,29	132,00	132,29	153,05	155,37	154,55
25	121,29	134,12	134,18	153,05	155,89	154,34
30	121,29	136,08	135,59	153,05	156,38	153,76
35	121,29	137,90	136,37	153,05	156,85	152,67
40	121,29	139,59	136,37	153,05	157,30	150,96
45	121,29	141,17	135,33	153,05	157,72	148,35
50	121,29	142,65	132,79	153,05	158,13	143,99

Kommentar:

Bei idealer Berechnung ist die Austrittstemperatur unabhängig vom Anfangsdruck; entscheidend ist die Druckerhöhung.

Je nach gewünschter Genauigkeit kann CO_2 bis maximal 3 bar als ideales Gas betrachtet werden; darüber hinaus ist jedenfalls real zu rechnen.

Vergleich generalisierte Zustandsgleichung zu Bender-Gleichung: Muss für den reversiblen Fall erfolgen, da im irreversiblen Fall der Unterschied durch den Wirkungsgrad verstärkt wird. Es ist davon auszugehen, dass die Bender-Gleichung als 20-parametrige Virialgleichung bessere Werte ergibt, was sich aber erst bei Drücken ab ca. 30 – 40 bar bemerkbar macht. Bis zu diesen Drücken kann mit ausreichender Genauigkeit auch die einfachere generalisierte Zustandsgleichung verwendet werden.

Anmerkung:

Der ideale reversible Fall kann auch mit dem Isentropenkoeffizienten κ nach

$$T_2 = T_1 \cdot \left(\frac{p_2}{p_1} \right)^{\frac{\kappa-1}{\kappa}} \tag{12.66}$$

berechnet werden. Da κ aber c_P/c_V ist, muss die Temperaturabhängigkeit der Wärmekapazitäten berücksichtigt werden. Übereinstimmende Ergebnisse erhält man nur mit passenden Mittelwerten. Z. B. erhält man mit $\kappa(25°C)$ = 126,7°C, mit $\kappa(70°C)$ = 121,0 °C und mit $\kappa(120°C)$ = 115,6°C.

Gleichung (12.66) wurde für ideale Gase abgeleitet, reale Gase können damit nicht berechnet werden. Auch kann eine mechanisch irreversible Kompression nicht mit dieser Gleichung berechnet werden. Der Polytropenkoeffizient betrifft nicht die Irreversibilität, sondern gibt an ob der Prozess eher adiabat, isotherm, etc. abläuft. Irreversibilität wird auch mit einem isentropen Wirkungsgrad (isentropic efficiency) berücksichtigt, was hier ident mit dem Kompressorwirkungsgrad ist. Die Berechnung erfolgt über die Enthalpien, nicht aber mit Gleichung (12.66).

Vom isentropen Wirkungsgrad ist auch noch der mechanische Wirkungsgrad zu unterscheiden. Dieser berücksichtigt die Verluste des Apparates und ist wichtig für die erforderliche Anschlussleistung, hat aber nichts mit der Verdichtung des Gases zu tun, beeinflusst z. B. nicht die Temperatur des Gases.

Beispiel 12-9: mehrstufige Kompression CO_2

Reines CO_2 soll von 35 °C und 1 bar auf 100 bar komprimiert werden. Da dies in einer Stufe nicht mehr machbar ist, soll die Kompression in 4 Stufen mit jeweils gleichem Druckerhöhungsverhältnis durchgeführt werden. Nach jeder Stufe wird CO_2 wieder auf 35 °C gekühlt. Zu berechnen ist der Druck, die Temperatur, die erforderliche spezifische Kompressionsarbeit und die erforderliche Kühlleistung für jede Stufe bei einem Wirkungsgrad von 0,75. Die Realität des Gases ist mit der Bender-Gleichung zu berücksichtigen.

Ergebnis:

	p_{aus} [bar]	T_{aus} [°C]	W [kJ/kmol]	Q [kJ/kmol]
Stufe 1	3,16	147,5	4441,8	-4467,2
Stufe 2	10	147,7	4394,0	-4474,0
Stufe 3	31,62	147,8	4226,8	-4477,8
Stufe 4	100	143,8	3515,5	-4313,3
gesamt			16578,1	-17732,1

Anmerkung:

Mit dem Berechnungsprogramm kann beliebige Stufenanzahl vorgegeben werden. Bei einer einstufigen Kompression von 1 auf 100 bar würde sich mit der Bender-Gleichung eine Temperatur von 597,4 °C, eine erforderliche Kompressionsarbeit von 25703 und Kühlleistung von -26017,8 kJ/kmol ergeben. Je mehr Stufen, desto weniger Kompressionsarbeit und Kühlleistung, desto höher aber natürlich der Investitionsbedarf.

Beispiel 12-10: Gasturbine [3]

Ethlyen mit 300 °C und 45 bar wird in einer Turbine auf 2 bar expandiert. Berechne die produzierte Arbeit unter der Annahme, dass der Prozess isentrop verläuft. Für ein ideales Gas wurde diese Turbine schon in Beispiel 4-31 berechnet. Hier soll die Berechnung für ein reales Gas mit der generalisierten Zustandsgleichung durchgeführt werden.

Lösungshinweis:

Mittlerer c_p-Wert 60 J/(mol·K). Δh nach Gleichung (12.19), Δs nach (12.21) und die Realanteile nach (12.14) und (12.15).

Ergebnis:

Abkühlung von 300 auf 94,9 °C (ideal: 99,1); isentrope Arbeit = -11,8 kJ/mol (-12,1).

Anmerkung:

Die Realanteile beziehen sich nur auf das reale Gas und nicht auf Irreversibilitäten. Auch die Expansion eines realen Gases kann isentrop erfolgen.

Beispiel 12-11: Drossel: reale Gase

Propangas bzw. CO_2 werden von 20 bar und 400 K auf 1 bar gedrosselt. Wie ändert sich die Temperatur und wie groß ist die Entropieänderung. Die Berechnung soll mit der generalisierten Zustandsgleichung und für CO_2 auch mit der Bender-Gleichung erfolgen.

Lösungshinweis:

$\Delta h = h_{aus} - h_{ein} = 0$, aus Gleichung (12.19), Δs aus Gleichung (12.21) mit h^R und s^R aus Tabelle 12-1.

Ergebnis:

Die Temperatur sinkt auf 385,8 K bei Propan und auf 389,5 bei CO_2. $\Delta s_{Propan} = 23,9$, $\Delta s_{CO2} = 24,6$ J/(mol·K).

Beispiel 12-12, Joule-Thomson-Koeffizient, Inversionstemperatur

Erstelle ein Diagramm mit dem Joule-Thomson-Koeffizient für Stickstoff und Wasserstoff im Bereich von –100 bis 500 °C für Drücke von 1, 50, 100 bar und berechne daraus die Inversionstemperatur. Die Berechnung soll mit der generalisierten Zustandsgleichung erfolgen.

Lösungshinweis:

Herleitung:

$$dh = \left(\frac{\partial h}{\partial p}\right)_T dp + \left(\frac{\partial h}{\partial T}\right)_p dT = \left(\frac{\partial h}{\partial p}\right)_T dp + c_p^{real} dT = 0$$

$$\mu_{JT} = \left(\frac{\partial T}{\partial p}\right)_h = \frac{-\left(\frac{\partial h}{\partial p}\right)_T}{c_p^{real}}$$

Für die Bildung der Ableitung $(dh/dp)_T$ braucht nur der Realanteil der Enthalpie berücksichtigt zu werden, da die Enthalpieänderung idealer Gase unabhängig vom Druck ist. Für die generalisierte Zustandsgleichung differenziert man daher h^R, Gleichung (12.14), für eine gegebene Temperatur nach p.

Den realen c_p-Wert erhält man durch Addition des idealen c_p-Wertes mit dem Realanteil des c_p-Wertes, welcher wiederum aus dem Realanteil der Enthalpie erhältlich ist.

$$c_p^{real} = c_p^{iG} + c_p^{R}, \text{ mit } c_p^{R} = \left(\frac{\partial h^R}{\partial T}\right)_p,$$

als Ableitung von Gleichung (12.14) nach der Temperatur für gegebenen Druck.

Die Inversionstemperatur erhält man aus $\mu_{JT} = 0$.

Ergebnis:

Die Inversionstemperatur beträgt nach der Berechnung mit der generalisierten Zustandsgleichung - 54 °C für H_2 und 336 °C = 609 K für N_2; tabelliert ist 621 K. Die Inversionstemperatur ist unabhängig vom Druck.

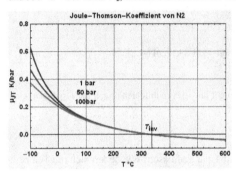

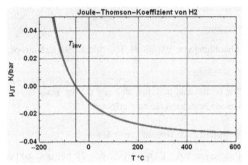

Beispiel 12-13: Gasverflüssigung, Lindeverfahren

LNG (liquid natural gas) wird durch Verflüssigung von Erdgas (Annahme: reines Methan) entsprechend nachfolgendem Schema erhalten:

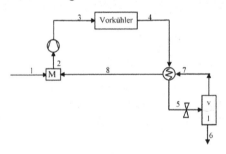

Nach Mischen des Einsatzstromes (1) mit dem Rücklaufstrom (8) wird das Gas komprimiert (3) und anschließend gekühlt (4). Nach weiterer Kühlung mit dem Gleichgewichtsdampf (7) auf Punkt (5) wird das Gas auf den vorgegebenen Druck entspannt, wobei ein Teil kondensiert (6). Der Vorkühler wird extern gekühlt, der Hauptkühler bzw. Wärmeaustauscher wird adiabat betrieben.

Der Niederdruckbereich (Punkte 1, 2, 6, 7, 8) liege bei 1 atm. Die Temperatur des Einsatzstromes 1 betrage 20 °C. Im Abscheider nach der Drossel stellt sich Gleichgewicht ein, d. h. T_6, T_7 = Normalsiedepunkt Methan. Mit Strom (7) wird der vorgekühlte Strom (4) weiter abgekühlt, Strom (7) erwärmt sich dabei bis auf 7 °C unter der Temperatur von (4).

Variiere den Druck nach dem Kompressor (Punkt 3, 4, 5) von 60 bis 100 bar und die Temperatur T_4 nach dem Vorkühler von 300 bis 210 K und untersuche die Auswirkung auf die Kompressorleistung (1- und 3-stufig, 80 % Wirkungsgrad), die notwendige Kühlleistung und den Anteil an abgeschiedenem LNG bei der Entspannung. Das reale Verhalten der Gasphase soll mit der generalisierten Zustandsgleichung und der SRK-Gleichung berechnet werden.

Beliebiger Einsatzstrom, z. B. 100 kmol/h; die Verdampfungswärme von Methan am Normalsiedepunkt beträgt 8,22 kJ/mol.

Lösungshinweis:

Referenzpunkt für Energiebilanz sei z. B. Normalsiedepunkt, dampfförmig als ideales Gas. Die Enthalpien der Dampfphasen nach Gl.(12.19) mit T_S anstelle von T_1.

Die Gesamtmassenbilanz ergibt $M_6 = M_1$; Massenbilanz bei den Wärmeaustauschern: $M_5 = M_4 = M_3$, $M_8 = M_7$. T_8 aus Angabe = T_4 - 7. Im Unterschied zur Drossel nach Beispiel 12-11 wird hier bei der Entspannung das 2-Phasengebiet erreicht, im Abscheider herrscht Gleichgewicht: $T_6 = T_7 = T_S$. Die Enthalpien an diesem Punkt mit obiger Definition des Referenzpunktes sind: $h_6 = -\Delta h_{verd}$, $h_7 = h_7^R$ (Realanteil).

Zunächst Berechnung um Wärmeaustauscher, Drossel, Abscheider mit den Unbekannten M_5, T_5 und M_7. Die dafür benötigten Gleichungen sind die Massen- sowie Enthalpiebilanz Drossel/Abscheider sowie die Enthalpiebilanz Wärmeaustauscher. Nun kann Zustandspunkt 2 berechnet werden und damit der Kompressor wie in Beispiel 12-8 und Beispiel 12-9.

Ergebnis:

(A): für $p_3 = 60$ bar, $T_4 = 300$ K:

$M_1 = M_6 = 100$ kmol/h; $M_2 = M_3 = M_4 = M_5 = 2097{,}8$ kmol/h, $M_7 = M_8 = 1997{,}8$ kmol/h;
$T_2 = 19{,}86$ °C, $T_5 = -94{,}9$ °C, $T_S = -164$ °C; 4,8 % von M_5 werden kondensiert;
Kompressor, 1-stufig: $T_3 = 437{,}2$ °C, 11337,2 kW = 25440,4 kJ/kg LNG, $Q_{ges} = -11720{,}2$ kJ/s.
Kompressor, 3-stufig: $T_3 = 166{,}5$ °C, 8256,7 kW = 18527,9 kJ/kg LNG, $Q_{ges} = -9327{,}3$ kJ/s.

(B): für $p_3 = 100$ bar, $T_4 = 210$ K:

$M_1 = M_6 = 100$ kmol/h; $M_2 = M_3 = M_4 = M_5 = 398{,}7$ kmol/h, $M_7 = M_8 = 298{,}7$ kmol/h;
$T_2 = -46{,}3$ °C, $T_5 = -95{,}9$ °C, $T_S = -164$ °C; 25,1 % von M_5 werden kondensiert;
Kompressor, 1-stufig: $T_3 = 390{,}3$ °C, 8256,7 kW = 18527,9 kJ/kg LNG, $Q_{ges} = -9327{,}3$ kJ/s.
Kompressor, 3-stufig: $T_3 = 130{,}0$ °C, 1310,0 kW = 2939,6 kJ/kg LNG, $Q_{ges} = -1546{,}2$ kJ/s.

Kommentar:

Je höher der Druck und tiefer die Temperatur nach der Vorkühlung, desto höher der Anteil an abgeschiedenem LNG und somit auch niedrigere spezifische Kompressor- und Kühlleistung.

Beispiel 12-14: Fugazitätskoeffizient CO_2

Berechne das Molvolumen, den Fugazitätskoeffizienten und die Realanteile für Enthalpie und Entropie für CO_2 bei 10 °C und 10 bar mit der Bender-, der SRK- der PR-Gleichung und der generalisierten Zustandsgleichung.

Lösungshinweis:

Zunächst muss das Molvolumen v berechnet werden, welches man für z und für die Integrationsgrenze der druckexpliziten Form für g^R nach Tabelle 12-1 benötigt. Integration ergibt g^R und daraus φ nach (12.31).

Ergebnis:

	v [m³/kmol]	$\varphi = \exp(g^R/RT)$	h^R [kJ/kmol]	s^R [kJ/(kmol·K)]
Ideales Gas	2,354	1	0	0
Bender	2,208	0,941	- 484,0	- 1,203
SRK	2,211	0,942	- 455,3	- 1,114
PR	2,198	0,937	- 467,5	- 1,111
gen. Zustandsgleichung	2,209	0,942	- 475,3	- 1,181

Beispiel 12-15: Fugazitätskoeffizienten, Sättigungsdampfdruck Ethanol

Berechne für Ethanol:

1. Molares Volumen [l/mol] und Fugazitätskoeffizienten der Dampfphase bei a) 100 °C, 1 bar, b) 150 °C, 5 bar, c) 200 °C, 10bar.

2. Molare Volumina und Fugazitätskoeffizienten der Flüssig- und Dampfphase im Sättigungszustand bei 50, 100 und 150 °C. Der Sättigungsdampfdruck wird mit der Antoine-Gleichung bestimmt. Für 100 °C soll der Sättigungsdampfdruck aus der Gleichgewichtsbedingung $\varphi^l = \varphi^g$ berechnet und mit dem Wert aus der Antoine-Gleichung verglichen werden.

3. Molares Volumen, Fugazitätskoeffzienten und Fugazität der Flüssigphase bei a) 50 °C, 1 bar, b) 100 °C, 10 bar, c) 150 °C, 100 bar.

Lösungshinweis:

Die Berechnung soll mit der SRK- und PR-Gleichung erfolgen. Zunächst werden die Konstanten a, b und ω berechnet bzw. geladen; dann erfolgt die Bestimmung der Molvolumina für die gegebenen Temperaturen und Drücke. Für den Sättigungszustand in Aufgabe 2) wird der Druck aus der Antoine-Gleichung für die gegebene Temperatur berechnet. Mit den Molvolumina kann nun g^R aus Tabelle 12-1 und φ aus Gleichung (12.33) berechnet werden.

Bei dieser Vorgangsweise wird sich φ^g und φ^l für den Sättigungszustand wahrscheinlich geringfügig unterscheiden, was nicht der Gleichgewichtsbedingung entspricht. Es muss dann der Druck solange variiert werden bis die Gleichgewichtsbedingung erfüllt ist.

Für Frage 3) muss zunächst der Sättigungsdampfdruck berechnet werden und damit das molare Volumen und die Fugazitätskoeffizienten im Sättigungszustand. Mit diesen Fugazitätskoeffizienten dann die Fugazität bei Sättigung berechnet und auf den Systemdruck mit dem Poynting-Faktor (12.34) umgerechnet werden.

Ergebnis:

Dampfphase	100 °C, 1 bar		150 °C, 5 bar		200 °C, 10 bar	
	v^d	φ^d	v^d	φ^d	v^d	φ^d
IG	31,03		7,04		3,93	
SRK	30,49	0,983	6,62	0,945	3,62	0,926
PR	30,47	0,982	6,60	0,941	3,60	0,920

Molvolumen	100 °C		150 °C		200 °C	
Sättigung	v^d	v^l	v^d	v^l	v^d	v^l
IG	14,10		3,68		1,24	
SRK	90,39	0,0699	13,19	0,0756	3,06	0,0852
PR	90,37	0,0621	13,17	0,0669	3,03	0,0751

φ	100°C		150 °C		200°C	
Sättigung	φ^d	φ^l	φ^d	φ^l	φ^d	φ^l
SRK	0,992	0,966	0,962	0,963	0,889	0,871
PR	0,992	1,030	0,960	0,978	0,883	0,862

Die dampf- und flüssigseitigen Fugazitätskoeffizienten sollten im Gleichgewichtszustand übereinstimmen. Dies ist nicht ganz der Fall, was mit dem gewählten Druck aus der Antoine-Gleichung zu begründen ist. Für 100 °C wurde der Druck aus der Gleichgewichtsbedingung berechnet; er ergibt sich dann zu 2,301 bar, der Sättigungsdampfdruck nach der gewählten Antoine-Gleichung beträgt hingegen 2,258 bar.

Flüssigphase	50 °C, 1 bar	100 °C, 10 bar	150 °C, 100 bar
v^l [l/mol]	0,0699	0,0756	0,0852
p^{sat} [bar]	0,295	2,258	10,066
$\varphi^{l,sat}$	0,979	0,962	0,880
f^{sat} [bar]	0,289	2,17	8,86
f [bar]	0,288	2,16	8,64

Beispiel 12-16: Verdampfungsenthalpie aus Dampfdruckkurve

Fortsetzung von Beispiel 2-28. Dort wurde in Gleichung (2.81) das flüssige Molvolumen in Δv_{Verd} vernachlässigt und das Molvolumen des Dampfes mit der idealen Gasgleichung berechnet. Hier sollen diese Molvolumina mit der SRK- bzw. der PR-Gleichung und für Wasser auch mit der Bender-Gleichung berechnet werden. Die Verdampfungsenthalpien sind für Wasser, Methanol und Benzol von 0 bis 100 °C grafisch darzustellen.

<u>Lösungshinweis:</u>

Berechnung der Molvolumina wie im vorhergehenden Beispiel 12-15, wobei für den Druck der Sättigungs-dampfdruck bei der jeweiligen Temperatur einzusetzen ist.

<u>Ergebnis:</u>

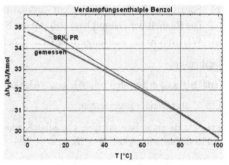

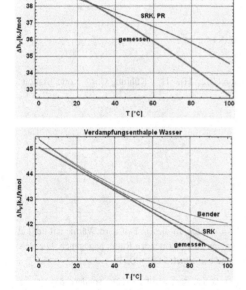

Kommentar:

SRK- und PR-Gleichung sind völlig gleichwertig; teilweise ergeben sich aber überraschend hohe Abweichungen von den gemessenen Werten, insbesondere bei Methanol. Mögliche Ursachen sind die Qualität der Messwerte, der Dampfdruckparameter, der Zustandsgleichung und die Vernachlässigung der Fugazitätskoeffizienten in der Dampfdruckgleichung.

Im Vergleich zur Verwendung der idealen Gasgleichung in Beispiel 2-28 ergibt die SRK- und PR-Gleichung für Wasser eine deutliche Verbesserung, während die Bender-Gleichung in diesem Fall etwa der idealen Gasgleichung entspricht. Die Qualität der Parameter der Bender-Gleichung muss angezweifelt werden, da sich kein flüssiges Molvolumen berechnen lässt.

Beispiel 12-17: Ammoniak-Kältemaschine

Ein Lagerraum wird mit einer Ammoniak-Kältemaschine nach folgendem Schema gekühlt:

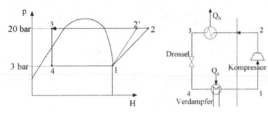

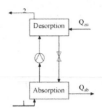

a) H-p-Diagramm   b) Kompressionskältemaschine   c) Absorptionskältemaschine

Gesättigtes, dampfförmiges Ammoniak wird bei 3 bar (Punkt 1) mittels eines elektrisch betriebenen 1-stufigen Kompressors (Wirkungsgrad $\eta = 0{,}7$) auf 20 bar komprimiert (2). Im Kondensator wird der komprimierte NH_3-Dampf zunächst durch Umgebungsluft auf Sättigungstemperatur gekühlt, dann verflüssigt und anschließend auf 30 °C unterkühlt (3). Anschließend wird das flüssige Ammoniak von 20 bar auf 3 bar bei konstanter Enthalpie gedrosselt (4), wobei ein Teil verdampft. Im Verdampfer wird das flüssige Ammoniak durch die Umgebungswärme wieder verdampft.

gesucht:

a) Welche Temperatur hat der Lagerraum, falls im Verdampfer eine Temperaturdifferenz von 10 °C aufrechterhalten werden soll.

b) Spezifische Enthalpien in jedem Zustandspunkt, wobei willkürlich $H_1 = 0$ gesetzt werden soll. Die Realität der Dampfphase soll mit der SRK-Gleichung berücksichtigt werden.

c) Wie groß ist die Leistungsziffer COP (Coefficient of Performance)?

Lösungshinweis:

c_p-Werte: $NH_{3,dampf}$ in Tabelle 15-6, $NH_{3,flüssig} = 83{,}9$ kJ/(kmol·K).

ad a) 10 °C über Sättigungstemperatur,

ad b) $H_1 = 0$; H_2 wie in Beispiel 12-8: einstufige Kompression $CO2_2$; $H_3 = H_2$ – Kühlung Gas – Kondensation – Unterkühlung Flüssigkeit; $H_4 = H_1$.

ad c) $COP = Q_c/W = |H_4/H_2|$.

Ergebnis:

a) Temperatur Lagerraum $\approx$ 0°C
b) $H_1 = 0$; $H_2 = 398{,}4$; $H_2 = H_4 = -1283{,}2$ kJ/kg
c) COP = 3,22

Anmerkung:

Die gleiche Anordnung kann auch als Wärmepumpe eingesetzt werden. In diesem Fall wird Wärme auf der kalten Seite der Umgebung entzogen und auf der heißen Seite an den zu erwärmenden Raum abgegeben. Die Leistungsziffer wird dann mit der Wärmeabgabe auf der heißen Seite berechnet; $COP = Q_h/W$.

Der Vorteil einer Absorptionskältemaschine oder –wärmepumpe ist, dass nicht das Gas, sondern das flüssige Absorptionsmittel verdichtet wird, was weniger Leistung erfordert, da der Volumenstrom wesentlich kleiner ist (Leistung P = Druck p x Volumenstrom $\dot{V}$). Das Kältemittel wird auf der kalten Seite bei niedrigem Druck in einem Absorptionsmittel absorbiert. Diese flüssige Lösung wird dann von einer Pumpe auf hohen Druck gebracht. Das Austreiben des Kältemittels (Desorption) erfolgt bei hohem Druck, was nur bei entsprechend hoher Temperatur möglich ist. Die Absorption, Druckerhöhung und Desorption ersetzen den Kompressor, die übrigen Anlagenteile sind gleich.

Beispiel 12-18: Mindesttrennarbeit

Ein Gasgemisch aus zwei idealen Gasen soll bei 25 °C mit beliebigen Verfahren getrennt werden.

A) Berechne und zeichne die erforderliche Mindesttrennarbeit über den gesamten Zusammensetzungsbereich der Gase.

B) Welche Leistung ist mindestens erforderlich, um 200 kg/h eines Gases mit 40 Ma.% NH_3 und 60 % Stickstoff bei 60 °C vollständig zu trennen?

C) Welche Leistung ist mindestens erforderlich, um aus diesem Gasgemisch 90 % des NH_3 abzutrennen.

Lösungshinweis:

A) $\Delta g_{min} = -RT\sum_i x_i \ln x_i$

B) Zur Berechnung der tatsächlich erforderlichen Leistung für eine vollständige Trennung muss Δg_{min} mit den Molenströmen multipliziert werden.

$\dot{W}_{min} = -RT\sum_i x_i \cdot \ln x_i \cdot \dot{N}_i$

C) Eine unvollständige Abtrennung ergibt sich als Differenz der vollständigen Trennungen von Anfangs- und Endzustand.

Ergebnis:

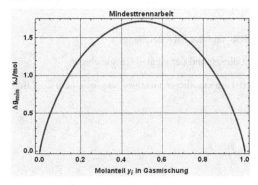

B) 1,72 kW; C) 1,53 kW

Anmerkung:

In der Praxis ist immer mehr Energie aufzuwenden. Wie viel mehr hängt von den angewandten Verfahren ab. Bei den Thermischen Trennverfahren ist beispielsweise so viel mehr Energie aufzuwenden, dass die Mindesttrennarbeit meist vernachlässigt werden kann und üblicherweise gar nicht berechnet wird.

Beispiel 12-19: Fugazitäten in einer Gasmischung

Berechne die Fugazitätskoeffizienten und die Fugazitäten für eine Mischung aus 60 % N_2 und 40 % CH_4 bei 150 K und 25 bar mit der SRK-Gleichung. Der Wechselwirkungsparameter beträgt $k_{ij} = 0,0267$. Welche Werte ergeben sich, wenn der Wechselwirkungsparameter nicht berücksichtigt wird?

Lösungshinweis:

In der SRK-Gleichung werden die Parameter a_i und b_i für die Reinstoffe benötigt, sowie ein Kreuzparameter a_{ij}. Mit diesen können über folgende Mischungsregeln a und b für die gesamte Gasphase berechnet werden:

$a_{ij} = \sqrt{a_i a_j} \cdot \left(1 - k_{ij}\right)$

$a = \sum_{i=1}^{n}\sum_{j=1}^{n} y_i y_j a_{ij}$, wobei a_{ii} = Reinstoffparameter a_i

$$b = \sum_{i=1}^{n} y_i b_i$$

Mit diesen Werten kann nun das Molvolumen der gesamten Dampfphase (nicht der einzelnen Komponenten) berechnet werden und damit die Fugazitätskoeffizienten. Die Fugazitätskoeffizienten für die einzelnen Komponenten i erhält man wieder aus dem Realanteil der Gibbsschen Enthalpie. Ähnlich wie in Tabelle 12-1 erhält man für die einzelnen Komponenten mit druckexpliziten Zustandsgleichungen folgende allgemeine Form:

$$g_i^R = RT\ln\varphi_i = \int_{\infty}^{v}\left[\frac{RT}{v} - \left(\frac{\partial p}{\partial N_i}\right)_{T,P,N_j}\right]dv - \ln z$$

Für die SRK-Gleichung erhält man daraus:

$$\ln\varphi_k = \ln\frac{v}{v-b} - \frac{2\sum_i y_i a_{ik}}{RTb}\cdot\ln\frac{v+b}{v} + \frac{b_k}{v-b} - \ln\frac{pv}{RT} + \frac{ab_k}{RTb}\cdot\left(\ln\frac{v+b}{v} - \frac{b}{v+b}\right) \tag{12.67}$$

Ergebnis:

In Klammer die Werte bei Vernachlässigung des Wechselwirkungsparameters
$\varphi_{N2} = 0,874$ (0,872), $f_{N2} = 13,10$ (13,07) bar
$\varphi_{CH4} = 0,675$ (0,669), $f_{CH4} = 6,75$ (6,69) bar

Beispiel 12-20: Dichte einer Gasmischung [23]

Gegeben ist eine Mischung von 50 % Methan (1), 40 % Ethan (2) und 10 % Kohlendioxid (3) bei 200 K. Berechne

A) die Parameter a und b der van der Waals-, der SRK- und der PR-Gleichung,

B) die Molvolumina und die Gasdichte bei 4 bar mit diesen und der idealen Gasgleichung,

C) die Dichte und den Druck bei 200 K, wenn sich 10 Mole dieser Gasmischung in einem 20 Liter-Behälter befinden.

Gegeben: Kreuzkoeffizienten k_{ij}

$k_{12} = 0$; $k_{13} = 0,0973$, $k_{23} = 0,1346$; $k_{ii} = k_{jj} = 0$; $k_{ji} = k_{ij}$;

Lösungshinweis:

Die Gleichungen für Parameter a und b für Gasmischungen aus dem vorhergehenden Beispiel 12-19 gelten ebenso für die van der Waals- und PR-Gleichung. Damit Molvolumen und Dichte.

Ergebnis:

	iG	vdW	SRK	PR
a	-	352048	408501	427610
b	-	0,4158	0,036	0,032
v_{liquid} [l/mol]	-	-	0,058	0,051
v_{dampf} [l/mol]	4,16	4,39	3,94	3,92
ρ [kg/m³]	5,88	5,57	6,21	6,23
p in Tank [bar]	8,81	9,62	7,46	7,42

Beispiel 12-21: Kompression Biogas

Ein Biogas mit 60 % Methan (Komponente 1) und 40 % CO_2 (2) soll von 20 °C und 3 bar auf 9 bar verdichtet werden. Berechne die Austrittstemperatur und die notwendige Kompressionsarbeit (75 %

Wirkungsgrad) für a) ideales Gas, b) SRK-Gleichung ohne Kreuzkoeffizient, c) SRK-Gleichung mit Kreuzkoeffizient; $k_{12} = k_{21} = 0,1$.

Lösungshinweis:

Prinzipiell wie einstufige Kompression CO_2, Beispiel 12-8, aber zwei Komponenten. Für die Wärmekapazität soll ein arithmetischer Mittelwert verwendet werden, die Berechnung der SRK-Parameter wie in Beispiel 12-19.

Ergebnis:

	$T_{aus,rev.}$ [K]	$T_{aus,irrev.}$ [K]	$W_{rev.}$ [J/mol]	$W_{irrev.}$ [J/mol]
Ideales Gas	373,0	398,0	3034,2	4045,7
SRK ohne k_{12}	374,2	398,5	3008,8	4011,7
SRK mit k_{12}	374,1	398,5	3011,0	4014,6

Beispiel 12-22: dampf/flüssig-Gleichgewicht N_2 – CH_4 [8]

Für das binäre System N_2 (Komponente 1) und CH_4 (2) soll für eine Temperatur von 150 K und einen Molanteil $x_1 = 0,25$ der Druck und die Dampfphasenzusammensetzung mit der SRK-Gleichung berechnet werden.

Lösungshinweis:

Prinzipielle Vorgangsweise wie in Beispiel 12-15, aber für zwei Komponenten. Für jede Komponente muss die Gleichgewichtsbedingung

$$x_i \cdot \varphi_i^l = y_i \cdot \varphi_i^v \tag{12.68}$$

erfüllt sein.

Die Berechnung kann nur iterativ erfolgen. Es wird zunächst eine Dampfphasenzusammensetzung y_i und ein Gesamtdruck geschätzt, z. B. $y_1 = 0,6$, p = 20 bar. Damit können die Fugazitätskoeffizienten für die Dampfphase wie in Beispiel 12-19 berechnet werden. Die Berechnung der Fugazitätskoeffizienten für die Flüssigphase erfolgt analog, in der SRK-Gleichung müssen aber immer die Werte für die Flüssigphase eingesetzt werden, z. B.

$$a = \sum_{i=1}^{n} \sum_{j=1}^{n} x_i x_j a_{ij}, \quad \text{und} \quad b = \sum_{i=1}^{n} x_i b_i .$$

Gleichung (12.67) gilt auch für die Flüssigphase wenn an Stelle der y_i die x_i und für v, b, a die entsprechenden Flüssigwerte eingesetzt werden.

Mit diesen geschätzten Werten wird die Gleichgewichtsbedingung (12.68) höchstwahrscheinlich nicht erfüllt sein; es müssen für die weitere Iteration bessere Schätzwerte gefunden werden. Dazu bildet man den Verteilungskoeffizienten K

$$K_i = \frac{y_i}{x_i} = \frac{\varphi_i^l}{\varphi_i^v} .$$

Mit diesen Verteilungskoeffizienten können zu den gegebenen x_i neue $y_i = K_i \cdot x_i$ berechnet werden. Die Summe S der so berechneten y_i sollte 1 ergeben. Ist die Summe S > 1, so wurde ein zu hohes y_1 geschätzt, und entsprechend ein zu niedriges y_1, wenn S < 1 ist. Der neue Schätzwert geht in die richtige Richtung, wenn man den berechneten Wert durch S dividiert, d. h.

$$y_{1,neu} = \frac{x_1 \cdot K_1}{S} .$$

Analog beim Druck; ist S > 1, so wurde ein zu niedriger Druck geschätzt. Der neue Schätzdruck ergibt sich damit zu

$p_{neu} = p_{alt} \cdot S$.

Die Iteration wird abgebrochen, wenn der Absolutbetrag von $S_{neu} - S_{alt}$ kleiner als ein vorgegebener Wert ε wird.

Ergebnis:

Nach 13 Iterationen für $\varepsilon = 0,00001$

$y_1 = 0,570$; $p = 26,87$ bar;

$\varphi^l_1 = 1,983$; $\varphi^l_2 = 0,371$;

$\varphi^v_1 = 0,870$; $\varphi^v_2 = 0,647$;

$x_1 \cdot \varphi^l_1 = y_1 \cdot \varphi^v_1 = 0,49574$

Beispiel 12-23: experimentelle Bestimmung der Henry-Konstante CO_2 in Wasser [8]

Berechne die Henry-Konstante bei 50 °C für CO_2 (1) in Wasser (2) für folgende Gleichgewichtsdaten:

$x_1 \cdot 10^3$	0,324	0,683	1,354	2,02	2,66	3,30	3,93	4,55	5,15	5,75
p_1 [bar]	1,0133	2,0265	4,053	6,0795	8,106	10,133	12,16	14,19	16,21	18,24

Die Berechnung der Fugazitätskoeffizienten soll mit der Virialgleichung erfolgen, wofür folgende Werte bei 50 °C gelten:

$B_{11} = -102$, $B_{22} = -812$, $B_{12} = -198$ cm³/mol;

Lösungshinweis:

Die Henry-Konstante kann direkt aus der Steigung der p-x-Kurve bei $x_1 = 0$ berechnet werden, da bei $x_1 = 0$ der Aktivitätskoeffizient $\gamma = 1$ wird. Alternativ kann die Steigung p/x bzw. f/x gegen x aufgetragen werden.

Zur Berechnung der Fugazitätskoeffizienten werden die Molanteile y_i in der Gasphase benötigt; diese erhält man aus dem Daltonschen Gesetz $p_i = y_i \cdot p_{ges}$, wobei sich der Gesamtdruck aus dem Sättigungsdampfdruck des Wasser und dem gemessenen Partialdruck des CO_2 zusammensetzt.

Damit erhält man den 2. Virialkoeffizienten B für jeden Messpunkt zu

$B = y_1^2 \cdot B_{11} + 2 y_1 \cdot y_2 \cdot B_{12} + y_2^2 \cdot B_{22}$

und den Fugazitätskoeffizienten für jeden Punkt aus:

$RT \ln \varphi = (2(y_1 \cdot B_{11} + y_2 \cdot B_{12}) - B) \cdot p_{ges}$

Ergebnis :

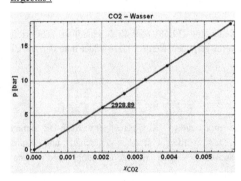
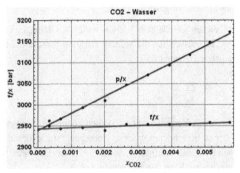

Die Henry-Konstante von CO_2 in Wasser bei 50 °C beträgt:

- aus Steigung der p-x-Kurve: 2928,9 bar,
- aus Extrapolation von p/x bei x = 0: 2934,5 bar,
- aus Extrapolation von f/x bei x = 0: 2943,7 bar.

In den verwendeten Datenbanken findet man 2865,4 bzw. 2968,3 bar.

Beispiel 12-24: experimentelle Bestimmung der Henry-Konstante NH₃ in Wasser [51]

Es ist die Henry-Konstante und die Aktivtitätskoeffizienten von NH_3 in Wasser bei 20 °C aus folgenden Messpunkten zu bestimmen:

g NH₃/g H₂O	0,05	0,1	0,15	0,2	0,25
p_{NH_3} [kPa]	4,23	9,28	15,2	22,1	30,3

Lösungshinweis:

Prinzipiell wie im vorhergehenden Beispiel für CO_2. Der Unterschied ist hauptsächlich in der Löslichkeit des Gases gegeben. CO_2 ist relativ schwer löslich, d. h. die Konzentration von CO_2 in Wasser ist sehr gering, weshalb die Aktivitätskoeffizienten näherungsweise immer $\gamma = 1$ gesetzt werden können und nicht nur im Grenzfall $x = 0$. Durch diese geringe Löslichkeit können andererseits die CO_2-Partialdrücke in der Gasphase hohe Werte annehmen und die Gasphase dadurch nicht mehr als ideal angesehen werden. Man sieht dies sehr schön in der rechten obigen Abbildung (Beispiel 12-23) beim Vergleich von p/x und f/x. f/x ist fast konstant, was auf den nur sehr geringen Einfluss der Aktivitätskoeffizienten zurückzuführen ist.

Ammoniak hingegen ist ein sehr leicht lösliches Gas. Aktivitätskoeffizienten sind jedenfalls zu berücksichtigen. Durch die hohe Löslichkeit ist aber der Partialdruck des NH_3 in der Gasphase gering, wodurch diese in guter Näherung als ideales Gas betrachtet werden kann.

Die Berechnung der unsymmetrischen Aktivitätskoeffizienten basiert auf dem Debye-Hückel-Gesetz und wurde für Elektrolyte in Kapitel 9.2.3 gezeigt; die Berechnung für Nichtelektrolyte wird hier nicht behandelt (siehe [53]). Meist kann γ_i^* für Nichtelektrolyte wie beim CO_2 in ausreichender Näherung eins gesetzt werden, ausgenommen leicht lösliche Stoffe wie NH_3. Entsprechend

$$p_i = \gamma_i^* \cdot x_i \cdot H_{ij}$$

wird γ_i^* aus den Messpunkten p_i/x_i dividiert durch die Henry-Konstante erhalten.

Ergebnis:

Für die Henry-Konstante von NH_3 in Wasser bei 20 °C berechnen sich folgende Werte:

- Tangente bei x = 0 bei Auftragung p – x: 0,732 bar

- Extrapolation auf x = 0 bei Auftragung p/x – x: 0,717 bar

- Fitfunktion für p/x – x bei x = 0: 0,759 bar.

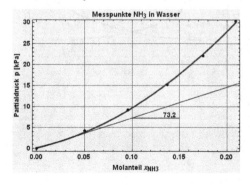

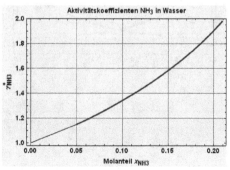

Anmerkung:

In der Literatur findet man sehr unterschiedliche Werte für die Henry-Konstante von NH_3 in Wasser; siehe dazu Beispiel 14-20.

Beispiel 12-25: Gleichgewichtszusammensetzung Ethanol/Toluol, Uniquac und Unifac

Zeichne ein x-y-Zusammensetzungsdiagramm für Ethanol (1) – Toluol (2) bei einem Gesamtdruck von 1 bar, wobei die Gasphase ideal angenommen und die Aktivitätskoeffizienten in der Flüssigphase einmal mit UNIQUAC und einmal mit UNIFAC berechnet werden sollen.

Lösungshinweis:

Ethanol enthält eine –CH_3, eine –CH_2- und eine –OH Gruppe; Toluol 5 –ACH und eine –$ACCH_3$ Gruppe; insgesamt also 2 Komponenten und 5 Gruppen. Zahlenwerte und Vorgangsweise bei der Berechnung mit Unifac nur in der *Mathematica*-Datei.

Bei gegebener Flüssigkeitszusammensetzung können die Aktivitätskoeffizienten nach Gleichung (12.62) und die Dampfphasenzusammensetzung nach dem realen Raoultschen Gesetz (12.57) berechnet werden.

$$y_i \cdot p = x_i \cdot \gamma_i \cdot p_i^s$$

Sowohl für die γ wie auch für die Sättigungsdampfdrücke wird die noch unbekannte Gleichgewichtstemperatur benötigt. Man kann iterativ vorgehen, indem eine Temperatur geschätzt wird und damit die γ und die p^s berechnet werden. Einsetzen in das Raoultsche Gesetz und Summation über alle Komponenten sollte bei richtiger Temperatur $\sum y_i = 1$ ergeben. Wurde die Temperatur zu hoch geschätzt, ist die Summe > 1 und umgekehrt.

Damit kann leicht iteriert werden, die heutigen CAS sind aber alle in der Lage, die Gleichgewichtstemperatur aus der Summationsbedingung direkt numerisch zu berechnen, d. h. aus der Bedingung

$$\sum_i x_i \cdot \gamma_i \cdot p_i^s = p \,.$$

Ergebnis:

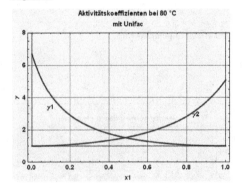

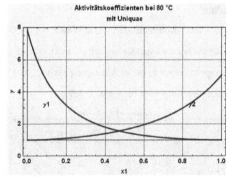

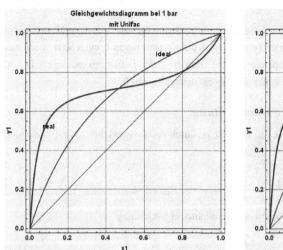

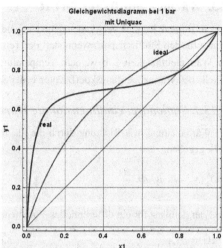

Anmerkung:

Bei gegebener Flüssigkeitszusammensetzung und Temperatur können die Aktivitätskoeffizienten leicht mit den angegebenen Formeln berechnet werden. Schwieriger wird es, wenn die Dampfphasenzusammensetzung gegeben ist, und T und die x_i im Gleichgewicht gesucht sind. Siehe dazu die Beispiele zur Destillation (Siedediagramm Aceton-Wasser, Beispiel 14-26).

Beispiel 12-26: Aktivitätskoeffizienten und Gleichgewicht einer ternären Mischung

Gegeben ist eine flüssige Mischung mit Mol-50 % Aceton, 30 % Ethanol und 20 % Wasser bei einer Temperatur von 70 °C. Berechne die Aktivitätskoeffizienten für die flüssige Phase und die Gleichgewichtszusammensetzung der Dampfphase sowie den Gleichgewichtsdruck für die Annahme einer idealen Gasphase.

Lösungshinweis:

Analog Beispiel 12-25 für Uniquac; Unterschied: ternäres System; T gegeben, p gesucht.

Ergebnis:

$\gamma_1 = 1{,}180$; $\gamma_2 = 1{,}223$; $\gamma_3 = 2{,}335$
$p = 1{,}35$ bar
$y_1 = 0{,}6956$; $y_2 = 0{,}1970$; $y_3 = 0{,}1074$;

13. Wärme-, Stofftransport II

Alle in diesem Kapitel verwendeten und abgeleiteten Gleichungen für den Wärmetransport gelten ebenso für den Stofftransport, wenn statt der Temperatur T die Konzentration c_i eingesetzt wird, statt der Wärmeleitfähigkeit λ bzw. dem Temperaturleitkoeffizienten a der Diffusionskoeffizient D und anstelle des Wärmeübergangskoeffzienten α der Stoffübergangskoeffizient β.

13.1. Stationäre, eindimensionale Wärmeleitung

Die Wärmeleitung in x-Richtung durch die Fläche $dydz$ ist durch das Fouriersche Gesetz, Gleichung (3.7), gegeben:

$$\dot{Q}_x = -\lambda \cdot dy \cdot dz \cdot \frac{dT}{dx} \tag{13.1}$$

Die Energiebilanz für ein differentielles Volumenelement lautet in x-Richtung

$$\frac{dU}{dt} + \dot{M}\left(\Delta h + \Delta e_{pot} + \Delta e_{kin}\right) + \dot{Q}_G = \frac{d\dot{Q}_x}{dx}dx + \dot{W}_s. \tag{13.2}$$

Für ein stationäres, geschlossenes System ohne Generation und Arbeitsleistung reduziert sich Gleichung (13.2) mit einem Temperatur-unabhängigen Wärmeleitkoeffizienten λ für die Raumrichtung x auf:

$$\frac{d^2T(x)}{dx^2} = 0 \tag{13.3}$$

Zwei Mal integriert mit den Randbedingungen $T(0) = T_1$ und $T(\delta) = T_2$ ergibt einen linearen Temperaturverlauf über die Länge δ:

$$T(x) = T_1 - (T_1 - T_2) \cdot x \tag{13.4}$$

Man beachte, dass im stationären Fall das Temperaturprofil unabhängig von λ ist.

Tritt im Bilanzelement ein Generationsterm $\dot{q}_G$ [W/m³] auf, so lautet die Bilanz für ein stationäres, geschlossenes System ohne Arbeitsleistung und mit einem konstanten Wärmeleitkoeffizienten:

$$\frac{d^2T(x)}{dx^2} + \frac{\dot{q}_G}{\lambda} = 0 \tag{13.5}$$

Bei der Integration dieser Gleichung sind mehrere Randbedingungen möglich, was in Beispiel 13-1 diskutiert wird.

13.2. Stationäre, zweidimensionale Wärmeleitung

Bei der zweidimensionalen Wärmeleitung in x- und y-Richtung lautet die Bilanzgleichung entsprechend

$$\frac{d^2T}{dx^2} + \frac{d^2T}{dy^2} = 0. \tag{13.6}$$

Im Unterschied zur eindimensionalen Wärmeleitung, Gleichung (13.3), ist Gleichung (13.6) nunmehr eine partielle Differentialgleichung (Laplace-Gleichung). Analytische Lösungen sind nur mehr für einfache Geometrien und Randbedingungen möglich und ergeben eine unendliche Reihe (Beispiel

13-2). Für komplexere geometrische Verhältnisse müssen numerische Methoden angewandt werden, Kapitel 13.4.

13.3. Instationäre, eindimensionale Wärmeleitung

Die instationäre Wärmeleitung wurde bereits in Kapitel 3 über eine Energiebilanz für ein differentielles Volumenelement abgeleitet und lautet ohne Generationsterm:

$$\frac{dT}{dt} = \frac{\lambda}{\rho \cdot c} \cdot \frac{d^2T}{dx^2} = a \cdot \frac{d^2T}{dx^2} \tag{13.7}$$

Sie ist eine partielle Differentialgleichung 2. Ordnung.

Für einfache geometrische Verhältnisse, wie die (unendliche lange) Platte, der (unendliche lange) Zylinder und die Kugel gibt es analytische Lösungen der partiellen Differentialgleichung (13.7) z. B. mit dem Produktansatz von Bernoulli oder mittels Laplace- oder Fourier-Transformation. Keines der CAS schafft eine direkte analytische Lösung, einige aber eine schrittweise Lösung mittels Laplace- oder Fourier-Transformation.

Eine analytische Lösung von Gleichung (13.7) wird durch eine dimensionslose Darstellung wesentlich vereinfacht. Dies bietet nicht nur die bekannten Vorteile wie Reduktion der Einflussgrößen, Maßstabsinvarianz u. a., sondern erleichtert auch die Lösung der Differentialgleichung durch Vereinfachung der Randbedingungen.

Es müssen die Temperatur T, die Zeit t, der Temperaturleitkoeffizient a und die Ortskoordinate x dimensionslos dargestellt werden, was am besten folgendermaßen geschieht:

Anstelle der Temperatur wird eine Temperaturdifferenz gewählt und auf eine maximal mögliche Temperaturdifferenz bezogen. Wird beispielsweise eine Kugel, welche anfänglich die Umgebungstemperatur $T\infty$ aufweist in ein heißes Wasserbad mit Temperatur T_W eingebracht, so wird sich die Temperatur der Kugel von $T\infty$ mit der Zeit an T_W annähern. Mit der maximalen Temperaturdifferenz T_W - $T\infty$ kann somit eine dimensionslose Temperatur Θ definiert werden:

$$\Theta = \frac{T - T\infty}{T_W - T\infty}, \text{ oder auch } \frac{T_W - T}{T_W - T\infty}, \tag{13.8}$$

mit den Anfangswerten 0 bzw. 1.

Die Zeit wird mit dem Temperaturleitkoeffizienten a über eine charakteristische Länge L zu einer dimensionslosen Zeit verknüpft,

$$\text{dimensionslose Zeit} = \frac{a \cdot t}{L^2} = Fo, \tag{13.9}$$

was eine häufig verwendete dimensionslose, zeitabhängige Kennzahl, die Fourier-Zahl Fo ergibt.

Die Ortskoordinate x wird ebenfalls mit der charakteristischen Länge L zur dimensionslosen Länge X verknüpft.

$$X = \frac{x}{L}. \tag{13.10}$$

Die charakteristische Länge L kann beliebig gewählt werden, z. B. die Dicke oder halbe Dicke bei einer unendlich langen Platte, oder der Radius bei einem Zylinder oder Kugel. Häufig wird aber auch das Verhältnis von Volumen zu Oberfläche gewählt, wodurch sich die halbe Dicke bei der unendlich langen Platte, der halbe Radius beim unendlich langen Zylinder und r/3 bei der Kugel ergibt (siehe aber Beispiel 13-7).

Zur Darstellung der Randbedingungen ist eine weitere Kennzahl erforderlich, die Biot-Zahl, welche das Verhältnis des konvektiven Wärmetransportes außerhalb des Körpers zur Wärmeleitung im Körper angibt (vergleiche: Nusselt-Zahl Nu ist das gleiche Verhältnis innerhalb eines Mediums).

$$Bi = \frac{\alpha \cdot L}{\lambda} \tag{13.11}$$

In dimensionsloser Schreibweise lautet somit das 2. Fouriersche Gesetz:

$$\frac{\partial \Theta}{\partial Fo} = \frac{\partial^2 \Theta}{\partial X^2} \tag{13.12}$$

Analytische Lösungen dieser partiellen Differentialgleichung 2. Ordnung wurden erstmals von W. Gröbner 1933 angegeben. Die exakte, analytische Lösung ist wieder (wie bei der zweidimensionalen stationären Wärmeleitung) eine unendliche Reihe. Für die Platte ist die Lösung

$$\Theta(X,Fo) = \sum_i CP_i \cdot \exp(-\delta_i^2 \cdot Fo) \cdot \cos(\delta_i \cdot X) \tag{13.13}$$

Mit CP_i als den Koeffizienten für die Platte,

$$CP_i = \frac{4 \sin(\delta_i)}{2\delta_i + \sin(2\delta_i)} \tag{13.14}$$

und δ_i als den Eigenwerten der Differentialgleichung (13.12).

Auch die Sinus-Funktion ist eine Lösung; für eine symmetrische Darstellung, z. B. Plattendicke von von –L bis +L wird eine Kosinus-Funktion gewählt ($\cos(x) = \cos(-x)$), während die Sinus-Funktion für unsymmetrische Darstellungen geeignet ist ($\sin(x) = -\sin(-x)$).

Es gibt immer eine Anfangsbedingung und null bis zwei Randbedingungen. Zum Zeitpunkt $t = 0$ kann eine einheitliche Anfangstemperatur T_0 vorgegeben sein, oder auch eine Temperaturverteilung, was mathematisch aufwändiger ist. Ist der Körper sehr breit, Grenzfall $-\infty < x < \infty$, gibt es keine Randbedingung, beim halbunendlich ausgedehnten Körper, $0 < x < \infty$, gibt es eine und bei einem endlichen Körper, $0 < x < L$ oder $-L < x < L$, zwei Randbedingungen.

Die Eigenwerte δ_i sind von den Randbedingungen abhängig.

13.3.1. endlich dicke Körper

Wir betrachten den allgemeinen Fall einer langen und endlich dicken Platte mit der Dicke 2L, die in einer kalten Umgebung abgekühlt wird. An der Plattenoberfläche muss dann der konduktive Wärmestrom aus dem Platteninneren gleich dem abgeführten konvektiven Wärmestrom in die Umgebung entsprechen.

$$\dot{q} = -\lambda \cdot \left(\frac{\partial T}{\partial x}\right)_W = \alpha \cdot \left(T_W - T_{Umg}\right)$$

In dimensionsloser Form ergibt sich daraus mit der Bi-Zahl $\frac{\alpha \cdot L}{\lambda}$

$$\left(\frac{\partial \Theta}{\partial X}\right)_W + Bi \cdot \Theta_W = 0 \qquad (13.15)$$

Die allgemeine Lösung für θ_W, Gleichung (13.13) in (13.15) ergibt für einen Wert i:

$$-CP_i \cdot \delta_i \cdot \exp\left(-\delta_i^2 \cdot Fo\right) \cdot \sin\left(\delta_i \cdot X\right) = -Bi \cdot CP_i \cdot \exp\left(-\delta_i^2 \cdot Fo\right) \cdot \cos\left(\delta_i \cdot X\right) \qquad (13.16)$$

Am Rand der Platte (X = 1) erhält man daraus die transzendente Gleichung

$$\frac{\cos(\delta_i)}{\sin(\delta_i)} = \cot(\delta_i) = \frac{\delta_i}{Bi} \qquad (13.17)$$

Es gibt unendlich viele Eigenwerte, einige davon sind in der Literatur (z. B. [17]) als Funktion der Bi-Zahl tabellarisch oder grafisch dargestellt. Im Beispiel 13-5 werden sie numerisch berechnet.

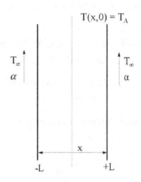

Abbildung 13-2 zeigt die Lösungen der Gleichung (13.13) für die bezüglich des Wärmetransportes eindimensionale Platte für verschiedene Bi-Zahlen mit der dimensionslosen Zeit Fo als Parameter. Die Koeffizienten C_i und Eigenwerte δ_i wurden nach (13.14) bzw. (13.17) berechnet. In der Lösung wurden gerade so viele Koeffizienten und Eigenwerte berücksichtigt, dass annähernd konstante Ergebnisse erhalten wurden (siehe Beispiel 13-5). Die dimensionslose

Abbildung 13-1: endlich dicker Körper

Anfangstemperatur (Fo = 0) der Platte ist 1, die dimensionslose Umgebungstemperatur 0. Die Platte wird beidseitig gleichmäßig gekühlt, sie ist daher symmetrisch und die dimensionslose Länge geht von −1 bis 1.

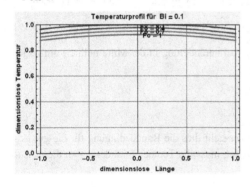

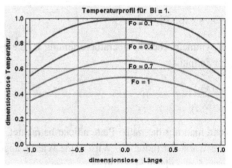

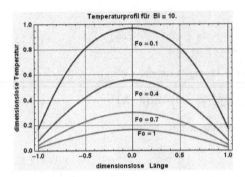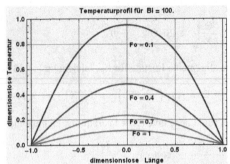

Abbildung 13-2: Lösungen für Platte

Man sieht, dass die Platte mit der Zeit abkühlt und zwar umso schneller, je größer die Bi-Zahl ist, was verständlich ist, da bei hohen Bi-Zahlen der konvektive Abtransport der Wärme entsprechend größer als die Wärmeleitung in der Platte ist.

Interessant sind die verschiedenen Grenzfälle. Bei sehr hohen Bi-Zahlen wird die Wärme in der Umgebung so schnell abgeführt, dass die Wandtemperatur praktisch konstant bleibt.

Für die Randbedingung konstante Temperatur bei X = 0 und X = L gilt auch die einfachere Lösung, gültig für ungeradzahlige n

$$\Theta(X,Fo) = \frac{4}{\pi}\sum_{n=1}^{\infty}\frac{1}{n}\cdot\sin(n\cdot\pi\cdot X)\cdot\exp\left(-(n\cdot\pi/2)^2 Fo\right)$$ (13.18)

Bei sehr niedrigen Bi-Zahlen wird die Wärme innerhalb der Platte gut geleitet und wenig über die Umgebung abgeführt. Die Temperatur ändert sich nur langsam und ist innerhalb der Platte annähernd konstant. Näherungsweise kann bei Bi-Zahlen < 0,1 mit konstanter Temperatur innerhalb des gut leitenden Mediums gerechnet werden (lumped capacitance method). Es gilt dann die Näherungslösung

$$\Theta = \exp(-Bi\cdot Fo)$$ (13.19)

Bei symmetrischer Temperaturverteilung ist die Temperaturänderung in der Mitte null. Es gilt zu jedem Zeitpunkt:

$$\left(\frac{\partial\Theta}{\partial X}\right)_{X=0} = 0$$

Wenn man nur die halbe Plattendicke betrachtet, dann stellt dies die Randbedingung für die gut isolierte Wand dar (adiabat). Wird keine Wärme abgeführt, muss die Temperaturänderung an dieser isolierten Stelle gleich null sein.

Beispiel 13-5 zeigt auch die allgemeinen Lösungen für Zylinder und Kugel.

13.3.2. unendlich dicke Körper

Einen Spezialfall stellen sehr dicke Materialien insofern dar, als an einem Ende (bei x = ∞) oder auch an beiden Enden (x = -∞, x = ∞) immer die Anfangsbedingungen vorherrschen. Es gilt die Randbedingung

$$T(x=\infty,t) = T_0 \quad bzw.$$ (13.20)

$$T(x=-\infty,t) = T_0$$

Umgekehrt gilt ein Material als unendlich lang, wenn für den Betrachtungszeitraum diese Randbedingung eingehalten wird.

Beim beidseitig unendlich dicken Körper ist nur eine Anfangsbedingung notwendig. Wird bei der Diffusion in einem unendlich langen Stab an der Stelle x^0 eine bestimmte Menge A als Dirac-Stoß gleichverteilt über die Querschnittsfläche des Stabes aufgegeben, lautet die Lösung des eindimensionalen zweiten Fickschen Gesetzes (Beispiel 13-8):

$$c(x,t) = \frac{A}{2\sqrt{\pi \cdot D \cdot t}} \cdot \exp\left(-\frac{\left(x - x^0\right)^2}{4D \cdot t}\right) \tag{13.21}$$

Beim einseitig unendlich dicken Körper steht die Seite bei $x = 0$ in Kontakt mit einer Umgebung. Analytische Lösungen der instationären Wärmeleitungsgleichung (13.7) können für drei verschiedene Randbedingungen bei $x = 0$ abgeleitet werden:

- konstante Temperatur: $T(0,t) = T_{Umg}$

$$T(x,t) = T_{Umg} + \left(T_0 - T_{Umg}\right) \cdot \operatorname{erf}\left(\frac{x}{2\sqrt{a \cdot t}}\right) \tag{13.22}$$

- konstante Wärmestromdichte: $q_0 = -\lambda \left(\frac{\partial T}{\partial x}\right)_{x=0} = $ konst.

$$T(x,t) = T_0 + \frac{2q_0\sqrt{a \cdot t/\pi}}{\lambda} \exp\left(-\frac{x^2}{4a \cdot t}\right) - \frac{q_0 \cdot x}{\lambda} \operatorname{erfc}\left(\frac{x}{2\sqrt{a \cdot t}}\right) \tag{13.23}$$

- variable Wärmestromdichte: $q = -\lambda\left(\frac{\partial T}{\partial x}\right)_{x=0} = \alpha \cdot \left(T_{Umg} - T(0,t)\right)$

$$T(x,t) = T_0 + \left(T_{Umg} - T_0\right)\left[\operatorname{erfc}\left(\frac{x}{2\sqrt{a \cdot t}}\right) - \exp\left(\frac{\alpha \cdot x}{\lambda} + \frac{\alpha^2 \cdot a \cdot t}{\lambda^2}\right) \cdot \operatorname{erfc}\left(\frac{x}{2\sqrt{a \cdot t}} + \frac{\alpha\sqrt{a \cdot t}}{\lambda}\right)\right] \tag{13.24}$$

13.4. Numerische Lösungen der Wärmetransportgleichungen

Prinzipiell stehen drei Methoden zum Lösen der Wärmetransportgleichungen zur Verfügung:

1. analytische Lösungen
2. grafische Lösungen
3. numerische Lösungen

Einige der analytischen Lösungen wurden zusammen mit den möglichen Rand- und Anfangsbedingungen in den vorangegangenen Kapiteln behandelt; diese sind meist nur für einfache geometrische Verhältnisse möglich. Grafische Lösungen werden hier nicht berücksichtigt. Für die allermeisten praktischen Aufgabenstellungen muss auf numerische Lösungen zurückgegriffen werden, da analytische Lösungen nur in seltenen Fällen möglich sind.

Es stehen verschiedene numerische Techniken zur Verfügung, wie z. B. die Methoden der finiten Differenzen, finiten Volumen, finiten Elemente etc. Wir beschränken uns hier auf den einfachsten Fall der finiten Differenzen mit gleichmäßigen Abständen der Knotenpunkte in alle Raumrichtungen.

Analytische Lösungen erlauben die Bestimmung der Temperatur an einem beliebigen Punkt im Medium; numerische Lösungen hingegen nur an bestimmten, diskreten Punkten. Als erster Schritt bei einer numerischen Berechnung müssen daher diese diskreten Punkte festgelegt werden. Der Punkt wird auch als Knotenpunkt oder kurz Knoten bezeichnet; die Summe aller Knoten als Netzgitter (nodal network, grid, mesh). Zur Unterscheidung der einzelnen Knoten werden diese mit Indizes versehen, z. B. m für die x- und n für die y-Richtung (Abbildung 13-3).

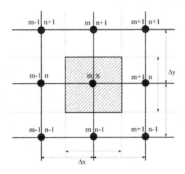

Abbildung 13-3: Netzgitter mit Bezeichnungen

Jeder Knotenpunkt repräsentiert ein bestimmtes Gebiet und die Temperatur an diesem Punkt eine Durchschnittstemperatur für dieses Gebiet. Beispielsweise gibt die Temperatur $T_{m,n}$ am Knotenpunkt $P_{m,n}$ die Durchschnittstemperatur des schattiert gezeichneten Bereiches an, also auf der Fläche welche sich von $m + \frac{1}{2}$ bis $m - \frac{1}{2}$ und von $n + \frac{1}{2}$ bis $n - \frac{1}{2}$ erstreckt. Je kleiner dieser Bereich ist, d. h. je mehr Knotenpunkte verwendet werden, desto genauer werden die Temperaturen, desto größer wird aber auch der Berechnungsaufwand. Im Grenzfall eines infinitesimal kleinen Knotenabstandes wird schließlich die analytische Genauigkeit erreicht.

Nach dem Festlegen des Netzgitters müssen die differentiellen Wärmetransportgleichungen diskretisiert und für jeden Knotenpunkt angeschrieben werden. Um Schwierigkeiten mit den Vorzeichen vorzubeugen, werden die Gleichungen vereinbarungsgemäß so geschrieben, als ob der Wärmefluss immer aus allen Richtungen zum betreffenden Knoten gerichtet ist. Damit ergeben sich automatisch immer die richtigen Temperaturen. Ist der tatsächliche Wärmefluss vom Knoten weg gerichtet, so erhält man nach dem Lösen der Gleichungen für den betreffenden Knoten eine höhere Temperatur als für die Nachbarknoten.

13.4.1. Stationäre Wärmeleitung

Die am häufigsten benutzte Diskretisierungsmethode verwendet eine nach dem dritten Glied abgebrochene Taylor-Reihe. Damit gilt am Knoten $P_{m,n}$ für die x-Richtung:

$$\left(\frac{\partial^2 T}{\partial x^2}\right)_{m,n} \approx \frac{\left(\frac{\partial T}{\partial x}\right)_{m+1/2,n} - \left(\frac{\partial T}{\partial x}\right)_{m-1/2,n}}{\Delta x}, \text{ mit}$$

$$\left(\frac{\partial T}{\partial x}\right)_{m+1/2,n} \approx \frac{T_{m+1,n} - T_{m,n}}{\Delta x}, \text{ bzw. } \left(\frac{\partial T}{\partial x}\right)_{m-1/2,n} \approx \frac{T_{m,n} - T_{m-1,n}}{\Delta x},$$

und somit auch für die 2. Ableitung

$$\left(\frac{\partial^2 T}{\partial x^2}\right)_{m,n} \approx \frac{T_{m+1,n} + T_{m-1,n} - 2T_{m,n}}{(\Delta x)^2}$$

Für die stationäre, eindimensionale Wärmeleitung in x-Richtung erhält man damit für den inneren Knoten $P_{m,n}$:

- Wärmeleitung von $P_{m+1,n}$ zu $P_{m,n}$ (bei $P_{m+1/2,n}$): $\quad \dot{q} = \lambda \cdot \dfrac{T_{m+1,n} - T_{m,n}}{\Delta x}$

- Wärmeleitung von $P_{m-1,n}$ zu $P_{m,n}$ (bei $P_{m-1/2,n}$): $\quad \dot{q} = \lambda \cdot \dfrac{T_{m-1,n} - T_{m,n}}{\Delta x}$

- Gesamte Wärmeleitung aus x-Richtung zu $P_{m,n}$: $\quad \dot{q} = \lambda \cdot \dfrac{T_{m+1,n} + T_{m-1,n} - 2T_{m,n}}{\Delta x}$

Analog für die y-Richtung: $\quad \dot{q} = \lambda \cdot \dfrac{T_{m,n+1} + T_{m,n-1} - 2T_{m,n}}{\Delta y}$

Falls der Knotenabstand in alle Richtungen gleich groß ist ($\Delta y = \Delta x$), erhält man für die gesamte zweidimensionale Wärmeleitung zum inneren Knoten $P_{m,n}$:

$$\dot{q} = \lambda \cdot \frac{T_{m+1,n} + T_{m-1,n} + T_{m,n+1} + T_{m,n-1} - 4T_{m,n}}{\Delta x}$$

Im stationären Fall fließt gleich viel Wärme zum wie vom Knoten, $\dot{q}$ für den gesamten Wärmefluss ist daher 0 und man erhält für einen inneren Knoten $P_{m,n}$

$$T_{m+1,n} + T_{m-1,n} + T_{m,n+1} + T_{m,n-1} - 4T_{m,n} = 0. \tag{13.25}$$

In Gleichung (13.25) sind die Wärmeleitfähigkeitskoeffizienten nicht mehr enthalten, sie haben sich herausgekürzt; die Temperaturverteilung im stationären Zustand ist unabhängig von den Stoffwerten. Auch wenn an jedem Knotenpunkt die gleiche Konvektion herrschen würde, kürzen sich die Wärmeübergangskoeffizienten, wodurch wieder Gleichung (13.25) erhalten wird.

Äußere Knoten stellen Punkte an der Grenzfläche zweier Phasen dar; in beiden Phasen herrschen unterschiedliche Strömungsbedingungen und beide weisen unterschiedliche Stoffwerte auf, die sich an äußeren Knoten nicht kürzen. Für einen äußeren Knoten müssen halbe Strecken zwischen den Knotenpunkten betrachtet werden (auch für innere, dann kann man aber die ganz Gleichung durch 2 dividieren).

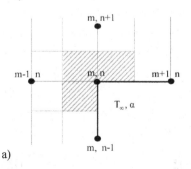
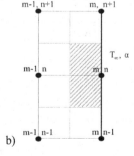

Abbildung 13-4. Beispiele für äußere Knoten

Für den Knoten $P_{m,n}$ in Abbildung 13-4 a) erhält man:

$$2\lambda\frac{T_{m-1,n}-T_{m,n}}{\Delta x} + 2\lambda\frac{T_{m,n+1}-T_{m,n}}{\Delta y} + \lambda\frac{T_{m+1,n}-T_{m,n}}{\Delta x} + \lambda\frac{T_{m,n-1}-T_{m,n}}{\Delta y} + 2\alpha\left(T_\infty-T_{m,n}\right) = 0\,,$$

bzw. zusammengefasst mit $\Delta x = \Delta y$:

$$2\left(T_{m-1,n} + T_{m,n+1}\right) + T_{m+1,n} + T_{m,n-1} + 2\frac{\alpha\cdot\Delta x}{\lambda}T_\infty - 2\left(3 + \frac{\alpha\cdot\Delta x}{\lambda}\right)T_{m,n} = 0 \qquad (13.26)$$

Analog für den Knoten $P_{m,n}$ in Abbildung 13-4 b):

$$2T_{m-1,n} + T_{m,n+1} + T_{m,n-1} + 2\frac{\alpha\cdot\Delta x}{\lambda}T_\infty - 2\left(2 + \frac{\alpha\cdot\Delta x}{\lambda}\right)T_{m,n} = 0 \qquad (13.27)$$

Mit diesen Gleichungen für alle internen und externen Knotenpunkte erhält man nun ein System von linearen algebraischen Gleichungen, für welches direkte und iterative Lösungsmethoden bestehen (Beispiel 13-3). Allgemein gilt, dass direkte Lösungsmethoden bei einer kleinen Anzahl und iterative bei einer großen Anzahl von Gleichungen zu bevorzugen sind. Die heutige Leistungsstärke der Computer und optimierte Lösungsmethoden der CAS erlauben schnelle direkte Lösungen auch bei einer großen Anzahl von Gleichungen.

13.4.2. Instationäre Wärmeleitung

Obige Gleichungen für die stationäre Wärmeleitung können leicht für den instationären Fall erweitert werden. Zusätzlich zu den Ortkoordinaten muss nun auch die Zeit diskretisiert werden, z. B. mit $t = p\cdot\Delta t$. Für die zeitliche Ableitung der Temperatur erhält man damit

$$\left(\frac{\partial T}{\partial t}\right)_{m,n} \approx \frac{T_{m,n}^{p+1} - T_{m,n}^p}{\Delta t}$$

Das 2. Fouriersche Gesetz für zwei Dimensionen

$$\frac{1}{a}\cdot\frac{\partial T}{\partial t} = \frac{\partial^2 T}{\partial x^2} + \frac{\partial^2 T}{\partial y^2}$$

kann nun auf zwei Arten diskretisiert werden: bei der expliziten Methode wird die neue Temperatur eines bestimmten Knotens basierend auf den alten Temperaturen aller Nachbarknoten berechnet. Bei der impliziten Methode werden alle neuen Temperaturen gleichzeitig berechnet.

a) explizite Methode:

$$\frac{1}{a}\cdot\frac{T_{m,n}^{p+1} - T_{m,n}^p}{\Delta t} \approx \frac{T_{m+1,n}^p + T_{m-1,n}^p - 2T_{m,n}^p}{\left(\Delta x\right)^2} + \frac{T_{m,n+1}^p + T_{m,n-1}^p - 2T_{m,n}^p}{\left(\Delta y\right)^2} \qquad (13.28)$$

bzw. mit $\Delta x = \Delta y$ und $Fo = \dfrac{a\cdot\Delta t}{\left(\Delta x\right)^2}$:

$$\frac{T_{m,n}^{p+1} - T_{m,n}^p}{Fo} \approx T_{m+1,n}^p + T_{m-1,n}^p + T_{m,n+1}^p + T_{m,n-1}^p - 4T_{m,n}^p\,, \text{ oder}$$

$$T_{m,n}^{p+1} \approx Fo\left(T_{m+1,n}^p + T_{m-1,n}^p + T_{m,n+1}^p + T_{m,n-1}^p\right) + \left(1 - 4Fo\right)T_{m,n}^p \qquad (13.29)$$

b) implizite Methode

$$\frac{1}{a} \cdot \frac{T_{m,n}^{p+1} - T_{m,n}^{p}}{\Delta t} \approx \frac{T_{m+1,n}^{p+1} + T_{m-1,n}^{p+1} - 2T_{m,n}^{p+1}}{(\Delta x)^2} + \frac{T_{m,n+1}^{p+1} + T_{m,n-1}^{p+1} - 2T_{m,n}^{p+1}}{(\Delta y)^2}, \text{ bzw.} \tag{13.30}$$

$$\frac{T_{m,n}^{p+1} - T_{m,n}^{p}}{Fo} \approx T_{m+1,n}^{p+1} + T_{m-1,n}^{p+1} + T_{m,n+1}^{p+1} + T_{m,n-1}^{p+1} - 4T_{m,n}^{p+1}$$

Ausgehend von den Anfangstemperaturen ($t = 0$, $p = 0$) für alle Knoten kann bei der expliziten Methode entsprechend Gleichung (13.29) die Temperatur jedes Knotens für den nächsten Zeitschritt ($t_1 = \Delta t$, $p = 1$) berechnet werden.

Bei der impliziten Methode sind in der Gleichung (13.30) fünf neue Temperaturen bei $p = 1$ enthalten. Eine Lösung ist nur möglich, wenn die Gleichungen der neuen Temperaturen für alle Knoten angeschrieben und das ganz Gleichungssystem gleichzeitig gelöst wird.

Die explizite Methode klingt (und ist) wesentlich einfacher, allerdings gibt es mathematische Einschränkungen. Wird der Term $(1 - 4Fo)$ in Gleichung (13.29) < 0, konvergiert die Iteration nicht mehr, es lassen sich keine stabilen Endtemperaturen finden. Es gilt somit das Stabilitätskriterium

$$(1 - 4Fo) \geq 0, \quad \Rightarrow \quad Fo \leq \tfrac{1}{4}.$$

Für den eindimensionalen Fall gilt entsprechend

$$(1 - 2Fo) \geq 0, \quad \Rightarrow \quad Fo \leq \tfrac{1}{2}.$$

Dies bedeutet, dass die Zeitschritte nicht beliebig gewählt werden können. Verringert man für eine bessere Genauigkeit Δx, so muss auch Δt verkleinert werden, was oft nicht notwendig wäre und viel Speicherkapazität benötigt.

Obige Gleichungen gelten für innere Knoten. An äußeren Knoten müssen die Verhältnisse an der Phasengrenzfläche berücksichtigt werden. Wird z. B. entsprechend Abbildung 13-4 in der angrenzenden Phase Wärme durch Konvektion zu- oder abgeführt, ergibt die Energiebilanz für die Schichtdicke $\Delta x/2$

$$\rho \cdot c \cdot A \cdot \frac{\Delta x}{2} \cdot \frac{T_0^{p+1} - T_0^{p}}{\Delta t} = \frac{\lambda \cdot A}{\Delta x} \cdot \left(T_1^{p} - T_0^{p}\right) + \alpha \cdot A \cdot \left(T_{Umg} - T_0^{p}\right), \tag{13.31}$$

oder wieder dimensionslos und umgeformt

$$T_0^{p+1} = 2Fo \cdot \left(T_1^{p} + Bi \cdot T_{Umg}\right) + \left(1 - 2Fo - 2Bi \cdot Fo\right) \cdot T_0^{p} \tag{13.32}$$

Hierfür gilt auch wieder das Stabilitätskriterium

$$1 - 2Fo - 2Bi \cdot Fo \geq 0. \tag{13.33}$$

Für das implizite Verfahren gibt es keine mathematischen Beschränkungen. Es ist immer stabil und das Gleichungssystem ist immer eindeutig lösbar. Begrenzend ist die Rechnerleistung; da diese ständig zunimmt, gewinnt das implizite Verfahren immer mehr an Bedeutung.

13.5. Beispiele:

Beispiel 13-1: stationäre, eindimensionale Wärmeleitung: verschiedene Randbedingungen [17]

Erweiterung von Beispiel 4-30: Eine ebene Wand bestehen aus zwei Materialien A (Dicke δ_A = 50 mm, λ_A = 75 W/(m·K)) und B (δ_B = 20 mm, λ_B = 150 W/(m·K)). Im Material A wird Wärme $\dot{q}_G$ = 1,5·10^6 W/m³ freigesetzt (z. B. durch Umwandlung von elektrischer in thermische Energie). Die Außenseite von B ist wassergekühlt mit T_W = 30 °C und α_W = 1000 W/(m²·K).

Für die Außenseite von A werden verschiedene Bedingungen angenommen:

a) konstante Temperatur von T_A = 160 °C,

b) konstanter Wärmestrom von $\dot{q}_{A,konst}$ = - 25000 W/m²,

c) gut isolierte Wand (adiabat),

d) konvektiver Wärmeübergang, $\dot{q}_{A,L} = \alpha_L \cdot (T_L - T_A)$, mit T_L = 80 °C und α_L = 100 W/(m²·K).

Es ist der Temperaturverlauf in den beiden Materialien grafisch darzustellen.

<u>Lösungshinweis:</u>

Stationäre, eindimensionale (senkrecht zu den Wänden) Wärmeleitung, kein Kontaktwiderstand zwischen den Wänden.

Die Temperaturen an der Außenseite von B und an der Grenzfläche AB erhält man jeweils aus einer Gesamtenergiebilanz oder einer Bilanz für die jeweilige Oberfläche, $A_A = A_{AB} = A_B = A$; z. B.:

Gesamtbilanz, für Fall c): $\dot{q}_G \cdot \delta_A = \alpha_W \cdot (T_B - T_W)$,

oder Bilanz um Außenfläche B (für jeden Fall): $\lambda_A \cdot \dfrac{T_{AB} - T_B}{\delta_B} = \alpha_W \cdot (T_B - T_W)$

Der Temperaturverlauf in B ist immer linear; für den Temperaturverlauf in A wird ein differentielles Volumenelement bilanziert und über die Dicke von A integriert:

$$\dot{q}_{ein} \cdot A + \dot{q}_G \cdot A \cdot dx = \dot{q}_{aus} \cdot A$$

Mit $\dot{q}_{aus} = \dfrac{\partial \dot{q}_{ein}}{\partial x} dx$ und $\dot{q}_{ein} = -\lambda \dfrac{dT}{dx}$ folgt

$$\dot{q}_G = -\lambda \cdot \dfrac{d^2 T}{dx^2}$$

Dies ist die zu lösende Differentialgleichung für die verschiedenen Randbedingungen.

a) Dirichletsche Randbedingung bzw. Randbedingung 1. Art:

    1. Randbedingung: $T(0) = T_A$;   2. Randbedingung: $T(\delta_A) = T_{AB}$

b) Neumannsche Randbedingung bzw. Randbedingung 2. Art:

    1. Randbedingung: $-\lambda_A \left(\dfrac{dT}{dx} \right)_{x=0} = \dot{q}_{A,konst}$;   2. Randbedingung: $T(\delta_A) = T_{AB}$

c) Ist auch eine Randbedingung 2. Art:

    1. Randbedingung: $\left(\dfrac{dT}{dx} \right)_{x=0} = 0$;   2. Randbedingung: $T(\delta_A) = T_{AB}$

d) Randbedingung 3. Art:

1. Randbedingung: $-\lambda_A \left(\dfrac{dT}{dx} \right)_{x=0} = \dot{q}_{A,L}$; 2. Randbedingung: $T(\delta_A) = T_{AB}$

Im diesem Fall ist aber weder der Wärmestrom q_{AL}, noch die Temperatur an der Grenzfläche zwischen A und B bekannt; da auch noch die beiden Außentemperaturen T_A und T_B unbekannt sind, gibt es somit vier Unbekannte, zu deren Berechnung vier Gleichungen benötigt werden. Es sind dies z. B.:
1) Wärmeerzeugung in A + Wärmestrom q_{AL} = Wärmeabfuhr im Wasser,
2) Wärmeerzeugung in A + Wärmestrom q_{AL} = Wärmeleitung durch B;
3) Außentemperatur = Lösung der Differentialgleichung für x = 0;
4) Wärmestrom q_{AL} = Konvektion an Außenseite von A.

Ergebnis:

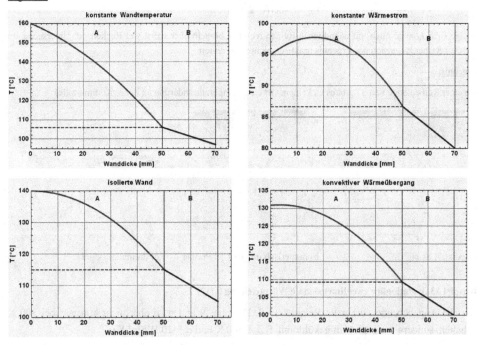

Beispiel 13-2: stationäre, zweidimensionale Wärmeleitung 1 (Laplace-Gleichung) [17]

Ein Industrieofen wird durch eine Säule aus Schamottsteinen (Länge Lx = 1 m, Ly = 1m, λ = 1 W/(m·K)) gestützt. Unter stationären Bedingungen werden drei Seiten bei TW = 500 K gehalten, während die 4. Seite konstant bei TU = 300 K gehalten wird. Berechne die Temperaturverteilung in dem zweidimensionalen Schnitt der Säule, einmal mit der exakten Lösung der Laplace-Gleichung (13.6) und einmal mit der Methode der finiten Differenzen, wobei die Differenzen (Gitterabstände) in x- und y-Richtung gleich sein sollen. Untersuche ferner den Einfluss der Größe des Gitterabstandes, z. B. 0,25, 0,1, 0,05 m.

Lösungshinweis:

Die Laplace-Gleichung mit den gegebenen einfachen Randbedingungen ist eines der seltenen Beispiele, für welches eine exakte
Lösung abgeleitet (z. B. [17]), welches aber durch kein CAS
analytisch gelöst werden kann. Der Grund dafür ist, dass die
Lösung durch eine unendliche Reihe gebildet wird. Mit der dimensionslosen Temperatur

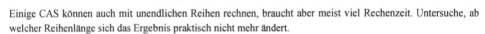

$$\Theta \equiv \frac{T - T_1}{T_2 - T_1},$$

und den nebenstehenden Randbedingungen lautet die Lösung:

$$\Theta(x,y) = \frac{2}{\pi} \sum_{n=1}^{\infty} \frac{(-1)^{n+1}+1}{n} \cdot \sin\left(\frac{n \cdot \pi \cdot x}{Lx}\right) \cdot \frac{\sinh(n \cdot \pi \cdot y/Lx)}{\sinh(n \cdot \pi \cdot Ly/Lx)}$$

Einige CAS können auch mit unendlichen Reihen rechnen, braucht aber meist viel Rechenzeit. Untersuche, ab
welcher Reihenlänge sich das Ergebnis praktisch nicht mehr ändert.

Ergebnis:

Ab einer Reihenlänge von 37 gibt es an keinem Ort eine Temperaturänderung an der 3. Kommastelle.

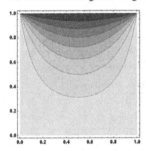 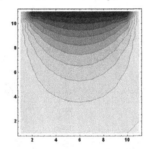 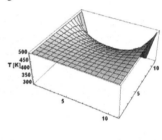

a) exakte Lösung   b) numerisch mit 10 x 10 Punkte   c) dreidimensional

Beispiel 13-3: stationäre zweidimensionale Wärmeleitung 2 [17]

Gleiche Angaben wie vorhin im Beispiel 13-2. Die eine Wand wird aber nicht konstant bei 300 K
gehalten, sondern wird mit Luft gekühlt mit $T_{Luft} = 300$ K und $\alpha = 10$ W/(m²·K).

Rechne numerisch mit finite Differenzen bei verschiedenen Knotenabständen (z. B. 0,25, 0,1 und
0,05 m) und verschiedenen Lösungsverfahren, z. B. Gauß-Algorithmus, Matrix-Verfahren, Gauß-
Seidel-Iteration.

Lösungshinweis:

Für den Gauß-Algorithmus müssen alle Gleichungen in die entsprechende Matrix-Notation A·T = b umgewandelt werden; beim Matrix-Verfahren wird der Lösungsvektor T direkt aus der Multiplikation der inversen Matrix
A^{-1} mit b erhalten, $T = A^{-1} \cdot b$.

Bei der Gauß-Seidel-Iteration werden anfängliche Temperaturen (k = 0) geschätzt. In einer ersten Iteration (k =
1) werden dann neue Temperaturen erhalten, indem jede einzelne Gleichung in der Matrizengleichung A·T = b
für die im Diagonalelement a_{ii} stehende Temperatur T_i gelöst wird.

$$T_i^{(k)} = \frac{b_i}{a_{ii}} - \sum_{j=1}^{i-1} \frac{a_{ij}}{a_{ii}} T_j^{(k)} - \sum_{j=i+1}^{N} \frac{a_{ij}}{a_{ii}} T_j^{(k-1)}$$

Iteriert wird bis zu einer vorgegebenen Genauigkeit $\left| T_i^{(k)} - T_i^{(k-1)} \right| \le \varepsilon$. Die Konvergenz wird stark verbessert wenn die Matrix A vorher so umgeformt wird, dass der größte Wert der Koeffizienten a_{ij} in einer Zeile im Diagonalelement a_{ii} steht.

Ergebnis:

Temperaturverteilung (Achsenbeschriftung 0 – 40 sind die Knotenpunkte):

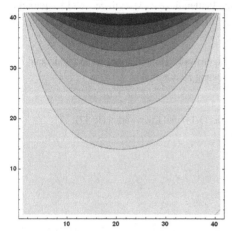 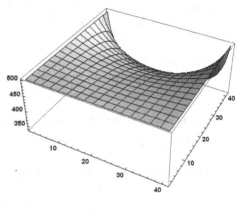

Der vom Ofen an die Luft abgegebene Wärmestrom $\dot{Q}$ beträgt bei einem Knotenabstand

$\Delta x = 0{,}25$: $\dot{Q} = 882{,}6$ W.

$\Delta x = 0{,}1$: $\dot{Q} = 695{,}0$ W.

$\Delta x = 0{,}05$: $\dot{Q} = 648{,}7$ W.

$\Delta x = 0{,}025$: $\dot{Q} = 631{,}9$ W.

$\Delta x = 0{,}01$: $\dot{Q} = 625{,}3$ W.

Kommentar:

Bei sehr kleinen Knotenabständen kann die Rechenzeit stark ansteigen, insbesondere bei der Gauß-Seidel-Iteration. Die mit Abstand schnellste Lösung in *Mathematica* ist *LinearSolve* mit dem Krylov-Algorithmus (seit Vs.6). Die Lösung mit inverser Matrix ist gleich schnell, allerdings braucht die Berechnung der inversen Matrix recht lange.

Beispiel 13-4: instationäre eindimensionale Wärmeleitung 1: lumped capacitance method [18]

Ein langer Kupferdraht mit einem Durchmesser von 6,35 mm weist anfänglich eine Temperatur von 280 K auf; er wird einem konstanten Luftstrom von 310 K ausgesetzt und erwärmt sich dabei nach 30 s auf 297 K. Wie groß ist der Wärmeübergangskoeffizient α von Luft auf den Cu-Draht?

Stoffwerte Cu: $\lambda = 386$ W/(m²·K); $\rho = 8890$ kg/m³; $c_p = 385$ J/(kg·K)

Lösungshinweis:

Da Kupfer ein guter Wärmeleiter ist, wird angenommen, dass der Draht überall die gleiche Temperatur aufweist. Die Lösung der instationären Wärmeleitungsgleichung ist dann Gleichung (13.19). Charakteristische Länge $L_C = V/A$. Überprüfe, ob die Annahme der lumped capacitance Methode (Bi < 0,1) gültig war.

Ergebnis:

$\alpha = 151,5 \ W/(m^2 \cdot K)$; $Bi = 0,0006$

Beispiel 13-5: instationäre, eindimensionale Wärmeleitung 2: allgemeine Lösungen

Eine (unendlich lange) Platte, ein (unendlich langer) Zylinder und eine Kugel haben eine dimensionslose Anfangstemperatur $\theta = 1$ und werden in eine Umgebung mit der dimensionslosen Temperatur $\theta = 0$ eingebracht. Stelle den Temperaturverlauf über die Plattendicke bzw. Zylinder- und Kugelradius für dimensionslose Zeiten von Fo = 0, 0,4, 0,7 und 1 grafisch dar und zwar in 4 Diagrammen mit den Bi-Zahlen 0,1, 1, 10 und 100.

Ferner soll für die Platte untersucht werden, wie viele Eigenwerte (Reihenlänge) für verschiedene Fo-Zahlen benötigt werden, um eine annähernd konstante Lösung zu erhalten.

Lösungshinweis:

Lösung für die Platte, Gleichung (13.13), mit den Koeffizienten (13.14) und Eigenwerten (13.17).

Lösung für den Zylinder:

$$\theta_Z\left(r,Fo\right) = \sum_{i=1}^{\infty} C_{Z,i} \cdot \exp\left(-\delta_{Z,i}^2 \cdot Fo\right) \cdot \text{BesselJ}\left(0,\delta_{Z,i}r\right), \ \text{mit}$$

$$C_{Z,i} = \frac{2}{\delta_{Z,i}} \cdot \frac{\text{BesselJ}\left(1,\delta_{Z,i}\right)}{\text{BesselJ}\left(0,\delta_{Z,i}\right)^2 + \text{BesselJ}\left(1,\delta_{Z,i}\right)^2}, \ \text{und}$$

$$\frac{\text{BesselJ}\left(1,\delta_{Z,i}\right)}{\text{BesselJ}\left(0,\delta_{Z,i}\right)} = \frac{Bi}{\delta_{Z,i}}.$$

Bei mehreren CAS sind die Bessel-Funktionen direkt verfügbar.

Lösung für die Kugel:

$$\theta_K\left(r,Fo\right) = \sum_{i=1}^{\infty} C_{K,i} \cdot \exp\left(-\delta_{K,i}^2 Fo\right) \cdot \frac{\sin\left(\delta_{K,i}r\right)}{\delta_{K,i}r}.$$

$$C_{K,i} = \frac{4\left(\sin\left(\delta_{K,i}\right) - \delta_{K,i} \cdot \cos\left(\delta_{K,i}\right)\right)}{2\delta_{K,i} \cdot \sin\left(2\delta_{K,i}\right)},$$

$$1 - \delta_{K,i} \cdot \cot\left(\delta_{K,i}\right) = Bi$$

Bei der Berechnung der Eigenwerte ist zu beachten, dass es unendlich viele Werte gibt; am einfachsten ist daher eine numerische Lösung (Newton-Verfahren) mit vielen verschiedenen Startwerten und dann Elimination der mehrfachen Lösungen.

Ergebnis:

Ergebnisse für die Platte in Abbildung 13-2, für Kugel und Zylinder sind sie ähnlich, siehe *Mathematica*-Datei.

Für längere Verweilzeiten (Fo > 0,2) kann die Reihenentwicklung immer nach dem zweiten Glied abgebrochen werden, in vielen Lehrbüchern wird auch nur ein Glied als ausreichend genau angesehen. Bei Fourier-Zahlen Fo < 0,2 braucht man einige Glieder mehr. Bei Fo = 0 (Anfangsbedingungen) ist eine deutlich längere Reihe notwendig (exakt nur für unendliche Reihe). Die Bi-Zahlen haben auf die Länge der Reihe weniger Einfluss, es ist aber doch zu sehen, dass bei niedrigeren Bi-Zahlen die Reihe früher abgebrochen werden kann.

Beispiel 13-6: instationäre, eindimensionale Wärmeleitung 3: Platte [17]

Eine Pipeline aus Stahl hat einen inneren Durchmesser von 1 m, eine Wandstärke von 40 mm und ist außen sehr gut isoliert (Annahme: adiabat). Anfänglich herrscht überall eine Temperatur von - 20 °C; ab einem bestimmten Zeitpunkt wird heißes Öl mit 60 °C mit einer solchen Geschwindigkeit durchgepumpt, dass sich auf der Innenseite ein konvektiver Wärmeübergangskoeffzient von α = 500 W/(m²·K) einstellt.

Da das Verhältnis Durchmesser zu Wandstärke sehr groß ist, kann in guter Näherung mit den Gleichungen für die Platte gerechnet werden.

- Es ist zu überprüfen, ob mit einer gleichverteilten Temperatur im Stahlmantel gerechnet werden kann (Kriterium: Bi < 0,1).

- Falls dies nicht der Fall ist, ist die Temperaturentwicklung an der Innen- und Außenseite des Mantels zu berechnen und tabellarisch für jede Minute bis zu 10 Minuten darzustellen.

- Des Weiteren ist zu berechnen, ab welcher Zeit die Reihenentwicklung mit ausreichender Genauigkeit nach dem 1. Glied abgebrochen werden kann.

Dichte Stahl: 7823 kg/m³, Wärmekapazität: 434 J/(kg·K), Wärmeleitkoeffizient: 63,7 W/(m·K)

Lösungshinweis:

Zunächst Berechnung der Biot-Zahl; mit dieser Bi-Zahl Berechnung einer beliebigen Anzahl von Eigenwerten in steigender Reihenfolge nach Gleichung (13.17). Länge der Reihe, Fo-Zahlen von t = 0 bis 10 und Innen- und Außenseite (X = 0 und 1) in Lösung (13.13) einsetzen.

Ergebnis:

Zeit [min]	$T_{außen}$ [°C]	T_{innen} [°C]
0	-20,01	-19,69
1	- 8,58	0,89
2	3,83	11,59
3	13,99	20,35
4	22,32	27,53
5	29,14	33,40
6	34,73	38,22
7	39,30	42,16
8	43,05	45,39
9	46,12	48,03
10	48,63	50,20

Kommentar:

Die Ergebnisse wurden mit einer Reihenlänge von 17 erhalten. Die Anfangsbedingung zur Zeit t = 0 kann exakt nur mit einer unendlichen Reihe erhalten werden. Mit fortschreitender Zeit nimmt die erforderliche Reihenlänge stark ab und ab ca. 2 min kann die Reihe nach dem 1. Glied abgebrochen werden.

Beispiel 13-7: instationäre, eindimensionale Wärmeleitung 4: Kugel [17]

Ein Material von kugelförmiger Form mit einem Radius von 5 mm wird in einem Ofen bei 400 °C behandelt. Nach erfolgter Behandlung wird es in zwei Stufen abgekühlt.

1. Stufe: Abkühlung in Luft bei 20 °C bis die Kugelmitte eine Temperatur von 335 °C erreicht. Der Wärmeübergangskoeffizient beträgt dabei 10 W/(m²·K).

2. Stufe: Weitere Abkühlung in einem Wasserbad auf 50 °C (Kugelmitte) bei einem Wärmeübergangskoeffzienten von 6000 W/(m²·K).

Berechne die notwendige Abkühlzeit für beide Phasen und die Außentemperatur der Kugel am Ende
der Abkühlzeit.

Stoffwerte des Materials: ρ = 3000 kg/m³, λ = 20 W/(m·K), c = 1000 J/(kg·K).

Lösungshinweis:

Ist die Bi-Zahl kleiner 0,1 (1. Stufe) kann mit einer konstanten Kugeltemperatur gerechnet werden. Die Zeit zur
Erreichung der geforderten Temperatur ergibt sich direkt aus der Energiebilanz:

$$\frac{dU}{dt} = -\alpha \cdot A \cdot (T - T_\infty)$$

Im 2. Abschnitt ist α und damit auch die Bi-Zahl wesentlich größer. Berechnung wie im vorhergehenden Beispiel, mit der Lösung für die Kugel, gegeben in Beispiel 13-5. Bei der Berechnung ist aber die Definition der Bi-
Zahl zu beachten. Zum Vergleich mit anderen Geometrien wird die charakteristische Länge mit dem Verhältnis
des Volumens zu Oberfläche definiert. Innerhalb einer Gleichung müssen aber alle dimensionslosen Kennzahlen
mit derselben charakteristischen Länge gebildet werden. Da für die Fo-Zahl der Radius der Kugel verwendet
wird, muss dieser auch in der Bi-Zahl eingesetzt werden und nicht r/3.

Ergebnis:

Die Abkühlzeit in der Luft beträgt 93,8 s und im Wasser 3,0 s. Die Außentemperatur der Kugel beträgt dann
35,8 °C. Der erste Eigenwert gibt bereits ein ausreichend genaues Ergebnis.

Beispiel 13-8: instationäre Diffusion in unendlich langem Stab

In einem langen Wasserbecken wird an einer Stelle um x^0 eine bestimmte Menge A eines Farbstoffes
aufgegeben. Die Aufgabe des Farbstoffes erfolge idealisiert so, dass eine Gleichverteilung über den
Querschnitt (mol/m²) gegeben ist. Stelle die Konzentrationsverteilung für verschiedene Zeiten grafisch
dar.

Annahme: A = 1, D = 1, x^0 = 0

Lösungshinweis:

Gleichung (13.21).

Ergebnis:

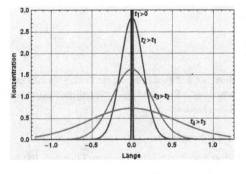

Als Konzentrationsverteilung ergibt sich die Gaußsche
Glockenkurve. Die zur Zeit t = 0 an einer einzigen
Stelle konzentrierte Substanz verteilt sich immer wei-
ter.

Beispiel 13-9: instationäre, eindimensionale Wärmeleitung 5: halbunendliche Platte

Eine tiefe Schicht Erdreich (theoretisch: unendlich tief, praktisch: 1 m) weise überall eine Temperatur von 20 °C auf. Zum Zeitpunkt t = 0 werde die Oberfläche (x = 0) drei verschiedenen Wärmebedingungen ausgesetzt:

a) konstante Temperatur: $T(0,0) = -15°C$

b) konstante Wärmestromdichte: $q^0 = -\lambda \cdot \left(\dfrac{\partial T}{\partial x}\right)_{x=0}$

c) variable Wärmestromdichte: $-\lambda \cdot \left(\dfrac{\partial T}{\partial x}\right)_{x=0} = \alpha \cdot \left(T_{Umg} - T(0,t)\right)$

Berechne für a) die Tiefe, in welcher die Temperatur nach 60 Tagen gerade 0 °C erreicht. Für q^0 soll der Wert berechnet werden, welcher sich nach 30 Tagen nach Bedingung a) ergibt. Für den Wärmeübergangskoeffizient soll jener Wert verwendet werden, welcher sich mit q^0 und einer Erdtemperatur von 0 °C ergibt.

Erstelle ferner für diese Werte und Randbedingungen ein Diagramm mit dem Temperaturverlauf über die Zeit mit verschiedenen Tiefen als Parameter, sowie ein Diagramm Temperatur vs. Tiefe mit verschiedenen Zeiten als Parameter

Stoffwerte: $\rho = 2050$ kg/m³, $\lambda = 0{,}52$ W/(m·K), $c_p = 1840$ J/(kg·K).

Lösungshinweis:

Gleichungen (13.22) bis (13.24) mit Anfangstemperatur $T_0 = 20$ °C und Umgebungstemperatur $T_{Umg} = -15$ °C.

Ergebnis:

a) nach 60 h wird in 0,68m Tiefe 0 °C erreicht;   b) $q_0 = -17{,}18$ W/m²;   c) $\alpha = 1{,}15$ W/(m²·K)

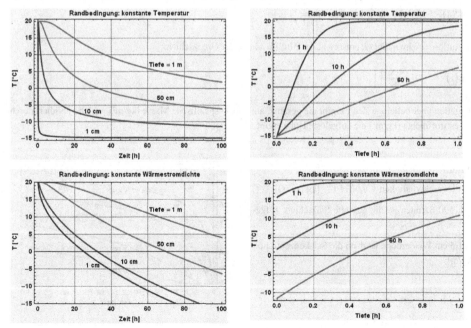

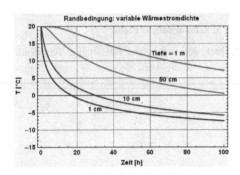

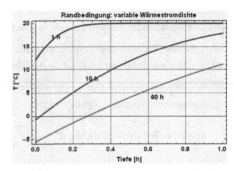

Beispiel 13-10: instationäre Diffusion: Auflösung NaCl [17]

In einem Trog wird eine 1 cm dicke Schicht aus NaCl mit ausreichend Wasser (z. B. 30cm) über-
schichtet und die Auflösung des Salzes durch Lösen und Diffusion beobachtet. Die Konzentration des
festen Salzes beträgt $\rho_S = 2165$ kg/m³, die Sättigungskonzentration im Wasser bei der gegeben Temperatur $c^s = 380$ kg/m³ und der Diffusionskoeffizient von NaCl in Wasser $= 1{,}2 \cdot 10^{-9}$ m²/s.

Stelle den Konzentrationsverlauf in Wasserhöhen von 0,5, 1, 2 und 3 cm für die ersten 100 h grafisch
dar, berechne die spezifische Auflösegeschwindigkeit, die Zeit, nach welcher das Salz ganz aufgelöst
ist, und die Wasserhöhe, in welcher dann die Salzkonzentration von 1 kg/m³ vorliegt.

Das Eindringen des Wassers in die Salzschicht soll vernachlässigt werden.

Lösungshinweis:

Die Auflösung des Salzes entspricht genau der instationären Wärmeleitung bei halbunendlicher Ausdehnung mit
der Randbedingung konstante Temperatur, Gleichung (13.22). Anstelle von λ und a ist jeweils D zu setzen und
die Sättigungskonzentration an der Grenzschicht entspricht der konstanten Temperatur.

$$c(x,t) = c^0 + \left(c^s - c^0\right)\left(1 - \text{erf}\left(\frac{x}{2\sqrt{D \cdot t}}\right)\right)$$

Die Auflösegeschwindigkeit entspricht der Abdiffusion an der Grenzschicht:

$$\dot{m}(t) = -D\left(\frac{\partial c(x,t)}{\partial x}\right)_{x=0}$$

Integration über beliebige Zeit t ergibt die gesamte aufgelöste spezifische Masse (kg/m²), welche dividiert durch
die Feststoffdichte (kg/m³) die aufgelöste Höhe ergibt.

Ergebnis:

Auflösegeschwindigkeit $= 0{,}0074 \cdot t^{-1/2}$ [kg/(m²·s)]

Nach 590 Stunden ist die gesamte Salzschicht aufgelöst.

In 21,5 cm Wasserhöhe ist dann die Salzkonzentration
1 kg/m³

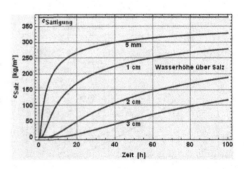

Beispiel 13-11: instationäre Wärmeleitung mit Konvektion: explizites Verfahren [17]

Ein Brennstoffelement eines Kernreaktors hat die Form einer ebenen Wand mit einer Dicke von $2L = 20$ mm und wird an beiden Oberflächen konvektiv gekühlt ($\alpha = 1100$ W/(m²·K), $T_{Umg} = 250$ °C. Unter normalen Betriebsbedingungen wird durch die Kernreaktion eine Wärme von $q_1 = 10^7$ W/m³ Brennelement freigesetzt.

Zu einem bestimmten Zeitpunkt (t = 0) soll nun die spezifische Wärmeleistung verdoppelt werden, $q_2 = 2 \cdot 10^7$ W/m³. Unter Benutzung der expliziten Finite-Differenzen Methode soll nun die Temperaturverteilung im Brennelement nach 15 s berechnet und grafisch dargestellt werden.

mittlere Stoffwerte des Brennelementes im Temperaturbereich: $\lambda = 30$ W/(m·K); $a = 5 \cdot 10^{-6}$ m²/s

Lösungshinweis:

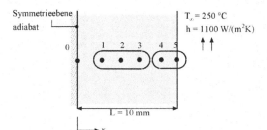

Für die inneren Knoten gilt Gleichung (13.29) und für die äußeren Gleichung (13.32). Zu berücksichtigen ist, dass bis auf den inneren Knoten 0 alle anderen symmetrisch sind und daher nur die halbe Dicke berechnet werden braucht.

Ergebnis:

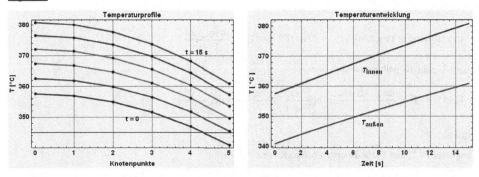

Anmerkung:

Das Stabilitätskriterium nach Gleichung (13.33) ergibt einen maximalen Zeitschritt von 0,375 s. Es können jedoch auch noch 0,5 s gewählt werden; erst darüber beginnt die Iteration instabil zu werden.

Beispiel 13-12: instationäre Wärmeleitung: Vergleich exakte Lösung, implizit, explizit [17]

Ein dicker Kupferstab hat anfänglich eine gleichmäßige Temperatur von 20 °C. Ab einem bestimmten Zeitpunkt wird er an einem Ende bestrahlt mit einem konstanten Wärmefluss von $q_{Str} = 3 \cdot 10^5$ W/m².

Berechne die Temperatur nach 2 min in einer Entfernung von 450 mm von der Oberfläche wobei die exakte Lösung mit dem expliziten und impliziten finite Differenzenverfahren verglichen werden soll. Für die numerischen Lösungen sollen für die erste Berechnung die Abstände der Knotenpunkte $\Delta x = 75$ mm und $\Delta t = 24$ s betragen. Anschließend sollen Δx und Δt variiert und die Auswirkungen auf das Ergebnis beobachtet werden.

Stoffwerte von Kupfer bei 300K: $\lambda = 401$W/(m·K); $a = 117 \cdot 10^{-6}$ m²/s

Lösungshinweis:

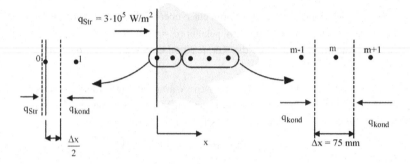

Anzahl der Knoten = Länge/Δx (gerundet) + 1 (Knoten 0).

Explizites Verfahren:

Innerer Knoten: $T_m^{p+1} = Fo \cdot \left(T_{m+1}^p + T_{m-1}^p\right) + \left(1 - 2Fo\right) \cdot T_m^p$

Äußerer Knoten: $T_0^{p+1} = Fo \cdot \left(\dfrac{q_{Str} \cdot \Delta x}{\lambda} + T_1^p\right) + \left(1 - 2Fo\right) \cdot T_0^p$

Stabilitätskriterium für maximalen Zeitschritt ist daher $1 - 2Fo = 0$

Implizites Verfahren:

Innerer Knoten: $\left(1 + 2Fo\right) \cdot T_m^{p+1} - Fo \cdot \left(T_{m+1}^{p+1} + T_{m-1}^{p+1}\right) = T_m^p$

Äußerer Knoten: $\left(1 + 2Fo\right) \cdot T_0^{p+1} - 2Fo \cdot T_1^{p+1} = T_0^p + \dfrac{2a \cdot q_{Str} \cdot \Delta t}{\lambda \cdot \Delta x}$

Exakte Lösung für halbunendlichen Stab:

$$T\left(x,t\right) = T^0 + \dfrac{2q_{Str} \cdot \sqrt{a \cdot t/\pi}}{\lambda} \cdot \exp\left(-\dfrac{x^2}{4a \cdot t}\right) - \dfrac{q_{Str} \cdot x}{\lambda} \cdot \text{erfc}\left(\dfrac{x}{2\sqrt{a \cdot t}}\right)$$

Ergebnis:

Temperaturen T_0 und T_1 für die ersten beiden Knoten 0 und 1:

	explizit		implizit		exakt	
t [s]	T_0 (°C)	T_1	T_0	T_1	T_0	T_1
0	20	20	20	20	20	20
24	76,0	20	52,4	28,7	64,7	29,3
48	76,1	48,0	73,9	39,4	83.3	42,4
72	104,0	48,1	90,1	50,2	97,5	54,0
96	104,2	69,0	103,3	60,4	109.5	64,3
120	125,0	69,1	114,7	69,9	120,0	73,8

Kommentar:

Beim expliziten Verfahren ist festzustellen, dass immer annähernd paarweise Werte bei den Temperatursprüngen zu den einzelnen Knoten auftreten (z. B. am äußeren Knoten 76,0 und 76,1, dann Sprung auf 104,0 und 104,2); dies ändert sich auch bei kleineren Δx und Δt nicht.

Bei den gewählten Werten von Δx und Δt kann der wahre Temperaturverlauf nicht zufriedenstellend wiedergegeben werden. Verringert man nur Δt, so pendeln sich die Werte am äußeren Knoten nach 2 min bei beiden Verfahren bei ca. 117 °C ein. Der exakte Wert kann auch bei sehr kleinen Δt nicht erreicht werden. Verringert man nur Δx, so wird beim expliziten Verfahren bald das Stabilitätskriterium nicht mehr erfüllt; beim impliziten Verfahren kann man Δx beliebig verkleinern, es wird immer eine stabile Lösung erhalten. Der Wert beim äußeren Knoten 0 pendelt sich nach 2 min aber wieder bei 117 °C ein, 120 °C können auch bei noch so kleinen Δx nicht erreicht werden. Nur wenn man Δx und Δt verkleinert, können die exakten Werte gut angenähert werden.

14. Thermische Trennverfahren II

14.1. Berechnung der Kolonnenhöhe mit dem Stoffaustauschkonzept

Die Berechnung der Kolonnenhöhe H von Stoffaustauschapparaten kann nach zwei Konzepten erfolgen: dem Trennstufen- und dem Stoffaustauschkonzept. Beim Trennstufenkonzept wird die Anzahl der theoretischen Trennstufen N_{th} mit der Höhe einer theoretischen Trennstufe HETS (Height Equivalent to one Theoretical Stage) multipliziert, $H = N_{th} \cdot HETS$. Anstelle des HETS wird auch der Reziprokwert verwendet, die Wertungszahl n_{th}, welche dann die Anzahl der theoretischen Stufen pro Meter aktive Höhe angibt. Beide Werte können aus Angaben der Hersteller von Kolonneneinbauten berechnet werden.

Beim Stoffaustauschkonzept kann die erforderliche Höhe aus der Integration der Stoffaustauschgleichungen erhalten werden. Unabhängig von der Wahl des Konzentrationsmaßes (hier mit Molanteilen) können diese in vier Formen angeschrieben werden:

$$\dot{n}_i = \frac{d\dot{N}_i}{dA} = \beta_i^g c_{ges}^g \left(y_i - y_i^{Ph}\right) = \beta_i^l c_{ges}^l \left(x_i^{Ph} - x_i\right) = k_i^g c_{ges}^g \left(y_i - y_i^*\right) = k_i^l c_{ges}^l \left(x_i^* - x_i\right) \quad \left[\frac{kmol}{m^2 \cdot s}\right], \quad (14.1)$$

mit den Stoffübergangs- und –durchgangskoeffizienten in m/s, x_i^{Ph} bzw. y_i^{Ph} als den Molanteilen der Komponente i an der Phasengrenze und x_i^* bzw. y_i^* als den Molanteilen von i im hypothetischen Gleichgewicht zu den Molanteilen von i in der jeweils anderen Phase.

Der Stoffübergang $\dot{n}_i$ nach Gleichung (14.1) ist differentiell definiert und ist nur an einer differentiellen Stelle im Apparat gültig. Die Stoffübergangs- und –durchgangskoeffizienten sind örtliche Größen.

Bei der Integration ist zu berücksichtigen, dass $\dot{N}_i$ von y_i abhängig ist. Mit $\dot{N}_i = \dot{N}_{ges} \cdot y_i$ und für geringe Konzentration an i (damit bei $d\dot{N}_i = \dot{N}_{ges} dy_i + y_i d\dot{N}_{ges}$ der Term $y_i d\dot{N}_{ges}$ vernachlässigt werden kann) erhält man für den gasseitigen Stoffdurchgang:

$$\int_{y_{i,a}}^{y_{i,e}} \frac{\dot{N}_{ges}^g}{k_i^g \cdot c_{ges}^g} \cdot \frac{dy_i}{y_i - y_i^*} = \int_A dA \qquad (14.2)$$

Die gesamte Austauschfläche A kann durch $a \cdot V$, spezifische Austauschfläche mal Volumen (aktives Apparatevolumen) und V durch $S \cdot H$, Querschnittsfläche S mal Höhe H, ersetzt werden. Wird $\dot{N}_{ges}^g$ und c_{ges}^g konstant angenommen (wenig i) und für k_i^g ein geeigneter Mittelwert (passende Sh-Beziehungen auswählen) eingesetzt, erhält man für die Höhe H:

$$H = \frac{\dot{N}_{ges}^g}{k_i^g \cdot c_{ges}^g \cdot a \cdot S} \cdot \int_{y_{i,a}}^{y_{i,e}} \frac{dy_i}{y_i - y_i^*} \qquad (14.3)$$

Das Integral wird als NTU (number of transfer units) und der Ausdruck vor dem Integral als HTU (height of transfer units) bezeichnet. Da hier die Höhe aus dem Stoffdurchgang für die Gasphase (overall gas, og) berechnet wurde, schreibt man auch oft HTU_{og} bzw. NTU_{og}. Mit den anderen Möglichkeiten erhält man andere Zahlenwerte, die Multiplikation muss aber immer dieselbe Höhe H ergeben, Beispiel 14-1.

$$H = HTU_{og} \cdot NTU_{og} = HTU_g \cdot NTU_g = HTU_{ol} \cdot NTU_{ol} = HTU_l \cdot NTU_l$$

Bei höheren Konzentrationen an i rechnet man zweckmäßigerweise mit Beladungen:

$$H = \frac{\dot{N}^g_{inert}}{k^g_i \cdot c^g_{ges} \cdot a \cdot S} \cdot \int_{Y_{i,a}}^{Y_{i,e}} \frac{dY_i}{Y_i - Y^*_i}$$ (14.4)

Die Auswertung des Integrals kann auf mehrere Weisen erfolgen, abhängig von der Gleichgewichtsbeziehung. Ist ein ideales Gleichgewichtsgesetz gültig, kann das Integral analytisch gelöst werden. Bei komplizierten Gleichgewichtsgesetzen oder Messwerten muss es grafisch oder numerisch gelöst werden. Alle CAS-Programme haben standardmäßig numerische Integration (meist mit Runge-Kutta-Verfahren) zur Verfügung.

14.1.1. Stoffaustausch mit chemischer Reaktion

Insbesondere die Absorption ist häufig mit einer chemischen Reaktion gekoppelt. Durch Reaktion der absorbierten Komponente im Lösungsmittel erhöht sich deren Löslichkeit und damit nach Gleichung (14.1) auch die Triebkraft (z. B. y - y*) und somit die Absorptionsgeschwindigkeit.

Für eine quantitative Berechnung der Absorptionsgeschwindigkeit ist aber Gleichung (14.1) nicht geeignet, da sich durch die Reaktion die Konzentrationen im Lösungsmittel und im flüssigseitigen Grenzfilm ändern. Dies wird deutlich, wenn man beispielsweise eine vollständig ablaufende, aber sehr langsame Reaktion betrachtet. Nach Gleichung (14.1) müsste sich die Kinetik wegen der größeren Triebkraft verbessern (y* ≈ 0), durch die sehr langsame Reaktion, die einen zusätzlichen Widerstand darstellt, ist dies dann aber kaum gegeben.

Die Stofftransportgleichung (2.49 bzw. 2.50) wird daher durch zwei Terme erweitert. Einerseits wird durch die Reaktion der Widerstand in der flüssigen Grenzschicht verringert, was durch einen Beschleunigungsfaktor (Enhancement-Faktor, EF) berücksichtigt wird, andererseits stellt die Reaktion selbst einen zusätzlichen Widerstand dar. Der Enhancement-Faktor gibt das Verhältnis der tatsächlichen Transportgeschwindigkeit zur Transportgeschwindigkeit im flüssigen Film an.

$$EF = \frac{\dot{n}_A}{\beta_l \cdot \left(c^{Ph}_A - c_A\right)} \quad bzw. \quad \frac{-D \cdot \left(\frac{dc}{dx}\right)_{x=0}}{\beta_l \cdot \left(c^{Ph}_A - c_A\right)},$$ (14.5)

da der Stofftransport unmittelbar an der Grenzfläche (x=0) nur durch Diffusion erfolgen kann; vergleiche mit Gleichung (3.48).

Für eine Reaktion

$$A(g{\rightarrow}l) + B(l) \rightarrow R \quad mit \; -r_A = k \cdot c_A \cdot c_B$$ (14.6)

erhält man folgenden Ausdruck für den Transport der Komponente A von der Gas- in die Flüssigphase (Ableitung in Beispiel 14-6):

$$r_A \left[\frac{mol}{m^3 \cdot s}\right] = \dot{n}_A \cdot a = \frac{1}{\frac{RT}{\beta^g_A \cdot a} + \frac{H_A}{\beta^l_A \cdot a \cdot c^{ges}_{aq} \cdot EF} + \frac{H_A}{k \cdot c_B \cdot c^{ges}_{aq} \cdot f_l}} \cdot p_A$$ (14.7)

14.1.1.1.   Berechnung des Enhancement-Faktors

Die Berechnung des Enhancement-Faktors kann aus dem Konzentrationsprofil der absorbierten Komponente A im flüssigen Grenzfilm erfolgen (Beispiel 14-5). Das Konzentrationsprofil ergibt sich aus der Lösung der Bilanzgleichung um den flüssigen Film, gute Ableitungen sind z. B. in [30], [34], [60] und [61] angeführt.

Für den Fall, dass das Konzentrationsprofil nicht berechnet werden kann, existieren zahlreiche Näherungslösungen. Mit den beiden Hilfsgrößen E_i (Enhancement-Faktor für instantane Reaktion) und der Hatta-Zahl,

$$E_i = 1 + \frac{\nu_A \cdot D_B \cdot c_B}{\nu_B \cdot D_A \cdot c_A^{Ph}} = 1 + \frac{\nu_A \cdot D_B \cdot c_B \cdot H_A}{\nu_B \cdot D_A \cdot p_A^{Ph}}, \tag{14.8}$$

$$Ha = \delta \sqrt{\frac{k}{D}} = \frac{\sqrt{k \cdot D}}{\beta_l} \quad \text{für eine Reaktion 1. Ordnung,} \tag{11.71}$$

kann der Enhancement-Faktor aus Diagrammen abgelesen werden (z. B. in den vorhin angeführten Literaturstellen) oder mit folgenden Näherungsgleichungen berechnet werden:

$$Ha < 1 \quad \rightarrow \quad EF = 1 + \frac{Ha^3}{3}, \tag{14.9}$$

$$Ha > 1 \text{ und } E_i > 5 \, Ha \quad \rightarrow \quad EF = Ha, \tag{14.10}$$

$$Ha > 1 \text{ und } E_i < Ha/5 \quad \rightarrow \quad EF = E_i. \tag{14.11}$$

$$Ha > 3 \quad \rightarrow \quad EF = Ha \quad \text{(für Reaktionen 1. Ordnung)} \tag{14.12}$$

Diese Gleichungen beinhalten nicht alle Möglichkeiten, so dass der Wert des Enhancement-Faktors gegebenenfalls aus den erwähnten Diagrammen abgelesen werden muss. Des Weiteren ist zu beachten, dass der Enhancement-Faktor von den aktuellen Konzentrationen abhängig ist und sich somit über die Kolonnenhöhe ständig ändert.

14.1.1.2.   *Instantane Reaktion*

Bei einer sehr (Grenzfall unendlich) schnellen Reaktion stellt diese keinen Widerstand dar und der dritte Term im Nenner von Gleichung (14.7) entfällt. Eine unendlich schnelle Reaktion bedeutet aber nicht, dass der $EF \rightarrow \infty$ geht und auch der zweite Term entfällt. Dies hängt vielmehr von der Konzentration c_B und damit auch vom Reaktionsort ab.

Ist die Reaktion unendlich schnell und irreversibel, so fällt die Konzentration von A und B am Reaktionsort auf null. Der Reaktionsort ist dann jedenfalls in der flüssigen Grenzschicht und wird von der Diffusionsgeschwindigkeit von A und B bestimmt.

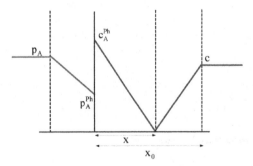

Abbildung 14-1: Reaktionsort bei instantaner, irreversibler Reaktion

Die aus den Sh-Zahlen ermittelten Stoffübergangskoeffizienten beziehen sich immer auf die gesamte Grenzschichtdicke x_0; der tatsächliche Stoffübergang zum Reaktionsort wird daher um den Faktor x_0/x bzw. $x_0/(x_0-x)$ erhöht. Man erhält somit folgendes Gleichungssystem:

$$\dot{n}_A = \beta_A^g \cdot a \cdot \left(p_A - p_A^{Ph} \right), \tag{14.13}$$

$$\dot{n}_A = \beta_A^l \cdot a \cdot \left(c_A^{Ph} - 0 \right) \cdot \frac{x_0}{x}, \tag{14.14}$$

$$\dot{n}_A = \frac{\beta_B^l}{b} \cdot a \cdot \left(c_B^b - 0 \right) \cdot \frac{x_0}{x_0 - x}, \tag{14.15}$$

$$p_A^{Ph} = H_A \cdot c_A^{Ph}, \tag{14.16}$$

wobei auf kohärente Einheiten zu achten ist. Aus diesem Gleichungssystem können nun die nicht zugänglichen Größen $p_A{}^{Ph}$, $c_A{}^{Ph}$, x und x_0 eliminiert werden, Beispiel 14-6; bei Vorgabe von x_0 (das aus der Grenzschichttheorie berechnet werden kann) kann aber auch das gesamte Gleichungssystem nach $\dot{n}_A$, $p_A{}^{Ph}$, $c_A{}^{Ph}$ und x gelöst werden (Beispiel 14-9). Ein Vergleich von Gleichung (14.14) mit (14.5) zeigt, dass der Enhancement-Faktor direkt dem Verhältnis x_0/x entspricht.

Die Höhe der Kolonne kann nun wieder mit den HTU-NTU-Konzept erhalten werden, wobei aber zuvor aus der Lösung für $\dot{n}_A$ ein Gesamtwiderstand berechnet werden muss. Einfacher deshalb mit

$$\dot{n}_A = \frac{d\dot{N}_A}{dA} = \frac{\dot{N}_{ges} \cdot dy}{a \cdot S \cdot dH}, \text{ und daraus}$$

$$H = \frac{\dot{N}_{ges}}{S \cdot a \cdot \dot{n}_A} \cdot \left(y_{ein} - y_{aus} \right) \tag{14.17}$$

14.2. Siede- und Taupunktberechnung

Die Siedetemperatur ist jene Temperatur, bei welcher eine Flüssigkeit bei Energiezufuhr zu sieden beginnt. Die Tautemperatur ist jene Temperatur, bei welcher eine Dampfphase bei Energieabfuhr zu kondensieren beginnt.

14.2.1. Eine Komponente in Flüssig- und Dampfphase

Eine reine Flüssigkeit befinde sich in einem Gefäß im Gleichgewicht mit ihrem Dampf, wobei der Dampf von der umgebenden Luft durch eine idealisierte, masselosen Abdeckung getrennt ist, Abbildung 14-2.

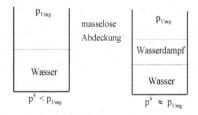

Abbildung 14-2: Flüssigkeit im Gleichgewicht mit Dampf

Wenn nun der Flüssigkeit Energie zugeführt wird erhöht sich gemäß $M \cdot c_p \cdot \Delta T$ die Temperatur und mit der Temperatur entsprechend der Clausius-Clapeyron-Gleichung der Dampfdruck. Es befinden sich mehr Moleküle in der Dampfphase. Solange der Dampf- bzw. Partialdruck aber kleiner als der umgebende Luftdruck ist, werden nur wenige Moleküle in die Dampfphase übertreten.

Die Flüssigkeit beginnt zu sieden, wenn bei weiterer Energiezufuhr der Dampfdruck den Umgebungsdruck erreicht. Ist der Umgebungsdruck 1 atm, spricht man vom Normalsiedepunkt. Wird weiter Energie zugeführt, verdampft die Flüssigkeit. Der Dampfpolster unterhalb der Abdeckung wird sich immer weiter ausdehnen; da Gleichgewicht vorausgesetzt wurde, erfolgt dies bei konstantem Partial- und Dampfdruck und daher auch bei konstanter Temperatur.

Geht man von einer reinen, überhitzten Dampfphase aus (Dampfdruck größer als Partial- bzw. Gesamtdruck) und kühlt ab, so beginnt der Dampf zu kondensieren, wenn der Dampfdruck den Partialdruck erreicht. Dies erfolgt bei der gleichen Temperatur wie bei der Verdampfung. Für eine Reinkomponente ist Siede- und Taupunkt identisch.

14.2.2. Eine Komponente in Flüssigphase, zwei Komponenten in Gasphase

Dieses System ergibt sich, wenn die zweite Komponente in der Flüssigphase nahezu unlöslich ist, wie z. B. Wasser/Luft.

Wasser beginnt zu sieden, wenn der Dampfdruck den Umgebungsdruck erreicht; hier besteht kein Unterschied zum einkomponentigen System. Wasser beginnt zu verdunsten, wenn der Dampfdruck den Partialdruck des Wasserdampfes in der Gasphase erreicht. Hier wird deutlich, dass der Dampfdruck eine Stoffeigenschaft ist und nur von der Temperatur abhängt; der Partialdruck ist hingegen ein Konzentrationsmaß und kann in alle anderen Konzentrationsmaße umgerechnet werden, z. B. folgt aus dem idealen Gasgesetz $p_i \cdot V = N_i \cdot R \cdot T$:

$$p_i = \frac{N_i}{V} \cdot R \cdot T = c_i \cdot R \cdot T \tag{14.18}$$

In der Klima- und Trocknungstechnik wird als Konzentrationsmaß für den Wasserdampf in der Luft häufig die Beladung X in kg Wasserdampf pro kg trockene Luft verwendet. Die Umrechnung vom Partialdruck des Wasserdampfes in die Beladung lautet dann mit der Berücksichtigung, dass in der Gasphase das Verhältnis der Molzahlen gleich dem Verhältnis der Partialdrücke ist (vgl. Beispiel 1-4):

$$X = \frac{M_W}{M_L} = \frac{N_W}{N_L} \cdot \frac{MM_W}{MM_L} = \frac{MM_W}{MM_L} \cdot \frac{p_W}{p_L} = \frac{MM_W}{MM_L} \cdot \frac{p_W}{p_{ges} - p_W} = \frac{MM_W}{MM_L} \cdot \frac{\varphi \cdot p_W^s}{p_{ges} - \varphi \cdot p_W^s} \tag{14.19}$$

Wird weiter Energie zugeführt steigt der Dampfdruck des Wassers und entsprechend der Partialdruck des Wasserdampfes unmittelbar an der Oberfläche. An der Phasengrenze entspricht der Partialdruck immer dem Dampfdruck (Ausnahmen bei sehr hoher Energiezufuhr). Die Konzentration in der Hauptphase der Luft steigt aber erst langsam durch Diffusion von der Phasengrenze in das Phaseninnere.

Im umgekehrten Fall, bei einem Abkühlen einer Gasphase aus Wasserdampf und Luft, beginnt die Kondensation ebenfalls dann, wenn der Dampfdruck den Partialdruck erreicht. Da der Partialdruck in einer 2-komponentigen Gasphase aber immer kleiner als der Gesamtdruck ist, wird die Kondensation bei einer niedrigeren Temperatur als die Siedetemperatur beginnen. Der Dampfdruck bei dieser Taupunktstemperatur ist gleich dem Partialdruck, weshalb der Taupunkt auch als Konzentrationsmaß aufgefasst werden. Je niedriger die Taupunktstemperatur, desto geringer der Partialdruck und somit die Konzentration in der Gasphase.

14.2.3. Zwei Komponenten in Flüssigphase, eine in Dampfphase

Dieses System liegt dann vor, wenn eine Komponente einen vernachlässigbaren Dampfdruck aufweist, z. B. NaCl in Wasser.

Eine Flüssigkeit aus mehreren Komponenten beginnt dann zu sieden, wenn die Summe der Partialdrücke den Gesamtdruck erreicht. Da hier vorausgesetzt wurde, dass der Dampfdruck einer Komponente (hier NaCl) vernachlässigbar ist, besitzt diese Komponente auch keinen Partialdruck in der Gasphase. Die Salzlösung beginnt zu sieden, wenn der Partialdruck des Wassers den Gesamtdruck erreicht. Es ist hier aber zu beachten, dass im Gegensatz zum einkomponentigen System auch im Gleichgewicht der Dampfdruck nicht mehr dem Partialdruck entspricht. Der Partialdruck muss vielmehr aus dem Raoultschen Gesetz berechnet werden; sofern ideales Verhalten in Gas- und Flüssigphase vorausgesetzt werden kann gilt:

$$p_i = p_i^s(T) \cdot x_i$$

Bei der Berechnung der Molanteile x in Salzlösungen ist die Dissoziation des Salzes zu berücksichtigen (Beispiel 2-10).

14.2.4. Zwei oder mehr Komponenten in Flüssig- und Gasphase

Das ist der wichtige Fall für die Destillation und Rektifikation. Die Flüssigkeit beginnt zu sieden, wenn die Summe der Partialdrücke in der Dampfphase den Gesamtdruck erreicht, bzw. wenn die Summe der Molanteile 1 ergibt (Summationsbedingung). Bei idealem Verhalten erhält man die Partialdrücke wieder aus dem Raoultschen Gesetz.

$$p_{ges} = \sum_i p_i \text{ , mit } p_i = y_i \cdot p_{ges} \text{ folgt}$$

$$\sum_i y_i = 1 \quad \text{(Summationsbedingung)}$$

ideal:

$$p_i = p_i^s(T) \cdot x_i \qquad \text{Raoultsches Gesetz} \tag{14.20}$$

real:

$$p_i = p_i^s(T) \cdot x_i \cdot \frac{\gamma_i}{\varphi_i} \tag{14.21}$$

Der Taupunkt ist dann jene Temperatur, welche sich ergibt wenn bei gegebener Dampfzusammensetzung die Summe der Molanteile in der flüssigen Phase 1 erreicht:

$$\sum_i x_i = \sum_i \frac{y_i \cdot P_{ges}}{p_i^s(T)} = 1 \quad \text{(ideal)} \tag{14.22}$$

14.2.5. Zwei Komponenten, Gasphase und zwei flüssige Phasen

Die beiden Komponenten sind in der flüssigen Phase nicht oder nur teilweise mischbar (heterogene Mischung). Prinzipiell berechnet sich der Siedepunkt einer heterogenen Mischung ganz gleich wie bei einer homogenen Mischung; die beiden flüssigen Phasen müssen aber getrennt betrachtet werden, die Molanteile beziehen sich immer nur auf die jeweilige flüssige Phase. Bei praktisch vollkommener

Unmischbarkeit liegt jede Komponente in einer eigenen flüssigen Phase vor und der Molanteil beträgt jeweils 1. Der Siedepunkt ergibt sich dann, wenn die Summe der Dampfdrücke den Umgebungsdruck erreicht.

$$p_{ges} = p_1^s(T) + p_2^s(T)$$ (14.23)

Da sich der Siedepunkt einer Reinkomponente aus $p_{ges} = p_i^s(T)$ ergibt, ist daraus leicht ersichtlich, dass der Siedepunkt einer heterogenen Mischung immer niedriger ist als die Siedepunkte der einzelnen Komponenten. Dies wird zur Destillation temperaturempfindlicher Stoffe genutzt (Trägerdampf-, Wasserdampfdestillation).

Der Siedepunkt der heterogenen Mischung mit je einer Komponente in den beiden flüssigen Phasen ist ferner unabhängig von der Zusammensetzung und nur durch die Summe der Dampfdrücke bestimmt. Die Dampfphasenzusammensetzung ist immer durch das Verhältnis der Dampfdrücke gegeben. Solange beide Komponenten auch flüssig vorliegen gilt somit:

$$\frac{y_1}{y_2} = \frac{p_1^s(T_S)}{p_2^s(T_S)}$$

Angesichts der vertrauten Verhältnisse bei Reinsubstanzen und homogenen Lösungen, tritt bei zwei unlöslichen flüssigen Phasen (heterogene Mischung) ein etwas unerwartetes Verhalten auf: Solange beide Komponenten auch flüssig vorliegen, bleibt die Siedetemperatur konstant. Ist eine Komponente vollständig verdampft und liegt nur mehr die andere Komponente als Reinsubstanz flüssig vor, steigt bei weiterer Energiezufuhr deren Siedepunkt ständig an, bis am 1. Taupunkt[27] auch diese vollständig verdampft ist (Beispiel 14-28).

14.2.6. Drei Komponenten, eine Gasphase und zwei flüssige Phasen

Besteht beispielsweise eine organische Phase aus zwei vollkommen mischbaren Komponenten und beide sind in der wässrigen Phase unlöslich, bleibt der Siedepunkt nicht konstant, sondern ist von der Zusammensetzung der organischen Phase abhängig. Der Siedepunkt berechnet sich wieder aus der Gleichsetzung von Gesamtdruck und Summe der Partialdrücke:

$$p_{ges} = p_1^s(T) \cdot x_1^{org} + p_2^s(T) \cdot x_2^{org} + p_3^s(T) \cdot x_3^w$$ (14.24)

x^{org} ist der Molanteil der Komponenten 1 und 2 in der organischen Phase ($x_1^{org} + x_2^{org} = 1$) und x_3^w ist der Molanteil der Komponente 3 in der wässrigen Phase ($x_3^w = 1$, reines Wasser).

Die Berechnung der Siede- und Tautemperaturen ist wesentlich komplexer als im vorhergehenden Beispiel, da sich die Molanteile aller Komponenten in der Dampfphase und Molanteile der Komponenten in der flüssigen organischen Phase ständig ändern. Es muss ein Gleichungssystem aufgestellt und gelöst werden, welches für den jeweiligen Zustand alle Massenbilanzen, Gleichgewichte, Summationsbedingungen und gegebenenfalls Energiebilanzen enthält. Die Vorgangsweise ist in Beispiel 14-29 für ein Siedediagramm Wasser – Heptan/Oktan gezeigt.

---

[27] Beim Kondensieren einer Dampfphase, welche aus zwei in flüssiger Phase nicht mischbaren Komponenten besteht, kondensiert zunächst nur eine Komponente (1. Taupunkt); beim 2. Taupunkt kondensiert dann auch die zweite Komponente. Der 2. Taupunkt entspricht der Siedetemperatur der heterogenen flüssigen Mischung.

Dieses Schema kann auch für beliebige andere Systeme angewandt werden, z. B. für Systeme mit gegenseitiger Löslichkeit der flüssigen Phasen sofern deren Temperaturabhängigkeit bekannt ist und für alle nicht idealen Systeme.

14.3. Diskontinuierliche Destillation

14.3.1. Vereinfachte Gleichgewichtsdarstellung bei der Destillation

Die Gleichgewichtsberechnung für reale Systeme wurde in Kapitel Thermodynamik II gezeigt. Hier erfolgt noch eine vereinfachte Darstellung für die Destillation.

Die Selektivität als Verhältnis der Verteilungskoeffizienten K wird in der Destillation auch relative Flüchtigkeit α genannt. Mit dem Verteilungskoeffizienten K_i als dem Verhältnis jeder Komponente i zwischen den beiden Phasen erhält man:

$$S_{12} = \alpha = \frac{K_1}{K_2} = \frac{y_1/x_1}{y_2/x_2} = \frac{p_1^s \cdot \gamma_1}{p_2^s \cdot \gamma_2} \tag{14.25}$$

Im idealen Fall gibt α direkt das Verhältnis der Partialdrücke an. Die relative Flüchtigkeit α ist nicht konstant, sie ändert sich vielmehr mit der Konzentration der Komponenten, entsprechend der Temperatur-Abhängigkeit der Dampfdrücke und den Aktivitätskoeffizienten. Für nahezu ideale Systeme wird aber oft mit konstanter relativer Flüchtigkeit gerechnet.

Mit dieser Definition und dem Raoultschen Gesetz kann die Gleichgewichtslinie berechnet werden:

$$y_1 = \frac{\alpha \cdot x_1}{1 + (\alpha - 1) \cdot x_1} \tag{14.26}$$

Bei einem Azeotrop wird $\alpha = 1$; es ist keine Selektivität und damit auch keine Trennwirkung möglich. Aus Gleichung (14.25) ist zu sehen, dass dies besonders bei sehr ähnlichen Stoffen mit ähnlichen Dampfdrücken der Fall ist, da dann die Aktivitätskoeffizienten nur gering voneinander abzuweichen brauchen um $\alpha = 1$ werden zu lassen.

Multikomponentenazeotrope können aus den binären relativen Flüchtigkeiten berechnet werden, dafür gilt:

$$\sum_i (\alpha_i - 1) = 0, \tag{14.27}$$

wobei der Index i alle möglichen binären relativen Flüchtigkeiten bezeichnet.

14.3.2. Einstufige diskontinuierliche Destillation

Bei diesem Verfahren wird das zu trennende Gemisch in einer Destillierblase verdampft und die entstehenden Dämpfe in einem Kondensator niedergeschlagen. Dabei wird vielfach, insbesondere bei der Blasendestillation von Vielstoffgemischen, von der Möglichkeit Gebrauch gemacht, das Destillat in verschiedenen Fraktionen aufzufangen.

Nachdem sich bei der diskontinuierlichen Destillation die Mengen und Konzentrationen mit der Zeit ändern, reichert sich folglich die Flüssigkeit mit der schwerer flüchtigen Komponente an. Der sich aus der differentiellen Destillation ergebende Dampf steht trotzdem zu jedem Zeitpunkt im Gleichgewicht mit der Flüssigkeit, aus der er entsteht (Voraussetzung: gute Durchmischung, kleiner Dampfstrom).

Zu Beginn (Index Anfang A) der Destillation sei der Blaseninhalt B_A und die Konzentration der leichter flüchtigen Komponente x_A. In einem differentiellen Zeitabschnitt verdampft die Menge dB mit der Gleichgewichtskonzentration y^*.

Die Stoffbilanz für diesen Vorgang ergibt:

$$B_A \cdot x_A \ = \ \left(B_A - dB\right) \cdot \left(x_A - dx\right) + y^* \cdot dB \tag{14.28}$$

Unter Vernachlässigung der Größe zweiter Ordnung $dB \cdot dx$ und anschließender Integration von den Einsatzbedingungen bis zum Endwert B_E bzw. x_E folgt daraus die **Rayleigh**-Gleichung:

$$\int_{B_A}^{B_E} \frac{dB}{B} \ = \ \int_{x_A}^{x_E} \frac{dx}{y^* - x} \tag{14.29}$$

Die gesamte Destillatmenge D und deren mittlere Konzentration x_D kann durch eine Gesamtbilanz und Komponentenbilanz erhalten werden (Beispiel 14-42).

Gesamtbilanz: $\qquad\qquad D = B_A - B_E$ \hfill (14.30)

Komponentenbilanz: $\ D \cdot x_D = B_A \cdot x_A - B_E \cdot x_E$ \hfill (14.31)

14.3.3. Mehrstufige diskontinuierliche Destillation

Die diskontinuierliche mehrstufige Destillation wird in zwei Varianten durchgeführt:

a) Das Rücklaufverhältnis wird konstant gehalten. Die Zusammensetzung des Kopfproduktes variiert dann ebenso wie die Zusammensetzung des Blaseninhaltes mit der Zeit. Diese Variante wird bevorzugt bei der Zerlegung von Mehrstoffgemischen angewandt.

b) Die Zusammensetzung des Kopfproduktes wird konstant gehalten. Dies ist nur durch eine ständige Anpassung des Rücklaufverhältnisses möglich. Diese Variante wird bevorzugt bei der absatzweisen Zerlegung von Zweistoffgemischen benutzt.

14.3.3.1. Konstanter Rücklauf

Wenn das Rücklaufverhältnis konstant bleibt, muss sich bei der diskontinuierlichen Rektifikation die Zusammensetzung des Kopfproduktes ständig ändern. Es erfolgt eine Parallelverschiebung der Betriebsgeraden bei immer kleinerem x_D. Da auch die Stufenzahl konstant bleibt verschiebt sich die Konzentration in der Blase zu immer kleineren Anteilen an Leichterflüchtigem.

Die Änderung der Zusammensetzung für eine bestimmte Mengenänderung in der Blase bzw. die Mengenänderung bei gegebener Zusammensetzungsänderung wird ähnlich wie bei der diskontinuierlichen einstufigen Destillation über eine differentielle Bilanz berechnet:

$$B_A \cdot x_A \ = \ \left(B_A - dB\right) \cdot \left(x_A - dx\right) + x_D \cdot dB \tag{14.32}$$

Unter Vernachlässigung von $dB \cdot dx$ folgt:

$$\int_{B_A}^{B_E} \frac{dB}{B} \ = \ \int_{x_A}^{x_E} \frac{dx}{x_D - x} \tag{14.33}$$

Der Unterschied zur Rayleigh-Gleichung (14.29) bei der einstufigen Destillation ist, dass der Dampf auf der oberste Stufe nicht mehr mit dem Blaseninhalt im Gleichgewicht steht. Anstelle y^* folgt daher die Destillatzusammensetzung x_D, wobei bei der Auswertung des Integrals zu beachten ist, dass x_D vom x in der Blase abhängt (Beispiel 14-43).

14.3.3.2. Konstante Produktzusammensetzung

Soll die Destillatzusammensetzung konstant bleiben, obwohl die Blase ständig an leichter siedender Komponente verarmt, so ist dies nur durch ständige Erhöhung des Rücklaufverhältnisses möglich.

Die Ermittlung der Destillat- und Bodenproduktmengen resultiert aus einer Gesamt- und Komponentenbilanz wie bei der einstufigen diskontinuierlichen Destillation, Gleichungen (14.30) und (14.31).

Die Berechnung des Rücklaufverhältnisses erfolgt entweder mit Computer (Beispiel 14-44) oder grafisch nach McCabe-Thiele, wobei das Rücklaufverhältnis solange variiert wird, bis die gegeben Stufenzahl genau eingezeichnet werden kann.

Damit kann zwar das Rücklaufverhältnis für jede beliebige Blasenzusammensetzung berechnet werden, die Geschwindigkeit, mit der es geändert werden muss, kann aber nur über die Destillationsgeschwindigkeit bestimmt werden.

14.4. Kontinuierliche Destillation

Die einstufige Destillation wird oft auch als Flash bezeichnet. Steht der gesamte Dampf mit der Flüssigkeit im Gleichgewicht, spricht man auch von einer einstufigen, geschlossenen Destillation, Beispiel 14-33. Es gibt aber auch eine einstufige, kontinuierliche Destillation, bei denen die Hauptphase des Dampfes nicht mit der Flüssigkeit im Gleichgewicht steht, wie z. B. Fallfilmverdampfer, Dünnschichtverdampfer; dies wird als einstufige, offene Destillation bezeichnet, Beispiel 14-45.

Die mehrstufige, kontinuierliche Destillation wird als Rektifikation bezeichnet.

Abbildung 14-3 zeigt ein Schema einer typischen Rektifikationskolonne, ausgeführt als Bodenkolonne. Die zylindrische Kolonne ist in zwei Bereiche unterteilt und beinhaltet eine Reihe von Böden, durch die der Dampf aufsteigt. Der flüssige Rücklauf fließt horizontal über jeden Boden und über ein Wehr auf den darunter liegenden Boden. Der vom obersten Boden aufsteigende Dampf wird in einem Wärmeaustauscher teilweise oder vollständig kondensiert und als Flüssigkeit in einem Sammelgefäß aufgefangen, aus welchem ein Teil als Destillat ausgeschleust, der Rest als Rücklauf dem obersten Boden wieder aufgegeben wird.

Im untersten Teil der Kolonne (Sumpf) wird die Flüssigkeit verdampft. Eine gängige Ausführung ist jene mit einem externen Verdampfer (Reboiler), aus dem ein Teil der aufzuheizenden Bodenflüssigkeit als Bodenprodukt abgeführt wird und in einem darauf folgenden Bodenproduktkühler zum Vorwärmen des Zulaufstromes dient. Der im Reboiler erzeugte Dampf wird der Kolonne im Sumpf wie-

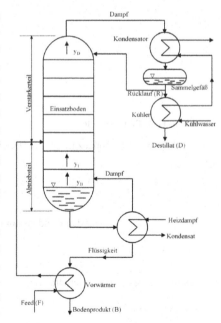

Abbildung 14-3: Fraktionierkolonne

der zugeführt.

Der Zulaufstrom kann auf einem beliebigen Boden aufgegeben werden, zweckmäßigerweise aber auf jenem, auf dem eine ähnliche Temperatur und Zusammensetzung erwartet wird.

Der Kolonnenteil oberhalb des Zulaufes wird Verstärkerteil genannt und unterhalb des Zulaufes Abtriebsteil. Nur im idealen Fall (Wirkungsgrad 100 %) stellt ein Boden auch eine theoretische Stufe dar.

Weisen die zu trennenden Komponenten gleiche molare Verdampfungswärmen auf (und gleiche Temperaturabhängigkeit), so wird für jedes Molekül verdampfender Flüssigkeit ein Molekül aus der Dampfphase kondensieren. Dadurch ändern sich Dampf- und Flüssigkeitsstrom nicht, was die Grundlage für die im Folgenden dargestellte näherungsweise Berechnung der theoretischen Stufenzahl darstellt. Die Wärmebilanz braucht in diesem Fall nur zur Berechnung der Verdampfer- bzw. Kondensatorleistung berücksichtigt zu werden, nicht aber zur Berechnung der Zusammensetzungsänderung. Bei unterschiedlichen Verdampfungswärmen ändern sich Dampf- und Flüssigkeitsstrom und die Wärmebilanz muss berücksichtigt werden.

14.4.1. Berechnung der Stufenzahl ohne Wärmebilanz

Als Daumenregel kann gelten, dass die vereinfachten Methoden ohne Wärmebilanz (rechnerisch nach Lewis-Sorel, grafisch nach McCabe-Thiele) dann genügend genau sind, wenn die molaren Verdampfungswärmen nicht mehr als 10 % voneinander abweichen.

Da Rektifikationskolonnen in Verstärkungs- und Abtriebssäule geteilt sind, müssen auch entsprechend zwei Bilanzgeraden aufgestellt werden, welche man aus Bilanzen um geeignete Bilanzgebiete erhält. Die Verstärkergerade wird aus einer Bilanz um den Kopf der Kolonne (oberster Boden inklusive Kondensator) erhalten.

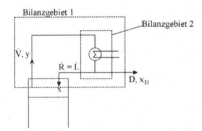

Abbildung 14-4: Bilanzgebiete

Gesamt- und Komponentenbilanz (immer für Leichterflüchtige ohne Index) um Bilanzgebiet 1:

$$\dot{V} = \dot{D} + \dot{L} \tag{14.34}$$

$$\dot{V} \cdot y = \dot{D} \cdot x_D + \dot{L} \cdot x \tag{14.35}$$

Kombination mit der Bilanz um den Kondensator (Bilanzgebiet 2, $\dot{V} = \dot{R} + \dot{D}$) ergibt mit $\dot{L} = \dot{R}$:

$$\dot{D} \cdot y + \dot{R} \cdot y = \dot{D} \cdot x_D + \dot{R} \cdot x$$

Mit der Definition des Rücklaufverhältnisses $r = \dfrac{\dot{R}}{\dot{D}}$ erhält man daraus die Gleichung für die Betriebslinie der Verstärkersäule:

$$y = \frac{r}{r+1} \cdot x + \frac{1}{r+1} \cdot x_D \tag{14.36}$$

Für die Berechnung der Abtriebsgerade ist der thermische Zustand des Zulaufes F zu beachten. Wird F beispielsweise als Sattdampf aufgegeben, dann bleibt der Flüssigkeitsstrom über die ganze Kolonne konstant, während sich der Dampfstrom der Abtriebssäule aus der Differenz des Dampfstromes der Verstärkersäule und des Einsatzes ergibt. Wird hingegen F als siedende Flüssigkeit aufgegeben, bleibt $\dot{V}$ über die Kolonne konstant und der Flüssigkeitsstrom der Abtriebssäule ergibt sich aus dem Flüssigkeitsstrom der Verstärkersäule plus dem Einsatzstrom. Aus den Bilanzen für die Gesamtkolonne, den Abtriebsteil und den Einsatzboden erhält man folgende Gleichung für die Abtriebsgerade, gültig für siedenden Einsatz.

$$y = \frac{r + \frac{\dot{F}}{\dot{D}}}{r + 1} \cdot x - \frac{\frac{\dot{F}}{\dot{D}} - 1}{r + 1} \cdot x_B \qquad (14.37)$$

Die thermischen Bedingungen des Einsatzes beeinflussen wesentlich die internen Dampf- und Flüssigkeitsmengen in einer Kolonne. Die Größe q definiert den thermischen Zustand des Einsatzes:

$$q \equiv \frac{h'' - h_F}{h'' - h'} \qquad (14.38)$$

h" ist die Enthalpie das Sattdampfes (bezogen auf einen beliebigen Referenzzustand) und h' die Enthalpie der siedenden Flüssigkeit. Wird der Einsatz daher flüssig mit Siedetemperatur aufgegeben ist $h_F = h'$ und q wird 1; Einsatz als Sattdampf ergibt q = 0, usw. Eine Stoff- und Wärmebilanz um den Einsatzboden ergibt die dritte benötigte Bilanzlinie, die q-Linie:

$$y = \frac{q}{q - 1} \cdot x - \frac{1}{q - 1} \cdot x_F \qquad (14.39)$$

Bei der Berechnung der notwendigen Anzahl an theoretischen Stufen wird vom Kopf beginnend Stufe für Stufe bis zum Sumpf berechnet. Am Kopf der Kolonne bzw. am obersten Boden n sind bekannt:

$x_D = x_R = x_{n+1} = y_n$ (bei Totalkondensation)

x_{n+1} gibt die Zusammensetzung der in den Boden n eintretenden Flüssigphase (= Rücklauf) an. Der Destillatstrom wird aus der Gesamtbilanz um die gesamte Kolonne berechnet. Das Rücklaufverhältnis r kann frei gewählt werden; ist es festgelegt, sind auch $\dot{R}$ und $\dot{V}$ bekannt. Damit gibt es am Boden n zwei Unbekannte: die Zusammensetzung x_n der den Boden verlassenden Flüssigkeit und die Zusammensetzung y_{n-1} des vom Boden n-1 aufsteigenden Dampfes. Mit Hilfe der Gleichgewichtsbeziehung und der Bilanzgleichung können diese zwei Unbekannten berechnet werden. Zunächst wird über die Gleichgewichtsbeziehung die Zusammensetzung x_n berechnet (Definition des theoretischen Bodens: die den Boden verlassenden Ströme befinden sich im thermodynamischen Gleichgewicht); anschließend kann über die Komponentenbilanz die Zusammensetzung y_{n-1} gefunden werden.

Mit dieser Berechnung fährt man Boden für Boden fort, bis die Sumpfzusammensetzung erreicht ist, wobei die Bilanzlinie vom Schnittpunkt der q-Linie mit der Verstärkergeraden auf die Abtriebsgerade wechselt. Für den Boden n -1 wird daher zunächst mit der Gleichgewichtsbeziehung x_{n-1} und anschließend wieder mit der Bilanzgleichung y_{n-2} berechnet. Beim Boden, auf dem der Zulauf aufgegeben wird, muss dieser natürlich in die Bilanz miteinbezogen werden.

Bei der grafischen Bestimmung der theoretischen Stufen nach McCabe-Thiele werden zunächst die Gleichgewichtslinie und die Bilanzgeraden gezeichnet. Die Konstruktion der theoretischen Stufen erfolgt analog der rechnerischen Methode. Bekannt sind x_D und y_n, daher wird zunächst die Gleichgewichtszusammensetzung x_n der den Boden n verlassenden Flüssigkeit bestimmt. Diese liegt auf der

Gleichgewichtskurve an der Stelle y_n. Die in den Boden eintretende Dampfzusammensetzung y_{n-1} erhält man aus der Bilanz, y_{n-1} muss daher bei x_n auf der Bilanzlinie liegen. Damit ist die erste Stufe konstruiert, die weiteren werden in analoger Weise erhalten. Erreicht man die Stelle, an welcher x kleiner als das x des Schnittpunktes von Verstärkergerade und q-Linie wird, muss als Bilanzlinie die Abtriebsgerade verwendet werden, bis x kleiner als x_B wird. Selten wird x der letzten Stufe genau auf x_B liegen und somit eine ganzzahlige Stufenzahl ergeben. Man kann nun auch die Kommastellen genau konstruieren, meist wird aber einfach auf die nächste ganze Zahl aufgerundet.

Bei totalem Rücklauf wird kein Destillat entnommen und das gesamte anfallende Kondensat als Rücklauf aufgegeben. $\dot{D}$ ist daher 0 und r = ∞. Die Steigung der Verstärkergeraden wird nach Gleichung (14.36) gleich eins und somit muss die Abtriebsgerade ebenfalls die Steigung 1 aufweisen; d. h. es gibt nur eine Bilanzgerade und das ist die 45°-Linie. Bei totalem Rücklauf ergibt sich somit auch die minimale Stufenzahl und das ist auch der einzige Zweck dieser Betriebsweise, nämlich die Bestimmung dieser minimalen Stufenzahl und somit der maximalen Trennleistung der Kolonne.

Das minimale Rücklaufverhältnis erhält man nun aus dem Schnittpunkt der Verstärkergeraden und der q-Linie mit der Gleichgewichtslinie. An dieser Stelle wird die erforderliche Stufenzahl unendlich; bei einem kleineren Rücklaufverhältnis kann die gewünschte Abtrennung nicht mehr erzielt werden, Beispiel 14-25.

14.4.2. Berechnung der Stufenzahl mit Wärmebilanz

Unterscheiden sich die molaren Verdampfungswärmen der Komponenten, muss in der stufenweisen Berechnung die Wärmebilanz mit berücksichtigt werden. Prinzipiell ist dann auf jeder Stufe ein Gleichungssystem aus Gesamtbilanz, Komponentenbilanzen, Energiebilanzen und Phasengleichgewichtsbeziehungen zu lösen. Mit der heutigen CAS-Software ist es kaum ein Problem mehr, dieses stark nichtlineare Gleichungssystem zu lösen (Beispiel 14-37). Früher war man auf eine Linearisierung und iterative Lösung des Gleichungssystems angewiesen, wie z. B. Wang-Henke-Verfahren, nächstes Kapitel 14.4.3. Aber auch heute sind diese Verfahren noch weit verbreitet, da sie sehr robust sind.

14.4.3. Berechnung mit dem Wang-Henke-Verfahren

Das Wang-Henke-Verfahren beruht auf einer Linearisierung des gesamten Gleichungssystems durch Vorgabe von Schätzwerten für die nichtlinearen Phasengleichgewichte. Das Gleichungssystem besteht dann nur aus linearen Bilanzgleichungen, die leicht gelöst werden können und zu verbesserten Schätzwerten führen. Damit kann bis zu einem vorgegebenen Abbruchkriterium iteriert werden.

Prinzipielle Vorgangsweise:

Es wird die Flüssigphasenzusammensetzung geschätzt, d. h. die $x_{i,n}$ für jede Stufe (Index i für die Komponente, n für die Stufe).

Mit den geschätzten $x_{i,n}$ kann für jede Stufe mit den entsprechenden Gleichgewichtsgesetzen die Gleichgewichtszusammensetzung der Dampfphase berechnet werden; man erhält für jede Stufe die mit den $x_{i,n}$ im Gleichgewicht stehenden $y_{i,n}$.

Für jede Komponente und jede Stufe können nun die Verteilungskoeffizienten $K_{i,n} = \dfrac{y_{i,n}}{x_{i,n}}$ berechnet werden.

Für jede Stufe n wird nun die Bilanz für jede Komponente i erstellt, wobei auch immer ein Einsatzstrom F berücksichtigt werden muss; gibt es auf dieser Stufe keinen Einsatz, so fällt dieser Term weg.

Zusätzlich können auch flüssige und dampfförmige Seitenströme berücksichtigt werden (Beispiel 14-39). Die Bilanz lautet dann für die Stufe n und jede Komponente (Index i wird der Übersichtlichkeit halber weggelassen) unter Nichtberücksichtigung von Seitenströmen:

$$F_n \cdot z_n + V_{n-1} \cdot y_{n-1} + L_{n+1} \cdot x_{n+1} = V_n \cdot y_n + L_n \cdot x_n$$

Die y_n werden nun mit den Verteilungskoeffizienten durch die x_n ausgedrückt und nach den x jeder Stufe sortiert:

$$F_n \cdot z_n + V_{n-1} \cdot K_n \cdot x_{n-1} + L_{n+1} \cdot x_{n+1} = V_n \cdot K_n \cdot x_n + L_n \cdot x_n \quad \text{bzw.}$$

$$V_{n-1} \cdot K_n \cdot x_{n-1} - (V_n \cdot K_n + L_n) \cdot x_n + L_{n+1} \cdot x_{n+1} = F_n \cdot z_n$$

Das Lösen dieses linearen Gleichungssystems führt zu neuen x, aus welchen verbesserte x-Werte für die nächste Iteration berechnet werden können, Beispiel 14-38.

14.5. Trocknung

Es werden Luftzustände diskutiert, wie sie für die Konvektionstrocknung, aber auch in anderen Bereichen (z. B. Klimatechnik, Kühltürme) benötigt werden.

Zur Beschreibung des Zustandes feuchter Luft werden üblicherweise fünf Größen herangezogen: die Temperatur, die Enthalpie h, die absolute Feuchtigkeit X, die relative Feuchtigkeit φ und der Gesamtdruck. Die Enthalpie h und die Feuchtigkeit X beziehen sich immer auf die trockene Luft. Von diesen fünf Größen sind drei zur eindeutigen Charakterisierung nötig, die beiden weiteren können daraus berechnet werden.

Die relative Feuchte ist das Verhältnis des Partialdruckes des Wasserdampfes p_D zum Sättigungsdampfdruck bei der gegebenen Temperatur $p^s(T)$.

$$\varphi = \frac{p_D}{p^s} \tag{14.40}$$

Der Zusammenhang zwischen X und φ, T und p_{ges} ist mit Gleichung (1.2) bzw. (14.19) gegeben.

Die Enthalpie h der feuchten Luft (in kJ/kg trockene Luft) setzt sich aus der Enthalpie der trockenen Luft und der Enthalpie des Wasserdampfes zusammen, immer bezogen auf die Masse der trockenen Luft. Bezugstemperatur ist 0 °C und der flüssige Aggregatzustand für Wasser.

Im untersättigten Gebiet erhält man damit:

$$h = c_{P,L} \cdot T + X \cdot \left(\Delta h_V^0 + c_{P,D} \cdot T \right), \tag{14.41}$$

im übersättigten Nebelgebiet

$$h = c_{P,L} \cdot T + X_s \cdot \left(\Delta h_V^0 + c_{P,D} \cdot T \right) + \left(X - X_s \right) \cdot c_{P,W} \cdot T, \tag{14.42}$$

und im Eisgebiet

$$h = c_{P,L} \cdot T + X_s \cdot \left(\Delta h_V + c_{P,D} \cdot T \right) + \left(X - X_s \right) \cdot \left(-\Delta h_{schm} + c_{P,E} \cdot T \right) \tag{14.43}$$

Wichtige Begriffe bei der Konvektionstrocknung sind die Kühlgrenztemperatur (adiabatic saturation temperature) und die Gutbeharrungstemperatur (wet bulb temperature). Bei der Konvektionstrocknung wird die Frischluft aufgeheizt; im Trockner nimmt sie dann Feuchte auf und kühlt ab. Die Grenze ist der Sättigungszustand mit X_s und T_s, welche dann Kühlgrenztemperatur genannt wird.

Die Kühlgrenzlinie ergibt sich aus einer Massen- und Enthalpiebilanz um ein Trocknerelement:

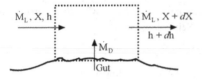

Abbildung 14-5: Bilanzelement

Näherungsweise gilt (genaue Ableitung z. B. in [62]):

Massenbilanz: $\dot{M}_L \cdot X + d\dot{M}_W = \dot{M}_L \cdot (X + dX)$

Enthalpiebilanz: $\dot{M}_L \cdot h + d(\dot{M}_W \cdot h_W) = \dot{M}_L \cdot (h + dh)$

Mit $h_W = c_P T_0$ folgt für die Kühlgrenzlinie:

$$\frac{dh}{dX} = c_{P,W} \cdot T_0 \tag{14.44}$$

bzw. integriert bei c_p und T_0 = konst.:

$$\frac{h_a - h_e}{X_a - X_e} = c_{P,W} \cdot T_0 \tag{14.45}$$

T_0 ist die Oberflächen- bzw. Guttemperatur; diese ändert sich ständig, weshalb obige Integration nur eine Näherung darstellt (Beispiel 14-55).

Die sich einstellende Guttemperatur kann über die Kinetik bestimmt werden, d. h. sie ist davon abhängig, wie schnell die Wärme an das Gut übertragen wird und wie schnell das verdunstete Wasser abtransportiert wird. Für die von der Luft an das Gut übertragenen Wärme gilt näherungsweise:

$$\dot{Q} = \alpha \cdot A \cdot (T_L - T_0) \tag{14.46}$$

Diese Wärme wird hauptsächlich zur Verdunstung des Wassers an der Gutoberfläche verwendet:

$$\dot{Q} = \dot{M}_W \cdot \Delta h_V \tag{14.47}$$

Der entstehende Dampf wird mit dem Luftstrom abtransportiert; dafür gilt die Stoffübergangsgleichung:

$$\dot{M}_D = \beta \cdot \rho \cdot A \cdot (X_0 - X) \tag{14.48}$$

Hierin bedeuten ρ die Dichte der trockenen Luft und X_0 der Feuchtegehalt der Luft in unmittelbarer Umgebung der Gutoberfläche (= Gleichgewichtsfeuchte).

Da $\dot{M}_W = \dot{M}_D$ ist, ergibt eine Kombination der Gleichungen (14.46) bis (14.48) folgenden Ausdruck für die Gutoberflächentemperatur:

$$T_0 = T_L - \frac{\beta}{\alpha} \cdot \rho \cdot \Delta h_V \cdot (X_0 - X) \tag{14.49}$$

Das Verhältnis von β zu α hängt von Stoffwerten und vom Turbulenzgrad ab. Mit der Lewis-Zahl $Le = a/D$ wird folgender Ausdruck erhalten:

$$\frac{\alpha}{\beta} = \rho \cdot cp \cdot Le^{1-a_3} \qquad (14.50)$$

wobei für ρ und c_p die Werte für feuchte Luft einzusetzen sind und der Koeffizient a_3 ein Maß für die Turbulenz ist (laminar: $a_3 = 0$, voll turbulent: $a_3 = 1$). Der Ausdruck Le^{1-a_3} wird auch als Lewis-Koeffizient bezeichnet.

Gleichung (14.50) in (14.49) eingesetzt ergibt:

$$T_0 = T_L - \frac{\Delta h_V}{c_p} \cdot Le^{a_3-1} \cdot (X_0 - X) \qquad (14.51)$$

Man kann zu jeder Lufttemperatur eine zugehörige Guttemperatur berechnen, was aber nur gilt, solange das Gut oberflächlich mit Wasser bedeckt ist (1. Trocknungsabschnitt). Bei der Auswertung von Gleichung (14.51) ist zu beachten, dass X_0 und Δh_V von der gesuchten Guttemperatur T_0 abhängig sind (Beispiel 14-56).

Für Systeme und Bedingungen für die der Lewis-Koeffizient bzw. der Verdunstungskoeffizient ($\sigma = \beta \cdot \rho_L$) ungefähr 1 ist, bleibt diese Guttemperatur nach einer kurzen Aufwärm- oder Abkühlphase aber in guter Näherung konstant und wird dann Gutbeharrungstemperatur genannt. Unter diesen Bedingungen entspricht sie dann auch genau der Kühlgrenztemperatur. In allen Beispielen wird hier die Gutbeharrungstemperatur konstant und gleich der Kühlgrenztemperatur angenommen.

14.6. Beispiele

14.6.1. Beispiele zur Absorption

Beispiel 14-1: Absorption von Aceton: HTU-NTU-Konzept

In einem Betrieb fallen 1000 m³/h (bezogen auf Normzustand) eines Aceton enthaltenden Abgases an. Mit Wasser als Lösungsmittel soll die Aceton-Konzentration (Partialdruck) in einer Füllkörperkolonne bei 60 °C und 2 bar von 2 mbar im Gegenstrom auf 0,1 mbar gesenkt werden. Der Wasserdurchsatz betrage das 1,5 fache der minimalen Lösungsmittelmenge; im eintretenden Wasser ist kein Aceton enthalten

Berechne den Durchmesser und die Höhe der Kolonne mit dem HTU-NTU-Konzept. Berechne alle vier HTU bzw. NTU-Werte (gas, liquid, overall gas, overall liquid) und vergleiche die Ergebnisse.

Gegebene Daten:

- Henry-Konstante: 20 bar
- Kinematische Viskosität: $\nu_g = 18{,}9 \cdot 10^{-6}$ m²/s, $\nu_l = 0{,}475 \cdot 10^{-6}$ m²/s
- Diffusionskoeffizient: $D_g = 8{,}3 \cdot 10^{-6}$ m²/s, $D_l = 5{,}8 \cdot 10^{-9}$ m²/s
- F-Faktor am Flutpunkt: $F_{max} = w_g \sqrt{\rho_g} = 2{,}5$ Pa$^{1/2}$, zu wählen: 80%
- $Sh_g = 0{,}407 \cdot Re_g^{0{,}665} \cdot Sc_g^{1/3}$

  mit $L = 4\varepsilon/a$ und w_g = Effektivgeschwindigkeit
- $Sh_l = 0{,}32 \cdot Re_l^{0{,}59} \cdot Sc_l^{0{,}5} \cdot Ga_l^{0{,}17}$

  mit $L = d_p$, w_l = Leerrohrgeschwindigkeit und $Ga = g \cdot L^3/\nu^2$

Raschig-Ringe mit Nennndurchmesser $d_p = 25$ mm, spezifischer Austauschfläche $a = 250$ m²/m³ und einem freien Lückenvolumen von $\varepsilon = 0,60$.

<u>Lösungshinweis:</u>

Aus dem gegebenen F-Faktor werden die effektive Gasgeschwindigkeit und damit die Querschnittsfläche und der Durchmesser berechnet. Dieser Durchmesser wird dann auf einen genormten Rohrdurchmesser auf- oder abgerundet, wodurch eine neue Effektivgeschwindigkeit für Gas- und Flüssigphase erhalten wird. Mit diesen Werten werden dann die Re- und Sh-Zahlen und daraus die ß-Werte berechnet, welche mit der Einheit m/s erhalten werden.

Für die Berechnung der k-Werte werden am einfachsten die ß-Werte mit der jeweiligen Gesamtkonzentration in kmol/(m²·s) umgerechnet.

Zur Berechnung der HTU_g- und HTU_l-Werte sind die Konzentrationen an der Phasengrenzfläche erforderlich. Zu einem beliebigen Punkt (x_i, y_i) erhält man den Punkt (x_i^{Ph}, y_i^{Ph}) im Schnittpunkt der Bilanzgerade (Punkt (x_i, y_i), Steigung - $ß^g/ß^l$, aus Gleichung (14.1)) mit der Gleichgewichtskurve.

<u>Ergebnis:</u>

Durchmesser = 0,397 m, gewählt für weitere Berechnung 0,4 m.

$HTU_{og} = 0,21$ m; $NTU_{og} = 6,36$;   H = 1,34 m
$HTU_{ol} = 0,30$ m; $NTU_{ol} = 4,46$;   H = 1,34 m
$HTU_g = 0,16$ m; $NTU_g = 8,23$;   H = 1,34 m
$HTU_l = 0,068$ m; $NTU_l = 19,64$;   H = 1,34 m

Beispiel 14-2: Absorption von Methanol

100 Nm³/h Luft mit 20 g/Nm³ Methanol sollen bei 25 °C in einer Gegenstrom-Füllkörperkolonne mit 25 mm Raschig-Ringen mit reinem Wasser gereinigt werden. Die austretende Luft darf nur noch 0,2 g/Nm³ Methanol enthalten. Die Steigung der Gleichgewichtsgeraden beträgt m = 0,35.

Die Absorption läuft isotherm bei 1 bar ab. Die Molmasse des Methanols beträgt 34 g/mol, die Dichte des Wassers 996 kg/m³, der Absorptionsfaktor A = 2,2 mol/mol (A = $\dfrac{\dot{L}}{\dot{G} \cdot m}$).

1. Wie viel Wasser wird benötigt?

2. Wie groß ist der Kolonnendurchmesser bei 0,2 m/s Gasgeschwindigkeit (Leerrohrgeschwindigkeit)?

3. Wie hoch wird die Absorptionssäule wenn $HTU_{og} = 0,6$m?

<u>Ergebnis:</u>

1. Benötigte Wassermenge = 60,2 l/h
2. Kolonnendurchmesser bei 0,2 m/s Gasgeschwindigkeit = 0,44 m
3. $NTU_{og} = 7,35$ und H = 4,4m

Beispiel 14-3: Berechnung des Flutpunktes einer Füllkörperkolonne nach Stichlmair [40]

Erweiterung von Beispiel 5-24 zur Berechnung des Druckverlustes einer Füllkörperkolonne mit Berl-Sätteln. Mit den in diesem Beispiel gegebenen Daten und Formeln soll für einen gegebenen Flüssigkeitsstrom die maximale Gasgeschwindigkeit am Flutpunkt berechnet werden, bzw. für gegebene Gasgeschwindigkeit die maximale Flüssigkeitsgeschwindigkeit.

<u>Lösungshinweis:</u>

Für den Flutpunkt (Index F) gilt folgende Gleichung:

$$\frac{1}{\left(\dfrac{\Delta p_f}{\rho_l \cdot g \cdot H}\right)_F^2} = \frac{40\, x_D \left(\dfrac{2+c}{3}\right)}{1 - \epsilon + x_D \left(1 + 20\left(\dfrac{\Delta p_f}{\rho_l \cdot g \cdot H}\right)_F^2\right)} + \frac{186\, x_D}{\epsilon - x_D \left(1 + 20\left(\dfrac{\Delta p_f}{\rho_l \cdot g \cdot H}\right)_F^2\right)} \tag{14.52}$$

Für eine gegebene Flüssigkeitsbelastung ist diese Gleichung nach w_g (enthalten in Δp_f und c) zu lösen und für eine gegebene Gasgeschwindigkeit nach w_l (enthalten in Δp_f und hold-up x_D).

Ergebnis:

$w_l = 0{,}005\ m^3/(m^2 \cdot s)$: $w_{g,max} = 0{,}64\ m/s$; $w_g = 0{,}4\ m/s$: $w_{l,max} = 0{,}045\ m^3/(m^2 \cdot s)$

Beispiel 14-4: Berechnung des Flutpunktes einer Füllkörperkolonne nach Sherwood [63]

Für die absorptive Reinigung eines Prozessgases ist eine Füllkörperkolonne hydraulisch zu dimensionieren. Insbesondere ist die Flutpunktsbelastung als hydraulische Grenzbelastung für den Betrieb von Füllkörperkolonnen abzuschätzen. Folgende Daten sind gegeben:

Gasvolumenstrom: 50000 m^3/h, Druck: 1013 hPa, Temperatur: 20 °C, Trägergas: Luft, Absorbens: Wasser, L/G-Verhältnis: 1 kg/kg, Durchmesser des Absorbers: 2500 mm.

Füllkörper: Pall-Kunststoffringe mit $a = 112\ m^2/m^3$ und $\epsilon = 0{,}95$.

Von Sherwood wurde eine allgemeine Flutpunktskorrelation hergeleitet:

$$\eta_l^{0,2} \cdot \frac{w_g^2 \cdot a \cdot \rho_g}{g \cdot \epsilon^3 \cdot \rho_l} = f\left(\frac{L}{G} \cdot \sqrt{\frac{\rho_g}{\rho_l}}\right) \tag{14.53}$$

mit

L = spezifische Flüssigkeitsbelastung [$kg/(m^2 \cdot s)$], G = spezifische Gasbelastung [$kg/(m^2 \cdot s)$],
ρ_g = Gasdichte (Dampfdichte) [kg/m^3], ρ_l = Flüssigkeitsdichte [kg/m^3],
w_g= Gasgeschwindigkeit/Dampfgeschwindigkeit [m/s],
a = spezifische Stoffaustauschfläche [m^2/m^3], ϵ = Lückenraumanteil [-],
η_l = Viskosität der Flüssigkeit [$mPa \cdot s$].

Sherwood erstellte ein Diagramm mit der linken Seite der Gleichung (14.53) als Ordinate und dem Argument der Funktion auf der rechten Seite als Abszisse. In dieses Diagramm wurden zahlreiche Messwerte von unterschiedlichen regellos geschütteten Füllkörpern eingetragen, welche alle auf einer Kurve liegen.

Zur leichteren Auswertung wurden diese Messpunkte für dieses Beispiel gefittet, wobei folgende Funktion erhalten wurde:

$$f\left(\frac{L}{G} \cdot \sqrt{\frac{\rho_g}{\rho_l}}\right) = f(x) = \frac{0{,}21120079 + 5{,}9230427 \cdot x^2 + 0{,}096086195 \cdot x^4}{1 + 169{,}5913 \cdot x^2 + 84{,}947781 \cdot x^4 + 0{,}47911586 \cdot x^6}$$

Berechne:

a) die maximale Gasgeschwindigkeit für die gegebenen Bedingungen und das Verhältnis gegebene zu maximaler Gasgeschwindigkeit,

b) den maximalen Gasdurchsatz für gegebene Flüssigkeitsbelastung,

c) den maximalen Flüssigkeitsdurchsatz bei gegebenen Gasstrom,

d) den minimalen Kolonnendurchmesser bei gegebenen Gas- und Flüssigkeitsdurchsatz.

e) Vergleich mit dem Modell von Stichlmair; wie groß ist die maximale Gasgeschwindigkeit für die Daten aus Beispiel 14-3 bzw. Beispiel 5-24?

Ergebnis:

a) $w_{g,max}$ = 3,38 m/s; $w_g/w_{g,max}$ = 0,836; b) G_{max} = 61200 m³/h; c) L_{max} = 126,5 m³/h, d) D_{min} = 2,29 m, e) $w_{g,max}$ = 0,46 m/s; $w_g/w_{g,max}$ = 0,866;

Kommentar:

Das Sherwood-Modell war eines der ersten Modelle zur Flutpunktsberechnung von Füllkörperkolonnen; es ist ein recht einfaches Modell, da nur die spezifische Oberfläche und das Lückenvolumen eingeht und Geometrie und Material unberücksichtigt bleiben. Es verwundert daher nicht, dass die Abweichung zum ausgereifteren Modell von Stichlmair doch ziemlich groß ist. Als erste schnelle Abschätzung ist es aber immer noch gut geeignet.

Beispiel 14-5: Absorption mit Reaktion 1: Konzentrationsprofil im flüssigen Film

Reaktion: $A + B \rightarrow P$ mit $r_A = - k \cdot c_A$

Leite ausgehend von einer Bilanz um den flüssigen Grenzfilm eine Gleichung für das Konzentrationsprofil von A im Film ab. Stelle den Konzentrationsverlauf für verschiedene k-Werte (10^{-1}, 10^{-2}, 10^{-3}, 10^{-4}) grafisch dar und berechne daraus die Enhancement-Faktoren.

Die Komponente B liege im großen Überschuss vor ($c_B = 3$), so dass die Reaktion pseudo - 1. Ordnung abläuft. Für die grafische Darstellung soll die Grenzschichtdicke δ mit 1 angenommen werden (tatsächlich zwischen 10^{-4} und 10^{-5} m); das bedingt, dass der Diffusionskoeffizient entsprechend angepasst werden muss (anstelle von ca. 10^{-9} m²/s ca. $D_A = 10^{-3}$). Die Konzentration von A auf der flüssigseitigen Grenzfläche sei 0,1; dies ist auch die Randbedingung auf der linken Seite. Für die rechte Seite werden in der Literatur zwei verschiedene Randbedingungen angegeben, entweder $c_A{}'(\delta) = 0$ oder $c_A(\delta) = c_A^{bulk}$. Rechne mit beiden Randbedingungen und vergleiche das Ergebnis.

Lösungshinweis:

- Von der Grenzfläche in den Film eintretender Diffusionsstrom: $\dot{n}_{A,ein} = - D_A \left(\dfrac{dc_A}{dx} \right)_{x=0}$;

- Reaktion im Film $r_A = - k \cdot c_A$;

- in die flüssige Hauptphase austretender Diffusionsstrom: $\dot{n}_{A,aus} = \dot{n}_{A,ein} + \dfrac{d\dot{n}_{A,ein}}{dx}$.

- Bilanz für den stationären Fall ($\dfrac{dc_A}{dt}$ im Film = 0) und ohne konvektiven Ströme:

$$D_A^l \cdot \frac{d^2 c_A}{dx^2} - k \cdot c_A = 0$$

Dies ist die zu lösende Differentialgleichung mit den oben angeführten Randbedingungen.

Der Enhancement-Faktor gibt nach Gleichung (14.5) die Erhöhung des Stofftransportes im flüssigen Film durch die chemische Reaktion an. Es gilt:

$$\dot{n}_A \equiv -D_A^l \cdot \left(\frac{dc_A}{dx} \right)_{x=0} = \beta_A^l \cdot \left(c_A^{Ph} - c_A^b \right) \cdot EF \quad \text{bzw.} \quad EF = \frac{- D_A^l}{\beta_A^l \cdot \left(c_A^{Ph} - c_A^b \right)} \cdot \left(\frac{dc_A}{dx} \right)_{x=0}$$

Ergebnis:

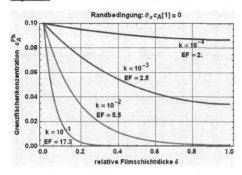 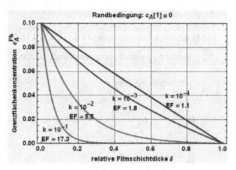

$$c_A(x) = \frac{c_A^{Ph} \cosh[Ha(1-x/\delta)]}{\cosh[Ha]} \quad \text{mit } Ha = \delta\sqrt{k/D}$$

$$c_A(x) = \frac{c_A^{Ph} \sinh[Ha(1-x/\delta)] + c_A^b \sinh[Ha \cdot x/\delta]}{\sinh[Ha]}$$

Kommentar:

Ab einem bestimmten k-Wert führen beide Randbedingungen zum selben Ergebnis. Mit der Randbedingung $c_A'(\delta) = 0$ kann man bei gegebenem k die Konzentration von A in der flüssigen Hauptphase berechnen und vice versa für die Randbedingung $c_A(\delta) = c_A^{bulk}$. Die Kurvenverläufe im rechten Bild für $k = 10^{-3}$ und 10^{-4} sind unrealistisch, da bei diesen niedrigen Reaktionsgeschwindigkeitskonstanten die Komponente A bis in die flüssige Hauptphase diffundiert.

In der *Mathematica*-Datei sind auch die Konzentrationsverläufe und Enhancement-Faktoren für $r_A = - k \cdot c_A^2$ und $r_A = - k \cdot c_A \cdot c_B$ berechnet was nur mehr numerisch möglich ist.

Beispiel 14-6: Absorption mit Reaktion 2: Ableitung der Geschwindigkeitsgleichung

1. Leite die Gleichung (14.7) $r_A = \dot{n}_A \cdot a = \dfrac{1}{\dfrac{RT}{\beta_A^g \cdot a} + \dfrac{H_A}{\beta_A^l \cdot a \cdot c_{aq}^{ges} \cdot EF} + \dfrac{H_A}{k \cdot c_B \cdot c_{aq}^{ges} \cdot f_l}} \cdot p_A$ her.

2. Leite eine entsprechende Formel für eine instantane irreversible Reaktion her.

3. Wie lautet die Gleichung für eine reversible instantane Reaktion?

Lösungshinweis und Ergebnis:

ad 1: Die gesamte Absorption mit chemischer Reaktion wird durch die drei Teilschritte

- Transport durch gasseitigen Grenzfilm $r_A = \beta_A^g \cdot a \cdot \left(p_A - p_A^{Ph}\right)$,

- Transport durch flüssigseitigen Grenzfilm $r_A = \beta_A^l \cdot a \cdot EF \cdot \left(c_A^{Ph} - c_A\right)$ und durch die

- Chemische Reaktion (hier 2. Ordnung nach Gleichung (14.6)) $r_A = \dfrac{1}{V_l}\dfrac{dn_A}{dt} = \dfrac{1}{V_R \cdot f_l}\dfrac{dn_A}{dt} = k \cdot f_l \cdot c_A \cdot c_B$

bestimmt, wobei die Reaktion jedenfalls auch (unabhängig von Ort und Geschwindigkeit) den Transport durch die flüssige Grenzschicht verbessert, was durch den Enhancement-Faktor berücksichtigt wird.

Aus diesen drei Gleichungen können nun händisch oder mit Computer die unbekannten Phasengrenzflächenkonzentrationen mit dem Henry-Gesetz eliminiert und die einzelnen Widerstände zu dem Gesamtwiderstand addiert werden.

ad 2: instantan und irreversibel bedeutet einerseits $k = \infty$ und andererseits, dass c_A und c_B am Reaktionsort beide 0 werden (Ausnahme: wenn nur so wenig B vorliegt, dass A in die Hauptphase diffundieren und dort nicht vollständig abreagieren kann).

Bei Lösung des Gleichungssystem (14.13) bis (14.16) kann x_0 eliminiert und alle Unbekannten (p_A^{Ph}, c_A^{Ph}, x und $\dot{n}_A$) gleichzeitig berechnet werden. Berücksichtigt man ferner, dass im flüssigen Grenzfilm $\dfrac{\beta_A^l}{\beta_B^l} = \dfrac{D_A}{D_B}$ gilt, erhält man für $\dot{n}_A$:

$$\dot{n}_A = \frac{\dfrac{D_B}{D_A} \cdot \dfrac{c_B^b}{b} + \dfrac{p_A}{H_A}}{\dfrac{1}{H_A \cdot \beta_A^g} + \dfrac{1}{\beta_A^l}}, \tag{14.54}$$

wobei viele weitere Umformungen möglich sind. Das direkte Computerergebnis lautet:

$$\dot{n}_A = \frac{c_B^b \cdot D_B \cdot H_A \cdot \beta_A^g \cdot \beta_A^l + b \cdot D_A \cdot p_A \cdot \beta_A^g \cdot \beta_A^l}{b \cdot D_A \cdot \left(H_A \cdot \beta_A^g + \beta_A^l\right)}.$$

c_B^b bedeutet hier die Konzentration von B in der Hauptphase (bulk).

ad 3: bei instantanen, reversiblen Reaktionen stellen sich am Reaktionsort die Gleichgewichtskonzentrationen c_A^* und c_B^* ein. Computerergebnis, ohne weitere Umformungen:

$$\dot{n}_A = \frac{b \cdot D_A \cdot p_A \cdot \beta_A^g \cdot \beta_A^l + c_B^b \cdot D_B \cdot H_A \cdot \beta_A^g \cdot \beta_A^l - b \cdot c_A^* \cdot D_A \cdot H_A \cdot \beta_A^g \cdot \beta_A^l - c_B^* \cdot D_B \cdot H_A \cdot \beta_A^g \cdot \beta_A^l}{b \cdot D_A \cdot \left(H_A \cdot \beta_A^g + \beta_A^l\right)}$$

Anmerkung:

Bei sehr langsamen Reaktionen wird EF = 1; da dann auch die Reaktionsgeschwindigkeitskonstante k klein ist ergibt sich ein zusätzlicher großer Reaktionswiderstand und es mag aus dem Nenner von Gleichung (14.7) erscheinen, dass im Vergleich zu rein physikalischer Absorption der Gesamtwiderstand größer und der Stofftransport kleiner wird. Das kann natürlich nicht richtig sein; der Gesamtwiderstand nimmt unter diesen Bedingungen zwar zu, durch die Reaktion wird aber auch die Triebkraft vergrößert, z. B. p_A in Gleichung (14.7) für chemische Absorption und $p_A - p_A^{Ph}$ oder $p_A - p_A^*$ für entsprechende physikalische Absorption. Ein praktisches Beispiel dazu ist die Absorption von CO_2 in K_2CO_3-Lösung, die ohne Katalysator und bei Umgebungsdruck sehr langsam erfolgt, aber selbstverständlich vollständiger und schneller als in reinem Wasser.

Beispiel 14-7: Absorption mit Reaktion 3: Widerstände bei verschiedenen Bedingungen [61]

Die Absorption und Reaktion

$A(g{\to}l) + B(l) \;\to\; R \qquad$ mit $-r_A = k \cdot c_A \cdot c_B$

findet in einer Füllkörperkolonne statt unter folgenden Bedingungen:

$\beta_g \cdot a = 0,1$ mol/(h·m²·Pa); $\quad \beta_l \cdot a = 100$ 1/h; $\quad a = 100$ m²/m³; $\quad f_l = 0,01; \quad D_A = D_B = 10^{-6}$ m²/h.

An einer Stelle im Absorber ist $p_A = 100$ Pa und $c_B = 100$ mol/m³.

Nimm für diesen Punkt folgende Reaktionsgeschwindigkeitskonstanten k und Henry-Konstanten H_A an

	1	2	3	4	5	6
k [m³/(mol·h)]	10	10^6	10	10^{-4}	10^{-2}	10^8
H_A [Pa·m³/mol]	10^5	10^4	10^3	1	1	1

und berechne damit den Enhancement-Faktor, die Absorptionsgeschwindigkeit und die prozentuelle Verteilung der Widerstände.

Lösungshinweis:

Spezifische Absorptionsgeschwindigkeit aus Gleichung (14.7); Widerstände aus den einzelnen Termen im Nenner dieser Gleichung; Achtung auf die Einheiten, am einfachsten gegebenes β_g in m/s und H_A in Pa umrechnen.

Ergebnis:

	1	2	3	4	5	6
E-Faktor	1,0003	9,99	1,0003	1	1	99,9
r_A [mol/(m³·h)]	0,0091	4,99	0,83	0,0099	0,91	10,0
R_{gas} [%]	0,09	49,95	8,33	0,1	9,1	99,99
R_{liquid} [%]	9,08	50,0	8,33	0,0001	0,009	0,001
$R_{Reaktion}$ [%]	90,83	0,05	83,34	99,9	90,9	≈0

Beispiel 14-8: chemische Absorption 1: ohne Reaktion [61]

Es soll durch Absorption in Wasser eine unerwünschte Komponente A aus Luft von 0,1 Vol.% auf 0,02 Vol.% reduziert werden. Das Waschmittel tritt unbeladen in die Kolonne ein.

Gegeben:

$H_A = 1{,}25 \cdot 10^{-4}$ atm·m³/mol

$\beta_g \cdot a = 32000$ mol/(m³·h)

$\beta_l \cdot a = 0{,}1$ h^{-1}

$G_s/S = 1 \cdot 10^5$ mol/(m²·h)

$L_s/S = 7 \cdot 10^5$ mol/(m²·h)

$p = 1$ atm

$c_{ges} = 56000$ mol/m³ (Gesamtkonzentration aller Komponenten im Wasser)

Gesucht ist die notwendige Kolonnenhöhe für eine Gegenstromabsorptionskolonne, welche nach folgenden Schritten ermittelt werden soll:

1. die flüssigseitige Austrittskonzentration c_A
2. die treibenden Konzentrationsgefälle am Boden und am Kopf der Kolonne (als Δy)
3. die Zahl der gasseitigen Übertragungseinheiten
4. die aktive Kolonnenhöhe

Hinweis: Es können die Vereinfachungen für ein verdünntes System angenommen werden. Henry-Gesetz mit den hier verwendeten Einheiten: $p_A = H_A \cdot c_A$. Die gesamte Flüssigkeitskonzentration c_{ges} bleibt überall konstant.

Lösungshinweis:

Physikalische Absorption, Höhe nach Gleichung (14.3), NTU entweder durch Integral oder aus Mittelwert der Triebkräfte am Kopf und Boden.

Ergebnis:

$c_A = 6{,}4$ mol/m³; $\Delta y_{Kopf} = \Delta y_{Boden} = \Delta y_{mittel} = 0{,}0002$; NTU = 4; $k_g \cdot a = 0{,}0078$ mol/(m³·h·Pa); Höhe = 512 m.

Kommentar:

Die Kolonne ist viel zu hoch, weil durch die schlechte Löslichkeit von A der Widerstand hauptsächlich in flüssiger Phase liegt (97,6 %). Widerstand kann durch Zugabe einer reaktiven Komponente B gesenkt werden, siehe nächstes Beispiel. Die Größe des Widerstandes hängt dann von der Reaktion und der Konzentration an B ab.

Beispiel 14-9: chemische Absorption 2: instantan, irreversibel [61]

Gleiche Angaben wie im vorigen Beispiel 14-8. Die flüssige Phase enthält nun aber verschiedene Eintrittskonzentrationen an B (0 bis 800 mol/m³), welches mit A entsprechend der Reaktion

$$A\ (g{\rightarrow}l)\ +\ B\ (l)\ \rightarrow\ P$$

instantan und irreversibel in der flüssigen Phase reagiert. Die Diffusionskoeffizienten von A und B im flüssigen Grenzfilm seien gleich groß.

Stelle die Konzentrationsverläufe in der flüssigen Grenzschicht nach der Filmtheorie für verschiedene Eintrittskonzentrationen am Kopf und am Boden der Kolonne grafisch dar und berechne die dazugehörige Kolonnenhöhe.

Lösungshinweis:

Um die Konzentrationsverläufe darstellen zu können muss auch die Phasengrenzflächenkonzentration und der Reaktionsort berechnet werden.

Instantan bedeutet $k \rightarrow \infty$ und irreversibel, dass A und B am Reaktionsort nicht gemeinsam vorkommen können. Dies bedeutet $c_A = c_B = 0$ am Reaktionsort, wenn dieser im flüssigen Grenzfilm liegt. Ist sehr wenig B vorhanden, kann A bis in die Hauptphase diffundieren und verbraucht dort alles B.

Prinzipiell gilt Gleichung (14.54); bei Vorgabe von x_0, z. B. willkürlich 1, können aber aus dem Gleichungssystem Gleichungen (14.13) bis (14.16) auch der Reaktionsort x und die Phasengrenzflächenkonzentration berechnet und somit die Konzentrationsverläufe im Film für Kopf und Boden gezeichnet werden. Je nach Anfangskonzentration an B kann der Reaktionsort x auch > 1 oder < 0 werden. x > 1 bedeutet, dass A in die flüssige Hauptphase diffundiert und dort alles B verbraucht; x < 0 bedeutet, dass der Reaktionsort in die Gasphase wandern würde, was nicht möglich ist; x = 0 ist die Grenze, an dieser Stelle verschwindet auch der flüssige Filmwiderstand, der Gesamtwiderstand wird dann nur durch den gasseitigen Widerstand bestimmt.

Ist die Eingangskonzentration an B so hoch, dass der Reaktionsort überall an der Phasengrenze liegt, so kann die Höhe mit Gleichung (14.3) berechnet werden, wobei für den Gesamtwiderstand nur der Widerstand der Gasphase einzusetzen ist und für y^* = 0. Ist die Eingangskonzentration so niedrig, dass der Reaktionsort nirgendwo die Grenzfläche erreicht, wird die Höhe mit Gleichung (14.17) berechnet. Bei dazwischen liegenden Eintrittskonzentrationen muss der Partialdruck berechnet werden, bei dem der Reaktionsort die Grenzfläche erreicht und dann die Gesamthöhe aus zwei Teilen.

Ergebnis:

Grenzen der Eintrittskonzentration $c_{B,ein}$ [mol/m³]:

	rechte Seite x = 1	linke Seite, x = 0
Kopf	≈ 0	64
Boden	6,4	326,4

Dies bedeutet, dass bis zu einer Eintrittskonzentration c_B = 6,4 mol/m³ die Komponente A über die gesamte Kolonnenhöhe durch die wässrige Grenzschicht bis in die Hauptphase diffundieren kann, wo der Reaktionsort liegt. Zwischen 6,4 und 64 mol/m³ befindet sich der Reaktionsort jedenfalls im Film. Bei 64 mol/m³ erreicht der Reaktionsort am Kopf die Phasengrenze. Bei höheren Eintrittskonzentrationen wandert diese Grenze immer weiter Richtung Boden und ab 326,4 mol/m³ liegt der Reaktionsort in der gesamten Kolonne an der Phasengrenze, d. h. der Widerstand wird dann nur mehr durch die Gasphase bestimmt.

Erforderliche Kolonnenhöhen für verschiedene Eintrittskonzentrationen:

$c_{B,ein}$ [mol/m³]	0	1	3	6,4	32	128	326,4	500	800
Höhe [m]	512,2	315,4	178,3	102,5	24,4	6,9	5,03	5,03	5,03

Kopf:

Boden:

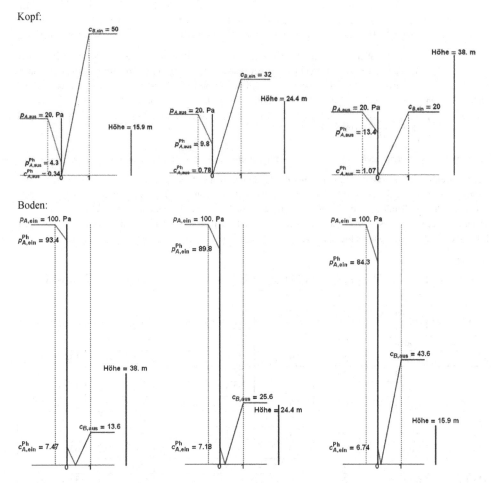

Kommentar:

Ab einer Eintrittskonzentration von 326,4 mol/m³ wird der Widerstand nur mehr durch die Gasseite bestimmt. Eine höhere Konzentration bringt daher keine weitere Reduktion der erforderlichen Kolonnenhöhe. Die Höhe kann alternativ auch bei chemischer Reaktion mit dem HTU-NTU-Konzept berechnet werden. Bei irreversibler

Reaktion ist $y^* = 0$ und NTU für jede Eingangskonzentration an B NTU $= \int\limits_{y_a}^{y_e} \frac{dy}{y} = \int\limits_{p_a}^{p_e} \frac{dp}{p}$. Für den HTU-Wert

muss aus dem schon berechneten n_A der Gesamtwiderstand berechnet werden (außer wenn er nur auf der Gasseite liegt, dann ist $R_{ges} = R_g = 1/ß_g$), einfacher ist deshalb Gleichung (14.17).

Beispiel 14-10: chemische Absorption 3: instantan, irreversibel [61]

Gleiche Angaben wie im vorhergehenden Beispiel 14-9. Es sollen nun aber die Enhancement-Faktoren berechnet werden, mit Gleichung (14.7) dann der spezifische Stofftransport und mit dem HTU-NTU-Konzept die Kolonnenhöhe

Lösungshinweis:

$k \rightarrow \infty$, kein Widerstand durch die Reaktion, dritter Term im Nenner von Gleichung (14.7) entfällt. Für den Widerstand im flüssigen Grenzfilm wird der Enhancement-Faktor benötigt. Da eine instantane Reaktion angenommen wurde, ist die Hatta-Zahl unendlich und $EF = E_i$, Gleichung (14.8). E_i wird für Kopf und Boden der Kolonne berechnet und damit jeweils der Gesamtwiderstand. Mit einem logarithmischen Mittelwert des Gesamtwiderstandes wird der HTU-Wert berechnet. Der NTU-Wert ist gleich wie im vorhergehenden Beispiel.

Bei der Berechnung des E_i-Wertes wird der Partialdruck von A an der Phasengrenzfläche benötigt. Dieser muss iterativ ermittelt werden, indem zunächst ein p_A^{Ph} an der Phasengrenze geschätzt wird; damit kann E_i und dann die Widerstände in Gas- und Flüssigfilm berechnet werden. Mit diesen Widerständen kann ein neuer p_A^{Ph} berechnet werden, da im stationären Fall der Stofftransport durch beide Filme gleich groß sein muss:

$$\beta_g \cdot a \cdot \left(p_A - p_A^{Ph}\right) = \frac{\beta_l \cdot a \cdot EF}{H_A} \cdot \left(p_A^{Ph} - 0\right).$$

Mit dem neuen p_A^{Ph} ergibt sich ein neuer EF; so lange iterieren bis sich die Werte nicht mehr ändern.

Die Grenzen der Eintrittskonzentrationen, wo der Reaktionsort die Phasengrenze erreicht, sind gleich wie im vorhergehenden Beispiel. Bei $c_{B,ein} > 326,4$ wird der Gesamtwiderstand nur durch den Gaswiderstand bestimmt; bei $c_{B,ein} < 64$ ist überall auch der Filmwiderstand zu berücksichtigen. Dazwischen muss wieder in zwei Abschnitten gerechnet werden, wobei aber auch der NTU-Wert entsprechend unterteilt und mit dem dazugehörigen HTU-Wert zu einer Teilhöhe multipliziert wird.

Ergebnis:

c_B [mol/m³]		p_A [Pa]	p_A^{Ph} [Pa]	R_{liquid} [m³·h·Pa/mol]	EF [-]	Höhe [m]
0	Kopf	20	19,51	125	1	512,5
0	Boden	100	99,51	125	1	
1	Kopf	20	19,2	75,7	1,65	315,4
0	Boden	100	99,2	125	1	
3	Kopf	20	18,6	41,4	3,0	178,3
0	Boden	100	98,6	125	1	
6,4	Kopf	20	17,6	22,5	5,6	102,5
0	Boden	100	97,6	125	1	
32	Kopf	20	9,8	2,3	42,0	24,4
25,6	Boden	100	89,8	27,4	4,6	
128	Kopf	20	≈ 0	≈ 0	$\approx \infty$	6,9
121,6	Boden	100	60,5	4,8	26,1	
326,4	Kopf	20	≈ 0	≈ 0	$\approx \infty$	5,03
320	Boden	100	≈ 0	0,1	1271	
500	Kopf	20	≈ 0	≈ 0	$\approx \infty$	5,03
493,6	Boden	100	≈ 0	≈ 0	$\approx \infty$	
800	Kopf	20	≈ 0	≈ 0	$\approx \infty$	5,03
793,6	Boden	100	≈ 0	≈ 0	$\approx \infty$	

Beispiel 14-11: chemische Absorption 4: schnelle Reaktion, irreversibel [61]

Luft mit einer Komponente A wird durch einen Tank geleitet, welcher eine wässrige Lösung an B enthält. Es findet folgende Reaktion statt:

$A (g \rightarrow l) + 2 B (l) \rightarrow R (l)$,

mit $r_A = -k \cdot c_A \cdot c_B^2$ und $k = 10^6$ m⁶/(mol²·h).

Folgende Daten sind bekannt:

$\beta_A^g = 0.01 \text{ mol/(m}^3 \cdot \text{Pa} \cdot \text{h)}$; $\beta_A^l = 20 \text{ 1/h}$; $D_A = D_B = 10^{-6} \text{ m}^2/\text{h}$; $H_A = 10^5 \text{ Pa} \cdot \text{m}^3/\text{mol}$; $a = 20 \text{ m}^2/\text{m}^3$; $f_l = 0.98$;

An einer bestimmten Stelle im Reaktor gilt: $p_A = 5 \cdot 10^3$ Pa und $c_B = 100 \text{ mol/m}^3$

Berechne für diese Stelle:

a) den Enhancement-Faktor EF,

b) die prozentuelle Verteilung der Widerstände,

c) die spezifische Transportgeschwindigkeit in mol/(m³·h),

d) den Partialdruck von A an der Phasengrenze,

e) die Konzentrationen von A c_A^r und B c_B^r am Reaktionsort,

f) den Reaktionsort.

Variiere auch k, H_A, p_A und c_B und beobachte die Änderungen im Ergebnis.

Lösungshinweis:

Hier liegt eine Reaktion 3. Ordnung vor. Diese Reaktion soll näherungsweise als eine Reaktion 2. Ordnung behandelt werden mit $k' = k \cdot c_B = 10^8 \text{ m}^3/(\text{mol} \cdot \text{h})$.

Zur Berechnung des Partialdruckes an der Phasengrenzfläche und des Enhancement-Faktors EF muss wie im vorhergehenden Beispiel iteriert werden. Mit diesem EF können die Widerstände und die Transportgeschwindigkeit r_A nach Gleichung (14.7) berechnet werden.

Bei endlich schnellen Reaktionen kann man eigentlich nicht mehr von einem Reaktionsort sprechen, eher von einem Reaktionsbereich, in dem A und B gemeinsam vorliegen können. Hier wird als Reaktionsort der Schnittpunkt der beiden Diffusionsprofile im flüssigen Film definiert. An diesem Punkt gilt dann auch $c_A^r = c_B^r$.

Ergebnis:

a) EF = 98,3;   b) Widerstände: Gasfilm $\approx$ 65,5, Flüssigfilm $\approx$ 34,5, Reaktion $\approx$ 0 %;   c) r_A = 33,15 mol/(m³·h);   d) p_A^{Ph} = 1685,4 Pa;   e) Konzentrationen am Reaktionsort: c_A = $3,4 \cdot 10^{-7}$ mol/m³;   f) der Reaktionsort liegt 0,017 % der Filmdicke an der Phasengrenze, d. h. praktisch direkt an der Phasengrenze.

Beispiel 14-12: Absorption CO_2 in K_2CO_3 [61]

Die Absorption von CO_2 in eine wässrige Lösung von K_2CO_3 findet nach folgender Reaktion statt:

CO_2 (g→l) + OH^- → HCO_3^- mit $r_{CO2} = k \cdot c_{CO2} \cdot c_{OH^-}$

In einer Versuchsanlage wird reines CO_2 bei 1 atm und 20 °C in einer Füllkörperkolonne absorbiert. Für die Versuchsbedingungen gelten folgende Werte:

Aktives Absorbervolumen $V_R = 0,6041 \text{ m}^3$; $c_{OH^-} = 300 \text{ mol/m}^3$ = konstant;   k = 0,433 m³/(mol·s); a = 120 m²/m³; $f_l = 0,08$;   Henry-Konstante = 3500 Pa·m³/mol;   Gasdurchsatz = 0,0363 m³/s; $D_{CO2} = D_{OH^-} = 1,4 \cdot 10^{-9} \text{ m}^2/\text{s}$; $\beta_l \cdot a = 0,025 \text{ 1/s}$.

Wie groß ist der Verstärkungsfaktor EF, der Widerstand im flüssigen Film und welcher Anteil des eintretenden CO_2 wird absorbiert?

Lösungshinweis:

Kein Widerstand in der Gasphase, da reines CO_2 verwendet wird. Berechnung des Enhancement-Faktors mit den Gleichungen (14.9) bis (14.12) und der Reaktionsrate nach Gleichung (14.7).

Ergebnis:

E-Faktor = 1,9;

99,5 % des Widerstandes sind im flüssigen Film und 5,6 % des eintretenden CO_2 werden absorbiert.

Beispiel 14-13: Reduktion von Dichromat mit SO_2

Es soll die Reduktion von Dichromat in einem Abwasser mit einem SO_2-hältigen Abgas untersucht werden.

In einer Versuchsapparatur entsprechend der Abbildung wurden bei 20 °C und einem Druck von 0,96 bar folgende Messergebnisse für einen Gasdurchsatz von 7 Nm³/h und einen Flüssigkeitsdurchsatz von 40 l/h erhalten (Messwerte aus [64]):

$\rho_{SO2,ein}$ [mg/Nm³]	$\rho_{SO2,aus}$ [mg/Nm³]	$\rho_{Cr,ein}$ [g/l Cr]	$\rho_{SO2,ein}$ [mg/Nm³]	$\rho_{SO2,aus}$ [mg/Nm³]	$\rho_{Cr,ein}$ [g/l Cr]
3064	1682	5,26	3056	1760	1,02
3045	1680	4,49	3039	1755	0,99
3060	1702	4,05	3025	1734	0,90
3060	1700	3,52	3062	1760	0,87
3030	1695	3,10	3077	1765	0,86
3020	1692	2,93	3077	1770	0,81
2985	1710	2,82	3075	1817	0,74
3024	1710	2,62	3075	1839	0,60
3014	1710	2,40	2905	1772	0,60
2985	1725	2,30	2925	1783	0,56
3016	1712	2,20	3077	1872	0,48
3015	1720	2,00	3077	1927	0,42
3000	1715	2,00	3077	1956	0,38
3006	1726	1,93	3001	1840	0,34
3020	1725	1,26	3019	1852	0,33
3038	1752	1,20	3077	1971	0,27
3925	2266	1,16	2999	1892	0,27
3038	1752	1,15	3020	1890	0,23
3056	1760	1,13	3074	2019	0,17
3022	1730	1,05	3074	2097	0,09

Bei niedrigem pH-Wert des Abwassers ist die Reaktion unabhängig von der H^+-Konzentration, weshalb folgende Geschwindigkeitsgleichung angenommen wird:

$$r = k \cdot c_{SO2} \cdot c_{Dichromat}$$

Berechne aus diesen Messdaten die Reaktionsgeschwindigkeitskonstante k sowie die prozentuale Verteilung der Widerstände in der Gasphase, im flüssigen Film und in der flüssigen Hauptphase.

Lösungshinweis:

Die Austrittskonzentration an Dichromat wird mittels einer Bilanz um die gesamte Versuchsapparatur erhalten, wobei zu berücksichtigen ist, dass pro Mol Dichromat 3 Mole SO_2 reagieren.

Die Stoffübergangskoeffizienten erhält man aus den Sh-Beziehungen für Rieselfilme in Rohren, welche im Anhang, Kap. 15.4.6 gegeben sind.

Die Reaktionsgeschwindigkeitskonstante k und die Widerstände können nun mit Gleichung (14.7) berechnet werden. Für den SO_2-Partialdruck und die Dichromat-Konzentration sind logarithmische Mittelwerte einzusetzen.

Auftragung aller Messpunkte als Abscheidung SO_2 über die Konzentration an Dichromat ergibt folgende Abbildung:

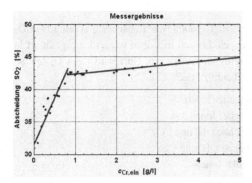

Oberhalb einer Dichromat-Konzentration von ca. 0,8 g/l Cr^{3+} verbessert sich die SO_2-Abscheidung nur mehr geringfügig, weshalb für diesen Bereich eine Reaktion pseudo-1. Ordnung angenommen werden kann. Dafür gilt: Enhancement-Faktor EF = Ha, sofern Ha > 3 ist, was nach Berechnung der Geschwindigkeitskonstante zu überprüfen ist.

Ergebnis:

Ha ≈ 25; k = 8788 m³/(mol·s) bzw. k' = k·$c_{Dichromat}$ = 132 s⁻¹.

Widerstände: Gasphase = 68,3 %; flüssiger Film = 31,5 %; Reaktion in flüssiger Hauptphase = 0,2 %.

Kommentar:

Der k-Wert bzw. k'-Wert wurden für den Messpunkt bei $c_{Dichromat}$ = 0,81 g/l berechnet. Bei höheren Konzentrationen verbessert sich die SO_2-Abscheidung nur mehr wenig und k' wird nur mehr geringfügig größer. Wenn die Abscheidung ungefähr konstant bleibt, muss rechnerisch der k-Wert mit steigender Dichromatkonzentration immer kleiner werden, weshalb nur jener Messpunkt zur Berechnung von k herangezogen werden kann, wo der Übergang zu pseudo-1. Ordnung beginnt.

Beispiel 14-14: Absorption von H_2S mit Amin, Ha, EF, Nutzungsgrad [59]

Schwefelwasserstoff (0,1 % in einem Trägergas) wird bei 20 bar und 20 °C durch eine Lösung, die 0,25 mol/l eines Amins enthält, absorbiert. Das Amin wird in einer Absorptionskolonne im Kreislauf geführt

$$H_2S \ (A) \ + \ RNH_2 \ (B) \ \rightarrow \ RNH_3^+ \ + \ HS^- \qquad \text{mit } r_A = - \ k \cdot c_A \cdot c_B \ mol/(ml \cdot s)$$

Folgende Daten sind gegeben:

k = 10^7 ml/(mol·s); ß$_g$ = 1,5·10⁻⁵ cm·mol/(ml·s·bar); ß$_l$ = 0,015 cm/s; a = 4 cm²/cm³; $D_A = D_B$ = 1,5·10⁻⁵ cm²/s; H_A = 0,115 bar·l/mol; f$_l$ = 0,08;

Berechne die Ha-Zahl (Annahme: c_B = konst.), den Enhancement-Faktor, die prozentuelle Verteilung der Widerstände, die effektive Absorptionsgeschwindigkeit und den Ausnutzungsgrad der Flüssigkeit.

Ergebnis:

Ha = 25,82; EF ≈ Ha = 25,8; R_{gas} = 99,11; R_{liquid} = 0,88; R_{bulk} = 0,01 %; r_{eff} = 1,19·10⁻⁶ mol/(ml·s); η = 2,7·10⁻⁶.

Kommentar:

Gut lösliches Gas und schnelle Reaktion, deshalb liegt der Widerstand hauptsächlich in der Gasphase. Die Reaktion findet überwiegend an der Phasengrenzfläche statt, die Phasengrenzflächenkonzentration (p_A = 0,02, p_A^{Ph} = 0,0008) und der Nutzungsgrad sind daher sehr gering.

Beispiel 14-15: CO₂-Absorption: Druckwasserwäsche

Untersuche die Absorption von CO_2 in Wasser unter Druck. 10000 Nm³ trockenes Gas mit 15% CO_2 (Rest inert) wird auf 60 bar komprimiert, auf 20 °C gekühlt und tritt dann wasserdampfgesättigt in eine Gegenstrom-Absorptionskolonne mit drei theoretischen Stufen ein. Dort wird das CO_2 mit 80 m³/h Wasser (20 °C) ausgewaschen. Berechne der Reihenfolge nach:

1. Isotherme Absorption unter Vernachlässigung aller Ionen.
2. Adiabate Absorption unter Vernachlässigung aller Ionen.
3. Isotherme Absorption mit H^+ und HCO_3^- und ohne OH^- und CO_3^{2-}.
4. Adiabate Absorption mit H^+ und HCO_3^- und ohne OH^- und CO_3^{2-}.
5. Isotherme Absorption mit Berücksichtigung aller Ionen.
6. Adiabate Absorption mit Berücksichtigung aller Ionen.
7. Adiabate Absorption mit Berücksichtigung aller Ionen und Aktivitätskoeffizienten nach Davies.
8. Adiabate Absorption mit Berücksichtigung aller Ionen, Aktivitätskoeffizienten und reale Gasphase mit SRK.
9. Adiabate Absorption mit Berücksichtigung aller Ionen, Aktivitätskoeffizienten, reale Gasphase und Druckkorrektur der Henry-Konstante.
10. Adiabate Absorption mit Berücksichtigung aller Ionen, Aktivitätskoeffizienten, reale Gasphase, Druckkorrektur der Henry-Konstante und Aktivitätskoeffizient für CO_2.

Es sollen folgende Vereinfachungen und Annahmen getroffen werden:

Konzentration $c_i \approx$ Molalität m_i. Für die Wärmebilanz wird die wässrige Phase als reines Wasser betrachtet mit konstantem c_P-Wert bei 25 °C. Die Gasphase bestehe aus CO_2 und Luft mit ebenfalls konstanten c_P-Werten bei 25 °C. Wasseraktivität ≈ 1. Für die Stoffbilanzen wird die Eintrittszusammensetzung des Wassers benötigt, welche aus dem Gleichgewicht Wasser/Luft mit 380 ppm CO_2 berechnet wird; $CO_{2,aq} \approx H_2CO_{3,aq}$.

Lösungshinweis:

ad 2: Für die Wärmebilanz wird die Lösungswärme des CO_2 benötigt. Diese wird aus der Temperaturabhängigkeit der Henry-Konstante berechnet.

ad 9: Druckkorrektur der Henry-Konstante nach Krichevsky/Kasarnovsky:

$$H_{korr} = H \cdot \exp\left(\frac{1}{RT} \int_{p^\circ}^{p} v_m^\infty dp \right)$$

v_m^∞ ist das molare Volumen des gelösten Stoffes bei unendlicher Verdünnung. Es gibt hierfür verschiedene Abschätzungsmethoden; näherungsweise kann auch das molare Volumen der kondensierten Phase eingesetzt werden; hier soll ein Wert von 0,04 m³/kmol verwendet werden. Die Integration erfolgt von einem Bezugsdruck zum herrschenden Partialdruck der Komponente.

ad 10: Die Löslichkeit ungeladener Moleküle wird einerseits durch anwesende Ionen erniedrigt (Aussalzeffekt), andererseits aber auch durch die ungeladenen Moleküle selbst beeinflusst. Dies kann entweder durch einen Aktivitätskoeffizient für ungeladene Moleküle berücksichtigt werden, oder durch Änderung des Partialdruckes in der Gasphase. Hier werden Daten aus [53] eingesetzt. Demnach wird der CO_2-Partialdruck von 9 bar am Gaseintritt auf ca. 8,75 reduziert.

Ergebnis:

Fall	1	2	3	4	5	6	7	8	9	10
Abscheidung [%]	41,17	39,39	41,21	39,43	41,21	39,43	39,43	37,80	37,36	36,42
T, flüssig aus [°C]	20	21,70	20	21,70	20	21,70	21,70	21,61	21,61	21,57

Kommentar:

Obwohl sich die Temperatur durch die große Wassermenge bedingt nur geringfügig ändert, ergibt dies gleich eine um 2 % geringere Abscheidung, was den großen Einfluss der Temperatur auf die Henry-Konstante verdeutlicht. Auch die Druckkorrektur der Henry-Konstante und besonders die reale Gasphase verringern die Abscheideleistung. Auch die gelöste undissoziierte Kohlensäure übt einen merklichen Einfluss aus, so dass sich insgesamt die Abscheidung um ca. 5 Prozentpunkte gegenüber der idealen isothermen Berechnung verschlechtert.

Kohlensäure ist eine schwache Säure, daher sind wenige Ionen vorhanden, die praktisch keinen Einfluss auf die Abscheideleistung haben.

Beispiel 14-16: Chilled Ammonia Process

Beim Chilled Ammonia Process (CAP) wird CO_2 aus Rauch- oder Abgasen mit wässriger Ammoniak- bzw. Ammoniumkarbonat-Lösung nach

$$CO_2 + (NH_4)_2CO_3 + H_2O \leftrightarrow 2\,(NH_4)HCO_3$$

absorbiert.

Der Prozess muss bei niedrigen Temperaturen betrieben werden, um die Absorption von CO_2 zu verbessern und die Ausgasung von NH_3 zu minimieren.

Gegeben sei ein Abgasstrom von 10^6 Nm^3/h, trocken, mit einer CO_2-Beladung von 0,15 mol CO_2 pro mol inertem Gasstrom. Für die Berechnung wird aber ein feuchter Gasstrom, gesättigt bei der jeweiligen Temperatur angenommen. Der Gesamtdruck betrage 1 bar, die Lösungswärme von CO_2 in Wasser Δh_{sol} = -19000 kJ/kmol = konst.; die Reaktionswärme in der wässrigen Lösung beträgt -7000 kJ/kmol CO_2. Es sollen 90 % CO_2 abgetrennt werden.

Zu berechnen ist die benötigte Lösungsmittelmenge, die Temperaturen und die NH_3-Ausgasung für Eintrittstemperaturen beider Ströme von 0, 5 und 10 °C für 4 theoretische Stufen.

Die Eintrittszusammensetzung des Lösungsmittels soll berechnet werden für die Annahme, dass festes Ammoniumkarbonat, welches einen variablen Anteil Hydrogenkarbonat enthält in Wasser gelöst wird. Für die hier durchgeführte Berechnung wird angenommen, dass die gesamte N-Konzentration (NH_3 plus NH_4^+) 2 mol pro kg Wasser beträgt, und dass anfänglich 10 % Hydrogenkarbonat vorliegen. Konzentration $c_i \approx$ Molalität m_i.

Lösungshinweis:

Neben mehr Komponenten unterscheidet sich dieses Beispiel vom Beispiel 14-15 vor allem dadurch, dass hier der Abscheidungsgrad gegeben ist und der Lösungsmittelstrom gesucht ist. Dies führt zu einer schwierigeren Lösungssuche; entweder iterativ, z. B. Lösungsmittelstrom so lange variieren bis vorgegebene Abtrennung erreicht wird, oder wie hier berechnet, in dem die nichtlinearen Gleichungen (Säure- und Basengleichungen, Ionenprodukt Wasser) durch logarithmieren linearisiert werden.

Für die Eintrittszusammensetzung der wässrigen Phase ist zu beachten, dass sich die angegebenen Daten auf die feste Phase beziehen. Gelöst in Wasser ergibt sich eine andere Verteilung, welche zunächst berechnet werden muss. Dazu werden die Gleichungen für ein geschlossenes System (ohne Austausch mit Atmosphäre) aufgestellt und gelöst.

Bei der Berechnung der NH_3-Konzentrationen in der Gasphase mit der Henry-Gleichung ist zu beachten, dass die Henry-Konstanten nur für sehr geringe Konzentrationen gültig sind. Für höhere Konzentrationen muss mit einer modifizierten Henry-Konstante gerechnet (häufig tabelliert) oder ein Aktivitätskoeffizient berechnet werden. Es soll ein konstanter Aktivitätskoeffizient von $\gamma = 1{,}5$ verwendet werden.

Für alle übrigen Komponenten soll näherungsweise ideales Verhalten mit $\gamma = 1$ angenommen werden.

Ergebnis:

- Ergebnis für 0 °C:

	Gas, feucht [kmol/h]	y_{CO2}	y_{H2O}	y_{NH3}	T [°C]
Gas, aus	38953,8	0,017	0,0071	0,0002	3,0
Stufe 2	42263,3	0,094	0,0082	0,0005	5,1
Stufe 3	44680,3	0,143	0,0083	0,0004	5,3
Stufe 4	44980,4	0,149	0,0081	0,0004	5,0
Gas, ein	44883,5	0,149	0,0061	0	0

	L [t/h]	pH	c_{CO2} [mol/kg]	c_{HCO3} [mol/kg]	c_{CO3} [mol/kg]	c_{NH3} [mol/kg]	c_{NH4} [mol/kg]	T [°C]
Solvent,ein	7335,1	9,92	0	0,897	0,203	0,698	1,302	0
Stufe 1	7336,4	9,48	0,001	1,431	0,118	0,325	1,667	3,0
Stufe 2	7336,9	8,85	0,008	1,834	0,035	0,086	1,904	5,1
Stufe 3	7336,7	8,68	0,012	1,883	0,024	0,059	1,932	5,3
Solvent,aus	7335,1	8,66	0,012	1,885	0,023	0,057	1,932	5,0

Ammoniak-Ausgasung = 0,54 %

- Ergebnis für 10 °C:

	Gas, feucht [kmol/h]	y_{CO2}	y_{H2O}	y_{NH3}	T [°C]
Gas, aus	39343,5	0,017	0,0122	0,0072	10,9
Stufe 2	40348,3	0,042	0,0139	0,0044	12,8
Stufe 3	42926,2	0,099	0,0152	0,0024	14,3
Stufe 4	44865,8	0,138	0,0152	0,0018	14,3
Gas, ein	45153,2	0,148	0,0122	0	10

	L [t/h]	pH	c_{CO2} [mol/kg]	c_{HCO3} [mol/kg]	c_{CO3} [mol/kg]	c_{NH3} [mol/kg]	c_{NH4} [mol/kg]	T [°C]
Solvent,ein	8980,0	9,58	0,001	0,972	0,127	0,773	1,227	10
Stufe 1	8981,4	9,48	0,001	1,10	0,114	0,661	1,327	10,9
Stufe 2	8983,0	9,20	0,002	1,421	0,076	0,406	1,573	12,8
Stufe 3	8983,6	8,89	0,006	1,664	0,044	0,224	1,753	14,3
Solvent,aus	8981,2	8,77	0,008	1,728	0,034	0,172	1,797	14,3

Ammoniak-Ausgasung = 1,57 %

Beispiel 14-17: CO_2-Absorption mit MEA, adiabat, ideal

Das Kohlendioxid in einem Rauchgas wird in einer Gegenstromabsorptionsanlage mittels einer 30 Ma.% Monoethanol(MEA)-Lösung zu 90 % ausgewaschen.

Das Rauchgas tritt mit 55 °C wasserdampfgesättigt aus dem SO_2-Wäscher aus und wird vor Eintritt in den CO_2-Wäscher auf 40 °C gekühlt. Der Volumenstrom beträgt 10^6 m³/h, bezogen auf Normbedingungen und trockenes Gas. Die CO_2-Beladung betrage 0,15 mol pro mol inertem Rauchgas (abzüglich H_2O und CO_2). Die MEA-Lösung tritt mit 40 °C ein und ist mit 0,25 mol CO_2/mol MEA vorbeladen (lean loading), wobei sich die Angabe MEA auf die Summe aller Amin-Komponenten bezieht. Im Absorber sollen drei theoretische Stufen erreicht werden. Der Druck auf der obersten Stufe betrage 1 bar, der Druckverlust pro Stufe sei 1 mbar.

Berechne die notwendige Lösungsmittelmenge, die Anreicherung von CO_2 im Lösungsmittel (rich loading), die Temperaturen in den drei Stufen für ein ideales System (Molalität ≈ Aktivität).

Des Weiteren soll der Kühlmittelbedarf berechnet werden, und zwar für die Abkühlung und Kondensation des Wasserdampfes vom Austritt SO_2- zu Eintritt CO_2-Wäscher und für die Abkühlung des Lösungsmittelstromes. Hierfür ist anzunehmen, dass der heiße, aus der Desorption kommende Lösungsmittelstrom mit dem kalten, aus der Absorption kommenden Lösungsmittelstrom bis auf 10 °C über der Absorptionsaustrittstemperatur vorgekühlt wird. Die benötigte Kühlleistung ergibt sich dann aus der Abkühlung von dieser Temperatur auf die Absorptionseintrittstemperatur.

Die Reaktionsenthalpie sei konstant bei -63000, die Lösungsenthalpie -19000 und die gesamte Absorptionsenthalpie daher -82000 kJ/kmol gelöstes CO_2. Die Wärmekapazität der MEA-Lösung betrage 2,692 kJ/(kg·K).

MEA kann auf verschiedene Weise in einer CO_2-haltigen wässrigen Phase reagieren, wobei es aber nur zwei unabhängige Gleichungen gibt. Für die Berechnung werden hier die Basenreaktion (1) und die Carbamatkonversion (2) gewählt:

$$(1) \quad RNH_3^+ \leftrightarrow RNH_2 + H^+ \qquad K_1 = \frac{m_{RNH_2} \cdot m_{H^+}}{m_{RNH_3^+}}$$

$$(2) \quad RNHCOO^- + H_2O \leftrightarrow RNH_2 + HCO_3^- \qquad K_2 = \frac{m_{RNH_2} \cdot m_{HCO_3^-}}{m_{RNHCOO^-}}$$

In der Literatur findet man folgende Werte, die für die Reaktionen (1) und (2) entsprechend umgeformt werden müssen; die Einheiten für K_1 und K_2 sind dann Beladungen in mol/kg Wasser. Genaue Literaturangaben, sowie Vergleiche mit anderen Quellen finden sich in der *Mathematica*-Datei.

T [°C]	$K = \dfrac{RNH_3^+ \cdot RNHCOO^-}{CO_{2,aq} \cdot RNH_2^2}$ [kg/mol]	$K = \dfrac{RNHCOO^-}{RNH_2 \cdot HCO_3^-}$ [kg/mol]
0	393000	87,91
25	37000	31,38
40	11500	22,0
60	2430	15,08
80	578	10,97
100	246	14,48
120	40,8	7,06
150	6,74	5,83

Als Konzentrationsmaß für die wässrigen Spezies soll die Molalität verwendet werden. Eine gleichzeitige numerische Lösung aller Gleichungen (ohne sehr genaue Startwerte) ist nur mit logarithmierten Gleichungen und Molalitäten möglich.

Angenommene Vereinfachungen:

- Berechnung ideal, ohne Aktivitätskoeffizienten

- konstante Reaktionswärme Δh_R Lösungswärme und Wärmekapazitäten c_p

- für die Energiebilanz besteht der Lösungsmittelstrom nur aus Wasser und MEA

Berücksichtigt werden temperaturabhängige Konstanten für die Kohlensäuredissoziation, Reaktionskonstanten, Ionenprodukt Wasser, Henry-Konstante CO_2 und Lösungswärme CO_2 (aus der T-Abhängigkeit der Henry-Konstanten)

Ergebnis: siehe nächstes Beispiel 14-18

Beispiel 14-18: CO_2-Desorption aus MEA-Lösung, adiabat, ideal

Der beladene Lösungsmittelstrom aus dem vorhergehenden Beispiel 14-17 wird nun in einer 3-stufigen Desorptionsanlage von CO_2 befreit. Die Anlage wird bei 2 bar betrieben (Kopf) mit 1 mbar Druckverlust je Stufe. Die Temperatur auf der untersten Stufe soll der Siedetemperatur von Wasser beim vorherrschenden Druck entsprechen. Die Energiezufuhr erfolgt einerseits durch den Stripdampf und andererseits durch einen Reboiler auf der untersten Stufe.

Berechne die benötigte Dampfmenge sowie den gesamten und spezifischen Energiebedarf für die Bedingung einer 100 %igen CO_2-Rückgewinnung (bezogen auf Eingangszustand der Absorption).

Weitere Annahmen: die Temperatur des eintretenden Lösungsmittel sei 10 °C unterhalb der Temperatur des untersten Bodens. Reaktionswärme wieder konstant -63000 kJ/kmol. Die Temperaturabhängigkeit der Lösungswärme des CO_2 kann über 100 °C nur durch Extrapolation ermittelt werden; deshalb soll ein konstanter Wert von -9000 kJ/kmol verwendet werden, d. h. die gesamte Desorptionswärme ist -63000 + -9000 = -72000 kJ/kmol.

Lösungshinweis:

Prinzipiell wie im vorhergehenden Beispiel 14-17. Eine gleichzeitige numerische Lösung des gesamten nichtlinearen Gleichungssystems ist aber nur bis 3 Stufen und nur für eine Vorgabe der Verdampferleistung möglich. Diese muss daher so lange variiert werden, bis die geforderten Bedingungen erfüllt sind. Wird die Verdampferleistung null gesetzt, muss die gesamte benötigte Energie mit dem Dampfstrom zugeführt werden.

Ergebnis:

Absorption: Desorption:

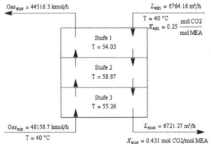

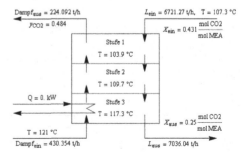

Absorption:

Abgaskühlung = - 6,4 MW

Wasserdampfkondensation = - 56,5 MW
Kühlung Lösungsmittelstrom = - 177,2 MW
Spezifische Kühlenergie = - 3262 kJ/kg CO_2

Desorption:

Heizleistung: 262,9 MW

spezifische Heizenergie: 3571 kJ/kg CO_2

Beispiel 14-19: Ab- und Desorption von CO_2: Einfluss der Reaktionswärme

In diesem stark vereinfachten Beispiel soll der Einfluss der Reaktionswärme bei der Reaktion des CO_2 mit dem reaktiven Absorptionsmittel untersucht werden.

Es wird folgende Reaktion eines in Wasser gelösten hypothetischen Amins mit gasförmigen CO_2 betrachtet:

$$CO_2(g) + Amin = Amin\text{-}CO_2 \quad K = \frac{Amin\text{-}CO_2}{Amin \cdot CO_2} \ [1/bar]$$

Das Gleichgewicht ist dann gegeben mit $Y_{CO2} \cdot p_{ges} = X_{CO2}/K$.

Die Absorption erfolge isotherm bei 50 °C, die Desorption isotherm bei 100 °C, der Gesamtdruck sei jeweils 1 bar. In der Absorption soll CO_2 von $Y_e = 0,15$ auf $Y_a = 0,015$ abgetrennt werden. Die Desorption erfolge mit Sattdampf, wobei der Sattdampf einerseits als Trägermedium für das CO_2 dient (Stripdampf), andererseits durch Kondensation die notwendige Energie für die Reaktionswärme bereitstellt.

Das Lösungsmittel tritt mit $X_e = 0,2$ in den Absorber ein und wird im Desorber wieder bis auf diesen Wert regeneriert. Absorption und Desorption erfolgen im Gegenstrom, wobei jeweils 20 % mehr als die minimale Lösungsmittel- bzw. Dampfmenge verwendet werden.

Die Gleichgewichtskonstante betrage bei 50 °C 4 bar^{-1}. Bei 100 °C soll sie nach der van't Hoff-Gleichung (2.77), berechnet werden, wobei konstante Absorptionsenthalpien (= Lösungs- plus Reaktionsenthalpien) von 0 bis -60000 kJ/mol (Schrittweite 10000) angenommen werden.

Es sollen die erforderliche Kühlleistung für die isotherme Absorption, der Dampfbedarf zum Strippen des CO_2, der Dampfbedarf für die isotherme Desorption (Bereitstellung der Heizleistung durch die Verdampfungswärme), sowie der Partialdruck des CO_2 im Stripdampf für die verschiedenen Absorptionsenthalpien verglichen werden.

Lösungshinweis:

$$K_{100} = \exp\left(\ln K_{50} + \frac{\Delta H_{Abs}}{R}\left(\frac{1}{323,15} - \frac{1}{373,15} \right) \right)$$

Minimale Lösungsmittel bzw. Dampfmenge aus Bilanz und Gleichgewicht, Kühl- und Heizleistung direkt aus der Absorptionsenthalpie, $p_{co2} = y_{co2} \cdot p_{ges}$.

Ergebnis:

Δh_{Abs} [kJ/mol]	Stripdampf [mol/mol Abgas]	CO_2-Beladung im Stripdampf [mol CO_2/mol Dampf]	Partialdruck CO_2 im Stripdampf [bar]	Kühlbedarf Absorption [kJ/mol Abgas]	Heizdampf [mol/mol Abgas]
0	1,215	0,111	0,1	0	0
-10000	0,788	0,183	0,155	-1350	0,033
-20000	0,448	0,301	0,232	-2700	0,066
-30000	0,272	0,496	0,332	-4050	0,100
-40000	0.165	0,817	0,500	-5400	0,133
-50000	0,100	1,35	0,574	-6750	0,166
-60000	0,061	2,21	0,689	-8100	0,199

Kommentar:

Ein häufig angewandtes Verfahren zu Abtrennung von CO_2 aus Gasströmen ist die Absorption mit einer wässrigen Lösung von Monoethanolamin (MEA), welches vorwiegend bei der Aufbereitung von Synthesegas zur Anwendung kommt. Im Rahmen der Klimaschutzdebatte wird auch die Abtrennung von CO_2 aus Kraftwerksabgasen diskutiert; dieses Verfahren ist aber sehr teuer und führt zu erheblichen Wirkungsgradeinbußen des Kraftwerkes. Als Grund hierfür wird oft die hohe Reaktionsenthalpie für MEA angegeben ($\Delta h_R \approx$ -63000, $\Delta h_{Lösung} \approx$ -20000, Absorptionsenthalpie daher ca. -83000 kJ/mol), was zu einem großen Heizdampfbedarf in der Desorption führt, wie in der letzten Spalte ersichtlich ist.

In der Vergangenheit wurde daher intensiv an der Entwicklung von geeigneten Aminen mit niedriger Absorptionsenthalpie gearbeitet. Dies verringert zwar den Kühl- und Heizdampfbedarf, führt aber an anderer Stelle zu höheren Verbräuchen.

Im Grenzfall einer (hypothetischen) Absorptionsenthalpie von Δh_{Abs} = 0, ändert sich die Gleichgewichtskonstante nicht mit der Temperatur, eine höhere Temperatur führt nicht zu eine Umkehrung der Reaktion und Austreiben des CO_2. Eine Desorption kann dann nur unter Druckabsenkung erfolgen. Dies kann entweder durch Erniedrigung des Desorptionsdruckes erfolgen (Grenze: Dampfdruck Wasser bei der gegebenen Temperatur) oder durch Partialdruckabsenkung durch Zufuhr von Wasserdampf. Grob vereinfachend kann gesagt werden, dass eine niedrige Absorptionswärme zu einer Reduktion des Heizdampfbedarfs, aber auch zu einer Erhöhung des Stripdampfbedarfs führt.

Für eine genauere Beurteilung müssten noch viel mehr Faktoren einbezogen werden, insbesondere auch z. B. aus welcher Druckstufe der Dampf entnommen wird. Berücksichtigt man aber, dass bei niedriger Absorptionswärme mehr Stripdampf benötigt wird (und anschließend kondensiert werden muss), welcher zu einem geringeren CO_2-Partialdruck führt (wodurch die anschließende Kompression verteuert wird), so ist es durchaus vorstellbar, dass nicht eine geringe, sondern eine hohe Absorptionswärme einen wirtschaftlich optimalen Betrieb ermöglicht.

Beispiel 14-20: Löslichkeit von Ammoniak

Will man die Löslichkeit von Ammoniak in Wasser über die Henry-Konstante berechnen, ergibt sich die Schwierigkeit, dass in der Literatur für Ammoniak (kaum aber für andere Gase) sehr differierende Henry-Konstanten zu finden sind, z. B. bei 20 °C in bar:

H = 0,705   [6]

H = 2,83   [65]

H = 26   [17], bei mittleren Drücken

Hier soll die Henry-Konstante, ihre Temperaturabhängigkeit und die Lösungswärme näherungsweise aus Messdaten berechnet und die unterschiedlichen Literaturdaten kommentiert werden.

Folgende Messdaten der Löslichkeit L in Wasser in mg/g bei 1012 mbar in Abhängigkeit der Temperatur in °C stehen zur Verfügung:

T	0	2	4	6	8	10	12	14	16	18	20	22	24	26	28	30	32	34
L	899	852	809	765	724	684	646	611	578	546	518	490	467	446	426	408	393	378
T	36	38	40	42	44	46	48	50	52	54	56	58	60	70	80	90	98	100
L	363	350	338	326	315	304	294	284	274	265	256	247	238	194	154	114	82	74

Lösungshinweis:

Umrechnen der Löslichkeit in Molenbruch, dann Henry-Konstante direkt aus $p_i = H \cdot x_i$. Als Vergleich soll auch die in [6] angegebene Funktion gezeichnet werden (in Tabelle 15-8). Die Lösungswärme wird wie in Beispiel 2-27 aus der Temperatur-Abhängigkeit der Henry-Konstanten berechnet.

Ergebnis:

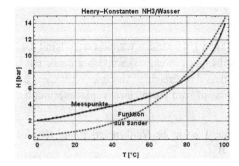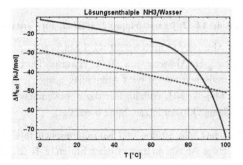

Kommentar:

Die aus diesen Daten berechnete Henry-Konstante von 2,85 bar bei 20 °C stimmt sehr gut mit dem Wert aus [65] überein (2,83). Da es sich aber bei Ammoniak um ein sehr leicht lösliches Gas handelt, kann die Berechnung aus dem idealen Henry-Gesetz nur eine Näherung darstellen. Die Berechnung unter Berücksichtigung des realen Verhaltens ist im Kapitel Thermodynamik II (Beispiel 12-24) gezeigt. Die Henry-Konstante hat dann einen Wert von ca. 0,7 bar, was gut mit den Daten von [6] übereinstimmt. Bei 20 °C liegt daher auch der Aktivitätskoeffizient von NH_3 in Wasser zwischen 1 bei unendlicher Verdünnung und 2,83/0,7 = 4 bei Sättigung. Für die hohen Werte aus [17] kann keine Erklärung gefunden werden.

Beispiel 14-21: Dampfstrippen 1: isotherm, direkte Dampfzufuhr

Ein Abwasser enthält 2 Mol-% NH_3, welches durch Strippen mit Wasserdampf zu 95 % entfernt werden soll. Berechne die benötigte Wasserdampfmenge, die NH_3-Beladung des Wasserdampfes, die notwendige Zahl an theoretischen Stufen, wenn der Stripfaktor S = 1,3 beträgt, sowie die Temperatur am Kopf der Kolonne, wenn der Gesamtdruck dort 1 bar beträgt.

Der Wasserdampf kann entweder direkt zugeführt werden (wie beim Luftstrippen) oder analog der Destillation durch einen Verdampfer in der Kolonne erzeugt werden. Hier soll mit direkter Zuführung von Dampf gerechnet werden.

Annahmen:

- isotherme Bedingungen für die berechnete Temperatur, kein Druckverlust,
- Einsatz Wasser und Dampf bei der berechneten Temperatur,
- Ammoniak im Wasser nur als NH_3,
- Gas- und Flüssigphase ideal.

Lösungshinweis:

Die Kopftemperatur ergibt sich, wenn die Summe der Partialdrücke den Gesamtdruck erreicht. Für den Partialdruck des Wasserdampfes wird das Raoultsche Gesetz, für Ammoniak das Henry Gesetz verwendet. Sättigungsdampfdruck und Henry-Konstante sind den Stoffdaten zu entnehmen.

Ergebnis:

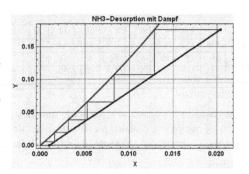

- Die Desorptionstemperatur beträgt 92,85 °C

- Es werden 0,11 mol Dampf pro mol Abwasser benötigt

- Die Ammoniakbeladung beträgt 0,176 mol NH_3 pro mol Wasserdampf

- Dafür sind 6 theoretische Stufen erforderlich

Beispiel 14-22: Dampfstrippen 2: adiabat, mit Verdampfer

Ein Abwasser (1 m³/h bei 20 °C, 3 Ma.% NH_3, ρ = 984 kg/m³), wird durch Wärmeaustausch mit dem gereinigten Abwasser auf 90 °C erwärmt. Durch Dampfstrippen in einer Desorptionskolonne mit n theoretischen Stufen wird Ammoniak ausgetrieben, so dass das gereinigte Abwasser nicht mehr als 0,1 Mol-% NH_3 enthält. Der dazu notwendige Wasserdampf wird durch einen Verdampfer mit der Leistung Q in der letzten Stufe n erzeugt.

Berechne alle Ströme und Konzentrationen (als Molanteil) sowie die Verdampferleistung für eine beliebige Anzahl an theoretischen Stufen (z. B. 2, 3, 5, 10)

Der Druck an der obersten Stufe 1 beträgt 1 bar; für jede Stufe wird ein Druckverlust von 1 mbar angenommen. Die Lösungswärme von NH_3 in Wasser betrage konstant -50000 J/mol (siehe Beispiel 14-20). Die mittleren Wärmekapazitäten sind: $c_{p,Wasser}$ = 75,29, $c_{p,NH3,flüssig}$ = 83,9 J/(mol·K).

Weitere Annahmen: Ammoniak liegt in Wasser nur als NH_3 vor; Gas- und Flüssigphase ideal.

Lösungshinweis: Freiheitsgradanalyse:

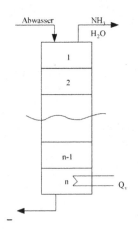

Ströme	2n + 1
+ Komponenten	4n + 2
+ Temperaturen	2n + 1
+ Energievariable	1
= Variable	8n + 5
- gegebene Ströme	1
- gegebene Konzentrationen	2
- gegebene Temperaturen	1
= Unbekannte	8n + 1
Summationsbedingungen	2n + 1
+ Massenbilanzen	2n
+ Energiebilanzen	n
+ Gleichgewichte	3n
= Gleichungen	8n + 1
Freiheitsgrade	0

Der Druck wurde nicht in die Freiheitsgradanalyse aufgenommen. Entsprechend den Angaben wird er im vorhinein für jede Stufe n festgelegt: $p_n = p_1 + n\cdot\Delta p$

Die Massen- und Energiebilanz der letzten Stufe n unterscheidet sich von den übrigen Stufen. In der Energiebilanz muss der Verdampfer mit der Leistung Q berücksichtigt werden. In der Massenbilanz muss berücksichtigt werden, dass im Verdampfer Wasser gebildet wird. Dafür steht aber nicht die gesamte Verdampferleistung zur Verfügung; es muss davon der Anteil für die Lösungswärme Ammoniak und der Anteil zum Aufwärmen des Wassers (Ammoniak vernachlässigt) von T_{n-1} auf T_n abgezogen werden.

Ergebnis:

Anzahl Stufen	Dampf,aus [kg/h]	y_{NH3}	Q [kW]
2	371,0	0,089	304,0
3	198,2	0,166	170,1
5	122,3	0,269	109,9
10	94,6	0,346	87,4
15	92,5	0,354	85,9
25	92,3	0,354	86,5

Beispiel 14-23: Dampfstrippen 3: adiabat, mit Verdampfer, ideale Reaktion

Gleiche Angaben wie im vorhergehenden Beispiel 14-22.

Im Unterschied zum vorhergehenden Beispiel soll nun die Reaktion von Ammoniak in Wasser

$$NH_3 + H_2O \leftrightarrow NH_4^+ + OH^-$$

berücksichtigt werden, wobei sich der Eingangswert auf N-gesamt ($NH_3 + NH_4^+$) bezieht, gerechnet als NH_3. Der Austrittswert ist wie vorhin nur NH_3.

Gas- und Flüssigphase werden weiterhin als ideal angenommen.

Lösungshinweis:

Gleiches Schema wie vorhin, es gibt aber mehr Komponenten in der Flüssigphase: Wasser, NH_3, NH_4^+, H^+, OH^-, in der Dampfphase bleiben NH_3 und H_2O. Insgesamt gibt es also 5(n+1) Komponenten für die Flüssigphase und 2n für die Gasphase. Aus der Angabe werden die Konzentrationen in der Eingangslösung berechnet. Die Austrittskonzentrationen können aus der Angabe nicht berechnet werden, da die Temperatur noch unbekannt ist; es wird deshalb der angegeben Wert nur für NH_3 genommen.

Freiheitsgradanalyse:

Ströme	2n + 1
+ Komponenten	4n + 2
+ Temperaturen	2n + 1
+ Energievariable	1
= Variable	8n + 5
- gegebene Ströme	1
- gegebene Konzentrationen	2
- gegebene Temperaturen	1
= Unbekannte	8n + 1
Summationsbedingungen	2n + 1
+ Massenbilanzen	2n
+ Energiebilanzen	n
+ Gleichgewichte	3n
= Gleichungen	8n + 1
Freiheitsgrade	0

Die 5 Gleichgewichte sind:

Thermisches Gleichgewicht, Henry-Gesetz, Raoultsches Gesetz, Gleichgewichtskonstante NH_3, Ionenprodukt Wasser.

Das Ammoniak-Gleichgewicht und das Ionenprodukt kann nicht mit Molanteilen berechnet werden, es werden Konzentrationen benötigt (genauer: Aktivitäten, nächstes Beispiel 14-24), wozu die Gesamtkonzentration auf jeder Stufe bekannt sein muss. Auf eine genaue Berechnung der Gesamtkonzentration kann verzichtet werden, es wird die Anfangsgesamtkonzentration oder nur die Anfangswasserkonzentration verwendet, was sich im Ergebnis nur minimal auswirkt.

Obwohl es jetzt 5 Komponenten gibt, können trotzdem nur 3 Bilanzen berücksichtigt werden, nämlich Wasser, N_{ges} (NH_3 in Gas und $NH_3 + NH_4^+$ in Wasser) und Ionenbilanz (Elektroneutralität). In der Elektroneutralität wird die Bilanz aller Ionen berücksichtigt; für die einzelnen Ionen kann keine Bilanz angesetzt werden, da kein Erhaltungssatz existiert.

Ergebnis:

Anzahl Stufen	Dampf,aus [kg/h]	y_{NH3}	Q [kW]
2	371,0	0,089	304,0
3	198,2	0,167	170,0
5	122,3	0,269	110,0
10	94,6	0,346	87,4
15	92,5	0,354	85,9
25	92,3	0,354	86,6

Kommentar:

Nur geringe Unterschiede bei Berücksichtigung der Reaktion. Wie schon bei der Druckwasserwäsche kann die Reaktion mit dem Lösungsmittel Wasser vernachlässigt werden.

Beispiel 14-24: Dampfstrippen 4: adiabat, mit Verdampfer, reale Reaktion

Einem $(NH_4)_2SO_4$-hältigen Abwasser wird Natronlauge im stöchiometrischen Verhältnis zugegeben. Die Konzentrationen werden so angenommen, dass nach der Vermischung der Molanteil an Gesamt-Ammonium genau dem Wert von den vorhergehenden Beispielen entspricht ($x_{NH3,ges} = 0,0348$). Zur Vergleichbarkeit mit dem letzten Beispiel wird auch der gleiche Einsatzstrom auf Molbasis angenommen ($L_0 = 54,725$ kmol/h). Die restlichen Angaben sind wie im letzten Beispiel; im Unterschied dazu soll nun aber mit Aktivitäten in der Flüssigphase gerechnet werden. Als Aktivitätskoeffizientenmodell wird das erweiterte Debye-Hückel-Modell nach Davies verwendet.

Lösungshinweis:

Die Aktivitätskoeffizienten γ sind in den Gleichgewichten zu berücksichtigen. γ für das ungeladene NH_3 im Henry-Gesetz kann bei den höheren Temperaturen (geringere Löslichkeit) 1 gesetzt werden, ebenso der (symmetrische) Aktivitätskoeffizient für Wasser im Raoultschen Gesetz. Die γ sind daher nur in der Basenreaktion des Ammoniaks und im Ionenprodukt des Wassers zu berücksichtigen.

Zur Umrechnung der Molanteile in Konzentrationen wird die Gesamtkonzentration benötigt; dafür kann vereinfachend für alle Stufen direkt der Einsatzstrom (bezogen auf 1 m³/h) verwendet werden. Man überzeuge sich, dass der genaue Wert im Endergebnis keine Rolle spielt.

Ergebnis:

Für 5 Stufen werden 123,5 kg/h Dampf und ein Wärmestrom von 110,9 kW benötigt; Der Molanteil NH_3 im austretenden Dampf beträgt 0,265, was im Vergleich zur idealen Reaktion geringfügig schlechter ist.

14.6.2. Beispiele Destillation

Beispiel 14-25: Siedetemperatur von Wasser

Berechne die Siedetemperatur von Wasser am Mount Everest, am Großglockner und im Schnellkochtopf, wenn das Überdruckventil bei 2 bar öffnet. Der Druck am Großglockner beträgt nach der isothermen barometrischen Höhenformel ca. 0,63 und am Mount Everest 0,336 bar. Zum Temperatureinfluss siehe Beispiel 4-80.

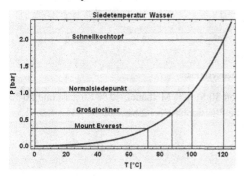

<u>Ergebnis:</u>

Die Siedetemperatur von Wasser am Mount Everest beträgt 71,8, am Großglockner 89,6 und im Schnellkochtopf bei 2 bar 120,1 °C

Beispiel 14-26: Gleichgewichtsdiagramme Aceton - Wasser

Berechne und zeichne für das System Aceton-Wasser ein Siedediagramm und ein Zusammensetzungsdiagramm bei einem Gesamtdruck von 1 bar, sowie ein Druckdiagramm für eine Temperatur von 80 °C. Alle Kurven sollen einmal ideal und einmal real (mit Uniquac-Gleichung) für die Flüssigphase berechnet werden.

<u>Lösungshinweis:</u>

Zum *Zusammensetzungsdiagramm* siehe Beispiel 12-25.

Siedediagramm:

Zu jedem x kann aus $\sum_i x_i \cdot p_i^s(T) = p_{ges}$ (ideal) bzw. $\sum_i x_i \cdot p_i^s(T) \cdot \gamma_i = p_{ges}$ (real) die Siedetemperatur berechnet werden. Es ist zu beachten, dass wegen der logarithmischen Funktion des Sättigungsdampfdruckes die Lösung nicht analytisch erfolgen kann, sondern nur numerisch.

Die Berechnung der Taulinie erfolgt prinzipiell analog, nur von der anderen Seite. Zu jedem y kann aus $\sum_i \frac{y_i \cdot P_{ges}}{p_i^s(T)} = 1$ (ideal) bzw. $\sum_i \frac{y_i \cdot P_{ges}}{p_i^s(T) \cdot \gamma_i} = 1$ (real) die Taupunktstemperatur berechnet werden. Für den realen Fall ergibt sich aber das Problem, dass zur Berechnung der Aktivitätskoeffizienten mit der Uniquac-Gleichung wie auch mit allen anderen Gleichungen, die Molanteile x der flüssigen Phase sowie die Temperatur schon bekannt sein müssen. Zu einem gegebenen y_i gibt es daher immer 3 Unbekannte, T, x_1 und x_2. Die 3 Gleichungen sind dann zweimal die Gleichgewichtsbeziehung und die Summationsbedingung, welche gleichzeitig numerisch gelöst werden müssen.

Alternativ kann man zunächst zu gegebenen x entsprechend den obigen Ausführungen die Siedetemperatur und die Gleichgewichtsmolanteile y in der Dampfphase berechnen. Für diese y ist dann die Siedetemperatur (zu den jeweiligen x) die Taupunkttemperatur. Die Taulinie erhält man dann am einfachsten durch eine Interpolationsfunktion für eine bestimmte Anzahl von zuvor berechneten Gleichgewichtspunkten.

Druckdiagramm: Für die gewählte Temperatur werden die Partialdrücke der Komponenten berechnet und zum Gesamtdruck addiert.

Ergebnis:

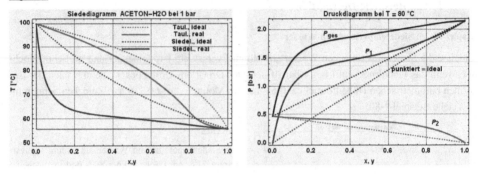

Beispiel 14-27: Siede- und Taupunkt eines 3-Komponentensystems

Berechne den Siede- und Taupunkt einer Mischung von 30 Mol-% Methanol, 40 % Ethanol und 30 % Wasser, ideal und real (mit Uniquac-Gleichung) für die Flüssigphase bei 2 bar.

Ergebnis:

Siedepunkt ideal: 96,27 °C
Siedepunkt real: 93,14 °C
Taupunkt ideal: 103,2 °C
Taupunkt real: 96,06 °C

Beispiel 14-28: heterogene Mischung 1: 3 Phasen, 2 Komponenten [51]

1000 kmol einer Mischung mit 75 Mol-% Wasser und 25 Mol-% n-Oktan wird bei einem konstanten Druck von 1000 Torr von 136 °C auf 25 °C abgekühlt. Berechne:

    1. den Zustand am Anfang,

    2. den 1. und 2. Taupunkt,

    3. den Dampfanteil am 2. Taupunkt,

    4. ein Siedediagramm und stelle es gemeinsam mit den Molanteilen der Dampfphase grafisch dar.

Annahmen: ideales Verhalten; Wasser und n-Oktan sind nicht mischbar

Antoine-Konstanten für Oktan (aus [10]): $\lg(p) = A - \dfrac{B}{C + T(°C)}$

$A = 6,93142;\quad B = 1358,80;\quad C = 209,855$ für - 14 < T < 126, p in Torr
$A = 4,23809;\quad B = 1513,79;\quad C = 231,652$ für 126 < T < 236, p in atm

Lösungshinweis:

ad 1: Ist die Summe der Dampfdrücke kleiner als der Gesamtdruck, liegt die Mischung flüssig vor; dampfförmig liegt die Mischung vor, wenn der Dampfdruck jeder Komponente über dem entsprechenden Partialdruck liegt. Ist die Summe der Dampfdrücke größer als der Gesamtdruck, nicht aber jeder einzelne Dampfdruck, liegt die Mischung im 2-Phasen-Gebiet.

ad 2: Bei der Abkühlung wird zunächst nur eine Komponente kondensieren (1. Taupunkt), und zwar jene, deren Dampfdruck zuerst (bei der höheren Temperatur) den Partialdruck erreicht. Nur wenn das Verhältnis der Dampfdrücke genau dem Verhältnis der Partialdrücke entsprechen sollte, werden beide Komponenten gleichzeitig kondensieren. Bei weiterer Abkühlung kondensiert daher eine Komponente und die Partialdrücke in der Dampfphase ändern sich. Der Beginn der Kondensation der 2. Komponente (2. Taupunkt) kann daher nicht direkt berechnet werden, sondern nur iterativ oder durch Aufstellung und Lösen des kompletten Gleichungssystems zur Beschreibung dieses Zustandes (siehe nächstes Beispiel 14-29). Entscheidend vereinfacht wird die

Berechnung des 2. Taupunktes, wenn man von der anderen Seite beginnt und den Siedepunkt der heterogenen flüssigen Mischung bestimmt. An diesem Punkt werden beide Phasen bei konstanter Temperatur in einem bestimmten Verhältnis (entsprechend den Dampfdrücken) verdampfen bis eine Phase vollständig verdampft ist. Dies ist aber auch genau der Punkt, wenn von der Dampfphase kommend, erstmals die zweite Phase kondensiert. Das bedeutet, dass der 2. Taupunkt genau der Siedetemperatur der flüssigen Mischung entspricht.

ad 3: Vom Beginn des Siedens bis zum 2. Taupunkt verdampfen beide Phasen stets im Verhältnis ihrer Dampfdrücke. Am 2. Taupunkt ist eine Komponente (hier Oktan) gerade vollständig verdampft und der gesamte

Dampfanteil daher das Verhältnis vom gesamten Oktan. $\dfrac{p^s_{Wasser}(TS)}{p^s_{Oktan}(TS)}$ zu Gesamtmolzahl.

ad 4: Mit zwei flüssigen Phasen ist es nicht sinnvoll, ein Siedediagramm T - x,y zu zeichnen, besser ist ein Diagramm Temperatur vs. Dampfanteil.

Solange beide Phasen vorhanden sind bleibt die Temperatur konstant. Ist die organische Phase verdampft, steigt die Temperatur ständig an, bis auch alles Wasser verdampft ist. Hier wird diese Berechnung punktweise vom 2. bis zum 1. Taupunkt durchgeführt. Die einfachere und elegantere Methode des gleichzeitigen Lösens aller entsprechenden Gleichungen wird im nächsten Beispiel für drei Komponenten durchgeführt.

Ergebnis:

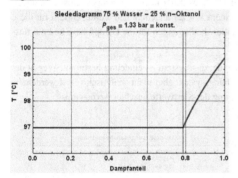

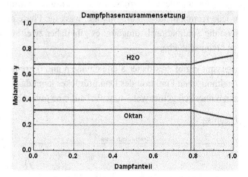

Die Einsatzmischung liegt dampfförmig vor.

Die Temperatur am ersten Taupunkt für einen Gesamtdruck von 1000 Torr = 1,333 bar beträgt 99,63 °C. Der zweite Taupunkt entspricht dem Siedepunkt der flüssigen Mischung und beträgt 96,98 °C.

Beispiel 14-29: heterogene Mischung 2: 3 Phasen, 3 Komponenten

Es soll das Siedediagramm für das System Wasser - Heptan/Oktan bei einem Gesamtdruck von 1 bar, sowie je ein Diagramm für die Dampf- und Flüssigphasenzusammensetzung und eines für die Phasenanteile, jeweils über den Dampfanteil gezeichnet werden. Die Anfangszusammensetzung sei 50 % Wasser, 30 % Oktan, 20 % Heptan (Molbasis).

Annahmen:
- Wasser (W) und die organische Phase aus Heptan (Hep) und Oktan (Ok) sind in einander nicht löslich.
- Die organische Phase aus Heptan und Oktan stellt eine ideale Mischung dar.

Lösungshinweis:

Dieses System ist komplexer als die vorangegangenen, so dass man am besten mit einer Freiheitsgradanalyse beginnt.

Variable:

- Gesamtdruck,

- Temperatur,

- Dampfphase V mit den Molanteilen y_W, y_{Ok}, y_{Hep} ,

- flüssiges Wasser zu Beginn W_0 und zu beliebigen Zeitpunkt W,

- Anfangsmole Oktan Ok_0 und Heptan Hep_0, flüssige organische Phase O_{ges} mit den Molanteilen x_{Ok}, x_{Hep}

insgesamt 13 Variable.

gegeben: p_{ges}, W_0, Ok_0, $Hep_0 = 4$

Laufvariable: V = 1

Unbekannte: 13 - 4 - 1 = 8

Es müssen somit 8 unabhängige Gleichungen gefunden werden. Das System besteht aus 3 Komponenten, es gibt daher 3 Bilanzen. Da es aber keine Ströme gibt, beziehen sich die Bilanzen nicht auf Ein- und Austritt, sondern auf den Anfangszustand (nur 2 flüssige Phasen) und den Endzustand (mit Dampfphasen für beliebigen, vorgegebenen Dampfphasenanteil = Laufvariable V). Im Endzustand herrscht Gleichgewicht zwischen Dampf- und Flüssigphasen. Gleicher Druck und Temperatur vorausgesetzt, gibt es daher noch 3 Gleichgewichtsbeziehungen für jede Komponente. Da die flüssige, wässrige Phase aus reinem Wasser angenommen wurde, entfällt für diese Phase die Summationsbedingung; es gibt daher zwei Summationsbedingungen für die Dampfphase und die flüssige organische Phase.

Insgesamt ergibt dies daher 8 Gleichungen und 0 Freiheitsgrade; das System ist eindeutig bestimmt. Wegen der logarithmischen Funktion des Dampfdruckes kann das Gleichungssystem aber nicht analytisch gelöst werden; es kann numerisch gelöst werden, wobei auf eine gute Abschätzung der Startwerte geachtet werden muss.

<u>Ergebnis:</u>

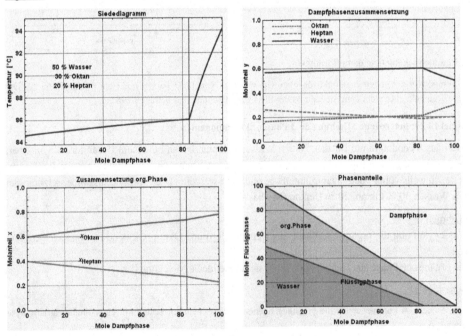

Beispiel 14-30: binäres Azeotrop

Berechne die Temperatur und Zusammensetzung des azeotropen Punktes von Aceton und Methanol bei einem Gesamtdruck von 1 bar. Wie ändert sich der azeotrope Punkt mit dem Druck? Vergleiche die Druckabhängigkeit von Aceton/Methanol mit Ethanol/Wasser.

Lösungshinweis:

Reales System; bei einem 2-Komponentensystem gibt es dann 3 Unbekannte: Siedetemperatur T_S, x_1 und x_2. Die drei Gleichungen sind dann die Bedingung, dass $\alpha = 1$ wird, sowie die beiden Summationsbedingungen in Gas- und Flüssigphase.

Ergebnis:

Azeotroper Punkt bei 1 bar:

Aceton/Methanol: $T_s = 54,98\ °C$, $x_{Aceton} = 0,793$
Ethanol/Wasser: $T_s = 77,75\ °C$, $x_{Ethanol} = 0,8865$

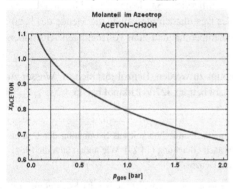

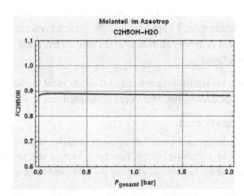

Kommentar:

Bei vielen Systemen ändert sich der azeotrope Punkt stark mit dem Druck und verschwindet vielfach unterhalb eines bestimmten Gesamtdruckes (wenn x gleich 1 oder 0 wird), bei Aceton/Methanol unterhalb von 0,198 bar. Bei Ethanol/Wasser hingegen ändert sich der azeotrope Punkt nur wenig mit dem Druck. Die Reindarstellung von Ethanol kann daher nicht mit Vakuumdestillation erfolgen, sondern nur mit anderen Verfahren (Extraktiv- bzw. Azeotropdestillation).

Beispiel 14-31: ternäres Azeotrop

Berechne Temperatur und Zusammensetzung des ternären Azeotropes eines Gemisches von Aceton, Ethanol und Wasser. Unterhalb welchen Druckes verschwindet das Azeotrop?

Lösungshinweis:

Bei drei Komponenten gibt es vier Unbekannte: Siedetemperatur und Zusammensetzung (3 Komponenten). Benötigte Gleichungen: Summation für Dampf- und Flüssigphase und die Bedingung $\alpha = 1$ für zwei binäre Paare; alle anderen möglichen binäre Paare sind dann abhängige Gleichungen und dürfen nicht verwendet werden, d. h. entweder $\alpha_{1,2}$ und $\alpha_{2,3}$ oder $\alpha_{1,3}$ und $\alpha_{2,3}$ oder $\alpha_{2,1}$ und $\alpha_{1,3}$ usw. nicht aber $\alpha_{1,2}$ und $\alpha_{2,1}$.

Das Verschwinden des azeotropen Punktes erkennt man, wenn der Molanteil einer Komponente > 1 oder < 0 wird.

azeotrope Siedetemperatur bei 5 bar: 111,5 °C

Zusammensetzung:

$x_{Aceton} = 0,882$

$x_{Ethanol} = 0,032$

$x_{Wasser} = 0,086$

Azeotrop verschwindet unterhalb von 4,58 bar.

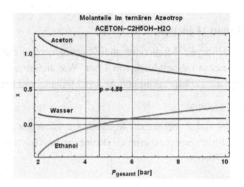

Beispiel 14-32: Wasserdampfdestillation [11]

100 kmol Benzol mit 30 °C sollen bei 400 mbar durch Wasserdampfdestillation von schwerflüchtigen Verunreinigungen befreit werden. Dazu wird in die Destillierblase Sattdampf mit 2 bar eingeblasen. Berechne die Temperatur und die Zusammensetzung des Destillatdampfes sowie die Menge des benötigten Dampfes zum Aufheizen des Benzols auf Siedetemperatur und zum vollständigen Austreiben des Benzols.

Die schwerflüchtigen Stoffe brauchen nicht berücksichtigt zu werden. Benzol löst sich im Wasser zu ca. 500 Mol-ppm. Die Verdampfungsenthalpie von Benzol beträgt 32706 kJ/kmol bei 45,4 °C.

Lösungshinweis:

Siedetemperatur eines heterogenen Gemisches bei vollkommener Unmischbarkeit aus Summation der Dampfdrücke, Gleichung (14.23), bzw. bei teilweiser Mischbarkeit nach Gleichung (14.24). Wie ändert sich die Siedetemperatur bei Berücksichtigung der geringen Menge gelösten Benzols?

Die Dampfphasenzusammensetzung ergibt sich aus dem Verhältnis der Dampfdrücke bei der Siedetemperatur. Dieses bleibt konstant bis eine Phase vollständig verdampft ist.

Der Stripdampf stellt nicht nur die zweite nicht mischbare Phase zum Austreiben des Benzols dar, sondern liefert auch die notwendige Energie. Im Prinzip (die tatsächlichen Vorgänge sind komplexer) setzt sich der benötigte Stripdampf aus drei Anteilen zusammen: a) Energie zum Aufheizen des Benzols auf Siedetemperatur, b) Energie zum Verdampfen des Benzols, c) Stripdampf zum Austreiben des Benzols. Bei a) und b) wird der Sattdampf kondensiert und liegt dann flüssig bei Siedetemperatur vor. Bei c) liegt der Sattdampf als Stripdampf bei Betriebsbedingungen vor.

Ergebnis:

Siedetemperatur: 45,4 °C, die Berücksichtigung des gelösten Benzols macht sich erst in der dritten Kommastelle bemerkbar.

Dampf zum Aufheizen auf Siedetemperatur: 4,62 kmol, zum Verdampfen des Benzols 72,21 kmol und als Stripdampf 32,21 kmol, gesamt 109,0 kmol.

Kommentar:

Am Ende der Destillation liegt in der Blase nur noch die benzolgesättigte Wasserphase mit den schwerflüchtigen Rückständen vor. Bis dorthin bleibt die Siedetemperatur konstant bei 45,4 °C. Wird weiter Dampf eingeblasen, so wird auch das gelöste Benzol ausgetrieben, die Temperatur steigt bis zum Siedepunkt des Wassers beim Betriebsdruck (1. Taupunkt, siehe Beispiel 14-29). Das Verschwinden der Benzolphase kann also leicht durch den Temperaturanstieg detektiert werden, worauf die Destillation abgebrochen wird.

Beispiel 14-33: einstufige kontinuierliche Destillation [11]

Ein Gemisch aus Benzol (40 Mol-%) und Toluol soll durch einstufige kontinuierliche Destillation bei 1 bar in einem Umlaufverdampfer so getrennt werden, dass 75 % des Einsatzes im Destillat vorliegen.

Berechne Zusammensetzung und Temperatur des dampfförmigen und flüssigen Produktstromes.

Lösungshinweis:

Bei dieser geschlossenen Destillation stehen Dampf und Flüssigkeit immer im Gleichgewicht. Es gibt daher fünf Unbekannte x_B, x_T, y_B, y_T und T. Die benötigten Gleichungen sind dann eine Bilanz, zwei Summationsbedingungen und die zwei Gleichgewichte für Benzol und Toluol, für welche das ideale Raoultsche Gesetz verwendet werden kann; Antoine-Parameter in Tabelle 15-4.

Ergebnis:

$x_B = 0,252$, $x_T = 0,748$, $y_B = 0,449$, $y_T = 0,551$, $T = 99,7\ °C$

Beispiel 14-34: kontinuierliche Rektifikation 1: ideale Bedingungen

Ein Gemisch mit einer konstanten relativen Flüchtigkeit $\alpha_{12} = 3$ (siehe Gleichungen (14.25) und (14.26)) soll durch eine mehrstufige kontinuierliche Destillation mit einem effektiven Rücklaufverhältnis $r_{eff} = 3\ r_{min}$ in einer Bodenkolonne getrennt werden.

Der Eintritt besitzt die Zusammensetzung $x_F = 0,4$ und wird mit Siedetemperatur eingebracht. Das Destillat soll einen Molanteil von $x_D = 0,95$ aufweisen und das Bodenprodukt $x_B = 0,05$.

Bestimme die Mindesttrennstufenzahl, das minimale (r_{min}) und effektive Rücklaufverhältnis (r_{eff}), sowie die erforderlichen theoretischen Trennstufen bei r_{eff}.

Lösungshinweis:

Minimale Trennstufen bei totalem Rücklauf. Die genaue Stufenzahl braucht nicht berechnet werden, immer auf ganze Zahlen aufrunden. Gleichgewicht nach Gleichung (14.26)

Ergebnis:

Minimale Stufen = 6; $r_{min} = 1,06$; $r_{eff} = 3,19$;   theoretische Stufen bei $r_{eff} = 8$.

Beispiel 14-35: kontinuierliche Rektifikation 2: McCabe-Thiele-Diagramm ohne Wärmebilanz

Für das binäre Gemisch Heptan-Ethylbenzol ist das Gleichgewicht durch folgende Messpunkte gegeben:

x	0	0,08	0,185	0,251	0,335	0,487	0,651	0,788	0,914	1
y	0	0,233	0,428	0,514	0,608	0,735	0,834	0,904	0,963	1

Das Einsatzgemisch wird siedend aufgegeben und enthält 42 Mol-% Heptan; im Kopfprodukt wird eine Reinheit von 97 % und im Sumpfprodukt von 1 % Heptan angestrebt.

Gesucht:

1. Minimales Rücklaufverhältnis,
2. Stufenzahl bei einem Rücklaufverhältnis von $r = 2,5$,
3. Wie groß ist die erforderliche theoretische Stufenzahl für $r = 2,5$, wenn das Gemisch als Sattdampf aufgegeben wird?
4. Welche Anreicherung an Heptan im Kopfprodukt kann maximal erreicht werden, wenn der Rücklauf nur 70 % des minimalen Rücklaufes beträgt?

5. Welche Anreicherung kann mit der nach 2. bestimmten Stufenzahl und r = 0,7·r$_{min}$ erreicht werden?

Lösungshinweis:

Ein kleineres als das minimale Rücklaufverhältnis bedeutet, dass die gewünschte Anreicherung nicht mehr erzielt werden kann. Die dann erzielbare maximale Anreicherung ergibt sich bei unendlicher Stufenzahl. Bei gegebener Stufenzahl und gegebenen Rücklaufverhältnis muss die Verstärkergerade so lange parallel verschoben werden, bis die Stufenzahl genau eingezeichnet werden kann, wodurch man dann x$_D$ erhält.

Ergebnis:

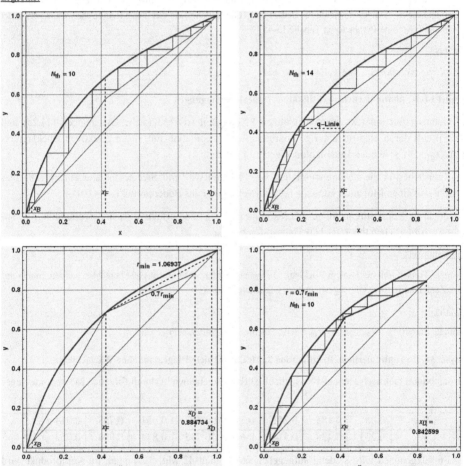

Beispiel 14-36: kontinuierliche Rektifikation 3: Berechnung der q-Linie

100 kmol/h eines Methanol-Wasser-Gemisches mit x$_F$ = 0,4 sollen so getrennt werden, dass 40 kmol/h Destillat mit x$_D$ = 0,95 anfallen. Das Rücklaufverhältnis betrage 1,5 und der Druck 1 bar. Berechne und zeichne ein McCabe-Thiele-Diagramm, einmal für einen siedenden Einsatz und einmal für einen Einsatz mit 25 °C.

<u>Lösungshinweis:</u>

Für die Berechnung des q-Wertes nach Gleichung (14.38) sind die Enthalpien der siedenden Flüssigkeit h' und des Sattdampfes h" erforderlich. h' wird mit der Siedetemperatur des Einsatzes berechnet und h" mit der Tautemperatur. Wird als Bezugstemperatur 25 °C genommen, wird $h_F = 0$.

<u>Ergebnis:</u>

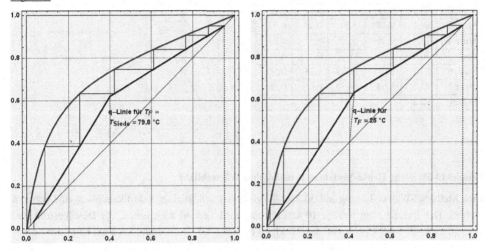

<u>Kommentar:</u>

Die Trennwirkung verbessert sich zwar bei unterkühltem Einsatz, der Effekt ist aber minimal (siehe aber dampfförmiger Einsatz, Beispiel 14-35). In der Praxis wird die Einsatzlösung mit dem heißen Bodenprodukt vorgewärmt, aber nicht weiter auf Siedetemperatur aufgeheizt.

Beispiel 14-37: kontinuierliche Rektifikation 4: McCabe-Thiele-Diagramm mit Wärmebilanz

Zu berechnen ist die Stufenanzahl bei der Rektifikation von Methanol-Wasser für siedenden Einsatz, Totalkondensation und folgende Bedingungen:

- Molanteil Methanol im Feed = 0,3, im Destillat = 0,98, im Sumpf = 0,02;
- Rücklaufverhältnis r = 1,5;
- Gesamtdruck = 1 bar.

Stelle die Stufenkonstruktion mit und ohne Wärmebilanz grafisch dar.

<u>Lösungshinweis:</u>

Vom obersten Boden (Stufe) 1 sind bekannt: y_1 und x_0 (beides $= x_D$), $\dot{D}$ (aus Gesamtbilanz für beliebigen Einsatz, hier 10 kmol/h), $\dot{V}_1$ und $\dot{L}_0$ (aus $\dot{D}$ und r), T_1 (= Tautemperatur zu x_D).

Zu berechnen sind für die oberste Stufe 1 und anschließend für jede weitere Stufe bis zu x_B:

$\dot{V}_2$ und $\dot{L}_1$, y_2, x_1 und T_2

Für diese fünf Unbekannte muss man in jeder Stufe gleichzeitig die Gesamtbilanz und eine Komponentenbilanz (oder statt Gesamtbilanz beide Komponentenbilanzen), die Wärmebilanz (Mischungswärmen vernachlässigt), ein Gleichgewicht und die Summationsbedingung für die Gasphase lösen.

Ergebnis:

T in [°C], $\dot{V}$ und $\dot{L}$ in [kmol/h]

	T	$\dot{V}$	$\dot{L}$	x	y
Destillat	64,8		3,85	0,96	
Stufe 1	65,8	9,62	5,70	0,90	0,96
Stufe 2	67,2	9,55	5,62	0,81	0,92
Stufe 3	69,3	9,47	5,51	0,69	0,87
Stufe 4	72,4	9,36	5,37	0,52	0,80
Stufe 5	76,4	9,22	15,17	0,35	0,71
Stufe 6	82,5	9,01	14,83	0,18	0,56
Stufe 7	92,2	8,68	14,70	0,05	0,28
Boden	92,2		6,15	0,05	

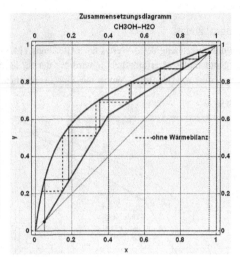

Beispiel 14-38: Wang-Henke-Verfahren 1: binär, ohne Wärmebilanz

Eine Methanol-Wasser-Lösung mit 50 Mol-% Methanol soll in einer Rektifikationskolonne getrennt werden. Der Einsatzstrom betrage 10 kmol/h und wird siedend aufgegeben, der Destillatstrom bei Totalkondensation 4,8 kmol/h und das Rücklaufverhältnis 1,5. Der Gesamtdruck am Kopf der Kolonne beträgt 1 bar, der Druckverlust wird nicht berücksichtigt. Die Unterschiede der molaren Verdampfungsenthalpien werden nicht berücksichtigt. Zur Verfügung steht eine Destillationskolonne mit n = 8 theoretischen Stufen. Bestimme mit dem Wank-Henke-Verfahren den optimalen Einsatzboden und für diesen Einsatz die Konzentrationen auf allen Böden.

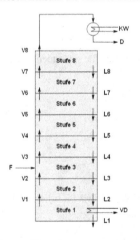

Freiheitsgradanalyse	Anlage	Prozess
Ströme	3	17
+ Komponenten	6	34
= Variable	9	51
- gegebene Ströme	2	2
- gegebene Konzentrationen	1	1
= Unbekannte	6	48
Summationsgleichungen	3	17
+ Massenbilanzen	2	16
+ Phasengleichgewicht	0	8
+ Nebenbedingungen 1	0	1
+ Nebenbedingungen 2	0	6
= Gleichungen	5	48
Freiheitsgrade	1	0

Lösungshinweis:

Für den Gesamtprozess mit 8 theoretischen Stufen (jede Stufe als eigene Trenneinheit) werden 3 Angaben benötigt, um eindeutig lösbar zu sein; es sind dies hier die Einsatzzusammensetzung, der Einsatz- und der Destillatstrom. Die Freiheitsgradanalyse für die Anlage berücksichtigt nicht die Anzahl der Stufen, weshalb sich ein Freiheitsgrad ergibt. Man kann aber nicht z. B. zusätzlich die gewünschte Destillatzusammensetzung vorgeben, da das Gesamtsystem dann überbestimmt ist (stimmt nicht mit der vorgegebenen Stufenzahl überein). Nebenbedingung 1 berücksichtigt die Angabe des Rücklaufverhältnisses r = R/D. Rücklauf ist im Schema nicht eingezeichnet, es wird so gerechnet, als ob anstelle des Rücklaufes weniger Dampf V8 abgezogen wird, V8 = V7 – R.

Der Vorteil dieses Schemas liegt darin, dass es in gleicher Weise auch für Partialkondensation verwendet werden kann. Die oberste Stufe ist dann der Partialkondensator, aus welchem der Rücklauf aufgegeben wird. Es gilt $n_{Partialkondensator} = n_{Totalkondensator} + 1$.

Die Nebenbedingung 2 berücksichtigt die Vernachlässigung der Energiebilanz, welche dann gerechtfertigt ist, wenn die molaren Verdampfungswärmen der Komponenten sehr ähnlich sind, weshalb sich die Molenströme auf jeder Stufe beim Verdampfen und Kondensieren nicht ändern. Die 6 Nebenbedingungen sind dann: V7 = V6 = V5 = V4 = V3 = V2 = V1. Dies gilt für den Fall, dass der Einsatz mit Siedetemperatur aufgegeben wird. Falls der Einsatz als Sattdampf aufgegeben wird, gilt analoges für die Flüssigkeitsströme. Bei jedem anderen thermischen Zustand des Einsatzes muss die Energiebilanz berücksichtigt werden.

Es darf aber nicht berücksichtigt werden, dass sich die flüssigen Ströme ober- und unterhalb des Einsatzbodens auch nicht ändern, da dies zu linear abhängigen Gleichungen führt. Ebenso dürfen die Gleichgewichte in der Freiheitsgradanalyse nur für i-1 Komponenten, d. h. hier nur für 1 Komponente berücksichtigt werden; die zweite ist über die Summationsbedingung gegeben.

Der Einsatzboden ist gesucht, muss aber zunächst vorgegeben und dann solange variiert werden, bis die beste Abtrennung erreicht wird.

Wang-Henke-Verfahren:

Bei der Stufenberechnung nach Lewis-Matheson ergibt sich durch die Phasengleichgewichtsbeziehungen für jede Stufe und natürlich auch für das Gesamtsystem ein stark nichtideales Gleichungssystem, welches aber mit den heutigen Möglichkeiten meist einfach gelöst werden kann.

Das Wang-Henke-Verfahren beruht auf Linearisierung und Iteration. Es werden Schätzwerte für die Flüssigzusammensetzung x_i auf jedem Boden angenommen. Mit den Phasengleichgewichtsbeziehungen können daraus die entsprechenden Gleichgewichtszusammensetzungen y_i und die Verteilungskoeffizienten $K = y_i/x_i$ berechnet werden. Mit den Verteilungskoeffizienten anstelle der Phasengleichgewichtsbeziehungen wird nun ein lineares Gleichungssystem erhalten. Dieses kann nun gelöst werden, wobei neue x-Werte erhalten werden. Diese sind jedoch noch nicht richtig, was sich darin äußert, dass die Summe der x nicht 1 ergibt. Daraus lassen sich jedoch bessere Schätzwerte ableiten, was eine Iteration bis zur gewünschten Genauigkeit ermöglicht.

Die Komponentenbilanz für jede Komponente i lautet für jede Stufe n ohne Seitenströme:

$$\dot{F}_n \cdot z_{i,n} + \dot{L}_{n+1} \cdot x_{i,n+1} + \dot{V}_{n-1} \cdot y_{i,n-1} = \dot{L}_n \cdot x_{i,n} + \dot{V}_{n-} \cdot y_{i,n} \qquad (14.55)$$

Der Einsatzstrom F ist natürlich nur für den Boden zu berücksichtigen, wo er aufgegeben wird. Für alle anderen Böden wird F = 0 gesetzt. Zur Unterscheidung von den Molanteilen x in den Flüssigströmen L werden die Molanteile im Einsatzstrom mit z bezeichnet.

Auf jedem Boden n stehen die austretenden flüssigen und dampfförmigen Ströme im Gleichgewicht (theoretische Stufe). Für jede Komponente i auf jedem Boden n gilt:

$$y_{i,n} = \frac{p_i^s(T_n) \cdot x_{i,n} \cdot \gamma_{i,n}}{p_{ges,n}} \qquad (14.56)$$

Zu jedem anfänglich geschätztem x_i werden damit die Gleichgewichts-y_i berechnet. Mit dem Verteilungskoeffizienten $K_{i,n} = \dfrac{y_{i,n}}{x_{i,n}}$ können alle $y_{i,n}$ durch $x_{i,n}$ ausgedrückt und das Gleichungssystem dadurch linearisiert werden.

Mittels einer Gesamtbilanz von jedem Boden n bis zum obersten Boden m können auch noch die Flüssigkeitsströme L eliminiert werden.

$$\dot{L}_n = \dot{V}_{n-1} + \sum_{k=n}^{m} \dot{F}_k - \dot{V}_m \qquad (14.57)$$

Mit den Abkürzungen

$$A_{i,n} = \dot{V}_{n-1} \cdot K_{i,n-1} \quad \text{für } n > 1$$

$$B_{i,n} = -\left(\dot{V}_{n-1} + \sum_{k=n}^{m} \dot{F}_k - \dot{V}_m + \dot{V}_n \cdot K_{i,n} \right)$$

$$C_{i,n} = \dot{V}_n + \sum_{k=n+1}^{m} \dot{F}_k - \dot{V}_m$$

$$D_{i,n} = -\dot{F}_n \cdot z_{i,n}$$

erhält man folgendes lineares Gleichungssystem mit m Gleichungen für jede Komponente i:

$$A_{i,n} \cdot x_{i,n-1} + B_{i,n} \cdot x_{i,n} + C_{i,n} \cdot x_{i,n+1} = D_{i,n}$$

Die Lösung dieser Gleichungssysteme für jede Komponente i liefert neue x_i. Die Summationsbedingung

$$\sum_i x_{i,n} = 1$$

ist damit aber höchstwahrscheinlich nicht erfüllt. Ist die Summe kleiner als 1, so wurden die x zu klein geschätzt und umgekehrt. Eine verbesserte Schätzung erhält man mit

$$x_{i,neu} = \frac{x_{i,alt}}{\sum_i x_i}$$

Die Iteration konvergiert üblicherweise recht schnell, auch wenn die x anfänglich völlig falsch geschätzt wurden.

Ergebnis:

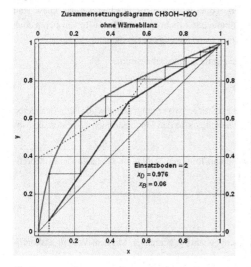 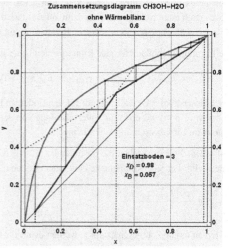

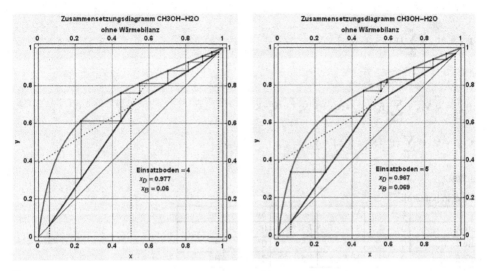

Kommentar:

Der optimale Einsatzboden ist dort, wo Temperatur- und Konzentrationsprofil am wenigsten gestört wird. Wird der Einsatzboden zu niedrig gewählt, erfolgt die Stufenkonstruktion zu lange auf der Verstärkergeraden; wird der Einsatzboden zu hoch gewählt, erfolgt der Wechsel auf die Abtriebsgerade zu früh. Für gegebene Stufenzahl ergeben sich dann jeweils schlechtere Werte für Destillat und Bodenprodukt.

Beispiel 14-39: Wang-Henke-Verfahren 2: polynär, mit Seitenströmen, ohne Wärmebilanz

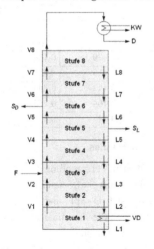

13 kmol/h einer flüssigen Mischung mit 25 Mol-% Methanol, 35 % Ethanol und 40 % Wasser sollen in einer Rektifikationskolonne mit 8 Böden (Annahme: 8 theoretischen Stufen) bei einem Rücklaufverhältnis von r = 1,5 getrennt werden. Der Einsatzstrom wird mit Siedetemperatur am 3. Boden aufgegeben; falls kein flüssiger Seitenstrom entnommen wird beträgt der Destillatstrom 5 kmol/h.

Nun werden Seitenströme entnommen: ein flüssiger am fünften Boden mit 1 kmol/h sowie ein dampfförmiger am sechsten Boden mit 2 kmol/h. Es liege Totalkondensation vor, der Druck am obersten Boden betrage 1 bar und der Druckverlust pro Boden 1 mbar. Berechne alle Ströme und Zusammensetzungen. Beobachte die Änderungen bei Variation der Mengen und der Aufgabeböden der Seitenströme!

Lösungshinweis:

Im Vergleich zu Beispiel 14-38 gibt es mehr Komponenten, eine Druckänderung auf jeder Stufe und Seitenströme. Durch mehr Komponenten ändert sich am Berechnungsschema nichts, es muss jedenfalls für jede Komponente durchgeführt werden. Die Druckänderung wird im Phasengleichgewicht, Gleichung (14.56), berücksichtigt und die Seitenströme in den Bilanzen; Gleichung (14.55) wird durch die flüssigen Seitenströme S_l und dampfförmigen Seitenströme S_v erweitert:

$$\dot{F}_n \cdot z_{i,n} + \dot{L}_{n+1} \cdot x_{i,n+1} + \dot{V}_{n-1} \cdot y_{i,n-1} = \dot{L}_n \cdot x_{i,n} + \dot{V}_n \cdot y_{i,n} + \dot{S}_l \cdot x_{i,n} + \dot{S}_v \cdot y_{i,n}$$

ebenso:

$$\dot{L}_n = V_{n-1} + \sum_{k=n}^{m} \left(F_k \cdot \dot{S}_{l,k} - \dot{S}_{v,k}\right) - \dot{V}_m$$

und

$$B_{i,n} = -\left(\dot{V}_{n-1} + \sum_{k=n}^{m} \left(F_k \cdot \dot{S}_{l,k} - \dot{S}_{v,k}\right) - \dot{V}_m + \dot{V}_n \cdot K_{i,n}\right)$$

$$C_{i,n} = \dot{V}_n + \sum_{k=n+1}^{m} \left(F_k \cdot \dot{S}_{l,k} - \dot{S}_{v,k}\right) - \dot{V}_m$$

Ergebnis:

Ströme, in [kmol/h]:

	F	V	L	S_V	S_L
Stufe 8	0	3	7,5	0	0
Stufe 7	0	10,5	7,5	0	0
Stufe 6	0	10,5	7,5	2	0
Stufe 5	0	12,5	6,5	0	1
Stufe 4	0	12,5	6,5	0	0
Stufe 3	13	12,5	19,5	0	0
Stufe 2	0	12,5	19,5	0	0
Stufe 1	0	12,5	7	0	0

Molanteile und Temperaturen:

	T [°C]	x_{CH3OH}	x_{C2H5OH}	x_{H2O}	y_{CH3OH}	y_{C2H5OH}	y_{H2O}
Stufe 8	72,5	0,383	0,479	0,138	0,509	0,401	0,090
Stufe 7	73,8	0,304	0,512	0,183	0,419	0,457	0,124
Stufe 6	74,7	0,258	0,511	0,231	0,363	0,480	0,157
Stufe 5	75,2	0,234	0,486	0,280	0,335	0,479	0,186
Stufe 4	75,8	0,219	0,445	0,335	0,321	0,465	0,214
Stufe 3	76,3	0,208	0,395	0,397	0,313	0,443	0,243
Stufe 2	77,2	0,168	0,384	0,448	0,263	0,464	0,273
Stufe 1	79,4	0,109	0,271	0,620	0,202	0,447	0,351

Beispiel 14-40: Wang-Henke-Verfahren 3: binär, mit Wärmebilanz, Totalkondensation

Gleiche Angaben wie in Beispiel 14-38, es sollen aber die unterschiedlichen Verdampfungswärmen von Methanol (Tabelle 15-7) und Wasser ([4], bzw. Interpolationsfunktion aus Stoffdatendatei) berücksichtigt werden. Bei unterschiedlichen Verdampfungswärmen ändern sich Dampf- und Flüssigkeitsströme, welche mit einer Wärmebilanz berechnet werden. Wie ändert sich die Zusammensetzung des Destillates und des Bodenproduktes im Vergleich zur Berechnung ohne Wärmebilanz?

Lösungshinweis:

Damit das lineare Gleichungssystem erhalten bleibt, müssen Massen- und Energiebilanz entkoppelt werden. Wie in den vorhergehenden Beispielen ohne Wärmebilanz wird zunächst aus den Angaben der Dampfstrom in den obersten Boden berechnet und dieser Wert für alle Böden festgelegt. Dann werden die x_i für jeden Boden geschätzt, die Verteilungskoeffizienten berechnet und das Gleichungssystem für neue x_i-Werte gelöst. Damit werden neue Schätzwerte für die nächste Iteration berechnet.

Vor der nächsten Iteration werden nun aber mit einer Energiebilanz neue Dampfströme berechnet und die nächste Iteration mit neuen Dampfströmen und verbesserten x_i-Werten durchgeführt.

Bei Methanol/Wasser können die Mischungswärmen vernachlässigt werden. Die spezifische molare Enthalpie der flüssigen und dampfförmigen Ströme auf jedem Boden n, $h_{l,n}$ und $h_{v,n}$, ergibt sich dann als arithmetischer Mittelwert der Enthalpien der Einzelkomponenten, bei der berechneten Temperatur.

$$h_{l,n} = \sum_i x_{i,n} \cdot h_{l,i,n}, \quad \text{bzw.} \quad h_{v,n} = \sum_i y_{i,n} \cdot h_{v,i,n}$$

Die Enthalpiebilanz lautet dann für jeden Boden n ohne Seitenströme:

$$\dot{V}_{n-1} \cdot h_{v,n-1} + \dot{L}_{n+1} \cdot h_{l,n+1} + \dot{F}_h \cdot h_F + \dot{Q}_n = \dot{V}_n \cdot h_{v,n} + \dot{L}_n \cdot h_{l,n}$$

Die Flüssigströme können wieder über die Gesamtbilanz eliminiert werden, Gleichung (14.57). Mit den Abkürzungen

$$\alpha_n = h_{v,n-1} - h_{l,n}$$

$$\beta_n = h_{l,n+1} - h_{v,n}$$

$$\gamma_n = \sum_{k=n+1}^{m} \left(\dot{F}_k - \dot{V}_m \right) \cdot \left(h_{l,n} - h_{l,n+1} \right) + \dot{F}_n \left(h_{l,n} - h_F \right) - \dot{Q}_n$$

erhält man wieder ein lineares Gleichungssystem:

$$\alpha_n \cdot \dot{V}_{n-1} + \beta_n \cdot \dot{V}_n = \gamma_n,$$

welches in Form einer bidiagonalen Matrix dargestellt und gelöst werden kann. Die daraus berechneten neuen Dampfströme werden gemeinsam mit den neuen x_i als Startwerte für die nächste Iteration verwendet.

Ergebnis:

Ohne Wärmebilanz:

Boden	T [°C]	x_1	y_1	$\dot{V}$	$\dot{L}$
8	65,0	0,950	0,980	12	7,2
7	65,7	0,906	0,962	12	7,2
6	66,7	0,840	0,936	12	7,2
5	68,3	0,743	0,896	12	7,2
4	70,8	0,608	0,838	12	7,2
3	74,2	0,439	0,757	12	17,2
2	80,7	0,224	0,604	12	17,2
1	91,6	0,057	0,296	12	5,2

Mit Wärmebilanz:

Boden	T [°C]	x_1	y_1	$\dot{V}$	$\dot{L}$
8	65,0	0,947	0,979	12,0	7,2
7	65,8	0,899	0,960	12,0	7,1
6	66,9	0,829	0,931	11,9	7,0
5	68,6	0,729	0,890	11,8	6,9
4	71,0	0,592	0,831	11,7	6,8
3	74,4	0,431	0,752	11,6	16,5
2	80,7	0,222	0,603	11,3	16,0
1	91,4	0,058	0,301	10,8	5,2

Kommentar:

Die Unterschiede im Ergebnis für die Berechnungen mit und ohne Wärmebilanz sind für das System Methanol/Wasser relativ gering, weil die molaren Verdampfungswärmen ähnlich sind, 38,3 kJ/mol für Methanol und 43,9 für Wasser bei 25 °C.

Beispiel 14-41: Wang-Henke-Verfahren 3a: binär, mit Wärmebilanz, Partialkondensation

Gleiche Angaben wie im vorhergehenden Beispiel 14-40, aber mit Partialkondensation. Die aus diesem Kondensator abgeschiedene Flüssigphase, soll genau dem vorgegebenen Rücklauf entsprechen. Die Dampfphase stellt nach Totalkondensation den Destillatstrom dar.

Des Weiteren sind alle Wärmemengen zu berechnen, i.e. Vorwärmung Feed von 25 °C auf Siedetemperatur, Wärmeabfuhr Partialkondensator und Totalkondensator, Sumpfverdampfer und Produktkühlung Destillat bzw. Bodenprodukt, jeweils auf 25 °C.

Hinweis: dafür keine eigene *Mathematica*-Datei, es kann in der Datei „Wang-Henke-Verfahren mit Wärmebilanz" entweder Total- oder Partialkondensator eingegeben werden.

Ergebnis:

Totalkondensation							Partialkondensation:					
	T [°C]	x_1	y_1	$\dot{V}$	$\dot{L}$			T [°C]	x_1	y_1	$\dot{V}$	$\dot{L}$
Destillat	25,0	0,979	0	0	4,8		Destillat	25,0	0,984	0	0	4,8
Rücklauf	64,5	0,979	0	0	7,2		PartialK.	64,8	0,960	0,984	4,8	7,2
8	65,0	0,947	0,979	12,0	7,2		8	65,4	0,925	0,970	12,0	6,8
7	65,8	0,899	0,960	12,0	7,1		7	66,2	0,874	0,949	11,6	6,7
6	66,9	0,829	0,931	11,9	7,0		6	67,4	0,801	0,920	11,5	6,7
5	68,6	0,729	0,890	11,8	6,9		5	69,1	0,700	0,878	11,5	6,6
4	71,0	0,592	0,831	11,7	6,8		4	71,5	0,567	0,820	11,4	6,5
3	74,4	0,431	0,752	11,6	16,5		3	74,8	0,416	0,744	11,3	16,3
2	80,7	0,222	0,603	11,3	16,0		2	81,4	0,208	0,587	11,1	15,9
1	91,4	0,058	0,301	10,8	5,2		1	91,0	0,053	0,283	10,7	5,2

Wärmeleistungen in kW:

Einsatzvorwärmung	+ 10,4	
Partialkondensation		- 71,5
Totalkondensation		- 47,6
Destillatkühlung		- 4,3
Sumpfverdampfer	+ 120,2	
Kühlung Bodenprodukt		- 7,3
gesamt:	+ 130,6	-130,7

Beispiel 14-42: diskontinuierliche Destillation: einstufig [11]

In einer Destillierblase sollen 500 kmol eines Methanol-Wasser-Gemisches mit 60 Mol-% Methanol durch einfache, einstufige Destillation so zerlegt werden, dass der Blasenrückstand nach beendeter Destillation nur noch 5 Mol-% Methanol enthält.

Berechne die Blasenrückstandsmenge nach beendeter Destillation, sowie die anfallende Destillatmenge mit mittlerer Zusammensetzung.

Lösungshinweis:

Berechnung der Gleichgewichtsfunktion wie z. B. in Beispiel 12-25. Der Blaseninhalt am Ende des Destillationsvorganges wird mit der Rayleigh-Gleichung (14.29) berechnet, wobei die Integration nur numerisch möglich ist. Destillatmenge und –zusammensetzung aus Gesamt- und Komponentenbilanz.

Ergebnis:

B_E = 89,98 kmol,   D = 410,02 kmol, x_D = 0,721

Beispiel 14-43: diskontinuierliche Rektifikation 1: konstanter Rücklauf

In einer diskontinuierlichen Rektifikationskolonne mit einer Trennleistung von 4 theoretischen Stufen wird ein Gemisch von Ethanol und Wasser mit 100 kmol und 50 Mol-% Ethanol getrennt. Die Destillation wird abgebrochen, wenn am Ende noch 15 Mol-% Ethanol in der Blase vorhanden sind.

Berechne die Mengen und durchschnittliche Destillatzusammensetzung bei einem konstanten Rücklaufverhältnis von 2:1.

<u>Lösungshinweis:</u>

Mit Computer werden für alle Stufen die Bilanz- und Gleichgewichtsgleichungen angeschrieben und das ganze Gleichungssystem für vorgegebene Blasenzusammensetzung gelöst.

<u>Ergebnis:</u>

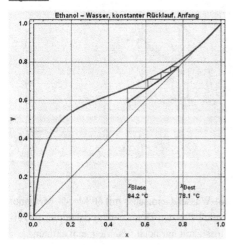 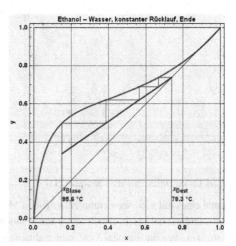

Anfang: Blase = 100 kmol; $x_B = 0,5$; $x_D = 0,775$;

Ende: Blase = 43,2 kmol;   Destillat = 56,7 kmol; $x_B = 0,15$; $x_D = 0,739$

$x_{D,mittel} = 0,767$

Beispiel 14-44: diskontinuierliche Rektifikation 2: konstante Destillatzusammensetzung

In einer diskontinuierlichen Rektifikationskolonne mit einer Trennleistung von 4 theoretischen Stufen wird ein Gemisch von Ethanol und Wasser mit 100 kmol und 50 Mol-% Ethanol getrennt. Die Destillatzusammensetzung soll konstant 76 Mol-% Ethanol betragen. Die Destillation wird abgebrochen, wenn am Ende noch 15 Mol-% Ethanol in der Blase vorhanden sind.

Berechne:

1. die Mengen und das Rücklaufverhältnis am Anfang und Ende für eine konstante Destillatzusammensetzung

2. grafische Darstellung und Animation in einem McCabe-Thiele-Diagramm

<u>Lösungshinweis:</u>

Wie im vorherigen Beispiel 14-43, dort war x_D eine Unbekannte im Gleichungssystem und das Rücklaufverhältnis r bekannt, jetzt ist x_D gegeben und r unbekannt.

<u>Ergebnis:</u>

Anfang: 100 kmol in Blase; r = 1,24;

Ende: 42,6 kmol in Blase, 57,4 in Destillat; r = 5,0;

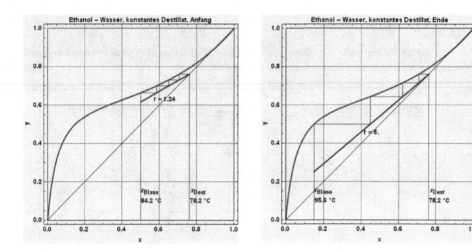

Beispiel 14-45: Dünnschichtverdampfer [11]

10 kmol eines mit Siedetemperatur zulaufenden Methanol-Wasser-Gemisches mit 60 Mol-% Methanol sollen stündlich bei einem Druck von 1 bar in einem mantelbeheizten Dünnschichtverdampfer so zerlegt werden, dass die aus dem Verdampfer ablaufende Flüssigkeit nur noch 5 % Methanol enthält.

Berechne:

- den am Boden ablaufenden Flüssigkeitsstrom, den Destillatstrom und den mittleren Molanteil des Methanols im Destillat;

- den im Verdampfer zu übertragenden Wärmestrom, wenn der Heizdampf als Sattdampf mit 125 °C aufgegeben wird und der Wärmedurchgangskoeffizient 1100 W/(m²·K) beträgt;

- die erforderliche Länge des Verdampferrohres für einen Durchmesser von 0,5 m.

Annahmen:

Heizdampf kondensiert, wird aber nicht unterkühlt. Der aufsteigende Dampf und die herabfließende Flüssigkeit stehen nicht im Gleichgewicht, es wird kein Dampf kondensiert, d. h. es entsteht kein Rücklauf. Bei der Berechnung der Enthalpie der Ströme werden die Mischungswärmen vernachlässigt.

<u>Lösungshinweis:</u>

Der Einsatz wird am Kopf aufgegeben. Die herabfließende Flüssigkeit wird mit der Rohrlänge ständig an Methanol ärmer. Eine Bilanz über einen differentiellen Längenabschnitt und Integration über die Gesamtlänge ergibt wieder die Rayleigh-Gleichung (14.29). Bei der diskontinuierlichen einstufigen Destillation wird über die Zeit integriert, hier über die Länge; das Ergebnis ist dasselbe. Zu beachten ist, dass unmittelbar an der Grenzfläche Dampf und Flüssigkeit im Gleichgewicht stehen, nicht aber die mittlere Zusammensetzung des aufsteigenden Dampfes mit der herabfließenden Flüssigkeit.

Der benötigte Wärmestrom ergibt sich aus der Energiebilanz: $Q = D \cdot h_D + B \cdot h_B - F \cdot h_F$. Bei der Berechnung der benötigten Temperaturen ist für h_F und h_B die Siedetemperatur einzusetzen und für die Temperatur des dampfförmigen Destillates die Tautemperatur.

Die erforderliche Länge des Verdampferrohres ergibt sich aus der Wärmedurchgangsgleichung $\dot{Q} = k \cdot d^2 \pi \cdot L \cdot (T_{SD} - T_m)$, wobei T_{SD} die Sattdampftemperatur und T_m die Siedetemperatur bei der mittleren Zusammensetzung der Flüssigkeit $x_m = (x_D + x_B)/2$ ist.

Ergebnis:

Destillat = 8,2 kmol/h mit mittlerem x_D = 0,72;
Flüssigkeit am Boden = 1,8 kmol/h;
Übertragener Wärmestrom = 85,3 kW;
Länge des Verdampferrohres = 1,0 m.

Kommentar:

Obwohl eine einstufige Verdampfung, steht die Hauptphase des Dampfes nicht mit der Flüssigkeit im Gleichgewicht (nur unmittelbar an der Grenzfläche). Dies wird als offene einstufige Destillation bezeichnet, im Gegensatz zur geschlossenen einstufigen Destillation, Beispiel 14-33.

Beispiel 14-46: kontinuierliche Rektifikation 5: HTU-NTU, Vergleich mit N_{th}

In einer Füllkörperkolonne NW 400 wird das Stoffgemisch Ethanol/Wasser so getrennt, dass am Kopf ein Gemisch mit 70 Mol-% Ethanol und am Sumpf ein Gemisch mit 97 Mol-% Wasser anfällt. Der Einsatz (12 kmol/h) wird flüssig mit Siedetemperatur und x_F = 0,3 aufgegeben. Die Kolonne ist mit Raschig-Ringen 16 x 16 x 2 gefüllt (spezifische Austauschfläche = 305 m^2/m^3. Die Schütthöhe beträgt 4 m. Der Benetzungsgrad wurde zu 0,8 ermittelt. Das Rücklaufverhältnis betrage 2.

Wie groß sind der NTU-Wert, der wirksame Stoffdurchgangskoeffizient k_g und der HTU-Wert? Vergleiche mit der theoretischen Stufenzahl.

Lösungshinweis:

Da bei Aufgabe des Einsatzes als Flüssigkeit mit Siedetemperatur der Dampfstrom über die gesamte Kolonne konstant bleibt, wird der NTU_{og} für die Verstärker- und Abtriebssäule bestimmt und zu einem gesamten NTU_{og} addiert. Aus der gegebenen Höhe kann der HTU_{og} und daraus der Stoffdurchgangskoeffizient k_g berechnet werden.

Im Integral NTU = $\int \dfrac{1}{y^* - y} dy$ ist der Gleichgewichtswert y* = f(x) mit der Uniquac-Gleichung zu berechnen

und das Integral numerisch auszuwerten.

Ergebnis:

NTU_{VS} = 1,62; NTU_{AS} = 2,77; $NTU_{ges,og}$ = 4,39; $N_{th} \approx$ 3,9.

HTU = 0,91 m; k_g = 0,52 kmol/($m^2 \cdot$h)

14.6.3. Beispiele Adsorption

Beispiel 14-47: Adsorption Propan: Langmuir-Isotherme, Adsorptionswärme [11]

Für die Adsorption von Propan an einer bestimmten Aktivkohle AK werden bei 35 °C folgende Gleichgewichtswerte gemessen:

p_{Propan} [bar]	0,067	0,499
q [kg Propan/kg AK]	0,094	0,194

Berechne daraus die Maximalbeladung der Aktivkohle mit Propan für die Annahme, dass die Beladung einer Langmuir-Isotherme folgt. Berechne weiterhin die Adsorptionswärme bei einer Beladung von 0,119, wenn die zugehörigen Gleichgewichtspartialdrücke 0,104 bar bei 35 °C und 0,561 bar bei 100 °C betragen. Die Adsorptionswärme soll in diesem Bereich als unabhängig von der Temperatur angenommen werden.

Lösungshinweis:

Mit dem Zusatzpunkt (0,0) können die Langmuir-Parameter gefittet werden (siehe Beispiel 2-19), q_m gibt dann die maximale Beladung an.

Die Adsorptionsenthalpie wird aus der van't Hoff-Gleichung berechnet:

$$\left(\frac{\partial \ln p_i}{\partial T}\right)_q = \frac{-\Delta h_{Ad}}{R \cdot T^2}$$

Wird die Adsorptionsenthalpie als unabhängig von der Temperatur angenommen, kann leicht integriert und aus den beiden gegebenen Punkten bei konstanter Beladung q die Adsorptionswärme berechnet werden.

Ergebnis:

Langmuir-Parameter: q_m = 0,232 kg Propan/kg AK; k = 10,1 1/bar. Die Adsorptionsenthalpie beträgt -24787 kJ/kmol Propan.

Beispiel 14-48: BET-Isotherme: Bestimmung der spezifischen Oberfläche [66]

Es soll die spezifische Oberfläche von Aluminiumoxid (Al_2O_3) bestimmt werden. Dazu wurde das adsorbierte Volumen von N_2 bei verschiedenen Partialdrücken bestimmt. Folgende Messpunkte wurden bei 20 °C und einem Gesamtdruck von 1 bar aufgenommen:

p [bar]	0,05	0,10	0,15	0,20	0,25,	0,30	0,35	0,40
V_{ad} [m³ N_2/kg]	0,066	0,074	0,081	0,088	0,094	0,0102	0,0109	0,0117

Die Querschnittsfläche eines adsorbierten N_2-Moleküls beträgt 0,162 nm². Berechne die spezifische Oberfläche in m²/g mit der Langmuir- und BET-Isotherme.

Lösungshinweis:

Aus den beiden Isothermen kann das Volumen der monomolekular adsorbierten Schicht V_{mon} berechnet werden und dann mit dem Flächenbedarf eines N_2-Moleküls die spezifische Oberfläche.

Mit dem adsorbierten Volumen V_{ad} und dem Partialdruck p_i von N_2 im Gas lautet die Langmuir-Isotherme:

$$V_{ad} = V_{mon} \cdot \frac{k_L^{'} \cdot p_i}{1 + k_L^{'} \cdot p_i}, \text{ bzw. mit dimensionsloser Langmuir-Konstante } k_L \text{ und } p^0 = 1 \text{ bar}$$

$$V_{ad} = V_{mon} \cdot \frac{k_L \cdot \left(\dfrac{p_i}{p^0}\right)}{1 + k_L \cdot \left(\dfrac{p_i}{p^0}\right)}$$

Wie in Beispiel 2-19 gezeigt, können die beiden Parameter V_{mon} und k_L direkt gefittet werden, oder nach Linearisierung aus Steigung und Ordinatenabschnitt bestimmt werden. Hier ist eine Linearisierung besser, da man dann sofort sieht, ob die Messpunkte einer Langmuir-Isotherme gehorchen (siehe aber Kommentar zu Beispiel 2-19).

Die BET-Isotherme (nach Brunauer, Emmett, Teller) berücksichtigt eine mehrschichtige Adsorption. Mit n als der Anzahl der adsorbierten Schichten lautet sie:

$$V_{ad} = V_{mon} \cdot k_B \cdot \frac{p_i}{p^0} \cdot \frac{1 - (n+1)\left(p_i/p^0\right)^n + n\left(p_i/p^0\right)^{n+1}}{\left(1 - p_i/p^0\right) \cdot \left[1 + (k_B-1)p_i/p^0 - k_B\left(p_i/p^0\right)^{n+1}\right]}$$

Mit n = 1 reduziert sich die BET-Isotherme zur Langmuir-Isotherme. Da p_i/p^0 immer < 1 ist, wird das zusätzlich adsorbierte Volumen mit steigendem n schnell kleiner und nähert sich einem Grenzwert. Für n = ∞ erhält man die reduzierte BET-Isotherme:

$$V_{ad} = V_{mon} \cdot \frac{k_B \left(p_i/p^0 \right)}{\left(1 - p_i/p^0 \right) \cdot \left(1 - p_i/p^0 + k_B p_i/p^0 \right)}.$$

Durch Bildung des Reziprokwertes kann auch diese Gleichung linearisiert werden, man erhält:

$$\frac{p_i/p^0}{V_{ad} \cdot \left(1 - p_i/p^0 \right)} = \frac{1}{k_B \cdot V_{mon}} + \frac{k_B - 1}{k_B \cdot V_{mon}} \cdot \left(\frac{p_i}{p^0} \right)$$

Falls die Messpunkte einer BET-Isothermen folgen, erhält man bei Auftragung der linken Seite gegen p_i/p^0 eine Gerade aus der die beiden Parameter k_B und V_{mon} berechnet werden können.

Liegen die Messpunkte nicht auf einer dieser Geraden, so kann trotzdem eine gute Näherung erhalten werden, indem eine Tangente an den niedrigsten Messpunkt gelegt wird.

Ergebnis:

Langmuir:

$V_{mon} = 0,0775$, $A = 310$ m²/g

BET:

$V_{mon} = 0,0716$, $A = 287$ m²/g

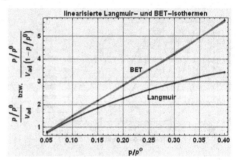

Beispiel 14-49: Durchbruchskurve [20]

Aus einem Massenstrom von 0,3 kg/s feuchter Luft (20 °C, 1 bar, φ = 0,6) ist Wasserdampf mit kugelförmigen Silicagel E (Durchmesser der Sorptionsmittelteilchen d_p = 3 mm, Lückenvolumen ε = 0,4) zu entfernen. Die getrocknete Luft darf eine relative Feuchte von 0,01 nicht überschreiten. Das Sorptionsmittel ist anfänglich unbeladen. Wie groß ist der Durchmesser des Festbettes zu wählen, damit der Druckverlust 1400 Pa/m nicht übersteigt, und wie hoch muss die Sorptionsmittelschüttung sein, damit der Durchbruch nach einer Sorptionszeit von 30000 s = 8,33 h erfolgt. Stelle auch die Durchbruchskurven für Zeiten von $1 \cdot 10^4$ bis $10 \cdot 10^4$ s grafisch dar.

Weitere Daten: ρ_{Luft} = 1,2 kg/m³; η_{Luft} = 1,8·10⁻⁵ Pa·s; Diffusionskoeffizient Wasser in Luft D_{WL} = 2,78·10⁻⁵ m²/s; scheinbarer Diffusionskoeffizient D_{sch} von H_2O in Silicagel = 0,5 bis 1,5·10⁻¹⁰ m²/s; Sättigungsdampfdruck von Wasser bei 20 °C p^s = 2337 Pa. Als Luftgeschwindigkeit soll zunächst w_F = 0,33 m/s angenommen werden. Die Steigung der Gleichgewichtslinie m ändert sich mit der Beladung, hierfür soll ein sicherer niedriger Wert von m = 30300 angenommen werden. Der Stoffübergangskoeffizient ß in der Gasphase für eine Kugelschüttung ist mit 0,124 m/s gegeben.

Lösungshinweis:

Druckverlust aus Ergun-Gleichung für kugelige Granulatschüttung c_f = 150/Re + 1,75.

Das Differentialgleichungssystem, welches sich aus dem Stoffübergang (äußerer Stoffübergang + instationärer Transport in den Poren) und dem Phasengleichgewicht ergibt, wurde von Rosen mit einigen vereinfachenden Annahmen (lineares Gleichgewicht, keine axiale Dispersion und keine Oberflächendiffusion) gelöst:

$$\text{Rosen-Gleichung:} \quad \frac{c_{i,aus}}{c_{i,ein}} = \frac{1}{2}\left(1 + erf\left[\frac{\dfrac{3Rt}{2Rz} - 1}{2\sqrt{\dfrac{1 + 5Rk}{5Rz}}}\right]\right)$$

Mit

c_i = Konzentration der absorbierenden Komponenten im Fluid,

$$Rz = \frac{12D_{sch} \cdot m \cdot z \cdot (1-\varepsilon))}{w_F \cdot d_p^2} = \text{dimensionsloser Abstand vom Rohgaseintritt (z = Abstand)}$$

$$Rt = \frac{8D_{sch}\left(t - z \cdot \varepsilon/w_F\right)}{d_p^2} = \text{dimensionslose Sorptionszeit}$$

$$Rk = \frac{2D_{sch} \cdot m}{d_p \cdot \beta} = \text{dimensionsloser Stoffübergangswiderstand}$$

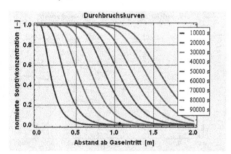

Ergebnis:

Bei $w_F = 0{,}33$ m/s beträgt der Druckverlust 1385 Pa/m und der Durchmesser 0,98 m. Durchmesser wird mit 1 m gewählt, dann ist $w_F = 0{,}318$ m/s und $\Delta p = 1312$ Pa/m. Die erforderliche Betthöhe H = 1,04 m. Der Durchbruchspunkt ist nach ca. 30000 s erreicht.

14.6.4. Beispiele Extraktion

Beispiel 14-50: Extraktion 1: Stoffdurchgangskoeffizient [67]

Im Labor wird die Extraktion von Essigsäure aus einer wässrigen Lösung mit MIBK (Methylisobutyl-keton) in einer Füllkörpergegenstromkolonne (Höhe = 1,5 m, Durchmesser = 0,05 m, spezifische Oberfläche a der Füllkörper = 300 m²/m³) untersucht. MIBK tritt unbeladen am Boden in die Kolonne ein und verlässt diese am Kopf mit einer Konzentration von 0,21 kmol/m³. Die Eintrittskonzentration der Essigsäure in der wässrigen Phase beträgt 0,68 kmol/m³ am Kopf. Die Volumenströme betragen 0,0045 l/s Keton und 0,003 l/s wässrige Lösung und bleiben näherungsweise konstant.

Als Gleichgewicht gilt für die gegebenen Bedingungen, dass die Essigsäurekonzentration in MIBK 0,548 mal der Konzentration in der wässrigen Phase entspricht.

Berechne die NTU-Werte, die Stoffdurchgangskoeffizienten k in m/s und die HTU-Werte für die Keton- und die Wasserphase.

Ergebnis:

Ketonphase: $NTU_{oK} = 1{,}16$; $HTU_{oK} = 1{,}29$; $k = 5{,}92 \cdot 10^{-6}$ m/s

Wasserphase: $NTU_{oW} = 0{,}96$; $HTU_{oW} = 1{,}57$; $k = 3{,}24 \cdot 10^{-6}$ m/s

Beispiel 14-51: Extraktion 2: neue Einbauten

Ein phenolhaltiges Abwasser mit $X_e = 0,06$ kmol Phenol pro kmol Wasser wird in einer Gegenstrom-Siebbodenextraktionskolonne bis zu einer Austrittsbeladung von $X_a = 0,015$ gereinigt. Als Lösungsmittel wird Benzol verwendet, wobei die Eintrittsbeladung $Y_e = 0,01$ beträgt. Das Gleichgewicht ist durch die lineare Beziehung $Y^* = 2,7 \cdot X$ gegeben. Das Molenstromverhältnis der unbeladenen Ströme W/B beträgt 2.

1. Berechne analytisch die extraktseitigen Übertragungseinheiten $NTU_{ov,E}$

2. In der gleichen Kolonne werden nun statt der Siebböden Packungen eingebaut, welche einen 35 % höheren $k \cdot a$-Wert ergeben. Berechne die neuen Ausgangskonzentrationen X_a und Y_a.

Lösungshinweis:

NTU-Wert entweder über logarithmischen Mittelwert oder durch Lösung des Integrals

$$NTU_{ov,E} = \int_{Y_e}^{Y_a} \frac{dY}{Y^* - Y} \, .$$

Dabei ist zu beachten, dass in Y^* auch X enthalten ist, welches mittels einer Bilanz über eine beliebige Kolonnenhöhe durch Y ersetzt wird.

Ein 35 % höherer $k \cdot a$-Wert bedeutet einen entsprechend kleineren HTU-Wert und – da die Kolonnenhöhe gleich bleibt – einen 35 % höheren NTU-Wert.

Ergebnis:

NTU = 2,03; $NTU_{neu} = 2,74$
$X_a = 0,015$; $Y_a = 0,1$;
$X_{a,neu} = 0,012$; $Y_{a,neu} = 0,11$

Beispiel 14-52: Extraktion 3: Extraktion zweier Komponenten

Ein Abwasserstrom W enthält 5,3 g/l einer Komponente A (MM = 94) und 100 ppm einer Komponente B (MM = 130). Beide werden mit einem wasserunlöslichen Lösungsmittel L in einer Gegenstromkolonne extrahiert. Der Lösungsmittelstrom beträgt molmäßig ein Sechstel des Abwasserstroms; dabei wird A zu 95 % abgetrennt. Das regenerierte Lösungsmittel enthält noch einen Molanteil an A von $0,2 \cdot 10^{-3}$ und kein B.

1. Mit welchem Molanteil an A verlässt das Lösungsmittel die Kolonne?

2. Berechne näherungsweise die verbleibende Konzentration an B im Abwasser!

Gegebene Gleichgewichte:

Komponente A:

$x \cdot 10^4$	3,0	6,0	8,0	11,0	14,0
$y \cdot 10^3$	4,4	7,5	9,1	11,1	12,7

x, y...Molanteil in wässriger bzw. organischer Phase

Komponente B: $y^* = 7x$

Lösungshinweis:

Komponente A aus Bilanz. Für die Komponente B gilt dieselbe Steigung der Bilanzlinie wie für A und dieselbe Stufenanzahl. Bilanzlinie wird daher so lange parallelverschoben, bis genau die Stufenanzahl von A erreicht wird.

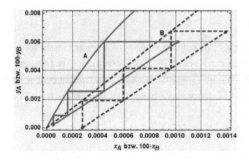

Ergebnis:

$y_{A,aus} = 0,006$

$x_{B,aus} = 2,7 \cdot 10^{-6}$, entspricht 19,7 ppm

14.6.5. Beispiele Trocknung

Beispiel 14-53: Mollier-h-X-Diagramm für Wasser/Luft

Berechne und zeichne Mollier-Diagramme für Gesamtdrücke von 1 und 2 bar.

Lösungshinweis:

Im Mollier-Diagramm ist die spezifische Enthalpie der feuchten Luft pro Masse der trockenen Luft in Abhängigkeit der Temperatur und der Feuchtebeladung X für einen bestimmten Druck dargestellt.

Mit den Gleichungen (14.41) und (14.42) können die Isothermen, mit Gleichung (14.19) die φ-Linien und mit (14.45) die Kühlgrenzlinien dargestellt werden. Bei der grafischen Darstellung ist aber zu beachten, dass das Mollier-Diagramm ein schiefwinkeliges Diagramm ist, womit der technisch interessante Bereich gespreizt wird. Die Steigung aller Linien wird um die Verdampfungswärme bei 0 °C erniedrigt.

Die Isenthalpen beginnen bei $c_{P,L} \cdot T$ mit der Steigung $- \Delta h_v^\circ$. Die Kühlgrenzlinien (im Diagramm strichliert dargestellt) sind die Verlängerungen der Isothermen des übersättigten Gebietes in das untersättigte Gebiet. Die grafische Darstellung der Kühlgrenzlinien erfolgt mit der Ein-Punkt-Form der Geradengleichung, (Sättigungspunkt und Steigung, siehe Beispiel 14-55).

Ergebnis:

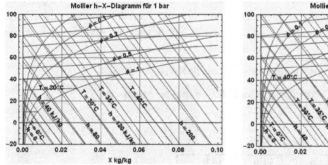

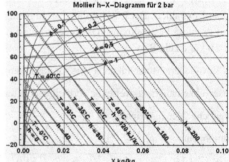

Kommentar:

Die Ordinate ist hier und im Folgenden nicht beschriftet. Da die Wärmekapazität von Luft sehr nahe bei 1 kJ/(kg·K) liegt, gilt als Startwert für die Isothermen und Isenthalpen (bei X = 0):

$\Delta h = c_{p,L} \cdot \Delta T \approx \Delta T$

Die Isothermen [°C] und Isenthalpen [kJ/kg] haben daher denselben Startwert auf der Ordinate.

Beispiel 14-54: Taupunkt Wasser/Luft

A) Feuchte Luft bei 80 °C mit einer Feuchte von $X = 15$ g/kg trockene Luft wird abgekühlt. Bei welcher Temperatur beginnt sich Wasser bei 1 und 2 bar abzuscheiden?

B) Der Taupunkt einer feuchten Luft beträgt 30 °C. Sie wird auf 70 °C erhitzt. Wie hoch ist die absolute und relative Luftfeuchtigkeit bei 1 und 2 bar Gesamtdruck?

Lösungshinweis:

Beim Abkühlen ändert sich die absolute Feuchte nicht, Wasser beginnt bei $\varphi = 1$ zu kondensieren.

Ist die Tautemperatur gegeben, kann p^s und mit $\varphi = 1$ dann X berechnet werden. Bei Erhitzen ist X gegeben und φ die Unbekannte.

Ergebnis:

A) Tautemperatur = 20,2 °C bei 1 bar und 31,9 °C bei 2 bar

B) 1 bar: $X = 0,0275$, $\varphi = 0,136$; 2 bar: $X = 0,0134$, $\varphi = 0,272$

Beispiel 14-55: Kühlgrenztemperatur

Berechne näherungsweise die Kühlgrenztemperatur (adiabatic saturation temperature) für eine Lufttemperatur von 80 °C, einer Feuchtebeladung von 15 g/kg trockene Luft und einem Gesamtdruck von 1 bar.

Lösungshinweis:

Gleichung (14.44) bzw. näherungsweise (14.45).

Ergebnis:

Adiabate Sättigungstemperatur bzw. Kühlgrenztemperatur = 34,4 °C; Sättigungsbeladung = 0,0357 kg H_2O pro kg trockene Luft.

Anmerkung:

Bei dieser Berechnung wurde angenommen, dass die Guttemperatur konstant bleibt (Gutbeharrungstemperatur) und somit der Kühlgrenztemperatur entspricht. Dies ist nur eine Näherung, tatsächlich ändert sich die Guttemperatur geringfügig während des Trocknungsvorganges. Bei genauer Berechnung erhält man eine von der Le-Zahl abhängige leicht gebogene Kühlgrenzkurve.

Beispiel 14-56: Beharrungstemperatur, Psychrometer

A) Berechne für das System Wasser/Luft die Beharrungstemperatur für einen Luftzustand von 80 °C, einem Druck von 1 bar und einer relativen Feuchte von $\varphi = 0,05$.

B) Berechne die relative Feuchte mit einem Psychrometer; das Trockenthermometer (dry bulb temperature) habe 90 °C, das feuchte Thermometer (wet bulb temperature) 40 °C, der Druck sei 1 bar.

Wiederhole die Berechnungen für einen Gesamtdruck von 2 bar.

Lösungshinweis:

ad A) Beharrungstemperatur T_B:

Gleichung (14.51). Rechne zunächst mit $Le = 1$. Vergleiche das Ergebnis mit der Kühlgrenztemperatur T_{KG}. Rechne des Weiteren mit der tatsächlichen Le-Zahl (bei Gut-, Luft- oder mittleren Temperatur) und mit $a_3 = 0,58$. Bei welchem Le-Koeffizienten gilt $T_B = T_{KG}$?

ad B) Psychrometer:

Eine völlig analoge Aufgabenstellung stellt die Bestimmung der Luftfeuchte mit einem Psychrometer dar. Dabei werden zwei Thermometer benutzt, ein trockenes, welches die Lufttemperatur misst (dry bulb) und eines, dessen Fühler in einen feuchten Docht eingehüllt ist (wet bulb). Wird das Psychrometer mit der zu untersuchenden Luft angeblasen, so sinkt infolge Verdunstung die Temperatur des feuchten Thermometers, während die Lufttemperatur infolge des großen Luftüberschusses konstant bleibt. Wenn beide Temperaturen gegeben sind, kann mit Gleichung (14.51) für die Beharrungstemperatur dann die absolute Luftfeuchte X berechnet werden.

Ergebnis:

1 bar:
$T_B = 33,7\,°C$ bei $Le = 1$,
$T_B = 34,3\,°C$ bei $Le = 0,93$;
Vergleich mit T_{KG}: $T_{KG} = 33,9$;
bei Le-Koeffizient $= 0,975$ ist $T_B = T_{KG}$
Psychrometer: $\varphi = 0,063$; $X_L = 0,0286$;

2 bar:
Beharrungstemperatur $= 40,2\,°C$; Psychrometer:
$\varphi = 0,0136$; $X_L = 0,0030$;

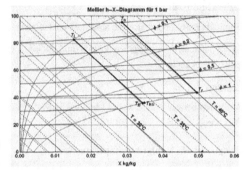

Beispiel 14-57: Luftzustände im Schlaf- und Badezimmer

a) Ein Schlafzimmer (20 °C, $\varphi = 0,6$) wird in der Früh gelüftet. Frische Luft von – 5 °C und 100 % Luftfeuchtigkeit strömt herein; nachdem etwa die Hälfte der Luft im Schlafzimmer durch Frischluft ersetzt wurde, wird das Fenster geschlossen und die Luft wieder auf 20 °C erwärmt. Welche relative Feuchte hat nun die Luft im Schlafzimmer?

b) Die Lufttemperatur im Badezimmer beträgt 25 °C bei einer relativen Feuchte von $\varphi = 0,6$. Jemand nimmt eine Dusche, solange bis sich der Spiegel beschlägt. Wie ändert sich dabei die Temperatur?

Lösungshinweis:

a) Schlafzimmerluft wird mit Frischluft im Verhältnis 1 : 1 gemischt und anschließend wieder auf 20 °C erwärmt.

b) Kühlgrenzlinie bis zur Sättigung.

Ergebnis:

Die relative Feuchte im Schlafzimmer sinkt auf $\varphi = 0,39$. Die Temperatur im Badezimmer sinkt auf 19,5 °C.

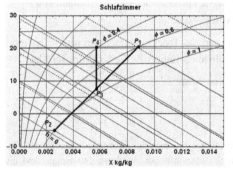

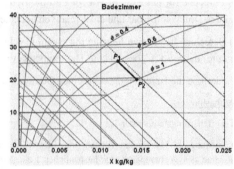

Beispiel 14-58: Vergleich einstufiger, mehrstufiger Trockner und Umlufttrockner

1000 kg/h feuchtes Gut soll von einer Anfangsfeuchte von 150 % auf eine Endfeuchte von 50 % getrocknet werden. Folgende Trocknertypen sollen verglichen werden:

1. einstufiger Trockner mit Vorwärmer.

2. zweistufiger Trockner mit Zwischenerhitzung der Luft, wobei die Luft in den beiden Erhitzern (Vorwärmer und Zwischenerhitzer) auf 75 °C erwärmt werden soll.

3. Umlufttrockner, bei dem 80 % der Abluft (bezogen auf Trockenluftmenge) wieder rückgeführt und mit der Frischluft vermischt werden.

Der Frischluft- und Abluftzustand ist für alle 3 Trocknungsvarianten gleich und gegeben mit:

Frischluft FL: T = 20 °C, X = 4 g/kg trockene Luft

Abluft AL: T = 35 °C, h = 120 kJ/kg trockene Luft

Lösungshinweis:

Kühlgrenzlinie immer $\dfrac{h_S - h}{X_S - X} = c_{p,W} \cdot T_S$, mit den Sättigungswerten (Index S) an der Gutoberfläche.

ad 1. Einstufig: X_{aus}, Frischluft und Wärmebedarf Q aus Bilanzen; zu gegebenen Abluftzustand den Sättigungszustand auf der Kühlgrenzlinie berechnen (bzw. ins Mollier-Diagramm einzeichnen). Zustandspunkt 1 vor dem Trockner liegt auf dieser Kühlgrenzlinie bei X_e.

ad 2. Zweistufig: Zustandspunkt 3 nach dem 1. Trockner liegt auf Kühlgrenzlinie durch gegebenen Punkt 2 vor dem Trockner; Zustandspunkt 4 vor dem 2. Trockner liegt auf Kühlgrenzlinie durch Abluftpunkt; $X_3 = X_4$.

ad 3. Umlufttrockner: Mischungspunkt aus Hebelgesetz; erwärmen, bis Zustandspunkt 5 auf der Kühlgrenzlinie durch Abluftpunkt liegt.

Ergebnis:

1. einstufig:
$T_1 = 104,3°$ C, $h_1 = 115,9$ kJ/kg, $X_{aus} = 33,0$ g/kg

2. zweistufig:
$T_2 = 75$ °C; $h_2 = 86,2$ kJ/kg; $X_2 = X_{ein} = 4$ g/kg
$T_3 = 46,0$ °C, $h_3 = 87,5$ kJ/kg; $X_3 = X_4 = 15,9$ g/kg
$T_4 = 75$ °C, $h_4 = 117,6$ kJ/kg;

3. Umluft:
$T_5 = 48,3$ °C, $h_5 = 119,2$ kJ/kg, $X_5 = 27,2$ g/kg
Frischluft, trocken $FL_{tr} = 13785,3$ kg/h
Frischluft, feucht $FL_f = 13840,5$ kg/h
Leistung Vorwärmer Q = 343,4 kW
FL und Q bleibt in allen Varianten gleich

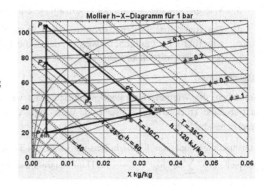

Beispiel 14-59: Umlufttrockner

In einer einstufigen Umluft-Trocknungsanlage soll stündlich 5000 kg feuchtes Gut von einer Feuchtigkeit von 85 % auf eine Feuchtigkeit von 40 % getrocknet werden (Feuchtigkeit ist auf Trockensubstanz bezogen). Die Guttemperatur soll während der Trocknung den Wert 30 °C nicht überschreiten. Das Feuchtgut ist während des ganzen Prozesses immer mit Gutwasser bedeckt.

Der angesaugte Frischluftstrom hat einen Sättigungsdampfdruck vom 26 mbar und eine relative Luftfeuchtigkeit von 20 %. Die in den Trockner eintretende Luft soll eine Temperatur von 60 °C nicht überschreiten. Ein Teil der den Trockner verlassenden Feuchtluft wird mit der angesaugten Frischluft vermischt. Dieser Luftstrom gelangt anschließend in den Vorwärmer. Der spezifische Wärmebedarf dieser Trocknung ist mit q = 2950 kJ/kg verdampftes Wasser bekannt.

Berechne alle Zustandspunkte und die Frisch- und Umluftmengen.

Ergebnis:

Eintritt: $X_e = 3,25$; $T_e = 21,8$; $h_e = 30,2$; $\varphi_e = 0,2$
Austritt: $X_a = 27,1$; $T_a = 31,0$; $h_a = 100,5$; $\varphi_a = 0,93$
Punkt 1: $X_1 = 14,7$; $T_1 = 26,3$; $h_1 = 64,0$; $\varphi_1 = 0,68$
Punkt 2: $X_2 = 14,7$; $T_2 = 60,0$; $h_2 = 98,9$; $\varphi_2 = 0,12$
FL: $FL_{trocken} = 51078,7$; $FL_{feucht} = 51244,8$ kg/h;
UL: $UL_{trocken} = 47392,4$; $UL_{feucht} = 486749$ kg/h

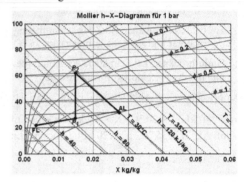

Beispiel 14-60: Bandtrockner, NTU-Wert

In einem kontinuierlichen Bandtrockner werden wasserfeuchte Tabletten mit einer Eintrittsbeladung $W_e = 0,20$ kg H_2O/kg trockenes Gut bis auf eine Austrittsbeladung $W_a = 0,005$ getrocknet. Als Trocknungsmedium wird Luft mit einer Feuchte von $X_e = 0,006$ kg H_2O/kg trockene Luft und einer Temperatur von 72 °C verwendet. Der Massestrom der feuchten Tabletten ist 56 kg/h und der Massestrom der zugeführten feuchten Luft ist 503 kg/h.

1. Welche Temperatur nehmen die Tabletten ungefähr an (Gutbeharrungstemperatur)?
2. Wie groß ist die Ablufttemperatur T_a?
3. Wie groß ist die Anzahl der Übertragungseinheiten (NTU) im Trockner?
4. Der zugeführte Tablettenstrom wird um 30 % erhöht. Auf welche Temperatur muss dann die zugeführte Luft aufgeheizt werden, damit die Tabletten mit der gewünschten Austrittsfeuchte produziert werden können?

Lösungshinweis:

Annahmen: die Wärmeverluste können vernachlässigt werden; die Wärme- und Stoffübergangskoeffizienten sind über die Trocknerlänge konstant und unabhängig von der Lufttemperatur; die Tabletten trocknen im 1. Trocknungsabschnitt.

Gutbeharrungstemperatur T_G wie in Beispiel 14-56; mit T_G kann T_a aus Energiebilanz berechnet werden (wie in Beispiel 3.36): $\sum_i \dot{M}_i \left(h_{i,a} - h_{i,e} \right) = 0$. NTU mit logarithmischem Mittelwert der Beladungen X.

Produktionssteigerung: Luftzufuhr bleibt gleich, daher neuer Austrittswert X_{a2} aus Massenbilanz. NTU-Wert ändert sich auch nicht, daher damit neuer Sättigungswert X_{s2}; neue Eintrittstemperatur ergibt sich aus Schnittpunkt von X_e mit Kühlgrenzlinie durch X_{s2}.

Ergebnis:

1. Tablettentemperatur = 27,8 °C

2. Luftaustrittstemperatur = 38,3 °C

3. NTU = 1,48

4. neue Lufteintrittstemperatur = 87,4 °C

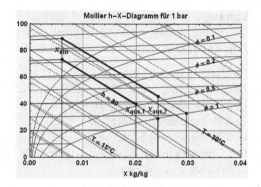

Beispiel 14-61: Konvektionstrockner

1500 kg feuchtes Gut soll in einem kontinuierlichen Konvektionstrockner von einer Eingangsbeladung von 0,95 kg H_2O/kg Trockengut auf eine Endbeladung von 0,25 kg H_2O/kg Trockengut gebracht werden.

Die angesaugte Frischluft hat eine Temperatur von 15 °C bei einer relativen Luftfeuchte von $\varphi = 0,5$. Vor der Vorwärmung wird der Frischluft Dampf zugegeben. Die nach der Vorwärmung in den Trockner eintretende Luft hat eine Temperatur von 75 °C und eine Wasserbeladung von 0,019 kg/kg trockene Luft. Die Trocknungsluft wird anschließend bis $\varphi = 0,8$ beladen.

1. Welche Frischluftmenge wird benötigt?
2. Welchen Wärmeinhalt muss der Dampf haben, wenn die relative Luftfeuchte vor dem Vorwärmer $\varphi = 1$ betragen soll?
3. Es steht Dampf mit einem Wärmeinhalt von 700 kcal/kg zur Verfügung. Deshalb wird der Frischluft soviel Dampf zugegeben, bis die Temperatur erreicht ist, die bei $\varphi = 1$ vor dem Vorwärmer herrscht. Das dabei als Nebel anfallende Wasser wird in einem Tropfenabscheider abgeschieden. Wie viel Dampf muss der Frischluft zugegeben werden und wie viel Wasser fällt im Tropfenabscheider an?
4. Welche Leistung muss der Vorwärmer besitzen?

Lösungshinweis:

Wenn der Dampf zu wenig Wärmeinhalt aufweist (Frage 3), wird der Zustandspunkt im Nebelgebiet liegen. Da bei der Tropfenabscheidung keine Temperaturänderung auftritt, muss der gesuchte Zustandspunkt im Nebelgebiet auf der Isotherme zum Sättigungspunkt bei der Wasserbeladung von 0,019 liegen.

Ergebnis:

1) X in [kg/kg], h in [kJ/kg]
   $X_1 = 0,005$, $T_1 = 15,0$ °C, $h_1 = 28,6$, $\varphi_1 = 0,5$
   $X_2 = 0,019$, $T_2 = 23,9$ °C, $h_2 = 72,5$, $\varphi_2 = 1$
   $X_3 = 0,019$, $T_3 = 75,0$ °C, $h_3 = 125,8$, $\varphi_3 = 0,77$
   $X_4 = 0,035$, $T_4 = 38,1$ °C, $h_4 = 128,1$, $\varphi_4 = 0,8$
   Frischluft feucht = 34097 kg/h
2) $h_{Dampf} = 3211,0$ kJ/kg; $M_{Dampf} = 463,8$ kg/h
3) $X_{2a} = 0,021$; $T_{2a} = T_2 = 23,9$ °C; $h_{2a} = 722$;
   $h_{Dampf} = 2800$ kJ/kg, $M_{Dampf} = 534,4$ kg/h
4) $Q = 523,6$ kW

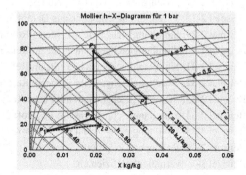

15. Anhang

15.1. Beispielverzeichnis

Beispiel 14-61: Konvektionstrockner   521

15.2. Stoffdaten

Die hier angeführten Stoffwerte stammen aus verschiedenen Quellen und sind teilweise unzuverlässig. Sie sollten ausschließlich für die hier angeführten Beispiele verwendet werden. Diese und weitere Stoffwerte sind aus den *Mathematica*-Dateien Properties.m, PropertiesWaterAir.m, HenryConstants.m, Calcit.m, u. a. abrufbar.

Für Wasser und Luft sind hier nur einige charakteristische Stoffwerte angeführt. Sie sind als Interpolationsfunktionen für weite Temperaturbereiche in der *Mathematica*-Datei „PropertiesWaterAir" verfügbar. Die Datenpunkte für die Interpolationsfunktionen wurden dem VDI-Wärmeatlas [4] (für ν, c_P, λ, ρ, β), Wagner [5] (für Δh_{verd}) und dem Handbook of Physics and Chemistry (für ε und σ) entnommen.

Tabelle 15-1: Stoffwerte von Wasser bei 1 bar

Temperatur [°C]	0	25	50	100
c_P [kJ/(kg·K)]	4,219	4,182	4,180	4,217
$c_{P,Wasseredampf}$ [kJ/(kg·K)]	1,888	1,912	1,948	2,077
ρ [kg/m³]	999,84	997,05	988,05	958,35
η [mPa·s]	1,791	0,8901	0,5468	0,2818
σ [mN/m]	75,65	71,97	67,94	58,91
λ [W/(m·K)]	0,561	0,6072	0,6436	0,6791
Δh_{verd} [kJ/kg]	2500,93	2441,71	2381,97	2256,47

Tabelle 15-2: Stoffwerte von Luft bei 1 bar

Temperatur [°C]	0	100	500	1000
ρ [kg/m³]	1,275	0,9329	0,4502	0,2734
c_P [kJ/(kg·K)]	1,006	1,012	1,093	1,185
$\eta \cdot 10^6$ [Pa·s]	17,24	21,94	36,62	50,82
$\lambda \cdot 10^3$ [W/(m·K)]	24,18	31,39	55,64	80,77

Tabelle 15-3: Standardbildungsenthalpie Δh_B^0, Gibbsche freie Standardbildungsenthalpie Δg_B^0, Standardentropie S^0, Wärmekapazität c_P, jeweils bei 25°C, sowie kritischer Druck p_{kr}, Temperatur T_{kr}, Volumen v_{kr} und Normalsiedetemperatur (bei 1 atm).

Gase	Δh_B^0 [kJ/mol]	Δg_B^0 [kJ/mol]	S^0 [J/(mol·K)]	c_P [J/(mol·K)]	p_{kr} [bar]	T_{kr} [K]	v_{kr} [m³/mol]	T_{Siede} [°C]
O_2	0	0	205,136	29,355	50,4	154,6	73,4	-182,96
H_2	0	0	130,684	28,824	12,9	33,0	64,3	-252,87
N_2	0	0	191,61	29,125	33,9	126,2	89,8	-195,8
NO	90,25	86,55	210,76	29,844	-	-	-	-151,15
NO_2	33,18	51,31	240,06	37,20	-	-	-	21,15
Cl_2	0	0	223,066	33,907	79,8	416,9	123,8	-34,6
HCl	-92,307	-95,299	186,908	29,12	83,1	324,7	80,9	-84,9
CO_2	-393,509	-394,359	213,74	37,11	73,8	304,1	93,9	$-78,5^{28}$
SO_2	-296,830	-300,194	248,22	39,87	78.8	430,8	122,2	-10,0

---

[28] Sublimationspunkt, kein Siedepunkt

	Δh_B^0 [kJ/mol]	Δg_B^0 [kJ/mol]	S^0 [J/(mol·K)]	c_p [J/(mol·K)]	p_{kr} [bar]	T_{kr} [K]	v_{kr} [m³/mol]	T_{Siede} [°C]
CO	-110,525	-137,168	197,674	29,142	35,0	132	93,2	-191,5
H_2O	-241,818	-228,572	188,825	33,577	221,2	647,3	57,1	100,0
NH_3	-46,11	-16,45	192,45	35,06	113,5	405,5	72,5	-33,5
CH_4	-74,81	-50,72	186,264	35,309	46,0	190,4	99,2	-164,0
C_2H_6	-84,68	-32,93	-	-	48.48	305,4	-	-89,0
C_2H_4	52,51	68,46	-	-	50,4	282,3	131,0	-169,4
C_3H_8	-104,68	-24,29	-	-	42,48	369,8	200,0	-42,1
CH_3OH	-200,66	-161,96	239,81	43,89	80,9	512,6	118	64,96
CCl_4	-102,9	-60,59	309,85	83,30	45,6	556,4	275,9	76,54
Luft	0	0	-	30,987	37,66	132,52	92,524	-
Flüssig-keiten	Δh_B^0 [kJ/mol]	Δg_B^0 [kJ/mol]	S^0 [J/(mol·K)]	c_p [J/(mol·K)]	p_{kr} [bar]	T_{kr} [K]	v_{kr} [m³/mol]	T_{Siede} [°C]
Wasser	-285,83	-237,13	69,91	75,291	221,2	647,3	57,1	100
Methanol	-238,66	-166,27	126,8	81,6	80,9	512,6	118	64,96
Ethanol	-277,69	-174,78	160,7	111,46	63,83	516,2	-	78,5
Essigsäure	-484,5	-389,9	159,8	124,3	-	-	-	117,9
Aceton	-248,1	-155,4	200,4	124,7	-	-	-	56,2
Hexan	-198,7	-	-	-	29,7	507,4	-	68,95
Heptan	-224,4	-	328,6	224,3	-	-	-	98,42
Benzol	49,0	124,3	173,3	136,1	49,24	562,1	260	80,1
Toluol	-	-	-	-	-	-	-	110,6
Phenol	-165,0	-50,9	146,0	-	-	-	-	75,0
Feststoffe	Δh_B^0 [kJ/mol]	Δg_B^0 [kJ/mol]	S^0 [J/(mol·K)]	c_p [J/(mol·K)]	p_{kr} [bar]	T_{kr} [K]	v_{kr} [m³/mol]	T_{Siede} [°C]
Al_2O_3	-1675,7	-1582,3	50,92	79,04	-	-	-	-
C Graphit	0	0	5,74	8,527	-	-	-	-
CaO	-635,09	-604,03	39,75	42,80	-	-	-	-
$CaCO_3$	-1206,92	-1128,79	92,9	81,88	-	-	-	-
$Ca(OH)_2$	-986,09	-898,49	83,39	87,49	-	-	-	-
Ionen In Wasser	Δh_B^0 [kJ/mol]	Δg_B^0 [kJ/mol]	S^0 [J/(mol·K)]	c_p [J/(mol·K)]	p_{kr} [bar]	T_{kr} [K]	v_{kr} [m³/mol]	T_{Siede} [°C]
H^+	0	0	0	0	-	-	-	-
OH^-	-229,99	-157,24	-10,75	-148,5	-	-	-	-
Ac^-	-486,01	-369,31	-	-	-	-	-	-
NH_3	-80,29	-26,50	111,3	-	-	-	-	-
NH_4^+	-132,51	-79,31	13,4	79,9	-	-	-	-
Ca^{2+}	-542,81	-553,58	-	-	-	-	-	-

Tabelle 15-4: Antoine-Konstanten, $\log p^s (kPa) = A - \dfrac{b}{C + T(°C)}$

	A	B	C
Wasser	7,19621	1730,63	233,426
Methanol	7,20587	1582,27	239,726
Ethanol	7,23710	1592,86	226,184
Essigsäure	6,6845	1644,05	233,524
Benzol	6,00477	1196,76	219,161

	A	B	C
Toluol	6,07577	1342,31	219,187
Ammoniak, flüssig (ln, mbar)	17,02761	2026,099	235,0

Tabelle 15-5: Temperaturabhängige c_P-Werte für Gase , $c_P = a + b \cdot T + \dfrac{c}{T^2}$, J/(mol·K)

	a	$b \cdot 10^3$	$c \cdot 10^{-5}$
O_2	29,86	4,184	- 1,67
N_2	28,58	3,77	- 0,50
CO	28,41	4,10	- 0,46
CH_4	23,64	47,86	- 1,92
H_2O	30,54	10,30	0
H_2	27,28	3,26	0,50
CO_2	44,22	8,79	- 8,62
C	16,86	4,77	- 8,54

Tabelle 15-6: Temperaturabhängige c_P-Werte für Gase, $c_P = a + b \cdot T + c \cdot T^2 + d \cdot T^3$, J/(mol·K)

Komponente	a	$b \cdot 10^3$	$c \cdot 10^6$	$d \cdot 10^9$
H_2O	32,22	1,922	10,55	- 3,593
CO_2	22,24	59,77	- 34,99	7,464
CO	28,14	1,674	5,368	- 2,22
O_2	25,46	15,19	- 7,15	1,311
N_2	28,88	- 1,57	8,075	- 2,871
NH_3	27,55	9,22	9,901	- 6,686
CH_4	19,87	50,251	12,68	- 11,0
SO_2	25,76	57,91	- 38,09	8,606
H_2	29,09	- 1,915	4,001	- 0,8699
C_2H_4	11,8391	119,672	- 36,5151	
C_2H_6	5,4056	177,98	- 69,33	-1,916

Tabelle 15-7: Verdampfungswärmen [10]

$$\Delta h_V = 4,1868 \cdot \exp\left(A + B \cdot \ln \frac{1 - T_r}{1 - T_{rb}} + C \cdot \ln\left(\frac{1 - T_r}{1 - T_{rb}} \right)^2 \right) \text{ in kJ/kmol.}$$

	A	B	C
Methanol	9,04586	0,370803	-0,0210034
Hexan	8,82966	0,383798	-0,0033607
Heptan	8,93552	0,362000	-0,0113785
Benzol	8,90469	9,372375	-0,0082222
Toluol	8,98644	3,59293	-0,0110551

T_r = reduzierte Temperatur und T_{rb} = reduzierte Temperatur des Normalsiedepunktes.

Tabelle 15-8: Henry-Konstanten [6]

Lösungsmittel ist Wasser. Daten sind gegeben in der Form:

$$k_H(T) = k_H^0(T^0) \cdot \exp\left[\frac{-\Delta h_{sol}}{R} \cdot \left(\frac{1}{T} - \frac{1}{T^0} \right) \right]$$

T in Kelvin, $T^0 = 298,15$ K. Für die Lösungswärme Δh_{sol} und k_H^0 wurden Mittelwerte verwendet. k_H hat in dieser Form die Einheit $\left[\dfrac{mol}{l \cdot atm}\right]$; die Umrechnung auf die Henry-Konstante H in bar erfolgt mit

$$H(T) = \frac{\rho_{Wasser}(T)}{18,015 \cdot k_H(T) \cdot 1,013}$$

Gas	$k_H^0 \left[\dfrac{mol}{l \cdot atm}\right]$	$\dfrac{-\Delta h_{sol}}{R}$ [K]
SO_2	1,2	3100
CO_2	0,034	2400
NO_2	0,034	1800
NO	$1,9 \cdot 10^{-3}$	1500
NH_3	61	4200
O_2	$1,3 \cdot 10^{-3}$	1650
CO	$9,0 \cdot 10^{-4}$	500
H_2S	0,1	2200

Tabelle 15-9: Zahlenwerte der Henry-Konstanten in bar

mit diesen Formeln für verschiedene Temperaturen:

Gas\°C	0	10	20	25	40	60	80
SO_2	17,6	26,3	38,2	45,5	74,6	133,8	224,0
CO_2	771,3	1051,8	1402,4	1606,9	2351,5	3691,4	5486,6
NO_2	927,3	1170,2	1451,4	1606,9	2135,4	2988,0	4010,5
NO	18195	22086	26421	28756	36414	48105	61356
NH_3	0,247	0,426	0,705	0,896	1,750	3,880	7,830
O_2	25396	31431	38286	42027	54519	74123	96984
CO	38412	46627	55779	60706	76874	101555	129531
H_2S	278,9	370,6	482,3	546,4	774,2	1169,7	1680,4

Tabelle 15-10: Ionenprodukt Wasser (T in Kelvin, unbekannte Quellen):

$$(1)\ K_W = 10^{-\frac{4471,33}{T} + 6,084 - 0,01707 \cdot T}$$

$$(2)\ K_W = \exp\left[132,899 - \frac{13445,9}{T} - 22,4773 \ln T\right]\left(\frac{\rho_{Wasser}}{MM_{Wasser}}\right)^2$$

Tabelle 15-11: Diffusionskoeffizient Wasserdampf in Luft (unbekannte Quelle):

$$D = 22,5 \cdot 10^{-6} \cdot \left(\frac{T_{Kelvin}}{273,15}\right)^{1,8} \cdot \left(\frac{p^0}{p}\right)\ [m^2/s]$$

Weitere Werte in *Mathematica*-Datei PropertiesWaterAir.nb

Tabelle 15-12: Koeffizienten für Bender-Gleichung (unbekannte Quelle):

$$p = R \cdot T \cdot \rho + B \cdot \rho^2 + C \cdot \rho^3 + D \cdot \rho^4 + E \cdot \rho^5 + \left(G + H \cdot \rho^2\right) \cdot \rho^3 \cdot \exp\left(-a_{20} \cdot \rho^2\right)$$

mit

$$B = a_1 \cdot T - a_2 - a_3/T - a_4/T^2 - a_5/T^3$$

$C = a_6 \cdot T + a_7 + a_8/T$

$D = a_9 \cdot T + a_{10}$

$E = a_{11} \cdot T + a_{12}$

$F = a_{13}$

$G = a_{14}/T^2 + a_{15}/T^3 + a_{16}/T^4$

$H = a_{17}/T^2 + a_{18}/T^3 + a_{19}/T^4$

R = spezifische Gaskonstante in J/(g·K)

T in Kelvin, p in MPa, ρ in g/cm³

Koeffizienten	CO_2	H_2O
a_1	0,22488558	- 0,1300208407
a_2	$0,13717965 \cdot 10^3$	$7,653376273 \cdot 10^2$
a_3	$0,14430214 \cdot 10^5$	$- 9,07458555 \cdot 10^5$
a_4	$0,29630491 \cdot 10^7$	$2,998451451 \cdot 10^8$
a_5	$0,20606039 \cdot 10^9$	$- 1,614819645 \cdot 10^{10}$
a_6	$0,45554393 \cdot 10^{-1}$	4,489076823
a_7	$0,77042840 \cdot 10^2$	$6,34512823 \cdot 10^3$
a_8	$0,40602371 \cdot 10^5$	$3,635397516 \cdot 10^6$
a_9	0,40029509	- 8,146008555
a_{10}	$- 0,39436077 \cdot 10^3$	$6,097122353 \cdot 10^3$
a_{11}	0,12115286	$1,042687755 \cdot 10^1$
a_{12}	$0,10783386 \cdot 10^3$	- 1,051698673
a_{13}	$0,43962336 \cdot 10^2$	$2,738536506 \cdot 10^3$
a_{14}	$- 0,36505545 \cdot 10^8$	$- 2,245323153 \cdot 10^9$
a_{15}	$0,19490511 \cdot 10^{11}$	$2,134290795 \cdot 10^{12}$
a_{16}	$- 0,29186718 \cdot 10^{13}$	$- 3,126243407 \cdot 10^{14}$
a_{17}	$0,24358627 \cdot 10^8$	$4,936592651 \cdot 10^9$
a_{18}	$- 0,37546530 \cdot 10^{11}$	$- 5,74928541 \cdot 10^{12}$
a_{19}	$0,11898141 \cdot 10^{14}$	$1,144025753 \cdot 10^{15}$
a_{20}	5,0	4,00

Tabelle 15-13: Bromley-Parameter

Einige ausgewählte Bromley-Parameter aus [54]

	B	B_c	δ_c	B_a	δ_a
HCl	0,1433				
NaCl	0,0574				
$CaCl_2$	0,0948				
$MgCl_2$	0,1129				
Na_2SO_4	- 0,0204				
$MgSO_4$	- 0,0153				
H^+		0,0875	0,103		
Na^+		0	0,028		
K^+		- 0,0452	- 0,079		
Ca^{2+}		0,034	0,119		
Mg^{2+}		0,0570	0,157		
Cl^-				0,0643	- 0,067
CO_3^{2-}				0,028	- 0,67
SO_4^{2-}				0	- 0,40

Tabelle 15-14: van der Waals-Größen r_i und q_i, azentrische Faktoren ω

	r_i	q_i	ω
H_2O	0,9200	1,400	0,344
CO_2			0,225
SO_2			0,256
Methanol	1,4311	1,432	0,556
Ethanol	2,1055	1,972	0,635
Hexan	4,4998	3,856	0,296
Benzol	3,1878	2,400	0,212
Toluol	3,9228	2,968	
Aceton	2,5735	2,336	
Ameisensäure	1,5280	1,532	
Essigsäure	2,2024	2,072	

Tabelle 15-15: Uniquac-Wechselwirkungsparameter

Komponente 1	Komponente 2	a_{12}	a_{21}
Methanol	Wasser	- 165,3	254,7
Ethanol	Wasser	81,22	58,39
Wasser	Essigsäure	- 0,5244	41,70
Methanol	Ethanol	- 101,7	130,2
Wasser	Ameisensäure	- 184,6	3,533
Aceton	Wasser	323,4	- 44,14
Aceton	Methanol	221,2	- 54,74
Methanol	Benzol	- 38,56	587,2
Methanol	Toluol	- 32,85	604,5
Aceton	Ethanol	47,58	59,31
Ethanol	Benzol	- 53,00	385,7
Ethanol	Toluol	- 74,03	441,9

15.3. Dimensionslose Kennzahlen

Definition verschiedener Kräfte, wie sie in vielen Kennzahlen benötigt werden:

physikalischer Effekt	Kraft/Masse	charakteristische Größen
Trägheitskraft a	$\dfrac{\partial w}{\partial t}$	$\dfrac{w}{t}$
Trägheitskraft b	$w \cdot \dfrac{\partial w}{\partial s}$	$\dfrac{w^2}{L}$
Druckkraft	$\dfrac{1}{\rho} \cdot \dfrac{\partial p}{\partial s}$	$\dfrac{p}{\rho \cdot L}$
Schwerkraft	$g \cdot \dfrac{\partial z}{\partial s}$	g
Reibungskraft	$\nu \cdot \dfrac{\partial^2 w}{\partial n^2}$	$\dfrac{\nu \cdot w}{L^2}$
Oberflächenkraft	$\dfrac{1}{\rho} \cdot \dfrac{\partial \sigma}{\partial A}$	$\dfrac{\sigma}{\rho \cdot A}$

Archimedes-Zahl

$$Ar = \frac{\text{hydrostatische Auftriebskraft}}{\text{innere Trägheitskraft}} = \frac{F_\rho \cdot F_g}{F_\eta^2} = \frac{(\rho_s L^2 w^2) \cdot (L^3 (\rho_s - \rho_{fl})g)}{\eta^2 \cdot L^2 \cdot w^2} = \frac{L^3 g}{v^2} \cdot \frac{(\rho_s - \rho_{fl})}{\rho_{fl}}$$

Der hydrostatischen Auftriebskraft F_g wirken die Reibungskraft F_η und bei der turbulenten Strömung auch die Trägheitskraft F_ρ entgegen. Es ist nun zweckmäßig, die drei Kräfte so zu kombinieren, dass eine von der Geschwindigkeit w unabhängige dimensionslose Kennzahl entsteht.

Systeme gleicher Ar-Zahl sind hinsichtlich ihrer Auftriebskräfte und damit ihres Absetzverhaltens bei der Sedimentation einander ähnlich.

Kriteriengleichung des Sedimentationsvorganges: $Ar = 3/4 \cdot \zeta \cdot Re^2$. Aus Stoffwerten des Systems kann damit die Re-Zahl der Absetzbewegung berechnet werden.

Bodenstein-Zahl

$$Bo = \frac{\text{Konvektionsstrom}}{\text{Dispersionsstrom}} = \frac{w \cdot L}{D_{ax}}$$

Die charakteristische Länge L ist dabei in einem Rohr die Länge des Rohres und nicht der Durchmesser. Die Bo-Zahl ist ein Maß für die Rückvermischung. Der axiale Dispersionskoeffizient D_{ax} hat nur formale Ähnlichkeit mit dem Diffusionskoeffizienten. D_{ax} ist kein Stoffwert und kann auch nicht über empirische Formeln berechnet werden. Er ist nur aus Strömungsversuchen über inverse Verfahren zugänglich: Man misst das Strömungsprofil und variiert die Bo-Zahl so lange bis das berechnete mit dem gemessenen Strömungsprofil übereinstimmt.

Damköhler-Zahlen

$$Da_I = \frac{\text{Reaktionsgeschwindigkeit}}{\text{konvektive Transportgeschwindigkeit}}$$

$$Da_{II} = \frac{\text{Reaktionsgeschwindigkeit}}{\text{Diffusionsgeschwindigkeit}}$$

$$Da_{III} = \frac{\text{Wärmeentwicklung durch Reaktion}}{\text{Wärmetransport durch Konvektion}}$$

$$Da_{IV} = \frac{\text{Wärmeentwicklung durch Reaktion}}{\text{Wärmetransport durch Wärmeleitung}}$$

Euler-Zahl

$$Eu = \frac{\text{Druckkraft}}{\text{Trägheitskraft (b)}} = \frac{\dfrac{p}{\rho \cdot L}}{\dfrac{w^2}{L}} = \frac{p}{\rho \cdot w^2}$$

Die Eu-Zahl ist überall dort von Bedeutung, wo Druckänderungen auftreten.

Fourier-Zahl

$$Fo = \frac{\text{Wärmeleitstrom}}{\text{Konvektionsstrom}} = \frac{a \cdot t}{L^2}$$

Die Fourier-Zahl ist keine Kennzahl im üblichen Sinne, die für ein gegebenes Problem einen festen Wert annimmt, sondern eine dimensionslose Zeit-Variable, die nur für bestimmte Zeiten feste Werte hat.

Froude-Zahl

$$Fr = \frac{\text{Trägheitskraft (b)}}{\text{Schwerkraft}} = \frac{w^2}{L \cdot g}$$

Die Froude-Zahl ist dort von Bedeutung, wo die Schwerkraft die Strömung beeinflusst, z. B. in Gewässern mit freier Oberfläche, oder bei der Zweiphasenströmung. Bei größeren Fr-Zahlen ist die Schwerkraft vernachlässigbar.

Galilei-Zahl

Wenn man versucht, die Eigenkonvektion auch für die flüssige Phase zu berücksichtigen, müsste man in der Grashof-Zahl Gr die relative Volumenänderung $\gamma \cdot \Delta T$ durch den relativen Dichteunterschied $(\rho - \rho_{Ph})/\rho_{Ph}$ ersetzen, wobei ρ_{Ph} die Dichte an der Phasengrenzfläche angibt. Man würde dann wieder die Ar-Zahl erhalten, die in diesem Fall Grashofzahl der Diffusion Gr_D genannt wird:

$$Gr_D = g \cdot L^3/\nu^2 \cdot (\rho - \rho_{Ph})/\rho_{Ph}$$

Die Galilei-Zahl ist nun aber nicht die Kennzahl der dichtebedingten freien Strömung, sondern eine Kennzahl der schwerkraftbedingten Flüssigkeits-Filmströmung über benetzende Wände (Dünnschicht-, Füllkörperkolonnen). Sie gleicht somit dem dichtelosen Anteil der Ar-Zahl:

$$Ga = \frac{\text{Schwerkraft}}{\text{innere Trägheitskraft}} = \frac{g \cdot L^3}{\nu^2}$$

Grashof-Zahl

$$Gr = \frac{\text{thermisch bedingte Auftriebskraft}}{\text{innere Trägheitskraft}} = \frac{L^3 \cdot g}{\nu^2} \cdot \gamma \cdot \Delta T$$

Analog der Ar-Zahl, für thermische Konvektion bei freier Strömung. An Stelle des relativen Dichteunterschiedes tritt hier die relative Volumenänderung $\gamma \cdot \Delta T$, welche aufgrund der Temperaturdifferenz ΔT zwischen Wandtemperatur T_W und mittlerer Temperatur des Fluides auftritt. γ ist die Volumenausdehnungszahl, für ideale Gase ist $\gamma = 1/T$.

Knudsen-Zahl

$$Kn = \frac{\text{mittlere freie Weglänge}}{\text{Rohrdurchmesser}} = \frac{\Lambda}{d}$$

Im Bereich kleiner Kn-Zahlen (< 0,5) herrscht Hagen-Poiseuille-Strömung vor; mit wachsender Kn-Zahl (> 3) bildet sich die Knudsen-Molekularströmung aus: Dichteunterschiede lenken die regellose Wärmebewegung der Gasmoleküle in Achsenrichtung des Rohres oder der Kapillare, so dass eine molekulare Gleitströmung ohne Wandhaftung entsteht.

Lewis-Zahl

$$Le = \frac{\text{Wärmeleitstrom}}{\text{Diffusionsstrom}} = \frac{Sc}{Pr} = \frac{a}{D}$$

Newton-Zahl

$$Ne = \frac{\text{Widerstandskraft}}{\text{Trägheitskraft}} = \frac{P}{L^5 \cdot n^3 \cdot \rho}$$

Ne wird zur Beschreibung von Strömungsmechanismen in der Hydrodynamik verwendet; oft als „Powernumber" bezeichnet (n = Umdrehungen pro Zeit).

Nusselt-Zahl

$$Nu = \frac{\text{Wärmeübergangsstrom}}{\text{Wärmeleitstrom}} = \frac{\alpha \cdot L}{\lambda}$$

Ohnesorge-Zahl

$$Oh = \frac{\text{Reibungskraft}}{\sqrt{\text{Trägheitskraft} \cdot \text{Oberflächenkraft}}} = \frac{\dfrac{v \cdot w}{L^2}}{\sqrt{\dfrac{w^2}{L} \cdot \dfrac{\sigma}{\rho \cdot L^2}}} = \frac{v \cdot \sqrt{\rho}}{\sqrt{L \cdot \sigma}}$$

Die Ohnesorge-Zahl berücksichtigt den Zähigkeitseinfluss bei der Deformation von Tropfen. Grundsätzlich wirken sechs Kräfte auf einen fallenden Tropfen: Trägheit der Flüssigkeit und des Gases, Zähigkeit der Flüssigkeit und des Gases, Schwerkraft und Oberflächenkraft der Flüssigkeit; die zwei wichtigsten, die Oberflächenkraft und die Trägheitskraft des Gases werden mit der Weber-Zahl We erfasst, die Zähigkeit der Flüssigkeit mit der Oh-Zahl, die restlichen sind meist zu vernachlässigen.

Peclet-Zahl (Wärme- und Stoffübergang)

$$Pe = \frac{\text{Konvektionsstrom}}{\text{Wärmeleitstrom}} = Re \cdot Pr = \frac{w \cdot L}{a}$$

$$Pe' = \frac{\text{Konvektionsstrom}}{\text{Diffusionsstrom}} = Re \cdot Sc = \frac{w \cdot L}{D}$$

Prandtl-Zahl

$$Pr = \frac{\text{innere Reibung}}{\text{Wärmeleitstrom}} = \frac{Pe}{Re} = \frac{v}{a}$$

Rayleigh-Zahl

$$Ra = \frac{\text{Auftrieb}}{\text{Wärmeleitstrom}} = Gr \cdot Pr = \frac{L^3 \cdot g}{v \cdot a} \cdot \gamma \cdot \Delta T$$

Reynolds-Zahl

$$Re = \frac{\text{Trägheitskraft (b)}}{\text{Reibungskraft}} = \frac{\dfrac{w^2}{L}}{\dfrac{v \cdot w}{L^2}} = \frac{w \cdot L}{v}$$

$$Re = \frac{\text{Trägheitskraft (a)}}{\text{Reibungskraft}} = \frac{\dfrac{w}{t}}{\dfrac{v \cdot w}{L^2}} = \frac{L^2}{v \cdot t} = \frac{L^2 \cdot n}{v} \quad \text{(Rührerreynoldszahl)}$$

mit n = 1/t = Rührerdrehzahl

Schmidt-Zahl

$$Sc = \frac{\text{innere Reibung}}{\text{Diffusionsstrom}} = \frac{Pe'}{Re} = \frac{v}{D}$$

Sherwood-Zahl

$$Sh = \frac{\text{Stoffübergangsstrom}}{\text{Diffusionsstrom}} = \frac{\beta \cdot L}{D}$$

Strouhal-Zahl

$$Str = \frac{\text{Trägheitskraft (a)}}{\text{Trägheitskraft (b)}} = \frac{L}{t \cdot w}$$

kennzeichnet instationäre Strömungsvorgänge; damit Strömung als stationär angesehen werden kann, muss $Str \ll 1$ sein.

Weber-Zahl

$$We = \frac{\text{Trägheitskraft (b)}}{\text{Oberflächenkraft}} = \frac{\dfrac{w^2}{L}}{\dfrac{\sigma}{\rho \cdot L^2}} = \frac{w^2 \cdot \rho \cdot L}{\sigma}$$

Die Weber-Zahl dient als Maß für die Tropfenverformung; je größer sie ist, umso größer ist die Deformationswirkung der Anströmung auf den Tropfen und umso weiter hat sich der Tropfen von der Kugelform entfernt.

15.4. Stoffübergangs-Beziehungen

Hier sind einige wichtige Sh-Zahlen zur Berechnung des Stoffübergangskoeffizienten zusammengestellt. Für Nu-Zahlen wird auf den VDI-Wärmeatlas verwiesen. Eine sehr umfangreiche Zusammenstellung für beide Kennzahlen ist in [68] gegeben.

15.4.1. Stoffübertragung an feste Grenzflächen

Überströmte Einzelkörper mit starrer Grenzfläche

Einzelkörper können sehr unterschiedliche Geometrien aufweisen. Die einfachsten sind Platte (längs angeströmt), Kugel und Zylinder (quer angeströmt). Mit geringfügigen Änderungen können daraus aber beliebig geformte Körper beschrieben werden.

Folgende Strömungsbereiche können unterschieden werden:

$Re = 0$: Reine Diffusion
$Re < 1$: Schleichende Strömung
$Re < Re_c$: laminare Grenzschichtströmung
$Re > Re_c$: turbulente Grenzschichtströmung

<u>Reine Diffusion</u>:

Platte: $Sh_{min} = 0$
Kugel: $Sh_{min} = 2$
Zylinder: $Sh_{min} = 2/\pi \cdot 0,3$

<u>Schleichende Strömung</u>:

Kugel: $Sh = 0.991(Re \cdot Sc)^{1/3}$

<u>Laminare Grenzschichtströmung</u>:

Platte ($Re < 5 \cdot 10^5$): $Sh = 0,677 \cdot Re^{1/2} \cdot Sc^{1/3}$
Kugel ($Re < 2 \cdot 10^5$): $Sh = 0,7 \cdot Re^{1/2} \cdot Sc^{1/3}$ bzw. $0,84 \cdot Re^{1/2} \cdot Sc^{1/3}$ (inkl. Wirbel-Ablösegebiet)

<u>Turbulente Grenzschichtströmung</u>:

Platte ($Re > 10^6$): $0,05 \cdot Re^{0,78} \cdot Sc^{0,42}$
Kugel: wie Platte, mit Durchmesser d anstelle Plattenlänge L
Zylinder: wie Platte, aber Anströmlänge ist halber Zylinderumfang.

Überlagerung von laminarer und turbulenter Grenzschichtströmung:

$$Sh = Sh_{min} + \sqrt{Sh_{lam}^2 + Sh_{turb}^2}$$

15.4.2. Durchströmte Rohre

Laminare Rohrströmung (Re < 2300):

$$Sh = 0,664 \cdot \sqrt{Re \cdot \frac{d}{L}} \cdot \sqrt[3]{Sc} \, ,$$

für Anlaufströmung, wenn weder Geschwindigkeits- noch Konzentrationsprofil ausgebildet ist.

$$Sh = 1,61 \cdot \sqrt[3]{Re \cdot Sc \cdot \frac{d}{L}} \, ,$$

wenn Laminarströmung ausgebildet ist, Konzentrationsprofil aber noch nicht.

$$Sh = 3,66$$

bei vollständig ausgebildeter Laminarströmung.

Turbulente Rohrströmung (Re > 2300):

$$Sh = \frac{\left(\frac{\lambda}{8}\right) \cdot (Re-100) \cdot Sc}{1 + 12,7 \cdot \sqrt{\left(\frac{\lambda}{8}\right)} \cdot \left(\sqrt[3]{Sc^2} - 1\right)} \cdot \left[1 + \left(\frac{d}{L}\right)^{\frac{2}{3}}\right] \, ,$$

theoretische Beziehung, gültig für 2300 < Re < 10^5 mit λ nach dem Widerstandsgesetz von Blasius:

$$\lambda = \frac{0,316}{\sqrt[4]{Re}} \, .$$

$$Sh = 0,037 \cdot \left(Re^{0,75} - 180\right) \cdot Sc^{0,42} \cdot \left[1 + \left(\frac{d}{L}\right)^{\frac{2}{3}}\right] \, ,$$

empirische Gleichung mit gleichem Gültigkeitsbereich.

15.4.3. Durchströmte Haufwerke

Folgende Beziehungen sind gültig für monodisperse Haufwerke, wobei in der Re-Zahl die effektive Geschwindigkeit einzusetzen ist: $w_{eff} = \frac{w}{\varepsilon}$, mit ε als dem relativen Lückenvolumen.

Laminar:

$$Sh = 0,664 \cdot \sqrt{Re} \cdot \sqrt[3]{Sc}$$

Turbulent:

$$Sh = \frac{0,037 \cdot Re^{0,8} \cdot Sc}{1 + 2,44 \cdot Re^{-0,1} \cdot \left(Sc^{2/3} - 1\right)}$$

Für das Einzelkorn ergibt sich daraus:

$$Sh_{EK} = 2 + \sqrt{Sh_{lam}^2 + Sh_{turb}^2}$$

Die Sh-Zahl des Fest- oder Fließbettes wird mit der Sherwoodzahl des Einzelkorn gebildet:

$$Sh = \left[1 + 1,5 \cdot (1-\varepsilon)\right] \cdot Sh_{EK}$$

Alternativ kann ein Haufwerk auch als ein System paralleler Kanäle betrachtet werden, wofür die Gleichungen für die Rohrströmung verwendet werden können, wenn man anstelle des Rohrdurchmessers einen hydraulischen Durchmesser verwendet:

$$d_h = \left(\frac{16 \varepsilon^3}{9 \pi \cdot (1-\varepsilon)^2} \right)^{1/3} \cdot d$$

Der Parameter (d/L) der Rohrströmung wird zu (d_h/d).

15.4.4. Stoffübertragung an fluide Grenzflächen

Alle Beziehungen gelten nur für reine Grenzflächen, ohne adsorbierte Stoffe, welche den Stoffübergang in der Praxis oft beträchtlich erhöhen oder erniedrigen können.

Stationäre Stoffübertragung an fluide Partikel:

Die Sh-Zahl hängt von der Art der Umströmung und damit von der Partikel-Reynoldszahl ab.

- Diffusion (Re → 0):

$$Sh = 2$$

- Schleichende Strömung (Re < 1):

$$Sh = 0{,}652 \cdot \sqrt{\frac{Re \cdot Sc}{1 + \frac{\eta_P}{\eta}}} \, ,$$

nur gültig für $\eta_P/\eta < 2$, d. h. für Gasblasen, nicht aber für Tropfen in Gasen und Tropfen in Flüssigkeiten mit größerem Viskositätsunterschied. Für diese Fälle verwendet man besser die Beziehungen für starre Kugeln.

- Re >> 1: $Sh = 2 + 0{,}57 \cdot Re^{0,5} \cdot Sh^{0,35}$

- Re ≥ 10^3: $Sh = \dfrac{2}{\sqrt{\pi}} \cdot \sqrt{Re \cdot Sc}$,

beide Formeln nur gültig für starre kugelige Teilchen;

Gasblasen können beim Aufstieg in Wasser üblicherweise keine kugelförmige Gestalt bewahren. Dafür findet man folgende Gleichungen:

$$Sh = 0{,}65 \cdot Pe^{0,5} \quad \text{für Re < 10}$$

$$Sh = 0{,}65 \cdot Pe^{0,5} \sqrt{1 + \frac{Re}{2}} \quad \text{für 10 < Re < 100}$$

$$Sh = 1{,}13 \cdot (1 - 2{,}9 \cdot Re^{-0,5})^{0,5} \cdot Pe^{0,5} \quad \text{für 100 < Re < 1000}$$

$$Sh = 1{,}13 \cdot Pe^{0,5} \quad \text{für Re > 1000}$$

Instationäre Stoffübertragung in fluiden Partikeln:

Üblicherweise treten in fluiden Partikeln zeitabhängige Konzentrationsprofile auf, wodurch der Stoffübergangskoeffizient zeitabhängig wird, was über die Fourier-Zahl berücksichtigt werden kann. Mit $Fo = \dfrac{D \cdot t}{d}$ ergibt sich für kurze Kontaktzeiten t:

$$Sh = \frac{4}{\sqrt{\pi}} \cdot \sqrt{\frac{1}{Fo}}$$

und für lange Kontaktzeiten:

$$Sh = \frac{2}{3Fo}$$

Stoffübertragung an Rieselfilme

Charakteristische Länge ist die Filmdicke δ. Für laminare Filme gilt bei nicht ausgebildetem Konzentrations- und Strömungsprofil:

$$Sh = \frac{2 \cdot \sqrt{1,5}}{\sqrt{\pi}} \cdot \sqrt{\frac{w \cdot \delta}{D} \cdot \frac{\delta}{L}}$$

und für ausgebildete Profile:

$$Sh = 3,41$$

15.4.5. Absorption an Füllkörpern

Flüssige Phase:

$$Sh_l = 0,32 \cdot Re_l^{0,59} \cdot Sc_l^{0,5} \cdot Ga_l^{0,17} ,$$

gültig für Raschig-Ringe und Berl-Sättel mit dem Nenndurchmesser d_P der Füllkörper als charakteristische Länge und einem Gültigkeitsbereich von $10 < d_P < 50$ mm und $3 < Re_l < 3 \cdot 10^3$

Gasphase:

$$Sh_g = 0,407 \cdot Re_g^{0,655} \cdot Sc_g^{1/3} ,$$

für Raschig- und Pall-Ringe, mit $L = 4\varepsilon/a$ (ε = freies Lückenvolumen), gültig für $10 < d_P < 50$ mm und $10 < Re_g < 10^4$.

$$Sh_g = C \cdot Re_g^{0,7} \cdot Sc_g^{1/3} (a \cdot d_P)^{-2} ,$$

für Raschig-Ringe, Berl-Sättel und Kugeln, mit $L = 1/a$, $10 < d_P < 50$ mm wobei $C = 5,23$ für $d_P > 15$ mm und $C = 2,0$ für $d_P < 15$ mm und $1 < Re < 10^3$

15.4.6. Absorption an Rieselfilmen in Rohren

$$Sh_l = 0,725 \cdot Re_l^{0,33} \cdot Sc_l^{0,5} \cdot \left(\frac{\delta}{L}\right)^{0,5} , \text{ gültig für } Re < 2100,$$

mit $Sh_l = \frac{\beta_l \cdot \delta}{D_l}$ und $Re_l = \frac{4\Gamma}{\eta_l}$, wobei $\delta = \left(\frac{v_l^2}{g}\right)^{1/3}$ = charakteristische Dicke des Flüssigkeitsfilmes

Γ = Flüssigkeitsbelastung am Umfang des Rohres in $[kg/(m \cdot s)]$
L = Länge des Rohres

Die effektive mittlere Filmdicke d_F kann mit $d_F = \sqrt[3]{3 \cdot Re_l} \cdot \delta$ abgeschätzt werden.

$$Sh_g = 0,023 \cdot Re_g^{0,8} \cdot Sc_g^{0,4} ,$$

gültig für $2300 < Re_g < 35000$, charakteristische Länge = Rohrdurchmesser

Dieselbe Beziehung gilt auch für die Verdunstung von der Filmoberfläche, sofern die Le-Zahl im Bereich 0,91 und 4 liegt. Für laminare Strömung und $0,86 < Le < 0,91$ gilt hingegen:

$$Sh_g = 0,332 \cdot Re_g^{0,5} \cdot Le_g^{0,33}$$

15.4.7. Absorption in Sprühtürmen

$$Sh_g = 0{,}60 \cdot Re_g^{0,5} \cdot Sc_g^{0,33},$$

Strömungsgeschwindigkeit = Leerrohrgeschwindigkeit, L = Rohrdurchmesser.

15.4.8. Auflösen und Kristallisieren in Rührkesseln

$$Sh = 0{,}5 \cdot Re^{0,7} \cdot Sc^{0,33},$$

mit dem Rührerdurchmesser als kennzeichnende Länge und w = Rührerumfangsgeschwindigkeit.

Symbolverzeichnis

·	Multiplikationszeichen, z. B. p·v = N·R·T; die Multiplikation wird aber auch oft ohne Multiplikationszeichen dargestellt, z. B. pV = NRT, oder auch mit x
a	spezifische Austauschfläche [m²/m³], oder Temperaturleitfähigkeit [m²/s], oder Beschleunigung [m/s²], oder Aktivität [-]
A	Austauschfläche [m²], oder freie Energie [kJ]
A, B, C	Parameter für Antoine-Gleichung
AL	Abluft
a, b	van der Waals-Konstanten
b, B	Bildungskomponente [mol]
b	Exergiefunktion
B	Breite [m], oder Durchlässigkeit [m²]
c	Wärmekapazität [kJ/(kg·K)] oder [kJ/(kmol·K)], auch c_p bzw. c_v
c	Gesamtkonzentration aller Komponenten, zur Betonung auch c_{ges} [mol/m³]
c_i	Konzentration der Komponente i, [mol_i/m³]
c_D	Reibungskoeffizient nach Darcy [-]
c_f	Reibungskoeffizient nach Fanning [-]
c_W	Widerstandsbeiwert, entspricht c_D [-]
CAS	Computeralgebrasystem
d	Durchmesser [m]
d_S, d_{32}	Sauterdurchmesser [m]
D	Diffusionskoeffizient [m²/s], oder Krümmungsdurchmesser [m]
DK	Kolonnendurchmesser [m]
e	spezifische Energie [kJ/kg] oder [kJ/kmol]
E	Energie [kJ], oder Potential [V]
E_A	Aktivierungsenergie [J/mol]
EF	Enhancement-Faktor, Verstärkungs- bzw. Beschleunigungsfaktor [-]
E_i	Enhancement-Faktor für instantane Reaktion [-]
f	Reibungskoeffizient [-], oder Abscheidegrad Feingut [-], oder Fugazität [-]
f_l	Flüssigphasenanteil [-]
F	Kraft [N], oder Faraday-Konstante = 96485 A·s/mol
F_W	Widerstandskraft [N]
Fl	Fluid (gas oder flüssig)
FL	Frischluft
g	spezifische Gibbssche freie Enthalpie [kJ/kg] oder [kJ/kmol], oder Erdbeschleunigung = 9,81 m/s², oder Abscheidegrad Grobgut [-] oder Gas
G	Gibbssche freie Enthalpie [kJ]
$\dot{G}$	Gasstrom [kmol/h]
h	spezifische Enthalpie [kJ/kg] oder [kJ/kmol]
H	Enthalpie [kJ], oder Frequenzfaktor [-]
H, h	Höhe [m]
H_{ij}	Henry-Konstante der Komponente i im Lösungsmittel j [bar]
I	Impuls [kg·m/s] oder elektrischer Strom [A], oder Ionenstärke [mol/kg]
j	diffusiver spezifischer Molenstrom [kmol/(m²·s)], oder Chilton-Colburn-Faktor [-]
J	Trennschärfe [-]
K	Wärmedurchgangskoeffizient [W/(m²·K)], oder Rauigkeit [mm], oder allgemeine Konstante, Koeffizient
k^g, k^l	Stoffdurchgangskoeffizient für Gas- bzw. Flüssigphase [m/s]
K	Gleichgewichtskonstante [-]
K_L	Löslichkeitsprodukt [-]

K_W	Ionenprodukt Wasser [-]
K_S	Säuredissoziationskonstante [-]
K_B	Basendissoziationskonstante [-]
K_D	Komplexdissoziationskonstante [-]
L	Längenkoordinate [m], oder Liter oder liquid
L, L_c	charakteristische Länge [m]
$\dot{L}$	Lösungsmittelstrom [kmol/h]
m	Steigung der Gleichgewichtslinie [-], oder allgemeine Konstante, oder Reaktionsordnung, oder molar [mol/l]
m_i	Molalität [$mol_i/kg_{Lösungsmittel}$]
M	Masse [kg]
$\dot{M}$	Massenstrom [kg/s]
$\dot{m}$	spezifischer Massenstrom [kg/(m²·s)]
MM	molare Masse [kg/kmol]
n	verschiedene Koeffizienten, oder Stufenzahl
n	Einheitsvektor, normal zur Fläche
Nm³	Normkubikmeter
N_i	Stoffmenge [kmol]
N_{th}	theoretische Stufenzahl
n_{th}	Wertungszahl = theoretische Stufen pro Meter [m⁻¹]
$\dot{N}$	Stoffmengenstrom [kmol/s]
$\dot{n}$	spezifischer Stoffmengenstrom [kmol/(m²·s)]
p	Druck [Pa] oder [bar] oder [atm], zur Betonung auch p_{ges}, oder Anzahl der Zeitschritte
P	Leistung [kW]
ppm	parts per million [mg/kg]
q	relative Häufigkeit
Q	Summenhäufigkeit, oder Wärme [kJ]
r	Reaktionsgeschwindigkeit [kg/s] oder [kmol/s], oder Mengenart
r, R	Radius [m]
R	allgemeine Gaskonstante = 8,314472 J/(mol·K), oder allgemeiner Widerstand, oder elektrischer Widerstand [Ω]
s	Schichtdicke [m], oder solid, oder spezifische Entropie [kJ/(kg·K)] oder [kJ/(kmol·K)]
S	Querschnittsfläche [m²], oder Entropie [kJ/K]
t	Zeit [s]
T	Temperatur [K] oder [°C]
TG	Trenngrad [-]
u	spezifische innere Energie [kJ/kg] oder [kJ/kmol], oder Umfangsgeschwindigkeit [m/s]
U	innere Energie [kJ] oder Umsatz [-]
UL	Umluft
v	spezifisches Volumen [m³/kg]
$\tilde{v}$	Molvolumen [m³/kmol]
V	Volumen [m³]
w	mittlere Geschwindigkeit [m/s] = $\dot{V}/A$, zur deutlicheren Kennzeichnung auch $\bar{w}$
w	Geschwindigkeit, zur deutlicheren Kennzeichnung des vektoriellen Charakters [m/s]
w_i	Geschwindigkeit der Komponente i [m/s]
w_x	eindimensionale Geschwindigkeit in x-Richtung oder Geschwindigkeitskomponente in x-Richtung
W	Arbeit [kJ]
w_i	Massenanteil [kg_i/kg_{ges}]
W_i	Massenbeladung [kg_i/kg_{inert}]

x	x-Koordinate, oder Umsatzvariable [mol/l], oder Multiplikationszeichen
x_i	Molanteil in Flüssigphase [mol_i/mol_{ges}]
X_i	Molbeladung in Flüssigphase [mol_i/mol_{inert}]
X	beliebige Transportgröße
x_d	Dispersphasenanteil [-]
y	y-Koordinate
y_i	Molanteil in Gasphase [mol_i/mol_{ges}]
Y_i	Molbeladung in Gasphase [mol_i/mol_{inert}]
z	Höhen- bzw. z-Koordinate [m], oder Kompressibilitätsfaktor, oder Realgasfaktor, oder Anzahl übertragener Elektronen, oder Molanteil Einsatzlösung [mol_i/mol_{ges}]

griechische Symbole

α	Wärmeübergangskoeffizient [$W/(m^2 \cdot K)$], oder spez. Kuchenwiderstand [m/kg] oder [m^{-2}], oder Anfangszustand, oder Strahlkontraktion [-]
β	Stoffübergangskoeffizient [m/s], oder thermischer Ausdehnungskoeffizient [K^{-1}], oder Filtertuchwiderstand [m^{-1}], oder Durchmesserverhältnis [-], oder Öffnungswinkel, oder Pufferkapazität [$mol/(l \cdot pH)$]
γ	Aktivitätskoeffizient [-], oder Impulsübergangskoeffizient [$kg/(m^2 \cdot s)$]
γ^+, γ^H	Aktivitätskoeffizient basierend auf Henry-Normierung [-]
δ	Grenzschichtdicke [m]
Δ	Differenz
ϵ	Porosität, Lückenvolumen [-], oder turbulenter Austauschkoeffizient [$Pa \cdot s$], oder Emissionsverhältnis [-], oder Dielektrizitätskonstante [F/m]
ϵ_V	Volumenfaktor [-]
ζ	Widerstandszahl [-]
η	dynamische Viskosität [$Pa \cdot s$], oder Wirkungsgrad [-], oder Nutzungsgrad [-]
κ	Kompressibilität, Kompressibilitätskoeffizient [1/bar], oder spezifische elektrische Leitfähigkeit [S/m], oder Adiabatenkoeffizient [-]
λ	Wärmeleitkoeffizient [$W/(m \cdot K)$], oder Luftüberschusszahl [-], oder Widerstandsbeiwert [-], oder Wellenlänge [μm]
μ	chemisches Potential [kJ/mol], oder Mittelwert, oder Kontraktionszahl
ν	kinematische Viskosität [m^2/s]
ν_i	stöchiometrischer Koeffizient der Komponente i
ξ	Reaktionslaufzahl [mol]
π	osmotischer Druck [Pa], oder dimensionslose Kennzahl [-]
ρ	Dichte, spezifische Masse [kg/m^3], oder spezifischer elektrischer Widerstand [$\Omega \cdot m$]
σ	Oberflächenspannung [N/m] bzw. [Nm/m^2], oder Stefan-Boltzmann-Konstante = $5{,}67 \cdot 10^{-8}$ $W/(m^2 \cdot K^4)$
τ	Impulsstromdichte [Pa], oder mittlere Verweilzeit [s]
φ	relative Feuchte [-], oder Einstrahlzahl [-], oder Formfaktor [-]
φ, φ_i	Fugazitätskoeffizient [-]
Φ	elektrisches Potential [V], oder Berieselungskoeffizient [-]
ϕ	konvektive Transportgröße
ϕ_W	Sphärizität (nach Wadell)
ω	Winkelgeschwindigkeit [rad/s], oder Endzustand
∞	unendlich

tiefgestellte Indices

a	außen, oder aus
A	Aufgabegut, oder Auftrieb
aq	aqua, wässrig
äq	äquivalent
B	Bildung
ben	benetzt
ber	berechnet, oder berieselt
c, cr	kritisch
e	ein
E	Einlauf
eff	effektiv
f	feucht
fl	fluid (gas oder flüssig)
F	Feingut
FB	Fließbett
FT	Filtertuch
FP	Fluidisierungspunkt
g	Gas
ges	gesamt
G	Grobgut, oder Generation
Gr	Grenzschicht
h	heiß, oder hydraulisch
i	innen
i, j	Komponente i,j
inert	Inertgas
k	kalt
K	Kollektiv
K, k	Kompression, kompressibel
kin	kinetisch
kond	Konduktion
konv	Konvektion
kr	kritisch
KV	Kontrollvolumen
l	laminar, oder liquid
L	Luft
max	maximal
min	minimal
mix	Mischung
OF	Oberfläche
org	organisch
p	konstanter Druck
P	Partikel oder Poren
Ph	Phasengrenze
pot	potentiell
proj	Projektion
QE	Querschnittserweiterung
QV	Querschnittsverengung
R	Reaktion, oder Realanteil

r	Mengenart, oder relativ
Ref	Referenzzustand
res	residual
s	shaft (Welle), oder Schichtdicke, oder Kennzeichnung für einen inerten Strom
S	Standardzustand, oder Schwarm, oder Sättigung
schm	Schmelze
SG	Systemgrenze
sol	solution, Lösung
Str	Strahlung, oder Strömung
str	durchströmt
Sys	System
t	turbulent
T	Transport
tr	trocken
U, Umg	Umgebung
Ü	Übergang, übergehend oder Übergangsbereich,
v	variabel
V	Verbrennung, oder konstantes Volumen, oder Verlust
Verd	Verdampfung
w	wässrig
W	Wasser oder Widerstand
x, y, z	Raumrichtungen
∞	in der Hauptphase
0	Bezugspunkt

hochgestellte Indices

I, II	Phase I, Phase II
g	gas
id	ideal
iG	ideales Gas
l	liquid
s	Sättigung, oder solid, oder Trennschicht
v	vapor
0	Standardzustand, oder Anfangszustand
*	Phasengleichgewicht

Literaturverzeichnis

[1] Sandler S.I., Chemical and Engineering Thermodynamics, 3rd ed., J.Wiley, 1999.

[2] Bosnjakovic F., Technische Thermodynamik, Teil 1, 7. Auflage, Steinkopff, 1988.

[3] Smith J.M., van Ness H.C., Abbott M.M., Introduction to Chemical Engineering Thermodynamics, 5th ed., McGraw-Hill, 1996.

[4] VDI-Wärmeatlas, Springer, 2002.

[5] Wagner W., Kruse A., Properties of Water and Steam, Springer, 1998.

[6] Sander R., Henry´s Law Constants, www.henrys-law.org, 2014.

[7] HSC Chemistry, Software for Process Simulations, Reaction Equations, Heat and Material Balances, Equilibrium Calculations etc., www.hsc-chemistry.net.

[8] Gmehling J., Kolbe B., Thermodynamik, Georg Thieme, 1988.

[9] Felder R.M., Rousseau R.W., Elementary Principles of Chemical Processes, 3rd ed., J.Wiley, 2000.

[10] Fratscher W., Picht H.P., Stoffdaten und Kennwerte der Verfahrenstechnik, 4. Aufl., Deutscher Verlag für Grundstoffindustrie, 1993.

[11] Sattler K., Adrian T., Thermische Verfahrenstechnik, Aufgaben und Auslegungsbeispiele, Wiley-VCh, 2007.

[12] Sundstrom D.W., Klei H.E., Wastewater Treatment, Prentice Hall, 1979.

[13] Reid R.C., Prausnitz J.M., Poling B.E., The Properties of Gases and Liquids, 4th ed., McGraw-Hill, 1987.

[14] Zlokarnik M., Scale-up, Modellübertragung in der Verfahrenstechnik, Wiley-VCh, 2005.

[15] Weiß S., Militzer K.E., Gramlich K., Thermische Verfahrenstechnik, Deutscher Verlag für Grundstoffindustrie, 1993.

[16] Berties W., Übungsbeispiele aus der Wärmelehre, 20. Aufl., Fachbuchverlag Leipzig, 2007.

[17] Incropera F.P., DeWitt D.P., Fundamentals of Heat and Mass Transfer, 4th ed., J.Wiley, 1996.

[18] Welty J.R., Wicks C.E., Wilson R.C., Rorrer G., Fundamentals of Momentum, Heat and Mass Transfer, 4th ed., J.Wiley, 2001.

[19] Baehr H.D., Stephan K., Wärme und Stoffübertragung, Springer, 1994.

[20] Zogg M., Wärme- und Stofftransportprozesse, Salle+Sauerländer, 1983.

[21] Böswirth L., Technische Strömungslehre, 4. Aufl., Vieweg, 2001.

[22] Clark M.M., Transport Modeling for Environmental Engineers and Scientists, 2nd ed., J.Wiley,

2009.

[23] Skogestad S., Chemical and Energy Process Engineering, CRC Press, 2009.

[24] Doran P.M., Bioprocess Engineering Principles, Academic Press, 2003.

[25] Coulson J.M., Richardson J.F., Chemical Engineering, Volume 6, 2nd ed., Pergamon Press, 1993.

[26] Worthoff R., Siemes W., Grundbegriffe der Verfahrenstechnik, 3. Aufl., Wiley-VCh, 2012.

[27] Jakubith M., Grundoperationen und chemische Reaktionstechnik, Wiley-VCh, 1998.

[28] Lüdecke C., Lüdecke D., Thermodynamik, Springer, 2000.

[29] Cerbe G., Wilhelms G., Technische Thermodynamik, 15. Aufl., Hanser, 2008.

[30] Froment G.F., Bischoff K.B., De Wilde J., Chemical Reactor Analysis and Design, 3rd ed., J.Wiley, 2011.

[31] Schnitzer H., Stoff- und Energiebilanzen, Skriptum, TU Graz.

[32] Cerro R.L., Higgins B.G., Whitaker S., Material Balances for Chemical Engineers, www.higgins.ucdavis.edu.

[33] Wagner W., Strömung und Druckverlust, Vogel, 1997.

[34] Schönbucher A., Thermische Verfahrenstechnik, Springer, 2002.

[35] Strybny J., Ohne Panik Strömungsmechanik, 2. Aufl., Vieweg, 2003.

[36] Idelchik I.E., Handbook of Hydraulic Resistance, 3rd ed., Jaico Publishing House, 2005.

[37] Wagner W., Rohrleitungstechnik, 11. Aufl., Vogel Business Media, 2012.

[38] Bockhardt H.D., Güntzschel P., Poetschukat A., Grundlagen der Verfahrenstechnik für Ingenieure, 3. Aufl., Deutscher Verlag für Grundstoffindustrie, 1992.

[39] Mackowiak J., Fluiddynamik von Füllkörpern und Packungen, Springer, 2003.

[40] Stichlmair J., Bravo J.L., Fair J.R., „General model for prediction of pressure drop and capacity for countercurrent gas/liquid packed columns," Gas Separation Purification, Vol. 3, pp. 19-28, 1989.

[41] Problem Solver Fluid Mechanics, REA Research & Education Association, 1986.

[42] Crane technical paper 410, Flow through valves, fittings and pipe, Metric edition, 2001.

[43] Zogg M., Einführung in die mechanische Verfahrestechnik, 3. Aufl., Teubner, 1993.

[44] Reynolds T.D., Richards P.A., Unit Operations and Processes in Environmental Engineering, PWS Publishing Company, 1996.

[45] Bockhardt H.J., Güntzschel P., Poetschukat A., Aufgabensammlung zur Verfahrenstechnik für Ingenieure, 4. Aufl., Deutscher Verlag für Grundstoffindustrie, 1998.

[46] Howards J.R., Fluidized Bed Technology, Principles and Applications, Taylor and Francis, 1989.

[47] Stieß M., Mechanische Verfahrenstechnik I, 2. Aufl., Springer, 1995.

[48] Schubert H., Handbuch der Mechanischen Verfahrenstechnik, Band 2, Wiley, 2008.

[49] Schubert H., Mechanische Verfahrenstechnik, Deutscher Verlag für Grundstoffindustrie, 1977.

[50] Stieß M., Mechanische Verfahrenstechnik II, Springer, 1994.

[51] Seader J.D., Henley E.J., Separation Process Principles, J.Wiley, 1998.

[52] Sigg L., Stumm W., Aquatische Chemie, 3. Aufl., vdf, 1994.

[53] Zemaitis J.F., Clark D.M., Rafal M., Scrivner N.C., Handbook of Aqueous Electrolyte Thermodynamics, AIChE, 1986.

[54] Luckas M., Krissmann J., Thermodynamik der Elektrolytlösungen, Springer, 2001.

[55] Atkins P.W., Physikalische Chemie, VCH, 1990.

[56] Mortimer C.E., Chemie, 6. Aufl., G.Thieme, 1996.

[57] Torkar K., Rechenseminar in physikalischer Chemie, Vieweg, 1968.

[58] Müller-Erlwein E.,, Chemische Reaktionstechnik, Teubner, 2007.

[59] Hagen J., Chemische Reaktionstechnik, VCH, 1993.

[60] Baerns M., Behr A., Brehm A., Gmehling J., Hofmann H., Onken U., Renken A., Technische Chemie, Wiley-VCH, 2006.

[61] Levenspiel O., Chemical Reaction Engineering, 3rd ed., J.Wiley, 1999.

[62] Bosnjakovic F., Knoche K.F., Technische Thermodynamik, Teil II, 6. Aufl., Steinkopff, 1997.

[63] Sherwood T.K. Shipley G.H., Holloway F.A.L., „Flooding Velocities in Packed Columns,“ *Industrial & Engineering Chemistry, vol. 30(7),* pp. 765-769, 1938.

[64] Vorbach M., Grundlagen und Modellierung der Absorption mit chemischer Reaktion, Dissertation, TU Graz, 2001.

[65] Bierwerth W., Tabellenbuch Chemietechnik, Europa-Lehrmittel, 1997.

[66] Coulson J.M., Richardson J.F., Chemical Engineering, Volume 2, 4th ed., Pergamon Press, 1991.

[67] Coulson J.M., Richardson J.F., Chemical Engineering, Volume 5, Pergamon Press, 1990.

[68] Perry R.H., Green D., Perry´s Chemical Engineering Handbook, 8th ed., McGraw-Hill, 2008.

Sachverzeichnis